최신판 | PROFESSIONAL ENGINEER WATER POLLUTION CONTROL

수질관리기술사

기술사 | 최 원 덕

PROFESSIONAL
ENGINEER

예문사

물은 모든 생명의 근간이라 할 수 있다. 인간은 물론 동물이나 식물 그리고 어떠한 작은 미생물이라도 물이 없이는 생명을 유지할 수가 없다. 인체에서 물이 차지하는 비율은 체질에 따라 다르지만 일반적으로 70~90%라고 한다. 만약 우리 몸속에 물이 1~3%가 부족하면 심한 갈증이 나고, 5%가 부족하면 혼수상태, 12%가 부족하면 사망에까지 이른다. 이렇듯 물은 모든 생명의 근간일 뿐만 아니라 인간의 활동을 위한 필수 요소이다. 식수, 농업, 산업활동을 위한 중요한 자원 중 하나로서 많은 국가가 물 부족에 시달리고 있으며 또한 기후변화 현상과 함께 물 자원의 확보와 보존이라는 중요성이 점점 강화되어 가고 있다.

우리나라 1인당 이용 가능한 수자원량은 1,553m³로 PAI(Population Action International) 기준에 따라 물 스트레스 국가로 분류되어 있다. 물 부족에 대한 대응 방안으로는 수자원 개발과 함께 사용된 물 자원을 다시 재사용하는 것이라고 할 수 있다. 수자원의 효율적인 관리와 사용된 물을 다시 재사용할 수 있게 하여 생명의 근간으로 다시 돌려 놓을 수 있는 중요한 일을 하는 이들이 환경 업무에 종사하고 있는 여러분이 아닌가 생각한다.

위와 같은 환경 업무 중 물 관련 업무에 종사하였던 기술자들은 자기 분야에서 최고가 되기를 원하며 이를 실현하기 위해서 수질관리기술사에 도전하는 분들도 많다. 기술사의 검정기준은 해당 기술 분야에 관한 고도의 전문지식과 실무경험에 입각한 계획·연구·설계·분석·시험·운영·시공·평가 또는 이에 관한 지도·감독 등의 기술업무를 행할 수 있는 능력의 유무에 있다. 자격시험과 관련하여 수질관리기술사는 시험범위가 방대하고 체계적으로 공부하는 것도 수월하지 않다. 수질관리기술사에 도전하는 수험생들을 위해 그동안 학원에서 강의하던 내용과 30여 년간 실무에서 쌓아온 지식을 정리하였다. 또한 약 9년간의 기출문제를 분야별로 분류하여 보다 쉽게 전체 출제 경향을 파악할 수 있도록 하였으며, 참고로 최근 9년간의 문제풀이를 첨부하였다. 이 수험서가 수질관리기술사 시험에 응시하고자 하는 수험자 분들께 좋은 지침서가 되기를 바라며 끊임없는 노력과 열정으로 기술자 최고의 전당인 기술사 합격이라는 정상에 도달하기를 기원한다.

이 책을 집필할 수 있도록 격려해준 서영민 교수님과 주경야독의 윤동기 대표님 그리고 책을 출간해 준 도서출판 예문사에 감사의 마음을 전한다.

2023년 11월

저자 **최원덕**

시험정보

01 수질관리기술사 기본정보

개요

수질오염이란 물의 상태가 사람이 이용하고자 하는 상태에서 벗어난 경우를 말하는데 그런 현상 중에는 물에 인, 질소와 같은 비료성분이나 유기물, 중금속과 같은 물질이 많아진 경우, 수온이 높아진 경우 등이 있다. 이러한 수질오염은 심각한 문제를 일으키고 있어 이에 따른 자연환경 및 생활환경을 관리 보전하여 쾌적한 환경에서 생활할 수 있도록 수질오염에 관한 전문적인 지식과 풍부한 경험을 갖춘 전문인력 양성이 요구됨에 따라 자격제도를 제정하였다.

변천과정

1979년 국토개발기술사(수질관리)로 신설되어 1983년 환경관리기술사(수질관리)로, 1991년 수질관리기술사로 개정

수행직무

환경분야의 기술사 자격 중에서 응시자격의 해당 분야에 관한 고도의 전문지식과 실무 경험에 입각한 계획, 연구, 설계, 분석, 시험, 운영, 평가 또는 이에 관한 지도, 감리 등의 기술업무 수행

시험과목

- 물환경정책 관련 정책방향과 제도 이해
- 폐수 및 폐기물처리, 토양, 하천 및 해양오염, 기타 환경오염 현상, 계획 및 관리, 방지에 관한 사항

출제경향

- 물환경정책 관련 이해 및 실무 적용능력
- 품질관리와 관련된 실무경험, 전문지식 및 응용능력
- 기술사로서의 지도감리 · 경영관리능력, 자질 및 품위

진로 및 전망

- 정부의 환경 관련 공무원, 한국환경공단, K-water 유관기관 , 화공, 제약, 도금, 염색, 식품, 건설 등 오 · 폐수 배출업체, 전문폐수처리업체, 연구소 및 학계 등으로 진출할 수 있다.
- 엔지니어링분야와 관련해서는 환경영향평가업체에서 평가전문가, 플랜트 설계업체에서 수처리설비 관련 설계 책임자, 건설 관련하여서는 플랜트 수처리설비 분야 관련 책임기술자 또는 사업관리자로 진출할 수 있다.
- 법적 자격증 등록 여건과 관련해서는 광해방지사업, 환경영향평가업, 환경오염방지시설업(수질분야), 기술사 사무소 설립, 엔지니어링 활동 주체 신고에 필요로 하며, 또한 APEC Engineer 및 국세기술사 취득 등을 통해 해외에서 전문가로 활동할 수 있는 기회가 폭넓게 갖게 된다.

02 수질관리기술사 시험정보

시험수수료

- 필기시험 : 67,800원
- 실기시험 : 87,100원

검정방법

- 필기 : 단답형 및 주관식, 논술형(매 교시 100분 총 400분)
- 면접 : 구술형 면접시험(15~30분 내외)
- 합격기준 : 100점 만점에 60점 이상

자격검정 정보 안내

- 인터넷 원서접수 : www.q-net.or.kr
- 홈페이지 : www.hrdkorea.or.kr

합격률

연도	필기			실기		
	응시	합격	합격률(%)	응시	합격	합격률(%)
2022	120	9	7.5%	24	12	50%
2021	124	25	20.2%	44	21	47.7%
2020	99	11	11.1%	27	14	51.9%
2019	91	14	15.4%	30	14	46.7%
2018	118	21	17.8%	22	12	54.5%
2017	99	5	5.1%	14	8	57.1%
2016	122	8	6.6%	16	6	37.5%
2015	114	6	5.3%	15	7	46.7%
2014	127	8	6.3%	16	6	37.5%
2013	117	7	6%	10	4	40%
2012	141	2	1.4%	6	4	66.7%
2011	161	6	3.7%	16	7	43.8%
2010	185	10	5.4%	22	11	50%
2009	140	11	7.9%	24	11	45.8%
2008	120	6	5%	13	6	46.2%
2007	130	6	4.6%	19	13	68.4%
2006	123	12	9.8%	45	21	46.7%
2005	183	29	15.8%	50	12	24%
2004	150	15	10%	24	14	58.3%
2003	129	13	10.1%	21	12	57.1%
2002	114	7	6.1%	7	4	57.1%
2001	136	8	5.9%	12	9	75%
1979 ~ 2000	1,910	185	9.7%	294	181	61.6%
계	4,753	424	8.9%	771	409	53%

03 수질관리기술사 출제경향분석

과목별 분류	분류	세목	107회	108회	110회	111회	113회	114회	116회	117회	119회	120회	122회	123회	125회	126회	128회	129회	131회	세목별 분류	분야별 분포
환경정책관련분야	물환경정책	물순환시스템 및 물정책	2			2	2	2		5	4	1	1	2	5	2	2	1	4	35	102
		환경기준 및 배출허용기준 등		3	2	1	1			2		2	3	3					1	18	
		수질오염 총량제			1	1					1		1		1			1	1	7	
		생태독성 관리제도	1				1				1				1	1			1	6	
		비점오염원	1		5	1	2	4	1	1	2	1	3	3	2	2	1	3	4	36	
	하천 및 호수 수질관리	성층현상과 전도현상								1	1	1								3	63
		부영양화	1		2	1	1	2	1	1		1	1	1	1	4	2			19	
		수질오염 경보제 등	1		1			1				1							1	5	
		생태하천			1					1			1				1			4	
		강변여과수										1			1					2	
		수질모델링	2						2									1		5	
		하천수질관리	1								2	2	2	2			1	1	2	13	
		정수처리	1	1	1		1					3	1			2	1		1	12	
설계관련분야	물리·화학적 수처리	펌프 관련	3		1	1		1		1	1	1				1			1	11	72
		반응속도 및 반응조				3	1		3	1	1	1						1		11	
		응집 관련	1	1	1	1	2	2		1			1	2	2		1		1	16	
		기체전이/폭기		1					2											3	
		여과	1			1				1		1	1		1	1				7	
		고도산화법		1	1									1	1	1	1		2	8	
		활성탄					1	1	1							1	1			5	
		침전, 침사		1	2			1	1			1								6	
		부상분리	1			2	1					1								5	
	생물학적 수처리	활성슬러지법	3	3	1	1	6	1	3	2	3	1		2	2	1	2	1	1	33	110
		질소인 제거	1	3	1	3	4	2	2	2	2	3	2	1	1	1	3	2		31	
		MBR공법			1			1			1	1				1				5	
		소독	2	1			1	2			1	1	1		1	1		1		14	
		슬러지 처리	1	3	3	2		3	1	2				3	1	1	2	3	2	27	
	물재이용기술	탈염/Membrane	2			2	2	1	1	1		1				1	1		1	13	25
		해수담수화								1			1			1	1	2		7	
		재이용	1	1													1	1	1	5	

과목별 분류		시험 회차	107회	108회	110회	111회	113회	114회	116회	117회	119회	120회	122회	123회	125회	126회	128회	129회	131회	세목별 분류	분야별 분포
토양오염	토양오염, 지하수 오염				1		1		1	1	1	2			1	3	3	1	4	19	29
	해양유류오염/열오염		1								2	2	1		2	1		1		10	
악취설비	악취		1	1							1					1	1	1	1	7	7
설계 관련 분야	기타	미생물지표/SRT 등				2	1				1		1							5	119
		임호프탱크				1			1		1	1	1	1			1	1		8	
		유기물/COD 관련																		0	
		CO$_2$ 분포																		0	
		산염기																		0	
		LCC와 LCA																		0	
		SVI SSVI DSVI								1		1								2	
		LV와 EBCT																		0	
		관정부식											1							1	
		유효불투수율																		0	
		1,4-Dioxane 처리방법																		0	
		CSO 등												1						1	
		하수관거, I/I 등				1		1		1				2						5	
		SI/부식 등		1												1					2	
		산성광산폐수										1		1				1			3	
		VOC																	1		1	
		SAR							1												1	
		POPs																	1		1	
		자연방사성물질			1																1	
		Alkalinity와 Acidity			2				1	1				1	1			1			7	
		불소															2				2	
		유량조정조							1												1	
		ESP																			0	
		환경호르몬					1														1	
		기타		2	8	4	4	3	4	4	8	5	2	5	5	6	4	3	5	5	77	
합계			31	31	31	31	31	31	31	31	31	31	31	31	31	31	31	31	31	527	

- 107회부터 131회까지 9년간의 출제경향을 분석한 결과 환경정책분야는 약 31%, Engineering 분야는 약 46%, 기타는 23%로 출제되는 경향이다.

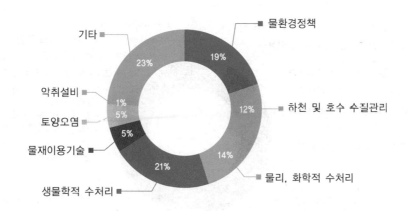

- 각 분야별에 있어서 물환경 정책 관련 분야에서는 국가의 정책방향이 담긴 물환경정책, 비점오염원 관리를 위한 LID기법 및 환경기준, 물순환 관련 문제가 62% 정도 출제됨을 알 수 있다.

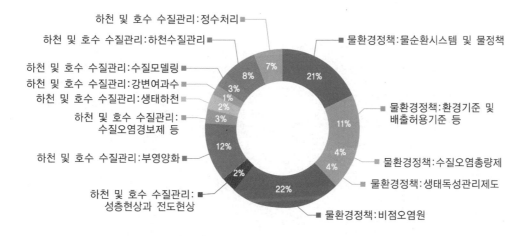

• Engineering 분야에서는 생물학적 수처리설비 관련 질소, 인 고도처리 및 활성슬러지법, 슬러지 처리에 대한 문제가 약 46%, 물리·화학적 처리방법 관련문제가 약 25% 출제됨을 알 수 있다.

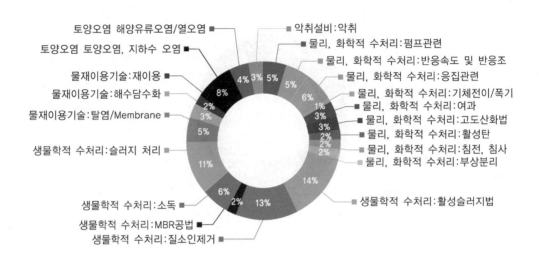

기술사답안지

제 [　　　] 회
국가기술자격검정 기술사 필기시험 답안지(제 교시)

수험번호	성명
감독확인	㉑

제   회
국가기술자격검정 기술사 필기시험 답안지(제1교시)

제1교시	종목명	

수험자 확인사항
Ⅴ 체크바랍니다.

1. 문제지 인쇄 상태 및 수험자 응시 종목 일치여부를 확인하였습니다. 확인 ☐
2. 답안지 인적사항 기재란 외에 수험번호 및 성명 등 특정인임을 암시하는 표시가 없음을 확인하였습니다. 확인 ☐
3. 지워지는 펜, 연필류, 유색 필기구 등을 사용하지 않았습니다. 확인 ☐
4. 답안지 작성 시 유의사항을 읽고 확인하였습니다. 확인☐

답안지 작성 시 유의사항

1. 답안지는 표지 및 연습지를 제외하고 총 7매(14면)이며, 교부받는 즉시 매수, 페이지 순서 등 정상여부를 반드시 확인하고 1매라도 분리되거나 훼손하여서는 안 됩니다.
2. 시험문제지가 본인의 응시종목과 일치하는지 확인하고, 시행 회, 종목명, 수험번호, 성명을 정확하게 기재하여야 합니다.
3. 수험자 인적사항 및 답안작성(계산식 포함)은 **지워지지 않는 검은색 필기구만을 계속 사용**하여야 합니다.
4. 답안 정정 시에는 **두 줄(=)을 긋고 다시 기재 가능**하며 수정테이프 사용 또한 가능합니다.
5. 답안작성 시 자(직선자, 곡선자, 템플릿 등)를 사용할 수 있습니다.
6. 문제의 순서에 관계없이 답안을 작성하여도 되나 주어진 **문제번호와 문제를** 기재한 후 답안을 작성하고 전문용어는 원어로 기재하여도 무방합니다.
7. 요구한 문제수보다 많은 문제를 답하는 경우 기재 순으로 요구한 문제수까지 채점하고 나머지 문제는 채점대상에서 제외됩니다.
8. 답안작성 시 답안지 양면의 페이지 순으로 작성하시기 바랍니다.
9. 기작성한 문항 전체를 삭제하고자 할 경우 반드시 해당 문항의 답안 전체에 대하여 명확하게 X표시(X표시한 답안은 채점대상에서 제외) 하시기 바랍니다.
10. 수험자는 시험시간이 종료되면 즉시 답안작성을 멈춰야 하며, 종료시간 이후 계속 답안을 작성하거나 감독위원의 **답안지 제출지시에 불응할 때에는 당회 시험을 무효** 처리합니다.
11. 각 문제의 답안작성이 끝나면 바로 옆에 "끝"이라고 쓰고, 최종 답안작성이 끝나면 줄을 바꾸어 중앙에 "**이하 여백**"이라고 써야 합니다.
12. 다음 각 호에 1개라도 해당되는 경우 답안지 전체 혹은 해당 문항이 0점 처리됩니다.

   <답안지 전체>
   1) 인적사항 기재란 이외의 곳에 성명 또는 수험번호를 기재한 경우
   2) 답안지(연습지 포함)에 답안과 관련 없는 특수한 표시를 하거나 특정인임을 암시하는 경우
   <해당 문항>
   1) 지워지는 펜, 연필류, 유색 필기류, 2가지 이상 색 혼합사용 등으로 작성한 경우

※부정행위처리규정은 뒷면 참조

HRDK 한국산업인력공단
Human Resources Development Service of Korea

부정행위 처리규정

국가기술자격법 제10조 제6항, 같은 법 시행규칙 제15조에 따라 국가기술자격검정에서 부정행위를 한 응시자에 대하여는 당해 검정을 정지 또는 무효로 하고 3년간 이 법에 따른 검정에 응시할 수 있는 자격이 정지됩니다.

1. 시험 중 다른 수험자와 시험과 관련된 대화를 하는 행위
2. 답안지를 교환하는 행위
3. 시험 중에 다른 수험자의 답안지 또는 문제지를 엿보고 자신의 답안지를 작성하는 행위
4. 다른 수험자를 위하여 답안을 알려주거나 엿보게 하는 행위
5. 시험 중 시험문제 내용과 관련된 물건을 휴대하여 사용하거나 이를 주고 받는 행위
6. 시험장 내외의 자로부터 도움을 받고 답안지를 작성하는 행위
7. 사전에 시험문제를 알고 시험을 치른 행위
8. 다른 수험자와 성명 또는 수험번호를 바꾸어 제출하는 행위
9. 대리시험을 치르거나 치르게 하는 행위
10. 수험자가 시험시간에 통신기기 및 전자기기[휴대용 전화기, 휴대용 개인정보 단말기(PDA), 휴대용 멀티미디어 재생장치(PMP), 휴대용 컴퓨터, 휴대용 카세트, 디지털 카메라, 음성파일 변환기(MP3), 휴대용 게임기, 전자사전, 카메라 펜, 시각표시 외의 기능이 부착된 시계]를 사용하여 답안지를 작성하거나 다른 수험자를 위하여 답안을 송신하는 행위
11. 그 밖에 부정 또는 불공정한 방법으로 시험을 치르는 행위

[연 습 지]

(인)

감독확인

성명

수험번호

HRDK 한국산업인력공단
Human Resources Development Service of Korea

1쪽

번호			

2쪽

번호			

14쪽

번호			
번호			

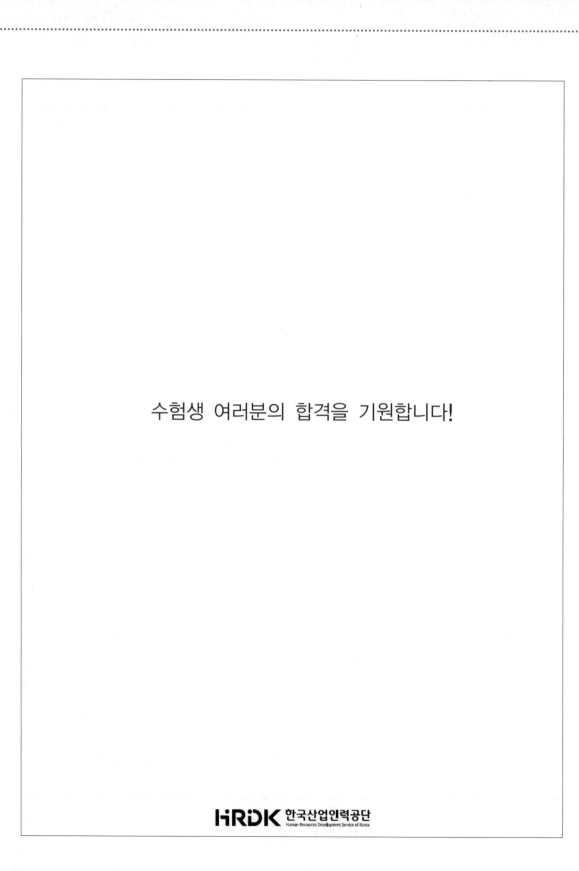

수험생 여러분의 합격을 기원합니다!

HRDK 한국산업인력공단
Human Resources Development Service of Korea

CONTENTS 목차

01 PART 물환경정책

02 PART 하천 및 호수 수질관리

03 PART 물리 · 화학적 수처리

04 PART 생물학적 수처리

05 PART 물 재이용 기술

06 PART 토양오염 및 해양유류오염

07 PART 악취설비

08 PART 과년도 기출문제 풀이

09 PART 출제경향

P A R T

01

물환경정책

SECTION

01 국가환경종합계획

▪▪▪01 수립배경 및 추진경과

1 계획의 성격 및 법적근거

(1) 계획의 성격

향후 20년간(2020~2040) 국가 환경정책의 장기 비전과 전략을 제시하는 환경분야 최상위 법정계획

(2) 법적 근거 「환경정책기본법」 제14조

> **제14조(국가환경종합계획의 수립 등)**
> ① 환경부장관은 관계 중앙행정기관의 장과 협의하여 국가 차원의 환경보전을 위한 종합계획을 20년마다 수립
> ② 환경부장관은 초안을 마련하여 공청회 등을 열어 국민, 관계 전문가 등의 의견을 수렴한 후 국무회의의 심의를 거쳐 확정

2 제5차 계획 수립배경

① 2015년 '제4차 국가환경종합계획('16~'35)'을 수립하여 추진해 왔으나, 국토계획 등 타 계획과의 정합성, 지자체 환경계획과의 연계성 등에 한계

② 이에 국토－환경계획 통합관리 훈령('18.3)에 따라 제5차 국토종합계획('20~'40)과 연계하고, 경제·사회 전반의 녹색전환을 견인하기 위하여 차수를 변경하여 '제5차 국가환경종합계획('20~'40)'을 수립

•••02 그간 환경정책의 성과 및 미래 환경이슈 분석

1 그간의 성과와 한계

대기질 및 수질 개선, 재활용률 증가 등 전통적 환경문제는 개선 추세이나, 초미세먼지, 미세플라스틱, 온실가스 등과 같이 경제·사회 전반의 구조적 문제에 기인한 환경문제 해결을 위해서는 전환적 정책 추진 필요

(1) 자연

지속적인 보호지역 지정*에도 불구하고 국제협약상 목표**에는 미달하였으며, 환경용지의 타용지로의 전환*** 지속

* 보호지역('03년 7.1 → '18년 15.6%), 국가생물종 발굴('00년 28 → '18년 50.8천 종)
** 생물다양성협약 2020년 목표 : 17% / OECD 평균 보호지역 면적 : 21.6%('14년)
*** 1985~2018년간 환경용지 5.4% 감소 : 산림(-2.8%), 하천(-3.7%), 농경지(-10.8%)

(2) 대기·기후

전반적 대기질은 개선*되고 있으나 미세먼지는 선진국에 비해 높은 수준**에 있고, 온실가스는 배출감소 단계에 미달***

* SO_2 농도('00년 0.008 → '18년 0.004ppm), Pb 농도('00년 0.0934 → '18년 0.0179$\mu g/m^3$)
** 초미세먼지(PM2.5, '17) : 서울 23$\mu g/m^3$, LA 4.8$\mu g/m^3$, 도쿄 12.8$\mu g/m^3$, 파리 14$\mu g/m^3$
*** 국가 온실가스 배출량('00년 503.1 → '17년 709.1백만 톤)

(3) 물

주요하천 수질개선*, 기반시설 확충** 등 가시적 성과를 이루었으나, 유역기반의 통합적 물이용체계로의 전환요구는 지속

* '18년 전국 115개 중권역의 좋은 물 달성률(BOD 기준 84.3%, 총인 기준 77.4%)
** 상수도보급률('00년 87.1 → '17년 99.1%), 하수처리 수혜인구 비율('00년 70.5 → '17년 93.6%)

(4) 환경보건

화학물질 위해성 정보를 확보·관리하는 체계를 확립했으나, 초미세먼지, 미세플라스틱과 같은 새로운 환경유해인자 관리 필요

* 화학물질 유해성 정보 확보 건수('00년 16 → '18년 1,143건)

(5) 자원

재활용률과 폐자원 에너지화는 증가, 매립률은 감소하고 있으나, 폐비닐 수거중단, 불법 폐기물 방치 등과 같이 자원순환체계 미비점 노출

✽ 생활계폐기물 재활용률('00년 41.3 → '17년 61.6%), 매립률('00년 23.3 → '17년 8.3%)

2 미래전망 및 환경이슈 분석

(1) 사회적 측면 : 인구구조의 극적 변화와 함께 삶의 질에 대한 요구 강화

1) 인구구조

초저출산율('18년 0.98명)로 인해 2028년 정점(5,194만 명) 후 인구가 감소하게 되며, 2025년 초고령사회로 진입(고령인구 20%)

2) 가치관

1인가구 증가 및 소득 증가로 삶의 질에 대한 기대수준 고양

(2) 경제적 측면 : 양적 성장의 둔화와 경제구조의 질적 변화

생산인구 감소 등의 영향으로 성장률 둔화('40년 1.06%)가 전망되며, 공유경제, 저탄소 자원순환경제 등으로의 질적 전환 불가피

(3) 기술적 측면 : 스마트 정보기술 고도화와 에너지 · 교통 신기술 등장

① ICT, 빅데이터, AI 등으로 정보 · 에너지 · 모빌리티의 초연결사회 도래
② 태양광 등 재생에너지의 생산단가 하락, 초고효율 전기차 배터리, 수소연료전지차 등 에너지 · 교통 분야 혁신적 신기술의 등장

(4) 기후 · 환경적 측면 : 기후변화의 계속적 진행과 인류세 개념 주류화

① 기후변화가 지속되어 극한기상이 더 빈발하고 기후피해비용 급증
② 지구환경 악화에 대한 인류의 주된 책임을 강조하는 인류세(人類世, Anthropocene) 개념의 주류화로 인류문명 전반의 녹색전환 압력 강화

(5) 정치·행정적 측면 : 지방분권 확대 및 남북 환경협력 기회 상존

지방분권 및 균형발전 요구가 확대되며, 한반도 평화경제 실현 과정에서 남북 환경협력 본격화 가능성 상존

▼ 미래 트렌드에 따른 환경정책 이슈

부문	미래 트렌트	환경정책 이슈
사회	인구감소 및 초고령사회, 개인화	스마트 축소, 삶의 질을 높이는 환경서비스
경제	경제성장 둔화, 경제구조 질적 변화	저탄소 자원순환형 경제구조로 녹색전환
기술	스마트 정보기술 및 에너지·교통 신기술	신기술을 활용한 기후·환경문제 해결
환경	인류세 개념 주류화, 기후변화 지속	글로벌 환경규제 강화, 기후적응 필요
정치	지방분권, 균형발전, 한반도 평화경제	환경거버넌스 강화, 남북 환경협력

❑ 미래전망에 따른 환경이슈와 정책적 시사점

STEEP(Social, Technological, Economic, Environmental, Political) 기법을 바탕으로, 주요기관 전망치, 문헌조사, 전문가 델파이(Delphi) 기법 등을 활용하여 미래 트렌드를 분석하고, 정책적 시사점 도출

⋯03 제5차 국가환경종합계획의 주안점

1 형식적 측면

(1) 소통형 계획

국민이 직접 참여하는 국민참여단* 운영, 지방연구원 · 지자체공무원 의견수렴, 전문가 자문단 자문 등 광범위한 소통을 통해 수립

＊ 자발적으로 신청한 국민 93명, 미래세대(청소년) 15명 등 총 108명 참여

(2) 환경 — 국토 연계 계획

환경연 — 국토연 실무협의체를 통해 미래전망을 공유하고, 통합관리 5대 전략을 채택함으로써 계획간 정합성 강화

(3) 중앙 — 지방 연계 계획

국가환경종합계획이 지자체 환경보전계획에 반영되도록 승인절차 및 계획평가 제도 도입 예정(「환경정책기본법」 개정)

2 내용적 측면

(1) 경제 · 사회 전반의 대전환 방향성 제시

① 탈석탄, 탈내연기관, 탈플라스틱 등 저탄소 순환경제의 방향성 제시
② 인구감소 시대에 컴팩트 스마트 시티라는 도시의 미래상을 설정하고, 최고수준의 녹색기술 보유국으로 발전하기 위한 방향성 제시
③ 환경정의와 환경민주주의 실현을 위한 전략 마련

(2) 공간 환경전략 제시

① 권역별 공간 환경계획 제시로 국토관리 패러다임의 녹색전환 견인
② 국토생태축의 연결성을 강화하고, 지자체 공간환경계획과 연계되어 광역 — 지방의 초연결 생태축 구축방안 제시

❑ 환경 – 국토계획 통합관리

1 추진배경

보전과 개발이 조화되는 지속가능한 국토 발전을 도모하기 위해 환경계획과 국토계획의 통합관리 추진(근거법 마련('15~'16년), 공동훈령 제정('18.3월), 국가계획수립협의회 발족('18.10월), 국가계획 수립('18.8월~))

2 2040년 환경 – 국토계획 통합관리 비전

국민과 함께 여는 지속가능한 생태국가(환경)	+	모두를 위한 국토, 함께 누리는 삶터(국토)	=	지속가능한 국토발전

3 환경 – 국토계획 통합관리 5대 전략

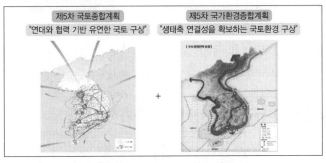

① 인구감소 시대에 대응한 국토공간 구조 개편
- 스마트축소 : 도시내 부지 우선 활용 및 녹지 확대
- 친환경관리 : 유휴 · 방치공간 재자연화, 쇠퇴지역 복원
② 국토 – 환경 연결성 강화
- 연결성 강화 : 백두대간 등 국토환경 네트워크 강화
- 생태공간 확충 : 생태훼손 · 단절지역 복원 등
③ 기후변화에 대응한 저탄소 국토환경 조성
- 저탄소 : 온실가스 저감 그린인프라 구축
- 회복력 : 기후재난, 재해 안전관리망 확충
④ 첨단기술 활용한 혁신적 국토–환경 공간 구현
- 스마트인프라 : 첨단기술을 접목한 스마트 그린인프라 보급
- 신산업기반 : 친환경 산업분야 육성 등
⑤ 남북협력과 국제협력을 통한 글로벌 위상 제고
- 남북협력 : 한반도 주요 생태축 연결 및 복원 등
- 국제협력 : 국제기구 역할 강화, 신기후체제 이행 등

4 환경 – 국토계획 통합관리 이행평가 : 정책환류 강화

- 모니터링 : 모니터링 정보를 공유하는 상호보완적 체계 구축, 정책환류체계 마련
- 계획평가 : 지자체 국토–환경계획 연동은 국토계획평가, 전략평가 등 기존 평가제도를 활용하여 평가 관리
- 지표활용 : 통합관리 지표를 공동 발굴하고 모니터링· 평가에 활용

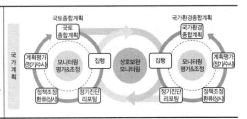

•••04 계획의 비전과 목표 · 전략

1 계획의 비전

"국민과 함께 여는 지속가능한 생태국가"

2 3대 목표와 7대 전략

국토 생태용량을 적극적으로 늘리고, 그 속에 사는 국민을 행복하게 하며, 경제 · 사회 시스템 전반의 녹색화를 견인하는 환경을 목표로 설정
• 이를 실현하기 위해 환경정책 전 분야를 포괄하는 7대 전략 제시

" 국민과 함께 여는 지속가능한 생태국가 "

자연 생명력이 넘치는 녹색환경	삶의 질을 높이는 행복환경	경제 · 사회시템을 전환하는 스마트환경

1	생태계 지속가능성과 삶의 질 제고를 위한 국토 생태용량 확대
2	사람과 자연의 지속간으한 공존을 위한 물 통합관리
3	미세먼지 등 환경위해로부터 국민건강 보호
4	기후환경 위기에 대비된 저탄소 안심사회 조성
5	모두를 포용하는 환경정책으로 환경정의 실현
6	산업의 녹색화와 혁신적 R&D를 통해 녹색순환경제 실현
7	지구환경 보전을 선도하는 한반도 환경공동체 구현

‖ 제5차 국가환경종합계획 비전체계도 ‖

···05 전략별 핵심 추진과제

1 생태계 지속가능성과 삶의 질 제고를 위한 국토 생태용량 확대

> ※ 국가-광역-도시를 잇는 국토생태축 확립과 적극적 복원
> ※ 도시의 스마트 축소와 유휴지역 재자연화로 생태용량 순증 전환

(1) 백두대간에서 우리동네까지 국토 연결성 확보

1) 국토생태축 연결

생태녹지축(백두대간, DMZ, 정맥)과 연안수계축(5대강, 연안)의 훼손·단절된 곳을 복원하여 연결성 강화

2) 생태용량 증진

국토우수생태계지역(보호지역+생태자연도 1등급지역)을 확대하고, 국가-지역(시·군·구) 단위 자연 총량제 설계·도입 추진

(2) 스마트 녹색도시 실현

1) 집약적 공간활용

지속적인 인구감소에 대비, 도시지역 내 공간을 집약적으로 활용하고, 그 외 지역(폐부지·유휴지역)을 재자연화

2) 스마트녹색도시 실현

스마트기술을 활용하여 에너지, 환경자원 등의 자원효율성을 제고하는 도시 신진대사 계획·관리기법 적용

(3) 생태계서비스 강화

1) 생태경제 활성화

생태우수지역 중심으로 '(가칭)생태계서비스활성화촉진지역'을 지정하여 생태관광, 휴양, 생태경제산업을 활성화

2) 국민참여 확대

국민참여형 생태계서비스 평가를 실시하고, 평가결과를 국가 · 지역 환경계획 및 환경영향평가에 연계

주요 지표	단위	현재	→	2030	→	2040
국토우수생태계지역	%	24.8('18)	→	27	→	33
생태웨손지역 보전 · 복원	ha	465('17)	→	1,200	→	2,000
국가생물종 목록화 수	천종	50.8('18)	→	68	→	75
생태계서비스 활성화 촉진지역 지정	건	–	→	20	→	50
국가 연안 · 해양건강성 지수(OHI)	100점	77('18)	→	80	→	85

❏ 국토생태축 구축 및 스마트 축소

1 국토생태축 연결성 확보

주요 정맥축을 포함하여 백두대간과 주요 강 등 생태축을 보전하고 훼손 · 단절된 곳은 복원하여 연결

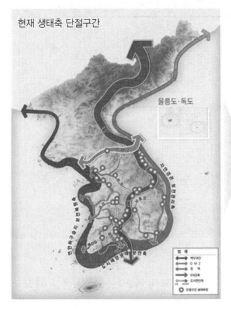

┃ 국토생태축 구축 ┃

2 스마트 축소와 재자연화

스마트 축소를 통해 도시 신진대사 효율화, 유휴 · 폐부지는 재자연화하고 지역 생태자원으로의 활용

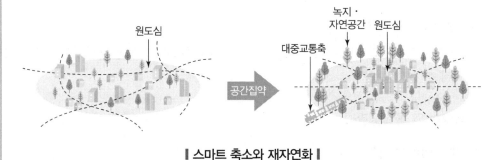

┃ 스마트 축소와 재자연화 ┃

❷ 사람과 자연의 지속가능한 공존을 위한 물 통합관리

> ※ 수량 – 수질 – 수생태계 – 수해방지를 통합적으로 고려
> ※ 지역의 이해관계자가 폭넓게 참여하는 유역기반의 물 관리

(1) 국토혈관으로 연결되고 순환하는 물

1) 물순환 건전성 증대

물순환목표제 도입 등 유역별 물순환 관리체계 구축

2) 낭비 없는 물서비스

유역별 수요관리 우선 고려 및 하수 재이용 등 수자원 이용의 효율성 극대화

(2) 안전하고 건강한 물관리

1) 수질관리

미세플라스틱, 의약품 등 미량 유해물질 관리를 강화하여 먹는물 안전성 확보

2) 수해관리

수문 · 기상정보 통합시스템을 통한 실시간 정보활용으로 상습침수지역 침수예방과
지역 맞춤형 가뭄대책 지원

3) 생태계건강성 확보

하천 구조물로 단절된 수생태계를 복원하고 유역특성을 고려한 서식처 복원 등으로
생태계 건강성 증진

(3) 유역 기반의 통합물관리

1) 지역 거버넌스 강화

중앙정부 위주의 정책에서 전환하여 유역내 이해관계자가 폭넓게 참여하는 유역단위
물관리 거버넌스 확립
* 지역의 산업 · 역사 · 문화 등 여건을 반영한 중권역 · 소권역 단위 물관리 추진

2) 물산업 육성

물분야 R&D 통합 및 물산업클러스터의 신속한 성과도출로 물기술 · 산업 혁신 추진

주요 지표	단위	현재	→	2030	→	2040
불투수면적율	개	51('17)	→	30	→	10
수돗물 음용률(음식조리 등)	%	49.4('17)	→	55	→	60
물 공급 안전율	%	67.6('17)	→	98	→	100
홍수예보지점	개	60('19)	→	110	→	170
신규오염물질 관리항목	개	55('17)	→	100	→	120
물산업 일자리	만개	16.3('17)	→	20	→	25

③ 미세먼지 등 환경위해로부터 국민건강 보호

※ 미세먼지(및 온실가스) 해결을 위해 탈석탄사회로의 전환 추진
※ 유해화학물질, 미세플라스틱 등에 대한 모니터링 및 관리 강화

(1) 석탄의존사회 탈피

1) 탈석탄사회로 전환

석탄발전 신규건설 중지 및 과감한 추가 감축, '탈석탄 로드맵'에 대한 사회적 대화 추진

2) 환경비용 내재화

대기오염 · 기후변화로 인한 환경비용을 총비용에 내재화하여 저탄소 에너지원으로의 전환 촉진

(2) 초미세먼지 등 실내 · 외 공기질 관리

1) 대기질 관리

친환경 연료 전환, 배출시설 관리 강화, 미세먼지 집중관리구역 지정 등을 통해 대기질 관리 강화
① 목표 강화 : 초미세먼지($PM_{2.5}$) 환경기준 강화 및 관리대상 확대
② 지역관리 강화 : 오염물질의 지역간 이동·확산에 대한 조사를 바탕으로 지역 단위 오염물질 관리 강화

2) 실내공기질 관리

유해대기오염물질, 실내 초미세먼지, 오존, 라돈, 곰팡이 등 실내공기질 관리 강화

(3) 유해물질관리 강화

1) 화학물질관리

유통되는 화학물질의 유해성정보 100% 확보

2) 유해물질관리

미세플라스틱 등 신규 유해물질 이동 모니터링과 위해성 평가 등을 통한 관리방안과 제도 정비

주요 지표	단위	현재	→	2030	→	2040
초미세먼지 환경기준(PM$_{2.5}$, 연간)	$\mu g/m^2$	15	→	–	→	10
초미세먼지 농도(PM$_{2.5}$, 연간)	$\mu g/m^2$	23('18)	→	16('24)	→	10
석면슬레이트 함유 건축물 수	만동	128	→	70	→	0
유통 화학물질 유해성 정보 확보율	%	5	→	70	→	100

4 기후환경 위기에 대비된 저탄소 안심사회 조성

※ 자동차의 탈내연기관화 등 전환적 온실가스 감축정책 추진
※ 그린인프라 등을 통해 기후위기에 대비된 기후탄력도시 실현

(1) 자동차의 탈내연기관화 등 온실가스 감축정책 적극 추진

1) 자동차의 탈내연기관화

탈내연기관 자동차로의 전환을 위한 이행기준과 정책수단 등을 마련
※ 이행기준 : 배출기준 및 연비기준 강화, 자동차 온실가스 배출허용 기준 강화 등
※ 정책수단 : 저공해차 보급목표제 안정적 추진, 보급의무비율 단계적 강화 등

2) 감축목표 강화

국제사회 기후변화 대응목표에 부합하는 2040년 온실가스 목표배출량을 설정하여 적극 추진

3) 감축-적응 공동편익 정책추진

녹색건축, 기후스마트도시 등 적응-감축 간 공동편익을 동반하는 사업모델 발굴 및 기술개발 확대

(2) 기후위기 등 미래 환경이슈에 대비된 안심사회 조성

1) 기후탄력도시 실현

도시재생 뉴딜, 물순환도시, 녹지확충 등 인프라구축사업과 기후변화 취약성 저감기술을 융합하여 기후위험에 대응

2) 기후위험 대응강화

SOC 관리 공공기관의 적응대책 수립 의무화 및 민간의 기후위험 대비 지원방안 마련

3) 미래환경위험 준비강화

기후−기술−사회 등 미래 환경위험 목록을 구축하고 파급영향에 대한 국가적 대응 전략 마련

주요 지표	단위	현재	→	2030	→	2040
전기 · 수소차 보급	%	1.7('18)	→	33.3	→	80
기후탄력도시 조성	건	−	→	10	→	30
기후보험(농작물재해보험)가입	%	33.1('18)	→	45	→	60
CTCN 연계 개도국 협력 · 지원	건수(누적)	4('18)	→	50	→	100

5 모두를 포용하는 환경정책으로 환경정의 실현

※ 환경정의 실현(절차적, 분배적, 교정적)을 위한 제도기반 마련

(1) 공간적 · 계층적 환경불평등 진단 · 개선사업 강화

1) 환경불평등 진단

환경 부정의와 관련된 빅데이터를 분석하여 취약지역 · 계층에 대한 환경질 불평등 실태진단

* 주거지−공장 혼합 난개발 지역, 유해물질 고배출 사업장 인근지역 등

2) 교정사업 강화

환경불평등 지역 · 계층에 대한 적극적 교정사업 추진

(2) 환경권 보장 제도 강화

1) 포괄적 환경정의 추진

- 현세대를 넘어 미래세대와 생태계까지 포용하는 확장된 환경정의 개념을 확립하고 정책에 반영
- '환경권위원회(가칭)'를 설치하여 환경정의를 위한 제도적 기반 마련

2) 사전적 사회영향평가

지역주민 이주 등 개발로 인한 환경불평등이 최소화되도록 하는 사전적 사회영향평가 제도 도입 모색

3) 환경교육 강화

기후환경 위기에 대응하는 환경교육 강화

(3) 환경정보 알권리와 피해자 구제 강화

1) 절차적 환경정의

오염배출, 화학물질 취급·유통 등 각종 환경정보의 공개를 확대하고, 개발사업의 기획 및 타당성조사 단계에서 국민참여 및 정보공개 보장

2) 환경피해구제 강화

신속한 구제급여 지급, 생활화학제품 피해구제제도 도입 등을 통해 환경피해구제의 실효성 제고

주요 지표	단위	현재	→	2030	→	2040
인구집단·지역별 환경질·서비스 평가체계 구축	–	환경정의 평가체계 구축 추진	→	환경정의 평가 및 부정의 개선 정책 도출	→	개선정책 이행
취약계층 환경복지서비스 제공(의료지원)	명 (누적)	1,341	→	3,800	→	5,800
취약계층 환경피해 법률지원	건수/년	6('17)	→	50	→	100
녹색전환을 위한 정책 정합성 확보	–	부처간 정책 정합성 미흡	→	녹색 전환을 위한 정책·계획 검토제도 마련	→	제도 정착

6 산업의 녹색화와 혁신적 R&D로 저탄소 순환경제 실현

> ※ 폐플라스틱 환경배출 제로 달성을 위해 플라스틱 대체물질 개발
> ※ 미래 환경문제 해결을 위한 기술 · 정책 연계 로드맵 수립

(1) 플라스틱 문명 탈피 및 자원가치 극대화

1) 탈플라스틱화

환경무해 플라스틱 및 플라스틱 대체물질 개발 적극 추진

2) 플라스틱 재활용 확대

플라스틱 제품 감량과 일회용 단계적 금지(~'40년, 70% 감축), 플라스틱 100% 재사용 · 재활용

3) 자원 전과정관리

원료의 투입, 생산공정, 재활용까지 전 과정에 대한 자원효율 지표 및 관리 시스템 마련

(2) 최고수준의 환경기술과 R&D 혁신 실현

1) 환경기술개발

환경 분야 국내기술과 선진국 최고기술 간 격차를 3개월 이내로 축소

2) 유망환경기술 선정 · 집중개발

경제 · 사회 · 환경 등 전 분야를 고려*하여 미래 환경문제 해결을 위한 기술을 선정 · 개발하고 정책과 연계

  * 환경측면(환경부하 · 환경영향 감축 등), 경제적 측면(피해억제비용 최소화, 일자리 효과), 사회적 측면(환경복지, 공유가치창출, 사회적 갈등해소)에서 부가가치가 높은 환경기술

(3) 환경기업 육성과 일자리 창출

1) 환경기업 육성

창업 전과정 지원, 분야별 · 지역별 거점 생태계* 조성, 환경강소기업 투 · 융자 확대를 통해 환경산업 적극 육성

  * 수도권 에코사이언스파크, 대구 물산업클러스터, 광주 공기산업클러스터 등

2) 일자리 창출

환경위해관리, 폐자원에너지화 등 미래가치가 높은 자격증을 신설하고, 인력양성 및 일자리 연계사업 추진

주요 지표	단위	현재	→	2030	→	2040
환경 · 기상 기술격차	년	4.1('18)	→	2 (일본수준)	→	0.25 (EU 수준)
환경산업 비중(GDP 대비)	%	5.4%('17)	→	7	→	10
자원생산성	USD/kg	3.2('17)	→	4.0	→	5.0
순환이용률	%	70.3('16)	→	82.0('27)	→	90
플라스틱 재활용률	%	62.0('17)	→	70	→	100
환경세 수입 비중(GDP 대비)	%	2.6('14)	→	3.5	→	5.0

7 지구환경 보전을 선도하는 한반도 환경공동체 구현

※ 북한의 환경복원을 지원 · 협력하고, 한반도 생태네트워크 구축
※ 국제협약을 성실히 이행하고, 개도국의 지속가능한 발전 지원

(1) 한반도 및 동북아 환경협력 강화

1) 남북협력기반

남북공동환경위원회 구성 · 운영을 추진하여 한반도 지속가능성 제고

2) 남북협력사업

- 북한 환경을 복원하기 위한 '한반도 환경프로젝트(가칭)*'를 준비하고, 남북 생태축을 연결하여 한반도 생태네트워크 구축

  ＊ 북한의 환경상태를 정확히 진단하고, 이를 바탕으로 자연생태, 수질, 상하수도 등 부문별 환경개선 프로젝트 추진

- 북한의 전통의학(고려의학) 지식과 남한의 생물산업 기술을 결합한 한반도 생물자원 산업 적극 육성

3) 동북아 환경협력

동북아 6개국 공동 대기오염 정보 교환 및 공동연구, 감축프로그램 등 양자 · 다자간 환경협력을 동북아 지역협력으로 발전

(2) 국제협약의 성실한 이행과 개도국 지원 강화

1) 국제협약 성실 이행

기후변화협약, 생물다양성협약 등 환경분야 국제협약을 성실히 이행하고 관련 국제
논의 주도 노력

2) 국제협력 공조 · 선도

GCF, GGGI, UNFCCC 등 국제기구와 협력을 통해 개도국 기후변화 대응을 위한 기
술적 · 재정적 지원 강화

3) 개도국 협력

2030 지속가능발전목표(SDGs)에 기여하는 개도국 협력사업, 특히 환경을 고려한
개발협력사업을 적극 확대

주요 지표	단위	현재	→	2030	→	2040
한반도 생태 네트워크 구축	–	–	→	백두대간 중심 생태축 연결사업 추진	→	한반도 육상 및 해양생태축 연결
기후변화 및 생물다양성 국제협약 공조와 주도	–	협약별 MRV 시행 및 결과 공유	→	주요 의사 결정권 확보	→	국내 기술 주도의 협약 이행사업 추진
환경분야 개발도상국 SDGs 이행 지원 사업 전개 및 확대	–	지원체계 수립 및 국가별 단위 사업 지원	→	SDGs 이행 지원 사업 전개 : ASEAN 포함 아시아권 전역	→	SDGs 이행 지원 사업 전개 : 아프리카 및 중남미 전역

❏ 권역별 공간 환경전략

> ※ 생태환경, 생활환경, 미래환경 분야별 빅데이터, GIS 등 분석 → 권역별 공간 환경전략과 중점관리방향 도출
>
> * 기존 국가환경계획과의 연계성, 행정구역 및 환경관리 협력 · 이행, 자연환경 및 유역특성 등을 고려하여 한강수도권 등 6개 권역으로 구분

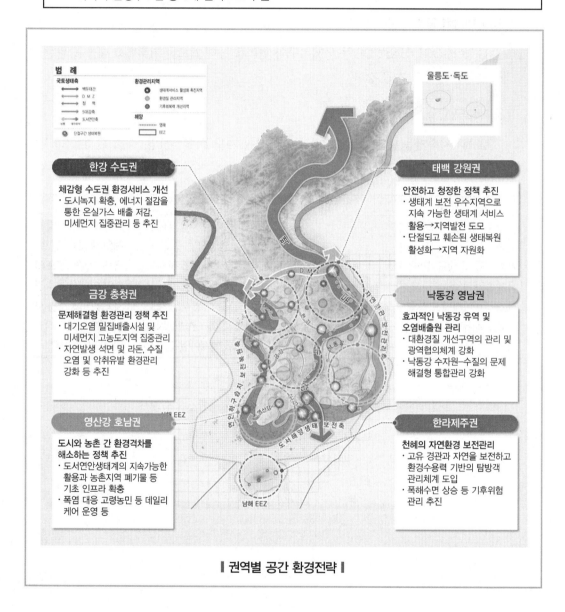

한강 수도권

체감형 수도권 환경서비스 개선
· 도시녹지 확충, 에너지 절감을 통한 온실가스 배출 저감, 미세먼지 집중관리 등 추진

금강 충청권

문제해결형 환경관리 정책 추진
· 대기오염 밀집배출시설 및 미세먼지 고농도지역 집중관리
· 자연발생 석면 및 라돈, 수질 오염 및 악취유발 환경관리 강화 등 추진

영산강 호남권

도시와 농촌 간 환경격차를 해소하는 정책 추진
· 도서연안생태계의 지속가능한 활용과 농촌지역 폐기물 등 기초 인프라 확충
· 폭염 대응 고령농민 등 데일리 케어 운영 등

태백 강원권

안전하고 청정한 정책 추진
· 생태계 보전 우수지역으로 지속 가능한 생태계 서비스 활용→지역발전 도모
· 단절되고 훼손된 생태복원 활성화→지역 자원화

낙동강 영남권

효과적인 낙동강 유역 및 오염배출원 관리
· 대환경질 개선구역의 관리 및 광역협의체계 강화
· 낙동강 수자원~수질의 문제 해결형 통합관리 강화

한라제주권

천혜의 자연환경 보전관리
· 고유 경관과 자연을 보전하고 환경수용력 기반의 탐방객 관리체계 도입
· 폭해수면 상승 등 기후위험 관리 추진

┃ 권역별 공간 환경전략 ┃

SECTION 02 국가 물관리 기본계획

01 계획의 개요

1 계획 수립의 배경

① 기후 변화, 경제·사회 여건 변화 등에 효과적으로 대응하고, 지속가능한 물관리 체계를 구축하기 위해 새로운 물관리 계획 필요
- 기후위기 불확실성 증가 등으로 물관리 여건은 갈수록 악화될 전망
- 인구감소와 저성장 시대로 전환되는 기로에서 지속가능한 국가발전과 국민들의 물 기본권 보장을 위한 새로운 물관리 방향 모색 필요

② 인간과 자연을 함께 고려하고, 공급자 중심에서 수요자 중심으로 물관리 체계의 변화를 위한 비전·전략이 요구되는 상황
- 생물 서식공간으로서의 물의 기능·가치를 이해하고, 훼손된 수생태 환경의 개선·복원을 위한 노력이 필요하다는 인식 확산
- 물 공급 서비스의 양적·질적 불균형을 해소하고, 물 수요자의 다양한 물의 가치를 폭넓게 충족시키기 위한 정책과제 발굴 필요
- 국민참여 요구 증대, 지방분권화 등 정책환경 변화를 고려하여 국민들이 직접 참여하는 물관리 체계 구축 방안 모색 필요

③ 물관리 인프라 노후화, 대규모 신규 수자원 확보 곤란 등의 상황에서 국민들의 안전 확보와 삶의 질 향상을 위한 물관리 전략 마련 긴요
- AI, IoT, 빅데이터 등 첨단기술을 통한 물 인프라 관리 선진화, 기 확보된 수자원의 합리적 활용 방안 등 정책 대안을 적극 강구할 필요

④ 물관리 일원화, 물관리기본법 제정·시행 등 우리나라 물관리 체계의 혁신기에 정책의 구심점 역할을 수행할 통합물관리 전략 마련 요구
- 정부조직법 개정('18.6월, '20.12월)으로 국토부의 수자원 및 하천관리 업무가 환경부로 이관되어 20여 년 만의 물관리 일원화 실현
- 물관리기본법('18.6월 제정, '19.6월 시행)에 물과 관련된 최상위 계획인 '국가 물관리 기본계획' 수립 근거 마련

2 계획의 법적 근거와 범위

① 법적 근거(「물관리기본법」 제27조)
- 수립 : 환경부 장관이 10년마다 수립, 여건변화 등 고려 5년마다 변경
- 심의 · 의결 : 국가물관리위원회(이하 "국가위")가 심의 · 의결
- 절차

계획(안) 마련(환경부) ➡ 관계부처 및 유역물관리위원장 협의(환경부) ➡ 심의 제청
(환경부 → 국가위) ➡ 공청회(국가위) ➡ 심의 · 의결(국가위) ➡ 공고(환경부)

☐ 물관리기본법

제27조(국가물관리기본계획 수립 등)
① 환경부장관은 10년마다 관계 중앙행정기관의 장 및 유역물관리위원회의 위원장과 협의하고 국가
물관리위원회의 심의를 거쳐 다음 각 호의 사항을 포함한 국가물관리기본계획(이하 "국가계획"이
라 한다)을 수립하여야 한다.

② 계획의 범위 및 포함 내용
- 시간적 범위 : 2021년 ~ 2030년
- 공간적 범위 : 대한민국 국토 전역(4대 유역, 17개 시도, 하구 · 연안 포함)
  - 빗물이 지표수 · 지하수의 형상으로 흘러서 바다에 이르고 다시 비가 되는 물순환 과
정의 모든 공간(산림, 농촌, 도심, 하천, 하구 · 연안, 도서 등)
- 포함 내용(「물관리기본법」 제27조 제1항 및 동법 시행령 제13조제1항)

> ① 국가 물관리 정책의 기본목표 및 추진방향
> ② 국가 물관리 정책의 성과평가 및 물관리 여건의 변화 및 전망
> ③ 물환경 보전 및 관리, 복원에 관한 사항
> ④ 물의 공급 · 이용 · 배분과 수자원의 개발 · 보전 및 중장기 수급 전망
> ⑤ 가뭄 · 홍수 등으로 인하여 발생하는 재해의 경감 및 예방에 관한 사항
> ⑥ 기후변화에 따른 물관리 취약성 대응 방안
> ⑦ 물분쟁 조정 및 수자원 사용의 합리적 비용 분담 원칙 · 기준
> ⑧ 물관리 예산의 중 · 장기 투자 방향에 관한 사항
> ⑨ 물산업의 육성과 경쟁력 강화
> ⑩ 유역물관리종합계획의 기본 방침
> ⑪ 물관리 국제협력에 관한 사항
> ⑫ 남북한 간 물관리 협력에 관한 사항
> ⑬ 물관리 관련 조사연구 및 기술개발 지원에 관한 사항
> ⑭ 국가물관리기본계획의 연도별 이행상황 평가에 관한 사항

③ 계획의 성격, 위상, 원칙

(1) 계획의 성격 및 위상

① 물관리기본법 제정의 배경 및 취지를 준수하고 구체화하는 계획
- 기본법의 목적(제1조), 기본이념(제2조), 12대 기본원칙(제8조~19조)을 준수

❑ **물관리기본법**

> **제2조(기본이념)**
> 물은 지구의 물순환 체계를 통하여 얻어지는 공공의 자원으로서 모든 사람과 동·식물 등의 생명체가 합리적으로 이용하여야 하고, 물을 관리함에 있어 그 효용은 최대한으로 높이되 잘못 쓰거나 함부로 쓰지 아니하며, 자연환경과 사회·경제 생활을 조화시키면서 지속적으로 이용하고 보전하여 그 가치를 미래로 이어가게 함을 기본이념으로 한다.

- 국가의 물관리 비전과 기본원칙을 정립하고, 기본목표를 제시하며, 이를 이행하기 위한 주요 정책방향 및 이행평가 체계 등을 구체화
② 물 관련 관계기관이 모두 참여하여 수립하는 통합형 계획
- 물 관련 정부부처의 장, 물 관련 공공기관의 장, 유역물관리위원회(지자체 포함) 위원장, 각 계 전문가 및 시민단체 등으로 구성된 물 관련 최상위 의사결정기구(국가물관리위원회)에서 심의·의결
③ 각 분야별 물관리 계획을 아우르는 물 관련 국가 최상위 계획
- 지표수·지하수(빗물 포함)의 수질·수량·수재해·수생태·농업용수 관리뿐만 아니라, 상하수도·하천·댐·저수지 등 물관리 인프라 전체를 아우르는 국가의 모든 물 관련 계획들의 기본이 되는 계획
④ 실증 기반의 과학적 분석을 통해 물 문제를 진단하고, 소통·협력을 통해 미래 물관리 방향을 모색하는 전략계획
- 물 문제 진단 시 데이터에 기반한 충분한 분석 자료를 활용하고, 분석결과 공개 등을 통해 하위계획 수립 시 활용 도모
- 중앙·지방 관계공무원, 학술단체·시민단체 등 전문가 그룹뿐만 아니라, 일반 국민들이 계획 수립에 직접 참여하는 계획
  ※ 온라인 플랫폼(www.nwbp.re.kr), Youtube 채널, 대국민 설문(3천 명), 네이버·국민생각함, 국민소통포럼(2회) 등 다양한 소통 채널을 운영

(2) 계획의 기본원칙

국가물관리기본계획은 물관리기본법 물관리의 12대 기본원칙을 준수

1. **물의 공공성** : 국민 모두는 공공의 이익을 침해하지 않고, 국가의 물관리 정책에 지장을 주지 아니하며, 물환경에 대한 영향을 최소화하는 범위에서 물을 이용한다.

2. **건전한 물순환** : 국가와 지방자치단체는 생태계의 유지와 인간의 활동을 위한 물의 기능이 정상적으로 유지될 수 있도록 건전한 물순환을 위해 노력한다.

3. **수생태환경의 보전** : 국가와 지방자치단체는 생물 서식공간으로서의 물의 기능 · 가치를 고려하여 훼손된 수생태 환경 개선 · 복원 등 지속가능한 수생태환경 보전을 위해 노력한다.

4. **유역별 관리** : 물은 유역 단위로 관리되어야 함을 원칙으로 하되, 유역 간 물관리는 조화와 균형을 이루어야 한다.

5. **통합물관리** : 국가와 지방자치단체는 지표수와 지하수 등 물순환 과정에 있는 모든 형상의 물이 상호 균형을 이루도록 하고, 물과 관련된 정책을 수립 · 시행할 때에는 물순환 과정의 전주기를 고려하며, 자연환경 및 경제 · 사회에 미치는 영향 등을 종합적으로 고려하여야 한다.

6. **협력과 연계관리** : 국가와 지방자치단체는 물관리 정책을 시행함에 있어 유역 전체를 고려하여야 하며, 어느 한 지역의 물관리 여건 변화가 다른 지역의 물순환 건전성에 나쁜 영향을 미치지 않도록 유역 · 지역 간 연대를 이루어야 한다.

7. **물의 배분** : 국가와 지방자치단체는 물을 합리적이고 공평하게 배분하여야 하며, 동 · 식물 등 생태계의 건강성 확보를 위한 물의 배분도 함께 고려하여야 한다.

8. **물수요관리 등** : 국가와 지방자치단체는 수자원의 개발 · 공급에 관한 계획을 수립하려는 경우에 물수요를 적정하게 관리하여야 할 필요성을 고려하여야 하며, 수자원 부족 또는 가뭄 · 홍수로 인한 재해에 대비하여 강수의 관리 · 이용 및 하수의 재이용, 짠물의 민물화 등 대체수자원을 개발하고 재해예방을 위한 기술개발을 적극적으로 장려하여야 한다.

9. **물 사용의 허가 등** : 물을 사용하려는 자는 관련 법률에 따라 허가 등을 받아야 한다.

10. **비용부담** : 물을 사용하는 자에 대하여 그 비용의 전부 또는 일부를 부담시킴을 원칙으로 한다(특별한 사정이 있는 경우 제외). 물관리에 장해가 되는 원인을 제공한 자가 있는 경우에 그 장해의 예방 · 복구 등 물관리에 드는 비용의 전부 또는 일부를 부담시킴을 원칙으로 하고, 그 비용은 물관리를 위해 사용한다.

11. **기후변화 대응** : 국가와 지방자치단체는 기후변화로 인한 물관리 취약성을 최소화하여야 하며, 물순환 회복 등을 통하여 적극적으로 기후변화에 대응할 수 있는 물관리 방안을 마련하여야 한다.

12. **물관리 정책 참여** : 물관리 정책 결정은 국가와 지방자치단체 관계 공무원, 물 이용자, 지역 주민, 관련 전문가 등 이해관계자의 폭넓은 참여 및 다양한 의견 수렴을 통하여 이루어져야 한다.

(3) 다른 계획과의 관계

① 다른 분야의 최상위 계획과 대등한 위계에서 물관리 정책 방향을 제시
- 국가환경종합계획, 국토종합계획, 기후변화대응기본계획, 지속가능발전기본계획, 국가안전관리기본계획, 환경관리해역기본계획 등 타분야 최상위 계획과 일관성 및·정합성 유지
② 물 관련 최상위 계획으로서 물 관련 하위 계획들의 구심점 역할 수행
- 중앙정부의 장은 물 관련 계획(물관리기본법 시행령 제13조 제4항의 계획) 수립·변경 시 국가물관리기본계획과 부합하도록 하여야 하며, 부합성 여부에 대해 국가물관리위원회의 심의 필요(물관리기본법 제27조)
- 유역물관리위원장은 유역물관리종합계획 수립 시 국가물관리기본계획과 부합성 여부에 대해 국가물관리위원회의 심의 필요(물관리기본법 제29조)

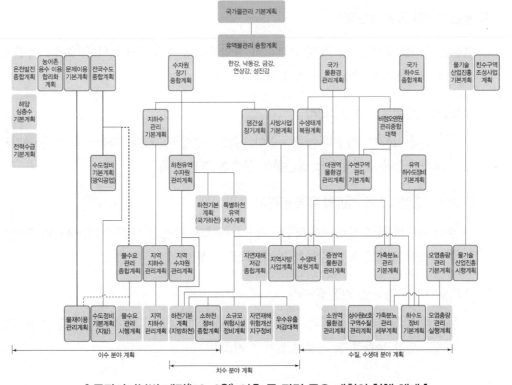

┃물관리기본법 제정('18. 6월) 이후 물 관련 주요 계획의 현행 체계┃

••• 02 계획의 비전, 목표, 혁신 방향

1 2030 비전, 목표, 3대 혁신 정책방향

(1) 비전 : 자연과 인간이 함께 누리는 생명의 물

① **함께 누리는 :** "인간 중심"에서 "자연과 인간의 균형점"을 지향하고, 인간 사회의 지역 간, 소득수준 간 물복지 격차의 해소를 추구

② **생명의 물 :** 모든 생명의 근원인 물을 안전하고, 건강하고, 풍부하게 하여 인간과 자연 모든 삶의 번영이 지속되도록 관리

(2) 목표 : 건전한 물순환 달성(물관리기본법의 목적 및 기본이념)

① 기본목표 1 : 유역 공동체(인간과 자연) 모두의 건강성 증진
② 기본목표 2 : 지속가능한 물 이용 체계 확립으로 미래 세대 물 이용 보장
③ 기본목표 3 : 기후위기에 강한 물안전 사회 구축

(3) 통합물관리 3대 혁신정책

기후위기 시대에 대응하고 유역 물관리 및 통합물관리 체계 구현을 위해 「6대 분야별 추진전략」에 공통으로 적용되는 핵심 정책

1) 물순환 전 과정의 통합물관리

지표수와 지하수, 하천과 하구 · 연안, 수량 · 수질 · 수생태, 가뭄 · 홍수, 물관리와 국토개발 등을 통합적으로 접근하여 물순환 건전성 제고

2) 참여 · 협력 · 소통 기반의 유역 물관리

유역 기반의 협력 거버넌스 확립 · 확산으로 소통 중심의 시민체감형 물관리 서비스를 강화하고 물로 인한 갈등을 합리적으로 조정

3) 기후위기 시대 국민 안전 물관리

물관리 전 과정의 탄소 저감, 4차 산업기술을 통한 물관리 체계 확립 등을 통해 기후변화로 인한 물관리 전 과정의 취약성 최소화

(4) 6대 분야별 추진전략

※ (전략 1~3) 전통적 물관리 3대 분야별(수질·수생태, 이수, 치수) 전략
(전략 4~6) 3대 분야별 전략을 효과적으로 추진하기 위한 기반·역량 강화 전략

1) 물환경의 자연성 회복

공공수역의 깨끗한 수질 확보 및 수생태계 건강성 확보를 통하여 국민이 안심하고 즐길 수 있는 하천 공간을 지속적으로 확대

2) 지속가능한 물 이용 체계 확립

물절약, 효과적 배분, 수원 다변화, 수돗물 안전관리 강화 등을 통해 국민 모두가 깨끗한 물을 지속적으로 이용할 수 있게 보장

3) 물 재해 안전 체계 구축

기후변화에 따른 극한 가뭄·홍수로부터 안전한 방어체계를 구축하여 겪어보지 못한 가뭄·홍수가 오더라도 국민들의 피해 최소화

4) 미래 인력양성 및 물 정보 선진화

전문 인력 양성, 물 관련 조사·분석·정보 관리체계 지능화, 세계 최고 수준의 물관리 기술 개발을 통해 물관리 기반 선진화

5) 물 기반시설 관리 효율화

물 기반시설 안전관리 강화에 중점을 두되, 시설별 관리 전략 및 생애주기 자산관리 체계를 구축하여 관리상 경제적 효율성 제고

6) 물산업 육성 및 국제협력 활성화

국제적 물 이슈에 주도적으로 참여하여 국격을 제고하고, 물산업 육성 생태계 조성 및 해외진출 지원을 통해 글로벌 물산업 선도

비전	자연과 인간이 함께 누리는 생명의 물

목표 (3대 기본목표)	건전한 물순환 달성

	유역 공동체의 건강성 증진	미래 세대의 물 이용 보장	기후위기에 강한 물안전 사회 구축

통합물관리 3대 혁신정책 (6개 과제)

혁신 1 물순환 전 과정의 통합물관리	혁신 2 참여·협력·소통 기반의 유역물관리	혁신 3 기후위기 시대 국민 안전 물관리
① 물순환 전과정의 통합·연계 체계 구축 ② 통합물관리를 위한 법령·계획·제도·조직정비 등 정비	① 유역 공동체의 참여·협력·소통 기반강화 ② 물 갈등 및 분쟁 조정·해소 체계 구축	① 물 분야 탄소중립 이행으로 기후위기 적극 대응 ② 신기술 개발·활용 및 기반시설 관리 강화 등으로 국민 안전 확보

6대 분야별 추진 전략 (25개 과제)

전략 01 물환경의 자연성 회복	전략 02 지속가능한 물이용 체계 확립	전략 03 물재해 안전체계 구축
① 오염원 관리 강화를 통한 목표 수질 달성 ② 안전하고 깨끗한 상수원 확보 및 지하수 보전 관리 ③ 하천유역의 자연성 회복 및 수생태계 건강성 확보 ④ 수변공간 관리체계의 정비 및 강 문화 활성화 ⑤ 물환경 관리 기준 및 관리체계 개선	① 미래 물부족 대비를 위한 수요관리 강화기반 조성 ② 공급시설 효율화 및 수원 다변화를 통한 수자원 확보 ③ 서로 배려하는 합리적 물배분 기반 마련 ④ 국민이 믿고 마시는 수돗물 공급 ⑤ 물 복지 사각지대에 있는 취약지역의 물 기본권 보장	① 가뭄관리체계 선진화 및 극한가뭄 대응체계 구축 ② 기반시설 홍수안전 강화 및 예방 투자 확대 ③ 기후변화에 따른 극한 홍수 대응체계 구축 ④ 홍수 예보체계 고도화 ⑤ 도시 침수 관리체계 강화
전략 04 미래 인력양성 및 물 정보 선진화	전략 05 물 기반시설 관리 효율화	전략 06 물산업 육성 및 국제협력 활성화
① 물관리 전문인력 양성 및 일자리 창출 ② 물 관련 조사·분석·정보화 관리 체계 지능화 ③ 세계 최고 수준의 물관리기술 확보	① 재해예방 위한 선제적 유지관리 체계 마련 ② 생활안전 관리수준 상향 ③ 스마트 기술을 통한 유지관리 성능 고도화	① 물 관련 글로벌 선도국가 도약을 통한 국제 위상 제고 ② 물산업 육성 생태계 조성 및 활력 제고 ③ 국내기업 해외 진출 활성화 ④ 남북 공유하천 관리 및 북한 수자원 조사·분석체계 구축

┃ 제1차 국가물관리기본계획(2021~2030) 비전 체계도 ┃

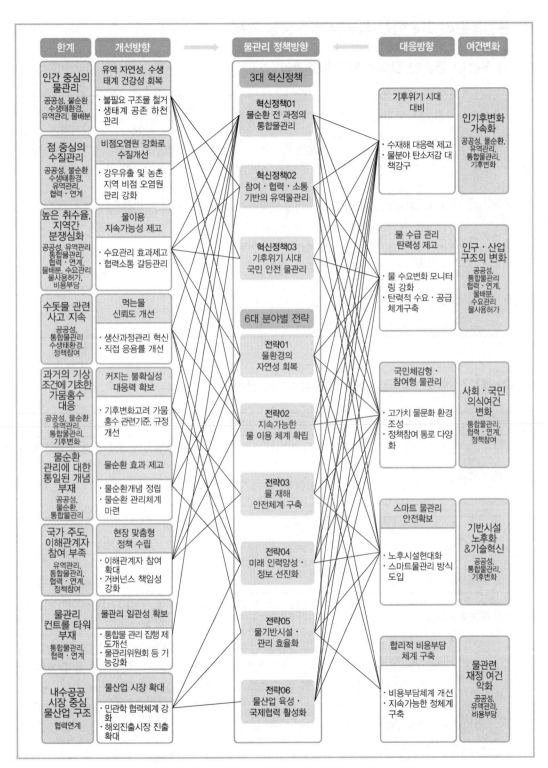

| 한계 | 개선방향 | → | 물관리 정책방향 | ← | 대응방향 | 여건변화 |

3대 혁신정책

인간 중심의 물관리
공공성, 불순환
수생태환경,
유역관리, 물배분

유역 자연성, 수생태계 건강성 회복
· 불필요 구조물 철거
· 생태계 공존 하천 관리

혁신정책01
물순환 전 과정의 통합물관리

점 중심의 수질관리
공공성, 불순환
수생태환경,
유역관리,
협력·연계

비점오염원 강화로 수질개선
· 강우유출 및 농촌 지역 비점 오염원 관리 강화

혁신정책02
참여·협력·소통 기반의 유역물관리

높은 취수율, 지역간 분쟁심화
공공성, 유역관리
통합물관리,
협력·연계,
물배분, 수요관리
물사용허가,
비용부담

물이용 지속가능성 제고
· 수요관리 효과제고
· 협력소통 갈등관리

혁신정책03
기후위기 시대 국민 안전 물관리

수돗물 관련 사고 지속
공공성,
통합물관리,
수생태환경,
정책참여

먹는물 신뢰도 개선
· 생산과정관리 혁신
· 직접 응용률 개선

6대 분야별 전략

과거의 기상 조건에 기초한 가뭄홍수 대응
공공성, 물순환
유역관리,
통합물관리,
기후변화

커지는 불확실성 대응력 확보
· 기후변화고려 가뭄 홍수 관련기준, 규정 개선

전략01
물환경의 자연성 회복

물순환 관리에 대한 통일된 개념 부재
공공성,
물순환,
통합물관리

물순환 효과 제고
· 물순환개념 정립
· 물순환 관리체계 마련

전략02
지속가능한 물 이용 체계 확립

국가 주도, 이해관계자 참여 부족
유역관리,
통합물관리,
협력·연계,
정책참여

현장 맞춤형 정책 수립
· 이해관계자 참여 확대
· 거버넌스 책임성 강화

전략03
물 재해 안전체계 구축

물관리 컨트롤 타워 부재
통합물관리,
협력·연계

물관리 일관성 확보
· 통합물 관리 집행 제도개선
· 물관리위원회 등 기능강화

전략04
미래 인력양성·정보 선진화

내수공공 시장 중심 물산업 구조
협력연계

물산업 시장 확대
· 민관학 협력체계 강화
· 해외진출시장 진출 확대

전략05
물기반시설·관리 효율화

전략06
물산업 육성·국제협력 활성화

기후위기 시대 대비
· 수재해 대응력 제고
· 물분야 탄소저감 대책강구

인기후변화 가속화
공공성, 물순환,
유역관리,
통합물관리,
기후변화

물 수급 관리 탄력성 제고
· 물 수요변화 모니터링 강화
· 탄력적 수요·공급 체계구축

인구·산업 구조의 변화
공공성,
통합물관리,
협력·연계,
물배분,
수요관리
물사용허가

국민체감형·참여형 물관리
· 고가치 물문화 환경 조성
· 정책참여 통로 다양화

사회·국민 의식여건 변화
통합물관리,
협력·연계,
정책참여

스마트 물관리 안전확보
· 노후시설현대화
· 스마트물관리 방식 도입

기반시설 노후화 &기술혁신
공공성,
통합물관리,
기후변화

합리적 비용부담 체계 구축
· 비용부담체계 개선
· 지속가능한 정체계 구축

물관련 재정 여건 악화
공공성,
유액관리,
비용부담

▌물관리 원칙, 여건, 혁신정책, 추진전략과의 관계도 ▌

② 통합물관리 3대 혁신 정책방향의 중점 과제

(1) 혁신1 : 물순환 전 과정의 통합물관리

중점과제	물순환 전 과정의 통합 · 연계 체계 구축	통합물관리를 위한 법령 · 계획 · 제도 · 조직 등 정비
세부 과제	• 물순환 관리를 위한 기반체계 구축 • 도시 및 도시외 지역 맞춤형 물순환 관리 모델 발굴 · 확산 • '물 계정' 구축 등 물순환 전 과정의 통합관리를 위한 선진 분석기법 도입 • 지표수−지하수 통합 · 연계관리 기반 마련 • 하천−하구 · 연안 통합관리 강화 • 하천 허가제 관리 강화 및 수리권체계 정비 • 수질−수량−수 생태를 동시 고려하도록 하천 및 하천시설 제도 정비	• 물 관련 법령 · 계획 효율화 · 체계화 • 중앙정부, 지방자치단체, 공공기관 등 협력체계 강화 • 통합물관리를 위한 재정체계 구축

(2) 혁신2 : 참여 · 협력 · 소통 기반의 유역물관리

중점과제	유역 공동체의 참여 · 협력 · 소통 기반 강화	물갈등 및 물분쟁 조정 · 해소 체계 구축
세부 과제	• 대 · 중 · 소 유역별 유기적 거버넌스 체계 확립 • 유역 내 시민 참여 플랫폼 구축 및 소통 기반 강화	• 물관리기본법 중심으로 물분쟁 조정 체계 정비 • 유역 특성을 고려한 물갈등 조정 방안 마련

(3) 혁신3 : 기후위기 시대 국민안전 물관리

중점과제	물 분야 탄소중립 이행으로 기후위기 적극 대응	신기술 개발 · 활용 및 기반시설 관리 강화 등으로 국민 안전 확보
세부 과제	• 물 부문 온실가스 관리 목표 설정 및 물관리 에너지 효율 제고 • 수열, 수상태양광, 하수 등 물 관련 재생에너지 생산기반 확대 • 수변생태벨트, 생태마을 조성 등 탄소 흡수 생태공간 확충	• 지속가능한 물관리 최적 기술 지속 개발 • IoT, ICT 등 4차산업 기술을 활용한 물 기반시설 관리 선진화 • 사용자 중심의 물 기반시설 안전 문화 확산

┅┅03 분야별 전략 및 추진 과제

1 물환경의 자연성 회복

(1) '물환경' 개념 및 관리 방향

1) 개념

하천, 호소, 하구, 연안 등 공공수역을 쾌적하고 건강하게 유지하기 위해 오염원, 수질, 수생태, 수변공간 등을 관리하는 과정

2) 방향

① 과거 : 이화학적 요인(수질 지표) 중심
② 미래 : 이화학적 요인 + 생물학적 요인 + 물리적 서식환경 + 친수요인(역사 · 문화 · 경관 등) 등을 종합적으로 고려

3) 2030년 목표

공공수역의 깨끗한 수질 확보를 위한 노력을 지속하면서, 수생태계 건강성 확보, 종 다양성 회복, 서식처 복원에 보다 힘쓰고, 국민이 안심하고 즐길 수 있는 하천 공간을 지속적으로 확대

4) 추진 전략

전략1	전략2	전략3	전략4	전략5
오염원 관리 강화를 통한 목표 수질 달성	안전하고 깨끗한 상수원 확보 및 지하수 보전관리	하천유역의 자연성 회복 및 수생태계 건강성 확보	수변공간 관리체계의 정비 및 물 문화 활성화	물환경관리 기준 및 관리체계 개선

5) 주요 지표

현행 지표	차세대 지표* *차세대 지표:'25년까지 지표 산정방법을 설정하여 향후 관리해야 하는 지표
하천 · 호소의 목표수질 달성률 하천(BOD):69.6%('18), 하천(T–P):53.0%('18), 호소(TOC):32.7%('18)	종합물환경지표 수질, 수생태, 수량, 친수 등 종합평가지표
수생태계 건강성 B등급 이상 비율 FAI 40%('18)	하천유지유량 달성률 환경 생태유량과 통합된 하천유지유량 목표 달성률

6) 추진전략별 세부과제

전략 ①	오염원 관리 강화를 통한 목표 수질 달성
추진과제	• 양분관리제 도입 등을 통한 가축분뇨 관리 체계 선진화 • 비점오염원관리 종합대책 추진 등으로 수질개선 효과 제고 • 유역 · 연안 특성을 고려한 맞춤형 하수처리시설 관리 • 산업폐수 유해물질 관리 및 수질오염사고 대응 강화 • 문제해결형 오염총량제 도입 및 유역단위 지하수 수질관리 전략 마련
전략 ②	안전하고 깨끗한 상수원 확보 및 지하수 보전 관리
추진과제	• 상수원 내 미량 유해물질 및 유해조류 선제적 관리 • 유역단위 통합형 수질관리체계 구축 및 참여형 거버넌스 구축 • 상수원 및 지하수 입지 규제 제도의 합리화 • 오염취약지역 지하수 수질관리 강화
전략 ③	하천유역의 자연성 회복 및 수생태계 건강성 확보
추진과제	• 과학적인 원인 진단에 기초한 수생태계 건강성 회복 추진 • 하천의 연속성 확보 • 하천 지형의 자연성 회복 및 댐 홍수터 관리 강화 • 자연 유황 회복, 서식처 보전 및 생물종 다양성 회복 • 수생태계 건강성 홍보 · 교육 강화
전략 ④	수변공간 관리체계의 정비 및 물 문화 활성화
추진과제	• 도시하천 부지 관리체계 정비 및 회복력을 고려한 수변공간 조성 · 관리 • 하천의 장소성을 살리는 우리 강(江) 문화 등 물 문화 활성화 • 시민과 공동체가 함께 참여하는 하천 관리체계 확산 • 하천 현황 평가체계 구축
전략 ⑤	물환경 관리 기준 및 관리체계 개선
추진과제	• 자연과 인간을 함께 고려하는 차세대 물환경 기준 마련 • 수질 – 수생태 – 수량의 통합관리체계 마련 및 관리지표 평가 기반 확대 • 지표수 – 지하수 연계 수질 및 수생태계 관리체계 구축

② 지속가능한 물 이용 체계 확립

(1) '물이용' 개념 및 관리 방향

1) 개념

인간이 자연과 함께 공존하면서 물을 확보(수자원)하고, 적재적소에 공급(수도 등)하여 사용(수요)하기까지의 모든 과정

2) 방향

① 과거 : 인구 증가, 경제성장 뒷받침을 위해 적극적 수원 확보
② 미래 : 기후 위기(탄소), 인구 감소, 대규모 신규 수원 확보 한계 등을 감안, 확보된 수자원을 최대한 아끼고 효과적으로 배분

3) 2030년 목표

국민 모두가 깨끗한 물을 지속적으로 이용할 수 있게 보장하고, 국민 스스로 물을 아끼고, 국민 서로가 이웃과 자연을 함께 고려하는 차세대 물 이용 체계 완성

4) 추진 전략

전략1	전략2	전략3	전략4	전략5
미래 물부족 대비를 위한 수요관리 강화 기반 조성	공급시설 효율화 및 수원 다변화를 통한 수자원 확보	서로 배려하는 합리적 물 배분 기반 마련	국민이 믿고 마시는 수돗물 공급	물복지 사각지대에 있는 취약지역의 물 기본권 보장

5) 주요 지표

현행 지표	차세대 지표* *차세대 지표: '25년까지 지표 산정방법을 설정하여 향후 관리해야 하는 지표
수돗물 만족률 61.5%('13)	유역 이수안전도 수질, 수생태, 수량, 친수 등 종합평가지표
수돗물 직·간접 음용률 43.8%('17)	유역의 물절약량 및 탄소저감량 유역의 물 자급률

6) 추진전략별 세부과제

전략 ①	미래 물부족 대비를 위한 수요관리 강화기반 조성
추진과제	• 물 사용과 탄소배출을 연계한 수요관리 전략 마련 • 농업용수 이용 효율화를 위한 관리체계 정비 • 지하수 공공성 강화 체계 마련 • 물 이용 관련 계획 수립 시 수요관리 고려 체계 확립

전략 ②	공급시설 효율화 및 수원 다변화를 통한 수자원 확보
추진과제	• 기존 댐 · 저수지 등의 용수 사용 탄력성 제고 • 상수도 연계 체계를 통해 용수공급의 효율성 및 안정성 제고 • 물 자급률을 고려한 지역별 맞춤형 신규 수자원 확보 • 지하수 공공용수 확보 및 도심 등의 유출지하수 관리 강화 • 대체수자원 개발 및 물재이용 활성화
전략 ③	서로 배려하는 합리적 물 배분 기반 마련
추진과제	• 하천수 관리제도 고도화를 위한 기반 구축 • 댐 · 저수지, 하천 등의 기득 물량 재배분 기준 검토 • 수자원 사용의 합리적 비용 분담 원칙 · 기준 마련 • 물분쟁 조정 원칙 확립 및 물분쟁 조정제도의 실효성 강화
전략 ④	국민이 믿고 마시는 수돗물 공급
추진과제	• 국민 눈높이를 고려한 수도시설 위생 기준 강화 • 적수 발생, 유충 유입, 미량유해물질 등 수도사고 방지를 위해 시설 보강 • 신기술, ICT 장비 도입 등을 통한 수돗물 관리 효율성 제고 • 관리인력 보강 및 운영인력 전문성 강화 등을 통한 운영체계 개선 • 시민들이 직접 참여하고, 소통하는 수돗물 관리체계 구축
전략 ⑤	물복지 사각지대에 있는 취약지역의 물 기본권 보장
추진과제	• 농어촌 지역 상수도 보급률 제고 • 마을상수도, 소규모 급수시설 안전관리 강화 • 지방 · 광역상수도의 연계 · 통합을 통한 운영체계 효율화

③ 물 재해 안전 체계 구축

(1) '물 재해' 개념 및 관리 방향

1) 개념

가뭄 · 홍수 등으로 인해 국민의 생명과 재산이 침해받는 상황

2) 방향

① 과거 : 시설 중심, 과거 기상 여건, 하천등급 위주 획일적 관리

② 미래 : 기후변화에 따른 미래 불확실성을 고려하고, 예상 피해지역, 피해 규모 등을 고려한 선택과 집중 관리

3) 2030년 목표

겪어보지 못한 가뭄·홍수가 오더라도 국민들의 피해 최소화

4) 추진 전략

전략1	전략2	전략3	전략4	전략5
가뭄관리체계 선진화 및 극한가뭄 대응체계 구축	기반시설 홍수안전 강화 및 예방 투자 확대	기후변화에 따른 극한홍수 대응체계 구축	홍수예보 체계 구도화	도시침수 관리체계 강화

※ 가뭄대응 외 안정적 물공급 전략은 분야별 전략 2(지속가능한 물 이용 체계 확립)에 포함

5) 주요 지표

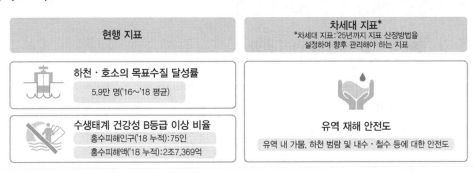

현행 지표	차세대 지표* *차세대 지표: '25년까지 지표 산정방법을 설정하여 향후 관리해야 하는 지표
하천·호소의 목표수질 달성률 5.9만 명('16~'18 평균) 수생태계 건강성 B등급 이상 비율 홍수피해인구('18 누적): 75인 홍수피해액('18 누적): 2조7,369억	유역 재해 안전도 유역 내 가뭄, 하천 범람 및 내수·철수 등에 대한 안전도

6) 추진전략별 세부과제

전략 ①	가뭄관리체계 선진화 및 극한가뭄 대응체계 구축
추진과제	• 국가 차원의 가뭄 모니터링, 대비, 대응, 평가 종합 관리체계 확립 • 지역 중심의 맞춤형 가뭄 대응이 가능하도록 자치단체 역량 강화 지원 • 겪어보지 못한 극한가뭄(메가가뭄)에 대한 적응 체계 마련
전략 ②	기반시설(댐·하천·저수지 등) 홍수안전 강화 및 예방 투자 확대
추진과제	• 다목적댐의 홍수조절용량 확대 검토 • 댐 및 댐 하류 지역의 홍수관리 제약 여건 적극 해소 • 댐 운영 의사결정 고도화 및 주민참여형 홍수 관리체계 구축 • 하천 시설 안전기준 강화 • 하천 시설 예방 투자 확대 • 저수지 및 배수장 등 위기 대처 능력 제고
전략 ③	기후변화에 따른 극한홍수 대응체계 구축
추진과제	• 기후위기 대응 홍수 방어기준 상향 • 국가 주요시설 홍수방어 목표 차등화 • 유역 단위 홍수관리체계 구축

전략 ④	홍수 예보체계 고도화
추진과제	• 홍수 특보지점 확대 및 예보 능력 강화 • 강우레이더 확충 등을 통한 국지성 돌발홍수 예측력 제고 • 예보기관 협업체계 및 홍수예보 전담 기능 강화
전략 ⑤	도시 침수 관리체계 강화
추진과제	• 도심 홍수방어 기준 강화 • 도시침수 예방사업 확대 • 방재시설 유지관리 강화 • 침수 우려지역 대피 · 통제시스템 구축

④ 미래 인력양성 및 물 정보 선진화

(1) '물관리 기술' 개념 및 관리 방향

1) 개념

물관리 기초조사, 정보처리 및 연계, 활용기술 선진화 및 혁신을 통한 유역 기반의 통합적인 물관리 지원

2) 방향

① 과거 : 기관별 및 목적별 측정 · 조사 · 연구개발, 인력 양성
② 미래 : 통합 측정 · 조사 · 연구개발, 4차산업 분야 전문성 강화 및 경제 · 정책 · 기술 융합형 인력 양성

3) 2030년 목표

전문인력 양성 및 고품질 물 정보 생산, 첨단기술 기반 연구로 물관리 기술기반 선진화

4) 추진 전략

전략1	전략2	전략3
물관리 전문인력 양성 및 일자리 창출	물 관련 조사 · 분석 · 정보화 관리 체계 지능화	세계 최고 수준의 물관리 기술 확보

5) 주요 지표

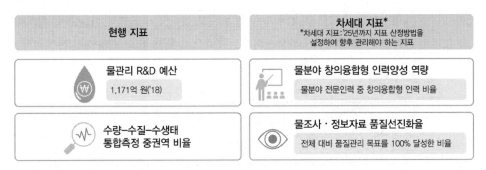

현행 지표	차세대 지표* *차세대 지표:'25년까지 지표 산정방법을 설정하여 향후 관리해야 하는 지표
물관리 R&D 예산 1,171억 원('18)	**물분야 창의융합형 인력양성 역량** 물분야 전문인력 중 창의융합형 인력 비율
수량–수질–수생태 통합측정 중권역 비율	**물조사 · 정보자료 품질선진화율** 전체 대비 품질관리 목표를 100% 달성한 비율

6) 추진전략별 세부과제

전략 ①	물관리 전문인력 양성 및 일자리 창출
추진과제	• 현장 중심의 수요 맞춤형 인력 양성 • 물산업 혁신 창업 생태계 조성 등을 통한 일자리 창출
전략 ②	물 관련 조사 · 분석 · 정보화 관리 체계 지능화
추진과제	• 물 관련 조사 질적 · 양적 수준 확대 및 첨단 기술 개발 지속 • 물 정보 품질관리 표준화 및 통합 플랫폼 구축 • 물 정보–산업 통합모니터링 및 의사결정지원시스템 구축
전략 ③	세계 최고 수준의 물관리 기술 확보
추진과제	• 분야별(상 · 하수도, 물환경, 수자원, 농업용수 등) 최적 물관리 기술 지속 개발 • 유역 · 통합물관리 체계 정착 및 효과 극대화를 위한 유망기술 발굴 • 물–에너지–식량–토지의 최적 연계를 위한 미래형 융복합 기술 개발 • 국제 공동연구 활성화 등을 통한 기술경쟁력 제고

5 물 기반시설 관리 효율화

(1) '물 기반시설' 개념 및 관리 방향

1) 개념

「지속가능한 기반시설 관리 기본법」에 따른 기반시설 중 물관리 관련 시설

예 댐 · 저수지, 하천, 상 · 하수도 등

2) 방향

① 과거 : 개별법에 따른 시설별 사후 복구 위주 관리
② 미래 : 전략과 계획에 따른 선제적 · 효율적 유지관리

3) 2030년 목표

'기반시설관리 기본계획(국토부)'을 토대로 물 기반시설의 안전을 우선 확보하고, 시설별 관리 전략 및 생애주기 자산관리체계 구축으로 유지관리 · 성능개선의 경제적 효율성 제고

4) 추진 전략

전략1	전략2	전략3
재해예방 위한 선제적 유지관리체계 마련	생활안전 관리수준 상향	스마트 기술을 통한 유지관리 성능 고도화

5) 주요 지표

현행 지표			차세대 지표* *차세대 지표: '25년까지 지표 산정방법을 설정하여 향후 관리해야 하는 지표
댐 안전성 강화율 댐(용수, 다목적) 안전성 강화 사업 완료 실적 2/25개('20)	**노후 상수관로 개량** 연간 노후관로 정비실적 2,412km/년('18)	**노후 하수관로 개량** 연간 노후관로 정비실적 1,967km/년('18)	**물 기반시설의 안전등급 확보율** 물 기반시설 안전 B등급 달성비율

6) 추진전략별 세부과제

전략 ①	재해예방 위한 선제적 유지관리체계 마련
추진과제	• 종합적 유지관리 계획 체계 구축 • 선제적 유지관리를 통한 관리수준 상향 • 관리계획 이행 모니터링 및 기반시설 관리 의사결정 지원체계 마련 • 유지관리 재원 마련을 위한 성능개선충당금 적립 및 활용 강화
전략 ②	생활안전 관리수준 상향
추진과제	• 물 기반시설 안전등급 보통 이상으로 관리 • 기반시설 안전 관련 규정 합리화 • 상 · 하수도, 지하수 시설 등 지하시설물 안전관리 강화 • 기후위기 대비 안정적인 물 서비스 기반 마련 • 사용자 중심의 안전문화 확산
전략 ③	스마트 기술을 통한 유지관리 성능 고도화
추진과제	• 물 기반시설 실태조사(인프라 총조사) 시행 • 물 기반시설 통합관리시스템 구축 · 운영 • 신기술 개발 및 실증 · 활용체계 구축 • 유지관리 일자리 확대

⑥ 물산업 육성 및 국제협력 활성화

(1) '물산업' 및 '국제협력' 관리 방향

1) 물산업

① 과거 : 공공에서 발주되는 물 관련 기반시설 설치 중심, 소규모 · 분절화 등으로 해외시장 진출 구심점 부재
② 미래 : 수요자 맞춤형 서비스, 시설유지관리 분야를 적극 육성하고, 분야별 토탈 솔루션 체제를 통한 우리기업 해외시장 진출 뒷받침

2) 국제협력

① 과거 : 국가 의제 부족, 정부−학계−기업 개별 추진, 소극적 참여
② 미래 : 국제적 의제 선점, 민−관−학 협력체계 구축, 적극적 참여

3) 2030년 목표

국제적 물 이슈에 적극적 · 주도적으로 참여하여 국격을 제고하고, 우리기업 경쟁력 극대화를 통한 글로벌 물산업 선도국가로의 도약

4) 추진 전략

전략1	전략2	전략3	전략4
물 관련 글로벌 선도국가 도약을 통한 국제 위상 제고	물산업 육성 생태계 조성 및 활력 제고	국내기업 해외 진출 활성화	남북 공유하천 관리 및 북한 수자원 조사 · 분석체계 구축

5) 주요 지표

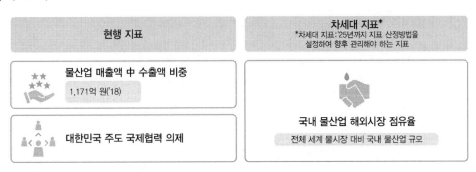

현행 지표	차세대 지표*
	*차세대 지표:'25년까지 지표 산정방법을 설정하여 향후 관리해야 하는 지표

물산업 매출액 中 수출액 비중
1,171억 원('18)

대한민국 주도 국제협력 의제

국내 물산업 해외시장 점유율
전체 세계 물시장 대비 국내 물산업 규모

6) 추진전략별 세부과제

전략 ①	물 관련 글로벌 선도국가 도약을 통한 국제 위상 제고
추진과제	• 우리나라 대표 의제 발굴 및 회의 주도, 양·다자간 협력체계 강화 • 물 관련 ODA 비중 확대 등을 통한 수원국의 물복지 제고 • 글로벌 국제협력 전문성 및 협력체계 강화
전략 ②	물산업 육성 생태계 조성 및 활력 제고
추진과제	• 새로운 수요(재이용, 대체수자원 등)와 연계한 신시장 창출 및 내수시장 확대 • 혁신형 물기업 육성 및 우수제품 사업화 지원 • 지역 거점별 물산업 진흥 역량 강화 및 물산업 기반 개편
전략 ③	국내기업 해외 진출 활성화
추진과제	• 물기업 해외진출 진입장벽 해소 • 글로벌 네트워크 구축 및 해외시장 진출 민-관 통합형 모델 개발 • ODA, 물펀드 등과 연계하여 우리기업 개도국 진출 지원
전략 ④	남북 공유하천 관리 및 북한 수자원 조사·분석체계 구축
추진과제	• 남북 공유하천 위기대응 체계 구축 및 공동관리 추진 • 북한 수자원의 정기적인 조사·분석체계 구축

SECTION 03 물환경관리 기본계획

┅ 01 총론

1 계획 수립의 배경 및 필요성

물은 지구를 끊임없이 순환하면서 자연환경 및 생활환경과 밀접하게 상호작용하고 있다. 물의 순환이 이루어지고 있는 지상, 지표 및 지하의 환경, 그곳에서 생존하고 있는 생물들을 모두 일컬어 물환경이라 한다. 물환경은 지구생태계가 본연의 기능을 유지하기 위한 서비스를 제공하며 인간의 생존은 물론 경제 및 문화의 발전에도 중요한 역할을 한다. 우리는 물환경을 제대로 관리하는 것이야 말로 인류의 생존과 번영, 그리고 사회의 지속가능한 발전을 이루기 위한 필수 요건임을 인식해야 한다.

우리나라는 물 관리에 불리한 기상과 지형 조건, 급속한 도시화와 산업화에 따른 영향을 단기간에 성공적으로 극복한 나라로 평가된다. 연평균 강수량은 세계 평균 강수량의 약 1.6배 (1,277mm, 1987~2007년 평균)에 이르지만[1] 강우가 여름철에 집중되어 실제 가용수량은 1인당 연강수총량의 58%에 불과[2]하다. 국토의 65%가 산악지형이라 홍수가 일시에 일어나기도 한다. 또한, 도시화와 산업화가 급속하게 진행되어 수질오염에 취약했고, 대규모 수질오염 사고를 겪기도 했다. 하지만 지난 30여 년간 대규모 투자와 환경규제의 강화, 혁신적인 정책 도입과 과학기술 발전에 힘입어 성공적인 물환경 관리 제도를 정착시켰고 이는 경제ㆍ사회적 발전을 견인해 왔다.

그러나 그간의 성과에도 불구하고, 기후변화 현상으로 인한 물 공급의 불안정성과 수생태계에 대한 영향, 도시화 등 불투수면 증가로 인한 물순환 왜곡, 난분해성 유기오염물질의 증가, 가축분뇨ㆍ농촌비점ㆍ도시 강우유출수 등 비점오염원에 의한 지하수 및 지표수의 오염, 수생태계 건강성 정책 목표 부실 등 앞으로 풀어나가야 할 과제들은 산적해 있다.

---

1) 출처 : 수자원장기종합계획(2011~2020), 국토해양부, 2011
2) 1일당 가용수량 1,553m³/년/인, 1인당 연강수총량 2,660m³/년/인(출처 : 수자원장기종합계획(2011~2020), 국토해양부, 2011)

전통적인 물관리 정책이 수질개선, 수생태계 보전 및 수자원 확보 등 분야별로 추진되어 왔다면, 앞으로는 수질과 수량, 수생태계를 유기적으로 연계하여 통합관리하는 체계를 구축해야 한다. 범지구적인 기후변화 현상에 대응하는 물환경 관리 전략이 요구되며, 4대강 사업 및 각종 개발사업 등으로 변화된 물환경이 주는 사회적 편익은 극대화하고 잠재적 문제점은 해소해 나가는 해법이 필요하다.

건강한 물환경 조성이 인간과 생태계의 생존, 나아가 국가 번영의 근간이 됨을 재인식하고, 충분하고 깨끗한 물을 건전하게 순환시킴으로써 이에 따른 혜택이 하천의 발원지에서 하구, 연안에 이르는 모든 지역의 인간과 생태계에 지속적으로 제공되도록 하는 것이 우리가 궁극적으로 실현해야 할 2025년까지의 물환경 관리 정책 방향이다.

② 제2차 기본계획의 위상과 역할

「제2차 물환경관리 기본계획」은 2016년부터 2025년까지 향후 10년 동안 하천·호소 연안 수계 등 우리나라 전 국토에서 펼쳐지는 물환경관리 정책의 목표와 방향을 담은 최상위 계획이다.

본 계획은 제1차 물환경관리 기본계획(2006~2015)의 추진실적에 대한 평가를 토대로, 향후 10년간 경제·사회·문화부문의 변화를 전망하고 물환경관리에 영향을 미칠 이슈들을 분석하여 정책의 목표와 방향을 제시하는 청사진으로서의 의미를 가진다.

「제1차 물환경관리 기본계획」이 「수질 및 수생태 보전에 관한 법률(이하 '수질법'이라 한다)」 제24조에 따른 4대강 대권역계획을 한데 묶어 기본계획으로 명명한 것과 달리, 「제2차 물환경관리 기본계획」은 '수질, 수량관리 및 수생태계 보전을 위한 정부 물환경관리 정책의 최상위 계획'으로서 대·중·소권역 물환경관리계획, 오염총량관리기본방침 및 기본·시행계획, 비점오염원관리 종합대책 등 주요 물환경 관리 대책 수립의 지침서 역할을 한다.

구분	제1차 기본계획('06~'15)	제2차 기본계획('16~'25)
법적 근거	불분명 *대권역계획 : 수질법 제24조	법 개정 추진 중
성격	4대강 대권역계획의 묶음	대권역 유역관리 계획 등 관련 정책 수립 시 가이드라인적 성격
계획 체계	대권역(장관) → 중권역*(유역청장) → 소권역(지자체) *전체 중권역 의무 수립	기본계획(장관) → 대권역·중권역*(유역청장) → 소권역*(지자체) *상수원, 목표미달 등 필요시

③ 제2차 물환경관리 기본계획의 체계

제2차 물환경관리 기본계획의 기간은 2016년에서 2025년까지이며, 대상 범위는 하천 · 호소 · 연안을 포괄하는 전 국토의 물환경이다. 본 계획의 비전은 2025년까지 "방방곡곡 건강한 물이 있어 모두가 행복한 세상" 달성이다. 방방곡곡, 즉 하천의 발원지에서 하구 연안까지, 본류부터 지류 · 지천까지 물리 · 생물 · 화학적으로 맑고 깨끗한 물을 확보하여 자연과 상생하는 건강한 물순환을 달성하는 것이 2025년 미래상의 기본전제이다. 또한, 물환경이 제공하는 혜택과 풍요를 현세대의 인간과 생물은 물론 앞으로 태어날 미래세대까지 모두가 누릴 수 있도록 하고, 일상생활에서도 물환경 서비스와 물 문화를 온 국민이 골고루 향유토록 하며, 그 과정에서 공동체의 형성과 경제 · 사회 발전의 새로운 동력원을 발견해내는 행복한 세상을 실현하고자 하는 지향점을 담고 있다.

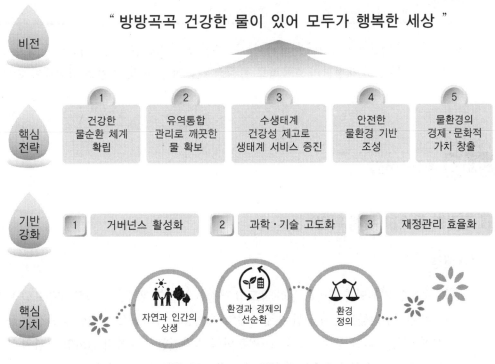

| 제2차 물환경관리 기본계획의 체계 |

앞의 내용과 같은 비전을 달성하기 위한 본 계획의 5개의 핵심전략과 달성 목표는 다음과 같다.

핵심전략 1	[건강한 물순환 체계 확립] 불투수면적률 25% 초과 51개 소권역의 지역별 물순환 목표 설정 *기본계획 5년차 평가 시까지 정량화된 지표 개발·산정하여 국가 목표 설정[3]
핵심전략 2	[유역통합관리로 깨끗한 물 확보] 주요 상수원의 수질 좋음(Ⅰ) 등급(BOD*·T−P 기준) 달성 *하천 목표기준에 TOC 도입 시(2021년) 기준 변경 검토
핵심전략 3	[수생태계 건강성 제고로 생태계 서비스 증진] 전국 수체의 수생태계 건강성 양호(B) 등급 달성
핵심전략 4	[안전한 물환경 기반 조성] 산업폐수 유해물질 배출량 10% 저감(2010~2015년 평균 대비) 4대강 상수원 보의 총인 농도와 남조류세포수 일정 수준 이하 유지
핵심전략 5	[물환경의 경제·문화적 가치 창출] 국민 물환경 체감 만족도 80% 이상 달성

2025년까지 위의 5대 핵심전략을 효과적으로 추진하기 위해서는 1) 거버넌스 활성화, 2) 과학·기술 고도화, 3) 재정관리 효율화로 물환경 관리의 기반 및 역량을 강화해야 한다.

···02 핵심전략

1 건강한 물순환 체계 확립

(1) 배경

범지구적인 기후변화 현상은 우리 국토의 건강한 물순환 체계를 위협하는 주요한 요인이다. 게릴라성 집중호우에 의한 홍수피해의 가능성과 대가뭄으로 인한 불안정한 물공급 문제에 대한 우려가 공존하고 있다. 기후변화에 기인한 수문학적 변화와 오염원 증가에 따른 영향이 중첩되어 수질과 수생태계 건강성이 악화될 가능성이 점차 높아지고 있다.

---

3) 참고 사례
- 불투수면적률 35~50%인 경우 연 강수량의 35% 저류·침투(출처 : California water & land use partnership)
- 서울시는 「건강한 물순환도시 조성」종합계획의 목표로 '50년까지 연평균 강우량의 40%(620mm) 저류·침투 제시

우리나라는 지난 50년간 급격한 도시화, 산업화 과정을 거치면서 불투수 면적이 가파르게 증가하였다. 불투수면적은 수계와 임야를 제외한 전 국토의 22.4%에 달하며, 전체 소권역의 6%에 해당하는 51개 소권역은 불투수 면적이 25%를 넘어선 상황이다. 불투수 면적의 증가는 토양 침투량과 기저유출량 감소로 이어져 갈수기에 하천 건천화를 심화시키는 등 건강한 물순환 체계를 왜곡한다. 또한, 표면유출수 증가로 비점오염물질의 유입을 증가시켜 수질을 악화시키는 주요 원인으로 작용하고 있다.

이러한 상황을 고려할 때 우리나라의 기존 물관리 체계는 건강한 물순환 체계 확립 차원에서 그리 효율적이지 못하다. 이에 물 관리 관련 부처들은 건전한 물순환 체계 확립을 공동의 목표로 하여 수생태계를 고려한 환경생태유량의 공급을 제도화하고, 지표수－지하수 통합관리 체계를 확립하며, 전 국토의 물 저류·함유·순환기능을 높이고, 대체수자원 확보와 물 수요 관리 강화에 있어서도 보다 긴밀한 협력 체계를 강구해 나가야 한다.

(2) 환경생태유량 확보 제도화

"환경생태유량"이란 인간의 물이용 이외에 수생태계의 건강성 유지와 수생태계가 제공하는 서비스를 지속적으로 담보하기 위해 유지되어야 하는 유량을 말한다. 물은 우리 인간에게는 물론이고 우리 곁에 생존하고 있는 모든 생물들에게도 합리적으로 배분되어야 한다.

(3) 지표수－지하수 통합관리

인간과 생태계에서 사용하는 담수자원의 약 95%는 지하수이고 나머지 5%는 지표면에 흘러 하천, 저수지, 댐 등에 갇혀 있는 물이다(UNEP, 2003). 지하수는 그 양이 상대적으로 풍부하여 인간과 수생태계에 공히 유용한 수자원이다. 국내에서도 지하수의 사용량이 꾸준히 증가하여 1980년대에는 전체 수자원 사용량의 3%를 차지하였으나 2010년대에는 12%로 4배 이상 증가하였다(국토교통부, 2013).

지하수의 많은 양이 지표수와 기저유출의 형태로 상호 연계되어 있으나 그간 공공수역의 수질·수생태계 관리 측면에서는 기저유출과 지표수의 관계는 그리 중요하게 고려되지 않았다. 수질관리에서 지표수와 지하수 간 상호작용을 이해하는 것은 필수적이다. 지표수와 지하수는 연속체이고 상호 관련이 있으므로, 하천이나 수체관리를 위하여 어느 한쪽의 요소만 중점적으로 관리한다면 그 효과는 제한될 수밖에 없다.

우리나라는 하천의 하상계수가 높아 계절별로 하천의 수위차가 심하므로 효율적인 지표수－지하수 통합 관리의 중요성이 높아지고 있다. 국내의 경우 아직 기저유출에 대한 기본적인 조사가 이루어지지 않은 상황으로, 우선 기저유출의 기여도와 수질·수생태계에 미치는 영향을 평가하는 사업을 추진한다. 특히, 주요 취수원이 위치해 있거나 비점오염원 밀집지역, 수질오염에 취약한 지역 등을 중심으로 갈수기간 중 기저유출의 수질 및 유량에 대한 기여율을 분석한다.

이를 토대로 환경부 및 지방자치단체는 상류 유역의 물 함유 기능을 확대하고 유역특성에 맞는 점·비점오염원 관리 대책을 수립하여 지표수—지하수 통합 관리 방안을 마련한다. 하천유량에서 많은 부분을 차지하는 기저유출은 지하수의 특성상 한번 오염되면 회복하는 데 많은 시간이 소요되므로 철저한 지하수 관리가 필요하다.

(4) 전 국토의 물 저류·함양기능 향상

대도시 등 인간 활동에 의해 용도가 전환된 토지에서는 우수가 물의 자연스러운 흐름을 바꾸고 오염부하량을 증가시켜 지표수에 영향을 미친다. 강우 시 고농도의 오염물질이 다량 유출되는 것을 방지하기 위해서는 우선적으로 강우유출수에 대한 관리가 이루어져야한다. 토지의 투수성을 높여 물의 저류·함양기능 확대방안을 추진한다.
① LID·GSI 적용 확대 및 기술적·제도적 기반 마련
② 하수도 요금제를 활용한 경제적 유인책 도입
③ 투수면 확대 및 지역별 관리
④ 물순환 기준 및 가이드라인 마련

(5) 물 재이용 활성화로 대체수자원 확보

하·폐수 처리수 및 빗물 재이용 활성화로 대체수자원을 확보한다.

(6) 물 수요 관리 강화

물 수요 관리에 인센티브 도입 등을 통해서 물 수요 관리를 강화한다.

(7) 관계부처 협업 강화

① 다원화된 국내 물관리 체계를 통합·추진한다.
② 수질·수량·수생태계 연계 관리를 위한 관계부처와의 협업을 추진한다.

② 유역통합관리로 깨끗한 물 확보

(1) 배경

물은 인간을 비롯한 모든 생명체의 생존에 없어서는 안 되는 필수자원이다. 그러므로 깨끗한 물을 확보하는 것은 생태계의 건강성 확보에 핵심적인 요소이며 인간에게도 위생과 안전의 문제와 직결된다. 역사적으로 큰 강들은 세계문명의 발상지가 되었으며, 현대의 대부분의 도시들도 큰 강을 끼고 형성되어 있다. 더욱이 깨끗한 물은 모든 산업의 가장 기초적인 생산요소로서 경제발전의 중요한 인프라이다.

우리나라의 하천 수질은 1980년 환경청 발족 이후 「4대강 물관리종합대책('98~'05)」, 「물관리종합대책('06)」, 「제1차 물환경관리 기본계획('06~'15)」 등에 따른 환경시설에 대한 과감한 투자의 성과로 비약적으로 개선되었다. 특히, 1980~90년대 오염이 매우 심했던 주요 도심하천 20개를 대상으로 2014년도 수질을 분석한 결과, BOD가 과거에 비해 평균 76.9mg/L에서 3.8mg/L로 약 95% 이상 떨어지는 등 수질이 크게 개선되었다. 2014년 기준으로 안양천의 수질오염도는 1970~80년대 BOD 146mg/L 수준에서 4.7mg/L로, 금호강은 BOD 191.2mg/L에서 3.8mg/L로 크게 낮아졌다.[4]

그러나 많은 수계에서 난분해성 유기물질은 여전히 증가 추세이고 일부 상수원은 I등급에 미달하고 있으며, 가축분뇨 및 농업비점오염 관리는 아직 미흡한 실정이다. 반면, 생활수준의 향상과 물환경에 대한 인식 제고로 깨끗한 물에 대한 수요와 이로 인한 혜택을 향유하고자 하는 국민적 요구는 날로 증가하고 있는 상황이다.

(2) 주요 상수원 수질 I등급 달성과 유역계획의 수립

① 목표설정 및 유역계획 수립
② 대, 중, 소권역 계획 및 중점투자계획 수립·이행
③ 유역특성을 고려한 지역기반 계획 수립
④ 유역거버넌스 활성화 및 참여 확대

(3) 오염총량제가 상수원 수질개선의 핵심수단이 되도록 실행

① 오염총량제의 수질개선 실효성 제고
② 오염총량제 운영방식 개선

---

4) 환경부 보도자료, 버려졌던 도심하천, 다시 국민의 품으로('15.1.13. 배포)

③ 총량 목표 · 지점의 기본계획 연계성 강화

④ 지류총량제 도입

⑤ 비점오염관리 방안을 총량 삭감량으로 인정

⑥ 연차별 이행평가결과 공개로 지자체의 자발적 제재 실효화

(4) 지류 · 지천 수질개선 강화

① 지류 · 지천 정밀조사 및 통합집중형 개선 추진

② 지방자치단체 참여 강화

(5) 농 · 축산업 분야 오염원 중점관리

① 양분관리제 도입

② 가축분뇨 관리 선진화

(6) 경제적 유인책을 활용한 사전예방적 비점오염원 관리

① 사전예방적 비점오염원 관리

② 도시 비점오염원 관리

③ 농촌 비점오염원 관리

(7) 집중관리대상 호소별 수질목표 설정 및 관리

① 집중관리대상 호소 선정 및 관리

② 호소 수질개선을 위한 관계부처와의 협업

(8) 하구 및 하구호 관리를 위한 관계부처 협업

❸ 수생태계 건강성 제고로 생태계 서비스 증진

(1) 배경

이화학적 수질 기준으로는 깨끗한 물이라 하더라도 이것만으로 수생태계의 건강성을 확신할 수는 없다. 금강모치가 살았던 강에 몇 년 전부터 금강모치가 보이지 않는데도 이화학적 지표만으로 수생태계의 건강성까지 판단하는 것은 지속가능한 물환경 관리 차원에서 한계가 있다. 깨끗한 물 확보는 물론이고 지속가능한 생태계를 유지할 수 있는 건강한

물을 확보해 나가야 한다. 수생태계의 건강성을 유지하고 회복시키는 것은 육상생태계의 건강성에 기여함은 물론 인간에게 제공되는 생태계 서비스에 긍정적 변화를 가져오며, 이는 궁극적으로 인간 사회에 영향을 미치게 된다.

환경부는 1987년부터 생태하천 복원사업을 추진 중이며, 2010년 '생태하천 복원사업 중장기 추진계획('11~'15년)'을 수립하는 등 훼손된 하천을 생태적으로 복원하기 위한 노력을 적극적으로 기울여 왔다. 그 결과 1987년부터 2015년까지 2조 158억 원의 예산이 1,813개 사업(사업연장 1,250km)에 투자되었으며, 안양천, 전주천, 무심천 등 많은 하천에서 수질이 개선되고 서식어종이 증가하며 친수 · 문화공간이 확대되는 등 가시적인 성과를 창출하였다. 이러한 성과에도 불구하고 수생태계 건강성 제고를 위한 정책 추진에 있어 다음의 과제를 안고 있다.

첫째, 기후변화가 수생태계의 생물다양성에 미치는 영향이다. 기후변화에 따른 수온의 상승으로 하천 · 호소의 용존산소(DO)가 감소하는 등 수생생물의 서식환경에 변화가 예상된다. 1989~2008년 동안 하천의 경우 전국 97개 중권역 중 14개 지점에서, 호소의 경우 49개 중 주요호소 중 12개 호소에서 수온이 통계적으로 유의미하게 증가하는 것으로 조사되었다. 또한, 낙동강 주요 지역의 2012~2013년 8월 평균수온은 2005~2009년 평균 대비 0.4~3.0℃ 상승한 것으로 나타났다.[5] 수온 상승으로 일부 냉수성 어종이 영향을 받을 수 있고, 호온성 또는 광온성 어종은 그 서식범위가 확장될 수 있다. 이처럼 기후변화는 수생생물의 군집변화에 크고 작은 영향을 미치게 된다. 기후변화에 대응하는 생물다양성 보전 전략이 필요한 시점이다.

둘째, 하천구조물에 의한 수생태계 연속성의 훼손이다. 하천에는 이 · 치수 등의 물 관리를 위해 댐 · 보 · 저수지 등이 설치된다. 우리나라도 약 17,000여 개의 농업용저수지 등이 수량 확보, 하천기능 유지 등의 목적으로 설치되어 운영 중에 있으며, 낙차공, 보와 같은 횡단구조물이 하천연장 평균 1.4km당 1개씩 설치되어 있어 어류를 비롯한 수생생물의 이동을 방해하고 있다.[6] 어도가 설치된 보의 비율은 한강권역 16%, 낙동강권역 12%, 금강권역 10%, 섬진강권역 16%, 영산강권역 19%로, 대부분의 보에는 어도가 설치되어 있지 않은 상황이다.[7] 도시화와 관개시설의 현대화 등으로 매년 50~150개 농업용 보의 용도가 상실되어 폐기되나, 폐기된 보가 하천에 그대로 존치되어 생태통로 단절과 수질악화 등의 문제가 발생하고 있다.

---

5) 환경부, 수질측정망 자료('05~'09년, '12~'13년)
6) 환경부, 2013. 수생태계의 효율적인 복원 및 관리를 위한 법률 제정방안 연구
7) 농어촌연구원 국가어도정보시스템

이와 같은 상황에서 아직까지 수생태계 건강성 확보를 위한 국가 정책목표는 명확하게 수립되어 있지 않다. 그간 수생태계 건강성 조사·평가와 생태하천복원 사업이 추진되어 왔으나, 수생태계 평가에 관한 기준은 '생물학적 특성 이해표'로서 참고표 수준에 머물러 있어 실질적인 정책목표로서의 의미는 크지 않았다. 2007년부터 하천의 부착조류·저서생물·어류·서식환경 등에 대한 조사를 실시하여 향후 정책목표로 활용할 기반은 마련했지만 정책적 활용성은 다소 낮은 상황이다.

제2차 물환경관리 기본계획의 이행 기간에는 수생태계 복원의 목표를 가시적으로 설정하고, 생태하천 보전 및 복원에 있어 인간의 물이용을 위해 상대적으로 소외되어 왔던 수생태계 고유의 생존권을 보장하기 위한 사업을 추진한다. 수생태계 건강성 조사·평가를 확대하고, 건강성이 악화된 원인을 규명하여 이를 효과적으로 복원할 수 있는 체계를 정비한다. 또한, 기후변화와 하천 구조 변화에 대응하여 생물다양성을 보전하고 생태계의 연결성을 회복하여 주변 생태계와 상호작용하며 다양한 생물종이 풍부하게 서식할 수 있는 물환경을 조성해 나간다.

(2) 수생태계 건강성 평가체계 확립 및 양호(B) 등급 목표 달성

수생태계 건강성 평가, 환류 체계 확립

(3) 건강성 훼손 하천 원인규명 및 복원 체계 확립

① 조사, 평가지점 확대 및 평가결과 관리
② 훼손원인 규명 체계 마련
③ 훼손하천 복원 의무화 및 지류총량제 연계
④ 참조하천 지정·활용

(4) 수생태계의 종·횡적 연결성 제고

① 종적 연결성 제고   ② 횡적 연결성 제고

(5) 기후변화에 취약한 수생태계 관리 및 생물다양성 보전

(6) 수생태계 서비스 가치 측정 및 정책 활용

(7) 수생태계 전문 조사·연구조직 신설

4 안전한 물환경 기반 조성

(1) 배경

그간 공공수역의 안전을 확보하기 위한 유해물질 관리는 특정수질유해물질의 지정 및 관리 등 산업폐수 관리 중심으로 이루어져 왔다. 현행 수질법에서는 수질오염물질 총 55종 중 인체 및 생태계에 위해 우려가 큰 물질 29종을 특정수질유해물질로 지정하여 엄격하게 관리하고 있다. 그러나 제품 생산 공정에서 신규로 사용되는 유해화학물질은 매년 증가하는 추세인 데 반해 특정수질유해물질의 범위가 상대적으로 협소하여 산업폐수의 관리에 한계가 노출되고 있다.

유해물질 외에도 농약, 호르몬, 생활계 화학물질, 병원성 미생물, 방사성 물질과 같은 새로운 수질오염물질의 등장은 물환경을 둘러싼 국민 안전을 위협하는 요소 중 하나이다. 생활수준이 향상되고 산업기술이 발전함에 따라 다양한 오염물질의 발생과 배출이 증가하고, 병원성 미생물, 호르몬, 방사성 물질 등에 대한 국민적 관심이 높아지고 있다. 국민들이 안전하다고 느끼고 안심할 수 있는 물환경을 조성하기 위해서는 인간과 생태계에 위해성이 있는 미지의 물질에 대해서도 선제적으로 탐색해나가야 한다.

우리나라에 물환경 관리의 중요성을 일깨워주는 계기가 되었던 수질오염사고에 대한 예방도 고삐를 늦춰서는 안 된다. 특히, 수생태계의 중요성에 대한 인식이 높아지고 있는 상황에서 어류폐사 등 수질사고의 원인을 규명하고 대책을 수립하는 것은 물환경 관리 정책 발전을 위해서도 필수적인 과제이다.

매년 여름철 반복되고 있는 녹조에 대한 관리도 강화해야 한다. 기후변화 등으로 인해 수온과 일사량이 증가하고 하천유역의 특성이 변화하여 녹조(조류) 발생의 가능성이 상존하고 있다. 녹조의 발생으로 이취미와 독성 물질이 발생하여 수돗물의 음용과 친수활동에 지장을 줄 수 있다.

종국적으로 산업 발전과 생활수준 향상, 기후변화 등 물환경을 둘러싼 여건이 변화하는 상황에서 안전에 대한 판단은 실제로 국민이 체감하고 있는지가 기준이 되어야 한다. 환경부는 국민이 안심하고 물을 마시고 접촉하며 즐길 수 있도록 안전한 물환경 기반을 조성하여야 하며, 이를 위해 아래의 이행과제들을 추진한다.

(2) 감시물질 도입 및 수질오염물질 지정 · 관리 강화

① 감시물질 지정 및 제도화
② 수질오염물질 중 화합물 분리 규제
③ 배출허용기준의 적절성 재검토 기한 설정

(3) TOC 중심의 유기물질 관리 강화

(4) 업종 특성을 고려한 폐수배출시설 관리

① 업종별 폐수배출시설 관리 체계 도입
② 통합환경관리제도 연계 및 최적가용기법 확대
③ 공공폐수처리시설 위탁업체 선정 표준화
④ 생태독성 관리제도 확대

(5) 사업장 수질오염의 자율관리기반 마련

① 자가측정제도 재규정
② 수질배출부과금 제도개선

(6) 수질오염사고 대응능력 강화

① 집중측정센터 확대 및 어류사고 CSI(CSI ; Crime Scene Investigation) 구성 · 운영
② 완충저류시설 설치 확대
③ 수질오염사고 감시 모니터링 기능 제고

(7) 통제 가능 수준의 녹조 관리

① 사전예방 및 사후관리 방안
② 녹조 모니터링 및 조류제거 명령 범위 확대
③ 대국민 소통 확대
④ 4대강 보구간 목표수질 설정 · 관리

(8) 기후변화 취약시설 관리

① 환경기초시설의 사전예방적 대응체계 구축
② 기후변화 취약성 평가 및 관리매뉴얼 마련

5 물환경의 경제 · 문화적 가치 창출

(1) 배경

물은 미래의 가장 큰 도전이자 기회이다. 20세기 들어 인구가 2배 증가하는 동안 물소비량은 6배 증가했으나, 물수요의 증가는 전 세계 물산업 시장을 급격하게 팽창시켜 왔다. 반도체 시장규모의 약 2배에 달하는 물산업 세계시장(2013년 5,560억 불)은 연 4.3%씩 성장하여 2025년 8,650억 불 수준에 이를 전망[8]이다. 21세기에는 물의 가치가 점점 높아질 것으로 일찍부터 인식한 선진국들은 물산업 전문기업을 육성하여 세계 물 시장을 주도해 왔다.

국내의 경우 2014년 기준 해외시장 점유율은 0.4%에 불과하다. 상하수도 분야에 국한된 국내 물산업 육성의 한계, 세계 무대에 나서기 위한 마케팅 및 기술력 부족 등 국내 물 시장의 성장한계가 대두되는 상황에서, 앞으로는 국가차원에서 물산업의 육성 지원책을 마련할 필요가 있다.

국민소득 2만 불 시대에는 산을, 3만 불 시대에는 물을 즐긴다는 말이 있다. 물에 대한 요구가 '먹는 물'에서 누구나 향유해야 할 문화적인 측면으로 변화하면서, 쉽게 접근하여 즐길 수 있는 쾌적한 생활환경을 위한 핵심요소로서 맑은 물에 대한 수요는 더욱 증대될 것으로 예상된다. 식수 · 용수라는 기존의 관점을 확장하여 '바라보고, 만지고, 느끼는 물'이 될 수 있도록 물환경을 관리해야 한다.

수변구역 및 친수공간에서의 여가활용과 생태관광, 체험 및 교육 · 학습 등으로 물의 문화적 가치를 창출하는 것은 그 자체로 국민 물복지 실현에 기여함과 동시에 지역의 가치를 향상시킨다. 집에서 하천이 보일 경우 8.4%, 하천과의 거리가 100m 가까워질 때마다 0.44%씩 주택가격이 상승한다는 연구결과(2011, 국토연구원)는 물환경이 주는 혜택의 중요성을 보여주는 주요 사례 중 하나이다. 물환경을 보전하면서도 즐길 수 있도록 물의 문화적 가치를 극대화하는 과정에서 소비와 투자가 촉진되고 지역경제를 활성화시키는 효과를 기대할 수 있다.

(2) 물환경관리 전문화로 물산업 창출

① 물산업클러스터 조성으로 글로벌 물기업 육성
② 물산업 분야 전문인력 양성
③ 국내 물산업 체질 개선
④ 선택과 집중의 R&D 투자

---

8) Global Water Intelligence

⑤ 국제 교류 활성화로 물산업 해외진출 지원

⑥ 물의 생산 · 공급 · 처리 등 전 과정의 전문화로 물산업 발전 촉진

(3) 환경기초시설 자산관리제도 도입

자산관리를 토대로 서비스 수준의 목표를 설정하고 리스크에 따른 우선 순위를 결정하여 운영관리 및 시설투자의 최적화 방안 수립

(4) 친수활동 안전 확보 및 쾌적함 제고

친수활동 안전 확보를 위한 제도 개선

(5) 물문화 체험공간 조성

① 에코도시하천 조성

② 물문화 체험 프로그램 제공

③ 미래세대를 위한 물 관련 교육 · 홍보

④ 도시하천과 수변공간 접근의 형평성 제고

⋯03 기반 및 역량 강화 전략

「제2차 물환경관리 기본계획」에서 제시한 5대 핵심전략의 성공적인 이행을 위해서는 다음 3가지 분야에서의 물환경 관리 기반 및 역량의 강화가 필요하다.

1. 거버넌스 활성화
2. 과학 · 기술 고도화
3. 재정관리 효율화

1 거버넌스 활성화

(1) 배경

물은 지형적 · 시간적 한계를 넘어 사람과 사람, 지역과 지역, 그리고 다양한 분야를 이어주고 있지만, 이수 · 치수 및 환경 등 관리의 측면에서 보면 매우 복합적이고 분절되어 있는 성향을 보인다. 물관리는 통상 수문학적 경계와 행정적 경계가 일치하지 않으며,

국가적인 문제이면서 동시에 지역적인 문제이다. 또한, 이수, 치수, 환경 등 분야별 목적 달성을 위해 다수의 법률과 부처에 의해 분산·관리되며, 정부, 공공기관, 지역주민, NGO 등 수많은 이해관계자들이 서로 복잡하게 얽혀 있다. 이러한 다층적 구조 속에는 상호협력을 방해하는 다양한 요인들9)이 존재하며 그로 인해 물을 둘러싼 분쟁과 갈등이 발생해 왔다.

갈등과 분쟁을 넘어 성공적인 물환경 정책을 추진하기 위해서는 '바람직한 물 거버넌스(Good Water Governance)'의 확립이 필요하다. 물 거버넌스란 다층적 사회구조에서 물을 개발하고 관리하며, 서비스를 제공하는 데 필요한 정치적·경제적·행정적 체계들의 영역을 일컫는다.

「제2차 물환경관리 기본계획」 기간 중 국제사회의 물 거버넌스 원칙10)에 부합하면서도 국내 물 관리의 특성이 반영된 다음과 같은 물 거버넌스의 수립을 추진한다.

첫째, 수계관리위원회를 중심으로 통합 유역 거버넌스를 확립한다. 둘째, 소유역 환경센터를 중심으로 지자체, 지역주민, 시민·여성단체 등 다양한 이해관계자의 참여를 활성화하고 기업·학계와의 협력을 강화한다. 셋째, e-거버넌스를 기반으로 관련 데이터, 정보 및 평가결과를 투명하게 공개하여 물 거버넌스의 신뢰를 확보한다. 넷째, 지속가능한 재정 확보 및 균형 잡힌 배분으로 거버너스의 효율성을 높인다. 다섯째, 물환경 정책에서 소외되는 대상이 없도록 이용자 간, 도시와 농·어촌 지역 간, 세대 간의 공평한 환경서비스 제공을 목표로 정책을 수립한다. 여섯째, 지역 간 물관리 갈등의 조정체계를 제도화하고, 물 관리 관계부처 간 협업을 강화하여 물 관리정책의 시너지를 높인다.

(2) 상·하류 공영 유역 거버넌스 확립

수계위 운영 체계 개선을 통한 상·하류 공영 거버넌스의 중심이 되도록 한다.

(3) 이해당사자 및 기업·학계와의 협력 강화

① 소유역 환경센터 설치
② 기업과의 거버넌스 구축

---

9) OECD는 거버넌스 장해요인을 행정격차, 정보격차, 정책격차, 역량격차, 재정격차, 목적격차, 책임격차로 구분하고 있음
10) 국내외적으로 물환경 관리의 '좋은 거버넌스'의 표준 및 원칙에 대한 논의는 계속 되어왔으며, 제7차 세계물포럼에서 OECD 등 국제사회는 '좋은 물 거버넌스(Good Water Governance)'에 대한 범용적인 12가지 원칙을 발표 및 의결하였다.

(4) e-거버넌스를 활용한 정보공개와 쌍방향 의사소통

(5) 비용부담체계의 확립

① 비용부담 원칙 강화   ② 물이용부담금 운영 개선

③ 수계기금 확대 활용방안 강구

(6) 물환경 갈등 조정 강화

① 물환경 서비스의 형평성 제고   ② 의사결정과정 참여 확대

(7) 물관리 기본법 제정 지원

(8) 국제 및 남북 거버넌스 강화

2 과학 · 기술 고도화

(1) 배경

효율적인 물환경 관리 정책을 수립하기 위해서는 물문제를 과학 · 기술적으로 정확하게 진단하여 원인을 규명하고, 다양한 행위자들과 사회적 논쟁을 거치면서 정책대안들을 제시하며, 과학 · 기술적 지식에 의해 뒷받침되는 타당성을 가지고 합리적인 정책 의사 결정을 해야 한다.

「제2차 물환경관리 기본계획」의 전략들이 성공적으로 이행되어 목표를 달성하기 위해서는 우선적으로 과학 · 기술 기반의 역량이 제고되어야 한다. 과학 · 기술에 기반을 둔 합리성은 수질 및 수생태계 환경기준의 설정 단계에서부터 물환경 모니터링, 정책결정, 사업실행 및 성과평가 등 물환경정책 수립과 이행의 모든 단계에 반영되어야 한다. 예를 들어, 수질 및 수생태계 환경기준은 현재 우리나라 공공수역의 수질 현황과 물이용 목적을 반영하여 국민의 눈높이에 맞추기 위한 미래지향적인 정책목표로, 사회 · 경제 · 환경적 특성을 최대한 고려하여 과학적으로 설정해야 한다. 또한, 물환경 관리 및 정책수립에 필수적인 기초자료를 제공하는 모니터링에도 발전된 과학 · 기술을 신속하게 반영하여 정책수립 및 이행 근거에 대한 신뢰도를 높일 수 있다.

본 계획에서는 향후 10년간의 효과적인 물환경 정책 수립 및 이행을 위한 과학 · 기술 기반 고도화 전략을 수립하였다. 첫째, 새로운 시대의 요구에 발맞추어 사람의 건강보호항

목을 확대하고 수생생물 보호기준을 도입하는 등 환경기준을 선진화한다. 둘째, 과학적인 물환경 관리의 중요한 수단인 모니터링을 고도화한다. 셋째, 물환경 관련 정보를 통합하여 스마트 기술기반의 통합의사결정 체계를 구축한다. 넷째, 물환경 통합 R&D를 추진하여 물환경 정책의 전문성을 강화하고 물환경 관리 역량을 제고한다.

(2) 환경기준의 선진화

① 호소환경기준 대표항목의 변경 : COD에서 TOC로 변경
② TOC 목표기준 도입 및 기준치 검토
③ 생활환경기준 단계적 통합 검토
④ 사람의 건강보호항목 확대
⑤ 수생생물 보호기준 도입
⑥ 공정시험기준 개선 및 정밀장비 도입 등

(3) 모니터링 고도화

① 모니터링 및 측정결과 체계적 관리
② 측정망 간 연계성 강화
③ 수질측정망의 단계적 자동화
④ 면단위 및 입체적 모니터링 실시
⑤ 모니터링 대상 확대
⑥ 방사성물질 조사 확대
⑦ 비점오염물질 및 퇴적물 측정망 개선

(4) 물환경 통합의사결정 체계 구축

① ICT 기반 의사결정시스템 구축
② 전국 오염원 조사 신뢰도 향상
③ 산업폐수 정보화 시스템 구축
④ 가축분뇨 전자인계시스템
⑤ 사물인터넷 활용 확대

(5) 물환경 통합 R&D 추진

R&D 사업 활성화

③ 재정관리 효율화

(1) 배경

공공 정책 추진 시 한정된 재원으로 생산성을 높이고 국민에게 고품질의 서비스를 제공하기 위해서는 재정의 효율성을 높여야 한다. 재정의 효율성은 자원의 효율적 배분을 의미한다.[11] 한정된 재원으로 늘어나는 수요를 충족시키기 위해서는 우선순위를 조정하여 재정투자의 효율성을 높이거나 수익구조를 가지는 시설을 확대하는 방안이 검토되어야 한다.

그동안 물환경을 개선하고 유지하기 위해 환경기초시설 확충 등에 많은 예산이 투입되어 하수처리장 등 환경기초시설의 설치는 선진국 수준에 이르렀다. 그러나 아직도 비점오염원과 가축분뇨 관리는 추가적인 재정투자가 필요하다. 수생태계의 건강성 회복도 여전히 중요성이 큰 분야이다. 지방자치단체의 열악한 재정상황은 과감한 물환경 개선 시설투자를 어렵게 하는 이유 중 하나로,[12] 일부 재정자립도가 높은 지방자치단체를 제외하고는 중앙정부의 지원 없이는 물 관리 업무의 추진이 곤란한 상황이다.

또한, 물이용부담금[13]을 징수하여 수계관리기금을 조성하고 이를 통해 주민지원사업[14], 수변구역 토지매수, 지자체의 환경기초시설설치ㆍ운영비지원[15] 등을 실시하고 있으나, 기금운영방식이나 세부사업내용에 대한 상ㆍ하류지역 간의 이견이 발생하고 있어 합리적 개선안을 마련해 나가야 한다.

(2) 국고지원사업의 성과분석 강화

---

11) 이창균 외, 2008, 지방자치단체 재정효율성 제고방안
12) 하수도ㆍ수질부문의 재정사업의 상당 부분(전체 재원의 60% 이상)이 지자체에 대한 국고보조형태로 추진되어 환경관리 및 서비스 제공에 있어 지역 간 불균형 문제 발생(국가재정운영계획 환경분야 작업반, 2011)
13) 물이용 부담금은 1999년 팔당 상수원 수질개선을 위해 한강수계 내의 수도 이용자들에게 부과하기 시작한 이후 2002년부터 낙동강과 금강, 그리고 영산강에도 각각의 수계 내에서 물이용 부담금이 징수되기 시작했다. 자원으로부터 이익을 얻는 자들은 자원손실비용과 함께 자원 및 이와 관련된 서비스의 완전한 비용을 지불해야 한다는 사용자부담원칙(UPP ; The User Pays Principle)에 근거하여 도입된 것으로 공공수역으로부터 취수된 원수를 직접 또는 정수하여 공급받는 최종수요자에게 물 사용량에 비례하여 부담한다.('13~'14 : 170원/톤)
14) 상규지역 주민의 소득증대, 생활개선
15) 하수처리장, 축산폐수처리장 등 설치ㆍ운영비 지원

(3) 투자 우선순위 정립

① 환경기초시설 유지관리   ② 미래 예측에 기반한 재원배분

(4) 재원조달의 원칙 확립

원인자 부담원칙, 사용자 부담원칙 등의 기본원칙 확립

(5) 재정투자계획

제2차 물환경관리 기본계획('16~'25년) 기간 중 물환경 관리를 위해 향후 10년간 총 57조 3천억 원(연평균 5조 7,733억 원)이 소요될 것으로 추정된다.

2019년까지의 연차별 투자소요는 '15년 예산 및 '15~'19년 중기사업계획을 근거로 작성하였으며, 이를 바탕으로 '25년까지의 투자소요를 추정하였다.

▼ **제1차 물환경관리 기본계획 기간 투자실적('06~'15)** (단위 : 억 원)

구분	계	'06	'07	'08	'09	'10	'11	'12	'13	'14	'15
합계	377,911	35,831	35,435	40,438	49,607	45,764	45,167	49,400	52,920	53,760	57,115
수생태 복원	44,927	2,844	2,575	3,268	5,276	3,709	3,546	3,946	6,636	6,311	6,816
위해성 관리	33,521	1,790	2,024	2,131	2,702	3,034	3,023	4,846	5,034	4,743	4,194
비점 오염저감	5,408	95	90	250	261	348	544	749	825	1,209	1,037
가축분뇨 관리	8,563	239	195	453	943	1,023	949	1,231	1,330	1,294	906
하수도	285,492	21,743	22,363	22,246	29,582	29,305	31,754	28,100	31,974	32,317	36,109

▼ **제2차 물환경관리 기본계획 기간 투자소요('16~'25)** (단위 : 억 원)

구분	계	'16	'17	'18	'19	'20	'21	'22	'23	'24	'25
합계	573,347	46,198	50,435	54,277	57,336	(58,180)	(59,136)	(60,918)	(61,687)	(62,102)	(63,078)
수생태 복원	71,458	6,951	6,673	6,331	6,985	(7,155)	(7,233)	(7,345)	(7,433)	(7,597)	(7,755)
위해성 관리	55,208	2,923	4,955	6,036	6,058	(5,466)	(5,636)	(5,800)	(5,958)	(6,113)	(6,263)
비점 오염저감	20,537	1,212	1,324	1,922	2,166	(1,896)	(2,061)	(2,229)	(2,401)	(2,575)	(2,751)
가축 분뇨관리	13,438	806	1,019	1,070	1,070	(1,429)	(1,490)	(1,551)	(1,610)	(1,668)	(1,725)
하수도	412,706	34,306	36,464	38,918	41,057	(42,234)	(42,716)	(43,993)	(44,285)	(44,149)	(44,584)

□ 참고 1. 제1차 물환경관리 기본계획[4대강 대권역 수질보전 기본계획('06~'15)]

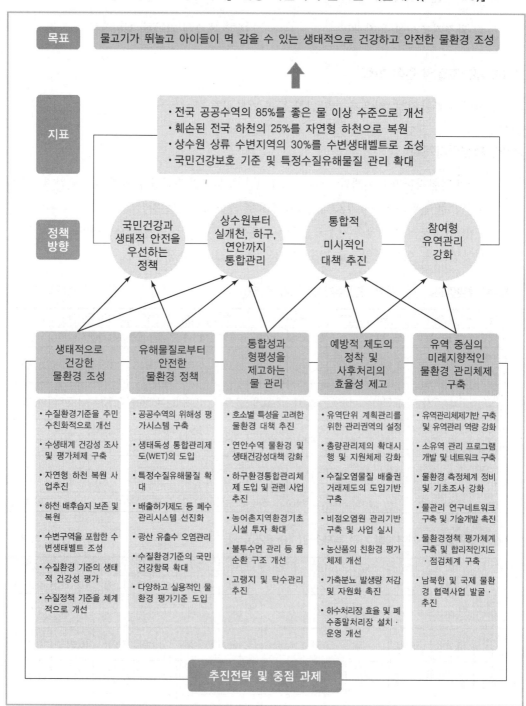

목표 물고기가 뛰놀고 아이들이 멱 감을 수 있는 생태적으로 건강하고 안전한 물환경 조성

지표
- 전국 공공수역의 85%를 좋은 물 이상 수준으로 개선
- 훼손된 전국 하천의 25%를 자연형 하천으로 복원
- 상수원 상류 수변지역의 30%를 수변생태벨트로 조성
- 국민건강보호 기준 및 특정수질유해물질 관리 확대

정책방향
- 국민건강과 생태적 안전을 우선하는 정책
- 상수원부터 실개천, 하구, 연안까지 통합관리
- 통합적·미시적인 대책 추진
- 참여형 유역관리 강화

생태적으로 건강한 물환경 조성	유해물질로부터 안전한 물환경 정책	통합성과 형평성을 제고하는 물 관리	예방적 제도의 정착 및 사후처리의 효율성 제고	유역 중심의 미래지향적인 물환경 관리체제 구축
• 수질환경기준을 주민 수친화적으로 개선 • 수생태계 건강성 조사 및 평가체제 구축 • 자연형 하천 복원 사업추진 • 하천 배후습지 보존 및 복원 • 수변구역을 포함한 수변생태벨트 조성 • 수질환경 기준의 생태적 건강성 평가 • 수질정책 기준을 체계적으로 개선	• 공공수역의 위해성 평가시스템 구축 • 생태독성 통합관리제도(WET)의 도입 • 특정수질유해물질 확대 • 배출허가제도 등 폐수관리시스템 선진화 • 광산 유출수 오염관리 • 수질환경기준의 국민건강항목 확대 • 다양하고 실용적인 물환경 평가기준 도입	• 호소별 특성을 고려한 물환경 대책 추진 • 연안수역 물환경 및 생태건강성대책 강화 • 하구환경통합관리체제 도입 및 관련 사업 추진 • 농어촌지역환경기초시설 투자 확대 • 불투수면 관리 등 물순환 구조 개선 • 고랭지 및 탁수관리 추진	• 유역단위 계획관리를 위한 관리권역의 설정 • 총량관리제의 확대시행 및 지원체제 강화 • 수질오염물질 배출권 거래제도의 도입기반 구축 • 비점오염원 관리기반 구축 및 사업 실시 • 농산품의 친환경 평가체제 개선 • 가축분뇨 발생량 저감 및 자원화 촉진 • 하수처리장 효율 및 폐수종말처리장 설치·운영 개선	• 유역관리체제기반 구축 및 유역관리 역량 강화 • 소유역 관리 프로그램 개발 및 네트워크 구축 • 물환경 측정체계 정비 및 기초조사 강화 • 물관리 연구네트워크 구축 및 기술개발 촉진 • 물환경정책 평가체계 구축 및 합리적인지도·점검체계 구축 • 남북한 및 국제 물환경 협력사업 발굴·추진

추진전략 및 중점 과제

❑ 참고 2. 제1차 물환경관리 기본계획 중요 정책내용

1. 생태적으로 건강한 물환경 조성	1. 수생태 건강성 조사 및 평가체계 구축 2. 자연형 하천 복원을 통한 수생태 건강성 회복 3. 하천 배후습지 보존 및 복원 4. 상수원 주변지역 수변생태벨트(Riverine Ecobelt) 조성
2. 전체 수계의 위해성 관리체계 강화	1. 공공수역의 위해성 평가시스템 구축 2. 생태독성 통합관리제도(WET) 도입 3. 특정수질유해물질 확대 지정 · 관리 4. 산업체 폐수관리시스템 선진화 5. 광산유출수 오염 관리
3. 수질환경기준 및 평가기법의 선진화	1. 건강보호 기준의 확대 · 강화 2. 생태적 건강성 평가 기준 제시 3. 이해하기 쉽고 체계적인 기준으로 개선 4. 합리적이고 실용적인 물환경 평가기준 도입 5. 종합적 수질평가제도 개발
4. 호소 · 연안 · 하구지역의 물환경정책 강화	1. 호소별 특성을 고려한 물환경 대책 마련 2. 호소별 사전오염예방 및 사후관리 강화 3. 연안수역 수질개선 및 생태성 회복 4. 하구환경 통합관리체계 구축 5. 권역별 물환경관리계획 수립 및 시행체계 확립
5. 수질오염총량관리제도 본격 시행 및 정착	1. 수질오염총량관리제도의 확대 시행 2. 수질오염총량관리제 지원체계 강화 3. 배출권거래제도 도입기반 구축
6. 비점오염원과 축산분야의 정책적 비중 극대화	1. 비점오염원 관리를 위한 제도적 기반 구축 2. 비점오염물질 저감사업의 단계적 추진 확대 3. 농경지 분야 고랭지 및 탁수 관리대책 중점 추진 4. 도시와 도로의 비점오염원 관리 강화 5. 가축분뇨 발생량의 근원적 저감대책 추진 6. 가축분뇨의 자원화 촉진 7. 가축분뇨공공처리시설의 효율 제고
7. 물순환구조 개선 및 수요관리 강화	1. 불투수면 관리를 통한 물순환구조 개선 2. 물수요 관리 및 수량 확보 방안 3. 지하수 관리 강화 및 효율적 이용
8. 환경기초시설 투자 합리화 및 효율 증진	1. 농어촌 지역 환경기초시설 투자 확대 2. 하수처리시스템 효율 개선 3. 폐수종말처리시설 설치 · 운영 개선

❑ **참고 3. 제1차 물환경관리 기본계획의 공간적 설명도**

"물고기가 뛰놀고 아이들이 멱 감는 물환경 조성"
10년('06~'15)간 물환경관리 기본계획의 공간적 설명도

고령지 및 탁수발생지역
•환경성 검토 강화
•식생 밭두렁 등 토사유출 저감
 시설 설치
•비료 등 적정시비기준 마련

호소지역
•호소별 수질보전대책 수립
•조류예보제 확대 시행
•생태학적 호소관리 방안마련
•농업용 호소 상수원 활용

광산지역
•오염정밀조사
•유출수 처리기술 개발
•폐광산 광해지도 제작

상수원 상류
•수변구역 토지매수 촉진
•수변생태벨트 조성
•생물상 조사 및 평가

축산단지
•공공처리시설 확충
 및 계량
•자원화 시설 확충
•가축분뇨 총량제 도입

도시지역
•하수처리장 확충 및 계량
•하수관거정비 사업
•방류수 하천유지용수 활용
•초기우수 저류시설 설치
•콘크리트 포장 등 불투수면 관리

수생태 중심 하천복원
•서식생물 및 환경조사
•친수공간 조성
•수질 모니터링

하수처리장

소도시 지역
•하수처리시설 확충
•생태하천복원사업 추진

농업

공공수역
•서식생물 및 환경조사
•생태적 건강성 평가
•위해성 물질 측정
•수질오염총량제 실시
•수질 모니터링

산업체 관리
•특정유해물질 확대
•생태독성제도 도입
•업종별 특성관리 체계 도입
•배출시설 허가기간 설정

배후습지 조성
•홍수조절
•동식물 서식지
•자연정화 기능

산업체 방류 수체
•위해성 물질 측정
•생물측정 및 확인
•방류수 하천 유지용수 활용

하구지역
•하구관리 목표 설정
•하구생태계 복원사업 추진
•통합관리체계 구축
•퇴적물관리

연안유역
•환경기초시설 확충
•하천복원사업 추진
•수질오염총량관리제 실시
•환경부–해수부 연안수질
 환경 관리체계 구축

SECTION

04 환경기준

···01 환경기준

□ 환경정책기본법

제1조 목적

환경보전에 관한 국민의 권리·의무와 국가의 책무를 명확히 하고, 환경정책의 기본사항을 정하여 환경오염과 훼손을 예방, 환경을 적정하고 지속가능하게 관리·보전함으로써 국민이 건강하고 쾌적한 삶을 누릴 수 있도록 함

제12조 제2항(환경기준의 설정)

국가는 환경기준을 설정하여야 하며, 환경 여건의 변화에 따라 그 적정성이 유지되도록 하여야 한다.
• 환경기준 대통령령으로 한다.
• 특별시·광역시·도·특별자치도는 지역환경적 특성을 고려해 "지역환경기준"을 설정할 수 있다.

시행령 제2조(환경기준)

1. 대기
2. 소음
3. 수질 및 수생태계에 대하여 환경기준이 있다.

■ 수질환경기준

- 환경행정상의 목표
- 행정상 규제대상이 되거나 법적구속력 없음
- 행정지침 내지 목표로서의 성격
- 수범자 : 행정기관

■ 배출허용기준

- 산업활동에서 물 이용자가 물을 다시 하천이나 호소로 되돌려 보낼 때 지켜야 되는 최소한의 법적 의무, 최대한 법적 허용치이다.

- 환경기준달성을 위한 환경오염인자의 배출을 배출원에서 규제하는 것
- 수범자 : 공장 · 사업장 · 경영자 · 관리자 또는 개인임

❸ 방류수 수질기준

- 배출허용기준의 일종
- 공공기관성 또는 공동으로 오 · 폐수처리(종말)할 때의 최종 방류기준임

별표 ▶ 환경기준(환경정책기본법시행령 제2조 관련)

1. 수질 및 수생태계

가. 하천

1) 사람의 건강보호 기준

항목	기준값(mg/L)
카드뮴(Cd)	0.005 이하
비소(As)	0.05 이하
시안(CN)	검출되어서는 안 됨(검출한계 0.01)
수은(Hg)	검출되어서는 안 됨(검출한계 0.001)
유기인	검출되어서는 안 됨(검출한계 0.0005)
폴리클로리네이티드비페닐(PCB)	검출되어서는 안 됨(검출한계 0.0005)
납(Pb)	0.05 이하
6가 크롬(Cr^{6+})	0.05 이하
음이온 계면활성제(ABS)	0.5 이하
사염화탄소	0.004 이하
1,2-디클로로에탄	0.03 이하
테트라클로로에틸렌(PCE)	0.04 이하
디클로로메탄	0.02 이하
벤젠	0.01 이하
클로로포름	0.08 이하
디에틸헥실프탈레이트(DEHP)	0.008 이하
안티몬	0.02 이하
1,4-다이옥세인	0.05 이하
포름알데히드	0.5 이하
헥사클로로벤젠	0.00004 이하

2) 생활환경 기준

등급		상태 (캐릭터)	기준							
			수소 이온 농도 (pH)	생물 화학적 산소 요구량 (BOD) (mg/L)	총유기 탄소량 (TOC) (mg/L)	부유 물질량 (SS) (mg/L)	용존 산소량 (DO) (mg/L)	총인 (T-P) (mg/L)	대장균군 (군수/100mL)	
									총 대장 균균	분원성 대장 균균
매우 좋음	Ia		6.5 ~ 8.5	1 이하	2 이하	25 이하	7.5 이상	0.02 이하	50 이하	10 이하
좋음	Ib		6.5 ~ 8.5	2 이하	3 이하	25 이하	5.0 이상	0.04 이하	500 이하	100 이하
약간 좋음	II		6.5 ~ 8.5	3 이하	4 이하	25 이하	5.0 이상	0.1 이하	1,000 이하	200 이하
보통	III		6.5 ~ 8.5	5 이하	5 이하	25 이하	5.0 이상	0.2 이하	5,000 이하	1,000 이하
약간 나쁨	IV		6.0 ~ 8.5	8 이하	6 이하	100 이하	2.0 이상	0.3 이하		
나쁨	V		6.0 ~ 8.5	10 이하	8 이하	쓰레기 등이 떠 있지 않을 것	2.0 이상	0.5 이하		
매우 나쁨	VI			10 초과	8 초과		2.0 미만	0.5 초과		

비고 : 1. 등급별 수질 및 수생태계 상태

　　가. 매우 좋음 : 용존산소가 풍부하고 오염물질이 없는 청정상태의 생태계로 여과·살균 등 간단한 정수처리 후 생활용수로 사용할 수 있음

　　나. 좋음 : 용존산소가 많은 편이고 오염물질이 거의 없는 청정상태에 근접한 생태계로 여과·침전·살균 등 일반적인 정수처리 후 생활용수로 사용할 수 있음

　　다. 약간 좋음 : 약간의 오염물질은 있으나 용존산소가 많은 상태의 다소 좋은 생태계로 여과·침전·살균 등 일반적인 정수처리 후 생활용수 또는 수영용수로 사용할 수 있음

　　라. 보통 : 보통의 오염물질로 인하여 용존산소가 소모되는 일반 생태계로 여과, 침전, 활성탄 투입, 살균 등 고도의 정수처리 후 생활용수로 이용하거나 일반적 정수처리 후 공업용수로 사용할 수 있음

　　마. 약간 나쁨 : 상당량의 오염물질로 인하여 용존산소가 소모되는 생태계로 농업용수로 사용하거나 여과, 침전, 활성탄 투입, 살균 등 고도의 정수처리 후 공업용수로 사용할 수 있음

　　바. 나쁨 : 다량의 오염물질로 인하여 용존산소가 소모되는 생태계로 산책 등 국민의 일상생활에 불쾌감을 주지 않으며, 활성탄 투입, 역삼투압 공법 등 특수한 정수처리 후 공업용수로 사용할 수 있음

　　사. 매우 나쁨 : 용존산소가 거의 없는 오염된 물로 물고기가 살기 어려움

　　아. 용수는 해당 등급보다 낮은 등급의 용도로 사용할 수 있음

　　자. 수소이온농도(pH) 등 각 기준항목에 대한 오염도 현황, 용수처리방법 등을 종합적으로 검토하여 그에 맞는 처리방법에 따라 용수를 처리하는 경우에는 해당 등급보다 높은 등급의 용도로도 사용할 수 있음

2. 수질 및 수생태계 상태별 생물학적 특성 이해표

생물등급	생물 지표종		서식지 및 생물 특성
	저서생물	어류	
매우 좋음 ~ 좋음	옆새우, 가재, 뿔하루살이, 민하루살이, 강도래, 물날도래, 광택날도래, 띠무늬우묵날도래, 바수염날도래	산천어, 금강모치, 열목어, 버들치 등 서식	• 물이 매우 맑으며, 유속은 빠른 편임 • 바닥은 주로 바위와 자갈로 구성됨 • 부착 조류가 매우 적음
좋음 ~ 보통	다슬기, 넓적거머리, 강하루살이, 동양하루살이, 등줄하루살이, 등딱지하루살이, 물삿갓벌레, 큰줄날도래	쉬리, 갈겨니, 은어, 쏘가리 등 서식	• 물이 맑으며, 유속은 약간 빠르거나 보통임 • 바닥은 주로 자갈과 모래로 구성됨 • 부착 조류가 약간 있음
보통 ~ 약간 나쁨	물달팽이, 턱거머리, 물벌레, 밀잠자리	피라미, 끄리, 모래무지, 참붕어 등 서식	• 물이 약간 혼탁하며, 유속은 약간 느린 편임 • 바닥은 주로 잔자갈과 모래로 구성됨 • 부착 조류가 녹색을 띠며 많음
약간 나쁨 ~ 매우 나쁨	왼돌이물달팽이, 실지렁이, 붉은깔따구, 나방파리, 꽃등에	붕어, 잉어, 미꾸라지, 메기 등 서식	• 물이 매우 혼탁하며, 유속은 느린 편임 • 바닥은 주로 모래와 실트로 구성되며, 대체로 검은색을 띰 • 부착 조류가 갈색 혹은 회색을 띠며 매우 많음

나. 호소

1) 사람의 건강보호 기준 : 가목 1)과 같다.

2) 생활환경기준

등급		상태 (캐릭터)	기준								
			수소 이온 농도 (pH)	총유기 탄소량 (TOC) (mg/L)	부유 물질량 (SS) (mg/L)	용존 산소량 (DO) (mg/L)	총인 (T-P) (mg/L)	총질소 (T-N) (mg/L)	클로로필 -a (Chl-a) (mg/m³)	대장균군 (군수/100mL)	
										총 대장 균군	분원성 대장 균군
매우 좋음	Ia		6.5 ~ 8.5	2 이하	1 이하	7.5 이상	0.01 이하	0.2 이하	5 이하	50 이하	10 이하
좋음	Ib		6.5 ~ 8.5	3 이하	5 이하	5.0 이상	0.02 이하	0.3 이하	9 이하	500 이하	100 이하
약간 좋음	II		6.5 ~ 8.5	4 이하	5 이하	5.0 이상	0.03 이하	0.4 이하	14 이하	1,000 이하	200 이하
보통	III		6.5 ~ 8.5	5 이하	15 이하	5.0 이상	0.05 이하	0.6 이하	20 이하	5,000 이하	1,000 이하
약간 나쁨	IV		6.0 ~ 8.5	6 이하	15 이하	2.0 이상	0.10 이하	1.0 이하	35 이하		
나쁨	V		6.0 ~ 8.5	8 이하	쓰레기 등이 떠 있지 않을 것	2.0 이상	0.15 이하	1.5 이하	70 이하		
매우 나쁨	VI			8 초과		2.0 미만	0.15 초과	1.5 초과	70 초과		

비고 : 총인, 총질소의 경우 총인에 대한 총질소의 농도비율이 7 미만일 경우에는 총인의 기준을 적용하지 않으며, 그 비율이 16 이상일 경우에는 총질소의 기준을 적용하지 않는다.

다. 지하수

지하수 환경기준 항목 및 수질기준은 「먹는물관리법」 제5조 및 「수도법」 제26조에 따라 환경부령
으로 정하는 수질기준을 적용한다. 다만, 환경부장관이 고시하는 지역 및 항목은 적용하지 않는다.

라. 해역

1) 생활환경

항목	수소이온농도(pH)	총대장균군(총대장균군수/100mL)	용매 추출유분(mg/L)
기준	6.5~8.5	1,000 이하	0.01 이하

2) 생태기반 해수수질 기준

등급	수질평가 지수값(Water Quality Index)
I (매우 좋음)	23 이하
II (좋음)	24~33
III (보통)	34~46
IV (나쁨)	47~59
V (아주 나쁨)	60 이상

3) 해양생태계 보호기준

(단위 : μg/L)

중금속류	구리	납	아연	비소	카드뮴	크롬(6가)
단기 기준*	3.0	7.6	34	9.4	19	200
장기 기준**	1.2	1.6	11	3.4	2.2	2.8

* 단기 기준 : 1회성 관측값과 비교 적용
** 장기 기준 : 연간 평균값(최소 사계절 동안 조사한 자료)과 비교 적용

4) 사람의 건강보호

등급	항목	기준(mg/L)	항목	기준(mg/L)
모든 수역	6가 크롬(Cr^{6+})	0.05	파라티온	0.06
	비소(As)	0.05	말라티온	0.25
	카드뮴(Cd)	0.01	1.1.1 - 트리클로로에탄	0.1
	납(Pb)	0.05	테트라클로로에틸렌	0.01
	아연(Zn)	0.1	트리클로로에틸렌	0.03
	구리(Cu)	0.02	디클로로메탄	0.02
	시안(CN)	0.01	벤젠	0.01
	수은(Hg)	0.0005	페놀	0.005
	폴리클로리네이티드비페닐(PCB)	0.0005	음이온 계면활성제(ABS)	0.5
	다이아지논	0.02		

Reference 수질평가지수(WQI ; Water Quality Index)

$$수질평가지수 = 10 \times 저층산소포화도(DO) +$$
$$6 \times \left[\frac{식물플랑크톤농도(chl-a) + 투명도(SD)}{2} \right] +$$
$$4 \times \left[\frac{용존무기질소농도(DIN) + 용존무기인농도(DIP)}{2} \right]$$

항목별 점수	대상항목	
	$chl-a[\mu g/L]$, $DIN[\mu g/L]$, $DIP[\mu g/L]$	DO(포화도, %), 투명도(m)
1	기준값 이하	기준값 이상
2	<기준값+0.10×기준값	>기준값−0.10×기준값
3	<기준값+0.25×기준값	>기준값−0.25×기준값
4	<기준값+0.50×기준값	>기준값−0.50×기준값
5	≥기준값+0.50×기준값	≤기준값−0.50×기준값

대상항목 / 생태구역	$chl-a[\mu g/L]$	저층* DO(포화도, %)	표층 $DIN[\mu g/L]$	표층 $DIP[\mu g/L]$	투명도(m)
동해	2.1		140	20	8.5
대한해협	6.3		220	35	2.5
서남해역	3.7	90	230	25	0.5
서해중부	2.2		425	30	1.0
제주	1.6		165	15	8.0

* 저층 : 해저 바닥으로부터 최대 1m 이내의 수층

···02 방류수수질기준

□ 하수도법

> **제7조 제1항**
> 공공하수처리시설·분뇨처리시설 및 개인 하수(방류수수질기준) 처리시설의 방류수수질기준은 환경부령으로 정한다.
>
> **시행규칙 제3조(방류수 수질 기준 등)**
> 다음 별표 1~3과 같다.

별표1 공공하수처리시설·간이공공하수처리시설의 방류수수질기준

1. 공공하수처리시설의 방류수수질기준

가. 방류수수질기준

구분		생물화학적 산소요구량 (BOD) (mg/L)	총유기 탄소량 (TOC) (mg/L)	부유물질 (SS) (mg/L)	총질소 (T-N) (mg/L)	총인 (T-P) (mg/L)	총대장균군 수 (개/mL)	생태 독성 (TU)
1일 하수처리 용량 500m³ 이상	I 지역	5 이하	15 이하	10 이하	20 이하	0.2 이하	1,000 이하	
	II 지역	5 이하	15 이하	10 이하	20 이하	0.3 이하	3,000 이하	1 이하
	III 지역	10 이하	25 이하	10 이하	20 이하	0.5 이하		
	IV 지역	10 이하	25 이하	10 이하	20 이하	2 이하		
1일 하수처리용량 500m³ 미만 50m³ 이상		10 이하	25 이하	10 이하	20 이하	2 이하		
1일 하수처리용량 50m³ 미만		10 이하	25 이하	10 이하	40 이하	4 이하		

비고 : 1. 공공하수처리시설의 페놀류 등 오염물질의 방류수수질기준은 해당 시설에서 처리할 수 있는 오염물질항목에 한하여 「물환경보전법 시행규칙」 별표 13 제2호 나목 페놀류 등 수질오염물질 표 중 특례지역에 적용되는 배출허용기준 이내에서 그 처리시설의 설치사업 시행자의 요청에 따라 환경부장관이 정하여 고시한다.
2. 1일 하수처리용량이 500m³ 미만인 공공하수처리시설의 겨울철(12월 1일부터 3월 31일까지)의 총질소와 총인의 방류수수질기준은 2014년 12월 31일까지 60mg/L 이하와 8mg/L 이하를 각각 적용한다.
3. 다음 각 지역에 설치된 공공하수처리시설의 방류수수질기준은 총대장균군수를 1,000개/mL 이하로 적용한다.

　　가. 「물환경보전법 시행규칙」 별표 13에 따른 청정지역

　　나. 「수도법」 제7조에 따른 상수원보호구역 및 상수원보호구역의 경계로부터 상류로 유하거리 10km 이내의 지역

　　다. 「수도법」 제3조 제17호에 따른 취수시설로부터 상류로 유하거리 15km 이내의 지역

4. 영 제4조 제3호에 따른 수변구역에 설치된 공공하수처리시설에 대하여는 1일 하수처리용량 50m³ 이상인 방류수수질기준을 적용한다.

5. 생태독성의 방류수수질기준은 물벼룩에 대한 급성독성시험을 기준으로 하며, 다음의 요건 모두에 해당하는 공공하수처리시설에만 적용한다.

　　가. 「물환경보전법 시행규칙」 별표 4 제2호 3), 12), 14), 17)부터 20)까지, 23), 26), 27), 30), 31), 33)부터 40)까지, 46), 48)부터 50)까지, 54), 55), 57)부터 60)까지, 63), 67), 74), 75) 및 80)에 해당하는 폐수배출시설에서 배출되는 폐수가 유입될 것

　　나. 1일 하수처리용량이 500m³ 이상일 것

6. 생태독성(TU) 방류수수질기준 초과원인이 오직 염(산의 음이온과 염기의 양이온에 의해 만들어지는 화합물을 말한다. 이하 같다)으로 증명된 경우로서 「물환경보전법」제2조제9호의 공공수역 중 항만·연안해역에 방류하는 경우 생태독성(TU) 방류수수질기준을 초과하지 않은 것으로 본다.

7. 제6호에 따른 생태독성(TU) 방류수수질기준 초과원인이 오직 염이라는 증명에 필요한 구비서류, 절차·방법 등에 관하여 필요한 사항은 국립환경과학원장이 정하여 고시한다.

나. 지역 구분

구분	범위
Ⅰ지역	가. 「수도법」 제7조에 따라 지정·공고된 상수원보호구역 나. 「환경정책기본법」 제22조 제1항에 따라 지정·고시된 특별대책지역 중 수질보전 특별대책지역으로 지정·고시된 지역 다. 「한강수계 상수원 수질개선 및 주민지원 등에 관한 법률」 제4조 제1항, 「낙동강수계 물관리 및 주민지원 등에 관한 법률」 제4조 제1항, 「금강수계 물관리 및 주민지원 등에 관한 법률」 제4조 제1항 및 「영산강·섬진강수계 물관리 및 주민지원 등에 관한 법률」 제4조 제1항에 따라 각각 지정·고시된 수변구역 라. 「새만금사업 촉진을 위한 특별법」 제2조 제1호에 따른 새만금사업지역으로 유입되는 하천이 있는 지역으로서 환경부장관이 정하여 고시하는 지역
Ⅱ지역	「물환경보전법」 제22조 제2항에 따라 고시된 중권역 중 화학적 산소요구량(COD) 또는 총인(T-P)의 수치가 같은 법 제24조 제2항 제1호에 따른 목표기준을 초과하였거나 초과할 우려가 현저한 지역으로서 환경부장관이 정하여 고시하는 지역
Ⅲ지역	「물환경보전법」 제22조 제2항에 따라 고시된 중권역 중 한강·금강·낙동강·영산강·섬진강 수계에 포함되는 지역으로서 환경부장관이 정하여 고시하는 지역(Ⅰ지역 및 Ⅱ지역을 제외한다)
Ⅳ지역	Ⅰ지역, Ⅱ지역 및 Ⅲ지역을 제외한 지역

2. 간이공공하수처리시설의 방류수수질기준

가. 방류수수질기준

구분	생물화학적 산소요구량(BOD) (mg/L)		총대장균군수 (개/mL)	
I 지역	2014년 7월 17일부터 2018년 12월 31일까지	60 이하	2014년 7월 17일부터 2018년 12월 31일까지	–
	2019년 1월 1일부터 2023년 12월 31일까지	60 이하	2019년 1월 1일 이후	
	2024년 1월 1일 이후	40 이하		3,000 이하
II 지역	2014년 7월 17일부터 2019년 12월 31일까지	60 이하	2014년 7월 17일부터 2019년 12월 31일까지	–
	2020년 1월 1일부터 2024년 12월 31일까지	60 이하	2020년 1월 1일 이후	
	2025년 1월 1일 이후	40 이하		3,000 이하
III · IV지역				

비고 : 1. 위 방류수수질기준은 1일 하수처리용량이 500㎥ 이상인 공공하수처리시설에 유입되는 하수가 일시적으로 늘어날 경우 이를 처리하기 위하여 설치되는 간이공공하수처리시설에 대해서만 적용한다.
　　　 2. 환경부장관은 2014년 7월 17일부터 2018년 12월 31일까지의 기간에 새로 설치되는 간이공공하수처리시설에 대해서는 위 방류수수질기준보다 완화된 기준을 정하여 고시할 수 있다.

나. 지역 구분 : 제1호나목과 같다.

별표2 분뇨처리시설의 방류수수질기준

항목 구분	생물화학적 산소요구량(mg/L)	총유기탄소량 (mg/L)	부유물질 (mg/L)	총대장균군수 (개수/mL)	기타(mg/L)
분뇨처리시설	30 이하	30 이하	30 이하	3,000 이하	• 총질소 : 60 이하 • 총인 : 8 이하

별표 3 개인하수처리시설의 방류수수질기준(제3조 제1항 제3호 관련)

구분	1일 처리용량	지역	항목	방류수수질기준
오수 처리시설	50m³ 미만	수변구역	생물화학적 산소요구량(mg/L)	10 이하
			부유물질(mg/L)	10 이하
		특정지역 및 기타지역	생물화학적 산소요구량(mg/L)	20 이하
			부유물질(mg/L)	20 이하
	50m³ 이상	모든 지역	생물화학적 산소요구량(mg/L)	10 이하
			부유물질(mg/L)	10 이하
			총질소(mg/L)	20 이하
			총인(mg/L)	2 이하
			총대장균군수(개/mL)	3,000 이하
정화조	11인용 이상	수변구역 및 특정지역	생물화학적 산소요구량 제거율(%)	65 이상
			생물화학적 산소요구량(mg/L)	100 이하
		기타 지역	생물화학적 산소요구량 제거율(%)	50 이상

토양침투처리방법에 따른 정화조의 방류수수질기준은 다음과 같다.
가. 1차 처리장치에 의한 부유물질 50퍼센트 이상 제거
나. 1차 처리장치를 거쳐 토양침투시킬 때의 방류수의 부유물질 250mg/L 이하

골프장과 스키장에 설치된 오수처리시설은 방류수수질기준 항목 중 생물화학적 산소요구량은 10mg/L 이하, 부유물질은 10mg/L 이하로 한다. 다만, 숙박시설이 있는 골프장에 설치된 오수처리시설은 방류수수질기준 항목 중 생물화학적 산소요구량은 5mg/L 이하, 부유물질은 5mg/L 이하로 한다.

비고 : 1. 이 표에서 수변구역은 영 제4조 제3호에 해당하는 구역으로 하고, 특정지역은 영 제4조 제1호 · 제2호 · 제4호 · 제5호 및 제10호에 해당하는 구역 또는 지역으로 한다.
2. 수변구역 또는 특정지역이 영 제8조에 따라 고시된 예정하수처리구역이나 「물환경보전법 시행규칙」 제67조에 따라 고시된 기본계획의 폐수종말처리시설 처리대상지역에 해당되면 그 지역에 설치된 정화조에 대하여는 기타지역의 방류수수질기준을 적용한다.
3. 특정지역이 수변구역으로 변경된 경우에는 변경 당시 그 지역에 설치된 오수처리시설에 대하여 그 변경일부터 3년까지는 특정지역의 방류수수질기준을 적용한다.
4. 기타지역이 수변구역이나 특정지역으로 변경된 경우에는 변경 당시 그 지역에 설치된 개인하수처리시설에 대하여 그 변경일부터 3년까지는 기타지역의 방류수수질기준을 적용한다.
5. 겨울철(12월 1일부터 3월 31일까지)의 총질소와 총인의 방류수수질기준은 2014년 12월 31일까지 60mg/L 이하와 8mg/L 이하를 각각 적용한다.
6. 하나의 건축물에 2개 이상의 오수처리시설을 설치하거나 2개 이상의 오수처리시설이 설치되어 있는 경우에는 그 오수처리시설 처리용량의 합계로 방류수수질기준을 적용한다.
7. 영 제8조에 따라 고시된 예정하수처리구역이나 「물환경보전법 시행규칙」 제67조에 따라 고시된 기본계획의 공공폐수처리시설 처리대상지역에 설치된 오수처리시설에 대하여는 1일 처리용량 50m³ 미만인 오수처리시설의 방류수수질기준을 적용한다.

···03 배출허용기준

❑ **물환경 보전법 법령**

제32조(배출허용기준)

①항 : 폐수배출시설에서 배출되는 수질오염물질의 배출허용기준은 환경부령으로 정한다.

시행규칙 제34조

법 제32조 제1항에 따른 수질오염물질의 배출허용기준은 별표 13과 같다.

제12조 제3항(공공시설의 설치 관리)

③항 : 공공폐수처리시설에서 배출되는 물의 수질 기준은 관계중앙행정기관의 장과 협의를 거쳐 환경부령으로 정하고…….

시행규칙 제26조(공공 폐수처리시설의 방류수 수질기준)

법 제12조 제3항에 따른 공공폐수처리시설에서 배출되는 물의 수질기준은 별표 10과 같다.

별표 13 수질오염물질의 배출허용기준(제34조 관련)

1. 지역 구분 적용에 대한 공통기준

가. 제2호 각 목 및 비고의 지역구분란의 청정지역, 가지역, 나지역 및 특례지역은 다음과 같다.
  1) 청정지역 : 「환경정책기본법 시행령」 별표 1 제3호에 따른 수질 및 수생태계 환경기준(이하 '수질 및 수생태계 환경기준'이라 한다) 매우 좋음(Ⅰa)등급 정도의 수질을 보전하여야 한다고 인정되는 수역의 수질에 영향을 미치는 지역으로서 환경부장관이 정하여 고시하는 지역
  2) 가지역 : 수질 및 수생태계 환경기준 좋음(Ⅰb), 약간 좋음(Ⅱ)등급 정도의 수질을 보전하여야 한다고 인정되는 수역의 수질에 영향을 미치는 지역으로서 환경부장관이 정하여 고시하는 지역
  3) 나지역 : 수질 및 수생태계 환경기준 보통(Ⅲ), 약간 나쁨(Ⅳ), 나쁨(Ⅴ) 등급 정도의 수질을 보전하여야 한다고 인정되는 수역의 수질에 영향을 미치는 지역으로서 환경부장관이 정하여 고시하는 지역
  4) 특례지역 : 환경부장관이 법 제49조 제3항에 따른 공동처리구역으로 지정하는 지역 및 시장·군수가 「산업입지 및 개발에 관한 법률」 제8조에 따라 지정하는 농공단지

나. 「자연공원법」 제2조 제1호에 따른 자연공원의 공원구역 및 「수도법」 제7조에 따라 지정·공고된 상수원보호구역은 제2호에 따른 항목별 배출허용기준을 적용할 때에는 청정지역으로 본다.

다. 정상가동 중인 공공하수처리시설에 배수설비를 연결하여 처리하고 있는 폐수배출시설에 제2호에 따른 항목별 배출허용기준(같은 호 나목의 항목은 해당 공공하수처리시설에서 처리하는 수질오염물질 항목만 해당한다)을 적용할 때에는 나지역의 기준을 적용한다.

2. 항목별 배출허용기준
가. 생물화학적 산소요구량 · 화학적 산소요구량 · 부유물질량
1) 2020년 1월 1일부터 적용되는 기준

대상 규모 / 항목 / 지역구분	1일 폐수배출량 2천 세제곱미터 이상			1일 폐수배출량 2천 세제곱미터 미만		
	생물화학적 산소요구량 (mg/L)	총유기 탄소량 (mg/L)	부유 물질량 (mg/L)	생물화학적 산소요구량 (mg/L)	총유기 탄소량 (mg/L)	부유 물질량 (mg/L)
청정지역	30 이하	25 이하	30 이하	40 이하	30 이하	40 이하
가지역	60 이하	40 이하	60 이하	80 이하	50 이하	80 이하
나지역	80 이하	50 이하	80 이하	120 이하	75 이하	120 이하
특례지역	30 이하	25 이하	30 이하	30 이하	25 이하	30 이하

비고 : 1. 하수처리구역에서 「하수도법」 제28조에 따라 공공하수도관리청의 허가를 받아 폐수를 공공하수도에 유입시키지 아니하고 공공수역으로 배출하는 폐수배출시설 및 「하수도법」 제27조 제1항을 위반하여 배수설비를 설치하지 아니하고 폐수를 공공수역으로 배출하는 사업장에 대한 배출허용기준은 공공하수처리시설의 방류수 수질기준을 적용한다.
2. 「국토의 계획 및 이용에 관한 법률」 제6조 제2호에 따른 관리지역에서의 「건축법 시행령」 별표 1 제17호에 따른 공장에 대한 배출허용기준은 특례지역의 기준을 적용한다.

나. 페놀류 등 수질오염물질
1) 2021년 1월 1일부터 적용되는 기준

항목 / 지역 구분		청정지역	가지역	나지역	특례지역
수소이온농도		5.8~8.6	5.8~8.6	5.8~8.6	5.8~8.6
노말헥산추출 물질함유량	광유류(mg/L)	1 이하	5 이하	5 이하	5 이하
	동식물유지류(mg/L)	5 이하	30 이하	30 이하	30 이하
페놀류함유량(mg/L)		1 이하	3 이하	3 이하	5 이하
페놀(mg/L)		0.1 이하	1 이하	1 이하	1 이하
펜타클로로페놀(mg/L)		0.001 이하	0.01 이하	0.01 이하	0.01 이하
시안함유량(mg/L)		0.2 이하	1 이하	1 이하	1 이하
크롬함유량(mg/L)		0.5 이하	2 이하	2 이하	2 이하
용해성철함유량(mg/L)		2 이하	10 이하	10 이하	10 이하
아연함유량(mg/L)		1 이하	5 이하	5 이하	5 이하
구리(동)함유량(mg/L)		1 이하	3 이하	3 이하	3 이하
카드뮴함유량(mg/L)		0.02 이하	0.1 이하	0.1 이하	0.1 이하
수은함유량(mg/L)		0.001 이하	0.005 이하	0.005 이하	0.005 이하
유기인함유량(mg/L)		0.2 이하	1 이하	1 이하	1 이하

지역 구분 항목	청정지역	가지역	나지역	특례지역
비소함유량(mg/L)	0.05 이하	0.25 이하	0.25 이하	0.25 이하
납함유량(mg/L)	0.1 이하	0.5 이하	0.5 이하	0.5 이하
6가크롬함유량(mg/L)	0.1 이하	0.5 이하	0.5 이하	0.5 이하
용해성망간함유량(mg/L)	2 이하	10 이하	10 이하	10 이하
플루오린(불소)함유량(mg/L)	3 이하	15 이하	15 이하	15 이하
PCB함유량(mg/L)	불검출	0.003 이하	0.003 이하	0.003 이하
총대장균군(群)(총대장균군수)(mL)	100 이하	3,000 이하	3,000 이하	3,000 이하
색도(도)	200 이하	300 이하	400 이하	400 이하
온도(℃)	40 이하	40 이하	40 이하	40 이하
총질소(mg/L)	30 이하	60 이하	60 이하	60 이하
총인(mg/L)	4 이하	8 이하	8 이하	8 이하
트리클로로에틸렌(mg/L)	0.06 이하	0.3 이하	0.3 이하	0.3 이하
테트라클로로에틸렌(mg/L)	0.02 이하	0.1 이하	0.1 이하	0.1 이하
음이온계면활성제(mg/L)	3 이하	5 이하	5 이하	5 이하
벤젠(mg/L)	0.01 이하	0.1 이하	0.1 이하	0.1 이하
디클로로메탄(mg/L)	0.02 이하	0.2 이하	0.2 이하	0.2 이하
생태독성(TU)	1 이하	2 이하	2 이하	2 이하
셀레늄함유량(mg/L)	0.1 이하	1 이하	1 이하	1 이하
사염화탄소(mg/L)	0.004 이하	0.04 이하	0.04 이하	0.08 이하
1,1-디클로로에틸렌(mg/L)	0.03 이하	0.3 이하	0.3 이하	0.6 이하
1,2-디클로로에탄(mg/L)	0.03 이하	0.3 이하	0.3 이하	0.3 이하
클로로포름(mg/L)	0.08 이하	0.8 이하	0.8 이하	0.8 이하
니켈(mg/L)	0.1 이하	3.0 이하	3.0 이하	3.0 이하
바륨(mg/L)	1.0 이하	10.0이하	10.0 이하	10.0 이하
1,4-다이옥산(mg/L)	0.05 이하	4.0 이하	4.0 이하	4.0 이하
디에틸헥실프탈레이트(DEHP)(mg/L)	0.02 이하	0.2 이하	0.2 이하	0.8 이하
염화비닐(mg/L)	0.01 이하	0.5 이하	0.5 이하	1.0 이하
아크릴로니트릴(mg/L)	0.01 이하	0.2 이하	0.2 이하	1.0 이하
브로모포름(mg/L)	0.03 이하	0.3 이하	0.3 이하	0.3 이하
나프탈렌(mg/L)	0.05 이하	0.5 이하	0.5 이하	0.5 이하
폼알데하이드(mg/L)	0.5 이하	5.0 이하	5.0 이하	5.0 이하
에피클로로하이드린(mg/L)	0.03 이하	0.3 이하	0.3 이하	0.3 이하
톨루엔(mg/L)	0.7 이하	7.0 이하	7.0 이하	7.0 이하

항목＼지역 구분	청정지역	가지역	나지역	특례지역
자일렌(mg/L)	0.5 이하	5.0 이하	5.0 이하	5.0 이하
퍼클로레이트(mg/L)	0.03 이하	0.3 이하	0.3 이하	0.3 이하
아크릴아미드(mg/L)	0.015 이하	0.04 이하	0.04 이하	0.04 이하
스티렌(mg/L)	0.02 이하	0.2 이하	0.2 이하	0.2 이하
비스(2-에틸헥실)아디페이트(mg/L)	0.2 이하	2 이하	2 이하	2 이하
안티몬(mg/L)	0.02 이하	0.2 이하	0.2 이하	0.2 이하
주석(mg/L)	0.5 이하	5 이하	5 이하	5 이하

비고 : 1. 색도항목의 배출허용기준은 별표 4 제2호18)의 섬유염색 및 가공시설, 같은 호 19)의 기타 섬유제품 제조시설 및 같은 호 23)의 펄프·종이 및 종이제품(색소첨가 제품만 해당한다) 제조시설에만 적용한다.

2. 생태독성 배출허용기준은 물벼룩에 대한 급성독성시험을 기준으로 하며, 해당 사업장에서 배출되는 폐수를 모두 공공폐수처리시설 또는 「하수도법」 제2조제9호에 따른 공공하수처리시설에 유입시키는 폐수배출시설에는 적용하지 않는다.

3. 생태독성 배출허용기준 초과의 경우 그 원인이 오직 염(산의 음이온과 염기의 양이온에 의해 만들어지는 화합물을 말한다. 이하 같다) 성분 때문으로 증명된 때에는 그 폐수를 다음 각 목의 어느 하나에 해당하는 방법으로 방류하는 경우에 한정하여 생태독성 배출허용기준을 초과하지 않는 것으로 본다.
   가. 공공수역 중 항만·연안해역에 방류하는 경우
   나. 다음 시설에서 공공수역 중 항만·연안해역을 제외한 곳으로 방류하는 경우
      1) 별표 4 제2호의 폐수배출시설 분류 중 3), 12), 14), 17)부터 20)까지, 23), 26), 27), 30), 31), 33)부터 40)까지, 46), 48)부터 50)까지, 54), 55), 57)부터 60)까지, 63), 67), 74), 75) 및 80)에 해당되는 폐수배출시설(2010년 12월 31일까지 설치허가 또는 변경허가를 받거나 설치신고 또는 변경신고를 한 폐수배출시설로 한정한다)
      2) 1)에 해당되지 않는 폐수배출시설(2020년 12월 31일까지 설치허가 또는 변경허가를 받거나 설치신고 또는 변경신고를 한 폐수배출시설로 한정한다)

4. 제3호에 따른 생태독성 배출허용기준 초과원인이 오직 염 성분 때문이라는 증명에 필요한 첨부서류, 절차·방법 등에 관하여 필요한 사항은 국립환경과학원장이 정하여 고시한다.

5. 환경부장관은 「환경기술 및 환경산업 지원법」 제12조에 따라 한국환경공단이 수행하는 생태독성 기술지원을 제공할 수 있으며, 그 결과를 제출받을 수 있다.

6. 특례지역 내 폐수배출시설에서 발생한 폐수를 공공폐수처리시설에 유입하지 않고 직접 방류할 경우에는 해당 지역 구분에 따른 배출허용기준을 적용한다.

7. 위 표에도 불구하고 퍼클로레이트 항목은 별표 4 제2호31)의 기초무기화학물질 제조시설 및 같은 호 57)의 비철금속 제련, 정련 및 합금제조 시설의 경우에는 청정지역은 0.4mg/L, 가지역, 나지역 및 특례지역은 4mg/L의 기준을 적용한다.

8. 총대장균군 배출허용기준은 해당 사업장에서 배출된 폐수를 모두 공공폐수처리시설 또는 「하수도법」 제2조제9호에 따른 공공하수처리시설에 유입시키는 폐수배출시설에는 적용하지 않는다.

9. 하수처리구역에서 「하수도법」 제28조에 따라 공공하수도관리청의 허가를 받아 폐수를 공공하수도에 유입시키지 않고 공공수역으로 배출하는 폐수배출시설 및 「하수도법」 제27조제1항을 위반하여 배수설비를 설치하지 않고 폐수를 공공수역으로 배출하는 사업장에 대한 배출허용기준은 공공하수처리시설의 방류수 수질기준을 적용한다.

2) 특정수질유해물질 폐수배출시설 적용기준

물질명	기준농도(mg/L)
구리와 그 화합물	0.1
납과 그 화합물	0.01
비소와 그 화합물	0.01
수은과 그 화합물	0.001
시안화합물	0.01
유기인 화합물	0.0005
6가크롬 화합물	0.05
카드뮴과 그 화합물	0.005
테트라클로로에틸렌	0.01
트리클로로에틸렌	0.03
폴리클로리네이티드바이페닐	0.0005
셀레늄과 그 화합물	0.01
벤젠	0.01
사염화탄소	0.002
디클로로메탄	0.02
1,1-디클로로에틸렌	0.03
1,2-디클로로에탄	0.03
클로로포름	0.08
1,4-다이옥산	0.05
디에틸헥실프탈레이트(DEHP)	0.008
염화비닐	0.005
아크릴로니트릴	0.005
브로모포름	0.03
페놀	0.1
펜타클로로페놀	0.001
아크릴아미드	0.015
나프탈렌	0.05
폼알데하이드	0.5
에피클로로하이드린	0.03
스티렌	0.02
비스(2-에틸헥실)아디페이트	0.2
안티몬	0.02

별표 10 공공폐수처리시설의 방류수 수질기준(제26조 관련)

1. 방류수 수질기준(2020년 1월 1일부터 적용되는 기준)

구분	수질기준			
	I 지역	II 지역	III 지역	IV 지역
생물화학적 산소요구량 (BOD) (mg/L)	10(10) 이하	10(10) 이하	10(10) 이하	10(10) 이하
총유기탄소량 (TOC) (mg/L)	15(25) 이하	15(25) 이하	25(25) 이하	25(25) 이하
부유물질 (SS) (mg/L)	10(10) 이하	10(10) 이하	10(10) 이하	10(10) 이하
총질소 (T-N) (mg/L)	20(20) 이하	20(20) 이하	20(20) 이하	20(20) 이하
총인 (T-P) (mg/L)	0.2(0.2) 이하	0.3(0.3) 이하	0.5(0.5) 이하	2(2) 이하
총대장균 군수 (개/mL)	3,000 (3,000) 이하	3,000 (3,000) 이하	3,000 (3,000) 이하	3,000 (3,000) 이하
생태독성 (TU)	1(1) 이하	1(1) 이하	1(1) 이하	1(1) 이하

비고 : 1. 산업단지 및 농공단지 공공폐수처리시설의 페놀류 등 수질오염물질의 방류수 수질기준은 위 표에도 불구하고 해당 처리시설에서 처리할 수 있는 수질오염물질 항목으로 한정하여 별표 13 제2호나목의 표 중 특례지역에 적용되는 배출허용기준의 범위에서 해당 처리시설 설치사업시행자의 요청에 따라 환경부장관이 정하여 고시한다.
2. 적용기간에 따른 수질기준란의 ( )는 농공단지 공공폐수처리시설의 방류수 수질기준을 말한다.
3. 생태독성 항목의 방류수 수질기준은 물벼룩에 대한 급성독성시험기준을 말한다.
4. 생태독성 방류수 수질기준 초과의 경우 그 원인이 오직 염(산의 음이온과 염기의 양이온에 의해 만들어지는 화합물을 말한다. 이하 같다) 성분 때문이라고 증명된 때에는 그 방류수를 법 제2조제9호의 공공수역 중 항만 또는 연안해역에 방류하는 경우에 한정하여 생태독성 방류수 수질기준을 초과하지 않는 것으로 본다.
5. 제4호에 따른 생태독성 방류수 수질기준 초과원인이 오직 염 성분 때문이라는 증명에 필요한 구비서류, 절차·방법 등에 관하여 필요한 사항은 국립환경과학원장이 정하여 고시한다.

2. 적용대상 지역

구분	범위
Ⅰ지역	가. 「수도법」 제7조에 따라 지정 · 공고된 상수원보호구역 나. 「환경정책기본법」 제22조 제1항에 따라 지정 · 고시된 특별대책지역 중 수질보전 특별대책지역으로 지정 · 고시된 지역 다. 「한강수계 상수원수질개선 및 주민지원 등에 관한 법률」 제4조 제1항, 「낙동강수계 물관리 및 주민지원 등에 관한 법률」 제4조 제1항, 「금강수계 물관리 및 주민지원 등에 관한 법률」 제4조 제1항 및 「영산강 · 섬진강수계 물관리 및 주민지원 등에 관한 법률」 제4조 제1항에 따라 각각 지정 · 고시된 수변구역 라. 「새만금사업 촉진을 위한 특별법」 제2조 제1호에 따른 새만금사업지역으로 유입되는 하천이 있는 지역으로서 환경부장관이 정하여 고시하는 지역
Ⅱ지역	법 제22조제2항에 따라 고시된 중권역 중 생물화학적 산소요구량(BOD), 총유기탄소량(TOC) 또는 총인(T-P) 항목의 수치가 법 제10조의2제1항에 따른 물환경 목표기준을 초과하였거나 초과할 우려가 현저한 지역으로서 환경부장관이 정하여 고시하는 지역
Ⅲ지역	법 제22조 제2항에 따라 고시된 중권역 중 한강 · 금강 · 낙동강 · 영산강 · 섬진강 수계에 포함되는 지역으로서 환경부장관이 정하여 고시하는 지역(Ⅰ지역 및 Ⅱ지역을 제외한다)
Ⅳ지역	Ⅰ지역, Ⅱ지역 및 Ⅲ지역을 제외한 지역

⋯04 수질오염공정시험법

1 시료의 채취 및 보존방법

(1) 시료의 채취 및 보존방법

시료채취는 ① 수질을 정확히 대표하고

② 조성의 변화(실험실에 도착할 때까지)가 없도록 채취 보존하여야 한다.

(2) 적용범위

지표수 · 지하수 · 오수 · 도시하수 · 산업폐수 등에 적용한다.

2 시료채취 방법

(1) 배출허용기준 적합 여부 판정을 위한 시료채취

- 시료의 성상, 유량, 유속 등의 시간에 따른 변화를 고려하여 현장 물의 성질을 대표할 수 있도록 채취
- 복수채취를 원칙으로 함
- 신속한 대응이 필요한 경우 등 복수채취가 불합리할 경우 예외

1) 복수채취방법

① 수동채취 시 30분 이상 간격 2회 이상 채취하여 일정량의 단일시료로 한다. 부득이한 경우 6시간 이상 간격으로 채취한 시료는 측정분석치를 산술평균으로 한다.

② 자동채취 시 6시간 내 30분 이상 간격으로 2회 이상 채취하여 일정량의 단일 시료로 한다.

③ 수소이온농도, 수온은 현장에서 즉시 30분으로 간격 2회 이상 측정하여 평균한다.

④ CN, N−H추출물질, 대장균 등(시료채취 기구 등에 의한 성분 유실 또는 변질 우려) 30분 이상 간격 2개 이상의 시료를 채취하여 각각 분석한 후 산술평균 분석값을 산출한다.

2) 복수시료채취 예외 경우

① 환경오염사고 또는 취약시간대(일요일 · 공휴일 · 평일 18 : 00~09 : 00) 환경오염 감시 등 신속한 대응 필요시

② 수질 및 수생태계 보전 법률 제38조 제1항 규정(배출시설 및 방지시설의 운영)에 의한 비정상적인 행위를 할 경우(무단배출, 물을 섞어 배출, 최종 방류구를 거치지 않고 배출)

③ 회분식 처리 등 간헐적 방류 경우

④ 부득이 복수시료채취가 불가능할 경우

(2) 하천수 등 수질조사를 위한 채취

① 성상, 유량, 유속 등 시간에 따른 변화 고려하여

② 현장물의 성질을 대표할 수 있도록 채취

③ 수질·유량 변화가 심할 경우 채취횟수를 늘려 유량대비 단일 시료로 한다.

(3) 지하수 수질조사를 위한 채취

① 지하수 침전물로부터 오염방지 위해 보존 전에 현장에서 $0.45\mu m$로 여과하는 것 권장

② 단, VOC와 민감한 무기물 함유 시료는 그대로 보관

❸ 시료채취 시 주의사항

① 목적시료의 성질을 대표하는 위치에서 채취

② 용기는 채취 전 3회 이상 세척 : 공기와 접촉은 최대한 짧게

③ 시료량 : 대략 3~5L 정도

④ 시료채취 시간, 보존제 사용 여부, 매질 등 표기하여 분석자가 참고할 수 있도록 한다.

⑤ 현장에서 DO 측정이 어려울 경우
- 300mL BOD병에 황산망간용액 1mL 첨가
- 알칼리성 요오드화칼륨-아지이드화나트륨 용액 1mL 첨가
- 암소보관하여 8시간 내 측정한다.

⑥ TOC 측정채취 시
- 시료병은 PTFE병으로 처리된 고무마개 사용
- 더러운 시료병은 사용 전 산세척 후, 알루미늄 호일로 포장하여 400℃ 회화로에서 1시간 이상 구워 냉각한 것을 사용한다.

⑦ 기타
- 채취된 시료는 즉시 실험 원칙
- 그렇지 못할 경우 시료의 보존방법에 따라 규정시간 내 실험

④ 시료 채취지점

(1) 배출시설 등의 폐수

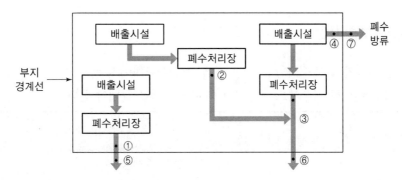

- 당연 채취지점 : ①, ②, ③, ④
- 필요시 채취지점 : ⑤, ⑥, ⑦
  - 방지시설 최초 방류지점 : ①, ②, ③
  - 배출시설 최초 방류지점 : ④
  - 부지 경계선 외부 배출수로 : ⑤, ⑥, ⑦

(2) 하천수

① 합류 이전의 각 지점과 합류 이후 충분히 혼합된 지점에서 각각 채수한다.

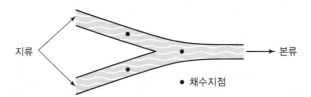

② 하천의 단면에서 수심이 가장 깊은 수면의 지점과 그 지점을 중심으로 하여 좌우로 수면폭을 2등분한 각각의 지점의 수면으로부터 수심 2m 미만일 때에는 수심의 1/3에서, 수심이 2m 이상일 때에는 수심의 1/3 및 2/3에서 각각 채수한다.

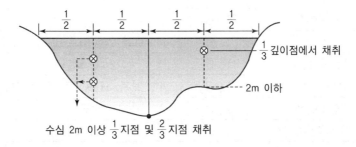

③ 기타(①, ② 외의 경우) 시료 채취 목적에 필요하다고 판단되는 지점 및 위치에서 채
수한다.

⑤ 시료의 보존방법

채취된 시료를 즉시 실험할 수 없을 때에는 따로 규정이 없는 한 아래 표의 보존방법에 따라
보존하고 어떠한 경우에도 보존기간 이내에 실험을 끝내야 한다.

항목		시료용기	보존방법	최대보존기간 (권장보존기간)
냄새		G	가능한 한 즉시 분석 또는 냉장 보관	6시간
노말헥산추출물질		G	4℃ 보관, H_2SO_4로 pH 2 이하	28일
부유물질		P, G	4℃ 보관	7일
색도		P, G	4℃ 보관	48시간
생물화학적 산소요구량		P, G	4℃ 보관	48시간(6시간)
수소이온농도		P, G	–	즉시 측정
온도		P, G	–	즉시 측정
용존산소	적정법	BOD병	즉시 용존산소 고정 후 암소 보관	8시간
	전극법	BOD병	–	즉시 측정
잔류염소		G(갈색)	즉시 분석	–
전기전도도		P, G	4℃ 보관	24시간
총 유기탄소(용존유기탄소)		P, G	즉시 분석 또는 HCl 또는 H_3PO_4 또는 H_2SO_4를 가한 후(pH<2) 4℃ 냉암소에서 보관	28일(7일)
클로로필-a		P, G	즉시 여과하여 –20 ℃ 이하에서 보관	7일(24시간)
탁도		P, G	4℃ 냉암소에서 보관	48시간(24시간)
투명도		–	–	–
화학적 산소요구량		P, G	4℃ 보관, H_2SO_4로 pH 2 이하	28일(7일)
불소		P	–	28일
브롬이온		P, G	–	28일
시안		P, G	4℃ 보관, NaOH로 pH 12 이상	14일(24시간)
아질산성 질소		P, G	4℃ 보관	48시간(즉시)
암모니아성 질소		P, G	4℃ 보관, H_2SO_4로 pH 2 이하	28일(7일)
염소이온		P, G	–	28일
음이온계면활성제		P, G	4℃ 보관	48시간

항목		시료용기	보존방법	최대보존기간 (권장보존기간)
인산염인		P, G	즉시 여과한 후 4℃ 보관	48시간
질산성 질소		P, G	4℃ 보관	48시간
총인(용존 총인)		P, G	4℃ 보관, H_2SO_4로 pH 2 이하	28일
총질소(용존 총질소)		P, G	4℃ 보관, H_2SO_4로 pH 2 이하	28일(7일)
퍼클로레이트		P, G	6℃ 이하 보관, 현장에서 멸균된 여과지로 여과	28일
페놀류		G	4℃ 보관, H_3PO_4로 pH 4 이하 조정한 후 시료 1L당 $CuSO_4$ 1g 첨가	28일
황산이온		P, G	6℃ 이하 보관	28일(48시간)
금속류(일반)		P, G	시료 1L당 HNO_3 2mL 첨가	6개월
비소		P, G	1L당 HNO_3 1.5mL로 pH 2 이하	6개월
셀레늄		P, G	1L당 HNO_3 1.5mL로 pH 2 이하	6개월
수은($0.2\mu g/L$ 이하)		P, G	1L당 HCl(12M) 5mL 첨가	28일
6가 크롬		P, G	4℃ 보관	24시간
알킬수은		P, G	HNO_3 2mL/L	1개월
다이에틸헥실프탈레이트		G(갈색)	4℃ 보관	7일 (추출 후 40일)
1.4-다이옥산		G(갈색)	HCl(1+1)을 시료 10mL당 1~2방울씩 가하여 pH 2 이하	14일
염화비닐, 아크릴로니트릴, 브로모폼		G(갈색)	HCl(1+1)을 시료 10mL당 1~2방울씩 가하여 pH 2 이하	14일
석유계총탄화수소		G(갈색)	4℃ 보관, H_2SO_4 또는 HCl으로 pH 2 이하	7일 이내 추출, 추출 후 40일
유기인		G	4℃ 보관, HCl로 pH 5~9	7일 (추출 후 40일)
폴리클로리네이티드비페닐 (PCB)		G	4℃ 보관, HCl로 pH 5~9	7일 (추출 후 40일)
휘발성 유기화합물		G	냉장보관 또는 HCl을 가해 pH < 2로 조정 후 4℃ 보관 냉암소 보관	7일 (추출 후 14일)
총 대장균군	환경기준 적용시료	P, G	저온(10℃ 이하)	24시간
총 대장균군	배출허용기준 및 방류수 기준 적용 시료	P, G	저온(10℃ 이하)	6시간

항목	시료용기	보존방법	최대보존기간 (권장보존기간)
분원성 대장균군	P, G	저온(10℃ 이하)	24시간
대장균	P, G	저온(10℃ 이하)	24시간
물벼룩 급성 독성	G	4℃ 보관	36시간
식물성 플랑크톤	P, G	즉시 분석 또는 포르말린용액을 시료의 (3~5)% 가하거나 글루타르알데하이드 또는 루골용액을 시료의 (1~2)% 가하여 냉암소 보관	6개월

＊ P : polyethylene　　＊ G : glass

┅05 총유기탄소시험법

1 총유기탄소 – 고온연소산화법

(1) 개요

① 시료 적당량을 산화성 촉매로 충전된 고온의 연소기에 넣은 후 연소를 통해 수중의 유기탄소를 CO_2로 산화시켜 정량하는 방법

② 정량방법

무기성 탄소를 사전에 제거하여 측정 또는 무기성 탄소를 측정한 후 총 탄소에서 감하여 총유기탄소 양을 구함

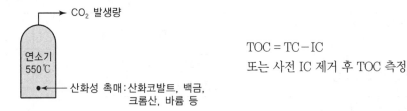

TOC = TC – IC
또는 사전 IC 제거 후 TOC 측정

＊ 검출부 : 비분산 적외선 분광분석법(NDIR ; Non‑dispersive infrared) 또는 전기량 적정법(Coulometric titration method) 등 이와 동등한 검출방법으로 측정

(2) 용어 정의

① TOC(Total Organic Carbon, 총 유기탄소) : 수중에서 유기적으로 결합된 탄소의 합

② TC(Total Carbon, 총 탄소) : 수중에 존재하는 유기적 또는 무기적으로 결합된 탄소의 합

③ IC(Inorganic Carbon, 무기성 탄소) : 수중에 존재하는 탄산염, 중탄산염, 용존 이산화탄소 등 무기적으로 결합된 탄소의 합

④ DOC(Dissolved Organic Carbon, 용존성 유기탄소) : 총 유기탄소 중 공극 $0.45\mu m$ 여과지를 통과한 유기탄소

⑤ NPOC(Nonpurgeable Organic Carbon, 비정화성 유기탄소) : 총 탄소 중 pH 2 이하에서 포기에 의해 정화(Purging)되지 않는 탄소

(3) 적용범위

① 지표수, 지하수, 폐수에 적용

② 정량한계 0.3mg/L

② 총 유기탄소 – 과황산 UV 및 과황산 열 산화법

(1) 개요

① 시료에 과황산염을 넣어 자외선이나 가열로 수중의 유기탄소를 이산화탄소로 산화한 후 정량

② 정량방법은 무기성 탄소 사전 제거 또는 측정 후 가감한다.

(2) 적용범위

① 지표수, 지하수, 폐수 등

② 정량한계 0.3mg/L

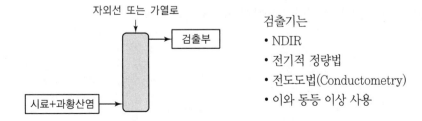

(3) 과황산염

과황산 포타슘 $K_2S_2O_8$ 분자량 : 270.32 또는 과황산 소듐 $Na_2S_2O_8$ 분자량 : 238.11
제조사 측정장치에 따라 사용

3 용존유기탄소 – 고온연소산화법

(1) 개요

$0.45\mu m$ 여과지로 여과 후 시료를 산화성 촉매로 충전된 고온연소기를 통해 연소 후
CO_2로 산화시켜 정량하는 방법

(2) 정량한계

0.3mg/L

(3) 유리여과기

420~430℃, 2시간 이상 회화하여 사용

4 용존 유기탄소 – 과황산 UV 및 과황산 열 산화법

(1) 개요

$0.45\mu m$ 여과 후 TOC 측정 방법과 동일

(2) 적용범위

지표수, 지하수, 폐수에 적용, 정량한계는 0.3mg/L임

(3) 유리 여과기

420~430℃, 2시간 이상 회화하여 사용하도록 한다.

SECTION 05 수질오염총량관리제도

01 수질오염총량관리제도

1 도입배경

도시화 · 산업화 진전에 따른 오 · 폐수 배출량의 급속한 증가와 대규모 개발사업에 따른 하천으로 유입되는 오염부하량의 허용총량 이상의 유입 등으로 농도규제에 의한 수질환경 준수의 한계성에 도래함

2 개념

① 과학적 토대 위 수계구간별 목표수질 설정
② 목표수질을 달성 · 유지하기 위한 허용부하량 산정
③ 배출오염물질의 총량을 허용부하량 이내로 관리하는 제도

3 오염총량관리제의 의의

(1) 과학적인 수질관리를 통한 환경규제의 효율성 제고

① 수질 모델링을 예측하여 허용부하량 산정
② 획일적인 배출농도 규제, 토지규제의 모순과 부작용을 최소화

(2) 환경과 개발을 함께 고려한 유역의 지속성 제고

(3) 오염자별 책임을 명확히 하여 효율적으로 광역수계 관리

광역단체, 자치단체 개별오염자별로 배출할 수 있는 오염부하량을 할당하여 상호 간 책임을 명확히 함

(4) 유역 구성원의 참여와 협력을 바탕으로 한 선진유역관리

4 오염총량관리제도의 이해

① 오염총량관리제는 관리하고자 하는 하천의 목표수질을 정하고, 목표수질을 달성 · 유지하기 위한 수질오염물질의 허용부하량(허용총량)을 산정하여, 해당 유역에서 배출되는 오염물질의 양이 허용부하량 이하가 되도록 관리하는 제도

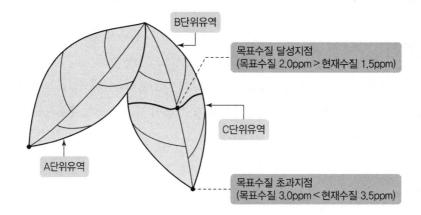

- 오염총량관리제는 농도(C)가 아닌 부하량(L)을 지표로 관리하는 제도
  L(단위유역별 할당부하량, mg)＝ C(목표수질 농도, mg/L)× Q(기준유량, L)
  ※ 기준유량 : 10년 평균 저수량 또는 평수량
- 목표수질을 달성한 지자체는 할당부하량 준수를 위해 자율적인 수질개선사업 추진
- 목표수질을 초과하는 지자체는 할당부하량 준수를 위해 개발사업의 축소 및 유보, 환경기초시설 설치 등 삭감계획을 수립 · 시행

② 공공수역의 수질보전은 물론 수자원 이용과 관련된 지역 간의 분쟁을 해소하고 유역공동체의 환경적, 경제적 형평성 확보 및 상생을 도모

③ 기준배출부하량 ＝ 목표수질 × 기준유량 배출총량 ＜ 허용총량
- 목표수질 및 기준유량 설정
- 단위유역 목표연도 해당유역에서 배출되는 오염부하량(배출총량)을 과학적 기법을 이용하여 추정
- 목표수질 만족을 위한 허용총량 산정 : 수질모델링기법 등을 이용, 목표수질 만족을 위해 유역에서 배출할 수 있는 오염부하량(허용총량)을 산정
- 삭감계획 및 지역개발 계획 수립

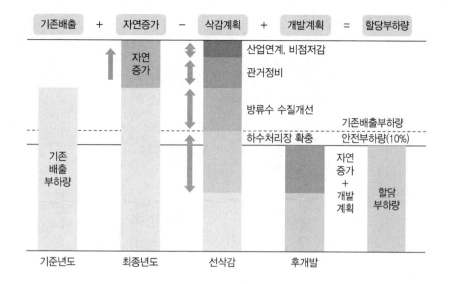

5 총량관리와 농도관리의 비교

구분	총량규제	농도규제
규제방식	• 폐수 중 오염물질의 총량을 규제 (오염부하량＝농도×폐수량)	• 폐수 중 오염물질의 농도를 규제 (농도＝오염부하량/폐수량)
환경기준과의 관계	• 직접적 : 환경기준을 달성할 수 있는 허용부하량 이내로 배출오염물질의 총량을 할당·규제	• 간접적 : 환경기준 및 지역 여건에 따라 배출허용기준(농도) 차등 적용
장점	• 규제의 효과가 높음 : 배출되는 오염물질의 총량이 환경용량 이하로 항시 유지되므로 환경기준 준수가 보장 • 오염자 간 형평성 유지 : 오염물질 배출량에 따라 차등 부담(다량 배출자에게 많은 부담을 줌)	• 기준설정 용이 : 지역별로 기준농도만 정하면 되므로 기준설정이 용이 • 집행용이 저비용 : 농도검사만으로 기준 준수 여부를 확인할 수 있어 단속 용이
단점	• 허용오염총량의 설정 어려움 : 수계별 오염원현황 자료 등을 토대로 하여 허용총량을 결정하고 할당하여야 하나, 입력정보 등의 불확실성 상존 • 집행의 어려움 및 고비용 : 과학적 수질관리체제 구축을 위해 오염부하량산정, 수질 및 유량 조사 등 많은 인력과 예산이 소요	• 규제효과 미흡 : 오염원 밀집지대 또는 폐수 다량 배출업소가 있을 경우 농도기준을 준수하더라도 오염물질의 배출총량이 많아져 환경기준 준수가 곤란 • 오염자 간 형평성 논란 : 배출량에 관계없이 동일 농도 기준이 작용되므로 오염물질을 소량 배출하는 사업장에게 불리

6 오염총량관리제도의 시행절차

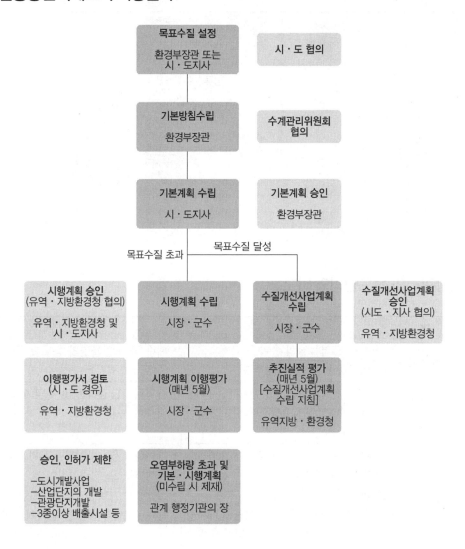

7 오염총량관리계획기간 및 기타

(1) 낙동강, 금강, 영산강, 섬진강 등 3개 수계

① 1단계 : 2004.8.1.~2010.12.31.(낙동수계부터 시작)

② 2단계 : 2011.1.1.~2015.12.31. : BOD.T−P

③ 3단계 : 2016~2020 : BOD.T−P

④ 4단계 : 2021~2030 : BOD.T−P

(2) 한강수계

① 1단계 : 2013. 6. 1.~2020. 12. 31.
② 2단계 : 2021~2030 : BOD, T-P

(3) 기준유량

① BOD : 과거 10년간 평균 저수량
② T-P : 과거 10년간 평균 저수량 및 평수량
③ 유량 : 갈수량 355일, 저수량 275일, 평수량 185일, 풍수량 95일은 보존되는 수량

8 오염총량관리 기본계획

(1) 의의

환경부장관이 설정한 목표수질을 달성·유지할 수 있도록 단위유역별, 기초자치단체별 오염물질 할당 부하량(허용총량)을 결정하는 계획

(2) 수립·승인주체

① 수립 : 특별시장·광역시장·도지사
② 승인 : 환경부장관

(3) 계획기간

① 제1단계 총량관리계획 기간은 2004년~2010년까지
② 제2단계 총량관리계획 기간은 2011년~2015년까지
③ 제3단계 총량관리계획 기간은 2016년~2020년까지
④ 제4단계 총량관리계획 기간은 2021년~2030년까지

(4) 주요 내용

① 수계 내 단위유역별 오염부하량 할당
② 단위유역 내 기초자치단체별 오염부하량 할당

⑨ 오염총량관리 시행계획

(1) 의의

기본계획에서 정해진 단위유역별, 기초자치단체별 오염부하량 할당량을 달성하도록 연차별 지역개발계획과 오염삭감계획을 결정하는 계획

(2) 수립 · 승인 주체

① 수립 : 특별시장 · 광역시장 · 시장 · 군수
② 승인 : 특별시장 · 광역시장 → 지방환경관서장
　　　　　시장 · 군수 → 도지사(지방환경관서장 협의)

(3) 수립대상

오염총량관리 단위유역의 목표수질을 연간 30회 이상 측정하여 3년간 평균한 값이 목표수질을 초과한 단위유역을 관할하는 지자체
＊ 수질이 2회 연속 목표수질 이하인 지점의 유역은 시행계획을 수립하지 아니할 수 있다.

(4) 계획기간

① 제1단계 : 2004년~2010년
② 제2단계 : 2011년~2015년
③ 제3단계 : 2016년~2020년
④ 제4단계 : 2021년~2030년
　　＊ 한강수계 1단계 : 2013.6.1.~2020.12.31., 2단계 : 2021~2030

(5) 주요 내용

① 연차별 오염부하량 삭감계획 : 개별오염원별 할당부하량 또는 배출량 지정계획 포함
② 연차별 지역개발 시행계획

⑩ 오염자의 불이행에 대한 제제

(1) 조치명령

① 관리청(특별시 · 광역시 · 시 · 군, 지방환경관서)은 할당된 오염부하량 또는 지정된 배출량을 초과하여 배출하는 사업자에 대하여 개선 등 필요한 조치 명령
조치명령 시 오염부하량 또는 배출량 초과 정도, 명령내용, 명령 이행 시 고려사항, 명령이행기간(1년의 범위 내) 등을 서면으로 통보

② 조치명령을 받은 자는 30일 이내에 개선계획서를 관리청에 제출, 개선계획서에 따라 명령이행

(2) 조업정지 또는 시설폐쇄 명령

① 명령권자는 조치명령을 이행하지 않거나, 기간 내 이행했으나 검사결과 할당된 오염부하량 또는 지정된 배출량을 계속 초과하는 때에 시설의 전부 또는 일부를 조업정지(6월 이내) 또는 시설폐쇄 명령

② 조치명령 · 조업정지명령 또는 폐쇄명령을 받은 자는 그 명령을 이행한 때에는 지체없이 명령 이행보고서를 제출

 ✽ 조업정지, 폐쇄명령을 위반한 자 : 5년 이하의 징역 또는 3천만 원 이하의 벌금

③ 명령권자가 명령이행보고서를 제출받은 때에는 관계공무원으로 하여금 명령의 이행상태 또는 조치완료 상태 확인(필요시 시료채취 검사 등 실시)

(3) 총량초과부담금

① 부과대상 : 할당 오염부하량 또는 지정 배출량을 초과하여 배출한 자

② 부과권자 : 오염부하량 할당권자(특별시장 · 광역시장 · 시장 · 군수, 지방환경관서장)

③ 산정방법 : [초과배출이익 (오염물질을 초과배출함으로써 지출하지 아니하게 된 오염물질의 처리비용) × 초과율별 부과계수 × 지역별 부과계수 × 위반횟수별 부과계수] − 감액액(배출부과금 및 과징금)
   ㉠ BOD : 7,500원/kg(2014년 기준) 매년 10%
   ㉡ TP : 25,000원/kg(2011년 기준) 물가 감안 환경부 고시

 ✽ 과도한 개발사업에 대한 제한 : 건축허가 등 제한

▼ 총량초과부과금과 배출초과부과금의 비교

구분			총량초과부과금	배출초과부과금
기본 사항	관련 근거		3대강 수계법	수질 및 수생태계 보전에 관한 법률
	부과 주체		환경부장관, 광역시장 · 시장 · 군수	동일
	부과대상		할당된 오염부하량 또는 지정받 은 배출량 초과한 사업자	배출허용기준을 초과한 사업자
부과 방법	대상오염물질		BOD, T-P	BOD 등 19개 항목

	① 초과오염
	배출량
	(일일배출량
	×초과일수)
		일일배출량	(1) (일일유량×배출농도)×10^6
			  -할당량
			(2) (일일유량-지정배출량)
			  ×10^6×배출농도
			(1), (2) 둘 중 큰 값을 적용
				일일유량×(배출농도-배출허
				용기준농도)×10^6

		초과일수	개선 완료일까지	동일
	② kg당 부과금액		BOD(5,800원), T-P(25,000원)	250~1,250,000원/kg(항목별)
	③ 연도별 산정지수		1.0(2011년)	5.2733(2011년도)
	부과 계수	④ 초과율별	1.0~5.0	3.0~7.0
		⑤ 지역별	1.0~1.6(Ia~VI 등급)	1~2(청정 · 가, 나, 특례 구분)
		⑥ 위반횟수별	1.1~1.8	동일
	⑦ 종별부과금		없음	50~400만 원
	⑧ 감액		수생태법 제41조(배출부과금) 환경특별법 제12조(과징금) 해당하는 금액	없음
	실제 부과되는 부과금		[①×②×③×④×⑤×⑥] - ⑧=총량초과부과금	[①×②×③×④×⑤×⑥] + ⑦=배출초과부과금
사후 관리	미납부 시		가산금 (국세징수법 제21조, 제22조)	동일
	세입		환경개선특별회계	동일
	징수비용교부		10/100(부과금 · 가산금)	동일

⑪ 오염총량관리제의 성공요건

오염총량관리제가 수질개선과 지역발전을 함께 추구할 수 있는 선진제도로 정착되기 위해서는 유역 구성원의 적극적인 참여와 협력이 뒷받침되어야 함

(1) 중앙정부

① 오염총량제의 성공적 시행 정착을 위한 인력·기술 및 재정 지원
② 관련 부처는 환경친화적인 개발계획 입안 및 정책 추진
③ 오염총량제 시행에 필요한 기초소사연구, 환경과학기술의 개발

(2) 지방자치단체

오염총량관리 목표달성을 위한 환경기초시설 개선 및 운영 효율화, 하수관거정비 등 오염 물질 삭감 노력과 함께 오염원의 무분별한 증가 억제 등 친환경적인 지역개발 추진

(3) 기업체

오염방지시설 설치·개선 및 운영 효율화, 공정개선을 통한 물사용량 감소, 폐수재이용 등을 통한 오염부하량 삭감 등 수질개선 노력 전개

(4) 주민과 시민단체

① 주민은 생활 속에서 환경보전 노력(무단세차 금지, 농약 및 비료 과다사용 자제, 가축 분뇨 방치 금지 등)을 실천
② 시민단체는 유역구성원의 교육·홍보를 통한 참여·협력·실천 활동 추진

···02 수질오염총량관리제의 목표수질 결정방법

1 개요

(1) 목표수질

① 총량관리목표설정을 위한 기준치(삶의 환경질 제고 위한 장기적 목표)

② 해당 수계의 환경용량 범위에서 설정되는 지표
- ㉠ 오염원 밀도
- ㉡ 지역개발도
- ㉢ 환경기초시설 투자도
- ㉣ 수량 및 수질
- ㉤ 수중생태계의 건정성 등을 고려

2 설정 주체

(1) 광역시 · 도 경계지점

환경부장관

(2) 광역시도 관할구역 내

시도지사

3 설정기한(시 · 도 관할구역 내의 목표수질)

오염총량관리기본계획의 승인신청 전까지

4 설정지점 및 유역

4대강 수계를 환경부 고시를 통해 지정

⑤ 설정원칙 및 방법

(1) 낙동수계 목표수질

1) 설정원칙

① 2005년 목표의 낙동강 수계 물관리 종합대책에 따른 수질 예측 결과

② 총량관리 목표 설정을 위한 기준치 초과지역은 할당하되 삭감가능량 및 삭감률 고려

③ 기준치 달성지역은 허용량을 허용가능량 및 허용률을 고려하여 총량관리 목표수 질을 설정

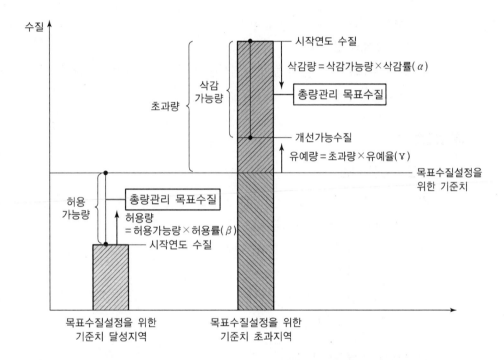

(2) 설정인자

1) 기준치

환경용량 범위 내에서 설정되는 지표

2) 삭감가능량

① 경제적 수준 고려 안 함

② 기술 – 비용적으로 달성 가능한 장기적 삭감 목표

3) 삭감량

① 경제적 수준 고려

② 단계별 삭감률을 적용하여 산정

4) 가중치

① 지자체의 수질관리여건, 개선노력, 수질오염에 대한 기여도를 가중치 인자로 적용

② 삭감률 및 허용률을 차등화

5) 안전율

① 계획 및 실행단계의 불확실성

② 수질모형의 정확성

③ 수초 내 조류 이상 증식 등의 가변성을 감안하여 삭감률 및 허용률 산정 시 안전율을 고려한다.

(3) 설정방법

1) 삭감 가능량 산정

각각의 요인에 따른 삭감 기법으로 분석

① 축산계(폐수분리, 자원화 등)

② 생활계(종말처리장 고도효율, 관거정비)

③ 산업계(개별처리효율 증가)

④ 양식계(가두리장 폐쇄)

⑤ 토지계(시비삭감)

2) 기준치와 삭감률 및 허용률

물금지역 수질이 II등급 충족하기 위한 조건으로 BOD_5 1.5mg/L, 기본삭감률 0.5, 기본허용률 0.15, 안전율 0.1 적용

① 기준초과지역

> • 삭감량＝삭감가능량×삭감률(α)
> • α ＝기본삭감률[0.5]×(1＋가중치)×(1＋안전율(0.1))

② 기준치 달성지역

> - 허용량＝허용가능량×허용률(β)
> - β＝기본허용률[0.15]×(1－가중치)×(1－안전율(0.1))

③ 수질모델링

    ㉠ 모델링 방법을 준용한다.

    ㉡ 유출유량은 HSPF 모형에 의하여 산정한다.

    ㉢ BOD는 수정 QUAL2E을 이용하여 산정한다.

6 목표수질 지점 수질측정

(1) 목적

오염총량관리 시행 대상 지역 결정 및 오염총량관리 시행계획 이행 여부를 확인 · 평가한다.

(2) 측정기관

지방환경관서의 장

(3) 측정지점

목표수질 설정 수계 구간의 하단지점을 선정한다.

(4) 측정방법

수질오염공정시험방법에 따라 8일[*] 간격 연간 30회 이상 측정한다.

＊ 주간 · 월간 측정요일 겹침 방지 및 대수정규분포를 이루는 통계자료에서 모평균을 파악하기 위해 최소 30회 이상 필요

(5) 수질변동 확인

산정시점으로부터 과거 3년간 측정한 결과를 토대로 다음 식에 따라 평균수질을 산정하여 목표지점의 수질변동을 확인한다.

$$\bullet \ 평균수질 = \exp^{변환평균수질 + \frac{변환분산}{2}}$$

$$\bullet \ 변환평균수질 = \frac{\log(수질측정) + \log(수질측정) + \cdots}{측정회수}$$

$$\bullet \ 변환분산 = \frac{[\log(수질측정) - 변환평균수질]^2 + \cdots}{측정회수 - 1}$$

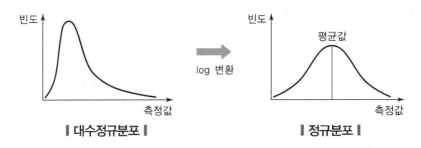

| 대수정규분포 | | 정규분포 |

통계적으로 대수정규분포를 이루며 log를 취해서 정규분포되도록 하는 것이 필요함

7 시행계획 수립대상 결정

목표수질 지점별로 8일 간격으로 30회 이상 측정하여 3년간 측정자료의 평균수질이 2회 연속 초과하는지 평가하고 초과 시 시행계획 수립대상지역 및 총량관리 단위 유역으로 결정한다.

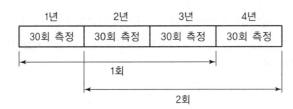

···03 오염부하량 할당방법

1 할당 기준

정당하면서도 형평에 맞아야 한다. 할당과정이나 내용이 투명, 공명정대하게 이루어지는 것을 원칙으로 한다.

(1) 할당방안

기본계획에서 오염원별 최적관리기준을 적용하여 최대 삭감 가능량을 산정한 후
1) 시·군과 민간 사업자의 삭감량 결정을 위한 원칙 설정
2) 설정원칙에 따라 삭감량 확정 후 배분 및 할당

(2) 시행계획 수립 시 기본계획에서 결정된 오염삭감량을 시군의 관리대상과 민간사업자에 대해서 허용부하량 할당

1) 오염원의 규모와 관리의 편의성을 위해 법적대상인 환경기초시설과 200m³/일 이상 오·폐수처리시설에 우선 할당
2) 법적 할당 대상이 아닌 소규모 오염 시설에 대해 총량관리주체인 광역시장·시장·군수가 별도의 배출기준을 정하여 오염물질을 삭감할 수 있도록 할당·배분한다.

2 할당방법

(1) 동일 농도 할당방법

1) 개요

오염자에 관계없이 획일적 배출 농도 강화하여 산정된 허용 오염부하량 할당하는 방안 (업종·배출량 불문) 예 종전 100mg/L → 총량관리 시 80mg/L

2) 장점

① 농도기준상의 형평성 논란 소지 없음
② 삭감이행 모니터링 등 집행상의 번잡함을 최소화 가능(삭감 이행 모니터링만 수행)

3) 단점

① 삭감기술 확보되지 않은 업종의 경우 과도한 부담을 야기할 소지있음
② 소규모 배출자에게 상대적으로 불리함

(2) 동일삭감률 할당방법

1) 개요

현 상태 배출농도기준 대비 동일 삭감 비율 적용

종전	총량관리 시
100mg/L	90mg/L(10%)
50mg/L	45mg/L(10%)

2) 장점

현재 상태를 고려한 점진적 방법으로서 모든 배출자에게 형평성 있는 개선의무 부과 가능

3) 단점

① 현재 상태 양호한 배출자에게 상대적으로 불리하게 적용될 수 있음
② 현재 상태에 대한 신고 등 모니터링 비용 과다 문제 또는 신고 시 허위신고의 개연성 높음

(3) 업종별 동일 농도 할당방법

1) 개요

업종별로 BAT(Best Available Technology)를 고려하여 업종에 따라 달성 가능한 수준으로 강화된 오염배출 농도를 제시

종전	총량관리 시	
배출허용기준	• 음식점 : 30mg/L	• 철강 : 40mg/L

2) 장점

경제성 유지되는 현존 기술 동원하면 현실적 달성 가능하므로 당사자의 수용도가 높음

3) 단점

① 무슨 기술이 BAT에 해당되는지 판정 난해
② 업종 간 또는 업종 내에서도 허가시점에 따라 규제 정도가 상이해짐에 따라 형평성 시비가 발생될 수 있다.

(4) 기타 할당방법

1) 1일당 동일 오염량(배출량) 할당법

① 모든 배출업소에 대해 일일배출량을 동일하게 할당하는 방법
② 유역 내 배출 규모가 같을 경우에만 적용 가능

2) 1인당 1일 동일 오염량(배출량) 할당법

① 유역 내 거주자 1인당 동일량 오염배출량을 허가하는 방법
② 유역 내 다양한 오염원을 인구당량으로 환산해야 되는 어려움이 있음

3) 주변 수질의 연평균 동일 농도 유지 할당법

방류수역의 농도가 연평균 일정수준 유지하도록 배출원의 오염배출량을 할당하는 방법

4) 단일원료 사용대비 동일 배출량 할당법

① 오염물을 생성할 수 있는 원료사용량을 기준으로 저감량을 할당하는 방법
② 축산의 경우에 한해 한정적 사용
③ 동일 업종에만 분포하는 경우 가능

5) 동일 비용할당법

유역 내 각각의 배출원에서 발생하는 오염물의 단위처리 비용이 동일하게 되도록 저감량을 할당하는 방법

6) 단일생산에 대한 동일 처리비용 배분법

① 유역 내에 상품의 생산량에 따라 오염처리 비용을 할당하는 방법
② 동일 제품의 경우에 적용 가능

7) 오염물질 배출량에 비례한 제거율 할당법

① 당해 시설물의 오염 기여율에 따라 할당하는 방법
② 주로 대규모 시설에 대한 제거율을 높게 책정하는 방법

8) 배출량 대비 비용부과법

① 배출량 많은 경우 배출량에 따라 부과금을 부과하여 오염저감에 사용하는 방법
② 거시적 측면에서 총량규제에 해당한다.

❸ 사업장별 오염부하량 할당

(1) 할당대상

배출허용기준 또는 방류수 수질 기준을 적용받는 자

(2) 오염부하량의 할당 또는 배출량 지정

1) 유역환경청장

① 종말처리시설(폐수 · 하수)
② 분뇨처리시설
③ 축산폐수 공공처리시설

2) 광역시장군수

① 오수 · 폐수 200m³/일 이상 자
② 위 호에 해당하지 아니하는 시설 중 목표수질 달성을 위하여 할당이 필요하다고 인정하는 시설

(3) 할당 · 지정 시기

시행계획 승인 얻은 날로부터 30일 이내

❹ 오염원 구분

▼ 수계오염총량 관리기술지침상 오염원 구분

구분	점오염원	비점오염원
생활계	가. 개별배출수 : 생활하수가 환경기초시설로 유입되지 않는 구역의 가정 및 영업장으로부터 공공수역으로 배출되는 생활계 배출수 나. 환경기초시설 방류수 : 공공수역으로 방류되는 환경기초시설의 생활계 방류수 다. 생활계 관거누수 및 미처리배제수	가. 생활계 관거월류수

구분	점오염원	비점오염원
축산계	가. 개별배출수 : 개별축사로부터 처리 또는 미처리되어 공공수역으로 배출되는 폐수성상의 축산계 배출수 나. 환경기초시설 방류수 : 공공수역으로 방류되는 환경기초시설의 축산계 방류수 다. 축산계 관거누수 및 미처리배제수	가. 개별배출수 : 개별축사로부터 자원화처리 또는 미처리되어 농지에 살포된 후 주로 강우에 의존하여 배출되는 고형물 성상의 축산계 배출수 나. 축산계 관거월류수
산업계	가. 개별배출수 : 개별배출시설로부터 처리되어 공공수역으로 배출되는 산업계 배출수 나. 환경기초시설 방류수 : 공공수역으로 방류되는 환경기초시설의 산업계 방류수 다. 산업계 관거누수 및 미처리배제수	가. 산업계 관거월류수
토지계	가. 환경기초시설 방류수 : 공공수역으로 방류되는 환경기초시설의 토지계 방류수 나. 토지계 관거누수 및 미처리배제수	가. 개별배출수 : 환경기초시설로 연결된 관거로 유입되지 않는 구역의 토지계 배출수 나. 토지계 관거월류수
양식계	가. 개별배출수 : 개별양식장으로부터 처리 또는 미처리되어 공공수역으로 배출되는 양식계 배출수 나. 환경기초시설 방류수 : 공공수역으로 방류되는 환경기초시설의 양식계 방류수 다. 양식계 관거누수 및 미처리배제수	가. 양식계 관거월류수
매립계	가. 개별배출수 : 개별 침출수처리시설로부터 처리되어 공공수역으로 배출되는 매립계 배출수 나. 환경기초시설 방류수 : 공공수역으로 방류되는 환경기초시설의 매립계 방류수 다. 매립계 관거누수 및 미처리배제수	가. 개별배출수 : 침출수처리시설을 갖추지 않은 비위생매립지로부터 공공수역으로 배출되는 매립계 배출수 나. 매립계 관거월류수

SECTION

06 생태독성관리제도

···01 생물정량실험(Bioassay Test)

1 정의

① 유입 수역의 생물에 미치는 폐수의 독성평가에 이용
② 급성독성에 대한 척도이며
③ 독성 물질이 함유된 폐수 속에, 일정한 노출시간 동안 실험 생물의 치사도를 측정하여 구한다.

2 특수목표

① 특정 기간 중에 시험생물 50%를 죽이는 농도(LC_{50}) : Median Lethal Concentration
② 96시간 동안 시험생물에 분명한 영향을 미치지 않는 최대 농도를 구하고자 하는 것이다.
③ 일정 노출기간 중에 시험생물의 꼭 반수가 생존할 수 있는 독성 물질의 농도(TL_m) : Median Tolerance Limit 중위허용한계

3 실험방법

① 수조 시험관을 다수 준비하여 대상폐수를 5~10개로 구분한 농도계열로 시험액을 준비하고 DO 농도를 충분히 유지하기 위해서 폭기를 실시한다.

② 개체 수를 알고 있는 물고기를 수조에 투입하여 각 24, 48, 96시간마다 개체 수를 측정한다.

$$\text{사망률(\%)} = \frac{\text{사망 생물수}}{\text{실험 생물수}} \times 100$$

③ 시험액 농도와 생물 생존율 Plot

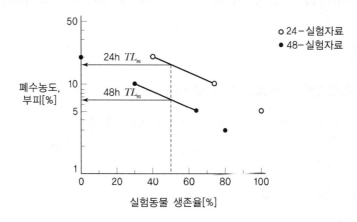

생존율 50% 선에 인접한 양쪽 선을 연결하여 TL_m 구함

4 시험생물

(1) 하구오염시험(연안)

① Stickle Back(큰 가시고기)
② Killfish(북미산 작은 물고기)
③ Mosquito Fish 등

(2) 담수

① Stickle Back(큰 가시고기)
② Min Now(잉어과 작은 물고기)
③ Trout(송어)
④ Sunfish(개복치)

5 응용

96h TL_m 이외의 독성이 없을 시 National Technical Advisory Committee on Water Quality Criteria에서는 폐수농도를 $\dfrac{1}{10} - \dfrac{1}{100}$ 로 희석할 것을 권유한다.

┅02 생태독성 배출관리제도(Whole Effluent Toxicity)

1 배경 및 필요성

(1) 산업발달로 인한 유해물질 제조 및 사용의 증가

① 전 세계에 24만여 종의 유해물질을 제조 및 사용 중임
② 국내 4만여 종, 매년 400여 종 수입·제조 등 증가 추세임

(2) 배출허용기준의 한계성

① 국내에는 약 32종 규제
② 선진국은 약 120여 종 규제
③ 미지의 수많은 유해물질에 대한 배출허용기준설정에 한계

(3) 미량의 유해화학물질로도 인체 및 수생태계에 중대한 영향

엄격하고 철저한 관리가 요구됨

2 생태독성 배출관리제도의 개념

(1) 생태독성 정의

① 산업폐수가 실험대상 생물체에 미치는 급성독성(Acute Toxicity) 정도를 나타내는 것
② 실험대상 생물인 물벼룩을 방류수에 투입하여 24시간 후 저해율을 측정한 후 TU 단위로 생태독성 수준을 표현

(2) 생태독성 관리제도

① 산업폐수 방류수 내 미지의(다수의) 유해물질이 생물체 또는 생물체 그룹에 미치는 영향을 분석하여 그 영향 정도에 따라 배출원을 관리하는 제도
② 수용체 중심의 수질관리체계임

③ 추진 현황

① 2005년 11월 : 생태독성 이용한 산업폐수 관리방안 심포지엄
② 2006년 10월 : 배출허용기준(안) 도입계획보고
③ 2007년　3월 : 수질환경보전법 시행규칙(12월 개정공고) 일부개정령안 입법예고
④ 2009년　2월 : 하수도법 시행규칙 입법예고, 6월 : 입법
⑤ 2010년　4월 : 폐수종말처리시설 설치 및 관련 규정 개정, 10월 : 하수도법 시행령 입법
　　　　　　　　 예고
⑥ 2011년　1월 : 공공하수도 시설 운영관리 업무 지침 개정
⑦ 2012년　1월 : 생태독성 관리제도 확대 · 시행(폐수배출시설 3~5종)
⑧ 2015년　1월 : "염에 의한 생태독성 증명에 관한 규정" 개정
⑨ 2016년　1월 : 생태독성관리 기준강화 · 시행
⑩ 2021년　1월 : 폐수배출시설 35개 업종에서 전 업종으로 확대

④ 배출허용기준

(1) 공공폐수처리시설 및 공공하수시설의 방류수 시설

TU 1 이하 : 2011년 1월 1일부터 적용

(2) 배출허용기준

① 청정 지역 : 1 이하
② 가 지역 : 2 이하
③ 나 지역 : 2 이하
④ 특례 지역 : 2 이하

⑤ 생물독성시험법

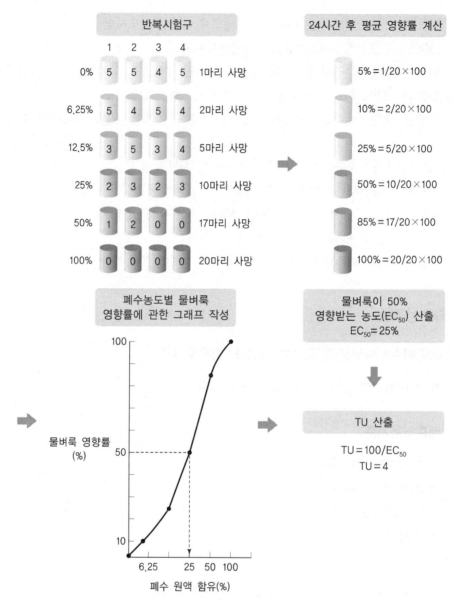

| 물벼룩을 이용한 24시간 급성독성평가(수질오염공정시험법 2007.10. 고시) |

Reference 시험 생물 종류

1 물벼룩
1차 소비자, 수중의 세균과 조류를 먹음. 무척추동물

2 Daphnia magna
① 미북반구 서식
② 급성독성 중 OECD 공식 추천종

3 물벼룩의 특징
① 환경상태에 따라 단위생식과 수정생식 진행
② 온도조건에 따른 생육기간
  • 20℃ : 약 56일
  • 25℃ : 40일

4 생태독성 이용 이유
① 박테리아 조류 및 어류(알) 등의 다른 생물에 비해 생애주기가 짧아 번식이 쉬움
② 연구로 축적된 독성자료 풍부
③ 어류 등에 비해 독성에 대한 민감도 높음
④ 실험 간단, 비용 저렴

5 다른 실험 생물

생물종	구분	시험시간	민감도	시험비	기타
박테리아	분해자	급성 : 15~30분	매우 높음	저렴	소량의 시료로도 시험 가능
조류	생산자	아만성 : 72시간	높음	저렴	개체 수를 세기 어려움
물벼룩	1차 소비자	• 급성 : 24, 48, 96시간 • 만성 : 7일	보통	보통	–
어류	2차 소비자	급성 : 96시간	낮음	고가	넓은 시험실 공간 필요

6 독성 물질(원인 물질) 평가

[TIE(Toxicity Identification Evaluation)]

독성원인의 의심 물질을 제거하는 여러 방법을 시행하여 독성의 변화를 관찰하고 독성 원인군을 파악하는 방법
① 여과 : 부유물질 Test
② 유기화합물 Test : 비극성 유기화합물 특성 파악용
  C18(Octadecyl) 칼럼에서 흡착하여 비극성 화합물 제거 → 독성 여부 판단

③ 폭기 : 휘발성 물질 Test

④ EDTA(Ethylenediamine Tetraacetic Acid) 첨가
- EDTA와 중금속 착화합물 형성을 이용
- EDTA 30mg/L 주입하여 시험. 24시간 이상 반응 후 독성 제거 후 독성실험

⑤ 티오황산나트륨 첨가 : 산화제 Test(염소 등)
$Na_2S_2O_7$(500mg/L) 주입, 24시간 반응 후 독성 제거 후 독성실험

⑥ pH 조정 : 암모니아 독성시험
pH 증가 시 암모니아 독성 증가. 6, 7, 8에서 Test

7 독성 저감 평가

[TRE(Toxicity Reduction Evaluation)]

- 독성기준 초과 시 독성저감하는 방법
- 사용물질, 생산공정, 폐수처리 시설 등을 종합적으로 고려하여 저감 방안 탐색
- 사용원료 변경, 생산공정 및 폐수설비 개선 등으로 독성 물질 저감 가능함

8 주요 저감 사례

(1) 독성 관리방법

① 생태독성 접근 관점
사용원료 → 제조공정 → 폐수처리 공정

② 독성 물질 배출원 제어방법
- 배출원 파악
- 배출량 저감
- 조업방식 개선(예 원료 대체, 작업방식 변경, 생산설비 변경)

③ 폐수처리 공정
- 공정 개선/변경
- 설비개선 : 교반기, 침전조, 여과 설비
- 고도처리 설비 도입 : 활성탄, 소독설비, 기타 설비

(2) 저감사례

① **도금시설** : 응집반응조 개선(Zn)

② **철강시설** : 고농도 폐수 균등공급(구리)

③ **병원시설** : 염소 소독제 → 염소 제거

④ **고무 및 플라스틱** : 암모니아 → 방류수 pH 조정

⑤ **기초무기화합물** : 과산화수소 → 포기조 효율증대, 과산화수소의 적정 주입

⑥ **가죽 · 모피공장** : 소금 → 생산공장 소금 사용량 제한, 원료를 건피나 냉장피 사용 등

SECTION 07 비점오염원

···01 개발사업 비점오염원 관리방안

1 비점오염원의 정의 및 종류

(1) 불특정장소에서 불특정하게 수질오염물질을 배출하는 오염원

① 물환경 보전법에 관한 법률 제2조 제2항에 정의됨
② 장소 : 도시, 도로, 농지, 산지, 공사장 등

(2) 비점오염물질

① 토사
- 강우유출수 대부분 차지
- 수생생물의 광합성, 호흡, 성장, 생식에 장애 → 치명적 영향 미침
- 토사에는 영양물질, 금속, 탄화수소 등 다른 오염물질이 흡착 이동함

② 영양물질(질소, 인)
- 비료로도 사용
- 주택 및 골프장의 잔디밭, 농경지, 도시 노면 및 하수도에서 유출
- 부영양화 문제 유발

③ 박테리아와 바이러스
- 동물의 배설물
- 하수도 월류수에서 배출

④ 기름과 그리스
- 적은 양으로도 수생생물에 치명적
- 누출, 차량전복 등 사고
- 차량 세척, 폐기름의 무단투기과정에서 오염 발생

⑤ 금속
- 납, 아연, 카드뮴, 구리, 니켈 등 → 도시지역 강우 유출수에서 흔히 검출됨
- 하천 유입 중금속 중 50% 이상이 토사 매개체로 함

⑥ 유기물질
- 밭, 논, 산림, 주거지역 등 광범위한 장소에서 유출
- 특히 합류관거식에서 퇴적물 유출 시 다량 발생
- 공업지역, 부적절 저장 및 폐기되는 과정에서 유출

⑦ 농약
- 제초제, 살충제, 항곰팡이제 등에서 발생
- 생물농축에 의해 어류와 조류에 치명적 피해를 줌

⑧ 협잡물
- 건축공사장 및 사업장 등에서 발생하는 쓰레기, 잔재물, 부유물질 등
- 협잡물에 중금속, 살충제, 박테리아 등이 포함될 수 있다.

② 오염원 그룹별 비점오염원 구분표

▼ 오염원 그룹별 비점오염원 구분표(국립환경과학원, 2010)

오염원 그룹	비점오염원	비고
생활계	가. 생활계 관거월류수	
축산계	가. 개별배출수 : 개별축사로부터 자원화처리 또는 미처리되어 농지에 살포된 후 주로 강우에 의존하여 배출되는 고형물 성상의 축산계 배출수 나. 축산계 관거월류수	자원화 유형에는 '톱밥발효', '퇴비', '액비', '위탁'이 있다.
산업계	가. 산업계 관거월류수	
토지계	가. 개별배출수 : 환경기초시설로 연결된 관거로 유입되지 않는 구역의 토지계 배출수 나. 토지계 관거월류수	토지계의 개별배출수란 환경기초시설로 이송하는 배수설비로 유입되지 않고 개별적으로 배출 또는 배제되는 토지계의 유출수를 말한다.
양식계	가. 양식계 관거월류수	
매립계	가. 개별배출수 : 침출수처리시설을 갖추지 않은 비위생매립지로부터 공공수역으로 배출되는 매립계 배출수 나. 매립계 관거월류수	

여기서, 관거월류수란 우기 시 관거용량 부족으로 발생하는 월류수로 다음과 같이 구분한다.

① 합류식 관거의 맨홀로부터의 월류수(CSOs ; Combined Sewer Overflows)

② 분류식 관거의 맨홀로부터의 월류수(SSOs ; Sanitary Sewer Overflows)

③ 개발사업 비점오염원 및 기존 비점오염 관리방안

(1) 개발사업에 따른 수문 체계의 변화 및 비점오염원

① 개발사업에 의한 토지 훼손 및 수문 체계의 변화 초래 : 토지경사의 변경, 굴착, 절토, 긁어내기, 구멍파기, 충진물의 변경, 포장, 출토, 표토층 식물 제거, 지반노출, 자연적 및 인공적 유로 변경 등, 관거사업화 등 → 훼손 → 수문체계 변화

② 개발 후 토지이용은 불투수층으로 전환되어 유출률 및 총 유출량 증대함 : 토지 이용에 의한 불투수층 전환에 따름

③ 첨두시간 빨라지고 유역지체 감소, 첨두유량 증가 : 포장은 매끄러워 강우에 대한 유역 응답이 빨라짐

④ 지하수위 저위화 및 갈수량 감소

⑤ 하천 유지 용수의 확보 어려움

⑥ 이용 가능한 수자원의 감소로 물부족 문제 심화 : 강우가 지중침투되지 않고 하천이나 바다로 유출

⑦ 개발에 의한 토양 훼손 행위로 토사발생량 증가 : 지면에 집적하는 토사, 협잡물 및 다른 오염물질 증가

⑧ 개발 후 산업활동 증가에 따른 비점오염원의 증가 초래

⑨ 비점오염물질 배출량 증가에 따른 공공수역 수질악화 : 수중 생태계에 악영향 미침

(2) 기존의 비점오염원 관리방안 및 문제점

① 구조적 방안이 주를 이룸

② 저감시설 설치를 위한 여유부지 확보 어려움(고밀도 도시지역)

③ 유지관리 비용의 문제 발생

④ 개발사업자들 장치형 주로 사용 : 유지관리 및 운영에 고비용 지출

⑤ 효과 대비 비용이 증가하는 실정

⑥ 유지관리가 자주 무시됨

⑦ 집중화 처리 시스템이 주된 방안임 : 하수관거, 오수관 등 수송된 우수 차집하여 처리

⑧ 배수구역 최종점 설치 저류지 경우
- 열오염, 지하수 오염, 유해물질의 생물농축
- 집중강우 시 영양물질, 토사, 유해물질의 유출 위험성 내재

⑨ 파이프와 저류지 이용 방식

수문 특성 변화, 하도 침식을 가속화 → 하천의 서식처 구조 못 만듦

⑩ 비점시설 설치만으로는 개발 이전의 수문 특성 재현 불가

도시발달 영향 완화 또는 감소시키는 수준임 → 누적 악영향 초래

⑪ 개발에 따른
- 불투수지역의 확대
- 배수시스템의 변화
- 하천범람원의 시가화
- 식물과 생물의 서식처 감소 등 문제점에 근본적 대안 필요

⑫ 생물의 시점에서 자연을 생각하고 물순환보전 생각이 결여되어 있음
⑬ 경제적, 효율적인 관거, 토지이용계획 차원에서 지속 가능한 비점오염관리가 필요하다.

Reference 비점오염저감시설

「물환경보전법」 시행규칙 별표 6에 제시된 비점오염저감시설은 다음과 같다.

1 자연형 시설
① 저류시설 : 강우유출수를 저류하여 침전 등에 의하여 비점오염물질을 줄이는 시설로 저류지·연못 등을 포함한다.
② 인공습지 : 침전, 여과, 흡착, 미생물 분해, 식생 식물에 의한 정화 등 자연상태의 습지가 보유하고 있는 정화능력을 인위적으로 향상시켜 비점오염물질을 줄이는 시설을 말한다.
③ 침투시설 : 강우유출수를 지하로 침투시켜 토양의 여과·흡착 작용에 따라 비점오염물질을 줄이는 시설로서 유공포장, 침투조, 침투저류지, 침투도랑 등을 포함한다.
④ 식생형 시설 : 토양의 여과·흡착 및 식물의 흡착작용으로 비점오염물질을 줄임과 동시에, 동식물 서식공간을 제공하면서 녹지경관으로 기능하는 시설로서 식생여과대와 식생수로 등을 포함한다.

2 장치형 시절
① 여과형 시설 : 강우 유출수를 집수조 등에서 모은 후 모래·토양 등의 여과재를 통하여 걸러 비점오염물질을 줄이는 시설을 말한다.

② 와류형 시설 : 중앙회전로의 움직임으로 와류가 형성되어 기름 · 그리스(grease) 등 부유성 물질은 상부로 부상시키고, 침전 가능한 토사, 협잡물은 하부로 침전 · 분리시켜 비점오염물질을 줄이는 시설을 말한다.

③ 스크린형 시설 : 망의 여과 · 분리 작용으로 비교적 큰 부유물이나 쓰레기 등을 제거하는 시설로서 주로 전 처리에 사용하는 시설을 말한다.

④ 응집 · 침전 처리형 시설 : 응집제를 사용하여 비점오염물질을 응집한 후, 침강시설에서 고형물질을 침전 · 분리시키는 방법으로 부유물질을 제거하는 시설을 말한다.

⑤ 생물학적 처리형 시설 : 전처리시설에서 토사 및 협잡물 등을 제거한 후 미생물에 의하여 콜로이드(colloid)성, 용존성 유기물질을 제거하는 시설을 말한다.

4 개발사업 비점오염원 관리방안

(1) 최대한 자연순환기능 유지

개발에 의해 발생하는 오염물질의 정화기능뿐만 아니라 물순환, 미기후조절 및 생태기능의 저하 방지

(2) 우수가 최대한 토양침투 및 저류하도록 관리

① 강우유출수의 최소화
② 첨두유량의 감소 및 홍수도달시간의 지연 도모

(3) 빗물을 직접 이용한 용수 수급 개선

① 하천유지용수 확보
② 용수수용량 및 환경용수 증가에 대처

(4) 소규모 시설의 분산적용

개발지역의 강우 유출수의 차단 또는 분산을 위해 소규모 시설 적용

(5) 초기 우수 중 수질오염물질 저감시켜 비점오염부하 감소

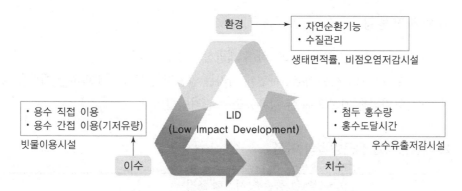

┃ 오염총량관리 개발사업 비점오염원 최적관리 기본방향 ┃

Reference 참고사항

1 중앙집중형 물관리와 분산적 빗물관리의 비교

중앙집중형 물관리	분산적 빗물관리
• 처리비용이 높음 • 문제 발생 시 광범위한 지역에 영향을 미칠 위험이 있음	• 건물단위, 토지이용 형태별로 시설이 설치되어 설치 개수가 많음 • 연간 발생하는 강우에 대해 상시 사용 가능 • 제어가 간단하며 오염물질의 유입량이 적음 • 초기 건설비용이 저렴 • 위험관리에 있어 중앙집중형 관리보다 안정적이며 위험대처가 용이

2 관련 법률에 따른 비점오염원 관리방법

① 생태면적률 적용 지침

개발로 인한 훼손 도시 공간의 생태적 기능을 유지 또는 개선할 수 있도록 유도하기 위한 환경계획지표
- 관리목적 : 자연순환기능 유지
- 관리방법 : 생태면적률을 이용한 관리

② 수도법

빗물이용시설 설치 → 이수관리 목적

③ 자연재해 대책법

우수의 직접 유출을 억제하기 위하여 인위적으로 우수를 지하에 침투 또는 저류시키는 시설 설치
- 치수가 주된 관리 목적임
- 우수유출저감 시설에는 침투시설과 저류시설 2종류가 있음

④ 물환경 관리법

비점오염 저감시설 설치 → 수질오염방지 관리 목적

⑤ 저영향 개발 접근방법(LIDA ; Low Impact Developement Approaches)

(1) 의의 및 방향

① 자연에 미치는 영향 최소화하여 개발하는 것을 의미
② 생태계를 보전하는 개발, 자연에 미치는 인공적 영향을 최소화하는 개발을 지향한다.
③ 자연원리를 기본으로 한 강우유출수 관리방법이다.

(2) 저영향개발 접근방법의 이점

환경적 이점	• 건전한 물순환 시스템 조장 • 홍수방지 및 생물의 서식처 제공 • 강우유출수에 포함된 오염물질 정화 • 수목 등의 식생 보전 및 회복 등
개발자의 이점	• 부지배치계획, 강우조절장치의 설치나 개조에 대한 새로운 대안 제시 • 매력적인, 근린지구를 조성하는 데 기여하여 시장가치 향상 • 우수관리 및 비점오염저감시설의 건설비 및 관리운영비 삭감 • 대규모 저류지 확보하기 위하여 소요되는 부지를 다른 다양한 가치 생산에 이용 가능
지방자치단체나 지역사회의 이점	• 홍수방지 • 생물의 서식지 보호 • 식수공급 유지 • 우수관리시설 및 비점오염저감시설의 유지비 축소 • 도로, 연석 등 다른 기초 설비의 저비용화 • 지역사회의 외관과 미적가치 향상 • 부지의 자산가치 증대 • 비용효율이 높은 도시 건설 • 하수처리시설의 이용 삭감

(3) 저영향개발 접근방법의 전략

구분	내용
식생과 토양의 보전 · 재생	• 자연 배수 패턴, 지형, 함몰지 등을 그대로 유지하고 원래의 토양에 가능한 식생을 최대한 보전 • 재래 식생을 회복시킬 수 있도록 식물종을 선택하여 다시 식재 • 특히 배수가 좋은 수문학적 토양형의 A와 B그룹을 최대한 보존 • 토양의 압밀 최소화 및 교란 최소화 • 공사로 인하여 압밀된 토양의 건강성을 회복시키기 위하여 퇴비 이용 • 자연배수기능과 지세를 유지시키며 이를 부지 설계 시 고려 • 부지의 기존 지형을 이용하여 지표유출을 지연시키고 강우가 침투하여 지하수로 함양될 수 있도록 부지 정비 • 개방형 식생수로와 자연식생 배수패턴을 사용하여 유로연장 및 흐름분산 • 식생수로나 빗물정원 등 자연의 체류시스템을 활용하여 흐름저지 • 연석, 우수를 배제하기 위한 우회수로를 제거하고 수직낙수의 방향을 변경하여 불투수성 지표면이 연속되지 않도록 설계 • 불투수면과 식생대를 연결시켜 빗물이 발생원에 체류되는 시간 연장 • 낮은 경사도
불투수성 지표를 최소로 부지 설계	• 부지 설계자, 플래너, 엔지니어, 경관 설계자, 건축가가 함께 업무를 진행하여 공통의 가치 혹은 합의(Consensus)가 필요 • 토지피복유형, 불투수율과 그 연결성, 수문학적 토양 유형, 기존의 배수패턴과 자연의 저류 특성 유지 • 교란 최소화, 개방식 식생도랑, 침투율이 높은 토양의 보전, 침투율이 높은 토양에 비점오염저감시설의 설치 등을 포함 • 지붕, 도로, 주차장 등의 불투수성 지표면적 최소화 • 집, 그 외의 구조물, 도로, 주차장 등의 불투수면은 우수관리상 중요한 장소나 침투율이 높은 토양을 피해서 설치 • 불투수면이 연속되지 않도록 단절 • 강우유출수를 수문학적 토양형 A나 B그룹에 해당하는 토양으로 분산

구분	내용
강우발생 부근에서 관리	• IMP(Integrated Management Practices) 관리 기법 적용(집중식 BMP와 구분) • 환경을 보전하는 매력적인 경관을 조성하기 위하여 우수관리기능을 부지 설계 안으로 통합 • 강우유출을 지연시키고 부지 내에 체류하는 빗물의 단위시간량을 증가시키기 위한 경관조성 • 유출수 발생원 단계에서 저류와 침투가 가능하도록 설계 • 미니 스케일의 저습지, 투수성 포장, 녹화 지붕 등을 조합한 통합적 우수관리 • 빗물정원, 침투도랑, 우수통, 옥상저장, 물탱크, 연못 등의 오염저감시설을 빗물이 떨어지는 곳에 분산식으로 배치 • 다양한 시설을 활용하여 복합적인 장치를 만듦으로써 우수관리시스템의 신뢰도 향상 및 실패가능성 감소 • 기존 우수관리에 사용하던 우수관, 하수관 및 연못 등에 대한 의존도 감소 • 우수관로, 연석, 차도와 보도 사이의 우수배제수로의 설치는 피함 • 유출수 발생원에 BMPs를 설치하여 오염방지 및 유지관리 하는 것이 저영향개발 접근방법의 가장 중요한 요소
유지관리 및 교육	• 모든 관계자들의 이해와 교육이 중요 • 저영향개발 접근방법으로 조경과 경관에 통합되어 유출수가 제어되는 시스템을 이해하고 이를 관리하는 방법을 아는 것이 중요 • 저영향개발 장치의 적절한 유지관리를 위하여 주택 또는 빌딩 소유자, 조원가의 육성 필요 • 계발적 설계, 교육의 해답이 될 만한 설계가 가능한 설계자의 육성 필요 • 토지소유자는 이러한 경관 요소가 자신의 재산가치를 높인다는 것을 신뢰하고, 환경보호에 기여한다는 점에 보람을 느낄 수 있어야, 경관유지에 소요되는 비용에 대한 지불의사를 가질 수 있음 • 명확하고 실시 가능한 가이드라인을 가진 장기적인 보수계획의 개발 필요

＊ 종기침투율 : 침투가 계속되어 토양이 포화하게 되면 일정하게 투입하게 되는데 이것을 종기침투율 이라 한다.

···02 비점오염원 관리시설 종류 및 설치기준

1 생태면적

(1) 개요

개발지역의 생태적 문제 해결을 위해 자연의 순환기능을 유지·개선하기 위한 공간 유형을 말한다.

자연의 순환기능이란 증발산 기능, 미세분진 흡착기능, 우수투수 저상 기능, 토양기능, 생물 서식처 제공 기능 등을 의미하며 이들 기능의 상호작용으로 동식물의 서식처를 제공함과 동시에 유해물질의 여과, 완충, 변환 등을 통해 에너지 및 물질순환을 가능하게 한다.

(2) 공간유형별 구조 및 설치기준

▼ 생태면적률 공간유형 구분 및 가중치

	면적 유형		가중치	설명	사례
1	자연지반 녹지	–	1.0	• 자연지반이 손상되지 않은 녹지 • 식물상과 동물상의 발생 잠재력 내재 온전한 토양 및 지하수 함양 기능	• 자연지반에 자생한 녹지 • 자연지반과 연속성을 가지는 절성토 지반에 조성된 녹지
2	수공간	투수 기능	1.0	자연지반과 연속성을 가지며 지하수 함양 기능을 가지는 수공간	• 하천, 연못, 호수 등 자연상태의 수공간 및 공유수면 • 지하수 함양 기능을 가지는 인공연못
3		차수 (투수 불가)	0.7	지하수 함양 기능이 없는 수공간	자연지반 또는 인공지반 위에 차수 처리된 수공간
4	인공지반 녹지	90cm ≦ 토심	0.7	토심이 90cm 이상인 인공지반 상부 녹지	지하주차장 등 지하구조물 상부에 조성된 녹지
5		40cm ≦ 토심 〈 90cm	0.6	토심이 40cm 이상이고 90cm 미만인 인공지반 상부 녹지	
6		10cm ≦토심 〈 40cm	0.5	토심이 10cm 이상이고 40cm 미만인 인공지반 상부 녹지	

	면적 유형		가중치	설명	사례
7	옥상녹화	30cm ≦ 토심	0.7	토심이 30cm 이상인 옥상녹화시스템이 적용된 공간	• 혼합형 옥상녹화시스템 • 중량형 옥상녹화시스템
8		20cm ≦토심 〈 30cm	0.6	토심이 20cm 이상이고 30cm 미만인 옥상녹화시스템이 적용된 공간	
9		10cm ≦토심 〈 20cm	0.5	토심이 10cm 이상이고 20cm 미만인 옥상녹화시스템이 적용된 공간	저관리 경량형 옥상녹화시스템
10	벽면녹화	등반 보조재, 벽면 부착형, 자력 등반형 등	0.4	벽면이나 옹벽(담장)의 녹화, 등반형의 경우 최대 10m 높이까지만 산정	• 벽면이나 옹벽녹화 공간 • 녹화벽면시스템을 적용한 공간
11	부분포장	부분포장	0.5	자연지반과 연속성을 가지며 공기와 물이 투과되는 포장면, 50% 이상 식재면적	• 잔디블록, 식생블록 등 • 녹지 위에 목판 또는 판석으로 표면 일부만 포장한 경우
12	전면 투수포장	투수능력 1등급	0.4	투수계수 1mm/sec 이상	• 공기와 물이 투과되는 전면투수 포장면, 식물생장 불가능 • 자연지반위에 시공된 마사토, 자갈, 모래포장, 투수블럭 등
13		투수능력 2등급	0.3	투수계수 0.5mm/sec 이상	
14	결합틈새 투수포장	결합틈새 투수포장	0.3	줄눈재 시공없이 블록과 블록 사이의 틈새로 빗물을 투과하는 포장면	줄눈재를 사용하지 않고 블록과 블록 사이의 결합만으로 맞물림이 형성되는 블록
15	틈새 투수포장	틈새 10mm 이상 세골재 충진	0.2	포장재의 틈새를 통해 공기와 물이 투과되는 포장면	• 틈새를 시공한 바닥 포장 • 사고석 틈새포장 등
16	저류·침투 시설 연계면	저류·침투 시설 연계면	0.2	지하수 함양을 위한 우수침투시설 또는 저류시설과 연계된 포장면	• 침투, 저류시설과 연계된 옥상면 • 침투, 저류시설과 연계된 도로면

면적 유형		가중치	설명	사례
17	저영향 개발 기법시설 연계면	저영향 개발 기법시설 연계면	0.3	누적유출고 10mm 이상을 처리하는 저영향개발기법 시설과 연계된 포장면	「비점오염저감시설의 설치 및 운영·관리 매뉴얼」의 저영향개발기법 시설 중 식생 체류지, 나무여과상자, 식물재배화분, 식생수로, 식생여과대, 침투도랑, 침투통, 모래여과시설과 연계된 도로면
18	포장면	포장면	0.0	공기와 물이 투과되지 않는 포장, 식물생장이 없음	• 인터락킹 블록, 콘크리트 아스팔트 포장 • 불투수 기반에 시공된 투수포장

출처 : 환경영향평가서등 작성 등에 관한 규정

2 빗물이용시설

(1) 시설 개요

빗물을 모아 생활용수, 조경용수, 공업용수 등으로 이용할 수 있도록 처리하는 시설

(2) 구성요소별 설치기준

1) 빗물집수시설

① 높은 집수면에서 낮은 집수면으로 자연유하를 유도한다.

② 횡인관 연장은 가능한 한 짧게 한다.

③ 관경은 건축물의 집수면적과 해당 지역의 최대 강우 강도, 수평배관 경우 집수관 경사 등으로 결정한다.

④ 집수관 경로는 압력 변동치의 영향을 받지 않는 구조로 한다.(집수관 내부 보호를 위한 압력 배출관 설치 등)

2) 초기 우수 배제시설

① 초기 우수 오염도 높은 물은 배제, 2~3mm 정도

② 우량계를 이용한 방법, 분리장치를 이용한 방법, 부자를 이용한 방법 등

3) 처리시설

① 침사조, 침전조 및 여과조 등의 처리시설 설치. 토사, 부유물질 등 제거

② 침전조, 침사조 평균 유속 0.3m/sec 이하, 유효수심 1~4m

③ 유입부 유공정류판 설치 → 편류 방지

④ 경사진 바닥(침전물의 처리를 쉽게 하기 위해서)

4) 빗물 저류조

① 집수대상 강우량 이상의 용량

② 수도법상 빗물이용시설 의무설치대상자는 지붕면적×0.05m을 곱한 규모 이상 용량

③ 빗물공급 동력 최소 소요되는 위치에 설치

④ 빗물 월류수는 자연 배제가 가능토록 구성

⑤ 조류 발생 방지 및 물의 증발 방지를 위한 햇빛 차단 시설 설치

⑥ 내부 청소가 적합한 구조

⑦ 보수점검용 맨홀 설치

5) 송수 · 배수시설

① **빗물급수배관** : 상수도 이용 관재와 동등한 재질의 것 사용

② 배관류 색깔 표시에 의한(색상테이프) 수도관과의 오접합 방지

③ 밸브류, 양수기 펌프 마개 등에 빗물용이라고 각인

④ 지정 착색 도장할 것

(3) 관리 · 운영 기준

1) 각 저류조 및 기기의 정기적 점검

2) 저장조의 경보장치 및 자동 Valve, 송수펌프류 작동상태 반년 주기로 점검

3) 침사지 · 침전조 · 저장조 내 오염, 침전물, 부유물질 월별 점검 후 유충 발생 시 소독

4) 수위계 · 유량계측장치, 자동밸브, 월류관은 반년 주기로 점검, 월 1회 소독장치 점검

5) 대규모 호우 발생 대비 일부 하수도 유출되도록 빗물저류조로 유입되는 빗물의 유량 조절 방안 마련

6) 청소는 저장조 비운 다음 실시, 필요시 환기 등 기타 조치 강구

❸ 자연형 시설

(1) 저류시설

1) 시설개요

강우유출수를 저류하여 침전 등에 의하여 비점오염물질을 저감하는 시설로 저류지 및 지하저류조 등이 있다.

① 저류지

비점오염저감시설의 처리대상이 되는 강우유출수에 포함된 오염물질은 저류지에서 중력침전과 일부 생물학적 과정에 의해서 제거된다.

저류지는 저비용으로 고효율의 강우유출수 관리를 할 수 있는 시설로 자연친화적 저류지는 심미적인 효과를 기대할 수 있다. 다만, 저류지가 상시 물을 저류함으로서 악취, 해충의 발생 등 이 문제가 될 경우 강제배수장치를 설치하여, 발생 강우를 1~3일 정도 체류하여 침전시킨 후 강제 배수할 수 있다.

재해용저류지는 대규모 개발사업 시 재해예방을 위해 설치하며, 강우 시 첨두유량을 가두어 배수구역 내 홍수량을 줄이는 역할을 한다. 시설의 유출구가 바닥에 있어 상시저류가 불가능하기 때문에 본래의 기능인 첨두홍수량의 조절 외에, 상시저류기능을 확보하여 강우유출수의 토사(오염물질)를 추가적으로 처리할 수 있다. 이러한 저류지를 "이중목적 저류지"라 한다.

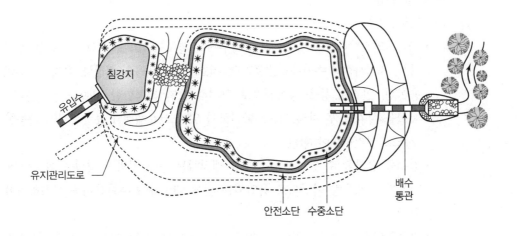

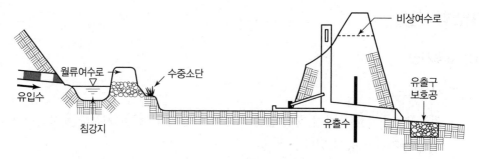

┃ 저류시설 평 · 단면도 ┃

② 지하저류조

지하저류조는 우수저류시설을 지하에 설치하고 지상부는 주차장, 공원 등 다른 용도로 이용할 수 있도록 구조화한 것이다. 지가가 비싼 시가지에 설치하는 것이 일반적이며, 홍수다발구역인 고밀도 주택가에서 사용하는 방법으로 주로 고층 주택 및 큰 건물 등의 지하공간을 활용하여 설치할 수 있다.

도시지역 또는 주거밀집지역에는 저류조를 설치할 공간이 부족한 경우가 많아 기존의 빗물펌프장을 활용하는 예가 증가하고 있다. 빗물펌프장은 강우유출수가 모이도록 이미 관거가 설치 되어 있고 도시지역 내 위치하고 있어 빗물펌프장 지하에 지하저류조를 설치하는 대안도 강구할 필요가 있다.

2) 설치기준

① 법적 설치기준

㉠ 공통사항

- 비점오염저감시설을 설치하려는 경우에는 설치지역의 유역 특성, 토지이용의 특성, 지역사회의 수인가능성(불쾌감, 선호도 등), 비용의 적정성, 유지 · 관리의 용이성, 안정성 등을 종합적으로 고려하여 가장 적합한 시설을 설치한다.
- 시설을 설치한 후 처리효과를 확인하기 위한 시료채취나 유량측정이 가능한 구조로 설치하여야 한다.
- 침수를 방지할 수 있도록 구조물을 배치하는 등 시설의 안정성을 확보한다.
- 강우가 설계유량 이상으로 유입되는 것에 대비하여 우회시설을 설치하여야 한다.
- 비점오염저감시설이 설치되는 지역의 지형적 특성, 기상 조건, 그 밖에 천재지변이나 화재, 돌발적인 사고 등 불가항력의 사유로 제2호에 따른 시설 유형별 기준을 준수하기 어렵다고 유역환경청장 또는 지방환경청장이 인정하는 경우에는 제2호에 따른 기준보다 완화된 기준을 적용할 수 있다.

- 비점오염저감시설은 시설 유형별로 적절한 체류시간을 갖도록 하여야 한다.
- 비점오염저감시설의 설계규모 및 용량은 다음의 기준에 따라 초기 우수(雨水)를 충분히 처리할 수 있도록 설계하여야 한다.
  - 해당 지역의 강우빈도 및 유출수량, 오염도 분석 등을 통하여 설계규모 및 용량을 결정하여야 한다.
  - 해당 지역의 강우량을 누적유출고로 환산하여 최소 5밀리미터 이상의 강우량을 처리할 수 있도록 하여야 한다.
  - 처리 대상 면적은 주요 비점오염물질이 배출되는 토지이용면적 등을 대상으로 한다. 다만, 비점오염 저감계획에 비점오염 저감시설 외의 비점오염 저감대책이 포함되어 있는 경우에는 그에 상응하는 규모나 용량은 제외할 수 있다.

ⓛ 저류시설
- 자연형 저류지는 지반을 절토·성토하여 설치하는 등 사면의 안전도와 누수를 방지하기 위하여 제반 토목공사 기준을 따라 조성하여야 한다.
- 저류지 계획최대수위를 고려하여 제방의 여유고가 0.6미터 이상이 되도록 설계하여야 한다.
- 강우유출수가 유입되거나 유출될 때에 시설의 침식이 일어나지 아니하도록 유입·유출구 아래에 웅덩이를 설치하거나 사석(砂石)을 깔아야 한다.
- 저류지의 호안(湖岸)은 침식되지 아니하도록 식생 등의 방법으로 사면을 보호하여야한다.
- 처리효율을 높이기 위하여 길이 대 폭의 비율은 1.5 : 1 이상이 되도록 하여야 한다.
- 저류시설에 물이 항상 있는 연못 등의 저류지에서는 조류 및 박테리아 등의 미생물에 의하여 용해성 수질오염물질을 효과적으로 제거될 수 있도록 하여야 한다.
- 수위가 변동하는 저류지에서는 침전효율을 높이기 위하여 유출수가 수위별로 유출될 수 있도록 하고 유출지점에서 소류력이 작아지도록 설계한다.
- 저류지의 부유물질이 저류지 밖으로 유출하지 아니하도록 여과망, 여과쇄석 등을 설치하여야 한다.
- 저류지는 퇴적토 및 침전물의 준설이 쉬운 구조로 하며, 준설을 위한 장비 진입도로 등을 만들어야 한다.

② 설치기준 해설

　㉠ 물리적 환경적 실현가능여부

　　저류지 설치 시 다음의 각 항목을 고려하여 물리적·환경적 실현가능여부를 판단한다.

- 홍수 발생 위험이 없는 곳에 위치하여야 하며, 하류의 하천이 낮은 수온을 유지하는 곳은 피하는 것이 좋다.
- 비점오염저감을 위해 저류지에는 수질처리를 위해 상시 수위가 유지되는 것이 좋다.

　㉡ 유입·유출 시 안전여부

　　저류지의 유입부 및 유출부는 다음의 각 항목을 고려하여 설계한다.

- 강우가 설계유량 이상으로 유입되는 것을 대비하여 비상여수로 등 우회시설을 설치하여야 한다.
- 강우유출수의 유입·유출에 배수관을 사용할 경우에는 접합부가 새지 않도록 한다.
- 저류시설의 유입구 부근에 침식이 발생하지 않도록 한다.
- 유출구는 하류 하천의 지형이나 침식을 유발하지 않도록 설치하여야 하며 유출구 아래의 수로 침식을 방지하기 위해 웅덩이를 설치하거나 사석을 깐다.
- 저류지의 부유물질이 저류지 밖으로 유출하지 아니하도록 여과망, 여과쇄석 등을 설치하는 것이 좋다.

　㉢ 저류지 유입 전 처리

- 저류시설은 효율을 유지하고 관리가 용이하도록 침강지 혹은 이와 같은 처리효율을 가지는 전처리시설을 조성하는 것이 좋다.
- 침강지의 퇴적물을 제거할 수 있도록 유지관리용 접근도로가 설치되어야 하며, 퇴적물 제거가 쉽도록 바닥은 단단하게 설치하는 것이 유리하다.

　㉣ 저류시설 구조

- 배수면적에서 계산된 강우유출수를 적정 처리하기 위한 공간을 확보하여야 한다.
- 처리효율을 높이도록 길이 대 폭의 최소 비율은 1.5 : 1로 하고 유로는 가급적 길고 불규칙적으로 만드는 것이 유리하다.
- 저류시설 설계 시 가급적 습지식물을 식재하도록 하며, 시설 가장자리나 시설의 얕은 지역 내에 식재하는 것이 바람직하다.
- 저류지가 자갈 섞인 모래나 틈이 있는 암반층에 위치하면 수위 유지 및 오염된 강우유출수로 인한 토양 및 지하수 오염을 예방하기 위해 차수층 설치를 검토한다.

- 그 밖에 유지관리를 위한 도로, 비상여수로 및 기타 안전시설이 고려되어야 한다.
- 지하저류조의 정체수로 인해 모기서식 · 악취의 우려가 예상될 경우 강우 종료 후 3일 이내 정체수가 배제될 수 있도록 설계에 반영되어야 한다.
- 지하저류조의 경우 정기점검 및 유지관리 시 유해가스로 인한 피해를 예방하기 위하여 배기시설을 설치하여야 한다.
- 저감시설 설치 후 지하저류조의 퇴적물 관리 및 유지관리를 위해 출입구를 설치하여야 하며, 유출구 방향으로 0.2~0.5%의 경사를 주어야 한다.
- 유입구 크기는 초기우수를 차집할 수 있는 적절한 크기를 산정하여야 한다.

3) 유지관리

① 법적 관리 · 운영기준

㉠ 공통사항
- 설치한 저감시설의 보존상태와 주변부의 여건, 상황 등을 파악하여 시설물의 기능을 유지하기 어렵거나 어렵게 될 우려가 있는 부분을 보수하여야 한다.
- 슬러지 및 협잡물 제거
  - 저감시설의 기능이 정상상태로 유지될 수 있도록 침전부 및 여과시설의 슬러지 및 협잡물을 제거하여야 한다.
  - 유입 및 유출 수로의 협잡물, 쓰레기 등을 수시로 제거하여야 한다.
  - 준설한 슬러지는 「폐기물관리법」에 따른 기준에 맞도록 처리한 후 최종 처분하여야 한다.
- 정기적으로 시설을 점검하되, 장마 등 큰 유출이 있는 경우에는 시설을 전반적으로 점검하여야 한다.
- 주기적으로 수질오염물질의 유입량, 유출량 및 제거율을 조사하여야 한다.
- 시설의 유지관리계획을 적절히 수립하여 주기적으로 점검하여야 한다.
- 사업자는 제75조제1항에 따라 비점오염저감시설을 설치한 경우에는 지체 없이 그 설치내용, 운영내용 및 유지관리계획 등을 유역환경청장 또는 지방환경청장에게 서면으로 알려야 한다.

㉡ 저류시설
저류지의 침전물은 주기적으로 제거하여야 한다.

② 관리 · 운영 기준 해설

㉠ 설치한 저감시설의 보존상태와 주변부의 여건, 상황 등을 파악하여 시설물의 기능을 유지하기 어렵거나 어렵게 할 우려가 있는 부분을 보수하여야 한다.

ⓛ 퇴적물 및 협잡물 제거
- 저감시설의 기능이 정상상태로 유지될 수 있도록 퇴적물 및 협잡물을 제거하여야 한다.
- 유입 및 유출 수로의 협잡물, 쓰레기 등을 수시로 제거하여야 한다.
- 준설한 슬러지는 「폐기물관리법」에 따른 기준에 맞도록 처리한 후 최종 처분하여야 한다.

ⓒ 정기적으로 시설을 점검하되, 장마 등 큰 유출이 있는 경우에는 시설을 전반적으로 점검하는 것이 좋다.

ⓔ 주기적으로 수질오염물질의 유입량, 유출량 및 제거율을 조사할 필요가 있다.

ⓜ 시설의 유지관리계획을 적절히 수립하여 주기적으로 점검하는 것이 좋다.

(2) 인공습지

1) 시설개요

침전, 여과, 흡착 미생물 분해, 식생 식물에 의한 정화 등 자연상태의 습지가 보유하고 있는 정화능력을 인위적으로 향상시켜 비점오염물질을 줄이는 시설을 말한다. 인공습지는 강우유출을 통해 발생되는 비점오염물질을 침전 및 여과, 흡착과 미생물 분해 등의 기작을 통해 제거할 수 있으며, 도시 및 농업지역, 축산단지 등에 다양하게 적용이 가능하다.

인공습지는 오염물질의 제거 외에도 조경적 가치, 야생서식지로서의 역할 등 다양한 기능을 가진 효과적인 비점오염원 관리시설 중 하나이다. 그러나 자연습지와는 달리 지속적인 흐름 또는 수생식물의 성장을 뒷받침할 일정이상의 수위를 필요로 한다.

인공습지는 일반적으로 비표면적을 크게 하기 위하여 다양한 수심대를 갖고 굴곡이 있도록 설계한다. 굴곡이 있는 바닥은 물과 토양과의 접촉면적을 증가시켜 처리효율의 향상을 가져오며 수리학적으로는 단회로(Short Circuiting)나 사수역(Dead Volume)을 줄여 습지공간이 최대한 활용될 수 있도록 한다.

인공습지는 습지 내 유체의 흐름위치에 따라 크게 지표흐름형(Free Water Surface) 인공습지와 지하흐름형(Subsurface Flow) 인공습지로 분류할 수 있다. 비점오염저감시설로서의 인공습지는 강우량의 변동에 대응력이 뛰어나야 하고 입자상물질의 유입이 많은 경우 관리의 용이성이 확보되어야 한다. 이에 지하흐름형 인공습지는 지하의 토양층을 통해 강우가 흘러가야 하므로 지표흐름형 인공습지에 비해 시설규모가

커질 수 있다. 지표흐름형 인공습지 내 일부에만 지하흐름형을 설치하는 경우도 있는
데 이 경우에도 지하흐름층의 투수능이 계획유입유량보다 커야만 강우유출수를
인공습지 내로 유입시킬 수 있다. 또 지하흐름형은 입자상물질에 의해 폐색이 발생할
수 있으므로 유지관리가 가능한 구조로 설계하는 것이 타당하다.

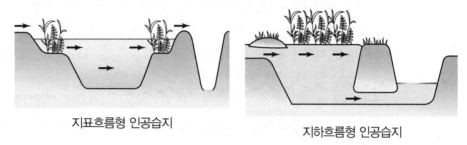

지표흐름형 인공습지   지하흐름형 인공습지

❚ 인공습지 형태별 개념도 ❚

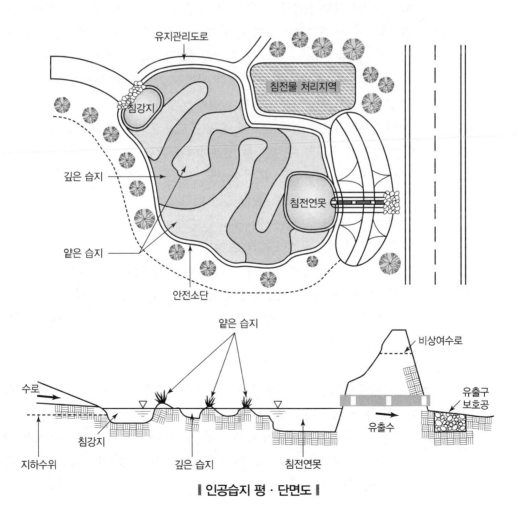

❚ 인공습지 평·단면도 ❚

2) 설치기준

① 법적 설치기준

㉠ 공통사항

- 비점오염저감시설을 설치하려는 경우에는 설치지역의 유역 특성, 토지이용의 특성, 지역사회의 수인가능성(불쾌감, 선호도 등), 비용의 적정성, 유지·관리의 용이성, 안정성 등을 종합적으로 고려하여 가장 적합한 시설을 설치한다.
- 시설을 설치한 후 처리효과를 확인하기 위한 시료채취나 유량측정이 가능한 구조로 설치하여야 한다.
- 침수를 방지할 수 있도록 구조물을 배치하는 등 시설의 안정성을 확보한다.
- 강우가 설계유량 이상으로 유입되는 것에 대비하여 우회시설을 설치하여야 한다.
- 비점오염저감시설이 설치되는 지역의 지형적 특성, 기상 조건, 그 밖에 천재지변이나 화재, 돌발적인 사고 등 불가항력의 사유로 제2호에 따른 시설 유형별 기준을 준수하기 어렵다고 유역환경청장 또는 지방환경청장이 인정하는 경우에는 제2호에 따른 기준보다 완화된 기준을 적용할 수 있다.
- 비점오염저감시설은 시설 유형별로 적절한 체류시간을 갖도록 하여야 한다.
- 비점오염저감시설의 설계규모 및 용량은 다음의 기준에 따라 초기 우수(雨水)를 충분히 처리할 수 있도록 설계하여야 한다.
  - 해당 지역의 강우빈도 및 유출수량, 오염도 분석 등을 통하여 설계규모 및 용량을 결정하여야 한다.
  - 해당 지역의 강우량을 누적유출고로 환산하여 최소 5밀리미터 이상의 강우량을 처리할 수 있도록 하여야 한다.
  - 처리 대상 면적은 주요 비점오염물질이 배출되는 토지이용면적 등을 대상으로 한다. 다만, 비점오염 저감계획에 비점오염 저감시설 외의 비점오염 저감대책이 포함되어 있는 경우에는 그에 상응하는 규모나 용량은 제외할 수 있다.

㉡ 인공습지

- 인공습지의 유입구에서 유출구까지의 유로는 최대한 길게 하고, 길이 대 폭의 비율은 2 : 1 이상으로 한다.
- 다양한 생태환경을 조성하기 위하여 인공습지 전체 면적 중 50퍼센트는 얕은 습지(0~0.3미터), 30퍼센트는 깊은 습지(0.3~1.0미터), 20퍼센트는 깊은 못(1~2미터)으로 구성한다.

- 유입부에서 유출부까지의 경사는 0.5퍼센트 이상 1.0퍼센트 이하의 범위를 초과하지 아니하도록 한다.
- 물이 습지의 표면 전체에 분포할 수 있도록 적당한 수심을 유지하고, 물 이동이 원활하도록 습지의 형상 등을 설계하며, 유량과 수위를 정기적으로 점검한다.
- 습지는 생태계의 상호작용 및 먹이사슬로 수질정화가 촉진되도록 정수식물, 침수식물, 부엽식물 등의 수생식물과 조류, 박테리아 등의 미생물, 소형 어패류 등의 수중생태계를 조성하여야 한다.
- 습지에는 물이 언중 항상 있을 수 있도록 유량공급대책을 마련하여야 한다.
- 생물의 서식 공간을 창출하기 위하여 5종부터 7종까지의 다양한 식물을 심어 생물다양성을 증가시킨다.
- 부유성 물질이 습지에서 최종 방류되기 전에 하류수역으로 유출되지 아니하도록 출구 부분에 자갈쇄석, 여과망 등을 설치한다.

② 설치기준 해설

㉠ 물리적환경적 실현 가능여부

인공습지의 안정적인 기능 유지 및 유지관리의 편의성을 위해 다음과 같은 입지조건들을 고려하여야 한다.

- 인공습지에서 여름철 가뭄과 증발로 인한 수위변화를 고려해야 하며, 유지관리용수의 수급이 원활한 곳인지 고려한다.
- 주변에 자연습지가 조성되어 있는 경우에도 바람직하지 않다.
- 경사가 급한 지역과 하천 제외지는 설치를 피해야 하며, 동절기 강우활동이 일어나는 곳은 이에 대한 검토가 이루어져야 한다.
- 비점오염저감에 있어 인공습지를 이용한 방법이 적합한지의 여부와 주변 식생 및 생태계에 대한 사전조사를 검토한다.
- 토양의 투수성 정도 및 대수층의 존재여부를 고려할 필요가 있다.

㉡ 유입·유출 시 안전여부

- 인공습지의 유입구에서 유출구까지의 유로는 최대한 길게 하며, 길이 대 폭의 비율은 최소한 2 : 1 이상으로 하며, 유로의 경사는 0.5~1.0% 내외의 범위로 설계한다.
- 인공습지의 유입관은 배수구역에서 발생한 강우유출수가 원활히 유입되도록 계획한다.

- 강우 시 방류하천 또는 수로의 수위증가가 습지 유출수의 원활한 흐름에 영향을 미치지 않도록 유출부를 설계하는 것이 좋다.
- 부유성 물질이 습지에서 최종 방류되기 전에 하류수역으로 유출되지 아니하도록 출구 부분에 자갈쇄석, 여과망 등을 설치한다.

ⓒ 인공습지 유입 전 처리

강우유출수를 통해 유입되는 퇴적물을 조절하기 위해 유입구에 침강지를 설치한다.

ⓔ 인공습지 구조

- 물이 인공습지의 표면 전체에 분포할 수 있도록 적당한 수심을 유지하고, 물 이동이 원활하도록 습지의 형상 등을 설계하며, 유량과 수위를 정기적으로 점검한다.
    - 습지에는 물이 연중 항상 있을 수 있도록 유량공급대책을 마련할 필요가 있다.
    - 인공습지의 전체 표면적은 적어도 배수면적의 1% 이상으로 하는 것이 바람직하며, 부지 면적이 충분하지 않을 경우 초기 강우에 대응하도록 설치하여야 한다.
- 다양한 생태환경을 조성하기 위하여 인공습지 전체 면적 중 50%는 얕은 습지(0~0.3m), 30%는 깊은 습지(0.3~1.0m), 20%는 깊은 못(1~2m)으로 구성한다.
- 습지 바닥은 내부 유로와 지형을 최대한 이용할 수 있도록 설계한다.
- 유출 전 퇴적물의 재부유를 막기 위해 1~2m 깊이의 소규모 연못을 조성한다.
- 그 밖에 유지관리를 위한 도로, 안전소단과 같은 안전시설이 고려되어야 한다.

ⓜ 식생설치 및 관리방안

인공습지는 생태계의 상호작용 및 먹이사슬로 수질정화가 촉진되도록 정수식물, 침수식물, 부엽식물 등의 수생식물과 조류, 박테리아 등의 미생물, 소형 어패류 등의 수중생태계를 조성하여야 한다.

- 가급적 지역 내 수생식물 양묘장으로부터 재배식물을 이식하며, 뿌리를 내리는 데 충분한 시간을 확보하여 겨울을 날 수 있도록 한다.
- 생물의 서식 공간을 창출하기 위하여 5종부터 7종까지의 다양한 식물을 심어 생물다양성을 증가시킨다.
- 인공습지는 다양한 식물종과 함께 조밀한 밀도를 유지해야 한다.
- 인공습지가 잘 조성되어 기능을 발휘할 수 있도록 사전 식재조건을 조성하고 해당 습지의 특성을 고려한 계획에 의해 식재되고 유지관리가 되어야 한다.

- 인공습지의 경계수위로부터 바깥쪽까지 최소 8m의 완충지역을 조성하는 것이 좋고, 인근 자연생태 지역으로부터 생태 통로가 유지될 수 있도록 구성하는 것이 바람직하다.
- 인공습지의 주변지역에 피해를 끼칠 우려가 있는 식물은 가급적 식재를 최소화하여야 한다.

3) 유지관리

① 법적 관리 · 운영기준

㉠ 공통사항

- 설치한 저감시설의 보존상태와 주변부의 여건, 상황 등을 파악하여 시설물의 기능을 유지하기 어렵거나 어렵게 될 우려가 있는 부분을 보수하여야 한다.
- 슬러지 및 협잡물 제거
    - 저감시설의 기능이 정상상태로 유지될 수 있도록 침전부 및 여과시설의 슬러지 및 협잡물을 제거하여야 한다.
    - 유입 및 유출 수로의 협잡물, 쓰레기 등을 수시로 제거하여야 한다.
    - 준설한 슬러지는 「폐기물관리법」에 따른 기준에 맞도록 처리한 후 최종 처분하여야 한다.
- 정기적으로 시설을 점검하되 장마 등 큰 유출이 있는 경우에는 시설을 전반적으로 점검하여야 한다.
- 주기적으로 수질오염물질의 유입량, 유출량 및 제거율을 조사하여야 한다.
- 시설의 유지관리계획을 적절히 수립하여 주기적으로 점검하여야 한다.
- 사업자는 제75조제1항에 따라 비점오염저감시설을 설치한 경우에는 지체 없이 그 설치내용, 운영내용 및 유지관리계획 등을 유역환경청장 또는 지방환경청장에게 서면으로 알려야 한다.

㉡ 인공습지

- 동절기(11월부터 다음 해 3월까지를 말한다)에는 인공습지에서 말라 죽은 식생(植生)을 제거 · 처리하여야 한다.
- 인공습지의 퇴적물은 주기적으로 제거하여야 한다.
- 인공습지의 식생대가 50퍼센트 이상 고사하는 경우에는 추가로 수생식물을 심어야 한다.
- 인공습지에서 식생대의 과도한 성장을 억제하고 유로(流路)가 편중되지 아니하도록 수생식물을 잘라내는 등 수생식물을 관리하여야 한다.

- 인공습지 침사지의 매몰 정도를 주기적으로 점검하여야 하고, 50퍼센트 이상 매몰될 경우에는 토사를 제거하여야 한다.

② 관리 · 운영기준 해설

　㉠ 설치한 저감시설의 보존상태와 주변부의 여건, 상황 등을 파악하여 시설물의 기능을 유지하기 어렵거나 어렵게 될 우려가 있는 부분을 보수하여야 한다.

　㉡ 인공습지에서 식생대의 과도한 성장을 억제하고 유로가 편중되지 아니하도록 수생식물을 잘라내는 등 수생식물을 관리하여야 한다.

　㉢ 퇴적물 및 협잡물 제거를 주기적으로 실시하는 것 바람직하다.

　㉣ 유지관리계획을 수립하여 정기적으로 시설을 점검하되, 장마 등 큰 유출이 있는 경우에는 시설을 전반적으로 점검하여야 하며, 주기적으로 수질오염물질의 유입량, 유출량 및 제거율을 조사하는 것이 바람직하다.

(3) 침투시설

1) 시설개요

강우유출수를 지하로 침투시켜 토양의 여과 · 흡착 작용에 따라 비점오염물질을 줄이는 시설로서 침투도랑, 침투저류자 침투조, 유공(有孔)포장 등을 포함한다.

① 침투도랑
② 침투저류지
③ 침투조
④ 유공포장 등

침투시설은 우수가 지하로 침투되도록 유도하는 시설로서 우수를 지표 혹은 지표면보다 얕은 곳에서 불포화지층을 통해 분산 침투시키는 시설물로 침투도랑, 침투저류지, 침투조 등이 있으며, 빗물이 상부 포장면에 투수되어 지하로 침투될 수 있는 유공포장도 이에 포함된다.

침투시설은 초기강우를 지하토층으로 침투시켜 처리하므로 수질개선 및 지하수 재충전 효과를 기대할 수 있다. 또한 불투수면적율이 높은 도시지역에서 첨두유출량 저감 및 지하수 재충전 기능을 통해 수문학적으로 중요한 기능을 담당할 수 있으나, 관리가 미흡하면 침전물에 의해 공극이 막혀 기능이 제한될 수 있다.

① 침투도랑(Infiltration Trench)은 강우유출수를 처리하기 위해서 1~2.5m(현장 여건에 따라 0.3~ 3.0m) 깊이로 굴착한 도랑에 자갈이나 돌을 충전하여 조성한

일종의 지하 저류조이며, 차집된 강우유출수는 48시간(최대 3일 이내)에 걸쳐 서서히 도랑의 벽면이나 바닥을 통하여 하부토층을 침투해서 지하수면에 도달하게 된다. 강우유출수의 일부를 침투도랑으로 유입시켜 비점오염물질을 저감할 뿐만 아니라 현장에서 자연적인 물균형을 유지하고 지하수를 충전하여 기저유량을 유지하는 기능을 수행한다.

침투도랑은 주거지역 또는 상업지역의 강우유출수 처리에 적합하며, 폭이 좁고 긴 도랑형태이므로 저류지를 설치할 수 없는 부지나 배수구역 가장자리 및 자투리땅에 설치하는 것이 일반적이다. 침투도랑 유입 전 식생여과대, 침강지 등을 통과시킴으로써 상우유출수 내 토사를 제거하고 토양 공극의 막힘을 저감시킬 수 있다.

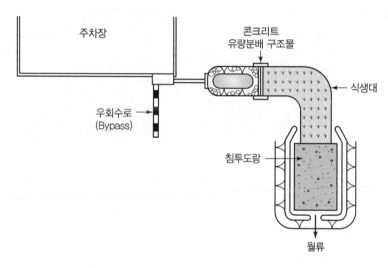

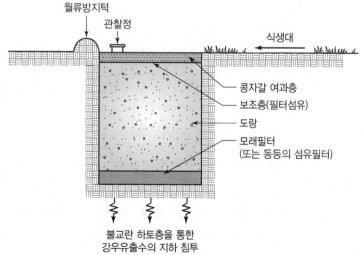

∥ 침투도랑(Infiltration Trench) ∥

② 침투저류지(Infiltration Basin)는 굴착이나 둑을 쌓아 형성한 저류지로 강우유출수를 얕은 수심의 저류지에 차집하여 임시 저장 및 침투를 통해 오염물질을 제거하도록 설계된 시설이다.

저류된 강우유출수는 최대 3일 이내 저류지 바닥 및 측면을 통해 지하로 침투되는 것이 바람직하며, 이로써 다음 강우에 대비할 수 있고 저류된 물의 혐기화를 방지할 수 있다. 침투저류지 바닥 및 측면 토양의 침투속도가 저하되지 않도록 침사지 설치 및 식생을 조밀하게 피복시켜 강우유출수 내 토사를 사전에 제거하는 것이 중요하다.

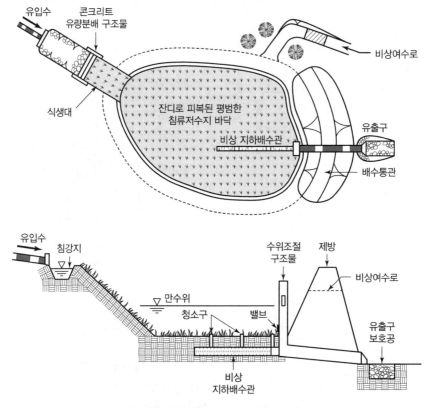

┃ 침투저류지(Infiltration Basin) ┃

③ 침투조는 구조물의 외벽을 벽체로 구성한 형태의 침투시설로 주로 소규모의 강우유출수를 처리하는 데 사용되며, 토양의 공극 막힘을 관리할 수 있는 구조라면 제한적으로 지하에 설치하는 것이 가능하다. 침투조는 강우유출수 차집과 임시 저장, 지속적인 주변 토양으로의 침투를 유도하여 유량을 감소시키며 오염물질을 제거하는 기능을 갖는다.

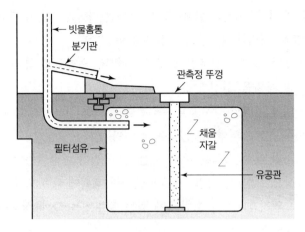

┃ 침투조 설치 예 ┃

④ 유공포장(Porous Pavement)은 강우유출수 내 오염물질을 직접 포장체를 통해 하부 지층으로 침투시켜 제거하며, 유공성 아스팔트, 유공성 콘크리트와 같이 상부 포장재의 충분한 공극을 확보하는 유공포장과 더불어 잔디블록, 투수블록 등 투수성 포장재를 활용할 수 있다.

2) 설치기준

① 법적 설치기준

㉠ 공통사항

- 비점오염저감시설을 설치하려는 경우에는 설치지역의 유역 특성, 토지이용의 특성, 지역사회의 수인가능성(불쾌감, 선호도 등), 비용의 적정성, 유지·관리의 용이성, 안정성 등을 종합적으로 고려하여 가장 적합한 시설을 설치한다.
- 시설을 설치한 후 처리효과를 확인하기 위한 시료채취나 유량측정이 가능한 구조로 설치하여야 한다.
- 침수를 방지할 수 있도록 구조물을 배치하는 등 시설의 안정성을 확보한다.
- 강우가 설계유량 이상으로 유입되는 것에 대비하여 우회시설을 설치하여야 한다.
- 비점오염저감시설이 설치되는 지역의 지형적 특성, 기상 조건, 그 밖에 천재지변이나 화재, 돌발적인 사고 등 불가항력의 사유로 제2호에 따른 시설 유형별 기준을 준수하기 어렵다고 유역환경청장 또는 지방환경청장이 인정하는 경우에는 제2호에 따른 기준보다 완화된 기준을 적용할 수 있다.
- 비점오염저감시설은 시설 유형별로 적절한 체류시간을 갖도록 하여야 한다.

- 비점오염저감시설의 설계규모 및 용량은 다음의 기준에 따라 초기 우수(雨水)를 충분히 처리할 수 있도록 설계하여야 한다.
    - 해당 지역의 강우빈도 및 유출수량, 오염도 분석 등을 통하여 설계규모 및 용량을 결정하여야 한다.
    - 해당 지역의 강우량을 누적유출고로 환산하여 최소 5밀리미터 이상의 강우량을 처리할 수 있도록 하여야 한다.
    - 처리 대상 면적은 주요 비점오염물질이 배출되는 토지이용면적 등을 대상으로 한다. 다만, 비점오염 저감계획에 비점오염 저감시설 외의 비점오염저감대책이 포함되어 있는 경우에는 그에 상응하는 규모나 용량은 제외할 수 있다.
  ○ 침투시설
- 침전물(沈澱物)로 인하여 토양의 공극(孔隙)이 막히지 아니하는 구조로 설계한다.
- 침투시설 하층 토양의 침투율은 시간당 13밀리미터 이상이어야 하며, 동절기에 동결로 기능이 저하되지 아니하는 지역에 설치한다.
- 지하수 오염을 방지하기 위하여 최고 지하수위 또는 기반암으로부터 수직으로 최소 1.2미터 이상의 거리를 두도록 한다.
- 침투도랑, 침투저류조는 초과유량의 우회시설을 설치한다.
- 침투저류조 등은 비상시 배수를 위하여 암거 등 비상배수시설을 설치한다.

② 설치기준 해설
  ○ 물리적환경적 실현 가능여부
- 침투시설의 하층에 위치한 토양의 침투속도는 13mm/h 이상이어야 하며, 겨울철 동결로 인해 기능이 저하되지 않는 지역에 설치하는 것이 바람직하다.
- 지하수 오염을 방지하기 위하여 최고 지하수위 또는 기반암으로부터 수직으로 최소 1.2m 이상의 거리를 두는 것이 바람직하다.
  ○ 유입·유출 시 안전여부
  침투시설은 용량을 초과한 유량에 대비하여 우회시설를 확보하는 것이 바람직하다.
  ○ 침투시설 유입 전(前)처리
- 침투시설의 막힘현상을 방지하기 위해 수질처리용량의 25% 용량을 처리할 수 있는 전처리시설을 설치하는 것이 바람직하다.
- 전처리시설은 저류시설, 식생형 시설 등의 형태로 설치할 수 있다.

ⓔ 시설구조
- 침투시설 공통 설치기준
  - 모든 침투시설은 수질처리용량이 하부토양에 침투되는 동안 강우유출수를 저류할 수 있도록 계획한다.
  - 침투시설은 강우 후 최대 3일 이내에 전체 수질처리용량이 침투되도록 설계하여야 한다.
  - 시설의 침투능을 육안으로 확인할 수 있도록 시설구조를 계획하고 내부 충전재 및 하부토층의 폐색 시 이를 관리할 수 있는 구조로 설치한다.
- 침투도랑 설치기준
  - 침투도랑의 배수면적은 2ha 이내로 하는 것이 좋다.
  - 침투도랑의 깊이는 1~2.5m를 원칙으로 하고, 현장여건에 따라 0.3~3.0m로 조정할 수 있으며, 도랑 내부는 자갈, 돌 등을 충전하는 것이 바람직하다.
  - 침투도랑의 설치는 경사도 6% 이내로 하는 것이 바람직하다.
  - 침투도랑의 침투속도를 확인하기 위해 일정간격으로 관측정을 설치한다.

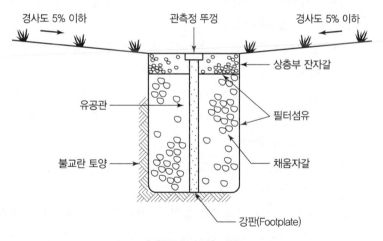

┃ 침투조 설치 예 ┃

- 침투저류지 설치기준
  - 침투저류지 바닥은 경사가 거의 없고 균일하게 설치하는 것이 바람직하다.
  - 침투저류지는 초과유량의 우회시설을 설치하여야 한다.
  - 침투저류지 등은 비상 시 배수를 위하여 암거 등 비상배수시설을 설치하는 것이 바람직하다.

　　　　　－사면경사, 안전소단, 조경계획, 주변완충지역 등에 대한 기준은 「저류시설 중 저류지」의 시설기준을 준용한다.
　　　• 침투조 설치기준
　　　　　－침투조의 배수면적은 2ha 이내로 하는 것이 좋다.
　　　　　－침투조는 구조물의 외벽을 견고한 벽체로 구성하며, 지하매설 시 관측정을 설치하는 것이 바람직하다.
　　　• 유공포장 설치기준
　　　　　－유공포장의 하부에 골재층을 두어 빗물을 저장할 수 있도록 한다.
　　　　　－유공포장은 설치하고자 하는 부지의 교통량 및 하중을 고려하여 계획한다.
　　　　　－유공포장의 침투속도를 확인하기 위해 일정간격으로 관측정을 설치한다.

3) 유지관리

① 법적 관리 · 운영기준

　　㉠ 공통사항
　　　• 설치한 저감시설의 보존상태와 주변부의 여건, 상황 등을 파악하여 시설물의 기능을 유지하기 어렵거나 어렵게 될 우려가 있는 부분을 보수하여야 한다.
　　　• 슬러지 및 협잡물 제거
　　　　　－저감시설의 기능이 정상상태로 유지될 수 있도록 침전부 및 여과시설의 슬러지 및 협잡물을 제거하여야 한다.
　　　　　－유입 및 유출 수로의 협잡물, 쓰레기 등을 수시로 제거하여야 한다.
　　　　　－준설한 슬러지는 「폐기물관리법」에 따른 기준에 맞도록 처리한 후 최종 처분하여야 한다.
　　　• 정기적으로 시설을 점검하되, 장마 등 큰 유출이 있는 경우에는 시설을 전반적으로 점검하여야 한다.
　　　• 주기적으로 수질오염물질의 유입량, 유출량 및 제거율을 조사하여야 한다.
　　　• 시설의 유지관리계획을 적절히 수립하여 주기적으로 점검하여야 한다.
　　　• 사업자는 제75조제1항에 따라 비점오염저감시설을 설치한 경우에는 지체 없이 그 설치내용, 운영내용 및 유지관리계획 등을 유역환경청장 또는 지방환경청장에게 서면으로 알려야 한다.
　　㉡ 침투시설
　　　• 토양의 공극이 막히지 아니하도록 시설 내의 침전물을 주기적으로 제거하여야 한다.

• 침투시설은 침투단면의 투수계수 또는 투수용량 등을 주기적으로 조사하고 막힘 현상이 발생하지 아니하도록 조치하여야 한다.

(4) 식생형 시설(Vegetation System)

1) 시설개요

식생형 시설은 비점오염물질을 저감하고 첨두유량을 조절하여 홍수억제에 기여할 뿐만 아니라 동·식물 서식공간을 제공하고 녹지경관으로 기능하는 장점이 있으며, 크게 식생여과대와 식생수로가 있다.

강우 시 토양침식을 줄이기 위해 수로에 식생을 도입한 식생수로는 부유고형물과 금속 등 오염물질의 제거에 효과적이며 침투기능을 통해 박테리아도 제거할 수 있으나 용존성 영양물질의 제거효율은 높지 않은 것으로 알려져 있다.

강우유출수가 식생여과대(Vegetated Filter Strips)를 거치면서 유속이 낮아짐에 따라 오염물질이 여과, 흡착 중력침전으로 제거되는데, 식생여과대는 강우유출수가 여과대 면을 균일하게 흐르게 하는 것이 오염물질 제거에 보다 효과적이다. 지역 내 녹지대가 부족한 경우 하천변을 이용한 식생여과대 조성도 권장할 만하다.

① 식생여과대(Vegetated Filter Strips)는 식물체를 통한 여과와 토양침투에 의해 비점오염물질을 제거하도록 고안된 균일하게 경사진 지면에 조밀한 식생을 갖춘 넓은 풀밭으로 정의된다.

식생여과대의 일차적인 목적은 작은 지역으로부터 발생하는 강우유출수의 수질을 향상시키거나 다른 비점오염 저감시설의 전처리 공정으로 사용될 수 있다. 조밀한 식생과 토양은 오염물질의 포착 식생을 통한 여과작용, 토사의 침적작용, 토양에 의한 흡착작용을 가능하게 한다.

식생여과대가 다른 저감시설의 전처리 공정으로 사용될 경우 토사제거와 주 처리시설로의 부하량을 감소시켜 유지관리 비용을 줄이고 효율을 향상시켜주는 기능을 수행한다.

식생여과대는 불투수면 지역 인근에 입지하거나 주택 및 상업지역 또는 고속도로나 일반도로 인근에 설치한다.

식생여과대는 여과대 표면에 면상류(Sheet Flow)를 유지하여야 하므로 처리대상 집수구역의 면적과 처리대상 강우유출수량에 한계가 있다. 처리대상 유량을 식생여과대로 균일하게 유입시킬 수만 있다면 주차장, 도로, 빌딩으로부터 강우

유출수를 직접 유입시켜 처리할 수 있다.

설치위치는 수변완충구역 외곽지점이 이상적이고 서로 상반되는 토지이용 사이의 완충지대로 적용하게 되면 경관을 향상시킬 수 있으며 투수성 토양에서는 지하수 재충전 기능도 기대할 수 있다.

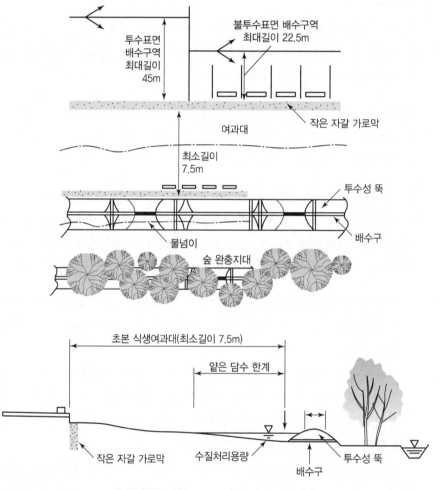

┃ 식생여과대(Vegetated Filter Strips) ┃

② 식생수로는 식생을 갖춘 개수로이며 배수구역으로부터 발생되는 강우유출수를 포착하여 비점 오염물질을 저감함과 동시에 운송하는 역할을 한다. 식생수로의 경사를 완만하게 하여 강우유출수의 유출속도를 감소시키고 토양 및 식생의 침투 · 퇴적 · 여과 등의 기능을 통해 수질을 개선한다.

• 건식 식생수로(Dry Swale)는 식생을 갖춘 수로로 배수시스템 상부에 여과상(Filter Bed)을 두고 있다. 이러한 형태의 수로에서는 강우유출수 전량이 여과

상을 통과하고 수로바닥을 통하여 유출이 일어나도록 설계된다. 대부분의 시간동안 건조한 상태로 있게 되며 주거지역에서 선호되고 있는 저감시설이다. 건식 식생수로는 하부배수시스템 상부에 위치한 투수성 여과상과 유출수를 운송하는 개수로로 구성된다. 오염물질은 수로의 주요부에 위치한 토양여과층을 통과하면서 처리된다.

강우유출수는 여과상 하부에 위치한 자갈배수계통과 다공성 관로를 통하여 집수된 후 유출구로 운송된다.

• 습식 식생수로(Wet Swale)는 수분의 보유와 습지의 조건을 갖추도록 설계되므로 수로를 따라 습지식생을 유지할 수 있다. 수분을 보유하기 위해서 낮은 지하수위와 투수성이 낮은 토양이 필요하다. 이와 같은 형태의 수로는 기본적으로 수로형태의 습지(Wetland Channel)와 동일한 기능을 수행한다.

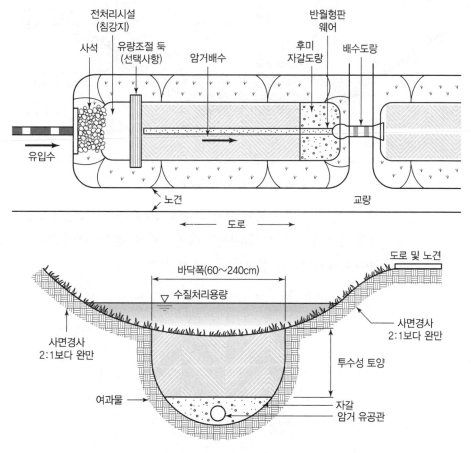

│ 건식 식생수로(Dry Swale) │

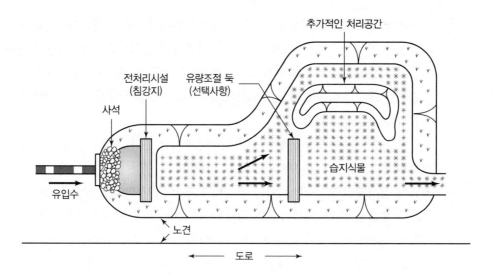

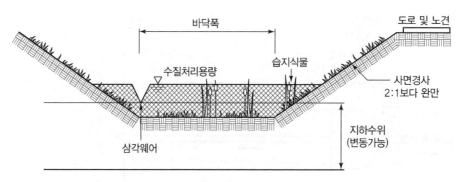

∥ 습식 식생수로(Wet Swale) ∥

습식 식생수로는 수로 내 피복된 식생에 의해 강우유출수의 유출속도를 감소시키고 침전 및 흡착에 의해 오염물질을 저감하는 반면, 건식 식생수로는 강우유출수가 여과상을 통과하도록 설계한다는 점에 차이가 있다.

2) 설치기준

① 법적 설치기준

㉠ 공통사항

- 비점오염저감시설을 설치하려는 경우에는 설치지역의 유역 특성, 토지이용의 특성, 지역사회의 수인가능성(불쾌감, 선호도 등), 비용의 적정성, 유지·관리의 용이성, 안정성 등을 종합적으로 고려하여 가장 적합한 시설을 설치한다.
- 시설을 설치한 후 처리효과를 확인하기 위한 시료채취나 유량측정이 가능한 구조로 설치하여야 한다.
- 침수를 방지할 수 있도록 구조물을 배치하는 등 시설의 안정성을 확보한다.
- 강우가 설계유량 이상으로 유입되는 것에 대비하여 우회시설을 설치하여야 한다.
- 비점오염저감시설이 설치되는 지역의 지형적 특성, 기상 조건, 그 밖에 천재지변이나 화재, 돌발적인 사고 등 불가항력의 사유로 제2호에 따른 시설 유형별 기준을 준수하기 어렵다고 유역환경청장 또는 지방환경청장이 인정하는 경우에는 제2호에 따른 기준보다 완화된 기준을 적용할 수 있다.
- 비점오염저감시설은 시설 유형별로 적절한 체류시간을 갖도록 하여야 한다.
- 비점오염저감시설의 설계규모 및 용량은 다음의 기준에 따라 초기 우수(雨水)를 충분히 처리할 수 있도록 설계하여야 한다.
  - 해당 지역의 강우빈도 및 유출수량, 오염도 분석 등을 통하여 설계규모 및 용량을 결정하여야 한다.
  - 해당 지역의 강우량을 누적유출고로 환산하여 최소 5밀리미터 이상의 강우량을 처리할 수 있도록 하여야 한다.
  - 처리 대상 면적은 주요 비점오염물질이 배출되는 토지이용면적 등을 대상으로 한다. 다만, 비점오염저감계획에 비점오염 저감시설 외의 비점오염 저감대책이 포함되어 있는 경우에는 그에 상응하는 규모나 용량은 제외할 수 있다.

㉡ 식생형 시설

길이 방향의 경사를 5% 이하로 한다.

② 설치기준 해설

㉠ 물리적 · 환경적 실현가능여부

식생형 시설의 안정적인 기능 유지 및 유지관리의 편의성을 위해 다음과 같은 입지조건들을 고려하여야 한다.

- 급한 경사의 지역과 하천 제외지에 설치는 피해야 한다.
- 비점오염 저감에 있어 식생형 시설을 이용한 방법이 적합한지의 여부와 주변 식생 및 생태계에 대한 사전조사를 검토한다.

㉡ 유입 · 유출 시 안전여부

유입구의 막힘 가능성을 최소화하기 위하여 불투수 지역으로부터 유출수가 직접 유입하는 경우 유입 지점에 최소 15cm 높이의 자갈 격벽을 설치하는 것을 고려할 수 있다.

㉢ 식생형 시설 유입 전(前)처리

식생형 시설 유입부에 수질처리용량(WQv)의 10% 이상을 저류할 수 있도록 침강지 등을 설치하는 것이 좋다.

㉣ 식생형 시설 구조

- 계획된 강우유출수를 적절히 처리하기 위해 길이방향의 경사가 5% 이하로 하는 것이 바람직하다.
- 식생 및 토양층과 강우유출수의 유속과 접촉시간을 최대화하여 처리효율을 높이는 것이 좋다.
- 계획된 강우유출수를 적절히 처리하기 위해 식생형 시설의 폭, 길이, 수심을 결정하여야 한다.
- 건식 식생수로 설계 시 바닥에 투수성 토양층을 설치하여야 한다.
- 식생형 시설의 유속, 면적, 길이 등 식생과 토양에 의한 침투, 퇴적, 여과 작용이 오염물질의 저감에 적절한지 검토한다.

3) 유지관리

① 법적 관리 · 운영기준

㉠ 공통사항

- 설치한 저감시설의 보존상태와 주변부의 여건, 상황 등을 파악하여 시설물의 기능을 유지하기 어렵거나 어렵게 될 우려가 있는 부분을 보수하여야 한다.
- 슬러지 및 협잡물 제거
  - 저감시설의 기능이 정상상태로 유지될 수 있도록 침전부 및 여과시설의

슬러지 및 협잡물을 제거하여야 한다.

　－유입 및 유출 수로의 협잡물, 쓰레기 등을 수시로 제거하여야 한다.

　－준설한 슬러지는 「폐기물관리법」에 따른 기준에 맞도록 처리한 후 최종 처분하여야 한다.

- 정기적으로 시설을 점검하되, 장마 등 큰 유출이 있는 경우에는 시설을 전반적으로 점검하여야 한다.
- 주기적으로 수질오염물질의 유입량, 유출량 및 제거율을 조사하여야 한다.
- 시설의 유지관리계획을 적절히 수립하여 주기적으로 점검하여야 한다.
- 사업자는 제75조제1항에 따라 비점오염저감시설을 설치한 경우에는 지체 없이 그 설치내용, 운영내용 및 유지관리계획 등을 유역환경청장 또는 지방 환경청장에게 서면으로 알려야 한다.

　ⓛ 식생형 시설

- 식생이 안정화되는 기간에는 강우유출수를 우회시켜야 한다.
- 식생수로 바닥의 퇴적물이 처리용량의 2 5퍼센트를 초과하는 경우에는 침전된 토사를 제거하여야 한다.
- 침전물질이 식생을 덮거나 생물학적 여과시설의 용량을 감소시키기 시작하면 침전물을 제거하여야 한다.
- 동절기(11월부터 다음 해 3월까지를 말한다)에 말라 죽은 식생을 제거·처리한다.

④ 저영향개발(LID)기법 시설

저영향개발 기법의 시설은 비점오염을 저감함과 더불어 수질 및 수생태계 건강성 향상, 도시 침수 및 열섬현상 완화, 도시경관 개선 등의 다양한 효과를 가진다.

저영향개발(LID ; Low Impact Development)기법의 시설로는 「건강한 물순환 체계 구축을 위한 저영향개발(LID) 기술요소 가이드라인」(환경부, 2013)에서 제시된 바와 같이 다양한 시설이 있다. 가이드라인에서는 총 11가지 기술요소를 제시하고 있는데, 본 매뉴얼의 식생형 시설, 침투시설과 중복되지 않는 식생체류지, 나무여과상자, 식물재배화분, 모래여과시설에 대해서만 시설기준을 제시하기로 한다. 또 유지관리기준은 침투시설, 식생형 시설에 준하여 관리하므로 별도로 제시하지 않는다.

▼ 저영향개발 기술요소의 종류 및 특성

기술요소	저류 기능	여과 기능	침투 기능	증발산	생태 서식처	지하수 함양	심미성	적용성 단지	적용성 도로
식생체류지 (Bioretention)	V	V	V	V	V	V	V	◉	◉
옥상녹화(Greenroof)	V	V		V	V		V	◉	-
나무여과상자 (Tree Box Filter)		V	V			V	V	◉	◉
식물재배화분 (Planter Box)		V	V	V	V	V	V	◉	◉
식생수로(Bioswale)	V	V	V	V	V	V	V	◉	◉
식생여과대(Bioslope)		V	V	V	V		V	○	◉
침투도랑 (Infiltration Trench)	V	V	V	V		V	V	◉	◉
침투통(Dry Wells)	V	V	V			V		◉	○
투수성포장 (Porous Pavement)		V	V	V		V		◉	○
모래여과시설 (Sandfilter)		V	V			V		○	○
빗물통(Rain Barrel)	V							◉	-

(1) 식생체류지(Bioretention)

1) 시설개요

식생체류지는 식물이 식재된 토양층과 모래층 및 자갈층 등으로 구성되며, 강우유출 수가 식재토양층 및 지하침투 과정에서 비점오염물질을 저감시키는 시설이다.

식생체류지는 잔디, 초본식물, 나무 등 다양한 식생들을 식재하여 강우유출수를 침투 및 여과시켜 비점오염물질을 저감시키는 시설로 복합적 기능을 가지고 있다.

식생체류지는 저비용으로 고효율의 강우유출수 관리를 할 수 있으며, 경관성과 심미 적 효과가 높고, 주거단지, 산업단지, 각종 공원, 도로, 주차장 등 다방면의 입지에 적 용 가능하며, 기존 녹지를 활용할 수 있으므로 부지확보가 용이하다. 기존 녹지공간 을 활용하지 않을 경우 비교적 넓은 부지 면적이 소요되므로 토지이용계획 수립 시 설 치 부지를 사전에 확보하는 것이 필요하다.

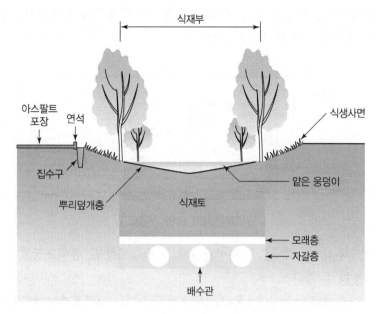

▮ 식생체류지 구조 ▮

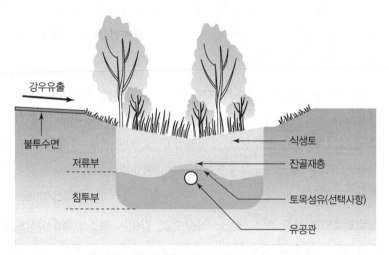

▮ 투수지역에 설치되는 식생체류지 구조 ▮

2) 설치기준

① 식생체류지는 유입부, 침강자 저류 및 침투부 등으로 구성된다.

주거 및 상업지역의 보도, 주차장, 수변공간의 도로와 보도 인근에 적용이 가능하며, 도심지 경관을 향상시키고 친환경적인 개선을 도모할 수 있다. 식생체류지의 형상은 원형, 각형 등 현장에 따라 다양하게 계획할 수 있으나, 단회로(Short Circuiting)를 방지하고 충분한 처리시간을 확보하도록 한다. 이러한 식

생체류지는 유입부, 침강지 및 저류와 침투부 등으로 구성되며, 저류와 침투부
는 다양한 층의 토양으로 구성된다.

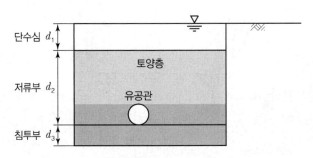

▌ 식생체류지의 단면 개념도 ▌

식생체류지를 비롯한 나무여과상자, 식물재배화분, 유공포장도 모두 동일하게
적용할 수 있다.

위 그림에서 담수심(d_1)은 초기우수가 담수되는 저류공간이며, 저류부는 인위적
인 식생 토양층 중 유공관까지를 말한다. 저류부(d_2)는 유공관으로 처리된 초기
우수가 빠지게 되므로 침투와는 무관하다. 그러나 유공관 아래는 침투를 통해 초
기우수가 처리된다. 따라서 침투부(d_3)는 원지반 토양의 투수속도 등을 고려하
여 설계하는 것이 타당하다.

② **식생체류지는 토양층, 모래층, 자갈층 등으로 구성할 수 있다.**

식생체류지의 저류와 침투부는 식물이 식재된 토양층과 모래층 및 자갈층 등으
로 구성되며, 강우유출수가 식재토양층 및 지하침투 과정에서 비점오염물질을
저감시키는 시설이다. 빗물정원(Rain Garden)도 본 시설에 속하며 동일한 시
설기준을 따른다.

③ **식생체류지의 폭은 최소 50cm 이상으로, 깊이는 최소 0.8m 이상으로 한다.**

식생체류지의 상부 담수심은 15~30cm 정도로 하고 폭은 최소 0.5m 이상으로
하며, 토양층은 30~ 60cm로 조성할 수 있다. 물의 저류 및 침투를 위하여 내부
공극은 최소 0.35 이상을 확보한다.

④ **식생체류지의 식생은 초본 또는 관목으로 구성한다.**

식생체류지의 식생은 다년초 및 관목 등을 적절히 구성하여 식재한다. 단, 시설
이 도로 또는 시내에 설치될 때는 시야확보와 경관을 위하여 관목의 경우 1.2m
이하로 조성함이 바람직하다.

⑤ 식생체류지는 강우 후 최대 3일 이내에 전체 수질처리용량이 배제되도록 설계하여
야 한다.

식생체류지는 강우 후 최대 3일(72시간) 이내에 전체 수질처리용량을 모두 배제
하도록 설계되어야 한다. 식생체류지는 강우 시 강우유출수를 받아 처리한 후 전
량 배수되어야 다음 강우사상에 대비할 수 있다.

3) 규모 산정방법

식생체류지의 규모는 수질처리용량에 근거하여 산정한다.

식생체류지의 설계를 위해서는 담수심(d_1)의 용량(V_1), 토양층에 서류되는 용량
(V_2), 차집시간 동안 유공관으로 나가는 용량(V_3), 하부 원지반으로 침투되는 용량
(V_4) 모든 용량의 합이 수질처리용량(WQv)보다 크도록 설계한다.

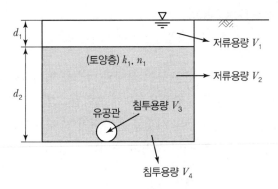

┃ 식생체류지의 용량산정 개념도 ┃

시설의 용량은 다음 각각의 용량의 합으로 계산한다.

$$V_1 = A \times d_1, \ V_2 = n_1 \times A \times d_2, \ V_3 = k_1 \times A \times T, \ V_4 = k_2 \times A \times T$$

시설의 용량 $\sum V \geq WQv$

$= V_1 + V_2 + V_3 + V_4$

$= (A \times d_1) + (n_1 \times A \times d_2) + (k_1 \times A \times T) + (k_2 \times A \times T)$

$= A(d_1 + n_1 \times d_2 + k_1 \times T + k_2 \times T)$

식생체류지의 표면적 A_f는

$$A_f = \frac{WQv}{d_1 + n_1 \times d_2 + T_f(k_1 + k_2) \times 10^{-3}}$$

여기서, A_f : 식생체류지의 표면적(m^2)

WQv : 수질처리용량(m^3)

d_1 : 담수심 깊이(m)

n_1 : 식재토양층의 공극율

d_2 : 식재토양층의 깊이(m)

k_1 : 식재토양층의 투수속도(mm/h)

k_2 : 하부토양의 침투속도(mm/h)

T_f : 유입시간(h, 2시간 적용)

단, 유입시간에 대한 자료가 있는 경우 해당자료를 활용

이 식은 식생체류지, 나무여과상자, 식물재배화분, 유공포장(하부유공관 있는 경우) 등에 공통으로 적용될 수 있다.

(2) 나무여과상자(Tree Box Filter)

1) 시설개요

나무여과상자는 나무 또는 큰 관목이 식재된 박스를 매립하여 식재토양층의 여과 및 나무의 생화학적 반응을 통해 강우유출수에 포함된 오염물질을 저감시키는 시설이다. 나무여과상자는 주로 맨홀 등의 시설로 유입되기 전 가로수 조경공간에 주로 설치되므로 추가적인 부지소요가 적어 시가화 지역의 도로에 적용하기 용이한 시설이다.

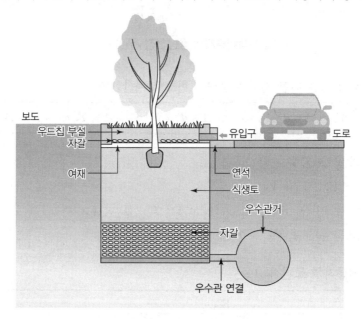

┃ 나무여과상자 개념도 ┃

2) 설치기준

① 나무여과상자는 유입수의 에너지 분산을 위하여 표면에는 약 5cm 깊이의 자갈층을 두는 것이 좋다.

② 나무여과상자는 유입된 강우유출수를 여과시킨 후 기존 우수관으로 유출되도록 하여야 한다.

③ 나무여과상자의 규모는 폭 1m와 길이 1m를 기준으로 한다.

④ 나무여과상자는 강우량이 많아 설계유입량을 초과할 경우를 대비하여 월류시설을 설치하여 월류된 강우유출수가 기존 우수관로로 배수될 수 있도록 하여야 한다.

⑤ 나무여과상자 내 수목은 가뭄, 침수, 염분에 내성이 있는 것으로 선정하여야 하며, 수목의 뿌리가 지나치게 빨리 성장하는 수목은 피해야 한다.

(3) 식물재배화분(Planter Box)

1) 시설개요

식물재배화분은 식물이 식재된 토양층과 그 하부를 자갈로 채워 강우유출수를 식재 토양층 및 지하로 침투시켜 오염물질을 저감시키는 시설이다.

주거 및 상업지역의 보도, 주차장, 수변공간의 도로와 보도 인근에 적용이 가능하며, 도심지 경관을 향상시키고 친환경적인 개선을 도모할 수 있다.

식물재배화분은 현장여건에 따라 식물재배화분을 둘러싼 벽체가 있는 시설과 벽체가 없는 시설 또는 좁은 저류지와 같은 시설 등 그 형태와 구성에 따라 다양하게 적용할 수 있다.

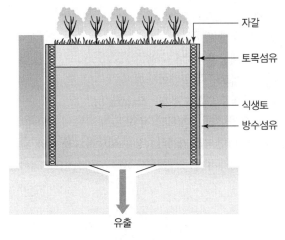

┃ 식물재배화분 개념도 ┃

2) 설치기준

① 식물재배화분은 다양한 형상으로 설계할 수 있으며, 단회로를 고려하여 설계한다.

② 식물재배화분은 상부로부터 저류층, 식재토양층, 하부 자갈층 등으로 구성되며, 적정 폭은 최소 50cm 이상으로 한다.

③ 식물재배화분은 초본과 관목으로 적절히 조합하여 식재한다.

④ 강우량이 많아 설계유입량을 초과할 경우를 대비하여 월류시설을 설치한다.

⑤ 조성되는 수목은 가뭄, 침수, 염분에 내성이 있는 것으로 선정하여야 하며, 수목의 뿌리가 지나치게 빨리 성장하는 수목은 피해야 한다.

⑥ 식물재배화분은 강우 후 최대 3일 이내에 전체 수질처리용량이 배제되도록 설계하여야 한다.

3) 규모 산정방법

식물재배화분의 규모 수질처리용량에 근거하여 산정한다.

식물재배화분은 처리된 강우유출수가 전량 유공관으로 유출되는 경우와 유공관과 하부토양으로 침투되는 경우로 구분할 수 있다. 후자의 경우에는 식생체류시설의 산정식을 이용할 수 있으며, 전자의 경우에는 다음의 식으로 식물재배화분의 규모를 산정한다.

$$A = \frac{WQv}{d_1 + n_1 \times d_2 + T_f \times k_1 \times 10^{-3}}$$

여기서, A_f : 식물재배화분의 표면적(m^2)

$\quad WQv$: 수질처리용량(m^3)

$\quad d_1$: 담수심 깊이(m)

$\quad n_1$: 식재토양층의 공극율

$\quad d_2$: 식재토양층의 깊이(m)

$\quad k_1$: 식재토양층의 투수속도(mm/h)

$\quad T_f$: 유입시간(h, 2시간 적용)

단, 유입시간에 대한 자료가 있는 경우 해당자료를 활용

(4) 모래여과시설(Sand Filter)

1) 시설개요

모래여과시설은 전처리 구조물과 여과조로 구성하며 모래를 여과재로 하여 비점오염물질을 저감한다.

모래여과시설은 기본적으로 유량조절 및 침전을 위한 전처리 구조물과 여재부로 구성되며 이를 통해 전처리조에서 큰 협잡물 및 대형 입자성 물질을 제거하고 후단(모래여재 구조물)에서는 용존물, 부유물질을 제거한다. 모래여과시설은 처리된 물이 자연유하로 배수될 수 있도록 수두차를 확보하며, 모래 상부 침전물 제거 등을 통해 여재부를 관리한다.

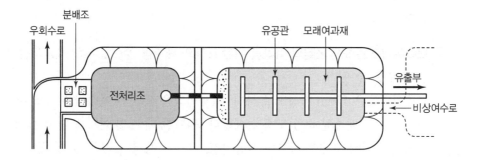

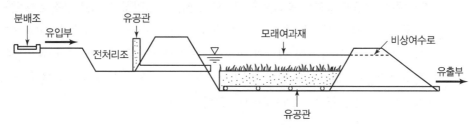

┃ 모래여과시설 개념도 ┃

2) 설치기준

① 모래여과시설은 주로 off－line 형태로 설치하며 우수본관에서 초기우수를 시설로 유입시키기 위해서 월류턱 등을 설치한다.

모래여과시설의 유입은 off－line 형태로 구성하고 일반적인 사항은 여과형 시설의 유입부 기준을 따른다.

② 모래여과시설은 유입부, 전처리조, 모래여과조 등으로 구성된다.

모래여과시설은 유입된 강우유출수가 전처리조에 저류되었다가 후단의 모래여과조를 통과해 비점오염을 저감한다. 필요에 따라 유량분배 구조물 등을 설치할 수 있다. 전처리조는 토사, 협잡물 등의 침전효율을 높이도록 길이 대 폭의 최소 비율은 1.5 : 1 이상으로 하고 수질처리용량의 25% 이상을 처리할 수 있는 규모로 설치하여야 한다. 전처리조를 포함한 전체 모래여과시설은 수질처리용량의 적어도 75%를 저류하도록 하여야 한다.

③ 모래여과시설은 자연유하를 통해 여재부의 처리수를 배수할 수 있는 곳에 설치한다.

모래여과시설은 강우종료 후 여과조의 정체수가 자연배수될 수 있는 수두차를 확보하여야 하며 이를 위해서는 1.5m 이상의 단차를 확보할 수 있는 곳에 설치한다.

④ 모래여과조는 오염물질의 여과를 위한 모래와 배수능 확보를 위해 채움자갈, 유공관 등을 둘 수 있다.

모래여과층은 45cm 이상으로 하며, 여과면적은 40시간 이내에 여과조 내의 모든 정체수가 배출될 수 있도록 설계한다. 원활한 배수 및 여과조 내 모래 유출을 방지하기 위해 모래층 하단에 채움자갈, 유공관 등을 설치할 수 있다.

⑤ 모래층의 상부에 침전된 물질을 주기적으로 점검 · 관리할 수 있는 구조로 설치한다.

모래여과시설은 여과능력 감소 정도에 따라 모래층 상부 퇴적물을 제거하거나 여과재의 상부를 교환할 필요가 있으며, 현저하게 배수시간이 길어지는 경우 여재부 전체를 교체하여야 한다. 따라서 모래여과시설은 여재부의 상태를 점검 · 관리할 수 있는 구조로 설치하여야 한다.

⑥ 모래여과조 하층 토양으로 강우유출수가 침투되도록 구성할 수 있다.

모래여과시설에서 모래여과층을 통해 여과된 강우유출수가 하부 지층으로 침투되도록 할 수 있다. 침투를 위한 저류공간은 유공관 및 유출부를 시설 바닥과 이격시킴으로써 확보할 수 있으며, 최대 3일 이내에 침투될 수 있도록 계획한다.

3) 규모 산정방법

모래여과시설의 규모 수질처리용량에 근거하여 산정한다.

모래여과시설은 일반적인 장치형 시설과 달리 수질처리용량으로 규모를 산정한다. 모래여과시설은 수질 처리용량의 75% 이상을 저류하여야 하므로 전처리조와 모래여과조의 저류용량을 합산하며, 모래여과조는 모래 및 채움자갈의 공극률을 고려하여 산정한다. 모래여과조의 여과면적은 40시간 이내에 정체수가 배출될 수 있도록 계획하며 모래의 투수계수는 1m/d를 적용할 수 있다.

5 장치형 시설

장치형 시설은 물리·화학적, 생물학적 원리를 이용한 장치를 이용하여 비점오염물질을 저감하는 시설로서 협잡물, 부유물질, 일부 유기물질 등의 제거에 효과가 있으나, 용존유기물질, 영양염류, 중금속 등을 저감하는 데는 한계를 가진다.

장치형 시설은 비교적 불투수 면적이 넓으면서 토사의 유입이 적은 장소에 설치하는 것이 효과적이며 소용돌이형 시설, 스크린형 시설은 독립적인 설치보다 전처리 장치로 설치하는 것이 바람직하다. 장치형 시설은 대부분 물리적인 처리기작으로 비점오염물질을 저감하기 때문에 입자성 물질의 제거에 유리하다. 응집·침전 처리형 시설은 화학적 처리기작을 가지므로 인(Phosphorus), 중금속 등의 저감효율이 상대적으로 높을 수 있다.

생물학적 처리형 시설은 미생물에 의한 유기물제거가 가능한 시설이나 처리대상수의 간헐적 유입보다는 연속적인 유입이 요구된다. 이에 일반적 생물학적 처리시설과 유사하여 본 매뉴얼에서는 구체적으로 언급하지 않는다.

비점오염원의 관리를 위해서는 장치형 시설 등의 구조적인 저감시설과 함께 비구조적 대책들이 병행되어야 한다.

(1) 여과형 시설

1) 시설개요

여과형 시설은 여과효과를 가지는 다양한 형태의 여재에 강우유출수를 통과시켜 비점오염물질을 저감하는 시설로 전처리조와 여과조 등으로 구성한다.

여과형 시설은 인위적인 구조물 내에 여재층과 여재의 세척 및 강우종료 후 정체수를 강제 배수할 수 있도록 하여 강우유출수 내 오염물질을 저감하는 시설을 말한다. 고형물의 여과가 가능한 다양한 형태의 여재로 구성된 여재층을 초기강우가 통과하면서 여재층의 공극이나 표면에 오염물질이 포획되고 강우가 종료된 후에는 여재층에 역세척 등을 통해 장기적이고 지속적인 강우유출수 처리가 가능토록 한다. 또 강우종료 후 인위적인 구조물 내에 정체되는 정체수를 배수하여 다음 강우 시 정상적인 여과 기능이 이루어질 수 있도록 한다. 여과조의 폐색을 늦추고 유지관리의 편의성을 확보하는 등 여과형 시설의 안정성과 지속성을 확보하기 위해 여과조 전단에 전처리조를 설치하여야 한다.

2) 설치기준

① 법적 설치기준

㉠ 공통사항

- 비점오염저감시설을 설치하려는 경우에는 설치지역의 유역 특성, 토지이용의 특성, 지역사회의 수인가능성(불쾌감, 선호도 등), 비용의 적정성, 유지·관리의 용이성, 안정성 등을 종합적으로 고려하여 가장 적합한 시설을 설치한다.

- 시설을 설치한 후 처리효과를 확인하기 위한 시료채취나 유량측정이 가능한 구조로 설치하여야 한다.

- 침수를 방지할 수 있도록 구조물을 배치하는 등 시설의 안정성을 확보한다.

- 강우가 설계유량 이상으로 유입되는 것에 대비하여 우회시설을 설치하여야 한다.

- 비점오염저감시설이 설치되는 지역의 지형적 특성, 기상 조건, 그 밖에 천재지변이나 화재, 돌발적인 사고 등 불가항력의 사유로 제2호에 따른 시설 유형별 기준을 준수하기 어렵다고 유역환경청장 또는 지방환경청장이 인정하는 경우에는 제2호에 따른 기준보다 완화된 기준을 적용할 수 있다.

- 비점오염저감시설은 시설 유형별로 적절한 체류시간을 갖도록 하여야 한다.

- 비점오염저감시설의 설계규모 및 용량은 다음의 기준에 따라 초기 우수(雨水)를 충분히 처리할 수 있도록 설계하여야 한다.
  - 해당 지역의 강우빈도 및 유출수량, 오염도 분석 등을 통하여 설계규모 및 용량을 결정하여야 한다.
  - 해당 지역의 강우량을 누적유출고로 환산하여 최소 5밀리미터 이상의 강우량을 처리할 수 있도록 하여야 한다.
  - 처리 대상 면적은 주요 비점오염물질이 배출되는 토지이용면적 등을 대상으로 한다. 다만, 비점오염 저감계획에 비점오염 저감시설 외의 비점오염 저감대책이 포함되어 있는 경우에는 그에 상응하는 규모나 용량은 제외할 수 있다.

ⓛ 여과형 시설
- 시설의 제거효율, 공사비 및 유지관리비용 등을 고려하여 저장용량, 체류시간, 여과재 등을 결정하여야 한다.
- 여과재 통과수량을 고려하여 여과 면적과 여과 깊이 등을 설계한다.

② 설치기준 해설
  ㉠ 설치위치 및 설치조건
  여과형 시설을 이용해 비점오염을 저감하기 위해서는 다음과 같은 설치조건 및 입지조건을 고려히여야 한디.
  ⓐ **배수구역 대부분이 불투수면일 경우에 적용한다.**
    여과형 시설은 여과조에 충전된 여재가 입자상물질을 포착하면서 오염물질을 저감하는 기작을 가지므로 부유물질(토사 등)의 발생이 많은 지역, 나대지가 넓은 지역 등에 적용하지 않는 것이 바람직하다. 부유물질이 많은 강우유출수를 처리할 경우 여재층 폐색이 쉽게 발생하고 특히 전처리조 및 여재층 하단에 토사가 퇴적되어 유지관리 빈도를 증가시키는 원인이 된다. 이에 여과형 시설은 도시지역의 불투수면을 대상으로 하는 것이 일반적이며, 불투수면이 대부분이여도 배수구역 내 부유물질 발생량이 많은 경우에는 여과형 시설의 설치를 재검토할 필요가 있다.

  ⓑ **여재 교체, 협잡물제거, 장비 수선 등이 가능한 위치 및 구조로 한다.**
    여과형 시설은 주기적으로 전처리조 준설, 여재 교체, 부대 장비 수선 등을 수반하는데 이러한 시설의 보수, 유지관리 등이 용이하지 못한 위치는 시설 설치를 지양하여야 한다. 시설의 공동구 입구 또는 시설에 부속된 맨홀이 도로상에 위치하거나, 시설보수 및 준설장비의 진입이 어려운 곳은 시설 설치위치로 부적정하다. 따라서 시설 설치위치는 유지관리 및 개·보수작업이 용이하고 작업공간의 확보가 가능한 곳으로 선정하는 것이 좋다.
    여과형 시설은 유지관리, 개·보수가 가능한 구조로 설치하여야 한다. 여재 교체, 수선을 위한 설비 반출이 충분한 크기의 공동구 또는 맨홀을 설치하는 것이 타당하며, 지하에 설치되는 시설은 작업자가 시설 내 진입을 위한 사다리 등 안전장비를 반드시 설치하는 것이 타당하다. 또 지하시설의 환기 후 작업이 이루어 질 수 있도록 경고문 및 주의사항을 반드시 부착하여야 한다. 여과형 시설의 전처리조와 여과조 하단부에 퇴적된 퇴적물을 효과적으로 준설할 수 있는 구조로 하는 것이 바람직하다. 하향류식 여과형 시설은 여과조 하단으로 준설장비를 삽입하기 어려울 수 있으므로 준설장비 삽입구 등을 설치하는 등 준설장비 삽입이 가능하도록 하는 것이 좋다. 여과조 내 정체수를 자동배수할 수 있는 시설이더라도 준설이 필요할 수 있으므로 이에 유의하여야 한다.

ⓒ 시설의 효과를 확인할 수 있는 모니터링이 가능하도록 한다.

비점오염저감시설은 주기적으로 시설 내로의 유입수와 유출수를 채수하여 분석하는 모니터링이 필요하다. 이에 모니터링은 주로 강우 시 수행하게 되므로 모니터링 수행자의 안전과 용이성이 담보되도록 시설을 설치할 필요가 있다.

또 신뢰성이 확보되는 유입수와 유출수를 채수할 수 있는 구조로 설치할 필요가 있다. 유입수와 전처리조가 혼합된 지점에서 유입수를 채수하거나 유출수와 우회(By-Pass)유량이 혼합된 지점에서 유출수를 채수하는 경우에 모니터링의 신뢰성이 담보되지 않으므로 이에 유의하여야 한다.

장치형 시설은 깊은 지하심도에 설치되는 경우가 많아 모니터링을 위한 유입수 및 유출수 채수가 어려울 수 있으므로 이를 해소할 수 있는 장비를 설치하는 것이 타당하다. 유입수 및 유출수 채수지점이 지면으로부터 2~3m 이상 지하에 설치되면 인력으로 채수가 힘들 수 있으므로 지면부 가까이에 지하의 채수관과 연결된 자동채수설비 또는 소형펌프설비 등을 설치하거나, 수동으로 채수할 수 있는 구조물 등을 설치하여 지면부에서 채수가 가능토록 하는 것이 타당하다. 또 유량의 측정이 필요한 경우에는 유량측정이 가능하도록 상시계측기를 설치하거나 필요시기에 계측기를 부착할 수 있는 구조가 되도록 한다.

ⓓ 시설 구조물의 깊이를 최소화할 수 있도록 한다.

장치형 시설은 주로 지하에 매설되는 경우가 많으므로 유지관리, 모니터링, 여재교체, 설비반출 등이 용이하도록 시설의 심도를 최소화할 필요가 있다. 또 시설이 지하매설되기 때문에 구조의 수밀성, 부식에 대한 대응력, 토압에 대한 구조 안전성 등을 검토할 필요가 있으며, 지하수위선 아래에 설치될 경우에는 구조물의 부력검토도 실시하는 것이 반드시 필요하다.

ⓔ 오염물질 제거능력을 증가시키기 위해 다른 시설과 조합하여 설계할 수 있다.

여과형 시설은 입자상 물질에 의한 막힘 현상이 쉽게 발생할 수 있어 다른 비점오염저감시설의 후처리로 적용할 경우 막힘 현상이 줄어들어 유지관리가 용이하다.

ⓕ 무인운전이 가능토록 하며, 단지 등 구역 내 설치되는 시설은 중앙감시 및 관리가 가능토록 감시제어 설비를 구성하는 것이 좋다.

여과형 시설이 산업단지 또는 주거단지 내 다수의 개소수로 설치될 경우 자동운전 시설에 대한 최소한의 관리를 위해 중앙 감시제어설비를 실치하고 강우 시 운전 이상여부 등을 확인할 수 있도록 하는 것이 좋다.

ⓛ 유입부 및 유출부

ⓐ 자연유하로 유입되는 시설은 시설 손실수두 이상의 유입 및 유출구 단차를 확보하여야 한다.

여과형 시설은 유입·유출관과 여재층 등의 기본적인 손실수두를 가지므로 자연유하로 유입수를 시설로 유입시킬 경우에는 유입관과 유출관의 단차가 요구된다. 유입 및 유출관경의 크기와 여과형 시설의 구조, 여재의 입경 또는 투수속도 등에 따라 시설 고유의 손실수두가 달라질 수 있지만 최소한의 유입 및 유출관의 단차는 30cm 이상 확보하는 것이 바람직하다. 시설의 손실수두를 계산하여 계획한 단차보다 낮은지 여부를 확인할 필요가 있다. 여과형 시설은 강우유출수가 유입되면서 입자상물질을 포착하기 때문에 시설 운영 중에 점차적으로 손실수두가 증가하므로 이를 고려하여 설계하는 것이 바람직하다.

우수본관에서 초기우수를 시설로 유입시키기 위해서는 월류턱 또는 초기우수를 시설로 유도할 수 있는 설비를 설치하여야 한다.

여과형 시설의 단차는 유입부 월류턱과 유출관 바닥의 높이차로 산정할 수 있다. 만약 유입부와 유출부에 맨홀을 설치하는 경우에는 월류턱과 유출부 기존관거 바닥의 높이차로 산정하는 것이 타당하다. 월류턱을 우수본관에 설치할 때에는 기존 우수관의 통수단면이 부족하지 않은지 여부를 확인하여야 하며, 월류턱으로 인해 우수본관의 계획유량에 필요한 통수단면이 만족되지 않을 경우에는 유입부의 우수본관을 확대하여 통수단면을 확보하여야 한다. 맨홀 등을 설치하여 유입부 우수본관을 확대하는 방법도 무방하다.

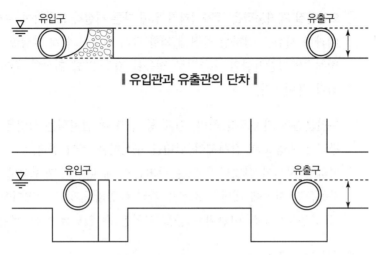

▌유입관과 유출관의 단차 ▌

▌유입관과 유출관의 단차(유입유출부 맨홀설치 예시) ▌

ⓑ 우수관 등에서 시설로 유입을 위한 유입관은 45° 정도로 하는 것이 좋다.
여과형 시설은 우수관거에 월류턱을 설치하여 초기우수를 시설로 유도하
는 방법을 대부분 적용하고 있는데 우수관거와 여과형 시설로의 유입관의
각도는 손실수두와 밀접한 관계를 가진다. 유입관의 각도가 90°에 가까워
질수록 손실수두가 증가하므로 45° 정도로 설계하는 것이 바람직하다.

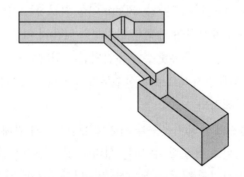

▌우수관거로부터 시설 유입구 분기 예 ▌

ⓒ 유입구 관경은 설계유량이 원활하게 유입될 수 있고, 유입유속이 지나치게
크지 않도록 설계한다.
설계유량이 시설 유입구로 원활하게 유입될 수 있는 관경을 결정할 때 관경
의 유효 유입단면은 월류턱까지의 높이로 산정하는 것이 타당하다. 초기우
수가 월류되지 않고 시설로 유입될 수 있도록 하기 위해서는 월류턱 높이까
지를 고려한 유효 유입단면을 설정하는 것이 타당하다.

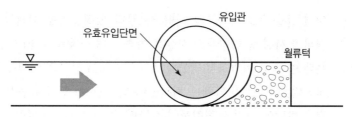

┃ 유효유입단면 예시 ┃

통상 관경을 결정할 때에는 Manning 공식 또는 Kutter 공식 등을 이용할 수 있다. 여과형 시설 유입구의 유속은 손실수두와 밀접한 관련이 있으므로 손실수두가 최소화 될 수 있도록 이를 고려한 유속과 그에 합당한 관경을 결정할 필요가 있다.

▼ **저유입부 유입유속에 따른 손실수두 계산 예시**

유입부 제원 설계특성				유입부 수리특성			
유입관 직경 d (m)	본관관 직경 (m)	직경 비율 (d/D)	분기각 (°)	손실계수 k	손실수두 h (cm)		
					$V=0.01$m/s	$V=0.1$m/s	$V=0.5$m/s
0.2	1.0	0.2	90	36.65	0.019	1.9	46.7
			60	32.98	0.017	1.7	42.0
			45	27.23	0.017	1.4	34.7
			30	19.40	0.012	1.0	24.7
0.4	1.0	0.4	90	18.24	0.011	0.9	23.2
			60	16.41	0.010	0.8	20.9
			45	13.55	0.008	0.7	17.3
			30	9.65	0.006	0.5	12.3

위 표는 우수본관이 1,000mm일 때 유입관 직경이 200mm, 400mm일 때 유입관직경/본관직경(d/D), 유입관 분기각, 유입유속별로 손실수두를 계산한 예이다. 직경비율(d/D)이 0.2, 분기각이 45°, 유입유속이 0.5m/s일 때 손실수두는 약 35cm로 예상된다.

따라서 하수도 시설기준(환경부, 2011)에서 제시하는 우수관거 유속 0.8~3.0m/s를 적용할 경우 손실수두가 유입 및 유출부 단차보다 커질 우려가 있으므로 주의하여야 한다. 이에 여과형 시설의 유입유속은 0.2~0.3m/s 이하로 설계하는 것이 바람직하다. 만약 충분한 유입 및 유출부 단차를 확보할 수 있다면 유입유속은 증가될 수 있다. 이 경우에도 시설 전체의 손실수두가 단차를 초과할 수는 없다.

ⓓ 시설 유출구는 여과조의 바닥으로부터 일정높이를 이격시켜야 한다.

여과형 시설 중 하향류식 시설은 여과조 내 여재층 하부에 유출구를 설치하는데 이 경우 여과조 바닥으로부터 약 30cm 이상의 이격을 두는 것이 바람직하다. 여과조 바닥에는 퇴적물이 축적될 수 있어 유출부가 바닥에 있을 경우 바닥에 축적된 퇴적물이 소류될 수 있으므로 적절한 이격거리를 두는 것이 바람직하다.

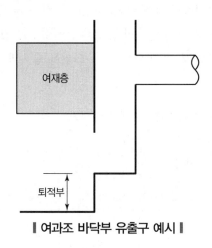

‖ 여과조 바닥부 유출구 예시 ‖

ⓒ 전처리조

ⓐ 전처리조는 장방형으로 하며, 길이 : 폭 비는 2 : 1 이상으로 하고 유효수심은 1.5~2m 정도로 한다.

전처리조는 길이 : 폭 비율을 2 : 1 이상의 장방형으로 하고 유입구와 유출구의 거리를 최대한 멀리 위치하도록 하여 고형물이 침전되기에 충분한 체류시간을 주어야 하며, 길이 : 폭 비율을 2 : 1 이상으로 설치하기 어려운 경우에는 격벽을 설치하여 길이 : 폭 비율을 2 : 1 이상으로 조절할 수 있다.

유효수심은 1.5~2m 정도로 하는 것이 적절하다. 유효수심이 낮아지면 침전물의 재부상이 발생할 우려가 있고 유효수심이 깊어지면 표면부하율이 높아져 침전효과가 낮아질 수 있다.

ⓑ 전처리조 규모는 설계유량을 기준으로 한 시설 유효체적의 25% 이상으로 한다.

전처리조의 체류시간이 짧으면 전처리조 고형물 제거효과가 낮아져 여과조에 가해지는 고형물 부하가 증가하므로 안정적인 시설운영이 어렵게 된다. 또 전처리조 체류시간이 길면 제거효율이 증가하나 시설부지와 시설규모도 비례적으로 증가하므로 적정한 규모로 설치하는 것이 바람직하다. 이에 전처리조의 규모는 여과형 시설 전체 유효체적의 25% 이상으로 하는 것이 적당하다. 토지이용형태에 따라 초기우수 중의 부유물질 농도가 높을 경우 전처리조의 체류시간을 증가시키는 것이 좋다.

ⓒ **전처리조와 여과조의 연결위치 및 연결방법에 주의한다.**

전처리조와 여과조 연결부는 상향류의 경우 전처리조의 하부에, 하향류의 경우에는 전처리조의 상부에 위치하는데, 전처리조 상부에 연결부가 존재할 경우에는 단회로에 의한 고형물의 월류가 발생할 수 있으며, 전처리조 하부에 연결부가 존재할 경우에는 침전된 고형물이 여과조로 유입될 우려가 있으므로 연결부 주변에 정류벽을 설치하여 단회로에 의해 고형물이 월류하거나 유속에 의해 침전된 고형물이 여과조로 유입되는 것을 예방하는 것이 필요하다. 상향류 여과형 시설의 경우 전처리조와 여과조의 연결부가 전처리조 하부에 위치하는데 이 경우에도 전처리조 바닥으로부터 30cm 이상을 이격하는 것이 바람직하다.

ⓓ **전처리조 내에 협잡물을 포집할 수 있는 스크린 또는 망 등을 설치하여 조대협잡물의 제거가 용이하도록 하는 것이 좋다.**

강우유출수에는 초기에 조대협잡물이 포함되어 있는 경우가 빈번하고 조대협잡물이 전처리조에 유입될 경우 전처리조 내 배수펌프 고장을 유발할 수 있으므로 전처리조 내로 유입되는 조대협잡물은 전처리조 내 스크린 등을 설치하여 별도 수집될 수 있도록 하는 것이 좋다.

스크린설비를 전처리조 입구에 설치할 경우 막힘현상에 의한 초기우수가 여과형 시설로 유입되는 것을 방해할 우려가 있으므로 시설의 유입구 전단에 설치하는 것은 바람직하지 않다.

전처리조는 협잡물 제거 및 고형물 침사가 용이한 소용돌이형 시설, 스크린형 시설을 적용하여도 무방하다.

ⓔ **강우가 종료된 후 전처리조 내 정체수를 배출할 수 있는 배수설비를 설치하는 것이 바람직하다.**

전처리조 정체수를 배수하기 위해서는 별도의 운반차량으로 이송처리하여야 하는 어려움과 운영비의 상승을 초래할 수 있으므로 오수관이나 합류식 관거로 연계처리하는 방안을 강구하는 것이 좋다. 이때에는 우선 해당 하수도 관리청과 협의하는 것이 필요하다.

ㄹ 여과조

ⓐ **여과조의 선속도는 20m/h 이하로 하는 것이 좋다.**

여과조의 선속도는 연간 부유물질(SS) 제거효율이 80% 이상이 될 수 있도록 하는 것이 타당하며, 자체적인 손실수두의 증가, 운전 중 막힘현상에 손실수두 증가 등을 고려하여 20m/h 이하로 하는 것이 타당하다.

여과 선속도는 처리유량에 따른 여과조의 단면적을 결정하는 지표로 사용되는데 다음의 식으로 산정될 수 있다.

여과선속도(LV, Linear Velocity, m/h) $= WQF/A$

여기서, WQF : 수질처리유량(m^3/h)
A : 여과조의 단면적(m^2)

선속도는 여재층을 통과시키는 속도가 아니라 여과조 단면적당 통과시키는 유량에 대한 것으로 여과조의 단면적을 결정하는 설계인자로 활용된다. 따라서 다양한 여재의 형상과 배치형태(방사형 등)와 무관하게 여과조의 단면적으로부터 결정된다. 특히 여과조의 단면적은 여과조의 손실수두와 연관되므로 이에 유의하여야 한다.

ⓑ **여과형 시설의 여재는 입상여재, 섬유사 형태의 여재 등을 사용할 수 있다.**

여과형 시설에 적용하는 여재는 입상여재, 섬유상여재 등 다양한 형태를 적용할 수 있다. 입상여재는 비중이 1 이상인 침전여재와 비중이 1 이하의 부유여재로 구분할 수 있다. 입상여재에는 원형, 봉형 등의 과립형태의 여재와 스펀지형태, 섬유볼형태 등의 여재로 구분할 수 있으며 비중과 형상에 무관하게 독립적인 여재형태를 입상여재라 할 수 있다. 이에 반해 섬유상여재는 섬유사가 중첩되어 일정한 공극을 가지면서 그 공극 사이를 초기우수가 통과할 때 오염물질을 부착하거나 포획하여 여과효과를 발휘하는 것을 말한다.

여재를 선정할 때에는 여재의 손실수두가 높지 않고, 투수능이 여과선속도의 1.5~2배 이상의 여재를 선정하는 것이 좋다. 또 장시간 물속에 잠겨있어도 강도가 변하지 않고, 역세척 시 마모가 발생하지 않으며, 균등계수를 확보할 수 있는 종류의 여재를 선정하는 것이 좋다.

입상여재의 경우에는 평균입경 2~6mm의 여재를 적용하는 것이 타당하며 균등계수는 2 이하의 여재를 사용하는 것이 좋다. 다만 스펀지 형태, 섬유볼 형태의 경우에는 스펀지, 섬유볼의 공극에 의해 여과효율이 결정되기 때문에 여재의 유효경이 더 증가될 수 있다. 섬유상여재의 경우에는 여재의 크기나 유효공극을 결정하기 어렵기 때문에 연간 SS 제거효율 80%를 만족할 수 있는 여재를 선정하는 것이 바람직하다.

입상여재와 섬유상여재 또는 기타의 여재는 반드시 다음의 조건을 공통적으로 만족하는 것이 바람직하다.

- 역세척이 가능하고 역세척 후 손실수두가 최초의 값으로 환원될 수 있는 여재
- 연간 SS 제거효율 80% 정도를 달성할 수 있는 여재
- 손실수두가 10cm를 초과하지 않는 여재
- 투수능이 선속도의 1.5~2배 이상인 여재
- 고형물부하가 4~6kg/m²에서도 막힘현상이나 손실수두가 거의 발생하지 않는 여재

ⓒ **여재층의 두께는 60cm 이상으로 하는 것이 좋다.**

여재층의 두께는 60cm 이상으로 하는 것이 바람직하다. 여재층의 두께가 작을 경우 고형물 제거효율이 급격히 낮아지는 현상이 발생하고, 특히 초기 우수의 유입유량이 강우사상별 변동이 심해 안정적인 효율을 확보하기 위해서는 일정두께 이상의 여재층을 확보하는 것이 좋다. 작은 강우량일 때 매우 낮은 여과속도가 발생하며 이때 미세 고형물이 여재층 내부로 더 많이 이동하므로, 여재층이 충분한 두께를 가져야 한다. 여과사(濾過沙)처럼 입경 작은 여재일수록 표면여과가 대부분이나 여재의 입경이 증가할수록 여재내 입자상물질 포획층이 증가하므로 유의하여야 한다.

섬유상 여재는 입상여재에 비해 공극크기가 작아 표면여과의 경향이 증가될 수 있으므로 여재층의 두께는 30cm 이상으로 적용할 수 있다.

ⓓ **여재층과 여과조바닥을 이격하여 퇴적물이 침전될 수 있도록 한다.**

여과조 바닥부에는 정체수 배수설비, 역세척설비 등이 설치될 수 있으므로 여재층과 여과조 바닥을 이격시키는 것이 좋다. 또 여과조 바닥에는 침전물이 퇴적되고 재부상되지 않도록 퇴적부를 두는 것이 좋다.

ⓔ **강우가 종료된 후 여과조 내 정체수를 배출할 수 있는 배수설비를 설치하는 것이 바람직하다.**

전처리조와 마찬가지로 여과조의 정체수를 배수하기 위해서는 별도의 운반 차량으로 이송처리하여야 하는 어려움과 운영비의 상승을 초래할 수 있으

므로 오수관이나 합류식관거로 연계처리하는 방안을 강구하는 것이 좋다. 이때에는 우선 해당 하수도 관리청과 협의하는 것이 필요하다.

ⓜ 역세척 설비

ⓐ **강우가 종료되면 48시간 이내에 역세척을 실시한다.**

강우가 종료되면 강우가 종료된 후 48시간 내에 역세척을 실시하는 것을 원칙으로 한다. 역세척 폐수를 오수관 또는 합류식 관거와 연계처리할 경우에는 관거 내 강우영향이 없어지는 시점에 역세척을 수행하는 것이 바람직하며 48시간이 지나도 합류식관거 등 강우의 영향이 잔존하는 경우에는 72시간 내에 역세척을 수행할 수 있다.

초기우수가 발생하는 강우가 종료되면 역세척을 수행하는 것이 바람직하지만 강우사상이 크지 않아 수질처리용량만큼의 초기우수가 발생하지 않은 경우에는 역세척을 생략할 수 있다. 그러나 누적강우량이 10mm 이상일 경우에는 역세척을 실시하는 것이 좋다.

ⓑ **역세척은 여재 내 포획된 고형물을 모두 제거할 수 있도록 한다.**

역세척의 방법에는 수세척과 공기세척+수세척의 방법을 적용하는데 여재 내 포획된 고형물을 완전하게 제거하기 위해서는 공기세척+수세척의 방법을 권장한다. 일반적으로 입상여재의 경우에는 공기세척이 $50m^3/m^2/h$ 내외가 좋고 수세척은 $40m^3/m^2/h$정도로 한다. 역세척 시간은 경우에 따라 다르지만 1~5분 정도로 수행한다. 그러나 여재의 형상, 입경, 비중 등에 따라 매우 다를 수 있으므로 주의하여야 한다. 따라서 역세척 조건은 여재의 특성을 고려하여 설정하는 것이 바람직하며, 여재 내 고형물이 완전히 제거되어 여재의 초기조건으로 환원되어 처리효율과 손실수두를 회복할 수 있도록 하는 것이 중요하다.

ⓒ **역세척수로 처리수를 활용할 수 있다.**

역세척수는 역세척 조건에 따라 소요량이 달라질 수 있는데 소요량에 따라 시상수를 이용하거나 여과형 시설의 처리수를 이용할 수 있다. 처리수를 역세척수로 이용할 경우에는 처리수조를 별도로 설치하는 것이 바람직하며, 산정된 역세척수량을 고려하여 처리수조 규모를 결정한다.

ⓓ **역세척 폐수는 처리할 수 있는 방법을 강구하여야 한다.**

역세척 폐수는 별도의 집수조를 설치하여 집수하여야 하나, 이 경우 별도의 운반차량으로 이송처리하여야 하는 어려움과 운영비의 상승을 초래할 수 있으므로 오수관이나 합류식관거로 연계처리하는 방안을 강구하는 것이 좋다. 이때에는 우선 해당 하수도 관리청과 협의하는 것이 바람직하다.

ⓔ **역세척 설비를 부득이하게 설치 못할 경우 인력에 의한 역세척을 실시할 수 있다.**

여과형 시설은 강우발생 시에만 운영되어 불규칙한 운전의 특성을 가지고 있고, 대부분이 지하에 매설되고 심도가 깊어 유지관리가 어려운 문제점들을 가지고 있다. 이에 자동운전을 실시하여 불규칙적인 운전과 유지관리의 어려움에 대응하기 위해 역세척 실비를 설치하는 것이다. 역세척 설비는 역세척 폐수 처리가 가능해야 하고 역세척 전에 정체수를 우선 배제해야 한다.

이에 정체수 배제, 역세척 폐수 배제가 가능한 관거 등이 없는 경우에는 수동 역세척을 실시하고 정체수와 역세척 폐수를 수거처리할 수 있으며, 역세척 설비를 설치하지 않고 주기적인 인력에 의한 세척 및 정체수 배제를 실시할 수 있다.

3) 유지관리

① 법적 관리 · 운영기준

㉠ 공통사항

- 설치한 저감시설의 보존상태와 주변부의 여건, 상황 등을 파악하여 시설물의 기능을 유지하기 어렵거나 어렵게 될 우려가 있는 부분을 보수하여야 한다.
- 슬러지 및 협잡물 제거
  - 저감시설의 기능이 정상상태로 유지될 수 있도록 침전부 및 여과시설의 슬러지 및 협잡물을 제거하여야 한다.
  - 유입 및 유출 수로의 협잡물, 쓰레기 등을 수시로 제거하여야 한다.
  - 준설한 슬러지는 「폐기물관리법」에 따른 기준에 맞도록 처리한 후 최종 처분하여야 한다.
- 정기적으로 시설을 점검하되, 장마 등 큰 유출이 있는 경우에는 시설을 전반적으로 점검하여야 한다.
- 주기적으로 수질오염물질의 유입량, 유출량 및 제거율을 조사하여야 한다.
- 시설의 유지관리계획을 적절히 수립하여 주기적으로 점검하여야 한다.
- 사업자는 제75조제1항에 따라 비점오염저감시설을 설치한 경우에는 지체 없이 그 설치내용, 운영내용 및 유지관리계획 등을 유역환경청장 또는 지방환경청장에게 서면으로 알려야 한다.

ⓛ 여과형 시설

- 전(前) 처리를 위한 침사지(沈砂池)는 저장능력을 고려하여 주기적으로 협잡물과 침전물을 제거하여야 한다.
- 시설의 성능을 유지하기 위하여 필요하면 여과재를 교체하거나 침전물을 제거하여야 한다.

② 관리 · 운영기준 해설

- ㉠ 전처리조는 저장능력을 고려하여 주기적으로 협잡물과 침전물을 제거하여야 한다.
- ㉡ 여과조의 시설 성능 유지를 위하여 필요하면 여과재를 교체하고, 주기적으로 침전물을 제거하여야 한다.
- ㉢ 유량계 연결부 관 내 퇴적물을 주기적으로 제거하고 유량측정값의 오차가 발생하지 않도록 한다.
- ㉣ 여재층의 손실수두를 주기적으로 점검하여야 한다.
- ㉤ 청천 시 내부 정체수의 배수를 확인한다.

(2) 소용돌이형 시설

1) 시설개요

중앙회전로의 움직임으로 와류가 형성되어 기름 · 그리스 등 부유성 물질은 상부로 부상시키고, 협잡물은 하부로 침전 · 분리시켜 비점오염물질을 저감하는 시설을 말한다. 소용돌이형 시설은 우수관으로부터 초기우수를 원형 와류조의 접선방향으로 유입시켜 와류를 형성시키고 와류에 의한 원심력을 이용하여 입자상물질의 급속침전을 유도하는 시설이다. 일반적으로 소용돌이형 시설은 기름 · 그리스, 부유협잡물 등은 상부로 분리되어 수거처리되고 침전가능한 입자상물질은 하부로 분리되어 수거처리 된다. 소용돌이형 시설은 주로 조대입자상물질의 제거에 유효한 시설이므로 주로 전처리시설에 적용되는 것이 바람직하다.

2) 설치기준

① 법적 설치기준

- ㉠ 공통사항
  - 비점오염저감시설을 설치하려는 경우에는 설치지역의 유역 특성, 토지이용의 특성, 지역사회의 수인가능성(불쾌감, 선호도 등), 비용의 적정성, 유지 · 관리

의 용이성, 안정성 등을 종합적으로 고려하여 가장 적합한 시설을 설치한다.

- 시설을 설치한 후 처리효과 확인하기 위한 시료채취나 유량측정이 가능한 구조로 설치하여야 한다.
- 침수를 방지할 수 있도록 구조물을 배치하는 등 시설의 안정성을 확보한다.
- 강우가 설계유량 이상으로 유입되는 것에 대비하여 우회시설을 설치하여야 한다.
- 비점오염저감시설이 설치되는 지역의 지형적 특성, 기상 조건, 그 밖에 천재지변이나 화재, 돌발적인 사고 등 불가항력의 사유로 제2호에 따른 시설 유형별 기준을 준수하기 어렵다고 유역환경청장 또는 지방환경청장이 인정하는 경우에는 제2호에 따른 기준보다 완화된 기준을 적용할 수 있다.
- 비점오염저감시설은 시설 유형별로 적절한 체류시간을 갖도록 하여야 한다.
- 비점오염저감시설의 설계규모 및 용량은 다음의 기준에 따라 초기 우수(雨水)를 충분히 처리할 수 있도록 설계하여야 한다.
  - 해당 지역의 강우빈도 및 유출수량, 오염도 분석 등을 통하여 설계규모 및 용량을 결정하여야 한다.
  - 해당 지역의 강우량을 누적유출고로 환산하여 최소 5밀리미터 이상의 강우량을 처리할 수 있도록 하여야 한다.
  - 처리 대상 면적은 주요 비점오염물질이 배출되는 토지이용면적 등을 대상으로 한다. 다만, 비점오염 저감계획에 비점오염저감시설 외의 비점오염 저감대책이 포함되어 있는 경우에는 그에 상응하는 규모나 용량은 제외할 수 있다.

  ㉡ 소용돌이형 시설
  - 입자성 수질오염물질을 효과적으로 분리하기 위하여 와류가 충분히 형성될 수 있도록 체류시간을 고려하여 설계한다.
  - 입자성 수질오염물질의 침전율을 높일 수 있도록 수면적 부하율을 최대한 낮추어야 한다.
  - 슬러지 준설을 위한 장비의 반입 등이 가능한 구조로 설계한다.

② 설치기준 해설
  ㉠ 소용돌이형 시설의 유입관은 우수본관으로부터 분기되도록 하고, 와류 형성이 가능한 유속을 고려하여 유입관경을 적정하게 산정한다.
  ㉡ 소용돌이형 시설의 체류시간은 3분 정도로 한다.
  ㉢ 퇴적부는 연속운전에 의한 재부상을 최소화시킬 수 있는 크기와 구조로 한다.
  ㉣ 소용돌이형은 초기 강우유출수의 고형물 처리에 효과가 있으며 특히 크고 비중이 높은 고형물의 처리에 사용될 수 있다.

3) 유지관리

① 법적 관리 · 운영기준

㉠ 공통사항

- 설치한 저감시설의 보존상태와 주변부의 여건, 상황 등을 파악하여 시설물의 기능을 유지하기 어렵거나 어렵게 될 우려가 있는 부분을 보수하여야 한다.
- 슬러지 및 협잡물 제거
  - 저감시설의 기능이 정상상태로 유지될 수 있도록 침전부 및 여과시설의 슬러지 및 협잡물을 제거하여야 한다.
  - 유입 및 유출 수로의 협잡물, 쓰레기 등을 수시로 제거하여야 한다.
  - 준설한 슬러지는 「폐기물관리법」에 따른 기준에 맞도록 처리한 후 최종 처분하여야 한다.
- 정기적으로 시설을 점검하되, 장마 등 큰 유출이 있는 경우에는 시설을 전반적으로 점검하여야 한다.
- 주기적으로 수질오염물질의 유입량, 유출량 및 제거율을 조사하여야 한다.
- 시설의 유지관리계획을 적절히 수립하여 주기적으로 점검하여야 한다.
- 사업자는 제75조제1항에 따라 비점오염저감시설을 설치한 경우에는 지체 없이 그 설치내용, 운영내용 및 유지관리계획 등을 유역환경청장 또는 지방환경청장에게 서면으로 알려야 한다.

㉡ 소용돌이형 시설

침전물의 저장능력을 고려하여 주기적으로 침전물을 제거하여야 한다.

(3) 스크린형 시설

1) 시설개요

스크린형 시설은 비교적 큰 부유물이나 쓰레기 등을 제거하기 위해 주로 전처리에 사용되는 방법으로 망의 크기에 따라 처리효율이 달라진다.

스크린의 종류로는 고정스크린, 드럼스크린, 회전스크린 및 마이크로스트레이너(Microstrainer) 등이 있으며, 조대 입자상 물질의 제거에 적용되며 정기적으로 고형물을 제거해 주어야 한다.

2) 설치기준

① 법적 설치기준

㉠ 공통사항

- 비점오염저감시설을 설치하려는 경우에는 설치지역의 유역 특성, 토지이용의 특성, 지역사회의 수인가능성(불쾌감, 선호도 등), 비용의 적정성, 유지·관리의 용이성, 안정성 등을 종합적으로 고려하여 가장 적합한 시설을 설치한다.
- 시설을 설치한 후 처리효과를 확인하기 위한 시료채취나 유량측정이 가능한 구조로 설치하여야 한다.
- 침수를 방지할 수 있도록 구조물을 배치하는 등 시설의 안정성을 확보한다.
- 강우가 설계유량 이상으로 유입되는 것에 대비하여 우회시설을 설치하여야 한다.
- 비점오염저감시설이 설치되는 지역의 지형적 특성, 기상 조건, 그 밖에 천재지변이나 화재, 돌발적인 사고 등 불가항력의 사유로 제2호에 따른 시설 유형별 기준을 준수하기 어렵다고 유역환경청장 또는 지방환경청장이 인정하는 경우에는 제2호에 따른 기준보다 완화된 기준을 적용할 수 있다.
- 비점오염저감시설은 시설 유형별로 적절한 체류시간을 갖도록 하여야 한다.
- 비점오염저감시설의 설계규모 및 용량은 다음의 기준에 따라 초기 우수(雨水)를 충분히 처리할 수 있도록 설계하여야 한다.
  - 해당 지역의 강우빈도 및 유출수량, 오염도 분석 등을 통하여 설계규모 및 용량을 결정하여야 한다.
  - 해당 지역의 강우량을 누적유출고로 환산하여 최소 5밀리미터 이상의 강우량을 처리할 수 있도록 하여야 한다.
  - 처리 대상 면적은 주요 비점오염물질이 배출되는 토지이용면적 등을 대상으로 한다. 다만, 비점오염저감계획에 비점오염 저감시설 외의 비점오염 저감대책이 포함되어 있는 경우에는 그에 상응하는 규모나 용량은 제외할 수 있다.

㉡ 스크린형 시설

- 제거대상 물질의 종류에 따라 적정한 크기의 망을 설치하여야 한다.
- 슬러지의 준설을 위한 장비의 반입 등이 가능한 구조로 설계한다.

② 설치기준 해설

㉠ 제거대상 물질의 종류에 따라 적정한 크기의 망을 설치하여야 한다.

㉡ 스크린형 시설의 체류시간은 3분 정도로 한다.

㉢ 슬러지의 준설을 위한 장비의 반입 등이 가능한 구조로 설계한다.

㉣ 스크린은 협잡물 등에 의해 막힘현상이 발생하지 않도록 하여야 한다.

3) 유지관리

① 법적 관리 · 운영기준

㉠ 공통사항

- 설치한 저감시설의 보존상태와 주변부의 여건, 상황 등을 파악하여 시설물의 기능을 유지하기 어렵거나 어렵게 될 우려가 있는 부분을 보수하여야 한다.
- 슬러지 및 협잡물 제거
  - 저감시설의 기능이 정상상태로 유지될 수 있도록 침전부 및 여과시설의 슬러지 및 협잡물을 제거하여야 한다.
  - 유입 및 유출 수로의 협잡물, 쓰레기 등을 수시로 제거하여야 한다.
  - 준설한 슬러지는 「폐기물관리법」에 따른 기준에 맞도록 처리한 후 최종 처분하여야 한다.
- 정기적으로 시설을 점검하되, 장마 등 큰 유출이 있는 경우에는 시설을 전반적으로 점검하여야 한다.
- 주기적으로 수질오염물질의 유입량, 유출량 및 제거율을 조사하여야 한다.
- 시설의 유지관리계획을 적절히 수립하여 주기적으로 점검하여야 한다.
- 사업자는 제75조제1항에 따라 비점오염저감시설을 설치한 경우에는 지체 없이 그 설치내용, 운영내용 및 유지관리계획 등을 유역환경청장 또는 지방 환경청장에게 서면으로 알려야 한다.

㉡ 스크린형 시설

망이 막히지 아니하도록 망 사이의 협잡물 등을 주기적으로 제거하여야 한다.

② 관리 · 운영기준 해설

㉠ 유출입부와 스크린 장치의 퇴적물 및 폐기물을 주기적으로 제거하여야 한다.

㉡ 스크린의 망이 훼손될 경우 보수보강 또는 교체한다.

(4) 응집 · 침전 처리형 시설

1) 시설개요

응집제를 사용하여 고형물을 응집한 후 침강시설에서 오염물질을 침전 · 분리시키는 방법이다.

응집 · 침전 처리형 시설은 응집 · 침전반응에 기초한 물리 · 화학적 처리 프로세스이며, 크게 약품투입부, 교반부, 응집부, 침전 또는 부상분리 등 기본공정으로 구성되어 있다.

2) 설치기준

① 법적 설치기준

ㄱ) 공통사항

- 비점오염저감시설을 설치하려는 경우에는 설치지역의 유역 특성, 토지이용의 특성, 지역사회의 수인가능성(불쾌감, 선호도 등), 비용의 적정성, 유지·관리의 용이성, 안정성 등을 종합적으로 고려하여 가장 적합한 시설을 설치한다.
- 시설을 설치한 후 처리효과를 확인하기 위한 시료채취나 유량측정이 가능한 구조로 설치하여야 한다.
- 침수를 방지할 수 있도록 구조물을 배치하는 등 시설의 안정성을 확보한다.
- 강우가 설계유량 이상으로 유입되는 것에 대비하여 우회시설을 설치하여야 한다.
- 비점오염저감시설이 설치되는 지역의 지형적 특성, 기상 조건, 그 밖에 천재지변이나 화재, 돌발적인 사고 등 불가항력의 사유로 제2호에 따른 시설 유형별 기준을 준수하기 어렵다고 유역환경청장 또는 지방환경청장이 인정하는 경우에는 제2호에 따른 기준보다 완화된 기준을 적용할 수 있다.
- 비점오염저감시설은 시설 유형별로 적절한 체류시간을 갖도록 하여야 한다.
- 비점오염저감시설의 설계규모 및 용량은 다음의 기준에 따라 초기 우수(雨水)를 충분히 처리할 수 있도록 설계하여야 한다.
  - 해당 지역의 강우빈도 및 유출수량, 오염도 분석 등을 통하여 설계규모 및 용량을 결정하여야 한다.
  - 해당 지역의 강우량을 누적유출고로 환산하여 최소 5밀리미터 이상의 강우량을 처리할 수 있도록 하여야 한다.
  - 처리 대상 면적은 주요 비점오염물질이 배출되는 토지이용면적 등을 대상으로 한다. 다만, 비점오염 저감계획에 비점오염 저감시설 외의 비점오염 저감대책이 포함되어 있는 경우에는 그에 상응하는 규모나 용량은 제외할 수 있다.

ㄴ) 응집·침전 처리형 시설

단시간에 발생하는 유량을 차집(遮集)하기 위하여 저감시설 전단에 저류조를 설치한다.

3) 유지관리

① 법적 관리 · 운영기준

㉠ 공통사항

- 설치한 저감시설의 보존상태와 주변부의 여건, 상황 등을 파악하여 시설물의 기능을 유지하기 어렵거나 어렵게 될 우려가 있는 부분을 보수하여야 한다.
- 슬러지 및 협잡물 제거
  - 저감시설의 기능이 정상상태로 유지될 수 있도록 침전부 및 여과시설의 슬러지 및 협잡물을 제거하여야 한다.
  - 유입 및 유출 수로의 협잡물, 쓰레기 등을 수시로 제거하여야 한다.
  - 준설한 슬러지는 「폐기물관리법」에 따른 기준에 맞도록 처리한 후 최종 처분하여야 한다.
- 정기적으로 시설을 점검하되, 장마 등 큰 유출이 있는 경우에는 시설을 전반적으로 점검하여야 한다.
- 주기적으로 수질오염물질의 유입량, 유출량 및 제거율을 조사하여야 한다.
- 시설의 유지관리계획을 적절히 수립하여 주기적으로 점검하여야 한다.
- 사업자는 제75조제1항에 따라 비점오염저감시설을 설치한 경우에는 지체 없이 그 설치내용, 운영내용 및 유지관리계획 등을 유역환경청장 또는 지방환경청장에게 서면으로 알려야 한다.

㉡ 응집 · 침전 처리형 시설

- 다량의 슬러지(Sludge) 발생에 대한 처리계획을 세우고 발생한 슬러지는 「폐기물관리법」에 따라서 처리하여야 한다.
- 쟈 테스트(Jar-test)를 실시하거나 쟈 테스트를 통하여 작성된 일람표 등을 이용하여 유입수의 농도 변화에 따라 적정량의 응집제를 투입하여야 한다.
- 주기적으로 부대시설에 대한 점검을 실시하여야 한다.

(5) 생물학적 처리형 시설

1) 시설개요

전처리시설에서 토사 및 협잡물 등을 제거한 후 미생물에 의하여 콜로이드(Colloid)성, 용존성 유기물질을 제거하는 시설을 말한다.
강우유출수를 일시 저장하여 첨두유량을 감소시키는 효과가 있으며, 미생물에 의한 처리를 통하여 유기물질 처리에 양호한 효율을 기대할 수 있다.

미생물에 의해서 콜로이드성, 용존성 유기물질을 제거하는 시설로 강우유출수가 비연속적으로 유입되는 특성으로 인해 제한적으로 적용된다.

2) 설치기준

① 법적 설치기준

㉠ 공통사항

- 비점오염저감시설을 설치하려는 경우에는 설치지역의 유역 특성, 토지이용의 특성, 지역사회의 수인가능성(불쾌감, 선호도 등), 비용의 적정성, 유지 · 관리의 용이성, 안정성 등을 종합적으로 고려하여 가장 적합한 시설을 설치한다.
- 시설을 설치한 후 처리효과를 확인하기 위한 시료채취나 유량측정이 가능한 구조로 설치하여야 한다.
- 침수를 방지할 수 있도록 구조물을 배치하는 등 시설의 안정성을 확보한다.
- 강우가 설계유량 이상으로 유입되는 것에 대비하여 우회시설을 설치하여야 한다.
- 비점오염저감시설이 설치되는 지역의 지형적 특성, 기상 조건, 그 밖에 천재지변이나 화재, 돌발적인 사고 등 불가항력의 사유로 제2호에 따른 시설 유형별 기준을 준수하기 어렵다고 유역환경청장 또는 지방환경청장이 인정하는 경우에는 제2호에 따른 기준보다 완화된 기준을 적용할 수 있다.
- 비점오염저감시설은 시설 유형별로 적절한 체류시간을 갖도록 하여야 한다.
- 비점오염저감시설의 설계규모 및 용량은 다음의 기준에 따라 초기 우수(雨水)를 충분히 처리할 수 있도록 설계하여야 한다.
  - 해당 지역의 강우빈도 및 유출수량, 오염도 분석 등을 통하여 설계규모 및 용량을 결정하여야 한다.
  - 해당 지역의 강우량을 누적유출고로 환산하여 최소 5밀리미터 이상의 강우량을 처리할 수 있도록 하여야 한다.
  - 처리 대상 면적은 주요 비점오염물질이 배출되는 토지이용면적 등을 대상으로 한다. 다만, 비점오염 저감계획에 비점오염저감시설 외의 비점오염 저감대책이 포함되어 있는 경우에는 그에 상응하는 규모나 용량은 제외할 수 있다.

㉡ 생물학적 처리형 시설

- 미생물 접촉시설에 이들 수질오염물질이 유입하지 아니하도록 여과재 또는 미세 스크린 등을 이용하여 토사 및 협잡물을 제거하여야 한다.
- 미생물 접촉시설은 비가 오지 아니할 때에도 미생물정화기능이 유지되도록 설계한다.

3) 유지관리

① 법적 관리 · 운영기준

㉠ 공통사항

- 설치한 저감시설의 보존상태와 주변부의 여건, 상황 등을 파악하여 시설물의 기능을 유지하기 어렵거나 어렵게 될 우려가 있는 부분을 보수하여야 한다.
- 슬러지 및 협잡물 제거
  - 저감시설의 기능이 정상상태로 유지될 수 있도록 침전부 및 여과시설의 슬러지 및 협잡물을 제거하여야 한다.
  - 유입 및 유출 수로의 협잡물, 쓰레기 등을 수시로 제거하여야 한다.
  - 준설한 슬러지는 「폐기물관리법」에 따른 기준에 맞도록 처리한 후 최종 처분하여야 한다.
- 정기적으로 시설을 점검하되, 장마 등 큰 유출이 있는 경우에는 시설을 전반적으로 점검하여야 한다.
- 주기적으로 수질오염물질의 유입량, 유출량 및 제거율을 조사하여야 한다.
- 시설의 유지관리계획을 적절히 수립하여 주기적으로 점검하여야 한다.
- 사업자는 제75조제1항에 따라 비점오염저감시설을 설치한 경우에는 지체 없이 그 설치내용, 운영내용 및 유지관리계획 등을 유역환경청장 또는 지방환경청장에게 서면으로 알려야 한다.

㉡ 생물학적 처리형 시설

- 강우유출수에 포함된 독성물질이 미생물의 활성에 영향을 미치지 아니하도록 관리한다.
- 부하변동이 심한 강우유출수의 적정한 처리를 위하여 미생물의 활성(活性)을 유지하도록 한다.

6 비점오염저감시설의 용량 결정 및 모니터링

(1) 비점오염저감시설

1) 자연형 시설

① **저류시설** : 강우유출수를 저류하여 침전 등에 의하여 비점오염물질을 줄이는 시설로 저류지 · 연못 등을 포함한다.

② **인공습지** : 침전, 여과, 흡착, 미생물 분해, 식생 식물에 의한 정화 등 자연상태의

습지가 보유하고 있는 정화능력을 인위적으로 향상시켜 비점오염물질을 줄이는 시설을 말한다.

③ **침투시설** : 강우유출수를 지하로 침투시켜 토양의 여과 · 흡착 작용에 따라 비점오염 물질을 줄이는 시설로서 유공포장, 침투조, 침투저류지, 침투도랑 등을 포함한다.

④ **식생형 시설** : 토양의 여과 · 흡착 및 식물의 흡착 작용으로 비점오염물질을 줄임 과 동시에, 동식물 서식공간을 제공하면서 녹지경관으로 기능하는 시설로서 식생 여과대와 식생수로 등을 포함한다.

2) 장치형 시설

① **여과형 시설** : 강우유출수를 집수조 등에서 모은 후 모래 · 토양 등의 여과재를 통 하여 걸러 비점오염물질을 줄이는 시설을 말한다.

② **와류형 시설** : 중앙회전로의 움직임으로 와류가 형성되어 기름 · 그리스(Grease) 등 부유성 물질은 상부로 부상시키고, 침전 가능한 토사, 협잡물은 하부로 침전 · 분리시켜 비점오염물질을 줄이는 시설을 말한다.

③ **스크린형 시설** : 망의 여과 · 분리 작용으로 비교적 큰 부유물이나 쓰레기 등을 제 거하는 시설로서 주로 전처리에 사용하는 시설을 말한다.

④ **응집 · 침전 처리형 시설** : 응집제를 사용하여 비점오염물질을 응집한 후, 침강시설 에서 고형물질을 침전 · 분리시키는 방법으로 부유물질을 제거하는 시설을 말한다.

⑤ **생물학적 처리형 시설** : 전처리시설에서 토사 및 협잡물 등을 제거한 후 미생물에 의하여 콜로이드(Colloid)성, 용존성 유기물질을 제거하는 시설을 말한다.

(2) 비점오염저감시설의 규모 및 용량 결정

비점오염저감시설의 설계규모 및 용량은 다음의 기준에 따라 초기 우수를 충분히 처리할 수 있도록 설계하여야 한다.

① 해당 지역의 강우빈도 및 유출수량, 오염도 분석 등을 통하여 설계규모 및 용량을 결정 하여야 한다.

시설이 지나치게 과대해지지 않도록 유역의 유량 및 오염부하 등 다양한 기초조사를 통해 최적의 시설 규모를 산정하는 것이 바람직하다. 비점오염저감시설의 규모 결정 예는 다음과 같다.

대상유역의 적정 강우사상에 대한 수문곡선(Hydragraph)과 오염곡선(Pollutograph) 을 이용하여 수질이 건기상태로 회복되는 시점, 즉 강우초기에 평시 수계의 수질보다 악화되었다가 다시 강우유출수 수질이 건기 유출수 수질로 회복하는 시점까지의 유량으 로 규모를 설정하는 것이 좋다.

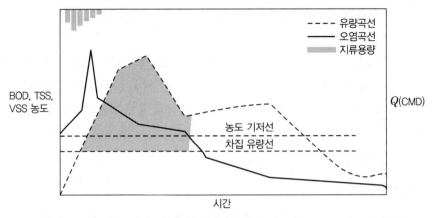

┃ 적정 저류용량 규모 산정 모식도 ┃

② 해당 지역의 강우량을 누적유출고로 환산하여 최소 5mm 이상의 강우량을 처리할 수 있도록 하여야 한다.

비점오염저감시설의 규모 및 용량을 결정할 때에는 상기 1항에 의한 방법과 아울러 해당지역의 강우빈도 및 유출수량, 오염도 분석에 따른 비용효과적인 삭감목표량 및 기타 정책적인 삭감 목표량, 관련 규정 등에 따라 설계 강우량을 설정할 수 있으나, 그 결과가 배수구역의 누적유출고로 환산하여 최소 5mm 이상의 강우량을 처리할 수 있는 규모에 합치하여야 한다.

기준이 되는 규모의 결정은 다음의 방법에 따른다.

$$WQv = P_1 \times A \times 10^{-3}$$

여기서, WQv : 수질처리용량(Water Quality Volume)(m^3)
$\quad\quad\quad P_1$: 설계강우량으로부터 환산된 누적유출고(mm)
$\quad\quad\quad A$: 배수면적(m^2)

이에 저류시설, 인공습지 등 강우유출수를 초기에 저류하여 처리하는 시설은 수질처리용량(WQv, m^3)을 활용하여 시설의 용량 및 규모를 결정할 수 있으나 강우유출수를 연속하여 처리하는 시설인 장치형 시설과 자연형 시설 중 식생여과대 및 식생수로 등은 수질처리유량(WQF, m^3/h)으로 설계가 이루어지므로 시설별 특성에 부합하는 용량설계기준을 적용하여 설계하는 것이 좋다.

▼ 비점오염저감시설별 적용 규모 설계기준

비점오염저감시설 구분		규모 설계기준
저류시설	저류지	WQv
	지하저류조	
인공습지	인공습지	
침투시설	유공포장(투수성포장)	
	침투저류지	
	침투도랑	
식생형 시설	식생여과대	WQF
	식생수로	
	식생체류지	WQv
	식물재배화분	
	나무여과상자	
장치형 시설	여과형 시설	WQF
	소용돌이형 시설	
	스크린형 시설	
	모래여과시설	WQv

수질처리유량(WQF ; Water Quality Flow)은 합리식을 이용하여 산정하며 이때 기준 강우강도를 적용하여 수질처리유량을 결정할 수 있다. 기준강우강도는 최근 10년 이상 의 시강우자료를 활용하여 연간 누적발생빈도(Cumulative Occurrence Frequency) 80%에 해당하는 강우강도로 산정한다.

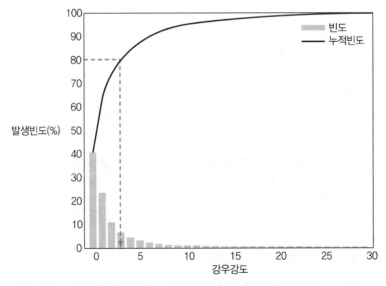

┃ 강우강도 발생빈도를 통한 설계유량 산정방법 ┃

산정된 기준강우강도를 합리식에 적용하여 수질처리유량을 산정하며 그 식은 다음과 같다.

$$WQF = C \times I \times A \times 10^{-3}$$

여기서, WQF : 수질처리용량(m³/h)
 C : 처리대상구역의 유출계수
 I : 기준강우강도(mm/h)
 A : 처리대상구역의 면적(m²)

상기의 방법으로 산정되는 수질처리유량(WQF)은 자연형 시설 중 식생형 시설과 장치형 시설에 적용할 수 있다.

그 외의 시설은 수질처리용량(WQv)에 의해 시설의 용량을 결정하지만, 응집·침전형시설은 전량 저류 후 응집처리하는 경우, 전량 연속처리하는 경우, 일부 저류 후 응집처리하는 경우 등 다양한 경우의 수가 있어 시설의 처리계통에 따라 용량산정방법이 달라지므로 별도의 적용기준을 정하지 않았다.

수질처리 유량(WQF)의 산정방법은 전문적인 수문학적 강우해석을 수반하고 기준강우강도를 선정하기 위한 시간 및 재원이 요구된다. 따라서 비점오염원설치신고제도에 의한 비점오염저감시설 등 소규모 시설을 설계하는 경우 연구를 통해 도출된 유출계수와 기준강우강도를 곱한 값인 2.5mm/h를 권고한다.

권고값은 7개 지역별 주요 기상관측소의 전강우자료를 해석하여 기상관측소별 기준강우강도를 산정하였고 이를 평균하였으며, 통상의 소규모시설이 불투수면을 대상으로 하므로 유출계수는 0.8을 고려하여 산정된 범용적인 계수값이다.

비점오염원 설치신고 시 수질처리 유량(WQF) 산정방법은 다음과 같다.

$$WQF = CI \times A \times 10^{-3}$$

여기서, WQF : 수질처리용량(m³/h)
 CI : 유출계수를 고려한 기준강우강도 2.5(mm/h)
 A : 처리대상구역의 면적(m²)

비점오염원 설치신고 시의 수질처리 유량(WQF) 산정방법을 상기와 같이 권고하였으나 처리대상구역의 유출계수가 매우 낮거나 면적이 매우 큰 경우에는 해당지역의 강우자료로부터 기준강우강도를 산정하고 해당처리대상구역의 유출계수를 적용할 수 있다.

비점오염저감 국고보조사업 등 기본 및 실시설계가 수반되는 경우에는 기준강우강도를 선정하고 강우유출모형을 이용하여 수질처리유량(WQF)을 산정하는 것이 바람직하다. 다만, 도시지역의 CSOs를 처리하는 경우 초기우수가 아닌 관거월류수를 처리하여야 하고, 지점별 유출특성이 크게 다르므로 현황에 맞게 결정하는 것이 바람직하다.

③ 처리 대상 면적은 주요 비점오염물질이 배출되는 토지이용면적 등을 대상으로 한다. 다만, 비점오염 저감계획에 비점오염 저감시설 외의 비점오염 저감대책이 포함되어 있는 경우에는 그에 상응하는 규모나 용량은 제외할 수 있다.

처리 대상 면적은 주요 비점오염물질이 배출되는 토지이용면적 등을 대상으로 한다. 또한 비점오염 저감계획서에 비점오염저감시설 외에 비점오염을 저감할 수 있는 비점오염 저감대책이 충분히수립되어 있는 경우 그에 상용하는 규모나 용량은 제외할 수 있다. 제외되는 규모나 용량은 비점오염물질이 유출되는 유역현황 토지이용특성, 방류수계의 중요성, 비점오염저감대책의 실효성 등을 종합적으로 평가하여 산정한다. 비점오염저감 국고보조사업 등 배수구역이 넓은 경우에는 주요 비점오염물질이 유출되는 구역 외에 대부분 임야 등이 포함되는데 임야가 넓을수록 비점오염저감시설이 과대해질 우려가 있으므로 임야가 배수구역 상류에 위치할 경우 임야를 제외한 배수구역을 설정하는 것도 무방하다.

(3) 비점오염저감시설의 선정 시 고려사항

① 토지이용 특성
  ㉠ 간선도로 및 고속도로 : 습지 · 저류지 외 다 가능함
  ㉡ 주거지역은 침투도랑 및 침투저류조 같은 침투형 시설 적합
  ㉢ 농촌지역, 저밀도지역 : 저류지 · 습지 · 수로
  ㉣ 유독물질 처리 공장 등 : 비점독성에 맞는 저감시설 설치

② **유역 특성** : 인근 하천 및 하류지역의 하천수질 등 기타 하천의 특성을 고려해야 된다 (상수원 사용 여부, 지하수 오염 가능성 등).

③ 지역사회의 수인 가능성(불쾌감, 선호도 등)

④ 유지 · 관리의 용이성

⑤ 비용의 적정성

⑥ **안정성** : 특히 주거지역 설치 경우 안정성이 주요 관심사임

⑦ **강우유출수 관리능력** : 지역별 · 수계별 수질개선 이외에 지하수 함양, 수로 보호, 홍수 예방 등 추가적 사항 고려

⑧ 오염 물질 제거 능력

⑨ 기타 고려사항

　　㉠ 지역 특성 고려하여 최적의 저감방안 선정한다.

　　㉡ 하천변 설치 시 안정성 문제, 발생원 근처에서 처리, 하구지역 수리권 문제 등(습지 경우)

(4) 모니터링 계획수립 및 평가방법

1) 개요

모니터링은 저감시설 설치 후 저감시설 상류나 하류 지점을 선정하여 시설의 처리 효율을 확인하고 수질오염물질의 유입량 및 유출량, 제거율 등을 조사하기 위해 수행하며 유량 및 수질조사 등을 수행하는 것을 말한다.

2) 모니터링 계획 수립

① 목적에 따른 모니터링 계획 수립

　　㉠ 비점오염원 설치신고에 따른 모니터링

　　㉡ 오염총량 관리계획 이행평가

　　㉢ 연구 목적

② 모니터링 방법 결정

　　㉠ 육안검사(Visual Examination)

　　　강우유출수의 수질 및 시설의 관리상태를 대략적으로 평가하는 간단한 모니터링 방법

　　㉡ 분석(Analytical Monitering)

　　　모니터링 위치, 주기, 시료채취방법, 조사항목 등 결정 → 시료채취 → 수질농도 측정하는 방법

③ 모니터링 위치 선정

　　수질상태를 대표하고 유량 및 수질 측정이 용이한 곳

　　㉠ 상류지점 선정 : 비점오염저감시설 통과 전의 유량 · 수질 측정

　　㉡ 하류지점 선정 : 비점오염저감시설 통과 후의 유량 · 수질 측정

　　㉢ 중간지점 선정 : 비점오염저감시설이 여러 시설로 조합 또는 다단 처리 시

　　㉣ 강우측정 지점 선정 : 강우측정기는 모니터링 측정 지점과 가능한 한 가까운 곳

④ 모니터링 주기 및 시료채취방법

　㉠ 모니터링 주기는 목적에 따라 달라질 수 있다.

　　비점규모 및 종류, 예산, 인력 등에 따라 달라진다. 통상적으로 국내 강우 특성에 따라 봄(4~5월), 여름(8~9월), 가을(10~11월) 강우 특성에 따라 시료 채취하는 것이 좋다.

　㉡ 시료채취방법

　　ⓐ 임의시료채취

▼ 불투수지역에서 시료채취 조건 및 주기

항목	내용
선행건기일수	3일 이상
시료채취 횟수	• 강우사상당 10~12회 • 강우초기(1시간) : 유출직전, 5분, 10분, 15분, 30분, 60분 (6회) • 강우종기(종료 시까지) : 적정시간간격(4~6회)

또 투수지역에서의 시료채취횟수의 예는 다음과 같다.

▼ 투수지역에서 시료채취 조건 및 주기

항목	내용
선행건기일수	3일 이상
시료채취 횟수	• 강우사상당 15회 이상 • 수문곡선 변화에 따라 시료채취 시간의 조절

- 유입·유출에 대한 단순 시료 채취하는 것
- 유출수의 대표성 확보 어려움
- 연구목적 또는 시간경과에 따른 수질의 변화거동을 파악하기 위한 목적에 적합
  - ✽ 항목 : 기름, 윤활유, TPH(총 석유계 탄화수소), 박테리아
    신속변화하거나 측정기에 달라붙는 것에 대해서는 필히 임의 채취한다.

　　ⓑ 혼합시료채취(Composite Sampling)
- 임의시료채취를 섞어 하나로 만듦
- 유량 기준 농도 및 오염 부하량 추정에 효과적
- 쉽게 변질되거나(불변성 대장균, 잔류염소, pH, 휘발성 유기물질), 시료 표면에 부착(기름 및 윤활유) 등에는 적합하지 않음

혼합시료 4가지 방법

1 **일정시간 일정부피 채수방법(동일 시간 간격 동일 부피 채취)**
시간대별 유출량 변화가 심한 경우 부적합함

2 **일정시간 – 유출량 증가분에 비례 혼합**
- 일정한 시간 동안 시료를 채취하여 유출량 증가량에 비례하여 최종적으로 모든 시료를 혼합하는 방법
- 시간대별 오염물 거동 파악에는 부적합함
- 유량의 별도 측정 필요 없이 손쉽게 혼합시료를 만들 수 있음

3 **일정시간 – 유량에 비례 혼합하는 방법**
동일시간 간격으로 채수 → 채수된 시간의 유량 비례하여 혼합하는 방식 → 가장 일반적 방법

4 **일정부피 – 유출량 증가분에 대한 시간비에 비례하여 혼합하는 방법**
- 일정한 부피의 시료를 채취할 때 걸리는 시간 비율대로 시료를 혼합하는 방법
- 유량측정 없이 시료혼합 가능

3) 조사항목의 결정

예산과 모니터링 목적, 시설 및 지역 특성 고려하여 측정항목을 선정한다.

① 비점오염원 : TSS, BOD 포함 비점오염원 신고서에 제시된 주요 오염물질

② 총량관리 이행평가 : BOD, COD, TN, TP, SS로 하며 필요시 추가

③ 연구목적 시 투수지역(농촌)과 불투수지역(도시)을 구분하는 것이 좋다.

▼ **도시지역과 농촌지역에서의 조사항목**

항목	도시지역	농촌지역
공통항목	TSS, BOD, T−N, T−P, pH, Turbidity	
선택항목	Conductivity, Oil, Grease, TOC, 중금속(Cd, Pb, Zn)	TKN, NO_2−N, NO_3−N, NH_4−N, PO_4−P, TOC

4) 강우 사상의 선정

3일 선행건기일수를 만족하고 강우량이 10mm 이상 강우 사상을 대상으로 하는 것이 좋다.

5) 모니터링 평가방법

모니터링 결과를 통해 비점오염저감시설의 삭감효과를 평가할 때에는 다음과 같은 방법을 활용할 수 있다.

- 부하량 합산법
- 제거효율법
- 평균농도법

① **부하량 합산법(SOL ; Summation of Loads)**

유입되는 부하량의 합에 대한 유출 부하량의 합의 비율에 기초한 효율로 정의된다. 즉 유입총부하량과 유출총부하량으로 제거효과를 계산하는 것이다. 비점오염저감시설의 효율평가방법으로 가장 적합하다.

$$SOL에 \ 의한 \ 효율 = 1 - \frac{\sum 총유출부하}{\sum 총유입부하}$$

총유출 · 유입부하량의 합은 다음과 같이 계산된다.

$$총유출 \cdot 유입부하 = \sum_{i=1}^{m}\left(\sum_{i=1}^{n} C_i V_1\right) = \sum_{j=1}^{m} EMC_j \cdot V_j$$

여기서, EMC : Event Mean Concentration, 유량가중 평균 농도

② **제거효율법(Efficiency Ratio)**

일정기간 동안 개별 강우사상에 대한 유입 · 유출 EMC를 산정하고 각 EMC를 산술평균하여 평균 EMC를 환산하여 이를 제거효율계산에 활용하는 방법이다.

$$ER = 1 - \frac{평균유출 EMC}{평균유입 EMC} = \frac{평균유입 EMC - 평균유출 EMC}{평균유입 EMC}$$

㉠ 개별강우사상에 대한 강우유출수의 EMC는 다음 방법으로 산정된다.

$$EMC = \frac{\displaystyle\sum_{i-1}^{n} V_i C_i}{\displaystyle\sum_{i-1}^{n} V_i}$$

여기서, V : i기간 동안 유량(Volume of Flow)
C : i기간과 관련된 평균농도(Average Concentration)
n : 강우사상 동안 측정 결과의 총수

ⓛ 평균 EMC는 개별 강우사상의 EMC를 산술평균하는 방법으로 산정한다.

$$평균 EMC = \frac{\sum_{i-1}^{m} EMC_j}{m}$$

여기서, m : 측정된 강우사상의 수

③ 평균 농도법(Mean Concentration)

평균 유입수 농도와 평균 유출수 농도로 효율을 산정하는 방법이다.

$$평균농도에 \ 의한 \ 효율 = 1 - \frac{평균유출농도}{평균유입농도}$$

이 방법은 오염부하와 달리 오직 농도만으로 제거효율을 평가하는 방법이며, 유량자료가 없거나 단일 시료에 대한 평가에 적용될 수 있다. 그러나 이 방법은 강우사상 전체에 대한 평가방법으로는 부적합할 수 있다.

PART

02

하천 및
호수
수질관리

SECTION 01 성층현상과 부영양화

··· 01 성층현상(Stratification)

1 정의

연직방향의 밀도차에 의해 수괴가 층상으로 구분되는 현상을 말한다.

2 호소의 여건

1개월 이하의 체류시간을 갖는 하천수가 유입되는 저수지를 제외한 깊이 5m 이상인 거의 모든 호수와 저수지는 일년 중 상당기간 동안 층을 형성하고 있게 된다.

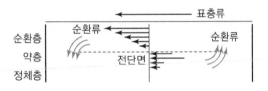

3 성층의 구분

성층은 수온약층(Thermocline)을 중심으로 다음과 같이 분류한다.

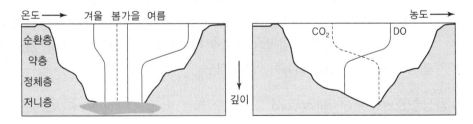

(1) 순환층(Epilimnion)

최상부층으로 온도차에 따른 물의 유동은 없으나 바람에 의해 순환류를 형성할 수 있는 층으로서 일명 표수층이라고도 한다.
공기 중의 산소가 재폭기되므로 DO의 농도가 높아 호기성 상태를 유지한다.

(2) 약층(Thermocline)

① 순환층과 정체층의 중간층이 이에 해당한다.
② 수온이 수심 1m당 최대 ±0.9℃ 이상 변화하므로 일명 변온층이라고도 한다.

(3) 정체층(Hypolimnion)

① 온도차에 따른 물의 유동이 없는 호수의 최하부층을 말한다.
② 용존산소가 부족하여 호수 바닥에 침전된 유기물질이 혐기성 미생물에 의해 분해되므로 저부의 수질이 악화된다. CO_2, H_2S 등의 농도가 높다.

4 성층의 메커니즘과 종류

밀도차에 의해 성층현상이 발생되는 주된 원인은 수온의 변화와 수중의 용존고형물질, 부유물질 등에 의한 것으로서 여름의 경우 표층과 심층의 수온차가 15℃ 이상이 될 때도 있다. 호소수의 열수지를 살펴보면 다음과 같다.

• 열공급 : 일사량, 대기로부터의 열교환, 저류수로부터의 유입 등
• 열방출 : 표면의 방사, 증발, 전도, 방류에 의한 유출 등
• 수중 오탁물질 : 일사량의 차단과 산란 흡수로 표층의 가온을 촉진한다.

호소수의 가온, 냉각과정은 대부분 표층수에 집중되어 있으며 호소수 연직방향의 혼합에 의한 열확산이 이루어지지 않을 때 성층현상이 유발된다. 따라서 호소의 성층은 다음과 같이 분류된다.

(1) 겨울성층(Negative Stratification)

대기와 열교환이 이루어지는 표층은 냉각효과에 의해 온도가 낮아지나 바닥 부근의 물은 4℃ 정도의 밀도가 무거운 상태로 존재하는데 표층수의 냉각에 의한 성층이어서 이를 소위 역성층이라고도 한다. 특히 결빙이 될 경우 바람에 의한 수면상의 교란이 차단되고, 물의 연직 또는 수평방향의 이동이 억제된다.

(2) 여름성층(Summer Stratification)

여름이 되면서 표층수의 수온이 더욱 증가하여 표층과 약층, 심층의 가장 뚜렷한 3개의 정렬성층을 형성한다. 늦봄에서 여름에 형성되는 이 정렬성층은 동수역학적으로 강한 안정상태를 이루고 있기 때문에 물의 상하혼합을 강하게 억제하여 호수의 환경용량을 제한하게 된다. 이때 연직 온도경사는 분자 확산에 의한 산소구배(DO 구배)와 같은 모양을 나타내는 것이 특징이다.

···02 전도현상(Turnover)

1 정의

호소수의 전도현상(Turnover)은 연직방향의 수온차에 따른 순환 밀도류가 발생하거나 강한 수면풍의 작용으로 수괴의 연직안정도가 불안정하게 되는 현상을 말한다.

2 분류

호소의 Turnover 현상은 표층수가 냉각되는 시기의 가을순환(Fall Turnover)과 표층이 가열되는 봄순환(Spring Turnover)으로 대별되며 이러한 현상은 수괴의 연직혼합을 왕성하게 한다.

(1) 봄순환(Spring Turnover)

봄이 되면서 외기온도가 상승함에 따라 표층수의 수온도 점차 증가하게 된다. 표층수의 수온이 4℃ 부근에 도달하면 무거워진 표층수에 의한 침강력이 전수층에 영향을 주어 불안정한 평형상태를 갖게 한다. 이에 더하여 수면풍이 작용할 경우 더욱 연직혼합을 촉진하는데 이러한 현상은 기온이나 기상조건에 따라 다소 차이가 있으나 수 주간 지속되게 된다.

(2) 가을순환(Fall Turnover)

가을이 되면 외기온도가 저하함에 따라 표층수의 수온도 점차 낮아지게 된다. 표층수의 수온이 4℃ 부근에 도달하면 무거워진 표층수에 의한 침강력이 전수층에 영향을 주어 불안정한 평형상태를 갖게 됨으로써 봄철 순환과 같은 연직혼합이 일어나게 된다.

3 영향

Turnover 현상이 수질환경에 미치는 영향을 살펴보면 다음과 같다.
① 수괴의 수직운동 촉진 → 호소 내 수질의 평균화, 물의 자정능력 증대
② 심층부까지 조류의 혼합 촉진 → 상수원의 취수심도에 영향 → 수도의 수질 악화
③ 심층부 영양염의 상승작용 → 표층의 규조류 번성 → 부영양화의 촉진
④ 조류의 다량번식 → 물의 탁도 증가, 이취미 유발, 여과지의 폐색 등 장애 발생

···03 부영양화

1 개요

① 수체 내에 내적·외적인 요인에 의해 과다 영양염류가 유입되어 물의 생산력이 증가되어 수체가 자연적 늪지화되어 가는 현상. 극상으로서는 삼림으로 비가역적으로 천이되어 가는 자연적 현상
② 본래 긴 역사 동안 일어나는 자연적 현상
③ 산업발달, 인구증가로 인한 오염물질 배출량의 증가로 (인위적 활동) 현저하게 부영양화가 가속되어 단시간 내에 호소가 부영양화되어 이수상의 장해를 초래하는 현상

2 메커니즘(Mechanism)

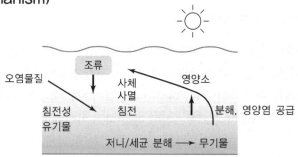

(1) COD의 내부 생산

① 외부 영양염류의 유입
② 저층 저니의 혐기성 분해에 의한 영양소 공급에 의해 수체 내 플랑크톤의 대량 번식

(2) 영양염의 재순환

① 대량 번식한 플랑크톤의 사멸 → 사체 → 저니에 침전 → 혐기성 분해 → 유기물질 분해 및 영양염 공급 → 조류 번성 → 사멸 → … 등 계속적 영양염류의 순환속도가 빨라짐
② 부영양화 초기 단계에는 남조류, 마지막 단계에는 청록조류가 번성함

③ 영향

(1) 수중생태계 변화

① 사체 분해(플랑크톤) 시 DO 대량소모
② 독소물질에 의한 어류의 생육장애 및 수중생태계의 현저한 변화

(2) 정수공정의 효율 저하

① 조류에 의한 스크린 파쇄
② 여과지의 막힘
③ 역세수량 증가
④ 이취미 발생(곰팡이 냄새 : 2-Methylisobornel, Geosmin)
⑤ 염소소독에 따른 THM 부생 등
⑥ 플랑크톤에 의한 응집 · 침전이 어려움(∵ 조류 체내의 기름 성분)

(3) 수산업의 수익성 저하

① 상품성 높은 고급어종의 사멸
② 조류독성에 의한 어류의 집단폐사
③ DO 고갈에 의한 어류폐사

(4) 농산물의 수확량 감소

① 영양염류 과잉 공급은 농작물의 이상 성장을 초래
② 병충해에 대한 저항력 약화
③ 토양의 혐기성화와 유해 Gas 발생
④ 결국은 수확량 감소

(5) 수자원의 용도 및 가치 하락

① 투명도 저하
② 나쁜 냄새의 발생
③ 위락 및 관광단지로서의 가치와 용수로서의 가치 저하

4 부영양화 평가법

(1) 평가방법

① 조류 생산성에 의한 방법(AGP)

② 영양염류에 의한 방법

③ 부영양화 지수에 의한 방법 등에 의해 호소 및 저수지의 부영양화도 평가

④ 통계학적 경험모델에 의한 판정(Vollenweider 모델, Dillon 모델 등)

(2) 조류 생산성에 의한 방법

① 조류 현존량에 의한 방법

단위면적당 조류의 생산성이 300mg $C/m^2/day$ 이상인 경우 부영양화로 판정

② 조류의 잠재 생산능력(AGP ; Algal Growth Potential)

㉠ 측정방법

- 배지에 식종조류 '남조류', '녹조류' 등을 배양하여 검수에 식종
- 일정한 온도(20℃) · 광도(4,000Lux)하에서 일정기간 배양
- AGP는 검수 1L당 조류의 건조 중량으로 단위는 mg/L 사용

㉡ 판정방법

- 극부영양상태 : AGP 50mg/L 이상
- 부영양상태 : AGP 5~50mg/L
- 중영양상태 : AGP 1~5mg/L
- 빈영양상태 : AGP 1mg/L 이하

(3) 영양염류에 의한 방법

① 조류의 농도는 클로로필-a 농도로 측정

② TP, TN, 투명도 측정과 클로로필-a는 관련성이 많음

③ 미국 EPA의 평가기준

영양상태	클로로필 – a(mg/m³)	총인(μg/L)	투명도(m)
Oligotrophic(빈영양)	7 이하	10 이하	3.7 이상
Mesotrophic(중영양)	7~12	10~20	2.0~3.7
Eutrophic(부영양)	12 이상	20 이상	2.0 이하

(4) 부영양화도 지수(TSI ; Trophic State Index)에 의한 방법

① 영양물질의 상호관계를 종합하여 부영양화 상태를 평가하는 방법

② 가장 보편적으로 활용되고 있는 방법은 Carlson Index이며 0~100으로 표시

    ㉠ 부영양상태 : TSI 50 이상

    ㉡ 중영양상태 : TSI 40~50

    ㉢ 빈영양상태 : TSI 40 이하

$$TSI(SD) = 10\left(6 - \frac{\ln(SD)}{\ln 2}\right)$$

$$SD = \frac{\ln\left(\dfrac{I_t}{I_o}\right)}{\sigma_D + \sigma_P \times C_P}$$

$$TSI(Chl-a) = 10\left(6 - \frac{2.04 - 0.68\ln(C_P)}{\ln 2}\right)$$

$$TSI(T-P) = 10\left(6 - \frac{\ln(48/C_{TP})}{\ln 2}\right)$$

여기서, SD : 투명도(Secchi Depth)

        I_t : 투명도에 대응하는 일정 수심에서의 빛의 강도

        I_o : 수면에서의 빛의 강도

        σ_D : 물과 용존물질에 의한 빛의 감쇄계수

        σ_P : 식물 플랑크톤에 의한 빛의 감쇄계수

        C_P : 식물 플랑크톤($Chl-a$)의 농도(mg/m^3)

        C_{TP} : 총인의 농도(mg/m^3)

우리나라 호소는 대부분 하천형으로 세로축/가로축 값이 크기 때문에 외국에서 평가한 방법을 그대로 적용하는 데는 신중함이 필요하다.

(5) 우리나라 호소의 부영양화 정도 평가방법

① 부영양화 지수 산정

종합 $= 0.5TSI_{KO}(COD) + 0.25TSI_{KO}(Chl-a) + 0.25TSI_{KO}(T-P)$

- $TSI_{KO}(COD) = 5.8 + 64.4\log(COD \ mg/L)$
- $TSI_{KO}(Chl-a) = 12.2 + 38.6\log(Chl-a \ mg/m^3)$
- $TSI_{KO}(T-P) = 114.6 + 43.3\log(TP \ mg/L)$

✱ 지수 산정에 사용되는 개별 항목의 오염도는 연간산술평균값으로 한다.

✱ TSI_{KO}(Trophic State Index of Korea) : 한국형 부영양화 지수

② 부영양화 평가기준

구분	빈영양	중영양	부영양	과영양
종합 TSI$_{KO}$	30 미만	30 ~ 50 미만	50 ~ 70미만	70 이상

6 부영양화를 일으킬 수 있는 요건

(1) 저수지 수심, 정체시간, 유역면적

① 저수지 수심 : 평균수심 10m 이하에서 가능성이 높음
② 정체시간 : 정체시간이 길수록
③ 유역면적 : 유역면적/만수면적비가 클수록 부영양화에 취약

(2) 유기물 유입 및 COD 내부생산

① 외부 COD 유입 : 외부 COD 유입, 영양염류 유입
② 내부 COD 생산증가 : 조류의 생성 · 소멸 순환작용으로 인한 내부 COD 증가

(3) 내수면 양식

물고기 사료, 배설물에 의한 부영양화 촉진

7 부영양화 제어대책

(1) 유입 영양염 통제 방법

① 하수의 고도처리
② 우회 관로 설치
③ 농경지 배수로의 우회설치
④ 인의 불활성화
⑤ 유입수로의 준설
⑥ 비점오염원의 감소
⑦ 오염된 하천수의 처리

(2) 호소 내 조류성장 억제 방법

① 물리적 대책
   ㉠ 준설 : 영양염류 통제, 비용이 많이 소요됨
   ㉡ Flushing : 오염이 낮은 물을 호소로 유입

ⓒ 심수층 폭기

ⓔ 심수층 배제

ⓜ 퇴적물 피복 : 효과가 영구적이지 않음. 저서 생물권에 변화를 줌

ⓗ 호소수 강제 순환

② **화학적 대책**

ⓐ 응집 : 약품 사용으로 인 제거

ⓑ 퇴적물 산화 : 퇴적물 수축과 폭기시간을 위해 수위를 낮춰 산소를 주입하여 퇴적물 산화

③ **생물학적 대책**

ⓐ 수생식물의 제거

ⓑ 부레옥잠 등의 식물을 통한 호소수 정화

ⓒ Biomass의 농도 감소 등

(3) 정책적 관리 방안

① 배출허용기준 강화

② 특별대책지역 지정 · 관리

③ 총량규제 등

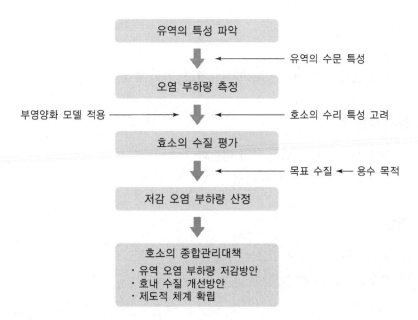

▪▪04 성층현상과 부영양화 관계

1 성층현상(Stratification)

① 중위도 지대에서 발생하는 현상
② 수심 10m 또는 그 이상의 호소 수심에서 춘하추동마다 호소 수온의 상하방향 분포가 특징적으로 변화되는 현상

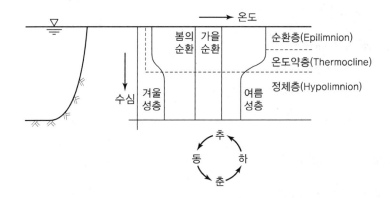

2 각 계절별 성층과 대순환

(1) 겨울

① 물이 정체
② 산소 보급 없어 저층은 혐기성화(철, 망간의 용출)

(2) 봄의 대순환

① 표층 온도 변화에 의한 물의 대순환
② 저층의 영양염이 상부로 공급

(3) 여름

① 풍부한 태양 아래 플랑크톤 증식
② 표층 pH가 8~9까지 상승

⑷ 가을

① 표층 냉각 → 대순환

② 온도분포가 일정할 때까지 계속 진행

⑧ 호소 수심과 성층

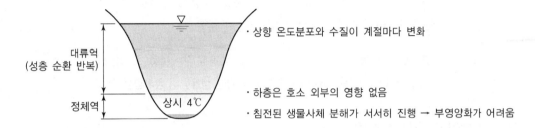

① 수십 m 정도 수심에는 성층과 혼합현상의 반복이 일어남

② 얕은 호소

밀도차(온도차)에 의한 성층현상보다는 호소 표면의 바람의 힘에 의한 힘이 크게 작용
→ 성층현상 없음

③ 열대지방

사계절이 없어서 성층현상 없음

④ 매우 깊은 호소의 경우

대순환이 전층에서 일어나기는 힘듦

④ 성층 대순환과 부영양화의 관계

⑴ 성층된 수체

조류 등의 유기물은 초기에는 호기성 분해 → 용존산소 고갈 → 혐기성화 → 부패현상
발생 → 암모니아, 황화수소, 메탄 발생 → 미생물 내 인 방출 → 영양염 용출

⑵ 순환기

저층에 존재하는 상기 물질 → 수체와 함께 상부로 이동 부상 → 생물 증식에 이용 → 부
영양화 현상 촉진

(3) 철과 망간

① 철 → 2가 이온 용출 → 상부 이동 → 산소 존재 → 재산화되어 불용화됨

② 망간 → 보통 pH에서는 산화 안 됨 → 용해 상태로 상부에 잔류

(4) 용출된 인

① 저질부에서는 철 착물이 형성되어 인의 용출 발생이 어려움

② 표층부에서는 미생물에 흡수한 상태로 인 존재함

그러므로 인 농도 측정 시 생물체 포함 인 및 현탁물질 인(총인) 파악 필요

* 클로로필-a : 광합성 작용에 필수불가결한 것(증가는 생물량이 증가함을 뜻함)

5 부영양화 현상과 수처리

(1) 조류의 제어

살조 처리-$CuSO_4$(1mg/L 정도)

(2) 조류의 제거

① 부상법에 의한 처리

② 1~2mmϕ 모래 여과기를 통한 제거, 선속도는 120m/일 정도

③ 마이크로 스트레이너 사용(골격 튼튼한 규조류에 효과적)

　　그러나 녹조류, 남조류(부드러운 성상 플랑크톤)에는 눈막힘 장애가 발생

(3) 부영양화 현상의 방지

① 철, 알루미늄염으로 응집 처리 → 인 제거

② 느린 순환용 폭기장치 설치에 의한 호소 저부의 혐기성화 방지

⋯**05** 수질오염경보제

1 수질오염경보제

환경부장관 또는 시·도지사는 수질오염으로 하천·호소수의 이용에 중대한 피해를 가져올 우려가 있거나, 주민의 건강·재산이나 동식물의 생육에 중대한 위해를 가져올 우려가 있다고 인정되는 때에는 당해 하천·호소에 대하여 수질오염경보를 발령할 수 있다.

2 수질오염경보의 종류

① 조류경보
② 수질오염 감시경보

3 수질오염경보의 종류별 발령대상, 발령주체 및 대상 수질오염물질

(1) 조류경보

① 상수원 구간

대상수질오염물질	발령 대상	발령주체
남조류 세포 수	환경부장관 또는 시·도지사가 조사·측정하는 하천·호소 중 상수원의 수질보호를 위하여 환경부장관이 정하여 고시하는 하천·호소	환경부장관 또는 시·도지사

② 친수활동 구간

대상수질오염물질	발령 대상	발령주체
남조류 세포 수	환경부장관 또는 시·도지사가 조사·측정하는 하천·호소 중 수영, 수상스키, 낚시 등 친수활동의 보호를 위하여 환경부장관이 정하여 고시하는 하천·호소	환경부장관 또는 시·도지사

(2) 수질오염 감시경보

대상수질오염물질	발령 대상	발령주체
수소이온농도, 용존산소, 총질소, 총인, 전기전도도, 총유기탄소, 휘발성 유기화합물, 페놀, 중금속(구리, 납, 아연, 카드뮴 등), 클로로필–a, 생물감시	법에 따른 측정망 중 실시간으로 수질오염도가 측정되는 하천·호소	환경부장관

4 수질오염경보의 종류별 경보단계 및 그 단계별 발령·해제기준

(1) 조류경보

① 상수원 구간

경보단계	발령·해제기준
관심	2회 연속 채취 시 남조류 세포 수가 1,000세포/mL 이상 10,000세포/mL 미만인 경우
경계	2회 연속 채취 시 남조류 세포 수가 10,000세포/mL 이상 1,000,000세포/mL 미만인 경우
조류 대발생	2회 연속 채취 시 남조류 세포 수가 1,000,000세포/mL 이상인 경우
해제	2회 연속 채취 시 남조류 세포 수가 1,000,000세포/mL 미만인 경우

② 친수활동 구간

경보단계	발령·해제기준
관심	2회 연속 채취 시 남조류 세포 수가 20,000세포/mL 이상 100,000세포/mL 미만인 경우
경계	2회 연속 채취 시 남조류 세포 수가 100,000세포/mL 이상인 경우
해제	2회 연속 채취 시 남조류 세포 수가 20,000세포/mL 미만인 경우

비고 : 1. 발령주체는 위 ① 및 ②의 발령·해제 기준에 도달하는 경우에도 강우 예보 등 기상상황을 고려하여 조류경보를 발령 또는 해제하지 않을 수 있다.
　　　 2. 남조류 세포 수는 마이크로시스티스(Microcystis), 아나베나(Anabaena), 아파리조메논(Aphanizomenon) 및 오실라토리아(Oscillatoria) 속(屬) 세포 수의 합을 말한다.

(2) 수질오염감시경보

경보단계	발령 · 해제기준
관심	1) 수소이온농도, 용존산소, 총질소, 총인, 전기전도도, 총유기탄소, 휘발성 유기화합물, 페놀, 중금속(구리, 납, 아연, 카드뮴 등) 항목 중 2개 이상 항목이 측정항목별 경보기준을 초과하는 경우 2) 생물감시 측정값이 생물감시 경보기준 농도를 30분 이상 지속적으로 초과하는 경우
주의	1) 수소이온농도, 용존산소, 총질소, 총인, 전기전도도, 총유기탄소, 휘발성 유기화합물, 페놀, 중금속(구리, 납, 아연, 카드뮴 등) 항목 중 2개 이상 항목이 측정항목별 경보기준을 2배 이상(수소이온농도 항목의 경우에는 5 이하 또는 11 이상을 말한다) 초과하는 경우 2) 생물감시 측정값이 생물감시 경보기준 농도를 30분 이상 지속적으로 초과하고, 수소이온농도, 총유기탄소, 휘발성 유기화합물, 페놀, 중금속(구리, 납, 아연, 카드뮴 등) 항목 중 1개 이상의 항목이 측정항목별 경보기준을 초과하는 경우와 전기전도도, 총질소, 총인, 클로로필－a 항목 중 1개 이상의 항목이 측정항목별경보기준을 2배 이상 초과하는 경우
경계	생물감시 측정값이 생물감시 경보기준 농도를 30분 이상 지속적으로 초과하고, 전기전도도, 휘발성 유기화합물, 페놀, 중금속(구리, 납, 아연, 카드뮴 등) 항목 중 1개 이상의 항목이 측정항목별 경보기준을 3배 이상 초과하는 경우
심각	경계경보 발령 후 수질오염사고 전개속도가 매우 빠르고 심각한 수준으로서 위기발생이 확실한 경우

비고 : 1. 측정소별 측정항목과 측정항목별 경보기준 등 수질오염감시경보에 관하여 필요한 사항은 환경부장관이 고시한다.
　　2. 용존산소, 전기전도도, 총유기탄소 항목이 경보기준을 초과하는 것은 그 기준초과 상태가 30분 이상 지속되는 경우를 말한다.
　　3. 수소이온농도 항목이 경보기준을 초과하는 것은 5 이하 또는 11 이상이 30분 이상 지속되는 경우를 말한다.
　　4. 생물감시장비 중 물벼룩 감시장비가 경보기준을 초과하는 것은 양쪽 모든 시험조에서 30분 이상 지속되는 경우를 말한다.

⑤ 수질오염경보의 종류별 · 경보단계별 조치사항

(1) 조류경보

① 상수원 구간

단계	관계 기관	조치사항
관심	4대강(한강, 낙동강, 금강, 영산강을 말한다. 이하 같다) 물환경연구소장 (시 · 도 보건환경연구원장 또는 수면관리자)	1) 주 1회 이상 시료 채취 및 분석 (남조류 세포수, 클로로필－a) 2) 시험분석 결과를 발령기관으로 신속하게 통보
	수면관리자 (수면관리자)	취수구와 조류가 심한 지역에 대한 차단막 설치 등 조류 제거 조치 실시
	취수장 · 정수장 관리자 (취수장 · 정수장 관리자)	정수 처리 강화(활성탄 처리, 오존 처리)
	유역 · 지방 환경청장 (시 · 도지사)	1) 관심경보 발령 2) 주변오염원에 대한 지도 · 단속
	홍수통제소장, 한국수자원공사사장 (홍수통제소장, 한국수자원공사사장)	댐, 보 여유량 확인 · 통보
	한국환경공단이사장 (한국환경공단이사장)	1) 환경기초시설 수질자동측정자료 모니터링 실시 2) 하천구간 조류 예방 · 제거에 관한 사항 지원
경계	4대강 물환경연구소장 (시 · 도 보건환경연구원장 또는 수면관리자)	1) 주 2회 이상 시료 채취 및 분석(남조류 세포수, 클로로필－a, 냄새물질, 독소) 2) 시험분석 결과를 발령기관으로 신속하게 통보
	수면관리자 (수면관리자)	취수구와 조류가 심한 지역에 대한 차단막 설치 등 제거 조치 실시
	취수장 · 정수장 관리자 (취수장 · 정수장 관리자)	1) 조류증식 수심 이하로 취수구 이동 2) 정수 처리 강화(활성탄 처리, 오존 처리) 3) 정수의 독소 분석 실시
	유역 · 지방 환경청장 (시 · 도지사)	1) 경계경보 발령 및 대중매체를 통한 홍보 2) 주변오염원에 대한 단속 강화 3) 낚시 · 수상스키 · 수영 등 친수활동, 어패류 어획 · 식용, 가축 방목 등의 자제 권고 및 이에 대한 공지(현수막 설치 등)
	홍수통제소장, 한국수자원공사사장 (홍수통제소장, 한국수자원공사사장)	기상상황, 하천수문 등을 고려한 방류량 산정

단계	관계 기관	조치사항
경계	한국환경공단이사장 (한국환경공단이사장)	1) 환경기초시설 및 폐수배출사업장 관계기관합동점검 시 지원 2) 하천구간 조류 제거에 관한 사항 지원 3) 환경기초시설 수질자동측정자료 모니터링 강화
조류 대발생	4대강 물환경연구소장 (시·도 보건환경연구원장 또는 수면관리자)	1) 주 2회 이상 시료 채취 및 분석(남조류 세포수, 클로로필−a, 냄새물질, 독소) 2) 시험분석 결과를 발령기관으로 신속하게 통보
	수면관리자 (수면관리자)	1) 취수구와 조류가 심한 지역에 대한 차단막 설치 등 조류 제거 조치 실시 2) 황토 등 조류제거물질 살포, 조류 제거선 등을 이용한 조류 제거 조치 실시
	취수장·정수장 관리자 (취수장·정수장 관리자)	1) 조류증식 수심 이하로 취수구 이동 2) 정수 처리 강화(활성탄 처리, 오존 처리) 3) 정수의 독소 분석 실시
	유역·지방 환경청장 (시·도지사)	1) 조류대발생경보 발령 및 대중매체를 통한 통보 2) 주변오염원에 대한 지속적인 단속 강화 3) 어획·식용, 가축 방목 등의 금지 및 이에 대한 공지(현수막 설치 등)
	홍수통제소장, 한국수자원공사사장 (홍수통제소장, 한국수자원공사사장)	댐, 보 방류량 조정
	한국환경공단이사장 (한국환경공단이사장)	1) 환경기초시설 및 폐수배출사업장 관계기관합동점검 시 지원 2) 하천구간 조류 제거에 관한 사항 지원 3) 환경기초시설 수질자동측정자료 모니터링 강화
해제	4대강 물환경연구소장(시·도 보건환경연구원장 또는 수면관리자)	시험분석 결과를 발령기관으로 신속하게 통보
	유역·지방 환경청장(시·도지사)	각종 경보 해제 및 대중매체 등을 통한 홍보

비고 : 1. 관계 기관란의 괄호는 시·도지사가 조류경보를 발령하는 경우의 관계 기관을 말한다.
　　　2. 관계 기관은 위 표의 조치사항 외에도 현지 실정에 맞게 적절한 조치를 할 수 있다.
　　　3. 조류경보를 발령하기 전이라도 수면관리자, 홍수통제소장 및 한국수자원공사사장 등 관계 기관의 장은 수온 상층 등으로 조류 발생 가능성이 증가할 경우에는 일정 기간 방류량을 늘리는 등 조류에 따른 피해를 최소화하기 위한 방안을 마련하여 조치할 수 있다.

② 친수활동 구간

단계	관계 기관	조치사항
관심	4대강 물환경연구소장 (시 · 도 보건환경연구원장 또는 수면관리자)	1) 주 1회 이상 시료 채취 및 분석(남조류 세포 수, 클로로필−a, 냄새물질, 독소) 2) 시험분석 결과를 발령기관으로 신속하게 통보
	유역 · 지방 환경청장 (시 · 도지사)	1) 관심경보 발령 2) 낚시 · 수상스키 · 수영 등 친수활동, 어패류 어획 · 식용 등의 자제 권고 및 이에 대한 공지(현수막 설치 등) 3) 필요한 경우 조류제거물질 살포 등 조류 제거 조치
경계	4대강 물환경연구소장 (시 · 도 보건환경연구원장 또는 수면관리자)	1) 주 2회 이상 시료 채취 및 분석(남조류 세포 수, 클로로필−a, 냄새물질, 독소) 2) 시험분석 결과를 발령기판으로 신속하게 통보
	유역 · 지방 환경청장 (시 · 도지사)	1) 경계경보 발령 2) 낚시 · 수상스키 · 수영 등 친수활동, 어패류 어획 · 식용 등의 금지 및 이에 대한 공지(현수막 설치 등) 3) 필요한 경우 조류 제거물질 살포 등 조류 제거 조치
해제	4대강 물환경연구소장 (시 · 도 보건환경연구원장 또는 수면관리자)	시험분석 결과를 발령기관으로 신속하게 통보
	유역 · 지방 환경청장 (시 · 도지사)	각종 경보 해제 및 대중매체 등을 통한 홍보

비고 : 1. 관계 기관란의 괄호는 시 · 도지사가 조류경보를 발령하는 경우의 관계기관을 말한다.
　　　2. 관계 기관은 위 표의 조치사항 외에도 현지 실정에 맞게 적절한 조치를 할 수 있다.

(2) 수질오염 감시 경보

단계	관계 기관	조치사항
관심	한국환경공단이사장	1) 측정기기의 이상 여부 확인 2) 유역 · 지방 환경청장에게 보고 　−상황 보고, 원인 조사 및 관심경보 발령 요청 3) 지속적 모니터링을 통한 길시
	수면관리자	수체변화 감시 및 원인 조사
	취수장 · 정수장 관리자	정수 처리 및 수질분석 강화
	유역 · 지방 환경청장	1) 관심경보 발령 및 관계 기관 통보 2) 수면관리자에게 원인 조사 요청 3) 원인 조사 및 주변 오염원 단속 강화

단계	관계 기관	조치사항
주의	한국환경공단이사장	1) 측정기기의 이상 여부 확인 2) 유역·지방 환경청장에게 보고 　－상황 보고, 원인 조사 및 주의경보 발령 요청 3) 지속적인 모니터링을 통한 감시
	수면관리자	1) 수체변화 감시 및 원인조사 2) 차단막 설치 등 오염물질 방제 조치
	취수장·정수장 관리자	1) 정수의 수질분석을 평시보다 2배 이상 실시 2) 취수장 방세 소치 빛 성수 저리 강화
	4대강 물환경연구소장	1) 원인 조사 및 오염물질 추적 조사 지원 2) 유역·지방 환경청장에게 원인 조사 결과 보고 3) 새로운 오염물질에 대한 정수처리기술 지원
	유역·지방 환경청장	1) 주의경보 발령 및 관계 기관 통보 2) 수면관리자 및 4대강 물환경연구소장에게 원인 조사 요청 3) 관계 기관 합동 원인 조사 및 주변 오염원 단속 강화
경계	한국환경공단이사장	1) 측정기기의 이상 여부 확인 2) 유역·지방 환경청장에게 보고 　－상황 보고, 원인조사 및 경계경보 발령 요청 3) 지속적 모니터링을 통한 감시 4) 오염물질 방제조치 지원
	수면관리자	1) 수체변화 감시 및 원인 조사 2) 차단막 설치 등 오염물질 방제 조치 3) 사고 발생 시 지역사고대책본부 구성·운영
	취수장·정수장 관리자	1) 정수처리 강화 2) 정수의 수질분석을 평시보다 3배 이상 실시 3) 취수 중단, 취수구 이동 등 식용수 관리대책 수립
	4대강 물환경연구소장	1) 원인조사 및 오염물질 추적조사 지원 2) 유역·지방 환경청장에게 원인 조사 결과 통보 3) 정수처리기술 지원
	유역·지방 환경청장	1) 경계경보 발령 및 관계 기관 통보 2) 수면관리자 및 4대강 물환경연구소장에게 원인 조사 요청 3) 원인조사대책만 구성·운영 및 사법기관에 합동단속 요청 4) 식용수 관리대책 수립·시행 총괄 5) 정수처리기술 지원

단계	관계 기관	조치사항
심각	환경부장관	중앙합동대책반 구성·운영
	한국환경공단이사장	1) 측정기기의 이상 여부 확인 2) 유역·지방 환경청장에게 보고 　－상황 보고, 원인조사 및 경계경보 발령 요청 3) 지속적 모니터링을 통한 감시 4) 오염물질 방제조치 지원
	수면관리자	1) 수체변화 감시 및 원인 조사 2) 차단막 설치 등 오염물질 방제 조치 3) 중앙합동대책반 구성·운영 시 지원
	취수장·정수장 관리자	1) 정수처리 강화 2) 정수의 수질분석 횟수를 평시보다 3배 이상 실시 3) 취수 중단, 취수구 이동 등 식용수 관리대책 수립 4) 중앙합동대책반 구성·운영 시 지원
	4대강 물환경 연구소장	1) 원인 조사 및 오염물질 추적조사 지원 2) 유역·지방 환경청장에게 시료분석 및 조사 결과 통보 3) 정수처리기술 지원
	유역·지방환경청장	1) 심각경보 발령 및 관계 기관 통보 2) 수면관리자 및 4대강 물환경연구소장에게 원인 조사 요청 3) 필요한 경우 환경부장관에게 중앙합동대책반 구성 요청 4) 중앙합동대책반 구성 시 사고수습본부 구성·운영
	국립환경과학원장	1) 오염물질 분석 및 원인 조사 등 기술 자문 2) 정수처리기술 지원
해제	한국환경공단이사장	관심 단계 발령기준 이하 시 유역·지방 환경청장에게 수질오염감시경보 해제 요청
	유역·지방환경청장	수질오염 감시 경보 해제

SECTION 02 생태하천

···01 생태하천 복원 기술지침서의 의의

◪ 기본원칙

하천의 자연성과 생태적 기능 향상을 통한 건강성 회복

◪ 목표

이수 · 치수 관리가 아닌 자연성과 생태적 건강성 회복에 필요한 정보를 제공함으로써 생태하천 복원에 올바른 방향과 사업 확대에 기여

···02 하천의 이해

◪ 개념

- 하천 : 지표수가 모여서 중력에 의해 높은 데서 낮은 데로 비교적 일정한 곳을 따라 흐르는 자연의 물길
- 하천생태계 : 시간에 따라 변화하는 역동적 유수생태계로 물과 수변에서 생물 간, 무생물 간, 생물과 무생물 간 상호작용이 일어나는 공간이며, 하천 복원에서 중요한 기본단위

(1) 하천의 구분

① 국가 · 지방하천
하천법. 지표면에 내린 빗물 등이 모여 흐르는 물길로서 공공의 이해와 밀접한 관계가 있어 「하천법」 제7조 제2항에 지정된 것을 말함

② 소하천

하천법을 적용받지 않는 하천. 「소하천정비법」에 의하면 「하천법」에서 정한 국가 · 지방하천 외에 시장 · 군수 · 자치구장이 지정 고시한 하천으로 대체로 농촌 또는 산지에 위치해 있다. 실개천, 도랑을 포함한다.

(2) 하천 생태계

하천 복원에서 중요한 기본단위, 횡적 및 종적으로 연결된 연속체이다.

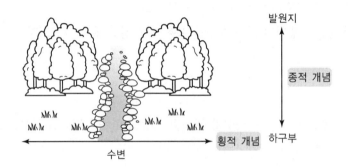

2 하천 생태계의 구조

(1) 생물적 요인 : 육상생태계, 수서생태계

▼ 하천 생태계를 구성하는 생물 요인

구분	육상생태계(수변)	수서생태계
생산자	식물군집(하안식생)	• 조류(Algae) • 대형 식물(유근식물, 대형 부유식물로 구성)
소비자	육상동물 - 무척추동물(곤충 등) - 척추동물(양서 · 파충류, 조류, 포유류 등 포함)	• 저서생물 • 어류
분해자	• 세균 • 곰팡이 등	• 세균 • 곰팡이 등

(2) 무생물적 요인

하천회랑(Stream Corridor), 유역(Watershed), 하도(Stream Channel)와 이에 포함된 수리·수문, 물리, 화학, 지질학적 요인 등으로 구성되며, 하도 내 생물서식지(서식처)는 목본 및 초본류 군락, 정수 및 수생식물 군락, 하중도, 사주부, 여울과 소(웅덩이) 등으로 구성

• 종적 구조 : 하도, 폭, 유로, 여울, 소(웅덩이) 등
• 횡적 구조 : 수면, 하도, 호안, 육상부 등

① 하천회랑(Stream Corridor)
　　㉠ 종적·횡적·수직적 연결을 통해 에너지, 물, 물질의 흐름을 만듦
　　㉡ 동적 3차원은 종적·횡적·수직적 규모로 확인할 수 있다.

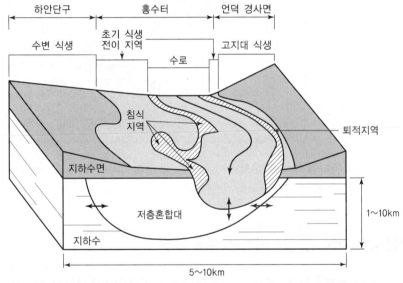

‖ 하천회랑 서식지(서식처)의 3차원 횡단면도(USDA, 2008, 수정) ‖

② 유역(Watershed)
　　㉠ 지형에 의해 형성된 동일 수계를 공유하는 토지경계구역
　　㉡ 우수 표면유출로 최종적으로 동일 하천으로 흐른다.

③ 하도(Stream Channel)
　　㉠ 물과 물이 운송하는 침전물에 의해 형성, 유지 및 변화되며,
　　㉡ 하도의 횡단면은 유속, 물에 이송된 침전물의 양, 지형·지질에 따라 크게 달라진다.

❸ 수생태계 내 교란과 반응

① 교란의 정의 : 자연적(극단적 홍수, 가뭄), 인위적(구조물 설치 등) 요인 등으로 서식지의 변형 및 변질을 가져오고 그로 인해 하천 생태계가 변화 · 단절 · 파괴되는 것

② 교란에 대한 물리적 변화

    ㉠ 유량 변화   ㉡ 유사 부하의 변화   ㉢ 물과 유사의 유출

    ㉣ 하상 퇴적물 변화   ㉤ 하도 형태 변화

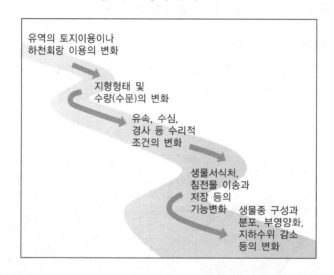

유역과 하천회랑 내에서의 교란이 하천회랑 생태계의 구조와 기능에 대해 가져오는 일련의 연쇄적 변경

❹ 하천 생태계에 영향을 미치는 주요 과정

하천회랑이 종적 · 횡적 · 수직적 연결되어 시간적 흐름에 따라 3차원적으로 발생

(1) 물리적 과정 : 수문학적 및 지형학적 과정

① 강수, 지표수, 지하수의 저류 · 유출 · 증산 · 증발작용 등 순환작용에 의한 변화
② 침식, 퇴적 종적 과정, 제방침식과 같은 횡적 과정, 수로 붕괴, 홍수터의 형성 등을 포함하는 과정에서 발생함

(2) 생물/생태학적 과정 : 에너지 흐름, 영양염 순환, 서식지

수생식물, 부착조류에 의해 생태계 안으로 에너지 고정, 생과 사를 통한 순환

···03 수생태계 건강성과 하천 복원

1 하천 건강성 회복의 배경

- 하천 건강성은 유역 건강성의 척도이며, 환경과 사회적 건강성에 대한 지표를 제공
- 과거에 서식지(서식처)의 소실, 훼손, 파편화와 같은 문제들은 생태적 온전성, 지속가능성, 생태계 건강성에 대한 중대한 관심을 불러 일으켰으며, 그간의 무관심한 자세와 행동을 수생태계를 회복하는 방향으로 전환

하천은 자연의 매우 귀중한 형상으로서 사회적으로 뿐만 아니라 생태적인 측면에서 매우 중요한 기능을 수행한다. 그중에는 물의 이용, 건강과 위생, 농업, 항해 및 공업적 이용을 포함하여 다양한 심미적, 문화적, 영성적, 여가적인 내용을 포함한다.

세계적으로 많은 지역에서 인간에 의한 하천환경 훼손으로 하천시스템의 생태적 기능이 심각하게 손상되었으며, 지속적인 남용의 결과, 하천 및 그와 연계된 생태계가 자연적 기능을 수행하는 능력으로 정의되는 하천 건강성의 심각한 악화로 나타났다.

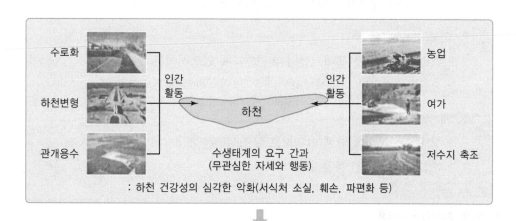

▌ 하천 건강성 회복의 배경 및 하천관리 전략 변화 ▐

☑ 수생태계 건강성의 개념

① 생태학적으로 온전히 교란되지 않은 상태를 건강한 수체로 표현하며, 수체의 건강성을 가장 직접 · 종합적으로 표현하는 지표는 생물학적 상태

② 물환경의 지속가능성을 "수생태계 건강성 회복" 맥락으로 이해하기 시작함

☑ 하천 복원의 개념

(1) 하천 복원

훼손된 하천의 물리적 형태 및 생태적 기능을 회복시키는 과정

① 자정 기능, 경관, 생물 다양성 등 하천의 기본적 기능 복원

② 수로와 수변공간을 가능한 원래의 자연하천 형태로 물리적 복원

(2) 복원과 관련된 용어

① 복원(Restoration)

가능한 원래 상태에 가까운 자연조건과 생태기능을 갖도록 회복

② 회복(Rehabilitation)

- 훼손된 생태계를 생태기능이 유지되도록 안정시키는 것
- 중간단계까지만 회복시키고 이후는 자연적으로 치유되도록 함

③ 개선(Reclamation)

- 생태계를 목적에 맞게 인위적으로 조성하는 것
- 개간, 간척(매립) 등을 포함

☑ 생태 하천의 개념

(1) 생태 하천

하천이 지닌 본래의 자연성과 기능이 최대화될 수 있도록 조성된 하천

(2) 생태 하천 복원

하천 내외의 인공적인 생태계 교란 요인을 제거하여 자연에 가깝게 복원하고 건강한 생태계가 유지될 수 있도록 지원 혹은 관리해 나가는 활동

5 하천 생태계의 총체성

① 생태적 총체성 의미에서 계획된 하천 복원 프로그램은 경관 생태학적 원칙을 기초로 만들어져야 한다.
  - 하천은 계속 변함, 기후와 수문, 생물, 육상요소 상호작용 영향
  - 따라서 총체성 개념으로 접근해야 된다.

② 하천 시스템의 지형적 구조와 기능을 통해 나타나는 경관적 의미는 그 원칙 위에 하천 복원 계획들이 터를 잡을 수 있는 모태를 제공한다.

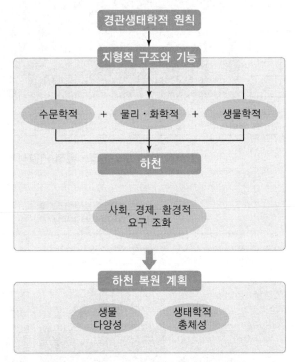

┃ 하천복원계획에서 고려할 기본적 원칙과 목표 ┃

6 생태하천 복원의 기본방향

① 수생태계 건강성 회복에 초점을 두고 사업계획을 수립
② 유역통합관리에 근거한 복원계획의 수립·추진
③ 하천의 종·횡적 연속성이 확보될 수 있도록 계획을 수립
④ 깃대종 선정 등을 통하여 계획 단계에서부터 복원의 목표상을 고려
⑤ 도심 하천의 물길 회복 및 생태공간 조성

⑥ 하천별 고유역사와 문화 특성 살리기

⑦ 협의체 중심의 사업 추진

⑧ 주민참여형 사후관리

■ 하천 생태계의 종적 · 횡적 연결성 ■

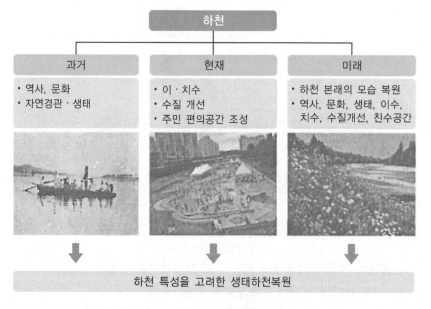

■ 하천 특성을 고려한 생태하천복원사업의 개념도 ■

···04 생태하천복원의 기본원칙 및 절차

- 생태하천복원은 수질개선과 생물다양성 및 생태계 기능의 복원 범주 내에서 하천의 생태적 건강성 회복을 최우선으로 하여 장기적이고 종합적 관점에서 진행되어야 한다.
- 특히 생태하천복원의 계획과 설계 및 시공 전 과정에 걸쳐 시작단계에서부터 생태계복원을 위한 목표가 명확해야 한다.
- 복원된 생태 하천의 모습을 고려하고 설정해야 되며 이를 위해 수생태계 건강성 조사, 깃대종 선정, 생태유량 확보 등에 대한 고려가 필요하다.

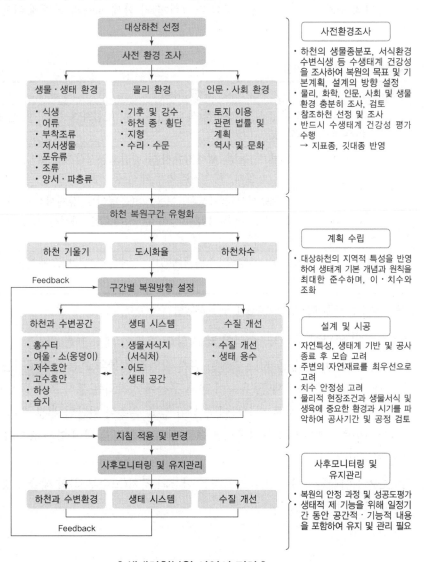

│ 생태하천복원 사업의 절차 │

···05 생태하천복원 범위 및 대상

1 생태하천복원 범위

하천생태계 생물 다양성과 건강성 회복에 관련된 모든 공간, 수질, 수량 및 생물종(깃대종)

2 생태하천복원 대상

하천의 물리적 구조, 하천수, 생물, 서식지(서식처)와 함께 교육과 홍보에 이용되는 친환경적 구조물

▼ 생태하천복원 범위 및 대상

구분	주요 대상	비고
수질 개선	여과시설, 퇴적오니 준설, 수생식물 식재, 인공습지, 하천자연정화시설, 생태 유지용수 공급(주) 등	하천
	인공습지, 수변생태벨트, 둠벙, 생태저류지 등 비점오염저감시설 설치, 지하수 함양, 하수처리시설 설치, 하수처리체계 개선 등	수변
생태 복원	하도습지, 하중도, 수중서식지(서식처)(여울, 소(웅덩이)), 경계서식지(서식처)(수제), 수생식물 식재, 어류 서식지(서식처), 생태호안, 하천사행화, 생물 이동통로, 양서류·수서곤충 비오톱 조성 등	하천
	하천코리더(자연제방), 홍수터, 수변생태벨트, 생태탐방로·탐조시설 설치, 조류·포유류 비오톱 조성 등	수변

✱ 생태유지용수는 수질개선과 생태복원에 모두 해당함

① **여울** : 하천 바닥이 급경사, 수심이 낮고 물의 흐름이 세고 빠른 구간
② **소(Pool, 웅덩이)** : 여울을 지나 수심이 점차 깊어지고 물의 흐름이 약해지는 곳(포기, 용존 증가, 부착조류 먹이 제공, 유속이 빠른 구간에 정착되는 부착 조류 등에 먹이 제공 역할을 함, 평상시 상·하류 비교하여 수심이 깊고 유속이 완만한 부분 총칭
③ **저수로** : 불투수층인 토양을 기반으로 연중 내내 얕은 물로 덮여 있는 육지와 개방수역 사이의 전이지대
④ **저수호안** : 이러한 저수로에서 발생하는 난류와 둔치(고수부지)의 세굴을 방지하기 위해 저수로의 하안에 설치하는 구조물

▼ 생태하천복원 범위 및 대상 유형

대분류	중분류	세분류
하천과 수변공간	홍수터	자연상태 홍수터, 생태공간 활용 홍수터, 기타
	여울·소(웅덩이)	경사여울, 평여울
	저수호안	수충부 호안, 비수충부 호안
	고수호안	자연호안, 인공호안, 조합호안
	하상	점착성 하상유지시설, 비점착성 하상유지시설
	습지	식생정화형 습지, 저류형 습지
생태시스템	생물서식지(서식처)	유수역 서식지(서식처), 정수역 서식지(서식처), 비오톱
	어도	풀형식, 수로형식, 조작형식
	생태공간	보전공간, 향상(이용)공간, 복원공간
수질개선	수질개선	직접정화시설(하천정화시설), 비점오염저감시설
	생태용수	하수처리장 방류수 활용 기법, 하류 하천수 유인 기법, 상류 저수지 이용 기법, 기타

▼ 하천과 수변공간의 분류 및 정의

대분류	중분류	개념 및 정의	역할 및 필요성	세분류
하천과 수변 공간	홍수터	평상시는 건조한 지역으로 자연적으로 발생되는 유량(홍수)에 의해 침수되기 쉬운 지역(주로 하천이나 호수 등에 인접한 낮은 지대)	• 주기적인 침수에 따라 자연발생적 생물서식지(서식처) 형성을 유도 • 다양한 하천생태계를 재생시킬 수 있는 환경 기반을 제공 • 하천생태계의 단순화를 방지하고 하천생태계의 통로 기능	① 자연상태 홍수터 ② 생태공간 활용 홍수터 ③ 기타
	여울·소 (웅덩이)	• 여울(Riffle)은 하천바닥이 급경사를 이룸 • 수심이 얕고 물의 흐름이 세고 빠른 구간 • 소(Pool, 웅덩이)는 하도의 종방향으로 여울을 지나 수심이 점차 깊어지면서 물의 흐름이 약해지는 곳 • 평수시에 상·하류와 비교하여 수심이 깊고 유속이 완만한 부분	• 폭기작용을 통하여 용존산소량 증가 • 유속이 빠른 구간에 정착되는 부착조류 등과 같이 특정 수생식물의 먹이를 제공	① 경사여울 ② 평여울

대분류	중분류	개념 및 정의	역할 및 필요성	세분류
하천과 수변 공간	저수호안	저수로에서 발생하는 난류와 둔치(고수부지)의 세굴을 방지하기 위해 저수로의 하안에 설치	저수호안을 설치하려는 경우에는 수질개선 및 생태복원, 하천 환경특성, 치수적 안정성을 종합적으로 고려	① 수충부 호안 ② 비수충부 호안
	고수호안	• 주로 제방법면에 식생녹화 공법을 이용하여 제방을 보호 • 제외지의 생태적 연결성을 확보	• 제방법면에 식생녹화공법을 이용하여 제방을 보호 • 제내지와 제외지의 생태적 연결성을 확보	① 자연호안 ② 인공호안 ③ 조합호안
	하상	하도를 따라 흐르는 하수에 수평적으로 접하는 부분을 하상(River Bed)이라 하며, 일반적으로 하천바닥을 의미	장마철에 유출된 토사의 하상 퇴적 문제와 인간활동에 의해 오염된 하상퇴적물로 인한 하천 생태의 악화가 발생하는 경우 하상을 정비·복원	① 점착성 하상 유지시설 ② 비점착성 하상유지 시설
	습지	영구적 또는 일시적으로 물을 담고 있는 땅	• 생물의 산란, 보육 및 서식지 (서식처) • 오염물질의 제거(여과작용) • 방재기능 • 경관적 가치창조	① 식생정화형 습지 ② 저류형 습지

SECTION
03 습지

⸬01 습지(Wetland)

1 정의

담수, 기수 또는 염수가 영구적 또는 일시적으로 그 표면을 덮고 있는 지역

2 종류

(1) 내륙 습지(법률적 정의)

육지 또는 섬 안의 호 또는 소와 하구 등의 지역

(2) 연안 습지(법률적 정의)

만조 시에 수위선과 지면이 접하는 경계선으로부터 간조 시에 수위선과 지면이 접하는 경계선까지의 지역

Reference

1 내륙성 습지
- 우기에 침수되어 형성
- 강 유역의 범람하는 토양이 침적되어 만들어지는 것
- 강바닥이 주위보다 높아 강우량이 적을 때 바깥으로 드러남으로써 형성되는 것
- 화산의 폭발, 빙산의 이동을 조산운동의 결과로 고지대에 형성되는 것들이 있음

2 해안성 습지
- 세계 대부분의 대규모 습지를 차지하는 것
- 강에 의해 실려온 토양 침적물이 강하류 또는 큰 강의 어귀 또는 하구역(Estuary)에 넓게 침적되어 형성
- 해수에 의해 육지가 침식되어 이루어진 것들 등
- 삼각주 지역이나 해안 갯벌이 대표적임

❸ 습지의 가치

(1) 경제적 가치

① 수자원 확보와 적정 유지   ② 수질정화작용

③ 어업 및 수산업의 산실   ④ 야생동물 자원 제공

⑤ 교통수단, 휴양 및 생태관광의 기회 제공 등

(2) 경관적 가치

① 독특한 경관 형태로 지역의 문화적 가치와 함께 생명력이 넘치는 역동적인 공간 제공

② 자연교육 및 체험장소로 활용

❹ 습지의 기능

(1) 다양한 서식환경 제공

다양한 생태계 형성, 동ㆍ식물에 서식처 제공

(2) 생산력의 보고

① 습지생태계생산력은 평균 $3,000g/m^2 \cdot yr$ 이상

② 대륙붕의 4배, 외해역보다는 10배 이상 높은 광합성 생산력을 보임

(3) 수문학 및 수리학적 기능

① 자연 댐 역할 → 수분 조절기능, 홍수와 갈수 조정기능

② 토양침식 방지 기능, 지하수 충전을 통한 지하수량 조절

(4) 기후 조절 기능

① 전 세계 지표면의 약 6% 차지

② 대기 중으로의 탄소의 유입을 차단, 지구온난화의 주범인 이산화탄소의 양 조절

③ 대기온도 및 습도 등 조절

(5) 수질오염물질 제거 능력

습지에 서식하는 동식물, 미생물과 습지를 구성하는 토양에 의해서 각종 오염된 물을 흡수하여 오염물질을 정화

···02 인공습지

1 인공습지의 분류 및 특성

(1) 개요

자연습지는 상부 지역으로부터 유입되는 물속에 포함된 영양물질과 에너지를 받게 되며, 습지 내의 식물과 동물의 복합체는 유입되는 기질에 적응하여 번성한다. 자연습지 시스템 기능은 생명체의 지지, 수문학적 완충기능, 수질개선기능 등 세 가지로 분류할 수 있다.

[습지의 여러 형태]

① **자연습지(Natural Wetland)** : 주기적으로 수생식물이 우세한 지역으로서, 하부 토양이 항상 습기가 많거나 물로 포화되어 있으며, 매년 식물성장기간에 일정기간 동안 얕은 수심을 유지하는 지역을 말한다.

② **복원습지(Restored Wetland)** : 전에는 자연습지생태계를 지원했던 지역이 개조되고 변화되어 전형적인 습지식물이나 동물들이 없어지고 다른 용도로 사용되던 지역을 추후에 배수가 잘 되지 않게 하여 습지의 동식물상이 존재할 수 있도록 하고, 홍수조절, 여가 및 교육 또는 기타 기능적 가치를 증진시킬 수 있는 상태로 환원된 습지를 말한다.

③ **조성습지(Created Wetland)** : 전에는 배수도 잘 되어 육상동식물이 살아갈 수 있는 지역이었으나, 나중에 습지 동식물의 서식지로 형성하고 홍수조절, 여가 및 교육 또는 기타 기능적 가치를 증진시킬 수 있는 상태로 의도적으로 개조된 습지를 말한다.

④ **인공습지(Constructed Wetland)** : 전에는 육상환경이었던 곳을 하수의 오염물질 제거를 주목적으로 배수가 잘 되지 않는 토양으로 바꾸어 습지 동식물들이 서식하도록 개조한 것이다. 기본적으로 오·폐수처리용으로 설계·운영된다.

(2) 인공습지의 분류

수질개선을 위한 인공습지는 지표흐름형(Surface Flow System)과 지하흐름형(Subsurface Flow System), 부유식물시스템으로 분류된다.
지표흐름형은 유입수가 대부분 하부토양층 위로 흐르며, 하부 토양층은 주로 원래의 토양이다.

지하흐름형 습지는 이론적으로는 유입수가 하부층으로 전부 흘러 표면에는 흐름을 볼 수 없는 시스템이다. 하부층은 전형적으로 여러 가지 크기의 자갈, 쇄석, 또는 토양으로 이루어진다.

부유식물습지는 부레옥잠, 개구리밥과 같은 부유식물을 이용하는 시스템이다. 부유식물이 영양염류를 흡수하여 정화하며, 부유식물의 뿌리와 잎에 형성된 미생물막이 오염물질을 분해하는 역할을 한다.

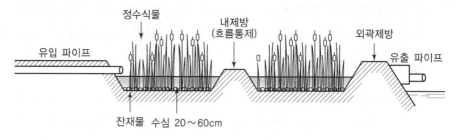

▌지표흐름형 습지 개념도 ▌

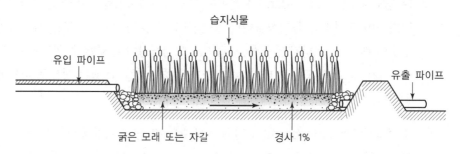

▌지하흐름형 습지 개념도 ▌

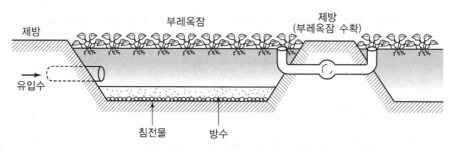

▌부유식물 수생식물 습지 개념도 ▌

② 인공습지의 정화원리

습지는 조건에 따라 다양한 물리적 · 화학적 · 생물학적 작용을 독립적으로 또는 복합적인 과정을 통하여 수질을 개선한다. 습지의 식생은 흐름을 방해하므로 유속이 감소하게 되어 토사(Sediment)의 침전을 유도하며, 점토입자의 흡착현상 때문에 토사에 많은 오염물질(특히, 인)이 붙어 있어 이들이 함께 침전된다. 질소와 인을 흡수하는 과정은 수생식물의 뿌리와 줄기에서 토양에 침전, 흡착된 질소, 인 등을 영양분으로 흡수한다.

습지의 넓은 수표면에는 산소교환이 일어나고 활발한 광합성 작용으로 산소가 증가하여 유기물과 금속 이온을 산화시키게 된다. 그러나 중요한 처리과정은 하수처리장에서 일어나는 생물학적인 분해와 비슷한 과정이며, 단지 처리면적의 규모와 미생물의 조성이 다를 뿐이다.

습지의 수질정화기능은 식생, 물, 하부층, 미생물 등 4가지가 중요한 인자가 된다.

(1) 식생

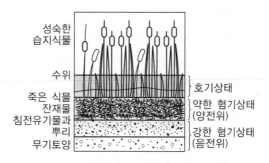

┃ 인공습지의 구성요소 모식도 ┃

식물의 기능은 미생물에게 필요한 서식환경을 제공한다. 물속의 줄기나 잎은 유속을 감소시켜 물리적 · 화학적 작용을 할 수 있는 시간을 증가시키고, 침전을 용이하게 한다. 즉 물리적 · 화학적 반응을 유도한다. 그렇지만 식생의 중요한 기능은 미생물이 서식할 수 있는 추가적인 환경을 조성하는 것으로, 즉 미생물이 붙을 수 있는 상당한 크기의 표면적(생물학적 반응을 할 수 있는 표면적)을 제공한다.

대부분의 식물은 물이 고여 있는 토양에서는 뿌리가 침수 후 급격하게 형성된 혐기성 상태에서 산소를 얻을 수 없기 때문에 잘 자랄 수가 없다. 그러나 수생식물이나 습지식물의 줄기, 뿌리, 잎 등에는 호흡을 할 수 있는 기관(Breathing Tube)과 같은 구조를 가지고 있어서 산소를 포함한 대기가스를 뿌리로 이동할 수 있는 특별한 구조를 가지고 있으며,

뿌리털의 외곽부분에 있는 피복은 완벽하게 밀폐되지 않아 산소가 누출되어 모든 뿌리털 주변에 얇은 호기성 지역, 즉 근권역(Rhizosphere)이 형성되고, 근권역 외곽의 넓은 부분은 혐기성 상태로 남아 있게 된다.

이러한 혐기성과 호기성 조건은 질소화합물을 변화시키는 중요한 기능을 한다. 즉, 질소의 경우 호기성 상태에서 암모니아성 질소는 질산 성질소로 변환되고 주변의 혐기성 조건에서 질산성 질소는 질소가스로 변환되어 대기로 방출된다. 식물은 잎, 줄기 등의 부스러기로 형성된 층이나 부식토층을 형성하며, 이 층은 얇은 막의 미생물반응기(Thin-Film Bioreactor)와 같은 역할을 한다.

식물은 자라서 죽음에 따라 습지토양면에 떨어진 잎과 줄기는 유기물 부스러기의 다층 구조(부스러기/돌부스러기/부식토/피트성분)를 형성한다. 이런 생물체의 축적은 매우 다공질의 습지 하부층을 형성하여 미생물의 성장을 위한 많은 양의 부착면적을 제공한다. 또한 생물체의 분해는 미생물에게는 지속적이고, 쉽게 이용이 가능한 탄소원이 된다. 인공습지나 자연습지에서 수질개선은 주로 이러한 잎과 줄기가 떨어져 형성된 부스러기층이나 부식토층의 높은 활동성과 미생물 부착을 위한 넓은 표면적에 의존한다. 습지식물은 습지 표면과 아랫부분에서 미생물이 활동하기에 유리한 호기성, 혐기성 조건을 계속 증가시킨다. 결과적으로 습지에서 식물의 매우 중요한 기능은 단순히 자라고 죽으면서 수질정화가 될 수 있는 조건을 형성하는 것이다.

이것은 정수식물(Emergent Plant)군, 침수식물(Submergent Plant)군, 습생초지식물(Wet Meadow Plant)군 내에서는 식물종류에 따른 제거효율은 거의 비슷하다는 것을 의미한다. 일반적으로 습지에서 제거되는 영양물질 중에서 식물에 의한 흡수량은 약 5%가 된다. 일본 세네가와(靑明川) 인공습지의 물질수지를 분석한 결과에 따르면 질소의 경우 식물에 의해 흡수되는 양이 약 29%, 인의 경우는 약 6%로 나타나 식물의 흡수에 의해 제거되는 양은 크지 않은 것으로 보여진다.

(2) 미생물

박테리아, 균류, 원생동물과 같은 미생물들은 오염물질을 영염물질이나 에너지로 변환시켜 그들의 생명의 유지를 위해 활용한다. 또한 자연적으로 발생하는 많은 미생물군은 포식성이며, 병원균을 잡아먹는다. 수질개선에 있어서 습지의 효과는 미생물의 군집을 위한 환경을 개발하고 유지하는 데 달려 있다. 다행스럽게도 이러한 미생물들은 서식범위가 넓고, 대부분의 물에서 자연적으로 발생하며, 영양염류 또는 에너지원으로 오염된 습지와 물속에서 대규모로 서식하고 있다.

(3) 습지 하부층

토양, 모래, 자갈 등인 습지 하부층(기질, Substrate)은 식물을 물리적으로 지지하는 역할을 하며, 이온들이나 화합물들의 반응성 표면을 제공하고, 미생물이 부착하여 서식할 수 있는 표면을 제공한다.

(4) 물

지표수와 지하수는 화학적 반응을 할 수 있는 매체(Media)를 제공하며, 미생물 군집에게 먹이(오염물질)와 가스(산소, 이산화탄소 등)를 운반하고, 생성된 부산물을 외부로 이동시킨다. 또한 식물과 미생물의 생화학적 반응과정을 조성하기 위한 환경을 제공한다.

(5) 동물

척추동물과 무척추동물은 미생물과 대형수초를 먹이로 하여 영양분과 에너지를 공급받으며, 물질들을 재이용하거나 경우에 따라서는 습지 외부로 기질을 버리기도 한다. 기능적으로 이들은 오염물질 처리에 제한된 기능을 하지만 성공적인 시스템 내에서 부가적인 혜택(레크리에이션, 교육 등)을 제공한다. 또한 이들은 습지시스템의 건전함을 알아보는 지표로서의 역할을 한다.

▼ 인공습지의 장단점

장점	단점
• 건설비용이 적음 • 유지관리비가 낮음 • 일관성이 있고 신뢰성이 있음 • 운영이 간단 • 에너지가 많이 필요하지 않음 • 고도처리수준 • 슬러지가 없고, 화학적인 조작이 필요 없음 • 부하변동에 적응성이 높음 • 야생동물의 서식지 • 우수한 경관 형성	• 많은 면적 소요 • 최적 설계자료 부족 • 기술자와 운영자가 습지기술에 친숙하지 못함 • 설계회사에서는 설계비용이 많이 소요됨 • 모기 발생 가능성이 있음

SECTION

04 강변여과수

···01 강변여과수

1 개요

① 강변여과수란 강변의 모래층을 통과한 지표수가 토양모래층을 통과하면서 여과상태로 지하에 존재하는 지하수를 펌프로 뽑아 올린 물을 의미함
② 간접취수방식
③ 최근 환경오염 가속화에 따른 지표수 사용의 어려움에 대해 안정적인 수자원 확보를 위한 대안 중 하나임

④ 메커니즘
모래나 자갈공극을 통과하여 우물로 집수되면서
㉠ 물리적 여과와 흡착
㉡ 생화학적 분해 : 용존유기물과 병원성 세균 제거

⑤ 단점
㉠ 다량 취수의 한계
- 주변지반 침하
- 지하수위 낮아짐
㉡ 토양층에 포함된 중금속이 여과되지 않는 경우 발생 → 용출현상 발생
개발 전 많은 지질조사와 수질 분석 필요

⑥ 역사
㉠ 1870년대부터 독일 라인강에 최초로 사용
㉡ 2000년대부터 창원시가 낙동강변 수직형 취수점 36개 → 6만 톤/일 물 취수 중 사용

⑦ 필요 지질구조
25~50m 깊이에서 물 순환이 원활하도록 자갈과 모래층 발달 지질 구조 필요

2 강변여과수의 취수 방식

(1) 집수정 방식

1) 수평집수정(Collector Well)

우물통을 중심으로 수평집수암거를 설치하여 취수하는 방식

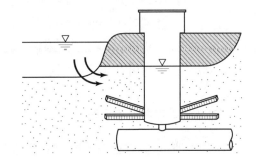

① 우물통 아래 집수암거에 여과수
　저장, 집수
② 대용량 취수 가능
③ 유지관리비용 저렴
④ 설치공정 복잡
⑤ 공사비용 고비용

2) 수직집수정(Vertical Well)

우물통을 중심으로 여과수를 펌프하
여 취수하는 방식으로, 우물통 아래
는 하천 방향 또는 방사상 형태로 수
평집수관 설치

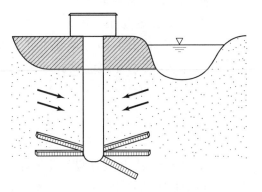

① 설치 용이
② 공사비 저렴
③ 취수용량 제한적
　→ 목표취사량을 위해 우물수량
　　증가 필요
④ 수중펌프 설치 시 펌프장 설치 불필요
⑤ 유지관리 어려움

(2) 취수방식

1) 강변여과 취수방식

① 하천수역으로부터 100m 떨어진 충적층에 취수공 설치
② 충적층의 넓은 분포면적 필요
③ 투수성이 양호하고 충적층이 두꺼운 지역 필요

2) 지하수 인공함양 취수방식

① 물부족지역이나 상수원수의 조달이 어려운 지역에서 사용
   예 하수처리 고도처리수를 원수로 사용

② 인공적으로 호소나 함양분지 조성

③ 100m 떨어진 충적층에 강변 여과수 취수공 설치
   예 캘리포니아 오렌지 카운티
   방류수 → MF+RO+(H₂O₂+UV) 처리 후 대수층에 인공함양시켜 400m
   떨어진 곳에서 강변여과수 방식으로 채수함

(3) 강변여과수의 장단점

① 대수층을 통한 오염물 제거 가능 : BOD, 탁도, 세균, 유해물질
② 돌발적 수질오염사고 대비 기능
③ 균등한 수질 확보 가능
④ 대장균, 일반세균 적음
⑤ 부유물질 적음 → 정수처리 공정 감소(장점)
⑥ 계절적 수온과 탁도 변화 적음 → 정수처리가 경제적
⑦ 슬러지 처리 비용 절감
⑧ 일시적 가뭄 대비 가능
⑨ 상수원 보호지역 규제의 필요성이 적어짐
⑩ 경도 및 철, 망간의 함유 정도가 기준 농도를 초과할 수 있음 → 별도 처리시설 필요
⑪ 여과로 제거되지 않는 미량오염물질 제거 필요(예 1.4다이옥산 등)
⑫ 취수정 주변 경작 또는 폐수 배출 시 대수층 오염 가능성 발생
⑬ 대량 취수에 의한 지하수 고갈

···02 철 · 망간 제거설비

1 개요

① 철 다량 함유 시 쇳물 맛이 나고, 세탁 · 세척 시 적갈색을 띨 수 있음
② 공업용수로 부적절
③ 먹는물 기준 철은 0.3mg/L 이하, 망간은 0.05mg/L 이하
④ 원수 중 철은 대부분 침전과 여과공정 중 제거됨
⑤ 망간은 지하수, 특히 화강암 지대, 분지, 가스 함유 지대 등의 지하수에 포함
⑥ 하천수에서는 드뭄, 광산 폐수 · 공장폐수 영향
⑦ **호소나 저수지** : 무산소 시, 철 · 망간 용출

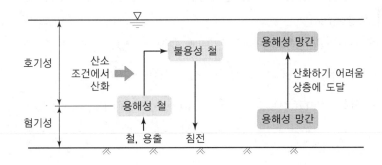

⑧ 망간+유리잔류염소 결합 → 망간의 300~400배 색도 생성, 관의 내면에 흑색 부착물 생성 → 흑수 생성
⑨ 세탁물에 흑색 반점을 형성함

2 철 제거설비

(1) 폭기

① 지하수 중 $Fe(HCO_3)_2$ 형태로 존재하는 경우가 많음
② 토탄지대의 경우 휴믹산과 결합하여 콜로이드 철로 존재함
③ 하천수의 경우 $Fe(OH)_3$ 형태임(대부분)
④ 온천 · 광산폐수의 경우 $FeSO_4$ 형태임

⑤ 제거방법 : 제일철이온이나 콜로이드 상의 유기철 화합물을 폭기 또는 전염소처리로 산화하고 제이철염으로 석출 → 응집 침전 또는 여과하여 제거
$Fe(HCO_3)_2$을 폭기하여 $Fe(OH)_3$ 형태로 침전제거한다.

⑥ 수중에 30mg/L 이상의 용해성 규산이 철과 공존할 경우 폭기하면 철과 규산 $[SiOx(OH)_{4-2x}]n$(규소, 수소, 산소의 화합물)이 결합되어 콜로이드 상의 세집 분자로 되어 응집침전과 여과를 하더라도 충분히 제거되지 않는다. → 염소산화가 유효함
   ㉠ 이론적으로 철 1mg/L, 염소 0.635mg/L가 필요함
   ㉡ pH가 낮은 경우에도 쉽게 산화 가능

⑦ 중탄산 이외의 철은 pH를 9 이상으로 높이면 수중의 산소로 산화됨. $Fe(OH)_3 \downarrow$ 석출

⑧ 폭기산화를 촉진하기 위해 pH 8.5 이상으로 한다.

> [Mechanism]
> ㉠ 폭기 : $Fe(HCO_3)_2 \rightarrow FeCO_3 + CO_2 + H_2O$
> ㉡ 가수분해 : $FeCO_3 + H_2O \rightarrow Fe(OH)_2 + CO_2$
> ㉢ 산화 : $2Fe(OH)_2 + \frac{1}{2}O_2 + H_2O \rightarrow 2Fe(OH)_3$

③ 망간 제거설비

(1) 염소, 오존 또는 과망간산 칼륨에 의한 약품 산화 후 응집침전 여과

① 망간 1mg/L : 염소 1.29mg/L(이론적)

② 잔류염소가 0.5mg/L가 되도록 주입

③ Mn^{2+} 산화 → $Mn^{4+}(MnO_2)$ 또는 $Mn^{7+}(MnO_4^-)$가 된다.
   → 흙갈색 또는 분홍색
   → O_3가 과량 주입된 경우 Mn^{7+}이 생성됨
   ✱ 오존주입률은 잔류오존이 넘지 않도록 주입한다.

④ 과망산칼륨 1.92mg/L : Mn 1mg/L
   ✱ 실제로는 더 주입된다.

(2) 염소산화 후 망간사 처리

① pH 높을수록 망간사 잘 처리
② 산화제 염소 계속 사용 시 → 망간 모래 작용, pH 조절 없이도 제거 잘 됨

[Mechanism]

망간사에 의한 망간이온의 제거는 아래의 화학식과 같이 나타낼 수 있다. 망간사의 표면에 망간이온이 닿으면 접촉산화작용에 의하여 망간이온은 망간사의 표면에 산화물이 됨으로써 제거되고, 생성된 $MnO_2 \cdot MnO \cdot H_2O$는 불활성이며 접촉산화력을 상실하게 된다. 따라서 망간사가 지속적으로 망간이온의 흡착능을 갖기 위해서는 주기적으로 망간사를 재생(Regeneration)하여야 하며, 접촉산화력을 상실한 망간사에 염소 등의 산화제를 주입하면, 불활성화된 망간사가 다시 활성화되어 연속적으로 용존성 망간을 제거할 수 있게 된다.

$$Mn^{2+} + MnO_2 \cdot H_2O + H_2O \rightarrow MnO_2 \cdot MnO \cdot H_2O + 2H^+$$
$$MnO_2 \cdot MnO \cdot H_2O + Cl_2 + H_2O \rightarrow 2MnO_2 \cdot H_2O + 2H^+ + 2Cl^-$$

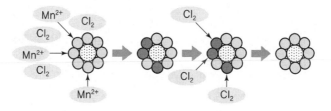

○ $MnO_2 \cdot H_2O$: 망간사의 피막
● $MnO_2 \cdot MnO$: 비용해성의 불활성 산화망간
⊙ 여과사

‖ **망간접촉여과의 모식도**(水道技術研究 センター, 2000) ‖

---

4 철박테리아 이용법

① 원수는 수질 변동이 적은 지하수 등으로 한다.(완속여과법 이용)

② 철박테리아의 종류나 존재를 확인한다.

    ㉠ 박테리아의 표면이나 박테리아의 몸속에 침착능력을 이용하는 것이다.

    ㉡ 필요시 생물종 이식 필요

    ㉢ Leptothrix : 철, 망간의 산화 침착능력이 있음

    ㉣ Clonothrix : 망간의 산화 침착능력이 있음

    ㉤ Sidero Coccus : 철 산화 침착, 망간 제거는 힘듦

③ 여과속도는 10~30m/d 표준

    원수수질, 수량, 여과층의 조건에 따라 변동 가능

④ 완속여과지 기준에 필요시 표면 역세장치도 가능하다.

SECTION

05 수질모델링

┅┅01 서론

1 목적

환경영향평가서 작성 시 수질예측과 관련하여 모델 선정과 운영 방법에 대해 기술

2 모델링 수준

① 수질모델은 수체의 이송특성에 따라 이동하는 물질을 "질량보전의 법칙"에 의해 종합하여 시간과 거리 또는 두 가지 모두에 따른 수질농도를 계산할 수 있는 도구이다.

② 수질모델은 수자원 및 수질의 관리와 평가를 위해 광범위하게 사용됨

③ 컴퓨터 기술 발달에 따라 지속적으로 발전하고 있음

④ 입력자료의 정확도는 수질 모델의 결과에 나타나는 오차에 영향을 미침

3 수질 예측의 절차

수질 예측을 위해서는 수계특성, 예측목적, 예측항목, 모델의 특성에 맞는 모델 설정이 매우 중요

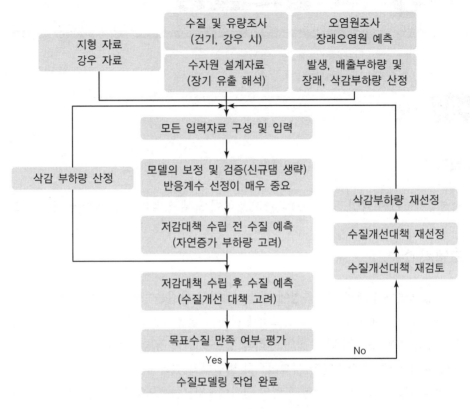

▌수질모델을 이용한 수질예측 절차 ▌

⋯02 수질모델 및 유역모델의 선정

1 수질모델 선정

수계 특성(저수지·하천 등), 예측 목적(부영양화, 토사 확산 등), 예측 항목, 모델 특성 등에 의해 구분됨

2 적용 가능한 모델

① SMS(Surface−water Modeling System, −GFGEN, −RMAZ, −RMA4)
② QUAL2E

③ EFDC(Environmental Fluid Dynamics Code)

④ CE－QUAL－W2

⑤ WASP(Water Quality Analysis Simulation Program)

⑥ EFDC－WASP7 등

❸ 각 모델의 특성

▼ 주로 사용되는 수질모델

모델명	적용 가능 지역	특성
QUAL2E (W.S.EPA)	하천	• DO, BOD, Chl－a, N－series(4가지), p－series(2가지), 비보존성 물질(3가지), 보존성 물질(2가지), 총 15가지 항목에 대해 예측 가능 • 1차원 모델로 정상상태인 경우를 예측, 비정상상태의 예측이 불가능함 • 하천의 흐름을 한 방향으로 가정하여 조석이나 흐름 정체현상을 반영하지 못하는 수리학적 한계를 가지고 있음 • 현재까지 가장 보편적으로 활용되는 수질모양
QUAL－ NIER (환경부)	하천	• QUAL2E 모형의 반응기작을 확장 • 조류 대사과정을 세분화, CBOD 계산 시에 조류 발생에 따른 내부생산 유기물 증가를 고려하여, 수질오염공정시험방법으로 측정되는 Bottle BOD_5에 대한 계산식을 추가, 유기물질의 계산은 물질의 성상 및 존재형태별로 구분하여 계산, 물질의 세부 구분을 위하여 분리계수(Partition Coefficient) 도입, 유기물 지표항목으로서 TOC 항목을 추가함
QUAL2K (KOREA)	하천	• QUAL2E 모형의 반응기작을 확장 • 조류사멸에 의한 BOD 증가, 탈질화, 부착조류의 산소 소모에 관한 반응기작을 추가
QUAL2K (U.S.EPA)	하천	• QUAL2E 모형의 반응기작을 확장한 Excel Base 모델 • 점오염원의 유출입을 구간의 길이별로 입력 가능 • CBOD의 경우 Slowly Reacting CBOD(cs)와 Fast Reacting CBOD(cf)로 나누어서 모의 가능 • 무산소상태에서 산화반응이 가능하도록 구성
WASP5	하천, 호수, 하구 등	• DO, BOD, 온도, N－series, P－series, 독성유기화합물 중금속, 총 대장균군, 조류농도에 대해 예측 가능 • 하천에 적용할 때에는 DYNHYD(2차원－상하구분불가) 및 기타 수리 모델과 연계하는 것이 바람직함

모델명	적용 가능 지역	특성
WASP5	하천, 호수, 하구 등	• 호수에 적용할 때는 상하층 구분을 적용하여 EUTRO(3차원 모델 – 상하, 좌우 Segment를 구분함) 적용 • 우리나라의 호소에 많이 적용된 모델이나, 유량의 유출입에 대해 유동적으로 입력이 불가함
WASP7	하천, 호수, 하구 등	• Window 버전으로 EFDC와 연동해서 모의 • 부영양모델, 독성모델 외에 Mercury, Heat 모델 추가 • 모의결과를 그림으로 표현할 수 있는 Postprocessor 기능 추가 • CBOD의 경우 분해 속도에 따라 CBOD(1), CBOD(2), CBOD(3) 3가지 종류로 구분하여 모의가 가능하도록 개선
CE – QUAL – W2	하천, 호수, 하구 등	• 수심이 깊고, 길이가 긴 호소에 적합한 모델 • 수체의 흐름에 대한 여러 형태 적용이 가능함 • 상류경계조건을 고려하여 유입량을 선정하기 어려운 하천의 하구나 저수지에 적용 가능 • 호소의 성층분석에 적용 가능 • 온도, 염분도, SS, DO, TOC, 인, 질소 등 총 21가지에 대해 예측 가능한 2차원 모델 • WQHRS 모델의 특성에 Segment의 구분이 있음 • CE – QUAL – R1에서 발전한 모델
WORRS	호수	• 길이가 짧고, 연직방향의 고려가 주된 호소일 때 적용 • 어류, 동물성 플랑크톤, 식물성 플랑크톤, 유기성 퇴적물질, COD, N – series, pH 등에 대해 예측 가능한 연직 1차원 모델 • 정상 상태 시 적용이 용이함
SMS (–RMA2, –RMA4)	하천, 호수, 하구 등	• GFGEN, RMA2, RMA4으로 구성되어 각 모형은 격자 생성, 수리, 수질 모의를 수행 • 각 격점에서의 수위 및 유속을 계산할 수 있고, 수농도를 유한 요소해법을 적용해서 계산할 수 있는 2차원 모델 • 하천에서의 오염물질 확산에 대한 예측, 2차원 모형이므로 국부적인 해석이 필요할 때 활용도가 높음 • 수질반응식이 매우 단순하여 주로 부유물질이나 보존성 물질의 모의에 활용
EFDC	하천, 호수, 하구 등	• 3차원의 모의 가능 • 비교적 간단한 수질인자에 대해서는 자체모의 가능(하천 혹은 호소의 탁도 모의) • WASP과 연계를 통하여 보다 다양한 수질인자 모의 가능

낙동강 하류지역과 같이 정체수역이 발생하여 내부생산량에 의해 수질변화가 발생하는 지역적 특성을 고려하기 위해 개발된 QUAL – NIER(환경부) 모델은 QUAL2E 모델과 입력 자료가 유사하고 환경부에서 관련된 자료를 배포하고 있다.

아래 그림에 모델 선정 절차를 간단하게 모식화하였다. 예를 들어 모의대상 수계가 하천인 경우 모의대상 항목이 부유사의 확산예측이라면 EFDC(Environmental Fluid Dynamics Code) 모델이나 SMS(Surface – water Modeling System, – GFGEN, – RMA2, – RMA4) 모델을 선정하면 된다. 모의대상 항목이 BOD 항목일 경우 정체수역에 따른 내부생산량을 고려할 필요가 있고 연중 수질변화를 파악하고자 한다면 WASP(Water Qualify Analysis Simulation Program) 모델을 선정하면 된다. 그러나 모델 선정에 있어 사업의 주요성, 지역적 특성, 검토범위 등이 포함될 수 있으며 모델 선정의 주의가 요구된다.

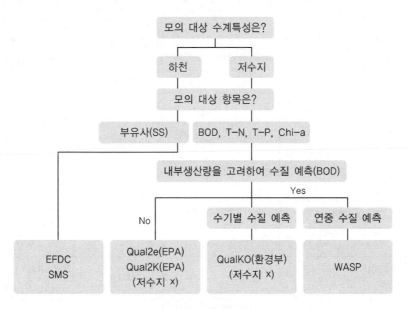

┃ 수질모델의 선정절차 ┃

4 적용현황

수계등급별 적용된 모델 분석 결과는 다음과 같다.
① 예측 목적 토사 확산일 경우

$$\text{SMS} \longrightarrow \text{EDFC 적용}$$
$$\text{(과거)} \qquad \text{(현재)}$$

② 예측 목적 부영양화 등 오염 변화의 경우

　　㉠ 하천 : QUAL2E를 주로 사용

　　㉡ 댐 : WASP5(과거) → EFDC－WASP7(현재) 주로 사용

5 우선 가능 모델 제시

① 공사 시 : EFDC

② 운영 시 : QUAL2E, WASP 사용

대안 모델은 다음 표와 같다.

수계 등급		적용사례		우선 적용 가능 모델		대안 모델	
		공사 시	운영 시	공사 시	운영 시	공사 시	운영 시
하천	국가 하천	SMS(GFGEN, RMA2, 4), EFDC	QUAL2E	EFDC	QUAL2E(EPA) QUAL2K(EPA) QUALKO (환경부)	SMS(GFGEN, RMA2, 4), CE－QUAL －W2	WASP
	지방 1급 하천	SMS(GFGEN, RMA2, 4), EFDC	QUAL2E	EFDC	상동	SMS(GFGEN, RMA2, 4) CE－QUAL －W2	WASP
	지방 2급 하천	SMS(GFGEN, RMA2, 4), EFDC	QUAL2E EFDC	EFDC	상동	SMS(GFGEN, RMA2, 4) CE－QUAL －W2	WASP
댐	다목적 댐	－	WASP5	EFDC	WASP	SMS(GFGEN, RMA2, 4)	CE－QU AL－W2
	홍수 조절댐	－	CE－ QUAL－W2, WASP5	EFDC	WASP	SMS(GFGEN, RMA2, 4)	CE－QU AL－W2
	용수 공급댐	SMS(GFGEN, RMA2, 4)	EFDC－ WASP7	EFDC	WASP	SMS(GFGEN, RMA2, 4)	CE－QU AL－W2
운하		－	EFDC－ WASP7	EFDC	WASP	SMS(GFGEN, RMA2, 4)	CE－QU AL－W2

PART 02

6 유역 모델

(1) 원단위법

① 유역에서 발생하는 오염물질 부하량 산정방법 중 가장 넓게 사용됨
② 그러나 장시간 실측자료 부족 및 토지이용의 세부적 구분 미흡 등으로 상세한 원단위 산정이 이루어지지 않고 있음

(2) 상기 보완책

① 수량과 수질을 동시에 시뮬레이션하는 방법 → 유역 모델링임
② 오염물질의 생성과 이동과정을 수문학적 상호작용에 의해 파악

(3) 특징

① 구조 복잡
② 모델 구동을 위한 입력 자료 및 인자가 방대함
③ 특성인자 값은 보정과정에서 그 유역 특성에 맞도록 수정이 필요함
④ 정확도를 높이기 위해 계절별로 수 년간 보정작업이 필요한 경우 발생
⑤ 모델의 종류 따라 입력 자료 요구도와 예측결과에 차이가 많이 남

(4) 주로 사용되는 유역 모델

모델명	개발기관	강우 형태	특성
AGNPS	USDA	단일, 연속	영양물질, 농약, 토사, COD 등에 대해 예측 가능하며, 다양한 토지 유형에 대해 처리 가능
ANSWERS	Purdue University	단일	농경지의 유출현상을 예측, 토지 관리 및 보전정책에 대한 효과를 평가, 토사 및 영양물질 유출 예측
DR3M – QUAL	USGS	단일, 연속	토사, 질소와 인, 금속 그리고 유기물질에 대해 예측 가능, 처리시설, 저수력, 하수시스템에 대한 분석 가능
STORM	HEC	연속	부유물질, 침강성 고형물, BOD, 총 분변성 대장균, 정인산, 질소에 대해 예측 가능하며, 저수력, 처리시설에 대한 분석 가능
SWMM	EPA	연속	토사를 포함하여 10가지의 오염물질에 대해 예측 가능, 처리시설, 저수력, 하수시스템에 대한 분석 가능

제2편 하천 및 호수 수질관리 **251**

모델명	개발기관	강우 형태	특성
SWRRBWQ	USGS	연속	토사, 질소, 인 그리고 농약에 대해 예측 가능
CREAMS	USGS	단일, 연속	농약과 비료에 대한 화학물질모델이 있으며, 영양물질 모델은 농경지에서의 질소와 인의 순환 및 유실을 추정
HSPF	EPA	단일, 연속	농약, 영양물질 및 사용자 정의 물질에 대한 예측 가능, 수체 내부에서 수질까지 동시에 시뮬레이션 가능
SWAT	USDA	연속	토양침식은 MUSLE(Modified Universal Soil Loss Equation)에 의해 계산되며 인, 질소, 살충제 등의 유기성 화학물질의 이동량 모의 가능

┅03 입력자료

1 수체의 모식화

(1) 격자 구분 특성

① 소구간 : 지류 유입 및 정체되는 특성 고려 후 수리학적 계수가 변하는 지점을 중심으로 구분
② 호소의 경우 : 표수층, 심수층, 저니층으로 구분(∵ 성층현상 모의)

(2) 격자 구성

① 하천 및 호소의 수질모의를 위하여 1 : 25,000 지형도, 수치지도 및 수심도를 이용하여 소구간으로 분할
② 소구간은 모의구간의 연장, 수심에 따라 2D 및 3D 모델의 특성을 고려하여 세분화
③ 모식화 후 각 소구간별 체적 · 형태 · 단면적 및 특성 · 길이를 입력하여 지형자료 구성

(3) 격자 구성 시 고려 조건

① 유기물질 또는 사멸된 조류의 침강 · 축적 고려
② 오염원의 유입지점 · 지류유입 · 방류지점 등 저수지 구조물 및 용수 취수상황 표시
③ 소구간의 화학적 분해속도 등을 일정하다고 가정

② 수리계수(유량계수)

① 모델에 입력되는 수리계수는 실측자료를 이용하거나
② 수질예측 범위가 광범위하여 실측자료를 얻기 어려울 경우에는 수질모델 사용
   미 공병단이 개발한 HEC−RAS(Hydrologic Engineering Centers River Analysis System) 모델 사용

③ 수리모델 수행을 위한 입력 자료
   ㉠ 하도의 유하량
   ㉡ 지점 수위
   ㉢ 하도의 조도계수
   ㉣ 하도의 종 · 횡단 측량성과 자료
   ㉤ 하도상의 수리시설 관련 자료 등

③ 유량 및 수질 자료

① 실측값을 활용하여 유량 및 경계수질 농도 입력
② 실측값 없을 시에는 배출 부하량에 유달률을 고려하여 유달부하량을 입력

④ 수질 현황 조사

(1) 수질 측정 지점

① 지방하천 및 저수지 등의 소규모 수계
   유입 하천별 1지점, 본류구간 3지점(상 · 중 · 하류) 포함 최소 4지점 이상을 대상으로 조사지점을 선정한다.

② 국가하천 및 댐 등 대규모 수계
   수질 측정지점 부족으로 모델 정확성이 떨어질 수 있으므로 다음의 사항을 추가로 고려하여 시행한다.
   ㉠ 본류의 영향이 큰 유입지천은 추가로 측정지점으로 선정
   ㉡ 기존 저수지의 심도별 수질조사 수행 → 성층 및 전도현상 파악
   ㉢ 기존 수질측정망 자료 활용 또는 영향평가서, 보고서 자료 활용
   ㉣ 대상 사업 시행 전후의 동일한 지점을 선정하여 영향을 판단할 것

(2) 조사 횟수

① 월별, 수기별, 강우 시 조사하는 것이 합리적임

② 최소 조사 횟수
　　㉠ 소규모 수계 : 계절별 또는 수기별 측정
　　㉡ 대규모 수계 : 1년간 월별 조사 시행

5 저질 현황 조사

① 연중 변화가 크지 않을 시 1회 이상 조사를 원칙으로 함
② 부득이 이행 못할 시 문헌자료 등을 이용

6 오염원 및 발생부하량 현황조사

① 현지조사 원칙
② 현지조사가 어려울 경우 지자체 자료 활용
③ 오염원을 6계로 구분하여 산정
④ 추가로 강하분진을 고려할 수 있음. 강하분진 오염원 유입에 대해서는 최소 사업지역을 1회 이상 측정$(NO_{3-}N)(PO_4-P)$하는 것이 원칙

7 공사 시 토사 유출에 의한 영향 예측

(1) 우수 유출량

① 기본 및 실시설계 시 분석된 수리수문 자료 이용
② 설계자료 부재 시 합리식 및 수리모델을 이용하여 우수유출량 산정

$$Q_p = 0.2778\,CIA$$

여기서, Q_p : 첨두 홍수량(m^3/s)
　　　　C : 유출 계수
　　　　I : 지속시간 t_c의 강우 강도
　　　　A : 유역면적(km^2)

(2) 토사 유출량

① 소규모 사업장

원단위법을 이용

② 대규모 사업지역

범용 토양 손실 공식을 이용(RUSLE ; Revised Universal Soil Loss Equation)

③ 토사 유출원단위 산정식

㉠ 원단위법

토사 유출량(톤/일) = 1/365 × 배수면적(ha) × 토사유출량 원단위(m^3/ha · 년)
× 토사밀도(톤/m^3)

㉡ 범용 토양 손실 공식

＊ RUSLE : 단순 호우사상에 의한 토양 침식 산출이 가능하도록 수정 · 보완하였음

$$A = R \cdot K \cdot LS \cdot C \times P = R \cdot K \cdot LS \cdot V_M$$

여기서, A : 단위 면적당 토사 침식량(ton/acre)
R : 강우 침식인자(100ft · ton/acre · in/hr)
K : 토양 침식인자(ton/acre · R)
LS : 지형(경사면 길이 : 경사도) 인자
C : 작물 관리 인자
P : 토양 보존 관리 인자
V_M : 건설현장 적용 계수

┅04 모델의 보정 및 검증

▮ 정의

모델링 수행 예측치와 실측치가 불일치 시 수질계수를 재조정하여 실측치와 일치시키는 보정작업 수행

② 호소의 경우

① 각 계수의 보정은 조류 관련하여 우선 조정하고 $Chl-a$ 농도를 실측지와 예측치 일치 우선시킨 다음 $T-N \cdot T-P \cdot DO \cdot BOD$ 순으로 조정한다.

② 오차 범위 20% 이내

┅05 장래 수질 예측

검증결과가 비교적 일치하면 수질관리를 위한 장래 수질 예측을 수행한다.

1 예측 항목

① 토사 확산에 대한 영향 예측 시 SS를 예측 항목에 추가

② 수질오염 영향 예측 하천일 경우
$BOD \cdot DO \cdot T-N \cdot T-P$

③ 수질오염 영향 예측 호소일 경우
수온, $COD \cdot DO \cdot T-N \cdot T-P \cdot Chl-a$를 예측항목으로 선정하고 사업목적에 의해 필요항목을 추가한다.

2 경계 조건에 대한 보정

(1) 소규모 수계

① 지방하천 및 저수지 등에 적용
② 계절별 수질특성을 반영하기 위하여 최소 4회/년 이상 조사된 수질 실측 자료에 대해 보정을 실시

(2) 대규모 수주

① 국가 하천 및 댐 등에 적용
② 월 1회 이상/년 조사된 실측자료에 대해 보정 실시

···06 모델 특성 및 수행 절차

1 QUAL2E(USEPA)

(1) 개요

① 하천의 수질 예측에 많이 사용
② 모델 구성은 수리학적 계수 또는 횡단면 자료, 유량자료, 수질자료, 반응계수 선정 등
   으로 되어 있음

(2) 적용 범위

① 3개의 비반응성 물질　　② BOD　　　　　③ 온도
④ Chl−a　　　　　　　⑤ phosphrous　　⑥ nitrogen
⑦ DO　　　　　　　　⑧ coliforms
⑨ 1개의 반응성 물질 등 수질항목들 모의
모델적용 시 가정 조건은
㉠ 총대장균과 반응성 물질은 수중의 다른 물질의 농도와 관계없이 독립적 반응으로 가정
㉡ 비반응성 물질은 수중의 다른 물질과 관계없고 자체도 아무런 반응하지 않은 것으로
   가정

(3) 수체의 모식화

① 대상하천
   ㉠ 대구간 : 수리학적 특성에 유사한 구간
   ㉡ 소수간 : 실질적인 계산이 일어나는 구간

② 소구간 구분
   수원 소구간, 표준 소구간, 지류 합류점 분류 소구간, 최하류 소구간, 점오염원 유입
   소구간, 취수 소구간 등으로 구분

(4) 수리계수의 입력

함수표현의 이용을 위해서는 No Trapezoidal 또는 Discharge Coefficients 선택, 기
하학적 표현의 이용을 위해서는 Trapezoidal 선택 등 2가지 선택사항이 있음

(5) 수질자료의 입력

하천의 수질모의를 위해 수온·유량, DO, BOD, chl-a, Org-N, NO_2-N, NO_3-N, Org-P, PO_4-P 형태로 입력한다.

(6) 수질 반응계수의 입력

① BOD 및 DO 반응계수의 입력
　㉠ BOD : 분해율, 침전에 의한 제거율
　㉡ DO : 저니층에 의한 산소 소모, 재폭기 계수 입력

② 질소, 인 및 조류의 반응계수 입력
　유기질소 가수분해율 계수, 암모니아 산화율 등 입력

(7) 모델의 보정 및 검증

모델출력결과 BOD 예측 농도치와 실측 농도치가 유사하지 않을 경우 BOD와 관련된 반응계수를 조정하여 보정과정 진행하여 오차범위 20% 이내로 조정

(8) 장래 수질 변화 예측

개발계획에 따라 배출되는 오염물질 양과 농도가 대상수체에 미치는 영향을 정량적으로 파악하기 위해 시나리오를 구성하여 장래수질변화를 예측한다.

② WASP(Water Qualify Anaiysis Simulation Program)

(1) 개요

① 호소, 저수지, 하천, 연안 등의 다양한 수체의 수질문제를 시간의 흐름에 따라 분석할 수 있는 모델
② 수치 해석적 적분에 의한 물질수지식임

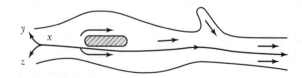

$$\frac{ac}{at} = -\frac{a}{ax}(UxC) - \frac{a}{ay}(UyC) - \frac{a}{az}(UzC)$$
$$+ \frac{a}{ax}\left(Ex\frac{ac}{ax}\right) + \frac{a}{ay}\left(Ey\frac{ac}{ay}\right) + \frac{a}{az}\left(Ez\frac{ac}{az}\right) + S_L + S_B + S_K$$

여기서, C : 농도

t : 시간

$Ux,\ Uy,\ Uz$: $x,\ y,\ z$ 방향 유속(m/d)

$Ex,\ Ey,\ Ez$: $x,\ y,\ z$ 방향 확산 계수(m²/d)

S_L : 직접 오염부하 유입률(g/m² − d)

S_B : 직경계유입 오염부하(지류, 퇴적물, 대기 등) 유입률(g/m² − d)

S_K : 수질 반응에 의한 반응변화율(g/m² − d)

③ WASP5는 두 개의 독자적 프로그램인 DYNHYD(1차원 수리모델)와 WASP로 구성
되어 있음, 두 개의 프로그램을 연결하거나 분리해서 모의 가능함

④ WASP : 부영양화 Model(Eutro)와 독성 물질 등 보존성 물질을 모의하는 TOXI로 구
성됨

⑤ WASP5 : DOS 환경

⑥ WASP6 : window 환경

⑦ WASP7 : 한국운영체계 가능, 3차원 수리 동역학 프로그램, EFDC − Hydro 연동사용
가능

(2) 적용 범위

CBOD, NH_3-N, NO_3-N, PO_4-P, DO, Chl − a, periphyton, Detrius 등 다양

(3) 수체의 모식화

① 일반적으로 WASP 계열 모델링의 경우 수온, DO, BOD, N계열, P계열, 유량 등을
분석한다.

② EFDC와 연계할 경우 Data Group으로 입력되므로 WASP7는 별도 입력이 불필요하다.

(4) 수질 및 유량 자료의 입력

호소 수질 모의 위해 유량 외에 DO, BOD, Chl − a, org − N, NH_3-N, NO_3-N, org − P,
PO_4-P를 입력한다.

(5) 수질 반응계수의 입력

① 호소의 경우 수질 보정을 위해 유량 외

② phytoplankton, N, P, BOD, DO 계열과 관련된 반응계수 입력

(6) 모델의 보정 및 검증

예측치가 실측치보다 높을 경우 분해율, 침전율을 증가시키고 반대의 경우 감소를 통해 보정 및 검증

(7) 장래 수질 변화 예측

시나리오를 구성하여 장래 수질 변화를 예측

3 EFDC(Environmental Fluid Dynamics Code)

(1) 개요

① 공사 시 발생하는 토사의 영향을 파악할 때 유효함

② 부유물질에 대한 시·공간적 분포 등에 대한 모의가 가능함

③ 유체의 이동, 흡착성 또는 비흡착성 부유물질의 이동, 오염원 유입에 의한 후석 등 모의 가능함

(2) 수체의 모식화

① 저수지 대상 : 단위격자 크기 10m × 10m 이하로 구성함

② 수직크기는 10개 내외의 층으로 구분하는 것이 바람직함

(3) 유량자료의 입력

① 유황조건에 따라 확산 범위가 달라질 수 있음

② 수기별 선정하여 최대 확산 범위와 최소 확산범위를 예측하여 기초 자료로 활용하는 것이 바람직함

(4) 매개 변수의 산정

① 부유사 확산모의를 위해 Silt, Clay를 대상물질로 가정함

② Stokes 법칙을 이용하여 침강속도 산정

(5) 부유사 확산 예측

① 자료 입력 및 매개 변수 입력 완료하여 시간에 따른 부유사 확산 예측
② 토사 유출 지점에서의 저감대책이 수립될 경우 확산 예측 수행 후 결과값을 비교 · 검토

4 SMS(Surface-water Modeling System, -RMA2-RMA4)

(1) 개요

미국 공병여단에서 개발하였으며 3단계로 구성
① GFSEN : 지형파일 전처리
② RMA2 : 수리학적 모의
③ RMA4 : 오염물질 및 부유사의 확산이송 모의

(2) FEM(Finite Element Method) 망의 구성

① RAM2 유한 요소망 : 격정(Node)과 요소(Element)로 구성
② 요소의 형태 : 선형(3점), 삼각형[2차(6점) 삼각형, 선형(4점) 삼각형], 2차(8점) 사각형의 4가지 형태

(3) 경계 조건

위에 구성된 망에 경계 조건을 적용한다.
① BQL(Boundary Flow Life) 경계조건 : 경계 유량선 의미
② BHL(Boundary Head Line) 경계조건 : 경계 수두선 의미

(4) 초기 조건

초기 평균 수심을 정의하여 뒤따르는 수리학적 모의의 안정성을 결정하는 데 있어 중요하다.

(5) 부유사 확산 예측

① RAM2에 의한 수리학적 모의 : 정상류와 비정상류 상태에 대해 모의 가능
② RAM4에 의한 부유사 확산 모의 : 정상류와 비정상류 상태 모의 가능

03

물리 · 화학적 수처리

SECTION
01 펌프시설

···01 NPSH(Net Positive Suction Head)

1 정의

NPSH란 공동현상(Cavitation)을 일으키지 않고 펌프에 이용될 수 있는 유효흡인수두를 말하며, 회전차 입구의 압력이 포화증기압력에 대하여 어느 정도 여유를 가지고 있는가를 나타내는 양을 말한다.

2 산출

$$H_{av} = H_a + H_s - H_p - H_L$$

여기서, H_{av} : 이용할 수 있는 흡인수두(NPSH)
H_a : 대기압 수두(m)
H_s : 흡입수두(m)(단, 펌프 기준면~액면까지의 높이로서 흡수면이 펌프 중심보다 높을 때는 정수두(+), 낮을 때는 부수두(−)로서 대입)
H_p : 수온에 상당하는 포화증기압 수두(m)
H_L : 흡입 손실수두와 흡입 마찰손실수두 등을 고려한 흡입관의 총 손실수두(m)

▼ 수온에 상당하는 포화증기압 수두

온도(℃)	0	10	20	30	40	50	60
포화증기압 수두(m)	0.06	0.13	0.24	0.43	0.75	2.03	4.83

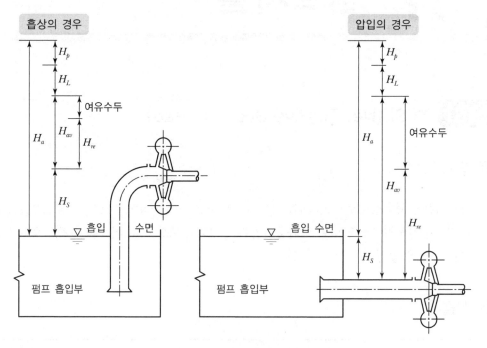

┃ 펌프의 유효흡입수두 ┃

(1) 토마스(Thomas)의 공동계수에 의한 방법

$$H_{re} = \sigma H$$

여기서, H_{re} : 필요 NPSH

σ : Thomas의 Cavitation 계수

H : 펌프의 전양정(다단 펌프의 경우는 제1단의 회전차가 갖는 양정(m))

공동현상계수 σ는 일반적으로 펌프의 비교회전도(N_s)의 함수로 표시된다. 펌프의 전양정, 토출량 및 회전수가 변하면 H_{re} 값도 다르게 된다.

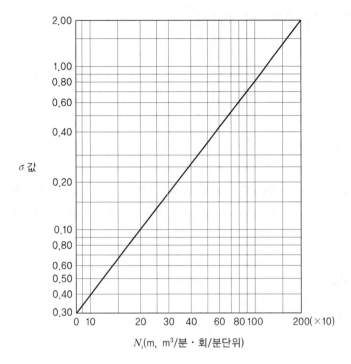

N_s(m, m³/분 · 회/분단위)

‖ N_s와 σ의 관계 ‖

(2) 흡입 비교 회전도(N_S)에 의한 방법

$$N_S = N\frac{Q^{1/2}}{(H_{re})^{3/4}}$$

여기서, H_{re} : 펌프에서 필요로 하는 유효흡인수두(NPSH)

N : 펌프의 회전수(rpm)

Q : 펌프의 전양정(m)

N_S : 비교회전도(1m³/min의 유량을 1m 양수하는 데 필요한 펌프의 회전수)

✱ 판정
  • 이용 가능 NPSH(H_{av})>펌프의 필요 NPSH(H_{re})×1.3 → 캐비테이션 유발 방지
  • 이용 가능 NPSH(H_{av})<펌프의 필요 NPSH(H_{re})×1.3 → 캐비테이션 발생 가능

···02 펌프의 운전 장애현상

펌프 및 관로의 설계 · 시공상의 결함과 운전미숙에 따른 운전 중 장애현상의 원인을 살펴보고 그 영향과 대책을 요약하면 다음과 같다.

1 공동현상(Cavitation)

펌프 내에서 유속이 급변하거나 와류 발생, 유로 장애 등에 의해서 유체의 압력이 그때의 수온에 대한 포합증기압 이하로 되었을 때 유체의 기화로 기포가 발생하고 유체에 공동이 발생하는 현상으로 캐비테이션이라고도 한다.

(1) 발생장소

① 펌프의 임펠러 부근
② 관로 중 유속이 큰 곳이나 유향이 급변하는 곳

(2) 발생원인

① 입펠러 입구의 압력이 포화증기압 이하로 낮아졌을 때
② 이용 가능한 $NPSH_{av}$가 펌프의 필요 $NPSH_{re}$보다 낮을 때
③ 관내 수온이 포화증기압 이상으로 증가할 때
④ 펌프의 과대 출량으로 운전 시

(3) 영향

① 소음과 진동 발생
② 펌프 성능 저하
③ 급격한 출력 저하와 함께 심할 경우 Pumping 기능 상실
④ 임펠러의 침식(토양부식)

(4) 방지방법

① 유효 $NPSH_{av}$를 필요 $NPSH_{re}$보다 크게 한다.
② 펌프의 설치위치를 가능한 한 낮추어 $NPSH_{av}$를 크게 한다.

③ 흡입관의 손실을 가능한 작게 하여 $NPSH_{av}$를 크게 한다.

④ 흡입 측 밸브를 완전개방하고 운전한다.(흡입관의 손실 작게)

⑤ 펌프의 회전속도를 낮게 선정하여 $NPSH_{re}$를 작게 한다.

⑥ 성능에 크게 영향을 미치지 않는 범위 내에서 흡입관의 직경을 증가시킨다.(흡입관의 손실 작게)

⑦ 운전점이 변동되어 양정이 낮아지는 경우 토출량이 과대해지므로 이것을 고려하여 충분한 $NPSH_{av}$를 주거나 밸브를 닫아서 과대 토출이 안 되도록 조절한다.

⑧ 동일한 회전수와 토출량이면 양흡입펌프, 입축형 펌프, 수중펌프의 사용을 검토한다.

⑨ 악조건에서 운전하는 경우 임펠러 침식 방지를 위해 강한 재료를 사용한다.

2 수격작용(Water Hammer)

관내를 충만하게 흐르고 있는 물의 속도가 급격히 변하면 수압도 심한 변화를 일으키며 관내에 압력파가 발생하게 되고, 이 압력파는 관내를 일정한 전파속도로 왕복하면서 충격을 주게 되는데 이러한 작용을 수격작용라고 한다.

(1) 발생원인

① 관내의 흐름을 급격하게 변화시킬 때 압력변화로 인하여 발생된다.

② 펌프의 급정지, 관내에 공동이 발생한 경우에 유발된다.

(2) 영향

① 소음과 진동 발생

② 관의 이완 및 접합부의 손상

③ 송수기능의 저하

④ 압력 상승에 의한 펌프, 배관, 관로 등 파괴

⑤ 펌프 및 원동기 역전에 의한 사고 등

(3) 경험적 지침으로 수격작용 분석이 필요한 경우

① 관내유량이 15m³/시 이상이고 동역학적 수두가 14m인 경우

② 역지밸브를 가지고 있는 고양정 펌프 시스템

③ 수주분리가 일어날 수 있는 시설, 즉 고위점이 있는 시설, 관 길이 100m 이상, 압력관으로 자동공기 배출구나 공기 진공 밸브가 있는 시설의 경우

(4) 방지방법

1) 수주분리 발생 방지법

　① 펌프에 플라이 휠 부착 : 펌프관성의 증가, 급격한 압력강화의 방지

　② 토출 측 관로에 표준형 조압수조를 설치

　③ 토출 측 관로에 일방향 압력 조절수조 설치 : 압력강하 시에 물보급하여 부압 발생
　　방지

　④ 펌프 토출부에 공기탱크 설치 또는 부압지점에 흡기밸브 설치

　⑤ 관내 유속을 낮추거나 관거 상황을 변경

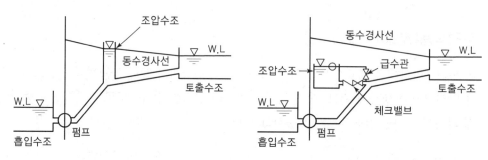

∥ 표준형 조압수조 ∥　　　　**∥ 한 방향형 조압수조 ∥**

2) 압력 상승 방지법

　① 완폐식 체크밸브 설치
　　역류 개시 직후의 역류에 의해 밸브디스크가 천천히 닫히게 함으로써 압력 상승
　　을 완화

　② 급폐식 체크밸브에 의한 방법
　　역류가 일어나기 전 유속이 느릴 때 스프링 등의 힘으로 체크밸브를 급폐시키는
　　방법으로 300mm 이하의 관로에 사용

　③ 콘밸브 또는 니들밸브나 볼밸브에 의한 방법
　　밸브개도를 제어하여 자동적으로 완폐시키는 방법, 유속 변화를 작게 하여 압력
　　상승을 억제함

⋯03 펌프의 축동력

$$P_s = \frac{1}{60 \times 10^3 \times \eta} \times \rho g Q H \left(P_s = 0.163 \frac{\gamma \times Q \times H}{\eta} \right)$$

여기서, P_s : 펌프의 축동력(kW)

Q : 펌프의 토출량(m^3/min)

ρ : 양정하는 물의 밀도(kg/m^3)(단, 하수의 경우는 1,000kg/m^3)

g : 중력가속도(9.8m/s^2)

H : 펌프의 전양정(m)

η : 펌프의 효율(소수)

γ : 액체의 비중

⋯04 원동기의 출력

$$P = \frac{P_s(1 + \alpha)}{\eta_b}$$

여기서, P : 원동기 출력(kW)

P_s : 펌프의 축동력(kW)

α : 여유율

η_b : 전달효율(직결의 경우 1.0)

⋯05 펌프의 구경

펌프의 흡입구경은 토출량과 펌프 흡입구의 유속으로부터 구한다.

$$D = 146 \left(\frac{Q}{V} \right)^{1/2}$$

여기서, D : 펌프의 흡입구경(mm)

Q : 펌프의 토출량(m^3/min)

V : 흡입구의 유속(m/s)

⋯06 관로특성곡선(System Head Curve)

① 관로특성곡선은 총 동수두(TDH)와 양수량의 관계를 나타낸 것
② H_F와 H_V가 양수량의 함수이고 H_L도 수위의 변화 등 여러 요인에 의해서 변동될 수 있으므로 통상 직선이 아니고 곡선이다.

$$TDH = H_L + H_F + H_V$$

여기서, TDH : 총 동수두(Total Dynamic Head)
H_L : 총 정수두

H_F : 총 마찰 손실수두$\left(f\dfrac{V_2}{2g},\ f\dfrac{L}{D}\dfrac{V_2}{2g},\ 확관류 : f\left(\dfrac{V_1 - V_2}{2g}\right)\right)$

H_V : 속도수두($V^2/2g$)

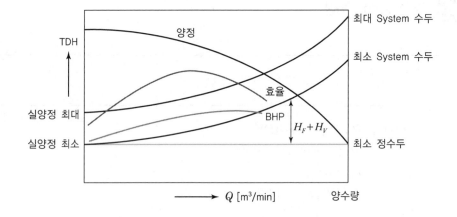

SECTION 02 반응속도 및 반응조

···01 반응

공정의 선정과 설계의 관점에서 주된 관심사가 되는 것은 반응의 이론과 속도이다.

1 반응의 종류

(1) 균일 반응

① 반응물질이 유체 중에 전반적으로 균일하게 분포된 것을 의미한다.
② 유체 중의 모든 부분에서 반응속도가 같다.
③ 가역적 또는 비가역적 반응이다.

  ㉠ 비가역반응   ㉡ 가역반응

  $A \rightarrow B$ $A \rightleftarrows B$

  $A + A \rightarrow P$ $A + B \rightleftarrows C + D$

  $aA + bB \rightarrow P$

(2) 불균일 반응

① 이온 교환수지의 특정점(Site)처럼 한 가지 또는 그 이상의 성분 사이에서 일어나는 반응이다.
② 고상촉매가 있어야 일어나는 반응도 불균일 반응이다.
③ 전형적인 반응단계

  ㉠ 본체 흐름으로부터 유체-고체 계면으로 반응물질 전달
  ㉡ 촉매입자(다공질일 때) 내부로서 반응물의 입지 내 전달
  ㉢ 내부점에서 흡착
  ㉣ 흡착된 반응물의 화학반응(표면반응)으로 생성물 형성
  ㉤ 생성물 탈착
  ㉥ 내부에서 외부로 생성물 전달
  ㉦ 유체-촉매계면으로부터 본체 흐름으로 생성물 전달

2 반응속도

단위시간, 단위부피당(균일 반응의 경우) 또는 단위 표면적이나, 단위 질량당(불균일 반응의 경우) 반응물질의 몰수 변화

(1) 균일 반응

$$r = \frac{1}{V} \cdot \frac{dN}{dt} = \frac{\text{mol}}{\text{액체부피} \cdot \text{시간}}$$

농도를 C라 하면 $N = V \cdot C$

$$r = \frac{1}{V} \cdot \frac{d(VC)}{dt} = \frac{1}{V} \times \frac{Vdc + Cdv}{dt}$$

부피가 일정하면 $r = \pm \dfrac{dc}{dt}$

(2) 불균일 반응

① 표면적이 S인 경우의 반응속도

$$r = \frac{1}{S} \cdot \frac{dN}{dt} = \frac{\text{mol 생성물}}{\text{면적} \times \text{시간}}$$

② 양론계수가 같지 않은 두 가지 또는 그 이상의 반응물이 포함되는 경우

$$aA + bB \rightarrow cC + dD$$

각 성분의 농도 변화는 다음과 같다.

$$-\frac{1}{a}\frac{d[A]}{dt} = -\frac{1}{b}\frac{d[B]}{dt} = \frac{1}{c}\frac{d[C]}{dt} = \frac{1}{d}\frac{d[D]}{dt}$$

∴ 양론계수가 같지 않은 반응속도는 $r = \pm \dfrac{1}{C_i}\dfrac{d[C_i]}{dt}$ 로 나타낸다.

폐수처리 공정은 반응의 평형점보다는 반응 진행속도에 기초하여 설계하기도 하는데 이는 반응이 완결될 때까지 시간이 오래 소요되기 때문이다.
이러한 경우 적절 시간 내 처리 수행을 위해 이론량보다는 과잉반응물을 사용한다.

···02 반응속도 / 반응조

1 반응속도(Reaction Rate)

- **정의** : 반응속도란 반응에 참여하는 반응물질 또는 생성물질의 단위시간에 대한 농도변화를 말하며 반응조 내의 체류시간과 반응조의 용량 결정에 중요한 자료로 활용된다.

$$\text{반응속도} = \frac{\text{반응물이나 생성물의 농도 변화}}{\text{단위시간}} \Rightarrow V = \frac{dC}{dt} = -KC^m$$

- **반응차수(m)의 결정** : 반응차수(Order of Reaction)는 반드시 실험에 의해 정해지며 분수 또는 음의 값을 가질 수도 있다.

(1) 반응형태에 따른 반응속도

① **0차 반응**(Zero−Order Reaction)

반응물이나 생성물의 농도에 무관한 속도로 진행되는 반응을 말하며, 시간에 따라 반응물이 직선적으로 감소하게 된다.

$$\frac{dC}{dt} = -K \cdot [C]^0 \Rightarrow C_t - C_0 = -K \cdot t$$

② **1차 반응**

반응속도가 반응물질의 농도에 비례하는 반응형태이다.

$$\frac{dC}{dt} = -K \cdot [C]^1 \Rightarrow \ln\frac{C_t}{C_0} = -K \cdot t$$

③ **2차 반응**

반응속도가 반응물질 농도의 제곱에 비례하는 반응형태이다.

$$\frac{dC}{dt} = -K \cdot [C]^2 \Rightarrow \frac{1}{C_t} - \frac{1}{C_0} = K \cdot t$$

📖 **Reference**

1 0차 반응

$$\frac{dC}{dt} = -K \cdot [C]^0 \Rightarrow dC = -K \cdot dt$$

$t=0$일 때 $C=C_0$, t일 때 $C=C_t$의 조건을 주어 적분하면

$$\int_{C_0}^{C_t} dC = -K \int_0^t dt$$

$$[C]_{C_0}^{C_t} = -K[t]_0^t$$

$$C_t - C_0 = -K \times t$$

2 1차 반응

$$\frac{dC}{dt} = -K \cdot [C]^1 \Rightarrow \frac{dC}{C} = -K \cdot dt$$

$$\int_{C_0}^{C_t} \frac{1}{C} dC = -K \int_0^t dt$$

$$\ln[C]_{C_0}^{C_t} = -K[t]_0^t$$

$$\ln C_t - \ln C_0 = -K(t-0)$$

$$\ln \frac{C_t}{C_0} = -K \times t$$

3 2차 반응

$$\frac{dC}{dt} = -K \cdot [C]^2 \Rightarrow \frac{dC}{C^2} = -K \cdot dt$$

$$\int_{C_0}^{C} \frac{1}{C^2} dt = -K \int_0^t dt$$

$$-\left[\frac{1}{C}\right]_{C_0}^{C_t} = -K[t]_0^t$$

$$-\frac{1}{C_t} - \left(-\frac{1}{C_0}\right) = -K(t-0)$$

$$\frac{1}{C_t} - \frac{1}{C_0} = K \times t$$

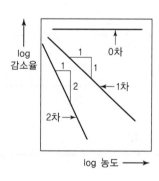

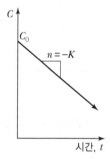

∥ 0차 반응 ∥

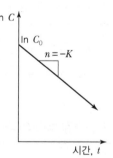

∥ 1차 반응 ∥

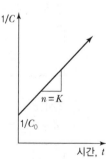

∥ 2차 반응 ∥

(2) 반감기(Half－Life)

반응의 반감기는 반응물의 초기농도가 반$\left(\dfrac{1}{2}\right)$으로 감소되는 데 소요되는 시간을 말한다. 따라서 $t = 0$일 때 초기농도를 C_0라 하고 그 농도의 $\dfrac{1}{2}$이 되는 반감기(t_0)는 반응차원에 따라 다음과 같이 계산될 수 있다.

① 0차 반응

$$\frac{1}{2}C_0 = C_0 - K \cdot t_0 \rightarrow t_0 = \frac{C_0 - 0.5C_0}{K} \Rightarrow \therefore t_0 = \frac{C_0}{2 \cdot K}$$

② 1차 반응

$$\frac{1}{2}C_0 = C_0 \times \exp\left[-K \cdot t_0\right] \rightarrow t_0 = \ln\left(\frac{0.5C_0}{C_0}\right) \times \frac{1}{-K}$$

$$\Rightarrow \therefore t_0 = \frac{0.693}{K}$$

③ 2차 반응

$$\frac{1}{0.5C_0} = \frac{1}{C_0} + K \cdot t_0 \rightarrow t_0 = \left(\frac{1}{0.5C_0} - \frac{1}{C_0}\right) \times \frac{1}{K}$$

$$\Rightarrow \therefore t_0 = \frac{1}{C_0 \cdot K}$$

위의 식을 통해 1차 반응에 따르는 반감기는 초기농도와 무관하다는 것과 0차 반응의 경우는 초기농도에 비례하고 2차 반응의 경우는 초기농도에 반비례함을 알 수 있다. 또한 반응차원이 높을수록 반응속도가 초기에 빠르고 후기에는 느리며, 반응 완료시간이 길어진다. 따라서 한 반응을 끝까지 완료시키려면 반응 차원이 낮을수록 유리하다.

② 반응조의 종류와 특징

(1) 반응조의 종류

폐수처리에 이용되는 반응조는 크게 회분식과 연속식으로 다음과 같이 분류된다.

① 회분식(Batch Reactor)

② 연속식(Continuous Reactor)

　㉠ 플러그 흐름 반응조(PFR) 또는 압출류형 반응조 · 관류형 반응조

　㉡ 분사 플러그 흐름 반응조(AFR) 또는 임의흐름 반응조

　㉢ 완전혼합흐름 반응조(CFSTR ; Contimuous Flow Stirred Tank Reactor) 또는 연속혼합탱크 반응조(CSTR), 연속류 교반형

(2) 반응조의 특징

① 회분식 반응조(BR)

반응물질을 채운 후 잘 혼합하여 반응이 종료된 후 혼합물을 배출하는 형식으로 다음과 같은 특징을 갖는다.

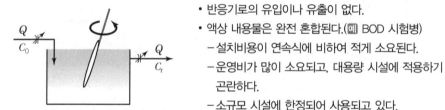

- 반응기로의 유입이나 유출이 없다.
- 액상 내용물은 완전 혼합된다.(예 BOD 시험병)
  - 설치비용이 연속식에 비하여 적게 소요된다.
  - 운영비가 많이 소요되고, 대용량 시설에 적용하기 곤란하다.
  - 소규모 시설에 한정되어 사용되고 있다.

㉠ 1차 반응

$$\frac{dC}{dt}=-K_1 \cdot C \Rightarrow \frac{1}{C}dC=-K_1 dt$$

$$\int_{C_0}^{C_t}\frac{1}{C}dC=-K_1\int_0^t dt$$

$$\ln[C]_{C_0}^{C_t}=-K_1[t]_0^t$$

$$\ln C_t - \ln C_0 = -K_1(t-0)$$

$$\therefore \ \ln\frac{C_t}{C_0}=-K_1 t$$

㉡ 2차 반응

$$\frac{dC}{dt}=-K_2 C^2 \Rightarrow \frac{1}{C^2}dC=-K_2 dt$$

$$\int_0^t \frac{1}{C^2}dC=-K_2\int_0^t dt$$

$$\left[-\frac{1}{C}\right]_{C_0}^{C_t}=-K_2[t]_0^t$$

$$-\frac{1}{C_t}-\left(-\frac{1}{C_0}\right)=-K_2(t-0)$$

$$\therefore \ \frac{1}{C_t}-\frac{1}{C_0}=K_2 t$$

② 플러그 흐름 반응조(PFR)

유체의 성분들이 피스톤과 같은 방식으로 반응조를 통과하며 동시에 외부로 유출되는데 반응조를 통과하는 동안 횡적인 혼합은 이루어지지 않는다. 대체로 긴 형태의 탱크나 관으로 구성되며 축방향으로 연속적으로 흐르도록 되어 있다. 예를 들면 길고 좁게 설계된 직사각형 활성슬러지 반응조가 이에 해당한다. 플러그 흐름 반응조가 1차 반응에 따를 경우 회분식과 체류시간이 동일하다.

- 유체입자는 도입 순서대로 반응기를 거쳐 유출된다.
- 지체시간과 이론적 체류시간은 동일하다.
- 길이 방향의 분산은 최소이거나 없는 상태이다.
  - 길이에 따른 생물학적 환경조건이 변한다.
  - 기질은 입구에서 과부하, 출구는 내호흡 수준까지 낮게 된다.
  - 충격부하, 부하변동, 독성 물질 등에 취약하다.

㉠ 1차 반응

$$dV\frac{dC}{dt} = QC_0 - Q(C_0 - dC_0) + KC_0 \cdot dV$$

정상상태에서 $dC/dt = 0$

$$QC_0 = Q(C_0 - dC_0) - KC_0 \cdot dV$$

$$QdC_0 = -KC_0 dV$$

$$dV = AdX$$

$x = 0$에서 $C = C_0$, $x = L$에서

$C_0 = C_t \cdots$ 적분

$$\int_{C_0}^{C_t} \frac{dC_0}{C_0} = -\frac{K}{Q}\int_0^V dV$$

$$\int_{C_0}^{C_t} \frac{dC_0}{C_0} = -\frac{K}{Q}A\int_0^L dx$$

$$\ln[C_0]_{C_0}^{C_t} = -\frac{K}{Q}A[x]_0^L$$

$$\therefore \ln\frac{C_t}{C_0} = -K\left(\frac{AL}{Q}\right) = -K\left(\frac{V}{Q}\right) = -K \cdot t$$

$$t = -\ln\frac{C_t}{C_0}/K$$

㉡ 2차 반응

$$dV\frac{dC}{dt} = QC_0 - Q(C_0 - dC_0) + KC^2_0 dV$$

정상상태에서 $dC/dt = 0$

$$QC_0 = Q(C_0 - dC_0) - KC^2_0 dV$$

$$QdC_0 = -KC_0^2 dV$$

$$dV = Adx$$

$x = 0$에서 $C_0 = C_0$, $x = L$에서

$C_0 = C_t \cdots$ 적분

$$\int_{C_0}^{C_t} \frac{1}{C_0^2} dC_0 = -\frac{K}{Q}\int_0^V dV$$

$$\int_{C_0}^{C_t} \frac{1}{C_0^2} dC_0 = -\frac{K}{Q}A\int_0^L dx$$

$$-\frac{1}{C_t} - \left(-\frac{1}{C_0}\right) = -\frac{K}{Q}(AL - 0)$$

$$-\frac{1}{C_t} - \left(-\frac{1}{C_0}\right) = -\frac{K}{Q}V$$

$$\therefore \frac{1}{C_t} - \frac{1}{C_0} = tK, \quad t = \left(\frac{1}{C_t} - \frac{1}{C_0}\right)/K$$

③ 분산 플러그 흐름 반응조(AFR)

종방향으로 분산이 있는 플러그 흐름을 가지므로 플러그 흐름(PFR)과 완전혼합흐름
(CFSTR)의 중간 형태이다. 일반적으로 플러그 흐름 반응조보다 평균 체류시간과 전
환율이 낮은 것으로 알려져 있다. 짧고, 넓은 활성슬러지 반응조가 이에 속한다.

- 분산이 있는 플러그 흐름 또는 분산플러그 흐름으로 정의된다.
- AFR은 회분식이나 플러그 흐름 반응조보다 체류시간이 길다.
- 분산계수(d)가 0일 때 확산은 무시되며 플러그 흐름을 가진다.
- 분산계수(d)가 ∞이면 완전 혼합흐름을 가진다.

④ 완전혼합 반응조(CFSTR)

활성슬러지 공정에서 사용되고 있는 원형, 정방형, 장방형 반응조는 대체로 완전혼합
반응조에 속한다. 반응조 중에서 반응시간이 가장 길다. 그러나 기질 사용이 0차 반
응일 때는 반응시간이 플러그 흐름(PFR)과 같게 된다. 반응조의 부피는 1차 반응으
로 가정하는 경우 플러그흐름 반응조보다 약 2.6배의 반응조 부피를 가지며, 유입과
동시에 유출이 일어나는 일종의 단락 흐름현상이 있는데 이러한 현상은 체류시간이
짧을수록 심하게 나타난다.

㉠ 반응물의 유입과 부분적으로 반응된 물질의 유출이 동시에 일어난다.
㉡ 반응조 내의 유체는 즉시 완전히 혼합된다고 가정한다.
㉢ 반응조를 빠져나오는 입자는 통계학적인 농도로 유출된다.

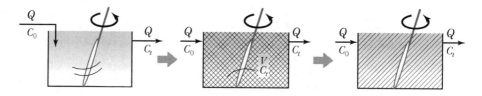

질량평형식 가정조건
- 유량은 일정하다.
- 반응조 내에서는 증발 손실이 없다.
- 반응조 내에서 물질은 완전 혼합된다.

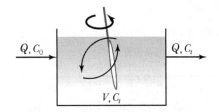

$$\boxed{\text{기질의 축적량}=\text{유입량}-\text{반응량}-\text{유출량}}$$

$$\boxed{\Delta C \cdot V = QC_0\Delta t - KC_t^{\,m}\,V\Delta t - QC_t\Delta t}$$

각 항을 Δt로 나누면 $\dfrac{\Delta C}{\Delta t}\cdot V = QC_0 - KC_t^{\,m}\,V - QC_t$

각 항을 V로 나누면 $\dfrac{\Delta C}{\Delta t}=\dfrac{QC_0}{V}-KC^m-\dfrac{QC_t}{V}$

반응이 1차 반응이라고 가정하면

$$\dfrac{\Delta C}{\Delta t}=\dfrac{QC_0}{V}-KC_t-\dfrac{QC_t}{V}$$

$\dfrac{Q}{V}=\dfrac{1}{t}$ 이고, 정상상태로서 $\dfrac{\Delta C}{\Delta t}=0$이면

$$0=\dfrac{C_0}{t}-KC_t-\dfrac{C_t}{t}\Rightarrow 0=C_0-KC_t t-C_t$$

$$\therefore\ C_t=\dfrac{C_0}{(1+Kt)}$$

ⓐ 1차 반응

$$V\cdot\dfrac{dC}{dt}=QC_0-QC_t-KC_t V$$

정상상태에서 $dC/dt=0$

$$0=QC_0-QC_t-(KC_t V)$$

$$\therefore\ V=\dfrac{Q(C_0-C_t)}{KC_t}$$

$$\therefore\ t=\dfrac{V}{Q}=\dfrac{(C_0-C_t)}{KC_t}$$

ⓑ 2차 반응

$$V\cdot\dfrac{dC}{dt}=QC_0-QC_t-\left(KC_t^{\,2}\,V\right)$$

정상상태에서 $dC/dt=0$

$$0=QC_0-QC_t-KC_t^{\,2}\,V$$

$$\therefore\ V=\dfrac{Q(C_0-C_t)}{KC_t^{\,2}}$$

$$\therefore\ t=\dfrac{V}{Q}=\dfrac{(C_0-C_t)}{KC_t^{\,2}}$$

(3) 반응조의 혼합 정도

반응조에 있어서 혼합 정도의 척도는 분산(Variance), 분산수(Dispersion Number), 모릴(Morrill) 지수로 나타낼 수 있으며, 이 3가지를 비교하여 나타내면 다음 표와 같다.

혼합 정도의 표시	완전혼합 흐름 상태	플러그 흐름 상태	비고
분산 (Variance)	1일 때	0일 때	
분산수 (Dispersion Number)	$d = \infty$ 무한대일 때	$d = 0$ 일 때	• $d = 0$(이상적 플러그 흐름) • $d = 0.002$(낮은 분산) • $d = 0.025$(중간 분산) • $d = 0.2$(높은 분산)
모릴 지수 (Morrill Index)	M_0 값이 클수록 근접	$M_0 = 0$ 일 때	$M_0 = \dfrac{t_{90}}{t_{10}}$ t_{90} : 90%가 유출될 때까지의 시간(min) t_{10} : 10%가 유출될 때까지의 시간(min)

(4) 추적자 주입에 따른 농도변화

반응조의 형식에 따른 추적자의 연속주입과 1회 주입 시 농도변화는 다음과 같다.

임의 흐름 반응기 (AFR : Arbitrary Flow Reactor)	플러그 흐름 / 압출류형 (PFR : Plug Flow Reactor)	연속류 교반＝완전 혼합형 (CFSTR, CMFR, CMF)
• 플러그 흐름과 완전혼합 사이에 임의의 부분혼합이 이루어지는 흐름 • 분산계수 $D/VL = 0$일 때 플러그 흐름형 • 분산계수 $D/VL = \infty$일 때 완전혼합형	• 반응조 내에 유입된 액체는 순서대로 유출되며 조 내에서의 혼합은 없다. • 액체는 공칭 체류시간 $(td = V/Q)$만큼 반응조 내에 머물기 때문에 체류시간＝지체시간이다.	• 유입하는 액체는 반응조 내에서 즉시 완전혼합되며 균등하게 분산된다. • 유입한 액체의 일부는 즉시 유출된다. • 입자는 통계적 모집단에 비례하여 유출된다.
추적자 연속주입 / 추적자 1회 주입	추적자 연속주입 / 추적자 1회 주입	추적자 연속주입 / 추적자 1회 주입

▼ PFR과 CFSTR 비교

구분	PFR	CFSTR
1. 수리학적 특성	• 유입 순서대로 유입량만큼 유출 • 혼합이 없거나 최소 • 액체는 수리학적 체류시간만큼 머무름($t = V/Q$)	• 유입하는 유체는 즉시 완전 혼합 • 균등하게 분산 • 유입한 유체 부분은 즉시 유출
2. 조용적과 처리 효율	이상적 PFR과 CFSTR 비교 시 처리효율이 같은 경우 • 적게 소요 • 반응속도 높을수록 유리	• PFR보다 더 소요 • 반응속도 높을수록 불리
예)	$n=0,\ \dfrac{t_{CFSTR}}{t_{PFR}}=\dfrac{(C_0-C)/k}{(C_0-C)/k}=1$ $n=1,\ \dfrac{t_{CFSTR}}{t_{PFR}} \Rightarrow \dfrac{(C_0/C-1)/k}{(\ln C_0/C)/k}=\dfrac{C_0/C-1}{\ln C_0/C}$	

$RE(\%)$	C_0/C	$\ln C_0/C$	t_{CFSTR}/t_{PFR}
50%	2	0.693	1.44
90%	10	2.3	3.91
99%	100	4.61	21.5

$$n=2,\ \dfrac{t_{CFSTR}}{t_{PFR}}=\dfrac{(C_0-C)/C^2}{(1/C-1/C_0)}=\dfrac{C_0}{C}$$

$RE(\%)$	C_0/C	t_{CFSTR}/t_{PFR}
50	2	2
90	10	10
99	100	100

구분	PFR	CFSTR
3. 조형상 혼합 형태	CFSTR과 PFR의 차이는 길이와 폭 비로 결정할 수 있다. 일반적으로 폭에 비해 길이가 긴 경우가 PFR이다.	혼합상태, 조 내 유속에 따라 달라지나 길이와 폭의 비가 3 : 1 이하이면 완전 혼합상태이다.
4. 장점	• 동일한 제거효율을 얻기 위한 필요용적이 적음 • 포기에 대한 동력이 적음 (기질 제거율이 높고 신뢰도 높음)	• 충격 부하에 강함 • 유입수량 및 수질 변동에 강함 • 유동물질 유입 → 순간혼합 → 독성 저하 → 미생물 장해 적음 • 대용량 처리 가능

구분	PFR	CFSTR
5. 단점	• 충격부하 및 부하 변동에 약함 • 포기조 유입부의 BOD 부하가 높음 　→ 용존산소 부족 → 불균형 초래 　→ Sludge Bulking 발생 　－보완 : 점감식 포기법, 단계주입 　　　식 포기법, 산소장치 개선 　　　산포 포기법(심층포기법, 　　　순산소포기법) • 입구 측 기질부하 과대 → 출구 측 과 소현상 • 충격부하 발생빈도 증가 • 독성 물질 유입에 취약 • DO 불균형 문제 초래	• 동일용량 PFR에 비해 처리 효율 적음 • 완전혼합을 위한 동력소요 많음 • Floc 과산화되기 쉬움 　→ 분산 → 침전성 불량 • 유출수 수질 불량 　－BOD 제거 효율 낮음 　－슬러지 생산량 많음
6. 기타	• 실제적 CFSTR과 PFR은 존재하지 않음 • 어떤 경우에는 PFR에서 완전 분산이 일어날 때는 그 소요용적이 CFSTR과 같아짐 • 실제 포기조는 균등혼합이 계획되며 CFSTR과 PFR을 혼합한 형태임 • 포기조 소요용량은 F/M비, SRT 포기시간 등을 고려하여 계획하므로 상기 이유로 실제 유기질 폐수처리를 할 때 PFR과 CFSTR의 소요 체류시간 차이 가 거의 없는 경우가 많음	

┈03 활성슬러지 공법 예

1 단계주입식 포기 활성슬러지법

(1) 개요

① 유입하수를 분산식으로 여러 곳에 유입
② BOD 부하를 균일하게 하는 방식
③ 포기조 전체 길이의 50~60%에 이루어짐. 포기식은 산기식을 많이 이용

(2) 단계주입 이유

Plugflow인 경우 유입구에 과도한 BOD 부하에 의한 산소부족 문제를 해결하기 위함

(3) 특성

① 포기조 내 MLSS를 높게 유지 가능

② BOD 부하 향상에 의한 대량의 하수처리 가능

③ 표준 활성슬러지법에 비해 포기조 용량을 적게 해도 같은 효율처리 가능

④ SVI가 높아져도 대응이 용이

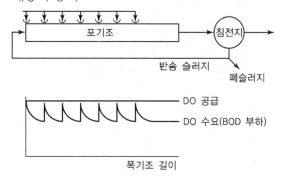

2 점감 포기 활성슬러지 공정

(1) 개요

유입부에 많은 공기를 주입하고 유출부로 갈수록 적게 공급하는 방식

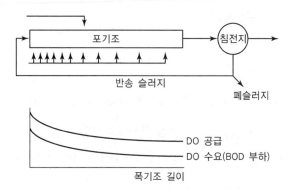

(2) 특징

① 송풍기 규모가 작아지고 설치비 및 운전비 감소

(∵ 산소소비 속도의 감소에 따라 공기공급량을 조절함으로써)

② 과포기를 피함으로 인해서 산소요구량이 커지는 질화미생물의 증식 억제

③ 운전제어 용이

[예제] 그림을 이용하여 다음 물음에 답하시오.

<조건>

- 단면적(A) = 50㎡
- 흐름경로길이(L) = 2,000m
- 다공질 매체의 공극도(a) = 0.4
- 1차 분해상수(k) = 0.001/day(밑이 e)
- 손실수두(Δh) = 40m
- 수리학적 전도도(K) = 10^{-3}m/sec
- 오염물질의 초기 농도(C_0) = 100g/㎥

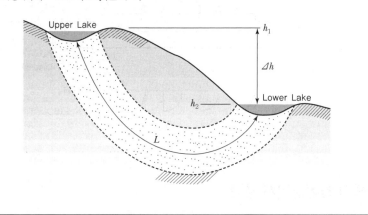

1. 상부지역의 호수로부터 하부지역 호수로 물이 흐르는 시간은?
2. 오염물질 1차 반응 시, 하부지역 호수로 유입되는 농도는?(단, 외부적 요인 없음)

풀이 1. 물이 흐르는 시간

① Darcy 법칙

유량 $Q = KIA = K \times \left(\dfrac{\Delta h}{L}\right) \times A$

$Q = 10^{-3}$m/sec $\times (40\text{m}/2{,}000\text{m}) \times 50\text{m}^2 = 10^{-3}\text{m}^3/\text{sec}$

② $Q = A^1 \times V$에서 V값을 구한다(공극률 고려).

$V = Q/A^1 = 10^{-3}\text{m}^3/\text{sec} \div (50\text{m}^2 \times 0.4) = 0.0005\text{m/sec}$

③ 2,000m 이동시간 $T_f = ?$

$T_f = 2{,}000\text{m} \div 0.0005\text{m/sec} = 4 \times 10^7 \text{sec} = 463d$　　∴ 463일

2. 1차 반응 시 호수 유입 농도 $C = ?$

$\dfrac{dc}{dt} = -KC \rightarrow \dfrac{\ln C}{\ln C_0} = -Kt$에서

$C = C_0 \times e^{-kt} = 100(\text{g/m}^3) \times e^{-0.001/d \times 463d}$

　　$= 62.94\text{g/m}^3$　　　　　　　　　　　　　∴ 62.94g/㎥

SECTION 03 터널폐수 처리설비

···01 터널폐수 처리시설의 개요

1 개요

터널 굴착 시 터널 주변의 암절리면을 따라 흐르는 지하수와 암반 굴착 시 발생되는 암석가루, 굴삭기에 의한 세립토의 발생 및 숏크리트 타설 등에 의한 폐수가 혼합되어 갱 내로 유출된다. 혼합수, 즉 터널폐수 내에는 고농도의 부유물질과 강알칼리를 함유하고 있어 그대로 방류하게 될 시에는 자연환경에 유해하게 되므로 일정 과정의 처리를 거쳐 인간생활 및 자연환경에 무해하도록 하여야 한다.

터널폐수 처리시설은 터널굴착과정에서 발생되는 고탁도, 강알칼리성의 폐수를 일정 과정의 처리를 거쳐 「물환경보전법」상의 방류수 수질기준치 이하로 처리하는 시설이다.

2 관계법령

① 「물환경보전법」 시행규칙[별표 2]의 제7, 10항(수질오염물질) : 터널폐수에 함유되어 있는 부유물질 및 산·알칼리류는 수질오염물질이다.

② 「물환경보전법」 시행규칙[별표 4]의 제1항) 제1호부터 제81호까지의 분류에 속하지 아니하는 시설은 시간당 최대 폐수량이 1.0세제곱미터 이상(「수도법」 제7조에 따른 상수원보호구역이나 이에 인접한 지역으로서 환경부장관이 고시하는 지역에서는 1일 최대 폐수량이 2세제곱미터 이상)인 시설을 폐수배출시설로 한다.

③ 「물환경보전법」 시행규칙 제105조 관련 [별표 22](행정 처분 기준) : 방지시설을 설치하지 아니하고 배출시설을 가동한 경우 1차 : 조업정지, 2차 : 허가취소 또는 폐쇄명령

④ 「물환경보전법」 시행규칙 제34조 [별표 13](수질오염물질의 배출 허용기준 농도)

▼ [별표 13] 수질오염물질의 배출허용기준 농도

구분	1일 배출량 2,000m³ 미만			
	BOD(mg/L)	COD(mg/L)	SS(mg/L)	pH
청정지역	40 이하	50 이하	40 이하	5.8~8.6
"가"지역	80 이하	90 이하	80 이하	5.8~8.6
"나"지역	120 이하	130 이하	120 이하	5.8~8.6
특례지역	30 이하	40 이하	30 이하	5.8~8.6

배출수의 수질오염물질 허용기준은 일일 폐수배출량 2,000m³ 미만일 경우 [별표 13]의 지역기준치 이하로 처리하여 방류하여야 한다.

3 도입효과

터널폐수 처리시설을 적법하게 설치하여 가동함으로써,

① 「물환경보전법」을 준수하지 않음으로 인해 발생되는 공사중지 처분과 같은 행정조치를 사전에 방지하고

② 주변 하천생태계의 동식물에 대한 피해를 방지하며,

③ 상수원보호구역의 수질을 보존한다.

④ 또한, 공사 중 예상되는 해당 민원 발생을 사전에 차단할 수 있다.

···02 터널 발생폐수의 특징 및 폐수량 산정방법

1 터널 발생폐수의 특징

터널공사에서 발생되는 지하수 및 공정 작업수와 함께 배출되는 분진 및 토사를 비롯한 SS 성분과 작업장비에서 발생되는 유분 및 세척수, 그리고 콘크리트의 타설 및 약액 주입과정에서 발생하는 폐수로서 일반적으로 부유물(Suspended Solids)의 유출농도는 100~1,000mg /L 이며, 수소이온농도(pH)가 9~13 범위로서 강알칼리성을 띠고 있다.

② 폐수발생량 산정방법

터널공사 중 발생 폐수량은 크게 다음과 같이 세 가지로 구분할 수 있다.

(1) 지하수 유출량

터널 공사 현장의 지형 · 지질에 따른 지하수위에 의해 발생되는 지하수량

(2) 터널 내부 작업 시 폐수량(Shotcrete 타설, 천공 등)

터널 천공 시 발생하는 굴착장비의 작업수량 및 Shotcrete 타설 시 발생하는 폐수량은 약 86.4m³로 계산한다.

(3) 콘크리트 혼합시설에서의 발생량

① 공사 현장에 B/P Plant(Batch Plant)가 있는 경우 발생한다.
② B/P Plant 발생 폐수는 강알칼리성이며 유량조정조 유입 시 소량씩 주입하여야 한다.
③ 상기와 같은 폐수 발생량은 다음과 같이 계산할 수 있다.

> [폐수 발생량]=지하수 유출량+터널 내부 작업 시 폐수량(Shotcrete 타설, 천공 등)
> +콘크리트 혼합시설에서의 폐수 발생량

Reference 터널 공사 시 폐수 발생량 참고치

1 터널공사 시 폐수 발생량은 지형 및 지질과 지하수 매장 형태에 따라 매우 다르게 나타날 수 있으나, 설계자료의 최소치 0.500m³/min · km 이상으로 원단위를 적용하여 산정하는 것이 필요하다.
2 터널공사 시 배출수(폐수)량의 작업(굴착)용수량 : 86.4m³/일
3 콘크리트 혼합시설에서의 폐수 발생량 : 22.1m³/일

출처 : 한국환경정책 · 연구원

※ 설계자료치의 최소치 0.2m³/min · km 이상으로 선정 권장함(2014년 한국도로공사)

⋯03 터널폐수 처리공법의 선정

1 터널폐수 처리공법

터널 굴착폐수는 유기물이 혼합되지 않은 무기성 오염물질로, 비중이 무거운 모래 등의 입자성 물질은 아래와 같이 작업장 근처에서 1차 자연중력 침강 후 알칼리 성분과 현탁성 부유물질은 중화, 응집 및 침전시키는 화학적 처리공법이 가장 일반적인 처리법이다.

| 재래식 화학적 처리공법의 처리계통도 |

☑ 오탁수처리설비 처리계통도 예

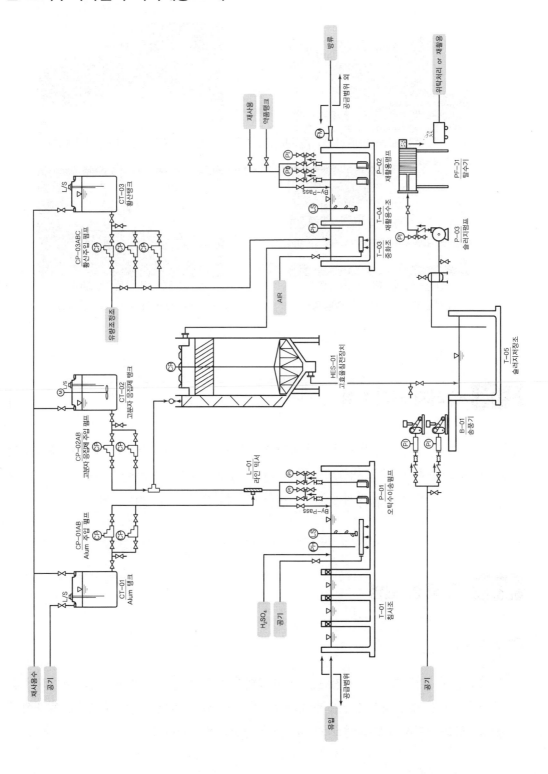

③ 터널폐수 처리시설 설치사례

[전경-1] OO도로공사현장(1,600톤/일)

[전경-2] OO도로공사현장(1,600톤/일)

[전경-3] 침사조, 유량조정조
OO도로공사현장(1,600톤/일)

[전경-4] 약품주입설비
OO도로공사현장(1,600톤/일)

···04 슬러지 처리계획

폐수처리장 가동 시 석분 및 화학제와 시멘트 액성이 혼합된 무기성 폐수가 화학적인 응집 침전 과정을 거쳐 슬러지 저장조로 이송되며 탈수기를 거쳐 탈수케이크로 최종 처리된다. 이 탈수케이크는 성분 분석 후 현장에 재활용하거나 폐기물처리업자에게 위탁처리한다.

···05 각 공정 설명

① 침사지

유입수 중 비중 2.65 이상, 직경 0.2mm 이상의 무기물 및 입자가 큰 부유물을 제거하여 방류수역의 오염 및 토사의 침전을 방지하고, 펌프 및 처리시설의 파손이나 폐쇄를 방지하여 처리작업을 원활히 하도록 펌프 및 처리시설 전단부에 설치한다.

(1) 침사지의 설치목적

① 펌프를 포함한 기계의 불필요한 마모, 파손 및 폐쇄 방지
② 처리시설 내 관로의 그리트의 퇴적물 방지
③ 폐수 처리시설 및 슬러지 처리시설 내 그리트 축적 방지

(2) 침사지의 종류

① 수평류식 침사지
② 폭기식 침사지
③ 특수침사지

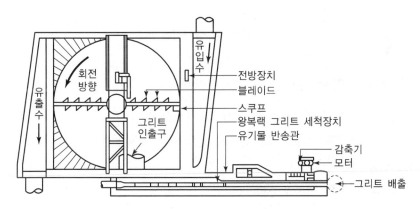

┃ 정사각형 수평류식 침사지 ┃

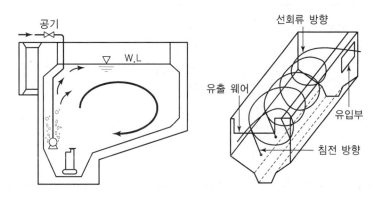

┃ 폭기식 침사지 ┃

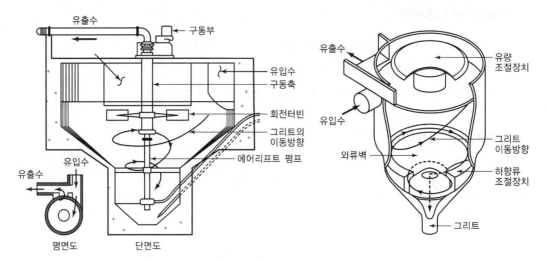

┃ 찻잔형 침사지의 예 ┃

(3) 침사지의 표면 부하율

① $1,800\text{m}^3/\text{m}^2 \cdot$ 일 이하(시간 최대유량으로 설계)

② 침사지의 평균 유속은 $0.3\text{m/sec}(0.15\sim0.4\text{m/sec})$

③ Scouring Velocity

　Shild 공법에 Darcy Weisbach의 유속 공식 이용

$$V_c = \left(\frac{8\beta}{f} \cdot g(s-1)d\right)^{1/2}$$

　여기서, $\beta =$ 상수 $=$ 모래 $= 0.06$

　　　　　$g =$ 중력가속도

　　　　　$d =$ 입자직경 $= 0.2\text{mm}$, Darcy $\cdot$ Weisbach 마찰계수

　　　　　　$\Rightarrow 0.225\text{m/sec}$ 계산

　　　　　$V_c =$ 한계유속

　　　　　$f =$ 마찰계수

　　　　　$s =$ 입자의 비중

$d = 0.4\text{mm}$일 때 V_c는 0.32m/sec이다(평균 유속은 0.3m/sec 기준).

＊ 침사지의 유속이 너무 느리면 미세한 유기물까지 침전하고 유속이 커서 토사의 한계 유속을 넘으면 침전된 토사가 부상함

(4) 침사지의 체류시간

30~60초

(5) 수심

유효수심 + 모래퇴적부 깊이

② 유량조정조

(1) 유량조정조의 설치목적

① 유입량 및 유입부하 균등화하여 본 시설의 용량 감소, 운전비용의 절감
② 과부하 방지 : 저해물질 희석에 따른 과부하 방지

(2) 유량조정방법 및 설치위치

① In Line, Off Line 방식
② 침사지와 스크린 뒤에 설치

(3) 유량조정조의 용량

① 계획수량 및 수량변동형태, 송수량 등을 고려하여 정한다.
② 실측자료 기준으로 산정하는 방법 : 유입유량 누적곡선을 이용해 결정한다.

(4) 형상 및 소요조 수

직사각형 또는 정사각형 구조, 1조 이상

(5) 구조 및 수심

① 철근 콘크리조, 수밀한 구조로 부력 방지
② 유효수심은 3~5m 정도

(6) 교반방식

산기식 또는 교반장치를 사용한다.

③ 응집반응조

응집은 진흙입자, 유기물, 세균, 색소, 콜로이드 등 탁도를 일으키는 Colloid 상태의 불순물을 제거하기 위하여 채택되며, 때때로 맛, 냄새도 제거되므로 오염된 지표수 및 각종 폐수 처리에 많이 이용되는 단위 공법이다.

(1) 입자의 분류

1) 근원에 따른 분류

물속에서 탁도와 색도를 유발하는 물질은 주로 모래(Sand), 실트(Silt), 점토(Clays)에서 생긴 광물질(Minerals)과 동식물의 분해과정에서 생긴 휴믹산(Humic Acid), 펄빅산(Fulvic Acid) 등의 부식산으로 된 유기물질(Organic Substances) 및 박테리아, 플랑크톤, 조류(Algae), 바이러스 등의 미생물(Micro Organisms) 등으로 구성되어 있다.

2) 크기에 따른 분류

물속에서 쉽게 침전되지 않는 입자들을 크기에 따라 분류하면 $0.001\mu m$ 이하의 분자상 용해성 물질, $0.001{\sim}1\mu m$ 크기의 콜로이드 물질, $1{\sim}10\mu m$ 크기의 세립현탁물질, $10{\sim}100\mu m$ 크기의 조립현탁물질로 구분되며 다음 그림과 같이 표현될 수 있다.

동식물의 잔해가 토양 중에서 미생물에 의하여 분해작용을 받아 셀룰로오스, 리그닌, 단백질 등의 원조직이 변질되어 새롭게 합성된 갈색 또는 암갈색의 일정한 형태가 없는 교질상의 복잡한 고분자물질을 부식질(Humus)이라 하며 부식탄(Humin), 펄빅산(Fulvic Acid), 히마토멜란산(Hymatomelanic Acid), 유믹산(Humic Acid) 등으로 이루어져 있고 생물학적으로 분해되기 어려우며, 크기는 $0.001{\sim}0.01\mu m$ 정도로 수중에서 착색을 일으키는 물질로 알려져 있다.

일반적으로 환경오염물질의 규제항목인 부유물질(SS)은 $0.1\mu{\sim}2mm$ 범위의 입자상물질을 일컫는다.

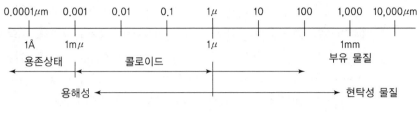

∥ 수중 입자의 크기와 성질 ∥

(2) 콜로이드 입자의 성질

1) 콜로이드 분산의 분류

정수처리 또는 하·폐수처리에서 쉽게 침전되지 않는 입자상 물질의 대표적인 크기가 콜로이드 물질에 해당되며 수중현탁물질의 응집 및 침강 특성을 파악하고 현장에 응용하기 위해서는 콜로이드 물질의 특성을 충분히 이해하고 있어야 한다.

액체 중에 분산된 콜로이드는 콜로이드 입자인 분산질(Dispersed Phase)과 그것을 분산시키고 있는 매질인 분산매(Dispersion Medium)의 상에 따라 다음과 같이 분류된다.

분산질	분산매	명칭
액체	고체	졸(Sol), 페인트, 서스펜션(Suspension)
액체	액체	에멀션(Emulsion), 우유, 마요네즈
액체	기체	Foam, 비누거품

2) 일반적 성질

콜로이드 입자들은 대단히 작아서 질량에 비하여 표면적이 매우 크므로 입자의 질량에 의한 중력의 영향은 중요하지 않으며 주로 표면 현상이 콜로이드의 거동을 제어하게 된다.

① 표면전하

콜로이드 입자들은 표면에 전하를 띠고 있으며 이 표면전하는 입자 간의 정전기적 반발력에 의하여 상호 응집되지 못하고 안정화되는 주요 인자가 되며, 이 전하를 1차 전하라 한다.

이와 같이 콜로이드 입자가 전하를 띠는 원인은 수중에 분산된 화학적 불활성 물질들이 매질 내 ㉠ 음이온(특히, 수산화이온)의 선택적 흡착에 의해 음전하를 띠거나, ⓛ 단백질이나 미생물과 같은 물질의 경우에는 다음과 같이 입자를 구성하는 분자의 끝단에 있는 활성 groups인 카르복실기와 아미노기의 이온화에 의해 표면전하를 얻게 되며, ⓒ 점토입자는 점토 속에 있는 Si(Ⅳ)이온과 Al(Ⅲ)이온 등의 다가이온(Poly Valent)이 이들보다 작은 전하를 가지고 있는 Ca, Mg 금속이온 등의 저가이온에 의해 치환되는 이종동형 치환(Isomorphous Replacement)에 의해 표면에 음(−)전하를 띠게 된다.

따라서, 자연수 중에 존재하는 주요 현탁물질인 점토질 콜로이드, 조류, 박테리아 세포, 단백질 등과 하수처리과정에서 발생하는 폐활성슬러지 등은 대부분 음전하를 띠고 있으므로 양전하를 가진 무기응집제나 양이온성(Cationic) 유기고분자 응집제에 의하여 표면전하가 중화되어 응집이 일어난다.

$$ R < \begin{matrix} COOH \\ NH_3 \end{matrix} \quad \xrightleftharpoons[H^+]{OH^-} \quad R < \begin{matrix} COO^- \\ NH_3 \end{matrix} \quad \xrightleftharpoons[H^+]{OH^-} \quad R < \begin{matrix} COO^- \\ NH_3OH \end{matrix} $$

② Brown 운동

콜로이드 입자들은 분산매 분자들과 충돌 시 작은 질량으로 인하여 분산매 내를 움직인다. 이 운동을 Brown 운동이라 한다. 이러한 Brown 운동은 한외 현미경을 이용하여 관찰할 수 있다.

③ Tyndall 효과

콜로이드 입자들의 크기는 백색광의 평균파장보다 길기 때문에 빛의 투과를 간섭하며 입자에 닿은 빛이 반사되기도 한다.

따라서, 빛살에 대하여 직각에 가까운 각도에서 콜로이드 입자를 관찰하면 콜로이드 서스펜션 속을 통과하는 빛살을 볼 수 있다. 이 현상을 관찰한 영국의 물리학자 Tyndall의 업적을 기려 Tyndall 효과라고 하였다.

물의 혼탁도를 측정하는 방법으로 많은 경우 Tyndall 효과를 이용하고 있다.

④ 흡착

콜로이드는 대단히 큰 표면적을 가지고 있으며 큰 흡착력을 가지고 있다. 대개의 흡착은 선택적으로 일어나며, 이 선택작용은 전하를 띤 입자를 만들어 콜로이드 분산의 안정도에 기여한다.

3) 콜로이드의 분류

① 콜로이드는 물과 작용하는 것을 바탕으로 친수성(Hydrophillic), 소수성(Hydrophobic), 회합성으로 구분할 수 있다.

② 친수성 콜로이드는 물과 강하게 결합하는 것으로 비누, 가용성 녹말, 가용성 단백질, 단백질 분해생성물, 혈청, 우뭇가사리, 아라비아 고무, 펙틴 및 합성세제 등이 있다.

③ 친수성 콜로이드는 물에 쉽게 분산되며 그 안정도는 콜로이드가 가지고 있는 약한 전하량보다 용매에 대한 친화성에 의존하며 수용액으로부터 이들을 제거하기 곤란해진다. 단백질 및 단백질 분해생성물은 알루미늄염이나 철염과 염을 형성하여 불용성으로 된다.

④ 친수성 콜로이드들의 대부분은 소수성 콜로이드를 보호하는 작용을 한다. 이와 같은 계에서 응집을 일으키기 위하여는 통상적인 폐수처리에서 사용하는 양의 약 10~20배의 약품을 투여하여야 한다.

⑤ 친수성 콜로이드에 대한 응집제의 작용에 관한 자료는 매우 부족한 상태로 많은 연구가 필요한 분야이다.

⑥ 소수성 콜로이드는 물과 반발하는 성질을 가지고 있는 입자들로서 모두 전기적으로 하전되어 있어 전기장 내에 두면 입자는 어느 쪽 방향으로 이동한다. 또한 반대 부호로 대전된 콜로이드를 혼합하면 서로 중화되어 전하를 잃게 되어 간단히 응결한다.(금속수산화물, 점토, 석유 – 염을 가하면 쉽게 응결)

⑦ 회합성 콜로이드는 용매 중에 녹아 있는 비교적 작은 분자 또는 이온들로서 micelles이라고 부르는 조그만 용해성 입자들이 응결하여 형성하고 있는 부유성 입자를 말하며, 비누와 세정제는 회합성 콜로이드를 형성한다.

(3) 입자의 응집침강 이론

1) 단독입자의 침강

① 현탁입자의 침강에는 ㉠ 비응집성 입자의 단독 침강(Discrete Settling), ㉡ 입자가 응집되어 생긴 Floc 상의 응집침강(Flocculent Settling), ㉢ 응집 현탁액이 격자구조를 형성하여 현탁부분과 청등부분이 경계면을 나타내며 침강하는 계면침강(Zone Settling), ㉣ 침강된 슬러지층의 중력으로 인하여 하부의 슬러지를 서서히 누르면서 하부의 물을 상부로 분리시키는 압밀침강(Compression Settling) 4가지 형태가 있다.

② 단독입자(Discrete Particle)란 침강하면서 크기, 형태, 중량 등 물리적 성질이 변하지 않는 입자를 말한다.

③ 미립자가 중력에 의해 수중을 침강하면 차츰 가속도가 가해져서 침강속도가 증가하고 물의 마찰 저항력이 증가하여 입자의 중력과 균형이 이루어질 때 입자는 등속도

로 침강하게 된다. 이때의 일정속도를 한계침강속도(Critical Settling Velocity) 또는 종속도(Terminal Settling Velocity)라 하고 보통 침강속도라고 하는 것은 이것을 말한다.

④ 입자의 중력과 입자에 작용하는 유체의 마찰저항으로부터 단독입자의 침강속도가 아래와 같이 유도되어 Stokes 법칙으로 사용된다.

⑤ Stokes의 공식은 Re<2의 경우에 구형 또는 구형에 가까운 입자가 정지유체 또는 층류 중을 침강하는 경우에 적합하며, 부유물 입자의 응집성이 아주 크지 않은 경우에 쓰인다.

$$V_s = \frac{g(\rho s - \rho \iota)d^2}{18\mu}$$

여기서, g : 중력가속도(m/sec²)
ρs : 입자의 밀도(kg/m³)
$\rho \iota$: 액체의 밀도(kg/m³)
d : 입자경(m)
μ : 액체의 점도(kg/m · sec)
V_s : 입자의 침강속도(m/sec)

단독입자의 침강속도는 Stokes의 공식에서 보는 바와 같이 입자와 액체의 밀도차에 비례하며 입자 크기의 제곱에 비례하고, 액체의 점도에 반비례한다. 따라서, 입자의 침강속도를 크게 증가시키기 위하여는 입자의 크기가 매우 중요하므로 입자의 크기를 증가시키는 방법으로 응집처리가 필요하게 된다.

Reference 침전종류

1 독립침전(Ⅰ형 침전)
① 일명 자유침전, 단독침전이라고도 한다.
② 낮은 농도에서 비중이 무거운 입자를 침전시킬 때 나타난다.
③ Stokes의 법칙이 적용되며 보통침전지나 침사지에서 나타난다.

2 플록침전(Ⅱ형 침전)
① 침강하는 입자들이 서로 접촉되면서 응집된 플록을 형성하여 침전하는 형태이다.
② 일명 응집·응결침전 또는 응집성 침전이라 한다.
③ 독립입자보다 침강속도가 빠르다.
④ 약품침전지가 이에 해당한다.

❸ 간섭침전(Ⅲ형 침전)

① 플록을 형성하여 침강하는 입자들이 서로 방해를 받아 침전속도가 감소하는 침전이다.

② 중간 정도의 농도로서 침전하는 부유물과 상징수 간에 경계면을 지키면서 침강한다.

③ 일명 방해 · 장애 · 집단 · 계면 · 지역 침전 등으로 칭한다.

④ 상향류식 부유물 접촉 침전지, 농축조가 이에 해당한다.

❹ 압축침전(Ⅳ형 침전)

① 고농도 입자들의 침전으로 침전된 입자군이 바닥에 쌓일 때 일어난다.

② 입자군의 무게에 의해 물이 빠져나가면서 농축된다.

③ 일명 압밀침전이라고도 한다.

④ 침선지의 침전슬러지와 농축조의 슬러지 영역에서 관찰된다.

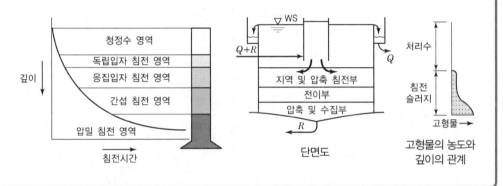

Reference 침전효율과 수면적 부하 관계

침전지 침전효율은 깊이와 관계없고 수면적 부하와 관계가 있다.

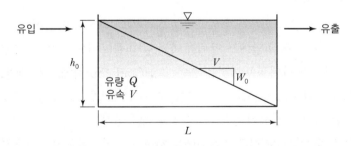

$$W_0 = \frac{h_0}{t_0} = \frac{h_0}{L/V}, \quad Q = V \times B \times h_0$$

$$W_0 = \frac{h_0}{L \cdot h_0 \cdot B/Q} = \frac{Q}{A}$$

여기서, L : 길이

B : 폭

Q : 유입유량

V : 유속

h_0 : 침전조 깊이

t_0 : 유체의 L까지의 도달 시간

W_0 : 입자의 침강속도

① 이론적 제거율이 침전지의 깊이에 관계없음을 의미한다.

② 동일한 표면적에서 깊이가 $\frac{1}{2}h_0$로 되어 유체 체류시간 $\frac{1}{2}$이 되어도 제거 효율은 같다.

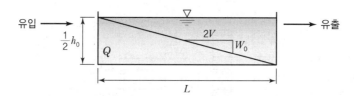

$$W_0 = \frac{h_0/2}{t_0} = \frac{h_0/2}{L/2V} = \frac{h_0/2 \times 2V}{L} = \frac{h_0/2 \times \dfrac{Q}{B \times h_0/2}}{L} = \frac{Q}{LB} = \frac{Q}{A},$$

$$\left(\therefore Q = 2V \times B \times h_0/2 \text{에서 } 2V = \frac{Q}{B \times h_0/2} \right)$$

2) 입자의 응집 이론

① 콜로이드 입자가 침강하기 위하여는 입자 간의 응집이 이루어져 입자의 크기가 커져야 한다. 그러나 앞에서 검토한 바와 같이 콜로이드 입자는 표면의 전하로 인하여 두 대전체 사이의 반발하는 힘인 쿨롱(Coulomb)력에 의한 반발로 응결을 방해하는 안정요소로 작용하며 두 입자 사이의 반데르발스(Van der Waals)력에 의한 인력은 응집을 일으키는 불안정요소로 작용한다.

② 다음 그림 (a)는 두 입자들 사이에 존재하는 정전기적인 반발력(쿨롱력)과 반데르발스 인력을 나타낸 것으로 두 입자들이 서로 접근하게 되면 서로 떨어져 있으려는 정전기적 반발력이 증가한다. 그러나 이 에너지 장벽을 넘어 서로 충분히 가까워지면 반데르발스 인력이 지배적으로 되어 입자들이 합쳐지게 된다.

③ 콜로이드 입자들을 응결시키려면 이 입자들 사이의 에너지 장벽을 극복할 수 있는 충분한 운동에너지를 가해 주거나, 입자 표면에 반대전하를 가진 응집제를 가하여 표면전하를 중화시키거나, 전해질을 첨가하여 그림 (b)에서 보는 바와 같이 입자 간의 반발력을 감소시켜 에너지 장벽을 낮추어야 한다.

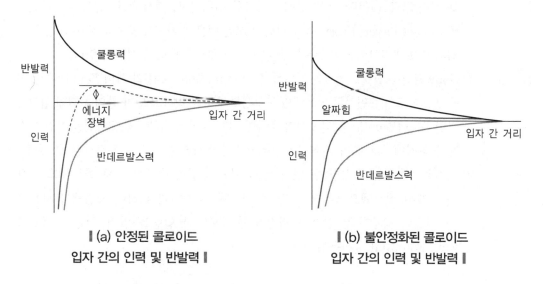

┃ (a) 안정된 콜로이드
입자 간의 인력 및 반발력 ┃　　　　**┃ (b) 불안정화된 콜로이드**
입자 간의 인력 및 반발력 ┃

3) 콜로이드 입자의 하전과 전기이중층

① 자연수 중의 현탁입자는 점토미립자와 부식과 같은 유기착색물질의 미립자로서 이들 콜로이드 입자는 보통 음으로 하전되어 있기 때문에 정전기적 반발력에 의해 응결이 방해되어 안정상태에 있다.

② 음으로 하전된 콜로이드 입자는 전해질 용액 중에서 양이온에 대하여는 인력을, 음이온에 대하여는 반발력을 나타내므로 콜로이드 입자의 표면 가까이에는 양이온이 흡착되어 양이온 농도가 높게 되고 반대로 음이온은 바깥쪽으로 반발되어 음이온 농도가 낮게 되어 Helmholtz의 고정전기이중층(Electrical Double Layer)이 형성된다.

③ 한편, 수중의 이온은 열역학적 운동에 의하여 농도 분포가 균일하게 되려고 하여 음이온과 양이온의 농도 불균형은 입자의 표면으로부터 어느 정도 떨어진 곳까지 미치게 된다. 이와 같이 넓어진 구조의 전기이중층을 'Gouy Chapman의 확산이중층(Diffused Double Layer)' 또는 'Gouy층'이라고 부르고 있다.

④ Stern은 이후 이론을 수정하여 입자의 바로 표면에는 반대이온 또는 반대 전하를 가진 미립자가 흡착되어 고정층을 형성하고 있다고 하여 이를 'Stern층'이라 하고 Stern층과 확산이중층의 두 가지 층이 콜로이드의 외측 부분을 형성하고 있다고 생각하였다. 이것을 'Stern-Gouy이중층'이라 한다. 이 상태를 모형적으로 나타낸 것이 그림 (c)이다. 이와 같이 이중층은 전위가 Ψ_O에서 Ψ_S로 떨어지는 치밀층(Compact Layer, Stern)과 열역학적 교란 때문에 치밀층의 외부에 어느 정도 거리까지 반대전하이온의 농도가 높은 Gouy 확산층으로 구성되어 있다.

⑤ Gouy 확산층 전단면에서의 전위를 Zeta Potential(ζ전위)라 하며 Zeta Potential은 콜로이드의 표면전하와 용액의 구성성분에 따라 변하고 입자 간의 응결이 일어나려면 Zeta Potential을 감소시켜야 하며 입자 표면에 대하여 반대하전을 가진 응집제를 용액에 첨가하여 Zeta Potential을 감소시켜 응집을 촉진시킬 수 있다.

⑥ Psi(Ψ_S) 전위는 측정할 수 없지만 ζ전위는 측정할 수 있으므로 콜로이드 입자가 포함된 현탁액으로부터 콜로이드 입자를 제거하기 위하여 응집제를 사용할 때 적절한 응집제의 선정과 적절한 응집제의 투입량을 알기 위한 목적으로 Zeta Potential이 사용된다.

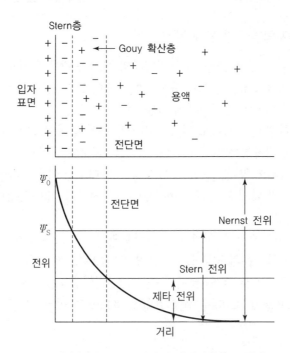

| (c) 콜로이드 입자의 전기이중층 모델 |

Zeta Potential은 다음과 같이 정의된다.

$$\zeta = \frac{4\pi v}{\varepsilon X} = \frac{4\pi \eta EM}{\varepsilon}$$

여기서, v : 입자의 속도

ε : 매체의 유전상수(Dielectric Constant)

η : 매체의 점도

X : 셀의 단위길이에 가한 전위

EM : 전기이동도(Electrophoretic Mobility)

실제로 Zeta Potential 측정에 이용하기 위하여 위의 식을 다시 쓰면,

$$\zeta(\text{mV}) = \frac{113,000}{\varepsilon} \eta(\text{poise}) EM\left(\frac{\mu\text{m/s}}{\text{V/cm}}\right)$$

여기서, EM : 전기이동도$(\mu\text{m/s})(\text{V/cm})$

25℃일 때 ζ : $12.8EM$이 된다.

Zeta Potential은 셀을 통한 콜로이드 입자의 이동을 현미경으로 보면서 Laser Zee Meter 등의 기구로 측정할 수 있다.

통상 자연수의 Zeta Potential은 15~20mV 정도이며, 최적의 응집을 일으키게 하기 위해서는 Zeta Potential을 10mV 이하로 조절하여야 한다.

4 침전지

(1) 정의

부유고형물을 침전시키기 위한 고액 분리시설

(2) 목적

① 생물학적 처리공정의 부하 저감(1차 침전지)

② 후속 처리시설의 시설용량 감소(2차 침전지, 화학 침전지)

③ 운전비용의 안정적 저감

(3) 설계기준 예

분류	1차 침전지	2차 침전지	화학응집 침전지
표면 부하율	24~50m³/m²·일	24~50m³/m²·일	48~72m³/m²·일
유효수심	3~5m 내외	2.5~4.0m	2.5~4.0m
침전시간	2~4hr	3~5hr	1~4hr
월류부하	125~250m²/m·일	150m²/m·일	168~360m²/m·일
고형물부하량	-	95~145kg/m²·일	-

5 각 설비 설치 예

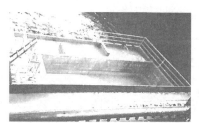

[전경-1] 침사지 및 유량조

[전경-2] 침전탱크

[전경-3] 침사조, 유량조정조 상부 배관

[전경-4] 약품주입설비

[전경-5] 약품주입배관

[전경-6] 배관설비

∥ 각 설비 설치 예시도 ∥

···08 I형 침전

1 개요

① 독립침전, 자유침전이라 한다.
② 낮은 농도에서 비중이 무거운 입자를 침전시킬 때 나타난다.
③ 보통 침전지나 침사지에서 나타난다.

2 관련 유도식

응집하지 않는 독립입자의 침강은 Newton과 Stokes의 고전적 침강법칙을 이용하여 해석 가능

3 방정식

Newton의 법칙에 의하면 입자의 중력을 마찰저항, 즉 항력과 같다고 하면 입자의 종말속도를 구할 수 있다.

$$중력 = (\rho_s - \rho_l)g \cdot V = (\rho_s - \rho_l) \cdot g \times \frac{\pi}{6} D_p^{\ 3}$$

$$항력 = \frac{C_D \cdot A \cdot \rho_l \cdot V_t^{\ 2}}{2} = C_D \left(\frac{\pi}{4}\right) D_p^{\ 2} \times \rho_l \times \frac{V_t^{\ 2}}{2}$$

여기서, ρ_s : 입자의 밀도 ρ_l : 액체의 밀도
g : 중력가속도 V : 입자의 부피
D_p : 입자 지름 C_D : 항력 계수
A : V_t 에 직각인 입자의 단면적
V_t : 입자 속도

중력과 항력을 같다고 한다면

$$(\rho_s - \rho_l) \cdot g \cdot \frac{\pi}{6} D_p^{\ 3} = C_D \left(\frac{\pi}{4}\right) D_p^{\ 2} \times \rho_l \times \frac{V_t^{\ 2}}{2}$$

$$V_t^{\ 2} = \frac{4(\rho_s - \rho_l) \cdot gD_p}{3\rho_l \cdot C_D} \qquad V_t = \sqrt{\frac{4(\rho_s - \rho_l) \cdot gD_p}{3\rho_l \cdot C_D}}$$

4 항력 계수

C_D는 입자의 흐름에 의해 틀려진다.

(1) Stokes' Law(층류흐름)

$$Re \leq 2 \quad C_D = \frac{24}{N_{Re}} \left(N_{Re} = \frac{V_t \cdot D_p \cdot \rho_l}{\mu} \right)$$

$$\therefore \ V_t = \sqrt{\frac{4(\rho_s - \rho_l) \cdot gD_p}{3\rho_l \times \dfrac{V_t \cdot D_p \cdot \rho_l}{\mu} \cdot 24}} = \sqrt{\frac{(\rho_s - \rho_l) \cdot gD_p^2 V_t}{18\mu}}$$

양변을 제곱하고 V_t로 나누면

$$V_t = \frac{(\rho_s - \rho_l)gD_p^2}{18\mu}$$

(2) Allen's Law(전이영역 계통)

$$2 < N_{Re} \leq 500 \quad C_D = \frac{10}{\sqrt{N_{Re}}}$$

$$V_t^2 = \frac{4(\rho_s - \rho_l)g \cdot D_p}{3\rho_i \times \dfrac{10}{\sqrt{\dfrac{V_t \cdot D_p \cdot \rho_l}{\mu}}}} \quad \text{양변을 제곱하면}$$

$$V_t^4 = \frac{16(\rho_s - \rho_l)^2 \cdot g^2 \cdot D_p^2 \cdot V_t \cdot D_p \cdot \rho_l}{9\rho_l^2 \times 100 \cdot \mu}$$

$$V_t = \left[\frac{4(\rho_s - \rho_l)^2 \cdot g^2}{225 \cdot \mu \cdot \rho_l} \right]^{1/3} \cdot D_p$$

(3) Newton's Law(난류 흐름)

$$500 < N_{Re} \leq 10^5 \quad C_D = 0.44$$

$$V_t = \sqrt{\frac{4(\rho_s - \rho_l) \cdot g \cdot D_p}{3\rho_l \times 0.44}} = \sqrt{\frac{3g(\rho_s - \rho_l)D_p}{\rho_l}}$$

일반적으로 수처리에서는 침전지인 경우 Stokes의 법칙을 이용하여 종말속도를 구한다.

Reference Floc 형성

 입자가 응집에 의해 Floc 증가 시 물 간극을 포함한다.

$$(\rho_s - \rho_l) = \frac{1}{D_p K} \quad K값은 1.2 - 1.5 값$$

Stokes의 법칙을 대합하면 $(\rho_s - \rho_l) \times D_p^{\,2} = D_p^{\,0.5}$ 으로 된다.($K = 1.5$일 경우)

→ 따라서 응집 침전의 경우 입경이 5배 증가해도 침강속도는 2.2배만 증가된다.

···09 응집 메커니즘

1 콜로이드의 정의

① 용존 물질과 부유고형물의 중간물질을 총칭한다.

② 콜로이드는 물질 특성을 나타내는 것이 아니라 물질의 분산상태를 나타낸다.

2 크기와 구성

0.001~1μm, 색도성분, 바이러스, 점토류, 세균류 등

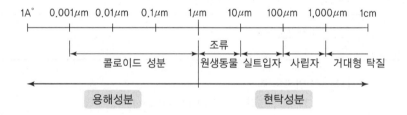

3 분류(용매와 안정성에 의한 분류)

(1) 소수성 Colloid

① 물과 반발, 현탁상태, 금속수산화물, 점토, 석유 → 염을 가하면 쉽게 응결

② 반대부호 전하로 전하를 잃어서 안정화됨

(2) 친수성 Colloid

① 물과 화합, 유탁상태, 단백질이 합성된 중합체, 녹말, 단백질, 우무 등
② 주입이온이 물분자를 빼앗기 때문에 앙금으로 침전(**예** 염석 : 두부 제조 등)

(3) 보호 Colloid

① 소수 Colloid에 친수 Colloid를 가하면 친수성 콜로이드가 소수성 콜로이드를 싸서 안정화
② 먹물의 아교, 잉크의 아라비아 고무 등

4 특성

① 전기 영동, 틴들 현상, 브라운 운동, 투석, 흡착, 염석 등
② 대전되어 전하를 띠고 있음
③ 비표면적이 큼(이온이 부착됨) → 브라운 운동 → 강한 흡착성
④ 상호 응결되지 못함
⑤ 미세하여 중력과 물의 부력이 평형상태로 안정되어 있음

5 Zeta Potential

① 분산층 전단면에서의 전하량
② ±에 의하여 중화되지 않는 잉여전위
③ Zeta Potential은 다음과 같이 정의된다.

$$\zeta = \frac{4\pi v}{\varepsilon X} = \frac{4\pi \eta EM}{\varepsilon}$$

여기서, v : 입자의 속도
ε : 매체의 유전상수(Dielectric Constant)
η : 매체의 점도
X : Cell의 단위길이에 가한 전위
EM : 전기이동도(Electrophoretic Mobility)

두 Colloid 간의 인력과 반발력은 평형상태이다.

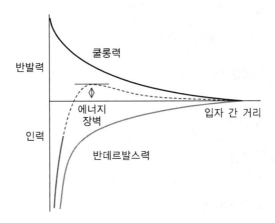

‖ 안정된 콜로이드 입자 간의 인력 및 반발력 ‖

6 응집이 일어나는 조건

① Zeta Potential 감소(0제타 전위)
약품 주입 등에 의해 Van der Waals 인력과 교반에 의해 입자들이 응결할 수 있는 만큼
의 제타전위가 감소되어야 한다(실제로 ±10mV 정도 범위).

② 콜로이드 활성기의 상호작용에 의한 입자 간의 응결, 가교가 있어야 한다.
③ 형성 입자의 체거름 현상이 있어야 한다.
예 Al^{3+}, Fe^{3+} 등의 Sweep 응집작용 등

7 응집순서

① 제타전위의 ±10mV화 → 전화중화 → 반데르발스력 결합
② 적당한 교반에 의한 응집입자 간의 반복적 충돌 유도 → Floc 형성
③ 가교작용에 의한 큰 Floc 형성

8 pH와 등전점과의 관계

① 단백질이나 미생물의 경우 입자를 구성하는 분자의 끝단 카르복실기와 아미노기의 이온
화에 의해 표면전하를 갖고 있다.

② pH가 등전점일 때

   ㉠ $NH_2 \rightarrow NH_3$

   ㉡ $COOH \rightarrow COO^-$ 형태로 존재

③ pH가 등전점 이하일 때

   ㉠ $COOH$

   ㉡ NH_3 형태로 존재

④ pH가 등전점 이상일 때

   ㉠ NH_2

   ㉡ COO^- 등의 형태로 존재

SECTION

04 기체 전이

01 기체전달 Two Film 이론

1 Two Film 이론

기체의 액체 속으로의 이전은 평형 상태에서의 액 중의 기체 용해율과 수송률에 의해 영향을 받는다.

$$\frac{1}{V}\frac{dm}{dt} = \frac{dc}{dt} = \frac{DA}{LV}(C_s - C)$$

여기서, V : 총 용적(액 중)(m³)
m : 기체질량의 용해속도(g/h)
L : 경계층의 두께
D : 분자의 확산계수(cm²/s)
A : 계면면적
C_s : 기체포화농도
C : 시간 t일 경우의 농도

단위점검 : $g/h \cdot m^3 = \dfrac{m^2/h \cdot m^2}{m \cdot m^3}(g/m^3) = g/h \cdot m^3$

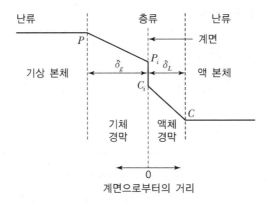

$$\text{기체상 용해속도}(m) = \frac{D_g A}{\delta_{g거리}}(P - P_i)$$

여기서, P : 본체 분압

P_i : 계면분압

D_g : 분자의 확산계수

δ_g : 기체 경막의 두께

$$\text{액체상 용해속도}(m) = \frac{D_L A}{\delta_L}(C_i - C)$$

여기서, C_i : 액체계면 농도

C : 액체 내 농도

C_s : 포화농도

D_L : 분자의 확산계수

δ_L : 액체 경막의 두께

$$\text{전체 } m = \frac{DA}{L}(C_s - C)$$

$$\frac{dc}{dt} = \frac{1}{V}\frac{dm}{dt} = \frac{DA}{LV}(C_s - C)$$

경막의 두께와 경막에서의 분압, 농도를 측정하기 어렵기 때문에 총괄이전계수를 사용한다.

$$\frac{dc}{dt} = K_{La}(C_s - C)$$

② 총괄물질 이동계수의 산정

(1) 확산계수를 이용한 계산방법

정상상태에서 확산계수 D, 노출시간 t_c, 유효 비접촉면적 A/V가 일정하다고 가정하면,

$$K_{La} = \frac{A}{V}K_L = 2\frac{A}{V}\sqrt{\frac{D}{\pi t_c}}$$

여기서, K_L : 경막확산계수$(m/s)(=D/L)$

A/V : 액체의 단위체적당 기포의 표면적(기체, 액체 계면 면적)

t_c : 계면에서의 노출시간 또는 접촉시간

$$t_c = \frac{H}{V_g} \text{(수포식)} - \text{기체저항이 지배적}$$

$$= \frac{dB}{V_r} \text{(산기식)} - \text{액체저항이 지배적}$$

여기서, H : 낙하높이

$\qquad V_g$: 낙하속도

$\qquad dB$: 부상기체 직경

$\qquad V_r$: 부상속도

잘 녹지 않는 기체는 액체경막에서 저항, 잘 녹는 기체는 기체경막에서 전달될 때 주로 저항을 받게 된다.

(2) 폭기실험에 의한 방법

① 정상폭기법

활성오니의 산소섭취속도와 폭기조의 단위 용적당 산소공급속도(dc/dt)가 동일한 상태($dc/dt = 0$)로 가정하여 다음과 같이 계산된다.

㉠ 활성슬러지의 산소섭취속도 r를 실험을 통해(Warburg 장치 사용) 얻는다.

㉡ 활성슬러지의 산소섭취속도 r를 고려한 수정식을 만든다.

㉢ 정상상태로 가정하여 좌측 항을 $dc/dt = 0$으로 놓고 K_{La}를 구한다.

$$\frac{dc}{dt} = K_{La}(C_s - C) - r \rightarrow 0 = K_{La}(C_s - C) - r$$

$$K_{La}(C_s - C) = r$$

$$K_{La} = \frac{r}{(C_s - C)}$$

② 비정상폭기법

산소가 고갈된 상태에서 폭기를 개시하여 폭기시간에 따른 DO 변화로부터 K_{La}를 구하는 방법으로,

㉠ 수조에 대상수를 채우고 적절한 채취 위치(수면 30cm 이하, 바닥면 30cm 이상)를 선정한다.

㉡ 수조에 Na_2SO_3와 코발트 촉매를 가하여 DO을 0으로 한 다음 폭기를 시작한다.

㉢ 시간에 따른 DO 농도 C를 기록한다.

ㄹ 완전 혼합상태에서의 용존 포화농도를 C_s라 한다.

$$\frac{dc}{dt} = K_{La}(C_s - C) \rightarrow \ln(C_s - C) = K_{La}t$$

$$\rightarrow \ln\frac{(C_s - C_1)}{(C_s - C_2)} = K_{La}(t_2 - t_1)$$

$$K_{La} = \frac{1}{(t_2 - t_1)} \times \ln\frac{(C_s - C_1)}{(C_s - C_2)}$$

③ 산소전달 효율방안

실제 활성슬러지에서 용존산소를 높이 유지하면 산소 이전속도가 저하된다.

$$\therefore \quad \frac{dc}{dt} = K_{La}(C_s - C) \text{에서 } K_{La}\text{이 일정하면 } C_s - C \text{ 값이 클수록 이전속도가 증가}$$

여기서, K_{La} 환경인자

① 수온이 높을수록 산소 용해율 감소 → 적정 수온 유지 필요
② 압력이 높을수록 산소 용해율 증가 → 수심 깊게
③ 염분의 농도가 높을수록 산소 용해도 감소 → 염분농도 저하 필요
④ 물의 흐름이 난류일 때 산소 용해율 증가
⑤ 현존 DO 농도가 낮을수록 산소 전달률 증가

SECTION

05 여과

···01 급속여과지와 완속여과지

1 개요

여과법은 원수를 다공질을 통해 현탁액을 유입시켜 부유물질, 침전으로 제거되지 않은 미세의 입자의 제거에 가장 효과적인 정수방법이다.

2 급속여과지

① 급속여과지는 원수 중의 현탁물질을 약품에 의해 응집시키고 분리하는 여과방식의 여과지를 총칭
② 원수 중의 현탁물질을 응집한 후 입사층에 비교적 빠른 속도로 물을 통과시켜 여재에 부착시키거나, 여층에서 체거름 작용에 의한 탁질 제거
③ 제거대상이 되는 현탁물질을 미리 응집시켜 부착 혹은 체거름되기 쉬운 플록으로 형성할 필요가 있다.

④ 현탁물질 제거기작
  ㉠ 제1단계 : 현탁입자가 유선에서 이탈되어 여재 표면 근처까지 이송되는 단계로 체거름 작용, 저지작용, 중력침강작용이 주로 작용
  ㉡ 제2단계 : 이송된 입자가 여재 표면에 부착하여 포착되는 단계 → 주제거 단계임

3 완속여과지

① 모래층과 모래층 표면에 증식한 미생물군에 의해 수중의 불순물을 포착하여 산화분해
② 현탁물질인 세균, 암모니아성 질소, 취기, 철, 망간, 합성세제, 페놀 등의 제어도 가능

③ 제거기작
  ㉠ 모래층 표면에서의 기계적 체분리 작용
  ㉡ 모래층 표면에서의 부착에 의한 미립자 제거

ⓒ 부착미립자에 의한 영양염류 부착 → 조류나 미생물 번식

ⓔ 생물막 형성 → 체분리 작용, 흡착 및 산화 작용 등

④ 원수조건

ⓐ 호기성 상태 유지 : 암모니아성 질소 0.1mg/L, BOD 2mg/L 정도 유지

ⓑ 모래면 햇빛 도달이 바람직함

ⓒ 유입수 최고 탁도 10도 이하 유지

4 설계조건

항목	급속여과지	완속여과지
여과 속도	120~150m/일	4~5m/일
여과층 두께	사층 60~120cm	사층 70~90cm
여과 유효경	0.45~1.0mm	0.3~0.45mm
균등계수	1.7 이하	2.0 이하
세척 탁도	30도 이하	30도 이하
여과사 최대경	2mm 이하	2mm 이하
자갈층 두께	20~50cm	40~60cm
사면상의 수심	1m 이상	90~120cm 표준

⋯02 여과사 시험항목의 용어 해설

1 시험항목의 개요

① 여과사의 시험항목

ⓐ 입도에 관한 시험 : 유효경, 균등계수, 최소경, 최대경

ⓑ 불순에 관한 시험 : 세척탁도, 강열감량, 염산가용률

ⓒ 재질에 관한 시험 : 마모율, 비중

② 재질에 관한 항목은 인위적으로 개선할 수 없으므로, 대부분 산지별로 원사의 재질에 따라 차등결정되며, 수요기관에서 품질규격을 시방서에 "○○○산"이라고 표시하는 것은

구입과 사용경험에 의하여 양질의 재질로 생산된 제품을 구매하기 위한 것임

③ 가장 중요한 항목은 입도에 관한 항목으로서 특히 유효경, 균등계수는 여과지의 특성, 원수의 수질, 목표생산용량, 정수제품의 수질목표 등에 의하여 엄격히 시방서에 기록되고 생산, 납품되어야 함

② 유효경

① 여과사(규사)의 입경을 표시하는 단위로서 입도가적곡선의 10% 통과경을 mm로 표시한 것임

② 이론적으로 일정량의 여과사를 입도 크기의 순으로 일렬로 나열하였다고 가정할 때 작은 입경으로부터 중량 10% 되는 부분의 여과사의 직경을 말함

③ 여과사의 유효경은 유속과 비례하며 탁질 억류 기능과는 반비례함

④ 일반적으로 완속여과 시 0.3~0.45mm, 급속여과 시 0.45~0.7mm임

⑤ 유효경의 허용한도(완속 0.3~0.45mm, 급속 0.45~0.7mm)를 최소경 및 최대경으로 혼동하는 경우가 있는 바, 유효경은 중량비 10% 부분의 1개 입자의 입경이므로 1점(직경)의 개념이며 상수도 시설기준에는 허용한도가 표시된 것임

③ 균등계수

① 여과 시 입경분포의 균일 정도를 나타내는 지표로서 입도가적곡선에서 '60% 통과경'과 '10% 통과경'의 비를 말함($E = D60/D10$)

② 균등계수는 1에 가까울수록 입경이 균일하고 여층의 공극률이 커지며 탁질 억류량도 증가함

③ 균등계수가 낮을수록 원사에서 채취 가능 용량이 적어져서 생산가격이 높아짐

④ 완속여과사 2.0 이하, 급속여과사 1.7 이하임

⑤ 급속여과사의 균등계수는 1.7 이하로 최소한의 품질이 규정되어 있으나 균등계수가 낮을수록 품질이 우수하므로 각 수요기관에는 그 이하의 제품을 요구하고 있어, 동일한 유효경에 균등계수만 달리하여 규격과 가격이 차등화되고 있음
  - 유효경 0.45~0.7mm, 균등계수 1.7 이하
  - 유효경 0.45~0.7mm, 균등계수 1.6 이하
  - 유효경 0.45~0.7mm, 균등계수 1.5 이하
  - 유효경 0.8~1.2mm, 균등계수 1.6 이하

- 유효경 0.8~1.2mm, 균등계수 1.5 이하
- 유효경 0.8~1.2mm, 균등계수 1.4 이하

4 최소 · 최대경

① 입도 가적곡선에서 1% 통과경의 mm를 최소경, 99% 통과경의 mm를 최대경이라 함
② 설계 사양상 최소 · 최대경의 허용오차 한도는 1%임

5 세척탁도

불순물의 함유 정도를 나타내는 기준으로서 일정량(약 30g)의 여과사를 증류수에 흔들어 섞었을 때의 탁도와 탁도 표준액과 비교하여 구하는 것임

6 비중

① 역세척의 반복에 따라 여층 구성의 변형과 유실을 방지하기 위한 기준임
② 일정량(약 30g)의 여과사와 같은 부피의 물(증류수)의 무게와의 비율을 말함
③ 여과사의 비중은 2.55~2.65이어야 함
④ 천연규사의 비중은 혼탁물 및 다른 광물이 많이 함유되지 않으면 2.6 전후로 크게 차이가 나지 않음

7 단위용적당 중량(단위비중)

① 여과사의 부피와 무게와의 환산기준으로서 m^3당 kg으로(kg/m^3) 표시함
② 많은 양의 여과사를 부피(m^3)로 검수하기가 곤란하고, 부정확한 경우가 많으므로 무게로 (kg) 환산하여 계량의 기준으로 삼는 것이 통례임
③ 여과사의 단위 용적당 중량은 약 $1,500kg/m^3$임
④ 건축용 골재 모래의 단위용적당 중량(약 $1,600kg/m^3$)에 비하여 여과사는 세척 선별에 의하여 입자와 입자 사이에 미분, 토분 등이 없어 공극이 커서 단위 중량은 적음

⑧ 강열감량

① 여과사에 섞인 유기불순물이나 석탄 입자, 탄소, 석회석, 조개껍질, 기타 칼슘이나 마그네슘, 탄산염류 등의 함유 정도를 파악하기 위한 기준임
② 약 $925 \pm 25℃$로 열을 가하여 불순물 제거로 인한 감량 정도를 %로 나타낸 것임
③ 여과사의 강열감량은 0.7% 이하임

⑨ 마모율

① 세척의 반복에 따라 여과사가 파쇄 마모되어 여층의 입도 구성이 변형되고 여재량이 역류수에 유실되는 것을 방지하기 위하여 파쇄 마모되는 기준을 정한 것임
② $300 \mu m$ KS표준체에(No.50 : 48MESH : 0.29mm)에 의하여 구분한 굵은 시료 약 50g을 6.5mm 볼베어링용 강구 5개로 3분간 마찰한 후 파쇄되어 표준체에 통과되는 양의 비율임
③ 여과사의 마모율은 3% 이하임

⑩ 염산가용률

① 조개껍질, 석회석 등의 혼잡물의 혼입 한도를 나타내는 기준임
② 일정 농도의 염산 속에 여과사를 1시간 담가 두었다가 용해되어 감소되는 비율을 말함
③ 여과사의 염산가용률은 3.5% 이하여야 함

┈03 급속여과 공정의 규제사양

① 개요

급속여과는 원수 중의 현탁물질을 약품으로 응집시킨 다음 입상층에서 비교적 빠른 속도로 물을 통과시켜 여재에 부착시키거나 여과층에서 체거름 작용으로 제거

2 여과재의 두께와 여재 사양

① 급속 모래 유효경 0.45~1.0mm 중 선정(통상 0.45~0.7mm)
② 균등계수 1.7 이하 → 실질 1.4 정도로 채택함
③ 세척탁도 30NTU 이하
④ 가열감량 0.75% 이하
⑤ 염산 가용률은 3.5% 이하
⑥ 비중 2.55~2.65
⑦ 마모율 3% 이하
⑧ 최대경 : 2.0mm, 최소경 : 0.3mm

3 여재 사양 조건

(1) 유효경

① 너무 세립자일 경우
표층에서의 탁질 제거율은 높으나, 표면 손실수두 쉽게 증가한다.

② 너무 조립자일 경우
내부 여과의 경향이 크며 두께는 크게, 균등계수는 작게 유지해야 된다.
㉠ 0.45~0.75mm의 경우 모래두께 50~70cm
㉡ 1.0mm의 경우 모래두께 120cm

즉, 유효경은 저지율, 여과지속시간, 역세척속도 및 광범위의 원수 수질의 변화 등을 고려하여 결정한다.

(2) 균등계수

① 자연모래 균등계수 1.5~3.0 범위 → 역세척 시 조립자 모래 '하층', 세립자 '상층'에 모임 → 탁질효율은 높은 반면 손실수두 큼 → 여과시간 짧음
② 모래 표면에서의 탁질 저지율이 높게 나타나는 것을 완화
③ 모래층 내부 높은 탁질 억류능력의 유지 필요 → 균등계수 1.7 이하 유지 필요

(3) 최대경 · 최소경

역세척 반복에 따른 분급의 경향이 극단적으로 커지는 것을 방지하기 위해 필요

(4) 비중

    ① 자연모래 비중 2.6 전후

    ② 2.55 이하 → 유기성 물질 또는 다공성 모래 혼입의 경우

    ③ 2.65 이상 → 석회석 또는 중금속류의 광석 혼입의 경우

4 기타

하수고도 설비의 급속여과지 사양

① 단층일 경우 : 1~2mm 균등계수 1.4 이하, 두께 1~1.8m 표준

③ 복층일 경우

    ㉠ Anthracite : 1.5~2.0mm 표준, 균등계수 1.4 이하

    ㉡ Sand층 : Anthracite 층의 60% 이하

    ㉢ 두께 : 60~100cm

···04 단층여과, 다층여과, 상향류여과의 여과저항곡선과 특성

1 단층여과

① 보통 천연규사

② 역세척을 통한 사층 성층화

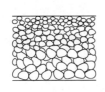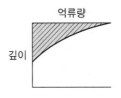

③ 수중 Floc 대부분 표층 제거

④ 표층 손실수두가 큼

⑤ 여층 내부가 충분히 이용 안 됨 → 여과시간 짧음

⑥ 여과속도 120~150m/d 정도

② 상향류 여과

① 여층 구성은 단층여과와 동일
② 여과반응 반대
③ 여과손실수두 및 시간적 증가율 적음
　　→ Floc 억류량 여층 전반에 균등화

  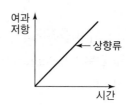

③ 다층여과

① 단층여과 결점 보완
② 여재를 비중과 입도가 다른 무연탄, 모래, 석류석 사용

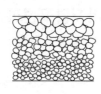 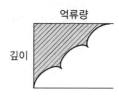 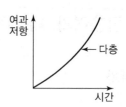

③ 표면여과＋내부여과 기능
④ 여과효율 높음
⑤ 여과시간 길어짐
⑥ 여과저항도 서서히 증가

···05 여과지 부수두(Negative Head)

1 개요

① 여과가 진행함에 따라 오탁물질이 여층 간극 내 억류
② 여층이 폐쇄되면서 → 여과손실수두 증가 → 수압 감소 → 국부적으로 대기압보다 낮은 부분 발생 → 부수두라 함

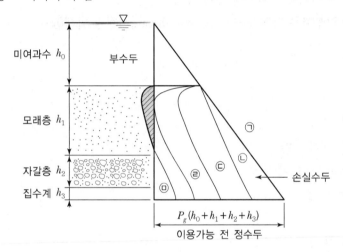

- 직선 ㉠ : 여과지에 물을 만수시키면 직선의 수압 분포를 얻을 수 있다.
- 직선 ㉡ : 여과를 시작한 직후에는 여과층 및 자갈층의 저항에 따른 수압분포를 표시한다.
- 곡선 ㉢ : 여과를 계속하여 여층 내에 현탁물질의 억류가 진행되면 여층에 의한 손실수두가 커진다. 여층 내에서의 현탁물질의 억류분포는 약품주입량, Floc의 크기 및 강도, 여재의 입경 및 균등계수, 여과속도 및 여층 두께, 기타 요인에 의하여 차이가 있으나 주로 표층부에 많은 현탁물질을 억류시키는 방식으로 하는 때가 많다. 그러므로 표층부에서의 손실수두가 타 부분에 비하여 현저하게 크다.
- 곡선 ㉣ : 전손실수두가 크게 되어 이용 가능한 전수두의 대부분이 소모된 상태에서 통수능력의 점에서 여과를 정지하지 않으면 안 될 상태에 있다. 실제의 급속여과지에서는 전손실수두를 $1 \sim 2\text{m}$ 정도로 하여 여과를 하고 있는 경우가 많다.
- 곡선 ㉤ : 여과지 전체 압력차가 통수능력을 유지할 수 있는 경우에도 폐색이 많이 일어난 여층부분에서 국부적으로 대기압보다 얕은 부분이 발생하는 때가 있다. 이와 같은 국부적 부압현상은 현탁물질의 억류가 여층 표면에 집중하는 경우나 사면상의 수심이 과소한 경우에 발생하기 쉽다.

② 발생장소

표면여과나 사면상의 수심이 과소할 경우 발생 → 사면수심 1m 이상

③ 영향

① 기포 발생 Air Binding 현상
② 여과막 조직 파괴에 의한 여과능력 파괴
③ Pipng 작용에 따른 탁질 누출로 Break Through 현상 발생함

④ 대책

(1) 사면수심

가능한 한 크게 한다.
① 완속여과 : 0.9~1.2m
② 급속여과 : 1.0~1.5m

(2) 급속여과 시

부수압을 허용하되 손실수두가 2~2.5mH 정도 되면 여과 중지하고 역세척 실시

(3) 완속여과 시

여과수의 인출수위가 사면의 높이까지 저하되면 표면 여재층의 세정 실시

SECTION 06 고도산화법(AOP)

···01 AOP의 정의

① 정의

UV + 산화제(H_2O_2, O_3 등) ┐
UV + 광촉매 ├ → OH Radical 형성
고전압 전기가속기 등 ┘

중간물질로 생성되는 OH Radical에 의한 독성·난분해성 유기물질 산화 파괴하여 무해 화합물로 분해하는 수처리 기술

② 활용분야

(1) 정수분야

① 지하수 오염, 먹는 샘물 오염, 상수 오염 처리에 사용 가능
② 다량의 독성유기물 제거, 이취·미 유발물질 제거, THM 제거 가능

(2) 폐수처리분야

① 염색 폐수, 제지 폐수, 전자/반도체 폐수, 석유화학 폐수, 각종 화곡약품 폐수 등
② 독성·난분해성 유기물질 처리에 활용

···02 AOP 기술의 분류

$$
\left.\begin{array}{l}
\text{Fenton oxidation} \\
\text{H}_2\text{O}_2/\text{O}_3(\text{Peroxone})
\end{array}\right\} \text{비광화학산화공법(NPCOP ; Non Photochemical Oxidation Process)}
$$

$$
\left.\begin{array}{l}
\text{H}_2\text{O}_2/\text{UV} \\
\text{O}_3/\text{UV} \\
\text{UV}/\text{TiO}_2
\end{array}\right\} \text{광화학산화공법(PCOP ; Photochemical Oxidation Process)}
$$

1 Fenton oxidation

원리	과산화수소(H_2O_2)와 2차 철염(Fe^{2+})의 Fenton's reagent를 이용하여 반응 중 생성되는 OH Radical의 산화력으로 유기물 제거 $$Fe^{2+} + H_2O_2 \rightarrow Fe^{3+} + OH^- + OH\cdot$$
Mechanism	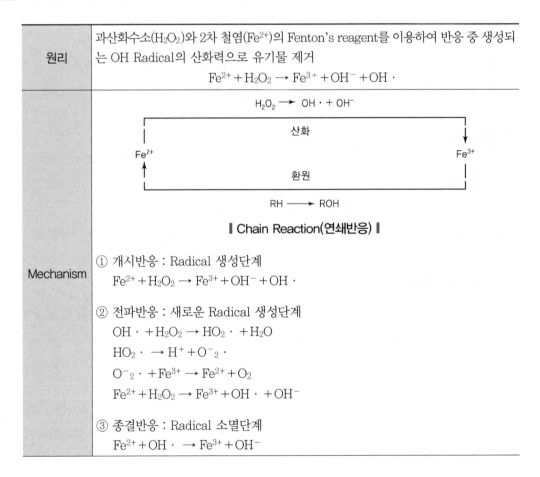 **‖ Chain Reaction(연쇄반응) ‖** ① 개시반응 : Radical 생성단계 $$Fe^{2+} + H_2O_2 \rightarrow Fe^{3+} + OH^- + OH\cdot$$ ② 전파반응 : 새로운 Radical 생성단계 $$OH\cdot + H_2O_2 \rightarrow HO_2\cdot + H_2O$$ $$HO_2\cdot \rightarrow H^+ + O^-_2\cdot$$ $$O^-_2\cdot + Fe^{3+} \rightarrow Fe^{2+} + O_2$$ $$Fe^{2+} + H_2O_2 \rightarrow Fe^{3+} + OH\cdot + OH^-$$ ③ 종결반응 : Radical 소멸단계 $$Fe^{2+} + OH\cdot \rightarrow Fe^{3+} + OH^-$$

공정도	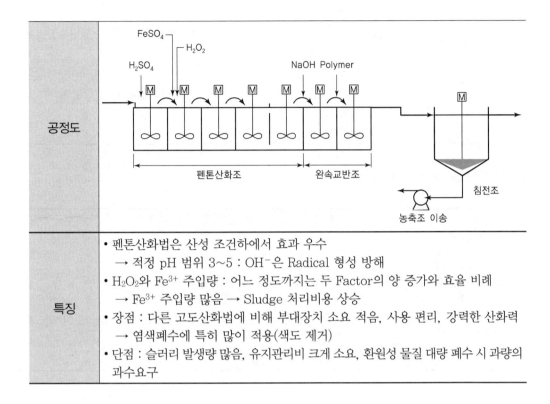

특징	• 펜톤산화법은 산성 조건하에서 효과 우수
	  → 적정 pH 범위 3~5 : OH^-은 Radical 형성 방해
	• H_2O_2와 Fe^{3+} 주입량 : 어느 정도까지는 두 Factor의 양 증가와 효율 비례
	  → Fe^{3+} 주입량 많음 → Sludge 처리비용 상승
	• 장점 : 다른 고도산화법에 비해 부대장치 소요 적음, 사용 편리, 강력한 산화력
	  → 염색폐수에 특히 많이 적용(색도 제거)
	• 단점 : 슬러리 발생량 많음, 유지관리비 크게 소요, 환원성 물질 대량 폐수 시 과량의
	  과수요구

❷ Peroxone(O_3/H_2O_2, AOP)

원리	오존에 과산화수소를 인위적으로 첨가 → O_3를 빠르게 분해시켜 OH Radical 형성하여 유기물 분해 $2O_3 + H_2O_2 \rightarrow 2OH \cdot + 3O_2$
Mechanism	① 개시작용 $H_2O_2 \rightleftharpoons H^+ + HO_2^-$ pka = 11.8 $O_3 \cdot + HO_2^- \rightarrow O_3^- \cdot + HO_2 \cdot$ ② 전파반응 $O_3^- \cdot + H^+ \rightarrow HO_3 \cdot$ $HO_3 \cdot \rightarrow OH \cdot + O_2$ $HO_2 \cdot \rightarrow H^+ + O_2^- \cdot$ $O_2^- \cdot + O_3 \rightarrow O_3^- \cdot + O_2$ $O_3^- \cdot + H^+ \rightarrow HO_3 \cdot$ $HO_3 \cdot \rightarrow OH \cdot + O_2$ ③ 종결반응 $OH \cdot + H_2O_2 \rightarrow HO_2 + H_2O$

특징	• O_3와 H_2O_2는 서로 반응이 느리나 HO_2^-이 발생되면 O_3 분해 활발(O_3 단독공정보다 효과적) • H_2O_2를 인위적으로 주입하여 OH Radical 형성 • H_2O_2는 OH Radical 형성하는 Initiator이자 OH Radical을 Trap할 수 있는 Scavenger 역할 • UV 시스템에 비해 간단, 유지비 저렴

❸ UV＋H₂O₂(Photolysis)

원리	H_2O_2에 UV light 조사 → OH Radical 발생 $H_2O_2 \xrightarrow{hv} 2OH \cdot$
특징	• OH Radical 생성효율 증대목적으로 철염을 촉매로 사용하는 경우 있음 • UV Lamp 효율이 낮아 에너지 비용 고가(철염 사용 시) • 철염에 의한 Scale이 석영관에 Fauling 현상 유발 → 방지책 : Wiper 시스템 필요 • 비용은 UV/O_3에 비해 저렴 • 철염 사용 시 Sludge 발생이 단점

❹ UV＋O₃

원리	UV(자외선)에 의한 에너지와 O_3에 의해 생성된 OH Radical 등의 강력한 산화력으로 유기물 분해 $3O_3 + H_2O \xrightarrow{hv} 2HO \cdot + 4O_2$
Mechanism	$O_3 + H_2O \xrightarrow{hv} O_2 + H_2O_2$ $H_2O_2 \xrightarrow{hv} 2OH \cdot$
특징	• 최대 흡수파장 : 254nm • 오존의 몰흡광계수(Molar Extinction Coefficient) : $3,300/M \cdot cm$ → H_2O_2보다($19.6/M \cdot cm$) UV 흡수도 큼 • pH에 크게 영향을 받지 않음 • O_3와 UV System 설치비 및 유지비 고가 • 탁도나 색도가 높을 경우 OH Radical 생성 저조

5 UV+TiO₂

원리	자외선에 의한 에너지와 빛 촉매인 TiO_2 표면에서 생성되는 OH Radical의 강한 산화력으로 유기물 분해
Mechanism	$TiO_2 \xrightarrow{hv} e^- (방출) + h^+ (표면)$ $e^- + O_2 \rightarrow O_2^-$ $2O_2^- + 2H_2O \rightarrow 4OH \cdot + O_2$ $h^+ + H_2O \rightarrow OH \cdot + H^+$ $h^+ + OH^- \rightarrow OH \cdot$
특징	• 2차 오염 유발 없음 • 응집침전 같은 전처리 없이 가장 효율적인 처리조건 만족 • pH 임의 조절 가능 • UV 강도가 낮아 Fe_2O_3 형성 없음 → 비용 및 효율성 가장 우수 • 조작 간편

07 활성탄 이론

┅01 개요

1 흡착원리

흡착은 용액 내의 분자가 물리 · 화학적 결합력에 의해 고체 표면에 붙는 현상으로 다음 3단계로 진행된다.

① 피흡착제의 분자가 흡착제 표면으로 이동하는 단계
② 흡착제 공극 내부로 확산하는 단계
③ 흡착제 세공 표면에서 흡착하는 단계

흡착단계는 통상적으로 이동 및 확산단계보다 대단히 빨리 일어나므로 주로 전자의 2단계에 의해 흡착속도가 결정되며, 특히 분말활성탄은 피흡착물의 이송속도가, 입상활성탄은 흡착제 세공 내부로의 확산속도가 각각 흡착속도의 주요 인자이다.

2 사용목적

① BOD 및 COD 제거, 탈색, 탈취 등 생물학적 · 물리학적 · 화학적 처리에서 폐수를 목표로 하는 수질까지 처리할 수 없는 경우에 사용
② 폐수의 일부를 공장에서 재사용하는 경우에 사용

③ 상수
- 맛, 냄새 제거(분말 10~50ppm)
- 조류 및 플랑크톤 제거
- ABS 제거(ABS 양의 20배)
- phenol 제거(10~100배)
- 농약 제거
- 유기물 제거
- 색도 및 탁도 제거
- 염소소독에 의한 THM 제거

❸ 활성탄의 종류 및 특성

(1) 물리적 현상에 의한 분류 : 분말상, 조립상, 섬유상 등

① 분말상(Powdered Activated Carbon)
- 흡착속도가 빠르다.
- 필요량의 주입 조절이 용이하다.
- 사용 시 별도의 장치가 필요 없다.
- 미생물의 번식 가능성이 없다.
- 분말의 비산이 있고 취급이 불편하다.
- 슬러지가 발생한다.
- 운영비가 고가이다.
- 활성탄 유출에 의해 흑수가 발생한다.
- 재생이 어렵다.
- 응급적, 단기간 사용에 유리하다.

② 조립상(Granular Activated Carbon)
- 취급이 용이하다.
- 물과 분리하기 쉬우며 슬러지가 발생하지 않는다.
- 재생이 쉽다.
- 분말에 비하여 흡착속도가 늦다.
- 흡착탑 등 별도의 시설이 필요하다.
- 미생물 번식 가능성이 있다.
- 장기간 사용 시 유리하다.

(2) 원료에 의한 분류

① 식물질 : 야자각, 목재, 톱밥, 목탄 등
② 석탄질 : 유연탄, 무연탄, 갈탄, 이탄 등
③ 석유질 : 석유잔사, 황산 슬러지, 오일카본 등
④ 기타 : 펄프폐액, 합성수지 폐재, 유기질 폐기물 등

(3) 흡착에 영향을 미치는 요인

① 기공이 클수록 고분자를 잘 흡수
② 표면적이 클수록 흡착 속도가 빠름
③ 오염농도 : 농도가 높을수록 흡착능력 증가

④ 이온화 : 피흡착제의 이온화가 최소로 되는 pH에서 흡착능력 증가

⑤ 오염물질 용해성 : 용해성이 적을수록 흡착능력은 증가함

⑥ 온도 : 온도가 낮을수록 흡착능력은 증가함

　　✱ 단, 온도가 높으면 흡착능력은 감소하나 흡착속도는 증가함
　　　피흡착제의 분자량이 크면 흡착능력은 증가하나 흡착속도는 감소함

4 흡착탑의 종류

① 접촉여과방식 : PAC(Powdered Activated Carbon)

② 고정상 방식 : 하향류식, 상향류식, 직렬식, 병렬식

③ 유동상방식 : 상향류식

5 흡착시설 설계 시 고려사항

(1) 유입수의 특성

① 유입수는 가능한 균등한 수질과 유량 유지

② 악영향 폐수성상 : 부유물질, BOD, 계면활성제, 용존산소 등

　ⓐ SS → 수로 현상, 단회로 현상

　ⓑ Colloid성 물질 → 흡착 가능한 공극이 제한 → 전처리로 여과 시 설치하는 것이 일반적이다.

　ⓒ 산소를 흡착하여 부분적으로 표면에 산성작용기를 형성하고 따라서 입상활성탄 표면의 화학적 특성이 바뀐다.

(2) 활성탄 특성

① 흡착은 활성탄 원재료와 활성화 과정에서 많은 차이가 난다.

② 활성탄은 표면세공의 반경에 따라 미세공, 중간세공, 대세공으로 나뉜다.

　ⓐ 1,000~100,000 Å → 대세공 – 확산통로 역할, 흡착속도에 큰 영향

　ⓑ 20~1,000 Å → 중간세공

　ⓒ 20 Å 이하 → 미세공

　　(그러나, 액상에서의 흡착력은 미세공과 중간세공 용적분포에 더욱 영향을 받는다.)

③ 활성탄은 저분자 물질은 쉽게 흡착하나 단백질과 같은 고분자 물질에 대해 흡착능이 떨어진다.

④ 활성탄은 분말활성탄과 입상활성탄으로 분류된다.

(3) 활성탄 흡착탑의 종류

하향류, 상향류, 고정상, 유동상, 가압식, 중력식

(4) 흡착탑의 크기 및 수

① 접촉시간
  ㉠ 일반 15~35분
  ㉡ 고도의 처리수질을 원할 경우 유출수의 COD 농도가 10~20mg/L : 15~20분
                                                        5~15mg/L : 30~35분

② 수리학적 부하율 : 92m/hr~24m/hr : 상향류
                    7.2m/hr~12m/hr : 하향류
③ 활성탄 높이 : 3~12m 정도, 역세척 시나 유동성 여유고는 10~50% 확보
④ 흡착탑의 수 : 재생 혹은 다른 흡착탑의 휴지 동안의 접촉시간을 고려하여 충분한 수
  확보 필요

(5) 역세척

활성탄의 흡착능은 한계가 있으므로 처리수량이 증가함에 따라 처리효율이 감소되므로
정기적인 역세척이 요구된다.

(6) 배관설비

① 각 흡착탑이 개별적으로 운전 및 역세척이 가능하도록 구성
② 하향류식 흡착탑이 직렬로 연결된 경우에는 흐름을 바꿀 수 있는 구조가 필요

(7) 제어장치

유량과 손실수두 측정기기가 있어야 한다.

(8) 흡착탑 내의 미생물 제어

미생물을 이용하여 유기물을 흡착 혹은 분해하기도 한다. 그러나 흡착탑 내에 호기성 상태
가 유지되지 않을 경우 흡착탑 내의 미생물 처리효율에 악영향을 미치므로 호기성 상태를
유지해야 된다.

(9) 활성탄의 교환 및 제거

설계할 때에는 활성탄 교환과 재생 필요에 따른 이송에 관한 시설을 고려해야 된다.

⑽ 활성탄의 재생

재생공정에서 발생하는 반송수는 폐수처리공정에 유입되므로 농도와 유량을 고려해야 된다.

6 재생

(1) 재생방법의 종류

① 피흡착제 제거 혹은 증발을 위해 낮은 압력의 증기 통과
② 용매로 피흡착제 추출
③ 열처리 방법에 의한 재생
④ 산화가스에 활성탄을 노출시키는 방법

(2) 가장 적용범위가 넓은 열처리 방법

① 로터리 킬른과 다단로
90~95% 재생

② 다단로 운전순서
활성슬러지 재생로 이송 → 흡착된 오염물을 산화, 휘발시키기 위해 활성탄을 탈수
및 재생로로 이송 → 활성탄의 수냉각 → 미세입자 제거를 위한 수 세척 → 재사용을
위한 활성탄 이송 → 연속이용

7 흡착등온식

(1) Freundlich식(실험식)

$$x/m = X = KC^{1/n}$$

$$\log x/m = \frac{1}{n}\log C + \log K$$

① 일반적으로 $1/n$ 0.1~0.5이면
흡착은 용이, $1/n$이 2 이상이면
물질은 난 흡착성임
② 하수설비에 많이 쓰임

(2) Langmuir식(이론식)

$$x/m = X = abC/(1+bC)$$

$$m/x = 1/abC + 1/a$$

$$C/(x/m) = \frac{1}{ab} + \frac{C}{a}$$

$$1/(x/m) = \frac{1}{Cab} + \frac{1}{a}$$

흡착제에 흡착된 흡착물질의 흡착량과
가스압력과의 관계를 이론적으로 도출된
단분자층 흡착모델임

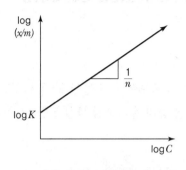 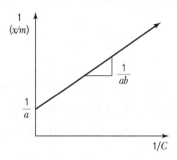

여기서, x : 흡착된 용질의 양, m : 흡착제량

X : 흡착제 단위질량당 흡착된 용질의 양

C : 용질의 평형 농도

k, n : 상수

a : 최대흡착량에 대한 정수

b : 흡착에너지에 관한 정수

(3) 다분자층 흡착에 의한 BET 흡착등온식

Langmuir의 단분자 모델에 비교하여 Brunauer, Emmett 및 Teller(BET) 등은 흡착제 표면에 분자가 차례차례로 겹쳐서 무한으로 흡착 가능할 것 같은 다분자층 흡착 모델을 생각하여 아래와 같은 식 산출

$$\frac{x}{m} = \frac{V_m A_m C}{(C_S - C)\left[1 + (A_m - 1)(C/C_S)\right]}$$

여기서, C_S : 포화농도

V_m, A_m : 단분자층을 흡착할 때의 최대흡착량과 흡착에너지에 관한 정수

Brunauer, Emmett 및 Teller(BET)의 이론은 비다공성 고체 표면으로의 다분자 흡착층을 고려하기 위한 Langmuir 흡착식의 확장이다.

···02 생물활성탄(BAC ; Biological Activated Carbon)

1 개요

입상활성탄(GAC ; Granular Activated Carbon)의 표면에 미생물이 붙어 활성탄의 흡착 효과와 함께 미생물에 의한 처리효과가 추가되어 물 중의 유기오염 물질을 좀 더 효과적으로 제거할 수 있도록 만든 활성탄을 말한다.

2 생물 활성탄의 형성

① 입상활성탄의 세공은 직경에 따라 Macro pore, Transitional pore, Micro pore로 구분
② 미생물들은 활성탄 표면에 있는 Macro pore에 안착
③ Macro pore는 미생물들을 여러 가지 물리적인 힘으로부터 보호하는 역할
④ 원수 중의 유기물질 및 활성탄에 흡착되었던 유기물질들을 먹이로 하며 번식
⑤ BAC는 자연적으로 GAC에 미생물이 서식하면서 4~8주 후 미생물의 활동이 평형상태에 이르면서 형성되는 것으로 활성탄 고유의 흡착기능과 생물활동의 효과를 공유

3 처리효과

① 활성탄의 흡착 능력을 이용하여 냄새, 맛, 색도 및 휘발성 화학물질 등을 제거
② 생분해가 가능한 용존유기탄소(DOC)나 생분해성 용존유기탄소(BDOC) 제거
③ 암모니아 제거

4 장단점

(1) 장점

① 재생 Cycle이 GAC보다 훨씬 길어지게 됨 – 비용 절감
② BAC 처리물은 소량의 염소 또는 이산화염소의 주입으로 충분한 잔류소독 효과
③ 배수관망 내 미생물의 번식을 억제하는 효과

(2) 단점

① 장시간의 안정화 기간 필요

② 유지관리에 고도의 숙련된 운영요원 필요

③ 유출수에는 비교적 적으나 일정한 양의 유기물질이 항상 포함

5 BAC 처리효율에 대한 변수

① EBCT

② 물의 온도(대체적으로 여름철이 겨울철보다 처리 효율이 좋다.)

③ 역세척 횟수

④ 산화물질의 존재 등

PART

04

생물학적
수처리

SECTION

01 활성슬러지법

···01 생물학적 하수처리의 개요

1 생물학적 하수처리의 목적

① 용존성 및 입자성 생분해 가능한 성분을 수용가능한 최종 생성물로 전환(산화)
② 부유성 및 비침강성 콜로이드 고형물을 생물학적 플록이나 생물막으로 포획하고 결합
③ 질소인 영양물질의 전환이나 제거
④ 경우에 따라서 특정 미량 유기성분과 화합물의 제거

2 생물학적 하수처리에 사용되는 일반용어

▼ 생물학적 하수처리에서 사용되는 일반용어의 정의

<table>
<tr><th colspan="2">용어</th><th>정의</th></tr>
<tr><td rowspan="5">대
사
기
능</td><td>호기성 공정</td><td>산소의 존재하에 이루어지는 생물학적 처리공정</td></tr>
<tr><td>혐기성 공정</td><td>산소의 부재하에 이루어지는 생물학적 처리공정</td></tr>
<tr><td>무산소 공정</td><td>산소의 부재하에 질산성 질소가 생물학적으로 질소가스로 전환되는 공정으로 탈질화로 알려져 있는 공정</td></tr>
<tr><td>임의성 공정</td><td>분자성 산소의 존재 혹은 부재하에 생물이 그 기능을 할 수 있는 생물학적 처리공정</td></tr>
<tr><td>호기성/무산소/
혐기성 혼합공정</td><td>특별한 처리 목적을 달성하기 위해서 호기, 무산소, 혐기성 공정의 다양한 혼합공정</td></tr>
<tr><td rowspan="4">처
리
공
정</td><td>부유성장 공정</td><td>하수 내 유기물질이나 기타 성분을 기체나 세포조직으로 전환시키는 미생물이 액체 내에서 부유상태로 유지되는 생물학적 처리공정</td></tr>
<tr><td>부착성장 공정</td><td>하수 내 유기물질이나 기타 성분을 기체나 세포조직으로 전환시키는 미생물을 돌, 슬래그(Slag), 그리고 특별히 설계된 세라믹이나 플라스틱 물질과 같은 불활성 고체의 표면에 부착시켜 처리하는 생물학적 처리공정. 부착성장 처리공정은 고정생물막 공정으로도 알려져 있다.</td></tr>
<tr><td>혼합 공정</td><td>혼합공정을 설명하기 위해 시용되는 용어(예 부유와 부착성장 공정의 조합)</td></tr>
<tr><td>라군 공정</td><td>다양한 모양의 크기와 깊이를 가진 연못이나 웅덩이를 사용한 처리공정</td></tr>
</table>

용어		정의
처리기능	생물학적 영양소 제거	생물학적 처리공정에서 질소(N)와 인(P)의 제거
	생물학적 인 제거	미생물 내 인 축적과 축적된 미생물의 분리 제거에 의한 인의 생물학적 제거
	탄소성 BOD 제거	하수 내에 탄소성 유기물을 세포조직과 다양한 기체상 최종생성물로 생물학적 전환되는데 다양한 화합물 내에 존재하는 질소는 암모니아로 전환된다고 가정
	질산화	암모니아가 먼저 아질산성 질소(NO_2-N)로 전환된 후 질산성 질소(NO_3-N)로 전환되는 2단계 생물학적 공정
	탈질화	질산염이 질소와 기타 기체상의 최종생성물로 환원되는 생물학적 공정
	안정화	1차 침전과 하수의 생물학적 처리로부터 생성된 슬러지 내 유기물을 대개 기체와 세포조직으로 전환시킴으로써 안정화시키는 생물학적 공정. 안정화가 호기성 조건하에서 수행되면 호기성 소화, 혐기성 조건하에서 수행되면 혐기성 소화
	기질	유기물질이나 영양염류는 생물학적 처리 동안에 전환되거나 생물학적 처리에 있어서 제한될 수 있다. 예를 들면 하수 내 탄소성 유기물은 생물학적 처리 동안에 전환되는 기질로 간주된다.

③ 하수처리의 주요 공정들

(1) 하수처리에 사용되는 주요 생물학적 처리공정들

종류	일반명	용도
부유미생물 (2차 처리)	활성슬러지법, 표준활성슬러지법 점감포기법(Step Aeration), 순산소활성슬러지법, 장기포기법 산화구법, 회분식활성슬러지법(SBR)	BOD 제거(질산화)
	혐기-호기활성슬러지법	BOD 제거(벌킹 제어)
부착미생물 (2차 처리)	호기성여상법, 접촉산화법, 회전생물막법(RBC)	BOD 제거(질산화)
부유미생물 (고도처리)	순환식 질산화탈질법, 질산화내생탈질법 단계혐기호기법, 혐기무산소호기조합법, 고도처리 산화구법, 응집제첨가형 순환식 질산화탈질법, 막분리활성슬러지법	BOD, T-N, T-P 제거
부유+부착미생물 (고도처리)	유동상미생물법, 담체투입형 A_2O변법	BOD, T-N, T-P 제거

(2) 호기성 생물처리법의 분류

하수의 생물처리는 주로 자연계에 존재하는 호기성 미생물을 이용하여 하수 중의 유기물 및 질소, 인 등의 제거를 도모하는 것이다. 호기성 생물처리법에는 미생물을 수중에 부유된 상태로 이용하는 방법(부유생물법)과 미생물을 고정상 또는 유동상 매질에 부착된 상태에서 이용하는 방법(생물막법) 등이 있다.

┃ 호기성 생물처리법의 분류 ┃

4 미생물 물질대사

(1) 세포 탄소원, 전자공여체(Electron Donor), 전자수용체(Electron Acceptro) 등에 의한 미생물 분류표

박테리아의 형태	통상 반응명	탄소원	전자공여체 (기질의 산화)	전자수용체	최종생성물
호기성 종속영양 세균	호기성 산화	유기화합물	유기화합물	O_2	CO_2, H_2O
호기성 독립영양 세균	질산화	CO_2	NH_3^-, NO_2^-	O_2	NO_2^-, NO_3^-
	철산화	CO_2	$Fe(II)$	O_2	철이온 $Fe(II)$
	황산화	CO_2	H_2S, $S°$, $S_2O_3^{2-}$	O_2	SO_4^{2-}
통성혐기성 (임의성) 종속영양 세균	탈질화 무산소반응	유기화합물	유기화합물	NO_2^-, NO_3^-	N_2, CO_2, H_2O
혐기성 종속영양 세균	산발효	유기화합물	유기화합물	유기화합물	휘발성 지방산(VFAs) (아세테이트, 프로피온산, 부티레이트)
	철환원	유기화합물	유기화합물	$Fe(II)$	$Fe(II)$, CO_2, H_2O
	황환원	유기화합물	유기화합물	SO_4	H_2S, CO_2, H_2O
	메탄 생성	유기화합물	휘발성 지방산(VFAs)	CO_2	메탄

(2) 박테리아 대사형태의 모식도

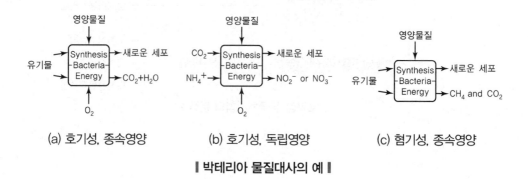

(a) 호기성, 종속영양   (b) 호기성, 독립영양   (c) 혐기성, 종속영양

‖ 박테리아 물질대사의 예 ‖

5 미생물과 증식

(1) 세포의 증식과 기질 제거

분체증식(2분법 등)하는 미생물을 회분배양하는 경우 초기의 배양액에 미생물을 접시키면 미생물은 분체증식을 시작하여 다음의 각 단계를 경유하게 된다.

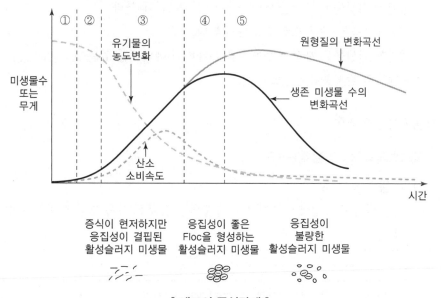

┃ 세포의 증식단계 ┃

① **지연기(Log Phase, 지체기 또는 초기정상기)**
- 접종된 미생물이 주변환경에 적응하기 시작하며 증식은 하지 않는다.
- 세포분열 이전에도 질량은 증가하기 때문에 무게와 미생물의 수가 일치되지 않는다.

② **증식단계(Growth Phase, 증식기)**
- 미생물의 수가 증가한다.
- 영양분이 충분하면 미생물은 급증하기 시작한다.

③ **대수성장단계(Log Growth Phase, 대수증식기)**
- 미생물의 수가 급증한다.
- 증식속도가 최대가 된다.
- 영양분이 충분하면 미생물은 최대속도로 증식한다.

④ 감소성장단계(Declining Growth Phase, 감쇠증식기)

- 영양소의 공급이 부족하기 시작하여 증식률이 사망률과 같아질 때까지 둔화된다.
- 생존한 미생물의 중량보다 미생물 원형질의 전체 중량이 더 크게 된다.
- 생물수가 최대가 된다.

⑤ 내생성장단계(Endogenous Growth Phase, 휴지기)

- 생존한 미생물이 부족한 영양소를 두고 경쟁하게 된다.
- 신진대사율은 큰 폭으로 감소하게 된다.
- 생존한 미생물은 자신의 원형질을 분해하여 에너지를 얻는다.
- 원형질의 전체중량이 감소하게 된다.

(2) 미생물성장 동역학

1) 세포증식속도와 기질제거속도

① 미생물 성장

회분 및 연속공정에서 박테리아 세포의 성장률은 다음과 같은 관계로 정의될 수 있다.

$$r_g = \mu X$$

여기서, r_g : 미생물 성장률, 질량/단위부피, 시간

μ : 비성장률, 시간$^{-1}$

X : 미생물 농도, 질량/단위부피

② 기질 제한 상태의 성장

실험에 의하여 기질이나 영양소 제한에 의한 영향은 Monod의 제안식에 의해 제한된 다음과 같은 식으로 적절히 정의될 수 있다.

$$\mu = \mu_{\max} \times \frac{S}{K_s + S} \cdots\cdots [T^{-1}]$$

여기서, μ : 세포의 비증식 계수(속도)(T^{-1})

$\mu_{\max}$: 세포의 최대 비증식 계수(속도)(T^{-1})

S : 제한기질의 농도($M_s L^{-3}$)

K_s : 반포화농도, 즉 $\mu = \frac{1}{2}\mu_{\max}$ 일 때 제한기질(S)의 농도($M_s L^{-3}$)

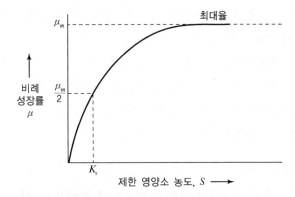

③ 미생물 성장과 기질의 소비

반응조 내의 세포증식속도는 비증식속도와 활성세포 농도의 곱으로서 다음 식으로 나타낸다. 식에서 X는 활성세포의 농도(ML^{-3})를 나타낸다.

$$r_g = \mu X = \frac{\mu_m XS}{K_s + S}$$

$$r_g = - Yr_{su} (ML^{-3} \cdot T^{-1})$$

여기서, Y : 최대미생물 생산계수 $= \dfrac{M_x}{M_s} \left(\dfrac{활성세포(g)}{기질(g)} \right)$

$\qquad X$: 활성세포의 농도($M_x L^{-3}$)

$\qquad r_{su}$: 기질 소비율($M_s L^{-3} T^{-1}$)

④ 기질의 제거속도

반응조 내로 유입된 기질의 제거속도는 세포증식속도를 세포생산계수 「Y」로 나눔으로써 얻을 수 있다. 여기서, 「$K_{\max}$」은 대수증식기의 단위 세포당 최대 기질 제거속도이며 그 단위는 $[M_s M_x^{-1} T^{-1}]$이다.

$$r_{su} = - \frac{r_g}{Y} = - \frac{\mu_m XS}{Y(K_s + S)}$$

$$k = \frac{\mu_m}{Y}$$

$$\therefore \ r_{su} = - \frac{kXS}{K_s + S}$$

여기서, k : 단위 무게의 미생물당 최대기질소비율로 정의 전환인자 Y ; 인자 Y는 전환 과정에서 대사경로에 따라서 달라진다. 바이오매스 전환의 관점에서 보면

- 호기성 과정이 혐기성 과정보다 효율적이어서 Y값이 크다.
- 호기성 반응에서의 전형적인 Y값은 0.4~0.8kg 바이오매스/kg BOD₅
- 혐기성 반응에서는 0.08~0.2kg 바이오매스/kg BOD₅ → 슬러지 생산량 감소 측면에서 강점이 있음

⑤ 내생 호흡의 영향

내생성장단계의 내호흡 과정에서 세포의 감쇠속도 $r_d[ML^{-3}T^{-1}]$는 세포의 감쇠속도상수 「k_d」을 이용하여 다음과 같이 나타낼 수 있다.

$$r_d = k_d X$$

여기서, k_d : 내생감소계수, 시간$^{-1}$
X : 미생물 농도, 질량/단위부피

그래서 미생물의 순성장률은

$$r'_g = r_g - r_d$$
$$r'_g = \frac{\mu_m X S}{K_s + S} - k_d X$$
$$r'_g = - Y r_{su} - k_d X$$
$r'_g =$ 순미생물 성장률, 시간$^{-1}$
$$\mu' = \mu_m \frac{S}{K_s + S} - k_d$$
$\mu' =$ 순비성장률, 시간$^{-1}$

순미생물 생산에 대한 내생호흡의 영향으로 실제미생물 생산율(Observed Yield)은 다음과 같다.

$$Y_{obs} = \frac{- r'_g}{r_{su}}$$

⑥ 기질의 농도와 비기질 제거속도의 관계

세포물질 단위량당 기질의 제거속도(비기질 제거속도)는 제한기질 제거속도 및 기질농도와 밀접한 상관관계를 가지고 있기 때문에 기질의 농도변화에 따른 비기질제거속도는 다음과 같이 다양한 반응구간을 갖게 된다.

$$U = \frac{-r_{su}}{X} = \frac{-\dfrac{ds}{dt}}{X}$$

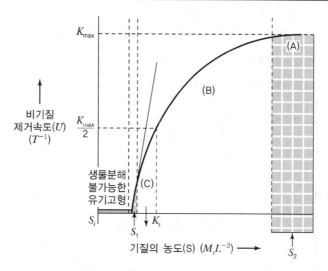

* 실무 적용
  • S_1선은 재래식 활성슬러지법, 접촉안정조, 완전혼합조(CFSTR) 등에 채용된다.
  • S_2선은 기질을 부분적으로 제거하는 수정폭기법, 고율폭기법 등에 채용된다.

㉠ (A) 구간 : 0차 반응구간, $S > K_s$

• 분모항의 K_s를 무시하면

$$r_{su} = \frac{ds}{dt} = \frac{K_{\max} \times S}{(K_s + S)} X \text{에서 } K_s \text{를 무시하면 } \frac{ds}{dt} = K_{\max} X$$

비기질제거속도 $\dfrac{r_{su}}{X} = U = K_{\max}$

• 기질제거속도는 최대가 되며 농도와는 무관하게 된다.

㉡ (B) 구간 : 0차와 1차 반응 사이, $S = K_s$

$$\frac{ds}{dt} = K_{\max} \times \frac{SX}{(K_s + S)}, \quad U = K_{\max} \frac{S}{(K_s + S)}$$

㉢ (C) 구간 : 1차 반응구간, $S < K_s$

• 분모항의 S를 무시하면 $\dfrac{ds}{dt} = K_{\max} \times \dfrac{SX}{K_s}, \quad U = K_{\max} \times \dfrac{S}{K_s}$

• 기질제거속도는 농도에 비례하게 된다.

✱ 제한기질이란 배양액 내의 필수 영양물질 중에서 가장 먼저 고갈되는 물질, 즉 다른 것은 여유가 있지만 가장 먼저 고갈되는 물질로 인하여 세포가 더 이상 증식할 수 없게 되는 물질을 말한다.

여기서, 기질의 농도변화에 따른 비기질 제거속도가 0차와 1차 반응 사이에 있다고 가정하고, 사용된 단위 기질당 생산된 세포질량 Y(g · VSS/g · BOD)일 때 K_s (mg · BOD/L), K_{max}(g · BOD/g · VSS · day), μ_{max}(g · VSS/g · VSS · day) 와의 관계를 선형 그래프로 나타내면 다음과 같다.

$$\frac{ds}{dt} = \frac{-\mu_{max}}{Y} \times \left(\frac{S}{K_s + S}\right) \times X$$

$$U = \frac{-\dfrac{ds}{dt}}{X} = \frac{\mu_{max}}{Y}\left(\frac{S}{K_s + S}\right)$$

$$U^{-1} = \frac{Y(K_s + S)}{\mu_{max}S} = \boxed{\frac{YK_s}{\mu_{max}}} \quad \boxed{X}\boxed{\frac{1}{S}} + \boxed{\frac{Y}{\mu_{max}}}$$

$$\boxed{Y축} \qquad\qquad \boxed{1/n} \quad \boxed{X축} \quad \boxed{절편}$$

U = 단위 세포물질당 기질제거속도, 즉 비기질 제거속도($M_s M_x^{-1} T^{-1}$)

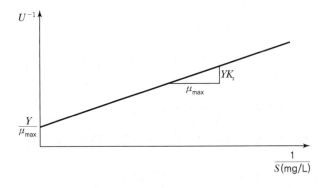

여기서, Y : 세포생산계수(사용된 단위 기질당 생산된 세포질량)($M_X M_S^{-1}$)

μ_{max} : 세포의 비증식 최대속도(T^{-1})

K_s : 세포의 비증식속도(μ)가 최대 비증식속도(μ_{max})의 $\dfrac{1}{2}$일 때 기질(S)의 농도($M_s L^{-3}$)

6 부유공정(성장) 처리공정 모델링

(1) 모델링 가정 조건

① 정상상태(시간적 변화 없음)

② 완전혼합형(장소변화 없음)

③ 미생물에 의한 오염물질 제거반응은 반응조에서만 발생

④ SRT 계산은 반응조 부피만을 사용

⑤ 유입수중 미생물 농도 무시

⑥ 기질은 용해성이며, 단일물질로 가정함

(2) 미생물의 물질수지

① 일반적인 설명

$$\begin{matrix} \text{시스템 경계 내에서} \\ \text{미생물의 축적률} \end{matrix} = \begin{matrix} \text{시스템 경계로} \\ \text{유입되는 미생물} \end{matrix} - \begin{matrix} \text{시스템 경계 밖으로} \\ \text{유출되는 미생물} \end{matrix} + \begin{matrix} \text{시스템 경계 내에서} \\ \text{미생물의 순증가율} \end{matrix}$$

② 간단히 정리하면

축적＝유입－유출＋순성장

③ 기호로 표현하면

$$\frac{dX}{dt} V = QX_0 - \left[(Q - Q_w)X_e + Q_w X_R \right] + r_g V \quad \cdots\cdots (1)$$

여기서, dX/dt : 반응조에서 미생물 농도의 변화율[g · VSS/m³ · d]

V : 반응조 용적(즉, 포기조)[m³]

Q : 유입유량[m³/d]

X_0 : 유입수 내 미생물 농도[g · VSS/m³]

Q_w : 폐슬러지 유량

X_e : 유출수 내 미생물 농도[g · VSS/m³]

X_R : 침전조 반송 미생물 농도[g · VSS/m³]

r_g : 순 미생물 생산율[g · VSS/m³ · d]

S_0 : 유입수의 유기물 농도[g · BOD/m³]

S : 유출수의 유기물 농도[g · BOD/m³]

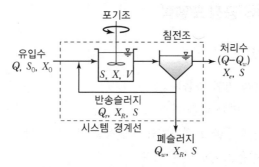

(a) 슬러지 반송관에서 폐기하는 공정

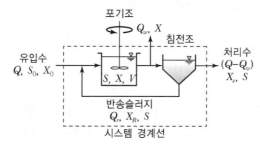

(b) 포기조에서 폐기하는 공정

┃ 활성슬러지 공정 개요도 ┃

유입수 미생물 농도를 무시, 정상상태$\left(\dfrac{dx}{dt}=0\right)$로 하면 식 (1)은

$$(Q-Q_w)X_e + QX_R = r_g \cdot V$$

$r_g = -Yr_{su} - k_d X$를 삽입하여 정리하면

$$\frac{(Q-Q_w)X_e + Q_w X_R}{VX} = -Y\frac{r_{su}}{X} - k_d \quad \dotfill (2)$$

$$SRT = \frac{VX}{(Q-Q_w)X_e + Q_w X_R}$$

$$\therefore \ \frac{1}{SRT} = -Y\frac{r_{su}}{X} - k_d \quad \dotfill (3)$$

$-r_{su}/X$를 기질의 비 소비속도 U로 나타낸다.

$$U = -\frac{r_{su}}{X} \quad \dotfill (4)$$

$$r_{su} = -\frac{Q}{V}(S_0 - S) = -\frac{S_0 - S}{\theta} \quad \dotfill (5)$$

식 (5)를 식 (4)에 대입하면

$$U = \frac{S_0 - S}{\theta X} = \frac{Q}{V} \frac{(S_0 - S)}{X} = \frac{Q}{V} \frac{(S_0 - S) \cdot S_0}{X \cdot S_0}$$

$$F/M = \frac{S_0 \times Q}{V \times X} = \frac{S_0}{\theta X} \quad \text{..} \quad (6)$$

$$E = \frac{S_0 - S}{S_0} \times 100 \quad \text{..............................} \quad (7)$$

식 (6)과 식 (7)을 이용하여 U를 유도하면

$$U = \frac{(F/M) \cdot E}{100} \quad \text{..} \quad (8)$$

식 (3)과 식 (5)를 이용해서 X에 관해서 풀면

$$\frac{1}{SRT} + k_d = - Y \frac{r_{su}}{X}$$

$$\frac{1 + SRT \cdot k_d}{SRT} = - Y \frac{r_{su}}{X}$$

$$(1 + SRT \cdot k_d)X = - Y \cdot SRT \cdot r_{su}$$

$$X = \frac{- Y \cdot SRT \times \dfrac{-(S_0 - S)}{\theta}}{(1 + SRT \cdot k_d)} = \frac{Y \cdot (S_0 - S) \cdot SRT}{(1 + SRT \cdot k_d)\theta}$$

식 (3)에 식 (4)와 (8)을 대입하면

$$\frac{1}{SRT} = YU - k_d = Y \left(\frac{(F/M)E}{100} \right) - k_d \quad \text{....................} \quad (9)$$

또한 유출수의 유기물 농도를 구하기 위해

식 (3)에서 $r_{su} = \dfrac{-k \times S}{K_s + S}$를 대입하면

$$\frac{1}{SRT} = \frac{Y \cdot k \cdot S}{K_s + S} - k_d \quad \text{..} \quad (10)$$

식 (10)에 의거 S에 대해서 풀면

$$S = \frac{K_s[1 + SRT \cdot k_d]}{SRT(Yk - k_d) - 1} \quad \text{..} \quad (11)$$

⋯02 미생물의 분류

① 산소와의 관계

① 호기성(Aerobic) : 분자상 산소가 공급되어야만 생존, DO 섭취하여 세포 합성
② 혐기성(Anaerobic) : 산소가 없는 환경에서만 생존, 화합물 내의 산소 탈취하여 세포 합성
③ 통기성 · 임의성(Facultative) : 산소의 유무에 관계없이 생존(예 호소, 연못 상태)

② 먹이와의 관계

생물이 계속해서 적절한 번식과 기능을 위한 에너지원과 탄소원, 질소, 인 등 무기원소와 미량원소도 필요

① 세포 물질 획득원
  ㉠ Heterotrophic : 유기물(종속 영양형)
  ㉡ Autotrophic : 무기물 CO_2(독립 영양형) 질산화 미생물

② 에너지 획득원
  ㉠ Heterotrophic : 주로 Chemotrophic 화학합성(유기물질 산화), 즉 발효에서 에너지 받음
  ㉡ Autotrophic
    • Phototrophic : 광합성 작용, 조류
    • Chemotrophic : 유기물의 산화 · 환원 반응

③ 온도에 의한 분류

① 친냉성(Psychrophilic, 0℃) : 최적온도 5~15℃
② 친온성(Mesophilic, 35℃) : 최적온도 20~40℃
③ 친열성(Thermophilic, 60℃) : 최적온도 40~60℃

④ 중요 미생물

(1) Bacteria

활성슬러지를 구성하는 생물량(Biomass)의 95%가 단세포 원생생물 세균이다.

① 형태 : 구형, 원주형(간균), 나선형

    ㉠ 구균 : $0.5 \sim 1.0 \mu m$

    ㉡ 간균(**예** Bacilusrod)

       • 폭 : $0.5 \sim 1 \mu m$ • 길이 : $1.5 \sim 3.0 \mu m$

    ㉢ 나선균(Spirilla, Spiral)

       • 폭 : $0.5 \sim 5 \mu m$ • 길이 : $6 \sim 15 \mu m$

② 박테리아 구성물은 시험결과 80%의 물과 20%의 건조물질로 구성됨

    ㉠ 건조물질 20% 중 90%의 유기물질과 10%의 무기물질로 구성됨

    ㉡ 세포 화학식은 $C_5H_7NO_2$이고 인 고려 시 $C_{60}H_{87}O_{23}N_{12}P$이다.

(2) Fungi(균류)

① 절대호기성, 수분 낮은 조건, 낮은 pH에도 잘 자람 → Bulking 문제

② 실 모양(Filament), 크기 $5 \sim 10 \mu m$

(3) Algae(조류) : 단세포 또는 다세포의 무기영양 광합성 원생 생물

1) 상수의 맛과 냄새, 여과지 폐쇄 등

$$\text{광합성} : CO_2 + H_2O \xrightarrow{\text{빛}} (CH_2O) + O_2 + H_2O$$

$$\text{호흡} : CH_2O + O_2 \longrightarrow CO_2 + H_2O$$

2) 조류세포 증식 시 조류광합성에 의해 pH 상승($\because$ HCO_3^-에서 CO_2 감소) 작용도 한다.

3) 담수 조류 중 중요한 4가지

    ① 녹조류(Chlorophyta)

       ㉠ 주로 담수종, 단세포 또는 다세포이다.

       ㉡ 엽록체 안에 엽록소(Chlorophy Ⅱ)와 다른 색소를 갖고 있다.

    ② 운동성 녹조류(Volvocals Englenophyta)

       ㉠ 군락을 이루는 성질

       ㉡ 밝은 녹색으로 단세포이며 편모가 있다.

③ 황록 또는 황갈색 조류(Chrysophyta)

대개 단세포, 특이한 색깔은 엽록소를 감추는 황갈색의 색소 때문임, 가장 중요한 종류 중 하나는 규조(Diatom)이다.

④ 남조류(Cyanophyta)

㉠ 형태가 가장 간단하여 박테리아와 비슷한 단면이 많다.

㉡ 단세포이며, 대개 편모가 없다.

㉢ 다른 조류와 다른 점은 엽록소가 엽록체에 있지 않고 세포 전체에 분산되어 있다는 점이다.

(4) 원생 동물(Protozoa)

운동성의 미세 원생 생물로 대개 단세포이다. 대부분 호기성 유기 영양형이지만 혐기성도 있으며 에너지원으로 박테리아를 섭취한다.

1) 종류

① 육질충류(Sarcodia) ② 편모충류

③ 포자충류 : 포자형성원생동물, 절대 기생성(말라리아 병원균)

④ 섬모충류 ⑤ 흡입충류(Suctoria)

(5) Sludge Worm, 후생동물

1) 윤충류(Rotifer) 등

① 호기성, 유기영양형, 다세포 동물

② 분산 및 군집 박테리아와 작은 유기물 입자의 소비에 아주 효과적

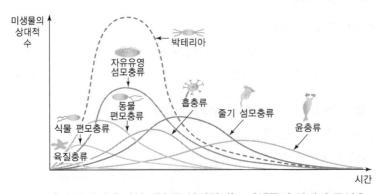

┃ 수중에서 유기성 폐수를 안정화하는 미생물의 상대적 증식 ┃

▼ 에너지 획득법과 유기물 필요성에 따른 미생물 분류

에너지 획득방법	유기물의 필요성	생육조건	피산화 물질	N_2 고정	미생물명
광화학반응에 의해 에너지를 얻는다. (Phototrophy)	불필요 (Photolithotrophy) Autotrophic			+	Anabaena
				−	Scenedesmus
		혐기	S화합물	+	Chromatium
		혐기	S화합물	+	Chlorobium
	필요 (Photoorganotrophy) Heterotrophic	혐기		+	Rhodopseudomonas
화학적 암반응에 의해 에너지를 얻는다. (Chemotrophy)	불필요 (Chemolithotrophy) Autotrophic	호기 (산화제로서 O_2가 필요함)	NH_4^+	−	Nitrosomonas 질산화박테리아
			NO_2^-	−	Nitrobacter 질산화박테리아
			H_2	−	Hydrogenomonas
			Fe^{2+}	−	Ferrobacillus 철산화박테리아
		혐기 (산화제로서 NO_2를 사용함)	S, $S_2O_3^{2-}$	−	Thiobacillus 황환원박테리아
	필요 (Chemoorganotrophy) Heterotrophic	호기		+	Azotobacter
				−	Pseudomonas
		혐기	NO_3^-를 환원	−	Micrococcus 탈질 미생물
			SO_4^{2-}를 환원	−	Desulfovibrio 탈황 미생물
				+	Clostridium
				−	Aerobacter

···03 활성슬러지 생태계와 폐수처리 메커니즘

1 폐수처리의 목적

① 용존 유기물을 산화, 제거시키는 일
② 생성되는 Biomass, 즉 잉여슬러지를 최대한 줄이는 일
③ 맑은 처리수를 방류시키는 일

2 목적 달성 방법

① 세균을 이용하여 용존 유기물 산화
② 증식된 세균을 원생동물이 잡아 먹게 하는 먹이연쇄 이용방법이 가장 경제적이다. 활성
슬러지 출현동물 중 원생동물 50종 → 가장 많은 종 섬모충류로 34종 정도 1mL에 존재
하는 원생동물의 수는 $10^3 \sim 10^4$ 개체(속) 정도임
동물의 수가 10^3개체/mL 이상이면 먹이세균은 Floc 형성 → 원생동물은 먹이 Floc 세균
섭취 못함 → 원생동물이 증식 안 됨 → 세균수 다시 증식(일반적으로 활성슬러지의 구성
Biomass(생물량) 95%가 세균)

3 원생동물의 기능과 역할

Biomass 중 약 5% 불과하지만 역할은 매우 중요

① Floc 형성
Mechanism은 정확히 규명되지 않았지만 원생동물의 배설물이 하나의 핵으로 작용하
여 폐수 고형물이 흡착되어 Floc 형성 → 이때 점액성 물질도 Floc 형성에 일조

② 원생동물이 분산세균을 포식 · 제거하여 맑은 처리수 얻음(대장균 병원균 제거)

③ 폐수처리효율 증대
세균포식 → 다른 세균 증식 공간 제공(유기물이 적은 환경에 적응하는 세균이 다시 증
식) → BOD 제거효율 증대

④ 운동성이 높음으로 인해 플록 내부를 헤집고 다님
자연히 물의 흐름을 좋게 하고 → 폐수와 슬러지 미생물 접촉 효과 증대 및 Floc 내부 산

소공급 증대 → 처리 효율 증대

＊유충은 슬러지 섭식량이 매우 많으므로 슬러지 감량화에 공헌

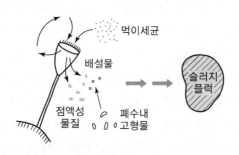

▌원생동물에 의한 슬러지 플록 형성 모식도(가설)▌

④ 활성슬러지의 생리적 특성에 의한 균 분류

이러한 유기물을 제거하는 활성슬러지 미생물을 생리적인 특성에 의한 다음과 같이 4가지 군으로 나누어 생각해 볼 수 있다.

① 호기적 조건(산소가 존재하는 조건)에서 탄소계 유기물을 이용하여 증식하는 종속 영양 생물(세균류 외에 원생동물과 대형생물 포함)

② 호기적 조건하에 암모니아성 질소를 아질산성 질소, 또는 질산성 질소로 산화시키는 독 립영양미생물(Nitrosomonas 등의 암모니아 산화미생물 , Nitrobactor 등의 아질산 산 화미생물을 포함하며 이 반응을 질산화라 하며, 이러한 미생물을 질산화 미생물이라 함)

③ 무산소상태(용존산소가 존재하는 않은 상태) 하에서도 질산성 호흡, 아질산성 호흡을 행 하는 통기성 미생물(종속영양미생물로 분류되며, 탈질미생물이라 함)

④ 혐기상태(산소와 질산 및 아질산도 존재하지 않는 상태)와 호기상태를 교대로 반복하여 다중인산을 통상적으로 다량 축적하도록 하는 미생물(종속영양미생물로 분류되며, 탈인 미생물, 인축적미생물이라 함)

⑤ 폐수 정화 메커니즘

(1) 흡착

30~60분 내에 흡착 평형 도달

① 활성슬러지에 의한 유기물의 흡착

기체와 액체, 고체와 액체 등 서로 다른 계면에서는 물질이 물리적·화학적으로 농축되는 경향이 있으며, 이 현상을 일반적으로 흡착이라 부른다. 활성슬러지에 의한 유기물의 흡착은 활성슬러지의 표면에 유기물이 농축되는 현상이다.

하수와 활성슬러지는 혼합하여 포기시키면, 하수로부터 C-BOD로서 표현되는 유기물이 제거된다. 하수로부터의 유기물 제거량과 활성슬러지가 이용하는 산소량의 시간적인 변화 관계를 그려보면 아래 그림과 같다. 즉, 하수 중의 유기물은 활성슬러지와 접촉하면 대부분이 단시간에 제거된다. 이러한 현상을 초기흡착이라 한다. 초기흡착에 의해 제거된 유기물은 가수분해를 거쳐 미생물 체내로 섭취되어 산화 및 동화된다. 따라서 활성슬러지의 산소 이용량은 외관상으로는 유기물 제거량과 관계없고, 산화 및 동화가 진행되는 시간까지의 포기시간에 비례하여 증가하게 된다. 하수의 유기물과 그 제거량이 증가하는 만큼 산소소비량이 증가한다.

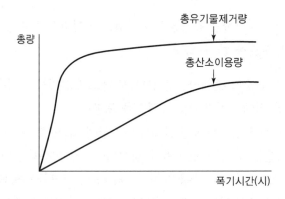

┃ 하수에서의 유기물 제거량과 활성슬러지의 산소이용량의 시간적 변화 ┃

② 흡착된 유기물의 산화 및 동화

활성슬러지에 흡착된 유기물은 미생물의 영양원으로 이용되며, 다음과 같이 산화와 동화에 이용된다.

흡착된 유기물 ┌ 산화에 의한 분해(에너지 생산)
　　　　　　　└ 동화에 의한 합성(세포 합성)

산화는 생체의 유지, 세포합성 등에 필요한 에너지를 얻기 위하여 흡착된 유기물을 분해하는 것으로서 식 (1)과 같이 그 관계를 나타낼 수 있다.

$$C_xH_yO_z + \left(x + \frac{y}{4} - \frac{z}{2}\right)O_2 \rightarrow xCO_2 + \frac{y}{2}H_2O + \text{Energy} \quad \cdots\cdots\cdots (1)$$

또한, 동화는 산화에 의해 얻어진 에너지를 이용하여 유기물을 새로운 세포물질로 합성하는 것(활성슬러지의 증식)으로서 아래와 같이 그 관계를 나타낼 수 있다.

$$nC_xH_yO_z + nNH_3 + n\left(x + \frac{y}{4} - \frac{z}{2} - 5\right)O_2 + \text{Energy}$$

$$\rightarrow (C_5H_7NO_2) + n(x-5)CO_2 + \frac{n}{2}(y-4)H_2O$$

③ 고액분리

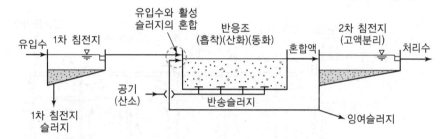

┃ 활성슬러지법의 처리기구와 처리계통 ┃

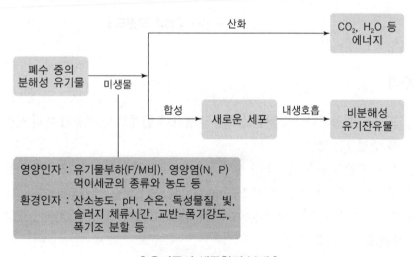

┃ 유기물의 생물학적 분해 ┃

···04 순산소 활성슬러지법

1 개요

① 순산소 활성슬러지법은 표준활성슬러지법 변법 중 하나임
   공기 대신 고농도의 산소주입 방식

② 포기조가 활성슬러지법의 $\frac{1}{3}$ 정도로 소형화로 부지면적 적게 소요

③ BOD 용적 부하가 높더라도 부하변동이 심한 경우에도 안정된 수질을 얻음

④ 순산소 공법 모형도 예

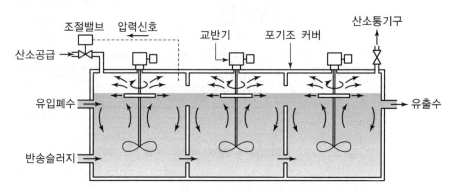

┃ 순산소 공법의 모형도 ┃

2 원리

① 포기조 내 공기공급에 의한 산소공급 능력에 한계로 인해 공기 대신 산소를 직접 포기조에 주입하는 방법

② 산소 분압이 공기 비해 5배 정도 높음 → 용존산소 농도 높게 유지 가능

③ 공기에 의한 DO 농도 유지 1~2mg/L MLSS 1,500~3,000mg/L

④ 순산소에 의한 DO 농도 유지 5~10mg/L MLSS 6,000~8,000mg/L로 가능함

⑤ **개방형** : 포기조 개방

⑥ **밀폐형** : 포기조를 복개, 포기조 깊이 10m 정도 → 산소 전달효율 증가

❸ 특징

① 표준 활성슬러지법의 1/2 정도 포기시간에도 동일한 효율

② MLSS 2배 이상 유지 가능

③ F/M 0.3~0.6kg BOD/kg MLSS · 일

④ 포기조 SVI 100 이하 유지

⑤ 침강성 양호

⑥ Sludge 발생량 감소, 농축성 양호, 응집성 양호

⑦ 밀폐형 → 서품, 물방울에 의한 주변 오염 없음

⑧ 악취 2차 공해 없음

⑨ 건설비, 운전비 절감, 경제적임

⑩ 단점
- 2차 침전지 Scum 발생
- 산소 생산을 위한 기술 및 시설비 소요
- 질산화 진행되기 쉬운 조건 → 고온일 경우 질산화 동반하여 필요산소요구량 증가

❹ 설계 제원

항목	제원
HRT(hr)	1.5 ~ 3.1
MLSS 농도(mg/L)	3,000 ~ 4,000
F/M(kg BOD/kg MLSS · 일)	0.3 ~ 0.6
반송률(%)	20 ~ 50
SRT(day)	1.5 ~ 4.0

···05 SBR(Sequencing Batch Reactor) 공정

1 처리공법

단일 반응조에서 하수의 유입, 포기, 교반, 침전 배출 등 일련의 조작을 시간 Schedule에 따라 분리하는 방식

2 특징

① 공정의 변화 가능하게 유동성을 가짐
② 고액분리 가능
③ 자동운전제어 가능
④ BOD, SS 제거 고성능

3 주사용처

① 소규모 공장 폐수처리에서 가장 일반적임
② 현재는 대규모 하수처리도 가능

4 장점

① 원폐수 유입기간 중 완전한 균등역할 가능
② 수질기준 만족 시까지 방류지연 가능
③ 과포기에 의한 에너지 손실 없이 단계별 운전시간 동일 유지 가능
④ 반송슬러지가 없어 시설비 및 운전비 절감
⑤ 수리적 과부하에 의한 유실 염려 없음
⑥ 포기 시 산소전달 효율이 큼
⑦ 사상균 억제 기능
⑧ 질산화 및 탈질 가능
⑨ 표준 활성슬러지법에 비해 높은 기지 소비율을 얻을 수 있음

5 포기방식에 따른 분류

① 무제한 포기

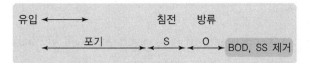

② 제한 포기

③ 반제한 포기

 ✱ 무제한 포기와 제한 포기의 중간 상태, 저류조를 사용하지 않아도 연속적 처리 가능

④ 간헐포기

┅06 생물막법

1 개요

① 접촉제 및 유동담체의 표면에 부착된 미생물을 이용하여 처리하는 방법
② 미생물 부착에 의한 반응조 내 미생물량 증대. pH 변동 등의 충격부하에 적응성 강함
③ 난분해성 물질 유입에 따른 처리성능 저하를 완화시키는 기능
④ 짧은 체류시간에 담체 이용하여 질소, 인 제거 가능

⑤ 다음과 같은 처리특성이 필요할 경우 효과적임
　㉠ 특수기능을 가진 미생물의 반응조 내 고정화 필요
　　예 Se 처리설비. $Se^{6+} \rightarrow Se^{4+}$/혐기성 조건
　㉡ 증식 속도가 늦어 고정화되지 않으면 유출 가능성 있는 미생물 : 질산화 미생물
　㉢ 큰 부하 변동이 있는 경우
　㉣ 저해물질 또는 난분해성 물질이 유입되는 경우

2 생물막법 담체공법 도입 시 장점

① pH, 충격부하 및 난분해성 물질 유입에도 안정된 처리 가능
② 고농도의 미생물농도를 유지하여 부지면적 축소 가능
③ 미생물체류시간(SRT)이 길어져 슬러지 발생량이 감소
④ 특수미생물을 선택 고정하여 특정물질에 대한 제거성능 확보 가능
⑤ 담체단독처리로 인한 필요산소량 절감 가능
⑥ 수처리뿐만 아니라 악취 제거에도 적용 가능

3 생물막법의 기본원리

① 활성슬러지법 : 미생물이 플록을 구성하고, 산소와 유기물을 플록 전면으로부터 3차원적
　으로 미생물에 공급하는 방법
② 생물박법 : 부착된 생물막 표면으로부터 산소와 유기물을 공급하는 2차원식 방법

(1) 생물막에서의 물질이동

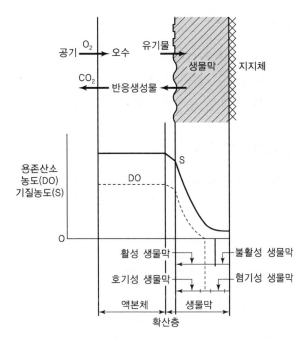

┃ 생물막에 의한 물질이동의 개념도 ┃

① 유기물은 교반 혼합에 따라 생물막으로 이동
② 생물막 내 확산과정에서 분해
③ 유기물 이용 생물막 증식 → 막 두꺼워짐 → 매체 부근 미생물에 충분한 유기물 전달 안 됨 → 내생호흡
④ 산소 → 표면 확산 → 미생물에 소비, 감소 → 생물막 부근 혐기성 상태가 됨
⑤ CO_2 + 기타반응생성물은 역방향으로 배출

(2) 생물막 탈리

① 내호흡, 혐기성 상태 → 부착력 약화 → 탈리 → 새로운 막 형성 및 증식
② 오수의 교반과 매체이동에 따른 전단력에 의해서도 표면에서 탈리가 일어날 수 있음

(3) 반응조 내 미생물량의 조정

① 반응조 내 미생물량이 조건에 따라 자동적 조정됨
② 반송 등 조작 필요 없음
③ 역설적으로 인위적 변화 어려움. 즉 문제 발생 시 단기적 조치가 어려움

④ 처리특성

(1) 생물학적 특징

① 반응조 후단 저 F/M비와 긴 SRT에 의한 질산화반응이 쉽다.

② 다양한 생물종 서식에 의한(원생동물, 미소후생동물) 환경의 변화에 저항성 상승

③ 과도한 탈슬러지에 의한 운전관리상의 문제 내포

(2) 반응조의 다단화와 단계유입

① 생물상의 다양성은 반응조를 다단화함으로써 촉진 가능

② 초기 종속영양미생물 후단 독립영양미생물(질산화) 가능

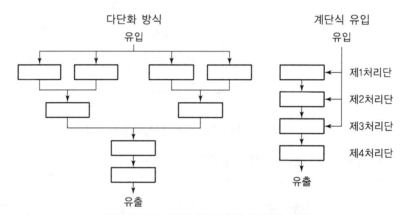

❙ 반응조의 다단화 방식과 단계 유입 예 ❙

(3) 고액분리상 특징

① 탈리부착 생물농도 20~150mg/L 정도

② 응집성이 부족한 분산침강형태임

③ 투명도가 낮은 특성이 있음

④ 개선을 위해 스크린, 여과 등 후처리 설비가 필요

···07 호기성 여상법

1 원리

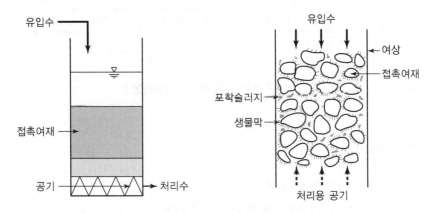

∥ 호기성 여상의 구조 및 여상단면 ∥

① 하수를 3~5mm 접촉여재 충진시킨 여상에 유입
② 여재 표면에 부착된 호기성 미생물로 하여금 유기물 분해와 SS의 포착 동시 진행 → 이차 침전지 필요 없음

2 특징

① 호기성 미생물의 흡착작용, 생물분해작용과 물리적 여과작업이 동시에 이루어져 이차침 전지가 필요 없어 체류시간이 짧고 필요 부지면적이 적다.
② 반송슬러지가 필요하지 않고 고액분리 장애(벌킹) 등의 염려가 없어 공기량의 조정과 역 세척만의 조정으로 양호한 처리수를 얻을 수 있는 비교적 용이한 처리방식이다.
③ 본법은 산소용해효율이 높기 때문에 다른 처리법에 비해 필요산소량 및 필요공기량이 적다.
④ 부하량에 따라서는 질산화미생물의 증식이 가능해 유기물 제거뿐만 아니라 질산화반응 도 가능하다.

❸ 시설의 구성

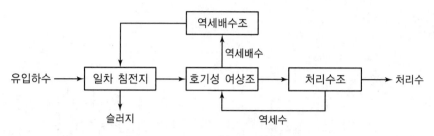

‖ 호기성 여상법의 처리계통 ‖

❹ 설계제원 예

① LV : 계획오수량의 25m/d 이하

② BOD 용적부하 : 계획오수량에 $2kg/m^3 \cdot d$ 이하

③ 송풍량 BOD 1kg당 0.9~1.4kg O_2를 표준

④ 여재는 내구성 좋고 표면이 거칠며 입경이 고른 것 사용

⑤ 3~5mm 입경

⑥ 높이는 2m 정도

⑦ 역세공정은 공기세척, 공기 · 물 동시세척, 수세척 3공정을 원칙으로 함

⑧ 역세척 1회/1일 정도

⑨ 역세척 예

 ㉠ 공기세척 : $50~60m^3/m^2 \cdot h$, 시간 : 2~4min

 ㉡ 공기＋물 세척 : 공기 $50~60m^3/m^2 \cdot h$, 물 $30~40m^3/m^2 \cdot h$, 시간 : 1~2min

 ㉢ 물 세척 : $50~60m^3/m^2 \cdot h$, 시간 : 3~5min

SECTION

02 질소, 인 제거

┉ 01 생물학적 질소, 인 제거의 원리

■ 생물학적 질소 제거(Biological Nitrogen Removal)

생물학적으로 질소를 제거히는 것은 미생물이 성장을 위해 세포합성을 하는 동화작용 (Bacterial Assimilation)과 질산화(Nitrification)와 탈질산화(Denitrification) 과정인 이 화작용(Bacterial Dissimilation)으로 크게 나눌 수 있다.

(1) 세포합성에 의한 질소 제거

1) 원리

생물학적 처리과정에서 세포가 합성됨에 따라 세포구성에 필요한 만큼의 질소가 제 거되며 그 식은 다음과 같다.

$$\frac{d\text{NH}_3-\text{N}}{d\text{BOD}} = (0.125)\,Y - \frac{(0.125)(X_d)(K_b)}{\text{F/M}}$$

여기서, Y : 세포 생산율, g · VSS/g BOD
X_d : MLVSS 생분해비율
k_b : 내생호흡비율, g · VSS/g · VSS−day
F/M : 유기물 부하율, lb BOD/IB VSS−day

2) 한계

이때 세포 생산율(Y)는 대개 0.6을 넘지 못하므로 이론적인 BOD 제거에 대한 암모 니아 제거율은 0.075가 최대가 되며 F/M비를 낮게 유지하면 이 값은 더 낮아지므로 실제 BOD 제거에 대한 질소 제거는 BOD의 2~5% 정도에 불과하다. 따라서 일반적 인 활성슬러지 공법으로는 과잉의 질소를 제거할 수 없으며 질산화 및 탈질소화 과정 을 거치는 특별한 공정이 요구된다.

(2) 질산화 반응(Nitrification)

1) 원리

질산화는 질산화 미생물에 의해 암모니아(NH_4^+)가 아질산(NO_2^-)을 거쳐 질산(NO_3^-)으로 전환되는 생물학적 산화과정을 말하며, 보통 Nitrosomonas, Nitrobacter 속의 독립영양미생물(Chemo-autotrophs)에 의해 진행된다. 이들 질산화 미생물은 질산화 과정에서 에너지를 얻으며 이 에너지와 무기탄소(CO_2, HCO_3^-, CO_3^{2-})를 이용하여 세포증식을 하게 되며 생장속도가 매우 느리므로 긴 SRT 유지를 요구하고 세포증식량도 매우 적다. 질산화의 과정은 식 (1), (2)와 같으며 세포합성을 고려한 Total Synthetic-Oxidation Reaction은 식 (3)과 같다.

$$NH_4^+ + 1.5O_2 \rightarrow NO_2^- + H_2O + 2H^+ + (240-350KJ)(Nitrosomonas) \cdots\cdots (1)$$
$$NO_2^- + 0.5O_2 \rightarrow NO_3^- + (60-90KJ)(Nitrobacter) \cdots\cdots\cdots\cdots\cdots\cdots (2)$$
$$NH_4^+ + 1.83O_2 + HCO_3^-$$
$$\rightarrow 0.98NO_3^- + 0.021C_5H_7NO_2(New\ Cells) + 1.88H_2CO_3 + 1.04H_2O \cdots\cdots (3)$$

2) 영향인자

① 온도

질산화 반응은 온도에 매우 민감한 영향을 받으며, 온도 의존성은 다음과 같이 표현할 수 있다. 일반적으로 20℃에서 $\mu_{N,\max}$값은 $0.3\sim0.5d^{-1}$로 간주한다.

$$\mu_{N,\max} = \mu_{ref}\theta^{(T-T_{ref})}$$

여기서, $\mu_{N,\max}$, μ_{ref} : 온도 T, T_{ref}에서의 최대 비증식속도
θ : 일정 온도 범위에서의 온도상수

▼ 온도에 대한 최대 비성장계수($\mu_{N,\max}$)

Source	$\mu_{N,\max}$ vs Temp.℃	$\mu_{N,\max}(d^{-1})$		
		10℃	15℃	20℃
Dowing(1964a)	$(0.47)e0.098(T-15)$	0.29	0.47	0.77
Dowing(1964b)	$(0.18)e0.116(T-15)$	0.10	0.18	0.32
Hultman(1971)	$(0.50)100.033(T-20)$	0.23	0.34	0.50
Barnard(1975)	$0.33(1.127)T-20$	0.10	0.18	0.37
Painter(1983)	$(0.18)e0.0729(T-15)$	0.12	0.18	0.26

Source	$\mu_{N,\max}$ vs Temp. ℃	$\mu_{N,\max}(d^{-1})$		
		10℃	15℃	20℃
Beccari(1979)				0.27
Bidstrup(1988)				0.65
Hall(1988)				0.46
Lawrence(1976)				0.50

② 용존산소(DO)

용존산소의 영항은 다음과 같은 Monod kinetice로 나타낼 수 있다.

$$\mu N = (\mu N,\max)\left[\frac{NH_3-N}{K_N+NH_3-N}\right]\left[\frac{DO}{K_o+DO}\right]$$

여기서, K_N, K_o : 질소와 산소의 반포화계수

질산화에 대한 용존산소의 효과는 Bacterial Floc 안쪽과 바깥의 효과가 상이하며 또한 Single Sludge System에서는 유기물산화와 질산화가 동시에 일어나기 때문에 F/M비와도 관계가 있다. 즉, F/M비가 높을수록 유기물 산화에 용존산소가 소모되므로 Floc 내로 용존산소가 통과하는 양이 적어 질산화율이 낮아지게 된다.

③ pH의 영향

총괄적인 질산화 반응에서의 최적 pH는 약알칼리성 부근으로 pH가 7.0~8.0 사이에서는 큰 영향을 미치지는 않는 것으로 알려져 있으며 Nitrosomonas와 Nitrobacter의 최적 pH는 각각 8.0~8.5, 7.3~8.4이다. 이때 1mg의 NH_3-N 질산화 시 7.14mg의 Alkalinity(as $CaCO_3$)가 소모되므로 폐수 내에 충분한 Alkalinity가 존재하는지 확인할 필요가 있다.

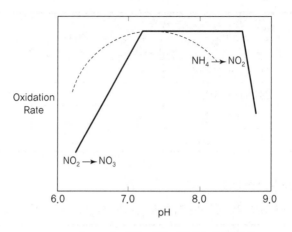

▌ pH에 따른 대한 질산화의 영향 ▌

④ SRT의 영향

SRT는 생물학적 질소 제거 시스템 설계에서 가장 중요한 설계인자로 작용하는 것
으로, 증식속도가 느린 질산화균이 Wash-out되지 않을 만큼의 SRT 설정이 필
요하며 일반적인 활성슬러지 시스템의 경우에는 보통 3~7일, 질산화를 위해서는
보통 7일 이상의 SRT 설계가 필요하다. 그러나 SRT는 질소 제거 외에 인 제거에
도 영향을 미쳐, SRT가 길어질수록 잉여슬러지 발생량이 작아지므로 생물학적으
로 제거되는 인의 양이 줄어들게 되어 적정 SRT를 설정하는 것이 중요하다.

㉠ 설계 SRT

$$SRT_d = S.F \times (SRT)$$

여기서, SRT_d : 설계 고형물 체류시간, d
　　　　$S.F$: 설계안전계수＝최대치/평균 NH_3-N 부하율
　　　　SRT : 필요 고형물 체류시간, d

㉡ 최소 SRT : 질산화균 성장속도의 역수

$$SRT = \frac{1}{\mu_N - K_{nd}}$$

여기서, μ_N : 질산화균의 비성장속도, $\mu_N = \dfrac{\mu_{N,\max} N}{(K_n + K)}$ (g new cells/g cell/d)

　　　　K_n(Half Saturation Coefficient), N(암모니아 농도, mg/L)
　　　　K_{nd} : 내생 사멸속도, g cell destroyed/g cell-d

ⓒ 온도에 따른 SRT의 영향(5~30℃)

질산화 시스템 설계 시 최소 온도를 어떻게 설정하느냐에 따라 포기조의 용적에 큰 차이를 보이게 된다. 국내의 경우 하수의 최저 온도가 5℃ 정도까지 내려가는 곳도 있으나 이 경우 포기조의 용적이 너무 커지므로 최저 온도를 10~15℃로 설정하는 것이 타당하고 이때 SRT는 5~8.4일 정도가 된다.

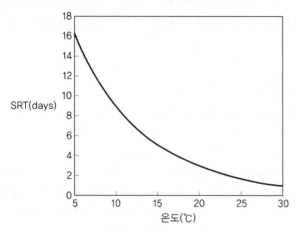

┃ 온도에 따른 질산화균 성장을 위한 최소 SRT ┃

⑤ 기타 영향

잘산화미생물 이외의 경쟁미생물의 존재, 저해물질의 존재, 저해물질의 공존 등에 따라 독성효과를 가져와 질산화 속도가 줄어들거나 질산화미생물의 사멸을 유도할 수도 있다.

(3) 탈질반응(Denitrification)

1) 원리

탈질반응은 미생물이 무산소(Anoxic) 상태에서 호흡을 위하여 산소 대신 NO_3^-, NO_2^- 등을 최종 전자수용체(Electron Acceptor)로 이용하여 N_2, N_2O, NO로 환원시키는 과정을 말하며, 용존산소가 충분한 상태에서는 산소를 최종전자수용체로 이용하나 용존산소가 부족하거나 없는 상태에서는 질산, 아질산 등을 전자수용체로 사용하게 된다.

탈질과정은 Pseudomonas, Bacillus, Micrococcus 등 임의성 종속영양미생물(Facultative Heterotrophs)에 의해 진행되며, 여러 경로가 있으나 대표적인 과정은 다음과 같다.

$$NO_3^- \rightarrow NO_2^- \rightarrow NO \rightarrow N_2O \rightarrow N_2$$

일반 유기물의 경우 : $5(Organic-C)+2H_2O+4NO_3^- \rightarrow 2N_2+4OH^-+5CO_2$ 탈질반응에서는 환원된 질소 1g당 2.9~3.1g의 알칼리도가 증가하게 되며, 최종산물의 형태는 미생물 종류와 pH에 따라 다르나 대부분 N_2로 방출된다. NO_3^- 환원을 위한 전자공여체는 유기물이며 메탄올이 가장 좋은 것으로 알려져 있다.

2) 영향인자

① 유기물의 특성

질산이 충분히 존재할 때 탈질속도는 다음과 같이 0차 반응으로 표현될 수 있다.

$$\left(NO_3^-\right)_0 - \left(NO_3^-\right)_e = (R_{DN})(X_V)t$$

여기서, $(NO_3^-)_0, (NO_3^-)_e$: 유입수와 유출수의 질산농도, mg/L

X_V : Mixed Liquor Volatile Suspended Solid Concentration, mg/L

R_{DN} : 탈질반응의 속도계수, $gNO_3^-/g \cdot VSS-day$

▼ 탄소원 종류에 따른 탈질산화속도(R_{DN})

탄소원	탈질산화비율 (g NO_3^- N/g · VSS - day)	온도(℃)
메탄올	0.021 ~ 0.32	25
메탄올	0.12 ~ 0.90	20
하수	0.03 ~ 0.11	15~27
하수	0.072 ~ 0.72	–
내인성 대사	0.017 ~ 0.048	12 ~ 20

② F/M비

무산소조에서 제거되는 질산성 질소$[(NO_3^- -N)_r]$는 다음과 같다.

$$(NO_3^- -N)_r = (A'_N)(S_r) + (B'_N)(X_{vt})$$

여기서, A'_N : 질산의 무산소 분해율, g NO_3-/g BOD

B'_N : 무산소 조건에서 질산의 내생호흡률, g $NO_3-/g \cdot VSS-day$

식을 변형하면 다음 식과 같이 되어, 질산제거속도(mg N/g · VSS−day)는 F/M비에 비례하게 된다.

$$\frac{\left(NO_3^- - N\right)_r}{X_{vt}} = A_N' \frac{S_r}{X_{vt}} + B_N'$$

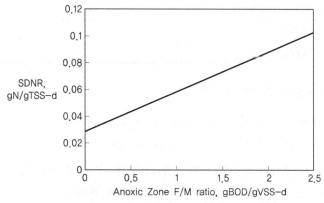

‖ F/M비와 탈질산화 속도상수(SDNR)의 관계 ‖

③ 온도, DO의 효과

R_{DN} 값은 다음 식과 같이 탄소원의 성질, 온도, 용존산소 등에 의존하며 통상 온도 범위인 5~30℃에서는 일반적인 Arrhenius의 법칙을 따른다.

$$R_{DN(T)} = R_{DN(20)} K^{(T-20)}(1 - DO)$$

(4) 기타

1) 질산화/탈질공정의 화학양론

① 질산화(Biochemical Nitrification)

매개변수	방정식	계수
산소소비량	$\dfrac{gO_2\,required}{gNH_4^+ - N}$	4.6
세포생산율	$\dfrac{gVSS\,produced(as\,nitrifiers)}{gNH_4^+ - N}$	0.15
알칼리소비량	$\dfrac{gAlkalinity(as\,CaCO_3)}{gNH_4^+ - N}$	7.1

② 탈질산화(Biochemical Denitrification)

매개변수 \ 반응	$NO_3^- - N \rightarrow N_2$	$NO_2^- - N \rightarrow N_2$	O_2
메탄올 요구량 (m CH_3OH/mg N)	2.47	1.53	0.87mg CH_3OH/mg O_2
알칼리 생산량 (mg $CaCO_3$/mg N)	3.57	3.57	-
세포생산율 (mg · VSS/mg N)	0.53	0.32	0.20mg · VSS/mg O_2

2) 질산화/탈질산화 공정의 문제점

① 속도가 매우 느리며, 대형구조가 요구된다.
② 메탄올 사용량에 비하여 질소 제거율이 낮다.
③ 조작의 안정성이 생물체 순환을 위한 침강조작과 연관된다.
④ N 및 P의 제거가 필요할 때에는 처리순서가 제약된다.
⑤ 독성 물질로부터 질산화 미생물을 보호할 수 있는 수단이 없다.
⑥ 질산화 및 탈질공정을 별도로 최적화하기가 어렵다.

3) 특수한 탈질 미생물

① 혐기성 독립영양 탈질미생물(Anaerobic Autotrophic Denitrifiers)
무기물(HS^-, S, H_2) 등을 전자공여체로 하는 탈질미생물을 말하며, Thiobacillus Denitirifican와 같은 전형적인 탈질미생물은 원소상태의 유황(Elemental S)이나 화합물 등을 전자공여체로 하여 Nitrate를 N_2 Gas로 환원시킨다. 이들은 주로 혐기성 미생물로 분류되며 Anoxic Denitrifier가 처한 산화－환원 전위 환경보다 훨씬 낮은 전극 전위차(E_c)에 적응해 있으며 용존산소는 완전히 존재하지 않아야 한다. Autotrophic Denitrification System의 이론적 최대 장점은 잘 설계된다면 Hetertrophic Denitrification System에서 당면하는 소위 "COD leak" 문제를 해결할 수 있다는 것이나 고농도 질산 함유 산업폐수 처리, 지하수 NO_3 제거 공정 등에 일부 활용되었으나 실용성 문제로 잘 사용되지는 않는다.

② 탈질 가능한 호기성 질산화 미생물(Denitrifying Autotrophic Nitrifiers)
최근 여러 학자들의 연구 결과 호기성 탈질이 보고되고 있으며 호기성 질산화 미생물인 Nitrosomonas europaea는 환경조건에 따라 Nitrite를 환원시켜 NO, N_2O, 또는 N_2 가스를 형성할 수 있다. 따라서 넓은 의미에서 호기성 탈질(Aerobic

Denitrification)은 생물학적 동시 질산화 탈질(CBND ; Concurrent Biological Nitrification and Denitrification)로도 알려져 있다. 호기성 탈질은 호기성 조건에서 암모니아, 아질산 또는 질산을 N_2O 또는 N_2 가스로 전환시킬 수 있는 탈질과정을 지칭하며, Pure Culture를 이용한 연구를 제외하고 실제처리장이나 반응조에서 호기성 탈질을 증명하기는 매우 어렵다. 생물막 공정에서도 호기성 탈질이 제시되고 있으나 아직은 많은 연구가 필요하다.

③ 암모니아 산화에 의한 탈질(Anammox)

황을 Electron Donor로 혐기성 조건에서 암모니아를 탈질시키는 미생물을 발견하였으며 그 반응은 다음과 같고, 이를 Anaerobic Ammonia Oxidation(또는 Anammox)이라 한다. (Mulder et al., 1995 ; Schmidt and Bock, 1997 ; Loosdrecht and jetten, 1998)

$$NH_4^+ + 1.3NO_2^- + 0.042CO_2$$
$$\rightarrow 0.042(Biomass) + N_2 + 0.22NO_3^- + 0.08OH^- + 1.87H_2O$$

Anammox 반응은 Ammonia를 혐기성 산화시켜 N_2를 생성하며, 동시에 Nitrite를 Nitrate로 산화하는 독립영양 미생물 대사반응이다. 반응결과 pH가 증가하며 NO_3가 생성되므로 완전한 질산의 제거는 힘들지만 탈질에 유기성 탄소원이 불필요하다.

② 생물학적 인 제거(Biological Phosphorus Removal)

(1) 원리

1) 개요

1955년 Greenburg 등에 의한 인의 과잉섭취 보고 후 소개·발전되어 왔으며, 활성슬러지 내의 미생물에게 일시적으로 중요 요소가 결핍되면(일시적 혐기상태 또는 혐기와 호기의 반복상태) 정상적인 대사과정이 이루어지지 못하고 심한 압박상태에 놓이게 되며, 일부 미생물은 다른 대사 경로를 이용하여 생존을 모색하게 되는 것을 이용하는 방법이다.

2) 주요 대사기작

① 혐기상태
- 세포 내의 폴리인산을 가수분해하여 정인산으로 방출하며 에너지 생산
- 이 에너지로 세포 밖의 유기물을 능동 수송하여 세포 내에 PHB(Poly Hydroxy Buthylate)로 저장

② 호기상태
- 세포 내 저장된 기질(PHB)을 정상적인 TCA 회로로 보내어 ATP 획득
- 다시 이 에너지로 세포 외의 정인산을 흡수하여 폴리인산으로 저장

③ 상기 과정을 반복하면서 인의 과잉섭취(Luxury Uptake)가 발생하게 된다. 이때 Luxury Uptake는 인 이외의 필수원소가 제한되는 상태에서 세포 내로 인을 이동시키는 데 필요한 에너지가 충분하면 인을 과잉섭취하는 현상을 말하며, Over-Plus란 미생물이 인의 공급이 부족된 후 다시 인 농도가 높은 환경에 있게 되면 인을 급속히 섭취하는 현상을 말한다. 보통 미생물 세포 내의 인 함량은 건조중량으로 1.5~2% 정도이나 혐기 조건에 이어 호기 조건이 따를 경우에는 4~12%까지에 이른다.

3) 공정의 구성 원리

이러한 성질을 이용하여 혐기조에서 인산방출, 호기조에서 인의 과잉섭취를 할 수 있도록 공정을 구성하고 인산을 흡수한 잉여 슬러지를 폐기함으로써 생물학적으로 인을 제거할 수 있다.

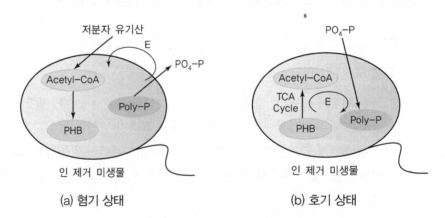

(a) 혐기 상태   (b) 호기 상태

‖ 혐기와 호기 상태에서의 인 방출 및 흡수 ‖

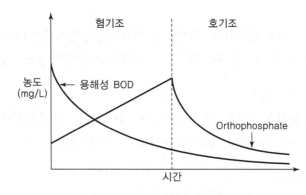

∥ 시간에 따른 BOD와 인산의 변화 ∥

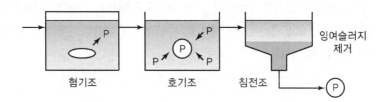

∥ 생물학적 인 제거 공정의 원리 ∥

(2) 영향인자

① 온도

온도는 인 방출과 인 섭취에 모두 영향을 미칠 수 있으나 실 처리장의 결과로는 10℃ 에서도 큰 영향을 받지 않았다는 보고가 있으며 인 제거 미생물은 Psychrophilic으로 알려져 있다.

② pH

혐기성 조건하에서 슬러지로부터 인의 방출량은 pH 6~9 범위에서는 큰 차이를 보이지 않으나 호기성 조건에서 인 섭취를 위한 적정 pH는 6~8로 중성상태에서 가장 많은 것으로 보고되고 있다.

③ 산화질소

혐기성 영역에 산화질소가 존재할 경우 인 방출에 저해를 가져와 생물학적 인 제거에 방해를 초래하게 된다.

④ SRT

SRT가 길수록 단위 BOD 제거당 인 제거효율은 떨어지게 되므로 인 제거효율을 최대
로 하려면 총 시스템에서 요구되는 SRT를 초과하지 말아야 한다.

⑤ 혐기조 체류시간

기존의 혐기조 체류시간은 0.5~3.0hr이나 혐기조의 체류시간이 길어질수록 인산의
방출효율은 좋아지며, 슬러지 침전성이 저하된다.

⑥ 유입수 특징

인 제거 미생물의 인 방출은 폐수 내의 저분자 유기산(특히, Acetate)의 농도에 영향
을 받는다. Acinetobacter의 세포수율이 $0.40g \cdot VSS/g$ acetate이고, 셀의 인 함
량을 10%로 본다면 1g의 인을 제거하기 위해서는 25g의 아세테이트가 필요함을 알
수 있으며, BOD 1g이 아세테이트 1.47g에 해당한다면 BOD : P의 비율은 17 : 1 이
상이 되어야 한다.

⋯02 질소, 인 제거 공정

1 개요

질소와 인을 제거하기 위한 공정들은 여러 가지가 있으나 이들을 주요 원리별로 분류하면 다
음과 같이 물리화학적 방법, 생물학적 방법 및 이들의 조합방법으로 정리할 수 있다.

2 물리 · 화학적 질소 , 인 제거 공정

(1) 질소 제거 공정

1) 파괴점(분기점) 염소처리(Breakpoint Chlorination)

① 개요

충분한 양의 염소를 가하여 암모니아 질소를 질소가스 및 기타 안정한 화합물로 산
화하는 방법을 말한다. 파괴점 염소처리의 총괄 반응을 나타내는 식은 다음과 같다.

$$2NH_3 + 3HOCl \rightarrow N_2 + 3H_2O + 3HCl$$

최적 pH의 범위는 6~7 사이로서, 이 밖에서 염소처리를 행하면 분기점에 도달하도록 주입하여야 하는 염소의 양이 상당히 증가하며 반응속도가 느려진다. 이론적으로는 pH 6~7에서 반응이 15초 정도에 완료된다고 하나 실제로는 2시간 이상이 소요될 수 있으므로 폐수의 특성에 따라 적절한 접촉시간을 보장해야 한다. 온도는 통상의 온도범위라면 별 상관이 없다.

② 장단점

반응시간이 매우 빠르고 적절한 제어를 통하면 폐수 중의 암모니아 질소를 거의 제거할 수 있으며 동시에 폐수의 살균도 이루어진다는 장점이 있다. 반면에 약품비가 비싸고 염소화합물이 환경에 방출되었을 때 발생할 수 있는 잠재적 독성문제가 있어 일반적으로 처리수에서 탈염소를 하여야 할 필요가 있다. 또는 유기질소와 질산성 질소가 포함되어있는 경우에는 제거효과가 미미하고 산성 화합물이 생성되므로 Lime 등의 중화제 도입이 필요하다.

2) 암모니아 탈기법(Ammonia Stripping)

① 개요

수중의 용해 가스를 제거하는 포기 공정을 개량한 것으로 수중에서 암모늄 이온은 아래 식과 같이 암모니아와 평형으로 존재한다.

$$NH_3 + H_2O \Leftrightarrow NH_4^+ + OH^-$$

이때 폐수의 pH를 7 이상으로 하면 이 평형은 왼편으로 이동하게 되는데, 이를 이용해 유입수의 pH를 11 이상으로 충분히 높여 암모늄이온(NH_4^+)을 암모니아(NH_3)로 전환시켜 교반하면서 공기를 접촉시켜 암모니아를 기체 상태로 제거하게 된다. 즉 주요공정은 혼합 및 응결, 침전, 탈기, 재탄화, 침전의 공정으로 구성된다.

② 장단점

pH를 높이기 위해 사용하는 석회[$Ca(OH)_2$]에 의해 인의 제거도 가능한 장점이 있으나, 온도저하 시 성능이 저하되고 탈기탑에서 탄산칼슘의 스케일이 형성되는 등의 단점이 있다. 또한 유기질소, 아질산성 질소, 질산성 질소는 처리되지 않으며 상대적인 공기의 양, Stripping Tower의 길이와 Packing 물질에 영향을 받는다.

3) 선택적 이온교환법(Ion Exchange)

① 개요

암모늄이온에 높은 감수성을 나타내는 천연 제올라이트인 Clinoptilolite 칼럼을 통과시킴으로써 암모늄이온을 제거하는 방법이다. 암모니아 제거에는 천연수지인 제올라이트가 많이 사용되며, 그 과정으로는 제올라이트의 교환능력이 고갈되면 석회로 재생하게 되고 제올라이트로부터 제거한 암모늄이온은 높은 pH로 인하여 암모니아로 전환되고 이 단계에서 재생액을 탈기탑에 보내 NH_3를 제거하고 탈기한 액은 저장탱크에 수집하였다가 다시 사용하게 된다.

② 장단점

처리수의 수질관리가 용이하고 암모니아의 제거효과는 90~97%에 달하는 높은 제거효율을 보이며 다시 최종처분을 하여야 하는 암모니아를 포함하는 폐기물이 없는 장점이 있다. 그러나 여과 등의 전처리가 필요하고 이온교환 매질의 수명이 불투명하며 복잡한 재생과정 때문에 활용성이 극히 제한되며 질산염, 아질산염, 유기질소 등은 제거되지 않는 단점이 있다. 또한 제올라이트 교환층, 탈기탑 및 배관 등에서 탄산칼슘 침전이 형성되는 문제가 있다.

(2) 인 제거 공정

1) 막 여과

RO, NF 등의 막을 이용할 수 있으나, 기술적·경제적인 문제점이 있어 널리 이용되지 않고 있다.

2) 이온교환법

물속의 다른 이온에 의한 영향으로 제거효율이 그다지 높지 않고 경제적 및 재생의 어려움 때문에 널리 이용되지는 않고 있다.

3) 화학적 인 제거 공정

① 개요

대부분의 폐수에서 불용성에 해당되는 10% 정도의 인은 1차 침강에서 제거되며, 그 나머지인 용해성 인은 세포동화에 필요한 양을 제외하고는 재래식 생물처리에서는 거의 제거되지 않는다. 따라서 정인산염을 응집시켜, 불용성으로 만들고 이를 최종 침전지에서 침전 분리시켜 제거하는 것으로, 1차 침강 시설에 약품의 첨가, 2차 처리 중에 금속염의 첨가, 2차 침강 탱크에 화학 고분자물의 첨가, 3차 석회응집 여과 등의 방법이 있다.

② Lime 첨가법

인 제거를 위해 요구되는 Lime의 양은 폐수의 알칼리도(pH)에 의해 결정되며 요구되는 Lime 양은 총 알칼리도의 1.5배 정도이다.

$$Ca(OH)_2 + HCO_3^- \rightarrow CaCO_3 \downarrow + H_2O$$

타 공정에 비해 훨씬 많은 양의 슬러지가 발생하며 pH 조절에 의한 방법이므로 주입 및 혼합장치 등의 설비가 소요되고, 알칼리도가 높은 폐수에 대해서는 약품비가 상승하며 재탄산화 단계가 요구되기도 한다.

③ 금속염 첨가법

금속염의 첨가 시 인과 반응하여 응집침전물을 형성하는 과정, 수중의 알칼리도 성분과 반응하여 수산화물을 생성하는 과정은 다음과 같다.

$$Al_2(SO_4)_3 + 2PO_4^{3-} \rightarrow 2AlPO_4 \downarrow + 3SO_4^{2-}$$
$$FeCl_3 + PO_4^{3-} \rightarrow FePO_4 \downarrow + 3Cl^-$$
(인 1mg/L당 알루미늄이온 0.88mg/L, 철이온 1.8mg/L이 필요)
$$Al_2(SO_4)_3 + 6HCO_3^- \rightarrow 2Al(OH)_3 \downarrow 3SO_4^{2-} + 6CO_2$$
$$FeCl_3 + 3HCO_3^- \rightarrow Fe(OH)_3 \downarrow + 3Cl^- + 3CO_2$$

따라서 주입 금속염 양은 처리수 인 농도와 알칼리도를 고려한 값으로 하며, 이 반응에서는 CO_2가 생성되므로 pH가 저하하는 것이 특징이다.

④ 정석탈인법

$PO_4^- - P$가 칼슘이온과 난용해성 염인 하이드록시 아파타이트($Ca_{10}(OH)_2PO_4)_6$)를 생성하는 반응에 기초를 두며, 응집침전법에 비해 석회 주입량을 30~90 mg/L로 적게 할 수 있고 슬러지 벌킹이 적으며 고농도부터 저농도까지 적용이 가능하다. 탈인성능은 설정 pH, 칼슘농도, 수온, 방해물질, 접촉시간, 종 결정의 성질 등에 지배되며, 하수 중에 포함되어 있는 총 탄산이온의 알칼리도가 정석반응을 방해하기 때문에 전단에 산 첨가에 의한 탈탄산 공정이 필요하다.

③ 생물학적 질소, 인 제거 공정

본격적으로 질소, 인 제거 공정이 개발되기 시작한 것은 1960년대 초반으로서 특히 경제적이고 신뢰성 있는 생물학적 제거공정이 관심이 되어 왔으며, 유기물, 질소 및 인을 생물학적으로 처리하는 공정을 생물학적 고도처리(Advanced Treatment) 또는 생물학적 영양염류 제거공정(BNR ; Biological Nutrient Removal)이라고 하며 다음과 같이 개발되어 왔다.

▼ BNR 공정의 개발연혁

공정명	연도	개발자	제거 항목		
			질소	인	질소, 인
Wuhrman	1957	Whurman	○		
MLE	1962	Ludzack & Ettinger	○		
Oxidation ditch	—		○		
Bardenpho	1965	Barnard	○		
5-stageBardenpho	1978	Osborn & Nichols(Eimco)			○
Phostrip	1965	Levin and Shapiro		○	○
AO	1981	Hong et al.		○	
A₂O	—	Air Product(Kruger)			○
UCT	1984	Ekama등(Univ. of Capetown)			○
SBR	1985	Irvine et al.		○	○
VIP	1988	Daigger(Randall)			○
Bio-denipho	1988	Kruger			○

질소나 인 제거를 위한 대표적인 생물학적 공정에는 공정의 배치 형태에 따라 AO, A₂O, 수정 Bardenpho 및 UCT 공정과 같이 혐기조, 탈질조 및 호기조가 직렬로 연결되는 Main Stream 공정과 Phostrip 공정과 같이 혐기성 탈인조가 폭기조와 병렬로 연결되는 Side Stream 공정이 있다.

Main Stream 공정에서는 혐기조에서 인의 방출이 일어나고 호기조에서는 인을 과잉으로 섭취한 잉여슬러지를 폐기시켜 인을 제거하며, 질소는 호기조에서 질산화된 혼합슬러지 액을 탈질조로 반송하여 질소가스로 환원시켜 제거한다. 이때 유입하수에 함유된 유기물이 탄소원으로 이용되므로 유입하수의 유기물 농도가 낮으면 질소 및 인이 안정적으로 제거되지 못한다. 반면, 인 제거가 주 목적인 Side Stream 공정인 Phostrip에서는 잉여슬러지를 탈인조에 장시간 체류시킬 때 세포분해에 의해 생성되는 유기물을 사용하여 인의 방출을 유도하므로, 유입하수의 수질에 관계없이 인의 제거가 가능하며, 화학적 처리를 병행하므로 안정적이다.

(1) 수정 바덴포 공정

1) 개요

1970년대 초 남아프리카 공화국의 Barnard 교수에 의해 개발되어 미국의 Emico 사에 의해 상업화된 공정으로 생물학적 질소 제거 공정인 4단계 바덴포(Bardenpho) 공정 앞에 인 제거를 위해 혐기조를 추가한 5단계 공정으로 개선된 것이다.

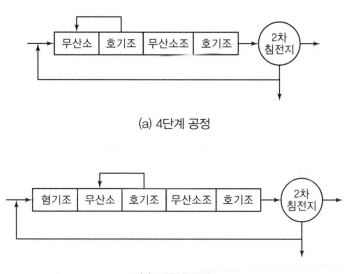

(a) 4단계 공정

(b) 5단계 공정

혐기조에서는 유입하수와 반송슬러지가 유입되어 발효반응이 진행되며 인 방출이 일어나며, 1단계 무산소조에서는 유입하수를 외부탄소원으로 하여 1단계 호기조로부터 내부반송된 혼합액(질화액)의 질산을 탈질하게 된다. 1단계 호기조에서는 질산화, BOD 제거 및 과잉의 인 섭취가 일어나며, 2단계 무산소조에서는 내생탈질을 이용하여 미처리된 질산을 재탈질하게 되는데 이는 혐기조로 반송되는 슬러지 내의 질산의 함량을 가능한 한 낮추기 위한 것이며 2단계 호기조(재포기조)에서는 내생탈질에 의해 발생된 암모니아성 질소의 산화와 최종침전지에서 탈질에 의한 슬러지 부상과 인의 재방출을 방지한다.

2) 특징

혐기조에서의 인 방출과 무산소조에서의 질소 제거에 소요되는 탄소원은 유입하수 내의 유기물을 이용하기 때문에 인 및 질소의 제거는 유입하수의 유기물 농도에 영향을 받는다. 특히 유입하수의 TKN/COD비가 0.07~0.08mg N/mg COD보다 높을 경우 탈질조에서 미처리된 질산성 질소가 2차 침전지에서 혐기조로 반송되는 슬러지에 함유되어 혐기성 조에서의 인 방출이 저하되기 때문에 처리수 인의 농도는 1mg/L 이하로 배출하기 어렵다. 따라서 1mg/L 이하로 인을 방출하기 위해서는 Alum, Ferric Salts 등을 첨가하거나 여과장치를 통하게 하는 것이 필요하며, 질소 제거를 위해 많은 체류시간이 필요하고 낮은 유기물 부하에도 비교적 가능한 특징이 있다.

(2) A₂O 공정

1) 개요

미국의 Air Product & Chemical사가 생물학적 인 제거를 목적으로 개발한 AO 공정에 질소 제거기능을 추가하기 위해, 혐기조와 포기조 사이에 무산소조를 설치한 공정이다. 혐기조에서는 유입하수의 유기물을 이용하여 인을 방출하고 무산소조에서는 포기조로부터 내부 반송된 질산성 질소 혼합액과 혐기조를 거친 유입하수를 외부탄소원으로 하여 질산성 질소를 질소가스로 환원시켜 질소를 제거한다. 포기조에서는 암모니아성 질소를 질산성 질소로 산화시킴과 동시에 유기물 제거와 인의 과잉섭취가 일어나며 인의 제거는 잉여슬러지의 폐기에 의한다.

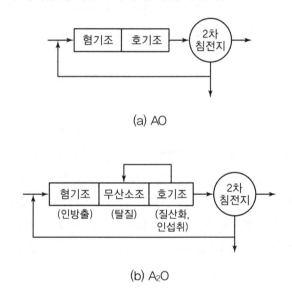

(a) AO

(b) A₂O

2) 특징

인의 제거는 결국 폐슬러지의 폐기로부터 결정되므로 제거되는 슬러지양이 중요하며 따라서 SRT가 가장 중요한 인자가 된다. 이때 제거된 슬러지에서의 인의 함유량은 무게비(Dry Weight)로 4~6%가 된다.

화학적인 제거방법에 비해 약품비가 소요되지 않아 경제적이고 슬러지 발생량을 줄일 수 있어 슬러지 처리 비용을 감소할 수 있으며, 같은 양의 BOD 제거당 더 많은 양의 인을 제거할 수 있다는 장점이 있다.

반면에 최적 운전조건의 설정이 어렵고 안정된 인 제거가 곤란하며 슬러지 처리계통에서 인이 재용출될 가능성이 있으며 수정 Bardenpho보다 많은 양의 슬러지를 생산하고 저율의 유기물 부하에는 부적합하다는 단점이 있다.

(3) UCT 및 MUCT 공정

UCT 공정은 근본적으로는 수정 바덴포 공정과 같으나 2차 침전지의 반송슬러지를 무산소조로 반송시킨다는 것이 차이점으로서 이는 반송슬러지에 함유된 질산성 질소의 혐기조 유입으로 인한 인 방출 저하를 방지를 위한 것이다. 그러나 호기조에서 무산소조로의 내부반송이 혐기조로의 NO_3 유입을 최소화하는 수단으로 사용되어 시스템 전체에서 질소 제거를 위한 충분한 기능을 못하는 문제가 있어 수정 UCT 공정이 도입되었다. 수정 UCT 공정(MUCT)은 무산소조를 2조로 나누어, 첫 번째 조(약 10% 크기)는 반송슬러지 내의 질산성 질소 농도를 낮추고, 두 번째 조는 반송된 질산성 질소를 탈질시켜 공정 전체의 질소제거율을 향상시키는 역할을 하므로, 호기조에서 과량으로 질산화가 되어도 안전한 인 제거가 가능하며, TKN/COD의 비율이 0.14mg N/mg COD에서도 처리수의 인의 농도는 1mg/L 이하로 배출 가능하다고 한다.

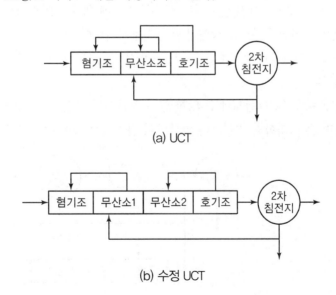

(a) UCT

(b) 수정 UCT

(4) VIP 공정

기본적으로 UCT 공정과 비슷하나 각 조에 대하여 최소한 2 이상의 완전 혼합조를 직렬로 사용하여 첫 번째 호기조에서 잔류 유기물 농도를 높게 함으로써 인 흡수 속도를 증가시키고, 고율로 운전하여 활성 미생물량을 증가시켜 인의 제거 속도를 향상시키며 결과적으로 반응조의 크기를 줄일 수 있다는 것이 차이점이다.

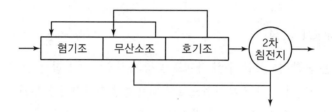

(5) 수정 Phostrip 공정

1965년 Levin에 의해 인 제거를 위한 Side Stream 공법인 Phostrip 공정이 개발되었으며 이는 반송슬러지의 일부를 Phostrip Stripper를 통과하도록 하여 혐기성 상태에서 방출된 인을 화학적으로 제거하고, 인을 방출한 슬러지를 다시 포기조로 보내어 인의 과잉섭취가 진행되도록 하는 방법으로서, 인 방출 시 소요되는 탄소원으로 미생물의 세포분해에 의해 생성된 유기물을 사용하므로 인 제거는 유입수의 수질에 영향을 받지 않는다. 그러나 포기조에서 형성되는 질산성 질소에 의해 탈인조에서의 인 방출이 저해되므로 탈인조 전단에 무산소 상태인 탈질조를 추가하여 질산의 영향을 최소화하여 시스템 전체의 질소제거율과 탈인조의 인 방출능력을 향상시키기 위해 수정 Phostrip 공정으로 개발되었다.

본 공정은 유입 BOD 농도에 큰 영향 없이 방류수의 인 농도를 1mg/L 이하로 하는 것이 가능하며 순수 화학적 처리보다 약품량이 감소하는 것이 장점이다.

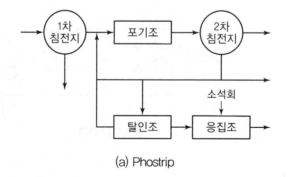

(a) Phostrip

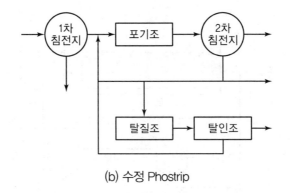

(b) 수정 Phostrip

(6) SBR

SBR(Sequencing Batch Reactor) 공정은 혐기, 무산소, 호기조의 구성을 하나의 조에서 시간 순서에 의해 수행하는 것으로 유입(Fill), 반응(React), 침전(Settle), 방류(Draw), 대기(Idle)의 일련의 과정을 주기적으로 수행하는 것이다. 본 공정은 포기조 외에 침전지와 반송슬러지 펌프 등을 필요로 하지 않으며 부하변동에 비교적 강하나, 대용량에 적용하는 것이 비교적 어렵다는 단점이 있다. 최근 연속적인 폐수 유입이 진행되는 공정들이 개발되었다.

03 Phostrip 공정 등

1 Phostrip 공정

(1) 개요

① 생물학적 방법과 화학적인 방법을 조합시킨 것
② Side Streama 공정
③ 반송 슬러지의 일부만이 포기조로 유입
④ 분리된 단위 공정에 의해 생물학적 탈인조에서 슬러지 인을 방출 후 그 상징액을 화학적 방법으로 침전시켜 제거

(2) 공정도

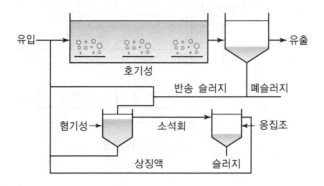

(3) 설계인자(하수의 경우)

① F/M : 0.1~0.5kg BOD/kg MLVSS · 일

② SRT : 10~30일

③ MLSS : 2,000~5,000mg/L

④ HRT : 혐기성조 : 8~12hr, 호기성조 : 4~10hr

⑤ RAS : 유입수의 20~50%

(4) 장단점

공정	장점	단점
AO	• 타 공정에 비하여 운전이 간단 • 폐슬러지 내의 인 함량이 높음 • 수리학적 체류시간이 짧음	• 온도의 영향을 많이 받음 • BOD : P의 비율이 높아야 됨
Phostrip	• 기존 활성슬러지 공정에 쉽게 적용 가능 • 운전성이 좋음 • 약품사용량이 적음	• 인 제거를 위한 약품 필요 • 2차 침전지에서 인 용출을 방지하기 　위하여 용존산소가 높아야 함 • 탈질을 위한 별도의 반응설비 필요

② 수정 Phostrip 공정

(1) 개요

탈인조 이전에 탈질조 설치하여 탈인조에서 질산성 질소의 영향을 최소화하기 위한 방법

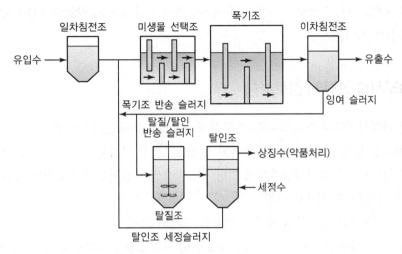

(2) 특징

① 탈질조에서 반송액 없음

② 탈인조에서 질산성 질소의 영향 최소화

(3) 설계인자

탈질조의 일반적 HRT는 2시간이며 70% 이상의 탈질 유도 가능

···04 고도처리

1 개요

통상의 유기물 제거를 주목적으로 하는 2차 처리에서 얻어지는 처리수 수질 이상의 수질을 얻기 위해 행해지는 처리이다.

2 목적

① 방류수역의 수질환경기준의 달성

② 폐쇄성 수역의 부영향화 방지

③ 방류수역의 이용도 향상 : 다양한 물 이용형태에 따라 고도의 방류수질을 요구하는 경우
④ 처리수의 재이용

❸ 고도처리시설 설치 시 검토사항

① 기존 처리시설에 추가설치 시는 기본설계과정에서 운영실태 정밀분석 → 사업추진방향 및 범위를 설계에 반영 → 결과수록된 설계보고서를 설계자문 요청 시 제시한다.
② 기존 처리시설은 운전개선방식에 의한 추진방안을 우선적으로 검토하며 방류수 수준 곤란 시 시설개량방식으로 추진
③ 기존＋고도처리설비 설치 시 부지여건을 충분히 고려
④ 기존＋고도처리설비 설치 시 기존 시설물 및 처리공정을 최대한 활용 → 중복투자방지
⑤ 표준활성슬러지법 기존 처리장의 경우 개선대상 오염물질의 처리특성을 감안하여 효율적인 설계를 한다.
⑥ 신설인 경우 기존 하수처리장 검토사항을 동일하게 적용한다.

❹ 처리 방식의 선정

고도처리의 처리방식은 처리대상에 따라 다음의 공정에서 선정한다.
• 질소, 인 동시 제거 공정
• 질소 제거 공정
• 인 제거 공정
• 잔류 SS 및 잔류 용존유기물 제거 공정

(1) 질소, 인 동시 제거 공정

구분	공법
생물학적 공정	혐기 무산소 호기 조합법
	응집제병용형 순환식 질산화 탈질법
	응집제병용형 질산화 내생탈질법
	반송슬러지 탈질탈인 질소, 인 동시 제거법
	기타 공법

① 혐기 무산소 호기 조합법

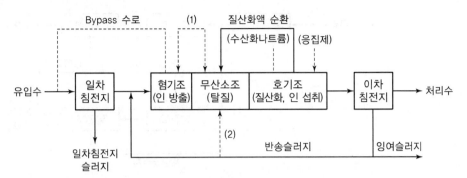

▎혐기 무산소 호기 조합법의 처리계통 ▎

＊ 응집제 : 강우 시, 우수 유입에 의한 알칼리도 저하 시 대비 응집제 투입
　　　　표준도시하수 경우 TN 60~70%, TP 70~80% 기대

② 응집제병용형 순환식 질산화 탈질법

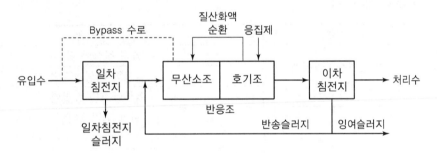

▎응집제병용형 순환식 질산화 탈질법의 처리계통 ▎

③ 응집제병용형 질산화 내생탈질법

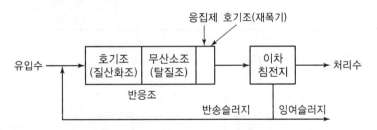

▎응집제병용형 질산화 내생탈질법의 처리계통 ▎

㉠ 표준하수(도시) 처리 경우
㉡ 총질소 60~70%, 총인 70~80% 기대

④ 반송슬러지 탈질탈인 질소, 인 동시 제거 공정

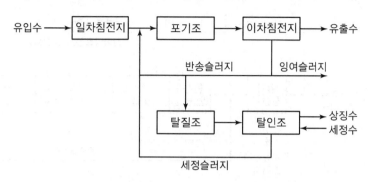

‖ 질소, 인 동시 제거 반송슬러지 탈질탈인 제거공법의 예 ‖

⑤ 기타 공법

SBR, 간헐포기식 활성슬러지법 등

(2) 질소 제거 공정

구분	공법
탈질전자공여체에 의한 구분	순환식 질산화 탈질법
	질산화 내생탈질법
	외부탄소원 탈질법
기타	단계 혐기호기법
	고도처리 연속회분식 활성슬러지법
	간헐포기 탈질법
	고도처리 산화구법
	탈질 생물막법
	막분리 활성슬러지법
	기타 공법

① 순환식 질산화 탈질법

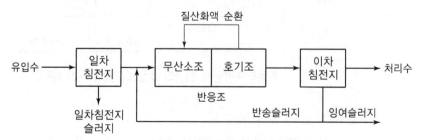

‖ 순환식 질산화 탈질법의 처리계통 ‖

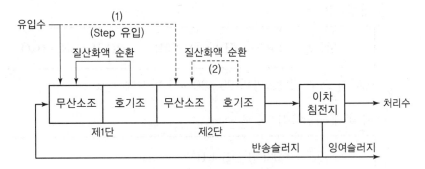

▌ 2단 순환방식의 처리계통 ▌

ㄱ 유입수의 2단 주입에 의해 높은 MLSS 농도와 긴 SRT가 가능하다.

ㄴ TN : 60~70% 기대

ㄷ 다단식 경우 TN 효율 10% 정도 향상 → 운전관리가 쉽지는 않다.

② 질산화 내생탈질법

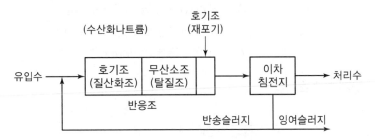

▌ 질산화 내생탈질법의 처리계통 ▌

ㄱ 탈질 필요한 수소공여체를 활성슬러지에 흡착되어 세포 내 축척된 유기물을 이용한다.

ㄴ 탈질 속도가 느리고, 큰 탈질 반응조가 필요

ㄷ 재포기조는 2차 침전지 탈질방지 및 방류수 DO 확보 차원

ㄹ TN 70~90% 제거 기대

③ 외부탄소원 탈질법

ㄱ 총괄에너지 반응

$$6NO_3^- + 5CH_3OH \rightarrow 5CO_2 + 3N_2 \uparrow + 7H_2O + 6OH^-$$

ⓛ 합성반응

$$3NO_3^- + 14CH_3OH + CO_2 + 3H^+ \rightarrow 3C_5H_7O_2N + H_2O$$

에너지 요구 메탄올양의 25~30%가 합성에 소요

ⓒ 총괄 제거 반응식

$$NO_3^- + 1.08CH_3OH + H^+$$
$$\rightarrow 0.065C_5H_7O_2N + 0.47N_2 \uparrow + 0.76CO_2 + 2.44H_2O$$

모든 질소가 질산염 형태로 존재한다면

$$C_m = 2.47N_0 + 1.53N_1 + 0.87D_0$$

여기서, C_m : 요구되는 메탄올농도(mg/L)
N_0 : 초기 질산성 질소농도(mg/L)
N_1 : 초기 아질산성 질소농도(mg/L)
D_0 : 초기 용존산소농도(mg/L)

④ 단계 혐기호기법

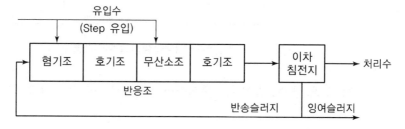

┃ 단계 혐기호기법 ┃

㉠ 주로 분류식 하수처리시설의 벌킹대책과 질산화 및 탈질화 위해 사용
ⓛ 내부탄소 및 유입하수의 탄소원 직접 이용
ⓒ TN 50~60%로 안정적임
㉣ 혐기조 운전에 따라 인 제거도 가능

⑤ 막분리 활성슬러지법(MBR법)

   ⊙ 침전조 없이 활성슬러지법 중 폭기조 내부 또는 외부막 설치

   ⓒ 순환식 질산화 탈질법 또는 단일 포기조 내 간헐포기방식으로 탈질 가능

   ⓒ PAC 염화제이철 이용 시 인 제거도 가능

   ⓔ 장·단점 및 유지관리상 유의점

- 이차침전지의 침강성과는 관계가 없다.
- 완벽한 고액분리가 가능하며 높은 MLSS 유지가 가능하므로 지속적인 안정된 처리수질을 획득할 수 있다.
- 긴 SRT로 인하여 슬러지발생량이 적다.
- 적은 소요부지로 부지이용성이 탁월하다.
- 분리막의 유지보수비용, 특히 분리막의 교체비용 등이 과다하다.
- 분리막의 파울링 대처가 곤란하며, 높은 에너지 비용소비로 유지관리 비용이 증대된다.
- 분리막을 보호하기 위한 전처리로 1mm 이하의 스크린 설비가 필요하다.

⑥ 고도처리 연속회분식 활성슬러지법

연속회분식 활성슬러지법에서 SRT를 길게 하여 유기물 부하를 낮게 설정할 수 있는 경우에는 질산화 반응이 진행되고 탈질공정을 도입하여 동일한 반응조에서 용이하게 질소 제거를 행할 수 있다.

⑦ 간헐포기 탈질법

간헐포기법은 단일단계 질소 제거방법으로 활성슬러지법에서 포기를 일정주기로 간헐적으로 행함으로써 호기성 및 무산소단계를 반복하여 질소를 제거하는 방법으로 다음과 같은 운전 요건을 필요로 한다.

   ⊙ 포기기에 타이머를 연결하여 일정시간비의 호기 – 무산소단계를 주기적으로 수행함

   ⓒ 질산화의 탈질을 위하여 반응조의 용량을 적절히 조절함

   ⓒ 탈질단계에서의 혼합액 혼합, 유입수의 유입을 위한 설비

⑧ 고도처리 산화구법

산화구법은 SRT가 길기 때문에 처리과정에서 질산화반응이 일어나기 쉽다. 반응조 내에 무산소 상태를 도입하여 탈질반응을 발생시키고 생물학적 질소 제거를 도모함으로써 안정성의 향상을 기할 수 있다.

⑨ 탈질 생물막법

부유성장식의 순환식 질산화탈질법, 질산화내생탈질법, 외부탄소원탈질법 등은 매체를 이용한 생물막법에 의하여서도 가능하다. 즉, 무산소, 호기 생물막 반응조를 조합하고, 다양한 매체를 활용하여 부착성장식의 안정적인 질소 제거가 이루어질 수 있다. 부유성장식에 비하여 SRT를 용이하게 길게 할 수 있고 질산화, 탈질미생물의 분리배양이 가능하여 체류시간의 감소가 가능하다.

⑩ 기타 공법

위의 제시된 공법 이외에 부유성장식과 부착성장식이 조합된 공법 등 다양한 질소 제거 공법들이 국내외에서 개발 또는 연구 진행 중이다.

(3) 인 제거 공정

인 제거 공정으로는 화학적 공정과 생물학적 공정이 있으며 다음 표와 같이 나타낼 수 있다.

구분	공법
화학적 공정	응집제 첨가 활성슬러지법
	정석탈인법
생물학적 공정	혐기호기 활성슬러지법
	반송슬러지 탈인 화학침전법
기타	기타 공법

① 응집제 첨가 활성슬러지법

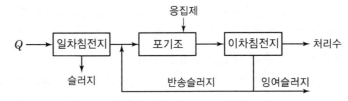

$$M^{3+} + PO_4^{3-} \rightarrow MPO_4 \downarrow$$
Alum, $FeSO_4$, 계통이용

[설계 및 유지관리상 유의점]

㉠ 응집제 선정 : 성질, 처리시설특성, 가격 등 고려

㉡ 응집제 첨가 mol비 : 용해성 총 인 농도에 대한 응집제 첨가 mol비는 인 농도와 응집제 mol비의 관계로부터 설정

ⓒ Jar Test 결과 TP 0.2mg/L 이하 수질 달성을 위한 몰비 : 2~3mol Al/mol P 범위, TP 최종농도 0.01~0.05mg/L

② 정석탈인법

$$10Ca^{2+} + 6PO_4^{3-} + 2OH^- \rightarrow Ca_{10}(OH)_2(PO_4)_6$$
↑
난용해성 하이드록시 아파타이트 생성

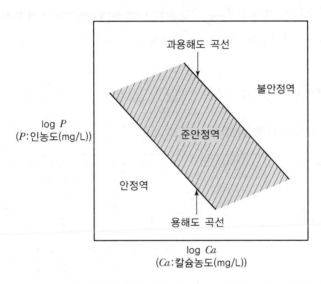

∥ 정석 반응과 인산 및 칼슘 이온 농도(pH 일정) ∥

본법의 기본적인 처리계통은 아래와 같다.

∥ 정석탈인법의 처리계통 ∥

어느 물질 과포화 용액에 그 물질 핵을 주입하면 결정핵으로 석출되는 원리 이용
㉠ 불안정지역 이용한 것 : 석회응집침전법
㉡ 준안정지역 이용한 것 : 정석탈인법(유사한 물질의 종결정 존재 이용)
㉢ 특정 석회 주입량을 응집침전법에 비해서 30~90mg/L 적게 소요
㉣ 2차 처리수 P 농도 0.5mg/L 이하 가능

③ 혐기호기 활성슬러지법(AO공법)

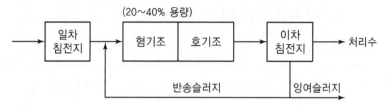

㉠ 처리수 BOD, SS 수질은 표준 활성슬러지와 동일하게 처리 가능

㉡ 유입 5.0mg/L이면 배출 P 농도 1.0mg/L 이하 가능(80%)

　• 최종 유출수 인 농도 1mg/L 이하를 위해서는 BOD/용존성 P 10~15mg/L 필요

　• 최종 유출수 인 농도 0.5mg/L 이하를 위해서는 BOD/용존성 P 20~25mg/L 필요

㉢ 중요영향인자 : HRT, ORP, DO농도, 슬러지 계통 인 농도

④ 반송슬러지 탈인 화학침전법(Phostrip 공정)

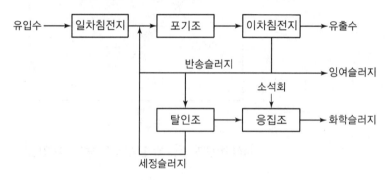

❙ Phostrip 공법 ❙

이 공정은 비교적 유입수의 유기물 부하에 영향을 받지 않고 인을 과잉으로 함유하여 잉여슬러지로 배출하는 혐기호기조합법에 비해 슬러지의 처리가 용이하다. 또한 석회 주입량은 알루미늄이나 금속염과 달리 알칼리도에 의하여 결정되고 탈인조 상징액이 총유입수량에 비하여 아주 적으므로 인을 침전시키기 위하여 소요되는 석회의 양이 순수화학처리방법보다 적게 된다.

⑷ 잔류 SS 및 잔류용존유기물 제거공정

구분	공법
잔류 SS 제거	급속여과법
	막분리법(MF, UF)
잔류 용존유기물 제거	막분리법(NF, RO)
	활성탄흡착법
	오존산화법
잔류 SS 및 용존성 인 제거	응집침전법

① 급속여과법

급속여과지의 형식은 주로 3가지의 요인에 의해 다음과 같이 분류할 수 있다.

㉠ 여과압의 확보방법에 따라 : 중력식 및 압력식

㉡ 여과방향에 따라 : 하향류, 상향류, 수평류 및 상하향류

㉢ 여층의 운동방식에 따라 : 고정상형 및 이동상형

┃ 급속여과지 형식의 분류 ┃

▼ 급속모래여과장치

여과의 형식			여층의 구성	최대 여과속도 (m/d)
여과압의 종류	여과의 방향	여층의 형태		
중력식	상향류, 하향류	이동상형	① 여재로서 모래를 사용할 경우, 모래의 유효경은 1.0mm 정도를 표준으로 한다. ② 단층여과장치를 표준으로 하고, 여사 두께는 1m를 표준으로 한다. ③ 모래의 균등계수는 1.4 이하로 한다.	300
		고정상형	① 여재를 모래로 할 경우 단층을 표준으로 하고 여사 두께는 1.0~1.8m를 표준으로 한다. ② 여사는 유효경 1~2mm 정도, 균등계수 1.4 이하를 표준으로 한다. ③ 여층표면하 10cm에 Grid를 설치한다.	
압력식	하향류	고정상형	① 안트라사이트와 모래로 된 2층여과지를 표준으로 하고 모래층의 두께는 안트라사이트층의 60% 이하로 한다. ② 안트라사이트의 유효경은 1.5~2.0mm를 표준으로 한다. ③ 안트라사이트의 유효경은 모래 유효경의 2.7배 이하로 한다. ④ 안트라사이트와 모래의 균등계수는 1.4 이하를 목표로 한다. ⑤ 안트라사이트와 모래로 된 여층의 두께는 60~100 cm로 한다.	300

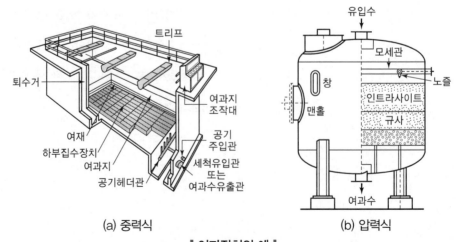

(a) 중력식 (b) 압력식

┃ 여과장치의 예 ┃

② 기계식 표면여과기

  ㉠ 개요

    • 표면여과는 얇은 격벽(Septum : 여재)을 통해 액체를 통과시켜 기계적 체거름 작용을 이용해 부유입자 제거

    • 표면여과 간격크기는 10~30mm 정도

    • 대표적인 **예** Disc Filter, 섬유여재 디스크 필터(CMDF ; Cloth – Media Disk Filter)

  ㉡ DF(Disc Filter)

    • 전형적인 DF는 두 개의 수직으로 세워진 평행한 Disc 양면에 여과막을 댄 여러 개의 Disc로 구성

    • 각 Disc 내 중앙의 유입수 공급관으로 연결(중앙 → 외부)

    • DF 표면적 60~70% 물에 잠김

    • 1~8.5 RPM 운전

    • 간헐식 또는 연속식 역세척

  ㉢ CMDF(Cloth – Media Disk Filter)

    • 탱크에 수직으로 세워진 몇 개의 Disc로 구성

    • 유입수가 유입수조로 들어와 섬유여재를 통해 중앙의 집수관이나 드럼으로 흐른다.

③ 막분리법

  ㉠ 개요 : 압력차에 의해서 막을 통과시켜 물질을 분리하는 방법

  ㉡ 종류 : MF, UF, NF, RO

  ㉢ 막의 투과능력

$$J = A \times \Delta P$$

    여기서, J : 투과유속($\mathrm{m^3/m^2 \cdot d}$)

           A : 투과계수

           ΔP : 압력차($\mathrm{kg/cm^2}$)

$$\Pi = \Delta CRT$$

여기서, Π : 삼투압(pa)

R : 기체상수＝8.314J/mol/K

ΔC : 농도차(mol/m³)

T : 절도온도 K

ⓒ 분리막 모듈 : 판형, 관형, 나선형, 중공사형

ⓓ 설계 시 고려사항

- 투과 Flux
- 수온
- 구동압력
- 회수율

SECTION 03 막결합형 생물학적 처리법 (MBR 공법)

1 개요

MBR 공법은 생물 반응조와 분리막을 결합하여 2차 침전 및 3차 처리 여과시설을 대체하는 시설로서 매우 낮은 BOD, SS 탁도의 유출수를 생산한다.

2 장단점

장점	단점
• 높은 용적부하에 따른 짧은 수리학적 체류시간 • 적은 소요부지 • 긴 SRT에 의한 높은 질소제거효율 및 적은 슬러지 발생량 • 긴 SRT에서 질산화와 탈질이 동시에 가능한 낮은 DO 농도에서의 운전능력 • 탁도, BOD, SS, 박테리아가 낮은 농도의 처리수 생산	• 주기적인 약품세정 등의 막오염 조절 필요 • 높은 에너지 비용 • 고가의 분리막 비용 및 주기적인 분리막 교체에 의한 비용 발생 • 고유량 유입 시 미처리 하수가 발생할 수 있으며, 합류식 하수배제방식에서는 적용 곤란

3 막결합형 생물학적 처리법의 종류

막결합형 생물학적 처리법은 다음 그림과 같이 크게 가압식과 침지식으로 분류할 수 있으며, 침지식은 생물반응조 내 분리막을 침지하는 방식과 별도의 분리막조에 분리막을 침지하는 방식이 있다. 가압식의 경우 지상에 분리막을 설치하며, 높은 투과율(Flux)에 의하여 적은 분리막 수량이 소요되고 지상 설치에 따른 유지관리가 용이하나, 높은 동력비가 소요되는 단점이 있다. 침지식의 경우 흡입식으로 적은 동력이 소요되는 장점이 있으나, 가압식에 비해 낮은 막투과율로 많은 분리막 수량이 필요하며, 수중에 침지되어 유지관리가 다소 불편한 점이 있다.

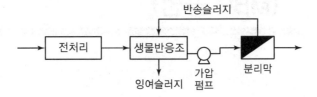

(a) 가압식 막결합형 생물반응조

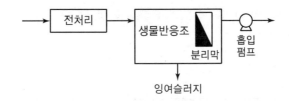

(b) 침지식 막결합형 생물반응조(생물반응조 분리막 침지)

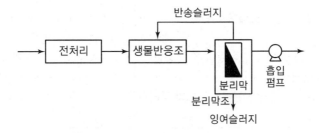

(c) 침지식 막결합형 생물반응조(분리막조 분리)

▌막결합형 생물학적 처리법의 종류 ▌

가압식의 경우 모세관 형태 또는 판형의 분리막이 주로 사용되며, 침지식은 판형과 중공사막이 많이 사용된다.

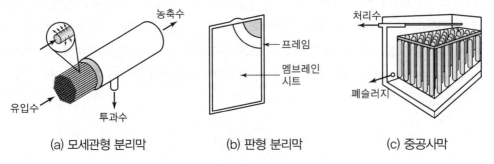

(a) 모세관형 분리막   (b) 판형 분리막   (c) 중공사막

▌막결합형 생물학적 처리법에 적용되는 분리막 ▌

❹ 막결합형 생물학적 처리법의 공정 구성

① **유량조정조** : 막결합형 생물학적 처리법은 이차침전지가 설치되는 공정과 달리 막투과량의 한계로 인하여 고유량의 하수가 유입 시에는 한계 투과량으로 일시적인 운영이 가능할수 있으나, 일반적으로 처리가 곤란하다. 따라서 유량변동에 대하여 설계 막투과량을 초과하지 않도록 적정 용량의 유량조정조 설치가 필요하다.

② **전처리시설** : 분리막 파손을 유발할 수 있는 모래, 협잡물, 머리카락 등의 제거가 필요하며, 이에 따라 침사지와 함께 생물반응조 전단에 목간격 1mm 내외의 초미세목스크린을설치해야 한다. 오일, 유지류 등이 포함된 하수를 직접 여과 시에는 막폐색을 유발할 수있지만, 막결합형 생물학적 처리법의 경우 오일 등의 물질이 분리막 도달 전에 생물반응조에서 분해되어 오일 등에 의한 막폐색 발생은 거의 없는 편이다.

③ **생물반응조** : 생물반응조의 구성은 일반적인 고도처리공법과 유사하게 혐기조, 무산소조, 호기조를 구성하며, 목표수질에 따라 구성순서 및 단위공정의 수를 다르게 구성할 수있다. 막결합형 생물학적 처리법은 외부반송이 없어 내부반송이 200~400% 정도로 높고, 분리막이 설치된 지점으로부터 반송할 경우 분리막 공기세정에 의해 높은 DO(2~6 mg/L)가 포함된 액이 이송되어 질소처리를 저해할 수 있으므로 무산소조 또는 혐기조로 반송 시 DO농도를 저감시킬 수 있는 방안을 고려하여야 한다.

막결합형 생물학적 처리법은 2차 침전지가 설치되는 공법보다 고농도 MLSS를 적용하기때문에 소요공기량 산정 시 고농도 MLSS를 고려한 a값을 적용하여야 한다.

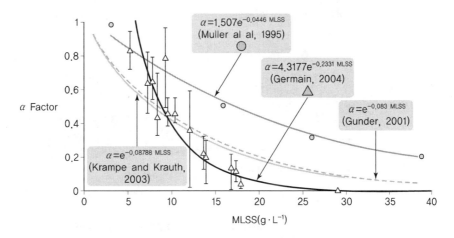

‖ MLSS에 따른 a값의 변화 ‖

④ 분리막 관련 설비 : 분리막 관련 설비는 처리수 생산설비, 막투과율 유지설비, 처리수 모니터링 설비, 분리막 운전제어반 등이 있다. 처리수 생산설비로는 분리막 이외에 흡입 또는 가압펌프가 포함되며, 막투과율 유지설비는 분리막 공기세정 관련 설비, 약품세정설비 등이 포함된다. 처리수 모니터링 설비는 분리막 파손 등을 감지하기 위한 설비로 탁도계, 입자계수기, 압력감쇄시험(Pressure Decay Test), 공기방울 시험(Bubble Test) 등이 있다.

5 막폐색 방지 방안

분리막 운전에 따라 막 표면에 케이크 형성, 생물막 형성, 유기물 흡착, 작은 입자의 공극 막음, 금속염 등의 무기물질 스케일 등에 의해 막폐색이 발생한다.
막폐색 방지방안으로는 물리적 · 화학적 세정이 있으며, 물리적 세정에는 휴지, 역세척, 공기세정이 있고, 화학적 세정에는 약품을 이용한 유지세정과 회복세정이 있다.

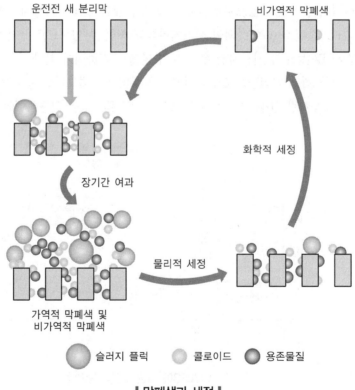

┃ 막폐색과 세정 ┃

① 물리적 세정

일반적인 분리막 운영은 여과와 휴지를 반복하여 운영하며, 일반적으로 여과 8~10분, 휴지 1~2분을 시행한다. 분리막 하부에 설치된 산기관에 의한 공기세정은 조대기포로 상시 시행하며, 휴지 시 공기 세정의 효과가 증가된다. 역세척은 여과의 물흐름과 반대로 시행하는 것으로 처리수를 사용하며, 공극을 막고 있는 성분을 물리적으로 제거하는 공정으로 분리막 제조사에 따라 생략하는 경우도 있다.

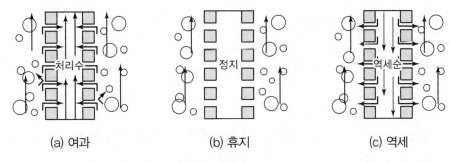

(a) 여과   (b) 휴지   (c) 역세

❚ 분리막의 물리적 세정 ❚

② 화학적 세정

유지세정은 역세공정에서 유입시키는 처리수에 약품을 함께 주입하며, 분리막에 부착된 유기물질 제거 시에는 일반적으로 NaOCl 100~500mg/L 농도로 조정하여 주입한다. 무기물질 제거는 약산을 사용하며, 구연산, 옥살산, 황산 등을 이용하며 구연산의 경우 1,000~5,000mg/L 농도로 조정하여 주입한다.

유지세정의 주기, 사용 약품, 농도는 분리막 제조사에 따라 상이하며, 일반적인 유지세정 주기는 주 1회~일 1회 정도이다.

회복세정은 세정액이 담긴 세정탱크에 분리막을 인양하여 침지시키거나, 분리막조의 액을 배수시키고 세정액을 충진시켜 세정하고, 세정주기는 분리막 제조사에 따라 연 2~4회 정도이며, 막폐색물질에 따른 일반적인 세정약품 종류 및 농도, 세정시간은 다음과 같다.

▼ **막폐색 물질에 따른 회복세정 약품 종류 및 농도, 세정시간**

막폐색 물질	추천 약품	대안 약품	세정액 농도	세정시간
유기물	NaOCl	과산화수소	500~5,000mg/L	6~24시간
알루미늄 산화물	옥살산	구연산	1,000~10,000mg/L	6~24시간
철 산화물	옥살산	구연산	1,000~10,000mg/L	6~24시간
탄산칼슘	염산	구연산	1,000~10,000mg/L	6~24시간

04 소독

⋯01 소독 이론

① 이상적인 소독제의 특성

① 유용성 : 입수 용이, 합리적 가격
② 무취성
③ 균질성 : 구성성분의 균일
④ 외부물질과의 반응성 : 유기물보다는 박테리아 세포에 의한 흡착이 이루어져야 한다.
⑤ 비부식/비염색
⑥ 비독성 : 세균 외에는 독성이 없어야 된다.
⑦ 침투성 : 표면침투
⑧ 안전성
⑨ 용해성 : 물이나 세포조직에 잘 녹아야 된다.
⑩ 안정도 : 보관 중 소독작용의 손실이 적어야 된다.
⑪ 미생물에 대한 독성 : 희석이 많이 되어도 소독이 효과적이어야 한다.
⑫ 상온에서의 독성 : 상온에서 소독이 효과적이어야 한다.

② 소독 방법과 수단

① 화학적 소독제
② 물리적 수단 : 열, 빛, 음파
③ 기계적 수단 : 스크린, 침전지, 활성오니
④ 방사선

③ 소독 메커니즘

① 세포벽 손상
② 세포벽 투과력 바꿈
③ 원형질의 콜로이드 성질의 변화
④ 미생물의 RNA, DNA 성질의 변화

⑤ 각 요소의 역활동
  ㉠ 페니실린 → 세포벽 합성 방해
  ㉡ 페놀화합물, 세제 → 세포질 막의 투과력 변화 → 질소, 인 방출(영양소)
  ㉢ 가열 → 세포단백질 응고
  ㉣ 산, 염기 → 단백질 변성
  ㉤ 자외선 → DNA 가닥 해체
  ㉥ 염소 → 효소의 화학적 배열이나 활동력 변화

▼ 염소, UV, 오존을 사용한 소독 메커니즘

염소	오존	UV
산화	직접 산화/세포 외부의 누출로 인한 세포벽 파괴	미생물의 세포벽 내의 RNA와 DNA의 광화학적 손상(이중결합 생성)
가용한 염소의 반응	오존분해에 의한 래디칼 부산물의 반응	미생물 내 핵산은 240~280nm의 파장 범위에서 자외선 흡수가 가장 활발
단백질 침전	핵산 구성요소의 손상	RNA와 DNA는 생산을 위한 유전적 정보를 수행하기 때문에 이들의 손상은 세포 비활성에 효과적
세포벽 투수성의 변형	중합반응에 의한 탄소·질소 결합의 파괴	
가수분해와 물리적인 해체		

4 소독에 영향을 미치는 인자

(1) 접촉시간

영국 1900년대 초 Harriet Chick

$$\frac{dN}{dt} = -KN_t$$

여기서, N : 미생물 수
t : 시간(min)
N_t : 시간 t일 때 미생물의 수
K : 상수, 시간$^{-1}$

(2) 소독제의 주입농도

영국 Herbert Watson은 반응속도 상수는 주입농도와 관계 있음 증명

$$K = K'C^n$$

여기서, K : 반응속도 상수
K' : 사멸계수
C : 소독제농도
n : 희석배수

Chick와 Waston 미분형태로 결합

$$\frac{dN_t}{dt} = -K'C^n N_t$$

$$\frac{N_t}{N_0} = e^{-K'C^n \cdot t}$$

$$\ln\frac{N_t}{N_0} = -K'C^n \cdot t$$

$$\ln C = -\frac{1}{n}\ln t + \frac{1}{n}\ln\left[\frac{1}{k'}\left(-\ln\frac{N_t}{N_0}\right)\right]$$

여기서, $n = 1$이면 접촉시간이 주입농도가 공히 중요
$n > 1$이면 주입농도보다는 접촉시간이 중요
$n < 1$이면 접촉시간보다는 주입농도가 중요

(3) 물리적 수단의 강도와 성질

열, 빛 → 강도에 따라 다름. K값에 반영됨

(4) 온도

Van't Hoff－Arrhenius 관계식 형태로 표현함

$$\ln\frac{t_1}{t_2}=\frac{E(T_2-T_1)}{RT_1T_2}$$

여기서, t_1, t_2 : 온도 T_1, $T_2(°K)$에 주어진 사멸을 얻기 위한 시간

E : 활성에너지(J/mole)

R : 기체상수 8.3144J/mol · °K

(5) 미생물 유형

예 포자성은 저항력 큼

(6) 부유액의 성질

세균의 외부 보호막 역할 및 산화제 역할로 살균 효과를 저감시킴

···02 염소 소독

1 염소화합물

(1) Cl_2

기체나 액체상태의 맹독성 물질

(2) NaOCl

① 고농도에서 쉽게 분해

② 유효염소 12~15% 함유 Bulk 형태로 구매

③ 26.7℃ 16.7% 농도가 10일 후 : 10%, 21일 후 : 25%, 43일 후 : 30% 강도를 상실하므로 서늘한 곳, 부식 방지 탱크에서 보관 필요

(3) Ca(OCl)₂

① 상업적으로 건식이나 습식으로 판매

② 결정화되기 쉬움 → 막힘현상 발생

③ 소규모에 적당

2 염소화합물의 화학

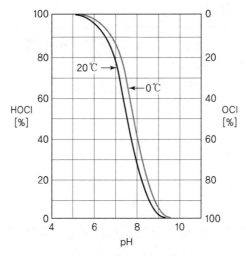

❚ HOCl과 OCl⁻의 관계 ❚

HOCl의 분포도는 다음과 같다.

$$HOCl \leftrightarrow H^+ + OCl^-$$

$$\frac{[HOCl]}{[HOCl]+[OCl^-]} = \frac{1}{1+[OCl^-]/[HOCl]} = \frac{1}{1+Ki/H^+} = \frac{1}{1+Ki/10^{-pH}}$$

$$Ki = \frac{[H^+][OCl^-]}{[HOCl]} = 3 \times 10^{-8} \text{mole/L at } 25℃$$

3 암모니아와 염소반응

$$NH_3 + HOCl \rightarrow NH_2Cl + H_2O \,(pH\ 8.5\ 이상)$$

$$NH_2Cl + HOCl \rightarrow NHCl_2 + H_2O \,(pH\ 8.5 \sim 4.5)$$

$$NHCl_2 + HOCl \rightarrow NCl_3 + H_2O \,(pH\ 4.5\ 이하)$$

④ 염소의 파괴점 반응

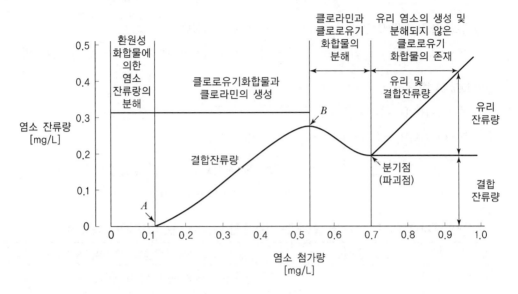

$$NH_4 + 1.5HOCl \rightarrow 0.5N_2 + 1.5H_2O + 2.5H^+ + 1.5Cl$$

⑤ 하수 염소 소독 시 효율에 영향을 미치는 인자

① 초기 혼합의 중요성

난류영역($N_R \geq 10^4$) → 재래식 급속혼합기보다 100배 더 살균

② 하수의 화학적 특성
- 방해유기 화합물
- 수산기를 가진 다중고리 화합물
- 황그룹 화합물 등은 환원역할을 하여 살균력을 저하시킴

③ 하수 내 입자의 영향 : 부유물, 온도, 크기

④ 대장균이 들어 있는 입자 : 미생물 보호

⑤ 미생물의 특성

형태 특성, 일령(Age) → 10일 이상 경우 효과 저하됨. 이유는 다당제 성분의 방호막 형성

6 소독 부산물의 생성과 제어

① 주요 물질은 THMS와 HAAS이며, 그 외 NDMA있다.

N−nitrosodimethylamin → 이 중에 Nitrosamines는 가장 강력한 발암물질임

② NDMA 반응식

$$NO_2 + HCl \rightarrow HNO_2 + Cl^-$$

$$HNO_2 + CH_3 - NH - CH_3 \rightarrow$$

$$\underset{\underset{CH_3 - N - CH_3}{|}}{NO}$$

N−nitrosodimethylamine

▼ 유기물질과 몇몇의 무기성분을 포함하는 하수의 염소처리에 의한 대표적인 소독 부산물

소독 잔류물	할로겐화 유기부산물 등
Free Chlorine	Halogenated Organic Byproducts
Hypochloros Acid	Trihalomethanes(THMs)
Hypochlorite Ion	Chloroform
Chloramines	Bromodichloromethane(BDCM)
Monochloramine	Dibromochloromethane(DBCM)
Dichloramine	Bromoform
Trichloramine	Total Trihalomethanes
Inorganic Byproducts	Haloacetic Acids(HAAS)
Chlorate Ion	Monochloroacetic Acid
Chlorite Ion	Dichloroactic Acid(DCA)
Bromate Ion	Trichloroacetic Acid(TCA)
Iodate Ion	Monobromoacetic Acid
Hydrogen Peroxide	Dibromoacetic Acid
Ammonia	Total Haloacetic Acids
Organic Oxidation Byproducts	Haloacetonitriles
Aldehydes	Chloroacetonitrile(CAN)
Formaldehyde	Dichloroacetonitrile(DCAN)
Acetaldehyde	Trichloacetonitrile(TCAN)
Chloroacetaldehyde	Bromochloroacetonitrile(BCAN)
Dichloroacetaldehyde(Chloral Hydrate)	Dibromoacetonitrile(DCAN)
Glyoxal(Also Methyl Glyoxal)	Total Haloacetonitriles
Hexanal	Haloketones

소득 잔류물	할로겐화 유기부산물 등
Heptanal	1,1−Dichloroprpanone
Carboxylic Acids	1,1,1−Trichloroprpanone
Hexanoic Acid	Total Haloketones
Heptaoic Acid	Chlorophenols
Oxalic Acid	2−Chlorophenol
Assimilable Oranic Carbon	2,4−Dichlorophenol
Nitrosoamines	2,4,6−Trichlorophenol
N−nitrosodimethylamine(NDMA)	Chloropicrin
	Chloral hydrate
	Cyanogen Chloride
	N−organochloramines
	(MX)3−chlore−4−(dichloromethyl)−5Hydroxy−2(5H)−furaone

③ DBPS(Disinfection By − Products)의 생성속도 영향인자

- 유기성 전구 물질의 존재
- 유리염소의 농도
- 브롬이온의 농도
- pH
- 온도

⑦ DBP 생성의 제어

① Chloramine의 사용
② 유기성 전구물질에 의한 DBP의 생성 경우에는 소독대안법(O_3 또는 UV)

•••03 탈염소화

1 필요성

잠재적 독성이 있는 염소잔류물의 환경에 미치는 영향을 최소화하기 위해서 필요

2 탈염소화

(1) 이산화황에 의한 탈염소화

$$SO_2 + H_2O \rightarrow HSO_3^- + H^+$$
$$HOCl + HSO_3^- \rightarrow Cl^- + SO_4^{2-} + 2H^+$$
$$SO_2 + HOCl + H_2O \rightarrow Cl^- + SO_4^{2-} + 3H^+$$
$$SO_2 + NH_2Cl + 2H_2O \rightarrow Cl^- + SO_4^{2-} + NH_4^+ + 2H^+$$
$$SO_2 + NHCl_2 + 2H_2O \rightarrow 2Cl^- + SO_4^{2-} + NH_3^+ + 2H^+$$
$$SO_2 + NCl_3 + 3H_2O \rightarrow 3Cl^- + SO_4^{2-} + NH_4^+ + 2H^+$$
$$SO_2 : Cl_2 = 0.903 : 1$$

- 실제는 1.0~1.2mg/L 필요
- 이산화황의 지나친 주입으로 BOD, COD는 상승하고 pH는 낮아짐
- $HSO_3^- + 0.5O_2 \rightarrow SO_4^{2-} + H^+$(반응은 느림) 주의 필요

(2) 황화합물에 의한 탈염소화

① 아황산나트륨

$$Na_2SO_3 + Cl_2 + H_2O \rightarrow Na_2SO_4 + 2HCl$$
$$Na_2SO_3 + NH_2Cl + H_2O \rightarrow Na_2SO_4 + Cl^- + NH_4^+$$

② 중아황산나트륨

$$NaHSO_3 + Cl_2 + H_2O \rightarrow NaHSO_4 + 2HCl$$
$$NaHSO_3 + NH_2Cl + H_2O \rightarrow NaHSO_4 + Cl^- + NH_4^+$$

③ 메타중아황산나트륨

$$Na_2S_2O_5 + Cl_2 + 3H_2O \rightarrow 2NaHSO_4 + 4HCl$$
$$Na_2S_2O_5 + 2NH_2Cl + 3H_2O \rightarrow Na_2SO_4 + 2Cl^- + 2NH_4^+$$

(3) 티오황산나트륨에 의한 탈염소화

$$Na_2S_2O_3 + Cl_2 + 2H_2O + \frac{1}{2}O_2 \rightarrow 2HCl + 2NaHSO_3$$

- 실제로는 잘 안 쓰임
- 하수에서 예상주입량을 추출하기 어려움
- 분석 실험치임, 잔류염소 반응은 pH 2에서 화학양론적임
- 0.556mg/L이지만 추론하기 힘듦

(4) 활성탄에 의한 탈염소화(설계기준 : 3~4m³/m² · 접촉시간 : 15~20분)

$$C + 2Cl_2 + 2H_2O \rightarrow 4HCl + CO_2$$
$$C + 2NH_2Cl + 2H_2O \rightarrow CO_2 + 2NH_4^+ + 2Cl^-$$
$$C + 4NHCl_2 + 2H_2O \rightarrow CO_2 + 2N_2 + 8H^+ + 2Cl^-$$

···**04** 오존소독

1 System 구성요소

① 전력공급
② 공급가스 준비장치 : 가스압축, 공기냉각, 건조, 공기여과
③ 오존발생장치
④ 오존접촉장치
⑤ Off Gas 분해장치

② 일반적 흐름도

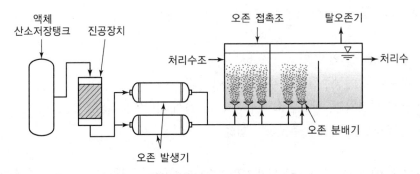

▎오존 적용 소독에서의 일반적인 흐름도 ▎

③ 오존영향 미치는 하수 성분

▼ 하수소독을 위한 오존 사용에 미치는 하수성분의 영향

성분	효과
BOD, COD, TOC 등	BOD와 COD를 나타내는 유기성분들은 오존 요구량에 영향을 미칠 수 있다. 방해(간섭)의 정도는 그들의 기능 집단과 화학적 구조에 의존한다.
Humic Material	오존 분해와 오존 요구량 정도에 영향을 미친다.
Oil and Grease	오존 요구량에 영향을 미칠 수 있다.
TSS	오존 요구량은 증가시키고 둘러싸인 박테리아를 보호한다.
Alkalinity	없거나 적은 영향
Hardness	없거나 적은 영향
Ammonia	없거나 적은 영향, 높은 pH에서 반응할 수 있다.
Nitrite(아질산)	오존에 의한 산화
Nitrate(질산)	오존에 효과를 감소시킬 수 있다.
Iron(철)	오존에 의한 산화
Manganese	오존에 의한 산화
pH	오존 분해율에 영향을 미친다.
산업배출물	성분에 의존하고, 오존 요구량의 일별, 계절별 변동을 초래할 것이다.

4 오존에 의한 DBPs 생성

① 브롬 없을 시 : Aldehydes, 다양한 산, Aldoacid와 Ketoacids를 포함하는 DBPs 생성
② 브롬 존재 시 : 무기물 브롬이온, Bromoform 등 생성

▼ 유기물과 선택된 무기물 성분을 포함하는 하수의 오존처리에서 발생되는 대표적 소독 부산물[1]

Aldehydes	Brominated Byproducts[2]
Formaldehyde	Bromate Ion
Acetaldehyde	Bromoform
Glyoxal	Brominated Acetic Acids
Methyl Glyoxal	Bromopicrin
Acids	Brominated Acetonitriles
Acetic Acids	Cyanogen Romide
Formic Acids	Other
Oxalic Acids	Hydrogen Peroxide
Succinic Acids	
Aldo and Ketoacids	
Pyruvic Acids	

[1] U.S EPA(1999b)
[2] Brominated 부산물 생성을 위해서는 브롬이온이 있어야 한다.

5 DBPs 제어

① 브롬과 반응하지 않은 화합물은 쉽게 생분해되므로 생물학적 여과기, 탄소 Column, 생물공정 또는 토양에 적용 · 제거
② 브롬반응 DBPs는 문제가 됨 → 대체수단 강구 필요함

6 오존 사용의 환경적 영향

① 잔류오존의 수중생물에 급성 독성
② 돌연변이와 발암성 물질 생성

···05 기타 화학적 소독방법

1 아세트산과 과산화수소

$$CH_3CO_2H + H_2O_2 \leftrightarrow CH_3CO_3H + H_2O$$

① 분류하기 어려운 잔류물과 부산물 없음
② pH 영향 없음
③ 짧은 접촉시간
④ 소독제와 바이러스 박멸제 효과 높음

2 오존과 과산화수소

$$H_2O_2 + 2O_3 \rightarrow HO^\bullet + HO^\bullet + 3O_2$$

Peroxone 공정으로, 상대적으로 하이드록실 라디칼의 높은 생성을 유도하기 위한 오존의 분해를 가속화하기 위함이다.

···06 하수소독에서 염소, 이산화염소, 오존, UV의 장단점

1 염소

장점	단점
• 잘 확립된 기술 • 효과적인 소독제 • 염소 잔류물은 감시되고 지속될 수 있음 • 결합된 염소 잔류물은 또한 암모니아의 첨가로서 제공될 수 있음 • 소독성 있는 염소 잔류물이 긴 이송경로에서 유지될 수 있음	• 시설 근로자와 공공에게 위협을 줄 수 있는 위험한 화학물질. 따라서 엄격한 안전조치가 이루어져야 함 • 다른 소독제와 비교해서 상대적으로 긴 접촉시간이 필요함 • 결합된 염소는 대장균에 대한 낮은 농도의 사용에 있어서 몇몇 바이러스, 포자, 포낭에 대한 비활성화 효과가 감소

장점	단점
• 악취 제어, RAS 주입, 급수시설의 소독과 같은 보조적 사용을 위한 화학적 시스템의 이용가능성 • 황화물의 산화 • 상대적으로 저렴함(비용은 Uniform Fire Code 규정의 이행에 따라 증가한다.) • 염소가스보다 안전하다고 생각되는 칼슘과 차 아염소산 나트륨으로서 이용 가능	• 처리된 유출수의 잔류 독성은 탈염소화를 통해서 제거되어야 함 • 트리할로메탄과 기타 DBPSb의 생성 • 염소 접촉조에서의 휘발성 유기물질들의 방출 • 철, 마그네슘, 기타 무기 물질의 산화(소독제의 소비) • 다양한 유기물질의 산화(소독제의 소비) • 처리 유출수의 TDS 수준이 증가 • 하수의 염화물 양의 증가 • 산의 생성 : 만약 알칼리도가 충분하지 않으면 하수의 pH가 감소할 수 있음 • Uniform Fire Code 규정을 만족하기 위해 화학적 세정장치가 필요할 수 있음

② 이산화염소

장점	단점
• 효과적인 소독제 • 대부분의 비활성 바이러스, 포자, 포낭, 난모세포에 대해 염소보다 좀 더 효과적 • 소독 특성이 pH에 의해 영향을 받지 않음 • 적당한 생성 환경 하에서, 할로겐이 치환된 DBPs가 생성되지 않음 • 황화물의 산화 • 잔류성	• 불안정함, 현장에서 생산해야 함 • 철, 마그네슘, 기타 무기물질의 산화(소독제의 소비) • 다양한 유기물질의 산화(소독제의 소비) • DBPs의 생성(아염소산염, 염소산염) • 할로겐으로 치환된 DBPs 생성의 가능성 • 햇빛 아래서 분해 • 악취 발생을 유도할 수 있음 • 처리된 유출수의 TDS 정도가 증가됨 • 운전비용이 비쌀 수 있음(아염소산염과, 염소산염에 대한 시험을 해야 함)

❸ 오존

장점	단점
• 효과적인 소독제 • 바이러스, 포자, 포낭의 비활성에 대해 염소보다 좀 더 효과적 • 소독 특성들은 pH에 영향을 받지 않음 • 염소보다 짧은 접촉 시간 • 황화물의 산화 • 필요 공간이 적음 • 산소 용해를 도움	• 소독이 성공적인지 즉시 측정이 안 됨 • 잔류효과가 없음 • 대장균에 대한 낮은 농도의 사용에 있어서 몇몇 바이러스, 포자, 포낭에 대한 비활성 효과가 감소 • DBPs의 생성 • 철, 마그네슘, 기타 무기 물질의 산화(소독제의 소비) • 다양한 유기물질의 산화(소독제의 소비) • Off-gas의 처리가 필요함 • 안전성의 염려 • 높은 부식성과 독성 • 에너지 집약적 • 상대적으로 비쌈 • 운전과 유지에 신중을 요함 • RAS 주입관 같은 보조기구 사용을 위해 이용될 수 있는 화학설비의 부족 • 고순도 산소의 발생 설비가 있는 곳으로 제한

❹ UV

장점	단점
• 효과적인 소독제 • 잔류독성이 없음 • 바이러스, 포자, 포낭의 비활성에 대해 염소보다 좀 더 효과적 • 소독을 위한 주입량에서 DBPs가 생성되지 않음 • 처리된 유출수의 TDS 정도가 증가하지 않음 • NDMA와 같은 처리하기 어려운 유기성분의 파괴에 효과를 가짐 • 화학적 소독제의 사용과 비교하여 높은 안정도 • 염소 소독보다 적은 공간이 요구됨 • 소독에 필요한 것보다 높은 UV량일 경우, UV조사는 NDMA과 같은 미량 유기 성분의 농도를 감소시키는 데 이용될 수 있음	• 소독이 성공적인지 바로 측정할 수 있음 • 잔류효과가 없음 • 대장균에 대한 낮은 농도의 사용에 있어서 몇몇 바이러스, 포자, 포낭에 대한 비활성 효과가 감소 • 에너지 집약적 • UV설비의 수리학적 설계는 엄밀해야 함 • 상대적인 비쌈(새롭고 발전된 기술이 구매자에게 팔림으로서 가격이 내려간다.) • 낮은 압력, 낮은 강도설비가 이용되는 곳에서 많은 UV램프가 필요함 • 낮은 압력, 낮은 강도 램프는 물때를 제거하기 위해 산 세척이 필요함 • 악취제어, RAS주입관, 급수시설의 소독과 같은 보조 사용을 위해 이용될 수 있는 화학 설비의 부족

⋯ 07 THM(Tri Halomethan)

1 화학적 정의

① 메탄의 수소원자 3개가 할로겐 원자(주로 염소, 브롬, 요오드)로 치환된 물질의 총칭

② 종류

클로로포름($CHCl_3$), 디클로로브로모메탄($CHBrCl_2$), 디브로모클로로메탄($CHClBr_2$), 브로모포름($CHBr_3$), 디클로로요오드메탄($CHCl_2I$), 클로로디요오드메탄($CHClI_2$), 디브로모요오드메탄($CHBr_2I$) 등

2 발생원

정수처리의 염소소독공정에서 물속에 함유되어 있는 부식질계 유기물(Humic Acid, Fulvic Acid 등)과 반응하여 생성. 수돗물 중에는 클로로포름 농도가 가장 높게 나타남

3 건강에 미치는 영향

(1) 독성

① 중추신경작용 억제
② 간장과 신장에 영향
③ 중독되면 혼수상태 또는 사망

(2) 발암성

클로로포름이 함유된 물을 연속적으로 마실 경우 암 발생률 증가

4 THM 생성특징

① pH 증가 → THM 생산량 증가
② 온도 증가 → THM 생산량 증가
③ THM 생성반응속도 느림 – 급수망 단말에서 THM 발생 가능성 높음
④ 전구물질 농도 높을수록 생성량 증가

5 방지대책

THM의 방지대책으로는 억제법과 처리법으로 대별된다.

① 억제법
- 소독방법의 전환(염소소독법 → ClO_2, NaOCl법, 결합염소법, 오존처리, 자외선 처리 등)
- 응집침전 강화, 원수의 수질기준 강화
- 오전 전처리, 활성탄처리 등에 의한 전구물질 제거

📖 Reference

- 응집제 주입 시 전구물질 제거율 : 35~45%
- pH 조정(pH 5 부근)에 의한 전구물질 제거율 : 80%
- 결합염소법 + pH 조정(pH 5 부근)에 의한 전구물질 제거율 : 85%

② 처리법 : 탈기법, 활성탄흡착법 등에 의한 THM의 제거

📖 Reference

자비법에 의할 경우 가열 후 100℃까지는 온도 상승에 따라 잔류염소와 휴민산의 반응이 촉진되어 THM의 농도가 증가하며, 100℃ 이상에서는 서서히 감소하여 30~40분 후 거의 제거된다.

③ 잔류염소제거법 : 이산화황처리, 티오황산나트륨처리, 활성탄 흡착처리

···08 대장균군

1 대장균군 종류

(1) 총대장균군

정의	그람음성, 무아포성간균 락토스분해하여 가스 또는 산을 발생하는 모든 호기성 또는 통성 혐기성균

측정
방법
	① 믹어과 방법
	  • 지표수, 지하수, 폐수 등 적용
	  • 여과지 : m−Endo(액)
	               m−Endo agar Les(고체)
	               유당분해 → 알데히드 생성 → 붉은 광택(35 ± 0.5℃) 22~24hr
	  • 총대장균수/100mL$= C/V \times 100$
	    여기서, C : Count, V : 시료 mL
	② 시험관법
	  다람시험관을 이용하는 추정시험과 백금이를 이용하는 확정시험(지표수, 지하수, 폐수 등 적용)
	  ㉠ 추정시험
	    배지 : Lactose Broth, Lauryl Tryptose Broth(35 ± 0.5)℃ 48 ± 3hr, 가스 발생−추정시험 양성관
	  ㉡ 확정시험(배지) : BGLB 배지, 35 ± 0.5℃, 48 ± 3hr, 가스 발생
	③ 평판 집락법
	  • 배출수 또는 방류수 존재 총 대장균 측정하는 방법 진한 적색의 전형적 집락수 계수
	  • 배지 Desoxycholate Agar : 평판 집락 수가 30~300개 되도록 시료희석 35 ± 0.5℃, 18~20hr 총대장균수/mL로 표시

(2) 분원성 대장균군

정의	온혈동물 배설물에서 발견되는 그람음성, 무아포성의 간균 44.5℃에서 락토스 분해하여 산 또는 가스를 발생하는 모든 호기성, 통성 혐기성균
측정 방법	① 막여과 방법 　• 지표수, 지하수, 폐수 등 적용 　• 여과지 : m−Fc(액체), m−Fc agar(고체) 　• 20~28개 세균 집락을 형성하도록 시료 희석 　• 배양 후 여러 가지 청색의 집락을 계수 44.5℃ 24±2hr 배양 　　분원성 대장균수/100mL= $C/V×100$ 　　　여기서, C : Count, V : 시료 mL ② 시험관법 　다람시험관을 이용하는 추정시험과 백금이를 이용하는 확정시험(지표수, 지하수, 폐수 등 적용) 　㉠ 추정시험(배지) : Lactose Broth, Lauryl Tryptose Broth(44.5±0.5)℃ 48±3hr 가스 발생 　㉡ 확정시험(배지) 　　• Trptose 등 확정시험용 배지(EC) 44.5±0.2℃, 24±2hr 배양 　　• 가스−양성

(3) 대장균

정의	그람음성, 무아포성 간균 초글로쿠론산 분해요소 β의 활성을 가진 모든 호기성 또는 통성 혐기성균
측정 방법	① 일반사항 : 효소기질시약과 시료를 혼합하여 막여과법 또는 시험관법으로 배양한 후 자외선 검출기로 측정함 ② 효소 막여과방법 　• 지표수, 지하수, 폐수 적용 막여과배지 추정시험용은 m−Endo agar LES를 이용−총 대장균법과 동일 　• 금속성 광택 적색이나 진한 적색 계통 집락 형성 여과막을 무균적으로 확정시험용 배지로 옮김 　• 확정시험 : 배지는 NA−MUG 사용. 35±0.5℃ 4hr, 배양 후 암조건 자외선 조사(366nm) 형광 금속성 광택 집락수를 정량한다. ③ 시험관법 　㉠ 추정시험 : 총대장균군 시험법을 따른다. 　㉡ 확정시험 　　• EC−MUG 이용 　　• 44.5±0.2℃, 24±2hr 암조건에서 자외선 검출기(366nm)조사 형광을 나타내는 집락수를 대장균 양성으로 판정정량한다. 　　• 최적확적수 이용 판단

② MPN법(시험관법 최적 확정수법)

총대장균군 시험관법 시험결과는 확률적인 수치인 최적확수로 나타내지만, 결과는 '총대장균군수/100mL'로 표시하며, 반올림하여 유효숫자 2자리로 표기한다. 결과값의 유효숫자가 2자리 미만이 될 경우에는 1자리로 표기한다. 다만, 결과값이 소수점을 포함하는 경우에는 반올림하여 정수로 표기한다. 또한 양성 시험관 수가 0−0−0일 경우에는 '<2'로 표기하거나 '불검출'로 표기할 수 있다.

최적확수표는 시료량이 10, 1, 0.1mL의 희석단계에 대한 최적확수로 표시되었다. 그 이상 희석을 한 시료는 희석배수를 곱한다.

▼ 총대장균군 시험관표 최적확수표

양성 시험관 수	MPN/ 100mL	95% 신뢰구간		양성 시험관 수	MPN/ 100mL	95% 신뢰구간	
		하한	상한			하한	상한
0−0−0	<1.8	−	6.8	4−0−3	25	9.8	70
0−0−1	1.8	0.090	6.8	4−1−0	17	6.0	40
0−1−0	1.8	0.090	6.9	4−1−1	21	6.8	42
0−1−1	3.6	0.70	10	4−1−2	26	9.8	70
0−2−0	3.7	0.70	10	4−1−3	31	10	70
0−2−1	5.5	1.8	15	4−2−0	22	6.8	50
0−3−0	5.6	1.8	15	4−2−1	26	9.8	70
1−0−0	2.0	0.10	10	4−2−2	32	10	70
1−0−1	4.0	0.70	10	4−2−3	38	14	100
1−0−2	6.0	1.8	15	4−3−0	27	9.9	70
1−1−0	4.0	0.71	12	4−3−1	33	10	70
1−1−1	6.1	1.8	15	4−3−2	39	14	100
1−1−2	8.1	3.4	22	4−4−0	34	14	100
1−2−0	6.1	1.8	15	4−4−1	40	14	100
1−2−1	8.2	3.4	22	4−4−2	47	15	120
1−3−0	8.3	3.4	22	4−5−0	41	14	100
1−3−1	10	3.5	22	4−5−1	48	15	120
1−4−0	10	3.5	22	5−0−0	23	6.8	70
2−0−0	4.5	0.79	15	5−0−1	31	10	70
2−0−1	6.8	1.8	15	5−0−2	43	14	100

양성 시험관 수	MPN/ 100mL	95% 신뢰구간		양성 시험관 수	MPN/ 100mL	95% 신뢰구간	
		하한	상한			하한	상한
2-0-2	9.1	3.4	22	5-0-3	58	22	150
2-1-0	6.8	1.8	17	5-1-0	33	10	100
2-1-1	9.2	3.4	22	5-1-1	46	14	120
2-1-2	12	4.1	26	5-1-2	63	22	150
2-2-0	9.3	3.4	22	5-1-3	84	34	220
2-2-1	12	4.1	26	5-2-0	49	15	150
2-2-2	14	5.9	36	5-2-1	70	22	170
2-3-0	12	4.1	26	5-2-2	94	34	230
2-3-1	14	5.9	36	5-2-3	120	36	250
2-4-0	15	5.9	36	5-2-4	150	58	400
3-0-0	7.8	2.1	22	5-3-0	79	22	220
3-0-1	11	3.5	23	5-3-1	110	34	250
3-0-2	13	5.6	35	5-3-2	140	52	400
3-1-0	11	3.5	26	5-3-3	170	70	400
3-1-1	14	5.6	36	5-3-4	210	70	400
3-1-2	17	6	36	5-4-0	130	36	400
3-2-0	14	5.7	36	5-4-1	170	58	400
3-2-1	17	6.8	40	5-4-2	220	70	440
3-2-2	20	6.8	40	5-4-3	280	100	710
3-3-0	17	6.8	40	5-4-4	350	100	710
3-3-1	21	6.8	40	5-4-5	430	150	1,100
3-3-2	24	9.8	70	5-5-0	240	70	710
3-4-0	21	6.8	40	5-5-1	350	100	1,100
3-4-1	24	0.8	70	5-5-2	540	150	1,700
3-5-0	25	9.8	70	5-5-3	920	220	2,600
4-0-0	13	4.1	35	5-5-4	1,600	400	4,600
4-0-1	17	5.9	36	5-5-5	>1,600	700	-
4-0-2	21	6.8	40				

SECTION 05 슬러지 처리시설

1 슬러지 정의

하수처리 과정에서 수중 부유물이 물로부터 별도로 처리 및 처분되는데 이것이 Sludge이다.

① 중력작용에 의한 침전지에 바닥에 침전된 고형물 → Sludge(수분함량 다량)

② 반대로 부력에 의해서 침전지 표면에 뜬 것(Scum)

③ 스크린에 걸린 큰 부유물을 협잡물(Screening) 통상 슬러지와 함께 처리되므로 광의적으로 Sludge에 포함

2 슬러지 함수율과 부피율 관계

$$\frac{V_1}{V_2} = \frac{100 - W_2}{100 - W_1}$$

여기서, V_1, V_2 : 슬러지 부피

W_1, W_2 : 슬러지 함수율

3 슬러지 처리방법 결정

슬러지 처리 특성, 처리효율, 처리시설의 규모, 최종 처분방법, 입지조건, 건설비, 유지관리비, 관리의 난이도, 환경오염대책 등을 종합적으로 검토하고 평가하여 결정한다.

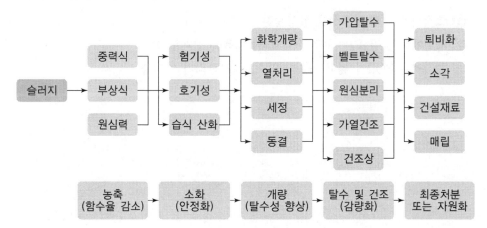

④ 슬러지 처분방법

(1) 슬러지 → 농축 → 탈수 → 최종 처분

① 슬러지 함수율만 낮춰 최종 처분
② 유기물이 안정화되어 있지 않으면 비위생적 → 주로 소규모로 시설 이용
③ 원심 농축탈수기 이용으로 별도의 농축 공정 없이 직접 탈수할 경우도 있음

(2) 슬러지 → 농축 → 소화 → 탈수 → 건조 → 최종 처분

① 유기물 안정화 및 슬러지 부피감소 가능
② 보통 슬러지 건조기나 건조상을 이용 → 경제성 또는 부지 확보가 어려울 경우 적용 안 함

(3) 슬러지 → 소화 → 개량 → 탈수 → 퇴비화 → 최종 처분 및 자원화

① 탈수케이크를 퇴비로 사용
② 함수율이 높아 퇴비화가 곤란하므로 수분함량 조정
③ 슬러지는 녹지에 직접 주입하는 경우도 고려

(4) 슬러지 → 농축 → 소화 → 개량 → 탈수 → 소각 → 최종 처분 및 자원화

① 탈수 후 소각방법
② 도심지처럼 매립이 어려운 경우 고려

(5) 슬러지 → 농축 → 열처리(개량) → 탈수 → 소각 → 최종 처분 및 자원화

① 열처리에 의해 탈수성을 향상시킴
② 가열에너지 필요 ← 주로 소각로 열 이용을 전제로 함
③ 탈리액은 BOD가 높고 독특한 악취, 유지관리가 어려움

Reference 반류수 처리

슬러지의 각 처리공정에서 생성된 농축분리액, 소화탈리액, 탈수여액 등을 총칭하여 반류수라고 한다. 일반적으로 수처리시설로 보내어 처리한다. 각 처리과정에서 발생하는 반류수에 대하여 주의해야 할 수질항목은 다음과 같다.

• 농축 : SS, 질소, 인
• 혐기성 소화 : 질소, 인, COD
• 탈수 : 탈수까지의 처리공정에 따라 달라지나, 소화공정이 있는 경우에는 질소, 인
• 소각, 용융 : 중금속(저비등점의 것), 다이옥신류, 시안

개개의 처리장으로부터 발생하는 슬러지만을 처리하는 경우에는 슬러지 처리로부터 발생하는 반류수의 부하를 고려한 수처리시설을 설계하기 위해 일반적으로 반류수가 수처리시설에 악영향을 주지 않는다. 그러나, 반류수의 수량 및 수질이 시간적 변동이 큰 경우에는 반류수저류조를 설치하여 반류수를 저류시켜 일정량의 반류수가 처리시설로 유입되도록 할 필요가 있다.

5 슬러지 농축방식

구분	중력식	부상식	원심분리식	중력벨트 농축
원리	조 내에 체류된 슬러지 중에 함유된 고형물을 중력을 이용하여 조하부에 침강시키는 방법	부유물질을 기포에 부착시켜 고형물의 비중을 물보다 작게 함으로써 슬러지와 물을 분리하는 방법	침강, 농축하기 어려운 슬러지를 원심력을 이용하여 고액 분리시키는 방법	연속적으로 이동하는 한 장의 여과포 위에서, 중력에 의해서 농축분리시키는 방법
설치비	비싸다	보통	저렴하다	저렴하다
설치면적	크다	중간	작다	중간
부대설비	적다	많다	중간	많다
동력비	저렴하다	보통	비싸다	보통
장점	• 구조가 간단하고 유지관리 용이 • 1차 슬러지에 적합 • 저장과 농축이 동시에 가능 • 약품을 사용하지 않음	• 잉여슬러지에 효과적 • 약품주입 없이도 운전 가능	• 잉여슬러지에 효과적 • 운전 조작이 용이 • 악취가 적음 • 연속운전 가능 • 고농도로 농축 가능	• 잉여슬러지에 효과적 • 벨트탈수기와 같이 연동운전이 가능함 • 고농도로 농축 가능

구분	중력식	부상식	원심분리식	중력벨트 농축
단점	• 악취문제 발생 • 잉여슬러지의 농축에 부적합 • 잉여슬러지의 경우 소요면적이 큼	• 악취문제 발생 • 소요면적이 큼 • 실내에 설치할 경우 부식 문제 유발	• 동력비가 높음 • 스크류 보수 필요 • 소음이 큼	• 악취문제 발생 • 소요면적이 크고 규격(용량)이 한정됨 • 별도의 세정장치가 필요함

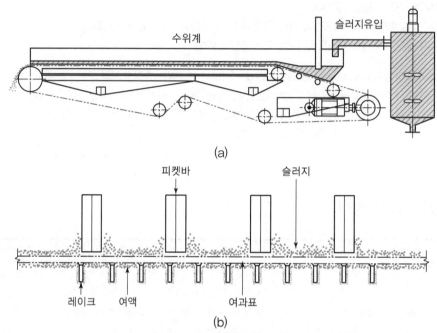

(a)

(b)

┃ 중력식 벨트농축기의 예 ┃

6 혐기성 소화

혐기성균의 활동에 의해 슬러지가 분해되어 안정화되는 것

(1) 혐기성 분해 3단계

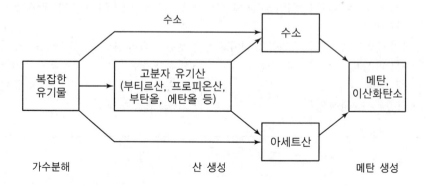

1) 가수분해(Hydrolysis)

복합 유기물→Longchain Acid, 유기산, 당 및 아미노산 등으로 발효 결국 Propionic, Butyric, Valeric Acids 등과 같은 더 작은 산으로 변화→이 상태가 산 생성단계

2) Acid Fermentation(산발효)(아세트산과 수소생성 단계)

① 산 생성 Bacteria는 임의성 혐기성균, 통성혐기성균 또는 두 가지 동시 존재
② 산 생성 박테리아에 의해 유기산 생성공정에서 CH_3COOH, H_2, CO_2 생성
③ H_2는 산생성 Bacteria 억제자 역할
④ H_2는 Fermentative Bacteria와 H_2-producing Bacteria 및 Acetogenic Bacteria(H_2-utilizing Bacteria)에 의해 생성
⑤ CH_3COOH는 H_2-Consuming bacteria 및 Acetogenic bacteria에 의해 생성 또한 H_2는 몇몇 bacteria의 에너지원이고 축적된 유기산을 CO_2 ↑, CH_4로 전환시키면서 급속히 분해함
⑥ H_2 분압이 10^{-4}atm이 넘으면 CH_4 생성이 억제되고 유기산 농도 증가
⑦ 수소분압 유지 필요(10^{-4}atm 이하)→공정지표로 활용

3) 메탄발효단계

$$4H_2 + CO_2 \rightarrow CH_4 + 2H_2O$$
$$CH_3COOH \rightarrow CH_4 + CO_2$$

① 유기물 안정화는 초산이 메탄으로 전환되는 메탄생성과정 중 일어남
② 생성 CO_2는 가스상태 또는 중탄산 알칼리로도 전환

③ Formic Acid Acetic Acid Methanol, 수소 등이 다양한 메탄 생성균의 주된 에너지원임
  ㉠ 반응식(McCarty에 의하면 체류시간 20일)

$$C_{10}H_{19}O_3N$$
$$\rightarrow 5.78CH_4 + 2.47CO_2 + 0.19C_5H_7O_2N + 0.81NH_4 + 0.81HCO_3^-$$

210g의 하수슬러지
— 5.78mols(129L) 메탄
— 0.19mols(21.5g) 미생물
— 0.81mols(40.5g as $CaCO_3$) 알칼리도
→ 메탄구성비는 70%(5.78/5.78+2.47)

ⓛ 장점(호기성에 비해)
- 유효자원 메탄 생성
- 처리 후 슬러지 생성량 감소
- 동력비 및 유지관리비 감소
- 소화슬러지 탈수성 양호
- 고농도 배수처리 가능

ⓒ 단점
- 높은 운전 온도(35℃ 또는 55℃)
- 긴 초기 적응시간
- 암모니아와 H_2S에 의한 악취 문제
- 상등액 BOD가 높음
- 시설비가 많이 듦

▼ 혐기성 소화에 심각한 영향을 미치는 중금속의 농도

중금속	건조 고형물 함량(%)	용해성 농도(mg/L)
Cu	0.93	0.5
Cd	1.08	—
Zn	0.97	1.0
Fe	9.56	—
Cr^{6+}	2.20	3.0
Cr^{3+}	2.60	—
Ni	—	2.0

출처 ; WPCP, Operation of Municipal Wastewater Treatment Plants, Manual of Practice No 11, Vol Ⅲ 2nd ed., 1990.

📖 Reference 소화조 중금속 독성 제거 대책

중금속의 독성을 제거하는 가장 보편적인 방법이 중금속 황화물에 의한 침전법으로 소화조 내에 황화물이 충분하지 않을 때에는 Na_2S를 첨가하면 된다. 이때 약 1mole의 황화물(S의 분자량 32)은 같은 mole(분자량 58~65)의 중금속과 결합하므로 1mg/L의 중금속을 제거하기 위해서는 약 0.5mg/L의 황화물이 필요하게 된다.

혐기성 처리에 독성을 미치는 유기물질의 범위는 유기용매에서부터 알코올, 고분자 지방산 등의 흔한 물질에 이르기까지 매우 다양하다. 일반적으로 대부분의 독성 유기물질은 미생물을 죽이는 것보다는 미생물의 활성을 저하시키는 효과를 지니므로, 일부의 독성 물질은 순응기간을 거치면 미생물의 기질로 사용될 수 있다.

유기산에 의한 독성은 pH와 밀접한 관계가 있다. 유기산이 축적하면 소화조의 pH는 낮아지게 되어 소화율이 저하된다. 총유기산(TVA)은 이온화된 것(IVA)과 이온화되지 않은 휘발성 산(UVA)으로 나눌 수 있는 데 소화조 내에서 pH의 메탄화에 저해작용은 주로 UVA 양에 의해 결정되는데, 이는 UVA는 미생물막을 쉽게 통과하기 때문에 미생물 내에 축적되어 신진대사를 저하시키기 때문이다. UVA의 농도는 소화조 내의 pH와 총휘발성 산의 함수이다. 아세트산의 경우 UVA과 TVA의 분포를 계산하면 TVA의 총량이 500mg/L인 경우, pH 7, 6.5, 6에서 각각 UVA가 2.5, 7.8, 23.9mg/L이다. 저해작용을 일으킨다고 보고된 이온화되지 않은 산의 농도는 아세트산일 경우 10~25mg/L, 총유기산의 경우는 30~60mg/L라고 알려져 있다. pH를 알맞은 범위로 조절해야 유기산의 농도가 높아도 메탄 생성량이 영향을 받지 않게 되며, 이로부터 pH 조절이 매우 중요함을 알 수 있다.

위에서 인급한 독성 물실 이외에도 산소도 혐기성균에 독성을 미치는 물질이다. 메탄생성균이나 기타 편성 혐기성균들은 미량의 용존산소에도 매우 치명적인 손상을 입기 쉬우므로, 소화조는 항상 밀폐되어야 하며, 이 조건은 메탄의 회수에도 필수적이다. 산소에 의한 영향도 가역적으로 혐기성 미생물이 산소에 노출된 후 약 10일 정도 이후에는 가스발생량이 정상상태로 회복됨이 보고되었다.

(2) 혐기성 소화의 목적

① 슬러지 안정화
② 부피 및 무게의 감소
③ 병원균 사멸 등
④ 유효 메탄가스 부산물 획득

(3) 영향인자

① 알칼리도
  ㉠ pH가 6.2 이하로 떨어지지 않도록 충분한 알칼리 확보
  ㉡ 일반적으로 2,500~5,000mg/L 유지가 바람직

② 온도 : 고온소화(55~60℃) 중온소화(36℃ 전후)
③ pH : 6~8 정도(6.6~7.6) 정도
④ 독성 물질 : 알칼리성 양이온, 암모니아, 황화합물, 독성 유기물, 중금속

⑷ 소화조 운전상 문제점 및 대책

상태	원인	대책
소화가스 : 발생량 저하	• 저농도 슬러지 유입 • 소화슬러지 과잉 배출 • 조내 온도 저하 • 소화가스 누출 • 과다한 산생성	• 저농도의 경우는 슬러지 농도를 높이도록 노력한다. • 과잉배출의 경우는 배출량을 조절한다. • 저온일 때는 온도를 소정치까지 높인다. 가온시간이 정상인데 온도가 떨어지는 경우는 보일러를 점검한다. • 조용량 감소는 스컴 및 토사 퇴적이 원인이므로 준설한다. 또한 슬러지농도를 높이도록 한다. • 가스누출은 위험하므로 수리한다. • 과다한 산은 과부하, 공장폐수의 영향일 수도 있으므로, 부하조정 또는 배출 원인의 감시가 필요하다.
상징수 악화 : BOD, SS가 비정상적으로 높음	• 소화가스발생량 저하와 동일원인 • 과다 교반 • 소화슬러지의 혼입	• 소화가스발생량 저하와 동일원인일 경우의 대책은 위의 대책에 준한다. • 과도교반 시는 교반횟수를 조정한다. • 소화슬러지 혼입 시는 슬러지 배출량을 줄인다.
pH 저하 • 이상 발포 • 가스발생량 저하 • 악취 • 스컴 다량 발생	• 유기물의 과부하로 소화의 불균형 • 온도 급저하 • 교반 부족 • 메탄균 활성을 저해하는 독물 또는 중금속 투입	• 과부하나 영양불균형의 경우는 유입슬러지 일부를 직접 탈수하는 등 부하량을 조절한다. • 온도저하의 경우는 온도유지에 노력한다. • 교반 부족 시는 교반강도, 횟수를 조정한다. • 독성 물질 및 중금속이 원인인 경우 배출원을 규제하고, 조내 슬러지의 대체방법을 강구한다.
이상발포 : 맥주 모양의 이상발포	• 과다배출로 조내 슬러지 부족 • 유기물의 과부하 • 1단계조의 교반 부족 • 온도 저하 • 스컴 및 토사의 퇴적	• 슬러지의 유입을 줄이고 배출을 일시 중지한다. • 조내 교반을 충분히 한다. • 소화온도를 높인다. • 스컴을 파쇄 · 제거한다. • 토사의 퇴적은 준설한다.

✱ 스케일 형성문제 : Struvite, 즉 Magnesium Ammonium Phosphate($MgNH_4PO_4$) 매끄러운 배관, pH조절 등

Reference 메탄가스 내 탈황처리법

1 건식 탈황법

산화철분식은 산화철과 대팻밥을 용적비 1 : 5~1 : 10, 중량비 약 2 : 1의 비율로 혼합한 철스펀지(Iron Sponge)를 내식성의 탈황기에 40~60cm 정도의 두께로 채워서 소화가스를 통과시키면 식 (1)과 같은 반응이 일어나면서 황화물이 제거된다.

$$Fe_2O_3 \cdot 3H_2O + 3H_2S \rightarrow Fe_2S_3 + 6H_2O$$
$$Fe_2O_3 \cdot 3H_2O + 3H_2S \rightarrow 2FeS + S + 6H_2O \quad\cdots\cdots\cdots\cdots\cdots (1)$$

산화철이 황화철로 많이 바뀌어 철스펀지의 탈황능력이 감소되면 철스펀지를 탈황기에서 끼낸 다음 물을 뿌리면서 공기에 노출시키면 식 (2)와 같은 반응에 의하여 재생될 수 있다.

$$2Fe_2S_3 + 3O_2 \rightarrow 2Fe_2O_3 + 6S$$
$$4FeS + 3O_2 \rightarrow 2Fe_2O_3 + 4S \quad\cdots\cdots\cdots\cdots\cdots\cdots (2)$$

성형탈황제식은 철분과 점토 등을 혼합해 펠릿(pellet) 형태로 만든 성형탈황제를 충전시켜 소화가스와 접촉시키는 것으로 사용 후의 탈황제는 매립처분한다.
건식 방법을 채택하면 부지면적은 적게 필요하나 탈황제를 자주 교체 또는 재생시켜야 하는 단점이 있다. 탈황제의 교체나 재생을 위하여 탈황기는 2대 이상 설치하는 것이 좋다.

2 습식 탈황법

습식 탈황법에는 수세정식과 알칼리세정식, 약액세정식이 있다. 수세정식은 지하수나 2차처리수로 소화가스를 세정하는 방법으로 건설비는 적으나 다량의 세정수가 발생하며 황화수소제거율도 비교적 낮다. 알칼리세정식은 2~3%의 탄산나트륨(Na_2CO_3) 또는 수산화나트륨($NaOH$) 용액과 소화가스를 접촉시키는 것으로 약액은 순환사용 가능하며, 일부는 새로운 약액과 교환해야 한다. 약액농도의 관리가 필요하지만 황화수소제거율은 높다. 약액세정식은 흡수탑과 재생탑을 결합한 것으로 알칼리 세정 후 약액은 재생탑에서 촉매를 사용하여 황화물을 분리재생시켜 반복사용하는 것이다. 약액세정식은 건설비가 많이 드나 황화수소가 고농도이고 소화가스량이 많은 경우는 유지관리비가 적게 든다.

- 탄산나트륨의 경우 : $Na_2CO_3 + H_2S \rightarrow NaHS + NaHCO_3$
- 수산화나트륨의 경우 : $NaOH + H_2S \rightarrow NaHS + H_2O$

⑦ 호기성 소화

(1) 호기성 소화의 목적

① 미생물의 내성호흡을 이용하여 유기물의 안정화 도모
② 슬러지 감량화뿐만 아니라 차후 처리 및 처분에 알맞은 슬러지 형성

(2) 원리

① 주로 CO_2, H_2O, 미생물 분해 안 되는 Poly Saccharides, Humicellulose, Cellulose 로 구성
② 소화 중 생성 암모니아는 아질산 및 질산으로 산화 → 알칼리도 파괴 → pH 저하
③ 알칼리도가 부족한 경우 보충 필요

(3) 호기성 소화법 장단점

① 장점
- 최초 시공비 절감
- 악취 발생 감소
- 운전 용이
- 상징수의 수질 양호

② 단점
- 소화슬러지의 탈수 불량
- 동력비 과다
- 유기물 감소율이 저조
- 저온 시 효율 저하
- 가치 있는 부산물이 생성되지 않음

8 슬러지 개량

① 슬러지 : 복잡한 구조를 갖는 무기물과 유기물의 집합체
② 물과 친화력이 강하므로 적절한 예비 처리로 입자와 물을 효과적으로 분리하는 것이 목적

▼ 각 슬러지의 개량방법 비교

슬러지 개량법	단위 공정	기능	특징	원리
고분자 응집제 첨가	농축 탈수	고형물 부하, 농도 및 고형물 회수율 개신, 슬러지 발생량, 케이크의 고형물 비율 및 고형물 회수율 개선	• 슬러지 응결을 촉진한다. • 슬러지 상상을 그대로 두고 탈수성, 농축성의 개선을 도모한다.	슬러지는 안정한 콜로이드상의 현탁액으로 이것을 불안정하게 하는 것이 약품의 기능이다. 슬러지 입자는 공유결합, 이온결합, 수소결합, 쌍극자결합 등을 형성하여 전하를 뺏기도 하고 얻기도 한다.
무기 약품 첨가	탈수	슬러지 발생량, 케이크의 고형물 비율 및 고형물 회수율 개선	무기약품을 슬러지의 pH를 변화시켜 무기질 비율을 증가시키고, 안정화를 도모한다.	금속이온(제2철, 제1철, 알루미늄)은 수중으로 가수분해하므로 그 결과 큰 전하를 갖으며 중합체의 성질을 갖는다. 그러므로 부유물에 대한 전하 중화작용과 부착성을 갖는다.
세정	탈수	약품사용량 감소 및 농축률 증대	혐기성 소화슬러지의 알칼리도를 감소시켜 산성 금속염의 주입량을 감소시킨다.	슬러지양의 2~4배 가량의 물을 첨가하여 희석시키고 일정시간 침전 농축시킴으로써 알칼리도를 감소시킨다.
열처리	탈수	약품사용량의 감소 또는 불필요, 슬러지 발생량, 케이크의 고형물 비율 및 안정화 개선	슬러지 성분의 일부를 용해시켜 탈수개선을 도모한다.	$130 \sim 210℃$에서 $17 \sim 28kg/cm^2$의 압력으로 슬러지의 질, 조성에 변화를 준다. 미생물 세포를 파괴해 주로 단백질을 분해하고 세포막을 파편으로 한다.

9 슬러지 감량화

슬러지 양과 부피를 감소시키고 탈수성 향상을 위해 혐기성 공정에 의한 유기성 고형물의 감량화 방식을 채택해 왔으나 슬러지 입자의 낮은 생분해도 및 두꺼운 미생물 세포벽에 의한 가수분해 시간의 장기에 따른 소화조 규모 과대 및 운영효율이 낮은 문제점이 있다.

슬러지와 세포벽을 인위적 파괴에 의해 슬러지 가용화시킴으로써 슬러지 생분해성과 압밀성 개선하는 감량화 기술이 활발하며 가용화액을 생물반응조 기질로 사용하여 제거 가능하다. (저농도 유입하수의 경우 매우 유용한 유기 탄소원이 됨(예 탈질공정의 유기원으로 사용))

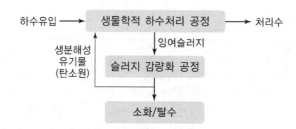

┃ 하수처리공정의 감량화 예 ┃

① 가용화 장점
- 소화조 규모축소(∵ 혐기소화 반응시간 단축)
- 소화가스 발생량 증가
- VS 감량 등

② 가용화의 내재 위험성
- 탈수 약품량의 증가(∵ 슬러지 입자 파괴에 따른)
- 슬러지 가용화 용액의 반송처리에 의한 오염부하 증가 및 처리효율 저하 초래

대표적 처리방법으로는 초음파처리, 오존처리, 기계적 처리, 수동력학적 처리, 열처리 등이 있다.

(1) 초음파 처리

슬러지 입자의 크기 분포에 교란을 일으키는 원리로서, 슬러지 중에 초음파를 조사하면 급속한 초음파공동화(Cavitation) 현상이 일어나며 슬러지액 속에 미세기포가 발생하게 된다. 이러한 미세기포가 내파되는 과정에서 일으키는 순간압력, 전단력, 국부적인 고온 등을 에너지원으로 슬러지의 입자구조를 물리 · 화학적으로 변화시켜 플록구조를 파괴하고 유기물을 분해한다.

초음파의 주파수와 조사시간에 따라 슬러지의 분해효율이 영향을 받으며, 일반적으로는 낮은 주파수대와 긴 조사시간으로 처리할 경우에 세포의 분해와 유기물의 분해가 양호하며 반응시간이 적을 경우에는 세포분해 없이 슬러지 플록만 분해시켜 탈수효율을 감소시킬 수도 있다.

(2) 오존(O_3) 처리

오존은 강한 산화력을 지니며 염소보다도 2배 이상의 산화력을 가진 산화제이다.

오존을 물에 주입하면 일부가 분해되어 OH라디칼을 생성하고 유기물과 무기물을 산화시키는데 산성에서는 비교적 안정하나 알칼리성으로 갈수록 분해속도가 빠르다. 오존에 의한 슬러지 처리는 압력탱크 또는 가압펌프 등에 의하여 일정 이상으로 가압된 잉여슬러지를 오존용해장치에서 오존과 혼합·용해시킨 후 혼합액을 미세기포생성장치에 다시 통과시킨다. 이때 오존은 초미세 기포화 상태로 되어 접촉효율을 증가시키며 슬러지를 산화·분해시킨다. 보다 고효율의 산화를 위하여 오존과 H_2O_2 또는 UV 등을 혼합사용하여 OH라디칼의 생성농도를 극대화시키는데, 이를 고급산화공정(AOP ; Advanced Oxidation Process)이라 한다.

(3) 기계적 전처리

슬러지의 입자성 물질을 혼합, 진탕, 교반 등에 의하여 크기를 감소시키는 방식이다. 슬러지를 일정시간 동안에 급속교반을 시키거나, 슬러지를 고압으로 충돌판에 분사 및 충돌시키면 침강성 입자 크기의 감소로 콜로이드성 및 용존성 부분이 증가하게 되어 소화효율을 증가시킬 수 있다. 하지만 슬러지 입자의 크기가 감소할수록 슬러지 탈수에는 나쁜 영향을 줄 수도 있다.

(4) 수리동력학적 처리

벤투리관과 펌프를 이용하여 수리동력학적 캐비테이션(Cavitation)을 발생시켜 슬러지의 해체 및 가용화를 촉진시키는 방식이다. 단면적이 급격하게 감소하는 벤투리관의 목 부분에 유체(슬러지)를 통과시킬 경우 유체의 속도는 더욱 빨라지고 압력은 크게 감소하게 된다. 이때에 슬러지 내부에 용해되어 있던 기체가 기포형태로 유지되어 나오면서 캐비테이션 기포가 생성된다. 생성된 기포는 벤투리관의 확장부를 지나면서 격렬하게 파괴되며 이 과정에서 발생하는 충격파에 의해 슬러지의 가용화가 이루어진다.

이러한 수리동력학적 처리방법을 단독적으로 사용할 수도 있으나 초음파처리 등과 같은 다른 처리방식과 조합하여 사용할 경우에는 보다 높은 효율을 기대할 수도 있다.

⑩ 탈수

최종 처분하기 전에 부피를 감소시키고 취급이 용이하기 위해서 실시, 가압탈수기, 벨트 프레스 탈수기, 원심 탈수기 등 이용

⑪ 건조

① 녹지 · 농지 이용 등의 유효 이용을 목적으로 한 수분량 조절
② 소각 · 용융 처리의 에너지 절약화 및 안정화

③ 종류
- 직접 가열방식 : 교반기 부착형 열풍회전건조기, 기류건조기
- 간접 가열방식 : 교반구형 건조기

⑫ 퇴비화

(1) 개요

하수슬러지 중 분해가 쉬운 유기물을 호기성 분위기에서 미생물에 의해서 분해시켜서 녹지 농지로의 이용 가능한 형태로 안정화시키는 과정

(2) 퇴비화의 설비의 기본공정과 주요 설비

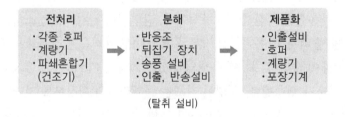

(탈취 설비)

① 전처리 공정
양호한 퇴비화를 진행시키기 위하여
- 통기성 개선
- 함수율 및 pH 조정

② 퇴비화 공정
  - 1차 퇴비화 : 온도상승과 수분증발이 급속하게 진행
  - 2차 퇴비화 : 완만한 속도로 진행

③ 호기성 미생물 작용에 의해 유기물 분해 진행
유기물 안정화의 주된 효과
  - 슬러지 감량화
  - 부패성 가스에 의한 악취 및 시비 시 작물의 장해(뿌리부식병, pH 장해)를 방지
  - 유기물 분해 시 발생열에 의해 슬러지 케이크의 수분 증발 → 비료로서의 취급성 향상
  - 60℃ 이상(80℃ 부근까지 상승)·온도상승 → 병원균이나 기생충 알 등 사멸 또는 불활성화 → 안정성 확보

(3) 퇴비화 시설의 기본적 고려사항

① 시설규모는 퇴비의 수요량에 적합토록 한다.
② 퇴비는 분해과정에서 65℃ 이상에서 2일 이상 경과토록 한다.
③ 퇴비의 품질목표는 법령기준 감안한다.
  - 시비 시 작물이나 식물 등의 육성을 촉진하고 장해가 없을 것
  - 저장 및 시비 시 취급성이 좋을 것
  - 제품 퇴비 중 함유된 중금속 등이 작물 및 토양에 축적되지 않을 것

④ 퇴비화 시설은 입지조건을 충분히 고려한다(처리장, 수요처, 주변 환경, 경제성 등)
⑤ 투입조건 성정은 품질 목표의 함수율, 반송률, 첨가물, 첨가율 등 고려한 물질수지를 기초로 하여 설계한다.

⑬ 소각

(1) 개요

슬러지에 열을 가함으로써 산화 가능한 유기물을 이산화탄소와 수분으로 전환시켜 제거하는 것

(2) 목적

슬러지 처분량의 감소 및 안정화 도모

(3) 장점

① 위생적으로 안전하다.

② 부패성이 없다.

③ 탈수 cake에 비해 혐오감이 적다.

④ 슬러지 용적이 1/50~1/100로 감소한다.

⑤ 소요 부지 면적이 작다.

(4) 단점

① 대기오염 방지설비가 필요하다.

② 유지 관리비가 고가이다.

③ 주변환경에 영향 줄 수 있다.

④ 소각장 건설 시 처리장 주변 입지조건에 대한 충분한 검토가 필요하다.

14 슬러지 자원화

(1) 녹지 및 농지 이용

① 하수슬러지의 부숙토
② 지렁이 분변토 형태로 이용

(2) 건설자재로서의 이용

① 소각재
② 용융슬래그를 건설자재, 또는 토질 개량제로 이용

(3) 에너지 이용

① 소화가스
② 건조슬러지
③ 소각, 용융로 배기가스
④ 슬러지 탄화물 형태로 에너지 이용

Reference 슬러지 습식 산화

1 개요
① 안정화와 변성을 동시에 수행하는 방법
② 고온·고압하에서 슬러지를 짧은 시간 동안 가열
③ 슬러지가 응집하며 겔 구조가 파괴되고 슬러지의 친수성 감소
④ 슬러지가 살균되므로 실질적으로 탈취되고 약품의 첨가 없이 진공여과기나 가압여과 내에서 쉽게 탈수 가능

2 종류
① Proteus법
- 열교환기 통과시켜서 슬러지를 예열한 다음 반응기에 도입
- 수증기 주입하여 압력 150~200lbf/in^2
  온도 140~200℃로 운전
  30분 체류
- 농축슬러지 여과하면 30~50%의 고형물 함유량이 가능함

② Zimpro법
- 반응기에서 슬러지에 공기 주입 실시
- 압력 150~200lbf/in^2
  온도 180~315℃로 운전
- 농축슬러지를 여과하면 30~50% 고형물 함유량이 가능함

3 단점
① 생성되는 상징액 및 여액의 강도가 크다.
  순환액은 주로 유기산, 당, 다당류, 아미노산, 암모니아 등 전체 폐수량의 1%이지만 순환 BOD는 포기조 도입부하량의 30~50%가 된다. 그러므로 순환액 별도처리가 필요하다.
② 염화물 농도(500mg/L 이상) 높은 경우 열처리 장치
  특수재료(대체로 티타늄) 필요 → 고정비 증가
③ 경도 높은 폐수 → Scale 문제 발생 → 유지관리비 증가
④ 일반적인 경우 열처리장치 및 탈수장치에 악취설비 필요

PART

05

물 재이용 기술

SECTION
01 탈염처리

···01 탈염처리를 위한 수처리 시스템

1 탈염처리의 기술

(1) 증발

① 열을 가해 용존 및 부유 고형물을 제거하는 기술이다.
② 응축수의 순도가 높다.

(2) 이온 교환(IX ; Ion Exchange)

① 가장 보편적인 기술, 물에 녹지 않는 산, 염기 또는 이들의 염인 고형 유기 이온교환체를 이용하여 이온을 제거한다.
② 중저농도의 용존 고형물을 제거한다.

(3) 막 기술(Membrane)

① 대체로 고분자 화합물인 반투막을 통해 탈염한다.
② IX와 병용 시 운전비 절감이 가능하다.

2 증발법

• 대량처리에 적용할 경우 타 공법과 비교하여 경제성 우수하다.
• 에너지 비용이 높아 해수 담수화와 폐수처리에 국한하여 사용하다.
• 담수와 발전을 동시에 할 수 있는 이점이 있다.

(1) 다단 기화증류법(Multiple－Flash Distillation)

순차적 감압상태에 있는 일련의 관내에 과열해수를 주입하여 자기 증발시켜 발생하는 수증기를 해수의 가열에 사용하여 응축

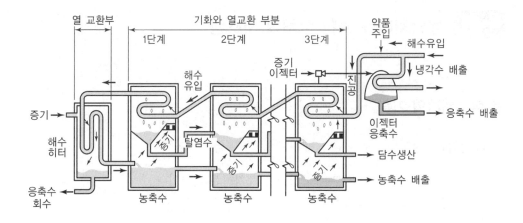

(2) 다중 효용법(Multiple－Effect Distillation)

① 각 단계에서 온도와 압력이 낮은 열원으로 저급 Steam 이용
② 연결되어 있는 각 증발 장치 내에서 해수로부터 발생하는 수증기를 순차 감압 상태에 있는 다음 증발 장치 내에 있는 해수의 가열 증발에 사용하여 응축

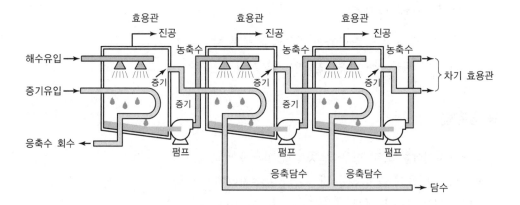

(3) 증기압축법(Vapor Compression Distillation)

증발장치 내 해수로부터 발생하는 수증기를 압축에 의해 온도를 높인 후 같은 장치 내 해수의 가열증발에 사용하여 응축

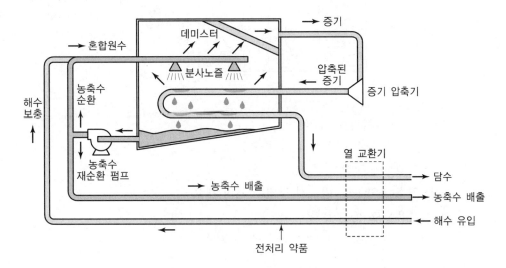

3 박막 탈염(Membrane Demineralization)

- 증발법은 에너지 비용과 유지보수비가 높아 박막 기술로 대체하고 있다.
- IX와 함께 사용하면 운전비를 크게 절감할 수 있다.

(1) 역삼투(Reverse Osmosis)

① 반투막으로 격리된 상이한 용질 농도의 용액에 정상적인 삼투압보다 높은 압을 가하는 원리이다.

② 운전압력 : 보통물 $10 \sim 25 kg/cm^2$, 해수 $70 kg/cm^2$

③ 재질

　㉠ CA(Cellulose Acetate) Type

　　- 가격 저렴, 미생물에 약함 → 소독 필요

　　- 사용 pH 4~6

　　- 사용온도 40℃

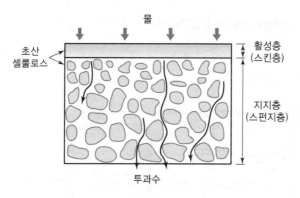

두께 100~200μm의 반투성 막, 두께 0.25~1μm의 활성층과 수 μm 정도의 세공이 다수 존재하는 지지층으로 구성됨

ⓛ PA(Polyamide) Type

- 염분과 유기물 제거 능력 우수
- 미생물에 강함
- 염소에 약함 → 반드시 탈염소 처리 필요
- 사용온도 40℃
- ＊ ㉠, ㉡은 주로 비대치형(Asymetric)으로 사용

ⓒ 기타(초박막형, TFC(Thin Film Composite)형)

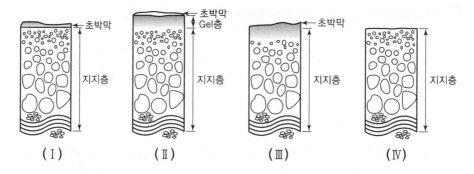

(Ⅰ) 복합막 : 지지체의 상부를 초박막으로 코팅, 초박막의 재질은 선산 Polymer가 됨
(Ⅱ) 지지체 위를 초박막층과 중간층(Gel층)으로 덮은 복합막 초박막층은 100~300A°
(Ⅲ) 초박막형 재질이 가교 Polymer이고 지지체의 중간까지 초박막 소재 침투하여 구성
(Ⅳ) • 다공성 지지체의 표면을 물리화학적으로 폐쇄한 형태
  • 초박막층은 화학적 변화가 조금 있지만 지지체의 화학구조를 기초로 함
  • 대부분 폴리아미드 계통의 막임
  • 내약품성 우수, 여과능력 우수
  • 사용온도 : 45℃
  • 사용 pH : 2~11

(2) 전기 투석(ED ; Electrodialysis)

① 박막탈염의 한 종류

② 쌍으로 구성된 평행박막 사이로 원수 공급 → 물흐름에 수직으로 직류전압을 가함으로써 양이온 불순물은 음극으로, 음이온 불순물은 양극으로 이동

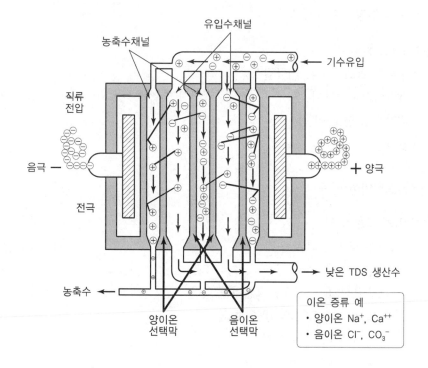

4 이온 교환 수지

- 이온 교환 수지는 물에 녹지 않는 산, 염기 또는 이들의 염이다.
- 고형 무기 이온 교환체, 액상 및 고상유기 교환체가 있다.
- 수처리 설비에는 주로 고상 유기 교환체를 사용한다.
- IX 수지의 이온 교환 능력 소진 시 재생공정을 거쳐 원상복귀된다.
- 1900년 초 합성 규산 알루미늄을 사용하기 시작하였으며 자연산 규산 알루미늄을 연화에 사용한다.
- Zeolite 사용, 현재 대부분 Divinyl Benzen(DVB) 합성 고분자 화합물 사용 중이다.

(1) 구조상 분류

① Gel Type
- 공극이 30A° 이하, 균질한 구조
- Pore가 작아 단위 부피당 이온 교환 능력이 큼
- 무색 투명

② Macroporous
- 공극이 30A° 이상, 비균질성
- DVB 교체 결합이 큼
- 내약품성(염소)이 큼
- 불투명

(2) Radical에 의한 분류

① 양이온 교환 수지

  ㉠ 강산성 양이온 교환 수지

    ⓐ Styrene계 수지
- 술폰산기($-SO_3H$) 교환기를 갖음
- Styren과 DVB의 공중 합체
- 강산, 강염기에 안정
- 산화제에 침해받지 않음
- 전 pH 범위에서 이온 교환 가능
- 갈색 또는 흙갈색, 불투명
- 겉보기 비중 1.3 전후

    ⓑ Phenol Sulfonic Acid 수지
- Formaldehyde(CH_2O) 및 Phenol과 결합하여 제조함
- 라디칼은 강산성의 Sulfonic Acid와 약산성의 Phenol Radical을 가짐
- 전 pH 범위에서는 교환 가능, 낮은 pH에서는 Sulfonic Acid Radical 높은 영역에서는 Phenol Radical도 교환 반응능력이 있어서 pH에 따라 교환 용량 변경됨

ⓛ 약산성 양이온 교환 수지

ⓐ 교환기
- Carboxyl Radical($-COOH$)
- Phenol Radical(—⬡— OH)
- Phospho Radical($-PO_3H_2$)

ⓑ Acid Radical 해리도 적으므로 비교적 높은 pH 영역에서 자체 이온교환 가능
ⓒ pH 8 이하에서 석탄산(Carbonic Acid)은 물에서 약하게 이온화됨
ⓓ 탄산 알칼리도와 강알칼리도(NaOH)에 관련된 경도 제거 능력만 있음

② 음이온 교환 수지

용액 중의 음이온을 교환하는 이온 교환수지로 염기성도에 따라 강염기성, 약염기성 음이온 교환수지로 구분

㉠ 강염기성 음이온 교환수지(Strong Base Anion Exchange)
- Styren과 DVB 공중합체에 Chloromethylethele을 반응시켜 Mmethylene Chlorite Radical 도입시키고 다시 제3급 Amine과 반응시키면 제4급 Ammonium 교환기를 가진 음이온 교환수지가 됨
- 100℃까지 안정
- 비중 1.08~1.14
- Ⅰ형, Ⅱ형 2종류가 있음

▼ Ⅰ형과 Ⅱ형 수지의 특징

항목/종류	Ⅰ형	Ⅱ형
염기도	강염기성	강염기성이나 Ⅰ형보다 약함
재생	염기성이 강하여 재생하기 어렵기 때문에 재생제가 다량 필요	염기성이 약하여 재생에 용이하므로 재생제가 절약
약산에 대한 선택성	• 약산(SiO_2, CO_2 등)에 대한 선택성이 좋아 Leak가 적다. • SiO_2 누출량은 0.0.5ppm 이하이고 SiO_2 제거 시 저가교도 수지가 좋으며 내오염성이 있다.	• 약산(SiO_2, CO_2 등)에 대한 선택성이 약간 낮아 Leak가 다소 크다. • SiO_2 누출량은 0.2~0.3ppm 정도
교환용량	가교도에 따라 다르지만 일반적으로 낮다.	가교도에 따라 다르지만 일반적으로 높다.

항목/종류	Ⅰ형	Ⅱ형
화학적 안전성	• 화학적 안정성이 우수하다. • OH형에서는 50~60℃, Cl형은 80℃까지 사용된다.	• 화학적 안정성이 나쁘고 성능이 저하하기 쉽다. • OH형에서는 40℃ 정도를 한도로 사용한다. • Cl형은 60℃까지 사용된다.
수질 민감도	입구수질에 대한 처리수 수질의 민감도가 낮다.	입구수질에 대한 처리수 수질의 민감도가 높다.
내구성	높음	낮음
교환기	Trimethyl Benzyl Ammonium Radical	Dimethyl Ethanol Benzyl Ammonium Radical
내약품성	Ⅱ형보다 양호함	
Radical	$4.0{\sim}4.3$g NaOH/g$-$CaCO$_3$ $\begin{array}{c}CH_3\\|\\-N-CH_3 \cdot CH_2 \cdot OH\\|\\CH_3\end{array}$	$2.0{\sim}2.4$g NaOH/g$-$CaCO$_3$ $\begin{array}{c}CH_3\\|\\-N-CH_3OH\\|\\CH_3(NR_2)\end{array}$

      ⓛ 약염기성 이온교환 수지

- 제3급 이하의 Amine을 도입하여 제조
- 기본적으로 Acid 흡수제로 작용
- 유리 무기산도(Free Mineral Acidity, 황산, 염산, 질산 등) 제거에 탁월
- SiO_2와 CO_2 제거는 안 됨

③ Porous Type 이온교환수지

High Porous Polymer(교환기 없는 Polymer)

- 비표면적이나 세공용적이 거대
- 비표면적 $500{\sim}600$m^2/g$-$dry$-$R제조 가능하며 탈색, 화합물의 흡착에 사용
  예 Organic Scavenger

(3) 순수제조 반응

① 양이온 교환반응

$$2R-SO_3H + Ca(HCO_3) \rightarrow R(-SO_3)_2Ca + 2H_2CO_3$$
$$R-SO_3H + NaCl \rightarrow RSO_3Na + HCl$$
$$2R-SO_3H + MgSO_4 \rightarrow 2R(-SO_3)_2Mg + H_2SO_4$$

② 음이온 교환반응

$$R=NOH+HCl \rightarrow R=NCl+H_2O$$

$$R=NOH+H_2SiO_3 \rightarrow R=NHSiO_3+H_2O$$

$$R=NOH+H_2CO_3 \rightarrow R=NHCO_3+H_2O$$

(4) 재생반응

① 양이온교환수지 재생반응

$$R(-SO_3)_2 \, Ca + 2HCl \rightarrow R(-SO_3H)_2 + CaCl_2$$

$$R-SO_3Na + HCl \rightarrow R-SO_3H + NaCl$$

$$(R-SO_3)Mg + 2HCl \rightarrow 2R-SO_3H + MgCl_2$$

② 음이온교환수지 재생반응

$$R=NCl+NaOH \rightarrow R=NOH+NaCl$$

$$R=NHSiO_3 + 2NaOH \rightarrow R=NOH + Na_2SiO_3 + H_2O$$

$$R=NHCO_3 + NaOH \rightarrow R=NOH + NaHCO_3$$

5 수처리 공정 예

① 수처리 공정 중 하나의 예는 전처리 공정과 탈염 공정으로 구성된다.

② 전처리 공정 : 주로 응집제를 이용하여 부유 고형물 및 탁도 제거를 목적으로 한다.

- 응집 침전장치 + 여과기

③ 탈염 공정 : 이온 상태로 용존되어 있는 염분 제거를 목적으로 한다.

- Softener : 저압 보일러 경우
- 순수공정 : 고압 보일러 사용 시 역삼투 IX, FEROX 등
- 맹독성 중금속 : Chelate 수지탑

　　　　　　　　　Polymer 수지에 특수이온을 선택적 흡수하도록 Radical 형성

- 수처리에서의 기본적 흐름도
  - AC(Activated Carbon Filter) + 2B2T(2 Bed 2 Tower) + MBP(Mixed Bed Plosher)
  - AC(Activated Carbon Filter) + 2B3T + MBP(Mixed Bed Polisher) : Alkalinity가 100mg/L 이상 시
  - AC(Activated Carbon Filter) + MBE(Mixed Bed Exchanger) + MBP(Mixed Bed Plosher) 등 : 입구염분농도 낮고 장소 협소 시

SECTION

02 담수화 설비

···01 Membrane

1 막대상(분리) 입자의 크기에 따른 분류

(1) 정밀여과(Microfiltration)

① 공칭공경
- $0.01\mu m$ 이상의 기공크기를 갖는 여과체
- 공칭공경이란 구형 90% 이상 제거되는 입자의 크기(Latex 구형입자)를 말함

② Virus 일부, 대장균, 조류 등, Particle, Colloid 등 분리 가능

③ 주로 Clarification에 이용함

(2) 한외여과(Ultrafiltration)

① 분획분자량(MWCO) 100,000Dalton 이하의 여과체

② MWCO(Molecular Weight of Cut Off) : 구형입자 90% 제거될 때까지의 구형 단백질의 분자량

③ Particle, Colloids, Proteins, Virus도 분리 가능

④ 주로 고순도 정제 및 농축 의약품, 식품, 반도체의 순수 최종공정용으로 쓰임

(3) 나노여과(Nanofiltration)

① NaCl 제거율 5~93% 미만

② 주로 2가 이온 종류 제거에 쓰임 → Hardness 제거

③ 분자량 최대 수백인 물질(펄빅산, 농약, 음이온 계면활성제 등)의 분리 가능

(4) 역삼투압(Reverse Osmosis)

① 분리 메커니즘은 용해 및 확산임

② NaCl 제거율 93% 이상

③ 모든 입자와 이온성분을 분리 가능함

② 분리막 모듈 형태에 따른 분류

(1) 판형(PL ; Plate & Frame), 평막 Disc형

① 구조
- 각 모듈간격 조절 가능
- 고농도 현탁물질 함유된 원수에 적용 가능

② 장점
- 모듈간격 조질 가능으로 고농도 현탁불질 함유 원수에 적용 가능
- 분해조정 가능(단독으로 하나만 처리할 때)
- 교체비용이 적음

③ 단점
- 초기 투자비가 많이 듦
- 막세척이 어려움

(2) 관형(Tubular Type)

① 구조
- 내압용기 안에 파이프 형상의 분리막 Element를 여러 개 모아 놓은 형태
- 대부분 내압식으로 운전하며 스펀지볼로 세정

② 장점
- 고형분이 많은 처리액 조작에 용이
- 막교체 용이
- 세정 용이

③ 단점
- 단위 유량당 가장 높은 에너지 소비
- 설치면적이 큼

(3) 중공사형(Hollow Fiber Type)

① 구조
빈 공간이 있는 섬유성 실을 수천 개에서 수만 개 배열한 형태

② 장점
- 높은 표면적(A/V)
- 최소의 에너지 소비량
- 가장 적은 체류 부피

③ 단점
- 조작압력범위가 낮음
- 내압식 경우 유로 폐쇄 발생 크고, 압력손실이 큼

(4) 나권형(Spiral Wound Type)

① 구조
입구가 한쪽인 봉투와 같은 평막 사이에 생산수가 흐를 수 있는 공간을 두고 막과 막 사이에 Mesh Space를 두어 원수가 흐를 수 있는 구조

② 장점
- 높은 운전압력 가능
- 낮은 체류공정 가능
- Compact함
- 에너지소비량과 교체비용기준으로 경제적임

③ 단점
- 스페이서 오염 시 세척이 어려움
- 운전압력 강하가 큼

3 Membrane 재질에 따른 분류

(1) Organic Membrane

① 유기고분자 화합물
② CA. PA → PE. PES → PVDF → PTFE로 발전
③ 내열성 · 내약품성이 낮음

(2) Inorganic Membrane(Metal, Ceramics, Glasses)

① 유기막에 비해 내열성 · 내약품성이 강함

② 외부 충격에 약함(Glasses 경우)

③ 고가임

❹ Membrane 제조방법

(1) 열유도상 전이방법(TIPS)

① Thermally Induced Phase Separation

② Melting – Blending 처리된 용액을 냉각시키는 과정에서 분리막을 만드는 방법

③ 층구조

(2) 비용매상전이방법(NIPS)

① Non – solvent Induced Phase Separation

② 고분자와 용매 간의 열역학적 불안정성을 이용하여 분리막을 만드는 방법

③ Skin 구조

⋯02 Membrane Fouling Control

❶ Membrane Fouling Control

(1) 막오염

① 처리수 Flux 감소 ⎤
② 처리수 수질악화 ⎦ RO System의 설계와 운전의 중요인자

(2) 오염인자 분류

① Scale

② Silt(Particle)

③ Bacteria(Bio Fouling, Growth of Bacteria)

④ Organic Fouling(Oil, Grease)

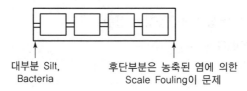

대부분 Silt,   후단부분은 농축된 염에 의한
Bacteria   Scale Fouling이 문제

2 Silt Density Index

① Silt는 여러 가지 물질에 의해 막표면에 형성됨

② Source : 유기 콜로이드, 철부식물, 침전된 철수산화물, 조류, 미세 Particle(미세미립자) 등

③ SDI : NF 또는 RO에서 콜로이드나 미세미립자에 의한 Fouling 비율을 추정하는 데 사용되는 통용된 방법이다. 즉, Fouling Potential 측정방법이다.

④ 탁도와 SDI 직접적 관계는 없음

⑤ NTU 1 이하, SDI 5 이하는 동일의 아주 낮은 오염속도를 보임

⑥ ASTM Standard D4189에 정의됨

⑦ Kolloid Index(KI) 또는 Fouling Index(FI)라고도 함

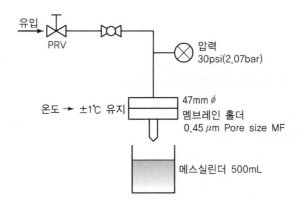

• 초기 500mL 투과시간측정
• 5분, 10분, 15분 후 500mL 통과시간 측정
• SDI 15 → 기준
        5, 10분 단지 15분 추정치로 쓰임(운전온도는 ±1.0℃로 유지해야 됨)
• SDI 값은 Membrane Filter 제조업체에 따라 달라지므로, 서로 비교할 수 없음
• % $P_{30} = [1 - R] \times 100$
• SDI = $\% P_{30} \div$ Elapsed Time(min)

$$SDI = \frac{\left[1 - \dfrac{t_i}{t_f}\right] \times 100}{t_t}$$

여기서, t_i : 초기 500mL 수집 시간(초)

t_f : 2번째 마지막 500mL 수집시간(초)

t_t : 총 통과시간(5, 10, 15)

[RO 설비에서의 SDI 값]
- SDI < 1 : Several Years Without Colloidal Fouling
- 1 ≤ SDI < 3 : Several Months Between Cleaning
- 3 ≤ SDI ≤ 5 : 잦은 세정 필요
- SDI > 5 : Unacceptable, 전처리 필요

[NF 경우]
Spiral Would Type SDI < 5, Hollow Fine Fiber SDI < 3 권장

[SDI 시간과 측정값 범위]
- SDI 5 : RANGE 0~20
- SDI 10 : RANGE 0~10
- SDI 15 : RANGE 0~6.67
- SDI 15 = 1.4인 경우 PF(Plugged Friction)→ PF = 1.4/6.7 × 100 = 21% Plugged

▪▪▪ 03 해수담수화 시설

1 해수담수화 특징과 유의사항

① 특징
- 계절 영향을 받지 않고 안정된 수량 확보 가능
- 장기적 댐 건설기간 대비 상대적 단기간 건설 가능
- 지표수 취수에 따른 관련 기관의 복잡한 문제 발생이 적고 수도사업자가 독자적 도입 가능

② 유의사항
- 전형적 방법에 비해 전기요금 막교체비용 등 운영비가 고가
- 에너지 절약대책, 농축해수의 생태계 영향에 대한 대책 수립 필요

② 해수담수화시설의 도입계획

해수담수화시설 도입과 시설규모 결정 시에는
① 지표수계 수원개발의 가능성과 안정성 그 전망(갈수기 고려)
② 지표수계 수원개발과 해수담수화로 생산된 물의 가격비교 및 입지조건
③ 지표수 수원과 해수담수화시설의 종합적 운영방법 등을 포괄적으로 검토한다.

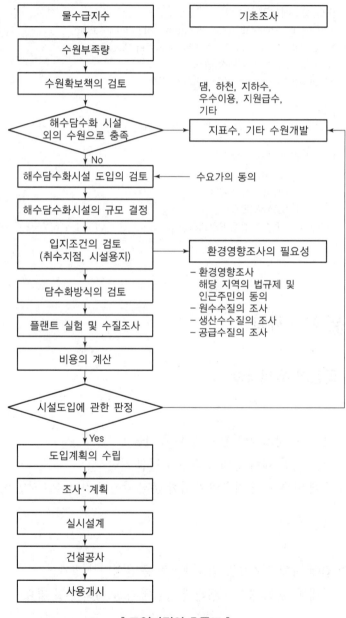

▌도입과정의 흐름도 ▌

❸ 해수담수화시설 고려사항

해수담수화시설에는 다음 각 항목에 대하여 고려한다.

1. 역삼투막 모듈에 대하여 막 모듈 공급업체에서 요구하는 수준의 SDI 및 허용탁도 이하의 해수를 공급하기 위한 전처리설비 및 막투과수의 pH 조절이나 필요에 따라 경도를 조절하기 위한 후처리설비 또는 담수를 혼합하는 설비를 설치하는 등의 설비구성을 고려한다.
2. 생산된 물의 수질에 대해서는 보론과 트리할로메탄이 「먹는물 수질기준」에 적합하도록 유지한다.
3. 역삼투설비의 계열 수는 유지관리나 사고 등으로 인한 운전정지를 고려하여 2계열 이상으로 한다.
4. 해수담수화시설을 설치하는 장소는 가능한 한 청정한 해수원수를 취수할 수 있고, 농축해수를 방류하는 데 따른 환경영향을 고려하여 선정한다.
5. 운영비용을 저감시키기 위하여 에너지절약대책을 강구하고 회수율을 높이는 등 에너지 효율 제고 방안을 고려한다.
6. 시설이나 배관의 부식방지대책을 마련한다.
7. 자연재해, 기기의 사고, 수질사고 등에 대한 안전대책을 강구하고 시설에 기인되는 소음 등 환경에 나쁜 영향을 미치지 않도록 유의한다.

① 먹는물 수질기준 : 브롬산염 0.01mg/L, THM 0.1mg/L
② 해수 중의 브롬(Br)이온(60~70mg/L)의 일부(0.4~0.5mg/L)가 막을 투과하며 생산수를 염소처리함으로써 브롬이온이 산화되어 브롬산이온으로 되며, 트리할로메탄의 전구물질인 천연유기물질과 반응하여 브롬계의 트리할로메탄이 증가하기 때문에 총트리할로메탄 생성량이 증가한다. 그 때문에 해수에 혼합된 지표수의 영향으로 트리할로메탄 생성능이 높은 경우에는 전처리를 통한 해수의 수질 향상 등의 대책을 강구해야 한다.

❹ 원수시설

1. 계획취수량은 필요한 생산수량에 역삼투설비의 회수율을 고려하고, 작업용수량과 그 외의 손실수량을 감안하여 결정한다.
2. 취수설비의 방식과 위치는 충분한 수량을 안정적으로 취수할 수 있고, 가능한 한 청정하고 안정된 수질을 얻을 수 있는 지점을 선정한다.
3. 취수설비에는 해저생물의 부착, 모래나 슬러지의 부유 및 침강에 따른 장애나 파랑 등의 영향을 고려하여 대책을 강구한다.

취수방식 : 대용량 취수방식, 중규모 취수방식, 소규모 취수방식

5 조정설비

전처리설비의 설치는 다음 각 항에 따른다.

1. 전처리설비는 막에 요구되는 공급수의 청정도를 나타내는 SDI가 4.0 이하가 되도록 안정적으로 처리할 수 있는 설비로 한다.
2. 처리방식은 해수원수 중의 탁도 또는 현탁물질의 다소에 따라 적절한 방법을 선정한다.
3. 응집제를 사용하는 경우에는 염화제2철을 사용한다.
4. 여과수조(전처리수조)는 여과장치가 세척 중에도 막모듈에 안정적으로 해수를 공급할 수 있도록 충분한 용량을 가져야 하며 외부로부터 오염되지 않는 구조이어야 한다.

▼ 전처리방식의 일반적인 비교의 예

방식 / 항목	응집침전여과방식	직접응집여과방식	무약주여과방식	해안우물방식
개요	탁도가 10~20NTU 이상	탁도가 1~10NTU 이상	탁도가 1NTU 이상	RO에 직접 공급 가능
공정 배열	염소 → 원수 → 응집(응집제) → 침전 → RO ← 여과	염소 → 원수 → 응집·여과(응집제) → RO ← 여과	염소 → 원수 → 여과 → RO	염소 → 우물 → RO
특징	• 안정된 수질을 얻을 수 있다. • 설비면적이 크다.	• 유지관리가 용이하다. • 설비면적이 작다.	• 유지관리가 용이하다. • 일반적으로는 RO 공급수로서는 불충분한 수질로 된다.	스케일성분을 포함하는 경우가 많다 (수질조사가 필요).
비고	짠물을 원수로 하는 경우	청정해수를 원수로 하는 경우	간이장치용	채택하는 예는 극히 한정된다.

해수 pH는 7.7~8.2로 높고 탁도가 낮아서 쉽게 응집되지 않으므로 넓은 응집력을 가지며 단단하고 침강성 좋은 플록을 형성하는 $FeCl_3$를 표준으로 한다.

6 역삼투막 및 막모듈

① 처리성, 내구성, 내화학성 등을 고려하여 선정
② 막의 종류에 따라 미생물 영향이나 스케일 형성 방지 위한 대책 강구

7 역삼투설비

역삼투설비는 다음 각 항에 따른다.

1. 공급수 중의 이물질로 고압펌프와 막모듈이 손상되지 않도록 하기 위하여 고압펌프의 흡입 측 공급수 배관 계통에 스트레이너(보호 필터, 카트리지 필터)를 설치한다.
2. 고압펌프의 운전압력은 막모듈의 허용압력, 수온 및 회수율 등을 고려하여 동력비가 가장 경제적으로 되도록 설정한다.
3. 고압펌프는 효율과 내식성이 좋은 기종으로 하며 그 형식은 시설규모 등에 따라 선정한다.
4. 동력회수장치는 에너지 효율성 증대를 위해 설치를 장려하고, 그 형식은 효율, 운전조작성 및 유지관리의 용이성 등을 고려하여 선정한다.
5. 고압펌프가 정지할 때에 발생하는 드로백(Draw-back 또는 Suck-back)에 대처하기 위하여 필요에 따라 드로백수조(담수수조겸용의 경우도 있다)를 설치한다.(투과수가 역류하는 형태)
6. 막모듈은 플러싱과 약품세척 등을 조합하여 세척하며, 장기간 운전중지하는 경우에 막보존액으로는 중아황산나트륨 등을 사용한다.
7. 해수담수화시설에서 생산된 물은 pH나 경도가 낮기 때문에 필요에 따라 적절한 약품을 주입하거나 다른 육지의 물과 혼합하여 수질을 조정한다.
8. 막의 손상과 같은 고장을 곧바로 용이하게 발견할 수 있어야 하고 고장 난 모듈을 쉽게 교환할 수 있도록 한다.

[동력회수터빈의 형식]

① **펠톤(Pelton)형** : 고압, 소용량, 저용량, 효율 높음. 터빈효율이 80% 이상임
② **역전펌프형** : 터빈효율이 75~80%임
③ **터보차저형** : 농축 해수의 압력에너지를 터보차처에 의하여 압력으로 변환함
④ **등압형(Isobaric Type)** : 두 개의 평행한 원통형의 통으로 구성되며 내부에 피스톤이 설치되어 있음. 고압의 농축수와 저압의 유입 해수와의 직접적인 접촉으로 압력이 전달되는 형태임

8 방류설비

방류설비는 다음 각 항에 따른다.

1. 배출수처리는 배출수 기준 이하가 되도록 pH 조정, 폭기처리, 중화 등의 처리를 하여 농축해수와 혼합하여 방류하는 것이 바람직하다. 다만, 막모듈의 세척폐액은 세척액의 종류에 따라 오염도가 높은 경우에는 하수도에 방류할 수 있다.
2. 방류방식이나 방류위치는 방류량이나 해역의 상황 등을 고려하고 방류해수가 방류해역의 생태계에 미치는 영향이 최소가 되도록 하여 방류방식과 위치를 선정한다.

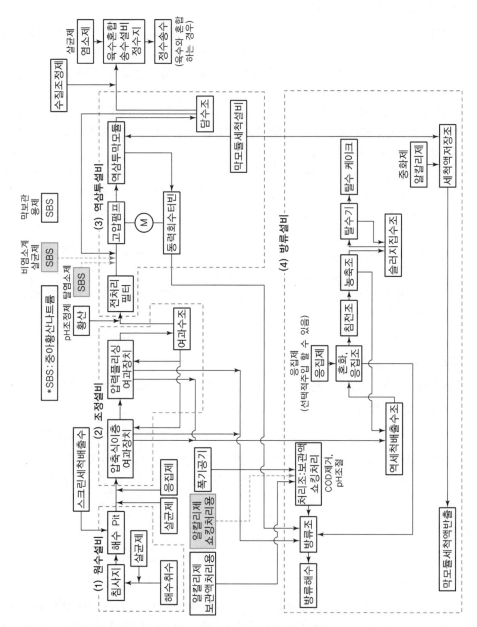

┃ 해수담수화시설 플랜트의 구성도 ┃

SECTION

03 하수 재이용

┈01 용어의 정의

① 물의 재이용

빗물, 오수, 하수치리수, 폐수처리수 및 온배수 물 재이용 시설을 이용하여 처리하고 처리수를 생활, 공업, 농업, 조경, 하천 유지 등의 용도로 이용하는 것을 말함

② 물 재이용시설

빗물이용시설, 중수도, 하·폐수처리수 재이용시설 및 발전소 온배수 재이용시설을 말함

③ 빗물이용시설

건축물의 지붕면 등에 내린 빗물을 개별적으로 모아서 이용할 수 있도록 처리하는 시설

④ 빗물처리시설

강우 초기 집수면으로부터 유출되는 오염도 높은 초기 빗물을 처리하거나 배제할 수 있는 시설이나 또는 빗물의 사용용도에 적합한 목표수질을 유지하기 위해 활용하는 여과, 소독 등의 방법으로 처리하는 시설

⑤ 중수도

개별시설물이나 개발사업 등으로 조성되는 지역에서 발생하는 오수를 공공하수도로 배출하지 아니하고 재이용할 수 있도록 개별적 또는 지역적으로 처리하는 시설

⑥ 하·폐수처리수 재이용시설

하수처리수 또는 폐수처리수를 재이용할 수 있도록 처리하는 시설 및 그 부속시설, 공급관로

⑦ 발전소 온배수

취수한 해수를 발전소(원자력발전소 제외)의 발전과정에서 발생한 폐열을 흡수하는 냉각수로 사용하여 수온이 상승된 상태로 방출되는 배출수

⑧ 발전소 온배수 재이용시설

발전소 온배수를 재이용할 수 있도록 처리하는 시설 및 그 부속시설, 공급관로

⁝⁝02 물 재이용시설의 기본계획

1 기본계획 수립방안

(1) 물 재이용 기본계획

「물의 재이용 촉진 및 지원에 관한 법률」 제5조에 의해 환경부 장관이 10년마다 물 재이용 정책위원회의 심의를 거쳐 수립 · 시행하는 종합적인 기본계획 물 재이용 기본계획에는 다음의 사항이 포함되어 있다.

① 물 재이용 여건에 관한 사항
② 처리수의 수요 전망 및 공급 목표에 관한 사항
③ 물 재이용 시책의 기본방향 및 추진전략 등에 관한 사항
④ 물 재이용 관련 기술의 개발 및 보급계획
⑤ 물 재이용 사업에 드는 비용의 산정 및 재원조달계획에 관한 사항
⑥ 그 밖에 물의 재이용 촉진에 관한 사항으로서 대통령령으로 정하는 사항

상기 ⑥번 항목의 대통령령으로 정하는 사항은 다음의 사항을 의미한다.
㉠ 「물의 재이용 촉진 및 지원에 관한 법률」 제2조 제1호에 따른 처리수의 생산 · 사용 촉진을 위한 연구 · 개발 및 그 활용을 위한 시책
㉡ 물 재이용 관련 기술인력의 육성에 관한 대책
㉢ 물 재이용 산업의 국제경쟁력 강화와 국외진출 지원 방안
㉣ 물 재이용에 관한 홍보전략

(2) 물 재이용 관리계획

특별시장 · 광역시장 · 특별자치도지사, 특별자치시장 및 시장 · 군수(광역시의 군수는 제외)가 물 재이용 기본계획에 따라 관할 지역에서의 물의 재이용 촉진을 위해 수립한 계획을 의미하며, 물 재이용 관리계획에는 다음의 사항이 포함되어 있다.

① 관할 지역 내 물 수급 현황 및 물 이용 전망
② 물 재이용시설 설치 · 운영 현황
③ 물 재이용 수요량 전망
④ 물의 재이용 관련 분야별 실행 가능 목표량 및 용도별 보급계획
⑤ 물의 재이용이 하류 하천의 하천유지유량 및 하천수 사용에 미치는 영향 및 대책
⑥ 물의 재이용 촉진을 위한 단계별 대책 및 사업계획에 관한 사항

⑦ 물의 재이용 사업비용의 산정 및 재원조달계획에 관한 사항

⑧ 물의 재이용 홍보에 관한 사항

⑨ 그 밖에 관련 조례로 규정한 사항

(3) 빗물이용시설의 기본계획 수립방안

① 빗물이용시설의 기본계획은 다음 사항을 반영하여 수립한다.
- 국가의 '물 재이용 기본계획' 및 해당 지방자치단체에서 수립된 '물 재이용 관리계획'에서 제시한 목표연도에 따른 중·장기적인 목표량, 그리고 투자여건 및 재원조달계획과 일관성을 갖도록 계획한다.
- 기본적으로 의무대상시설 및 비의무대상시설을 고려하되, 특히 비의무대상시설의 경우 실질적인 재이용의 활성화를 고려한 기본계획을 수립함을 원칙으로 한다.
- 빗물이용시설을 계획할 때에는 토지이용 특성, 주변 환경 및 여건, 용수 이용 및 집수면 현황 등 대상지역에 대한 종합적인 판단을 통해 기본계획을 수립한다.

② 빗물이용시설을 계획할 때에는 다음과 같은 기본원칙을 따른다.
- 시설계획의 초기 단계부터 융통성 있게 계획한다. 다만, 기 계획수립이 완료된 경우 큰 설계변경이 따르는 시스템의 계획은 피한다.
- 빗물이용시설의 계획은 입지적 여건, 지형적 여건, 지역사회의 특성 등을 고려한다.
- 집수면은 지붕면, 오염되지 않은 녹지 등 양호한 수질을 얻을 수 있도록 설정하여, 빗물에 포함된 이물질을 제거하는 데 소요되는 비용을 최소화한다.
- 저류조의 용량은 대상지역의 강우 특성, 사용수량 등 지역 특성과 목적을 고려하여 결정한다.
- 시설은 토지이용이 효율적인 적합한 위치에 설치한다.
- 자동화 및 원격 시스템 등을 도입하여 유지관리의 편리성을 고려한다.
- 지속적으로 운영될 수 있도록 시설의 소유권과 운영 주체를 명확히 한다.
- 이용하지 않는 빗물은 적극적으로 침투를 유도한다.
- 재난상황 시 빗물을 비상용수로 활용할 수 있도록 계획한다.

(4) 중수도 기본계획 수립방안

① 국가의 '물 재이용 기본계획' 및 해당 지방자치단체에서 수립한 '물 재이용 관리계획'에서 제시한 목표연도에 따른 중장기적인 목표량, 그리고 투자여건 및 재원조달계획과 일관성을 갖도록 계획한다.

② 기본적으로 의무대상시설 및 비의무대상시설을 고려하되, 특히 비의무대상시설의 경우 중수도 설치 후 실질적인 재이용의 활성화를 감안한 기본계획 수립을 원칙으로 한다.

③ 개발사업 및 특정 시설물을 대상으로 하는 중수도 계획은 비교적 정확한 자료에 기준을 두어 설계하여야 하므로 가능한 한 정확한 기본사업 계획을 통해 수립한다.

(5) 하 · 폐수처리수 재이용시설의 기본계획 수립방안

① 국가의 '물 재이용 기본계획' 및 해당 지방자치단체에서 수립한 '물 재이용 관리계획'에서 제시한 목표연도에 따른 하수처리수 및 폐수처리수의 재이용수에 대한 중장기적인 목표량, 그리고 투자여건 및 재원조달계획과 일관성을 갖도록 계획하여야 한다.

② 재이용 용도에 따라 해당 상위계획 및 해당 지역의 제반 여건을 검토하여 계획한다.

③ 폐수처리수 재이용은 산업단지를 대상으로 공업용수 재이용 사업의 타당성을 분석한다. 이때 지역 물수요관리 특성, 폐수처리수 재이용 수량, 이격거리, 오염총량제 시행 여부, 공업용수 부족량, 경제성 등을 고려하여 계획한다.

② 물 재이용시설의 계획수립 절차

(1) 빗물이용시설 계획수립 절차

① 목표기능, 기상조건, 규모, 다른 수자원과의 연계성, 경제성 등의 검토 조건 파악
② 빗물이용시설의 개략 선정 및 단위공정의 세부사항 결정
③ 기본계획의 내용에 따라 기본설계와 실시설계 수행

(2) 중수도의 계획수립 절차

① 사회적 조건, 중수도의 필요성 등 검토조건 파악의 단계
② 공급대상구역의 설정, 용도의 설정, 공급량의 산출, 원수의 설정, 원수량 및 공급량의 비교 등 개략사항 설정

③ 수질기준에 적합한 중수도 처리방식의 선정 및 단위공정, 급배수방식 및 유지관리방식 등 세부사항 결정

④ 기본계획의 내용에 따라 기본설계와 실시설계 수행

(3) 하·폐수처리수 재이용시설의 계획수립 절차

① 하·폐수처리수를 재이용하거나 이를 필요로 하는 수요처, 하·폐수처리시설의 처리수 공급 여건, 하류하천의 하천유지유량에 미치는 영향 분석과 그 대책, 재이용시설의 위치 및 규모의 적정성, 계획수량과 계획수질의 적정성 등 검토조건 파악의 단계

② 용도별 수질기준에 적합한 하·폐수처리수 재이용시설의 처리방식의 선정 및 단위공정, 송수방식 및 유지관리방식 등 세부사항 결정

③ 기본계획의 내용에 따라 기본설계와 실시설계 수행

④ 공공하수도관리청에서 재정사업으로 시행하는 경우와 민간투자사업으로 시행하는 경우에 대해 정해진 별도의 추진절차 이행

3 물 재이용시설 설치 의무대상

(1) 빗물이용시설 설치대상

「물의 재이용 촉진 및 지원에 관한 법률」에 따라 "종합운동장, 실내체육관 및 공공청사, 공동 주택, 학교, 대규모점포, 골프장"을 신축·증축·개축 또는 재축하려는 자는 빗물이용시설을 설치·운영하여야 한다.

(2) 중수도 설치대상

① 숙박업, 목욕장업, 대규모점포, 운수, 물류, 업무, 교정, 방송국 및 전신전화국 등 건축 연면적 6만 제곱미터 이상인 시설을 신축·증축 또는 재축하는 경우

② 폐수배출량이 1,500m³/일 이상인 공장·발전시설

③ 국가, 지방자치단체, 공기업 또는 지방공기업이 시행하는 택지·산업단지·도시·관광단지의 개발사업

④ 지방자치단체 조례가 정하는 시설물

⑤ 복합건축물의 주 용도가 설치의무대상에 해당될 경우 전체 건물의 건축연면적이 6만 제곱미터 이상이면 중수도 설치

4 빗물이용시설 계획수립 시 검토사항

(1) 기후

빗물이용시설 계획수립 시 다음과 같이 계절별 기온 특성, 강우 특성, 증발량 등을 고려해야 한다.

① 계절별 기온 특성
- 계절적으로 주기성 및 물 사용량과 밀접한 관계가 있음
- 여름철의 경우 주택뿐 아니라 분수, 연못, 폭포 등의 수량 검토
- 겨울철의 경우 융설 및 결빙 특성을 포함시킬 필요가 있음

② 강우 특성
- 여름철 강우편중에 대한 피해가 없도록 조치
- 10년 정도의 데이터를 이용하여 풍수년과 갈수년의 특성을 파악
- 집수관 계통은 최대 강우강도를 고려, 저류시설은 집수능력을 상회하는 배수능력을 갖도록 함

③ 증발량
빗물을 실개천, 연못 등과 같이 순환 이용, 살수하는 경우에는 증발로 인한 손실수량을 고려

(2) 대상지역의 여건

빗물이용시설 계획을 수립할 때에는 입지적, 지형적 및 지역사회의 수용 가능성 등에 대한 상위 계획을 조사하여야 한다.

① 입지적 여건
- 지역 구분(도시, 농촌 및 도서지역)
- 가뭄/침수피해 이력
- 방류 하천 및 하수도 계획
- 생태 환경 및 자연경관 자원

② 지형적 여건
- 표고 및 경사 : 자연유하 및 송수에너지 확보 여부 검토 필요
- 토질 및 지하수위 : 목표 침투용량을 확보할 수 있는지 검토 필요

③ 지역사회의 수용 가능성(Community Acceptance)

(3) 토지 이용 특성

빗물이용시설의 계획, 설계는 주거, 상업/업무, 산업, 공원/녹지 등 대상지역의 토지이용 계획에 따른 용지 및 용수 확보, 물 사용유형 등을 고려하여 실시. 빗물이용시설의 계획 시 토지이용 계획을 검토하여 추가적인 용수 확보, 빗물 및 오염물질의 유출 저감, 물 순환 개선 등의 도시 환경성을 향상시킬 수 있도록 해야 한다.

(4) 빗물이용시설의 용량 계획 및 집수면

① 빗물이용시설의 규모는 옥상녹화사업 등과 같이 집수에 영향을 주는 시설을 제외한 지붕의 빗물집수면적(m^2)에 0.05m를 곱한 규모 이상의 용량으로 한다.
단, 골프장은 연간 물 사용량의 40% 이상을 활용할 수 있는 용량으로 한다.

② 옥상녹화면에서 집수하는 경우 조성공법과 비녹화면적의 유출 특성의 차이를 고려하여 집수 가능량을 산정한다.

$$집수\ 가능량(m^3) = 유출계수 \times 강우량(mm) \times 집수면적(m^2) \times 10^{-3}$$

(5) 초기빗물처리시설

초기 빗물은 대상 지역의 강우량을 누적유출로 환산하여 최소 5mm 이상의 강우량으로 하며 초기 오염물 배제 또는 처리를 고려한다.

(6) 빗물이용시설의 목표효율

빗물이용시설의 목표효율은 빗물이용률, 상수대체율, 사이클수, 사용일수 등을 산정하여 경제적인 규모로 결정

(7) 빗물처리기술

빗물이용시설의 계획, 설계 시 활용용도별 목표 수질을 만족, 유지관리가 용이한 처리방식을 수립

5 중수도 계획 수립 시 검토사항

(1) 중수설치 의무대상의 판단

(2) 상주인원의 구성

중수도 용량 결정에 주요 요인임, 용도별 사용수량 조사결과에 의거하여 연면적당 상주 (유동) 인원으로 산정한다.

(3) 중수도 원수의 종류

① 화장실 세정수, 세면·손 씻는 물, 바닥 청소수, 주방 등 4가지 용도의 배수를 원수로 한다.
② 어느 용도의 배수를 원수로서 선택할지는 수량·수질의 안정성, 용도, 사용형태, 처리 기술, 비용 등을 고려하여 결정한다.

(4) 처리공정 선정 시 고려사항

① 시설의 방식, 설계제원 및 배치 등에 대하여 합리성, 안정성, 경제성 및 유지관리 측면을 종합적으로 검토한다.
② 각 시설의 기본조건을 검토하고 각각의 건설비 및 유지관리비를 기초로 급수 원가를 산출함과 아울러 그 시설의 합리성 및 안정도 등을 고려하여 최적의 계획을 설정한다.
③ 중수도의 구조 및 재질은 수압, 토압 및 그 밖의 하중과 외력에 대하여 충분한 내력과 방수성이 있어야 하며, 하수계의 중수도 원수는 일반적으로 부식성이 강하므로 시설의 내식에도 충분히 유의해야 한다.

6 하·폐수처리수 재이용시설 계획 수립방안

(1) 하·폐수처리수 재이용수의 용도 및 수요조사

① 재이용수 용도에 따른 제한조건
② 수요처 및 수요량 적정성 검토

▼ 하·폐수처리수 재이용의 대표적 용도 및 제한조건

구분	대표적 용도	제한조건
공업 용수	• 냉각용수 • 보일러 용수 • 공장내부 공정수 및 일반용수 • 기타 각 산업체 및 공장의 용도	일반적인 수질기준은 설정하되 공업용수는 기본적으로 사용자의 요구수질에 맞추어 처리하여야 하므로 산업체 혹은 세부적인 용도에 따른 수질 기준은 지정하지 않음
도시 재이용수	• 주거지역 건물외부 청소 • 도로 세척 및 살수 • 기타 일반적 시설물 등의 세척 • 화장실 세척용수 • 건물 내부의 비음용, 인체 비접촉 세척용수	• 도시지역 내 일반적인 오물, 협잡물의 청소 용도로 사용하며 다량의 청소용수 사용으로 직접적 건강상의 위해 가능성이 없는 경우 • 비데 등을 통한 인체 접촉 시와 건물 내 비음용·비접촉 세척 시에는 잔류물 등에 의한 위생상 문제가 없도록 처리하여야 함
하천 유지용수	• 하천의 유지수량을 확보하기 위한 목적으로 공급되는 용수 • 저수지, 소류지 등의 저류량을 확대하기 위한 목적으로 공급	기존 유지용수 유량 증대가 주된 목적이므로 수계의 자정용량을 고려하여 재이용수의 수질을 강화시킬 수 있음
농업 용수	• 비식용 작물의 관개를 위하여 전량 또는 부분 공급하는 용도 • 식용농작물 관개용수의 수량 보충용으로 인체 비유해성이 검증된 경우 　－직접식용은 조리하지 않고 날것으로 먹을 수 있는 작물 　－간접식용은 조리를 하거나 일정한 가공을 거친 후에 식용할 수 있는 작물	기존 농업용수 수질을 만족하여야 하나, 관개 용수의 유량 보충 시 농업용수 수질 이상 처리하여야 함
조경 용수	• 도시 가로수 등의 관개용수 • 골프장, 체육시설의 잔디 관개용수	• 주거지역 녹지에 대한 관개용수로 공급하는 경우로 식물의 생육에 큰 위해를 주지 않는 수준이어야 함
친수 용수	• 도시 및 주거지역에 인공적으로 건설되는 수변 친수지역의 수량 공급 • 기존 수변지구의 수량 증대를 통하여 수변 식물의 성장을 촉진시키기 위하여 보충 공급 • 기존 하천 및 저수지 등의 수질 향상을 통하여 수변휴양(물놀이 등) 기능을 향상시킬 목적으로 보충 공급되는 용수	• 재이용수를 인공건설된 친수시설의 용수로 전량 사용하는 경우, 친수 용도에 따라 재이용수 수질의 강화 여부를 결정 • 일반 친수목적의 보충수는 기존 수계 수질을 유지 혹은 향상시킬 수 있어야 하며 목적에 따라 재이용수의 처리정도를 강화할 수도 있음

구분	대표적 용도	제한조건
습지 용수	• 고립된 소규모 습지에 대한 수원으로 사용하는 경우 • 하천유역의 대규모 습지에 대한 주된 수원으로 공급하는 경우	습지의 미묘한 생태계에 악영향을 미치지 않도록 영양소 등의 제거와 생태영향 평가를 거쳐 공급하여야 함
지하수 충전	• 지하수 함양을 통한 지하수위 상승 목적 • 지하수자원의 보충용도	지하수계의 오염물질 분해제거율과 축적 가능성을 평가하여 영향이 없도록 공급하여야 함

(2) 기존 하·폐수처리장에 재이용시설의 설치 시 고려사항

① 기존 하수처리장 주요 시설의 제원, 향후 시설증대 및 추가처리시설 설치계획, 하수처리장 시설용량 및 하수처리량, 유입 및 방류수질, 하수처리방식(공법) 등의 운영현황을 종합한 설치 및 운영실태 정밀분석을 실시한다.

② 기존 하수처리장의 고도처리, 3차 처리 및 총인처리시설 등의 운영현황 검토하여 처리수질이 기준 이내일 때는 단순공급시설과 관로를 설치하여 공급할 수 있다.

③ 하수처리장의 신설, 기존 하수처리장의 고도처리시설 개량, 총인 및 3차 처리시설의 설치 시 중복투자를 검토한다.

(3) 하·폐수처리수 재이용을 위한 계획수량 및 수질의 결정

① 계획수요량 결정을 위해서 도시개발계획, 하수도정비계획, 수도정비기본계획, 하천정비계획, 오염총량관리계획 등 관련 계획을 종합 검토할 필요가 있다.

② 계획수질은 재이용수의 용도에 따라 하·폐수처리수 재이용수의 용도별 수질기준 준수할 수 있도록 계획한다.

③ 물 재이용 기본계획 및 물 재이용 관리계획 등 물 재이용 정책의 통일성 및 연관성을 검토하여 결정한다.

(4) 하·폐수처리수 재이용시설의 규모

① 수처리의 효율성
② 공급수의 수질 변동성
③ 수요처의 수요량에 맞도록 결정

(5) 하 · 폐수처리수 재이용시설의 위치

원칙적으로 하 · 폐수처리시설 부지 안에 설치, 다음의 경우에는 하수처리장 부지 외에도 설치할 수 있다.

① 하 · 폐수처리시설 부지가 좁은 경우
② 하 · 폐수처리시설 부지 밖에 설치하는 것이 부지 안에 설치하는 것보다 시설 설치비가 덜 드는 경우

(6) 발생폐수(농축수, 역세척수) 및 슬러지 처리방안 수립

① 하 · 폐수처리수 재이용시설의 운영에 따라 발생하는 공정폐수나 농축수, 또는 소량의 슬러지 등은 하수처리장에 반송하거나 별도의 처리시설을 운영하여 방류수수질기준에 적합하도록 처리하여 방류하여야 한다.
② 재이용시설을 공공하수처리시설 부지 내에 설치할 경우, 재이용시설에서 발생되는 공정폐수는 하수처리장에서 연계 처리할 수 있다. 다만, 이러한 경우 공공하수도관리청과 협의하여야 하며, 공공하수처리시설의 정상 운전에 지장을 초래할 수 있는 정도의 부하량을 보낼 경우에는 추가적인 처리대책을 강구하여야 한다.
③ 하수처리수 재이용수를 공업용수로 재이용하는 경우, 설치하는 재이용시설(역세를 하지 아니하고 물리적으로만 처리하는 시설 제외)은 폐수배출 시설로 관리하여야 한다.

(7) 하 · 폐수(공업용수) 재이용시설 계획수립 시 경제성 분석 및 전 과정 비용분석

03 빗물이용시설

1 용도별 수질기준

빗물이용에서의 수질기준은 중수도 수질기준과 하수처리수 재이용수 수질기준에 준용할 수 있다. 다만, 양호한 빗물의 양호한 수질을 확보할 수 있는 측면을 감안하여 심미적 영향물질(pH, 탁도)의 제거와 미생물학적 안전성(총대장균군)을 확보하도록 수질기준을 권장한다.

▼ 빗물이용시설 수질 권고기준

분석항목 \ 빗물이용용도	비음용수	
	인체비접촉 용수	인체접촉 용수
pH	5.8~8.5	
탁도(NTU)	5 이하	2 이하
총대장균군	–	불검출

② 빗물이용시설의 설계방안

(1) 설계요소

① 집수시설

② 처리시설

③ 저류시설

④ 송수 · 배수시설

(2) 집수시설

① 집수면의 설계방안

- 집수면에서 오염물질을 신속히 배제하거나 처리하여 집수할 수 있는 방안을 고려한다.
- 지붕면에서 집수 시 집수면을 한쪽 방향으로 경사를 두어 집수를 위한 횡인관을 줄이도록 한다.
- 옥상녹화나 집수면 부근에 식재 등이 있는 경우에는 루프드레인 또는 낙엽 등의 협잡물 제거를 위한 스크린을 설치한다.
- 건축물 벽면이나 도로 등에서 집수 가능한 경우에는 수질 등을 고려하여 집수 여부를 검토한다.

② 빗물 집수관의 설계방안

- 지붕면을 통해 집수 시 기본적으로 빗물받이를 이용하여 집수용 횡인관의 사용을 최소화한다.
- 집수관의 관경은 집수면적과 시간강우량을 고려하여 빗물이 신속하게 흐르도록 관경을 결정한다.
- 집중 호우 시 불상사가 발생하지 않도록 집수관 계통은 압력차로 인한 영향이 없도록 수두차가 큰 집수관에 대하여 루프드레인, 옥상 월류수 압력배출배관 등을 설치한다.

- 빗물 집수관의 관로연장이 긴 경우에는 배관의 신축 이음을 사용한다.
- 집수장소에 의해 강수가 특히 오염되기 쉽다고 판단되는 경우에는 초기빗물을 배제하거나 처리하여 집수한다. 하지만 초기빗물 배제나 이물질 제거를 위해 제어계측 시설 등의 지나치게 복잡한 시설이 추가되지 않도록 유의하여야 한다.

(3) 처리시설

처리시설은 빗물 이용시설에서 빗물 수질을 향상시키기 위한 방법을 말한다.

① 저류조로 빗물이 이송되기 전에 장치형 시설(필터, 여과, 침전 방식 등)을 설치하거나 다양한 방식의 저영향 개발시설(여과, 처리, 침투, 저류 방식 등)과 연결하여 빗물에 포함되어 있는 오염물질이 저류조로 유입되는 것을 최소화하도록 하여야 한다.

② 일정수준 이상의 수질이 요구되는 빗물을 이용할 경우 침전조, 여과조(모래, 분리막 등)를 사용하되 조류증식이나 스크린 등이 막히는 것을 방지하기 위해 주기적인 점검과 유지관리가 필요하다. 또한 인체접촉이 가능한 용도로 사용할 경우에는 반드시 소독설비(자외선소독, 염소소독 등)를 갖추도록 한다.

(4) 저류시설

① 빗물이용시설의 저류조는 다음과 같이 설계하여야 한다.
　㉠ 재질이 무해하고 간편하게 청소할 수 있어야 한다.
　㉡ 저류조는 압력을 최소화할 수 있는 형상으로 설계한다.
　㉢ 충분한 강도와 내구성을 보유하도록 한다.
　㉣ 구조물의 벽체와 바닥면을 최대한 이용하여 시공할 수 있다.

② 빗물 저류조 설치장소 및 구조의 설계방안은 다음과 같다.
　㉠ 빗물 저류조의 설치장소는 원칙적으로 빗물공급에 동력이 최소로 소요되는 위치로 하며, 호우 시 빗물 유입에 의하여 침수가 발생하지 않도록 설계한다.
　- 설치위치는 빗물 월류수가 자연 배제되는 장소로 설정한다.
　- 건물의 지하에 설치하는 경우에는 비상시와 집중호우 시 등 만수 시 월류수가 하수관거에 자연유하로 배제되고 빗물이용 용도별 공급에너지가 최소가 되도록 위치를 설정한다.
　㉡ 빗물 저류조의 구조는 아래 사항을 검토하여 설계한다.
　- 빗물 저류조는 콘크리트, 파형강, 플라스틱, 스테인리스 등 단일 재질 또는 하나 이상의 복합 재질을 사용하여 설치하되, 내구성과 내후성을 갖춘 재질을 사용하여야 한다.

- 빗물 저류조는 외부로부터의 먼지, 배수, 빗물, 빛 등의 침입을 방지하고 보수점
  검이 용이하도록 각 수조별로 맨홀을 설치한다.
- 기초보에 의한 사공간(Dead Space)이 발생하지 않도록 한다.

© 저류조 내 수질이 안정하게 유지되도록 저류조의 내부구조를 설계한다.

(5) 송 · 배수시설

송 · 배수시설은 빗물 급수수조, 급수펌프, 용도별 사용설비, 계측 및 제어 시스템 등으로 구성되어 있다.

❸ 빗물이용시설의 유지관리

(1) 시설의 관리기준

① 빗물이용시설의 표시
② 배관설비 표시 또는 색상표시
③ 주기적 관리

▼ 유지관리 점검 내용 및 주기 예

시설	점검내용	점검주기			청소 주기	비고
		매월	6월	1년		
집수 설비	집수장소의 퇴적물 및 오물점검		○		1~5년	청소주기는 주변 조건에 따라 변화
	집수장소 주변으로부터의 유입 또는 유출 유무의 점검		○			
	집수시설(지붕, 인공지반슬래브)의 손상 점검		○			
	송수관 내 퇴적물, 오물의 침전조로의 유입, 관로 누수점검			○		
침전조	침전조 내의 침전물, 부유물 점검	○			2년	
	곤충 발생 상황 점검	○				
	구조물 손상 점검			○		
여과조	여재상태, 침전율, 부유물의 점검	○			2년	
	곤충 발생 상황 점검	○				
	구조물 손상 점검			○		

시설	점검내용	점검주기			청소 주기	비고
		매월	6월	1년		
저류조	침전물 점검		○		1~5년	청소주기는 집수장소, 침전조, 여과조 설치의 유무, 구조물 유지 관리 상태에 따라 변화
	경보장치 작동상태 확인		○			
	구조물 손상 점검			○		
	보급수 설비의 작동 점검		○			
	송수펌프의 작동 점검		○			
	맨홀 및 방충망, 스크린 점검		○			
고가 수조	침전물 점검		○		2년	
	경보장치 작동상태 확인		○			
	구조물 손상 점검			○		
	맨홀 및 방충망 점검		○			
	송수관 등의 손상 점검			○		
부속 장치	수위계, 양수기, 유량계, 역류방지 밸브, 월류관 등의 점검			○		
	소독설비 점검			○		
이용 설비	변기의 오염상태, 폐색 등 점검		○			
	살수, 세정용의 오염상태, 급수전 부 착부위 등 점검		○			
	조경시설의 오염상태, 조류, 벌레 등 의 발생 여부 확인		○			
	유입관의 손상 점검					

④ 유입유출수량 및 수질분석 자료 등을 기록

⑤ 계절에 따른 운영

  • 특히 봄철 수질관리 유의

  • 겨울철 수량 및 시설관리에 유의

(2) 운영관리 기준

빗물이용시설은 빗물을 일시 저류하여 활용용도별 용수로 사용하는 것으로 이용 시설과 빗물의 사용용도를 고려하여 운영하도록 한다.

① 평상시에는 처리설비와 급·배수설비의 관리를 통해 안정적인 급수에 필요한 운영을 하도록 한다.

② 강우 시에는 초기빗물을 분리 집수하는 경우는 미리 분리조를 비워두어 초기 빗물을 분리할 수 있도록 하며 처리설비를 미리 점검하도록 한다.

③ 저류조가 만수위가 되었을 경우 집수되는 빗물을 월류하거나 차단할 수 있는 설비가 이상이 없는지 미리 점검하여야 한다.

④ 저류조의 수량과 수질은 수시로 모니터링하여야 하며, 가능하면 온라인 계측기를 설치하여 상시 모니터링하도록 한다.

(3) 유지관리 지침

① 빗물이용시설은 빗물 이용자의 안전을 확보하기 위하여 일상적으로 관리를 수행해야 한다.

② 빗물이용시설의 관리자는 관리대장을 만들어 빗물사용량, 누수 및 정상 가동점검, 청소일시 등을 기재하여야 한다.

③ 빗물이용시설의 일부가 고장 또는 노화에 의하여 일정기준의 수량, 수질이 얻어지지 않을 때는 즉시 수리를 하여야 한다.

④ 빗물이용시설의 운영 관리자는 이에 대한 기준을 준수하며 이상이 발생될 경우 즉시 그 상황을 관계자에게 알리고 이것을 이용하는 시설에 지장을 주지 않도록 조치를 취하여야 한다.

⑤ 빗물이용시설의 운전 및 보수점검에 따른 안전위생은 「산업안전보건법」 등 관련 법규에 의한다.

⑥ 빗물이용시설은 잘못하여 음용하지 않도록 '빗물이용'을 표시한다.

⑦ 빗물집수면은 빗물이용을 위한 집수면이라는 표시를 하여 깨끗하게 관리되도록 한다.

⑧ 해충의 발생을 방지하는 등 지장이 발생하지 않도록 필요한 장치를 강구한다.

⑨ 청소 시 저류조를 비워 작업하는 경우에는 미리 유독가스, 질식성 가스 등의 점검이나 산소결핍 유무 조사를 선행하고, 필요시 환기 등 기타의 조치를 강구한다.

⑩ 빗물이용시설의 처리시설은 빗물의 처리기능이 정상상태로 유지될 수 있도록 주기적으로 슬러지 및 협잡물을 제거하도록 한다.

⑪ 여과형, 침전형, 소독설비 등의 처리시설별 특성에 따라 유지관리에 만전을 기하도록 한다.

⑫ 급수밸브에서 물의 성상(냄새, 색, 부유물질 등)에 대한 변화가 있을 경우 시설 점검을 받도록 한다.

⑬ 동결 가능성이 있는 급수밸브, 배관, 펌프 등은 적절한 시간에 맞추어 차단하거나 비우도록 한다.

⑭ 펌프 등 빗물급수기기 등은 빗물이용시설의 유지관리 점검 내용 및 주기에 의해 점검을 시행하여야 하며, 이때 체크리스트에 점검결과를 기록하고 3년간 보존하여야 한다.

···04 중수도

① 일반사항

(1) 기본요건

중수도는 중수도를 사용하는 수요자의 관점에서 다음의 사항을 고려해야 한다.
- 위생 및 수질상의 안전성
- 시설의 합리성, 안정성, 경제성의 확보

중수도의 용도는 다음과 같다.
① **도시재이용수** : 도로 · 건물 세척 및 살수, 화장실 세척용수 등
② **조경용수** : 도시 가로수 및 공원 · 체육시설 잔디 등의 관개용수
③ **친수용수** : 도시 및 주거지역에 인공적으로 건설되는 실개천 등의 공급용수
④ **하천유지용수** : 하천, 저수지 및 소류지 등의 수량유지를 위한 공급용수
⑤ **습지용수** : 습지에 대한 공급용수
⑥ **공업용수** : 냉각용수, 보일러용수 및 생산 공정에 공급되는 산업용수

▼ **중수도 수질조건**

구분	도시 재이용수	조경용수	친수용수	하천 유지용수	습지용수	공업용수
총대장균군수 (개/100mL)	불검출	200 이하	불검출	1,000 이하	200 이하	200 이하
결합잔류염소 (mg/L)	0.2 이상	–	0.1 이상	–	–	–
탁도(NTU)	2 이하	2 이하	2 이하	–	–	10 이하
부유물질(SS) (mg/L)	–	–	–	6 이하	6 이하	–

구분	도시 재이용수	조경용수	친수용수	하천 유지용수	습지용수	공업용수
생물학적 산소요구량(BOD) (mg/L)	5 이하	5 이하	3 이하	5 이하	5 이하	6 이하
냄새	불쾌하지 않을 것	불쾌하지 않을 것	불쾌하지 않을 것	불쾌하지 않을 것	불쾌하지 않을 것	불쾌하지 않을 것
색도(도)	20 이하	−	10 이하	20 이하	−	−
총질소(T−N) (mg/L)	−	−	10 이하	10 이하	10 이하	−
총인(T−P) (mg/L)	−	−	0.5 이하	0.5 이하	0.5 이하	−
수소이온농도(pH)	5.8~8.5	5.8~8.5	5.8~8.5	5.8~8.5	5.8~8.5	5.8~8.5
염화물(mgCl/L)	−	250 이하	−	−	250 이하	−

② 설계방안

중수도 설계에서는 아래의 2가지를 반드시 유의해야 한다.

① 물 재이용을 위한 처리이다.

② 운영·유지관리의 자동화 및 용이성을 우선적으로 고려한다.

중수도를 설계하는 경우에 기본적 요건에 입각하여 검토해야 할 항목은 중수도 용도, 중수도 이용량, 용도별 목표수질, 순환이용시스템 등이다.

③ 오접합, 오사용 및 오음용에 대한 대책

(1) 배관설비

중수도 배관설비는 기타 배관설비와 직접 연결시키지 않는다. 우선 계획단계에서 중수의 급배수설비를 다른 설비로부터 분리하고, 전용 기자재 및 기기의 사용, 식별, 배관 간격, 보수, 수리 교환 등을 명확하게 분리 계획하는 것이 중요하다.

(2) 수조설비대책

중수도에 다른 급수조나 저류조를 접속하지 말아야 한다. 중수도에 상수 급수조와 배관을 직접 연결해서는 안 된다. 중수 고가수조와 상수 고가수조, 중수도 수조와 상수 수조 등이 이에 해당된다. 중수도의 수량 부족이나 수질오염 등이 예상될 경우 중수도 수조에 상수를 보급할 수 있도록 해야 하지만, 상수를 중수도 고가수조나 중수도 수조에 급수하는 경우에 중수도가 상수 계통으로 역류하지 않도록 적정한 배수구 공간을 확보해야 한다.

(3) 중수도 오음용 및 오사용 방지를 위한 식별방법

오음용 및 오사용 방지를 위한 식별방법으로는 다음의 방법을 사용한다.
① 중수도 이용설비(수도꼭지)에 의한 식별법
② 표시판에 의한 식별법

ᐧᐧᐧ05 하 · 폐수처리수 재이용시설

1 일반사항

(1) 기본여건

하 · 폐수처리수 재이용수는 다양한 용도로 사용될 수 있으며, 도시재이용수, 조경용수, 친수용수, 하천유지용수, 농업용수, 습지용수, 지하수충전용수, 공업용수 외에도 하수처리장의 장내 용수로도 사용된다.

▼ 하 · 폐수처리수의 용도구분 및 제한조건

구분	대표적 용도	제한조건
도시재 이용수	• 주거지역 건물 외부 청소 • 도로 세척 및 살수 • 기타 일반적 시설물 등의 세척 • 화장실 세척용수 • 건물 내부의 비음용, 인체 비접촉세척용수	• 도시지역 내 일반적인 오물, 협잡물의 청소 용도로 사용하며 다량의 청소용수 사용으로 직접적 건강상의 위해 가능성이 없는 경우 • 비데 등을 통한 인체 접촉 시와 건물 내 비음용 · 비접촉 세척 시에는 잔류물 등에 의한 위생상 문제가 없도록 처리하여야 함

구분	대표적 용도	제한조건
조경 용수	• 도시 가로수 등의 관개용수 • 골프장, 체육시설의 잔디 관개용수	주거지역 녹지에 대한 관개용수로 공급하 는 경우로 식물의 생육에 큰 위해를 주지 않는 수준이어야 함
친수 용수	• 도시 및 주거지역에 인공적으로 건설되 는 수변 친수지역의 수량 공급 • 기존 수변지구의 수량 증대를 통하여 수 변 식물의 성장을 촉진시키기 위하여 보 충 공급 • 기존 하천 및 저수지 등의 수질향상을 통하여 수변휴양(물놀이 등)기능을 향 상시킬 목적으로 보충 공급되는 용수	• 재이용수를 인공 건설된 친수시설의 용수 로 전량 사용하는 경우, 친수 용도에 따라 재이용수 수질의 강화 여부를 결정 • 일반 친수목적의 보충수는 기존 수계 수질 을 유지 혹은 향상시킬 수 있어야 하며 목 적에 따라 재이용수의 처리정도를 강화할 수도 있음
하천 유지 용수	• 하천의 유지수량을 확보하기 위한 목적 으로 공급되는 용수 • 저수지, 소류지 등의 저류량을 확대하 기 위한 목적으로 공급	기존 유지용수 유량 증대가 주된 목적이므 로 수계의 자정용량을 고려하여 재이용수의 수질을 강화시킬 수 있음

농업
용수
	• 비식용 작물의 관개를 위하여 전량 또는
	부분 공급하는 용도
	• 식용농작물 관개용수의 수량 보충용으
	로 인체 비유해성이 검증된 경우
	  − 직접식용은 조리하지 않고 날것으로
	    먹을 수 있는 작물
	  − 간접식용은 조리를 하거나 일정한 가
	    공을 거친 후에 식용할 수 있는 작물
		기존 농업용수 수질을 만족하여야 하나, 관
		개용수의 유량 보충 시 농업용수 수질 이상
		및 기존 수질보다 향상 가능하도록 처리하
		여야 함

습지 용수	• 고립된 소규모 습지에 대한 수원으로 사 용하는 경우 • 하천유역의 대규모 습지에 대한 주된 수 원으로 공급하는 경우	습지의 미묘한 생태계에 악영향을 미치지 않도록 영양소 등의 제거와 생태영향 평가 를 거쳐 공급하여야 함
지하수 충전	• 지하수 함양을 통한 지하수위 상승 목적 • 지하수자원의 보충용도	지하수계의 오염물질 분해제거율과 축적 가능성을 평가하여 영향이 없도록 공급하 여야 함
공업 용수	• 냉각용수 • 보일러 용수 • 공장내부 공정수 및 일반용수 • 기타 각 산업체 및 공장의 용도	일반적인 수질기준은 설정하되 공업용수는 기본적으로 사용자의 요구수질에 맞추어 처 리하여야 하므로 산업체 혹은 세부적인 용 도에 따른 수질 기준은 지정하지 않음

(2) 용도별 수질기준

구분	도시재이용수	조경용수	친수용수	하천유지용수	농업용수		습지용수	지하수충전	공업용수
총 대장균군수 (개/100mL)	불검출	200 이하	불검출	1,000 이하	간접식용 불검출 / 간접식용 200 이하		200 이하	「먹는 물 수질기준 및 검사 등에 관한 규칙」 별표 1에 따른 먹는 물의 수질 기준을 준수할 것	200 이하
결합 잔류염소 (mg/L)	0.2 이상	–	0.1 이상	–	–		–		–
탁도 (NTU)	2 이하	2 이하	2 이하	–	직접식용 2 이하 / 간접식용 5 이하		–		10 이하
부유물질 (SS)(mg/L)	–	–	–	6 이하	–		6 이하		–
생물화학적 산소요구량 (BOD)(mg/L)	5 이하	5 이하	3 이하	5 이하	8 이하		5 이하		6 이하
냄새	불쾌하지 않을 것	불쾌하지 않을 것	불쾌하지 않을 것	불쾌하지 않을 것	불쾌하지 않을 것		불쾌하지 않을 것		불쾌하지 않을 것
색도 (도)	20 이하	–	10 이하	20 이하	–		–		–
총질소 (T-N)(mg/L)	–	–	10 이하	10 이하	–		10 이하		–
총인 (T-P)(mg/L)	–	–	0.5 이하	0.5 이하	–		0.5 이하		–
수소이온농도 (pH)	5.8~8.5	5.8~8.5	5.8~8.5	5.8~8.5	5.8~8.5		5.8~8.5		5.8~8.5
염화물 (mgCl/L)	–	250 이하	–	–	–		250 이하		–
전기전도도 (μs/cm)	–	–	–	–	직접식용 700 이하 / 간접식용 2,000 이하		–		–

비고 : 1. 농업용수 수질기준 중 직접 식용은 농산물을 조리하지 않고 날것으로 먹는 경우에 적용하고, 간접 식용은 농산물을 조리를 하거나 일정한 가공을 거쳐 먹는 경우에 적용하며, 농업용수의 경우에는 추가적으로 다음 항목에 대한 수질기준을 만족해야 한다.

① 수질기준

항목	기준	항목	기준
납(Pb)	0.1 이하	폴리클로리네이티드비페닐(PCB)	불검출
구리(Cu)	0.2 이하	시안(CN)	불검출
코발트(Co)	0.05 이하	아연(Zn)	2 이하
6가 크롬(Cr^{6+})	0.05 이하	셀렌(Se)	0.02 이하
카드뮴(Cd)	0.01 이하	니켈(Ni)	0.2 이하
총 붕소(B-total)	0.75 이하	수은(Hg)	0.001 이하
비소(As)	0.05 이하	망간(Mn)	0.2 이하
알루미늄(Al)	5 이하	리튬(Li)	2.5 이하

② 용도별 수질기준(하천유지용수)

하천유지용수는 부영양화를 최소화할 수 있도록 수질계획을 수립하여야 한다.

항목	기준	고려사항
총대장균군수(개/100mL)	1,000 이하	• 친수공간이 부족한 도심지역, 건천화된 하천의 유지용수가 필요한 지역에 계획되어야 하며, 자연형 하천 정화사업 및 주민친화공간(공원화 및 체육시설 조성) 제공 시 사업의 효과가 극대화될 수 있으므로 가능한 한 병행 추진함이 바람직하다. • 재이용수 공급하천에 냄새, 거품 및 조류의 발생으로 사업의 효과가 반감될 가능성에 대비하여 이에 대한 사전 검토를 실시하여야 한다.
결합잔류염소(mg/L)	–	
탁도(NTU)	–	
부유물질(SS)(mg/L)	6 이하	
생물화학적 산소요구량(BOD)(mg/L)	5 이하	
냄새	불쾌하지 않을 것	
색도(도)	20 이하	
총질소(T-N)(mg/L)	10 이하	
총인(T-P)(mg/L)	0.5 이하	
수소이온농도(pH)	5.8~8.5	
염화물(mgCl/L)	–	
전기전도도(μs/cm)	–	

③ 용도별 수질기준(공업용수)

공업용수의 경우에는 산업의 특성에 부합한 최적의 수질을 맞추기에는 상당한 난관이 예상된다. 따라서 본 기준은 공업용수로 사용하기 위한 일반적인 기준으로 산업에 따라 강화될 수 있다.

항목	기준	고려사항
총대장균군수(개/100mL)	200 이하	• 경제성 분석, 수질총량오염부하 삭감량 등 장단점 비교분석, 수요처와 협약 완료 후 사업시행을 하여야 하며, 단순 냉각용수일 경우 지나친 재처리시설 설치를 지양하여야 한다.
결합잔류염소(mg/L)	–	
탁도(NTU)	10 이하	
부유물질(SS)(mg/L)	–	
생물화학적 산소요구량 (BOD)(mg/L)	6 이하	• 하수처리수 재이용사업자(지방자치단체장, 공공사업자, 민간사업자)는 수요처의 요구 수질 및 수량에 맞추어 공급함을 원칙으로 하되 불가피하게 공급하지 못하는 상황에 대비하여 기존의 용수공급라인을 비상용으로 확보할 수 있도록 계획하여야 한다.
냄새	불쾌하지 않을 것	
색도(도)	–	
총질소(T−N)(mg/L)	–	
총인(T−P)(mg/L)	–	
수소이온농도(pH)	5.8~8.5	
염화물(mgCl/L)	–	• 이용설비에 "하·폐수처리수"라는 표지를 할 것
전기전도도(μs/cm)	–	

④ 용도별 수질기준(농업용수)

농업용수의 경우에는 밭작물과 논작물, 또는 직접 식용과 간접 식용에 따라 건강의 위해를 고려하여야 한다. 또한 간접적으로 체내에 들어갈 수 있으므로 그에 따른 위해를 최소화하기 위하여 별도로 중금속에 대한 기준이 설정되어 있다.

항목	기준		고려사항
총대장균군수(개/100mL)	직접식용	불검출	• 상습적인 농업용수 부족지역을 우선적으로 고려해야 하며, 경작지 농민의 사전 동의가 필요하다.
	간접식용	200 이하	
결합잔류염소(mg/L)	–		
탁도(NTU)	직접식용	2 이하	• 논농사, 화훼농사 등에 적용 가능하나, 원칙적으로 날로 먹는 농산물(딸기, 채소류 등)에는 제외한다.
	간접식용	5 이하	
부유물질(SS)(mg/L)	–		
생물화학적 산소요구량 (BOD)(mg/L)	8 이하		
냄새	불쾌하지 않을 것		
색도(도)	–		

항목	기준		고려사항
총질소(T-N)(mg/L)	-		
총인(T-P)(mg/L)	-		
수소이온농도(pH)	5.8~8.5		
염화물(mgCl/L)	-		
전기전도도(μs/cm)	직접식용	700 이하	
	간접식용	2,000 이하	

⑤ 농업용수 수질권고기준 추가항목(mg/L)

Al	As	B-total	Cd	Cr⁺⁶	Co	Cu	Pb
2 이하	0.05 이하	0.75 이하	0.01 이하	0.05 이하	0.05 이하	0.2 이하	0.1 이하
Li	Mn	Hg	Ni	Se	Zn	CN	PCB
2.5 이하	0.2 이하	0.001 이하	0.2 이하	0.02 이하	2 이하	불검출	불검출

⑥ 용도별 수질기준(친수용수, 습지용수, 지하수 충전용수)

항목	친수용수	습지용수	지하수 충전용수
총대장균군수(개/100mL)	불검출	200 이하	「먹는물 수질기준 및 검사 등에 관한 규칙」 별표 1에 따른 먹는물의 수질기준을 준수할 것
결합잔류염소(mg/L)	0.1 이상	-	
탁도(NTU)	2 이하	-	
부유물질(SS)(mg/L)	-	6 이하	
생물화학적 산소요구량(BOD)(mg/L)	3 이하	5 이하	
냄새	불쾌하지 않을 것	불쾌하지 않을 것	
색도(도)	10 이하	-	
총질소(T-N)(mg/L)	10 이하	10 이하	
총인(T-P)(mg/L)	0.5 이하	0.5 이하	
수소이온농도(pH)	5.8~8.5	5.8~8.5	
염화물(mgCl/L)	-	250 이하	
전기전도도(μs/cm)	-	-	

⑦ 용도별 수질기준(조경용수)

장내용수 또는 조경용수의 경우에는 환경적 영향과 신체 접촉이 제한되어 있어 설정
기준이 그리 강화되어 있지 않다.

항목	조경용수	고려사항
총대장균군수(개/100mL)	200 이하	• 도시가로수 등의 관개용수 및 골프장, 체육시설의 잔디 관개용수로 사용
결합잔류염소(mg/L)	–	
탁도(NTU)	2 이하	• 주거지역 녹지에 대한 관개용수로 공급하는 경우로 식물의 생육에 큰 위해를 주지 않는 수준
부유물질(SS)(mg/L)	–	
생물화학적 산소요구량 (BOD)(mg/L)	5 이하	
냄새	불쾌하지 않을 것	
색도(도)	–	
총질소(T−N)(mg/L)	–	
총인(T−P)(mg/L)	–	
수소이온농도(pH)	5.8~8.5	
염화물(mgCl/L)	250 이하	
전기전도도(μs/cm)	–	

(3) 하수처리수 재이용시설의 공정

하수처리수 재이용시설에 필요한 시설은 각 공공하수처리시설의 특성에 맞게 선택되어
야 하며, 아래와 같은 시설을 갖추는 것이 바람직하다.

① 필요한 경우 공공하수처리시설의 방류수를 생활용수, 공업용수 등의 재이용 용도에
적합하게 물리적, 화학적, 생물학적으로 처리하는 재처리시설
② 필요한 양의 물을 원활하게 공급하기 위해 일정한 양을 일시적이거나 또는 일정기간
저류할 수 있는 저장시설
③ 필요한 양의 물을 송수할 수 있는 펌프장 시설
④ 공급된 물을 각 수요처에서 사용할 수 있도록 공급하는 송수관 및 사용시설
⑤ 위생 및 안전 등에 필요한 시설

▼ 수질항목별 재처리설비

대분류	중분류	소분류	유기물 등의 생물 처리법 ~질산화법	부유물질 등의 물리화학적 처리법				용해성 물질 등의 물리·화학적 처리법			소독법		
			생물막여과법	급속사여과법	응집침전법	응집여과법	한외여과법	활성탄흡착법	역삼투법	오존산화법	염소소독	오존소독	자외선소독
기본적 수질 항목	위생항목	대장균군수	○		△	△	◎	△	◎	◎	◎	◎	◎
	환경항목	BOD	○	△	△	△	○	○	◎				
		pH			□	□							
	미관유지 항목	탁도	○	○	◎	◎	◎	○	◎				
		취기	△				△	○	◎	○			△
		색도	△		△	△	△	◎	◎				△
용도별 수질 항목	미관유지 항목	발포원인물질	△					◎		△		△	
		무기성 탄소	△						◎				
	어류생식 항목	용존산소								○			
		암모니아질소	○						○				
		잔류염소	–	–	–	–	–	–	–	–		(◎)	(◎)

[범례] ◎ (처리대상) : 개략제거율 90% 이상
　　　 ○ (처리대상) : 개략제거율 50% 이상(제거율은 용존산소를 제외)
　　　 △ (유효) : 개략제거율 20~50% 이상
　　　 □ : pH 조정

2 설계방안

① 부지의 확보

② 재처리시설에서 발생하는 공정폐수처리

　기존에 운영되고 있는 하수처리장 내에 추가 처리시설을 설치하는 경우에는 다음과 같은 종류의 반류수가 하수처리공정에 유입되므로 반류수 유입 시 하수처리공정에 미치는 영향을 고려하여야 한다.

- 여과시설의 역세 배출수
- 약품응집침전시설의 슬러지 농축수
- 역삼투(R/O) 시설의 농축수

③ 수리 조건의 변화

④ 내진설계

⑤ 수질기준 만족을 위한 하수처리수 재이용시설의 설계요소

하수처리수 재이용 시 수질기준 만족을 위해서는 다음과 같은 수질을 비교·검토하여야
한다.

- 공공하수처리시설의 방류수 수질기준
- 기존 하수처리장의 목표수질 및 운영수질
- 하·폐수처리수의 재이용수 수질기준
- 수요처의 요구수질

③ 처리방식

(1) 급속여과법

급속여과법은 모래, 모래와 안트라사이트, 섬유사, 폴리에틸렌 등의 여재로 이루어진 여
층에 비교적 높은 속도로 유입수를 통과시켜 부유물을 제거하는 공법이다. 일반적으로
다음 사항을 고려하여 정한다.

① 여과속도는 유입수량에 따라 결정하여야 한다.

② 급속여과 방식은 부유물질의 농도 및 여과지속시간을 고려하여 결정하여야 한다.

③ 여과면적은 계획여과수량을 고려하여야 한다.

④ 여재는 입도분포가 적절하고 마모되지 않고 안정적이고 효율적으로 여과하고 세척할
  수 있는 것이어야 한다.

(2) 고속응집침전법

기성 플록이 존재하는 중에 새로운 플록을 형성시키는 방식의 침전지로 응집침전의 효율
을 향상시키는 것이 목적이다.

① 고속응집침전지의 선택 시에는 탁도 또는 부유물질의 농도를 고려하여야 한다.

② 응집지의 지수는 표면부하율 및 계획수량에 따라 결정하여야 한다.

(3) 활성탄흡착법

활성탄 처리공정은 다음 물질을 제거할 목적으로 선정한다.

① 생물학적 처리로 처리가 불가능한 물질을 처리한다.

② 활성탄 흡착지의 크기는 처리하고자 하는 물질의 파과 농도에 따라 결정한다.

③ 흡착지의 운전은 수질 및 처리 유량에 따라 결정하여야 한다.

(4) 막분리법

주요 막분리시설로는 다음과 같은 시설들이 있으며 각각의 특징을 파악하여 처리목적에
적합하게 선택한다.

① 정밀여과시설(MF)

② 한외여과시설(UF)

③ 나노여과시설(NF)

④ 역삼투시설(RO)

(5) 오존산화법

오존산화시설은 다음의 세 공정으로 나누어진다.

① 원료공기제조공정

② 오존발생공정

③ 오존반응공정

(6) 소독설비

① 염소소독

염소소독을 하수처리수 재이용수에 적용하는 경우에는 다음 사항을 고려하여야 한다.

- 주입위치

- 접촉조

- 염소주입량

② 오존소독

오존으로 소독을 하는 경우에는 다음 사항을 고려하여야 한다.

- 오존반응설비

- 오존접촉방식의 형식

- 오존발생설비

③ 자외선 소독

자외선 소독 설비를 도입 운영하는 경우에는 다음 사항을 고려하여야 한다.

- 자외선 램프 및 모듈

- 자외선 검출 시스템

- 자외선 소독 설비

···06 발전소 온배수 재이용시설

1 온배수 특성

발전소 온배수의 온도차는 자연해수 수온보다 8~15℃가 높으며, 온배수는 주변 수역과 인근의 식물 및 동물상에 영향을 미칠 수 있다.

발전소 온배수의 최고 온도는 냉각수를 취수하는 주변 수역의 자연 수온과 물의 단위 체적당 전달되는 열의 양에 따라 좌우된다. 미국의 원자력 발전소에서는 온배수로 인한 수온 상승(ΔT)이 6~17℃의 넓은 범위로 나타나고 화력발전소의 배수 온도 역시 이와 유사한 범위를 보이지만 생성되는 단위 전력량당 손실되는 열의 양은 적다. 영국과 다른 유럽 국가들에서는 온배수의 수온 상승이 8~12℃이며, 원자력 발전소에서는 15℃에 이른다. 전 세계적으로 많은 발전소에서는 수문학적 요인 때문에 발전소에서 배출된 온배수가 취수구로 재순환되는 경우가 있고, 그 결과 냉각 계통의 수온 상승이 비교적 일정하더라도 취수 온도 상승에 의한 배수 온도의 상승이 일어난다.

지금까지 조사된 자료를 종합해 볼 때 발전소에서 배출되는 냉각수의 온도는 지역에 따라 달라서 한대 지역의 약 12℃부터 아열대 또는 열대 지역의 42℃까지 넓은 범위로 나타나며, 온대 지역에서는 여름철 최고 수온이 30~38℃의 범위를 보이고, 위도에 따라 그리고 냉각 계통의 설계에 따라 최고 온도가 40℃를 초과하는 경우도 있다.

2 온배수 재이용수의 용도

발전소 온배수 재이용수는 발전소에서 필요한 공업용수로 냉각용수, 보일러 용수, 발전소 내부 공정수 및 일반용수 등에 사용된다.

토양오염 및
해양유류오염

SECTION 01 지하수 오염

···01 LNAPL과 DNAPL

1 정의

① 토양입자, 토양공기, 토양수분 → 토양 3대 구성요소
② 토양에 제3의 액체 물질이 유입되었을 때 3성분에 포화될 때까지 결합하고 남는 물질들은 별도 자기들끼리 뭉쳐 제4성분으로 존재
③ 지하수에 녹지 않고 별도로 존재하므로 비수용성 액체, 즉 NAPL(Non Aqueous Phase Liquid)라 한다.
④ 비중이 물보다 가벼울 경우 LNAPL(Light NAPL)이라 한다.
⑤ 비중이 물보다 무거울 경우 DNAPL(Dense NAPL)이라 한다.

2 종류

① LNAPL : 가솔린, 연료유, 등유, 제트유, BTEX 등
② DNAPL : 1.1.1 TCA, TCE, PCE, PCBs, CT, Chlorophenols 등

3 NAPL 지하수 거동

① LNAPL
- LNAPL은 압력, 기체상과 액체상의 초기부터 흙의 공극 크기 분포에 따라 분포도가 달라짐
- LNAPL의 양이 많은 경우 불포화대를 중력에 의해 이동

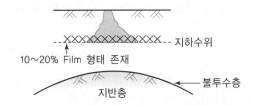

- 지하수위와 모세관대 부분에 머물러 부유

- LNAPL이 지나간 불포화지역에는 10~20% 정도의 잔류포화도를 갖는 LNAPL의 필름과 기름덩어리가 남는다.

② DNAPL
- 물보다 비중이 크고 점성이 적어 LNAPL보다 많은 거리 이동
- DNAPL(밀도 큰)의 경우 수십 미터 대수층 하부까지 이동
- Fingering 거동을 보인다.

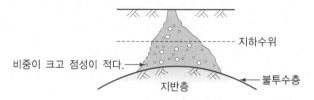

- 불포화층 내에서는 LNAPL과 마찬가지로 DNAPL의 압력 기체상 및 액체상의 초기 부피와 흙의 공극분포에 따라 DNAPL 잔류량 및 분포가 달라진다.

···02 BTEX와 MTBE

① BTEX의 정의

Benzene, Toluene, EthylBenzene, Xylene 방향족 화합물 → 생물학적 복원 가능

② BTEX 지하수 오염의 특성

① VOC 물질로 구분
② 물에 일부 용해되나 LNAPL(Light Non Aqueous Phase Liquid) 형태로 존재
③ 오염량이 많을 경우 Plume 형태로 지하수면 위에 부상 및 이동하여 수평적 오염 발생

③ MTBE의 정의

① Methyl Tertiary Butyl Ether, 무연 휘발유 첨가제
② 옥탄가를 높이고 산소량을 증가시키는 특성(불연소량을 줄임)

④ MTBE 지하수 오염의 특성

① 지하수층에 빠른 도달, 용해도가 높음 → 녹는 양이 많음
② 생분해되기가 어렵고 토양흡착능력도 약함
③ 지하수와 같은 속도로 오염이 이동함

⋯03 토양오염

① 정의

"토양오염"이라 함은 사업활동, 기타 사람의 활동에 따라 토양이 오염되는 것으로서 사람의 건강·재산이나 환경에 피해를 주는 상태를 말한다.

② 토양오염물질

토양 중에 분해되지 않고 잔류성이 강한 물질로 농작물의 생육과 사람의 건강에 악영향을 미치는 물질
① 카드뮴 및 그 화합물
② 구리 및 그 화합물
③ 비소 및 그 화합물
④ 수은 및 그 화합물
⑤ 납 및 그 화합물
⑥ 6가 크롬 화합물
⑦ 아연 및 그 화합물
⑧ 니켈 및 그 화합물
⑨ 불소화합물
⑩ 유기인 화합물
⑪ 폴리클로리네이티드비페닐
⑫ 시안화합물
⑬ 페놀류
⑭ 벤젠
⑮ 톨루엔

⑯ 에틸벤젠

⑰ 크실렌

⑱ 석유계총탄화수소

⑲ 트리클로로에틸렌

⑳ 테트라클로로에틸렌

㉑ 벤조(a)피렌

㉒ 기타 위 물질과 유사한 토양오염물질로서 토양오염의 방지를 위하여 특별히 관리할 필요
가 있다고 인정되어 환경부장관이 고시하는 물질

③ 토양오염의 우려기준

오염의 정도가 사람의 건강, 동식물의 생육에 지장을 줄 우려가 있는 토양오염의 기준은 환경
부령으로 정한다.

④ 유발물질 오염원

① 석유류 제조 및 저장시설

② 유독물 제조 및 저장시설

③ 불량 매립지

④ 산업시설

⑤ 군사 관련 지역 : 폐유 및 폐장비 저장소 등

⑥ 폐광산

⑦ 화학물질 수송관 등

⑧ 하수시설

⑨ 농업활동

⑩ 독성 물질 운송 중

⑤ 특징

① 오염물질의 거동 및 영향은 수질과 대기를 통한 피해보다 상대적 노출속도 느림

② 전달경로가 복잡하여 사회적 관심 및 기술개발 미흡

③ 한 번 오염되면 자정능력이 느림

④ 오염 정도의 측정과 예측 및 감시가 어려움

6 처리기술

일반적 처리공법은 처리하는 위치에 따라 아래와 같다.
① In Situ : 현장의 지하
② Ex Situ : 오염물질을 현장 외부로 이동
③ On Situ : 현장의 지표

▼ 오염된 토양의 복원기술

Ex - situ	물리적 방법	열탈착법(High Temperature Thermal Desorption)
		증기추출법(Soil Vapor Extraction)
	화학적 방법	토양세척법(Soil Washing)
		고형화 및 안정화 (Solidification/Stabilization)
		탈할로겐화법(BCD)
		탈할로겐화법(Glycolate)
		용제추출법(Solvent Extraction(Chemical Extraction))
		화학적 산화 및 환원법(Chemical Reduction/Oxidation)
In - situ	물리적 방법	토양증기추출법(Soil Vapor Extraction)
		가열토양증기추출법(Thermally Enhanced SVE)
	화학적 방법	고형화 및 안정화(Solidification/Stabilization)

7 Ex-situ 토양 복원

(1) 물리적 방법

1) 열탈착법(High Temperature Thermal Desorption)

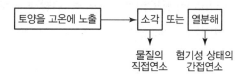

2) 증기추출법(Soil Vapor Extraction)

① 가솔린, 용매 휘발성 및 반휘발성 유기물제 제거에 경제적임
② 오염된 토양 내 공극을 통해 오염 공기를 뽑아내어 처리하는 단순 기술임

3) 기타

① Hot Gas Decontaminations : 오염된 장비 · 물질 → 일정시간 온도 상승 → 후연소 System에서 발생가스 처리(폭발성 오염물질에 좋음)
② Open Burn/Open Detonation : 외부 점화 후 자체 소각열로 연소(폭약류)

(2) 화학적 처리방법

1) 토양세척법(Soil Washing)

① 적절한 세척제 이용
② 유해한 유기물질 및 중금속을 분리 · 처리하는 기법

2) 고형화 및 안정화(Solidification/Stabilization)

① 고형화 : 액상이나 슬러지 같은 폐기물을 고상 형태로 처리하는 기법
② 안정화 : 물질을 불용해성으로 만드는 것
→ Portland Cement, 석회석 등이 가장 많이 쓰임

3) 탈할로겐화법(Dehalogenation)

① 화약약품을 토양에 직접 가해서 오염물질 분자로부터 한 개 또는 그 이상의 할로겐(염소, 취소, 불소 또는 요오드) 원자를 제거하는 것 → 화학처리 기술 중 가장 널리 사용됨
② Carbon Tetrachloride, Chloroform 등 휘발성 할로겐화합물에 유용
③ 살충제 등 처리에도 적합

④ 방법
㉠ BCD(Base Catalyzed Decomposition)
• PCB, PCDs에서 염소 제거
• 다이옥신, 퓨란 오염토양 등에 적용
• 원리 : 오염토양 분쇄 후 $NaHCO_3$ 혼합 → 330℃에서 가열
• 탄소 – 수소고리 분해 → 염소원자 교환

ⓛ APEG(Alkali Metal Polyethylene Glycolate)
- 탈염화 위해 APEG 이용
- Potassium polyethylene Glycol이 가장 일반적 시약임(KPEG)

4) 용매추출법(Solvent Extraction)

① 오염물질은 분해하지 못하지만 토양 등으로부터 오염물질 분리
② 유기용매 이용 : 중금속, PAH, PCB 처리
③ 고형화·안정화 또는 소각 등과 병합처리 사용 시 효과적임

5) 화학적 산화 및 환원법(Chemical Reduction/Oxidation)

① 오염물질을 더 안정하고, 유동성이 없으며, 비활성 물질로 변환시키는 반응
② CN으로 오염된 토양 처리를 위한 가장 일반적인 방법

6) 기타 복원기술(지하수 처리)

① Air Stripping
② 여과
③ IX(Ion Exchange)
④ 활성탄 흡착
⑤ 침전(화학적 응집침전)
⑥ UV 산화
⑦ 자외선 광분해/AOP

(3) 생물학적 방법

① 슬러리상 처리
굴착된 오염토양을 생물 반응기에 넣고 오염토양물질, 미생물, 물 등을 일정 용기에서 접촉함으로써 처리하는 방법

② Biopile
- 생물학적 반응을 통해 유기오염물 제거
- Piles 위의 오염된 토양에 공기 주입, 영양물질 주입, 수분함유량 조절을 통해 미생물 활성을 극대화시킨 공정임

③ 퇴비화 공법
- 유기오염물질을 인위적으로 퇴적 · 분해시키는 것
- 미생물에 의해 분해 가능한 오염물질을 50~55℃의 온도에서 분해 · 안정화하는 것

8 In – situ

(1) 물리적 방법

① 토양증기 추출법
- 불포화 대수층 위에 추출정을 설치하여 토양을 진공상태로 만듦
- 휘발성 · 준휘발성 오염물질 제거 공정

② 가열 토양증기 추출법
- 열 이용
- 준휘발물질의 유동성 증가 → 증기 또는 뜨거운 공기 주입(SVE와 유사)

(2) 화학적 방법

① 고형화 및 안정화
물리 · 화학적인 방법을 통해 독성 물질과 오염물질의 유동성을 감소시키는 것

② 기타 복원 기술
㉠ Soil Flushing
- 첨가제 + 물 → 용해도 증가
- 무기물질, 살충제, 휘발성 · 준휘발성 유기물 처리 가능

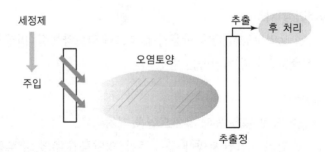

㉡ Dual Phase Extraction
투수계수 낮거나, 불균일한 지반에 고도의 진동 → 액상 및 가스물질을 동시에 추출

ⓒ Hot water/Steam Flushing/Stripping

오염물질을 기체화하기 위해서 주입점을 이용하여 대수층 내로 스팀을 강제로 주입하는 기술

ⓔ Directional Wall

수직굴착으로 오염물질 접근이 어려운 지반구조이거나 오염물질이 수평으로 퍼져 있는 경우 주입점과 추출점을 수평 또는 일정 각도를 가지도록 배치하여 처리하는 기술

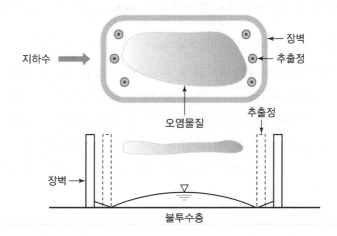

ⓜ Passive Treatment Wall

흡착제, 미생물이 포함된 다공성 매체를 지닌 반응성 벽을 이용하여 오염물질을 차단하는 기술

ⓗ Electrochemical Remediation Process

낮은 전류를 흘러보내 중금속과 용해성 유기물, 방사성 핵종 등을 회수하는 공정

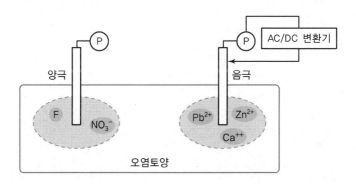

(3) 생물학적 방법

① Bio Venting

- 기존 토착 미생물에 산소 및 영양분 공급
- Bioremediation 공법

② 지중생물 복원법

상부에 포기조 형태 구성 : 반응조 형성 → 영양분 포기조 등 형성 → Mixing Tank로 다시 재분배 → 토양 주입 → 추출 → 상부 반응조 → ······ → (반복)

③ 식물 복원공정(Phytoremediation)

식물을 이용하여 오염토양 및 지하수를 포함한 수질을 정화시키는 기술

- Phytoextraction : 식물체 오염물질 흡수 농축 후 → 식물체 제거
- Rhizofiltration : 식물 뿌리 주변에 축적, 여과 후 식물체 내로 흡수시키는 과정
- Phytostabilization : 식물 뿌리 주변에서 오염물질이 미생물학적 · 화학적 산화 과정 후 → 불용성 상태로 축척되거나 식물체에 의해 이동이 차단되는 과정

SECTION 02 산성광산폐수(AMD)

···01 산성광산폐수의 발생 특성 및 대책

1 폐광산과 환경오염

① 폐광산이란 유용한 광석을 채굴하다가 채굴이 완료되거나 채산성 악화, 수요 감소 등의 이유로 채굴이 중단된 광산을 말한다. 폐광산으로부터의 오염문제는 주로 폐석(Mine Waste Rock), 광미(Tailing)와 이들과 연관되어 발생하는 산성광산폐수(AMD ; Acid Mine Drainage) 등으로부터 발생한다.

② 폐석이란 원광에서 유용한 광물을 분리하고 남은 광석을 말한다.

③ 광미는 선광과정에서 광체로부터 분리된 모래나 실트 입자 크기의 광산폐기물을 말한다. 광미의 경우, 표면적이 크기 때문에 산성광산폐수 형성에 많은 영향을 미친다.

2 산성광산폐수의 정의

산성광산폐수란 폐갱구 및 광산폐기물에서의 황(Sulfide)과 철(Fe) 등의 산화에 의해 발생되는 pH가 낮은 배출수를 말한다.

폐광산에서는 광산 주변에 적치되어 있는 광미로부터 오염 중금속이 용출될 뿐 아니라 황철석의 산화로 인한 산성폐수가 납, 수은 카드뮴과 같은 유해중금속을 용출시켜 인근 지역의 토양과 하천수, 지하수를 오염시키고 농작물에도 악영향을 끼치고 있으며 하천바닥에 적갈색 등의 침전물을 형성시켜 미관상 및 생태학적 악영향을 끼친다.

3 산성광산폐수의 발생 메커니즘

산성광산폐수 발생의 주원인인 황화물이 광산의 채굴을 위해 갱도를 뚫거나 상부의 지층을 제거하여 공기 중과 물속의 용존산소에 노출되면 일련의 화학적 · 미생물학적인 과정을 통해 용해 및 산화되게 된다. 황화물 중에 광산폐수에 가장 큰 기여를 하는 물질은 대부분의 광산에서 발견되는 황철석(FeS_2, Pyrite)이다.

(1) 2가 철 및 산의 발생

황철석이 산화되어 Fe^{2+} 및 산이 발생하는 과정

$$2FeS_2 + 2H_2O + 7O_2 \rightarrow 2Fe^{2+} + 4SO_4^{2-} + 4H^+$$

(2) 2가 철의 3가 철로의 전환

$$2Fe^{2+} + O_2 + 4H^+ \rightarrow 2Fe^{3+} + 2H_2O$$

위 반응은 황철석의 산화과정에 있어서 전체 반응속도를 결정하는 단계로 알려져 있다. 철의 산화속도는 철의 농도, 산소분압 등에 따라 달라지며, 또한 특정 미생물의 작용에 의해 반응속도가 크게 증가한다. 특히 Thiobacillus ferrooxidans가 번식력이 강하여 가장 큰 역할을 하고 있다. 이들 미생물에 의한 황철석의 산화반응이 무기적인 반응보다 훨씬 빠르기 때문에 광산폐수의 산성화는 미생물에 의한 황철석의 산화반응에 의해 결정되는 것으로 알려져 있다.

(3) 수산화철의 생성

$$2Fe^{3+} + 6H_2O \rightarrow 2Fe(OH)_3 \downarrow + 6H^+$$

다시 산이 생성되며 물의 pH에 따라 수산화물의 침전이 발생하게 된다. pH가 올라가게 되면 황갈색의 침전물이 발생되어 하천의 유로에 침전되게 된다.

(4) 기타 반응(3가 철에 의한 황철석의 산화)

위의 과정에서 발생된 3가 철에 의해서도 황철석이 아래와 같이 산화될 수 있다. 따라서 일단 광산폐수가 발생하게 되면 산소가 없더라도 황철석의 산화과정이 진행될 수 있다.

$$FeS_2 + 14Fe^{3+} + 8H_2O \rightarrow 15Fe^{2+} + 2SO_4^{2-} + 16H^+$$

(5) 총괄반응

위의 반응 등을 종합하여 요약하면 아래와 같다.

$$4FeS_2 + 14H_2O + 15O_2 \rightarrow 4Fe(OH)_3 \downarrow + 8H_2SO_4$$

황철석이 물과 산소와 접촉하여 황갈색의 침전과 함께 황산을 생성하여 광산폐수를 산성

을 띠게 하는 결과를 나타낸다. 즉, 광산폐수는 낮은 pH와 고농도의 황산염을 가지게 되며 또한 낮은 pH로 인해 고농도의 금속이온을 용존시켜 포함하게 된다.

4 산성광산폐수가 환경에 미치는 영향

(1) 수중생물에 미치는 영향

① 어류, 수생식물 등의 생장장애 등을 유발
② 서식처 변화, 물고기의 산란 방해 등을 유발
③ 중금속 농도를 증가시키므로 수생생태계에 악영향
④ 하천수의 유기물을 분해하는 세균은 낮은 pH에서 활성이 낮아지므로 하천의 자정작용이 억제됨
⑤ 수산화물의 침전에 의해 저서조류(Benthic Algae), 저서성 대형무척추동물(Benthic Macroinvertebrates) 등의 서식에 악영향

(2) 수자원에 미치는 영향

① 낮은 pH에 의한 중금속 오염
② 철산화물은 물색을 적색을 띠게 함

(3) 심미적 영향

하천을 붉게 물들여 경관을 크게 해침

(4) 구조물 등에 미치는 영향

각종 금속물질이나 콘크리트 구조물의 부식을 증가, 시설물을 노후화, 내구성 저하

5 산성광산폐수 대책

(1) 산성광산폐수 발생 방지법

1) 산소공급 차단

① 광산을 폐쇄하고 입구를 수몰시키거나, 토양이나 합성물질 등을 지표에 씌워 산소와의 접촉을 차단하는 방법 등을 이용하여 물리적으로 산소와 황철석의 접촉을 차단하는 방법이다.

② 산소의 완벽한 차단이 사실적으로 어렵고 또한 지하수 오염을 더욱 확산시킬 수도 있다는 단점이 있다.

③ 이 방법은 광산폐수가 생성되는 과정에서 산소가 금속을 포함한 황화합물의 초기 산화단계에서 집중적으로 필요하기 때문에 광산폐수가 생성되는 초기단계에 적용할 수 있는 방법으로, 이미 산화가 진행된 대부분의 광산지역에서는 거의 효과가 없는 것으로 알려져 있다.

2) 미생물의 활동 억제

산성폐수 생성에 주요한 역할을 하는 Thiobacillus Ferrooxidans 등의 활동을 억제하기 위하여 살균제 등을 주입하는 방법이다. 그러나 살균제 자체가 또 다른 환경오염을 유발할 수 있고 또한 관리상의 문제도 있어 실용적으로 적용하기에는 많은 어려움이 따른다.

(2) 산성광산폐수 처리법

1) 강제처리방식(Active Treatment)

① 산성광산폐수를 수집하여 인위적인 처리를 실시하는 방식으로 화학적·기계적·생물학적인 방법으로 산화, 중화를 실시하여 금속을 수산화물의 형태로 전환시켜 침전, 제거하는 방법이다.

② 산성광산폐수의 중화제로는 $CaCO_3$, $Ca(OH)_2$, $NaOH$, CaO, Na_2CO_3 등이 이용될 수 있는데, 가격적인 측면에서 $CaCO_3$(석회석)이 가장 많이 이용되고 있다.

③ 산성광산폐수의 산화방식은 기계적 폭기, O_3, H_2O_2와 같은 산화제 첨가를 이용한 화학적 산화, Thiobacillus Ferrooxidans와 같은 미생물을 이용한 미생물학적 산화 등의 방법이 있다.

④ 이러한 방법들은 처리효율이 높고 부지가 적게 소요되는 장점이 있으나 장비, 약품구입에 많은 비용이 들고 처리기술이나 인력 등 유지관리에 많은 노력을 필요로 하는 단점이 있다. 또한 산성광산폐수는 기후에 의해 유량의 변동이 크고, 광산의 종류에 따라 금속물질의 종류도 달라 처리에 어려운 점이 있다.

2) 수동처리방식(Passive System)

① 대규모의 자연습지 또는 인공습지를 조성하고 식물을 식재하여, 산성광산폐수를 유입시켜 자연적으로 산화 및 중화 처리되도록 하는 방법이다.

② 습지에서 중금속 원소들이 제거되는 과정은 여과 및 흡착, 식물의 뿌리로의 흡수, 습지 내의 미생물 작용에 의한 황화물 침전 등에 의한다.

③ 수동처리방식에서는 특히 식물의 역할이 크며, 이러한 식물에 의한 주요한 정화기 작을 나열하면 아래와 같다.

　㉠ Phytoextraction : 오염물질을 식물체 내로 흡수시켜 농축시킨 후, 오염물 질이 농축된 식물체를 제거하는 방식이다. 수확된 식물은 때에 따라 재이용할 수도 있으나 중금속 등 오염물질이 함유되어 있으므로 적절한 처리가 필요하 며 대체적으로 소각 등에 의해 처리된다.

　㉡ Rhizofiltration : 오염물질을 식물의 뿌리 주변에 축적, 여과한 후 식물체 내 로 흡수시키는 과정

　㉢ Phytostabilization : 식물체의 뿌리 주변에서 오염물질이 미생물학적 · 화 학적 산화과정을 겪게 되어 중금속의 산화도가 바뀌어서 불용성의 상태로 식 물체의 뿌리 주변에서 비활성의 상태로 축적되거나 식물체에 의해서 이동이 차단되게 하는 과정

(3) 희석방법

산성광산폐수를 모아서 대규모 하천에 유입시켜 희석하여 처리하는 방법도 생각할 수 있 으나 대규모 하천이 부근에 존재하여야 하고 유입부에 또 다른 오염부하를 유발할 수 있 는 단점이 있다.

SECTION

03 해양유류오염

1 개요

유류의 유입으로 발생하는 해양에서의 여러 가지 환경적 문제

2 유입경로

자연적 요인과 인위적 요인(85% 이상)이 있음

① 유조선 유출사고 : 우리나라는 전 세계 에너지 수입 10위권 내외임

② 대기로부터 유입
- 불완전연소에 의한 석유계 탄화수소의 화합물 대기 방출
- 강우 시 유입

③ 도시하수 및 산업 폐수의 유입
④ 밸러스트유 방출, 연료유 누출
⑤ **자연적 유입** : 해저 밑면 지각부분에서 자연적 유출(대륙붕 해역)

3 유류오염의 특성

(1) 확산(Spreading)

① 해상 유출유의 초기 변화과정 중 가장 중요한 특성 중 하나
② 일시적 유층 확산 → 자체 중력과 표면장력에 의해 유막 형성 → 확산
    : 유출유량, 해수온도, 유중, 점도 등에 따라 확산 정도와 두께 다름
③ 외해의 경우 해류속도의 60% 풍속의 2~4%에 의해 이동된다고 추정

(2) 증발(Evaporation)

① 유류의 휘발성에 좌우
② 추후 점도가 끈끈한 유출유로 변경됨 → 악취, 두통 등 유발

(3) 분산(Dispersion)

파도나 해면교란 등에 의해 → 유막 중 일부 분산 → 해적(Oil Droplet)을 만든다.

(4) 유화(Emulsification)

① 점성이 커진 유출유는 Water in Oil과 Oil in Water의 유화물 생성
② **유중수형(Water in Oil)** : 휘발성분 증발 후 점성이 높은 기름 덩어리에 파랑 등이 작용하여 해수가 흡수되어 생성

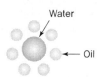

③ **수중유형(Oil in Water)** : 천연유화제나 유출유 제거를 위해 사용된 유처리제로 생성되며 분산되기 쉬움

(5) 용해(Dissolution)

① 유류 조성, 확산상태, 수온, 해상교란 및 분산상태에 따라 용해도 다름
② 중질유는 거의 용해되지 않음
② **경질유 성분** : 벤젠, 톨루엔 등 방향족 탄화수소류는 일부 해수에 용해, 그러나 10~1,000배 정도 빨리 증발함 → 냄새 유발

(6) 산화(Oxidation)

산화수소 + 산소(O_2)반응 → 수중용해물 또는 타르 같은 물질을 만듦

(7) 침전(Sedimentation)

① 중질유 잔류물 중 비중이 1보다 큰 유류는 침강

② 단독 침강은 어렵고 해수 중 유기물 등 다른 입자에 부착되어 침강 → 퇴적물 → 장기 간 해양환경에 남음

(8) 생물분해(Biodegradation)

일부 Oil은 해양미생물에 의해 분해

4 국내 주요 오염사고

① 2007년 12월 허베이스피리트(홍콩), 충남 태안 기름유출사고

② 2014년 1월 우이산호(싱가폴), 전남 여수에서 Pipe 손상으로 인해 사고 발생

③ 대형 화물선, 유조선에 의한 사고 건수는 적으나 유출량은 대부분임

5 해양유류오염의 영향

(1) 해양생물에 미치는 영향

① 해양 미생물의 박테리아 성장 저해

② 해양 플랑크톤 또는 원생동물 개체군 감소 → 급속회복 가능함
어류, 갑각류 및 연체동물의 유생에 심한 영향을 받음

③ 어류
- 상업성 문제 발생
- 어류 조직에 암 유발성 방향족 화합물의 농축 문제 발생

④ 바다새
깃털에 축적 → 방수 및 단열기능 파괴 → 사멸

⑤ 해양포유류
접할 경우 눈이 멀거나 털의 기능 약화

(2) 인간 연안 활동에 미치는 영향

① 경제적 활동 위축
- 해수욕, 뱃놀이, 낚시 등
- 관광업 위축

② 해안유역의 냉각수를 사용하는 공장(발전소) 등에 문제 발생

(3) 어업과 양식

① 배나 도구에 직접적 영향
② 소비자의 시장 신뢰도 하락
③ 양식생물까지 오염

6 유출류 처리방법

(1) 오일펜스 설치

① 조류 2노트 이상, 파고 1.5m 이상은 효과가 급속 저하
② 초기 대응이 중요

(2) 유흡착제 사용

① 물을 배척하고 기름을 선택적 흡수
② 유출량 적을 시 효과적
③ 방제작업 마무리 단계에 사용
④ 표면에 기름을 묻히는 것과 흡수하는 두 종류가 있음
⑤ 반드시 수거 후 처리 필요함

(3) 유처리제 살포

화학물질 투여 → 자연적 정화 기대

(4) 물로 씻어내기와 모래 분사

① 유출류가 해안에 영향을 줄 경우 해안에 도달하기 전에 사용하는 방법
② 시행 시 구체적 검토 필요

악취설비

01 악취

···01 개요

1 악취 방지를 위한 고려사항

(1) 하수처리시설의 위치

지역적 특성, 기후, 주방향, 풍속 등 고려하여 발생악취가 최대 분산되는 곳에 선정

(2) 악취 발생 공정의 배치

① 주 악취원 : 펌프장 슬러지 농축조, 소화조, 탈수기실 등
② 처리장 경계로부터 내부로 일정 거리 떨어지게 배치하여 충분히 희석시킴

(3) 수리학적 고려

① 최소 유속 0.45m/s 이상으로 유속 확보
② 직사각형 침전지, 포기조 등의 사각지역 최소화
③ 슬러지 탈리액을 난류 발생 최소화하여 반송

(4) 부패 방지를 위한 포기

분배수로, 예비포기조, 유량조정조 등에 포기 실시

(5) 주 악취원의 복개

(6) 건물 내 환기

6~12회/h 속도로 환기. 상대습도 60% 이하 유지

(7) 건설재료 선정

① 표면이 조밀하고 평탄한 재질
② 악취물질이 흡착되는 재료 등

(8) 구조 설계 시의 고려

수로, 스컴웅덩이, 저류조, 스크린 등 → 주기적 청소수 공급을 위한 수도관 설치 등

② 악취 제거방법

(1) 방취

악취 발생장소 및 발생량을 최소화하는 것
① 경로차단법 : 복개, 기밀문, 수동트랩, 에어커튼 등
② 부패 방지법 : 살균, 호기적 환경
③ 청소 세정법

(2) 희석

환기 · 희석시킴으로써 악취를 없애는 방법

(3) 방향(Masking)

악취물질에 대해 강한 방향액을 스프레이로 살포하는 방법

(4) 탈취

① 물리적 : 수세법, 활성탄 흡착법
② 화학적 : 산화법(오존, 염소), 약액세정법, 연소법 등
③ 생물학적 : 토양 탈취법, Biofilter법, 포기산화법

③ 주요 발생원 빛 발생가스

① 최초침전지 경우 : 황화수소, 아세트알데히드, 트리메틸아민
② 탈수기실 : 황화수소, 에틸아민
③ 바이오필터 배출가스 : 황화수소, 메틸메르캅탄
④ 분뇨투입동 : 아세트알데히드, 디메틸아민 등 공정에 따라 주요 악취원이 다름

···02 악취 방지설비

① 탈취방법

악취 제거방식에 따라 분류하면 다음과 같다.

① 물리적 처리방식 : 수세법, 활성탄 흡착법
② 화학적 처리방식 : 산화법(오존산화법, 염소산화법), 약액세정법, 연소법(직접연소법, 촉매연소법), Masking법
③ 생물학적 처리방식 : 토양탈취법, Bio filter법

처리장에 적용할 탈취방식은 대상풍량, 발생원, 악취물질의 종류와 양, 주변상태 등을 고려하여 가장 효과적이고 경제적인 방식으로 선정해야 한다.

② 물리적 방법

(1) 수세법

① 취기가스를 흡인하여 세정탑의 하부로 투입시키고 상부로는 세정수를 유입시킴으로써 액·가스 향류식의 세정탑에 의해 악취를 제거하는 방법이다.
② 암모니아, 저급 아민류, 저급 지방산류의 제거에 효과적이며 암모니아의 경우 액·가스비 1.5~2.0에서 80% 이상의 제거효율을 얻을 수 있다.

▼ 수세법의 특징

장점	단점
• 건설비 및 운전비가 저렴한다. • 처리수 재이용이 가능하다. • 분진 등을 동시에 제거할 수 있다. • 고농도 악취가스의 전처리에 효과가 크다.	• 용수의 사용량이 많다. • 용해도가 낮은 악취가스에는 효과가 없다. • 단독으로는 효과가 적으며, 타 처리방법과 병용하는 것이 바람직하다.

(2) 활성탄 흡착법

① 활성탄 흡착탑은 취기가스 중의 악취발생물질을 활성탄의 물리적 · 화학적 흡착을 이용하여 제거하는 방법이다.

② 대상물질 : 황화수소 및 메틸메르캅탄

▼ 활성탄 흡착법의 특징

장점	단점	비고
• 물, 약품 등을 사용하지 않으므로 배수시설이 필요 없고, 운전조작이 용이하다. • 장치가 비교적 간단하다. • 활성탄을 재생하여 사용할 수 있다.	• 타르, 분진 등에 대해 수분의 흡착에 의한 기능 저하가 발생하므로 분진 등의 제거를 위한 전처리시설이 필요하다. • 고농도가스와 흡착률이 적은 가스는 활성탄의 수명을 단축시켜 교환빈도가 잦아진다. • 건설비 및 운전비가 비교적 많이 소요된다.	• 가스성분의 종류별 농도에 따라 흡착량이 다르다. 즉, 암모니아는 거의 흡착되지 않으며 탄화수소계 화합물에 효과가 좋다. • 60℃ 이상이면 성능 급격 저하된다(40℃ 이하로 유지할 것).

③ 화학적 방법

산화법(오존, 염소), 약액세정법, 연소법(직접, 촉매), Masking법

(1) 오존산화법

① 오존의 산화분해작용을 이용하여 악취물질을 제거

② 오존농도 : 최소 $1.0 \sim 2.0$ppm

③ 접촉시간 : 5초 이상

④ 보완시설

  • 산화제의 작용을 받지 않는 물질의 제거를 위하여 활성탄 흡착법과 병행

- 황화수소 제거율은 90% 이상이지만 암모니아는 50% 전후로 제거율이 떨어지기 때문에 수세법과 병행하여 처리하면 암모니아에 대한 높은 제거효율을 기대할 수 있다.

▼ 오존산화법의 특징

장점	단점	비고
고농도 악취물질의 제거에 유효하다.	• 악취물질 양에 대하여 오존 첨가량의 적절한 제거가 필요하다. • 잔류 오존에 대한 대책이 필요하다.	고농도 악취물질의 제거에 유효하나 2차 공해의 위험성이 있다.

(2) 산 · 알칼리 세정법

① 악취가스와 약액의 기액 평형을 이용하는 방법이다.

② 악취물질을 중화반응에 의해 액체 내에 고정시키거나 산화반응에 의해 무취물질로 분해하여 광범위한 악취물질을 효율적으로 탈취할 수 있다.

③ 대상물질 : 암모니아 및 아민(산세정법), 황화수소 및 메틸메르캅탄(알칼리 세정)

④ 수세법 또는 활성탄 흡착법 등과 병행하여 악취의 제거효율을 높일 수 있다.

▼ 산 알칼리 세정법의 특징

장점	단점	비고
• 장치가 간단하다. • 분진 등을 동시에 제거할 수 있다. • 연비가 저렴하다. • 중 · 고농도의 악취가스 제거에 효과적이다.	• 배수처리가 필요하다. • 고효율은 기대하기가 어렵다. • 저농도의 악취가스에는 효과가 적다. • 산에 대한 부식대책이 필요하다. • 운전조작에 기술을 요한다.	중고농도의 악취가스 제거에 적합하다. • 액 · 가스비 : $1 \sim 3 \text{L/m}^3$ • 충전판 높이 : $2 \sim 5\text{m}$ • 통과유속 : $0.5 \sim 1.0\text{m/s}$ • 압력손실은 $50\text{mmH}_2\text{O/m}$ 정도

(3) 연소법

1) 직접연소법

① 악취가스를 고온 연소로에 유입 → 이산화탄소와 물로 산화분해

② **적절한 직접연소 산화에 필요한 조건** : 3T, $700 \sim 850℃$, $0.3 \sim 0.5$초

③ 거의 모든 종류의 악취물질을 제거할 수 있다.

④ 연료비가 고가이므로 고농도 처리에는 유효하나 저농도의 가스 처리에는 불리하다.

⑤ 황 및 질소 성분의 산화에 따른 황산화물 및 질소산화물 등의 2차 오염물질이 발생한다.

▼ 직접연소법의 특징

장점	단점	비고
• 완전한 탈취가 가능하다. • 폐열에너지 회수를 통한 에너지 절감이 가능하다.	• 연료비가 많이 소요된다. • 전처리와 수증기 제거를 필요로 한다. • 탈취용량이 큰 경우 완전탈취가 곤란하다. • 공해유발의 위험성이 있다.	가연성 유기악취에 대해서는 대부분 적용 가능하다.

2) 촉매연소법

① 악취물질의 농도가 극히 낮을 때에 유리하다.

② 촉매로는 백금, 동, 은, 바륨, 니켈 등의 귀금속 촉매를 사용한다(350℃).

③ 거의 모든 종류의 악취물질을 제거할 수 있다.

④ 직접연소법보다 연료비는 적게 소요되나 탈취율은 떨어진다.

▼ 촉매연소법의 특징

장점	단점	비고
• 직접연소보다 연료비가 적다. • 연소온도가 낮으며 장치가 비교적 간단하다.	• 설비비가 비교적 많이 소요된다. • 특정 성분에 대한 촉매효과 저하에 주의가 필요하다. • 촉매 표면에 부착된 납 등에 대해 1년에 1~2회 세정이 필요하다.	직접연소법으로 제거 가능한 가연성 악취가스에 대부분 적용 가능하다.

4 생물학적 방법

(1) 토양탈취법

① 악취가스를 토양에 흡입
- 토양 미생물에 의한 분해
- 토양 흡착
- 수분에 의한 용해

- 토양성분과의 화학반응에 의한 중화작용 등
- 복합적 효과를 이용하여 악취 제거

② 토양탈취법은 정기적인 환토작업, 적절한 수분, pH 유지가 중요하다.
③ 고농도 취기 발생 장소는 환기횟수를 늘리는 등의 효율적인 관리가 필요하다.
④ 대상물질 : 세균의 영양이 되는 유기물질

▼ **토양탈취법의 특징**

장점	단점	비고
유지관리가 용이하고 유지비가 저렴하다.	• 넓은 면적이 필요하다. • 건기가 계속 시 토양 미생물의 관리를 위한 살수가 필요	살수설비에 배수설비가 필요하다.

(2) 바이오필터(Bio-Filter)법

① 유기물 및 무기화합물 → 미생물을 이용하여 생물학적으로 산화시키는 방법
② 필터 재료 → 퇴비, 나무껍질, 나뭇잎 및 줄기 등
③ 생분해성 폐기가스가 발생하는 곳에 폭넓게 사용될 수 있다.
④ 식품가공공장, 하수처리장, 화학공장 등에서 사용된다.

▼ **바이오필터법의 특징**

장점	단점
• 미생물 분해로 2차 오염이 없다. • 투자비가 낮다. • VOCs의 고효율 제거가 가능하다.	• 처리해야 할 성분이 수용성이고 미생물에 분해될 수 있어야 한다. • 고온 또는 다량의 분진 함유 시에는 전처리가 필요하다.

(3) 포기 산화법

① 악취물질을 포기조로 보내 활성슬러지 작용에 의해 분해시키는 방법이다.
② 대상물질 : 황화합물
③ 특징 : 설비비 및 유지관리비 모두 저렴, 포기조 내 송풍기 부식에 주의

P A R T

08

과년도 기출문제 풀이

107 회 수질관리기술사

■■ 1교시 다음 문제 중 10문제를 선택하여 설명하시오.(각 10점)

1. 하수처리의 악취발생원 및 악취물질
2. 저압수조(Surge Tank)
3. 소독능(CT) 및 불활성비 계산방법
4. 열오염(Thermal Pollution)
5. 총괄유출계수
6. 펌프비교회전도
7. 여과지 성능평가지표와 UFRV(Unit Filter Run Volume)
8. SUAV$_{254}$
9. AGP의 정의와 측정방법 및 부영양화 판정방법
10. 토양유출량을 산정하는 MUSLE(Modified Universal Soil Loss Equation) 방법
11. 전기투석법
12. Biosorption
13. LOEC(Low Obsered Effect Concentration)

■■ 2교시 다음 문제 중 4문제를 선택하여 설명하시오.(각 25점)

1. 홍수 유출 저감을 위한 저류시설 중 지역 외 저류시설의 ON-LINE 방식과 OFF-LINE 방식에 대해 서술하시오.
2. TMS(Tele-Monitoring System)의 목적, 대상 및 측정항목, 운영체계 효과 및 문제점을 간략하게 설명하시오.
3. 수처리공정에서 막의 운전시간 경과에 따라 발생하는 막의 열화와 파울링(Fouling) 현상에 대해 설명하고, 그에 따른 대책을 설명하시오.
4. 활성슬러지 혼합액을 0.2%에서 4%로 농축시키기 위한 부상분리 농축조를 가압순환이 있는 경우와 없는 경우에 대하여 설계하시오.

> - 최적 A/S비=0.008mL/mg
> - 공기용해도=18.7mL/L
> - 포화도=0.5
> - 슬러지 유량=300m³/d
> - 온도=20℃
> - 가압순환식에서의 압력=275kPa
> - 표면부하율=8L/(m² · min)

   1) 가압 순환이 없는 경우 : 소요압력, 필요 표면적, 고형물 부하율

   2) 가압 순환이 있는 경우 : 대기 중 압력, 필요 순환율, 필요 표면적

5. 수질모델링의 한계 및 문제점 개선방안에 대하여 설명하시오.

6. 정부는 국가 차원에서 제3의 물시장, 즉 물산업을 발전시키고자 노력하고 있다. 물산업의 개념과 정부의 물산업육성책에 대해서 서술하시오.

▪▪ 3교시 다음 문제 중 4문제를 선택하여 설명하시오.(각 25점)

1. 상수관로 누수의 원인과 대책 그리고 누수 판정 및 누수량 측정법에 대하여 설명하시오.

2. 하·폐수처리장에서 슬러지 처리 및 처분비용이 전체 처리장 운영 및 유지·관리비에 상당 부분을 차지하는 실정이다. 따라서 최적의 슬러지 처리 및 처분시설을 설계하기 위해서는 무엇보다도 슬러지의 종류, 양 및 특성을 정확히 파악하여 처리시설 설계의 기본자료로 이용하여야 한다. 하·폐수처리장의 공정별 슬러지 종류, 양, 특성에 대해서 설명하시오.

3. 혐기성 처리의 목적, 유기물 분해과정, 공정영향인자에 대해 설명하시오.

4. 응집의 원리를 Zeta-potential과 연계시켜 설명하고, 응집공정에 영향을 미치는 주요 인자를 설명하시오.

5. 일반하수와 영업오수(휴게소) 등 여행객이 단시간 머물다 가는 장소에서 발생되는 하수의 차이점과 하수처리 시 고려사항을 설명하시오.

6. 염분이 함유된 폐수발생원과 생물학적 처리 시 고려사항을 운전인자를 포함하여 설명하고 미생물의 염분한계농도에 대해 설명하시오.

▪▪ 4교시 다음 문제 중 4문제를 선택하여 설명하시오.(각 25점)

1. 비점오염원 초기우수시설 중 장치형(여과형) 시설의 문제점과 설계기준을 정리하여 설명하시오.

2. 정수처리 소독공정에서 액화염소의 저장설비 및 주입설비의 기준을 설명하시오.

3. Ghyben-Herzberg 법칙과 해안지대에 취수장 설치 시 해수 침입 방지대책에 대해서 설명하시오.

4. 질소 제거 공정에서 순환식 질산화 탈질법과 질산화 내생 탈질법에 대해 비교 설명하시오.

5. 배관의 전식에 대해서 설명하시오.

6. 최근 대두되고 있는 하수처리수 재이용의 문제점에 대하여 설명하시오.

문제 01 하수처리장의 악취발생원 및 악취물질

정답

1. 개요

악취는 발생물질의 종류와 배출원이 다양하고 여러 가지 물질이 복합적으로 작용하며 생활환경과 사람의 심리상태에 따라서 오염도에 대한 인식이 달라지는 특성이 있으며, 다른 대기오염물질과 다르게 발생원 관리 및 오염대책 수립에 어려움 있다.

2. 악취발생원

1) 하수 집수 시스템

① 근원은 혐기성 상태에서의 질소와 황을 함유한 유기물질의 생물학적 변환

② 냄새를 유발하는 화합물질의 유입 : 공기 배출밸브, 맨홀, 생하수 펌프시설 등

2) 하수 처리시설

① 1차 처리과정 : 혐기성 조건을 유발하는 긴 수로 집수 시스템

② 여과시설의 역세척, 슬러지 반송시설

③ 생물학적 고형물 처리시설 등

㉠ 스크린시설, 최초 침전조, 고정상 막공정, 균등조

㉡ 포기조, 2차 침전조(상대적으로 악취 낮음)

3) 슬러지와 생물학적 고형물 처리 시설

슬러지 농축조, 혐기성 소화조, 슬러지 배출시설 등

3. 악취물질

크게 황화합물, 질소화합물, 유기산, 알데히드 및 케톤류 등이 있다.

일반적 발생 물질은 다음과 같다.

① **침사지, 1차 침전지** : 황화수소 등 황화합물과 일부 아세트 알데히드류

② **생물반응조** : 유기물 분해로 상대적으로 악취는 적으며 저농도의 황화수소, 암모니아, 알데히드류 등이 있다.

③ **농축조 및 탈수시설** : 비교적 고농도이며 황화수소 및 메틸메르캅탄 등의 황화합물이 있다.

문제 02 저압수조(Surge Tank)

정답

1. 조압수조란

유체압력 흐름관에 있어서 밸브의 급폐쇄로 인한 관내의 과대한 압력 상승에 따른 인한 수격작용을 방지하기 위하여 설치하는 탱크임

2. 원리

수격작용으로 압축된 흐름을 큰 수조로 유입시켜 수조 내에서 진동으로 압력에너지를 마찰에 의해 감쇄하는 방법

3. 종류

1) 표준형 조압수조

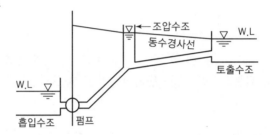

설치 시 다음 조건을 검토한다.
① 고양정 시 높은 탑으로 된다.
② 조압수조는 펌프 가까이 설치, 경우에 따라서는 최대부압(−)이 생기는 곳에 설치
③ 수량 변화에 의한 조압수조 내의 수면 변동을 흡수하도록 충분한 수면적을 갖도록 한다.

2) 토출관로 한 방향 조압수조

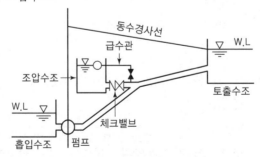

① 압력이 떨어질 때 필요한 충분한 물을 보급하여 부압을 방지하는 것만을 고려함
② 소형이 많음
③ 물 보충을 위해 탱크 위치를 정수두 이하로 설치, 동결 방지 등 필요

문제 03 소독능(CT) 및 불활성비 계산방법

정답

1. 소독능(CT)
① 미생물을 사멸할 수 있는 능력
② 소독제의 잔류농도(mg/L)와 접촉시간 T(Min)의 곱으로 나타냄
③ 살균소독 처리기준인 CT 값으로 설정하고 정수처리 시 이를 준수토록 요구함

2. 불활성비
① 병원 미생물이 소독에 의해서 사멸되는 비율을 나타내는 값
② 정수시설의 일정 지점에서의 소독제 농도와 물과의 접촉시간 등을 측정, 평가하여 계산된 소독능 값(CT)과 대상 미생물을 불활성화하기 위해 이론적으로 요구되는 소독능 값의 비를 말함

3. 불활성비의 계산

$$불활성비 = \left(\frac{CT_{계산값}}{CT_{요구값}} \right)$$

①
$$CT_{계산값} = 잔류소독제\ 농도(mg/L) \times 소독제\ 접촉시간(분)$$

소독제와 물의 접촉시간은 1일 사용유량이 최대인 시간에 최초 소독제 주입지점부터 정수지 유출지점 또는 불활성화비의 값을 인정받은 지점까지 측정하여야 한다.

② 불활성화비 계산을 위한 소독능 요구값($CT_{요구값}$)은 환경부에서 제시하는 표에서 측정된 pH와 온도범위에 해당하는 상하값을 찾은 후, 그 두 값을 직선화하여 측정된 pH와 온도에서의 소독능요구값을 정한다.

4. 정수처리기준의 준수 여부 판단
계산된 불활성화비 값이 1.0 이상이면 99.99%의 바이러스 및 99.9%의 지아디아 포낭의 불활성화가 이루어진 것으로 판단한다.

문제 04 **열오염(Thermal Pollution)**

정답

1. 개요

철강산업, 화학 섬유공장, 화력발전소, 원자력발전소 등의 산업시설로부터 배출된 온배수가 주변의 수온을 상승시키는 오염(Thermal Pollution)을 말한다.

2. 발생원

① 발전소나 공장 냉각수로 사용된 물의 폐열이 수계 유입. 특히 화력발전소의 경우 사용된 전체 에너지의 약 2/3가 폐열로 방출

② 수력발전소나 도시하수로 인한 열오염

③ 원자력발전소의 냉각수에 의한 해수 열오염

3. 영향

① 해수 생태계 파괴 : 온배수 유입 → 수온 증가 → 호기성 수생식물 증가 → 과량의 용존산소 소비 → 수생식물의 산소 부족 → 물고기의 떼죽음

② 열의 직접적인 영향에 의한 수중 생물의 죽음

③ 겨울철의 광합성량을 크게 저감, 안개 발생으로 인한 선박의 항해 장애

④ 독성화합물질의 작용력 증가, 세균의 번성에 따른 해태 양식장의 피해 증가 등

4. 대책

① 냉각탑을 설치하여 폐열을 대기로 방출

② 폐열의 효율적 분배

③ 폐열의 이용 등

문제 **05** 총괄유출계수

정답

1. 개요

유출계수란 5~10분 정도의 단시간에 내린 강우량에 대하여 하수관거에 유입되는 우수 유출량의 비를 말한다.

> 유출계수＝최대강수유출량/(강우강도×배수면적)

2. 총괄유출계수

$$C = \frac{\displaystyle\sum_{i=1}^{m} C_i \cdot A_i}{\displaystyle\sum_{i=1}^{m} A_i}$$

여기서, C : 총괄유출계수
C_i : i번째 토지 이용도별 기초유출계수
A_i : i번째 토지 이용도별 총면적
m : 토지 이용도수

3. 이용

계획우수량을 산정 시 유출계수는 토지 이용별 기초유출계수로부터 총괄유출계수를 구하는 것을 원칙으로 한다.

1) 토지이용별 총괄유출계수의 범위 예

① 상업지역

도심지역 0.7~0.95, 근린지역 0.5~0.7

② 주거지역

단독주택단지 0.3~0.5, 연립주택단지 0.6~0.75, 아파트 0.5~0.7, 독립준택단지 0.4~0.6, 교외지역 0.25~0.4

③ 산업지역

산재지역 0.5~0.8, 밀집지역 0.6~0.9

문제 06 펌프비교회전도

정답

1. 비교회전도의 개념

1개의 임펠러를 대상으로 형상과 운전상태를 동일하게 유지하면서 그 크기를 바꾸고 단위유량 $1m^3/min$에서 단위양정 1m를 발생시킬 때 그 임펠러에 주어지는 회전수

2. 비교회전도 식

$$N_s = N \, X \, \frac{Q^{\frac{1}{2}}}{H^{\frac{3}{4}}}$$

여기서, N : 회전속도(rpm)

Q : 토출량(m^3/min)(양흡인 경우 한쪽의 유량을 취하여 $Q/2$로 한다.)

H : 전양정(m)(다단펌프인 경우 1단당 전양정으로 한다.)

3. N_s와 임펠러 형상 및 펌프형식

N_s가 작아짐에 따라 임펠러의 폭은 작아지고 반대로 N_s가 커지게 되면 임펠러의 폭도 넓어진다.

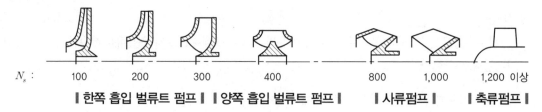

| N_s : | 100 | 200 | 300 | 400 | 800 | 1,000 | 1,200 이상 |

┃한쪽 흡입 벌류트 펌프┃ ┃양쪽 흡입 벌류트 펌프┃ ┃사류펌프┃ ┃축류펌프┃

문제 07 여과지 성능평가지표와 UFRV(Unit Filter Run Volume)

정답

1. 개요

여과지 성능평가관리란 여과지 내에서 어떤 일이 일어나고 예상되는 가를 운영일지의 데이터나 기록 등을 분석하고 여과성능에 대한 정보를 읽혀, 여과지가 지금까지 어떻게 가동되고 왔는지 파악하므로 여과지 최적운영을 위한 정확한 의사 결정을 내리는 것이다.

2. 여과지 성능평가 방법

여과지의 탁도 및 입자 수 측정, 그 외 유출량, 손실 수두, UFRV 등

3. UFRV란

여과지속시간 내에 처리된 여과지의 단위 면적당(m^2)당 여과수량(m^3)

> UFRV = 여과속도($m^3/m^2 \cdot$ 분) × 여과지속시간(분)

4. 판단기준

① UFRV 값 200m^3/m^2 이하 : 여과지속시간이 너무 짧다.
② UFRV 값 410m^3/m^2 초과 : 여과지 성능 양호
③ UFRV 값 610m^3/m^2 이상 : 재래식 정수공정에서 여과성능이 좋다.
④ UFRV 값이 300m^3/m^2 이하인 경우 원인조사 및 분석을 실시토록 한다.

문제 08 SUAV$_{254}$

정답

1. 개요

SUAV$_{254}$(Specific UV Absorbance)는 자외선 중에서 특정 파장(254nm)을 이용한 자외선 흡광도법으로 물속의 유기물 농도 등을 분석하는 데 이용한다.

2. 의미

용존성 유기물 중에서 소독 부산물 형성하는 휴믹물질을 분석하기 위하여 방향족화합물(불포화 탄소화합물−휴믹물질)과의 반응값 UV$_{254}$를 DOC(Dissolved Organic Carbon)에 대한 비율로 표시한 것으로 수중 유기물 중 휴믹물질의 특성을 나타내거나 소독 부산물의 생성을 평가하기 위한 지표로 이용된다.

① SUAV$_{254}$ 3 이하인 경우 : 휴믹산의 농도가 낮고 친수성이거나 방향족성이 낮음, 분자량이 상대적으로 낮음

② SUAV$_{254}$ 4 이상인 경우 : 유기물 특성이 소수성이거나 방향족 유기물, 분자량이 비교적 큼

③ SUAV$_{254}$ 2 이하인 경우 : THMs와 HAAs 형성과는 상관이 없는 것으로 보고됨

3. 계산식

$$SUAV_{254}(L/mg \cdot m) = 100(cm/m) \times \{UV_{254}nm(cm-1)/DOC(mg/L)\}$$

여기서, UV$_{254}$: 흡광도

DOC : 용존 유기물 농도

문제 09 AGP의 정의와 측정방법 및 부영양화 판정방법

정답

1. 정의

① Algae Growth Potential의 약자

② 자연수, 처리수 등이 가지고 있는 조류 잠재 생산력을 말함

③ 호소의 부영양화 정도를 파악하는 데 사용

2. 실험방법

① 배양배지에 시료 주입

② 일정 온도(20~25℃), 일정 조도(4,000lux)로 일정 기간 동안 배양

③ 배양 후 건조 중량으로 조류의 양을 계산한다.

3. 평가방법

① AGP 70mg/L 이상 : 극부영양

② AGP 51~70mg/L : 부영양화

③ AGP 41~50mg/L : 중영양화

④ AGP 40mg/L 이하 : 빈영양

문제 10 토양유출량을 산정하는 MUSLE(Modified Universal Soil Loss Equation) 방법

정답

1. 개요

① 범용토양손실곡선 USLE은 미국의 Wischmeier와 Smith(1960)에 의해 원래는 농경지의 토양손실 예측을 위해 개발되었음. 또한 USLE 공식은 장기간에 걸친 연평균 토양손실량을 추정하기 위한 모형임

② 단기간 예측에 오차가 커질 수 있는 특성을 가지며 경사진 소유역의 토양침식량 추적에 합리적임

2. USLE 공식

$$A = R \times K \times LS \times C \times P$$

여기서, A : 강우침식도

R : 해당 기간 중 단위 면적에서 침식되어 손실되는 토사량(ton/ha), 강우에너지 계수임

K : 토양침식인자

LS : 지형인자(L : 침식경사면의 길이 인자, S : 침식경사면의 경사인자)

C : 경작인자

P : 등고선 경작 등 토양 보존대책 인자임

3. RUSLE(Revised Universal Soil Loss Equation)

① 계절 또는 단일 호우에 대한 토양 침식량 산정을 위하여 수정이 가해진 식임

② RUSLE 공식은 USLE와 동일한 식임

$$A = R \times K \times L \times S \times C \times P$$

③ R은 강우/유출인자로 강우에너지와 유출에 대한 강우단위 간에 눈 녹음에 의한 유출인자를 더한 값임

④ 필요할 경우 USLE 변수값을 그대로 대입, 적용할 수 있음

⑤ 건설현장에까지 확대 적용 가능함

4. MUSLE(Modified Universal Soil Loss Equation)

USLE 식은 농경지나 건설 현장과 같이 사면 마루부에서의 판상 및 세류침식에 의한 연평균 토양침식량을 예측하기 위해서 개발한 기법으로 단일 강우에 의한 침식량을 산정할 수 없다. 이러한 단점을 보완한 것이 MUSLE 식이다.

$$Y = 95(Q \times q_p)^{0.56}\{K\}_a \{LS\}_a \{CP\}_a$$ 여기서, Y : 단일호우에 의한 토양침식량

$\{K\}_a$, $\{LS\}_a$, $\{CP\}_a$는 면적가중치를 이용하여 산정한 유역의 $USLE/RUSLE$의 평균값이다.

모형			특성
경험적 산정기법	USLE	산정치	판상, 세류 및 세류 간 침식에 의한 장기간 또는 연평균 토사유출량 산정, 유사 $\phi < 1.0mm$
		적용범위	• 사면길이(L) 1,000ft 이하의 사면산림/농경지 • 미국 중부 및 동부지역(서부의 건조, 반건조지역 제외)
		특징	• 유역특성이 불균일한 곳에 적용 가능 • 피복조건 및 침식조절기법의 영향이 다소간 고려됨
		주의사항	• 침식능(R)과 침식성(K)을 아무 곳이나 적용하기 곤란 • 수로 및 구곡에서의 퇴적 모의 못함 • 유역면적이 넓을 경부 심각한 오차를 유발 • 유출지점에 따라 유사전달률 개념의 도입이 요구됨
	RUSLE	산정치	세류 및 세류 간 침식에 의한 단기 및 중기(월 또는 계절) 또는 연평균 토사유출량 산정, 유사 $\phi < 1.0mm$
		적용범위	• 사면길이(L) 1,000ft 이하의 사면산림/농경지 • 미국 전 지역(서부의 건조, 반건조지역 포함)
		특징	• 유역특성이 불균일한 곳에 적용 가능 • 계절별 피복조건 및 다양한 침식조절기법 영향이 고려됨 • 프로그램을 통한 컴퓨터 적용이 용이
		주의사항	• 수로 및 구곡에서의 퇴적 모의 못함. 따라서 유출지점에 따라 유사전달률 개념의 도입이 요구됨 • 연평균 토사유출량 산정결과의 신뢰성이 가장 뛰어남
	MUSLE	산정치	단일호우에 의한 세류 및 세류 간 침식토사 유출량 산정, 유사 $\phi < 1.0mm$
		적용범위	• 사면길이(L) 1,000ft 이하의 사면산림/농경지 • 미국 중부 및 동부지역(서부의 건조, 반건조지역 제외)
		특징	USLE와 동일하며 단일호우에 적용
		주의사항	수로 및 구곡에서의 퇴적 모의 불가능. 따라서 유출지점에 따라서 유사전달률 개념의 도입이 요구됨
	원단위법	산정치	단위면적당 연평균 토사유출량
		적용범위	경험식이 유도된 유역에 대하여 적용
		특징	식의 적용이 단순
		주의사항	유역의 특성이 다른 유역이나 지표면 이용도 변화를 반영하기 어려움

문제 **11** 전기투석법

정답

1. 개요

전기투석법이란 전기투석조 양단에서 공급되는 직류전원에 의하여 형성되는 전기장을 구동력으로 하고 물속에 녹아 있는 화학성분 중 전기적 성질을 갖는 양이온과 음이온을 선택적으로 투과하는 이온 교환막을 이용하여 이온성 물질을 분리하는 막분리 공정임

2. 흐름도

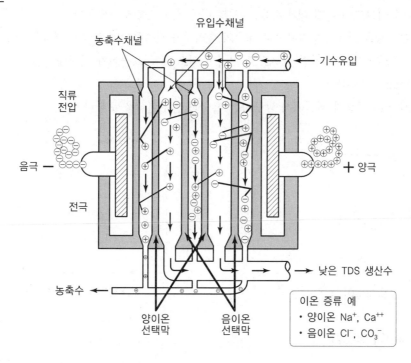

3. 전기투석법과 역삼투압법의 비교

① 분리막 사용은 동일

② 역삼투압법은 물속의 모든 물질 제거 가능

③ 전기투석법은 이온성 물질만 제거

④ 전기투석법은 용매인 물은 막을 통과하지 않고 남음

⑤ 역삼투압법은 물분자는 막을 통과하고 이온성 및 고형물은 막 표면에 남음

⑥ 전기투석법은 실리카, 유기물질, 이온화하지 않은 물질은 제거 안 됨. 전처리가 중요함

문제 12 Biosorption

정답

1. 개요

생물학적 폐수처리방법은 주로 유기물을 정화하는 방법으로 폐수 중의 미생물을 이용하여 폐수 중의 부유물질이나 용존물질을 흡착, 산화와 동화, 고액분리시켜 정화하는 방법이다.

2. Biosrption

폐수와 활성슬러지가 혼합되면 폐수 중의 유기물은 급속히 활성슬러지에 흡착, 고정된다. 이것을 초기흡착이라고 하는데 대체로 30~60분 내에 흡착평형에 도달한다.

폐수 속 유기물은 외부적인 작용으로 폐수와 슬러지가 접촉하는 순간에 미생물의 세포벽에 기질이 붙는 흡착현상과 내부적인 작용으로 기질이 세포 내부로 들어가 신진대사 물질로 이용되는 흡수현상으로 나누어진다.

Biosorption은 두상의 계면에서 발생하는 흡착과 흡수현상을 포함한다.

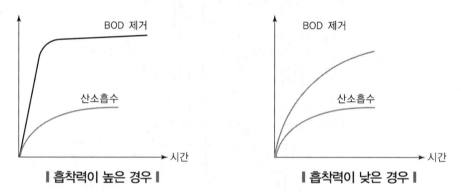

┃ 흡착력이 높은 경우 ┃   ┃ 흡착력이 낮은 경우 ┃

3. Biosorption의 장단점

1) 장점

① 생물학적 유기물의 신속한 제거 가능 : 20~30분 내에 하수 내의 유기물을 80% 제거 가능

② 제거된 유기물, 즉 흡착된 유기물은 인 방출 시 필요한 PAOs의 저장 탄소원, PHA를 형성하는 탄소원으로 사용될 수 있으며 Fermentation을 통해 탈질 시 필요한 탄소원 SCVFAs를 형성하는 데 이용될 수 있다.

③ 생흡착조를 거쳐 침전된 상등수는 낮은 C/N 비를 가지게 된다. 이 낮은 C/N의 상등수를 질산화조로 유입시킬 경우 Nitrifier의 성장에 많은 도움을 주게 된다. Heterotrophs와의 경쟁을 줄임으로써 질화균의 활성을 촉진시키는 것이다.

2) 단점

① 유입원수와 반송슬러지를 접촉시킨 후 침전이 반드시 수반되어야 한다. 침전시키지 않을 경우 Enmeshment에 의한 기작을 기대할 수 없으므로 높은 유기물 제거율은 기대하기 힘들다.

② 용해성 COD의 흡착은 아직 명확하게 규명되지 않아 용해성 유기물 농도가 높은 폐수 적용 시 문제점 발생소지가 있다.

4. Biosorption을 이용한 활성슬러지법

Biosorption을 이용한 활성슬러지법으로는 접촉안정법 등이 있다.

접촉안정법은 활성슬러지를 하수와 약 20~60분(유량기준) 동안 접촉조에서 포기, 혼합하여 활성슬러지에 의해 유기영양물을 흡수, 흡착 제거시켜 2차 침전지에서 침전시킨 후 활성슬러지를 안정조에서 3~6시간 포기하여 흡수, 흡착된 유기물을 제거하는 방법이다.

이 방법은 유기물의 상당량이 콜로이드 상태로 존재하는 도시하수를 처리하기 위해 개발되었다.

문제 13 LOEC(Low Observed Effect Concentration)

정답

1. 개요

하·폐수 유출수에는 독성이 있을 수 있는 여러 가지 물질이 포함되어 있다. 유출수 독성시험은 이들 물질을 각각을 대상으로 조사하기보다는 유출수 자체를 대상으로 하여 수중 미생물을 이용하여 유출수의 독성을 추정하는 데 직접적이고 효과적인 방법이다.

2. 독성시험 결과의 평가

독성시험은 기간에 따라 단기간·간헐적·장기간 독성시험으로 분류할 수 있다.

결과의 평가에 있어서 급성독성(Acute Toxicity)은 반응이 빠른 심각한 독성(48시간 또는 96시간 안에 관찰되는 반응)이며, 만성독성(Chlonic Toxicity)은 수명의 1/10 이상 장기간 독성의 영향을 관찰할 수 있는 경우이다.

3. LOEC

만성독성 시험결과 영향이 관찰된 유출수 농도 중에서 최저 농도를 의미한다.

> 📖 Reference NOEC(No Observed Effect Concentration)
>
> - 만성독성 시험 시 어떠한 영향도 관찰되지 않은 유출수 중에서 최고 농도를 말함
> - 악영향 무관찰 농도
> - 급성독성 단위 $TUa = 100/LC_{50}$
> - 만성독성 단위 $TUc = 100/NOEC$
> - ACR(Acute to Chronic Ratios) $= LC_{50}/NOEC$
> - ACR이 클수록 해당 물질의 급성독성은 낮으나 만성독성이 큼을 의미한다.

문제 01 홍수 유출 저감을 위한 저류시설 중 지역 외 저류시설의 ON – LINE 방식과 OFF – LINE 방식에 대해 서술하시오.

정답

1. 개요

「자연재해대책법시행령」에 의거 대지면적 $2,000m^2$ 이상 건축물, 주택조성산업, 산업단지조성산업 등의 개발사업을 시행하거나 학교 및 공원, 주차장 등 공공시설을 설치할 때 반드시 우수유출시설을 설치해야 한다.

2. 우수유출저감시설의 정의

이상기후, 녹지개발로 인하여 우수의 직접유출량이 증가됨에 따라 우(하)수관거 및 하도에서 수용할 수 있는 홍수량을 초과하는 우수 유출이 발생하는 실정이다.

이에 따라, 우수의 직접유출량을 저감시키거나 첨두유출 시간을 지연시키기 위하여 설치하는 시설을 "우수유출저감시설"이라 한다.

3. 우수유출저감시설의 저감목표에 따른 분류

① 현 시점에서 발생하는 초과우수유출량을 저감시키기 위한 시설

부분 공공목적으로 설치되며, 지역 외(Off Site) 저류시설의 형태로 설치되는 것이 일반적

② 개발로 인하여 증가되는 우수유출량을 상쇄시키기 위한 시설

지역 내(On Site) 저류시설의 형태로 설치되는 것이 일반적이며, 홍수 유출 해석 없이 개발로 인한 우수의 직접유출 증가량을 당해 지역에서 저류 또는 침투시키는 것이 일반적인 방법

4. 우수유출저감시설의 저감방법에 따른 구분

저감방법은 저류시설, 침투시설로 나뉘며 저류시설은 사용 용도, 설치 위치 및 연결 형태에 따라 다음과 같이 구분된다.

① **사용 용도** : 침수형 저류시설, 전용 저류시설

② **설치 위치** : 지역 내(On Site) 저류시설, 지역 외(Off Site) 저류시설

- 지역 외 저류시설 : 해당지역 및 해당지역 외부에서 발생한 우수를 유역 말단부에 집수, 저류, 억제하는 것

- 지역 내 저류시설 : 강우가 지표면에 떨어지는 해당 지점에서 우수를 저류시켜 유출을 저감시키는 시설로 그 규모가 지역 외 저류시설보다 작으며 저류 수심도 얕은 것이 일반적이다.

③ 연결 형태 : 하도 내(On Line) 저류시설, 하도 외(Off Line) 저류시설

5. ON-LINE형 저류지와 OFF-LINE형 저류지

① ON-LINE형 저류지

유역으로부터의 모든 유출수를 전량 저류지로 유입시킨 후 오리피스 등에 의해 허용방류량 이하로 유하할 수 있도록 조절하는 형태이며, 저류지의 위치, 지형조건, 모양, 규모, 방류구 형식 등에 따라 홍수 조절 효과가 결정된다.

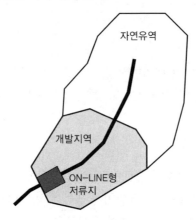

② OFF-LINE형 저류지

저평지의 중소규모 하천에 접하여 개발이 이루어지는 경우에 사용되는 월류제 형식의 저류지를 말한다.

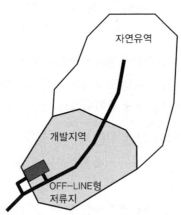

이 경우는 사업지구의 개발로 증가된 홍수량이 하류 하천의 통수능 이하의 경우에는 그대로 유하하고, 하류 하천의 통수능을 초과한 부분은 횡월류제를 통하여 저류지로 분류되었다가 하류 하천의 홍수위가 저하되면 저류지에 저류된 우수가 다시 유하하여 하류하천의 범람을 방지하는 제어대책이다.

6. ON-LINE형 저류지의 장단점

1) 장점

① 현행 저류지 설계빈도(50년) 이하의 강우 시에도 단지 내에서 발생한 저류지로 유입/유출되기 때문에, 도시공원 내에 설치하여 공원 기능과 저류지 기능을 중복하여 사용할 경우, 친수성을 도모할 수 있음

② 저류지 용량, 부지 면적, 방류구 크기 등의 제원을 결정하기 위해서는 기술자들에게 익숙한 저수지 홍수추적기법을 적용하기 때문에 수리계산이 용이함

③ 단지 내 유역면적이 작아 하수도시설기준에 의거 5년, 10년, 20년 빈도인 지역에서도 현행 저류지 설계빈도인 50년의 규정을 따를 수 있음

④ 저류지 설계빈도(50년) 이하 규모의 호우 시에도 약간의 홍수조절 효과가 있음

⑤ 개발 중에는 개발로 인한 홍수 증가의 문제도 있지만 특히, 토사 유출로 인한 문제가 더 크기 때문에 침사지를 만들고 있으나, 침사지는 반드시 ON-LINE형으로 설치해야 하므로 개발 중의 침사지겸 임시저류지의 경우에 유리함

2) 단점

① 유입홍수의 첨두홍수량을 개발전 첨두홍수량으로 저감시키기 위해서는 저류지 면적이 어느 정도 확보되어야 하기에 부지면적이 많이 소요됨. 따라서 지가가 높은 지역에서는 치수경제성이 낮아 사업 시행자에게 과중한 부담이 될 수 있음

② 동일한 홍수조절 효과이면서도 OFF-LINE형에 비해 저류지 저류용량 및 부지면적이 3~40배까지 크게 산출됨. 특히, 저류지 설치지점을 중심으로 볼 때 유역면적에 비해 개발면적이 작으면 작을수록 차이는 더 커짐

③ 저류지 설치지점의 지형조건이 평지이면 저류지에서 방류하천으로의 하상 경사가 완만하면, 오리피스에서 방류된 흐름은 하류하천의 배수(Backwater) 영향을 받아 배제가 잘 안 되어 저류지 용량이 더 크게 산출되기 때문에 이러한 지형조건에서는 수리학적으로 불리함

④ 주 하천에 유입하는 지천에 저류지를 도입할 경우 도달시간 차이로 인해 오히려 하류부에 홍수부하를 가중시킬 수 있음

7. OFF-LINE형 저류지의 장단점

1) 장점

① ON-LINE형은 저류지 면적이 어느 정도 확보되어야 홍수저감효과가 있지만, 본 방법은 저류용량만 확보하면 되기에 지가가 고가인 경우 저류수심을 깊게 하면 경제적일 수 있음

② ON-LINE형은 하상경사가 완만한 평탄부에서는 방류구의 흐름이 하류의 배수 영향을 받을 경우 저류용량이 크게 산출되어 비경제적이지만, OFF-LINE형은 횡월류부에서 완전월류 흐름조건만 만족시키면 되므로 수리학적으로 유리함

③ 개발사업이 하천연안에서 이루어지고 내수배제용 우수관거가 20년 빈도 이하 규모 시에는 단지 내에서 저류지를 통하지 않고 하천으로 곧바로 방류한 다음, 하류부 일정한 구간에서 횡월류를 통해 50년 빈도의 개발로 증가된 홍수량을 저감토록 하면 현행 저류지 설계빈도 50년 문제를 해결할 수 있고 저류지가 단지 내에 분산되지 않고 한곳에 설치될 수 있어 경제적임

④ ON-LINE형 저류지가 도시공원, 체육공원 등과 같은 다목적시설로 이용되는 경우, 모든 빈도의 호우가 저류지로 유입되기 때문에 우수가 저류지에서 배제된 후에는 다목적시설 이용을 위해 청소 빈도가 잦아져 유지·관리비용이 많이 소요되나 OFF-LINE형의 경우는 50년에 1회 정도의 확률로 유입되기에 유지·관리비용이 저렴함

⑤ ON-LINE형 단점 ④항에 언급한 바와 같이, 개발사업이 대하천 하류부에 위치하고 ON-LINE형으로 저류지를 도입하면 저류지를 통한 홍수는 지체되어 본류 상류에서 도달한 홍수파와 합산되어 오히려 하류부에 홍수부하를 가중시키는 문제점이 있을 수 있음. 따라서 이러한 경우 OFF-LINE형을 도입하면 증가된 첨두부분을 저류지에 저장한 다음 본류 홍수파가 지나간 다음에 방류하므로 첨두홍수 도달시간 차이로 인한 문제를 해결할 수 있음

2) 단점

① 횡월류부의 길이가 저류지 부지면적에 비해 상당히 크게 산출되어, 지하에 매설된 우수박스의 경우 박스의 구조 계산에 에로사항이 있음

② 일반적으로 우수관거는 20년 빈도 이하 규모이므로 50년 빈도 홍수 시의 횡월류 웨어 높이와 길이 산정에 수리학적으로 모순점이 있음. 이를 해결하기 위해서 일부 사업지구에서는 횡월류 부분만을 50년 빈도로 설치하고 하류부에서는 당초 규모로 하는 사례가 있었음

문제 02 TMS(Tele-Monitoring System)의 목적, 대상 및 측정항목, 운영체계 효과 및 문제점을 간략하게 설명하시오.

정답

1. 개요

수질 TMS란 하·폐수 종말처리장, 폐수 배출 업소의 방류 라인에 설치된 자동측정기기로부터 관제센터의 주 컴퓨터까지 ON-LINE 연결하여 수질오염 물질을 상시 감시하는 시스템

2. 목적

① 공공하수처리시설, 폐수종말처리시설, 폐수배출 사업장의 방류수질을 실시간 관리·점검하여 수질오염사고를 예방

② 사업장 스스로 수질현황을 분석·관리하여 공정 운영의 효율성을 제고하고 자체 공정개선을 유도

③ 수질오염 물질 배출현황을 신속·정확히 관리하여 수질환경정책 기초자료로 활용하고 배출부과금 산정 등 수질관리의 선진·과학화 가능

3. 대상

① 폐수종말처리시설 : $700m^3$/일 이상

② 공공하수처리시설 : $700m^3$/일 이상

③ 배출사업장 : 폐수배출량 $200m^3$/일 이상

4. 대상항목

pH, COD, BOD, SS, TN, TP, 적산 유량 등

5. 운영체계 효과

① 2014년 기준 전국 하·폐수 배출량의 96.8% 실시간 모니터링

② 2008년 대비 수질오염배출부하량 평균 35% 감소-하천 수질 개선

③ 수질오염처리공정 개선 및 약품 에너지 절감 효과가 확실

6. 문제점

1) 수분석값과 TMS 측정값의 병행 활용 미비

① TMS 측정값에 의한 초과 여부 판단으로 행정처분으로 인한 공무원의 지도·단속 소홀 가능성이 많음

② 사업장의 지나친 기계값 의존 및 조작 가능성. 그러므로 행정기관에서 지도·단속 시 시료채취와 오염도 분석의 경우 수측정값을 우선 적용하여 실시할 필요 있음

2) 상대정확도 검사는 연 1회 일부 TMS 부착 사업장만 실시함. 정기지도·점검 시 상대 정확도 검사가 미비하여 TMS 운영실태 관리·감독이 미비함. 향후 정기점검·지도 시 정확도 검사를 같이 실시하여 TMS의 적정한 운영 도모 필요

3) 운영관리 미준수 과태료는 300만 원 이하임. 상향 필요함

4) 통신방식을 Polling 방식에서 Interrupt 방식으로 개선함

5) 수질 TMS 부착업체에 대한 배출부과금 경감을 통한 동기 부여 실시할 필요가 있음

6) 공공하수시설의 특성을 고려한 강우 시 2Q 이상 하수처리시설의 특성 고려가 필요함

문제 03 수처리공정에서 막의 운전시간 경과에 따라 발생하는 막의 열화와 파울링(Fouling) 현상에 대해 설명하고, 그에 따른 대책을 설명하시오.

정답

1. 막의 열화

막 자체의 비가역적인 변질로 생기는 성능변화로 성능이 회복되지 않는다.

① **물리적 열화** : 압력에 의한 크립(Creep) 변형이나 손상

② **화학적 열화** : 가수분해나 산화

③ **생물열화**(Bio-fouling) : 미생물로 자산화

2. 막의 파울링

막 자체의 변화가 아니라 외적 요인으로 막의 성능이 변화되는 것으로, 그 원인에 따라서는 세척함으로써 성능이 회복될 수 있다.

분류	정의		내용
열화	막 자체의 변질로 생긴 비가역적인 막 성능의 저하	물리적 열화 압밀화, 손상 건조	• 장기적인 압력부하에 의한 막 구조의 압밀화(Creep 변형) • 원수 중의 고형물이나 진동에 의한 막 면의 상처나 마모, 파단 • 건조되거나 수축으로 인한 막 구조의 비가역적인 변화
		화학적 열화, 가수분해 산화	• pH나 온도 등의 작용에 의한 막의 분해 • 산화제에 의한 막 재질의 특성 변화나 분해
		생물화학적 변화	미생물과 막 재질의 자산화 또는 분비물의 작용에 의한 변화

분류	정의	내용		
파울링	막 자체의 변질이 아닌 외적 인자로 생긴 막 성능의 저하	부착층	케이크층	공급수 중의 현탁물질이 막 면상에 축적되어 형성되는 층
			겔층	농축으로 용해성 고분자 등의 막 표면 농도가 상승하여 막면에 형성된 겔(Gel)상의 비유동성 층
			스케일층	농축으로 난용해성 물질이 용해도를 초과하여 막 면에 석출된 층
			흡착층	공급수 중에 함유되어 막에 대하여 흡착성이 큰 물질이 막면상에 흡착되어 형성된 층
		막힘		• 고체 : 막 다공질부의 흡착, 석출, 포착 등에 의한 폐색 • 액체 : 소수성 막의 다공질부가 기체로 치환(건조)
		유로폐색		막 모듈의 공급 유로 또는 여과수 유로가 고형물로 폐색되어 흐르지 않는 상태

3. 대책

1) 물리적 세정

① 일반적으로 여과 8~10분, 휴지 1~2분을 반복 시행하면서 공기 세정 실시

② 역세척 실시로 공극을 막고 있는 성분의 물리적 제거

2) 화학적 세정

① 무기질 제거에는 약산을 사용하며 구연산, 옥살산, 황산 등을 이용하여 세정

② 유기물 제거 시에는 일반적으로 NaOCl 사용

Reference 막폐색 물지에 따른 회복세정 약품 종류 및 농도

막폐색 물질	추천 약품	대안 약품	세정액 농도	세정 시간
유기물	NaOCl	과산화수소	500~5,000mg/L	6~24시간
알루미늄 산화물	옥실산	구연산	1,000~10,000mg/L	6~24시간
철 산화물	옥실산	구연산	1,000~10,000mg/L	6~24시간
탄산칼슘	염산	구연산	1,000~10,000mg/L	6~24시간

문제 04 활성슬러지 혼합액을 0.2%에서 4%로 농축시키기 위한 부상분리 농축조를 가압순환이 있는 경우와 없는 경우에 대하여 설계하시오.

- 최적 A/S비＝0.008mL/mg
- 공기용해도＝18.7mL/L
- 포화도＝0.5
- 슬러지 유량＝300m³/d
- 온도＝20℃
- 가압순환식에서의 압력＝275kPa
- 표면부하율＝8L/(m² · min)

1) 가압순환이 없는 경우 소요압력, 필요 표면적, 고형물 부하율
2) 가압순환이 있는 경우 대기 중 압력, 필요 순환율, 필요 표면적

정답

1. 가압순환이 없는 경우

① 소요압력

$$\frac{A}{S} = \frac{1.3 S_a (fP - 1)}{S}$$

여기서, f : 압력 P에서 용존되는 공기의 비율, 포화도
P : 압력(atm)

$$P = \frac{p + 101.35}{101.35} \text{kPa} = \frac{p + 14.7}{14.7} \text{psi}$$

여기서, p : 계기압력(kPa)

$$0.008 \, \text{mL/mg} = \frac{1.3(18.7 \text{ml/L})(0.5P - 1)}{2,000 \text{mg/L}}$$

$$0.5P = 0.658 + 1$$

$$P = 3.37 \text{atm} = \frac{p + 101.35}{101.35}$$

$$p = 240.2 \text{kPa}$$

② 필요 표면적

표면부하율로부터 구한다.

$$\text{표면부하율} = \frac{Q}{A}$$

$$A = \frac{Q}{\text{표면부하율}} = \frac{300 \, \text{m}^3/\text{d} \times 10^3 \text{L/m}^3}{8 \, \text{L/m}^2 \cdot \text{min} \times 1,440 \, \text{min/d}} = 26 \, \text{m}^2$$

③ 고형물 부하량

$$
\text{고형물 부하량} = \frac{300\,\mathrm{m^3/d} \times 2{,}000\,\mathrm{g/m^3}}{26\,\mathrm{m^2} \times 1{,}000\,\mathrm{g/kg}} = 23.08\,\mathrm{kg/m^2 \cdot d}
$$

참고로 하수도시설기준에서는 $100\sim120\mathrm{kg \cdot ds/m^2 \cdot d}$임

2. 가압순환이 있는 경우

① 대기 중 압력

$$
P = \frac{p + 101.35}{101.35}\,\mathrm{kPa} = \frac{275 + 101.35}{101.35} = 3.71\mathrm{atm}
$$

여기서, p : 계기압력(kPa)

② 필요 순환율

$$
\frac{A}{S} = \frac{1.3S_a(fP-1)R}{S \cdot Q}
$$

$$
0.008\,\mathrm{mL/mg} = \frac{1.3 \times 18.7\mathrm{ml/L}\,(0.5 \times 3.71 - 1)R}{(2{,}000\mathrm{mg/L}) \times 300\,\mathrm{m^3/d}}
$$

$$
R = 230.9\,\mathrm{m^3/d}
$$

③ 필요 표면적

$$
A = \frac{Q + R}{\text{표면 부하율}} = \frac{530.9\,\mathrm{m^2/d} \times 10^3\,\mathrm{L/m^3}}{8\,\mathrm{L/m^2 \cdot min} \times 1{,}440\,\mathrm{min/d}} = 46.8\,\mathrm{m^2}
$$

문제 05 수질 모델링의 한계 및 문제점 개선방안에 대하여 설명하시오.

정답

1. 개요

수질 모델링이란 수체의 이송특성에 따라 이동하는 오염물질을 "질량보존의 법칙"에 의해 종합하여 시간과 거리에 따른 수질 농도를 계산할 수 있는 도구이다. 따라서 수학적 모델은 복잡한 환경시스템을 형성하고 있는 다양한 물리·화학·생물학적 정보를 종합하기 위한 정량적인 정보를 생성하는 데 사용된다.

2. 사용 중인 모델의 종류

① 수질관련 모델링

모델명	적용가능지역	특성
QUAL2E (W.S. EPA)	하천	• DO, BOD, Chl−a, N−series(4가지), p−series(2가지), 비보존성 물질(3가지), 보존성 물질(2가지) 등 총 15가지 항목에 대해 예측 가능 • 1차원 모델로 정상 상태인 경우를 예측, 비정상 상태의 예측이 불가능함 • 하천의 흐름을 한 방향으로 가정하여 조석이나 흐름 정체현상을 반영하지 못하는 수리학적 한계를 가지고 있음 • 현재까지 가장 보편적으로 활용되는 수질 모양
QUAL− NIER (환경부)	하천	• QUAL2E 모형의 반응기작을 확장 • 조류 대사과정을 세분화, CBOD 계산 시에 조류 발생에 따른 내부 생산 유기물 증가를 고려하여, 수질오염공정시험방법으로 측정되는 Bottle BODS에 대한 계산식을 추가, 유기물질의 계산은 물질의 성상 및 존재형태별로 구분하여 계산, 물질의 세부 구분을 위하여 분리계수(Partition Coefficient) 도입, 유기물 지표항목으로서 TOC 항목을 추가함
QUAL2K (KOREA)	하천	• QUAL2E 모형의 반응기작을 확장 • 조류사멸에 의한 BOD 증가, 탈질화, 부착조류의 산소 소모에 관한 반응기작 추가
QUAL2K (U.S. EPA)	하천	• QUAL2E 모형의 반응기작을 확장한 Excel Base 모델 • 점오염원의 유출입을 구간의 길이로 입력 가능 • CBOD의 경우 Slowly Reacting CBOD(cs)와 Fast Reacting CBOD(cs)로 나누어서 모의 가능 • 무산소 상태에서 산화반응이 가능하도록 구성

모델명	적용가능지역	특성
WASP5	하천, 호수, 하구 등	• DO, BOD, 온도, N-series, p-series, 독성유기화합물, 중금속, 총 대장균군, 조류 농도에 대해 예측 가능 • 하천에 적용할 때에는 DYNHYD(2차원-상하구분불가) 및 기타 수리 모델과 연계하는 것이 바람직함 • 호수에 적용할 때는 상하층 구분하여 EUTRO(3차원 모델-상하, 좌우 Segment 구분함) 적용 • 우리나라의 호소에 많이 적용된 모델이나, 유량의 유출입에 대해 유동적으로 입력이 불가함
WASP7	하천, 호수, 하구 등	• Window 버전으로 EFDC와 연동해서 모의 • 부영양모델, 독성모델 외에 Mercury, Heat 모델 추가 • 모의결과를 그림으로 표현할 수 있는 Postprocessor 기능 추가 • CBOD의 경우 분해 속도에 따라 CBOD(1), CBOD(2), CBOD(3) 3가지 종류로 구분하여 모의가 가능하도록 개선
CE-QUAL-W2	하천, 호수, 하구 등	• 수심이 깊고, 길이가 긴 호소에 적합한 모델 • 수체의 흐름에 대한 여러 형태의 적용이 가능함 • 상류경계조건을 고려하여 유입량을 선정하기 어려운 하천의 하구나 저수지에 적용 가능 • 호소의 성층 분석에 적용 가능 • 온도, 염분도, SS, DO, TOC, 인, 질소 등 총 21가지에 대해 예측 가능한 2차원 모델 • WQRRS 모델의 특성에 Segment의 구분이 있음 • CE-QUAL-R1에서 발전한 모델
WORRS	호수	• 길이가 짧고, 연직방향의 고려가 주된 호소일 때 적용 • 어류, 동물성 플랑크톤, 식물성 플랑크톤, 유기성 퇴적물질, COD, N-series, pH 등에 대해 예측 가능한 연직 1차원 모델 • 정상 상태 시 적용이 용이함
SMS (-RMA2, -RMA4)	하천, 호수, 하구 등	• GFGEN, RMA2, RMA4로 구성되어 각 모형은 격자 생성, 수리, 수질 모의를 수행 • 각 격점에서의 수위 및 유속을 계산할 수 있고, 유한요소해법을 적용해서 수질 농도를 계산할 수 있는 2차원 모델 • 하천에서의 오염물질 확산에 대한 예측 및 2차원 모형이므로 국부적인 해석이 필요할 때 활용도가 높음 • 수질반응식이 매우 단순하여 주로 부유물질이나 보존성 물질의 모의에 활용

모델명	적용가능지역	특성
EFDC	하천, 호수, 하구 등	• 3차원의 모의 가능 • 비교적 간단한 수질인자에 대해서는 자체 모의 가능(하천 혹은 호소의 탁도 모의) • WASP과 연계를 통하여 보다 다양한 수질인자 모의 가능

② 유역모델링

모델명	개발기관	강우형태	특성
AGNPS	USDA	단일, 연속	영양물질, 농약, 토사, COD 등에 대해 예측 가능하며, 다양한 토지 유형에 대해 처리 가능
ANSWERS	Purdue University	단일	농경지의 유출현상을 예측, 토지 관리 및 보전정책에 대한 효과를 평가, 토사 및 영양물질 유출 예측
DR3M–QUAL	USGS	단일, 연속	토사, 질소와 인, 금속 그리고 유기물질에 대해 예측 가능·처리시설, 저수력, 하수시스템에 대한 분석 가능
STORM	HEC	연속	부유물질, 침강성 고형물, BOD, 총 분변성 대장균, 정인산, 질소에 대해 예측 가능하며, 저수력, 처리시설에 대한 분석 가능
SWMM	EPA	연속	토사를 포함하여 10가지의 오염물질에 대해 예측 가능·처리시설, 저수력, 하수시스템에 대한 분석 가능
SWRRBWQ	USGS	연속	토사, 질소, 인 그리고 농약에 대해 예측 가능
CREAMS	USGS	단일 연속	농약과 비료에 대한 화학물질모델이 있으며, 영양물질모델은 농경지에서의 질소와 인의 순환 및 유실을 추정 가능
HSPF	EPA	단일 연속	농약, 영양물질 및 사용자 정의 물질에 대한 예측 가능. 수체 내부에서의 수질까지 동시에 시뮬레이션 가능
SWAT	USDA	연속	토양침식은 MUSLE(Modified Universal Soil Loss Equation)에 의해 계산되며 인, 질소, 살충제 등의 유기성 화학물질의 이동량 모의 가능

3. 한계 및 문제점에 대한 개선방안

1) 한계점

① 충분치 않은 실측자료를 사용한 부적합한 모델의 보증 및 검증

② 타당하지 않은 매개변수 및 경계조건 등의 적용에 의한 수질 모델링에 대한 불신과 예측 결과에 대한 신뢰도 저하

③ 수질모델의 자체 실행 전문가의 부족 등

④ 기술개발의 약점 존재

퇴적물과 생태모니터링의 자료축척 부족, 기상－수리수문－수질－생태 분야의 다양한 연구체계의 부족

2) 개선방안

① IT 기반의 실시간 통합모니터링 구축
- 댐 · 저수지 : 보연계 운영을 위한 자동측정 시설의 활용
- 본류와 지류의 주요 지점 수량과 수질 통합 측정망 확대 운영
- 생태 모니터링 체계 강화

② 기술의 고도화

퇴적물 분해 및 수체와 물질 교환 해석 모델 개발 필요함

③ 지류 수질, 생태 모니터링 및 모델링 체계 강화

대규모 수자원사업에 대한 수질, 생태 모델링 검증제도 도입 등

문제 01 상수관로 누수의 원인과 대책 그리고 누수 판정 및 누수량 측정법에 대하여 설명하시오.

정답

1. 개요
상수도 배관망에서의 누수란 일반적으로 정수장을 지나 각 수용가에 공급되는 송·배·급수시설에서의 물손실을 말한다.

2. 누수 발생의 원인
1) 내적 요인
 ① 관 재질에 기인
  • 관, 연결 부속설비의 재질 및 구조의 부적절
  • 부식에 의한 강도 저하
  • 재료의 경년 열화

 ② 설계 및 시공기술에 기인
  • 설계오류
  • 이음 등의 접합 불량
  • 부적절한 매설
  • 타 구조물과의 접촉
  • 방식공법의 부적합
  • 이종금속에 의한 전위차 부식
  • 매설심도의 부족

 ③ 관내요인에 기인
  • 수압·수지(내부 부식)
  • 수격압
  • 온도 변화

2) 외적 요인

① 매설환경에 기인

- 교통하중
- 지반이동
- 관 내부의 동결에 의한 파열
- 설계와 현실적 조건의 차이
- 외부 응력의 과소

② 타 공사 · 재해에 기인

- 타 공사에 의한 외부손상
- 타 공사에 의한 매설환경의 변화
- 지진 등의 재해에 의한 지반, 도로의 변동

3. 대책

1) 기초대책

① 누수 방지작업 준비 : 재원 조직 확보, 구역 설정, 계량설비의 정비 등
② 실태조사
③ 관 재료 연구 및 개량, 개발

2) 대증요법적 대책

① 기동작업 : 지상누수의 즉시 수리
② 계획작업 : 지하누수의 조기발견, 계획적인 누수 탐지

3) 예방적 대책

① 수도사업계획 : 누수 방지를 고려한 계획
② 수도시설의 설계 · 시공 : 내진성, 내구성, 내식성, 수밀성 고려
③ 경년관 교체
④ 급수장치의 구조 개선 : 도로횡단관의 연장을 최소한으로 축소
⑤ 관로의 보호 : 방식, 곡관부 보강

⑥ 잔존관 처리

- 분기점의 완벽한 처리
- 급수장치의 관리 철저

⑦ 수압 조정 : 배수계통의 분할, 감압밸브 설치

4. 누수 판정 및 누수량 측정법

1) 야간최소유량 측정방법

각 수요가의 세대별로 설치된 수도계량기 보호통 내의 앵글밸브를 열어 놓은 상태로 블록을 경계로 하는 제수밸브를 잠근 후, 인입 제수밸브를 열어, 수도 사용량이 가장 적은 시간대에 최소 유량치를 측정하여 이것으로부터 누수량을 측정하는 방법

2) 야간최소유량 측정값에 의한 상태 구분

① 양호(상) : $1.0m^3/hr \cdot km$ 이하

② 보통(중) : $1.1 \sim 3.0m^3/hr \cdot km$ 이하

③ 불량(하)

- $3.1m^3/hr \cdot km$ 이상
- 철저한 누수 발견 작업 및 누수 방지 조치 적극 실시

문제 02 하 · 폐수처리장에서 슬러지 처리 및 처분비용이 전체 처리장 운영 및 유지 · 관리비에 상당부분을 차지하는 실정이다. 따라서 최적의 슬러지 처리 및 처분시설을 설계하기 위해서는 무엇보다도 슬러지의 종류, 양 및 특성을 정확히 파악하여 처리시설 설계의 기본자료로 이용하여야 한다. 하 · 폐수처리장의 공정별 슬러지 종류, 양, 특성에 대해서 설명하시오.

정답

1. 개요

2013년 기준 전국 569개 하수처리시설에서 연간 $3,531,250m^3$의 하수슬러지 발생, 그중 재활용 $1,469,343m^3$(41.6%), 소각 $846,241m^3$(11.5%), 육상 매립 $406,574m^3$(11.5%), 연료화 $349,679m^3$(9.9%), 기타의 방법으로 처리되었다.

국내 하수처리장에서 채택하고 있는 하수처리공법인 표준 활성 슬러지법에 의한 하수 처리과정에서 발생되는 슬러지의 종류 및 특성은 다음과 같다.

슬러지 종류	특성
생 슬러지	최초 침전지 등에서 발생하는 슬러지로 회색이며 점착성, 악취가 심하다. (고형물 농도 : 4~10)
잉여 슬러지	최종 침전지에서 인발한 슬러지 중 반송 슬러지를 제외한 것으로 갈색이며 흙냄새가 난다.(고형물 농도 : 0.8~2.5)
혼합 슬러지	생 슬러지와 잉여 슬러지를 혼합한 것(고형물 농도 : 0.5~1.5)

슬러지 종류	특성
농축 슬러지	탈수성 개선을 위해 농축조에서 농축시킨 슬러지(고형물 농도 : 2~8)
소화 슬러지	소화조에서 소화 처리한 슬러지로 암갈색 내지 흑갈색으로 다량의 가스 포함. 악취 발생이 거의 없다.(고형물 농도 : 2.5~7)
탈수 슬러지 (Cake)	탈수기를 통해 수분을 감소시킨 슬러지(고형물 농도 : 20~40)

일반적으로 표준 활성 슬러지법에 의한 처리 공정에서 발생되는 생 슬러지와 잉여 슬러지의 양은 전체 유입하수량의 약 1% 정두이며, 고형물량의 40~90%가 유기불이고 함수율은 97~99%로 이런 상태에서는 최종 처분하는 데 많은 문제점이 있다.

즉, 슬러지 중에 다량 포함된 유기물은 극히 불안정하여 부패하기 쉽고 부패 시 악취 발생은 물론 인체와 생물에 유해한 물질이 발생될 수 있으며 위생상의 문제를 유발시킬 수 있다. 또한 함수율이 높은 슬러지는 최종 처분장으로의 운반에 많은 비용이 소요될 뿐 아니라 처리시설의 용량도 커지게 된다. 따라서 슬러지는 기본적으로 안정화와 안전화 및 감량화가 필수적이다.

3. 슬러지의 일반적 특징

1) pH
   ① 탈수케이크 대체적으로 6.1~8.2
   ② 소화조의 운전 상태와 사용하는 응집제에 크게 좌우됨

2) 수분 함량
   ① 건조기의 건조조건에 영향을 줌
   ② 78~85%, 평균 80%임

3) VS 함량
   ① 처리방식을 선정하는 데 중요한 인자 중 하나
   ② 혐기성 소화조가 설치되어 유기물 함량이 비교적 낮음, 40~70%임

4) C/N비
   ① 퇴비화에 있어서 영양 균형을 위해 중요
   ② 유기물 내 질소 함유량이 높음

5) 중금속 함량
   농촌형, 도시형, 공단형 구분 시 공단형에 중금속 농도가 높음

문제 03 혐기성 처리의 목적, 유기물 분해과정, 공정영향인자에 대해 설명하시오.

정답

1. 개요

혐기성 폐수 처리는 세포 합성에 필요한 탄소와 에너지를 유기물질로부터 획득하고, 발효에 의하여 ATP를 생산하거나, 분자 내에 결합된 산소를 산화제로 이용하는 혐기성 종속계 세균의 물질대사를 이용하는 방법이다. 유기물질 제거원리는 호기성 방법과 비슷하지만, 산소공급을 받지 않으며 반응 최종물질로서 메탄가스, 이산화탄소, 암모늄, 황화수소 등이 방출된다.

2. 목적

① 고농도 유기폐수의 안정화
② 영양염류의 적은 사용으로 폐수 처리
③ 부산물로 Bio Gas 생성에 의한 에너지원 획득

3. 유기물 분해과정

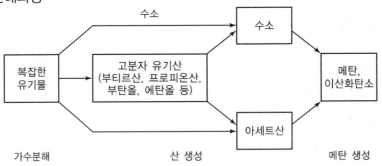

1) 가수분해(Hydrolysis)

① 복합 유기물 → Longchain acid, 유기산, 당 및 아미노산 등으로 발효
② 결국 Propionic, Butyric, Valeric acids 등과 같은 더 작은 산으로 변화 → 이 상태가 산 생성단계

2) Acid Fermentation(산 발효)

① 산 생성 Bacteria는 임의성 혐기성 균, 통성 혐기성 균 또는 두 가지가 동시 존재
② 산 생성 박테리아에 의해 유기산 생성공정에서 CH_3COOH, H_2, CO_2 생성

- H_2는 산 생성 Bacteria 억제자 역할
- H_2는 Fermentative bacteria와 H_2-producing bacteria 및 Acetogenic bacteria (H_2 utilizing bacteria)에 의해 생성
- CH_3COOH는 H_2-Consuming bacteria 및 Acetogenic bacteria에 의해 생성

- 또한 H_2는 몇몇 bacteria의 에너지원이고 축적된 유기산을 $CO_2 \uparrow$, CH_4로 전환시키면서, 급속히 분해한다.
- H_2 분압이 10^{-4}atm을 넘으면 CH_4 생성이 억제되고 유기산 농도 증가 : 수소분압 유지 필요(10^{-4}atm 이하) → 공정지표로 활용

3) 메탄 발효단계

$$4H_2 + CO_2 \rightarrow CH_4 + 2H_2O$$
$$CH_3COOH \rightarrow CH_4 + CO_2$$

① 유기물 안정하는 초산이 메탄으로 전환되는 메탄 생성과정 중 일어남
② 생성 CO_2는 가스상태 또는 중탄산 알칼리로도 전환
③ Formic Acid Acetic Acid Methanol 그리고 수소 등이 다양한 메탄 생성균의 주된 에너지원임

반응식(McCarty에 의하면 체류시간 20일)

$$C_{10}H_{19}O_3N \rightarrow 5.78CH_4 + 2.47CO_2 + 0.19C_5H_7O_2N + 0.81NH_4 + 0.81HCO_3^-$$

- 210g의 하수슬러지 5.78mols(129 liter) 메탄과 0.19mols(21.5g) 미생물 생성
- 0.81mols(40.5g as $CaCO_3$) 알칼리도 생성

3. 공정 영향인자

① 체류시간 : 적절한 시간 필요

② Alkalinity
- pH가 6.2 이하로 떨어지지 않도록 충분한 알칼리 확보
- 일반적으로 HCO_3^- 알칼리도는 2,500~5,000mg/L 유지하는 것이 바람직함

③ 온도 : 고온소화(55~60℃), 중온소화(36℃ 전후)
④ pH : 6~8(6.6~7.6) 정도
⑤ 독성물질 : 알칼리성 양이온, 암모니아, 황화합물, 독성 유기물, 중금속
⑥ 영양소
- 보통 N과 P가 중요
- 보통 C/N 비율(BOD/NH-N)은 20 : 1 또는 30 : 1이 좋다.

문제 04 응집의 원리를 Zeta – potential과 연계시켜 설명하고, 응집공정에 영향을 미치는 주요 인자를 설명하시오.

정답

1. 개요

하 · 폐수 처리에서 쉽게 침전되지 않는 입자상 물질의 대표적인 크기가 콜로이드 물질에 해당된다. 크기는 $0.001 \sim 1 \mu m$이다.

특징으로는 표면전하, 브라운 운동, Tyndall 효과, 큰 표면적에 의한 큰 흡착력을 갖고 있다.

2. 콜로이드 입자의 Zeta Potential

콜로이드 입자의 경우 입자의 표면에 전하가 존재하며 바로 표면에는 반대 이온 또는 반대 전하를 가진 미립자가 흡착되어 고정층을 형성하고 있다고 하여 이를 Stern층이라 하고 Stern층과 확산이중층의 두 가지 층이 콜로이드의 외측 부분을 형성하고 있는데, 이것을 Stern – Gouy 이중층이라 한다.

이 상태를 모형적으로 나타낸 것이 아래 그림이다.

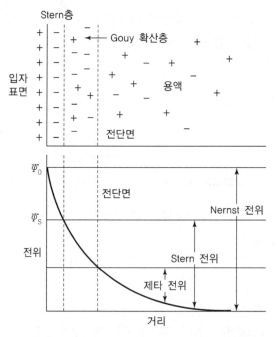

Gouy 확산층 전단면에서의 전위를 Zeta Potential(Zeta potential : ζ전위)이라 하며 Zeta Potential은 콜로이드의 표면전하와 용액의 구성성분에 따라 변한다.

3. Zeta Potential과 응집관계

콜로이드 입자가 침강하기 위해서는 입자 간의 응집이 이루어져 입자의 크기가 커져야 한다. 그러나 앞장에서 검토한 바와 같이 콜로이드 입자는 표면의 전하로 인하여 두 대전체 사이의 반발하는 힘인 쿨롱(Coulomb)력에 의한 반발로 응결을 방해하는 안정요소로 작용하며 두 입자 사이의 반데르 발스(Van der Waals)력에 의한 인력은 응집을 일으키는 불안정 요소로 작용한다. 입자 간의 응결이 일어나려면 Zeta Potential을 감소시켜야 하며 입자 표면에 대하여 반대하전을 가진 응집제를 용액에 첨가하여 Zeta Potential을 감소시켜 응집을 촉진시킬 수 있다.

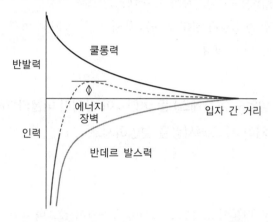

‖ 안정된 콜로이드 입자 간의 인력 및 반발력 ‖

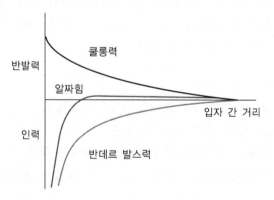

‖ 불안정화된 콜로이드 입자 간의 인력 및 반발력 ‖

4. 응집이 일어나는 조건

① Zeta potential의 감소(0 제타전위) : 약품 주입 등에 의해 반델반스 인력과 교반에 의해 입자들이 응결할 수 있는 만큼의 제타전위가 감소해야 됨. 실제로 ±10mV 정도 범위임
② 콜로이드 활성기의 상호작용에 의한 입자 간의 응결 가교, 작용에 의한 입자 간 응집
③ 형성입자의 체거름 현상이 있어야 함

5. 응집순서

① 제타전위의 ±10mV화 → 전하 중화 → 반데르 발스력 결합
② 적당한 교반에 의한 응집입자 간의 반복적 충돌 유도 → Floc 형성
③ 가교작용에 의한 큰 Floc 형성

문제 05 일반하수와 영업오수(휴게소) 등 여행객이 단시간 머물다 가는 장소에서 발생되는 하수의 차이점과 하수 처리 시 고려사항을 설명하시오.

정답

1. 개요

우리나라는 산업발달과 더불어 고속도로 노선이 증가되어 왔으며 휴게시설도 꾸준히 증가하여 왔다. 이러한 시설에서 발생하는 오수를 처리하기 위해 오수처리설비 역시 지속적으로 증가하여 왔다. 휴게소 오수는 일반 하수와 다르게 이용객의 이용패턴에 따라 평일, 주말, 성수기의 유량 변화가 클 뿐만 아니라 일간 유량 변화도 시간당 최대유량 및 최소유량 비율이 수 배에 이르는 등 오수설비의 적정 설계와 운영이 어려운 실정이다.

2. 휴게소의 오수 특성

① 평일의 경우(월~금) 점심시간대의 오수 발생량이 가장 높음
② 평일보다는 주말(토~일)의 오수 발생량이 높음
③ 저녁 10시부터 아침식사 전까지는 시간별 유량 변동이 적음
④ 주말, 성수기의 오수발생량은 평일 기준 대비 3~4배 정도로 유량 변동이 심함

3. 하수처리 시 고려사항

① 일반 하수 대비 유량 변동이 심해서 폭기조 내 용량 과부하 등 대비 필요 : 대용량 유량 조정조 등 고려
② 처리공정은 유량 변동성에 강한 부착식 미생물 막과 혼용 또는 멤브레인 공법 등을 선정
③ 폭기조 내 유량 증가 등에 대비한 용존산소 등의 공급을 원활히 하기 위한 가변유량형 송풍기 설치 등 고려

④ 배관 구경 등 최대 유량을 고려한 설계 등 유량 변동에 대비한 설계를 갖추도록 한다.

⑤ 필요시 주변 공공하수처리장에 주말 대용량 대비 송수하여 공공하수처리장 처리 등을 고려할 수 있다.

문제 06 염분이 함유된 폐수발생원과 생물학적 처리 시 고려사항을 운전인자를 포함하여 설명하고 미생물의 염분한계농도에 대해 설명하시오.

정답

1. 개요

미생물을 이용한 하·폐수 처리기술은 산업발달에 따른 발생폐수의 다양화와 함께 물리·화학적 처리기술이 접목된 다양한 하·폐수 처리공법으로 발전되어 왔다. 물리·화학적 처리방법을 통한 고농도의 염분을 함유하는 폐수처리방법은 에너지 소비가 높고 운전비용이 매우 비싸다. 염분 폐수의 생물학적 처리방법은 물리적 처리와 화학적 처리를 병행하는 방법보다 저렴하다는 장점을 가지고 있다.

2. 염분 함유 폐수 발생원

염분을 고농도로 함유하는 폐수는 석유화학, 직물, 가죽산업 등 다양한 산업으로부터 발생한다. 그중 수산물 가공 폐수(젓갈 공장 등), 석탄화력발전소의 탈황폐수, 하수처리장에서의 재활용수용 RO 농축수 등이 있다.

3. 처리 시 고려사항

① 발생원에서 고농도 염분의 별도 수거, 위탁처리 고려

② 공정에서 발생되는 염분 농도를 되도록 낮게 하도록 세척수 사용량 증가 또는 공정세척수의 잦은 배출 등 실시

③ 고농도 유기물 유입 시에는 혐기성 검토 또는 고정메디아 사용

④ 고농도 유기폐수 전처리를 위한 화학응집 침전방식 도입

⑤ 폐수의 충격부하를 줄이기 위한 충분히 큰 유량조정조 등의 확보

⑥ 생물반응조 미생물의 유실 방지를 통해 고농도의 미생물 농도 유지

⑦ 슬러지 반송시간을 증가시켜 빠른 분해속도 유지

4. 미생물의 염분한계농도

① 염분 농도가 증가할 경우 삼투압에 의한 세포 파괴로 생물학적 플록 감소와 플록 해체에 의한 슬러지 침강 특성에 의한 처리 효율이 저하됨

② 일반적으로 염분농도가 1%(w/v)를 초과하는 폐수는 활성슬러지 내 박테리아의 원형질 분리 현상으로 COD 처리효율이 저하된다는 문헌적 보고가 있음

③ 전통적 생물처리법으로 3% 이하의 폐수만 처리 가능, 3% 이상은 처리가 어려움

④ Cl^- 농도기준 20,000mg/L가 저해농도(IC50[*])임

* IC50(Median Inhibition Concentration Value) : 반 생장 농도, 유해 독성물질 지표로 미생물 생장이 50% 감소하는 화학물질 농도

문제 01 비점오염원 초기우수시설 중 장치형(여과형) 시설의 문제점과 설계기준을 정리하여 설명하시오.

정답

1. 개요

비점오염원 저감시설은 수질오염 방지시설 중 비점오염원으로부터 배출되는 수질오염물질을 제거하거나 감소하게 하는 시설을 말한다.

2. 저감시설의 종류

1) 자연형 시설
   ① 저류시설
   ② 인공습지
   ③ 침투시설
   ④ 식생형 시설 등

2) 장치형 시설
   ① 여과형 시설
   ② 와류형 시설
   ③ 스크린형 시설
   ④ 응집, 침전형 시설
   ⑤ 생물학적 처리시설 등

3. 여과형 시설의 문제점

여과형 시설이란 강우 유출수를 집수조 등에 모은 후 모래, 토양 등의 여과재를 통하여 걸러 비점오염물질을 줄이는 시설을 말한다.

발생되는 문제점은 다음과 같다.

① 유입부에 큰 협잡물 유입에 의한 유입구 폐쇄 현상이 일어날 수 있다.

② 우수토구 및 고수부지 등 설치로 인한 하천 범람으로 침수 가능성이 있다.

③ 하부의 슬러지 퇴적에 의한 썩는 현상이 발생할 소지가 있다.

4. 설계기준
   ① 유입부와 유출부의 분기각을 45도 이하로 설치
   ② 유입부와 유출부의 단차를 30cm 이상으로 설치
   ③ 설계유량이 유입될 수 있는 유입구의 관경 설치

   ④ 전처리조 설치
      • 여과형 시설 전체 유효체적의 25%
      • 길이 : 폭비 3 : 1. 유효수심 1.5~2m

   ⑤ 강우 종료 후 정체수 배제
   ⑥ 여과속도 20m/H 이하
   ⑦ 입상 여과재 두께는 60cm 정도
   ⑧ 섬유상 여과재의 경우 두께는 30cm
   ⑨ 여재경은 2~6mm, 균등계수 2 이하
   ⑩ 고형물 부하 4~6kg/m²에서도 막힘 발생이 없는 여재 사용
   ⑪ 자동 역세척 가능 설비 : 공기+수세척은 $50m^3/m^2/hr$ 이내, 수세척만 실시 시 $40m^3/m^2/hr$ 이내로 1~5분간 역세 실시

문제 02 정수처리 소독공정에서 액화염소의 저장설비 및 주입설비의 기준을 설명하시오.

정답

1. 개요
   수돗물은 병원성 미생물에 오염되지 않고 위생적으로 안전해야 되기 때문에 항상 소독되어야 한다. 소독방법으로는 염소에 의한 방법, 오존 및 자외선 등에 의한 방법이 있으며 수돗물에서는 잔류효과를 얻기 위해서 염소제를 사용하는 것이 일반적이다.

2. 액화염소의 저장설비 기준
   ① 저장량은 10일분 이상
   ② 용기는 40℃ 이하 유지, 직접가열은 안 됨
   ③ 액화염소를 저장조에 넣기 위한 압축건조공기 공급장치를 설치
   ④ 저장조 본체에는 비보냉식 및 밸브조작대 설치
   ⑤ 저장조는 2기 설치, 1기는 예비용임
   ⑥ 저장실은 실온 15~35℃ 유지, 직사광선이 닿지 않도록 주의
   ⑦ 저장실은 내진 및 내화성 구조, 안전한 위치에 설치

⑧ 저장실은 건조하고 통풍이 잘되는 곳에 설치

⑨ 저장실 출입구는 기밀구조 및 이중 출입문 설치

⑩ 저장실은 방액제와 피트 설치 → 누출된 액화염소의 확산 방지

⑪ 저장실은 주입실과 분리, 용기의 반출입이 편한 장소, 감시가 쉬운 곳에 설치

3. 액화염소의 주입설비 기준

① 용량은 최대에서 최소주입량에 이르기까지 안정되고 정확하게 주입될 수 있도록 예비기를 설치

② 구조는 내부식성과 내마모성이 우수하고 보수가 용이한 구조로 설치

③ 점검 · 정비가 용이한 장소에 배치

④ 액화염소 20kg/시간 이상 시에는 원칙적으로 기화기 설치

⑤ 지하실이나 통풍이 나쁜 장소는 피함, 가능한 한 주입지점에 가깝고 주입점의 수위보다 높은 실내에 설치

⑥ 내진성, 내화성이 있어야 하며, 상부에 환기구 설치, 바닥은 콘크리트, 한랭 시에도 실내온도를 $15\sim20℃$로 유지하기 위한 간접 보온장치 설치

⑦ 주입실 면적은 주입설비 조작에 지장이 없는 넓이로 할 것

⑧ 주입량과 잔량을 확인하기 위한 계량설비를 설치

문제 03 Ghyben – Herzberg 법칙과 해안지대에 취수장 설치 시 해수 침입 방지대책에 대해서 설명하시오.

정답

1. 개요

해안 및 도서지방에서 지하수의 염수화는 가장 흔한 수질오염 현상으로 알려져 있다. 해수 침투에 의한 연수화 과정은 대상지역 대수층의 지질학적 특성에 따라 다양하게 나타나는데 해수체의 이동에 따른 침투과정과 담수체의 혼합과정으로 크게 구분할 수 있다.

2. Ghyben – herzberg 법칙

대수층에서 정수압적 평형이론을 근거로 담수체와 해수체의 밀도와 지하수면의 고도를 알면 계산식에 의해 담수체까지의 깊이를 구할 수 있다.

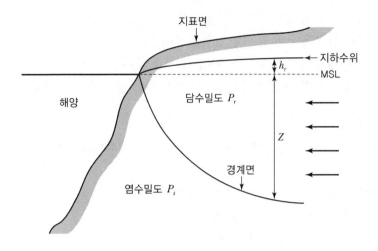

$$\rho_s g z = \rho_f g(z + h_f)$$

여기서, ρ_s : 염수의 밀도

ρ_f : 담수의 밀도

h_f : 지하수면의 고도

z : 해수면의 고도

g : 중력가속도

$\mathrm{Ghyben - Herzberg}$법칙은

$$z = \frac{\rho_f}{\rho_s - \rho_f}$$

만약 일정 조건하에서 염수 밀도 $1.025\mathrm{g/cm^3}$, 담수밀도 $1.000\mathrm{g/cm^3}$라 하면 담수체 깊이 $z = 40h_f$

3. 해수 침입 방지대책

① **취수정의 최적 배치 및 해수쐐기 제어** : 위치와 심도 등에 대한 배치와 더불어 취수량을 최적 화시켜 최소비용으로 해당 지역 물소요 충족

② **인공함양** : 지하지층의 물을 인위적으로 확충하기 위한 공법

③ **지하수댐 건설** : 해수 침투를 원천 봉쇄

문제 04 질소 제거 공정에서 순환식 질산화 탈질법과 질산화 내생 탈질법에 대해 비교 설명하시오.

정답

1. 개요

질소 제거 방법에는 탈질전자공여체 의한 구분으로 순환식 질산화 탈질법, 질산화 내생 탈질법, 외부 탄소원 탈질법 등이 있다.

2. 순환식 질산화 탈질법

① 반응소를 무산소(탈질) 반응조, 호기(질산화) 반응조 순서로 배열

② 유입수 및 반송슬러지를 무산소 반응조에 유입

③ 무산소 반응조에서 질산성 질소가 유입수 중의 유기물의 산화반응에 의해 질소가스로 환원

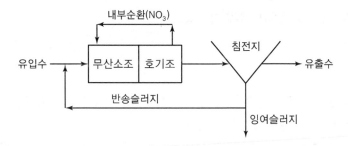

3. 질산화 내생 탈질법

① 질산화 공정 이후에 탈질공정 배치

② 탈질공정에 필요한 수소공여체로 활성슬러지에 흡착되어 세포 내에 축척된 유기물 이용

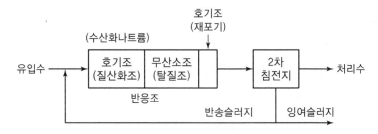

4. 순환식 질산화 탈질법과 질산화 내생 탈질법 비교

항목	순환식질산화 탈질법	질산화내생 탈질법
탈질조 위치	질산화조 전단	질산화조 후단
수소공여체	유입수 중 유기물	세포 내 축적된 유기물
탈질 속도	내생법에 비해 빠름	순환식에 비해 느림
탈질 반응조 크기	상대적으로 작음	상대적으로 큼
도시하수의 경우 T－N 제거율	연평균 60~70%	연평균 70~90%
질산화 순환 펌프	필요	불필요
재포기조	불필요	필요
알칼리 보충제	자체 보충 가능	경우에 따라 별도 주입 설비 필요

문제 05 배관의 전식에 대해서 설명하시오.

정답

1. 개요

금속 그 자체는 산화물 또는 함수산화물로서 자연계에 존재하고 있던 광석을 채광하여 고온에서 환원하거나 전기분해해서 정련한 것이다.

정련 시 큰 에너지가 필요하며 안정된 광석을 정련한 금속은 불안정한 상태로 된다. 부식이라는 것은 가해진 에너지를 천천히 방출시켜 주위환경과 반응하여 원래의 산화물로 되돌아가려는 현상이다. 전식이란 지하수나 수중에 매몰된 금속물체에 전류가 흘러들어 부식되는 현상을 말한다.

2. 부식의 종류

1) 건식

고온가스에 의한 부식, 비전해질에 의한 부식

2) 습식

① 실온 근방에서 산소와 물의 존재하에 진행하는 부식

② 전식과 화학부식으로 구분됨

③ 전식은 전류 유출 부분에서 발생되며, 전류의 흐름을 억제하면 그 비율만큼 전식의 정도가 낮아짐
  • 교류부식 : 교류에 의한 부식으로 직류에 비해 부식률이 낮다.
  • 직류부식 : 양극부와 음극부가 형성되는 부식형태

3. 부식 진단 · 측정방법

① 중량측정

② 전기화학적 방법 : 분극저항의 변화, 침적전위의 변화

③ 수중금속이온 분석, 수소발생량 및 산소 소비량 등 측정에 의한 방법

④ 비파괴검사

⑤ 현미경 관찰

⑥ 기계적 성질의 변화 측정

⑦ 육안검사 등

4. 부식 방지방법

1) 금속이나 비금속의 피복법

2) 환경의 개선

매설배관 주변을 고저항률의 재료(모래 등)로 치환하여 매트로 부식을 해소하는 방법

3) 전기 방식

전위차를 이용하여 피방식체(매설배관 등)를 음극화하여 부식을 방지하는 방법

① 이중금속 접속에 의한 방식대책

2개의 금속체 사이에 중간 정도의 부식전위를 가진 금속체를 삽입하는 방법

• 알루미늄 부스덕트와 동 부싱 연결 시 : 주석도금

• 테르밋 용접에 의한 두 금속의 혼합으로 인한 합금

② 대지 귀로전류에 의한 전기방식

㉠ 유전 양극법 : 흙 속에 양극(Mg, Tn, Cl 등)을 설치하고 양극과 피방식장치를 전선으로 이어 양극과 피방식물 사이의 전지작용으로 피방식물 측에 방식전류를 공급하는 방식

• 양극의 재료

－저저항률의 흙 : Zn 합금, Al 합금

－고저항률의 흙 : Mg 합금

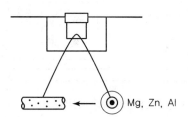

ⓛ 외부전원법 : 직류전원장치의 양극을 지중에 매설된 양극에 접속하고 음극을 피방식
물에 접속하여 방식전류를 공급하는 방식으로 장거리 관로 방식에 적용된다.

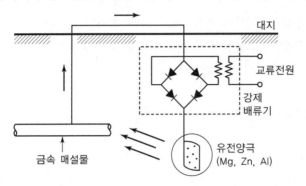

ⓒ 선택배류법 : 전철 레일 전위보다 양극 지점에서 피방식물과 접속하여 전식을 방지하
는 방법으로 매설관과 레일을 직접 연결 시 레일에서 매설관으로 전류가 역류하는 것
을 방지하기 위해 선택배류기를 설치한다.(매설관이 귀선보다 높은 전위일 때만 통전
되고 역의 경우에는 통전을 저지하는 방법)

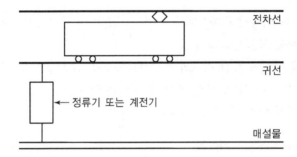

ⓔ 강제배류법 : 선택배류법과 외부 전원법을 합성한 것으로 선택배류가 가능한 때에는
선택배류기가 작동하고, 레일의 전압이 높아 선택배류가 불가능한 경우에는 레일을
양극으로 하는 직류전원장치가 작동하여 외부전원을 공급하는 방식

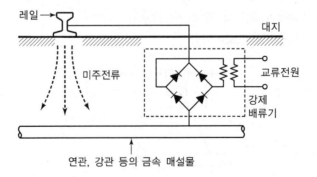

문제 06 최근 대두되고 있는 하수처리수 재이용의 문제점에 대하여 설명하시오.

정답

1. 개요

1960년대 이후 급속히 진행된 도시화 · 산업화 및 경제개발에 따른 생활수준의 향상으로 인하여 물의 수요가 지속적으로 증가하였으나 이용 가능한 수자원의 경우 급격하게 오염되어 안정적인 수자원 확보가 중요한 사회적 문제로 대두되고 있다. 증가하는 물수요를 충족하기 위하여 물의 재이용을 증대시키는 것이 필수적이며 이런 측면에서 하수처리수 재이용은 수돗물 사용량 및 용수공급원 건설에 따른 댐 주변 지원비 절감 등의 사회적 편익과 저렴한 재이용수 공급으로 사회직 · 경세석 비용 절감을 기대할 수 있다.

2. 하수처리수 재이용 현황

1) 환경부 자료에 의하면 2013년 기준 전국 시설 수 569개소, 시설용량 25,141,000톤/일, 연평균 유입하수량 7,185,984,000톤/년이고 하수처리수재이용량은 907,443,000톤/년으로 약 12.6%를 재이용한다.

2) 장내용으로 세척수, 냉각수, 청소수, 희석수 등으로 454,964,000톤/년 사용, 장외용으로 하천유지용수, 농업용수, 공업용수 등으로 452,479,000톤/년 사용하고 있다.

3. 재이용의 문제점

1) 재이용 관련 법규, 제도 시책 관련 문제점

① 상수원수 사용 감소를 목적으로 한 보다 적극적인 물절약 정책의 부재

② 일률적인 재이용수 수질기준보다는 용도 및 지역의 특성에 맞는 재이용수 수질기준이 필요

③ 장기적으로 수자원 보전을 위한 지하수 재침투수, 대체 상수원수 보급 등의 간접 재이용수의 증대를 위한 정책과 사례 부족

④ 물의 재이용으로 인한 원수의 수질 저하를 예방할 수 있는 가이드라인 필요

⑤ 재이용수 관련 인프라의 부족 및 재이용수에 대한 시민의식 부족

2) 기술적 문제점 및 기타 문제점

① 장외 수요처에 대한 적극적 개발 필요

② 하수처리장 방류수 중 COD, BOD, TN 등 재이용에 적합하지 않은 일부 항목에 대해 수질 개선이 필요함

③ 처리수 재이용 시 발생되는 RO 농축수에 대한 경제적 처리기술의 확보 필요. 특히 난분해성 유기물 및 TN 처리 기술 등

④ 농업용수로 재이용 시 농한기에 수요처 발굴 등이 필요함

108 _회 수질관리기술사

1교시 **다음 문제 중 10문제를 선택하여 설명하시오.(각 10점)**

1. 공공수역의 방사성 물질에 대한 측정망 조사항목, 검출하한치 미만의 입력 및 처리
2. 총대장균, 분원성 대장균, 대장균의 정의와 측정방법의 종류
3. 물 재이용 기본계획과 관리계획 수립 시에 포함되어야 할 사항
4. 가축분뇨 고체연료기준
5. 침전지의 밀도류(Density Current)의 정의 및 발생원인과 대응방안
6. 자율 환경제도
7. 호흡률(OUR ; Oxygen Uptake Rate)
8. AOP(Advanced Oxidation Process)의 원리와 종류
9. 산성폐수와 알칼리폐수의 혼합 pH 계산방법
10. 최종가용기법(BAT ; Best Available Technology) 적용 시 고려사항
11. BOD/TKN 비율에 따른 활성 슬러지의 질산화 미생물 분율의 변화
12. EPS(Extracellular Polymeric Substances)

2교시 **다음 문제 중 4문제를 선택하여 설명하시오.(각 25점)**

1. 일반 상부보호공을 설치하는 지하수오염방지시설의 설치기준과 구조도를 설명하시오.
2. 하수처리시설의 1차 침전지를 설치할 때 필요한 설계항목과 중앙 유입식 원형 1차 침전지를 그림으로 나타내어 설명하시오.
3. 소규모 하수처리장 건설 및 유지 · 관리의 문제점과 대응방안에 대하여 설명하고, 대표적인 적용공법 3가지를 설명하시오.
4. 하 · 폐수의 유기물 성분을 예측하는 COD Fraction의 각 구성성분에 대하여 설명하고, 각 구성성분이 처리되는 과정에 대하여 설명하시오.
5. 하 · 폐수 고도처리의 경우 질산화에 미치는 영향 요인에 대하여 설명하시오.

3교시 다음 문제 중 4문제를 선택하여 설명하시오.(각 25점)

1. 오수처리시설의 성능검사방법에 대하여 설명하시오.

2. 다음과 같은 하수처리시설 공정에 필요한 계측제어설비를 설명하고 계측기기를 선정할 때 고려사항을 설명하시오.

3. 물환경에서 유기물 관리를 위한 수질 항목들의 정의와 상호관계를 설명하고 하천, 호소의 수질 환경 기준과 배출시설의 배출 허용기준에 있는 유기질 항목을 상호 비교하여 설명하시오.

4. 하수도 시설에서 발생되는 악취를 악취물질에 따라 발생원, 발산원 및 배출원으로 구분하여 악취물질의 특성과 배출 특성에 따른 저감기술에 대해 설명하시오.

5. 환경오염시설의 통합관리에 관한 법률에서 규정하는 통합허가 대상규모와 통합허가 절차를 순서대로 설명하시오.

6. 폐수종말처리시설에 대한 기술진단 범위 중 오염물질의 유입특성조사, 공정진단, 운영진단, 개선대책 및 최적화 방안 수립에 대한 실시 내용을 설명하시오.

4교시 다음 문제 중 4문제를 선택하여 설명하시오.(각 25점)

1. 생물반응조 내 물질수지를 통해 고형물 체류시간(SRT ; Solid Retention Time) 관계식을 구하고, SRT를 길게 할 때와 짧게 운전할 때 나타나는 반응조 현상에 대해 상세히 설명하시오.

2. 시안(NaCN)과 크롬이 함유된 폐수를 크롬은 환원침전법(환원제 Na_2SO_3 사용), 시안은 알칼리염소법(NaOCl)으로 처리할 때 반응식, 처리공정, 운전인자를 설명하고, $Ca(OH)_2$을 사용하여 침전시킬 때 Cr 1kg을 기준으로 발생하는 슬러지양과 CN 1kg을 제거하는 데 필요한 산화제 양을 산출하시오.

3. 취수된 원수의 수질분석 결과는 다음과 같다. 다음의 값을 구하시오.

항 목	Ca^{2+}	Mg^{2+}	Na^+	Cl^-	HCO_3^-	SO_4^{2-}	CO_2
분자량	40	24	23	35.5	61	96	44
농도(mg/L)	60	(?)	46	35.5	183	120	44

1) Mg^{2+}농도(mg/L)

2) Alkalinity(mg/L as $CaCO_3$)

3) 탄산경도(mg/L as $CaCO_3$)

4) 비탄산경도(mg/L as $CaCO_3$)

4. 다음 조건을 갖는 생물반응조에서 발생되는 잉여슬러지양(m^3/day)과 농축슬러지 함수율(%)을 계산하시오.

> • 포기조용적 : 2,000m^3 • MLVSS 농도 : 2,500mg/L
>
> • 고형물체류시간 : 4일   • 반송슬러지 농도 : 10,000mg/L
>
> • 농축슬러지양 : 25m^3/day(단, 잉여 및 농축 슬러지 비중은 1.0으로 가정)

5. 슬러지의 고형물 분석을 실시하여 다음과 같은 결과를 획득하였다. 이 실험 결과의 신뢰성 여부를 판단하고, 신뢰성이 확보될 수 있도록 재측정이 필요한 항목과 그 값을 추정하시오.(측정값 : TS 20,000mg/L, VS 17,800mg/L, TSS 17,000mg/L, VSS 13,400mg/L)

6. 하·폐수를 생물학적 방법으로 처리할 경우 슬러지가 발생된다. 슬러지의 발생원에 따른 발생량의 관계식을 적용하여 설명하시오.

문제 01 공공수역의 방사성 물질에 대한 측정망 조사항목, 검출하한치 미만의 입력 및 처리

정답

1. 개요
공공수역 방사성물질 측정망 운영계획 – 환경부 고시 2015년 12월 개정 중 내용임

2. 방사성 물질에 대한 측정망 조사항목
세슘 ^{184}Cs, ^{187}Cs, 요오드 ^{181}I, 2회/년 측정

3. 검출하한치 및 기재방법
검출하한치란 사용한 환경조사 방법으로 측정 가능한 최소한의 방사능 농도임

조사항목	단위	단위	검출하한치	기재방법
세슘	^{184}Cs	Bq/L	0.5	유효 숫자 세 자리
	^{187}Cs	Bq/L	0.5	
요오드	^{181}I,	Bq/L	1.0	

4. 검출하한치 미만의 입력 및 처리
① 방사성 물질이 검출되지 않은 경우에는 불검출로 명기하되, 최소검출 가능 농도를 함께 명기하여 그 미만으로 표시하고(<0.00123), 평균값 산출 등 측정값 활용 시에는 최소검출 가능 농도도 포함하여 사용

※ 최소검출 가능 농도(MDA ; Minimum Detectable Activity)란 방사능계측기, 시료량, 회수율, 계측시간 등의 계측조건에 따라 정해지는 검출 가능한 최소 방사능농도

② 방사성 물질이 검출된 측정값이 조사기관에서 준수하도록 제시한 검출하한치보다 작더라도 측정값을 기록

문제 **02** 총대장균, 분원성 대장균, 대장균의 정의와 측정방법의 종류

정답

1. 총대장균군 정의와 측정방법의 종류

1) 정의

그람음성 · 무아포성의 간균으로서 락토스를 분해하여 가스 또는 산을 발생하는 모든 호기성 또는 통성 혐기성균

2) 시험방법

① **막여과법** : 공경 $0.45\mu m$, 직경 47mm 크기의 미생물 분석용 여과막에 시료를 통과한 여과막을 페트리접시에 배지를 올려놓은 다음 배양 후 금속성 광택을 띠는 적색이나 진한적색 계통의 집락을 계수하는 방법

② **시험관법** : 다람시험관을 이용하는 추정시험과 백금이를 이용하는 확정시험 방법으로 나뉘며 추정시험이 양성일 경우 확정시험을 시행한다. 시험결과는 확률적 수치인 최적확수로 표기한다.

③ **평판집락법** : 시험기준은 배출수 또는 방류수에 존재하는 총대장균군을 측정하는 방법으로 페트리접시의 배지표면에 평판집락법 배지를 굳힌 후 배양한 다음 진한 적색의 전형적인 집락을 계수하는 방법이다.

2. 분원성 대장균군 정의와 측정방법의 종류

1) 정의

온혈동물의 배설물에서 발견되는 그람음성 · 무아포성의 간균으로서 $44.5℃$에서 락토스를 분해하여 가스 또는 산을 발생하는 모든 호기성 또는 통성 혐기성균

2) 시험방법

① **막여과법** : 공경 $0.45\mu m$, 직경 47mm 크기의 미생물 분석용 여과막에 시료를 통과한 후 여과막을 페트리접시에 배지를 올려놓은 다음 배양 후 여러 가지 색조를 띠는 청색의 집락을 계수하는 방법

② **시험관법** : 다람시험관을 이용하는 추정시험과 백금이를 이용하는 확정시험으로 나뉘며 추정시험이 양성일 경우 확정시험을 시행하는 방법. 시험결과는 확률적 수치인 최적확수로 표기한다.

3. 대장균 정의와 측정방법의 종류

1) 정의

그람음성 · 무아포성의 간균으로 총글루쿠론산 분해효소(β – glucuronidase)의 활성을 가진 모든 호기성 또는 통성 혐기성균

2) 시험방법

① **효소이용정량법** : 이 시험기준은 물속에 존재하는 대장균을 분석하기 위한 것으로, 효소
기질 시약과 시료를 혼합하여 막여과법 또는 시험관법으로 배양한 후 자외선 검출기로 측
정하는 방법

② **막여과법** : 추정시험 및 확정시험을 실시하여 암조건에서 자외선 검출기(366mm)로 조사
하여 형광을 나타내는 금속성 광택의 집락 수로 대장균 수를 정량한다.

③ **시험관법** : 추정시험 및 확정시험을 하여 자외선 검출기(366mm)를 조사한 후 형광이 검
출되면 최적확수표를 이용하여 정량한다.

문제 **03** 물 재이용 기본계획과 관리계획 수립 시에 포함되어야 할 사항

정답

1. 물 재이용 기본계획에 포함될 사항

① 물 재이용 여건에 관한 사항
② 처리수의 수요 전망 및 공급 목표에 관한 사항
③ 물 재이용 시책의 기본방향 및 추진전략 등에 관한 사항
④ 물 재이용 관련 기술의 개발 및 보급계획
⑤ 물 재이용 사업에 드는 비용의 산정 및 재원조달계획에 관한 사항
⑥ 물 재이용 연구 개발 및 활용을 위한 시책
⑦ 물 재이용 관련 기술인력 육성 대책
⑧ 물 재이용사업의 국제경쟁력 강화와 국외진출 지원방안, 홍보전략 등

2. 물 재이용 관리계획에 포함될 사항

① 관할 지역 내 물 수급 현황 및 물 이용 전망
② 물 재이용시설 설치 · 운영 현황
③ 물 재이용 수요량 전망
④ 물의 재이용 관련 분야별 실행 가능 목표량 및 용도별 보급계획
⑤ 물의 재이용이 하류 하천의 하천유지유량 및 하천수 사용에 미치는 영향 및 대책
⑥ 물의 재이용 촉진을 위한 단계별 대책 및 사업계획에 관한 사항
⑦ 물의 재이용 사업비용의 산정 및 재원조달계획에 관한 사항
⑧ 물의 재이용 홍보에 관한 사항
⑨ 그 밖에 관련 조례로 규정한 사항

문제 04 가축분뇨 고체연료기준

정답

1. 개요

가축분뇨 고체연료시설의 설치 등에 관한 고시 내용임(2015년 7월 개정)

2. 고체연료기준

1) 다른 물질과 혼합하지 아니하고, 가축분뇨 고체연료의 저위발열량이 킬로그램당 3천킬로 칼로리 이상일 것

다만, 해당 가축분뇨에서 일부 에너지를 회수한 후 가공하는 경우에는 저위발열량이 킬로그램당 2천킬로 칼로리 이상이어야 한다.

2) 가공된 연료는 수분 함유량 20퍼센트 이하, 회분 함유량(건조된 상태 기준) 30퍼센트 이하, 황분 함유량(건조된 상태 기준) 2퍼센트 이하, 길이(원형인 경우에는 지름) 40밀리미터 이하여야 한다. 다만, 화력발전소에서 연료로 사용할 수 있는 경우에는 회분 함유량 30퍼센트를 초과할 수 있다.

3) 가축분뇨 고체연료는 환경부장관이 고시한 고형연료제품의 품질 시험 · 분석방법에 따른 시험결과(건조된 상태를 기준으로 한다)가 다음의 기준에 적합하여야 한다.
① 수은 : 킬로그램당 1.20밀리그램 이하
② 카드뮴 : 킬로그램당 9.0밀리그램 이하
③ 납 : 킬로그램당 200.0밀리그램 이하
④ 크롬 : 킬로그램당 70.0밀리그램 이하

4) 회분, 황분 및 금속성분은 건조된 상태를 기준으로 한다.

5) 성형제품은 펠릿으로 제조한 것으로 한정한다.

문제 05 침전지의 밀도류(Density Current)의 정의 및 발생원인과 대응방안

정답

1. 정의
침전지 내에서 비중이 서로 다른 유체가 수층별로 흐르는 현상

2. 원인
① 유입되는 고형 현탁물의 농도가 침전지 내 물보다 높을 때
② 유입수와 유출수 간의 온도차

3. 대응방안
① 침전지 유입부 복개에 의한 햇빛에 의한 밀도류 발생방지
② 침전지 내에 정류설비 설치 – 유입수의 균등 유입
③ 유출수의 균등 배출을 위한 Trough Weir 설치

문제 06 자율 환경제도

정답

1. 근거
「환경정책기본법」(환경부), 「자율환경관리협약운영규정」(환경부)

2. 개념
정부, 기업, 민간부문이 바람직한 환경목표를 달성하기 위해 서로 협력하거나 기업들이 자체적으로 환경목표를 선언하고 이를 자발적으로 추진하는 환경관리 형태를 지칭한다.

3. 자율 환경관리의 유형
1) 목표지향적 자율협약
　① 협상을 통한 설정된 목표를 향한 관리
　② 목표가 법적 구속력이나 향휴의 규제조건이 되어 사전 예고의 성격을 가짐

2) 성과지향적 자율 협약
　① 법적 구속력이나 향휴의 규제내용이 전개되지는 않음
　② 기업은 일차는 새로운 경제적 이익 추구, 2차적으로는 환경친화기업으로서의 책임과 신뢰감 얻는 효과 노림

3) 연구개발을 위한 상호협력

미개척분야를 진보시키려는 새로운 기술개발에 초첨을 둠

4) 자율적인 감시와 보고

자발적인 환경협약의 일반적인 구성요소임

4. 기대효과

1) 기업의 자율적, 환경친화적 경영체계의 구축

기업의 자발적 환경 관련 시설의 개선, 환경관리능력의 제고

2) 쾌적한 지역생활 환경의 도모

기업의 환경오염물질 배출감소로 지역 환경질이 개선됨

문제 07 호흡률(OUR ; Oxygen Uptake Rate)

정답

1. 개요

① 미생물이 존재하는 액상에서 생물학적 산소 소모율을 측정하고 이를 해석하여 미생물의 활성도를 확인할 수 있다.

② 생물학적 수처리공정에서 미생물이 산소를 사용하는 율을 산소 섭취율이라 한다.

2. 실험방법

① MLSS 10,000mg/L 시료를 1L 삼각 플라스크에 넣는다.

② DO Meter Probe를 삼각플라스크에 꽂고 산소 주입산기관 주입 DO가 0이 될 때까지 기다린다.

③ DO 포화농도 주입 후 산소 주입 멈추고 시간에 따른 DO 변화 측정

3. 산소섭취율 종류

$$OUR = -\frac{d[O_2]}{dt} \ mgO_2/L \cdot hr$$

위 산소 섭취율을 공정에 접하기 위해서는 단위 미생물에 대한 고려가 필요, 비산소섭취율 $SOUR = -\frac{OUR}{MLVSS} \ mg \ O_2/g \ VSS \cdot hr$를 적용한다.

4. 활용 예

① 산소섭취율과 COD 비례관계에 의한 일시적 부하조건에서의 최종 유출수 수질 예측

② 처리장 운영지표(예 독성물질 유입 여부)

③ 산소 섭취율 측정에 의한 미생물의 활성도 파악

문제 08 AOP(Advanced Oxidation Process)의 원리와 종류

정답

1. AOP의 원리

① 고급산화법(AOP)은 인위적으로 Hydroxyl Radical(OH radical)을 생성시켜 오염물질을 제거하는 방법

② OH radical은 산화력(2.8V)이 다른 산화제에 비해 월등히 뛰어나고 비선택적으로 반응하기 때문에 유기염소화합물과 같은 난분해성 물질도 신속히 분해하는 특성을 갖는 산화법의 일종임

2. 종류

1) Fenton 산화법

과산화수소(H_2O_2)와 2차 철염(Fe^{2+})의 Fenton's reagent를 이용하여 반응 중 생성되는 OH radical(OH)의 산화력으로 유기물 제거

$$Fe^{2+} + H_2O_2 \rightarrow Fe^{3+} + OH^- + OH \cdot$$

① 장점

- 다른 고도산화법에 비해 부대장치 소요 적음, 사용 편리
- 강력한 산화력 → 염색폐수에 특히 많이 적용(색도 제거)

② 단점

- 슬러리 발생량 많음
- 유지·관리비 비쌈
- 환원성 물질 대량 폐수 시 과량의 과산화수소가 요구됨

2) Peroxone(O_3/H_2O_2 AOP)

오존에 과산화수소를 인위적으로 첨가 → O_3를 빠르게 분해시켜 OH radical을 형성하여 유기물 분해

$$2O_3 + H_2O_2 \rightarrow 2OH \cdot + 3O_2$$

① O_3와 H_2O_2는 서로 반응이 느리나 HO_2- 발생되면 O_3 분해가 활발해짐(O_3 단독공정보다 효과적)

② H_2O_2를 인위적으로 주입하여 OH radical 형성

③ H_2O_2는 OH radical 형성의 Initiator이자 OH radical trap을 할 수 있는 스캐빈저(scavenger) 역할 → O_3과 H_2O_2의 투입비 중요

3) UV + O_3

UV(자외선)에 의한 에너지와 O_3에 의해 생성된 OH radical 등의 강력한 산화력으로 유기물 분해

$$3O_3 + H_2O \xrightarrow{hv} 2HO \cdot + 4O_2$$

① 최대 흡수파장 : 254nm

② 오존의 몰흡광계수(Molar Extinction Coefficient)는 3,300/M.cm이다. H_2O_2는 19.6/M.cm에 불과해 오존이 더 효율적임

③ O_3와 UV System 설치비 및 유지비 고가

4) UV + H_2O_2

H_2O_2에 UV light 조사 → OH radical 발생

$$H_2O_2 \xrightarrow{hv} 2OH \cdot$$

① OH radical 생성효율 증대 목적으로 철염을 촉매로 사용하는 경우도 있음

② 철염에 의한 Scale이 석영관에 Fauling 현상 유발 → 방지책 : Wiper 시스템 필요

③ Sludge 발생이 단점

④ pH에 크게 영향 안 받음

⑤ 비용은 UV/O_3에 비해 저렴

5) UV + TiO_2

자외선에 의한 에너지와 및 촉매인 TiO_2 표면에서 생성되는 OH radical 의 강한 산화력으로 유기물 분해

① 2차 오염 유발 없음

② 응집침전 같은 전처리 없이 가장 효율적인 처리조건 만족

③ pH 임의 조절 가능

④ UV 강도가 낮아 Fe_2O_3 형성 없음 → 비용 및 효율성 우수

⑤ 조작 간편

문제 09 산성폐수와 알칼리폐수의 혼합 pH 계산방법

정답

1. 개요

$$pH = -\log [H^+]$$

pH는 용역 내의 H^+ 농도(mole/l)의 상용대수값의 역수를 그 용액의 pH라 한다.

즉, 혼합액의 H^+ 농도(mole/l)를 구하면 쉽게 그 용액의 pH값을 구할 수 있다.

2. 계산식

산성폐수의 pH를 x, 부피를 V_x

알칼리성 폐수의 pH를 y, 부피를 V_y라 하면

두 용액의 $[H^+]$농도는 산성폐수의 경우 10^{-x}mole/L, 알칼리성 폐수는 10^{-y}mole/L

두 용액 합의 $[H^+]$농도는

$$[H^+] = \frac{10^{-x} \text{mole}/l \ X \ V_x + 10^{-y} \text{mole}/l \ X \ V_y}{V_x + V_y}$$

$$\therefore \ pH = -\log\left[\frac{10^{-x} \text{mole}/l \ X \ V_x + 10^{-y} \text{mole}/l \ X \ V_y}{V_x + V_y}\right]$$

문제 10 최종가용기법(BAT ; Best Available Technology) 적용 시 고려사항

정답

1. 개요

BAT란 경제적으로 성취 가능한 최적 처리기술을 말함

2. 적용 시 고려사항

① 폐기물 발생을 작게 하는 기술이어야 함

② 독성이 적은 물질의 사용

③ 폐기물의 회수와 재사용을 촉진하는 것

④ 상업규모로 성공적으로 증명된 운전방법, 설비, 공정

⑤ 기술의 진보와 과학의 발전

⑥ 배출물질의 양과 영향, 성질

⑦ BAT를 도입하는 데 소요되는 시간

⑧ 원료의 성질과 소비 그리고 에너지 효율 등

문제 11 BOD/TKN 비율에 따른 활성 슬러지의 질산화 미생물 분율의 변화

정답

1. 개요

단일단계 탄소 산화 – 질산화공정의 MLSS 내에 존재하는 질산화 미생물의 비율은 BOD/TKN
비와 밀접한 관계가 있으며 그 비가 5보다 큰 경우 질산화미생물의 비는 0.054 이하로 감소함

2. 질산화 미생물의 배율과 BOD_5/TKN비의 관계

BOD_5/TKN비	질산화 미생물의 비율	비고
0.5	0.35	
1	0.21	
2	0.12	
3	0.083	
4	0.064	
5	0.054	
6	0.043	
7	0.037	
8	0.033	
9	0.029	

그러므로 질산화 공정은 원폐수의 CBOD/TKN 비율이 4~5 이하인 경우, 유기물과 질소의 산
화를 동시에 수행하는 단일 슬러지 공정과, CBOD/TKN 비율이 4~5 이하인 경우 유기물과 질
소의 산화공정을 분리하는 2단 슬러지 공정이 유리하다고 할 수 있다.

문제 12 EPS(Extracellular Polymeric Substances)

정답

1. 정의

① 유기고분자가 세포 밖에 존재하거나 미생물 집합체 내에 존재하는 물질

② 다당류, 단백질, DNA, RNA 및 기타 세포 잔류물로 구성, 주요 구성요소는 다당류와 단백질임

2. EPS 특성

1) 구소

① 3차원 젤 타입의 수용성 매트릭스 타입임

② 표면적이 크고 다양한 기능기를 갖춤(소수성, 점착성 등)

2) 표면전하를 가짐

3) 소수성의 특징을 가짐

4) 자신 표면에 높은 접착 특성을 가짐

3. 막오염 메커니즘에서 EPS의 역할

MBR 막오염에 있어서 겔층 형성과 케이크층 형성 시 ESP가 막오염의 주된 요인이 됨

4. MBR에서 EPS의 제어

1) EPS의 생산제어

① 운전조건이나 유입수의 성격을 조절하는 방법 - 가수분해 전처리 등을 통한 난분해성 유기물의 사전 처리, 적정 DO 유지, SRT 20~50일 유지 등

② 적절한 첨가제 주입에 의한 플록의 크기를 증가시켜 막오염을 완화, PAC, 제올라이트, 벤토나이트 응집제 주입 등

2) EPS 특성 변화

① pH 조절, 이온강도, 흡착제, 응집제첨가, HRT 및 SRT 등의 제어

② 표면전하 및 소수성을 증가시킴

3) EPS의 제거와 탈락

물리적 세척 및 화학 세척제를 사용하여 EPS 관련한 유기물 오염의 제거가 가능함

문제 01 일반 상부보호공을 설치하는 지하수오염방지시설의 설치기준과 구조도를 설명하시오.

정답

1. 개요

지하수 취수정으로의 오염물질 유입방지 및 부대시설 보호를 위해 설치

2. 상부보호공을 설치하는 지하수오염방지시설의 세부 설치기준

1) 공통사항

① 시설은 부식을 최소화할 수 있는 재료를 사용하여야 한다.

② 시설은 외부 오염물질이 유입되지 않는 구조로 설치되어야 한다.

③ 시설은 견고하고 외부충격에 강한 구조로 설치하여 양수시설물의 훼손을 방지하여야 한다.

④ 지표하부보호벽(케이싱)의 하단부는 지표 이하 3m 이상 깊이까지 설치하며, 암반층을 굴착하는 경우에는 암반(연암층)선 아래로 1m 이상 깊게 설치하여야 한다.

⑤ 케이싱 외부의 그라우팅 두께는 5cm 이상이 되어야 하며, 차수용 재료를 사용하되, 케이싱 하부로 누출되지 아니하도록 케이싱의 하단부에서부터 채워 올려야 한다. 다만, 개발 목표 심도까지 굴착한 후 그라우팅하는 경우에는 차폐장치를 설치한 후 차수용 재료를 케이싱의 하단부부터 채워 올려야 한다.

⑥ 지하수개발 · 이용시설 안에 설치하는 양수시설물은 수질오염의 우려가 없는 재료를 사용하여야 한다.

2) 일반 상부보호공의 설치기준

① 상부보호공은 지하수 개발 · 이용시설의 보호 및 원활한 유지 · 관리가 가능한 크기로 하여 지표면 위에 설치하여야 한다. 다만, 지형 여건상 지표면 아래에 설치하여도 지하수의 오염 방지에 지장이 없다고 시장 · 군수가 인정하는 경우에는 지표면 아래에 설치할 수 있다.

② 상부보호공의 덮개는 외부로부터 오염물질 · 지표수 등의 유입을 막고 파손을 방지할 수 있는 재질과 구조로 설치하여야 한다.

③ 케이싱의 윗부분은 지표면 위로 30cm 이상 높게 설치하고, 덮개를 씌워 외부 오염물질이 유입되지 아니하도록 하여야 한다.

④ 케이싱의 덮개에는 방충망을 구비한 공기출입로를 설치하여야 한다.

3. 구조도

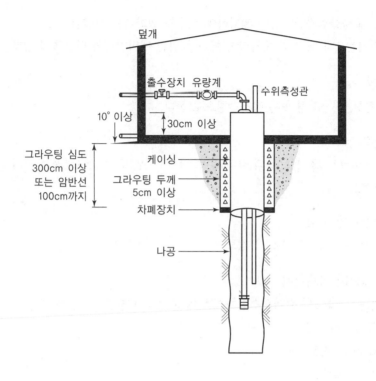

문제 02 하수처리시설의 1차 침전지를 설치할 때 필요한 설계항목과 중앙 유입식 원형 1차 침전지를 그림으로 나타내어 설명하시오

정답

1. 개요

① 침전지는 고형물입자를 침전 · 제거하여 하수를 정화하는 시설임

② 1차 침전지는 1차 처리 및 생물학적 처리를 위한 예비처리의 역할을 수행함

2. 침전지 형상

① 형상은 원형, 직사각형 또는 정사각형으로 한다.

② 직사각형의 경우

폭과 길이 비=1 : 3 이상, 폭과 깊이의 비=1 : 1~2.25 : 1 정도, 폭은 슬러지 수집기의 폭을 고려한다.

③ 원형과 정사각형의 경우

폭과 깊이의 비=6 : 1~12 : 1 정도

3. 설치할 때 필요한 설계항목

① 표면부하율 : 계획 1일 최대오수량에 대하여 분류식인 경우 $35 \sim 70 m^3/m^2 \cdot d$, 합류식인 경우 $25 \sim 50 m^3/m^2 \cdot d$

② 표준 유효수심 : 2.5~4m

③ 침전시간 : 2~4시간

④ 침전지 수면 여유고 : 40~60cm

⑤ 유입수의 단면 전체 균등 분배를 위한 정류판 설치 : 원형침전의 정류통 직경은 침전지 직경의 15~20%, 수면 아래 침수 깊이는 90cm 정도

⑥ 유출설비 및 스컴제거기

• 스컴저류판의 상단은 수면위 10cm, 하단은 수면 아래 30~40cm

• 월류위어 부하율 $250 m^3/m \cdot d$ 이하

⑦ 슬러지 스크레이퍼 원주속도 1.5~3.0m/min, 중심에는 짧은 스크레이퍼 설치를 권장

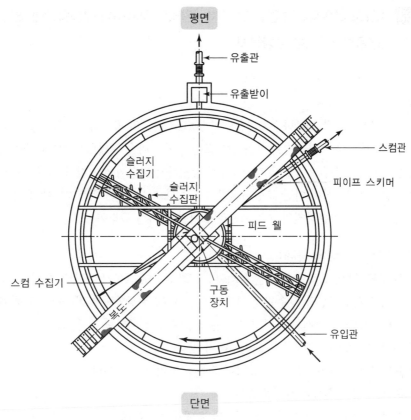

평면

유출관
유출받이
스컴관
피이프 스키머
슬러지 수집기
슬러지 수집판
피드 웰
스컴 수집기
복도
구동 장치
유입관

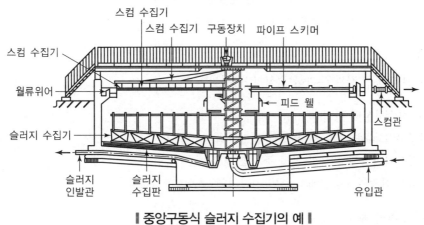

단면

스컴 수집기
스컴 수집기
구동장치
파이프 스키머
스컴 수집기
월류위어
피드 웰
스컴관
슬러지 수집기
슬러지 인발관
슬러지 수집판
유입관

❙ 중앙구동식 슬러지 수집기의 예 ❙

문제 03 소규모 하수처리장 건설 및 유지 · 관리의 문제점과 대응방안에 대하여 설명하고, 대표적인 적용공법 3가지를 설명하시오

정답

1. 개요

소규모 공공하수도란 1일 하수처리용량이 $500m^3$ 미만의 공공하수처리시설을 말한다. 소규모 하수시설의 대부분을 차지하는 마을 하수도는 농어촌 마을 단위로 설치되며 농어촌지역의 생활환경을 개선하고 수질오염을 초기단계에서 방지하기 위하여 설치한다. 소규모 하수처리시설의 목적은 집중처리방식이 아닌 분산처리방식으로 함으로써 하수발생지역에서 처리를 하여 주민들의 생활환경과 방류하천의 수질보존의 효과를 높이는 목적이 있다.

2. 건설과 유지 · 관리의 문제점

① 건설 주체의 복잡화로 인한 시설 설치의 난립화 : 2005년까지 환경부, 행자부, 농림부 등이 농어촌 생활환경개선과 상수원 수질보전 등을 위해 무계획적인 마을하수도의 보급
② 마을하수도 담당 부서가 다양하고 전문성 결여 및 전문인력 부족, 간이오수처리시설로서 대부분이 하수도정비기본계획을 반영하지 않음
③ 소규모 하수시설 중 고도처리공법이 적용되지 않은 시설이나 기능이 미미한 시설의 존재
④ 기존 시설의 노후화와 부식문제 발생
⑤ 다양한 하수처리공법 설치로 체계적인 운영관리가 부족
⑥ 시설관리 전문인력의 부족으로 효율적인 운영관리가 미흡

3. 대응방안

1) 일원화된 환경부 장관 주관하에 설치 및 관리

2) 소규모 하수시설의 관리 패러다임의 전환
    ① 행정구역 분산관리에서 유역별 통합관리로 전환
    ② 시설설치위주에서 시설 관리 중시로 전환
    ③ 기피형 환경기초시설에서 주민 친환경형 생활기반시설로 전환

3) 하수시설 관리 체계의 구축
    ① 유역단위 관리 및 관리체계 일원화
    ② 실용적 하수도 관리 : 하수도 운영 및 관리의 전문화
    ③ 참여형 하수도 관리
    ④ 과학적 하수도 관리
        • 통합 운영관리 매뉴얼   • 소규모 하수도 시설관리 시스템 구축 등

4. 대표적 적용공법

1) 접촉산화조

① **생물막처리법** : 반응조에 침지된 접촉제 표면에 생물막을 형성한 부착미생물의 대사활동에 의해 하수를 처리

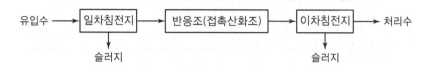

② **처리계통**

㉠ 특징
- 반송슬러지가 불필요 : 운전관리가 용이
- 부착미생물에 의한 유입기질의 변동에 유연히 대응 가능함
- 생물상의 다양화에 의한 처리효율이 안정적임
- 잉여슬러지양이 적음(자산화)
- 부착미생물량의 확인이 어려움
- 고부하 운전 시 생물막 비대화로 접촉재가 막힘

2) 회분식 활성슬러지

1개의 반응조에 반응조와 2차 침전지의 기능을 갖게 하여 활성슬러지에 의한 유입수처리와 혼합 또는 침전, 상징수 배수, 침전슬러지의 배출공정을 반복하는 방식

① **처리계통도**

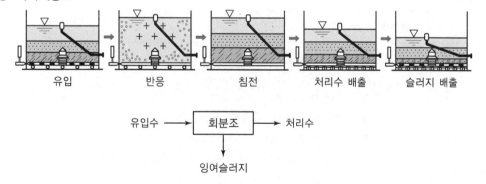

3) A₂O법

① 혐기－무산소－호기조 조합법
② 순환식 질산화탈질법과 생물학적 인제거 프로세스인 혐기－호기 활성슬러지법을 조합하여 질소와 인을 동시에 제거

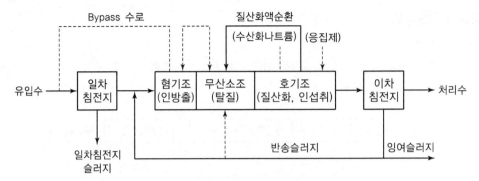

┃ 혐기-무산소-호기조합법의 기본적인 모식도 ┃

문제 **04** 하·폐수의 유기물 성분을 예측하는 COD Fraction의 각 구성성분에 대하여 설명하고, 각 구성성분이 처리되는 과정에 대하여 설명하시오.

정답

1. 개요

하수 내 유기물을 분류하는 기준은 입자크기, 유기물의 생분해 정도, 구성성분 등이 사용되고 있다. 하수처리시스템을 설계하고 모델링하는 데 유용하게 쓰이는 것이 미생물 분해 여부와 속도에 따라 4가지 성상으로 구분하는 것이다.

2. COD Fraction

$$TCOD = S_{COD} + X_{COD} = S_s + X_s + X_i + S_i$$

여기서, $TCOD$: Total COD

S_{COD} : 용해성 COD

X_{COD} : 입자성 COD

S_s : 쉽게 생분해되는 유기물(Readily Biodegradable COD)

X_s : 서서히 생분해되는 유기물(Slowly Biodegradable COD)

X_i : 분해 불가능 입자성 유기물(Particulate Inert Organics)

S_i : 분해 불가능 용존성 유기물(Soluble inert Organics)

3. 하수에서의 일반적 구성표

전형적인 하수에서의 COD Fraction

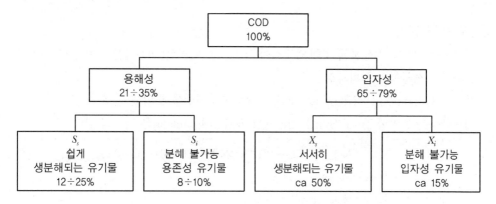

4. COD Fraction 측정방법

1) OUR 방법

    미생물에 의한 유기물 분해 시 산소 소비율을 측정

2) Flocculation법

    응집여과를 통해 하수 내 유기물의 성상을 평가하는 물리 · 화학적 방법

3) NUR Method

    질산염의 소비율을 측정하여 유기물을 분류

5. 구성성분이 처리되는 과정

1) S_s(Readily Biodegradable COD)

    ① 영양염류제거 시 탈질산화 및 인의 과잉섭취기작에 중요한 역할

    ② 혐기조나 무산소조 유입 초기에 이용되어 고갈

    ③ S_s는 무산소상태에서 질산성질소는 종속영양균세균에 의해 전자공여체 역할로 탈질화 되면서 소비됨

2) X_s(Slowly Biodegradable COD)

    가수분해와 혐기성 발효를 통해서 S_s로 전환된 후 탈질산화 등에 소비됨

3) X_i(Particulate inert Organics)

    입자성의 슬러지 형태로 제거될 수 있다.

4) S_i(Soluble inert Organics)

    방류수 중에 미처리된 상태로 COD값으로 나타난다.

문제 05 하 · 폐수 고도처리의 경우 질산화에 미치는 영향 요인에 대하여 설명하시오.

정답

1. 질산화 반응 원리

① 질산화는 질산화 미생물에 의해 암모니아(NH_4^+)가 아질산(NO_2^-)을 거쳐 질산(NO_3^-)으로 전환되는 생물학적 산화과정

② 보통 Nitrosomonas, Nitrobacter 속의 독립영양미생물에 의해 진행

③ 세포합성을 고려한 Total Synthetic−Oxidation Reaction은 다음과 같다.

> • $NH_4^+ + 1.5O_2 \rightarrow NO_2^- + H_2O + 2H^+ + (240 - 350\ KJ)$
> (Nitrosomonas)
> • $NO_2^- + 0.5O_2 \rightarrow NO_3^- + (60 - 90\ KJ)$
> (Nitrobacter)
> • $NH_4^+ + 1.83O_2 + HCO_3^-$
> $\rightarrow 0.98NO_3^- + 0.021C_5H_7NO_2(New\ Cells) + 1.88H_2CO_3 + 1.04H_2O$

2. 질산화에 미치는 영향 요인

1) 온도

① 온도에 매우 민감

$$\mu_{N,\max} = \mu_{ref}\ \theta^{(T - T_{ref})}$$

여기서, $\mu_{N,\max}$, μ_{ref} : 온도 T, Tref에서의 최대 비증식속도
θ : 일정 온도범위에서의 온도상수

② Maximum Growth Rate는 10℃ 상승 시마다 2배 증가하여 Van't Hoff−arrhenius 식과 매우 유사

③ 질산화를 위한 운전온도는 일반적으로 35℃ 이상 권장함

2) DO 농도

① 용존산소의 영향은 다음과 같은 Monod kinetics로 나타낼 수 있다.

$$\mu N = \mu N_{\max}\left[\frac{NH_3 - N}{K_N + NH_3 - N}\right]\left[\frac{DO}{K_O + DO}\right]$$

여기서, K_N, K_O : Half−saturation Coefficient for Nitrogen and Oxygen

② Half−Saturation Coefficient는 $0.15 \sim 2.0$mg/L O_2로 보고됨

③ 부유성장형 및 부착성장형 공정에서 질산화는 SRT 및 물질이송, 확산저항에 의존하며, DO 농도는 0.5~2.5mg/L 정도임

④ DO 농도가 낮고 확산저항이 뚜렷한 조건에서는 완전한 질산화를 위해서 긴 SRT가 필요하다.

⑤ 연구결과를 종합하면, DO 농도 1.0mg/L 이상에서 Nitrosomonas의 성장은 영향을 받지 않으나 실제 질산화 공정에서는 Ammonia의 Peak Load를 고려하여 최소 2.0mg/L 이상으로 DO를 유지하는 것을 권장함

3) pH와 Alkalinity 영향

① 최적 pH는 야알칼리성 부근으로 pH 가 7.0~8.0 사이임

② pH 7.2 이하에서는 선형적으로 질산화율이 감소한다고 보고됨

③ 이론적으로 NH_3-N 1mg이 산화되는데 7.1mg의 알칼리도 소비되므로 경우에 따라서는 알칼리도 보충 필요

④ 실제 반응기에서는 낮은 Alkalinity에서도 높은 pH가 유지된다. 이는 산소공급을 위하여 Open System의 형태로 공기를 공급하므로 CO_2가 탈기되어 질산화과정에서 요구되는 이론적인 Alkalinity 값보다 적은 값이 소모되기 때문이다.

4) SRT의 영향

① 가장 중요한 설계인자임

② 질산화를 위해 보통 7일 이상의 SRT 필요

③ SRT가 긴 경우 인 제거 효율에 영향 미침, 적정 SRT 설정 필요함

5) Inhibitors

① 유기, 무기화합물 : Acetone, Carbon Desulfide, Ethyleneamine, Phenol, Aniline 등

② Free Amonia는 10~150mg/L의 농도에서 Nitrosomonas를 저해하기 시작하며, 0.1~1.0mg/L의 범위에서 Nitrobacter에게 영향을 끼침

문제 01 오수처리시설의 성능검사방법에 대하여 설명하시오

정답

1. 개요

하수도법시행규칙(58조 1항)에 의거 개인하수처리시설 설계 및 시공업자가 준수해야 될 오수처리시설 성능검사는 다음과 같다.

2. 오수처리시설 성능검사

1) 성능검사의 시작

① 성능검사기관은 검사대상시설이 검사신청서류와 일치하는지를 미리 확인하여야 한다.

② 성능검사를 위한 시료의 채취신청을 받은 검사기관은 BOD 유입부하량이 설계치의 70% 이상이 되는지를 확인하고, BOD 유입부하량이 설계치의 70% 이상이 되는 경우에는 성능검사를 실시하여야 하며, BOD 유입부하량이 설계치의 70% 미만인 경우에는 검사신청인에게 부적합통지를 하여야 한다.

③ 검사기관은 성능검사 중 BOD 유입부하량이 설계치의 70% 미만으로 낮아져 성능검사를 하는 것이 곤란하다고 인정되는 경우에는 성능검사를 중단하고, 검사신청인에게 BOD 유입부하량이 설계치의 70% 이상이 된 후 다시 성능검사를 신청하도록 할 수 있다.

2) 검사기간 및 검사횟수

① **검사기간** : 성능검사를 위하여 설치한 오수처리시설의 BOD 유입부하량이 설계치의 70% 이상이 된 날부터 6개월간 실시하되, 12월 1일부터 3월 31일까지의 기간 중 50일 이상을 포함하여야 한다.

② **검사횟수** : 성능검사를 위한 시료의 채취 및 분석은 월 1회 실시하되, 마지막 달에는 시료를 3회(아침 · 점심 · 저녁) 채취하여 분석하여야 한다.

3) 수질분석

① **시료 채취** : 오수처리시설의 시료는 최종 방류구에서 채취하여야 한다.

② **수질분석 항목**
- 처리시설용량 50m³/일 미만 : 생물화학적 산소요구량 및 부유물질
- 처리시설용량 50m³/일 이상 : 생물화학적 산소요구량, 부유물질, 총질소, 총인 및 총대장균군수

③ 수질분석방법

「환경분야 시험·검사 등에 관한 법률」 제6조 제1항에 따른 환경오염공정시험기준에 따른다.

4) 성능검사의 결과 판정기준

검사기관은 채취한 시료의 수질분석 결과가 모두 검사신청서에 적힌 처리수 수질기준 이내인 경우에는 적합 판정을 하고, 그 기준을 초과하는 경우에는 부적합 판정을 하여야 한다.

5) 서면심사에 의한 성능검사

검사기관이 서면심사에 의하여 성능검사를 실시하는 경우에는 처리공법·처리용량 및 처리효율이 같은 오수처리시설에 대한 실제 성능검사 결과, 구조도 및 처리효율 산출자료 등을 검토하여 적합 또는 부적합의 판정을 하여야 한다.

문제 02 다음과 같은 하수처리시설 공정에 필요한 계측제어설비를 설명하고 계측기기를 선정할 때 고려사항을 설명하시오.

- 침사지 및 펌프시설
- 무산소조
- 소독조 및 방류맨홀
- 소화가스 저장조
- 1차 침전지
- 호기조
- 슬러지 농축조
- 혐기조
- 2차 침전지
- 슬러지 소화조

정답

1. 개요

하수설비에서 계측항목을 선정할 시는 목적을 명확히 인식하고 시설규모, 관계법령 등을 충분히 고려하여 운전 관리상 필요한 것을 선정한다.

2. 계기항목

1) 침사지 및 펌프시설

① 유입맨홀수위계

투입압력식, 초음파식, 정전용량식, 플로트식 등

② 펌프정수위계

투입압력식, 차압식, 초음파식, 정전용량식, 플로트식

③ 오수양수량 유량계

전자식, 초음파식 등

2) 1차 침전지
  ① 인발슬러지 유량계
  ② **인발슬러지 농도계** : 초음파 감쇄식 또는 마이크로파식

3) 혐기조, 무산소조, 호기조
  혐기조 ORP METER, 호기조 DO METER, 호기조 MLSS METER, 내부 반송량 FLOW METER

4) 2차 침전조
  반송슬러지 FLOW METER, 반송슬러지 MLSS METER, 슬러지 계면계, 잉여슬러지용 FLOW METER, 잉여슬러지 MLSS METER

5) 소독조 및 방류맨홀
  소독제 주입량 FLOW METER, 방류유량계, 잔류염소 측정기, 빙류수용 COD, TOC, BOD, TN,TP METER, 방류구 수위 측정용 LEVEL METER

6) 슬러지 농축조
  농축슬러지 농도계, 슬러지 투입 유량계

7) 슬러지 소화조
  소화조 수위계 LEVEL METER, 온도계, pH METER, 가스압력계, 소화슬러지 농도계, CH_4 농도계, CO_2 농도계

8) 소화가스 저장조
  가스발생량 측정용 유량계, 가스저장조 LEVEL METER, 가온연소 가스량 측정용 유량계, 소화가스 사용량 측정용 유량계, 잉여연소가스량 측정용 유량계

3. 계측기 선정 시 고려사항

1) 계측목적
  각각 기기에 다른 장단점 파악후 처리시설 공정의 목적에 맞게 선정

2) 측정 장소의 환경조건
  ① 온도 변화 심한 곳, 부식성, 습도 높은 곳 등 열악한 환경을 고려하여야 함
  ② 신뢰성 및 내구성 있는 것을 선정할 것

3) 정밀성, 재현성 및 응답성
  설치 목적, 효과, 경제성을 고려하여 선정할 것

4) 유지 · 관리성

가급적 기종 통일, 호환성, 보수 점검 및 시험 보정 용이한 제품을 선정할 것

5) 측정대상의 특성

측정대상물의 부착성을 고려하여 세정장치 설치, 혼합물의 마모 파손 등 장해에 대비한 장비 선정할 것

6) 신속전송방식

① 신호전송방식에는 전기식, 공기압식, 유압식 및 광방식이 있다.

② 계측기기는 일반적으로 검출단에서 계측 대상의 변화량에 대해 미소 신호로 출력되며 이 것을 아날로그 또는 디지털 표시 및 제어 신호로 증폭, 연산하여 소정의 안정된 프로세스 신호로 발신하게 된다. 이들의 신호는 교류 또는 직류의 전압, 전류 또는 펄스 신호로서 가급적이면 신호 레벨(Level)이 높아 외부 노이즈(Noise)에 영향이 적은 것을 선정한다. 일반적으로, 검출단 및 검출기에서 변환기까지의 신호는 유도 장해를 받기 쉬우므로, 차 폐선을 사용함과 동시에 그 거리는 최대한 짧게 구성한다.

7) 측정범위

측정범위를 너무 크게 설정할 경우에는 기기의 오차 범위 특성에 의해 정확한 계측값을 나타 낼 수 없으며, 너무 낮게 설정할 경우에는 범위를 초과하게 되므로 적정 범위를 설정하는 것 이 중요함

문제 03 물환경에서 유기물 관리를 위한 수질 항목들의 정의와 상호관계를 설명하고 하천, 호소의 수질환경 기준과 배출시설의 배출 허용기준에 있는 유기질 항목을 상호 비교하여 설명하시오.

정답

1. 개요
물환경에서 유기물질 관리를 위한 수질 항목으로는 BOD, COD_{MN}, COD_{cr}, TOC가 있다.

2. 수질항목 정의
1) BOD
   ① 물속에 있는 미생물이 유기물을 분해하는 데 필요한 산소 소모량을 말함
   ② 분석기간 5일
   ③ 유기물의 일부분만 측정, 세제, 농약 등 유기물 측정 불가
   ④ **유기물 특성** : 미생물이 쉽게 분해 가능한 저분자 화합물

2) COD_{MN}
   ① 수중의 유기물을 화학적으로 산화할 때 소비하는 산소량
   ② 산화제로 $KMnO_4$ 사용
   ③ 분석시간 1시간
   ④ **유기물 특성** : 미생물 분해가 어렵거나 오래 걸리는 난분해성 물질

3) COD_{cr}
   ① 수중의 유기물을 화학적으로 산화할 때 소비하는 산소량
   ② 산화제로 $K_2Cr_2O_7$ 사용
   ③ 분석시간 3시간
   ④ **유기물 특성** : 미생물 분해가 어렵고 상당히 오래 걸리는 고난분해성 물질

4) TOC
   총유기탄소는 수중의 유기물 중에 포함되는 탄소의 총량이다. 처음부터 수중에 포함된 탄소, 중탄산 등의 무기탄소를 방출시킨 후 유기물질을 산화제에 의해 습식 산화하고 발생한 이산화탄소를 적외선 가스분석기로 측정한다. 여러 가지 유기물에 대하여 TOC를 측정한 결과에 의하면 이론치에 대하여 80~100%의 값을 얻고 있다.

   [TOC값과 COD값의 차이]
   COD값에는 산화 가능한 무기물(Fe^{2+}, Mn^{2+}, NO_2^-, H_2S 등)의 산소 요구량이 포함되나 TOC의 경우는 포함되지 않는다.

3. 수질환경 기준과 배출 허용기준의 상호 비교

1) 하천의 생활환경 기준

등급	BOD(mg/L)	TOC(mg/L)	COD(mg/L)
Ia	1 이하	2 이하	2 이하
Ib	2 이하	3 이하	4 이하
II	3 이하	4 이하	5 이하
III	5 이하	5 이하	7 이하
IV	8 이하	6 이하	9 이하
V	10 이하	8 이하	11 이하
VI	10 초과	8 초과	11 초과

2) 호소의 생활 환경기준

등급	COD(mg/L)	TOC(mg/L)	비고
Ia	2 이하	2 이하	
Ib	3 이하	3 이하	
II	4 이하	4 이하	
III	5 이하	5 이하	
IV	8 이하	6 이하	
V	10 이하	8 이하	
VI	10 초과	8 초과	

화학적 산소 요구량(COD) 기준은 2015년 12월 31일까지만 적용한다.

대상 규모 / 지역 구분 \ 항목	1일 폐수배출량 2천 세제곱미터 이상		1일 폐수배출량 2천 세제곱미터 미만	
	BOD (mg/L)	COD (mg/L)	BOD (mg/L)	COD (mg/L)
청정지역	30 이하	40 이하	40 이하	50 이하
가지역	60 이하	70 이하	80 이하	90 이하
나지역	80 이하	90 이하	120 이하	130 이하
특례지역	30 이하	40 이하	30 이하	40 이하

3) 배출 허용기준

하천이나 호소에는 유기물 지표항목이 수질환경기준에 있는 TOC가 있으나 배출 허용기준에는 BOD, COD 기준만 있고 TOC 기준은 없다.

문제 04 하수도 시설에서 발생되는 악취를 악취물질에 따라 발생원, 발산원 및 배출원으로 구분하여 악취물질의 특성과 배출 특성에 따른 저감기술에 대해 설명하시오

정답

1. 개요

악취란 황화수소, 메르캅탄류, 아민류 그 밖의 자극성 있는 기체상태의 물질이 사람의 후각을 자극하여 불쾌감과 혐오감을 주는 냄새를 말한다.

2. 하수도의 악취 발생 구분 및 특징

1) 발생 구분 및 장소

구분	악취 발생 특성	악취 발생 장소	주요 악취물질
발생원	하수 중에 황화수소와 같은 악취 유발 물질이 용존 상태로 존재하는 것	정화조와 오수처리시설과 같은 개인하수처리시설, 배수조	황화수소, 암모니아, 메틸메르캅탄
		퇴적물이 존재하는 하수관거 내부, 맨홀, 받이 등	황화수소, 암모니아
발산원	하수 중에 용존 형태로 존재하는 황화수소와 같은 악취물질이 난류에 의하여 대기 중으로 가스 형태로 발산하는 것	개인하수처리시설이 하수관거 내로 펌핑되는 연결관 부분, 하수관거 내의 단차 부분, 압송관의 토출부, 역사이펀 말단부, 펌프장 등	황화수소, 암모니아
배출원	개인하수처리시설과 하수관거 내부 등 밀폐 된 내부 공간에서 발생 및 발생된 악취 유발물질이 외부와 연결된 장소를 통하여 밖으로 배출되는 것	맨홀, 받이, 토구 등	황화수소, 암모니아

2) 악취물질 특성

① 메틸메르캅탄 : 양파, 양배추 썩는 냄새

② 황화수소 : 달걀 썩는 냄새

③ 암모니아 : 분뇨냄새

3) 저감기술

① 발생원 저감

- 최소유속 확보
- 복단면 적용 : 최소 유속 미달관거에 복단면 설치하여 최소 유속 확보 가능

- 중계펌프장 설치 : 최소 유속 미확보 구간은 중계 펌프장을 통한 관로의 구배를 상향 시킴
- 분류식화 : 신설 시 분류식 지역에서 분류식을 설치하여 개인하수처리시설의 필요성 억제
- 인버트 설치 : 맨홀의 바닥에 물이 고인 것을 방지하기 위해 사공간 억제용으로 인버트 설치
- 청소 및 준설 : 하수의 원활한 흐름을 위해 청소 및 준설

② 발생 억제
- 부관설치 : 관로의 단차가 0.6m 이상인 경우 낙차로 인한 악취 발산 방지를 위해 부관 설치
- 악취저감제어기술 사용
- 산화제($NaOCl$, $KMnO_4$, Calcium Nitrate 등), 약품 투입
- 미생물 탈취제 사용
- 하수관 투구단말에 산소 주입을 통해 혐기화 방지($15 \sim 20$ g $O_2/m^3 \cdot hr$, 제안)
- 악취 중화 탈취제로 마스킹

③ 배출 차단
- 오수받이 뚜껑의 밀폐형, 우수받이 뚜껑에 악취차단장치를 설치
- 토구 악취 차단장치 설치 등

문제 05 환경오염시설의 통합관리에 관한 법률에서 규정하는 통합허가 대상규모와 통합 허가 절차를 순서대로 설명하시오.

정답

1. 개요
2015년 12월에 제정 공표되어 2017년부터 단계적으로 추진 예정이다.
제정 이유는 현행 환경오염 관리방식은 대기, 물, 토양 등의 환경 분야에 따라 개별적으로 이루어지고 있어 복잡하고 중복된 규제와 함께 개별 사업장의 여건을 반영하지 못하는 구조로 운영되고 있고, 과학기술의 발전과 함께 진보하는 환경오염물질 처리기술을 적용하는 것 또한 한계가 있기 때문이다.
이 점을 고려하여 일정 규모 이상의 사업장을 대상으로 종전의 「대기환경보전법」 등 개별법에 따라 분산·중복된 배출시설 등에 대한 인·허가를 이 법에 따른 허가로 통합·간소화하고, 오염물질 등의 배출을 효과적으로 줄일 수 있으면서도 기술적·경제적으로 적용 가능한 환경관리

기법인 최적가용기법에 따라 개별 사업장의 여건에 맞는 맞춤형 허가배출기준 등을 설정하도록
함으로써 종전의 고비용·저효율 규제 체계를 개선하고 산업의 경쟁력을 높이려는 것이다.

2. 통합 대상 허가규모
① 대기오염물질이 연간 20톤 이상 발생하는 사업장
② 폐수가 일일 700세제곱미터 이상 발생하는 사업장

3. 통합허가 절차
1) 허가신청
통합관리계획서를 첨부하여 환경부장관에게 제출
① 배출시설 등 및 방지시설의 설치 및 운영 계획
② 배출시설 등에서 배출되는 오염물질 등이 주변 환경에 미치는 영향을 환경부령으로 정하
는 바에 따라 조사·분석한 배출영향분석 결과
③ 사후 모니터링 및 유지·관리 계획
④ 환경오염사고의 사전예방 및 사후조치 대책
⑤ 경우에 따라 사전협의 결과에 따른 반영 내용

2) 검토(BAT 등 전문기술 검토)
최상가용기법 선정을 통한 검토 시 BAT 선정기준
① 산업현장에서의 적용 가능성
② 최상가용기법 적용에 따른 오염물질 등 발생량 및 배출량 저감 효과
③ 최상가용기법 적용에 따른 경제적인 비용
④ 폐기물의 감량 또는 재활용 촉진 여부
⑤ 에너지 사용의 효율성
⑥ 기타 환경부령으로 정하는 사항

3) 적정통보(허가결정)

4) 가동개시 신고
시설 완료한 후 가동개시 신고

5) 최종허가
시운전 종료 후 가동상태 점검 및 배출 오염물질 측정하여 최종 허가 결정함

문제 06 폐수종말처리시설에 대한 기술진단 범위 중 오염물질의 유입특성조사, 공정진단, 운영진단, 개선대책 및 최적화 방안 수립에 대한 실시 내용을 설명하시오.

정답

1. 개요

수질 및 수생태계 보전에 관한 법률 제50조 2항에 의거 "시행자는 공공폐수처리시설의 관리상태를 점검하기 위하여 5년마다 해당 공공폐수처리시설에 대하여 기술진단을 하고, 그 결과를 환경부장관에게 통보하여야 한다."

2. 기술진단 범위에 대한 실시 내용

1) 오염물질의 유입특성조사

① **유입유량 및 오염물질의 변화분석** : 시간대별, 일간, 월간, 계절별 및 연간변화 특성조사
② 유입오염부하량에 대한 특성분석
③ 오염물질 중 난분해성 유기물 농도 분석평가
④ 설계기준과 실제유입현황 비교분석

2) 공정진단

① 가동일지 등의 과거 운전자료와 각 단위처리공정별 주요 지점에 대한 실측, 시료분석에 의한 처리효율 조사
② 물질수지에 의한 실제조건하에서의 운전방법의 적정성과 장치설계의 적합성 등 문제점 분석

3) 운영진단

① 단위공정별 운전인자관리에 따른 처리효율 및 경향분석
② 단위공정별 성능평가 및 총괄처리효율분석
③ 운전요원과 면담결과를 토대로 한 인원조직의 적합성
④ 관리인원의 기술능력, 유지보수의 적정성 및 운영비 상황을 파악

4) 개선대책 및 최적화 방안 수립

① 처리장 운영관리의 문제점 도출
② 문제요인에 대한 단위공정별의 상호 연관성을 추론
③ 운영 및 시설의 최적화 방안 수립
④ 문제요인 해소를 위한 시설개선의 타당성 검토
⑤ 시설개선의 응급, 단·장기대책 수립과 기대효과 예측 및 개략적 개선비용의 산출
⑥ 전기이용효율 제고에 의한 전기절약요인 등 에너지 절감방안 도출

문제 01 생물반응조 내 물질수지를 통해 고형물 체류시간(SRT ; Solid Retention Time) 관계식을 구하고, SRT를 길게 할 때와 짧게 운전할 때 나타나는 반응조 현상에 대해 상세히 설명하시오.

정답

1. 개요

활성슬러지공정은 1914년 영국의 Arden과 Lockett이 개발함

일반적인 완전혼합식의 공정개요도는 아래와 같다.

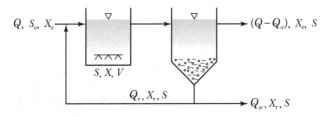

여기서, V : 반응조 용량(m^3)

Q : 유입유량(m^3/d)

X_o : 유입수 중 미생물농도($gVSS/m^3$)

X_r : 침전지로부터 반송되는 미생물농도($gVSS/m^3$)

Q_w : 폐슬러지 유량(m^3/d)

X_e : 유출수 내 미생물농도($gVSS/m^3$)

S_o : 유입수 기질농도(g/m^3)

S : 유출수 기질농도(g/m^3)

2. 질량 수지식

시스템 경계 내 미생물 축적률=시스템경계 내로 유입되는 미생물−시스템 경계 밖으로 유출하는 미생물+시스템 경계 내 미생물 순증가율

기호식으로 표현하면 다음과 같다.

$$\frac{dx}{dt} V = QX_o - [(Q-Q_w)X_e + Q_wX_r] + r_gV \quad \cdots\cdots\cdots\cdots\cdots\cdots (1)$$

만약 유입수 미생물농도 $X_o = 0$ 정도로 무시하고 정상상태 $\dfrac{dx}{dt} = 0$으로 가정하면 식 (1)은 다음과 같이 쓸 수 있다.

$$0 = 0 - \left[(Q - Q_w)X_e + Q_w X_r \right] + r_g V$$
$$(Q - Q_w)X_e + Q_w X_r = r_g V$$

······ (2)

식 (2) 양변을 VX로 나누면

$$\frac{(Q - Q_w)X_e + Q_w X_r}{VX} = \frac{r_g}{X}$$

······ (3)

다음과 같이 $SRT = \dfrac{VX}{(Q - Q_w)X_e + Q_w X_r}$, $r_g = - Yr_{su} - k_d X$를 이용하여

여기서, Y : 최대비량계수, γ_{su} : 기질 소비 속도
k_d : 내생호흡계수, γ_g : 박테리아 증식속도

식 (3)을 정리하면 다음과 같다.

$$\frac{1}{SRT} = \frac{- Yr_{su}}{X} - k_d$$

······ (4)

식 (4)에서 $- \dfrac{r_{su}}{X}$ 를 기질의 비소비속도라 하며 기호 U로 나타낸다.

$$U = - \frac{r_{su}}{X}$$

······ (5)

$$r_{su} = - \frac{Q(S_o - S)}{V} = - \frac{S_o - S}{\theta}$$

······ (6)

그러므로 식 (4)는 다음과 같이 나타낼 수 있다.

$$\frac{1}{SRT} = YU - k_d$$

······ (7)

또한 F/M 비는 다음과 같이 정의된다.

$$F/M = \frac{S_o}{\theta X}$$

······ (8)

U와 F/M을 프로세스 효율과 연관시키면 다음과 같다.

$$U = \frac{(F/M)E}{100}$$ .... (9)

$$E = \frac{S_o - S}{S_o} X \ 100$$ .... (10)

식 (9)를 식 (7)에 대입하면

$$\frac{1}{SRT} = Y\frac{(F/M)E}{100} - k_d$$ .... (11)

식 (11)을 정리하면 다음과 같다.

$$E = \frac{100}{Y(F/M)}(\frac{1}{SRT} + k_d)$$ .... (12)

3. SRT를 길게 할 때와 짧게 운전할 때 나타나는 반응조 현상

1) SRT가 길 때

① 폭기조 내 미생물종의 다양성에 의하여 안정성 확보
② 증식속도가 느린 균의 증식에 의한 난분해성 COD의 분해 제거율이 상승
③ 자산화에 의한 잉여슬러지양 감소
④ 슬러지 과산화에 의한 변하부동에 취약성 내제
⑤ 증식속도 느린 방선균 증식으로 거품과 스컴 발생

2) SRT가 짧을 때

① 폭기조 내 미생물의 빠른 증식에 의한 방류수가 혼탁해질 가능성
② 질산화균 증식이 어려워 질산화 효율의 저하

문제 02 시안(NaCN)과 크롬이 함유된 폐수를 크롬은 환원침전법(환원제 Na_2SO_3 사용), 시안은 알칼리염소법(NaOCl)으로 처리할 때 반응식, 처리공정, 운전인자를 설명하고, $Ca(OH)_2$을 사용하여 침전시킬 때 Cr 1kg을 기준으로 발생하는 슬러지 량과 CN 1kg을 제거하는 데 필요한 산화제 양을 산출하시오.

정답

1. 개요

① 시안처리법 : 알칼리 염소법, 오존산화법, 전해법, 충격법, 전기투석법 등이 있음

② 크롬세거법 : 환원－수산화물 침전물법, 전해법, 이온교환법 등을 사용한다.

2. 크롬 환원제거법

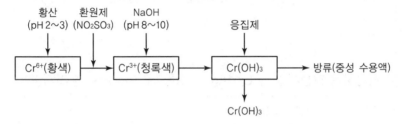

1) 반응식

① 1단계 : 산조건(pH 3 이하)하에서 Cr^{6+}를 Cr^{3+}로 환원시킨다.

$$Cr_2O_7^{2-} + 3Na_2SO_3 + 8H^+ \rightarrow 2Cr^{3+} + 3Na_2SO_4 + 4H_2O$$

② 2단계 : pH를 8~10조건에서 수산화물을 첨가하여 수산화물로 침전 제거한다.

$$2Cr^{3+} + 3Ca(OH)_2 \rightarrow 2\ Cr(OH)_3 + 3Ca^{2+}$$

3. 시안의 알칼리 염소법

① 1단계 반응, pH 10 이상, ORP 300mV 이상으로 해서 시안화합물을 시안 산화물로 변경

$$NaCN + NaOCl + H_2O \rightarrow CNCl + 2NaOH \qquad \cdots \cdots (1)$$

$$CNCl + 2NaOH \rightarrow NaOCN + NaCl + H_2O \qquad \cdots \cdots (2)$$

1단계에서는 시산화염 생성 및 시안산염으로 가수분해되면서 pH가 7까지 서서히 감소함

② pH를 중성 범위로 하고 2단계로 산화제 재주입하여 N_2로 산화시킴

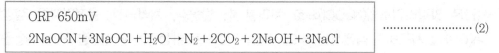

$$ORP\ 650mV$$
$$2NaOCN + 3NaOCl + H_2O \rightarrow N_2 + 2CO_2 + 2NaOH + 3NaCl$$

.... (2)

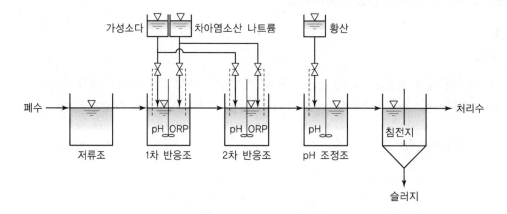

4. Ca(OH)₂을 사용하여 침전시킬 때 Cr 1kg을 기준으로 발생하는 슬러지양

$$2Cr^{3+} + 3Ca(OH)_2 \rightarrow 2Cr(OH)_3 + 3Ca^{2+}$$

2mole의 Cr^{3+}에 의해서 2mole의 $Cr(OH)_3$가 발생한다.

$2 \times 52 : 2 \times (52 + 17 \times 3)$에서 1 : 발생량 Y

Y는 $1kg \times 206/104 = 1.98kg$의 슬러지가 생산된다.

5. CN 1kg을 제거하는 데 필요한 산화제 양

상기 반응식에서 NaCN 1mole을 산화시키기 위해선 2.5mole의 NaOCl이 필요함을 알 수 있다.

$CN : 2.5\ NaOCl = 26 : 2.5 \times 74.5$에서 CN 1kg 제거에 필요한 산화제량 Z

Z는 $1kg \times 186.25/26 = 7.16kg$이 필요하다.

문제 03 취수된 원수의 수질분석 결과는 다음과 같다. 다음의 값을 구하시오.

항 목	Ca^{2+}	Mg^{2+}	Na^+	Cl^-	HCO_3^-	SO_4^{2-}	CO_2
분자량	40	24	23	35.5	61	96	44
농도(mg/L)	60	(?)	46	35.5	183	120	44

1) Mg^{2+}농도(mg/L)

2) Alkalinity(mg/L as CaCO₃)

3) 탄산경도(mg/L as CaCO₃)

4) 비탄산경도(mg/L as CaCO₃)

정답

1. Mg^{2+}농도(mg/L)

각 이온은 당량 대 당량으로 반응하므로 각 양이온과 음이온의 당량을 구한다.

① 양이온 당량 : $Ca^{2+} = 60/(40/20) = 3meq$, $Na^+ = 46/23 = 2meq$

$$Total = 5meq + Mg^{2+}meq$$

② 음이온 당량 : $Cl^- = 35.5/35.5 = 1meq$, $HCO_3^- = 183/61 = 3meq$,

$$SO_4^{2-} = 120/(96/2) = 2.5meq, \ Total = 1 + 3 + 2.5 = 6.5meq$$

그러므로 $Mg^{2+}meq = 6.5meq - 5meq = 1.5meq$

Mg^{2+}의 당량그램수는 24/2 = 12g이므로

Mg^{2+}농도 = 1.5meq × 12g/eq = 18mg/L

2. Alkalinity

산을 중화시킬 수 있는 능력을 말함

유발물질은 HCO_3^- 하나임

$$T-Alk = \sum C_A (mg/L) X \frac{50}{E_o} = 183 (mg/L) X \frac{50}{61} = 150mg/L \text{ as } CaCO_3$$

3. 탄산경도

경도 유발물질은 Ca^{2+}, Mg^{2+}이다. 총경도 TH는

$$TH = \sum M^{2+}(mg/L) \times \frac{50}{E_o} = (3 + 1.5\,meq) \times 50 = 225\,(mg/L) \text{ as } CaCO_3$$

탄산경도는 식에서 알칼리도와 결합하는 농도이므로 150mg/L as $CaCO_3$이다.

4. 비탄산 경도

비탄산경도＝총경도－탄산경도

비탄산경도＝$(225 - 150)$mg/L as $CaCO_3$＝75mg/L as $CaCO_3$

문제 04 다음 조건을 갖는 생물반응조에서 발생되는 잉여슬러지양(m^3/day)과 농축슬러지 함수율(%)을 계산하시오.

- 포기조 용적 : 2,000m^3
- 고형물 체류시간 : 4일
- 농축슬러지양 : 25m^3/day(단, 잉여 및 농축 슬러지 비중은 1.0으로 가정)
- MLVSS 농도 : 2,500mg/L
- 반송슬러지 농도 : 10,000mg/L

정답

1. 개요

활성슬러지공정은 1914년 영국의 Arden과 Lackett이 개발함

일반적인 완전혼합식의 공정개요도는 아래와 같다.

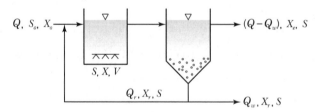

여기서, V : 반응조 용량(m^3)

Q : 유입유량(m^3/d)

X_o : 유입수 중 미생물농도(gVSS/m^3)

X_r : 침전지로부터 반송되는 미생물농도(gVSS/m^3)

Q_w : 폐슬러지 유량(m^3/d)

X_e : 유출수 내 미생물농도(gVSS/m^3)

S_o : 유입수 기질농도(g/m^3)

S : 유출수 기질농도(g/m^3)

2. 질량 수지식에 의한 잉여슬러지양

$$SRT = \frac{VX}{(Q-Q_w)X_e + Q_w X_r} \quad \cdots (1)$$

위 식 (1)에서 유출수농도 $X_e = 0$ 라고 가정하면

$$SRT = \frac{VX}{Q_w X_r} \quad \cdots (2)$$

식 (2)에서 잉여슬러지양 Q_w을 구하면

$$Q_w = \frac{VX}{SRT \cdot X_r} = \frac{2,000\text{m}^3 \times 2,500\text{mg/L}}{4d \times 10,000\text{mg/L}} = 125\text{m}^3/\text{d}$$

잉여슬러지 발생량은 125m³/일이다.

3. 농축슬러지 함수율

슬러지 함수율과 부피율은 다음과 같다.

$$\frac{V_1}{V_2} = \frac{100 - W_2}{100 - W_1} \quad \cdots (1)$$

여기서, V_1, V_2 : 슬러지 부피
W_1, W_2 : 슬러지함수율

W_1을 잉여슬러지 함수율, W_2을 농축슬러지 함수율이라 하고 잉여슬러지의 함수율 W_1을 구한다. 잉여슬러지 함수율 W_1은 MLVSS 농도가 10,000mg/L이고 비중이 1.0이므로 슬러지 1L에 대한 W_1은

$$W_1 = \frac{W}{S+W} \times 100 = \frac{990g}{10g + 990g} \times 100 = 99 \quad \cdots (2)$$

위 값을 식 (1)에 대입하여 농축슬러지 함수율 W_2를 구하면 다음과 같다.

$$\frac{125\text{m}^3/\text{d}}{25\text{m}^3/\text{d}} = \frac{100 - W_2}{100 - 99} \text{에서 } W_2 \text{는 95이다.}$$

농축슬러지 함수율은 95%이다.

문제 05 슬러지의 고형물 분석을 실시하여 다음과 같은 결과를 획득하였다. 이 실험 결과의 신뢰성 여부를 판단하고, 신뢰성이 확보될 수 있도록 재측정이 필요한 항목과 그 값을 추정하시오.(측정값 : TS 20,000mg/L, VS 17,800mg/L, TSS 17,000mg/L, VSS 13,400mg/L)

정답

1. 개요

SS란 현탁물질이라고 하며 시료를 여과지를 여과 시 여과에 의해 분리되는 유기 또는 무기물의 고형물 입자이다.

$$
\begin{array}{ccccc}
\text{TS} & = & \text{FS} & + & \text{VS} \\
\| & & \| & & \| \\
\text{TSS} & = & \text{FSS} & + & \text{VSS} \\
+ & & + & & + \\
\text{TDS} & = & \text{FDS} & + & \text{VDS}
\end{array}
$$

2. TS의 값 표현

$$
\begin{array}{ccccc}
20,000\text{mg/L} & = & \text{FS} & + & 17,800\text{mg/L} \\
\| & & \| & & \| \\
17,000\text{mg/L} & = & \text{FSS} & + & 13,400\text{mg/L} \\
+ & & + & & + \\
\text{TDS} & = & \text{FDS} & + & \text{VDS}
\end{array}
$$

3. 신뢰성 여부

$$
\begin{array}{ccccc}
20,000\text{mg/L} & = & (2,200\text{mg/L}) & + & 17,800\text{mg/L} \\
\| & & \| & & \| \\
17,000\text{mg/L} & = & (3,600\text{mg/L}) & + & 13,400\text{mg/L} \\
+ & & + & & + \\
(3,000\text{mg/L}) & = & \text{FDS} & + & (4,400\text{mg/L})
\end{array}
$$

위에서 보듯이 추정 FSS값(3,600mg/L)이 추정 FS값(2,200mg/L)보다 크고, 추정 TDS값(3,000mg/L)이 추정 VDS값(4,400mg/L)보다 크다. 환경부 연구보고서에 의하면 소화슬러지

평균 TS는 2.3%, 휘발성 고형물 VS는 TS 중 평균 60%이므로 위 값에서 VS 관련 항목이 신뢰성이 없다고 할 수 있다.

4. 신뢰성이 확보될 수 있도록 재측정이 필요한 항목과 추정값

소화슬러지 평균 TS는 2.3%, 휘발성 고형물 VS는 TS 중 평균 60%로 가정하면 재측정항목으로는 VS 및 VSS를 권장한다.

- 추정값

$$
\begin{array}{ccccc}
20,000\text{mg/L} & - & (4,000\text{mg/L}) & + & (16,000\text{mg/L}) \\
\| & & \| & & \| \\
17,000\text{mg/L} & = & (3,600\text{mg/L}) & + & 13,400\text{mg/L} \\
+ & & + & & + \\
(3,000\text{mg/L}) & = & 400\text{mg/L} & + & (2,600\text{mg/L})
\end{array}
$$

110 회 수질관리기술사

1교시 다음 문제 중 10문제를 선택하여 설명하시오.(각 10점)

1. 계획오수량
2. 광펜톤 반응(Photo Fenton Reaction)
3. 침전지 용량효율
4. 응집의 영향인자
5. 슬러지 처리·처분 방식
6. 펌프의 전양정
7. 지하수 오염의 특성
8. 남조류 독성
9. 호소 퇴적물 인의 용출 원인
10. Water Footprint
11. EIA(Effective Impervious Area)와 TIA(Total Impervious Area)
12. 생태하천 복원 후 수질 및 수생태계 모니터링 항목 및 조사주기
13. 수질 및 수생태계 목표기준 평가규정

2교시 다음 문제 중 4문제를 선택하여 설명하시오.(각 25점)

1. 완충저류시설 설치기준에 대하여 설명하시오.
2. 다음을 설명하시오.
    1) 혐기성 처리를 위한 조건
    2) 유기물의 혐기성 분해과정과 단계
    3) 혐기성 처리의 장점과 단점

3. 다음을 설명하시오.
    1) 염소처리의 목적
    2) 유리잔류염소
    3) 결합잔류염소
    4) 유리잔류염소와 결합잔류염소의 살균력

4. 상수원 수질보전을 위해 지정된 특별대책지역을 제시하고 특별종합대책 기본방침을 설명하시오.

5. 하·폐수처리장 에너지 자립화를 향상시키기 위한 기법 및 장치가 많이 도입되고 있는 추세인데, A_2O(Anaerobic-Anoxic-Oxic)로 운영되는 생물반응조 내에서의 운영비 저감기법과 장치에 대하여 설명하시오.

6. 생태계 서비스(Ecosystem Services)에 대하여 설명하시오.

3교시 다음 문제 중 4문제를 선택하여 설명하시오.(각 25점)

1. 비점오염저감시설의 용량산정에 대한 다음을 설명하시오.
2. 다음을 설명하시오.
   1) 호소 조류의 일반적 세포구성성분과 조류의 특성
   2) 조류 성장 제한인자
   3) 부영양화 방지 및 관리기법

3. 수질오염총량관리에 대하여 다음을 설명하시오.
   1) 도입 배경
   2) 총량관리에서 분류하고 있는 6가지 오염원 그룹
   3) 할당부하량 산정에 이용되는 기준유량인 저수량

4. 하수관거 설계에 관한 다음을 설명하시오.
   1) 분류식 및 합류식 하수관거의 적정 설계 유속 범위
   2) 설계유속 확보대책

5. 생물막법(生物膜法, Biomembrane)의 기본원리 및 장단점에 대하여 설명하시오.

6. 하수처리장에서의 병합 혐기성 소화처리에 대하여 다음을 설명하시오.
   1) 하수슬러지와 유기성 폐기물(음식물 폐기물, 가축분뇨, 분뇨 등)의 특성
   2) 병합처리 시 나타나는 문제점 및 대책

4교시 다음 문제 중 4문제를 선택하여 설명하시오.(각 25점)

1. 다음을 설명하시오.
   1) 인공습지의 정의
   2) 인공습지의 주요 물질 거동 기작
   3) 인공습지의 식생분류
   4) 수문학적 흐름형태에 따른 유형분류와 정의

2. 비점오염 저감시설 중 자연형 시설 설치기준을 설명하시오.

3. 슬러지 반송이 있는 연속류식 완전혼합형 활성슬러지법의 유기물 제거원리를 설명하시오.

4. 공공수역의 수질예보에 대하여 설명하시오.

5. 분산형 용수공급 시스템의 도입배경, 특징 및 처리계통을 중앙 집중식 용수공급 시스템과 비교하여 설명하시오.

6. 분류식 하수관거로 유입되고 고도처리 공법으로 운영되는 하수처리장의 침전지에 대하여 설명하시오.
   1) 1차 및 2차 침전지의 표면적 결정에 적용되는 설계인자 제시
   2) 1차 및 2차 침전지에 적용되는 표면적 산정 절차가 다른 이유를 침전지의 4가지 유형을 도시하여 설명하시오.

문제 01 계획오수량

정답

1. 개요

계획오수량은 생활오수량(가정오수량＋영입오수량)에 공장폐수량과 지하수량을 더한 값으로, 오수배제계획에서 관로시설, 펌프장시설, 처리장시설 등의 용량을 결정하기 위한 기준이 된다.

2. 계획오수량 정할 시 고려사항

① 생활오수량

생활오수량의 1인1일 최대오수량은 계획목표연도에서 계획지역 내 상수도계획(혹은 계획예정)상의 1인1일 최대급수량을 감안하여 결정하며, 용도지역별로 가정오수량과 영업오수량의 비율을 고려한다.

② 공장폐수량

공장용수 및 지하수 등을 사용하는 공장 및 사업소 중 폐수량이 많은 업체에 대해서는 개개의 폐수량조사를 기초로 장래의 확장이나 신설을 고려하며, 그 밖의 업체에 대해서는 출하액당 용수량 또는 부지면적당 용수량을 기초로 결정한다.

③ 지하수량

지하수량은 1인1일최대오수량의 10~20%로 한다.

④ 계획1일최대오수량

계획1일최대오수량은 1인1일최대오수량에 계획인구를 곱한 후, 여기에 공장 폐수량, 지하수량 및 기타 배수량을 더한 것으로 한다.

⑤ 계획1일평균오수량

계획1일평균오수량은 계획1일 최대오수량의 70~80%를 표준으로 한다.

⑥ 계획시간최대오수량

계획시간최대오수량은 계획1일 최대오수량의 1시간당 수량의 1.3~1.8배를 표준으로 한다.

⑦ 합류식에서 우천 시 계획오수량은 원칙적으로 계획시간최대오수량의 3배 이상으로 한다.

문제 02 광펜톤 반응(Photo Fenton Reaction)

정답

1. 개요

펜톤산화법은 2가철이온과 과산화수소의 반응으로 OH · 라디칼을 형성하여 오염물질을 산화시켜 제거하는 방식이다. 반응식은 아래와 같다.

$$Fe^{2+} + H_2O \rightarrow Fe^{3+} + OH \cdot + OH^- \quad \cdots\cdots\cdots (1)$$
$$RH + OH \cdot \rightarrow R \cdot + H_2O \quad \cdots\cdots\cdots (2)$$
$$R \cdot + H_2O_2 \rightarrow ROH + OH \cdot \quad \cdots\cdots\cdots (3)$$
$$OH \cdot + H_2O_2 \rightarrow H_2O + HO_2 \cdot \quad \cdots\cdots\cdots (4)$$
$$OH \cdot + Fe^{2+} \rightarrow Fe^{3+} + OH^- \quad \cdots\cdots\cdots (5)$$

2. 펜톤산화의 단점

① 2가철이온과 과산화수소의 비율이 맞지 않을 경우 2가철이온과 과산화수소가 OH · 라디칼 생성에 스케벤져 역할을 하여 처리효율을 저하

② 과량의 과산화수소가 주입되면 OH · 라디칼과 잔존 과산화수소가 반응하여 상대적으로 낮은 산화전위를 갖는 HO_2 · 라디칼를 생성하며 이에 따라 오염물질의 처리효율이 감소

③ 과량의 2가철이온이 주입되면 OH · 라디칼이 2가철이온과 반응하여 수산화이온을 발생시켜 오염물질산화에 사용되는 OH · 라디칼의 양을 저하시키는 경향

3. 광펜톤 반응

① 펜톤반응의 단점을 보완하고자 광원을 추가한 반응

② 펜톤반응에서 산화되어 발생하는 3가철이온은 자외선을 조사하여 2가철이온으로 광환원이 되어 지속적인 반응이 가능해 펜톤반응보다 더 높은 처리효율을 보이는 반응

$$H_2O_2 + UV \rightarrow 2OH \cdot \quad \cdots\cdots\cdots (6)$$
$$Fe^{3+} + UV + H_2O_2 \rightarrow OH \cdot + Fe^{2+} + H^+ \quad \cdots\cdots\cdots (7)$$

문제 03 침전지 용량효율

정답

1. 개요

침전지란 물보다 밀도가 큰 수중의 부유입자나 응집입자를 중력으로 침강되도록 분리하는 조이다.

2. 침전지 용량효율

① 침전기능이란 유입된 탁질을 가장 효과적으로 침전시켜 제거하는 기능으로, 침전지에서 침전효율을 나타내는 가장 기본적이 지표가 표면부하율(Surface Loading)이다.

② 침전지에 유입되는 유량을 Q, 침전지 표면적을 A라 하면 표면부하율 V_o는

$$V_o = Q/A$$

③ 침강속도 V가 표면부하율 V_0보다 적은 플록은 V/V_0의 부분제거율을 나타내게 되며, 단락류나 밀도류가 없는 이상적인 침전지에 유입되는 플록 중에서 침강속도가 표면부하율보다 큰 플록은 100% 제거된다.

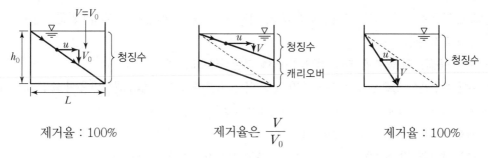

제거율 : 100%	제거율은 $\dfrac{V}{V_0}$	제거율 : 100%
(1) 입자의 침강속도 $V = V_0$	(2) 입자의 침강속도 $V < V_0$	(3) 입자의 침강속도 $V > V_0$

④ 유량 Q, 유속 u, 수심 h_o, 침강면적 A, 지의 폭 B, 지의 길이 L라고 한다.(V_0 : 침강속도)

$$V_0 = \frac{h_o}{\frac{L}{u}}$$

$$Q = B \cdot h_0 \cdot u \rightarrow h_0 = \frac{Q}{u \cdot B}$$

$$A = B \cdot L \text{에서 } V_0 = \frac{\frac{Q}{u \cdot B}}{\frac{L}{u}} = \frac{Q}{LB} = \frac{Q}{A}$$

즉, 침전지의 효율은 용량 아니라 수면적과 관계가 된다.

3. 제거율 향상방법

① 침전지의 침강면적 A를 크게

② 플록의 침강속도 V를 크게

③ 유량 Q를 적게 한다.

문제 04 응집의 영향인자

정답

1. 개요

응집은 주로 Colloids 입자를 제거하기 위하여 콜로이드 입자가 띠고 있는 전하와 반대 전하물질을 투입하거나 pH 변화를 일으켜 Zeta Potential(전기적 반발력)를 감소시킴으로써 Floc을 형성 침전 · 제거하는 것을 목적으로 한다.

2. 영향인자

① **교반의 영향** : 입자끼리 충돌횟수가 많고, 입자농도가 높으며, 입자의 크기가 불균일할수록 응집효과가 좋음

② **pH** : 응집제의 종류에 따라 최적의 pH에 따른 처리효율 변화

③ **수온** : 수온이 높으면 반응속도 증가 및 물의 점도저하로 응집제의 화학반응이 촉진되고, 수온이 낮으면 Floc 형성시간이 길고, 응집제 사용량도 많아진다.

④ **알칼리도** : 고알칼리도가 많은 Floc 형성에 도움 및 pH 영향을 줌

⑤ **응집제 종류 및 투여량** : 응집제 종류와 투여량에 따라 영향을 받는다.

문제 05 슬러지 처리 · 처분 방식

정답

1. 개요

슬러지의 처리 및 처분 방법은 슬러지의 특성, 처리효율, 처리시설의 규모, 최종처분방법, 입지조건, 건설비, 유지관리비, 관리의 난이도, 재활용 및 에너지화 그리고 환경오염대책 등을 종합적으로 검토한 후 지역특성에 적합한 처리법을 평가하여 결정한다.

2. 슬러지 처리계통도

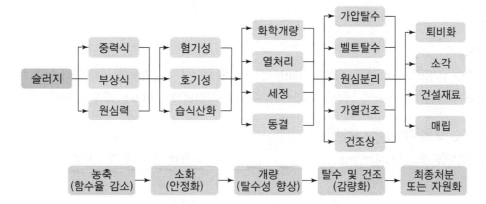

펌프의 전양정

정답

1. 개요

① 펌프가 규정유량을 흡입수면에서 토출수면으로 양수하기 위해서는 그 수위차와 관이나 밸브 등의 저항의 합계보다 큰 에너지가 필요하다.

② 이들 수위차와 저항을 에너지로 나타낸 것을 수두라고 하며, 펌프가 발생하는 수두를 양정이라고 한다. 이들 수두에는 실양정, 속도수두, 압력수두, 관로마찰손실수두가 있으며 그들을 합한 것을 전양정이라고 한다.

2. 산출방식

$$TDH = H_L + H_F + H_V$$

여기서, TDH : 전양정

H_L : 총 정수두

H_F : 총 마찰손실수두

(Fitting류 손실 : $f\dfrac{V2}{2g}$, 배관손실 : $f\dfrac{L}{D}\dfrac{V2}{2g}$, 확관류 손실 : $f(\dfrac{(V_1 - V_2)}{2g})$)

H_V : 속도수두($V^2/2g$)

문제 07 지하수 오염의 특성

정답

1. 개요

지하수 오염(Groundwater Pollution)이란 사업활동이나 인간활동에 의해 지하 환경 내로 유입된 오염물질의 농도가 인간의 건강이나 주변 환경에 피해를 미치는 경우를 의미

2. 지하수 오염 유발물질 오염원

① 석유류 제조 및 제조시설　　　　　　② 유독물 저장 및 제조시설
③ 불량 매립지　　　　　　　　　　　　④ 산업시설
⑤ 군사관련지역 : 폐유 및 폐장비 저장소 등　⑥ 폐광산
⑦ 화학물질 수송관 등　　　　　　　　　⑧ 하수시설
⑨ 농업활동　　　　　　　　　　　　　⑩ 독성물질 운송 중 전복사고

3. 지하수 오염의 특징

① 다른 환경오염과 다르게 쉽게 눈에 보이지 않는다는 잠재성 내포
② 상당히 진전될 때까지 인식하기 어렵다.
③ 오염행위와 피해발생 간에 상당한 시차 발생하고 장기간 영향 줌
④ 한 번 오염되고 나면 개선이 어려움
⑤ 대기나 수질오염에 비해 더 많은 시간과 비용이 소요됨

문제 08 남조류 독성

정답

1. 개요

국내 주요 수계에서 우점하는 대표적인 남조류는 Microcystis이며 이에 함유된 독성물질이 Microcystin이다.

2. 인체 영향

① 간질환을 일으키는 물질, 화학적으로는 매우 안정
② 간세포에 침투해 세포골격을 붕괴시키고 연이어 혈관 세포도 사멸에 이르게 함

3. Microcystin 종류

① 구조는 7종의 아미노산으로 이루어진 펩타이드로 구성

② 아미노산의 차이나 메틸기의 유무에 따라 50종 이상 알려짐

③ 주요한 것은 검출형태로 Microcystin-LR, RR, YR 등이 주요한 것임

④ LR에 비해 RR의 독성이 약함

⑤ Mouse를 이용한 Bioassay Test에서 LD_{50}는 Microcystin-LR, YR는 약 $70\mu g/k$ Microcystin-RR은 $600\mu g/kg$으로 조사됨

⑥ 환경부에서는 Microcystin-LR을 감시항목으로 지정 관리함(2013년)

   * 권고기순 : 국제적으로 독성값이 확립된 Microcystin-LR의 국내 설정인자 및 먹는물을 통한 섭취율 (WHO 준용)을 적용하여 1μg/L로 설정함

문제 09 호소 퇴적물 인의 용출 원인

정답

1. 인의 형태와 용출 원인

① 인은 생물에 인산염 형태로 흡수되고 수중에 존재하는 다양한 무기, 유기인 화합물에서 약 80% 이상이 유기인 형태로 존재

② 퇴적물에 있어서 인은 표면의 산화된 AL, Fe, Mn 등과 금속 복합물 형태로 존재하고 퇴적물이 환원상태이거나 인이 유기물과 화합물을 형성할 경우 유출된다.

$$Fe^{3+} + PO_4^3 \quad \longrightarrow \quad FePO_4(s)$$
$$Fe(OH)_3 + nPO_4^3 \longrightarrow Fe(OH)_3\, PO_4^{3-}{}_n \text{ 호기성 상태}$$
$$FePO_4(s) + e \quad \longrightarrow \quad Fe^{2+} + PO_4^{3-} \text{ 혐기성 상태}$$

2. 용출 영향인자

① pH의 영향

   pH 8 이하 인산염과 금속염의 강한 결합하고 더 높은 pH에서는 OH^-기가 인산염과 교환되어 용출이 높아짐

② 온도에 의한 영향

   온도가 높을수록 용출이 높음(박테리아 활동도 증가로 추정)

③ DO 농도 관련

   DO 농도가 낮은 곳에서 용출이 더 잘됨

3. 용출방지기법

① 황토와 질산칼륨 혼합물의 살포

② Dilution & Flushing

③ Phosphorus Inactivation : 퇴적물에 알루미늄염 첨가로 인의 고정화

④ Hypolimnetic Withdrawal : 정체층 방류

⑤ Artificial Circulation − 성층현상 방지

문제 10 Water Footprint

정답

1. 정의

제품의 생산·사용·폐기 전 과정에서 얼마나 많은 물을 쓰는지 나타내는 환경 관련 지표다. 네덜란드 트벤테 대학의 아르옌 훅스트라(Arjen Hoekstra) 교수가 고안했다.

2. 물자국 평가 개념

① 공정, 제품, 생산자나 소비자의 물 발자국을 계량화하고 정확한 발생지점을 파악하거나 또는 특정 지리적 영역 내 물자국의 공간과 시간을 계량화

② 발자국의 환경적, 사회적, 경제적 지속 가능성 평가

③ 대응 전략의 수립을 모두 포괄하는 행동을 말함

3. 물자국 평가의 4단계

4단계를 모두 포함할 필요는 없으며 사용자의 의도에 맞게 일부 단계만 실시할 수 있다.

단계	설명
1. 목표와 범위 설정	• 물 발자국 평가는 다양한 목적을 갖고 실시됨 • 따라서 사용자의 의도에 맞게 목표와 범위를 명확히 설정
2. 물 발자국 회계	• 어떤 데이터가 수집되고 어떤 해석이 도출되었는지 확인하는 단계 • 범위 및 상세함의 정도는 이전 단계의 결정에 좌우됨
3. 물 발자국 지속 가능성 평가	환경적, 사회적, 경제적 관점에서 물 발자국 평가
4. 물 발자국의 대응 수립	선택적 대응방안, 전략 또는 정책의 수립

문제 11 EIA(Effective Impervious Area)와 TIA(Total Impervious Area)

정답

1. 개요
불투수면(Impervious Area)은 일반적으로 도로, 주차장, 보도, 지붕 및 기타 도시경관에서 물이 잘 침투하지 않는 공간 면으로 정의할 수 있다.

2. 불투수면의 종류
1) EIA
① 불투수면 중 유출수가 곧바로 배수제계로 연결되어 수계에 직접적인 영향을 미치는 불투수면을 유효 불투수면(EIA ; Effective Impervious Area)으로 구분한다.
② 유효불투수면에는 도로면, 도로와 연결된 진입로, 도로경계석에 인접한 보도, 수리적으로 도로와 연결된 지붕면, 도로경계석이나 하수관거와 수리적으로 연결된 지붕면, 주차장 등이 포함된다.
③ 일반적으로 도시유역의 유효 불투수면은 총 불투수면보다 적은 면적을 차지하지만 고도로 발달된 도시일수록 총 불투수면에 근사한 값을 갖는 경향이 있다.
2) TIA
① 불투수면적을 녹지가 아닌 지역의 면적 합을 산정한 면적으로 불투수면이 수계에 직접적인 영향을 주는지 여부와 관계없이 해당 노면의 침투특성만을 고려함
③ 도시의 불투수면은 지붕면과 도로, 주차장과 같은 교통 관련 시설이 주를 이루는 도시발달 특성과 밀접한 관계를 갖는다.

문제 12 생태하천 복원 후 수질 및 수생태계 모니터링 항목 및 조사주기

정답

조사항목		세부항목	조사주기
수리수문		유속, 수심, 유량, 강수량	연 2회(장마 전후)
화학	수질	수온, BOD, COD, DO, SS, pH, TN, TP 등	계절별
생물 다양성	식물상, 곤충류, 양서 · 파충류, 포유류, 조류	종조성, 우점종 등	연 2회 (장마 전후)
수생 태계 건강성	부착돌말류, 저서성 대형 무척추동물, 어류	종조성, 우점종, 지수 등	연 1회 (5월 혹은 9월)
	서식수변환경	자연적 종횡사주, 하도정비 및 하도특성의 자연도 정도, 유속다양성, 하천변 폭, 저수로 하안공, 제방하안 재료, 저질상태, 횡구조물, 제외지 토지이용, 제내지 토지이용	연 1회 (5월 혹은 9월)

문제 13 수질 및 수생태계 목표기준 평가규정

정답

1. 목적

이 규정은 「수질 및 수생태계 보전에 관한 법률」 제10조의2 제3항 및 같은 법 시행규칙 제25조 제4항에 따른 목표기준의 달성 여부 등에 대한 평가 방법 및 절차에 관하여 필요한 사항을 정함을 목적으로 한다.

2. 평가대상 및 항목

1) 평가 대상은 환경부장관이 고시한 「중권역별 수질 및 수생태계 목표기준과 달성기간」의 하천 및 호소 지점으로 한다.

2) 평가항목은 환경기준 중 다음 각 호와 같다.
   ① 사람의 건강보호기준 전체 항목
   ② 생활환경기준 중 생물화학적 산소요구량(BOD), 총유기탄소량(TOC) 및 총인(T-P) 항목

3. 평가자료

1) 하천의 수질평가 자료는 수질측정망의 중권역 대표지점별 수질측정 보고자료의 산술평균값으로 한다. 다만, 접경지역 등 불가피한 사유로 동 지점의 수질 오염도를 측정하지 아니하였을 경우에는 인접지점으로 한다.

2) 호소의 수질평가는 수질측정망 중 해당 호소 내 모든 측정지점의 연간산술 평균값으로 한다.

3) 연간산술 평균값 산정 시 다음 각 호의 어느 하나에 해당하는 자료는 제외한다.
   ① 자연재해 또는 인근지역 공사 등으로 인해 한시적으로 유난히 높거나 낮게 나타난 특이측정값
   ② 연간 275일 이상 유지되는 저수위보다 낮은 수위에서 측정된 하천의 수질오염도. 다만, 수질 및 유량을 동시에 측정하는 지점에 한한다.

4. 평가방법

1) 사람의 건강보호기준에 따른 항목은 하천 및 호소지점의 개별 항목의 연간산술평균값 중 하나 이상의 항목이 해당 목표기준을 초과하는 경우에는 해당 지점을 미달성으로 평가한다.

2) 생활환경기준항목은 하천 및 호소 지점의 개별 항목의 연간산술평균값을 환경기준의 생활환경기준 등급으로 구분하여 항목별로 각각 평가한다.

3) 하천지점의 생활환경기준 목표기준 달성 여부 확인은 생물화학적 산소요구량(BOD)과 총인(T-P)으로, 호소지점에서는 총유기탄소량(TOC)과 총인(T-P)으로 한다.

4) 생활환경기준 항목 평가 결과를 근거로 물환경관리기본계획의 좋은 물 목표비율 달성 정도를 평가한다.

문제 01 완충저류시설 설치기준에 대하여 설명하시오.

정답

1. 개요

완충저류시설은 강우유출수를 저류하여 침전 등에 의하여 비점오염물질을 줄이고 급격한 유량 증가에 대하여도 유출량에 대하여 완충효과도 있는 자연형 비점오염원 저감시설 중 하나이다.

2. 공통사항

1) 비점오염저감시설을 설치하려는 경우에는 설치지역의 유역 특성, 토지이용의 특성, 지역사회의 수인가능성(불쾌감, 선호도 등), 비용의 적정성, 유지·관리의 용이성, 안정성 등을 종합적으로 고려하여 가장 적합한 시설을 설치한다.

2) 시설을 설치한 후 처리효과를 확인하기 위한 시료채취나 유량 측정이 가능한 구조로 설치하여야 한다.

3) 침수를 방지할 수 있도록 구조물을 배치하는 등 시설의 안정성을 확보한다.

4) 강우가 설계유량 이상으로 유입되는 것에 대비하여 우회시설을 설치하여야 한다.

5) 비점오염저감시설이 설치되는 지역의 지형적 특성, 기상 조건, 그 밖에 천재지변이나 화재, 돌발적인 사고 등 불가항력의 사유로 법적 시설 유형별 기준을 준수하기 어렵다고 유역환경청장 또는 지방환경청장이 인정하는 경우에는 기준보다 완화된 기준을 적용할 수 있다.

6) 비점오염저감시설은 시설 유형별로 적절한 체류시간을 갖도록 하여야 한다.

7) 비점오염저감시설의 설계규모 및 용량은 다음의 기준에 따라 초기 우수를 충분히 처리할 수 있도록 설계하여야 한다.

① 해당 지역의 강우빈도 및 유출수량, 오염도 분석 등을 통하여 설계규모 및 용량을 결정하여야 한다.

② 해당 지역의 강우량을 누적유출고로 환산하여 최소 5밀리미터 이상의 강우량을 처리할 수 있도록 하여야 한다.

③ 처리 대상 면적은 주요 비점오염물질이 배출되는 토지이용면적 등을 대상으로 한다. 다만, 비점오염저감계획에 비점오염저감시설 외의 비점오염저감대책이 포함되어 있는 경우에는 그에 상응하는 규모나 용량은 제외할 수 있다.

3. 완충저류시설 설치기준

1) 자연형 저류지는 지반을 절토·성토하여 설치하는 등 사면의 안전도와 누수를 방지하기 위하여 제반 토목공사 기준을 따라 조성하여야 한다.

2) 저류지 계획최대수위를 고려하여 제방의 여유고가 0.6미터 이상이 되도록 설계하여야 한다.

3) 강우유출수가 유입되거나 유출될 때에 시설의 침식이 일어나지 아니하도록 유입·유출구 아래에 웅덩이를 설치하거나 사석을 깔아야 한다.

4) 저류지의 호안은 침식되지 아니하도록 식생 등의 방법으로 사면을 보호하여야 한다.

5) 처리효율을 높이기 위하여 길이 대 폭의 비율은 1.5 : 1 이상이 되도록 하여야 한다.

6) 저류시설에 물이 항상 있는 연못 등의 저류지에서는 조류 및 박테리아 등의 미생물에 의하여 용해성 수질오염물질을 효과적으로 제거될 수 있도록 하여야 한다.

7) 수위가 변동하는 저류지에서는 침전효율을 높이기 위하여 유출수가 수위별로 유출될 수 있도록 하고 유출지점에서 소류력이 작아지도록 설계한다.

8) 저류지의 부유물질이 저류지 밖으로 유출되지 아니하도록 여과망, 여과쇄석 등을 설치하여야 한다.

9) 저류지는 퇴적토 및 침전물의 준설이 쉬운 구조로 하며, 준설을 위한 장비 진입도로 등을 만들어야 한다.

문제 02 다음을 설명하시오.

1) 혐기성 처리를 위한 조건   2) 유기물의 혐기성 분해과정과 단계
3) 혐기성 처리의 장점과 단점

정답

1. 개요

혐기성 폐수처리는 세포합성에 필요한 탄소와 에너지를 유기물질로부터 획득하고, 발효에 의하여 ATP를 생산하거나, 분자 내에 결합된 산소를 산화제로 이용하는 혐기성 종속계 세균의 물질대사를 이용하는 방법이다. 유기물질 제거원리는 호기성 방법과 비슷하지만, 산소공급을 받지 않으며 반응 최종물질로서 메탄가스, 이산화탄소, 암모늄, 황화수소 등이 방출된다.

2. 혐기성 처리를 위한 조건

1) 유기물 농도
농도가 높아야 하고 탄수화물보다는 단백질, 지방이 많을수록 좋다.

2) 혐기성 미생물에 필요한 무기성 이온이 충분해야 한다.

① 여러 영양소(C, N, O, H, P, S 등) 필요(보통 N과 P가 중요)

② 보통 C/N 비율(BOD/NH−N)은 20 : 1 또는 30 : 1이 좋다.

3) 알칼리도가 적정하여야 한다.

pH가 6.2 이하로 떨어지지 않도록 충분한 알칼리 확보가 필요하며 일반적으로 HCO_3^- 알칼리도를 2,500~5,000mg/L 유지하는 것이 바람직함

4) 온도는 비교적 높은 것이 좋다.

고온소화(55~60℃) 중온소화(36℃ 전후)

5) 독성 물질이 없어야 한다.

독성 물질 : 알칼리성 양이온, 암모니아, 황화합물, 독성유기물, 중금속

3. 유기물 분해과정과 단계

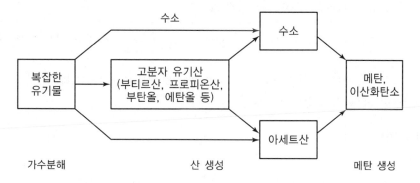

1) 가수분해(Hydrolysis)

① 복합 유기물 → Longchain acid, 유기산, 당 및 아미노산 등으로 발효

② 결국 Propionic, Butyric, Valeric acids 등과 같은 더 작은 산으로 변화 → 이 상태가 산 생성단계

2) Acid Fermentation(산 발효)

① 산 생성 Bacteria는 임의성 혐기성균, 통성혐기성균 또는 두 가지가 동시 존재

② 산 생성 박테리아에 의해 유기산 생성공정에서 CH_3COOH, H_2, CO_2 생성

• H_2는 산 생성 Bacteria 억제자 역할

• H_2는 Fermentative bacteria와 H_2−producing bacteria 및 Acetogenic bacteria (H_2−utilizing bacteria)에 의해 생성

• CH_3COOH는 H_2−Consuming bacteria 및 Acetogenic bacteria에 의해 생성

- 또한 H_2는 몇몇 bacteria의 에너지원이고 축적된 유기산을 $CO_2 \uparrow$, CH_4로 전환시키면서 급속히 분해한다.
- H_2 분압이 $10^{-4}atm$이 넘으면 CH_4 생성이 억제되고 유기산 농도 증가
- 수소분압 유지 필요($10^{-4}atm$ 이하) → 공정지표로 활용

3) 메탄발효단계

$$4H_2 + CO_2 \rightarrow CH_4 + 2H_2O$$
$$CH_3COOH \rightarrow CH_4 + CO_2$$

① 유기물 안정화는 초산이 메탄으로 전환되는 메탄생성과정 중 일어남
② 생성 CO_2는 가스상태 또는 중탄산 알칼리로도 전환
③ Formic Acid Acetic Acid Methanol 그리고 수소 등이 다양한 메탄 생성균의 주된 에너지원임

④ 반응식(McCarty에 의하면 체류시간 20일)

$$C_{10}H_{19}O_3N \rightarrow 5.78CH_4 + 2.47CO_2 + 0.19C_5H_7O_2N + 0.81NH_4 + 0.81HCO_3^-$$

210g의 하수슬러지에서 5.78mols(129liter) 메탄과 0.19mols(21.5g) 미생물, 0.81mols (40.5g as $CaCO_3$) 알칼리도 생성

4. 혐기성 처리의 장단점

1) 장점
① 폭기가 필요하지 않기 때문에 동력 손실이 작고 공간의 효율성이 높다.
② 미생물 균체량이 적고 반응속도가 느려 슬러지 발생량이 적다.
③ 폐기물의 처리와 동시에 새로운 에너지원이 창출된다.
④ 영양염류의 사용량이 매우 줄어든다.
⑤ 최종처리 슬러지의 탈수성이 양호하다.
⑥ 병원성 미생물의 사멸된다.

2) 단점
① 호기성 처리와 비교하여 반응속도가 느리기 때문에 큰 용적의 장치가 필요하여 초기 투자 비용이 높다.
② 혐기성 미생물의 적정 생장온도(35℃, 55℃)에 맞는 가온 및 냉각장치가 필요하므로 시설비 및 유지관리비가 소요된다.

문제 03 다음을 설명하시오.

1) 염소처리의 목적
2) 유리잔류염소
3) 결합잔류염소
4) 유리잔류염소와 결합잔류염소의 살균력

정답

1. 개요

염소처리란 염소 또는 염소 화합물이 가진 산화력이나 살균력을 이용하여 물속의 오염물질을 산화, 분해하거나 미생물의 생존을 저지하는 처리과정을 말한다.

2. 염소처리의 목적

염소는 보통 소독 목적으로 여과 후에 주입하지만, 소독이나 살조작용과 함께 강력한 산화력이 있기 때문에 오염된 원수에 대하여 정수처리대책으로 전염소처리 또는 중간염소처리로 여러 가지 목적을 이룬다.

① 소독

② 세균 제거 : 원수 중의 일반세균이 1mL 중 5,000 CFU 이상 혹은 대장균군(MPN)이 100mL 중 2,500 이상 존재하는 경우에 여과 전에 세균을 감소시켜 안전성을 높여야 하고 또 침전지나 여과지의 내부를 위생적으로 유지목적으로 사용한다.

③ 생물처리 : 조류, 소형 동물, 철박테리아 등이 다수 생식하고 있는 경우에는 이들을 사멸시키고 또한 정수시설 내에서 번식하는 것을 방지한다.

④ 철과 망간의 제거 : 원수 중에 철과 망간이 용존하여 후염소 처리 시 탁도나 색도를 증가시키는 경우 불용성 산화물로 변환하여 제거

⑤ 암모니아성 질소와 유기물 등의 처리 : 암모니아성 질소, 아질산성 질소, 황화수소, 페놀류, 기타 유기물 등을 산화

⑥ 맛과 냄새의 제거 : 황화수소, 하수의 냄새, 조류 등의 냄새 등을 제거하는 데 효과적이다.

3. 유리잔류염소

$HOCl$과 OCl^- 염소는 물에 용해되면 물과 반응하여 차아염소산($HOCl$)과 염산으로 되며 차아염소산은 그 일부가 차아염소산이온(OCl^-)과 수소이온으로 해리된다. 이 반응은 가역적이며 물의 pH나 수온에 따라 변한다. 차아염소산과 차아염소산이온을 유리염소 또는 유리잔류염소라고 한다.

4. 결합잔류염소

모노클로라민(NH_2Cl), 디클로라민($NHCl_2$) 및 트리클로라민(NCl_3) 등 염소는 수중의 암모니아 화합물과 반응하여 클로라민을 생성한다. 클로라민은 반응진행 정도 및 pH에 따라 모노클로라민(NH_2Cl), 디클로라민($NHCl_2$) 및 트리클로라민(NCl_3)으로 존재한다. 모노클로라민과 디클로라민을 결합염소 또는 결합잔류염소라 한다.

5. 유리잔류염소와 결합잔류염소의 살균력

① 유리잔류염소가 결합잔류염소보다 살균력이 좋음
② 가장 좋은 조건하에서 동일한 접촉시간으로 동등한 소독효과를 달성하기 위해 결합잔류염소는 유리잔류염소의 25배의 양 필요
③ 동일한 양을 사용하여 동등한 효과를 위해서는 약 100배의 접촉시간이 필요함

문제 04 상수원 수질보전을 위해 지정된 특별대책지역을 제시하고 특별종합대책 기본방침을 설명하시오.

정답

1. 개요

특별대책지역이란 환경오염·환경훼손 또는 자연생태계의 변화가 현저하거나 현저하게 될 우려가 있는 지역과 환경기준을 자주 초과하는 지역을 환경부장관이 환경정책기본법에 의거 지정 고시한 지역을 말한다.

2. 지정된 특별대책 지역

1) 팔당호 상수원 수질보전 특별대책지역

행정구역	특별대책지역 Ⅰ권역	특별대책지역 Ⅱ권역
경기도 5시 2군 61 읍·면·동	남양주시 : 화도읍(가곡리를 제외한 전역), 조안면	남양주시 : 화도읍(가곡리), 수동면
	여주시 : 능서면(구양리, 번도리, 내양리, 백석리, 왕대리), 흥천면, 금사면, 대신면, 산북면	여주시 : 능서면(구양리, 번도리, 내양리, 백석리, 왕대리를 제외한 전역)
	광주시 : 도척면 방도 2리를 제외한 전역	광주시 : 도척면(방도 2리)
	가평군 : 설악면(천안 1리, 방일리, 가일리), 청평면(하천리, 청평리, 대성리, 삼회리)	가평군 : 설악면(사룡리, 선촌리, 신천리, 회곡리, 천안 2리, 이천리), 청평면(호명리, 고성리), 하면(대보 2리), 상면(항사리, 덕현리, 임초 1리)

가

가

가

가

행정구역	특별대책지역 Ⅰ권역	특별대책지역 Ⅱ권역
경기도 5시 2군 61 읍·면·동	양평군 : 양평읍, 강상면, 강하면, 양서면, 옥천면, 서종면, 개군면	양평군 : 용문면, 청운면(여물리, 비룡리) 단월면(향소리, 부안리, 덕수리, 보룡리, 봉상리, 삼가리), 지평면(송현리, 월산리, 지평리, 망미리, 대평리, 곡수리, 수곡리, 옥현리)
	용인시 : 모현면	용인시 : 마평동, 운학동, 호동, 해곡동, 김량장동, 남동, 유방동, 고림동, 삼가동, 역북동, 양지면, 포곡읍
		이전시 : 장전동, 중리동, 관고동, 안흥동, 갈산동, 증포동, 송정동, 증일동, 율현동, 진리동, 사음동, 단월동, 장록동, 고담동, 대포동, 부발읍(가좌리, 신하리, 마암리, 무촌리, 신원리, 대관리, 죽당리, 산촌리, 아미리, 고백리), 신둔면, 호법면, 마장면, 백사면, 모가면(신갈리)

2) 대청호 상수원 수질보전 특별대책지역

행정구역	특별대책지역 Ⅰ권역	특별대책지역 Ⅱ권역
대전광역시 1구	동구 : 추동, 비룡동, 주산동, 용계동, 마산동, 효평동, 직동, 신하동, 신상동, 사성동, 오동, 세천동, 내탑동, 신촌동, 주촌동 ※비룡동 및 세천동 중 대청호 수계바깥지역은 제외	
충청북도 1시 2군11개 읍·면	청주시 : 문의면[남계리, 등동리 일부 (무심천수계)를 제외한 전역]	
	보은군 : 회남면, 회인면(갈티리를 제외한 전역)	
	옥천군 : 안남면, 안내면(오덕리를 제외한 전역), 군북면(이백리, 자모리, 증약리를 제외한 전역)	옥천군 : 옥천읍, 군서면, 이원면, 동이면, 청성면(능월리, 도장리를 제외한 전역), 군북면(이백리, 자모리, 증약리)

비고 : 팔당·대청호 상수원 수질보전 특별대책지역 중 토지이용규제기본법 제8조에 따른 지형도면 고시대상은 다음 표와 같다.

가

가

가

가

구분	행정구역	특별대책지역 Ⅰ권역	특별대책지역 Ⅱ권역
팔당호	경기도	광주시 도척면(방도 2리를 제외한 전역)	광주시 도척면(방도 2리)
		가평군 설악면(천안 1리)	**가평군** : 설악면(천안 2리), 하면(대보 2리), 상면(임초 1리)
대청호	대전광역시	**동구** : 비룡동 및 세천동 일부(대청호 특별대책지역 내 수계 바깥지역을 제외한 지역)	
	충청북도	**청주시** : 문의면 등동리 일부(무심천수계)를 제외한 전역	

3. 특별종합대책 기본방침

① 특별대책은 팔당 · 대청호의 수질을 매우 좋음(Ⅰa) 등급 수질로 개선 · 유지하는 것을 목표로 한다.

② 상수원수질에 영향을 크게 미치는 시설은 상수원 보전의 측면에서 특별관리하며, 재산권행사의 제한을 최소화한다.

③ 특별대책의 구체적 집행계획은 지역주민의 의사를 반영하여 관할 광역시장 또는 도지사가 수립할 수 있다.

④ 특별대책의 추진과 관계되는 사항에 대하여 관할 광역시장 또는 도지사의 요청을 받은 관계 부처의 장은 이를 우선적으로 정책 및 예산에 반영한다.

문제 05 하·폐수처리장 에너지 자립화를 향상시키기 위한 기법 및 장치가 많이 도입되고 있는 추세인데, A2O(Anaerobic – Anoxic – Oxic)로 운영되는 생물반응조 내에서의 운영비 저감기법과 장치에 대하여 설명하시오

정답

1. 개요

환경부는 2010년 하수처리시설이에 고효율 에너지 설비, 재생에너지이용 설비 등을 설치해 2030년까지 3단계에 걸쳐 에너지 자립을 50% 달성 등의 내용을 골자로 하는 "하수처리시설 에너지 자립화 기본계획"을 확정 발표했다.

하수처리시설은 하수처리과정에서 소화가스, 소수력, 하수열 등을 이용할 수 있을 뿐만 아니라 하수처리시설의 넓은 부지를 이용하여 태양광, 풍력발전이 가능하다. 이에 따라 환경부는 소화가스, 소수발전, 에너지절감 설비, 태양광, 풍력발전설비를 도입해 에너지 자립률을 2015년 18%에 이어 2020년 30%, 2030년까지 50%까지 끌어 올린다는 방침이다.

2. 추진배경

1) 하수처리시설의 높은 에너지 소비량에 대한 대책 마련 필요

① 하수 수집 및 처리과정에서 다량의 에너지 소비
하수처리장 사용전력은 연간 총전력의 0.5% 차지, 공공하수설비 에너지 자립률은 0.8% 불과(환경부 2010년 발표자료)

② 하수도사업이 시설확충과 처리효율 높이기 위한 신기술 도입에만 집중하였으나 에너지 효율성에 대한 고려 미흡

2) 에너지 다소비 시설에서 재생산 시설로의 패러다임 전환 필요

① 하수처리과정(소화가스, 소수력 발전, 하수열) 및 입지특성(풍력, 태양광 발전)상 풍부한 에너지 잠재력 보유

② 하수처리시설의 기능 확대 요구에 따른 저탄소, 녹색성장 및 기후변화에 대비한 에너지 자립화 및 온실가스 감축 필요

3) 하수처리시설을 저탄소, 녹색성장의 성장동력으로 활용

① 에너지 절감을 위한 고효율 기기, 설비 도입, 신재생에너지 시설 확대 등의 녹색기술 도입 활성화

② 한국형 하수처리시설 에너지 자립화 프로젝트를 통한 국내 물산업 경쟁력 제고

3. 생물반응조 내에서의 운영비 저감기법과 장치

대구 서부하수처리장 A₂O공법 반응조의 개선사례

1) 혐기/무산소조

① 기계식 수중축류교반방식의 수중형 포기기 11kW 96대를 입축프로펠러형 타입의 교반 기 1.5kW 168대로 교체

② 외부반송펌프 22kW, 30kW 각각 16대에 인버터 설치를 통한 운전 효율 향상

2) 호기조

① 기계식 수중축류 포기방식의 수중포기기 15kW 48 대, 22kW 48대를 초미세기포 판형 산기장치로 개체

② 내부반송펌프 30kW 48대에 인버터 설치를 통한 운전 효율 향상

상기 개선을 통해서 개선전 55,269Mwh/년에서 28,141Mwh/년으로 절감량 약 47 % 효과 를 얻음

3) 기타 방법

상기 방법 외에 호기조 포기용량 설정 최적화, 반응조 내 풍량제어 밸브 도입, 인버터형 터보 블로워(Turbo Blower) 도입, 저동력·무동력 교반기 도입을 통해서 에너지를 절감할 수 있 을 것이다.

문제 06 생태계 서비스(Ecosystem Services)에 대하여 설명하시오.

정답

1. 생태적 서비스의 개념

① 생태계 서비스는 인간사회와 생태계를 연결하고 자연에 대한 인간의 의존성과 환경에 대한 인간의 영향이 증가하고 있음을 나타내기 위해 도입된 개념으로 다음 표와 같이 기존의 문헌 에서 다양하게 정의한다.

② 생태계 서비스의 개념적 체계에서 생물다양성과 생태계는 고유 가치를 가지고 있으며 사람 들의 의사결정을 할 때 고유 가치와 인간 행복을 동시에 고려한다는 것을 인정하고 인간과 생 태계 사이의 동적인 상호작용을 가정한다.

③ 이처럼 우리 생활의 거의 모든 분야에 관련된다고 할 수 있는 생태계서비스는 지원 서비스 (Supporting Service), 공급 서비스(Provisioning Service), 조절 서비스(Regulating Service), 문화 서비스(Cultural Service)로 나뉜다. 이들 서비스는 대개 어느 한 가지만이

아니라 여러 서비스가 복합적으로 인간의 삶에 영향을 미친다.

구분	정의	차이점
Daily(1997)	생태계와 생물종이 인간의 삶을 이루고, 살아가게 하고, 충족시키는 것	상태와 과정, 실제 생활지원 기능
Constanza et al(1997)	인간이 생태계 기능으로부터 직접 또는 간접적으로 얻는 혜택	생태계 기능에서 나온 상품과 서비스, 인간에 의해 이용
MA(2005)	인간이 생태계로부터 얻는 혜택	대대적인 혜택
Boyd and Banzhaf(2007)	생태구성요소가 직접 소비되거나 즐겨 인간복지에 기여하는 것	• 생태적 구성요소가 혜택을 만들도록 도움을 주는 것 • 서비스와 혜택은 다름
Fisher et al (2009)	인간 삶의 질 향상에 이용되는 생태계 측면(능동적 또는 수동적)	인간에 의해 직간접으로 소비/이용되는 생태계 구조 및 과정과 기능

2. 생태서비스의 분류

1) 공급서비스

자연생태계가 생물학적 유전자원의 다양성을 통해 인간에게 영향을 미치는 공급 서비스로 식량, 섬유, 생화학물질, 천연약재 및 의약품, 장식용 자원, 담수 등을 통해 얻을 수 있는 서비스이다.

2) 조절 서비스

① 자연 및 반자연이 가지고 있는 생태계의 역할과 관련하여 생물·지리화학적 순환(Bio-geochemical Cycles)과 생태계를 조절하는 서비스이다.

② 생태계 건강성을 유지하는 것을 포함하여 조절 서비스는 인간에게 직·간접적 영향을 끼치고 있다.

3) 문화 서비스

영적인 충족, 인지 발달, 반성, 레크리에이션, 미적 체험 등을 통해 생태계로부터 얻는 비물질적인 편익을 말한다.

4) 지지 서비스

① 부양 서비스는 생태계 서비스의 다른 범주들이 제공되기 위해 필요한 것이다.

② 공급, 조절, 문화적 범주의 서비스들이 변화할 때 사람들에게 비교적 직접적이고 단기간의 영향을 주는 데 반해, 지지 서비스의 경우 사람에게 주는 영향이 간접적이고 장기간에 걸쳐 일어난다는 점에서 차이점이 있다.

▼ 주요 생태계 서비스 분류체계 비교

do Groot et al.(2002)		Costanza et al.(1997)	MA(2005)	
생산 기능	식료품	식료품 생산	식료품	공급 서비스
	원료	원료 공급	연료재	
	장식(Ornamental) 자원		식이섬유	
	의약품자원		담수	
			생화학물질	
	유전자원	유전자원	유전자원	
조절 기능	가스조절	가스조절	대기정화	조절 서비스
	물조절	물조절	물조절	
	물공급	물공급		
	폐기물 처리	폐기물 처리	수질정화 및 폐기물 처리	
	기후조절	기후조절	기후조절	
	수분	수분	수분	
	외부로부터의 교란조절	외부로부터의 교란조절	폭풍우로부터 보호	
	생물학적 조절	생물학적 조절	생물학적 조절	
서식처 기능	동식물 서식처 제공	피난처(서식처)		
	양식(Reproduction) 기능			
조절 기능	토양 유지		침식 조절	지지 서비스
			(인간)질병 조절	
	토양 형성	토양 형성	토양 형성	
		침식방지 침전물 보유		
	영양분 순환	영양분 순환	영양분 순환	
			일차적 생산	
정보 기능	문화/예술 정보	문화	문화적 유산	문화 서비스
			예술적 영감	
	영적/역사적 정보		영적/종교적 가치	
	과학/교육		교육	
			공간적 안정감	
	휴양	휴양	휴양/생태관광	
	경관미적 정보		경관미	

＊ 주 : 경우에 따라서는 정확하게 일대일 대응이 아닐 수도 있으며, 서비스 범주 간의 경계도 명확하지 않음에 유의한다. 예를 들어 토양침식조절(Erosion Control)은 그 영향의 시간적, 공간적 범위에 따라 조절서비스로도 지지서비스로도 분류가 가능하다.

＊자료 : Costanza et al.(1997) ; de Groot et al.(2002) ; MA(2005)에서 저자 재구성

3. 생태계 서비스의 환경정책 적용

① 생태계 서비스 평가와 가치를 알기 위해 일관되고 통합된 접근방법은 아직 없으며 실증자료 는 여전히 부족함. 이들 공백을 메우기 위한 자연보전, 자연자원관리 그리고 공공정책의 다 른 영역에서의 논의들이 바뀌고 있다.

② 널리 인식되는 바는 자연보전과 보전관리전략은 '환경'과 '개발' 간의 균형을 반드시 두지는 않음. 보전, 복원 및 지속 가능한 생태계 이용 측면의 투자가 상당한 생태적, 사회적, 경제적 혜택을 생성하고 있다.

③ '생태계 서비스 접근방법'의 잠재적 인식으로부터 파생되는 여러 이슈들은 환경관리와 관련 된 정책결정에서의 우선순위를 변경힌다.

④ 많은 부분에서 성과가 있지만 서비스, 혜택, 가치의 핵심개념과 유형분류가 널리 개발될 필 요가 있다.

⑤ 비록 많은 도전과제들이 남아있지만 생태계 서비스의 개념은 의사결정의 모든 차원에서 곧 환경계획과 관리에서 주류가 될 것이다.

문제 01 비점오염저감시설의 용량산정에 대한 다음을 설명하시오.

1) Water Quality Volume(WQ_V)
2) Water Quality Flow(WQ_F)
3) 비점오염처리시설별 적용 규모 설계기준

정답

1. 개요

   ① 비점오염저감시설의 규모와 용량을 결정할 때는 시설이 과대해지지 않도록 유역의 유량 및 오염부하 등 다양한 기초조사를 통해 최적의 시설 규모를 산정하는 것이 바람직하다.

   ② 대상유역의 적정 강우사상에 대한 수문곡선과 오염곡선을 이용하여 수질이 건기상태로 회복되는 시점까지의 유량으로 규모를 결정하는 것이 좋다.

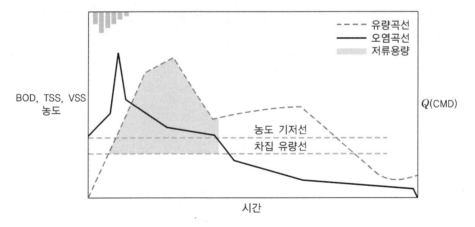

2. Water Quality Volume(WQ_V)

   ① 규모결정에 있어서 위의 방법과 더불어 해당 지역의 강우빈도 및 유출수량 및 오염도 분석에 따른 비용효과적인 삭감목표량 및 기타 규정 등에 따라 설계 강우량을 설정할 수 있으나 배수구역의 누출유출고를 환산하여 최소 5mm 이상 강우를 처리할 수 규모에 합치하여 한다. 이것이 Water Quality Volume이다.

② WQ$_V$는 전체 처리용량에 기준을 둔다.

(산정식) WQ$_V$=Water Quality Volume

$$WQ_V = P1 \times A \times 10^{-3}$$

여기서, WQ$_v$: 수질처리용량(m^3)

P1 : 설계강우량으로부터 환산된 누적 유출고(mm)

A : 배수면적(m^2)

3. Water Quality Flow(WQ$_F$)

① 수질처리유량은 합리식을 이용하여 산정

② 기준강도는 최근 10년 이상의 시간강우자료 이용

③ 연간 누적발생빈도 80%에 해당되는 강우강도 사용

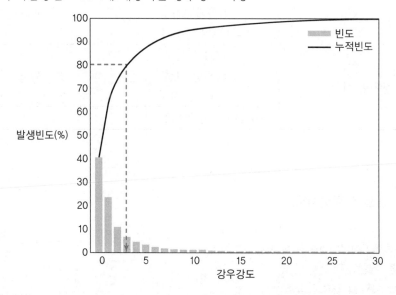

$$WQ_F = C \times I \times A \times 10^{-3}$$

여기서, C : 처리대상지역의 유출계수

I : 기준강우강도(mm/h)

A : 배수면적(m^2)

4. 비점오염처리시설별 적용 규모 설계기준

비점오염저감시설 구분		규모 설계기준
저류시설	저류지 지하저류조	WQv
인공습지	인공습지	
침투시설	유공포장(투수성 포장) 침투저류지 침투도랑	
식생형 시설	식생여과대 식생수로	WQ_F
	식생체류지 식물재배화분 나무여과상자	WQv
장치형 시설	여과형 시설 와류형 시설 스크린형 시설	WQ_F
	응집·침전 처리형 시설	−

문제 02 다음을 설명하시오.

1) 호소 조류의 일반적 세포 구성성분과 조류의 특성
2) 조류 성장 제한인자
3) 부영양화 방지 및 관리기법

정답

1. 개요

① 조류는 단세포 또는 다세포의 무기영양 광합성 원생생물이다.

② 조류는 수많은 세포특성을 포함하고 있어 그 분류가 복잡하며 세포성질, 세포형태, 엽록소 형태, 보조색소, 세포벽, 편모 수, 생식 구조, 생활형태 또는 서식지 등 분류를 위한 기준도 매우 다양하다. 이 중 가장 쉽게 구분 가능한 기준인 세포 성질을 기준으로 할 경우 조류는 녹조류, 규조류에서 부터 홍조류까지 7종류로 구분 가능하며 분류 외이긴 하나 원핵성 조류 로 남조류가 존재한다.

③ 우리나라 호소에서는 계절별 일사량과 수온 등의 영향을 받아 늦가을에서 봄까지는 규조류, 봄에서 초여름까지는 녹조류, 그리고 초여름에서 가을까지는 남조류가 주로 성장한다.

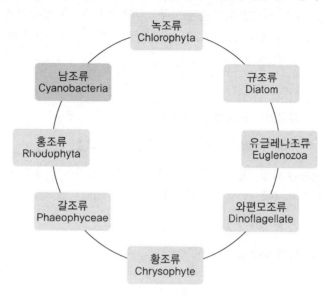

2. 호소 조류의 일반적 세포 구성성분과 조류의 특성

1) 구성성분

조류는 광합성 색소로서 엽록소a(Chlorophyll a)를 가지고 있으며, 부가적으로 카로티노이드나 엽록소 b 또는 c를 가지고 있어 물색을 나타낸다. 광합성 및 호흡의 생화학적 반응은 아래와 같다.

① 광합성 : $HCO_3^- + H_2O \xrightarrow{\text{빛}} (CH_2O) + O_2 + OH^-$

② 호 흡 : $CH_2O + O_2 \rightarrow CO_2 + H_2O$

2) 특성

① 먹이사슬의 1차 생산자로 수생태계 유지의 중요한 역할
② 햇빛을 이용해 성장(광합성)
③ 햇빛, 수온, 영양물질(질소, 인), 체류시간 등의 환경 조건에 의해 성장과 사멸을 반복
④ 남조류의 경우 일부는 냄새나 독소를 배출
⑤ **포자형성** : 주위 환경이 불리한 경우 포자 형성 후, 개선 후 다시 증식
⑥ **군체형성** : 점액성 물질에 둘러싸여 군체를 형성하거나 길게 직렬로 연결된 군체를 형성하여 포식자로부터 섭식을 방해

3. 조류의 성장 제한인자

1) 영양염류 질소(N), 인(P)
조류 성장에 필수적인 영양염류가 충분히 공급되고 다른 조건이 충족되면 급격히 번식한다. 대부분 수체에 질소 농도가 높고 일부는 대기로부터 질소를 고정하기 때문에 인(P) 농도가 성장제한 요인성이 더 큰 경우도 있다.

2) 유기물농도(C)
유기물농도 역시 제한인자로 작용할 수 있다.

3) 미량원소
Fe 등 미량원소는 광합성, 질소고정, 에너지 이동 등 생명활동에 필수적인 미량원소이며 기타 필수 미량원소의 부족 시 성장 제한된다.

4) 빛
일사량의 증가는 광합성에 유리

5) 수온
수온 상승은 특히 남조류 성장에 유리한 조건 형성

6) 유량(유속)과 체류시간
유량의 증가는 수체의 수직 혼합을 촉진하여 표층 번식을 막고, 흐름이 빠르면 유하시간의 짧아지므로 조류성장의 시간을 단축시켜 조류발생 저감

7) 수심
수심이 깊은 곳에서는 광합성 저하로 성장속도 느림

4. 부영양화 방지 및 관리기법

1) 방지방안
호수 유입수에 대하여
① 하수의 고도처리
② 비점오염원의 감소
③ 우회관로 설치
④ 오염된 하천수의 처리
⑤ 오염된 하천의 준설

2) 관리방안

　부영화가 일어난 호소에 대하여

　　① **물리적 대책** : 준설, Flushing, 심수층 폭기, 심수층 배제, 퇴적물 피복 등

　　② **화학적 대책** : 응집처리에 의한 인의 배제

　　　　　　　　　퇴적물 산화 : 퇴적층에 산소 공급 등

　　③ **생물학적 대책** : 초어에 의한 플랑크톤 제거

　　④ **식물학적 대책** : 부레옥잠 등 수생식물에 의한 호수정화 등

문제 03 수질오염총량관리에 대하여 다음을 설명하시오.

> 1) 도입 배경
> 2) 총량관리에서 분류하고 있는 6가지 오염원 그룹
> 3) 할당부하량 산정에 이용되는 기준유량인 저수량

정답

1. 총량제의 개념

오염총량 관리란 해당 구역 내에서 배출되는 오염물질의 총량을 목표수질을 달성할 수 있는 허용부하량 이내로 관리하는 제도를 말한다.

2. 총량제 도입배경

1) 도시화, 산업화에 따른 배출허용기준의 제도적 한계성

2) 배출농도 규제방식으론 4대강 수질 개선이 어려워 총량관리를 도입하게 됨

3. 총량제의 도입 의의

① 개발과 환경보전을 함께 고려함으로써 지속 가능한 개발을 유도

② 과학적 · 공학적 수질관리를 통하여 환경규제의 효율성을 제고

　• 불필요한 규제를 줄임

　• 총량제 시행지역에 대한 건축면적 규제 등 합리적 조정 가능

③ 지자체별, 오염자별 책임을 명확히 하여 광역수계의 수질을 효율적으로 관리

④ 상하류 유역 구성원의 참여와 협력을 바탕으로 유역의 효율적 수질관리

⑤ 물관리 정책과 개발사업에 대한 사전협의 환경영향평가 등 유관정책의 실질적 연계관리를 통한 환경정책의 효율성 증대

⑥ 오염물질의 허용총량범위 안에서 지역개발을 허용함으로써 수질보전과 지역개발이라는 2가지 목표를 조화롭게 달성할 수 있는 제도

4. 총량관리에서 분류하고 있는 6가지 오염원 그룹

오염원 그룹	점오염원	비점오염원
생활계	가. **개별 배출수** : 생활하수가 환경기초시설로 유입되지 않는 구역의 가정 및 영업장으로부터 공공수역으로 배출되는 생활계 배출수 나. **환경기초시설 방류수** : 공공수역으로 방류되는 환경기초시설의 생활계 방류수 다. 생활계 관거누수 및 미처리배제수	가. 생활계 관거월류수
축산계	가. **개별 배출수** : 개별 축사로부터 처리 또는 미처리되어 공공수역으로 배출되는 폐수 성상의 축산계 배출수 나. **환경기초시설 방류수** : 공공수역으로 방류되는 환경기초시설의 축산계 방류수 다. 축산계 관거누수 및 미처리배제수	가. **개별 배출수** : 개별 축사로부터 자원화 처리 또는 미처리되어 농지에 살포된 후 주로 강우에 의존하여 배출되는 고형물 성상의 축산계 배출수 나. 축산계 관거월류수
산업계	가. **개별 배출수** : 개별 배출시설로부터 처리되어 공공수역으로 배출되는 산업계 배출수 나. **환경기초시설 방류수** : 공공수역으로 방류되는 환경기초시설의 산업계 방류수 다. 산업계 관거누수 및 미처리배제수	가. 산업계 관거월류수
토지계	가. **환경기초시설 방류수** : 공공수역으로 방류되는 환경기초시설의 토지계 방류수 나. 토지계 관거누수 및 미처리배제수	가. **개별 배출수** : 환경기초시설로 연결된 관거로 유입되지 않는 구역의 토지계 배출수 나. 토지계 관거월류수
양식계	가. **개별 배출수** : 개별 양식장으로부터 처리 또는 미처리되어 공공수역으로 배출되는 양식계 배출수 나. **환경기초시설 방류수** : 공공수역으로 방류되는 환경기초시설의 양식계 방류수 다. 양식계 관거누수 및 미처리배제수	가. 양식계 관거월류수

오염원 그룹	점오염원	비점오염원
매립계	가. **개별 배출수** : 개별 침출수처리시설로부터 처리되어 공공수역으로 배출되는 매립계 배출수 나. **환경기초시설 방류수** : 공공수역으로 방류되는 환경기초시설의 매립계 방류수 다. 매립계 관거누수 및 미처리배제수	가. **개별 배출수** : 침출수처리시설을 갖추지 않은 비위생매립지로부터 공공수역으로 배출되는 매립계 배출수 나. 매립계 관거월류수

5. 할당부하량 산정에 이용되는 기준유량인 저수량

1) 저수량과 기준유량의 개념

① 연간관측된 이수 측면의 유황곡선을 이용하여 연간 275일을 이용할 수 있는 유량을 말함

② 기준유량은 총량관리단위유역 기준 배출부하량 산정의 기준이 되는 유량을 말함

③ 오염총량관리목표는 기준유량 조건에서 목표수질을 달성·유지할 수 있도록 할당된 오염물질의 배출부하량 준수로 한다.

2) 기준유량(저수량)의 적용

① 총량관리단위유역의 기준유량은 최근 10년간 평균 저수량을 적용

② 다만, 댐 건설 등과 같은 인위적 요인으로 유량이 급격히 변화된 경우에는 오염총량관리조사·연구반의 검토를 받고 이를 기준유량에 반영할 수 있음

3) 기준유량(저수량)의 산정방법

① 기준유량에 대한 자료가 확보되지 않았을 경우에는 가장 인접한 하류지점에서 하천법에 따라 조사된 수문자료

② 또는, 하천기본계획상의 하천유수 이용현황과 하천유지유량자료의 취수량과 회귀수량을 고려하여 기준유량 산정 가능

문제 04 하수관거 설계에 관한 다음을 설명하시오.

1) 분류식 및 합류식 하수관거의 적정 설계 유속 범위
2) 설계유속 확보대책

정답

1. 개요

관로시설은 관거, 맨홀, 펌프장, 우수토실, 토구, 물받이(오수, 우수 및 집수받이) 및 연결관 등을 포함한 시설의 총칭이며, 주택, 상업 및 공업지역 등에서 배출되는 오수나 우수를 모아서 처리시설 또는 방류수역까지 이송 또는 유출시키는 역할을 한다.

하수관거 내 유속이 느리면 관거 바닥에 침전물이 많이 퇴적되어 준설 등으로 유지관리비가 증가하고 반대로 유속이 너무 빠르면 관내에 유입된 모래와 자갈 등으로 관마찰과 마모 및 손상이 심해져 관거의 내용 연수를 줄여 비경제적이므로 적정 유속을 사용해야 한다.

2. 분류식 및 합류식 하수관거의 적정 설계 유속 범위

① 분류식 관거 수는 보통의 계획시간 최대오수량에 대해 유속을 최소 0.6m/초, 최대 3.0m/초
② 합류식 하수관거 : 우수관거 및 합류관거는 계획우수량에 대해 유속을 최소 0.8m/초, 최대 3.0m/초
③ 이상적인 유속은 1.0~1.8m/초이다.

3. 관거의 경사

① 평탄지 : 관경을 mm로 표시하여 그 역수를 경사로 함
② 적당한 경사의 토지 : 평탄지의 1.5배
③ 급경사의 토지 : 평탄지의 2.0배
④ 관거의 동수경사는 동수경사선과 지반 높이와의 차를 0.5m 이상 유지시킴

4. 최소관경

배수면적이 작아지면 계획하수량도 적게 되어 작은 관경으로도 충분히 배수할 수 있으나 너무 작으면 배수설비의 연결이 곤란하고 관거 내에 토사나 오물이 퇴적할 경우 청소 등 유지작업에 불편을 주므로 경험상 최소관경으로 제한하고 있음

① 오수관거 : 최소관경 250mm(단, 국지적으로 장래에 하수량이 증가되지 않는 경우 150mm도 가능함)
② 우수관거 및 합류식 관거 : 300mm

5. 매설깊이

관거의 최소 흙 두께는 원칙적으로 1m로 하나, 연결관, 노면하중, 노반 두께 및 다른 매설물의 관계, 동결심도, 기타 도로점용조건을 고려하여 적절한 두께로 한다.

6. 설계유속 확보대책

① 합류식의 경우 분류식으로 개보수하여 유속 확보

② 합류식 경우 복단면 적용

라이닝용 튜브를 이용하여 하수관거의 단면을 홍수배제능력에 문제가 없도록 축소시켜 하수유속을 증가

③ 중계펌프장 설치

최소 유속 미확보 구간은 중간에 중계 펌프장을 설치하여 관거의 구배를 상향시켜 유속을 확보하고, 관내 퇴적을 방지한다.

문제 05 생물막법(生物膜法, Biomembrane)의 기본원리 및 장단점에 대하여 설명하시오.

정답

1. 생물막법 원리

생물막법은 생물반응조와 분리막을 결합하여 2차 침전지 및 3차 처리 여과시설을 대체하는 시설로서, 생물학적 처리의 경우는 통상적인 활성슬러지법과 원리가 동일하며, 2차 침전지를 설치하지 않고 호기조 내부 또는 외부에 부착한 정밀여과막(MF) 또는 한외여과막(UF)에 의해 고액분리되는 원리를 이용한 방법이다.

막을 이용하기 때문에 처리수 중의 대부분의 입자 성분이 제거되므로 매우 낮은 농도의 BOD, SS, 탁도의 유출수가 생산된다. 또 종래 2차 침전지의 경우는 고액분리의 한계로 인해 생물반응조의 MLSS 농도를 4,000mg/l 이상에서의 관리가 어려웠으나 막을 이용함으로써 미생물농도로서의 MLSS를 8,000~12,000mg/l 정도의 고농도로 유지가 가능하여, 짧아진 수리학적 체류시간으로 부지가 적게 소요된다.

2. 생물막법의 종류

생물막법은 다음 그림과 같이 크게 가압식과 침지식으로 분류

침지식은 생물반응조 내 분리막을 침지하는 방식과 별도의 분리막조에 분리막을 침지하는 방식이 있다.

가압식의 경우 지상에 분리막을 설치하며, 높은 투과율(Flux)에 의하여 적은 분리막 수량이 소

요되고 지상 설치에 따른 유지관리가 용이하나, 높은 동력비가 소요되는 단점이 있다. 침지식의 경우 흡입식으로 적은 동력이 소요되는 장점이 있으나, 가압식에 비해 낮은 막투과율로 많은 분리막 수량이 필요하며, 수중에 침지되어 유지관리가 다소 불편한 점이 있다.

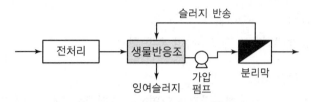

∥ 가압식 막결합형 생물반응조 ∥

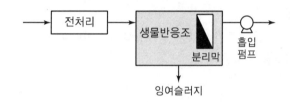

∥ 침지식 막결합형 생물반응조(생물반응조 분리막 침지) ∥

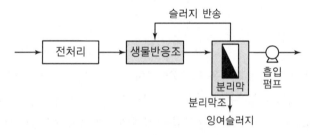

∥ 침지식 막결합형 생물반응조(분리막조 분리) ∥

3. 장단점

장점	단점
• 높은 용적부하에 따른 짧은 수리학적 체류시간	• 주기적인 약품세정 등의 막오염 조절 필요
• 적은 소요부지	• 높은 에너지 비용
• 긴 SRT에 의한 높은 질소제거효율 및 적은 슬러지 발생량	• 고가의 분리막 비용 및 주기적인 막 교체에 의한 비용 발생
• 긴 SRT에서 질산화와 탈질이 동시에 가능한 낮은 DO농도에서의 운전능력	• 고유량 유입 시 미처리 하수가 발생할 수 있으며, 합류식 하수배제방식에 적용 곤란
• 탁도, BOD, SS, 박테리아가 낮은 농도의 처리수 생산	

문제 06 하수처리장에서의 병합 혐기성 소화 처리에 대하여 다음을 설명하시오.

1) 하수슬러지와 유기성 폐기물(음식물 폐기물, 가축분뇨, 분뇨 등)의 특성
2) 병합처리 시 나타나는 문제점 및 대책

정답

1. 개요

2010 전국 폐기물 발생 및 처리현황 통계자료에 따르면 국내에서 발생되는 유기성 폐기물의 발생 현황은 음식물폐기물이 41%로 가장 많이 자지하고, 사업계 폐기물의 경우 폐수처리오니가 23.4%로 가장 많이 차지하는 것으로 나타났다.

분뇨와 축산분뇨의 경우에는 발생량이 폐기물이 아닌 수질오염물질 배출량 통계로 관리되고 있으며, 가축분뇨의 경우 135,653m³/일이며, 분뇨처리 오니는 485m³/일 배출되는 것으로 조사되었다.

총 유기성 폐기물 배출량은 33,268.8 톤/일과 136,138m³/일이며, 국내 유기성 폐기물 종류별 발생 현황은 다음 표와 같다.

구 분	폐기물 종류	발생량
사업계	폐수처리오니[1]	7,779.5톤/일
	공정 오니[1]	939 톤/일
	정수처리오니[1]	335.9톤/일
	동식물성 잔재물[1]	3,005.1톤/일
	가축분뇨[2]	135,653m³/일
생활계	하수처리오니[1]	7,538톤/일
	음식물폐기물[1]	13,671.3톤/일
	분뇨처리오니[3]	484.7m³/일

1) 2010 전국폐기물 발생 및 처리현황(환경부)
2) 환경통계연감 2010(환경부)
3) 2010 하수도 통계(환경부)

2. 하수슬러지와 유기성 폐기물(음식물 폐기물, 가축분뇨, 분뇨 등)의 특성

기존 자료에 따르면(국립환경과학원, 2004), 유기성 폐기물의 함수율은 동식물성 잔재물이 69.04%로 가장 낮으며, 이외의 폐기물은 70~80%의 범위이며, 건량 기준 유기물 함량은 대부분의 폐기물이 70~80%의 범위인 것으로 연구결과가 보고되고 있다.
유기성 폐기물의 일반 성상은 다음 표와 같다.

| 구 분 | 삼성분(%) | | | | pH (1 : 2.5) |
| | 수분 | 가연분 | | 회분 W.B. | |
		W.B.	D.B.		
폐수처리오니	80.80	11.34	59.05	7.86	4.36
동식물성 잔재물	69.04	21.53	79.16	8.06	6.15
가축분뇨	77.50	15.90	69.91	6.57	7.92
하수처리오니	79.49	9.20	45.1	11.20	7.10
음식물 폐기물	79.92	14.89	78.16	5.16	4.35
분뇨처리오니	77.0	14.02	62.0	8.98	6.11

「유기성 폐기물 종합관리기술 구축 I, 국립환경과학원, 2004」

원소함량 분석치는 다음과 같다.

구분	C	H	O	N	S	C/N비
음식물류 폐기물	47.0	7.0	26.4	3.9	0.0	12.1
가축분뇨	40.4	5.3	21.0	3.0	0.0	13.5
하수슬러지	34.9	5.5	16.3	6.7	0.3	5.2

출처 : 유기성 폐자원의 바이오가스화를 위한 적정 운영방안 연구, 환경부, 2012.

원소함량 분석 결과를 바탕으로 대상 유기성 폐자원들의 C/N 비를 분석해보면, 가축분뇨가 13.5로 가장 높고 하수슬러지가 5.2로 가장 낮으며 음식물류 폐기물은 12.1로 분석되었다. 배재근(2008)은 메탄 발효 시 잉여 질소분이 발생하면 휘발성 지방산이 증가하여 발효조 내의 pH가 저하되고 반대로 질소분이 너무 적으면 메탄 생성 세균의 증식을 저해하여 유기물 부하의 상승과 함께 발효가 정지될 수 있다고 연구하였으며, Weiland(2010)는 암모니아 축적으로 인한 불완전 혐기소화를 막기 위해서는 10~30 범위의 C/N 비가 적절하다고 보고하였다. 따라서 대상 유기성 폐자원 중 음식물류폐기물, 가축분뇨물은 혐기소화에 유리한 C/N 비를 가짐이 파악되었고 하수슬러지는 혐기소화에 불리한 C/N 비를 가지는 것으로 분석되었다.

3. 병합처리 시 나타나는 문제점 및 대책

1) 병합비율

병합 혐기소화에 의한 메탄가스 발생량을 비교 분석한 결과, 음식물류 폐기물 처리장에서는 다른 유기성 폐자원의 투입 종류에 따른 메탄가스 발생량의 변화가 작은 반면 하수슬러지 및 가축분뇨 처리장에서는 메탄가스 발생량 증대를 위해서는 병합소화가 필수적인 것으로 판단된다. 또한 유기성 폐기물 처리 현장에서는 투입원료의 무게 기준(Wet Base)으로 병합비율을 결정하는 것이 일반적이지만 메탄가스 발생량을 예측하고 그에 따른 적절한 병합비율을 결정하기 위해서는 VS 기준의 병합비율을 적용하여 적정의 비율을 선정해야 한다.

2) 전처리공정의 설치

① 음식물 직접 유입 경우 파봉, 파쇄, 선별, 미파쇄, 중력선별장치, 탈수장치 등 필요
② 가축분뇨 액상상의 협잡물 선별장치가 필요하다.

3) 소화공정에서 후처리에 대한 대책

공정 중에 발생하는 협잡물, 소화액 처리에 대한 대책 수립이 필요하다.

4) 악취대책

① 민원 1순위이다.
② 반드시 시설의 밀폐에 의하여 환기, 배기, 탈취의 개념 도입이 필요하다.

5) 바이오 가스에 대한 이용 방안 검토

열 이용, 전기 이용으로 구분하여 이에 대한 방안의 검토가 필요하다.

수질관리기술사
제110회 | **4교시**

문제 01 다음을 설명하시오.

1) 인공습지의 정의
2) 인공습지의 주요 물질 거동 기작
3) 인공습지의 식생분류
4) 수문학적 흐름 형태에 따른 유형분류와 정의

정답

1. 개요

습지란 영구적 또는 일시적으로 물을 담고 있는 땅으로 물이 고이는 과정을 통해 다양한 생명체를 키움으로써 생산과 소비의 균형을 갖춘 하나의 생태계이다.

2. 인공습지의 정의

1) 습지는 자연습지와 인공습지로 대별

2) 자연습지는 호수, 연못, 혹은 홍수터 등을 포함

3) 인공습지는 조성 목적에 따라

① 식생정화용 습지
- 수질정화를 위하여 인위적으로 조성한 습지
- 흐름형태에 따라 자유흐름형, 지하흐름형, 상하흐름형이 있다.

② 저류형 습지
홍수터 부지를 홍수조절 및 저류공간으로 확보하여 평상시에는 서식처로 활용하고 홍수시에는 홍수터로 재해 예방 가능

3. 주요물질 거동기작

1) 부유물질의 제거기작
대부분 기질층에 의한 여과작용

2) 유기물의 제거기작
입자상 유기물은 침전 여과 biofilm에의 흡착, 응집/침전 등의 물리적 작용에 의해 습지 내에 저장, 이후 가수분해에 의해 용존성 유기물로 전환되어 생물학적 분해(호기성, 통성 혐기성, 혐기성 분해) 및 변환으로 제거

3) 질소의 제거기작
   ① 유기질소가 암모니아 질소로 변환된 후 질산화 미생물에 의한 질산화 및 탈질 미생물에 의한 탈질화
   ② 식물에 의한 질소의 흡수
   ③ 암모니아의 휘발과정으로 제거
      상기기작 중 미생물에 의한 탈질과정이 주요기작임

4) 인의 제거기작
   ① 습지식물에 의한 흡수
   ② 미생물의 고성화에 의한 유기퇴적층의 형성
   ③ 수체 내에서의 침전물 형성
   ④ 토양 내의 침전작용

   대부분 ③, ④가 주요 기능이며, 인의 완전한 제거는 식물의 제거나 침전층의 준설로만 가능함

5) 병원균의 제거
   자연적 사멸, 침전, 온도효과, 여과, 자외선 효과 등

6) 중금속의 제거
   토양, 침전물 등에 흡착, 불용성 염으로 침전, 미생물, 식물 등에 의해 제거

4. 인공습지의 식생분류

1) 침수식물
   습지 바닥에 뿌리를 내리고 식물체 전체가 물 속에 잠긴 채 생활(예 붕어마름, 거머리말 등)

2) 부수식물
   뿌리를 비롯한 몸 전체가 물 위에 떠서 생활(예 좀개구리밥, 네가래 등)

3) 부엽식물
   부수식물과 비슷하게 보이나 줄기가 길어서 뿌리를 습지 바닥에 내리고 있다. 대개 물 속에 잠기는 잎(수중엽)과 물 위로 뜨는 잎(부엽)의 형태가 다른 두 종류의 잎을 갖는다.((예 노랑어리연꽃, 수련 등)

4) 정수식물
   저토에 뿌리를 내리고 몸체를 물 위로 드러내는 형태로 생활하며, 수생식물의 4 분류군 중 종수가 가장 풍부하다.(예 애기부들, 골풀, 물억새, 곡정초류 등)

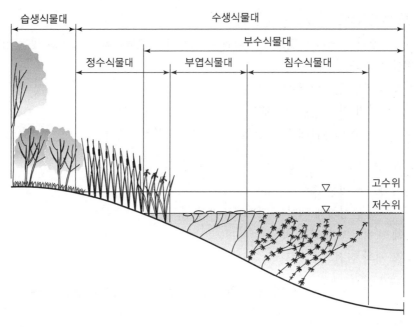

┃ 수생식물의 생활형 ┃

5. 흐름에 따른 분류

1) 자유흐름형

① 유입수의 저류공간과 접촉을 막기 위한 제방으로 구성

② 정수식물이 흐르는 수심 0.2~0.6m 정도의 식재구간과 수심이 다소 깊어 정수식물이 자라지 않는 1.0~1.2m 구간 구성

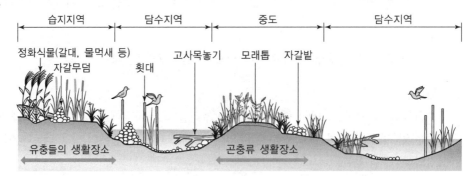

2) 지하흐름형

지면이 물에 잠기지 않으며 땅속에 도랑이나 침투가 용이한 바닥층을 설치하여 자갈이나 굵은 모래 속으로 유입수가 침투되어 정화되며 표토에 습지식물을 식재

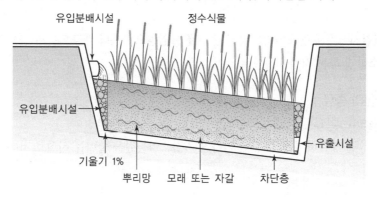

3) 상하흐름형

유입수가 자연정화능력이 있는 토양, 식물 또는 미생물층을 상하흐름식으로 통과하여 오수의 처리나 비점오염원 제거에 효과적

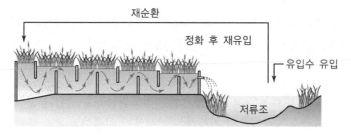

문제 02 비점오염 저감시설 중 자연형 시설 설치기준을 설명하시오.

정답

1. 개요
비점오염저감시설은 수질오염방지시설 중 비점오염원으로부터 배출되는 수질오염물질을 제거하거나 감소하게 하는 시설을 말한다.

2. 자연형 시설의 종류
1) 저류시설

강우유출수를 저류하여 침전 등에 의하여 비점오염물질을 줄이는 시설로 저류지 · 연못 등을 포함

2) 인공습지

침전, 여과, 흡착, 미생물 분해, 식생 식물에 의한 정화 등 자연상태의 습지가 보유하고 있는 정화능력을 인위적으로 향상시켜 비점오염물질을 줄이는 시설

3) 침투시설

강우유출수를 지하로 침투시켜 토양의 여과 · 흡착 작용에 따라 비점오염물질을 줄이는 시설로서 유공포장, 침투조, 침투저류지, 침투도랑 등을 포함

4) 식생형 시설

토양의 여과 · 흡착 및 식물의 흡착작용으로 비점오염물질을 줄임과 동시에, 동 · 식물 서식공간을 제공하면서 녹지경관으로 기능하는 시설로서 식생여과대와 식생수로 등을 포함

3. 설치기준 공통사항
1) 비점오염저감시설을 설치하려는 경우에는 설치지역의 유역 특성, 토지이용의 특성, 지역사회의 수인가능성(불쾌감, 선호도 등), 비용의 적정성, 유지 · 관리의 용이성, 안정성 등을 종합적으로 고려하여 가장 적합한 시설을 설치
2) 시설을 설치한 후 처리효과를 확인하기 위한 시료채취나 유량 측정이 가능한 구조로 설치
3) 침수를 방지할 수 있도록 구조물을 배치하는 등 시설의 안정성을 확보
4) 강우가 설계유량 이상으로 유입되는 것에 대비하여 우회시설을 설치
5) 비점오염저감시설이 설치되는 지역의 지형적 특성, 기상 조건, 그 밖의 천재지변이나 화재, 돌발적인 사고 등 불가항력의 사유로 시설 유형별 기준을 준수하기 어렵다고 유역환경청장 또는 지방환경청장이 인정하는 경우에는 기준보다 완화된 기준을 적용할 수 있다.
6) 비점오염저감시설은 시설 유형별로 적절한 체류시간을 갖도록 한다.

7) 비점오염저감시설의 설계규모 및 용량은 다음의 기준에 따라 초기 우수를 충분히 처리할 수 있도록 설계하여야 한다.

① 해당 지역의 강우빈도 및 유출수량, 오염도 분석 등을 통하여 설계규모 및 용량을 결정하여야 한다.

② 해당 지역의 강우량을 누적유출고로 환산하여 최소 5밀리미터 이상의 강우량을 처리할 수 있도록 하여야 한다.

③ 처리 대상 면적은 주요 비점오염물질이 배출되는 토지이용면적 등을 대상으로 한다. 다만, 비점오염저감계획에 비점오염저감시설 외의 비점오염저감대책이 포함되어 있는 경우에는 그에 상응하는 규모나 용량은 제외할 수 있다.

4. 시설유형별 설치기준

1) 저류시설

① 자연형 저류지는 지반을 절토·성토하여 설치하는 등 사면의 안전도와 누수를 방지하기 위하여 제반 토목공사 기준을 따라 조성하여야 한다.

② 저류지 계획최대수위를 고려하여 제방의 여유고가 0.6미터 이상이 되도록 설계하여야 한다.

③ 강우유출수가 유입되거나 유출될 때에 시설의 침식이 일어나지 아니하도록 유입·유출구 아래에 웅덩이를 설치하거나 사석을 깔아야 한다.

④ 저류지의 호안은 침식되지 아니하도록 식생 등의 방법으로 사면을 보호하여야 한다.

⑤ 처리효율을 높이기 위하여 길이 대 폭의 비율은 1.5 : 1 이상이 되도록 하여야 한다.

⑥ 저류시설에 물이 항상 있는 연못 등의 저류지에서는 조류 및 박테리아 등의 미생물에 의하여 용해성 수질오염물질이 효과적으로 제거될 수 있도록 하여야 한다.

⑦ 수위가 변동하는 저류지에서는 침전효율을 높이기 위하여 유출수가 수위별로 유출될 수 있도록 하고 유출지점에서 소류력이 작아지도록 설계한다.

⑧ 저류지의 부유물질이 저류지 밖으로 유출되지 아니하도록 여과망, 여과쇄석 등을 설치하여야 한다.

⑨ 저류지는 퇴적토 및 침전물의 준설이 쉬운 구조로 하며, 준설을 위한 장비 진입도로 등을 만들어야 한다.

2) 인공습지

① 인공습지의 유입구에서 유출구까지의 유로는 최대한 길게 하고, 길이 대 폭의 비율은 2 : 1 이상으로 한다.

② 다양한 생태환경을 조성하기 위하여 인공습지 전체 면적 중 50퍼센트는 얕은 습지(0~0.3미터), 30퍼센트는 깊은 습지(0.3~1.0미터), 20퍼센트는 깊은 못(1~2미터)으로 구성한다.

③ 유입부에서 유출부까지의 경사는 0.5퍼센트 이상 1.0퍼센트 이하의 범위를 초과하지 아니하도록 한다.

④ 물이 습지의 표면 전체에 분포할 수 있도록 적당한 수심을 유지하고, 물 이동이 원활하도록 습지의 형상 등을 설계하며, 유량과 수위를 정기적으로 점검한다.

⑤ 습지는 생태계의 상호작용 및 먹이사슬로 수질정화가 촉진되도록 정수식물, 침수식물, 부엽식물 등의 수생식물과 조류, 박테리아 등의 미생물, 소형 어패류 등의 수중생태계를 조성하여야 한다.

⑥ 습지에는 물이 연중 항상 있을 수 있도록 유량공급대책을 마련하여야 한다.

⑦ 생물의 서식 공간을 창출하기 위하여 5종부터 7종까지의 다양한 식물을 심어 생물다양성을 증가시킨다.

⑧ 부유성 물질이 습지에서 최종 방류되기 전에 하류수역으로 유출되지 아니하도록 출구 부분에 자갈쇄석, 여과망 등을 설치한다.

3) 침투시설

① 침전물로 인하여 토양의 공극이 막히지 아니하는 구조로 설계한다.

② 침투시설 하층 토양의 침투율은 시간당 13밀리미터 이상이어야 하며, 동절기에 동결로 기능이 저하되지 아니하는 지역에 설치한다.

③ 지하수 오염을 방지하기 위하여 최고 지하수위 또는 기반암으로부터 수직으로 최소 1.2미터 이상의 거리를 두도록 한다.

④ 침투도랑, 침투저류조는 초과유량의 우회시설을 설치한다.

⑤ 침투저류조 등은 비상시 배수를 위하여 암거 등 비상배수시설을 설치한다.

4) 식생형 시설

길이 방향의 경사를 5퍼센트 이하로 한다.

문제 03 슬러지 반송이 있는 연속류식 완전혼합형 활성슬러지법의 유기물 제거원리를 설명하시오.

정답

1. 개요

하수에 공기를 불어넣고 교반시키면 각종의 미생물이 하수 중의 유기물을 이용하여 증식하고 응집성의 플록을 형성한다. 이것이 활성슬러지라 불리는 것인데 세균류, 원생동물, 후생동물 등의 미생물 및 비생물성의 무기물과 유기물 등으로 구성된다.

활성슬러지를 산소와 함께 혼합하면 하수 중의 유기물은 활성슬러지에 흡착되어 활성슬러지를 형성하는 미생물군의 대사기능에 따라 슬러지 체류시간(SRT) 동안 산화 또는 동화되며 그 일부는 활성슬러지로 전환된다. 활성슬러지법에서는 공기를 불어넣거나 기계적인 수면 교반 등에 의해 반응조 내에 산소를 공급하며 이때 발생하는 반응조 내의 수류에 의해 활성슬러지가 부유상태로 유지된다. 반응조로부터 유출된 활성슬러지 혼합액은 그림과 같이 2차 침전지에서 중력침전에 의해 고액 분리되고 상징수는 처리수로서 방류된다. 침전·농축된 활성슬러지는 반응조에 반송되고 하수와 혼합되어 다시 하수처리에 이용됨과 동시에 일부는 잉여슬러지로서 처리된다. 즉, 활성슬러지법에 의한 하수 중의 오탁물질 제거과정은 활성슬러지 미생물에 의한 반응조에서의 오탁물질 제거(흡착·산화·동화)와 2차 침전지에서의 활성슬러지 고액분리로 요약될 수 있다.

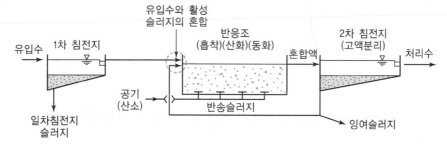

2. 활성슬러지의 정화기능

활성슬러지의 정화기능은 크게 다음의 6가지로 대별될 수 있다. 이 중 유기물 제거를 위해서는 ①~③의 기능이 중요하고, 영양염류인 질소 및 인 제거를 위해서는 ④~⑥의 기능이 중요하다.

① 활성슬러지에 의한 유기물의 흡착 및 섭취

② 섭취된 유기물의 산화 및 동화작용

③ 활성슬러지 플록의 양호한 고액분리

④ 질산화

⑤ 탈질산화

⑥ 생물학적 인 제거

3. 유기물 제거원리

① 활성슬러지에 의한 유기물의 흡착

30~60분 내에 흡착 평형 도달

기체와 액체, 고체와 액체 등 서로 다른 계면에서는 물질이 물리적 · 화학적으로 농축되는 경향이 있으며, 이 현상을 일반적으로 흡착이라 부른다. 활성슬러지에 의한 유기물의 흡착은 활성슬러지의 표면에 유기물이 농축되는 현상이다.

하수와 활성슬러지는 혼합하여 포기시키면, 하수로부터 C-BOD로서 표현되는 유기물이 제거된다. 하수로부터의 유기물 제거량과 활성슬러지가 이용하는 산소량의 시간적인 변화 관계를 그려보면 그림과 같다. 즉, 하수 중의 유기물은 활성슬러지와 접촉하면 단시간에 대부분이 제거된다. 이러한 현상을 초기흡착이라 한다. 초기흡착에 의해 제거된 유기물은 가수분해를 거쳐 미생물 체내로 섭취되어 산화 및 동화된다. 따라서 활성슬러지의 산소이용량은 외관상으로는 유기물 제거량과 관계없고, 산화 및 동화가 진행되는 시간까지의 포기시간에 비례하여 증가하게 된다. 하수의 유기물과 그 제거량이 증가하는 만큼 산소소비량이 증가한다.

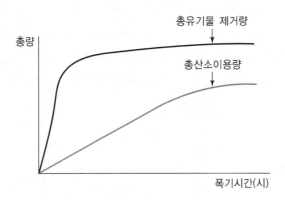

┃ 하수에서의 유기물 제거량과 활성슬러지의 산소이용량의 시간적 변화 ┃

② 섭취된 유기물의 산화 및 동화

활성슬러지에 흡착된 유기물은 미생물의 영양원으로 이용되며, 다음과 같이 산화와 동화에 이용된다.

흡착된 유기물 ┌ 산화에 의한 분해(에너지 생산)
　　　　　　　└ 동화에 의한 합성(세포 합성)

산화는 생체의 유지, 세포합성 등에 필요한 에너지를 얻기 위하여 흡착된 유기물을 분해하는 것으로서 식 (1)과 같이 그 관계를 나타낼 수 있다.

$$C_xH_yO_z + (x + \frac{y}{4})O_2 \rightarrow xCO_2 + \frac{y}{2}H_2O + \text{energy} \cdots\cdots\cdots (1)$$

또한, 동화는 산화에 의해 얻어진 에너지를 이용하여 유기물을 새로운 세포물질로 합성하는 것(활성슬러지의 증식)으로서 아래와 같이 그 관계를 나타낼 수 있다.

$$nC_xH_yO_z + nNH_3 + n(x + \frac{y}{4} - \frac{z}{2} - 5)O_2 + energy$$

$$\rightarrow (C_5H_7NO_2) + n(x - 5)CO_2 + \frac{n}{2}(y - 4)H_2O$$

③ 활성슬러지 플록의 양호한 고액분리

침전지에서 슬러지와 중력침전에 의해 고액 분리되고 상징수는 처리수로 방류된다. 침전, 농축된 활성슬러지는 반응조에 반송되고 히수와 혼합되이 다시 하수처리에 이용됨과 동시에 일부는 잉여슬러지로 처리된다.

문제 04 공공수역의 수질예보에 대하여 설명하시오.

정답

1. 정의

수질예보란 수치모델링을 이용하여 기상 및 오염원의 변화에 따른 장래의 수질변화를 예측하고 발표하는 것을 말한다.

2. 수질예보 종류

수질예보의 종류는 7일 단위의 단기수질예보와 3개월 단위의 장기수질예보로 구분한다.

3. 수질예보 항목

국립환경과학원장은 수질현상에 대하여 관계기관 등이 사전 예방적 수질관리 등에 활용할 수 있도록 다음 각 호의 사항을 예보한다.
① 수온
② 클로로필 - a 농도
③ 기타 필요한 사항

4. 수질예보 분석자료

수질예보를 생산하기 위해서는 다음 각 호의 자료를 분석하는 것을 원칙으로 한다.
① 수치모델링 예측 결과
② 기상, 수질, 유량, 위성영상 등 관측자료
③ 기타 수질예보에 필요한 자료

5. 수질예보구간

① **한강** : 충주댐 및 청평댐 방류지점부터 팔당댐까지

② **낙동강** : 안동댐 방류지점부터 낙동강 하구언까지

③ **금강** : 대청댐 방류지점부터 금강 하구언까지

④ **영산강** : 광주광역시 북구 우치동 용산교부터 영산강 하구언까지

⑤ 기타 수질관리상 환경부장관이 필요하다고 인정하는 구간

6. 수질예보 발표

① **단기수질예보** : 주 2회(월요일과 목요일) 17시에 발표. 단, 예측 결과 수질관리 강화 기준 또는 남조류 세포수 10,000 세포/mL를 하루라도 초과할 경우 또는 수질관리단계가 발령된 경우에는 매 근무일마다 발령

② **장기수질예보** : 2월, 5월, 8월, 11월 마지막 주 금요일에 발령

7. 수질예보시스템 운영 등

① 국립환경과학원장은 수질예보시스템을 운영하여야 한다.

② 수질예보를 위하여 유역모델과 수질모델 등을 수계별로 운영하며, 수치모델링의 정확도 향상을 위하여 자료동화 등의 기술을 활용할 수 있다.

③ 통신 및 컴퓨터 장애 등으로 수질예보를 수행할 수 없는 특별한 사유가 발생한 경우에는 그 사유를 업무일지에 기록하고, 환경부장관에게 보고하여야 한다.

8. 수질예보 강화 조치를 위한 수질관리 단계의 구분

수질관리 단계는 수질관리 강화기준(클로로필－a 농도 70mg/m³) 초과비율, 지속기간, 남조류 세포수에 따라 관심, 주의, 경계, 심각의 4단계로 구분한다. 다만, 남조류 세포수가 10,000세포/mL 이상일 경우 수질관리 강화기준을 35mg/m³로 강화한다.

9. 수질관리 단계별 조치

① 관심, 주의 단계는 환경부, 유역 및 지방 환경청, 해당 지방자치단체가 필요한 대응조치를 시행하고, 경계, 심각 단계는 관계기관이 합동으로 필요한 대응조치를 시행한다.

② 유역환경청장은 수질관리 단계별로 오염원 감시 강화 등 수질개선을 위해 필요한 조치를 취하고 수질개선방안 등의 필요한 조치를 관계기관에 요청하여야 한다.

③ 관계기관은 특별한 사유가 없는 한 훈령의 단계별 조치수준에 따라 사전조치를 하여야 한다.

문제 05 분산형 용수공급 시스템의 도입배경, 특징 및 처리계통을 중앙집중식 용수공급 시스템과 비교하여 설명하시오.

정답

1. 개요
중앙집중식 용수공급 시스템은 수원에서 취수 후 대규모 정수장에서 정수를 장거리 이송관로를 통해 소비자에게 공급하는 시스템이고 분산형 용수공급시스템은 소비자 가까이에 소규모 컴팩트한 수처리 시설을 분산 설치하고 각 개별 시설을 네트워크화하여 용수를 공급하는 시스템이다.

2. 도입배경
국내 기존 중앙집중식인 광역수도 시스템의 문제점으로 인해 분산형 용수공급 시스템의 도입이 필요해지고 있음
① 송배수 관로 및 배·급수 관로의 연장이 길고 이예 따른 유지관리비용 증가
② 관로의 지속적인 노후화로 2차 오염의 문제가 존재
③ 수원 및 수도시설의 문제 발생 시 위험을 분산하고 비상 대응의 필요성 및 안정성 확보가 필요
④ 가뭄 및 수질사고 등 재해 시를 대비한 국가 비상용수 및 물 안보체계 구축이 시급함
⑤ 미래 사회와 도시에 적합한 수도 시스템은 지역적 단위 도시에 일방적인 용수 공급을 수행하는 사회기반 기반 시설을 초월하여 유역 간, 도시 간, 도시 내 융합시스템을 구축 및 통합관리의 광역적 개념의 Total 시스템 구축이 필요하다.

3. 특징
① 도시지역 내 블록단위로 정수처리시설을 건설함으로써 수도사고 발생 시 위험 분산효과를 기대할 수 있음
② 최근거리에서 정수한 물을 소비자에게 공급 가능하여 중앙처리 처리시스템에 비하여 높은 수준의 수질을 확보할 수 있음
③ 소규모 정수장의 네트워크화로 단수 시 유연한 대처가능
④ 단위공정의 계층화로 부지면적의 최소화 가능(도심지 위치 가능)

4. 처리계통

| 중앙집중형 용수 공급시스템 |

■ 중앙집중형 공급시스템 ■

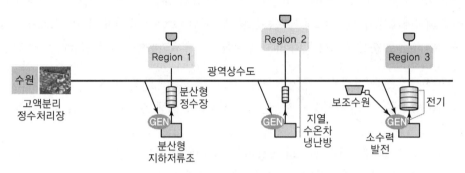

■ 분산형 용수공급시스템 개념도 ■

문제 06 분류식 하수관거로 유입되고 고도처리공법으로 운영되는 하수처리장의 침전지에 대하여 설명하시오.

1) 1차 및 2차 침전지의 표면적 결정에 적용되는 설계인자 제시
2) 1차 및 2차 침전지에 적용되는 표면적 산정 절차가 다른 이유를 침전지의 4가지 유형을 도시하여 설명하시오.

정답

1. 개요

침전지는 고형물입자를 침전, 제거해서 하수를 정화하는 시설로서 대상 고형물에 따라 1차 침전지와 2차 침전지로 나눌 수 있다.

1차 침전지는 1차 처리 및 생물학적 처리를 위한 예비처리의 역할을 수행하며, 2차 침전지는 생물학적 처리에 의해 발생되는 슬러지와 처리수를 분리하고, 침전한 슬러지의 농축을 주목적으로 한다.

2. 1차 및 2차 침전지의 표면적 결정에 적용되는 설계인자 제시

1) 1차 침전

표면부하율은 계획1일최대오수량에 대하여 $25 \sim 50\text{m}^3/\text{m}^2 \cdot \text{d}$로 한다.

2) 2차 침전지

계획1일 최대오수량에 표면부하율을 $15 \sim 25\text{m}^3/\text{m}^2 \cdot \text{d}$로 한다.

3. 침전지의 4가지 유형과 표면적 산정절차가 다른 이유

1) I형 독립침전

부유물질 입자의 농도가 낮은 상태에서 응결되지 않는 독립입자의 침전. Stokes의 법칙이 적용되며 보통침전지나 침사지에서 나타난다.

2) II형 응집침전

침강하는 입자들이 서로 접촉되면서 응집된 플록을 형성하여 침전하는 형태이다. 침전하면서 입자 상호 간에 플록이 더 큰 입자가 되어 침전속도가 점점 빨라지게 된다. 약품침전지가 이에 속한다.

3) III형 간섭침전

플록을 형성하여 침전하는 입자들이 서로 방해를 받아 침전속도가 감소하는 침전이다. 중간 정도의 농도로 침전하는 부유물과 상징수 간에 경계면을 지키면서 침강한다. 상향류식 부유물 접촉침전지, 농축조가 이에 해당된다.

4) IV형 압축침전

고농도 입자들의 침전으로 침전된 입자군이 바닥에 쌓일 때 일어난다. 입자군에 의해서 무게에 의해서 물이 빠져나가면서 농축된다. 농축조의 슬러지 영역에서 관찰된다.

5) 표면적 산정절차가 다른 이유

침전형태는 1, 2차 모두 I형 독립침전이라 할 수 있다 .

① 1차 침전지의 적정 표면부하율은 하수의 수질, 침강성 물질의 비율, SS농도 등에 의해 달라진다. 분류식의 경우 SS제거율이 높아지면 반응조 유입수의 BOD/SS비가 상승하여 벌킹의 원인이 되기도 하고 활성슬러지의 SVI가 높게 되어 처리수질을 악화시킬 수도 있으므로 표면부하율은 $35 \sim 70\text{m}^3/\text{m}^2 \cdot \text{d}$를 기준으로 한다. 한편 합류식에서는 우천 시 처리 등을 고려하여 표면부하율 $25 \sim 50\text{m}^3/\text{m}^2 \cdot \text{d}$를 기준으로 한다.

② 2차 침전지에서 제거되는 SS는 주로 미생물 응결물(floc)이므로 1차 침전지의 SS에 비해 침강속도가 느리고, 따라서 표면부하율은 1차 침전지보다 작아야 한다. 2차 침전지의 용량은 1차 침전지와 마찬가지로 우선 표면부하율을 정하고, 다음으로 유효수심과 침전시

간을 고려하여 결정한다. 보통 표면부하율은 계획 1일 최대오수량에 대하여 $20\sim30$ $m^3/m^2 \cdot d$로 하되, 처리공법상 SRT가 길고 MLSS 농도가 높은 고도처리의 경우 그 값을 $15\sim25m^3/m^2 \cdot d$로 낮출 수도 있다.

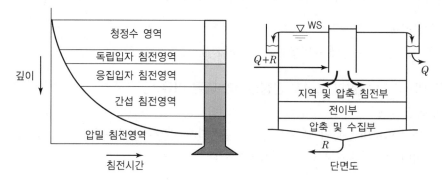

111 _회 수질관리기술사

•• 1교시 다음 문제 중 10문제를 선택하여 설명하시오.(각 10점)

1. 하·폐수처리의 막분리공정에서 세라믹막의 장단점
2. HRT와 MCRT
3. 총질소(T-N)와 TKN
4. TOC(Total Organic Carbon)
5. 기저유출의 정의 및 중요성
6. 수돗물 안심확인제
7. Endocrine disruptors
8. 단위공정과 단위조작
9. 오수처리에서 인공습지의 장단점
10. 포기조의 BOD 용적부하와 F/M비
11. 마이크로 버블에 의한 하·폐수의 부상분리법
12. 호소의 수질환경기준 항목 중에서 BOD 대신 COD를 채택하고 있는 이유

•• 2교시 다음 문제 중 4문제를 선택하여 설명하시오.(각 25점)

1. 수중에 존재하는 고형물에 대하여 설명하시오.
2. 하·폐수의 생물학적 질소제거 시 알칼리도(Alkalinity)의 역할을 설명하시오.
3. 지류지천의 수질관리대책에 대해 설명하고, 지류총량제와 수질오염총량제를 비교하시오.
4. 반응조에서 비이상적 흐름을 유발하는 요소를 설명하시오.
5. 녹조관리기술을 물리, 화학 및 생물학적 기술로 구분하여 설명하고, 종합적 녹조관리 방법을 설명하시오.
6. 통합환경관리제도의 시행 배경 및 주요 내용과 기대효과에 대하여 설명하시오.

•• 3교시 다음 문제 중 4문제를 선택하여 설명하시오.(각 25점)

1. A/O 공법과 A_2O 공법에 대하여 설명하시오.
2. 하수슬러지의 호기성소화를 혐기성소화와 비교하여 장·단점을 설명하시오.
3. 하수처리방법 선정 시 고려사항에 대하여 설명하시오.
4. 제2차 물환경관리 기본계획(2016~2025)의 수립 배경 및 필요성과 핵심전략에 대하여 설명하시오.

5. 응집침전공정에서 coagulation과 flocculation의 진행과정을 기술하고, 여기에 사용되는 응집제의 역할을 설명하시오.

6. 설계, 시공상의 결함과 운전미숙 등으로 인해 발생되는 펌프 및 관로에서의 장애현상, 영향, 방지대책에 대하여 설명하시오.

▪▪ 4교시 **다음 문제 중 4문제를 선택하여 설명하시오.(각 25점)**

1. 수환경 관리에 생태독성을 도입한 배경과 생태독성 관리제도를 설명하시오.

2. 여과 성능에 영향을 미치는 주요 인자와 여과지 세정에 대하여 설명하시오.

3. 미생물연료전지를 이용한 하·폐수처리 방법을 설명하고, 극복해야 할 제한인자들을 설명하시오.

4. 고형물 Flux를 이용하여 침전지의 면적(A)을 구하는 침전칼럼 실험방법에 대하여 설명하시오.

5. 미생물에 의한 수질지표(Index) 중 생물학적 오탁지표(BIP/BI), 부영양화도 지수(TSI) 및 조류 잠재생산능력(AGP), 종다양성 지수(SDI)에 대하여 설명하시오.

6. 유입유량 Q, 유입농도 C_0, 반응속도 $r = kC$로 분해되어, 농도 C로 유출될 경우 아래 물음에 답하시오.

   1) CSTR과 PFR의 반응기의 부피를 Q, k, C_0 및 C를 이용하여 구하시오.

   2) CSTR을 무한히 늘리면 PFR이 되는 것을 유도하시오.

문제 01 하 · 폐수처리의 막분리공정에서 세라믹막의 장단점

정답

1. 개요

분리막(membrane)은 2 또는 나 성분 혼합물로부터 선택적으로 특정성분(1 또는 다 성분)을 분리할 수 있는 물리적 경계층(barrier)으로 정의할 수 있다.

2. 재질에 의한 분리막의 분류

1) 유기물 멤브레인

대부분 고분자로 이루어져 있음

2) 무기물 멤브레인

세라믹, 유리, 금속 재질들이 소재로 사용됨

3. 세라믹막의 장단점

1) 장점

① 유기막에 비해 내열성, 내약품성이 강함

② 내유기 용매성에 강함, 고강도

③ 친환경성(사용한 막은 세라믹재료로 재사용 가능)

2) 단점

① 유기막에 비해 고가임

② 모듈의 충진밀도가 고분자막에 비해서 낮음

문제 02 HRT와 MCRT

정답

1. 개요

1) HRT(Hydraulic Retention Time)

2) 일정한 조에 일정 유량의 유체가 체류할 수 있는 시간

3) MCRT(Mean Cell Residence Time)

4) 생물학적 반응조에서 내부반송에 의한 미생물의 계 내 체류시간을 말함

2. HRT

1) HRT＝탱크부피/유량 (단위 : T)

2) 영향

① HRT 감소 시 질산화에 나쁜 영향을 줌

② HRT 증가 시 질산화, 콜로이드 BOD와 입자성 BOD에 좋은 영향을 줌

3. MCRT

1) MCRT＝반응계 내에서의 미생물 양/시스템계 외부로 유출되는 미생물 양 (단위 : T)

2) 영향

① MCRT가 길 때

㉠ 폭기조에 나타나는 미생물종이 다양해져 활성슬러지의 안정성이 높아진다.

㉡ 증식속도가 느린 균도 증식이 가능해지므로 난분해성 COD의 제거효율이 높아진다.

㉢ 증식속도가 느린 방선균 등이 증식하여 폭기조에 거품과 스컴이 일어날 수 있다.

㉣ 슬러지 자기산화가 많이 일어나고 먹이연쇄가 길어지므로 잉여슬러지 발생량이 감소한다.

㉤ 슬러지가 과산화되어 자칫 부하변동에 취약해질 수 있다.

② MCRT가 너무 짧을 때

㉠ 폭기조 미생물의 증식속도가 너무 빨라 방류수가 혼탁해질 수 있다.

㉡ 증식속도가 느린 질산화균이 증식하지 못해 질소제거효율이 나타나지 않을 수 있다.

문제 03 총질소(T－N)와 TKN

정답

1. 개요

1) 폐수 중의 질소는 주로 단백질 및 요소와 결합되어 있다.

2) 이것들은 세균이 분해되면 곧 암모니아로 된다. 따라서 들어 있는 암모니아의 상대적 양으로 폐수의 나이를 알 수 있다.

3) 호기성 환경에서는 세균이 암모니아 질소를 아질산염과 질산염으로 산화한다. 아질산염은 폐수나 수질오염 조사에서 중요하지 않다. 불안정하여 곧 질산염으로 산화하기 때문이다.

2. 하수 중 질소성분의 구분

1) Total ammonium nitrogen : $NH_3 + NH_4^+$

2) Total Inorganic nitrogen : $NH_3 + NH_4^+ + NO_2^- + NO_3^-$

3) Total Kjedahl nitrogen : 유기질소 $+ NH_3 + NH_4^+$

4) Total nitrogen : $TKN + NO_2^- + NO_3^-$

3. 기타

1) 유기질소는 Kjedahl 법으로 측정한다.

2) TKN은 질소 측정방법은 유기질소의 경우와 같으나 소화난계에 앞서서 암모니아를 휘발하지는 않는다. 따라서 유기질소와 암모니아 질소가 함께 측정된다.

3) TKN : 유기질소 $+ NH_3 + NH_4^+$

4) TN : $TKN + NO_2^- + NO_3^-$

5) 방류수, 환경기준 등에는 TN이 사용된다.

문제 **04** TOC

정답

1. 정의

총유기탄소는 수중의 유기물 중에 포함되는 탄소의 총량이다. 처음부터 수중에 포함된 탄소, 중탄산 등의 무기탄소를 방출한 후 유기물질을 산화제에 의해 습식 산화하고 발생한 이산화탄소를 적외선 가스분석기로 측정한다. 여러 가지 유기물의 TOC를 측정한 결과에 의하면 이론치에 대하여 80~100%의 값을 얻고 있다.

2. 특징

TOC 파라미터(새로운 유기성 오염물질의 지표로 사용)의 특징

① BOD, COD 실험보다 소요되는 시간을 단축할 수 있다.

② 오염물질의 다양성(세균, 온도, pH, 독성 등), 난분해성에 대응성이 높다.

③ 저농도에 대한 재현성이 좋다.

④ 고형물에 대한 오차가 유발될 수 있으므로 원칙적으로 여과된 용존탄소만을 정량한다.

⑤ 실제 값보다 약간 낮게 측정되는 경향이 있다.

⑥ 생물학적으로 분해가능한 유기물의 정량화가 어렵다.

⑦ 자연상태의 유기물질 분해속도를 알 수 없는 등의 결함을 가지고 있다.

문제 05 기저유출의 정의 및 중요성

정답

1. 정의

기저유출이란 물의 순환 과정 중 투수면을 통해 땅 속으로 침투된 빗물이 지하수와 지표하유출의 형태로 하천으로 다시 유출되는 것을 의미한다.

2. 중요성

갈수 기간 중에 기저유출은 하천 유량의 상당 부분을 차지하게 되며, 그 수질은 공공수역의 수량뿐만 아니라 수질에도 큰 영향을 미치고 있다. 그러므로 갈수 기간 중에 기저유출은 공공수역의 수질 및 수생태계 환경에 핵심적인 영향을 미친다. 강수량이 적은 갈수기의 하천유량은 대부분 기저유출에 의존한다.

따라서 하천의 환경적 · 생태적인 지속가능성을 유지하기 위해서는 기저유출 관리체계가 필요하다.

문제 06 수돗물 안심확인제

정답

1. 주요내용

수돗물 수질이 궁금한 국민이 인터넷이나 전화로 수질검사를 신청하면 해당 지역 담당공무원이 각 가정을 방문하여 무료로 수도꼭지 수질검사를 실시하고 그 결과를 알려 주는 제도

2. 시행시기

특별시 · 광역시는 2014년 3월 22일부터, 시 · 군 · 구는 2014년 10월 1일부터

3. 신청자격

수돗물을 사용하는 국민이면 누구나 가능

4. 검사항목

1) 1차 5개 항목 : 탁도, pH, 잔류염소, 철, 구리
2) 1차 검사 시 기준치를 초과하면 2차 검사실시
3) 2차 12개 항목 : 일반세균, 총대장균, 대장균, 아연, 망간, 염소이온, 암모니아성 질소 + 1차 항목

문제 07 Endocrine disruptors

정답

1. 정의

1) 내분비계 기능을 변경하여 생명체, 그 자손 및 (하위)인구에 건강상 유해영향을 미치는 외인 성물질 또는 혼합물(2016, WHO/IPCS)

2) 동물이나 사람의 체내에 들어가서 내분비계의 정상적인 기능을 방해하거나 혼란시키는 화학 물질[통상 '환경호르몬(Environmental hormone)'으로 알려짐]

3) 생체 항상성(homeostasis)의 유지와 발달과정의 조절을 담당하는 체내 정상 호르몬의 생산, 방출, 이동, 대사, 결합, 작용, 혹은 배설을 간섭하는 체외물질[미국 환경보호청('98, EPA)]

4) 사람의 생식기계와 건강에 장애를 일으키는 외인성물질이며 야생생물체의 호르몬계에 영향 을 미쳐 생태계이상을 초래하는 물질['97, OECD]

2. 특성

1) 내분비계에 작용하므로 극미량으로 생식기능의 장애를 유발

2) 자연의 먹이사슬을 통해 동물이나 사람의 체내에 축적

3) 생체호르몬과는 달리 쉽게 분해되지 않고 안정함

4) 환경 및 생체 내에서의 반감기가 길다.

① DDT 인체 내 반감기 : 10년

② 다이옥신류 인체 내 반감기 : 7~8년

③ 강한 지용성(인체 등 생물체의 지방조직에 농축)

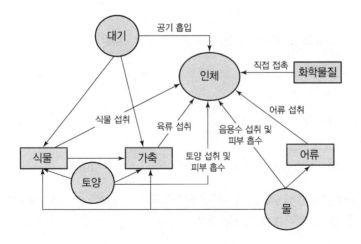

3. 종류

1) 각종 산업용 화학물질(원료물질) : 노닐페놀, 비스페놀 등

2) 살충제, 제초제 등의 농약류 : DDT, aldicarb 등

3) 유기중금속류 : 카드뮴, 납, 수은

4) 다이옥신류(소각로에서 발생 또는 산업폐기물) : PCDDs, PCDFs, PCBs

5) 식물에 존재하는 호르몬 유사물질 : Coumestrol 등

6) 의약품으로 사용되는 합성 에스트로겐류 : DES, tamoxyphen 등

7) 식품첨가물 : 항산화제(BHT, BHA 등)

문제 08 단위조작과 단위공정

정답

1. 정의

1) 단위조작

물리적 변화를 주체로 하는 조작으로 유체의 수송, 열의 전달, 증발 · 증류 · 흡수 · 건조 · 추출 · 결정석출 · 혼합 · 분쇄 · 여과침전 · 원심분리 등 물리적 변화의 각 조작을 말한다. 단위조작의 개념은 1915년 미국의 기술자 리틀이 제창하였다.

2) 단위공정

화학 또는 생물학적 반응을 이용하여 오염물질을 제거하는 처리방법을 단위공정이라 한다.

2. 하 · 폐수처리에서의 이용

1) 단위조작의 예

유량측정, 스크린, 분쇄, 유량조정, 혼합, 침전, 여과, 가스전달, 휘발 및 가스 제거

2) 단위공정의 예

① 화학적 단위공정

② 흡착, 살균, 탈염소, 기타 화학약품 사용

③ 생물학적 처리공정

④ 부유미생물, 부착미생물 처리, 부유미생물 고도 처리, 부유+부착미생물 고도 처리

상하수도시설에서는 단위조작과 단위공정을 엄밀히 구분하지 않으며 하나의 공정에서 물리적 · 화학적 기능을 통하여 목적하는 처리를 유도하는 경우가 많다.

문제 09 오수처리에서 인공습지의 장단점

정답

1. 개요

오수처리용 인공습지란 수질정화를 위하여 인위적으로 조성한 습지로 흐름형태에 따라 자유흐름형, 지하흐름형, 상하흐름형이 있다.

2. 오염물질 제거 기작

1) 부유물질의 제거 기작

대부분 기질층에 의한 여과작용

2) 유기물의 제거 기작

입자상 유기물은 침전, 여과, biofilm에 흡착, 응집 · 침전 등의 물리적 작용에 의해 습지 내에 저장, 이후 가수분해에 의해 용존성 유기물로 전환되어 생물학적 분해(호기성, 통성 혐기성, 혐기성분해) 및 변환으로 제거

3) 질소 제거 기작

① 유기질소가 암모니아 질소로 변환된 후 질산화 미생물에 의한 질산화 및 탈질 미생물에 의한 탈질화

② 식물에 의한 질소의 흡수

③ 암모니아의 휘발과정

상기 기작 중 미생물에 의한 탈질과정이 주요 기작임

4) 인 제거 기작

① 습지식물에 의한 흡수

② 미생물의 고정화에 의한 유기퇴적층의 형성

③ 수체 내에서의 침전물 형성

④ 토양 내의 침전작용

대부분 ③, ④가 주요 기능임

인의 완전한 제거는 식물의 제거나 침전층의 준설로만 가능함

5) 병원균 제거

자연적 사멸, 침전, 온도효과, 여과, 자외선 효과 등

6) 중금속제거

토양, 침전물 등에 흡착, 불용성염으로 침전, 미생물, 식물 등에 의해 제거

3. 인공습지의 장점

1) 건설비용이 적음
2) 유지관리비가 적음
3) 일관성이 있고 신뢰성이 있음
4) 운영이 간단
5) 에너지가 많이 필요하지 않음
6) 고도처리수준의 수질정화가 가능
7) 슬러지가 없고, 화학적인 조작이 필요 없음
8) 부하변동에 적응성이 높음
9) 야생동물에게 서식지 제공
10) 우수한 경관형성

4. 인공습지의 단점

1) 많은 면적이 소요
2) 최적 설계자료가 부족
3) 기술자, 운영자가 습지기술에 친숙하지 못함
4) 설계회사에서는 설계비용이 많이 소요
5) 모기발생 등의 위해발생 가능성이 있음
6) 습지식물의 조절 등 관리가 필요함

문제 10 포기조의 BOD 용적부하와 F/M비

정답

1. 개요

BOD 용적부하란 포기조에 유입되는 유기물량을 말한다. 즉 폭기조 부피 $1m^3$당 하루에 가해지는 BOD의 무게

폭기조의 BOD 부하는 유입수 내의 BOD만을 고려하고 반송슬러지 내의 BOD는 일반적으로 무시하고 계산함

계산식 : BOD 용적부하(kg BOD/$m^3 \cdot$ day)

　　　　= 1일 BOD 유입량(kgBOD/day) / 폭기조의 용적(m^3)

　　　　= BOD $\cdot$ Q / V = BOD $\cdot$ Q / Q $\cdot$ t = BOD/t

---

여기서, BOD : BOD 농도 [kg/m^3]

Q : 유입수량[m³/day]

V : 폭기조의 용적[m³]

t : 폭기시간[hr]

F/M비(Food to Microorganism Ratio)

슬러지에 대한 유기물 부하율이다.

> F/M = 1일 BOD 유입량(kgBOD/day) / 폭기조의 용적(m³) × MLSS
>
> = BOD · Q / V × MLVSS = BOD 용적부하 / MLSS

2. 기타 활용법

활성슬러지법 설계 가이드 라인

공 정	F/M비 (kg BOD/kg MLSS.day)	BOD 용적부하 (kg BOD/M³.day)
표준 활성슬러지법	0.2~0.4	0.3~0.8
장기 포기법	0.03~0.05	0.15~0.25

문제 11 마이크로버블에 의한 하 · 폐수의 부상분리법

정답

1. 개요

부상분리법이란 비중이 작은 부유물에 기포를 부착하여 겉보기 비중을 작게 함으로써 고액분리하는 시설이다.

2. 부상분리조 종류

1) 공기 부상조

폐수 내 다량의 공기를 유입시켜 미세형기포($10^3 \mu m$ 정도)를 발생시킨 후 기포와 입자를 접촉시킨후 기포 주변에 입자를 부착하여 부상가능 물질을 제거한다.

2) 용존공기 부상조

폐수 중에 용존해 있거나 강제적으로 용존시킨 공기의 압력을 변화시켜 미세형 기포($10^3 \mu m$ 이하)를 발생시켜 부상가능 물질을 제거한다. 이러한 경우 비교적 큰 입자 주변에 기포를 부착함으로써 겉보기 비중을 감소

3. 마이크로버블의 특징

1) 마이크로버블의 크기

일반적으로 직경이 μm 단위인 기포를 마이크로버블이라고 생각할 수 있는데, 마이크로버블을 취급하는 분야에 따라 대상이 되는 크기가 차이가 난다. 예를 들면,

① 생리활성에서는 $10\sim40\mu$m

② 유체물리에서는 100μm 이하

③ 선박저항에서는 $500\sim1,000\mu$m인 마이크로버블이 취급되고 있다.

2) 마이크로버블(Microbubble, MB)을 밀리버블(millibubble) 혹은 센티버블(centibubble)과 비교하면 다음과 같은 특성이 있다.

① 기초특성 : 기포의 지름이 작다.

② 유체역학적 특성
  - 상승속도가 늦다.
  - 마찰저항이 낮다.

③ 물리적 · 화학적 특성
  - 기포 내 압력이 높다.(자기가압효과)
  - 기 · 액 경계면 면적이 크다.
  - 가스용해량이 크다.
  - 용해 및 수축을 동반한다.
  - 기포표면이 음전화로 대전되어 있다.
  - 압괴현상을 일으킨다.

④ 생리적 · 물리적 특성 : 생리활성효과가 있다.

4. 마이크로버블 부상조의 특징

1) 기포의 직경이 작아 수중 체류시간이 길다.

2) 음전하로 대전되어 미세기포가 수중에 부유하고 있는 SS를 흡착하여 서서히 부상한다.

3) 서서히 부상함에 따라 슬러지의 탈락률이 기존 가압부상시스템에 비해 현저히 작다.

4) 강한 유속이 발생하지 않는 구조로 부상된 슬러지에 외부 충격이 가해지지 않아 부상된 상태로 유지되어 스크레이퍼에 의해 쉽게 제거될 수 있다.

문제 12 호소의 수질환경기준 항목 중에서 BOD 대신 COD를 채택하고 있는 이유

정답

1. 개요

수질환경기준과 관련하여 하천 및 호수의 생활환경기준에 따르면 하천은 BOD, COD, TOC로 구성되어 있으며 호수는 COD, TOC로 기준이 설정되어 있다.

(COD 기준은 2015년 12월 31일까지만 적용되었다.)

2. BOD 대신 COD를 채택한 이유

BOD는 자연수계환경에서 미생물에 의하여 유기물질이 분해되는 과정을 실험실에서 인위적으로 재현한 가장 자연상태에 근접한 경험적인 실험법이기 때문에 유기물에 의한 수질오염의 지표는 물론 제반 수질보전대책의 기본자료로서 매우 중요한 역할을 하고 있는 것이다.

그러나 BOD 실험의 이론적 배경은 하천과 같은 흐르는 수체를 대상으로 만든 것으로 물이 거의 정체되어 있는 호소수역과 같은 환경에서는 여러 가지 제한을 받기 때문에 정확한 BOD 측정이 곤란한 경우가 있다.

즉 호소와 같은 정체수역에서는 여러 가지 인자에 의하여 조류(Algae)의 성장조건이 양호한 상태가 되기 때문에 상대적으로 하천에 비하여 많은 양의 조류가 존재함으로서 조류에 의한 광합성 및 호흡작용 등에 따라 수환경에 많은 변화를 가져온다. 낮에는 탄산가스를 섭취하고 산소를 방출하는 반면 밤에는 반대로 호흡을 위하여 산소를 섭취하고 탄산가스를 방출하기 때문에 낮과 밤의 수환경(특히 용존산소와 수소이온농도)이 극심한 차이를 나타낸다.

따라서 이러한 상태의 시료를 채취하여 BOD 실험을 할 경우 차광하여 5일간 배양하는 과정에서 유기물의 분해에 의한 산소소비량 외에 조류의 호흡에 의한 산소소비량도 동시에 측정되어 BOD값이 원래보다 높게 나타나기 때문에 부정확한 측정결과를 산출하게 된다. 또한 조류 역시 유기체로서 사멸 후 그 자체가 오염물질이 되어 수중 용존산소를 소비하게 되는데 BOD의 경우 사멸된 조류는 산소소모량으로 측정이 가능하지만 조류생체의 경우는 측정이 불가능하기 때문에 그만큼 정확한 측정결과를 기대할 수가 없다.

그러나 COD(Chemical Oxygen Demand : 화학적 산소요구량)는 화학약품(산화제)을 이용하여 시료 중에 있는 유기물질을 강제로 산화시켜 안정화하는 데 요구되는 산소량을 측정하는 방법이기 때문에 위와 같은 방해영향을 받지 않을 뿐만 아니라 조류생체에 의한 산소소모량도 측정이 가능하므로 호소수에서는 BOD를 대신하여 COD를 오염의 지표로 사용하였다.

문제 01 수중에 존재하는 고형물에 대하여 설명하시오.

정답

1. 개요

고형물은 먹는 물을 비롯하여 각종 용수, 가정하수, 공장폐수 및 슬러지 내에 포함되어 있는 수분을 제외한 모든 물질을 말한다. 먹는 물에 많은 고형물(특히 용존고형물)이 포함되어 있으면 이상한 맛을 내고 좋지 않은 기분을 일으키게 되며 또한 무기물질이 많은 물은 공업용수로 적당하지 않은데 우리나라 먹는 물의 총고형물(증발잔류물) 기준은 500mg/L를 넘지 않는다. 한편 오염된 물의 고형물 농도는 오염의 세기를 나타내는 지표로 부유물질이 높은 물은 보기에 좋지 않으며 처리장 운전에도 영향을 주게 된다. 하수처리장이나 폐수처리장에서 부유물질 농도를 설계나 운전의 중요한 목표와 자료로 사용하고 있다.

2. 정의 및 분류

총고형물(증발잔류물)은 입자 크기에 따라 부유물질과 용존고형물로 나뉘며, 성상에 따라서는 휘발성 고형물과 강열잔류고형물로 나뉠 수 있다. 물속의 고형물 관계는 다음 그림과 같다.

$$
\begin{array}{ccccc}
\boxed{TS} & = & \boxed{VS} & + & \boxed{FS} \\
\| & & \| & & \| \\
\boxed{TSS} & = & \boxed{VSS} & + & \boxed{FSS} \\
+ & & + & & + \\
\boxed{TDS} & = & \boxed{VDS} & + & \boxed{FDS}
\end{array}
$$

1) 총고형물(total solids ; TS)
총증발잔류물이라고도 하며, TSS와 TDS를 합한 것의 농도

2) 총현탁고형물(total suspended solids ; TSS)
폐수를 표준 여과판(filter disk)으로 거른 후 105~110℃에서 1시간 이상 건조하였을 때 남는 증발잔류물 농도

3) 총용존고형물(total dissolved solids ; TDS)
폐수 중에서 표준 여과판을 통과한 용액을 접시에 받고 105~110℃에서 1시간 이상 건조하였을 때 남는 증발잔류물 농도

4) 총휘발성 고형물(volatile solids ; VS)

휘발성 물질의 총 농도로서 VSS와 VDS를 합한 것의 농도

5) 휘발성 고형물(volatile suspended solids ; VSS)

총현탁고형물 중에서 열작감량을 뜻하며, TSS를 550±50℃에서 15분 동안 태웠을 때에 없어진 증발잔류물 농도

6) 휘발성 용존고형물(volatile dissolved solids ; VDS)

총용존고형물 중에서 열작감량을 뜻하며, TDS를 550±50℃에서 15분 동안 태웠을 때에 없어진 증발잔류물 농도

7) 총열작잔류 고형물(fixed solids ; FS)

총고형물 중의 열작성분이며, FSS와 FDS를 합한 것의 농도

8) 열작잔류 고형물(fixed suspended solids ; FSS)

총현탁고형물 중에서 열작잔량을 뜻하며, TSS를 550±50℃에서 15분 동안 태웠을 때 남는 물질농도

9) 열작잔류 용존고형물(fixed dissolved solids ; FDS)

- 총용존고형물 중에서 열작잔량을 뜻하며, TDS를 550±50℃에서 15분 동안 태웠을 때 남는 물질농도
- 휘발성 고형물은 대부분이 유기물이며 강열잔류 고형물은 무기물 성질을 나타내는데, 시료 내의 유기물 함량을 알 수 있는 측정방법이다.

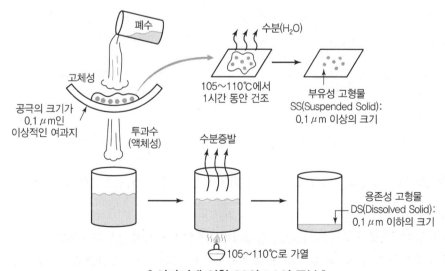

┃ 여과지에 의한 SS와 DS의 구분 ┃

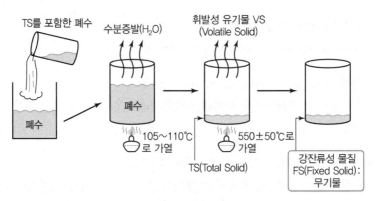

TS를 포함한 폐수 수분증발(H_2O) 휘발성 유기물 VS (Volatile Solid)

폐수

폐수

폐수

$105\sim110℃$ 로 가열

$550\pm50℃$ 로 가열

TS(Total Solid)

강잔류성 물질 FS(Fixed Solid): 무기물

┃ 500℃ 강열에 의한 VS와 FS 구분 ┃

문제 02 하·폐수의 생물학적 질소제거 시 알칼리도(Alkalinity)의 역할을 설명하시오.

정답

1. 개요

고도처리란 통상적인 유기물 제거를 주목적으로 하는 2차처리에서 얻는 처리수질 이상의 수질을 얻기 위해 행하는 처리이다. 질소제거공정도 고도처리방식 중 하나이다.

생물학적 질소제거공정에는 순환식 질산화 탈질법, 질산화 내생 탈질법, 단계혐기호기법, MBR공법, 고도처리산화구법 등이 있다.

2. 질산화와 탈질화

1) 질산화는 질산화 미생물에 의해 암모니아(NH_4^+)가 아질산(NO_2^-)을 거쳐 질산(NO_3^-)으로 전환되는 생물학적 산화과정을 말하며, 보통 Nitrosomonas, Nitrobacter 속의 독립영양 미생물(Chemo – Autotrophs)에 의해 진행된다. 반응식은 다음과 같다.

> • $NH_4^+ + 1.5O_2 \rightarrow NO_2^- + H_2O + 2H^+ + (240-350KJ)$ (Nitrosomonas)
>
> • $NO_2^- + 0.5O_2 \rightarrow NO_3^- + (60-90KJ)$ (Nitrobacter)
>
> • $NH_4^+ + 1.83O_2 + HCO_3^-$
>
> $\rightarrow 0.98NO_3^- + 0.021C_5H_7NO_2(New\ Cells) + 1.88H_2CO_3 + 1.04H_2O$

1g의 암모니아성 질소가 질산성질소로 산화되려면 7.14g의 알칼리도가 필요하다.

2) 탈질화

탈질반응은 미생물이 무산소(Anoxic) 상태에서 호흡하기 위하여 산소 대신 NO_3^-, NO_2^- 등을 최종 전자수용체(Electron Acceptor)로 이용하여 N_2, N_2O, NO로 환원하는 과정을 말한다.

$$NO_3^- \rightarrow NO_2^- \rightarrow NO \rightarrow N_2O \rightarrow N_2$$

- 일반 유기물의 경우 : $5(Organic-C) + 2H_2O + 4NO_3^- \rightarrow 2N_2 + 4OH^- + 5CO_2$

NO_3^- 환원을 위한 전자공여체는 유기물이며 메탄올이 가장 좋은 것으로 알려져 있다.

3. 알칼리도의 역할

1g의 암모니아성 질소가 질산성질소로 산화되려면 7.14g의 알칼리도가 필요하며 1g의 질산성 질소의 제거 시 3.57g의 알칼리도가 생성된다. 종속 탈질 과정에서 알칼리도의 생성은 질산화 과정에서 소모되는 양의 절반 정도를 보충할 수 있는 양이다. 따라서 수중의 질소 제거를 위한 질산화 및 종속영양 탈질 공정의 연계 시 질산화 과정에서 소모되는 알칼리도를 탈질공정에서 어느 정도 보완할 수 있다. 하지만 질산화의 최적 pH 범위는 8~9 사이로, pH 7.2~8.0 범위에 서는 질산화율이 큰 차이를 보이지 않으나, pH 7.2 이하에서는 질산화율이 감소된다. 그러므로 알칼리도가 불충분할 경우에는 알칼리도를 보충해 주어야 한다.

문제 03 지류지천의 수질관리대책에 대해 설명하고, 지류 총량제와 수질오염 총량제를 비 교하시오.

정답

1. 개요

환경부는 여름철 녹조 관리를 위해 한강 등 주요 강의 본류에 녹조배양소 역할을 하는 묵현천, 경안천 및 농수로, 용호천, 회천, 계성천, 광려천, 소옥천, 유구천, 영산천, 봉황천, 만봉천, 문평 천, 현풍천, 차천, 천내천, 하빈천, 백천 등 전국 18곳의 지류·지천에 대한 수질관리를 2015년 5월 1일부터 대폭 강화했다.

환경부에 따르면 한강 2곳, 낙동강 10곳, 금강 2곳, 영산강 4곳 등 18곳의 지류를 '중점관리 지 류'로 지정해 해당 유역환경청과 함께 이들 지류의 수질을 집중 관리하고 있다.

2. 지류지천 수질관리 대책

환경부는 조류 발생 조기 감지·대응을 위한 모니터링, 오염원 사전단속, 국지적 발생조류 직접 제거 등 중점적으로 관리하는 지류에서 발생하는 녹조현상의 본류 확산 방지를 위한 다양한 방안 을 강구한다.

1) 녹조발생 상황을 적기에 감지하도록 주 1회 이상 지류의 수질에 대한 감시와 함께 항공감시를 실시한다.
2) 지류와 본류 유입부의 유량 속도 정체현상 감소를 위해 농업용 저수지의 방류량을 증가시키는

등 지류하천의 유량확보 대책을 관계부처와 협의해 강구한다.

3) 지류 상류에 위치한 하폐수처리장 또는 수처리시설의 처리효율을 높이고 가축분뇨 기여율이 높은 지류에서는 수질오염원 배출사업장에 사전계도를 통해 가축분뇨 제거 및 적정처리를 유도한다.

4) 본류보다 일찍 발생해 고농도로 농축된 지류의 녹조가 본류로 확산하는 것을 방지하기 위하여 현장 제거작업이나 차단막을 설치하는 등 대책을 시행한다.

5) 지류에서 유입되는 오염물질을 본류 유입 전에 한 번 더 처리하는 비점오염저감시설(천변저류지)의 확대 시행한다.

6) 오염우심지류에 개선이 필요한 오염물질(유기물, 영양물질 등)을 선정해 관리하는 맞춤형 지류 총량제 도입을 추진하고 있다.

3. 지류 총량제와 수질오염 총량제 비교

구분	지류 총량제	수질오염 총량제
공간범위	특정지류지역	수계 내 모든 지역
대상 오염물질	지류별 다양한 오염물질 (유기물, 영양물질, 유해물질 등)	단일 공통 오염물질 (BOD, T-P)
목표수질	지류별 오염물질별 수질개선을 위한 목표설정	주요 상수원(본류)의 목표달성을 위한 단위유역별 목표수질 설정
관리기준	다양한 유량조건	단일공통 유량조건(저수, 평수)
지역참여	자발적	의무적

4. 환경부 지류 총량제의 기본 방향

1) 지류중심의 소권역 관리실시(사전예방적 성격)
   ① 지류말단의 수질 측정을 통해 오염이 우려되는 지류를 우선 파악하여 관리
   ② 수질오염물질의 본류 유입을 사전에 통제하여 보다 효율적인 오염원의 관리를 시행

2) 총량 관리 대상물질의 다양화
   상수원 관리 위주의 획일적인 대상물질(BOD, TP)을 보다 확대하여 지역에서 시급히 개선이 필요한 물질을 우선관리

3) 지역의 자율성 인정
   ① 총량 관리 대상물질 및 관리 필요성 여부에 대해서는 유역 구성원이 의사를 결정하도록 하여 보다 선진적인 유역관리체계를 구축
   ② 지류 총량 지원 의사결정시스템을 활용한 유역구성원이 주도하는 자율적 수질개선

문제 04 **반응조에서 비이상적 흐름을 유발하는 요소를 설명하시오.**

정답

1. 개요

폐수처리에 사용되는 반응조의 주된 형태는 회분반응기(Batch Reator), 관형흐름반응기(Plug Flow Reactor), 임의흐름반응기(Arbitrary Flow Reator), 완전혼합반응기(Continnuous Flow Stirred Tank), 충전층반응기(Packed Bed Reactor), 유동층 반응기(Fluidized Bed Reator) 등이 있다.

2. 반응기 설비 예

1) Batch Reactor : 폭기조 설비와 침전조 설비를 시간차에 의해 구현하는 Sequence Batch Reator

2) Plug Flow Reactor : 폭기조 형태 중 긴 형태의 폭기조 또는 장방형 침전지

3) Continuous Flow Stirred Tank Reactor
   ① 반응조 전체에서 완전한 혼합이 일어나는 형태
   ② 단칸형 폭기조 또는 응집반응조, 중화조 등

4) Packed Bed Reactor
   ① 자갈, 슬랙, 도자기 등 충전 매체를 채운 것
   ② 여재 매체를 물속에 완전 잠기게 하고(혐기상 여상) 또는 간헐적으로 공급(살수 여상 등)

5) Fluidized Bed Reator
   ① 충전층 반응기와 여러 면에서 비슷함
   ② 충전매체가 유체 흐름에 의해 팽창하게 된다.
   ③ 충전 공극률을 유량으로 조절 변화가 가능하다.

3. 비이상적인 흐름 예

반응조에서 비이상적인 흐름은 밀도의 편차, 편류, 단락류 등에 의해서 나타날 수 있다.

1) 응집반응조에서의 예
   ① 유입수 중 일부분이 완전혼합이 안 되고 유입 즉시 표면을 따라 바로 유출수로 방류

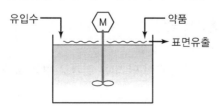

② 대책

　㉠ 유입수 측에 Baffle 설치

　㉡ 반응조가 원형일 경우 원형 측면에 Baffle 설치

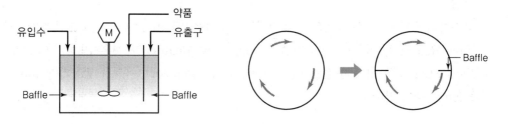

2) 폭기조 예

① 표면류에 의한 완전혼합이 되지 않을 수 있다.

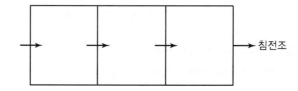

② 대책

　㉠ 응집반응조 형식의 Baffle 설치

　㉡ 유입수를 폭기조 저부로 유입

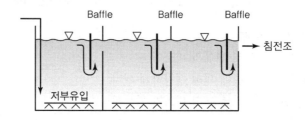

3) 침전지에서의 예

① 단락류 : 침전지 내에 물이 정상적인 유로로 통과하지 않아 적정 체류시간보다 빨리 유출부에 도달하는 현상

② 단락류 결과 : 짧은 침전시간에 의한 플록 유출 등

③ 단락류 등 비정상흐름의 원인

　㉠ 유입부 정류벽의 구조적 결함

　㉡ 침전지 월류 Weir의 수평이 안 맞는 결과로 편류 발생 등

④ 대책
  ㉠ 유입부 정류벽의 정상 설치 : 적정 에너지 분산과 유량분배
  ㉡ 월류 Weir의 수평 유지 및 적정 월류 부하 유지

문제 05 녹조관리기술을 물리적 · 화학적 및 생물학적 기술로 구분하여 설명하고, 종합적 녹조관리방법을 설명하시오.

정답

1. 개요

녹조는 적당한 수온과 햇빛 그리고 질소, 인과 같은 영양염류가 풍부할 때 대량 번식하게 된다. 상수원으로 대부분 지표수 또는 호소수를 사용하는 우리나라에는 매년 갈수기인 여름철 또는 가을철에 상수원 녹조 문제가 발생하고 있다. 정수처리 시 조류가 유입되면 염소처리 시 THM 발생뿐만 아니라 조류의 분비물질에 의한 이취미가 발생하는 문제가 생기고 대개 정수처리가 1단계 응집/침전 공정으로 이루어지기 때문에 조류를 일시에 제거한다는 것은 무리다. 조류가 발생하면 평상시의 수처리 방법으로는 한계가 있는 것이다.

2. 물리적 · 화학적 및 생물학적 관리방법

1) 물리적 제거방법
   ① 밀도가 높은 응집핵 첨가
     ㉠ 외부로부터 조류보다 밀도가 높은 벤토나이트 또는 점토 같은 응집핵 첨가
     ㉡ 생성된 조류 플록의 침강성을 증가시킴
     ㉢ 단점 : 발생 슬러지양의 증가

   ② 부상법 이용
     ㉠ 조류 플록이 가벼운 것을 이용
     ㉡ 단점 : 우리나라에서는 대부분 정수장 침전법을 사용하고 있어 사용이 어려움

2) 화학적 제거방법
   ① pH조정을 통한 응집 범위를 낮춘다.
     황산을 사용하면 염산보다 THM 발생율 50% 저감 효과가 있다는 보고가 있음

   ② 응집제 투입량의 증가
     ㉠ $Al(OH)_3$ 형성에 의한 플록 Seed 역할
     ㉡ 고 pH에선 주입량 증가에 의한 체거름효과가 증가
     ㉢ 산 투입 없이 pH 조절이 가능

③ 전처리에 응집제 아닌 특수 약품 사용

　　㉠ 황산동, copper ethanolamine(NSF 수처리 품목), 또는 coopper triethanolamine 사용

　　㉡ Cu²⁺에 의한 유기착화합물이 쉽게 형성

　　㉢ 산화력이 있어 응집에 도움을 줌

　　㉣ 단점 : 고가임

④ 응집 pH 범위가 넓은 철계 응집제의 사용 : 알루미늄계보다 침전성이 우수하나 색도 유발문제가 있음

⑤ 전처리에 오존 주입 : 오존 전처리에 의해 응집제 사용량의 감소 효과를 유발

3) 생물학적 대책

　초어로 플랑크톤을 제거

3. 종합적 녹조관리방법

1) 녹조의 원인이 되는 영양물질의 유입감소

　① 하수의 고도처리

　② 비점오염원의 감소

　③ 호소유입의 오염수의 우회관로 설치

　④ 오염된 하천수의 처리

　⑤ 오염된 하천의 준설

2) 호소 내에서의 녹조 발생 방지를 위한 내부 관리

　① 물리적 대책 : 준설, Flushing, 심수층 폭기, 심수층 배제, 퇴적물 피복 등

　② 화학적 대책

　　• 호소수의 응집처리에 의한 인의 배제

　　• 퇴적물 산화 : 퇴적층에 산소 공급 등

　③ 식물학적 대책 : 부레옥잠 등 수생식물에 의한 호수정화

문제 06 통합환경관리제도의 시행 배경 및 주요 내용과 기대효과에 대하여 설명하시오.

정답

1. 시행배경

「환경오염시설의 통합관리에 관한 법률」이 2015년 12월에 제정·공포되어 2017년부터 단계적 추진될 예정이다.

제정 이유는 현행 환경오염 관리방식은 대기, 물, 토양 등의 환경 분야에 따라 개별적으로 이루어지고 있어 복잡하고 중복된 규제와 함께 개별 사업장의 여건을 반영하지 못하는 구조로 운영되고 있고, 과학기술의 발전과 함께 진보하는 환경오염물질 처리기술을 적용하는 것 또한 한계가 있는 점을 고려하여, 일정 규모 이상의 사업장을 대상으로 종전의 「대기환경보전법」 등 개별법에 따라 분산·중복된 배출시설 등에 대한 인·허가를 이 법에 따른 허가로 통합·간소화하고, 오염물질 등의 배출을 효과적으로 줄일 수 있으면서도 기술적·경제적으로 적용 가능한 환경관리기법인 최적가용기법에 따라 개별 사업장의 여건에 맞는 맞춤형 허가배출기준 등을 설정하도록 함으로써 종전의 고비용·저효율 규제 체계를 개선하고 산업의 경쟁력을 높이려는 것이다.

2. 주요내용

1) 사전협의

중요사항의 사전협의 결과는 허가검토에서 제외

① 배출시설 등 및 방지시설 설치 계획

② 허가배출기준 설정

2) 통합허가

수질·대기 1·2종 사업장은 통합환경관리계획서 제출, 허가 시 국민건강 및 환경영향 최소화를 위해 허가조건을 부여

3) 허가배출기준

목표수준을 고려하여 최대배출기준(BAT – AEL 최대치) 이하로 설정, 초과판정 기준의 근거 마련

① 환경기준(지역 환경기준 포함)

② 시·도 및 시·군·구 환경계획의 목표

③ 환경오염 상태 및 수계 이용 현황

④ 환경부령으로 정하는 환경질 목표수준

필요한 경우(대통령령) 허가조건 및 허가배출기준 변경 가능

4) 가동개시

'가동개시 신고 → 현장확인 → 신고 수리 → 시운전' 절차 명확화

5) 최적가용기법(BAT)

- 오염물질의 배출을 가장 효과적으로 줄일 수 있고 기술적 · 경제적으로 적용 가능한 관리기법들로 구성
- 업종별 기술작업반 구성 · 운영, 중앙환경정책위원회 심의로 선정
- 중앙환경정책위 기능 강화 등을 위해 「환경정책기본법」 개정 등 검토

6) 기타

측정기기 부착대상, 시설관리기준, 기록 · 보존 등

3. 기대효과

1) '17~'26년, 10년간 통합 허가 · 점검 등으로 규제비용 655억 원 감소
2) 시행 후 매년 3천억 원의 GDP 및 5년 동안 약 6천 개의 일자리 창출

1 · 2종 사업장에 대하여 상위 20%의 기술수준 적용을 위한 시설개선 비용 및 일자리

4. 통합환경관리제도 개요

	현행	개선
	일방향 · 중복 · 획일적 규제	소통 · 통합 · 과학적 접근
사전 준비	• 공식절차 없음	• 공식 사전협의 • 기술정보 사전 제공 – 최적가용기법(BAT), 기준서(K – BREF) 등
허가 신청	• 9개 허가 복수신청 – 허가서류 : 73종(유사 · 중복 다수) – 허가권자 : 법령별로 다양 (환경청, 시 · 도, 시 · 군 · 구) – 제출방식 : 서면제출	• 1개 통합허가 신청 – 허가서류 : 1종(통합환경관리계획서) – 허가권자 : 1개 기관(환경부장관) – 제출방식 : 온라인(통합환경허가시스템)
검토 · 결정	• 서류확인 위주 – 주민등록등본 발급식 허가 • 검토과정 비공개, 일방적 결과통보	• 객관적 · 전문적 검토 – BAT기준서 기반, 전문기술심사원 운영 • 검토과정 조회 및 이의신청 가능
설치 · 운영	• 획일적 배출기준 – 시설특성 등 실제 현장여건 미반영 • 비효율적 운영 – 측정치 1회만 초과해도 위반판정	• 맞춤형 기준 설정 – 실제 현장에서 적용되는 기술 · 기법 기반 • 통계기반의 합리적 운영 – 연속 초과(3~5회) 시 위반판정(예시)
사후 관리	• 허가사항 불변 · 매체별 일회성 · 적발식 단속 – 빈번한 단속(여수 A사업장, 연 36회)	• 주기적(5~8년) 허가사항(허가조건, 허가배출 기준) 보완 및 기술지원 • 통합 지도 · 점검 및 기술진단 – 규모 · 관리수준에 따라 1~3년마다 1회

문제 01 A/O 공법과 A₂O 공법에 대하여 설명하시오.

정답

1. 개요

질소와 인을 함유한 방류수는 호소의 부영양화를 가속할 수 있고 하천에서의 조류와 수생생물의
성장을 촉진할 수 있으며, 심미적으로 불쾌감을 줄 수 있다. 또한 방류수위 질소농도가 높을 경
우 수중의 용존산소를 고갈시키고 수중생물의 독성을 유발하며 염소소독의 효율에 영향을 끼치
고 공중보건상의 위해를 야기하는 등 부정적인 영향을 줄 수 있기 때문에 질소와 인은 처리수 배
출 시 고려해야 할 영양 염류이다.

2. A/O(Anaerobic Oxic)공법

1) 개요

1955년 Greenburg 등이 인의 과잉 섭취에 대한 연구를 보고한 후 발전되어 왔으며, 활성
슬러지 내의 미생물에게 일시적으로 중요 요소가 결핍되게 되면 (일시적 혐기상태 또는 혐기
와 호기의 반복상태) 정상적인 대사과정이 이루어지지 못하고 심한 압박상태에 놓이게 되며,
일부 미생물은 다른 대사 경로를 이용하여 생존을 모색하게 되는 것을 이용하는 방법이다.

2) 주요 대사기작

① 혐기상태

㉠ 세포 내의 폴리인산을 가수분해하여 정인산으로 방출하며 에너지 생산

㉡ 이 에너지로 세포 밖의 유기물을 능동 수송하여 세포 내에 PHB(Poly-Hydroxy
Buthylate)로 저장

② 호기상태

㉠ 세포 내 저장된 기질(PHB)을 정상적인 TCA 회로로 보내어 ATP 획득

㉡ 다시 이 에너지로 세포 외의 정인산을 흡수하여 폴리인산으로 저장

③ 상기 과정이 반복되면서 인의 과잉 섭취(Luxury Uptake) 현상이 발생하게 된다. 이때
Luxury Uptake는 인 이외의 필수원소가 제한되는 상태에서 세포 내로 인을 이동시키는
데 필요한 에너지가 충분하면 인을 과잉 섭취하는 현상을 말하며, Over-Plus란 미생물
이 인의 공급이 부족한 후 다시 인 농도가 높은 환경에 있으면 인을 급속히 섭취하는 현상

을 말한다. 보통 미생물 세포내의 인 함량은 건조중량으로 1.5~2% 정도이나 혐기 조건
에 이어 호기 조건이 따를 경우에는 4~12%까지에 이른다.

3) 공정의 구성 원리

이러한 성질을 이용하여 혐기조에서 인산을 방출하고 호기조에서 인을 과잉 섭취할 수 있도록
공정을 구성하고 인산을 흡수한 잉여 슬러지를 폐기함으로써 생물학적으로 인을 제거할 수
있다.

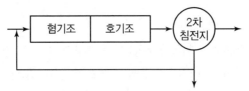

3. A₂O 공법

1) 개요

미국의 Air Product & Chemical 사가 생물학적 인 제거를 목적으로 개발한 A/O 공정에 질
소 제거기능을 추가하기 위해, 혐기조와 포기조 사이에 무산소조를 설치한 공정이다.

2) 공정구성

혐기조에서는 유입하수의 유기물을 이용하여 인을 방출하고, 무산소조에서는 포기조에서 내
부반송된 질산성질소 혼합액과 혐기조를 거친 유입하수를 외부탄소원으로 하여 질산성 질소
를 질소가스로 환원시켜 질소를 제거한다. 포기조에서는 암모니아성 질소를 질산성 질소로
산화시킴과 동시에 유기물 제거와 인의 과잉섭취가 일어나며 인의 제거는 잉여슬러지의 폐
기에 의한다.

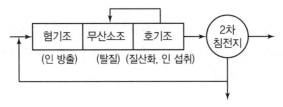

3) 특징

인의 제거는 결국 폐슬러지의 폐기로 결정되므로 제거되는 슬러지양이 중요하며 SRT가 가
장 중요한 인자가 된다. 이때 제거된 슬러지에서의 인 함유량은 무게비(dry weight)로
4~6%가 된다.

화학적인 제거방법에 비해 약품비가 많이 소요되지 않아 경제적이고 슬러지 발생량을 줄일
수 있어 슬러지 처리 비용이 감소되며 같은 양의 BOD 제거당 더 많은 양의 인을 제거할 수
있다는 장점이 있다.

반면에 최적 운전조건의 설정이 어렵고 안정된 인 제거가 곤란하며 슬러지 처리계통에서 인

이 재용출될 가능성이 있으며, 수정 Bardenpho보다 많은 양의 슬러지를 생산하고 저율의 유기물 부하에는 부적합하다는 단점이 있다.

문제 02 하수슬러지의 호기성소화를 혐기성소화와 비교하여 장·단점을 설명하시오.

정답

1. 개요

슬러지 안정화의 목적은 ① 병원균의 감소, ② 악취의 제거, ③ 부패성을 억제, 감소 또는 제거하는 데 있다. 이러한 목적 달성의 성공 여부는 안정화 조작, 즉 슬러지 중의 휘발성 물질인 유기물 부분의 처리방법에 관계된다. 슬러지 중의 유기물 부분에서 미생물이 번식하게 되면 병원균이 잔류하고 악취가 나며 부패하게 된다.

슬러지 안정화 기술에는 염소산화, 석회안정화, 열처리, 혐기성 소화, 호기성 소화 등이 있다.

2. 호기성 소화

1) 원리

   ① 미생물의 내성호흡을 이용하여 유기물의 안정화 도모

   ② 슬러지 감량화뿐만 아니라 차후 처리 및 처분에 알맞은 슬러지를 만드는 데 있다.

2) 호기성 미생물의 최종생성물

   ① 주로 CO_2, H_2O와 미생물 분해가 안 되는 polysaccharides, humicellulose, cellulose로 구성

   ② 소화 중 생성된 암모니아는 아질산 및 질산으로 산화되어 알칼리도를 파괴하며 pH저하를 가져온다. 그러므로 알칼리도가 부족한 경우에는 보충이 필요하다.

3. 혐기성 소화

1) 의미 : 혐기성균의 활동에 의해 슬러지가 분해되어 안정화되는 것

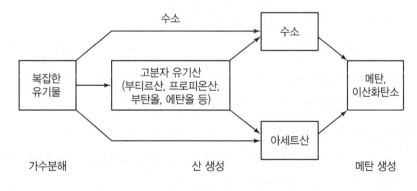

∥ 혐기성 분해 3단계 ∥

2) 가수분해(Hydrolysis)

① 복합 유기물 → Longchain acid, 유기산, 당 및 아미노산 등으로 발효

② 결국 Propionic, Butyric, Valeric acids 등과 같은 더 작은 산으로 변화 → 이 상태가 산 생성단계

3) Acid Fermentation(산 발효)

① 산 생성 Bacteria는 임의성 혐기성균, 통성혐기성균 또는 두 가지가 동시 존재

② 산 생성 박테리아에 의해 유기산 생성공정에서 CH_3COOH, H_2, CO_2 생성

- H_2는 산 생성 Bacteria 억제자 역할
- H_2는 Fermentative bacteria와 H_2 – producing bacteria 및 Acetogenic bacteria (H_2 – utilizing bacteria)에 의해 생성
- CH_3COOH는 H_2 – Consuming bacteria 및 Acetogenic bacteria에 의해 생성된다. 또한 H_2는 몇몇 bacteria의 에너지원이고 축적된 유기산을 CO_2 ↑, CH_4로 전환시키면서 급속히 분해된다.
- H_2 분압이 10^{-4}atm이 넘으면 CH_4 생성이 억제되고 유기산 농도 증가
- 수소분압 유지 필요(10^{-4}atm 이하) → 공정지표로 활용

4) 메탄 발효단계

$$4H_2 + CO_2 \rightarrow CH_4 + 2H_2O$$
$$CH_3COOH \rightarrow CH_4 + CO_2$$

① 유기물 안정화는 초산이 메탄으로 전환되는 메탄 생성과정 중 일어남

② 생성 CO_2는 가스상태 또는 중탄산 알칼리로도 전환

③ Formic Acid Acetic Acid Methanol 그리고 수소 등이 다양한 메탄 생성균의 주된 에너지원임

④ 반응식(McCarty에 의하면 체류시간 20일)

$$C_{10}H_{19}O_3N \rightarrow 5.78CH_4 + 2.47CO_2 + 0.19C_5H_7O_2N + 0.81NH_4 + 0.81HCO_3^-$$

210g의 하수슬러지에서 5.78mols(129liter) 메탄과 0.19mols(21.5g) 미생물 생성, 0.81mols (40.5g as $CaCO_3$) 알칼리도 생성

5) 공정영향 인자

① Alkalinity : pH가 6.2 이하로 떨어지지 않도록 충분한 알칼리의 확보가 필요함. 일반적으로 1,000~5,000mg/L

② 온도 : 고온소화(55 – 60℃), 중온소화(36℃ 전후)

③ pH : 6~8 정도(최적은 6.6~7.6) 정도

④ 독성물질 : 알칼리성 양이온, 암모니아, 황화합물, 독성유기물 및 중금속

4. 장단점

구분	호기성 소화	혐기성 소화
장점	• 최초 시공비 절감 • 악취 발생 감소 • 운전 용이 • 상징수의 수질양호 • 체류시간이 짧음	• 유효자원 메탄 생성 • 소화슬러지 탈수성 양호 처리 후 슬러지 생성량이 적다. → 고농도 배수처리 가능 • 동력비 및 유지 관리비가 적게 든다.
단점	• 소화슬러지의 탈수 불량 • 동력비가 과다 • 유기물의 감소율이 저조	• 높은 온도(35℃ or 55℃)가 유지 필요 • 상등액의 BOD가 높다. • 초기 적응 시간 길다. • 시설비가 많이 든다. • 암모니아와 H_2S에 의한 악취 문제

문제 03 하수처리방법 선정 시 고려사항에 대하여 설명하시오.

정답

1. 개요

처리방법을 선택할 때 각 처리방법의 특징을 파악한 후 건설비, 유지관리비, 운전의 난이도, 환경성, 지구온난화 가스 등의 발생량, 통합운영 시 중심처리장(주처리장)과의 호환성을 검토해야 하고 필요하다면 LCA(life cycle assessment) 혹은 LCC(life cycle cost) 및 LCCO₂ 기법 등을 이용할 수 있다.

2. 선택 시 고려사항

1) 유입하수량과 수질

① 계획오수량은 생활오수량, 공장폐수량 및 지하수량으로 구분해서 고려한다.

② 소규모 하수도 경우에는 필요한 경우 가축폐수량을 고려할 수 있다.

③ 계획유입수질은 계획오염부하량과 계획 1일 평균오수량을 기초로 한다.

2) 처리수의 목표수질

목표수질에 대하여 고려할 사항은 다음과 같다.

① 방류수역의 현재 유량과 수질

② 동일 수역에서 방류되는 기타 배출원과의 관계

③ 다른 오염원의 장래 오염부하량을 예측

3) 처리장의 입지조건

① 상수원 및 지하수를 오염시키지 않는 곳

② 침수의 염려가 없고 자연유하식 처리 및 방류가 가능한 방류수역과 가까운 장소, 지대가 낮은 경우 과거의 침수상황을 충분히 고려할 것

③ 주택지역 및 상업지역은 되도록 피함

입지조건에 맞게 주변의 환경대책(악취, 소음, 경관 등)에 특별히 유의한다.

④ 슬러지, 스크린 찌꺼기 등의 최종처리 및 처분방법을 고려한다. 여건변화로 쉽게 고장이 나지 않는 것을 선택한다.

4) 방류수역의 현재 및 장래이용현황

생활용수, 공업용수, 농업 및 레크레이션 용수로 이용 등

5) 건설비 및 유지관리비의 경제성

① 건설비, 유지관리비가 적정수준이어야 하며 재이용, 슬러지 발생량 감소 등의 부가적인 비용절감의 측면을 고려한다.

② 필요시 LCA, LCC, LCCO$_2$ 기법 등을 이용한다.

6) 유지관리의 용이성

기계 및 약품구입의 용이성, 투입인력의 최소화, 유입수질 변동에 신속한 대처 가능한 자동화 또는 반자동화제어 방식 도입, 계기의 내구성 등을 고려

7) 법규 등에 대한 규제

① 하수도 시행규칙에 따른 방류수기준 준수 등을 고려

② 고도처리 도입 시 수온에 의한 영향도 고려해야 된다.

8) 처리수의 재이용계획

처리장 내 잡용수, 수세식 용수, 공업용수, 농업용수 등으로 처리수 재이용을 계획할 수 있다.

문제 04 제2차 물환경관리 기본계획(2016~2025년)의 수립 배경 및 필요성과 핵심전략에 대하여 설명하시오.

정답

1. 개요

제1차 물환경관리 기본계획이 「수질 및 수생태 보전에 관한 법률」 제24조에 따른 4대강 대권역 계획을 한데 묶어 기본계획으로 명명한 것과 달리, 제2차 물환경관리 기본계획은 '수질, 수량관리 및 수생태계 보전을 위한 정부 물환경관리 정책의 최상위 계획'으로서 대·중·소 권역 물환경 관리계획, 오염총량관리 기본방침 및 기본·시행 계획, 비점오염원관리 종합대책 등 주요 물환경 관리 대책 수립의 지침서 역할을 한다.

2. 수립배경 및 필요성

우리나라는 물 관리에 불리한 기상과 지형 조건, 급속한 도시화와 산업화에 따른 영향을 단기간에 성공적으로 극복한 나라로 평가된다. 지난 30여 년간 대규모 투자와 환경규제의 강화, 혁신적인 정책 도입과 과학기술 발전에 힘입어 성공적인 물환경 관리 제도를 정착시켰고 이는 경제·사회적 발전을 견인해 왔다. 그러나 그간의 성과에도 불구하고, 다음 문제가 기후변화 현상에 따른 과제로 남아 있다.

1) 물 공급의 불안정성과 수생태계에 대한 영향
2) 도시화 등 불투수면 증가로 인한 물순환 왜곡
3) 난분해성 유기오염물질의 증가, 가축분뇨·농촌비점·도시 강우 유출수 등 비점오염원에 의한 지하수 및 지표수의 오염
4) 수생태계 건강성 정책 목표 부실 등

전통적인 물관리 정책이 수질개선, 수생태계 보전 및 수자원 확보 등 분야별로 추진되어 왔다면, 앞으로는 수질과 수량, 수생태계를 유기적으로 연계하여 통합 관리하는 체계를 구축해야 한다. 범지구적인 기후변화 현상에 대응하는 물환경 관리 전략을 세우고 4대강 사업 및 각종 개발사업 등으로 변화된 물환경이 주는 사회적 편익은 극대화하고 잠재적 문제점은 해소해 나가는 해법이 필요하다.

물환경 관리의 수행 주체도 중앙정부 주도에서 지방정부 및 지역주민 중심으로 변화하는 패러다임이 필요하다. 편익과 비용부담의 영향을 직접적으로 받는 지역주민과 이해관계자들이 물관리 정책의 수립과 집행과정에 의미 있게 참여하는 제도적 장치를 마련해야 한다.
건강한 물환경 조성이 인간과 생태계의 생존, 나아가 국가 번영의 근간이 됨을 재인식하고, 충분하고 깨끗한 물을 건전하게 순환시킴으로써 이에 따른 혜택이 하천의 발원지에서 하구, 연안에 이르는 모든 지역의 인간과 생태계에 지속적으로 제공되도록 하는 것이 우리가 2025년까지 궁극적으로 실현해야 할 물환경 관리 정책 방향이다.

3. 제2차 물환경관리 기본계획의 체계

"방방곡곡 건강한 물이 있어 모두가 행복한 세상"

비전

핵심
전략

| 1 건강한 물순환 체계 확립 | 2 유역통합 관리로 깨끗한 물 확보 | 3 수생태계 건강성 제고로 생태계 서비스 증진 | 4 안전한 물환경 기반 조성 | 5 물환경의 경제·문화적 가치 창출 |

기반
강화

1 거버넌스 활성화   2 과학·기술 고도화   3 재정관리 효율화

핵심
가치

자연과 인간의 상생   환경과 경제의 선순환   환경 정의

4. 핵심전략

1) 건강한 물순환 체계 확립

① 환경생태유량 확보 제도화

② 지표수−지하수 통합 관리

③ 전 국토의 물 저류·함양 기능 향상

④ 물 재이용 활성화로 대체수자원 확보

⑤ 물 수요 관리 강화

⑥ 관계부처 협업 강화

㉠ 다원화된 국내 물관리 체계를 통합 물관리 체계로 확립

㉡ 수질·수량·수생태계 연계 관리를 위한 관계부처와의 협업 추진

2) 유역통합관리로 깨끗한 물 확보

① 주요 상수원 수질 Ⅰ등급 달성과 유역계획의 수립

② 오염총량제가 상수원 수질개선의 핵심수단이 되도록 체계 개선 및 관리

③ 지류·지천 수질개선 강화

④ 농·축산업 분야 오염원 중점관리

⑤ 경제적 유인책을 활용한 사전예방적 비점오염원 관리

⑥ 집중관리대상 호소별 수질목표 설정 및 관리
   ㉠ 집중관리대상 호소 선정 및 관리
   ㉡ 호소 수질개선을 위한 관계부처와의 협업

⑦ 하구 및 하구호 관리를 위한 관계부처 협업

3) 수생태계 건강성 제고로 생태계 서비스 증진
  ① 수생태계 건강성 평가체계 확립 및 양호(B) 등급 목표 달성
    수생태계 건강성 평가 · 환류 체계 확립

  ② 건강성 훼손 하천 원인규명 및 복원 체계 확립
   ㉠ 조사 · 평가지점 확대 및 평가결과 관리
   ㉡ 훼손원인 규명 체계 마련
   ㉢ 훼손하천 복원 의무화 및 지류 총량제 연계
   ㉣ 참조하천 지정 · 활용

  ③ 수생태계의 종 · 횡적 연결성 제고
  ④ 기후변화에 취약한 수생태계 관리 및 생물다양성 보전
  ⑤ 수생태계 서비스 가치 측정 및 정책 활용
  ⑥ 수생태계 전문 조사 · 연구조직 신설

4) 안전한 물환경 기반 조성
  ① 감시물질 도입 및 수질오염물질 지정 · 관리 강화
   ㉠ 감시물질 지정 및 제도화
   ㉡ 수질오염물질 중 화합물 분리 규제
   ㉢ 배출허용기준의 적절성 재검토 기한 설정

  ② TOC 중심의 유기물질 관리 강화

  ③ 업종특성을 고려한 폐수배출시설 관리
   ㉠ 업종별 폐수배출시설 관리 체계 도입
   ㉡ 통합환경관리제도 연계 및 최적 가용기법 확대
   ㉢ 공공폐수처리시설 위탁업체 선정 표준화
   ㉣ 생태독성 관리제도 확대

④ 사업장 수질오염의 자율관리기반 마련
　　㉠ 자가측정제도 재규정
　　㉡ 수질배출부과금 제도개선

⑤ 수질오염사고 대응능력 강화
　　㉠ 집중측정센터 확대 및 어류사고 CSI 구성 · 운영
　　㉡ 완충저류시설 설치 확대
　　㉢ 수질오염사고 감시 모니터링 기능 제고

⑥ 통제가능한 수준의 녹조 관리
　　㉠ 사전예방 및 사후관리 방안
　　㉡ 녹조 모니터링 및 조류제거 명령 범위 확대
　　㉢ 대국민 소통 확대
　　㉣ 4대강 보 구간 목표수질 설정 · 관리

⑦ 기후변화 취약시설 관리
　　㉠ 환경기초시설의 사전예방적 대응체계 구축
　　㉡ 기후변화 취약성 평가 및 관리 매뉴얼 마련

5) 물환경의 경제 · 문화적 가치 창출
　① 물환경관리 전문화로 물산업 창출
　　㉠ 물산업 클러스터 조성으로 글로벌 물기업 육성
　　㉡ 물산업 분야 전문인력 양성
　　㉢ 국내 물산업 체질 개선
　　㉣ 선택과 집중의 R&D 투자
　　㉤ 국제 교류 활성화로 물산업 해외진출 지원
　　㉥ 물의 생산 · 공급 · 처리 등 전 과정의 전문화로 물산업 발전 촉진

　② 환경기초시설 자산관리제도 도입

　③ 친수활동 안전 확보 및 쾌적함 제고 : 친수활동 안전 확보를 위한 제도 개선

　④ 물문화 체험공간 조성
　　㉠ 에코도시 하천 조성
　　㉡ 물문화 체험 프로그램 제공
　　㉢ 미래세대를 위한 물 관련 교육 · 홍보
　　㉣ 도시하천과 수변공간 접근의 형평성 제고

문제 05 응집침전공정에서 coagulation과 flocculation의 진행과정을 기술하고, 여기에 사용되는 응집제의 역할을 설명하시오.

정답

1. 개요

원수의 현탁물질 중 0.01mm 이하, 특히 콜로이드성 입자(10^{-6}~10^{-3}mm)는 비중이 물과 비슷하여 잘 가라앉지도 않고 표면에 떠오르지도 않아 매우 안정된 상태로 있다. 또한 입자주위가 '−'전하를 띠고 있어 입자들끼리 서로 반발하므로 더욱 침전이 어려워 응집제를 투입하여 전기적 중화에 의한 반발력을 감소시켜 입자들을 뭉치게 하여 침전시키는 것을 응집이라 한다.

2. 진행과정

1) 1단계(Coagulation) : 급속 교반단계. 안정한 입자를 불안정하게(상호입자 간 작용력)하기 위한 응집제를 투입
2) 2단계(Flocculation) : 완속교반단계. 분자운동, 유체의 혼합효과로 발생되는 입자 간 충돌(collision) 또는 입자의 플록 내 포착(enmeshment) 과정

3. Coagulation과 Flocculation의 원리

Coagulation	Flocculation
콜로이드의 표면전하의 중화로 입자가 결합하는 것을 말하며, 혼화단계에서 주로 이루어진다.	응결된 입자가 가교현상에 의하여 서로 결합하는 것을 말하며, 플록 형성단계에서 주로 이루어진다.

4. 사용되는 응집제의 역할

1) 응집제 약품 : 황산 알루미늄, PAC, 염화제2철, 황산제1철, 황산제2철 등 주로 Coagulation 역할을 하는 약품이다.

2) 응집보조제 약품 : 소석회, 생석회, polymer 등이 있으며, 소석회 또는 생석회는 응집 시 저하되는 pH를 보충하는 알칼리 역할을 하며 polymer는 Flocculation 역할을 한다.

문제 06 설계, 시공상의 결함과 운전미숙 등으로 발생되는 펌프 및 관로에서의 장애현상, 영향 및 방지대책에 대하여 설명하시오.

정답

1. 개요

펌프 및 관로상에서 나타나는 장애현상

1) NPSHav가 NPSHre보다 적어 나타나는 Cavitation 현상

2) Water Hammer

3) System Head Curve에 의한 펌프 Head 부족으로 인한 유량부족 현상

4) 배관 고점에서의 Air vent 미설치로 인한 배관 내 Air에 의한 양수량 부족현상 등이 있다.

2. 공동현상(Cavitation)

펌프 내에서 유속이 급변하거나 와류발생, 유로 장애 등에 따라 유체의 압력이 그때의 수온에 대한 포합증기압 이하로 되었을 때 유체의 기화로 기포가 발생하고 유체에 공동이 발생하는 현상으로 캐비테이션이라고도 한다.

1) 발생장소
   ① 펌프의 임펠러 부근
   ② 관로 중 유속이 큰 곳이나 유량이 급변하는 곳

2) 발생원인
   ① 임펠러 입구의 압력이 포화증기압 이하로 낮아졌을 때
   ② 이용가능한 NPSHav가 펌프의 필요 NPSHre보다 낮을 때
   ③ 관 내 수온이 포화증기압 이상으로 증가할 때
   ④ 펌프의 과대 출량으로 운전 시

3) 영향
   ① 소음과 진동발생
   ② 펌프성능 저하

③ 급격한 출력저하와 함께 심할 경우 Pumping 기능의 상실

④ 임펠러의 침식(토양부식)

4) 방지방법

① 유효 NPSHav를 필요 NPSHre보다 크게 한다.

② 펌프의 설치위치를 가능한 한 낮추어 NPSHav를 크게 한다.

③ 흡입관의 손실을 가능한 한 작게 하여 NPSHav를 크게 한다.

④ 흡입측 밸브를 완전개방하고 운전(흡입관 손실 작게)

⑤ 펌프의 회전속도를 낮게 선정하여 NPSHre를 작게 한다.

⑥ 성능에 크게 영향을 미치지 않는 범위에서 흡입관의 직경을 증가(흡입관의 손실을 적게).

⑦ 운전점이 변동되어 양정이 낮아지는 경우 토출량이 과대되므로 이것을 고려하여 충분한 NPSHav를 주거나 밸브를 닫아서 과대 토출이 안 되도록 조절한다.

⑧ 동일한 회전수와 토출량이면 양흡입 펌프, 입축형 펌프, 수중펌프의 사용을 검토한다.

⑨ 악조건에서 운전하는 경우 임펠러 침식 방지를 위해 강한 재료를 사용한다.

3. 수격작용(Water Hammer)

관내를 충만하게 흐르고 있는 물의 속도가 급격히 변하면 수압도 심한 변화를 일으키며 관내에 압력파가 발생하게 되고, 이 압력파는 관내를 일정한 전파속도로 왕복하면서 충격을 주게 되는데 이러한 작용을 수격작용이라고 한다.

1) 발생원인

① 관내의 흐름을 급격하게 변화시킬 때 압력변화로 인하여 발생된다.

② 펌프의 급정지로, 관내에 공동이 발생한 경우에 유발된다.

2) 영향

① 소음과 진동발생

② 관의 이완 및 접합부의 손상

③ 송수기능의 저하

④ 압력상승에 의한 펌프, 배관, 관로 등을 파괴

⑤ 펌프 및 원동가 역전에 의한 사고 등

3) 경험적 지침으로 수격작용 분석이 필요한 경우

① 관내 유량이 15m³/시 이상이고 동력학적 수두가 14m인 경우

② 역지밸브를 가지고 있는 고양정 펌프 시스템

③ 수주분리가 일어날 수 있는 시설, 즉 고위점이 있는 시설, 관길이 100m 이상, 압력관으로 자동공기 배출구나 공기 진공 밸브가 있는 시설의 경우

4) 방지방법

① 수주분리 발생방지법

ㄱ 펌프에 플라이 휠 부착 : 펌프관성증가, 급격한 압력강하 방지

ㄴ 토출측관로에 표준형 조압수조 설치

ㄷ 토출 측 관로에 일방향 압력 조절수조 설치 : 압력 강하 시에 물보급 부압발생방지

ㄹ 펌프 토출부에 공기탱크 설치 또는 부압지점에 흡기 밸브 설치

ㅁ 관내 유속을 낮추거나 관거 상황을 변경한다.

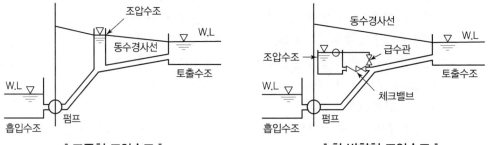

┃ 표준형 조압수조 ┃   **┃ 한 방향형 조압수조 ┃**

② 압력 상승의 방지법

ㄱ 완폐식 체크밸브 설치 : 역류개시 직후의 역류에 대해서 밸브디스크가 천천히 닫히게 하여 압력상승을 완화

ㄴ 급폐식 체크밸브에 의한 방법 : 역류가 일어나기 전 유속이 느릴 때 스프링 등의 힘으로 체크밸브를 급폐시키는 방법으로 300mm 이하의 관로에 사용

ㄷ 콘밸브 또는 니들밸브나 볼밸브에 의한 방법 : 밸브개도를 제어하여 자동적으로 완폐시키는 방법, 유속변화를 작게하여 압력상승을 억제함

4. SYSTEM HEAD CURVE(관로특성 곡선)

시스템 수두곡선은 총동수두(THD)와 양수량과의 관계를 나타낸 것

H_F와 H_V가 양수량의 함수이고 H_V도 수위의 변화 등 여러 요인에 의해서 변동될 수 있으므로 통상직선이 아니고 곡선이다.

$$TDH = H_L + H_F + H_V$$

여기서, H_L : 총정수도

H_F : 총마찰 손실수두$\left(f\dfrac{V2}{2g}, f\dfrac{L}{D}\dfrac{V2}{2g} \text{ 확관류} : f\left(\dfrac{(V_1 - V_2)}{2g}\right) \right)$

H_V : 속도수두$(V^2/2g)$

TDH : 총동수두

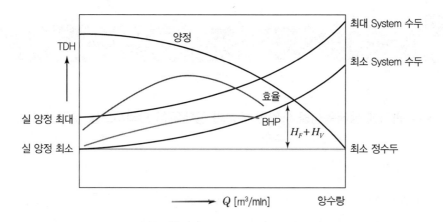

• 발생 문제점 및 대책 : 펌프의 효율곡선이 System 수두 곡선보다 낮을 경우에는 펌프 유량곡선을 따르지 않는 유량 부족 현상이 나타나므로 펌프 선정 시 최대 System 수두 곡선을 고려하여 선정하여야 한다.

5. 배관 최고점에서 Air 방출

배관 내 Air가 차 있을 경우 양수 불량 현상이 발생되므로 필히 배관 내 Air를 제거 후 펌프를 운전한다.

문제 01 수환경 관리에 생태독성을 도입한 배경과 생태독성 관리제도를 설명하시오.

정답

1. 개요

생태독성 도입 배경

1) 유해화학물질 사용 및 유통의 급격한 증가로 개별 대응에 한계
2) 이화학 기준을 만족하는 방류수에서 생태 독성 발생으로 수생태계 손상

상기 이유로 미지의 유해물질 독성 통합관리의 필요성이 대두됨

2. 생태독성이란

산업폐수 등이 실험대상 생물체에 미치는 급성 독성 정도를 나타낸 것

실험대상 물벼룩를 실험수에 투입하여 24시간후의 치사 또는 유해율을 측정하여 TU 단위로 표현

[※ 그림 '생태독성 실험법']

3. 폐수종말처리시설 방류수 기준

폐수종말처리시설은 2011년부터 적용. TU 1 이하

기타 2016년 기준

구분		지역	기준
1, 2종 사업장		모든 지역	TU 1
3, 4, 5종 사업장		청정	TU 1
생태독성이 높은 배출시설	섬유염색 및 가공시설	가, 나, 특례	TU 2
	기타 분류되지 아니한 화학제품 제조시설		
	도금시설		
	기초 무기화학물질 제조시설		
	합성염료 유연제 및 기타 착색제 제조시설		

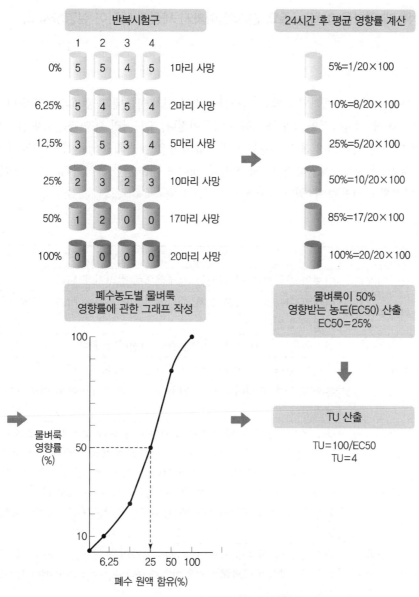

반복시험구

	1	2	3	4	
0%	5	5	4	5	1마리 사망
6.25%	5	4	5	4	2마리 사망
12.5%	3	5	3	4	5마리 사망
25%	2	3	2	3	10마리 사망
50%	1	2	0	0	17마리 사망
100%	0	0	0	0	20마리 사망

24시간 후 평균 영향률 계산

5%=1/20×100

10%=8/20×100

25%=5/20×100

50%=10/20×100

85%=17/20×100

100%=20/20×100

**폐수농도별 물벼룩
영향률에 관한 그래프 작성**

물벼룩
영향률
(%)

폐수 원액 함유(%)

**물벼룩이 50%
영향받는 농도(EC50) 산출
EC50=25%**

TU 산출

TU=100/EC50
TU=4

┃ 생태독성 실험법 ┃

문제 02 여과 성능에 영향을 미치는 주요 인자와 여과지 세정에 대하여 설명하시오.

정답

1. 개요

여과는 부유물, 특히 침전으로 제거되지 않는 미세한 입자를 제거 하는데 가장 효과적인 방법으로서 물리적 · 화학적 및 생물학적인 작용에 의하여 이루어진다. 고도처리 시 여과는 2차 침전지에서 침전과정을 거친 후 방류되기 전에 유출수 중에 부유되어 있는 플록 등의 잔류 미생물 제거 시, 혹은 응집처리 후 잔류물을 제거하거나 2차 처리 후 재이용 등을 위한 흡착처리 전이나 이온교환의 전처리 단계로도 사용할 수 있다.

2. 여과 메커니즘

메커니즘		개요
1. 거름작용 (Straining)	a. 기계적	여재의 공극보다 큰 입자는 기계적으로 걸러지게 된다.
	b. 우연접촉	여재의 공극보다 작은 입자는 우연접촉에 의하여 여과지 내에서 포집하게 된다.
2. 침전(Sedimentation)		입자들은 여과지 내에서 여재 위에 침전하게 된다.
3. 충돌(Impaction)		무거운 입자는 유선을 따라 흐르지 않고 잡히게 된다.
4. 차단(Interception)		유선과 함께 움직이는 많은 입자들은 여재의 표면에서 접촉하여 제거된다.
5. 부착(Adhesion)		응집성 입자들은 여재를 지나칠 때 여재 표면에 붙게 된다. 흐르는 물에 의한 힘 때문에 어떤 물질은 단단히 붙게되기 전에 씻겨나가 여상의 더 깊은 곳으로 밀려가게 된다. 여상이 막히면 표면 전단력이 증대되어 더 이상 물질을 제거할 수 없는 시점에 이르게 된다. 어떤 물질은 여과지 밑바닥에서 누출되어 유출수의 탁도가 갑자기 증가하게 만든다.
6. 화학적 흡착	a. 결합 b. 화학적 작용	입자가 일단 여제의 표면이나 다른 입자의 근처에 오도록 한 후에 계속 거시에 붙어 있게 하는 것은 이들 중 하나 또는 여러 개의 메커니즘에 의한 것이다.
7. 물리적 흡착	a. 정전기력 b. 동전기력	
8. 응집		큰 입자에 작은 입자가 붙어서 더 큰 입자가 만들어진다. 그다음 이런한 입자들은 위에 열거한 제거 메커니즘(1~5) 중 하나 또는 여러 개의 작용으로 제거된다.
9. 생물증식		여과지 내에서의 생물증식에 의하여 공극의 부피가 줄어들고 위에 적은 메커니즘(1~5)에 의해 입자제거가 증대되기도 한다.

3. 여과 성능에 영향을 미치는 주요 인자

여과효율에 영향을 미치는 인자는 매우 많은데 이를 분류하면 다음과 같다.

1) 여층의 구성인자 : 여재의 종류, 여층깊이, 여재규격, 여재 입경분포, 여재밀도, 여재 공극률, 여재의 표면전위 등

2) 제거대상물질 특성 : 입자의 크기, 밀도, 표면전위, 농도, 입자 간의 가교강도 등

3) 여과기 운전인자 : 여과속도, 허용최대손실수두, 역세척방식, 부하 등

4) 유체의 특성 : 수온, 점성, 이온강도 등

4. 여과지 성능평가 방법

1) 여과지의 탁도, 입자수 측정, 그 외 유출량, 손실수두, UFRV 등이 있다.

2) UFRV : 여과지속시간 내 처리된 여과지의 단위 면적(m^2)당 여과수량(m^3)을 뜻한다.

3) UFRV = 여과속도($m^3/m^2 \times$ 분) $\times$ 여과지속시간(분)

4) 성능 판단기준은 다음과 같다.

   ① UFRV값 200m^3/m^2 이하 : 여과지속시간이 너무 짧다.

   ② UFRV값 410m^3/m^2 초과 : 여과지 성능 양호

   ③ UFRV값 610m^3/m^2 이상 : 재래식 정수공정에서 여과성능이 좋다.

     UFRV 300 이하인 경우 원인조사 및 분석을 실시토록 한다.

5. 여과지 세정

여과수의 탁도가 허용치 이상으로 증가하거나 여과상을 지나면서 한계 손실수두에 도달하게 되면 여가상에 축적된 부유 물질을 역세척으로 제거해야 한다.

1) 역세척 방법

   ① 물로만 역세척하는 방법

   ② 물과 공기를 동시에 분출시켜 역세척하는 방법

   ③ 공기로 여층을 교반한 후 물로 역세척하는 방법

   ④ 표면세척기를 사용하여 기계적으로 교반한 후 물로 역세척하는 방법이 있다.

2) 역세척 속도

여재의 세척효과는 역세척 속도에 따라서 달라지는데 이러한 역세척 속도는 포획된 부유물질의 양 및 특성 그리고 여과기종 등에 따라 정한다. 일반적으로 역세척 속도는 상부 모래 층이 7~10% 팽창할 수 있는 정도를 선택하는 것이 적절하나, 이러한 역세척 속도는 온도 및 여재의 입경에 따라 변하므로 주의하여 결정한다.

문제 03 미생물 연료전지를 이용한 하 · 폐수처리 방법을 설명하고, 극복해야 할 제한 인자들을 설명하시오.

정답

1. 개요

미생물 연료전지(Microbial Fuel Cell, MFC)는 미생물이 유기 · 무기물질을 산화시켜 생성되는 전자를 전극으로 전달할 수 있는 미생물을 촉매로 사용하여 오 · 폐수 내 존재하는 유기물의 화학적 에너지를 전기에너지로 전환하는 시스템이다.

2. 미생물 연료전지의 작동 과정

1) 미생물이 공급된 유기물을 분해하는 과정에서 전자와 수소이온이 생성된다.
2) 양이온 교환막을 통해 양극으로 수소이온이 이동된다.
3) 외부장치를 통해 음극에서 양극으로 전자가 이동한다.
4) 전위차에 따라 전자가 흐르고 전기에너지가 생성된다.

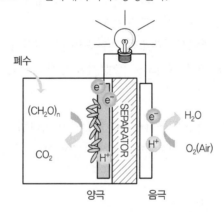

미생물 연료전지의 산화전극부와 환원전극부에서의 화학반응식은 다음과 같다.

- 산화반응 : $(CH_2O)_n \longrightarrow CO_2 + H^+ + e-$
- 환원반응 : $1/2\ O_2 + 2H^+ + e- \longrightarrow H_2O$

구성요소 : 산화전극, 환원전극, 분리막, 촉매

3. MFC를 이용한 하 · 폐수처리 방법

미생물 연료전지를 성분이 순수한 유기물을 함유한 인공폐수 처리에는 단독적용이 가능하나 고형물등을 포함하는 실제 하 · 폐수처리공정에 이용할 때는 단독 적용은 불가능하며 다른 장치와 조합 형태로 설계가 이루어져야 할 것이다.

하 · 폐수의 농도가 낮은 경우에는 1차 침전지를 통해 고형물을 제거하고 상등액만을 MFC에 적용하여 2차 침전지를 거쳐 처리수를 방류하게 된다.

고농도의 하·폐수처리의 경우 먼저 혐기소화조를 거치고 상등수를 MFC 처리한다.

국내 미생물연료시스템은 현재까지 실험실 규모로 연구되어 많은 발전을 이루었고 실제로 폐수처리와 전력를 생산하는 수준에 이르렀지만 실제 현장에 적용하기 위한 연구는 부진한 실정이다.

1) 저농도 하·폐수처리

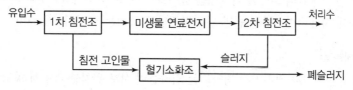

2) 고농도 하·폐수처리

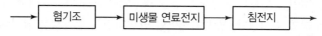

4. 극복해야 할 제한 인자

미생물연료전지 기술의 장점에도 불구하고 경제적 문제와 규모 확대의 어려움 등 문제로 현재까지는 실제 규모에 적용 가능한 MFC 시스템 개발이 이루어지지 않고 있다. 실제 적용을 위한 극복해야 할 제한 인자는 다음과 같다.

1) 높은 투자 비용의 해결
   ① 전극 물질과 이온 교환막에 들어가는 고가의 재료비
   ② 저가형 전극물질 개발, 이온 교환막을 사용하지 않는 MFC 설계 기술 연구

2) 큰 규모(1L 이상)에서의 낮은 전력밀도
   ① 규모 확대 과정에서 전기화학적 손실(내부 저항이 커짐) 현상
   ② 지수적으로 낮아지는 전력 밀도를 실험실 수준으로 유지할 수 있는 연구가 필요

3) 적극적인 비용분석을 통한 민감한 세부 요소기술의 파악이 필요하다.

문제 04 고형물 Flux를 이용하여 침전지의 면적(A)을 구하는 침전칼럼 실험방법에 대하여 설명하시오.

정답

1. 개요

고형물 Flux는 고형물의 흐름을 나타내는 용어로서, 주로 하수처리공정의 최종침전지나 슬러지 농축조 설계에 사용되며 1시간 동안 단위면적당 농축되는 슬러지양($kg/m^2 \cdot hr$)을 나타낸다.

2. 농축조 설계방법

활성슬러지 공정에서 침전지에서 침전되는 입자들이 서로 위치를 바꾸지 않고 계면을 형성하며 침전하는 형태를 간섭침전이라 한다. 간섭침전의 경우 비교적 명확하게 물과 침전된 슬러지의 입자층으로 분리된다. 부유물의 농도가 높은 경우에는 보통 방해침전과 압밀침전이 단독침전이나 응집침전과 함께 일어난다. 방해침전이난 압밀침전의 침강성을 알아내기 위해서는 보통 침전실험을 실시하게 된다. 컬럼 침전시설에서 얻는 자료를 기초로 침전이나 농축시설의 필요면적을 구하는 데는 ① 회분식 침전실험에서 얻는 방법을 이용하는 방법, ② 고형물의 농도를 변화시켜 가면서 행한 일련의 침전실험에서 얻은 자료를 이용하는 고형물 플럭스법이 있다.

3. 침전칼럼 실험방법

1) 침전조에서의 물질수지를 세운다.

고형물 플럭스란 침전탱크 내에서 어떤 면을 기준으로 할 때 침전되는 슬러지 내의 고형물 입자가 침전지 바닥으로 이동되는 이동량을 의미한다. 침전지 내에서의 고형물 플럭스는 중력에 일어나는 중력플럭스와 침전지에 설치된 슬러지 배출에 의한 하향류에 의해 일어나는 슬러지 플럭스의 합이 된다.

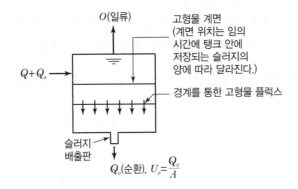

2) 칼럼 침전 실험에서 얻는 데이터를 이용하여 고형물 플럭스 곡선을 구한다.

① 중력에 의한 중력플럭스와 고형물 농도 관계를 그래프로 그린다.

    ㉠ 침전실험에서 얻는 여러 가지 농도에 대한 간섭침전속도 그래프를 그린다.

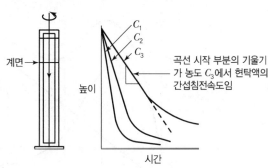

    ㉡ ㉠으로부터 농도별 간섭침전속도 그래프를 그린다.

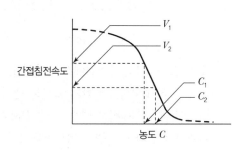

    ㉢ 농도별 중력 플럭스의 관계 그래프를 그린다.

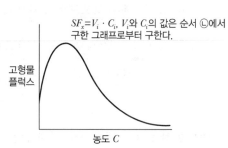

② 하부 배출량에 따라 고형물 농도별 하향류 플럭스 그래프를 그린다.

    하부 배출속도가 결정되면 침전시설에서 부하되는 유입량은 $Q + Q_o$이므로 고형물 농도별 단위면적당 고형물 부하율 (하향류 플럭스) 사이의 그래프는 직선이 된다.

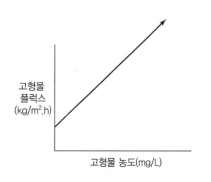

③ ①, ②의 그래프로부터 중력플럭스와 하향류 플럭스의 합한 총고형물 플럭스를 그린다.

3) 고형물 플럭스로부터 필요단면적을 구한다.

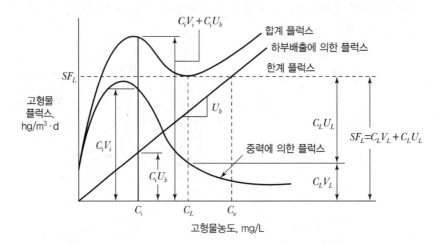

① 총플럭스 곡선의 극소점에서 수평선을 그어 그선이 수직축(y축)과 만나는 값이 한계 고형물 농도 SFL이다. 이 한계 고형물 플럭스로부터 침전조의 단면적을 구하게 된다.

② SFL에 대응하는 하부 배출농도는 SFL에 수평선을 그려 이 선이 하부 배출 플럭스를 나타내는 직선과 만나는 점에서 x축에 수선을 그려 구한다. 이때 침전지 바닥에서의 중력 플럭스는 매우 작으므로 무시하고 고형물은 하향류에 의해 제거된다고 가정하였다.

③ 한계 고형물 플럭스로부터 필요단면적을 구한다.

$$A = \frac{(Q + Q_u)C_o}{SF_L} \div 1,000 \, g/kg$$

④ 실제 설계 시에는 여러 가지 반송유량(하향류 유량)에 대하여 검토해서 결정한다.

문제 05 미생물에 의한 수질지표(Index) 중 생물학적 오탁지표(BIP/BI), 부영양화도 지수(TSI) 및 조류 잠재생산능력(AGP), 종다양성 지수(SDI)에 대하여 설명하시오.

정답

1. 생물학적 오탁지표

BIP와 BI는 수중의 생물상을 조사함으로써 물의 오염도를 판정하는 한 지표로 이용되는데 BIP는 현미경적 생물을 대상으로 하고 BI는 육안적인 동물을 대상으로 한다.

일반적으로 청정수역에는 엽록소를 가진 색소생물이 번성하며, 오·탁수 중에는 엽록소가 없는 동물성 생물이 번성한나. 따라서 수중생물의 송류와 수를 조사함으로써 생물학적 오염도를 파악할 수 있다.

1) BIP(Biological Index of Pollution)

주로 현미경적인 생물을 대상으로 하여 동물성 생물수의 백분율로 표시한 것을 말한다.

$$\text{BIP}(\%) = \frac{\text{동물성 생물수}}{\text{전 생물수}} \times 100 = \frac{A}{A+B} \times 100$$

여기서, A : 엽록체 생물수(주로 조류)
B : 엽록체가 없는 생물수(무색 생물수)

① 깨끗한 하천 : 0~2
② 약간 오염된 하천 : 10~20
③ 심하게 오염된 하천 : 70~100

2) 생물지수(BI : Biotic Index)

주로 육안적 동물을 대상으로 하며 전 생물수에 대한 청수성 및 광범위 출현 미생물의 백분율로 표시한다.

BI가 클수록 청정수로 판정된다.

$$\text{BI}(\%) = \frac{2A+B}{A+B+C}$$

여기서, A : 청수성 미생물
B : 광범위 출연종
C : 오수성 미생물

① 깨끗한 하천 : 20 이상
② 약간 오염된 하천 : 11~19
③ 심하게 오염된 하천 : 10 이하

2. 부영양화도 지수(TSI) 및 조류 잠재생산능력(AGP)

부영양화 평가방법으로는 부영양화도 지수(TSI) 및 조류 잠재생산능력(AGP), 영양염류에 의한 방법, 통계학적 경험모델에 의한 방법 등이 있다.

1) 부영양화도 지수(TSI : Trophic State Index)

영양물질의 상호관계를 종합하여 부영양화 상태를 평가하는 방법

가장 보편적으로 활용되고 있는 방법은 Carlson Index이며 0~100으로 표시한다.

투명도에 의한 부영양화도지수 TSI(SD)

투명도-클로로필 농도(Chl-a)의 상관 관계에 의한 부영양화도 지수 TSI(Chl-a)

클로로필 농도(Chl-a)-총인(TP)의 상관 관계를 이용한 부영양화도 지수 TSI(TP)

① 부 영양상태 : TSI 50 이상
② 중 영양상태 : TSI 40~50
③ 빈 영양상태 : TSI 40 이하

국내에서 개발된 부영양화 지수

종합 = 0.5TSIko(COD)+0.25TSIko(Chl-a)+0.25TSIko(T-P)이다.

2) 조류의 잠재 생산력 AGP(Algal Growth Potential)

물이 가지고 있는 잠재적인 조류의 증식능력을 나타내는 것으로 조류를 이용한 일종의 생물 검정이다.

조사 대상이 되는 호수 또는 유입하천수 등에 특정의 조류를 접종하여 일정온도, 조도에서 배양하여 검수 1L당 조류의 건조 중량으로 단위는 mg/L이다.

① 극부 영양상태 : AGP 50mg/L 이상
② 부 영양상태 : AGP 5~50mg/L
③ 중 영양상태 : AGP 1~5mg/L
④ 빈 영양상태 : AGP 1mg/L 이하

3. 종다양성지수 SDI

Species Diversity Index는 다음식에 의해 계산되며, 오염이 심한 하천일수록 SDI 값은 감소한다. 즉, 종의 수는 적고 개체수(마리수)는 많다. 맑은 물에서는 다양한 종류의 미생물이 각기 극소수로 발견된다.

종다양성지수 = (S-1)/logN

여기서, S : 종의 수
N : 개체수

문제 06 유입유량 Q, 유입농도 C_0, 반응속도 $r = kC$로 분해되어, 농도 C로 유출될 경우 아래 물음에 답하시오.

1) CSTR과 PFR의 반응기의 부피를 Q, k, C_0 및 C를 이용하여 구하시오.
2) CSTR을 무한히 늘려 PFR이 되는 것을 유도하시오.

정답

1. CSTR 반응식

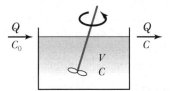

축척률＝유입률－유출률±소비율·생산율

$$V\frac{dc}{dt} = QC_0 - QC - VkC^m$$

$$\frac{dc}{dt} = \frac{Q}{V}C_0 - \frac{Q}{V}C - kC (\because m = 1\text{차 반응})$$

정상상태 $\dfrac{dc}{dt} = 0 \qquad 0 = \dfrac{Q}{V}C_0 - \dfrac{Q}{V}C - kC$

$$\frac{Q}{V}C + kC = \frac{Q}{V}C_0$$

$$C\left(\frac{Q}{V} + k\right) = \frac{Q}{V}C_0$$

$$C = \frac{C_0}{1 + k \cdot t} \quad\cdots\cdots\cdots\cdots\cdots\cdots\cdots\cdots\cdots\cdots (1)$$

$$t = \frac{\dfrac{C_0}{C} - 1}{k}$$

$$V = Q \times t = Q \times \frac{\dfrac{C_0}{C} - 1}{k}$$

2. PFR 반응기

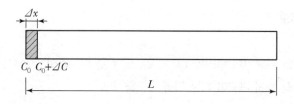

$$dV \times \frac{d[C + C + (\partial c/\partial x)]}{dt}$$

$$= QC - Q\left(C + \frac{\partial c}{\partial x}dx\right) + dV(-k)\left[\frac{C + C(\partial c/\partial x)dx}{2}\right]$$

2차항을 무시하고 간단히 쓰면

$$dV\frac{dc}{dt} = -Q\frac{\partial c}{\partial x}dx - dVKC$$

정상상태 $\frac{\partial c}{dt} = 0$

$$dV = \frac{-Qdc}{KC}$$

$dV = A \times dx$, 구간을 O과 L, C_0와 C에 대해 적분

$$A\int_0^L dx = -\frac{Q}{k}\int_{C_0}^C \frac{1}{C}dC$$

$$AL = V = -\frac{Q}{k}ln\frac{C}{C_0}$$

3. CSTR과 PFR의 부피비

$$\frac{\mathrm{CSTR}\,부피비}{\mathrm{PFR}\,부피비} = \frac{Q \times \dfrac{\dfrac{C_0}{C} - 1}{k}}{-\dfrac{Q}{k}ln\dfrac{C}{C_0}} = -\frac{1 - \dfrac{C_0}{C}}{ln\dfrac{C}{C_0}}$$

4. CSTR을 무한히 늘려 PFR이 되는 것을 유도

1) 무한한 CSTR 일반적 서술식

n번 째 반응기에서 기질축적속도 = n번 째 반응기로서의 기질 도입유량 − n번 째 반응기에서의 기질배출유량 + n번 째 반응기에서의 기질 소비속도

2) 간단한 서술식

축척량 = 도입량 − 배출량 + 소비량

3) 기호표현

$$\frac{V}{n}\frac{dC_n}{dt} = QC_{n-1} - QC_n + \frac{V}{n}(-kC_n) \quad \text{.................} \quad (1)$$

정상상태 $(dC_n/dt = 0)$ (1)식은 다음과 같이 간단해진다.

$$\frac{C_n}{C_{n-1}} = \frac{1}{1 + kV/nQ} \quad \text{.................} \quad (2)$$

이 식을 n개의 반응기에 적용하면

$$\frac{C_n}{C_0} = \frac{1}{(1 + kV/nQ)^n} \quad \text{.................} \quad (3)$$

양변에 ln을 취하면

$$\ln\frac{C}{C_0} = -n\ln(1 + kV/nQ) \quad \text{.................} \quad (4)$$

n이 무한대라고 하면 위 식은

$$\ln\frac{C}{C_0} = -n \times kV/nQ = -kV/Q \quad \text{.................} \quad (5)$$

$V = -\dfrac{Q}{k}\ln\dfrac{C}{C_0}$ 로써 PFR과 같다.

113 _회 수질관리기술사

1교시 다음 문제 중 10문제를 선택하여 설명하시오.(각 10점)

1. 속도경사(G값)
2. Viscous bulking(점성팽화)
3. 전 염소처리 및 중간 염소처리
4. Enhanced coagulation(강화 응집)
5. 수처리용 분리막의 Flux 저하 원인 및 대책 3가지씩
6. ANAMOX 공정
7. I/I(Infiltration/Inflow) 산정방법
8. Actiflo system
9. 조류 발생 시 응집이 잘 안 되는 이유와 그 대책
10. ASTR(Aerobic−SRT)
11. 간이 공공하수 처리시설
12. 도시 침수 대응방안
13. 물수요관리 목표제, 재활용목표 관리제

2교시 다음 문제 중 4문제를 선택하여 설명하시오.(각 25점)

1. 분산통합형 저류시스템에 대하여 설명하시오.
2. 수돗물의 색도 유발물질(철, 망간)의 억제방안에 대하여 설명하시오.
3. 질산화 및 탈질 반응속도에 영향을 미치는 인자와 최적 조건에 대하여 각각 설명하시오.
4. 우리나라 조류발생의 특징, 조류경보제의 단계적 발령기준과 조류 대량 발생 시 정수 처리 단계별 대책을 설명하시오.
5. 소규모 하수처리시설의 계획 및 공정선정 시 고려사항을 설명하고, 귀하의 경험을 바탕으로 소규모 하수처리시설에 적합한 공법 1개와 그 특성을 설명하시오.
6. 공공폐수 처리시설은 대부분 생물학적 처리시설을 중심으로 하는 생물학적 질소, 인 제거방법을 채택하고 있다. 다음 물음에 대하여 설명하시오.
   1) 공공폐수 처리시설에서의 질소, 인 제거방법의 장단점 각각 3가지
   2) 공공폐수 처리시설의 취약점
   3) 공공폐수 처리시설의 설치 시 고려 사항

•• 3교시 다음 문제 중 4문제를 선택하여 설명하시오.(각 25점)

1. 물리적·화학적 질소 제거방법에 대하여 설명하시오.

2. DOC 제거 및 DBPs 생성 억제를 위한 정수처리방법 중 BAC(Biological Activated Carbon) 공정에 대하여 설명하시오.

3. 용존공기부상법(DAF)의 원리, 장단점 및 공정구성에 대하여 설명하시오.

4. 기존 하수처리시설의 고도처리시설 설치 시 고려 사항을 설명하시오.

5. 폐수의 혐기성 처리를 위한 공정 설계 시 고려해야 할 유입수의 성상 및 전처리 인자에 대하여 설명하시오.

6. 액상 유기성 폐기물을 운반하는 탱크트럭이 사고로 인해 내용물이 소형호수로 누출되었다. 그 결과 호수의 유기성 폐기물의 초기 농도가 100mg/L가 되었다. 만일 용액 중의 유기성 폐기물의 k값이 0.005/day를 가지는 1차 광화학적 반응($rc = -kC$)이라 할 때 호수에서 액상 폐기물의 농도가 초기농도의 5%로 감소할 때까지 요구되는 시간을 구하시오.
   [단, 호수의 총부피는 100,000m³, 호수에 유입, 유출되는 유량은 1,000m³/day이다. 호수 내에서의 반응은 정상상태이고, 완전혼합 반응조(CFSTR)로 가정한다.]

•• 4교시 다음 문제 중 4문제를 선택하여 설명하시오.(각 25점)

1. 2018년 시행예정인 물환경보전법의 주요 개정내용에 대하여 설명하시오.

2. 물관리 일원화의 필요성, 의의, 효과 및 추진 시 고려 사항에 대하여 설명하시오.

3. 비점오염원의 종류, 비점오염원 저감시설의 종류 및 선정 시 고려사항에 대하여 설명하시오.

4. 오염된 지하 대수층의 오염원이 식별 가능하고 오염물질 흐름을 추적할 수 있다고 가정할 때, 오염물질을 제어하기 위한 방법들에 대하여 설명하시오.

5. 정수처리에 적용하는 막여과시설에 대하여 다음을 설명하시오.
   1) 막의 종류 및 특성
   2) 막여과시설의 특징
   3) 막여과시설의 공정구성
   4) 막의 여과방식에 따른 분류
   5) 막여과시설의 설치 시 고려사항

6. 최근 폐수의 성상이 다양해지고 이전에는 경험하지 못한 새로운 폐수들이 등장하여 과거의 경험치만으로 신뢰성 있는 설계를 할 수 없는 경우가 많아지고 있다. 이와 관련하여 폐수처리 신공정에 대한 정확성과 경제성을 도모하고 신뢰성 있는 설계인자의 도출을 위한 처리도 실험(모형실험)에 대하여 설명하시오.

문제 01 속도경사(G값)

정답

1. 개요

속도경사(Velocity Gradient)는 속도의 변화율로 두 층의 속도차를 두 층 사이의 간격으로 나눈 값이다. 유체의 얇은 층으로 나누어 서로 이웃하고 있는 두 층에 대하여 생각하면 두 층 사이에 전단력(마찰력) $\tau = \mu(dv/dy)$가 작용한다. 여기서 (dv/dy)는 속도의 변화율로 속도구배라고도 한다.

> $G = dv/dy$, m/sec/m
> 또 교반을 위한 강도 P, 용적 V, 점성계수 μ의 함수이며 $G = \sqrt{(P/V\mu)}$로 표시된다.

여기서 P : 소요동력(=watt)
  μ : 점성계수(N · s/m^2)
  V : m^3

2. 수처리에서의 적용

속도구배가 존재하면 속도가 큰 유선 중의 입자가 속도가 작은 유선 중의 입자와 서로 충돌 · 결합하게 됨으로써 대형 플록을 형성하게 되는데 속도구배가 클수록 플록이 대형으로 성장하는 것을 촉진시키나 전단력의 증가는 플록을 파괴하는 결과를 초래할 수도 있다.

플록형성지의 체류시간이 15~30분인 경우에 속도구배(G)는 20~75/sec 정도가 요구되며 $G \cdot t$ 값은 10^4~10^5 정도가 필요하다.

문제 02 Viscous Bulking

정답

1. 개요

1) Non filamentous Bulking이라고도 하며 젤 형태의 sludge floc을 말한다.
2) 침전조에서 잘 월류되며 탈수기에서 탈수하기도 힘들다.

2. 생성현상

활성슬러지가 과량의 EPS(extracellular polysaccharides)를 분비할 때 생성된다. 보통의 EPS는 floc 크기와 밀도를 높이는 가교 역할을 하지만 과량의 EPS는 물을 과량으로 포획하며 밀도가 낮아져서 물 흐름과 같이 월류한다.

3. 점성 벌킹 실험방법

　1) 시각검사 : 침전조에서 형태관찰

　2) 현미경검사 : 젤 형태의 둥근 floc

　3) 잉크시약을 이용한 투명도검사 : 깨끗하거나 밝은 회색을 띰

　4) SV30 측정 : greasy 또는 slimey floc으로 나타남

4. 원인

　1) 영양염의 부족

　2) 미량의 영양물질 부족

　3) 독성 화합물의 유입이나 알콜, 설탕과 같은 분해가 쉬운 다당류의 유입

5. 대책

　1) 영양염 공급

　2) Vicous floc을 시스템으로부터 완전히 씻어냄

　3) 영양염 투입과 새로운 미생물 투입에 의한 새로운 EPS 생산

문제 03 전 염소처리 및 중간 염소처리

정답

1. 개요

염소는 통상 소독목적으로 여과 후에 주입하지만 소독이나 살조작용과 함께 강력한 산화력를 가지고 있기 때문에 오염된 원수에 대한 정수처리의 대책 일환으로 응집, 침전 이전의 처리과정에서 주입하는 경우와 침전지와 여과지의 사이에서 주입하는 경우가 있다. 전자를 전 염소처리, 후자를 중간 염소처리라고 한다.

2. 전 염소와 중간 염소처리 목적

　1) 세균제거 : 여과전에 세균을 감소시켜 안전성을 높이고 침전지나 여과지 내부를 위생적으로 유지토록 한다.

　2) 생물처리 : 조류, 소형동물, 철박테리아 등 다수 생식하고 있는 경우 이들을 사멸하고 정수시설 내에서 번식을 방지한다.

　3) 철과 망간의 제거

4) 암모니아성 질소와 유기물 등의 처리 : 암모니아성 질소, 아질산성 질소, 황화수소. 페놀류, 기타 유기물 등을 산화 제거한다.

5) 맛과 냄새의 제거 : 황화수소의 냄새, 하수의 냄새, 조류 등의 냄새제거

3. 적용

1) 원수 중에 부식질이 있는 경우 응집과 침전으로 어느 정도 부식질 제거 후 중간 염소처리한다.
   : 트리할로메탄 발생 문제억제
2) 완속여과식에는 원칙적으로 적용배제 : 여과생물막에 악영향을 미침

문제 04 Enhanced coagulation(강화 응집)

정답

1. 개요

하천수를 취수원으로 사용하는 정수장은 상류의 다양한 오염원에 의해 원수 수질이 매우 악화되어 정수처리관리에 어려움을 겪고 있다. 특히, 동절기에는 암모니아성 질소 농도가 높아 염소 주입량이 많고, 봄·가을에는 조류 등의 발생이 증가하고 소독부산물의 전구물질인 자연유기물질(NOM)이 증가하여 염소 소독 시 THMs(Total trihalomethanes) , HAAs(haloacetic acids), CH(chloral hydrate) 등의 소독부산물 생성량이 크게 증가하는 문제를 안고 있다.

2. 정의

Enhanced Coagulation이란 기존 정수처리 공정에서 소독부산물 전구체인 NOM(Natural Organic Material)의 제거율을 향상하기 위하여 과량의 응집제를 주입하는 응집공정을 말한다. Alum을 이용한 강화응집의 최적 pH는 5~6으로 알려져 있다.

3. 강화응집의 잇점

1) 단순히 응집과정에서 과량의 응집제 주입으로 인한 전구물질 NOM 제거 가능
2) NOM 제거에 의한 소독 부산물의 발생 위험성이 줄음

4. 강화응집의 부작용

1) Enhanced Coagulation 결과 망간이나 소듐, 알루미늄과 같은 양이온과 황산기, 염소기 등의 음이온 농도들 변화에 의한 상수급수과정에서 여러 가지 수질문제를 야기함
2) 망간의 경우 철염의 주입율을 갑자기 높이거나 pH가 너무 낮거나 green sandfilter에서 pH가 6.2보다 낮을 때 망간 산화 속도의 저하에 의한 수질문제를 야기함

3) 일부 수도관의 경우 pH, 알칼리도, 염소이온 등 변화로 부식문제를 야기할 수 있음

4) 과량의 응집제 주입에 따른 플록강도 약화로 침전지에서 플록이 유출되며 탁도가 증가

5) 슬러지 발생량의 증가 등

문제 05 수처리용 분리막의 Flux 저하 원인 및 대책 3가지씩

정답

1. 개요

막여과란 막을 여과재로 사용하여 물을 통과시켜서 원수 속의 불순한 물질을 분리 제거하고 깨끗한 여과수를 얻는 정수방법을 말한다.

막여과 시설의 장점은 원수와 전처리 운전조건에 영향을 받지 않는 안정한 수질을 확보하고, 기존처리 system으로는 제거가 어려운 원생동물 등의 제거율이 매우 우수하며, 탁도 및 병원성 미생물 등의 관점에서도 매우 양호한 처리수를 얻을 수 있으며, 운전인력의 숙련도와 경험에 크게 의존하지 않는 자동운전이 용이하고, 소형 시설 설비가 가능하여 부지 면적이 적게 든다는 것이다.

막분리는 특히, 어느 크기 이상의 물질을 제거하는 경우에는 제거율의 안정성이 높으므로, 현탁물질 이외의 용해성 물질이 거의 들어 있지 않는 원수에 적합하며 기존의 정수처리 공정뿐만 아니라 ozone 및 활성탄 등의 고도처리 공정과 결합이 가능하다. 하지만 초기 시공비가 기존 정수처리공정보다 많이 들며 전문적인 시공이 필요하다.

2. 수처리막의 종류 및 Flux의 정의

1) 정수처리 분야에서는 다공성 여과막을 이용한 정밀여과(MF, Microfiltraion)와 한외여과(UF, Ultrafiltration) 방식과 역삼투(RO, Reverse osmosis), 나노막(nano membrane)이 있다.

2) Flux란 단위시간, 단위막 면적당의 막 여과수량을 말한다.

3) 통상 LMH[L/m^2-hr]로 나타낸다.

4) Flux는 막의 종류, 막 차압, 수온, 막 공급수의 수질, 막의 오염상태 등의 요인에 의해 변하며, 막의 성능을 나타내는 중요한 인자이다.

3. Flux 저하 원인

1) 오염(Fouling)에 의한 flux 저하

① Fouling은 원수 중에 존재하는 용해물질이나, 현탁물질이 막표면에 생성되는 Cake 층, Gel 층 등의 부착층 형성에 의하여 여과 저항의 저하나 세공에의 흡착 및 석출에 의한 막힘이

생긴 것

② Fouling은 외적 요인에 의해 생긴 막 성능 저하로 화학적 세정에 의해 성능 회복이 가능하다.

2) 막의 열화

① 막 자체의 비가역적인 변질로 생기는 성능변화로 성능이 회복되지 않는다.

② 압력에 의한 크립(creep)변형이나 손상 문제발생 경우 압밀화로 인해서 Flux 감소가 일어남

4. 대책 3가지

1) 물리적세정

막의 표면에 생기는 Cake 층 또는 Gel 층을 공기 또는 물과 조합하여 물리적 힘을 이용하여 fouling을 예방한다.

2) 화학적세정

막 기공 표면 또는 내부에 생긴 유기물 층 또는 무기물에 의한 Scale을 약품을 이용하여 세정한다. 오염물질이 유기물인 경우에는 알칼리세정, 무기물인 경우에는 산세정이 유효하다.

3) Fouling은 친수성 막에 적게 생기므로 소수성 막인 MF막이나 UF막을 코팅으로 친수화하여 사용한다.

4) 막열화 방지

압력에 의한 크립(creep)변형이나 손상 문제가 발생하므로 압밀화가 일어나지 않도록 한다.

문제 06 ANAMOX공정

정답

1. 개요

ANAMMOX는 Anaerobic Ammonia Oxidation의 약자로 폐수에서 암모늄을 제거하는 과정이며, 혐기성조건에서 전자수용체인 아질산염과 반응하여 질소 가스로 전환된다. 동시에 아질산염을 질산염으로 산화하는 독립영양 미생물의 대사반응이다.

반응결과 pH가 증가하고 NO_3가 생성되므로 완전한 질산의 제거는 힘들지만 탈질에 유기성 탄소원이 불필요하다.

2. 반응식

$$NH_4{}^+ + 1.3NO_2{}^- + 0.042CO_2$$
$$0.042(Biomass) + N_2 + 0.22\ NO_3{}^- + 0.080OH^- + 1.87H_2O$$

문제 07 I/I(Infiltration/Inflow) 산정방법

정답

1. 정의

I/I는 관 파손, 관 이음부의 접합불량, 연결관 접속불량 등 관거의 불량부위를 통하여 관거의 내부로 지하수 등이 유입되는 침입수(Infiltration)와 맨홀부의 시공불량, 우수·오수관의 오접 등으로 관거 내로 우수가 유입되는 유입수(Inflow)를 말한다.

2. 침입수 산정방법

1) 기본 방향

침입수 산정방법은 하수관거시스템 적용대상지역(침입수 측정대상 면단위 유역 또는 분구)에서 시간적 변동에 따른 상대적 침입수량 변동차이를 정량적으로 평가하는 것을 목적으로 한다. 또한 이 방법은 동일한 시기에 동일한 지역에 대한 침입수량의 많고 적음을 판단하는 방법으로 사용할 수 있다.

2) 침입수량

- 침입수량(m^3/day)=일 단위 최소발생하수량(평균값) − 야간 오폐수량
- 야간 오폐수량=공장폐수량 + 야간 발생하수량

3) 침입수량의 전제조건

침입수량 산정의 전제조건으로 침입수는 실제 측정한 최소발생하수량보다 적으며 지하수형 태로 하수관거에 침입한다는 것이며, 일 단위로 측정한 최소하수량값보다 적은 양으로 꾸준히 유입하는 특성이 있다는 것이다.

최종 침입수값을 산정하기 위하여 사전 판단 단계별(유량 측정 단계, 자료 유효성 검토단계 등) 불확실도가 최소로 되도록 통계자료의 정도관리가 보장된 최선의 침입수값을 산출하여야 한다.

4) 산정절차

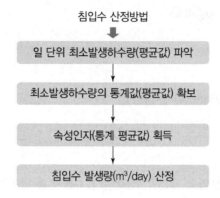

침입수 산정방법

일 단위 최소발생하수량(평균값) 파악

최소발생하수량의 통계값(평균값) 확보

속성인자(통계 평균값) 획득

침입수 발생량(m³/day) 산정

3. 유입수 산정방법

1) 기본방향

유효 유입수 자료들을 대상으로 '강우 시 측정 하수발생량'에서 '청천일 기저하수 발생량'을 차감하는 방식으로 유입수량을 산정할 수 있도록 세부 절차 및 가이드라인을 제공한다.

2) 유입수량

유입수량(m³)=측정 하수발생량 – 청천일 기저하수 발생량

3) 산정방법 절차

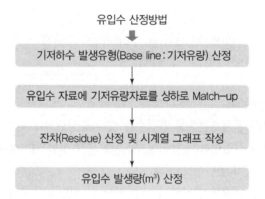

유입수 산정방법

기저하수 발생유형(Base line : 기저유량) 산정

유입수 자료에 기저유량자료를 상하로 Match-up

잔차(Residue) 산정 및 시계열 그래프 작성

유입수 발생량(m³) 산정

문제 **08** Actiflo system

정답

1. 개요

인의 응집 반응은 용해성 인산염의 침전을 형성하는 다가의 금속이온(칼슘, 알루미늄, 철)을 첨가
함으로써 일어난다. 고형물 분리 방법은 인 제거 효율을 결정하는 데 매우 중요하다.
인 제거를 위한 고속 침전장치 중의 하나가 Actiflo system이다.

2. 공정도

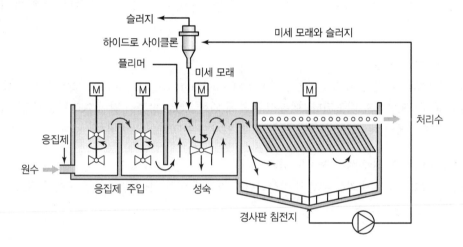

1) 응집, 플록형성, 침전의 3단위 공정
1) 응집과정에 미세 모래입자 투입 – 고밀도 플록 형성 – 응결반응속도 증가시킴

3. 특징

1) 유입수의 변동에도 운전의 안정성 유지
2) 처리조정을 위한 빠른 조절 가능
3) 운전의 유연 대체성가능 : 잦은 운전 정지 재가동에도 안정적임
4) 소형화로 의한 건설비용 절감
5) 약품 운전비의 절감 가능 등

문제 09 조류 발생 시 응집이 잘 안 되는 이유와 그 대책

정답

1. 개요

조류의 발생이 정수장에 미치는 영향은 첫째, 응집장애와 침강성을 떨어뜨려 기존 침전 효율을 저하시킨다. 둘째, 후속설비인 여과지의 조기폐색 및 이취미 발생문제를 일으킨다.

2. 응집이 잘 안되는 이유

1) 조류의 세포막 특성에 의한 응집방해

조류의 세포막은 일반적으로 친수성이 높으며 친수성이 높은 물질은 응집제에 의한 제거가 어렵다.

2) EOM에 의한 방해

식물 플랑크톤의 경우 대사생성물로 주로 Extracellular Organic Matter 형태이며 세포 내 탄소 중 7~60%까지 배출된다. 여름철 조류에 의한 EOM 방출이 많아지고 방출된 EOM에 의해서 응집제의 처리대상물질을 덮을 경우 입자의 안정화를 유발한다.

3) pH 상승에 의한 응집제의 용해도 증가

조류의 광합성작용에 의한 수중의 이산화탄소 감소에 의한 pH 상승으로 응집제 용해도를 증가시켜 floc 형성을 저해한다.

3. 대책

1) 전 염소처리를 통한 침강효율 개선(pH7~8 조건)
2) 다량의 응집제를 통한 pH를 7.3이하로 조절하여 주입
3) 전단 유입수를 pH7.5 전후로 조정 후 응집제를 증량하여 주입
4) 조류다량 유입 시를 대비한 가압부상조 시설의 운영

문제 10 ASRT(Aerobic – SRT)

정답

1. 개요

질소, 인 동시제거를 위한 혐기무산소 호기조합법 각 반응조의 수리학적 체류시간은 생물반응조에 유입되는 하수의 성상, 목표수질 및 수온에 따라 다르게 설계된다.
호기조에서의 고형물 체류시간을 ASRT이라 한다.

2. ASRT

설계 수온조건에서의 질산화 미생물의 계 내 유지에 필요한 중요한 운전 제어 인자이다.
ASRT는 다음과 같이 나타낸다.

$$\theta_{CA} = \theta_C \cdot \frac{t_A}{t}$$

여기서, θ_{CA} : 호기조 고형물 체류시간(일)

θ_C : 전체 반응조 고형물 체류시간(일)

t_A : 호기조 체류학적 체류시간(일)

t : 전체 반응조 수리학적 체류시간(일)

단, 위 식은 전체반응조에서 동일한 경우에 적용한다.

반응조별 MLSS 농도가 다른 경우(원수 분할주입, MBR 공법 등)는 다음과 같다.

$$\theta_{CA} = \theta \cdot \frac{X_A}{X_t}$$

여기서, X_A : 호기조 고형물량(kg/d)

X_t : 전체 반응조 고형물량(kg/d)

문제 11 간이 공공하수처리시설

정답

1. 정의

「하수도법」 제2조 제9호의 2에 의해서 강우로 공공하수처리시설에 유입되는 하수가 일시적으
로 늘어날 경우 하수를 신속히 처리하여 하천·바다 그 밖의 공유수면에 방류하기 위하여 지방
자치단체가 설치 또는 관리하는 처리시설과 이를 보완하는 시설을 말한다.

2. 간이 공공하수처리시설의 설치

1) 간이 공공하수처리시설은 I, II 지역의 합류식 지역 내 500m³/일 이상 공공하수처리시설에
설치하는 것을 원칙으로 한다.

2) 2024년 이후 강화되는 방류수수질기준을 고려하여 중복 및 과잉투자가 발생되지 않도록 효율
적인 시설계획을 수립하여야 한다.

3. 간이 하수처리시설의 용량

> 간이 공공하수처리시설 용량(A)=우천 시 계획오수량(B) − 공공하수처리시설의 강우 시 처리가능량(C)

① 기존 공공하수처리시설로 우천 시 계획오수량의 처리가 가능한 경우(A≤0) 간이 공공하수처리시설을 신·증설할 필요 없음.

② 분류식화 사업을 추진 중인 경우 간이 공공하수처리시설의 방류수 수질기준 적용시점의 분류식화율을 기준으로 간이 공공하수처리시설 용량을 산정하여야 한다.

문제 12 도시 침수 대응방안

정답

1. 개요

최근 기후변화, 도시화 등으로 홍수 피해가 커지고 있으며 도심침수는 인명 및 재산피해 이외에 사회적, 환경적, 경제적, 심리적 피해를 유발하고 있다. 도시화로 인한 인구 및 기반시설의 집중, 도시개발에 따른 불투수면적의 증가, 지하공간 등 인위적 창출공간 등이 도시 침수피해를 가중하고 있다.

2. 우리나라 도시침수피해의 주요특성

1) 도시침수피해의 주요요인은 하천 범람보다는 내수범람에 의한 것이 대부분임

2) 하천수위상승에 의한 내수범람으로 인해 도시침수는 하천변 저지대에서 주로 발생함

3) 도시의 건물침수피해는 파손보다는 침수가 대부분이고 도시규모가 클수록 침수의 비중이 매우 크게 나타남

4) 도시의 건물 침수 피해는 대부분 소규모 단독주택이며 특히 지하주택에서 발생함

3. 대응방안

1) 전통적 대책 : 하수관거정비 및 교체, 빗물펌프장 신·증설, 하천 폭 확장, 제방 증고등

2) 새로운 대책 : 빗물저류시설, 빗물저류배수시설, 소규모, 분산형 토지 이용과의 연계 등 자연 물순환 시스템의 적극 도입

문제 13 물수요관리 목표제, 재활용목표 관리제

정답

1. 물수요관리 목표제

지방자치단체장은 5년 단위로 「수도법」에 의거하여 수도사업의 효율성을 높이고 수돗물의 수요관리를 강화하기 위하여 1인당 적정 물 사용량 등을 고려하여 관할 시·군·구별 물수요 관리 목표를 정하고 이를 달성하기 위한 종합적인 계획을 수립하여 환경부장관에게 승인을 받아야 한다.

2. 물수요관리 종합계획 수립 시 포함 사항

1) 연차별 누수량 줄이기 목표 및 사업계획
2) 연차별 유수 수량 늘리기 목표 및 사업계획
3) 절수 설비 등 물 절약 시설의 연차별 보급목표 및 추진계획
4) 그 밖에 물 절약과 물 이용의 효율성을 높이기 위하여 대통령령으로 정하는 사항

3. 재활용목표 관리제

「전기·전자제품 및 자동차의 자원순환에 관한 법률」에 따라 도입된 제도로서 제품생산자에게 인구 1인당 재활용 목표량을 부여하고 이를 관리하는 제도다.

문제 01 분산통합형 저류시스템에 대하여 설명하시오.

정답

1. 개요

우리나라는 다른 국가에 비해 대부분 수원을 하천에 의존하고 있다. 이 하천의 환경, 수량 및 수질에 지대한 영향을 미치는 것이 빗물이다. 이러한 빗물을 효율적이고 직접적으로 관리하는 것이 모든 물문제의 근본적인 출발점일 것이다. 빗물관리는 그동안 수자원으로서의 인식이 부족했던 빗물을 적극적으로 관리하려는 기술이다. 또한 빗물을 저류하는 것은 물론 토양으로 침투시켜 기존의 물공급 체계와 하수도에 의해 왜곡된 자연스러운 물순환을 회복시켜 홍수와 물부족을 동시에 대처하면서 안전하고 친환경적인 생활 여건을 조성하는 통합적인 물관리 방식이다.

2. 분산통합형 저류시스템

기존의 하수도 배수시스템은 End-of-pipe 방식으로 주로 관로 말단부의 우수조정지 또는 빗물펌프장을 이용해 최종 유출량을 제어하는 방식이다. 그러나 빗물관리를 위한 분산 통합형 현지 저류시스템은 on-site로 설치되는 다수의 중소규모 빗물저장조를 이용해 하수배수관로로 유입되는 유량을 제어하는 방식이다.

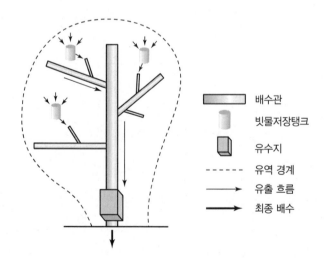

▬	배수관
⬤	빗물저장탱크
◆	유수지
- - - -	유역 경계
→	유출 흐름
➡	최종 배수

3. 특징

1) 총유출유량, 첨두유출량, 도달시간은 물론 관로 내 유량 제어가 가능하다.
2) 예측하기 힘든 유역의 토지이용여건 및 기상조건변화에 유연하게 대처할 수 있다.
3) 건물단위로부터 시설이 설치되어 설치 개수가 많지만 연간발생하는 강수에 대하여 상시 사용으로 인한 사용일수가 많다.
4) 제어가 간단하며 오염물질의 유입량도 적다.
5) 초기건설비용이 저렴하고 수처리비용은 거의 발생하지 않는다.
6) 빗물 저류시스템은 유출제어 목적뿐만 아니라 빗물 이용 및 침투 목적으로도 사용할 수 있어 지속가능한 유역 물관리에 적합하다.

문제 02 **수돗물의 색도 유발물질(철, 망간) 억제방안에 대하여 설명하시오.**

정답

1. 개요

원수 중 철 다량 함유 시 쇳물 맛이 나고 세탁, 세척 시 적갈색을 띨 수 있다. 공업용수로 부적절하며 철, 망간 각각의 먹는 물 기준은 철 0.3mg/L 이하, 망간 0.05mg/L 이하이다. 원수 중 철은 대부분 침전과 여과 공정 중 제거되며 망간은 지하수 특히 화강암지대, 분지, 가스를 함유한 지대 등의 지하수에 포함된다. 망간과 유리잔류염소와 결합 시 망간의 양에 비하여 300~400배의 색도를 유발하거나 관의 내부에 흑색 부착물이 생기는 등 흑수의 원인 및 세탁물에 흑색 반점을 띠게 된다.

2. 철제거 방법

철제거에는 폭기, 전 염소처리 및 pH값 조정 등의 방법을 단독 또는 적당히 조합한 전처리설비와 여과지를 통해 제거한다.

1) 폭기 : $Fe(HCO_3)_2$을 폭기하여 $Fe(OH)_3$ 형태로 침전제거

> 폭기 : $Fe(HCO_3)_2 \rightarrow FeCO_3 + CO_2 + H_2O$
>
> 가수분해 : $FeCO_3 + H_2O \rightarrow Fe(OH)_2 + CO_2$
>
> 산화 : $2Fe(OH)_2 + \dfrac{1}{2}O_2 + H_2O \rightarrow 2Fe(OH)_3$

2) 산화 후 응집침전 : 콜로이드상의 유기철 화합물을 폭기 또는 전 염소처리하여 산화 후 제이철염으로 석출
3) pH 조절 : 중탄산 외 철은 pH 9 이상이면 수중의 산소로 산화, $Fe(OH)_3$ 형태로 침전제거

3. 망간제거설비

망간제거는 pH조정, 약품산화 및 약품침전처리 등을 단독 또는 적당히 조합한 전처리설비와 여과지를 통해 제거한다.

약품산화처리는 전·중간염소처리, 오존처리 또는 과망가니즈산칼륨 처리한다.

1) 염소, 오존 또는 과망가니즈산칼륨에 의한 약품 산화 후 응집침전

    ① 망간 1mg/L 대 이론적 염소 1.29mg/L

    ② 잔류염소가 0.5mg/L 되도록 주입, pH10 이상 유지가 필요함

    ③ pH8.5에서는 2~3시간, pH6 이하에서는 약 12시간 걸림

    ④ 망간 1mg/L 대 이론적 과망산칼륨 1.92mg/L

    ⑤ 오존 주입 시 MnO_2이 침전하나 과량 주입 시 MnO_4^-가 됨

2) 염소산화 후 망간사 처리

pH가 높을수록 망간사가 잘 처리됨

산화제 염소 계속 사용 시 망간 모래작용으로 pH조절 없이도 제거가 잘 됨

메커니즘은 다음과 같다.

망간이온은 망간사의 표면에 산화물이 됨으로써 제거되고 생성된 MnO_2, MnO, H_2O는 불활성이며 접촉산화력을 상실하게 된다. 따라서 망간사가 지속적으로 흡착능을 갖기 위해서는 주기적으로 망간사를 재생하여야 하며 망간사 등에 염소 등의 산화제를 주입하면 다시 활성화되어 연속적으로 용존성 망간을 제거할 수 있다.

망간제거반응 : $Mn(HCO_3)_2 + H_2O \rightarrow MnO_2 \cdot MnO + 2H_2O + 2CO_2$ ·············· (1)

재생반응 : $MnO_2 \cdot MnO + H_2O + Cl_2 \rightarrow 2MnO_2 + 2HCl$ ························ (2)

(1)과 (2)를 더하면

$Mn(HCO_3)_2 + MnO_2 \cdot H_2O + Cl_2 \rightarrow 2MnO_2 + H_2O + 2HCl + 2CO_2$

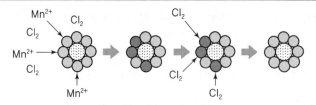

    ○ $MnO_2 \cdot M_2O$: 망간사의 피막

    ● $MnO_2 \cdot MnO$: 비용해성의 불활성 산화망간

    ⊙ 여과사

4. 철박테리아 이용법

① 완속여과법 이용

② 박테리아의 표면이나 박테리아 몸속의 침착능력을 이용함

③ Leptothrix : 철, 망간 산화 침착능력 있음

④ Clonothrix : 망간 산화 침착능력 있음

⑤ Sidero Coccus : 철 산화 침착능력 있음

⑥ 여과속도는 10~30m/일 표준으로 한다.

문제 03 질산화 및 탈질 반응속도에 영향을 미치는 인자와 최적 조건에 대하여 각각 설명하시오.

정답

1. 질산화 반응 원리

① 질산화는 질산화 미생물에 의해 암모니아(NH_4^+)가 아질산(NO_2^-)을 거쳐 질산(NO_3^-)으로 전환되는 생물학적 산화과정

② 보통 Nitrosomonas, Nitrobacter 속의 독립영양미생물에 의해 진행

③ 세포합성을 고려한 Total Synthetic$-$Oxidation Reaction

- $NH_4^+ + 1.5O^2\ NO^{2-} + H_2O + 2H^+ + (240-350\ KJ)$

  (Nitrosomonas)

- $NO_2^- + 0.5O_2 \rightarrow NO_3^- + (60-90\ KJ)$

  (Nitrobacter)

- $NH_4^+ + 1.83O_2 + HCO_3^-$

  $\rightarrow 0.98NO_3^- + 0.021C_5H_7NO_2(New\ Cells) + 1.88H_2CO_3 + 1.04H_2O$

---

2. 탈질반응의 원리

탈질반응은 미생물이 무산소(anoxic) 상태에서 호흡을 위하여 산소 대신 NO_3^-, NO_2^- 등을 최종 전자수용체(electron acceptor)로 이용하여 N_2, N_2O, NO로 환원시키는 과정을 말하며, 용존산소가 충분한 상태에서는 산소를 최종전자수용체로 이용하나, 용존산소가 부족하거나 없는 상태에서는 질산, 아질산 등을 전자수용체로 사용하게 된다.

탈질과정은 Pseudomonas, Bacillus, Micrococcus 등 임의성 종속영양미생물(Facultative Heterotrophs)에 의해 진행되며, 여러 경로가 있으나 대표적인 과정은 다음과 같다.

$NO_3^- \rightarrow NO_2^- \rightarrow NO \rightarrow N_2O \rightarrow N_2$

일반 유기물의 경우

$$5(\text{Organic}-\text{C}) + 2\text{H}_2\text{O} + 4\text{NO}_3^- \rightarrow 2\text{N}_2 + 4\text{OH}^- + 5\text{CO}_2$$

탈질반응에서는 환원된 질소 1g당 2.9~3.0g의 알칼리도가 증가하게 되며, 최종산물의 형태는 미생물 종류와 pH에 따라 다르나 대부분 N_2로 방출되게 된다. NO_3^- 환원을 위한 전자공여체는 유기물이며 메탄올이 가장 좋은 것으로 알려져 있다.

3. 질산화에 미치는 영향요인

1) 온도 : 온도에 매우 민감

$$\mu_{N,\,\max} = \mu_{ref}\,\theta^{(T-\,T_{ref})}$$

여기서, $\mu_{N,\max}$, μ_{ref} : 온도 T, Tref에서의 최대 비증식속도
θ : 일정 온도범위에서의 온도상수

① Maximum Growth Rate는 10℃ 상승 시마다 2배 증가하여 Van't Hoff-arrhenius 식과 매우 유사

② 질산화를 위한 운전온도는 일반적으로 35℃ 이상 권장함

2) DO 농도

용존산소의 영향은 다음과 같은 Monod kinetics로 나타낼 수 있다.

$$\mu\text{N} = \mu\text{N}_{\max}\left[\frac{\text{NH}_3-\text{N}}{\text{K}_\text{N}+\text{NH}_3-\text{N}}\right]\left[\frac{\text{DO}}{\text{K}_\text{O}+\text{DO}}\right]$$

여기서, K_N, K_O : Half-saturation Coefficient for Nitrogen and Oxygen

① half-saturation coefficient는 0.15~2.0mg/L O_2로 보고됨

② 부유성장형 및 부착성장형 공정에서 질산화는 SRT 및 물질이송, 확산저항에 의존하며, DO 농도는 0.5~2.5 정도임

③ DO 농도가 낮고 확산저항이 뚜렷한 조건에서는 완전한 질산화를 위해서 긴 SRT가 필요하다.

④ 연구결과를 종합하면, DO 농도 1.0mg/L 이상에서 Nitrosomonas의 성장은 영향을 받지 않으나 실제 질산화 공정에서는 ammonia의 peak load를 고려하여 최소 2.0mg/L 이상으로 DO를 유지하는 것을 권장함

3) pH와 Alkalinity 영향

① 최적 pH는 약알칼리성 부근으로 pH가 7.0~8.0 사이임

② pH7.2 이하에서는 선형적으로 질산화율이 감소한다고 보고됨

③ 이론적으로 NH_3-N 1mg이 산화되는 데 7.1mg의 알칼리도가 소비되므로 경우에 따라서는 알칼리도의 보충이 필요

④ 실제 반응기에서는 낮은 Alkalinity에서도 높은 pH가 유지된다. 이는 산소공급을 위하여 Open System의 형태로 공기를 공급하므로 CO_2가 탈기되어 질산화과정에서 요구되는 이론적인 Alkalinity 값보다 적은 값이 소모되기 때문이다.

4) SRT의 영향

① 가장 중요한 설계인자임

② 질산화를 위해 보통 7일 이상의 SRT 필요

③ SRT가 긴 경우 인 제거 효율에 영향 미치며 적정 SRT의 설정이 필요함

5) Inhibitors

① 유기, 무기화합물 : Acetone, Carbon Desulfide, Ethyleneamine, Phenol, Aniline 등

② Free Amonia는 10~150mg/L의 농도에서 Nitrosomonas를 저해하기 시작하며, 0.1~1.0mg/L의 범위에서 Nitrobacter에 영향을 끼침

4. 탈질반응 영향인자

1) 유기물의 특성

질산이 충분히 존재할 때 탈질속도는 다음과 같이 0차 반응으로 표현될 수 있다.

$$(NO_3^-)_o - (NO_3^-)_e = (R_{DN})(X_V)t$$

여기서, $(NO_3^-)_o$, $(NO_3^-)_e$: 유입수와 유출수의 질산농도, mg/L

XV : mixed liquor volatile suspended solid concentration, mg/L

RDN : 탈질반응의 속도계수, gNO_3^-/g VSS-day

탄소원 종류에 따른 탈질산화속도(RDN)

Carbon Source	Denitrification Rate (g NO_3-N/g VSS-day)	Temperature(℃)
Methanol	0.021~0.32	25
	0.12~0.90	20
Sewage	0.03~0.11	15~27
Endogenous Metabolism	0.017~0.048	12~20

2) F/M비

무산소조에서 제거되는 질산성질소[$(NO_3^- - N)_r$]는 다음과 같다.

$$(NO_3^- - N)_r = (A'_N)(S_r) + (b'_N)(X_{vt})$$

여기서, A'_N : 질산의 무산소 분해율, g NO_3^-/g BOD

b'_N : 무산소 조건에서 질산의 내생호흡율, g NO_3^-/g VSS－day

식을 변형하면 다음 식과 같이 되어, 질산제거속도(mg N/g VSS－day)는 F/M비에 비례하게 된다.

$$\frac{(NO_3^- - N)_r}{X_{Vt}t} = A'_N \frac{S_r}{X_{vt}} + b'_N$$

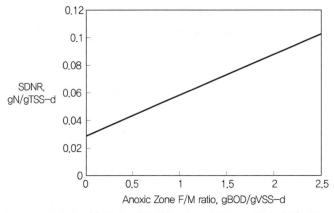

∥ F/M비와 탈질산화 속도상수(SDNR)와의 관계 ∥

3) 온도, DO의 효과

R_{DN} 값은 다음 식과 같이 탄소원의 성질, 온도, 용존산소 등에 의존하며 통상 온도 범위인 5~30℃에서는 일반적인 Arrhenius의 법칙을 따른다.

$$R_{DN(T)} = R_{DN(20)} K^{(T-20)} (1 - DO)$$

문제 04 우리나라 조류발생의 특징, 조류경보제의 단계적 발령기준과 조류 대량 발생 시 정수 처리 단계별 대책을 설명하시오.

정답

1. 개요

기후 온난화 등 환경 변화로 인해 상수원의 조류 대발생이 빈번해짐에 따라 조류 및 조류기인물질로 인한 수처리 장애나 수돗물 맛, 냄새 민원, 유해 남조류 독소 발생 등에 대한 우려가 커지고 있다. 시민이 신뢰하는 수돗물의 생산과 공급을 위해 조류의 발생에 대해서 단계별 적절한 대책이 무척 중요하다고 할 수 있다.

2. 조류발생의 특징

1) 시기별로 여름과 가을에 비해 봄의 조류 발생이 활발함

2) 계절별로 초여름은 규조류, 여름철에는 남조류, 녹조류가 겨울철에는 규조류가 우점하고 있다.

3) 남조류는 독성물질을 분비하고 규조류는 조류 특성상 정수장 여과공정에 장해가 된다.

4) 응집을 방해하는 조류종으로는 Anabaena, Asterionella, Euglena, 규조류인 Melosira, Synedra 등이 있다.

5) 응집침전에 영향을 주는 남조류에는 Oscillatoria, Phormidium 등 실형태들이 포함되며, 녹조류에는 Dictyosphaerium, Closterium 등이 있다.

3. 단계별 발령기준

1) 상수원 구간

경보단계	발령 · 해제 기준
관심	2회 연속 채취 시 남조류 세포수가 1,000세포/mL 이상 10,000세포/mL 미만인 경우
경계	2회 연속 채취 시 남조류 세포수가 10,000세포/mL 이상 1,000,000세포/mL 미만인 경우
조류 대발생	2회 연속 채취 시 남조류 세포수가 1,000,000세포/mL 이상인 경우
해제	2회 연속 채취 시 남조류 세포수가 1,000세포/mL 미만인 경우

2) 친수활동 구간

경보단계	발령 · 해제 기준
관심	2회 연속 채취 시 남조류 세포수가 20,000세포/mL 이상 100,000세포/mL 미만인 경우
경계	2회 연속 채취 시 남조류 세포수가 100,000세포/mL 이상인 경우
해제	2회 연속 채취 시 남조류 세포수가 20,000세포/mL 미만인 경우

4. 조류 대량 발생시 정수 처리 단계별 대책

1) 취수장

① 맛, 냄새 모니터링 강화

- 모니터링 강화
- 조류 증가 및 맛, 냄새 발생 상황 전파

② 취수장 대책
- 취수지점 변경
- 취수시설주변 조류방지막 설치
- 세포 내의 조류독소 또는 맛, 냄새 비율이 높을 경우 전 염소 주입량을 감소
- 분말 활성탄의 적량 주입

2) 착수정, 혼화지
① 수질조사 강화
② 맛, 냄새 발생 시
- 규조류에 의한 비린내 발생 시 전 염소처리 강화
- 남조류에 의한 흙, 곰팡이 냄새 발생 시 분말활성탄 주입
- 분말활성탄 주입 시 전 염소처리 최소화(가급적 중지 권장)
- Jar Test 실시
- 분말활성탄은 가급적 접촉시간이 많이 확보되는 지점(취수정, 도수관로, 착수정 전 단계)
- 분말활성탄이 여과지에 유출되지 않도록 응집침전 강화
- 응집제는 분말활성탄과 시차를 크게 하여 주입
- 배출수계통(침전슬러지, 역세척 배출수)에서 회수 중지 고려

③ 여과시간 감소 시
- 규조류에 의한 여과지 폐색 시 응집제 주입률을 상향 조정
- 응집보조제(폴리아민) 사용검토
- 오염물질 농축이 발생하는 경우 여과지의 역세척수 회수를 중지

④ pH 상승 시
원수 pH 상승 시 pH 조정설비 가동(황산,CO_2)

3) 응집지, 침전지
① 맛, 냄새 발생 시
- 분말활성탄 누출 최소화를 위한 응집공정 강화(필요시 응집지 G값 변경)
- 침전 슬러지 회수 주기 단축

② pH 상승 시
원수 pH 상승 시 침전수의 pH를 모니터링하여 Feedback

4) 여과지
① 맛, 냄새 발생 시
- 여과수 중 분말 활성탄의 누출 유무 점검

• 여과지별 탁도 및 입자계수기의 운영을 강화

② 여과지속시간 감소시
• 여과보조제(폴리아민) 사용검토
• 필요시 여과지 표층 삭취 및 머드볼 제거
• 역세척 시간 단축 및 표면 세척시간 연장
• 필요시 단일 여재의 경우 상부에 안트라사이트 포설
• 응집제 과량 주입 시 잔류 알루미늄의 모니터링

③ pH 상승 시
원수 pH 상승 시 잔류 알루미늄의 모니터링

5) 정수지
① 맛, 냄새 발생 시
• 전 염소 주입 감소 시 후 염소 관리 강화
• 수질감시항목(Geosmin, 2-MIB) 기준 초과 시 주민공지 실시
② pH 상승 시 : 적정 소독능 유지를 위한 정수지의 고수위 유지

문제 05 소규모 하수처리시설의 계획 및 공정선정 시 고려사항을 설명하고, 귀하의 경험을 바탕으로 소규모 하수처리시설에 적합한 공법 1개와 그 특성을 설명하시오.

정답

1. 개요

소규모 공공하수도란 1일 하수처리용량이 $500m^3$ 미만인 공공하수처리시설을 말한다. 소규모 하수시설의 대부분을 차지하는 마을 하수도는 농어촌 마을단위로 설치되며 농어촌 지역의 생활환경을 개선하고 수질오염을 초기단계에서 방지하기 위하여 설치한다. 소규모 하수처리시설의 목적은 집중처리방식이 아닌 분산처리방식으로 함으로써 하수발생지역에서 처리를 하여 주민들의 생활환경과 방류하천의 수질보존의 효과를 높이는 데 있다.

2. 계획 및 공정선정 시 고려사항

1) 목표연도
2) 계획인구 및 하수처리인구 : 계획구역 내의 주민등록인구, 실제 거주인구를 조사하여 과거 인구변화와 비교 · 분석하여 계획인구 추정

3) 배수구역 및 하수처리 구역

① 계획평면도 : 기존 하수도정비계획의 하수도시설 계획평면도에 표시

② 하수처리구역 평면도(1/5천~1/1만)

4) 계획하수량 및 계획수질

① 계획처리구역 내 발생 하수량 및 오염부하량에 대한 원단위를 산정하여 유입하수량, 유입수질 및 방류수질 결정

② 사업대상지역이 자연마을 단위임을 고려하여 영업오수량 발생량을 제외한 가정 오수 위주로 하수 발생량을 산정

5) 하수관거계획

① 하수배제방식 : 분류식을 기본으로 함

② 하수관거 설치계획 : 원칙적으로 자연유하가 가능한 구조로 하되 진공식 또는 압력식 하수관거 도입방안을 검토하고 매설심도가 5m 이상인 경우 진공식 또는 압력식을 계획할 것

6) 하수찌꺼기 처리, 처분계획

탈수시설을 설치하지 않아야 하며 일정 기간 저장 후 인근 공공하수시설에서 수거 또는 이송하여 통합 처리방식을 선정할 것

7) 운영 · 유지 관리계획

인근 공공하수처리시설에서 통합 · 관리토록 계획 또는 민간위탁 관리 방안을 적극 검토할 것

8) 소요사업비 및 조원 재달 계획

3. 대표적 적용공법

1) 접촉산화조

① 생물막처리법 : 반응조에 침전된 접촉제 표면에 생물막을 형성한 부착미생물의 대사활동에 의해 하수를 처리

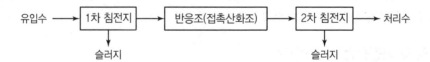

유입수 → 1차 침전지 → 반응조(접촉산화조) → 2차 침전지 → 처리수
        ↓ 슬러지   ↓ 슬러지

② 처리계통의 특징

- 반송슬러지가 불필요 : 운전관리가 용이
- 부착미생물에 의한 유입기질의 변동에 유연한 대응이 가능함
- 생물상의 다양화에 의한 처리효율이 안정적임
- 잉여슬러지양이 적음(자산화)

- 부착미생물량의 확인이 어려움
- 고부하 운전 시 생물막 비대화로 접촉재가 막힘

2) 회분식 활성슬러지

1개의 반응조에 반응조와 2차 침전지의 기능을 갖게 하여 활성슬러지에 의한 유입수처리와 혼합 또는 침전, 상징수 배수, 침전슬러지의 배출공정을 반복하는 방식

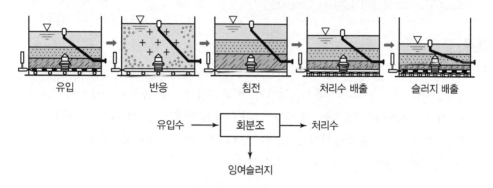

┃ 처리계통도 ┃

3) A₂O법

① 혐기−무산소−호기조 조합법

② 순환식 질산화탈질법과 생물학적 인 제거 프로세스인 혐기−호기 활성슬러지법을 조합하여 질소와 인을 동시에 제거

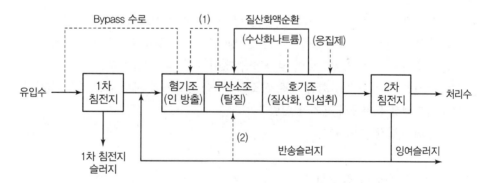

┃ 혐기−무산소−호기조합법의 기본적인 모식도 ┃

문제 06 공공폐수처리시설은 대부분 생물학적 처리시설을 중심으로 하는 생물학적 질소, 인 제거방법을 채택하고 있다. 다음 물음에 대하여 설명하시오.

1) 공공폐수처리시설에서의 질소, 인 제거방법의 장단점 각각 3가지
2) 공공폐수처리시설의 취약점
3) 공공폐수처리시설의 설치 시 고려 사항

정답

1. 개요

2014년 5월 기준 우리나라 국가산업단지, 지방산업단지 및 농공지구에 설치·운영 중인 공공폐수처리시설은 각각 12개소, 76개소, 74개소에 달한다. 이들 설치된 공공폐수처리시설 중 산업단지의 경우 대부분 생물학적 질소, 인 제거공법이 설치되었으며, 지역에 따라 총인을 추가적으로 제거하기 위하여 총인처리 공법이 설치·운영 중이다.

2. 공공폐수처리시설에서의 질소, 인 제거방법의 장단점 각각 3가지

1) 장점

① 유기물 및 질소, 인 제거율이 높다.
② 처리수질이 안정적으로 유지된다.
③ 처리 효율이 높은 반면 간단한 공정 구성으로 유기물 및 질소, 인 동시제거가 가능하다.

2) 단점

① 생물학적 처리이므로 수질, 수량 등 부하변동에 약하여 처리가 불안정하다.
② 내부반송률, 슬러지 반송률, 공기유량, 잉여슬러지의 인출량 등 각종 조작에 주위를 요한다.
③ 저수온 시 질소 제거효율이 낮아질 수 있다.
④ 유기물 제거 및 질산화를 위해 산소요구량이 많으므로 에너지 소비가 크다.
⑤ 난분해성 유기물의 제거가 어렵다.
⑥ 슬러지 발생량이 크다.

3. 공공폐수처리시설의 취약점

현재 공공폐수처리시설에서 채택되고 있는 처리설의 취약점은 다음과 같다.

1) 기존 처리장에서는 폐수량의 증가에 따른 과부하 및 1단계 초기 운전 시 저유량 문제가 있어서 운전상 어려움뿐만 아니라 유입성상 변화에 가변적으로 대응하여 운전할 수 없다.
2) 방류수질 규제가 점차 강화함에 따라 처리공정 변형, 증설하거나 새로운 탈질, 탈인 시스템을 추가 설치해야 할 필요성이 대두되고 있다.

3) 총인을 안정적으로 처리하기 위하여 과량의 응집제를 주입함에 따라 미반응 상태의 응집제 성분이 수계로 유출 및 축적되어 수계 생태계에 악영향을 미친다.

4) 총인처리시설 운영효율에 따라 처리수질이 불안정한 경우가 발생된다.

5) 동절기 저수온 시 처리기능의 안정성 확보가 필요하다.

6) 건설비, 유지관리비 경제성에 대한 재고의 필요성이 있다.

7) 유입수량의 증가에 따른 처리시설의 증설, 소각설비 및 악취저감설비 등의 설치 시 부지확보가 매우 어렵다.

8) 발생슬러지의 최종처분방법은 최근 해양투기가 금지됨에 따라 슬러지 발생량 감소가 요구되고 점차 최종 처분방법을 소각등의 방법으로 전환하거나 슬러지 재이용범위를 확대해야 할 필요성이 절실하다.

이와 같은 문제를 고려할 장래의 공공폐수처리시설을 계획 및 설계 시 기존의 폐수처리 개념만으로 확정적인 결정은 극히 위험하다.

4. 공공폐수처리시설의 설치 시 고려 사항

1) 계열화 적극 고려

초기 저유량, 연차별 수량증가 대비, 시설의 청소 및 보수를 위함

2) 전처리시설의 검토

유입수의 수질 변동에 대비한 화학응집조, 중화조 등을 설치한다.

3) 3차 처리시설의 추가설치

생물학적 처리 후단에 고도처리 및 재이용 대비를 위함

4) 처리수의 재이용범위의 확대

단순 처리장 내 재이용이 아니라 폭넓은 용도로 사용하기 위함

5) 악취 저감시설의 설치

6) 겨울철 처리의 안정성 확보

처리시설의 지화하 또는 복개 검토 등

7) 자동제어시스템의 적극도입

8) 처리효율에 비해 시설면적이 작은 처리공정 도입

9) 주위환경과의 조화, 주민 친화를 우선 고려해야 된다.

문제 01 물리적 · 화학적 질소제거방법에 대하여 설명하시오.

정답

1. 개요

방류수 중 질소 농도가 높을 경우 수중의 용존 산소를 고갈시키고 수중생물의 독성을 유발하며 염소소독에 영향을 끼치고 공중보건상의 위해를 야기하는 등 부영양화와 더불어 부정적인 영향을 미치기 때문에 배출 시 고려해야 할 영양 염류이다.

2. 질소의 제거방법

1) 물리적 · 화학적 제거방법

① 암모니아 탈기법

② 파과점 염소주입

③ 이온교환법

2) 생물학적 질소제거방법

① 탈질 전자공여체에 의한 방법 : 순환식 질산화 탈질법, 질산화 내생 탈질법, 외부 탄소원 주입법

② 기타 : 단계 혐기호기법, 간헐포기탈질법, 탈질생물막법, SBR법 등

3. 물리적 · 화학적 방법 3가지

1) 암모니아 탈기법

① 원리 : 폐수에 소석회를 첨가하여 pH를 11 정도로 증가시켜 비이온화 암모니아성 질소를 가스상태로 전환시켜 제거하는 방법

$$NH_3 + H_2O \Leftrightarrow NH_4^+ + OH^-$$

유입수의 pH를 11 이상으로 충분히 높여 암모늄이온(NH_4^+)을 암모니아(NH_3)로 전환시켜 교반하면서 공기를 접촉시켜 암모니아를 기체 상태로 제거하게 된다. 즉 주요공정은 혼합 및 응결, 침전, 탈기, 재탄화, 침전의 공정으로 구성된다.

② 장점

- 선택적 암모니아 제거 제어가능
- 계절별로 인제거용 소석회조와 조합 가능
- 독성 물질 농도와 무관

③ 단점

- 온도에 민감, 저온에서 암모니아의 용해도 증가
- SO_2와 반응으로 대기오염 유발
- 저온에서 안개 및 결빙 발생
- 중탄산에 의한 보관약품 및 배관 내 스케일 형성
- 암모니아 형태 질소만 제거 가능함

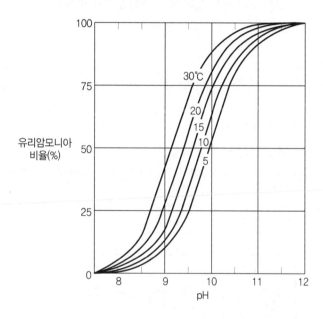

‖ pH와 유리암모니아의 비율 ‖

2) 파과점 염소주입법

① 원리 : 충분한 양의 염소를 가하여 암모니아 질소를 질소가스 및 기타 안정한 화합물로 산화하는 방법

파과점 염소처리의 총괄 반응

$$2NH_3 + 3HOCl \rightarrow N_2 + 3H_2O + 3HCl$$

② 장점

- 반응시간 빠름, 적정 제어를 통하면 암모니아성 질소를 거의 제거 가능

- 유출수의 살균을 병행
- 독성물질과 온도에 무관
- 적은 시설 비용
- 기존시설에 추가가 용이

③ 단점
- 고농도의 잔류염소 생성
- 폐수 내 염소요구물질에 의한 비용증가
- pH에 민감
- 염소주입으로 TDS 증가
- 유기질소와 질산성 질소가 포함되어 있는 경우에는 제거효과가 미미
- 산성화합물이 생성되므로 Lime 등의 중화제 도입이 필요

3) 이온교환공정
① 암모니아성 질소에 대하여 선택성이 좋은 제올라이트 등을 사용하여 암모니아성 질소를 제거하는 공정이다.
- Clinoptilolite가 가장 효과적임
- 이온용량이 고갈된 후에 석회를 이용하여 재생할 수 있다.
- 이온교환상 내부와 탈기탑 및 파이프라인에 탄산칼슘 침전물이 형성되는 문제가 있다.

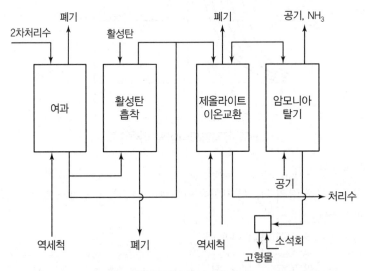

| 제올라이트 교환수지에 의한 암모니아성 질소 제거 공정도 |

② 질산성 질소 제거를 위해서는 합성 이온교환수지를 이용한다.
- 이온 교환수지는 황산이온에 비하여 친화력이 매우 낮으므로 유효용량에 한계가 있다.
- 황산이온보다 질산성 질소의 낮은 친화력 때문에 질소가 누출될 수 있다.
- 재생 시 발생된 질산성 질소를 처리해야 된다.

문제 02 DOC 제거 및 DBPs 생성 억제를 위한 정수처리방법 중 BAC(Biological Activated Carbon) 공정에 대하여 설명하시오.

정답

1. 개요

활성탄(Granular Activated Carbon, GAC)의 표면에 미생물이 붙어 활성탄의 흡착효과와 함께 미생물에 의한 처리효과가 추가되어 물속의 유기오염 물질을 좀 더 효과적으로 제거할 수 있도록 만든 활성탄을 말한다.

2. 생물 활성탄의 형성

입상활성탄의 세공은 직경에 따라 Macro pore, Transitional pore, Micro pore로 구분되며 미생물들은 활성탄 표면에 나 있는 Macro pore에 안착한다. Macro pore는 미생물들을 여러 가지 물리적인 힘으로부터 보호하며 원수 중의 유기물질 및 활성탄에 흡착되었던 유기물질들을 먹이로 하면서 번식한다.

BAC는 자연적으로 GAC에 미생물이 서식하면서 4~8주 후 미생물의 활동이 평형상태에 이르면서 형성되는 것으로 활성탄 고유의 흡착기능과 생물활동의 효과를 공유한다.

3. 처리효과

1) 활성탄의 흡착 능력을 이용하여 냄새, 맛, 색도 및 휘발성 화학물질 등을 제거한다.
2) 생분해가 가능한 용존유기탄소(DOC)나 생분해성 용존유기탄소 (BDOC)를 제거한다.
3) 암모니아를 제거한다.

4. 장단점

1) 장점
① 재생 Cycle이 GAC보다 훨씬 길어지게 되어 비용절감이 가능함
② BAC 처리물은 소량의 염소 또는 이산화염소의 주입으로 충분한 잔류소독 효과가 있음
③ 배수관망 내 미생물의 번식을 억제하는 효과가 있음

2) 단점

① 장시간의 안정화 기간이 필요함

② 유지관리에 고도의 숙련된 운영요원이 필요함

③ 유출수에는 비교적 적으나 일정한 양의 유기물질이 항상 포함됨

문제 03 용존공기부상법(DAF)의 원리, 장단점 및 공정구성에 대하여 설명하시오

정답

1. 개요

부상분리는 비중이 작은 부유물질에 기포를 부착시켜 겉보기 비중을 작게 함으로써 고액분리하는 처리시설이다. 부상분리조는 공기부상분리법과 가압부상법으로 분류할 수 있다.

2. 부상법의 원리

1) 공기부상분리법

폐수 내에 다량의 공기를 유입시켜 미세기포($10^3 \mu$m 정도)를 발생시키고 기포와 입자를 상호 접촉시킨 후 기포 주변에 입자를 부착하여 부상가능물질을 제거한다. 따라서 입자는 안정하고 소수성이 큰 것이어야 한다. 공기 유입방법에는 산기장치법 및 에어리프트법이 있다. 또한 교반방법으로는 임펠라를 이용한 기계 교반법 및 산기장치를 이용한 유체압 이용법 등이 있다.

2) 용존공기부상법

폐수 중에 용존해 있거나 강제적으로 용존시킨 공기의 압력을 변화시켜 미세형 기포($10^3 \mu$m 이하)를 발생시키거나 물리적·화학적인 방법으로 폐수 중에 기포를 발생시켜 부상가능물질을 제거한다. 이러한 경우 비교적 큰 입자 주변에 기포를 부착함으로써 겉보기 비중을 감소시킨다. 또한 입자를 미리 응집하여 그중에 기포를 부착시킬 수도 있다. 용존공기부상법의 경우 어느 정도 소수성이면 기포는 입자를 핵으로 해서 부착하기 때문에 공기부상법의 경우처럼 유입된 공기와 입자의 부착문제 및 충돌을 위한 교반문제가 없어 비교적 쉽게 부유시킬 수 있고 거품이 생성하지 않는 경우가 많다. 이 때문에 산업폐수처리에서는 용존공기부상법이 유리하다.

3. 장단점

1) 장점

① 부유물질의 성질에 따라 다르나 중력침전의 침전속도에 비해 부상속도가 크다.

② 처리물질이나 처리목적에 따라 약품 첨가를 하지 않아도 비교적 높은 처리효율을 얻을 수 있는 경우가 있다.

③ 처리장의 크기, 소요면적 및 체류시간을 줄일 수 있다.

④ 분리된 고형물은 스컴이지만 중력침전법에 비해서 함수율이 적다.

2) 단점

① 폐수의 수질변동에 의해 처리효과가 일정하게 유지되기 어렵고 상당히 많은 차이를 보이는 경우가 많다.

② 처리수의 수질이 일반적으로 중력침전법에 비해 나쁘다.

4. 공정구성

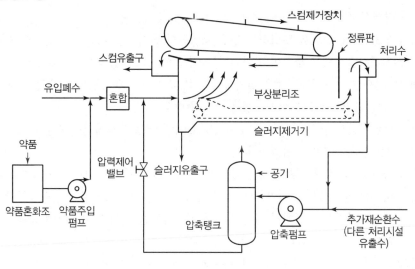

‖ 순환수 가압법의 예 ‖

문제 04 기존 하수처리시설의 고도처리시설 설치시 고려사항을 설명하시오.

정답

1. 개요

고도처리란 통산의 유기물제거를 주목적으로 하는 2차처리로 얻는 처리수의 수질이상을 얻기 위해서 행하는 처리이다.

기존 하수처리시설의 고도처리시설 설치사업 추진방식에는 2가지 방식이 있다.

1) 운전개선방식(Renovation) : 기존 처리공법 유지 또는 수정

운영실태 분석결과 기존 공공하수처리시설의 성능이 양호하여 운전방식개선 및 일부설비 보완 등으로 강화된 방류수수질기준 준수가 가능한 경우

2) 시설개량방식(Retrofitting) : 기존 처리공법 변경

기존 공공하수처리시설의 성능이 운전방식의 개선 및 설비의 보완만으로는 강화된 방류수수
질기준 준수가 곤란하여 처리공법 변경이 필요한 경우

2. 고도처리시설 설치시 고려사항

1) 고도처리시설의 설치 필요성 검토

기술진단 결과 방류수 수질기준을 준수하지 못하거나 유역하수도 정비계획에 따른 방류수
수질기준을 강화할 필요가 있는 경우에 고도처리시설 설치를 추진한다.

2) 중복투자 등 경제성 검토

① 기존시설에 고도처리시설을 도입하는 경우 동일공법 유사규모 처리장의 운영실태를 분
석하여 운전개선방식으로 추진이 곤란한 경우에 한해 시설개량방식으로 추진한다.

② 시설개량방식으로 고도처리시설을 설치하고자 할 때에는 기존 공법의 문제점 등을 검토
하여 경제적인 방법으로 고도처리시설을 계획하여야 한다.

③ 기존 공공하수처리시설에 고도처리시설을 설치할 경우에는 부지여건을 충분히 고려하여
고도처리시설 설치계획을 수립하여야 한다.

④ 기존 공공하수처리시설 부지확장의 한계성 등 입지여건을 최대한 고려하여 처리효율 및
경제성이 비슷할 경우에는 부지가 가급적 적게 소요되는 고도처리시설을 선정한다.

⑤ 기존시설에 고도처리시설 설치시 기존 시설물 처리공정을 최대한 활용하여 중복투자가
발생하지 않도록 하여야 한다.

⑥ 고도처리 공법을 선정할 때에는 LCC(Life Cycle Cost)에 의하여 공법 선정의 타당성을
검토하고, 그 검토 결과에 따라 하수처리공법(당해 공법에 수반되는 기자재 포함) 선정사
유를 설계보고서에 구체적으로 제시하여 설계자문을 받아야 한다.

⑦ 공공하수처리시설을 증설하면서 고도처리시설을 설치하는 경우에는 기존 시설과의 연계
성 및 오염물질 제거효율이 우수하고 유입수량과 수질의 변동에 유연하게 대응할 수 있는
지 여부를 검토하여 선정한다.

3) 기존 처리공정 특성 검토

① 유기물질(BOD, COD) 항목만 처리효율 향상이 필요할 경우

㉠ 표준활성슬러지법과 호환성이 가장 용이한 A_2/O와 비교 시 처리효율면에서 거의 유
사하고 오히려 ASRT(호기상태의 미생물체류시간)의 축소로 BOD 제거율이 저하되
는 경우가 발생

㉡ 고도처리방식은 운전개선방식으로 추진하는 방안을 우선적으로 검토

• 노후설비의 교체 및 개량

• 유량조정시설 및 전처리시설 기능 강화

- 운전모드 개선(폭기조 관리)
- 하수찌꺼기(슬러지) 처리계통 기능 개선(구내 반송수 관리)
- 연계처리수(분뇨, 축산, 침출수 등)의 효율적 관리

② 부유물질(SS) 항목만 처리효율 향상이 필요할 경우

　㉠ 운전개선방식으로 사업을 추진할 경우에는
- 유량조절기능 및 전처리설비 개선
- 하수찌꺼기(슬러지) 처리설비 기능 개선(구내 반송수 관리)
- 이차침전지 용량 및 구조개선(경사판 설치, 정류벽 설치 등)

　㉡ 시설개량방식으로 사업을 추진할 경우에는
- 운전개선방식에 의한 사항을 검토하여 반영
- 침전지 용량 증설 및 여과시설 설치 등

③ T−N 항목만 처리효율 향상이 필요할 경우

　㉠ T−N은 기존시설로는 제거효율이 낮으므로 새로운 처리공정 도입을 위하여 시설개량방식으로 추진하는 방안 검토
- 운전개선방식을 우선적으로 검토하여 반영
- 기존 포기조의 수리학적 체류시간(HRT)이 6시간 이상일 경우에는 기존 공공하수처리시설과 호환성이 있는 MLE, A_2/O 계열 등의 공법으로 변경하는 것이 바람직하므로 이를 우선적으로 검토
- 기존 포기조의 수리학적 체류시간(HRT)이 6시간 이하이거나 유입 T−N이 고농도일 경우는 반응조 증설방안 등을 검토하되 우선적으로 연계처리수의 처리대책(설계 시 T−N 유입하수오염부하량의 10% 이내) 관리를 검토
- 표준활성슬러지법을 SBR(Sequencing Batch Reactor)로 시설을 개량할 경우에는 기존 시설의 사장화가 발생되므로 반드시 지양

④ T−P 항목만 처리효율 향상이 필요할 경우

T−P의 경우에는 생물학적 처리방식과 화학적 처리방식에 대한 경제성, 효율성을 비교·평가한 후 결정하고, T−P 처리로 인한 기존 공정에 미치는 영향을 고려하여 대책을 수립한다.

⑤ T−N과 T−P 항목을 동시에 처리효율 향상이 필요할 경우

기존 공공하수처리시설에 T−N 및 T−P 항목에 대하여 동시에 처리효율 향상이 필요할 경우에는 상기의 처리방식을 선택한다.

4) 유입수질 범위별 성능보증 방안 검토

① 신기술의 경우 유입수질 범위별(현재 수질, 장래 수질)로 각 공정별 성능보증수질을 제시토록 하고, 보증확약서를 반드시 설계단계에서 제출하도록 하여야 한다(물질수지도 포함).

② 신기술로 등록된 공법을 도입하고자 하는 경우, 공공하수처리시설의 유입수질조건 및 운전조건이 신기술 지정 시 및 기술검증 시 제시한 조건과 상이할 때에는 이에 대한 대책방안을 마련하여 설계자문 시 제시하여야 한다.

5) 여과시설의 필요성 재검토

① 신기술 지정 또는 검증 시 여과시설을 별도로 설치하지 않아도 보증수질(또는 방류수 수질 기준) 이내로 처리할 수 있는 공법을 선정하는 경우에는 후단에 여과시설을 추가로 설치하여 예산을 낭비하는 일이 없도록 하여야 한다.

② 다만, 수질오염총량제 할당부하량 준수, 수질관리상 신기술 지정 또는 검증 시보다 더 엄격한 수질을 방류할 필요가 있는 경우 등 여과시설 설치가 필요한 때에는 여과시설을 설치할 수 있다.

문제 05 폐수의 혐기성 처리를 위한 공정 설계시 고려해야 할 유입수의 성상 및 전처리 인자에 대하여 설명하시오.

정답

1. 개요

혐기성 폐수처리는 세포합성에 필요한 탄소와 에너지를 유기물질로부터 획득하고, 발효에 의하여 ATP를 생산하거나, 분자 내에 결합된 산소를 산화제로 이용하는 혐기성 종속계 세균의 물질대사를 이용하는 방법이다. 유기물 제거원리는 호기성방법과 비슷하지만 산소공급을 받지 않으며 최종물질로서 메탄가스, 이산화탄소, 암모늄, 황화수소 등이 방출된다. 이러한 혐기성 폐수처리 공정은 높은 농도의 유기 폐수에 적합하며, 영양염류의 사용이 줄어들고, 발생하는 슬러지의 양이 적을 뿐만 아니라 부산물로 얻는 Biogas가 에너지원으로 사용됨으로써 공간적, 경제적으로 많은 장점을 가지고 있다.

2. 장단점

호기성 폐수처리와 비교하여 다음과 같은 장단점이 있다.

장점	단점
• 에너지 요구량이 적다. • 슬러지 생산량이 적다. • 발생한 슬러지의 탈수성이 좋다. • 소화슬러지는 비료로서 가치가 있다. • 적은 양의 영양소(질소, 인 등)를 요구한다. • 포기장치가 불필요하다. • 최종생산물로 잠재적 에너지원인 메탄가스를 생성한다. • 호기성 공정에 비하여 중금속 등 독성에 덜 민감하다. • 반응조의 부피가 적다. • 배출가스(off-gas)에 의한 대기오염을 제거한다. • 장기간 기질이 유입되지 않았어도 기질을 유입함으로써 빠르게 정상화가 가능하다.	• 초기 순응시간이 오래 소요된다. • 알칼리도의 보충이 필요하다. • 배출수 허용기준을 만족하기 위하여 경우에 따라 호기성 처리와 같은 추가적인 후처리가 필요하다. • 생물학적 질소 및 인의 제거가 불가능하다. • 상징액에 질소 및 인의 함량이 높다. • 낮은 온도에서 반응속도가 보다 민감하게 반응한다. • 독성물질에 의한 충격 시 장시간 회복기간이 필요하다. • 악취와 부식성 가스의 잠재적 생산 가능성이 있다. • 운전이 버교적 어렵다. • 호기성 생물학적 처리공정에 비해 체류시간이 길다.

3. 혐기성 생물학적 처리공정의 종류

① 부유성장식 생물학적 공정
  • 혐기성 완전혼합형 공정
  • 혐기성 연속회분식 공정
  • 혐기성 접촉 공정
  • 상향류식 혐기성 슬러지 블랭킷 공정 등

② 부착성장식 생물학적 공정
  • 혐기성 고정상 공정
  • 혐기성 팽창상 공정
  • 혐기성 유동상 공정 등

③ 기타 공정
  • 혐기성지
  • 혐기성 막분리 공정 등

4. 공정 설계시 고려해야 할 유입수의 성상 및 전처리 인자

1) 유입수의 성상

① 유량 및 부하 변동폐수성상

심한 변동은 산발효와 메탄 생성 사이의 균형을 파괴할 수 있다.

② 유기물의 농도와 온도

㉠ 혐기성처리의 적합성과 경제성에 영향을 미침

㉡ 에너지 없이 폐수 농도를 올리기 위해서는 최소한 1,500~2,000mg/L 이상의 COD 농도가 필요하다.

㉢ 폐수의 농도가 낮으면 공정에 가능한 SRT와 처리 가능성이 제한될 수 있다.

③ 비용해성 유기물 분율

㉠ 혐기성 반응조의 형태와 설계에 영향을 준다.

㉡ 고형물농도가 높은 경우는 부착공정보다는 부유성장 형태의 반응조가 유리하다

④ 폐수 내 알칼리도

㉠ 발생 CO_2에 의한 알칼리도 감소됨

㉡ pH 중성 구역을 유지하기 위해 2,000~4,000mg/L as $CaCO_3$가 요구됨

⑤ 영양물질 영양소

적정의 철, 코발트, 니켈 아연 등 미량의 영양물질이 필요하다.

⑥ 무기 및 유기 독성화합물

2) 전처리 인자

① 스크리닝

입상슬러지 반응조 내 유량분배 방해나 혼합 방해물질 제거를 목적으로 함. 2~3mm 미세 스크린 적용

② pH 조정

물질	중간정도의 저해를 유발하는 농도(mg/L)	강한 저해를 유발하는 농도(mg/L)
Na^+	3,500~5,500	8,000
K^+	2,500~4,500	12,000
Ca^{2+}	2,500~4,500	8,000
Mg^{2+}	1,000~1,500	3,000
암모니아성 질소, NH_4^+	1,500~3,000	3,000

물질	중간정도의 저해를 유발하는 농도(mg/L)	강한 저해를 유발하는 농도(mg/L)
아황산염, S^{2-}	200	200
구리, Cu^{2+}		0.5(solubel), 50~70(total)
크롬, Cr(VI)		3.0(soluble), 20~250(total)
크롬, Cr(III)		2.0(soluble), 200~250(total)
니켈, Ni^{2+}		30.0(total)
아연, Zn^{2+}		1.0(soluble)

반응조 내 pH 변화를 최소화할 것, 적정 pH는 6.8~7.8 사이임

③ 온도제어

1~2℃ 갑작스런 온도저하는 메탄생성 박테리아 및 VFAs의 축적에 의해 아세트산 섭취율이 매우 느려질 수 있고 입상 슬러지 강도에 영향을 미칠 수 있다.

④ 영양소 보충

장기간 운전 시 유입수의 COD : N : P=600 : 5 : 1이 제시된다.

⑤ 유지류 제어

유지류에 의해 긴사슬 지방산에 의한 저해로 야기됨. 메탄생성의 저하 및 슬러지 부상문제가 발생함

⑥ 독성물질 저감 등

원칙적으로 발생원 제어가 중요함

문제 06 액상 유기성 폐기물을 운반하는 탱크트럭이 사고로 인해 내용물이 소형호수로 누출되었다. 그 결과 호수의 유기성 폐기물의 초기 농도가 100mg/L가 되었다. 만일 용액 중의 유기성 폐기물의 k값이 0.005/day를 가지는 1차 광화학적 반응$(rc = -kC)$이라 할 때 호수에서 액상 폐기물의 농도가 초기농도의 5%로 감소할 때까지 요구되는 시간을 구하시오.(단, 호수의 총부피는 100,000m³, 호수에 유입, 유출되는 유량은 1,000m³/day이다. 호수 내에서의 반응은 정상상태이고, 완전혼합 반응조(CFSTR)로 가정한다.)

정답

1. 개요

호수를 CFSTR이라고 가정할 때 호수 내 반응물의 반응식은 다음과 같이 쓸 수 있다.

축척량 = 도입량 − 배출량 ± 생성량 · 소비량

$$V\frac{dc}{dt} = QC_o - QC - VkC^n$$

$$\frac{dc}{dt} = \frac{Q}{V}C_o - \frac{Q}{V}C - kC \,(\because n = 1차\ 반응)$$

2. 정상상태일 때의 반응식

정상상태일 때 $\dfrac{dc}{dt} = 0$이므로

$$\frac{dc}{dt} = 0 = \frac{Q}{V}C_o - \frac{Q}{V}C - kC \quad \cdots\cdots (1)$$

여기서, $\dfrac{V}{Q} = t$이므로 위 식(1)을 다음과 같이 쓸 수 있다.

$$\frac{C_o}{t} - \frac{C}{t} - kC = 0$$

$$\frac{1}{t}(C_o - C) = kC$$

$$\therefore \quad t = \frac{(C_o - C)}{kC} \quad \cdots\cdots (2)$$

3. 초기의 5% 농도가 될 때까지의 시간

(2)식을 이용하여 답을 구하면 다음과 같다.

$$t = \frac{(C_o - C)}{kC}$$

$$k = 0.005/\mathrm{d}, \quad C_O = 100\,\mathrm{mg/L}, \ C = 5\,\mathrm{mg/L}$$

$$t = \frac{(100\,\mathrm{mg/L} - 5\,\mathrm{mg/L})}{0.005/\mathrm{d} \cdot 5\,\mathrm{mg/L}} = 3,800\,\mathrm{day}$$

🖹 3,800일

문제 01 2018년 시행예정인 물환경보전법의 주요 개정내용에 대하여 설명하시오.

정답

1. 개요

환경부에서는 수생태계 보전을 위해 관계부처와 협업하여 유량과 하천구조물까지 관리하는 내용을 골자로 하는 「수질 및 수생태계 보전에 관한 법률(이하 물환경보전법)」 개정안이 2017년 1월 17일 공포된다고 밝혔다.

2. 주요개정내용

1) '물환경'의 정의를 신설하여 기존 '수질 및 수생태계' 대신 '물환경'이라는 용어를 사용하고, 제명도 '물환경보전법'으로 변경했다.

   '물환경'의 정의는 사람의 생활과 생물의 생육에 관계되는 '물의 질(이하 '수질')' 및 공공수역의 모든 생물과 이들을 둘러싸고 있는 비생물적인 것을 포함한 수생태계를 총칭한다.

2) 개정안은 수생태계를 건강하게 보전하기 위한 유량 관리와 하천구조물 개선까지 정책대상으로 포괄할 수 있도록 법체계를 정비했다.

3) 수질·수량·수생태계가 연계된 물환경 관리 방안을 도입하면서, 효과적인 운영을 위해 관계부처 간 협업체계를 제도화했다.

   ① 환경부장관이 수생태계가 단절되거나 훼손되었는지를 조사하여 해당 지역에 직접 필요한 조치를 하도록 의무화하고, 관계기관에 이를 위한 협조를 요청할 수 있도록 규정했다.

   ② 이와 함께, 수생태계 건강성을 유지할 수 있는 최소한의 유량인 '환경생태유량'을 산정하여 가뭄 등으로 인해 환경생태유량에 현저히 미달하는 경우 관계기관에 환경생태유량을 공급하는 협조요청을 할 수 있도록 근거를 마련했다.

   ③ 국가·지방하천의 대표지점에 대해서는 환경부와 국토교통부장관이 공동으로, 소하천과 지류·지천에 대해서는 환경부장관이 환경생태유량을 산정·고시할 예정이다.

   ④ 그 외에도 환경부장관이 물환경종합정보망을 구축·운영하여 수질측정 결과와 수생태계 건강성평가 결과 등을 통합 관리하도록 규정함으로써 정책 기반을 강화했다.

4) 10년간의 물환경 관리 정책방향을 제시하는 '국가 물환경관리 기본계획'의 법적 근거를 마련하면서 하위 계획의 수립체계도 개편했다.

① 환경부장관이 수립했던 4개 대권역 계획은 각 유역 환경청장이 국가 물환경관리 기본계획을 바탕으로 수립하도록 했다.

② 모든 권역에서 의무사항이었던 중·소권역 계획은 물환경 목표기준을 초과하는 등 대책이 필요한 권역을 중심으로 수립하도록 했으며, 선택과 집중을 통한 효과적인 계획이 되도록 개선했다.

5) 수질관리를 위한 현행 제도를 실효적으로 운영할 수 있도록 기존 제도를 개선하고 관리를 강화했다.

① 특정수질 유해물질 배출시설 설치·운영 사업자는 배출량 조사결과를 환경부장관에게 제출하고 환경부 장관은 이를 검증·공개하도록 하여, 기업의 자발적 배출 저감을 유도할 계획이다.

② 특정수질 유해물질은 사람의 건강, 재산이나 동식물의 생육(生育)에 직접 또는 간접으로 위해를 줄 우려가 있는 수질오염물질로, 구리·납·비소·수은과 그 화합물, 페놀류, 벤젠, 폼알데히드 등 환경부령으로 정한 28종의 물질이 있다.

③ 수질자동측정기기 부착사업자에게는 현행 기술지원과 함께 재정지원도 가능하도록 개선하면서, 운영기준을 위반할 경우 과태료를 상향(300만 원 이하 → 1,000만 원 이하)해 엄격하게 관리할 수 있도록 했다.

6) 이 밖에 불합리한 이중규제 사항을 정비하는 등 기타 법적 미비사항과 제도운영 과정에서 미흡했던 부분이 보완되었다.

- 오염총량초과부과금을 과징금으로 정비하고, 시행령에 규정된 조세입법적 성격의 산정기준을 법률에 규정하고 피성년후견인, 파산선고자 등을 부정등록자와 같은 범죄행위자와 동일하게 규제하던 것을 합리적으로 개선했다.

문제 02 물관리 일원화의 필요성, 의의, 효과 및 추진시 고려사항에 대하여 설명하시오.

정답

1. 개요

현재 우리나라는 수질, 수량, 유역, 하천 등 물관리 기능 중심으로 분할, 다원화된 관리 구조를 지니고 있다. 특히 주요기능은 환경부와 국토교통부가 담당하고 있다. 먼저 환경부는 국가 전체적인 차원에서 수질을 관리하고, 수량 측면에서는 지방상수도 및 수요관리를, 유역관리 측면에서는 4대강 수계법에 근거한 수계관리를 담당하고 있으며 하천관리 측면에서는 생태하천 복원업무를 담당하고 있다. 국토교통부는 국가 전체적으로 하천법에 따라 하천관리를 책임지며 수량측면에서는 광역상수도, 댐, 공급관리 업무를 담당하고 있다. 이 밖에 농림수산식품부는 농업용수 부문을, 행정안전부는 소하천, 재해 부문을, 산업통상자원부는 발전용 댐부문을 책임지고 있다.

2. 관리체계의 문제점

1) 환경기반의 물관리 인식 미흡
4대강 사업을 통하여 치수와 이수 측면에서 기후변화 적응력이 강화되었으나 녹조현상 등 물환경관리에 다양한 문제가 발생하고 있다.
① 녹조 예방 및 저감을 위한 관리체계 부재
② 탁수관리 및 퇴적물관리 체계의 부재
③ 건전함 물순환 체계 구축 미흡
④ 물순환을 통한 이수 · 치수로 가뭄 홍수 대비 미흡

2) 물 관련 정책조정의 기능체계 부재

3) 수량, 수질, 농업용수 중심의 기능 분리로 부처 간 갈등을 야기

4) 물 관련 업무의 분산으로 인한 중복투자 및 비효율화
유역환경청과 국토관리청(하천국)의 업무 유사, 환경관리공단과 K-water의 상수도 중복 업무, 각 하천의 데이터 표준화 미흡 등

5) 유역 내 조정체계 미비로 갈등 야기
유역의 개념과 행정구역 기준 간의 갈등점 내포

6) 물관리 계획 간의 연계성 부족과 중복
국토교통부는 수자원 장기종합계획, 환경부는 물환경관리계획, 수도 종합계획, 기타 행정기관 농업용수계획, 소하천정비계획 등 종합계획의 부재

7) 중앙부처에 집중된 관리와 지역 간 불균형 심화

3. 필요성

1) 통합수자원관리의 관점에서 물관리체계를 개선해 나갈 필요가 있다.
물선진국가에서는 통합적인 물관리 역할이 강조되고 있다.

2) 행정구역 중심에서 유역중심으로 물관리 중심이 바뀌어가고 있다.

3) 부처 간 물관리 업무를 주요부처로 일원화하거나 효율적인 조정을 위한 조정체계를 마련할 필요가 있다. 이와 같은 문제점을 해결하고 새로운 물관리 여건 필요성이 커지는바 물관리 일원화는 필요하다.

4. 의의

일원화 조치는 수질관리와 수량관리로 이원화된 중앙정부의 물관리 조직체계를 일원화해 물관리 능력을 극대화하고 물관리 선진화를 위한 초석이라고 할 수 있다.

특히 물 관련 대규모 개발이 완료되고 경제가 안정기에 접어든 대부분의 선진 국가들의 경우, 물관리 체계는 환경을 중심으로 통합 관리되고 있다.

5. 효과

1) 하천을 살려 물 문제 해결을 위한 교두보의 형성이 가능해짐

상하류간의 댐과 보 저수 및 방류량 조절을 통한 하천기능을 회복해 하천수 이용을 증대하고 수량과 연계된 오염원 처리로 하천의 자정능력을 향상시키는 등 종합적이고 입체적인 접근으로 하천을 관리하여 물 문제를 해결할 수 있다. 또 물관리 정부기능의 집결로 단일 책임체계구성으로 긴급상황 시 효율적으로 대처할 수 있고 일사불란한 업무계통이 확립되고 위기관리능력이 극대화된다.

2) 합리적인 물 관리계획의 수립과 시행이 가능해짐

다목적댐과 용수전용댐, 4대강 보, 광역상수도와 지방상수도의 효율적 개발과 배분으로 합리적 물자원 계획수립과 집행이 가능하고 지자체에서도 물관리 주관부처의 확립으로 행정상 혼란과 과중한 행정 부담이 경감된다. 또한 수계단위로 물관리의 권한과 책임을 갖는 집행기구로 재편되기 때문에 수량·수질·생태의 통합관리로 최적의 물관리가 가능해진다.

3) 국민에게 건강하고 안전한 물과 쾌적한 물환경 제공이 가능해짐

유역 수량, 수질, 생태등 물환경 관련 정책이 국가 전체 차원에서 최적화되도록 결정돼 갈수기의 하천수량 및 수질관리를 최적화할 수 있고 다목적댐과 보를 연계한 효율적 운영과 수질과 수량이 고려된 관리로 수질기준 달성률이 제고돼 특히 갈수기에 최적의 하천수량 및 수질관리가 가능하다.

4) 물관리 정책의 통합으로 물관련 법령·계획 및 예산이 통합돼 업무의 일관성 확보 및 예산낭비가 해소 가능해짐

상수도 사업 및 하천사업 등 중복투자를 없애고 생태복원과 이수·치수가 조화되는 사업 추진 등으로 국가예산의 효용성이 증진된다. 산재된 물관리조직을 집약함으로써 효율적인 물관리 체제가 확립될 수 있고, 집행조직의 통폐합으로 기구와 인력을 줄여 효율적인 정부조직을 갖출 수 있다. 또한 물관리에 대한 기술축적도 용이하고 전문성도 한층 제고할 수도 있다.

6. 일원화 추진 시 고려사항

1) 물은 인간과 자연이 공유하는 지속가능한 국가 자원으로 관리해야 한다.

   이를 위해 물순환의 건전성을 확보하고 물환경의 지속가능성을 보장하는 것을 목표로 설정해야 한다. 그리고 지표수와 지하수의 통합관리, 수량과 수질의 종합적 고려, 유역단위의 통합물관리체계의 구축을 지향해야 한다. 물환경 계획과 관리에서 사용자·주민·정책결정자 등의 다양한 참여를 강조해야 한다.

2) 기후변화에 적응하기 위해 하천환경 특성을 고려한 종합적 관리대책이 필요하다.

   지류지천은 제방위주 관리에서 자연형 하천으로의 개선과 물 흐름 공간확보 후 자연천이를 강조하도록 해야 한다. 그리고 기상이변 증가에 대비한 저류지, 천변저류지, 홍수조절지, 방수로 등 대안적 방어수단을 다양화하는 등 유역특성에 적합한 하천관리 대책의 확대도 필요하다.

3) 지자체 간, 상·하류 간, 수리권(물배분) 갈등 등을 해소하기 위한 행정구역 중심의 물관리를 유역 중심 관리체계로 전환해야 한다.

4) 개발·보전의 가치관 갈등, 물수급 정책 갈등 등은 참여와 합의에 의한 정책결정 과정을 제도화하도록 해야 한다.

   이를 통해 안정된 용수관리, 깨끗하고 건강한 물환경 관리, 기후변화 등 물재해에 강한 사회, 갈등해소를 위한 이해당사자 참여체계 구축 등으로 물관리의 효율성·환경성·형평성 확보를 통한 지속가능한 물관리가 이루어질 수 있다.

문제 03 비점오염원의 종류, 비점오염원 저감시설의 종류 및 선정시 고려사항에 대하여 설명하시오.

정답

1. 개요

비점오염원이란 도시, 도로, 농지, 산지, 공사장 등으로서 불특정장소에서 불특정하게 수질오염물질을 배출하는 배출원을 말한다.

2. 비점오염물질

1) 토사 : 다른 오염물질이 흡착되어 같이 이동, 수생생물의 광합성, 호흡,성장,생식에 치명적 영향을 미침

2) 영양물질 : 조류의 성장을 촉진함

3) 박테리아 및 바이러스 : 동물의 배출물과 하수도의 월류수에서 유출

4) 기름과 그리스 : 유막 형성 등에 의한 수생 생물에 치명적 영향을 미침

5) 금속 : 도시지역 강우유출수에 흔히 검출됨. 생물 농축 및 음용수 오염의 가능성 있음

6) 유기물질 : 하수관거 침전물, 공업지역 등에서 발생

7) 농약 : 제초제, 살충제, 항곰팡이제 등에서 발생. 생물농축의 현상이 있음

8) 협잡물 : 건축공사장 및 사업장 등에서 발생. 낙엽이나 잔디 깎은 잔재물 등

3. 비점오염원의 종류

오염원그룹	비점오염원	비고
생활계	생활계 관거 월류수	
축산계	가. 개별배출수 : 개별 축사로부터 자원화 처리 또는 미처리되어 농지에 살포된 후 주로 강우에 의존하여 배출되는 고형물 설상의 축산계 배출수 나. 축산계 관거 월류수	자원화유형에는 '톱밥발효', '퇴비', '액비', '위탁'이 있다.
산업계	산업계 관거 월류수	
토지계	가. 개별배출수 : 환경기초시설로 연결된 관거로 유입되지 않는 구역의 토지계 배출수 나. 토지계 관거 월류수	토지계의 개별 배출수란 환경기초시설로 이송하는 배수설비로 유입되지 않고 개별적으로 배출 또는 배제되는 토지계의 유출수를 말한다.
양식계	양식계 관거 월류수	
매립계	가. 개별배출수 : 침출수처리시설을 갖추지 않은 비위생매립지로부터 공공수역으로 배출되는 매립계 배출수 나. 매립계 관거 월류수	

여기서 관거 월류수란 우기 시 관거용량 부족으로 발생하는 월류수로 다음과 같이 구분한다.

1) 합류식 관거의 맨홀로부터의 월류수(CSOs, Combined Sewer Overflows)

2) 분류식 관거의 맨홀로부터의 월류수(SSOs, Sanitary Sewer Overflows)

4. 비점오염원 저감시설의 종류

1) 자연형시설

① 저류시설 : 강우유출수를 저류하여 침전 등에 의하여 비점오염물질을 저감시킴. 저류지, 연못 등

② 인공습지 : 침전, 여과, 미생물분해, 식생 식물에 의한 정화 등 자연상태의 습지가 보유하고 있는 정화 능력을 인위적으로 향상시켜 비점오염물질을 저감시킴

③ 침투시설 : 강우유출수를 지하로 침투시켜 토양의 여과, 흡착 작용에 따라 비점오염물질을 저감시킴. 유공포장, 침투조, 침투저류지, 침투도랑 등

④ 식생형시설 : 토양의 여과 흡착 및 식물의 흡착작용으로 비점오염물질을 줄임과 동시에 동·식물의 서식공간을 제공함으로써 녹지경관으로 기능하는 시설. 식생여과대, 식생수로 등

2) 장치형시설

① 여과형시설 : 강우유출수를 집수조에 모은 후 모래, 토양 등의 여과재를 통하여 걸러 비점오염물질을 감소시킴

② 와류형 시설 : 중앙회전로의 움직임으로 와류가 현성되어 기름, 그리스 등 부유성물질은 상부로 부상시키고, 침전가능한 토사, 협잡물은 하부로 침전·분리시켜 비점오염물질을 감소시킴

③ 스크린형시설 : 망의 여과, 분리작용으로 비교적 큰 부유물질이나 쓰레기 등을 제거하는 시설. 주로 전처리용으로 쓰임

④ 응집, 침전형 시설 : 응집제이용하여 응집침전분리하여 비점오염물질 저감하는 시설

⑤ 생물학적 처리형 시설 : 전처리시설에서 토사 및 협잡물 등을 제거한 후 미생물에 의하여 콜로이드성, 용존성 유기물질을 제거하는 시설

5. 선정시 고려사항

비점오염저감시설을 설치하려는 경우 다음의 사항을 종합적으로 고려하여 가장 적합한 위치에 가장 적합한 시설을 설치한다.

1) 토지이용특성

도로, 도시, 농촌, 산림 등 토지이용특성에 따라 비점오염원의 유출특성 등 여러요소가 차별화되므로 이를 충분히 고려해야 된다.

2) 유역특성

비점오염저감시설의 설계는 기본적으로 강우유출수가 유입되는 하류 수체의 특성에 의해 영향을 받는다. 따라서 적정한 시설의 선정하기 위해서는 하천 및 하류지역의 하천 수질등 유역요소(예 유역의 상수원 사용여부, 홍수조절 필요여부등)를 고려해야 된다.

3) 지역사회의 수인가능성(불쾌감, 선호도등)

4) 유지 · 관리의 용이성

5) 비용의 적정성

6) 비점오염물질의 제거능력

7) 강우유출수의 관리능력 등

문제 04 오염된 지하 대수층의 오염원이 식별 가능하고 오염물질 흐름을 추적할 수 있다고 가정할 때, 오염물질을 제어하기 위한 방법들에 대하여 설명하시오.

정답

1. 개요

오염물에 의한 지하수오염 시 크게 두가지 문제가 발생한다. 첫 번째는 오염물의 근원인 오염원이 지하에 존재하는 것이고 두 번째는 오염물이 지하수 유동방향에 따라 이동하여 오염운(Plume)을 발생시키는 것이다. 오염물의 대부분은 오염원에 존재하나 일부는 오염운 형태로 광범위하게 분포한다. 오염물이 지하에 누출되면 오염물의 대부분(>99.9%)을 제거하지 않는 이상 음용수수질기준으로 대수층을 회복하는 데 오랜 기간이 필요하다. 따라서 지하수 오염문제에 대처하기 위해서는 오염원의 제어와 오염운의 정화를 동시에 고려해야 된다.

2. 오염원의 제어방법

1) 봉쇄

경제적, 기술적 또는 현장 특성을 통해 오염원 제거가 실용적이지 못하다고 판단될 때 오염원지역에 적용되는 수단이다.

① 물리적 장벽

오염원을 고립시키고 오염원으로부터 노출되는 경로를 차단함으로써 위험을 감소시키는 제어 수단임

• 시트파일

• 슬러리벽 : 비고화된 지반 물질을 이용할 수 있는 비교적 저렴한 방법임. 슬러리벽은 토양, 벤토나이트 또는 시멘트 혼합물로 구성

• 그라우트막 : 입자형 또는 화학적 그라우트 이용

㉠ 장점

• 간단하고 튼튼한 기술이다.

• 봉쇄는 처리보다 특히 오염지역이 넓을 때 저렴하다.

• 오염물이 다른 지역으로 이동하는 것을 차단하여 직간접적인 노출을 방지한다.

- 미고결토양의 경우 봉쇄시스템은 질량의 유출과 오염원의 잠재이동을 현저히 감소시 킨다.
- 다른 현장 시스템과 병합해서 사용할 수 있다.

  © 물리적 장벽의 한계점
  - 다른 처리 시스템과 병행하지 않는 한 자체로는 오염지역의 질량, 농도 또는 독성을 감소시킬 수 없다.
  - 슬러리벽은 불투수성을 갖고 있지 않아 한정된 시간 내에서만 봉쇄의 효과를 나타 낸다.
  - 다양한 종류의 물리적 장벽이 장기간 유효한지에 대한 자료가 충분치 않다.
  - 오염물질이 이동하지 않는지에 대한 장기간의 모니터링이 필수적이다.

② 수리적 봉쇄

지하수를 양수함으로써 용해상의 오염물의 이동을 방지하거나 오염원을 수리적으로 억 제하는 기술이다.

  ⊙ 양수 목적
  - 첫 번째는 자연적인 수두 구배를 변화시켜 양수관정으로 지하수를 끌어당기는 포획 구간을 형성하여 오염운을 억제하는 것이고
  - 두 번째는 대수층으로부터 오염물을 제거하는 것이다.
  - 양수된 오염수는 보통 현장외 처리된 후 근처 지표수나 지하수에 방류한다.

  © 장점
  - 기술과 장비가 확립되어 있다.
  - 다른 대안들에 비해 초기 건설과 운용이 저렴할 수 있다.
  - 디자인을 신축적으로 할 수 있다.
  - 현장 조건이 변할 때 양수를 증가시키거나 감소시키는 등 운용상의 신축성이 있다.

  © 제한점
  - 양수에 대한 에너지 비용 등 유지관리 비용이 물리적 장벽에 비해 높다.
  - 시스템의 실패는 용해상 오염물질의 이동과 지하수 수용체와의 접촉을 초래할 수 있다.
  - 오염운의 부피와 특성이 시간, 기후 조건과 현장 조건에 따라 변할 수 있어 모니터링 의 비용과 주기를 증가시킬 수 있고 시스템을 재디자인 할 수도 있다.

2) 처리

① 토양증기 추출법(Soil vapor extraction, SVE) : 불포화대 토양으로부터 증기 추출구에 진공상태를 적용하여 휘발성 유기물질을 제거할 때 사용한다.

② 화학적 처리 : 화학적 침반이 대개 수반됨

③ 생물학적 정화 : 미생물 세포내에서 에너지를 생산하는 산화 환원 반응을 수반한다.

④ 열처리 : 증발 또는 열로 태우거나 녹임

⑤ 다상추출법(Multi phase extraction, MPE) : SVE이 향상된 방법. 같은 추출정에서 오염 증기와 오염 지하수를 동시에 추출하여 처리하는 방법임

⑥ 나노정화 : 나노크기의 반응 물질을 이용하여 독성을 처리한다.

나노물질은 표면적이 넓어 보통 물질보다 반응성이 훨씬 크며, 미세한 크기 때문에 작은 공극 사이에 침투하여 먼거리까지 이동이 가능하다.

3. 오염운에 대한 현장외(ex – situ) 정화법

1) 양수처리법이 대표적이다.

• 오염된 지하수를 양수하여 지상에서 처리하는 방식이다.

• 공기탈기법

• 입상활성탄소

• 화학적 침전

• 자외선산화

• 이온교환

• 역삼투압

• 생물학적 반응로 등

2) 제한점

① 꼬리끌림에 의한 오염물질의 정화기준 초과 현상

꼬리끌림이란 양수처리시스템을 지속적으로 운용할 때 오염물 농도의 감소 속도가 점진적으로 느려지는 현상으로 오염물 농도가 정화기준을 초과할 수 있다.

② 반등현상에 의한 오염농도의 증가 현상발생

용해 오염물질 농도가 정화 목표를 일시적으로 달성된 이후에 만일 양수가 중단된다면 다시 반등될 수 있다.

4. 오염운에 대한 원위치(in – situ) 정화법

1) 생물학적 정화

미생물을 이용하여 토양, 지하수, 슬러지에 있는 유기 오염물을 분해 처리하는 방법

2) 화학적 산화처리

산화제를 지하로 투입하여 오염물을 변화시키는 방법

산화제 : 과망간산염, 펜톤시약, 촉매화된 과산화수소, 과황산염, 오존 등

3) 화학적 환원처리

환원제나 환원제를 발생시킬 수 있는 물질을 지반 내에 배치하여 오염물질을 처리하는 방법

환원제 : 영가철, 유기기질, 다황화칼슘, 이가철 등

4) 투과성 반응벽

반응성 물질을 지하에 매설하고 자연 수두 구배하에서 오염운이 반응성 물질을 통과하는 동안 오염물질이 제거되는 방법을 말한다.

반응물질 : 영가철, 생물벽, 인회석, 제올라이트 등

5) 식물복원법

식물을 이용하여 토양이나 퇴적물, 지표수나 지하수에 있는 오염물을 제거하거나 해체하는 방법이다.

대상 오염물

① 석유 탄화수소, 원유, 염소계 화합물, 살충제, 폭발물과 같은 유기물
② 중금속, 준금속, 방사성 물질, 염과 같은 무기 오염물 등

문제 05 정수처리에 적용하는 막여과시설에 대하여 다음을 설명하시오.

1) 막의 종류 및 특성
2) 막여과시설의 특징
3) 막여과시설의 공정구성
4) 막의 여과방식에 따른 분류
5) 막여과시설의 설치시 고려사항

정답

1. 개요

막여과란 막을 여과재로 사용하여 물을 통과시켜서 원수 속의 불순한 물질을 분리 제거하고 깨끗한 여과수를 얻는 정수방법을 말한다.

막여과시설의 장점은 원수와 전처리 운전조건에 영향을 받지 않는 안정한 수질을 확보하고, 기존 처리 system으로는 제거가 어려운 원생동물 등의 제거율이 매우 우수하며, 탁도 및 병원성 미생물 등의 관점에서도 매우 양호한 처리수를 얻을 수 있으며, 운전인력의 숙련도와 경험에 크게 의존하지 않는 자동운전이 용이하고, 소형 시설 설비가 가능하여 부지 면적이 적게 든다는 것이다.

막분리는 특히, 어느 크기 이상의 물질을 제거하는 경우에는 제거율의 안정성이 높으므로, 현탁물질 이외의 용해성 물질이 거의 들어 있지 않은 원수에 적합하며 기존의 정수처리 공정뿐만 아니라 ozone 및 활성탄 등의 고도처리 공정과 결합이 가능하다. 하지만 초기 시공비가 기존 정수처리공정보다 많이 들며 전문적인 시공이 필요하다.

2. 막의 종류 및 특성

1) 정밀여과법(Microfiltration : MF) : 정밀여과 막모듈을 이용하여 부유물질이나 원충, 세균, 바이러스 등을 체가름원리에 따라 입자의 크기로 분리하는 여과법을 말한다. 고분자재료 등에 다공성(고분자물질 – 입자물질 크기)을 가진 막모듈, 펌프, 제어설비 등으로 구성되어 탁질 등을 제거
   – 모래여과를 대체하는 정수처리공정으로 도입

2) 한외여과법(Ultrafiltration : UF) : 한외여과 막모듈을 이용하여 부유물질이나 원충, 세균, 바이러스, 고분자량물질 등을 체가름원리에 따라 분자의 크기로 분리하는 여과법을 말한다. 고분자재료 등에 다공성(고분자물질 – 입자물질 크기)을 가진 막모듈, 펌프, 제어설비 등으로 구성되어 탁질 등을 제거
   – 모래여과를 대체하는 정수처리공정으로 도입

3) 나노여과법(Nanofiltration : NF) : 나노여과 막모듈을 이용하여 이온이나 저분자량 물질 등을 제거하는 여과법을 말한다. 분자량이 수백 크기인 물질을 제거할수 있는 설비로 막모듈, 펌프 및 제어설비로 구성
   • 질산성질소, 맛 · 냄새물질 등의 제거로 정수공정의 오존/활성탄공정의 역할 대체
   • 반드시 전처리공정으로 탁질제거공정 도입(UF/MF, 모래여과)

4) 역삼투법(Reverse osmosis : RO) : 물은 통과하지만 이온은 통과하지 않는 역삼투 막모듈을 이용하여 이온물질을 제거하는 여과법을 말한다. 미량오염물질을 제거 할 수 있는 막모듈, 펌프, 제어설비 등으로 구성
   – 역삼투공정에 반드시 탁질 제거를 위한 전처리공정을 도입

5) 해수담수화 역삼투법(Seawater Desalting Reverse Osmosis : 해수담수화 RO) : 물은 통과하지만 이온은 통과하지 않는 역삼투 막모듈을 이용하여 해수 중의 염분을 제거하는 여과법을 말한다. 해수 중에 포함된 염분을 99% 이상 제거할 수 있는 막모듈 및 고압펌프, 제어설비 등으로 구성

- 해수담수화공정에 반드시 탁질제거용 전처리공정의 도입이 필요함

3. 막여과시설의 특징

1) 막을 여재로 하는 여과공법임
2) 응집침전, 모래여과가 불필요
3) 좁은 부지면적
4) 유지관리 용이 : 무인화 자동 운전 가능
5) 오염(Fouling)에 의한 flux 저하
6) Cryptosporidium, Giardia 등 세균 제거 가능
7) 설비증설이 간단 : 막모듈의 결합으로 구성

4. 막여과시설의 공정구성

1) 막여과정수시설은 막모듈을 이용하여 여과하는 공정과 소독제를 이용하여 소독하는 공정을 기본공정으로 구성한다.
2) 막여과공정은 원수공급, 펌프, 막모듈, 세척, 배관 및 제어설비 등으로 구성되며, 막의 종류, 막여과 면적, 막여과 유속, 막여과 회수율 등은 원수수질 및 여과수의 수질기준과 시설의 규모 등을 고려하여 결정하여야 한다.
3) 막여과 정수시설은 필요에 따라 배출수 처리설비를 설치하여야 하며, 막모듈의 보호 및 여과수의 수질 향상을 위해 별도의 전·후처리 설비를 설치할 수 있다.

4) 제3항과 관련한 전처리설비는 다음과 같다.
① 원수 내 협잡물 제거를 위한 스크린이나 스트레이너설비
② 원수 내 탁질 및 유기물 제거를 위한 응집, 침전, 여과설비
③ 원수 내 철, 망간 등의 산화를 위한 전염소 또는 전오존 주입설비
④ 원수 내 맛·냄새물질 등 미량유기물질 등의 제거를 위한 분말활성탄 주입설비
⑤ 수소이온농도(pH) 및 응집효율 제어를 위한 약품 주입설비
⑥ 기타 막모듈 보호 및 여과수질 향상을 위한 전처리설비

5) 제3항과 관련된 후처리 설비는 다음과 같다.
① 맛·냄새물질 및 미량오염물질 제거를 위한 오존, 활성탄 설비
② 기타 여과수질 향상을 위한 설비

다음은 앞의 공정을 조합한 일반적인 막여과정수처리시설의 한 예이다.

① 전처리 ② 막여과 ③ 후처리 ④ 소독 ⑤ 정수지 ⑥ 배수처리 등의 공정으로 구성되어 있다.

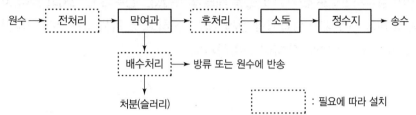

5. 막의 여과방식에 따른 분류

1) 전량여과방식(Dead-end flow)

공급수 전량을 여과하는 전량 여과방식으로 (Dead-end Flow) 막 면에 직각흐름을 만들어 종래의 모래여과와 같이 막 공급수의 전량을 여과하는 방식

2) 십자류여과(Cross-flow)

막 면에 평형으로 물의 흐름을 만들어 현탁물질이나 콜로이드물질이 막면에 퇴적하는 것을 억제하여 여과하는 방식

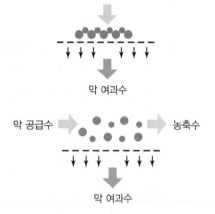

6. 막여과시설의 설치시 고려사항

1) 「상수원관리규칙」 제25조 제1항 "원수의 수질검사기준"에 따라 실시한 과거 3년간의 원수 수질검사 결과

2) 장래 원수 수질변화가 예측되는 경우는 그 대응 방안

3) 신설하는 막여과정수시설 및 기존 정수시설을 개량하여 막여과정수시설을 설치하고자 할 경우에는 막여과정수시설의 안정성

4) 제1호부터 제2호까지 검토 결과, 막여과공정 단독으로 정수를 생산하여 먹는 물 수질기준의 초과가 예상되는 경우에는 다른 정수공정과의 조합

5) 건설비, 유지관리비 등을 포함한 경제성

6) 그 밖의 막여과정수시설 설치 시 필요한 사항

문제 06 최근 폐수성상이 다양해지고 이전에는 경험하지 못한 새로운 폐수들이 등장함에 따라 과거의 경험치만으로 신뢰성 있는 설계를 할 수 없는 경우가 많아지고 있다. 이와 관련하여 폐수처리 신공정에 대한 정확성과 경제성을 도모하고, 신뢰성 있는 설계인자의 도출을 위한 처리도 실험(모형실험)에 대하여 설명하시오.

정답

1. 개요

공공폐수처리시설의 설계를 정확하게 하기 위하여 설계 전 처리도 실험을 하여야 한다. 처리도 실험을 통하여 도출된 설계인자를 처리시설의 설계에 이용함으로써 공정의 안정성, 경제성을 확보할 수 있다.

2. 처리시설의 처리도 실험을 해야 되는 이유

1) 설계방법에는 이론적 설계방법과 경험적 설계방법이 있다.
   ① 이론적 설계방법이란 실제경험이 전혀 없는 신공정이나 폐수를 대상으로 실험 실적 자료로부터 동력학적 상수들을 구하여 이론적인 동력학적 수식모형에 따라 계산 설계하는 방법
   ② 경험적 설계방법이란 공정이나 폐수별로 이미 설계 경험이 상당히 축적되어 별도의 동력학적 수식이 필요 없이 경험치들을 사용하여 설계하는 방법

2) 경험적 설계에 이용되는 자료들이 수집되고 경우별로 세분화되어 있으나 기술개발에 따라 신공정들이 개발 도입되고 있고 이전에는 경험치 못한 새로운 폐수들이 등장함에 따라 과거의 경험치만으로는 자신 있는 설계를 할 수 없는 경우가 많아지고 있다.

3) 따라서 신공정이나 새로운 공공폐수처리시설의 설계를 정확하게 하기 위하여 처리도 실험을 실시해야 된다.

3. 처리도 실험종류

1) 실험실규모(Lab-scale or bench-scale test)

2) 파일럿 규모실험(Pilot plant)
   실험실규모 실험에서 얻은 공정을 실제폐수를 대상으로 실험실 규모보다 큰 규모로 수행하여 처리공정의 안정성, 경제성 그리고 실규모 설치시의 문제점 발생 시 대책 등을 검토한다.

3) Test Bed 규모실험 등이 있다.

   주로 1), 2) 실험을 한다.

4. 처리도 실험절차

1) 대상폐수의 선정

입주예정업체와 동일업종 폐수를 기존 공단에서 선정하여 입주예정업체 규모에 따른 비율로 혼합하여 대상폐수 선정

2) 대안공정 선정

3) 실험실 규모 실험, 파일럿 규모실험

4) 설계인자 도출

5. 처리도 실험항목

1) 침전실험

1차 침전지의 체류시간, 수면학적 부하율 및 슬러지 발생량 추정을 위한 침전관 실험을 실시

2) 생분해도 실험

폐수 및 오수의 생물학적 분해 가능성을 조사하고 설계에 필요한 미생물의 성장 동력학계수, 내생호흡계수 및 유기물 분해 속도 등을 도출

3) 응집침전 실험

폐수의 응집가능성, 응집 시 각종 수질항목의 제거 효율, 최적응집제 및 농도, 최적응집보조제 종류 및 농도, 알칼리도의 보충 필요성, 응집슬러지의 침강성 및 탈수성 등을 평가한다.

4) 소화실험

가압부상 실험, 탈수실험 및 기타 인정되는 실험

6. 기타

일반적으로 공공폐수처리시설의 주요 공정은 생물학적 처리인 점을 감안할 때 유입수에 대한 생분해도 실험을 반드시 하여야 한다.

실제 몇몇 기존 공공폐수처리시설에서는 유입수의 COD 농도가 BOD 농도보다 매우 높아 생물학적 처리가 어려워 처리공정을 응집침전방법으로 전환한 사례가 있다.

1교시 다음 문제 중 10문제를 선택하여 설명하시오.(각 10점)

1. LID(Low Impact Developement)
2. 통합물관리(Integrated Water Management)
3. 경도(Hardness)와 알칼리도(Alkalinity)의 유발물질과 영향
4. 호소 조류(Algae)의 광합성에 의한 pH 상승 기작
5. 관개용수의 SAR(Sodium Adsorption Rate)
6. 양분관리제
7. 소독공정에서의 불활성비의 정의 및 계산방법
8. 수질예보제
9. 2차 침전지 고형물 부하 계산식 및 인자값의 의미
10. 역삼투막 FI(Fouling Index) 산정식 및 파울링 예방방안
11. 하수처리 유량조정 펌프의 유량제어 방안
12. Off-Line 유량조정 방식 적용이 유리한 현장 여건
13. 수중 암모니아 전리과정의 결정인자와 생물독성 영향

2교시 다음 문제 중 4문제를 선택하여 설명하시오.(각 25점)

1. 혐기성 처리에 대하여 다음을 설명하시오.
   (1) 혐기성 처리를 위한 조건
   (2) 유기물의 혐기성 분해과정과 단계
   (3) 혐기성 처리의 장점과 단점

2. 생태계(Ecosystem)의 주요 흐름 및 생태계서비스(Ecosystem Service)를 설명하시오.

3. 다음은 하수처리장 유입수 50mL를 사용하여 분석한 실험결과이다. TS, TSS, TDS, VSS, FSS에 대해 설명하고 각각의 농도(mg/L)를 계산하시오.
   • 증발접시무게=62.003g
   • 105℃에서 건조 후 증발접시 무게와 잔류물 무게의 합=62.039g
   • 550℃에서 태운 후 증발접시 무게와 잔류물 무게의 합=62.036g
   • GF/C 여과지의 무게=1.540g
   • 105℃에서 건조 후 GF/C 여과지의 잔류물 무게의 합=1.552g

• 550℃에서 태운 후 GF/C 여과지와 잔류물 무게의 합＝1.549g

4. 하수리시설 총인 제거에 대하여 다음을 설명하시오.
   (1) 생물학적 총인 제거의 기본원리, 영향인자 및 적용가능공법
   (2) 기존 하수처리시설의 총인 처리시설 추가 설치 시 고려 사항

5. 고도처리 공정인 BAC(biological Activated Carbon Filter) 공정에 대하여 다음을 설명하시오.
   (1) BAC 공정에 사용하는 석탄계와 야자계 입상활성탄의 적용특성 비교
   (2) 입상활성탄 수처리제 규격의 대표적인 물성 중 체잔류물, 건조감량, 요오드 흡착력, 메틸
       블루 발색력을 규정한 이유

6. 하수처리수 재이용 시 위생성 확보를 위한 소독처리공정에 대하여 다음을 설명하시오.
   (1) 하ㆍ폐수처리수 재처리수의 용도별 소독처리공정의 필요성
   (2) 국내 하수 재이용에 적용 가능한 소독처리공정 비교 및 적용 공정 선정 시 고려 사항

▪▪ 3교시 다음 문제 중 4문제를 선택하여 설명하시오.(각 25점)

1. 인공습지에 대하여 다음을 설명하시오.
   (1) 인공습지의 정의와 오염물질 제거기작
   (2) 인공습지의 식생분류
   (3) 수문학적 흐름형태에 따른 유형분류

2. 응집제의 종류와 특성 및 응집 효율에 영향을 미치는 인자를 설명하시오.

3. 남조류의 과다 증식에 따른 녹조현상에 대하여 다음을 설명하시오.
   (1) 녹조현상의 정의 및 원인
   (2) 남조류의 냄새 및 독소 유발물질
   (3) 부영양화와 녹조현상과의 관계
   (4) 녹조현상이 생활환경, 수생태계, 농수산업에 미치는 영향

4. 하수처리시설에서 발생되는 반류수의 특성, 농도 저감방안, 처리공법 등에 대하여 설명하시오.

5. 염색폐수에 대하여 다음을 설명하시오.
   (1) 염색폐수의 특성과 적정처리를 위한 처리공정 계획
   (2) 단위 공정별 시설 및 주요 고려사항

6. 혐기성 소화설비(산발효조, 소화조, 가스저장조 등)의 안정적 운전을 위한 계측기 연동 자동 운
   전 방안과 바이오가스 안정성 확보를 위한 시설물 계획 및 운전 방안을 설명하시오.

4교시 다음 문제 중 4문제를 선택하여 설명하시오.(각 25점)

1. 비점오염원 저감시설에 대하여 다음을 설명하시오.
   (1) 비점오염원 저감시설의 종류 및 기능
   (2) 수질처리용량 WQ_V(water quality volume)과 WQ_F(water quality flow)

2. 개발사업의 비점오염원 관리방안을 설명하시오.

3. 콜로이드(Colloids)의 분류, 특성 및 제타전위(Zeta potential)에 대하여 설명하시오.

4. '수돗물 안전관리 강화 대책'의 도입배경, 전략 및 주요 내용, 기대효과 등에 대하여 설명하시오.

5. 음식물의 사료화 방안에 대하여 다음을 설명하시오.
   (1) 사료화 방식의 처리 계통 및 주요 처리공정
   (2) 안정적 사료화 방안과 소화효율 확보방안
   (3) 악취 최소화 방안

6. 막결합 하수처리 공정의 장점과 문제점 및 해결방안을 설명하시오.

문제 01 LID(Low Impact Developement)

정답

1. 개요

LID기법은 상우 유출관리 시 상우 유출수에 의한 오염부하를 효과적으로 세어하고 유억, 도시지역, 개발지에서 수문학적 건전성을 확보하기 위한 목적으로 개발된 공법이다. 자연을 이용해 빗물을 가능한 한 원위치와 가까운 곳에서 관리하는 토지개발 또는 재개발 방식을 말한다. 수질오염 총량제 도입 후 점오염원의 부하량은 크게 줄었으나 비점오염원의 영향이 커지므로 이에 대한 대책 중의 하나라 할 수 있다.

2. LID 기술의 기능

① 물순환기능 : 저류, 침투, 증발산 등

② 환경기능 : 비점오염원 저감

③ 조경기능 : 심미적, 휴식, 여가 등

④ 경관적 기능 : 물-녹지 연계, 투수면적 확대, 녹색공간 등

⑤ 에너지 사용저감 : 온도저감, 도시 열섬 저감

⑥ 수자원 확보기능 : 지하수, 빗물이용

⑦ 생태적 기능 : 동물, 식물, 미생물 등

⑧ 자산가치 기능 : 토지, 집값 향상 등

⑨ 삶의 질 향상 기능 : Community, Society 활동성 증가 등

총량관리 계획단계에서 오염부하량을 할당하여 관리하는 개발사업에 대해 계획 단계서 LID를 적용하도록 장려할 필요가 있다.

3. LID 기법의 기술요소

식생저류지, 식생수로, 옥상녹화, 빗물정원, 침투도랑, 침투성 포장 등 여러 가지 기술이 있다.

문제 02 통합물관리(Integrated Water Management)

정답

1. 개요

최적 관리를 통한 물, 지속 가능한 물을 이용하기 위하여 물관리 이해당사자 간 소통과 물 기술의 고도화를 기반으로 기존에 분산되었던 물관리 구성요소들(시설, 정보, 수량, 수질 등)을 권역 단위로 통합 관리하는 것을 말한다.

2. 이점

각 권역 내에서 발생될 수 있는 문제를 바로 파악하고 각종 재해에 발 빠르게 대처하며 최적의 물 순환체계를 구축할 수 있다.

3. 환경부의 권역별 한강, 낙동강, 금강, 영산 · 섬진강 유역의 통합물관리 비전 및 핵심전략은 다음과 같다.

1) 한강 유역은 '물길따라 하나되는 풍요롭고 건강한 한강'을 유역의 통합물관리 비전으로 삼고 ① 한강권역 협치(거버넌스) 구축, ② 메가시티의 통합물관리 개선, ③ 통합물관리를 통한 현황 개선, ④ 갈등관리 및 제도개선, ⑤ 통합 모니터링 및 정보화 등 5대 비전목표를 설정했다.

2) 낙동강 유역은 '건강하고 안전하며 맑은 물이 굽이굽이 흐르는 상생과 공존의 낙동강'을 유역의 통합물관리 비전으로 삼고 ① 지속 가능한 유역관리 체계 확립, ② 수요관리 중심의 수자원 관리, ③ 생태계 건강성 제고 및 다양성 확보, ④ 유역맞춤형 협치(거버넌스) 구축 및 활성화, ⑤ 물관리 재정 및 비용부담체계 마련 등 5대 비전 목표를 도출했다.

3) 금강 유역은 '유역이 하나되는 건강하고 풍요로운 금강'을 유역의 비전으로 삼고 ① 건강한 물순환 체계 확립, ② 수자원 다변화를 통한 먹는물 효율적 관리, ③ 수량과 수질을 고려한 수생태 건강성 증진, ④ 유역단위 통합 물관리 기반 구축, ⑤ 참여형 유역 협치(거버넌스) 확립을 비전목표로 정했다.

4) 영산강, 섬진강 유역은 '사람과 자연이 어우러지는 영산강 · 섬진강/제주권역의 지혜로운 통합물관리'를 비전으로 삼고, 비전목표는 ① 수량, 수질, 수생태, 방재 통합관리, ② 건전한 물순환체계 확립, ③ 기후변화를 고려한 홍수, 가뭄 등 재해예방, ④ 수질/수생태 건강성 향상을 위한 통합물관리, ⑤ 시민참여형 협치(거버넌스) 구축에 의한 통합적 물관리, ⑥ 제주권역의 제주형 통합물관리로 정했다.

문제 03 경도(Hardness)와 알칼리도(Alkalinity)의 유발물질과 영향

정답

1. 경도

물에 함유된 알칼리토류 금속의 양을 표준 물질의 중량으로 환산하여 나타낸 것으로 유발물질에는 칼슘, 마그네슘 등 알칼리토금속 2가 이온이다.

경도는 탄산염 경도(일시경도)와 비탄산염 경도(영구경도)로 구분된다.

2. Alkalinity 정의

산을 중화할 수 있는 완충능력, 즉 수중에 존재하는 수소이온[H^+]을 중화시키기 위하여 반응할 수 있는 이온의 총량을 말한다.

3. Alkalinity 유발물질

수중에서 알칼리도를 유발할 수 있는 주요 물질에는 수산화물(OH^-), 중탄산염(HCO_3^-), 탄산염(CO_3^{2-}) 등이 있다. 자연수의 경우 중탄산염에 의한 알칼리도가 지배적이다. 이 외에 알칼리도에 영향을 미치는 약산염에는 붕산염, 규산염, 인산염, 기타 암모니아, 마그마네슘, 칼슘, 나트륨, 칼륨염류 등이 있다.

4. 영향

1) 경도는 pH나 알칼리도 영향에 따라 관내에 스케일 형성 및 비누의 거품일기에 영향
2) 알칼리도는 화학적 응집(chmical coagulation)에서 응집제 투입 시 적정 pH 유지 및 응집효과를 촉진
3) 알칼리도에 의한 pH의 완충작용
4) 부식제어 (corrosioncontrol) : 부식제어에 관련되는 중요한 변수인 Langelier 포화지수의 계산에 사용됨

문제 04 호소 조류(Algae)의 광합성에 의한 pH 상승 기작

정답

1. 개요

조류는 단세포 또는 다세포의 무기영양 광합성 원생 생물

- 광합성 : $HCO_3^- + H_2O \xrightarrow{\text{빛}} (CH_2O) + O_2 + OH^-$
- 호 흡 : $CH_2O + O_2 \rightarrow CO_2 + H_2O$

조류광합성에 의해 pH 상승($\because$ HCO_3^-에서 CO_2감소) 작용으로 pH가 10 이상으로 될 수도 있음

2. pH 상승이 수질관리에 미치는 영향

pH 상승에 의해서 수중생태계의 변화, 수산업의 수익성 저하, 농업용수로 이용 시 농수산물의 수확량 감소, 수자원의 용도 및 가치 하락뿐만 아니라 정수원수로 이용할 경우 정수공정의 효율 저 등 수질관리 문제 발생

3. 수질관리에 미치는 문제

1) 응집제 사용량의 증가
2) 이취미 발생
3) 여과지 폐쇄 또는 역세수 증가
4) 침전지에서의 pH 조정용 약품의 증가
5) THM 발생

문제 05 관개용수의 SAR(Sodium Adsorption Rate)

정답

1. 정의

나트륨 흡착비(Sodium Adsorption Ratio : SAR)는 물속 마그네슘과 칼슘에 대한 나트륨의 상대적인 비율

2. 계산식

$$SAR = \frac{Na^+}{\sqrt{\frac{1}{2}(Ca^{2+} + Mg^{2+})}}$$

단위는 meq/L 사용

3. 목적

관개용수의 나트륨 영향을 평가하려는 것이며 SAR이 높은 관개용수는 토양의 교환성 Na^+값이 많음을 의미한다.

즉, SAR값이 높은 물은 토양의 통풍성, 삼투성을 감소시켜 농작물에 부정적인 영향을 미치므로 관개용수로 적합하지 않다.

- SAR 0~10 : 영향이 적음
- 10~18 : 중간 정도의 영향
- 18~26 : 높은 영향
- 26 이상 : 사용하기 어려울 만큼 아주 큰 영향

문제 06 양분관리제

정답

1. 개요

양분관리제란 토양의 영양물질 투입 현황을 영양물질수지 지표를 산출하여 파악하고, 잉여 양분으로 인한 토양, 지표수 및 기저유출 수질 등의 영향을 파악하여 영양물질 적정량을 설정하여 초과 발생된 일정 물량의 공공처리를 유도하고 축산환경관리원 등을 통한 관리를 말한다.

2. 도입배경

제2차 물환경관리 기본계획에 따라 오염총량제가 상수원 수질개선의 핵심수단이 되도록 농·축산업 분야 오염원 중점관리의 하나로서 가축분뇨 관리 선진화와 함께 양분 관리제를 도입하게 되었다.

문제 07 소독공정에서의 불활성비의 정의 및 계산방법

정답

1. 불활성비

병원 미생물이 소독에 의해서 사멸되는 비율을 나타내는 값

정수시설의 일정 지점에서의 소독제 농도와 물과의 접촉시간 등을 측정·평가하여 계산된 소독능값(CT)과 대상 미생물을 불활성화하기 위해 이론적으로 요구되는 소독능 값의 비를 말함

2. 불활성비의 계산

$$불활성비 = \left(\frac{CT_{계산값}}{CT_{요구값}} \right)$$

1) CT 계산값 = 잔류소독제 농도(mg/L) × 소독제 접촉시간(분)

소독제와 물의 접촉시간은 1일 사용유량이 최대인 시간에 최초소독제 주입지점부터 정수지 유출지점 또는 불활성화비의 값을 인정받은 지점까지 측정하여야 한다.

2) 불활성화비 계산을 위한 소독능 요구값(CT 요구값)은 표에서 측정된 pH와 온도범위에 해당하는 상하값을 찾은 후, 그 두 값을 직선화하여 측정된 pH와 온도에서의 소독능 요구값을 정한다.

3. 정수처리기준의 준수여부 판단

계산된 불활성화비 값이 1.0 이상이면 99.99%의 바이러스 및 99.9%의 지아디아 포낭의 불활성화가 이루어진 것으로 한다.

문제 08 수질예보제

정답

1. 개요

"수질예보"란 수치모델링을 이용하여 기상 및 오염원의 변화에 따른 장래의 수질변화를 예측하고 발표하는 것을 말한다.

법적 근거는 「물환경 보전법」 제3조, 제19조의2, 제21조에 따라 공공수역의 수질예보와 사전 예방적 수질 관리를 위함

2. 수질예보 기간

수질예보의 종류는 7일 단위의 단기수질예보와 3개월 단위의 장기수질예보로 구분한다.

3. 수질예보항목

국립환경과학원장은 수질현상에 대하여 관계기관 등이 사전 예방적 수질관리 등에 활용할 수 있도록 다음 사항을 예보한다.

1) 수온
2) 클로로필-a 농도
3) 기타 필요한 사항

4. 수질분석 지료

수질예보를 생산하기 위해서는 다음 자료를 분석하는 것을 원칙으로 한다.

1) 수치모델링의 예측 결과
2) 기상, 수질, 유량, 위성영상 등 관측자료
3) 기타 수질예보에 필요한 자료

5. 수질예보구간

수계별 수질예보구간은 다음과 같다.

1) 한강 : 충주댐 및 청평댐 방류지점부터 팔당댐까지
2) 낙동강 : 안동댐 방류지점부터 낙동강 하구언까지
3) 금강 : 대청댐 방류지점부터 금강 하구언까지
4) 영산강 : 광주광역시 북구 우치동 용산교부터 영산강 하구언까지
5) 기타 수질관리상 환경부장관이 필요하다고 인정하는 구간

문제 09 2차 침전지 고형물 부하 계산식 및 인자값의 의미

정답

1. 개요

2차 침전지에서의 설계조건은 다음과 같다.

- 2차 침전지의 표면부하율은 계획 1일 최대오수량에 대하여 $20 \sim 30 \mathrm{m}^3/\mathrm{m}^2 \cdot$ day로 한다.
- 2차 침전지의 고형물부하율은 $150 \sim 170 \mathrm{kg}/\mathrm{m}^2 \cdot$ day로 한다.

2. 인자값의 의미

단위면적 $1 \mathrm{M}^2$당 일일 고형물 부하량을 뜻한다.

즉 2차 침전지 유입수의 SS 농도를 SS(mg/L), 유입유량을 Q(M³/day), 침전조 수면적을 A(M²)라고 하면 A는 다음과 같이 구할 수 있다.

$$A(M^2) = \frac{Q(M^3/\mathrm{d}) \times \mathrm{SS}(\mathrm{mg/L})}{150 \sim 170\,(\mathrm{kg/M^2.D})} \times 10^{-3}\,(\mathrm{kg/mg} \times \mathrm{L/M^3})$$

문제 10 역삼투막 FI(Fouling Index) 산정식 및 파울링 예방방안

정답

1. 개요

막 오염지수(silt density index)는 역삼투막법에서 모듈로의 공급수 중의 미량의 현탁물질을 정량화하는 지수비로 FI 또는 SDI(Silt Density Index)로 표기한다.

2. FI(SDI) 계산식

T_1는 $0.45 \mu m$의 정밀여과막을 이용하여 시료에 206kPa을 가압하여 여과시킬 때, 처음 $500 \mathrm{m}\ell$를 여과하는 데 걸리는 시간, T_2는 T_1과 동일한 상태에서 T(15)분간 계속하여 여과한 후 $500 \mathrm{m}\ell$을 여과하는 데 걸리는 시간

$$FI = \frac{1 - \dfrac{T_1}{T_2}}{T} \times 100$$

3. 파울링 예방방안

파울링은 막 자체의 변질이 아닌 외적 인자로 생긴 막 성능의 저하로 부착층(스케일, 겔층, 흡착층) 및 막기공의 폐쇄 또는 유로 폐쇄 등으로 나타남

예방방안 : 안티스케일러 주입, 유입수의 SDI를 유입수 조건에 맞춤, 미생물 방지용 자외선 살균기 조사 또는 살균제 투입, 파울링 발생 시 약품세정 방법 등이 있다.

문제 11 하수처리 유량조정 펌프의 유량제어 방안

정답

1. 개요

펌프흡수정의 수위에 의한 목표 토출량을 수위목표 토출량곡선 및 수위변화 보정률로부터 토출량을 제어하는 것을 말한다.

2. 방법

1) 펌프의 대수제어

펌프흡수정 수위에 의해 펌프마다 설정수위를 설치하여 수위의 증감에 따라 펌프의 운전대수를 증감하여 토출량을 조정하는 것이다.

2) 펌프의 회전수 제어

펌프의 회전수를 변화시켜 토출량을 조정하는 방식이다. 수량이 적은 경우와 수량변화가 적은 경우 유지관리상 경제적으로 운전하기 위하여 용량이 다른 펌프를 설치 또는 동일 용량의 펌프를 설치하여 회전수를 제어함으로써 처리공정의 안정화 및 자동화를 도모한다.

3) 토출밸브의 제어

펌프의 토출밸브를 조절하여 토출량을 조절하는 방법. 밸브를 개방할 때 손실이 크고 운전효율이 나쁘므로 기기에 미치는 영향을 적게 하기 위하여 정격용량의 70% 정도까지 수량을 조절하는 것이 좋다.

문제 12 Off – Line 유량조정 방식 적용이 유리한 현장 여건

정답

1. 개요

유량조정조를 설치하는 목적은 유입하수의 유량과 수질의 변동을 균등화함으로써 처리시설의 처리효율을 높이고 처리수질의 향상을 도모하는 데 있다.

2. Off Line 방식 적용이 좋은 현장여건

유량변화가 크지 않을 경우 설치하며, 계획 일최대유량을 넘는 유량에 대해서만 유량조정조로 유입시키는 방식임

3. 특징

1) In – Line 방식에 비해 유량조정 및 균질화의 효과가 낮다.
2) 유량 및 수질조정 효율성 : 펌프의 용량을 감소시킬 수 있으나, 유입수질 균등화가 상대적으로 감소하여 농도변화에 대한 조정이 비효율적이다.
3) 부지이용 측면 : 유량조정조 소요부지 면적이 작다.
4) 유지관리 측면 : 지상에 조정조를 설치할 경우 유지관리 및 보수가 용이하다.

문제 13 수중 암모니아 전리과정의 결정인자와 생물독성 영향

정답

1. 개요

암모니아가스는 물에서 pH와 수온에 따라 다음과 같이 해리한다.

$$NH_3 + H_2O = NH^{4+} + OH^-$$

총암모니아염은 용액 중에 NH^{4+}와 NH_3의 형태로 분포하며 $NH_3 - N$이 강한 독성을 나타내는데 NH_3의 %는 다음 식으로 계산된다.

$$NH_3(\%) = 100/(1 + 10^{pka - pH})$$

전리과정의 결정인자는 pH라 할 수 있으며 유리 암모니아는 pH와 수온이 증가할수록 성분이 많아진다.

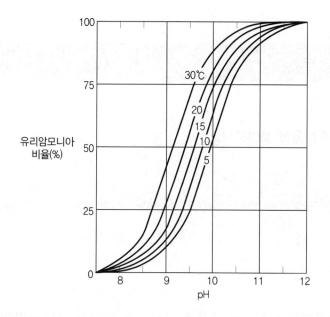

2. 생물독성 영향

어류 아가미 조직의 이상조직과 상피조직의 손상을 유발, 혈액의 산소 운반 기능의 저하, 에너지 물질인 ATP의 생성도 억제, 간과 신장의 대사과정을 방해하는 등 전반적으로 어류의 생리기능에 피해를 준다.

pH가 상승하면 암모니아 독성이 증가된다.

문제 01 혐기성 처리에 대하여 다음을 설명하시오.

1) 혐기성 처리를 위한 조건
2) 유기물의 혐기성 분해과정과 단계
3) 혐기성 처리의 장점과 단점

정답

1. 개요

혐기성 폐수처리는 세포합성에 필요한 탄소와 에너지를 유기물질에서 획득하고, 발효에 의하여
ATP를 생산하거나, 분자 내에 결합된 산소를 산화제로 이용하는 혐기성 종속계 세균의 물질대
사를 이용하는 방법이다. 유기물질 제거원리는 호기성 방법과 비슷하지만, 산소공급을 받지 않
으며 반응 최종물질로서 메탄가스, 이산화탄소, 암모늄, 황화수소 등이 방출된다.

2. 혐기성 처리를 위한 조건

1) 유기물 농도

농도가 높아야 하고 탄수화물보다는 단백질, 지방이 많을수록 좋다.

2) 혐기성 미생물에 필요한 무기성 이온이 충분해야 한다.

① 여러 영양소(C, N, O, H, P, S 등)가 필요(보통 N과 P가 중요)

② 보통 C/N 비율(BOD/NH－N)은 20 : 1 또는 30 : 1이 좋다.

3) 알칼리도가 적정하여야 한다.

pH가 6.2 이하로 떨어지지 않도록 충분한 알칼리 확보가 필요하며 일반적으로 1,000~5,000mg/L
가 적정하다.

4) 온도는 비교적 높은 것이 좋다.

- 고온소화 : 55~60℃
- 중온소화 : 36℃ 전후

5) 독성 물질이 없어야 한다.

독성 물질 : 알칼리성 양이온, 암모니아, 황화합물, 독성유기물, 중금속

3. 유기물 분해과정과 단계

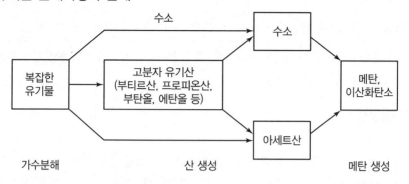

1) 가수분해(Hydrolysis)

① 복합 유기물 → Longchain acid, 유기산, 당 및 아미노산 등으로 발효

② 결국 Propionic, Butyric, Valeric acids 등과 같은 더 작은 산으로 변화 → 이 상태가 산 생성단계

2) Acid Fermentation(산 발효)

① 산 생성 Bacteria는 임의성 혐기성균, 통성혐기성균 또는 두 가지가 동시 존재

② 산 생성 박테리아에 의해 유기산 생성공정에서 CH_3COOH, H_2, CO_2 생성

- H_2는 산 생성 Bacteria 억제자 역할
- H_2는 Fermentative bacteria와 H_2−producing bacteria 및 Acetogenic bacteria (H_2−utilizing bacteria)에 의해 생성
- CH_3COOH는 H_2−Consuming bacteria 및 Acetogenic bacteria에 의해 생성
- 또한 H_2는 몇몇 bacteria의 에너지원이고 축적된 유기산을 $CO_2 \uparrow$, CH_4로 전환시키면서 급속히 분해된다.
- H_2 분압이 $10^{-4}atm$이 넘으면 CH_4 생성이 억제되고 유기산 농도 증가
- 수소분압 유지 필요($10^{-4}atm$ 이하) → 공정지표로 활용

3) 메탄발효단계

$$4H_2 + CO_2 \rightarrow CH_4 + 2H_2O$$
$$CH_3COOH \rightarrow CH_4 + CO_2$$

① 유기물 안정화는 초산이 메탄으로 전환되는 메탄 생성과정 중 일어남

② 생성 CO_2는 가스상태 또는 중탄산 알칼리로도 전환

③ Formic Acid Acetic Acid Methanol 그리고 수소 등이 다양한 메탄 생성균의 주된 에너지원임

④ 반응식(McCarty에 의하면 체류시간 20일)

$$C_{10}H_{19}O_3N \rightarrow 5.78CH_4 + 2.47CO_2 + 0.19C_5H_7O_2N + 0.81NH_4 + 0.81HCO_3^-$$

하수슬러지 210g에서 5.78mols(129liter) 메탄과 0.19mols(21.5g) 미생물생성, 0.81mols (40.5g as CaCO₃) 알칼리도 생성

4. 혐기성 처리의 장단점

1) 장점

① 폭기가 필요하지 않기 때문에 동력 손실이 적고 공간의 효율성이 높다.

② 미생물 균체량이 적고 반응속도가 느려 슬러지 발생량이 적다.

③ 폐기물의 처리와 동시에 새로운 에너지원이 창출된다.

④ 영양염류의 사용량이 매우 줄어든다.

⑤ 최종처리 슬러지의 탈수성이 양호하다.

⑥ 병원성 미생물이 사멸된다.

2) 단점

① 호기성 처리와 비교하여 반응속도가 느리기 때문에 큰 용적의 장치가 필요하여 초기 투자 비용이 높다.

② 혐기성 미생물의 적정 생장온도(35℃, 55℃)에 맞는 가온 및 냉각장치가 필요하므로 시설비 및 유지관리비가 소요된다.

문제 02 생태계(Ecosystem)의 주요 흐름 및 생태계 서비스(Ecosystem Service)를 설명하시오.

정답

1. 생태계의 주요흐름

생태계란 영국의 생태학자 탠슬리(Tansley)가 도입한 개념으로 어떤 지역의 모든 생물이 무기적 환경과 유기적으로 상호작용하며 시스템 속에서 에너지 흐름에 따른 뚜렷한 영양 단계 즉, 생물의 다양성 및 물질의 순환을 만들어 내고 있는 하나의 시스템을 말한다. 하나의 생태계는 햇빛, 암석, 공기, 물, 토양 등 비생물적 요소 또는 무기적 요소와 미생물, 동물, 식물 등 모든 생물 구성원으로 이루어진 생물적 요소 또는 유기적 요소로 이루어진다.

생태계의 주요 흐름은 에너지 흐름과 물질순환이라고 할 수 있다. 생태계에서 가장 중요한 에너지의 근원은 태양열에서 나오는 복사 에너지이다. 에너지 흐름은 순환하는 물질과는 달리 한 방향으로만 진행된다. 안정되고 건강한 생태계에서는 생태계 시스템 자체가 안정하게 유지되는데,

이처럼 생태계의 생물적 요소와 비생물적 요소 사이에서 물질과 에너지가 서로 균형을 이룬 상태가 생태계 평형이다. 생태계의 평형은 먹이 사슬을 기초로 유지되며 이로 인해 물질이 순환되고 에너지의 흐름이 이루어진다. 그러나 홍수, 산불, 태풍, 화산 활동 등 자연적 요인과 기름유출, 오존층파괴, 지구온난화, 산성비, 대규모 개발 등 인위적 요인으로 평형이 깨지기도 한다.

2. 생태계 서비스의 개념

① 생태계 서비스는 인간사회와 생태계를 연결하고 자연에 대한 인간의 의존성과 인간이 환경에 미치는 영향이 증가하고 있음을 나타내기 위해 도입된 개념으로 다음 표와 같이 기존의 문헌에서 다양하게 정의한다.

▼ 생태계 서비스의 정의

구분	정의	차이점
Daily(1997)	생태계와 생물종이 인간의 삶을 이루고, 살아가게 하고, 충족시키는 것	상태와 과정, 실제 생활지원 기능
Constanza et al(1997)	인간이 생태계 기능에서 직접 또는 간접적으로 얻는 혜택	생태계 기능에서 나온 상품과 서비스, 인간에 의해 이용
MA(2005)	인간이 생태계에서 얻는 혜택	대대적인 혜택
Boyd and Banzhaf(2007)	생태 구성요소가 직접 소비되거나 즐겨 인간복지에 기여하는 것	• 생태적 구성요소가 혜택을 만들도록 도움을 주는 것 • 서비스와 혜택은 다름
Fisher et al (2009)	인간 삶의 질 향상에 이용되는 생태계 측면(능동적 또는 수동적)	인간에 의해 직간접으로 소비·이용되는 생태계 구조 및 과정과 기능

② 생태계 서비스의 개념적 체계에서 생물다양성과 생태계는 고유 가치를 가지고 있으며 사람들이 의사결정을 할 때 고유 가치와 인간 행복을 동시에 고려한다는 것을 인정하고 인간과 생태계 사이의 동적인 상호작용을 가정한다.

③ 이처럼 우리 생활의 거의 모든 분야에 관련된다고 할 수 있는 생태계 서비스는 지원 서비스(Supporting Service), 공급 서비스(Provisioning Service), 조절 서비스(Regulating Service), 문화 서비스(Cultural Service)로 나뉜다. 이들 서비스는 어느 한 가지만이 아니라 여러 서비스가 복합적으로 인간의 삶에 영향을 미친다.

3. 생태계 서비스의 분류

1) 공급 서비스

자연생태계가 생물학적 유전자원의 다양성을 통해 인간에게 영향을 미치는 서비스로 식량, 섬유, 생화학물질, 천연약재 및 의약품, 장식용 자원, 담수 등을 통해 얻을 수 있는 서비스이다.

2) 조절 서비스

① 자연 및 반자연이 가지고 있는 생태계의 역할과 관련하여 생물·지리화학적 순환(Bio-geochemical Cycles)과 생태계를 조절하는 서비스이다.

② 생태계 건강성을 유지하는 것을 포함하여 조절 서비스는 인간에게 직·간접적 영향을 끼치고 있다.

3) 문화 서비스

영적인 충족, 인지 발달, 반성, 레크리에이션, 미적 체험 등을 통해 생태계에서 얻는 비물질적인 편익을 말한다.

4) 지지 서비스

① 부양 서비스는 생태계 서비스의 다른 범주들이 제공되기 위해 필요한 것이다.

② 공급, 조절, 문화적 범주의 서비스들이 변화할 때 사람들에게 비교적 직접적이고 단기간의 영향을 주는 데 반해, 지지 서비스는 사람에게 주는 영향이 간접적이고 장기간에 걸쳐 일어난다는 차이점이 있다.

▼ 주요 생태계 서비스 분류체계 비교

de Groot et al.(2002)		Costanza et al.(1997)	MA(2005)	
생산 기능	식료품	식료품 생산	식료품	공급 서비스
	원료	원료 공급	연료재	
	장식(Ornamental) 자원		식이섬유	
	의약품자원		담수	
			생화학물질	
	유전자원	유전자원	유전자원	

de Groot et al.(2002)		Costanza et al.(1997)	MA(2005)	
조절 기능 (환경 분야)	가스조절	가스조절	대기정화	조절 서비스
	물조절	물조절	물조절	
	물공급	물공급		
	폐기물 처리	폐기물 처리	수질정화 및 폐기물 처리	
	기후조절	기후조절	기후조절	
	수분	수분	수분	
	외부에서 교란조절	외부에서 교란조절	폭풍우에서 보호	
	생물힉적 조절	생물학적 조절	생물학석 소설	
서식처 기능	동식물 서식처 제공	피난처(서식처)		
	양식(Reproduction) 기능			
조절 기능 (토양 분야)	토양 유지		침식 조절	지지 서비스
			(인간)질병 조절	
	토양 형성	토양 형성	토양 형성	
		침식방지 침전물 보유		
	영양분 순환	영양분 순환	영양분 순환	
			일차적 생산	
정보 기능	문화/예술 정보	문화	문화적 유산	문화 서비스
			예술적 영감	
	영적/역사적 정보		영적/종교적 가치	
	과학/교육		교육	
			공간적 안정감	
	휴양	휴양	휴양/생태 관광	
	경관미적 정보		경관미	

✱ 주 : 경우에 따라서는 정확하게 일대일 대응이 아닐 수도 있으며, 서비스 범주 간의 경계도 명확하지 않음에 유의한다. 예를 들어 토양침식조절(Erosion Control)은 그 영향의 시간적, 공간적 범위에 따라 조절서비스로도 지지서비스로도 분류가 가능하다.

✱ 자료 : Costanza et al.(1997) ; de Groot et al.(2002) ; MA(2005)에서 저자 재구성

4. 생태계 서비스의 환경정책 적용

① 생태계 서비스 평가와 가치를 알기 위해 일관되고 통합된 접근방법은 아직 없으며 실증자료가 여전히 부족하다. 이들 공백을 메우기 위한 자연보전, 자연자원관리 그리고 공공정책의 다른 영역에서의 논의들이 바뀌고 있다.

② 널리 인식되는 바는 자연보전과 보전관리전략은 '환경'과 '개발' 간의 균형을 반드시 두지는 않는다. 보전, 복원 및 지속 가능한 생태계 이용 측면의 투자가 상당한 생태적, 사회적, 경제적 혜택을 생성하고 있다.

③ '생태계 서비스 접근방법'의 잠재적 인식에서 파생되는 여러 이슈들은 환경관리와 관련된 정책결정에서의 우선순위를 변경한다.

④ 많은 부분에서 성과가 있지만 서비스, 혜택, 가치의 핵심개념과 유형분류가 널리 개발될 필요가 있다.

⑤ 비록 많은 도전과제들이 남아 있지만 생태계 서비스의 개념은 의사결정의 모든 차원에서 곧 환경계획과 관리에서 주류가 될 것이다.

문제 03 다음은 하수처리장 유입수 50mL를 사용하여 분석한 실험결과이다. TS, TSS, TDS, VSS, FSS에 대해 설명하고 각각의 농도(mg/L)를 계산하시오.

> 1) 증발접시무게 = 62.003g
> 2) 105℃에서 건조 후 증발접시 무게와 잔류물 무게의 합 = 62.039g
> 3) 550℃에서 태운 후 증발접시 무게와 잔류물 무게의 합 = 62.036g
> 4) GF/C 여과지의 무게 = 1.540g
> 5) 105℃에서 건조 후 GF/C 여과지의 잔류물 무게의 합 = 1.552g
> 6) 550℃에서 태운 후 GF/C 여과지와 잔류물 무게의 합 = 1.549g

정답

1. 개요

총고형물(증발잔류물)은 입자 크기에 따라 부유물질과 용존고형물로 나뉘며, 성상에 따라 휘발성 고형물과 강열잔류 고형물로 나눌 수 있다. 물속의 고형물 관계는 다음 그림과 같다.

TS	=	VS	+	FS
‖		‖		‖
TSS	=	VSS	+	FSS
+		+		+
TDS	=	VDS	+	FDS

① 총고형물(total solids ; TS)

총증발잔류물이라고도 하며, TSS와 TDS를 합한 것의 농도

② 총현탁고형물(total suspended solids ; TSS)

폐수를 표준 여과판(filter disk)으로 거른 후 105~110℃에서 1시간 이상 건조하였을 때 남는 증발잔류물 농도

③ 총용존고형물(total dissolved solids ; TDS)

폐수 중에서 표준 여과판을 통과한 용액을 접시에 받고 105~110℃에서 1시간 이상 건조하였을때 남는 증발잔류물 농도

④ 총휘발성 고형물(volatile solids ; VS)

휘발성 물질의 총 농도로서 VSS와 VDS를 합한 것의 농도

⑤ 휘발성 고형물(volatile suspended solids ; VSS)

총현탁고형물 중에서 열작감량을 뜻하며, TSS를 550±50℃에서 15분 동안 태웠을 때에 없어진 증발잔류물 농도

⑥ 휘발성 용존고형물(volatile dissolved solids ; VDS)

총용존고형물 중에서 열작감량을 뜻하며, TDS를 550±50℃에서 15분 동안 태웠을 때에 없어진 증발잔류물 농도

⑦ 총열작잔류고형물(fixed solids ; FS)

총고형물 중의 열작성분이며, FSS와 FDS를 합한 것의 농도

⑧ 열작잔류고형물(fixed suspended solids ; FSS)

총현탁고형물 중에서 열작잔량을 뜻하며, TSS를 550±50℃에서 15분 동안 태웠을 때 남는 물질농도

⑨ 열작잔류 용존고형물(fixed dissolved solids ; FDS)

총용존고형물 중에서 열작잔량을 뜻하며, TDS를 550±50℃에서 15분 동안 태웠을 때 남는 물질농도

휘발성 고형물은 대부분이 유기물이며 강열잔류 고형물은 무기물 성질을 나타내는데, 시료 내의 유기물 함량을 알 수 있는 측정방법이다.

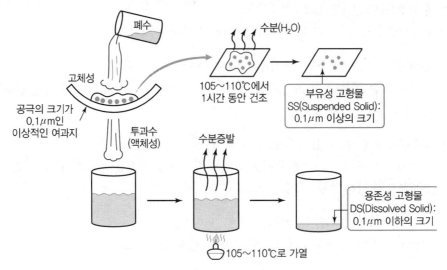

┃ 여과지에 의한 SS와 DS의 구분 ┃

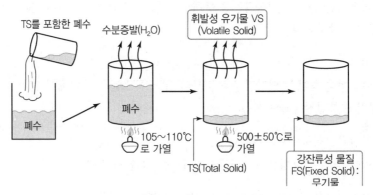

┃ 500℃ 강열에 의한 VS와 FS 구분 ┃

2. 계산값

1) TS

$$TS = \frac{(62.039 - 62.003)\text{g} \times 10^3\,\text{mg/g}}{50\,\text{ml} \times 10^{-3}\,\text{L/ml}} = 720\,\text{mg/L}$$

2) VS

$$TS = VS + FS$$

$$VS = \frac{(6.039 - 6.036)\text{g} \times 10^3\,\text{mg/g}}{50\,\text{ml} \times 10^{-3}\,\text{L/ml}} = 60\,\text{mg/L}$$

$$\therefore FS = 720\,\text{mg/L} - 60\,\text{mg/L} = 660\,\text{mg/L}$$

3) TSS

$$TSS = \frac{(1.552 - 1.540)\mathrm{g} \times 10^3\,\mathrm{mg/g}}{50\,\mathrm{ml} \times 10^{-3}\,\mathrm{L/ml}} = 240\,\mathrm{mg/L}$$

4) TDS

$$TDS = TS - TSS$$

$$TDS = 720\,\mathrm{mg/L} - 240\,\mathrm{mg/L} = 480\,\mathrm{mg/L}$$

5) VSS

$$VSS = \frac{(1.552 - 1.549)\mathrm{g} \times 10^3\,\mathrm{mg/g}}{50\,\mathrm{ml} \times 10^{-3}\,\mathrm{L/ml}} = 60\,\mathrm{mg/L}$$

6) FSS

$$FSS = TSS - VSS$$

$$FSS = 240\,\mathrm{mg/L} - 60\,\mathrm{mg/L} = 180\,\mathrm{mg/L}$$

문제 04 하수처리시설 총인 제거에 대하여 다음을 설명하시오

1) 생물학적 총인 제거의 기본원리, 영향인자 및 적용 가능 공법
2) 기존 하수처리시설의 총인 처리시설 추가 설치 시 고려 사항

정답

1. 생물학적 총인 제거의 기본원리

생물학적 총인 제거 공정은 PAOs(Polyphosphate Accumulating Organism)라 불리는 미생물이 혐기조건과 호기조건에 번갈아가며 노출되면서 이루어진다. 지금까지의 연구를 바탕으로 인 제거 공정의 특성을 살펴보면 다음과 같다.

1) 혐기상태와 연속되는 호기상태를 거치는 동안 활성슬러지 내 폴리인산 축적미생물 PAOs에 의해 섭취된 정인산(PO_4-P)은 세포 내에서 폴리인산으로 축척된다.
2) 혐기상태에서 세포 중에 축적된 폴리인산이 가수분해되어 정인산으로 혼합액에 방출되며 혼합액에 들은 유기물이 세포 내에 섭취된다. 이때 인의 방출속도는 일반적으로 혼합액 중의 유기물 농도가 높을수록 크다.
3) 혐기성상태에서 정인산의 방출과 동반되어 섭취되는 유기물은 글리코겐 및 PHB(poly hydroxybeta butyrate)를 주제로 한 PHA(Polyhydroxyalkanoates)등의 기질로서 세포 내에 저장된다.

4) 호기성 상태에서는 이렇게 세포 내에 저장된 기질이 산화 · 분해되어 감소된다. 폴리인산 축적미생물(PAOs)은 이때 발생하는 에너지를 이용하여 혐기성상태에서 방출된 정인산을 섭취하고 폴리인산으로 재합성한다.

5) 이상 1) ~ 4) 과정이 반복되면서 활성슬러지의 인의 과잉 섭취(Luxury uptake)가 발생하게 된다. 이때 과잉 섭취되는 인을 흡수한 PAO들을 폐수에서 분리하면 폐수 내의 인이 제거되는 것이다.

2. 영향인자 및 적용가능 공법

1) DO

호기성조건에서는 DO 농도가 2mg/L 이상, 혐기성조건에서는 DO 농도가 존재하지 않는 상태가 필요하다.

2) 온도

생물학적 인제거 시 온도 영향에 관한 연구결과에 의하면 5℃에서 제거된 인의 총량은 15℃에서 제거된 것보다 40% 많다고 보고하였다. 이는 호냉성 박테리아들이 저온에서 더 많은 세포를 생성하므로 인의 제거 기전에 관여하기 때문이다.

3) pH

pH의 효과에 연구결과 pH가 7.5~8.0 사이일 때 인제거 효율이 가장 좋다. pH 5.2 이하로 떨어지면 미생물의 인섭취 활성도가 상실된다는 보고도 있다.

3. 적용가능 공법

1) 혐기호기 활성슬러지법
2) 혐기무산소 호기조합법
3) 생물학적

4. 기존 하수처리시설의 총인 처리시설 추가 설치시 고려사항

1) 방류수질기준

당해 지역의 방류수 수질기준을 만족할 수 있도록 계획되어야 한다.

2) 하수처리시설 현황

기존처리시설의 현황에 따라 적정한 인처리시설을 선정하여야 한다.
인처리시설 타당성 검토에서 기존 시설의 단계별 운영현황을 파악하여 기존시설 이용방안과 인처리시설 신규설치 타당성을 비교 · 검토하고 적정한 처리공법을 선정하여 사업을 추진하여야 한다.

3) 인처리시설 용량 산정

고도처리시설의 성능보증수질과 향후 준수하여야 할 강화된 방류수 수질기준의 차이를 필요 인제거량으로 산정하고 이 양을 기준으로 인처리시설의 용량을 산정하여야 한다.

4) 인처리시설의 처리성능

인처리시설에 대한 성능보증 확약내용을 제시하고 처리성능 만족여부에 대한 책임소재를 명확히 하여 사업을 추진하여야 한다.

5) 인처리공법 선정을 위한 경제성 · 기능성에 대한 통합 비교 평가

① 인처리시설에 대한 공법은 LCC 기법에 의하여 공법선성의 타당성을 검토하고, 그 검토 결과에 의해 인처리공법(당해 공법에 수반되는 기자재 포함) 선정 사유를 실시설계 보고서에 구체적으로 제시하여야 한다.

② 기존시설물 및 처리공정을 최대한 활용하여 중복투자가 발생되지 않도록 하여야 하며, 기존시설의 활용방안을 제시하여야 한다.

6) 인처리시설의 영향 검토

응집제 사용 시 하수찌꺼기 점성 증가에 의한 후속 공정의 영향에 대하여 대책을 검토하여야 한다.

7) 기타사항

① 유지관리비용 검토

- 응집제 구입비, 탈수 약품비, 하수찌꺼기 처리비, 전력비 등 증가예상
- 향후 안정적인 처리시설 운영을 위한 적정 유지관리비 확보 필요
- 유량별, 농도별 운전모드, 운전방법 및 유지관리사항 등 제시

② 인처리시설 유입수의 알칼리도, 수온, 부유물질 및 유기물질 농도, 응집제의 음이온 농도, 탁도에 따른 응집제 투입량, 유기물 성분 등에 대한 영향 검토

문제 05 고도처리공정인 BAC(biological Activated Carbon Filter) 공정에 대하여 다음을 설명하시오.

> 1) BAC 공정에 사용하는 석탄계와 야자계 입상활성탄의 적용 특성 비교
> 2) 입상활성탄 수처리제 규격의 대표적인 물성 중 체잔류물, 건조감량, 요오드 흡착력, 메틸렌블루 탈색력을 규정한 이유

정답

1. 개요

고도처리방법 중의 하나인 활성탄 여과법은 활성탄의 다공성에 의해 수중의 각종 유해물질들이 활성탄에 잘 흡착되므로 기존의 급속여과법에서 제거되지 않는 용해성 미생물, 미량유기화합물, 암모니아성 질소, 철, 망간, 이취미 원인물질, 소독 부산물 등의 제거에 매우 효과적이어서 구미 각국에서도 고도 정수처리에 많이 이용하고 있다. 활성탄은 다공성 여재로 목재, 야자각, 역청탄, 갈탄 등을 원료로 하여 제조되며 정수처리 및 하수처리 공정에서도 흡착제로 널리 이용되고 있고 보통 탁질이나 유기물농도가 적은 여과 공정 후단에 입상활성탄(Granular activated carbon, GAC) 형태로 많이 적용된다. 또한 GAC 공정에서 GAC 파과점을 지나 운전한 결과 GAC 표면에 부착된 미생물의 응집체(Aggregation)에 의한 생물학적 분해 작용으로 인하여 용존 유기탄소가 제거되는데 이것을 생물활성탄(Biologically activated carbon, BAC) 공정이라하며, GAC에 의한 유기물의 흡착 이외에 미생물의 생물학적 작용을 조합한 BAC 처리공정이 현재 전 세계적으로 널리 이용되고 있다.

2. BAC의 장점

1) 수중에 존재하는 다양한 오염물질에 대한 높은 제거능이 있다.
2) BAC 처리수는 낮은 염소 요구량을 나타내어 소독 부산물의 생성량이 적다.
3) 배 · 급수망에 미생물의 재생산성이 낮다.
4) 흡착능이 소진된 GAC의 효율적인 생물학적 재생으로 GAC의 사용기간이 연장된다.

3. 활성탄 세공의 역할

세균은 대부분 활성탄의 macropore(500A° 이상)에 부착되어 이곳에서 효소를 생산하며 이 효소들은 micropore(20A° 이하)에도 쉽게 확산되어 흡착된 기질과 반응하여 각종 유기물을 분해하는 등 활성탄의 흡착능력을 재생시키는 역할도 한다.

BAC에 부착되어 서식하는 세균은 낮은 농도의 유기물과 여양염류를 이용하여 생장하고 이 과정에서 체내의 영양염류를 고농도로 축적하게 된다. 세균은 빛, 수온, 기질, 효소, pH 등에 영향을 받아서 부차 세균의 구성종 및 생체량에 많은 차이를 유발하여 BAC의 고정 효율에 많은 영향을 미친다.

4. BAC 공정에 사용하는 석탄계와 야자계 입상활성탄의 적용 특성 비교

1) DOC 제거 능력

DOC는 석탄계에 쉽게 흡착되는 반면에 야자계는 DOC 흡착이 효과적이지 않음

2) 재질별 부착 생체량 및 활성도 분포

국내 정수장 실험결과 BAC에 부착된 세균의 생체량은 전반적으로 BAC 여과 표층에서 0.3 ~34×10^7 CFU/g, 저층에서 1.11~30×10^5 CFU/g 범위를 보였는데, 석탄계가 34×10^7 CFU/g로 가장 높다.

세균활성도는 0.32~1.10mg_c/m^3.h, 저층에서 0.22~0.6mg_c/m^3.h로 나타났으며 석탄계가 최고 1.10mg_c/m^3.h 활성도를 보였다.

5. 입상활성탄 수처리제 규격의 대표적인 물성 중 체잔류물, 건조감량, 요오드 흡착력, 메틸블루 탈색력을 규정한 이유

1) 체잔류물 : 규격품 기준은 KS 8호체(2,380μm)를 통과하고 KS 35호체(500μm)에 남아 있는 체잔류물 95% 이상이다. 최대크기와 최소크기를 규정하는 운전 시 일정한 여과 손실수두 등을 고려하기 위해서이다.

2) 건조감량 : 시료를 항온건조기에서 건조하고, 그 감량을 구한다. 즉 시료가 함유하고 있다가 증발된 수분의 양을 나타내며, 기준은 5% 이하이다. 높은 수분함량은 활성탄의 실중량을 낮추고 흡착을 저해하는 큰 요인으로 알려져 있다.

3) 요오드가는 국내의 수처리제 구매규정에는 950mg/g 이상으로 규제하고 있으며, 활성탄의 내부표면적을 나타내는 단순하고 신속한 분석으로 BET 비표면적과의 상관성이 높다. micropore 용적을 평가하는 대체지표로 사용되며 세공이 발달한 활성탄의 경우 요오드 흡착력이 높고 피흡착물질을 흡착할 수 있는 능력이 크다.

4) 메틸렌블루 탈색력

시료에 메틸렌블루 용액을 가하여 30분간 진탕 후, 흡착하는 메틸렌블루의 양을 구한다. 규정은 150mL/g 이상이다.

메틸렌블루와 유사한 큰 분자에 대한 흡착용량을 나타내는 항목으로 색소와 같은 큰 분자에 대한 신속한 성능시험이다.

문제 06 하수처리수 재이용 시 위생성 확보를 위한 소독처리공정에 대하여 다음을 설명하시오.

1) 하 · 폐수처리수 재처리수의 용도별 소독처리공정의 필요성
2) 국내 하수 재이용에 적용 가능한 소독처리공정 비교 및 적용 공정 선정시 고려사항

정답

1. 개요

하 · 폐수처리수 재이용수는 다양한 용도로 사용될 수 있으며, 도시재이용수, 조경용수, 친수용수, 하천유지용수, 농업용수, 습지용수, 공업용수 외 장내용수로도 사용된다.

2. 용도별 소독처리공정의 필요성

1) 도시재이용수

총대장균군수(개/100mL) 불검출 및 결합잔류염소 0.2 mg/L 이상
화장실 세척용수 및 건물 내부의 비음용, 인체 비접촉 세척용수로 쓰이나 비데 등을 통한 인체 접촉 시 건물 내부의 비음용, 인체 비접촉 세척 시 잔류물에 의한 위생상 문제점 방지 및 잔류염소 고려할 때 염소주입 소독공정이 필요함

2) 조경용수

총대장균군수(개/100mL) 200 이하
처리수가 방류수 수질 이하여도 본 수질을 만족하지 못하면 위생상 소독공정이 필요함

3) 친수용수

총대장균군수(개/100mL) 불검출 및 결합잔류염소 0.1 mg/L 이상
도시 및 주거지역에 인공적으로 건설되는 수변 친수지역의 수량공급에 사용되어 인간 접촉이 있을 수 있으므로 염소 소독공정이 필요함

4) 농업용수

직접식용용 총대장균군수(개/100mL) 불검출, 간접식용용 총대장균군수(개/100mL) 200 이하
인간이 식물을 먹을 수 있으므로 소독공정이 필요함

5) 습지용수

총대장균군수(개/100mL) 200 이하
습지용수는 수생생물 등에 위생상 문제를 일으킬 수 있으므로 소독공정이 필요함

6) 지하수충전

먹는 물 수질기준에 따름. 지하수가 수도시설의 취수원수로 사용될 수 있어서 위생상 소독 공정이 필요함

7) 공업용수

총대장균군수(개/100mL) 200 이하

공업용수는 인체와 접촉될 가능성이 있으므로 위생상 소독공정이 필요함. 공업용수의 경우 잔류염소의 존재가 사용용도에 부적합한 경우가 발생할 가능성도 있으므로 수요처에서 사용용도를 고려하여 소독공정을 선정해야 된다.

3. 적용 가능한 소독처리공정 비교 및 적용 공정 선정시 고려사항

1) 염소소독
- 강한 소독력과 잔류성
- 간단한 주입 방법
- 저렴하고 사용실적이 많음
- 염소계 소독부산물 발생
- 맛과 냄새의 문제 발생
- pH가 소독효과에 영향을 미침

2) 오존(Ozone, O_3)
- 강한 산화력, pH 영향이 적음
- 맛과 냄새 문제가 없다.
- 소독부산물 발생이 적다.
- 짧은 반감기, 에너지 소요
- 현장 제조로 불안정, 부식성
- 제조와 주입방법이 복잡

3) 자외선(UV)
- 소독효과가 우수
- 소독부산물을 미생성
- 잔류소독 효과가 없음

4) 염소소독 시 고려 사항
① 주입위치

염소는 염소접촉조 입구나 접촉조 앞에 별도로 설치된 염소주입조에 주입한다. 접촉조에서는 단회로를 방지해야 한다.

② 접촉조

체류시간은 최저 15분으로 하고 염소를 충분히 혼합 및 접촉시킬 필요가 있다. 단회로나 사공간이 없어야 한다.

③ 염소주입량

염소주입은 방류수역의 수생태계에 영향을 미치므로 방류수역의 수질오염 한계를 초과하지 않아야 한다.

5) 오존소독 시 고려사항

① 오존반응설비

㉠ 주입장치 용량은 계획수량과 주입률에 의해서 산출된 주입량에 의해서 결정한다. 오존 주입장치에는 산기장치, 인젝터 등이 있지만 오존의 대상수로의 용해효율, 유지관리성에 따라 산기장치를 많이 채용한다. 기공경은 일반적으로 $100\mu m$ 정도 채택한다. 미반응 오존처리를 위해서 배오존장치를 설치한다.

㉡ 0.1ppm 이상이면 경보장치가 작동되도 설치한다. 배오존처리설비에는 활성탄흡착법, 촉매분해법 등이 있다.

② 오존접촉방식의 형식

㉠ 가압식 접촉방식과 산기식 접촉방식으로 분류된다. 형식의 선정은 사용목적, 설치공간, 유지관리성을 고려하여 결정한다.

㉡ 가압식 접촉방식은 전체 가압방식과 측면 가압방식으로 구분된다.

㉢ 산기식 접촉방식은 미세기공을 가진 산기장치나 미세기포를 공급하는 장치를 이용하여 오존가스를 수중에 전달하는 방법으로써 오존 접촉조는 오존의 유입수의 접촉이 원활하게 이루어질 수 있는 구조이어야 한다.

㉣ 접촉조는 내식성 및 안전성을 고려하여 콘크리트제의 수조 또는 스테인리스제로 밀폐구조로 설치하며 미반응된 오존이 외부로 누출되지 않아야 된다. 반응조 수심은 4~6m, 접촉시간은 10~20분 정도가 적당하다.

③ 오존발생설비

원료가스 공급장치는 필요한 원료가스를 공급하기에 충분한 용량으로 설계하고 효율 높은 운전이 가능토록 하여야 하며 충분한 안전성을 갖도록 한다. 오존 발생장치는 발생효율이 높고 내구성, 안전성을 충분히 갖도록 하며 예비시설을 설치한다. 오존발생장치 온도를 일정하게 유지하기 위하여 냉각장치를 설치한다.

6) 자외선 소독 시 고려사항

① 자외선 램프 및 모듈

㉠ UV 램프는 수면 위로 노출되지 않도록 한다.

㉡ UV에 노출되는 금속은 스테인리스나 테프론으로 코팅되어 있어야 한다. 램프와 석영 슬리브를 다룰 때는 충격에 주의한다. 수로 내에 램프 모듈을 유수의 흐름에 안정되게 지지하고 부식에 견딜 수 있는 재질로 제작하여야 한다.

② 자외선 검출 시스템

검출센서는 장시간 사용해도 성능이 저하되지 않고 254nm에서 90% 이상을 측정할 수 있는 것으로 하여야 한다.

③ 자외선 소독설비

설계유량은 1일 최대 유량으로 한다. 수로의 치수는 설계안전인자를 고려하여 UV 램프 모듈이 밀집하여 배치될 수 있고 적은 소요부지를 요하도록 설계하여야 한다. 설계유량이 5,000m³/일 이상인 경우에는 소독효과를 높이기 위해 두 개 이상의 탱크를 설치하도록 한다. 수로 유입부에는 스크린 설치하여 작은 부유물이나 조류덩어리가 램프와 모듈 사이에 걸리는 것을 방지하여야 한다. 유출부에는 수위 조절 장치를 두어야 한다. 수로에는 격자모양의 뚜껑을 덮어 유지관리하여야 한다.

문제 01 인공습지에 대하여 다음을 설명하시오

1) 인공습지의 정의와 오염물질 제거기작
2) 인공습지의 식생분류
3) 수문학적 흐름 형태에 따른 유형 분류

정답

1. 개요

습지란 영구적 또는 일시적으로 물을 담고 있는 땅으로 물이 고이는 과정을 통해 다양한 생명체를 키움으로써 생산과 소비의 균형을 갖춘 하나의 생태계이다.

2. 인공습지의 정의

인공습지란 자연정화 능력이 있는 토양, 식물 또는 미생물 등을 이용하여 오염된 환경을 개선할 수 있도록 인공적으로 조성된 습지를 말한다.

3. 주요물질 거동 기작

1) 부유물질의 제거기작 : 대부분 기질층에 의한 여과작용

2) 유기물의 제거기작

입자상 유기물은 침전, 여과, biofilm에 흡착, 응집·침전 등의 물리적 작용에 의해 습지 내에 저장, 이후 가수분해에 의해 용존성 유기물로 전환되어 생물학적 분해(호기성, 통성 혐기성, 혐기성 분해) 및 변환으로 제거

3) 질소제거기작

① 유기질소가 암모니아 질소로 변환된 후 질산화 미생물에 의한 질산화 및 탈질 미생물에 의한 탈질화

② 식물에 의한 질소의 흡수

③ 암모니아의 휘발과정으로 제거

④ 상기기작 중 미생물에 의한 탈질과정이 주요기작임

4) 인제거 기작

① 습지식물에 의한 흡수

② 미생물의 고정화에 의한 유기퇴적층의 형성

③ 수체 내에서의 침전물 형성

④ 토양 내의 침전작용

③, ④가 주요 기능이며, 인의 완전한 제거는 식물의 제거나 침전층의 준설로만 가능함

5) 병원균 제거

   자연적 사멸, 침전, 온도효과, 여과, 자외선 효과 등

6) 중금속제거

   토양, 침전물 등에 흡착, 불용성염으로 침전, 미생물, 식물 등에 의해 제거

4. 인공습지의 식생분류

1) 침수식물 : 습지 바닥에 뿌리를 내리고 식물체 전체가 물 속에 잠긴 채 생활(예 붕어마름, 거머리말 등)

2) 부수식물 : 뿌리를 비롯한 몸 전체가 물 위에 떠서 생활(예 좀개구리밥, 네가래 등)

3) 부엽식물 : 부수식물과 비슷하게 보이나 줄기가 길어서 뿌리를 습지 바닥에 내리고 있다. 대개 물 속에 잠기는 잎(수중엽)과 물 위로 뜨는 잎(부엽)의 형태가 다른 두 종류의 잎을 갖는다.(예 노랑어리연꽃, 수련 등)

4) 정수식물 : 저토에 뿌리를 내리고 몸체를 물 위로 드러내는 형태로 생활하며, 수생식물의 4분류군 중 종 수가 가장 풍부하다.(예 애기부들, 골풀, 물억새, 곡정초류 등)

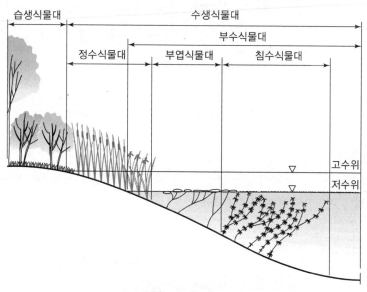

┃ 수생식물의 생활형 ┃

5. 흐름에 따른 분류

1) 자유흐름형

① 유입수의 저류공간과 접촉을 막기 위한 제방으로 구성

② 정수식물이 흐르는 수심 0.2~0.6m 정도의 식재구간과 수심이 다소 깊어 정수식물이 자라지 않는 1.0~1.2m 구간 구성

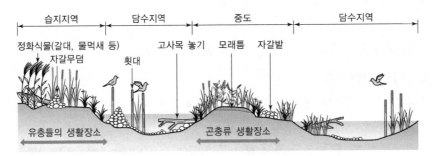

2) 지하흐름형

지면이 물에 잠기지 않으며 땅속에 도랑이나 침투가 용이한 바닥층을 설치하여 자갈이나 굵은 모래 속으로 유입수가 침투되어 정화되며 표토에 습지식물을 식재

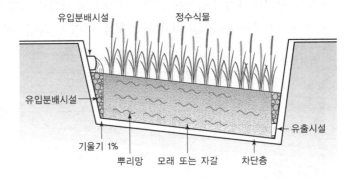

3) 상하흐름형

유입수가 자연정화능력이 있는 토양, 식물 또는 미생물층을 상하흐름식으로 통과하여 오수의 처리나 비점오염원 제거에 효과적

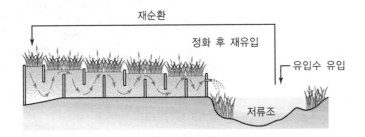

문제 02 응집제의 종류와 특성 및 응집 효율에 영향을 미치는 인자를 설명하시오

정답

1. 개요

응집은 주로 colloids 입자를 제거하기 위하여 콜로이드입자가 띠고 있는 전하와 반대 전하물질을 투입하거나 pH 변화를 일으켜 Zeta Potential(전기적 반발력)를 감소시킴으로써 floc을 형성 · 침전 · 제거하는 것을 목적으로 한다.

2. 진행과정

1) 1단계(Coagulation) : 급속 교반단계. 안정한 입자를 불안정하게(상호입자 간 작용력)하기 위한 응집제를 투입

2) 2단계(Flocculation) : 완속교반단계. 분자운동, 유체의 혼합효과로 발생되는 입자 간 충돌(collision) 또는 입자의 플록 내 포착(enmeshment) 과정

3. 사용되는 응집제의 종류와 특성

1) 응집제 약품 : 황산 알루미늄, PAC, 염화제2철, 황산제1철 황산제2철 등

주로 Coagulation 역할을 하는 약품이다.

황산알루미늄(Alum)은 황산반토라고도 하며 고형과 액체가 있다. 최근에는 취급이 용이한 액체가 많이 사용된다. 황산반토는 대부분의 탁질에 유효하다. 고탁도시나 저수온 시에는 응집보조제를 병용함으로써 처리효과가 상승된다. 액체황산알루미늄은 겨울철에 산화알루미늄 농도가 높으면 결정이 석출되어 송액관이 막히는 경우도 있으므로 사용농도에 주의하여야 한다.

PAC(poly aluminum chloride)은 액체로서 그 액체 자체가 가수분해되어 중합체가 되어 있으므로 일반적으로 황산알루미늄보다 적정주입 pH의 범위가 넓으며 알칼리도의 감소가 적다. 그러므로 최근에는 소규모시설과 한랭지 상수도에서는 상시 사용하는 곳이 많아졌다. 다만, PAC의 산화알루미늄 농도가 $10 \sim 18\%$이고 $-20℃$ 이하에서는 결정이 석출되므로 한랭지에서는 보온장치가 필요하다. 6개월 이상 저장 시 변질될 가능성이 있으므로 주의를 요한다.

철염계 응집제는 적용 pH 범위가 넓고 플록이 침강하기 쉽다는 이점이 있지만 과잉 주입 시 착색되기 때문에 주입량의 제어가 중요하다. 염화제2철은 해수담수화의 전처리용 응집제로 사용된다.

2) 응집보조제 약품 : 소석회, 생석회, Polymer 등

소석회 또는 생석회는 응집 시 저하되는 pH를 보충하는 알칼리 역할을 한다. polymer는 Flocculation 역할을 한다.

4. 영향인자

1) 교반의 영향

입자끼리 충돌횟수가 많고, 입자농도가 높으며, 입자의 크기가 불균일할수록 응집효과가 좋음

2) pH

응집제의 종류에 따라 최적 pH에 따른 처리효율 변화

3) 수온

수온이 높으면 반응속도 증가 및 물의 점도저하로 응집제의 화학반응이 촉진되고, 수온이 낮으면 floc 형성시간이 길며 응집제 사용량도 많아진다.

4) 알칼리도

고알칼리도가 많은 Floc 형성에 도움 및 pH에 영향을 줌

5) 응집제 종류 및 투여량

응집제 종류와 투여량에 따라 영향을 받는다.

문제 03 남조류의 과다 증식에 따른 녹조현상에 대하여 다음을 설명하시오.

1) 녹조현상의 정의 및 원인
2) 남조류의 냄새 및 독소 유발물질
3) 부영양화와 녹조현상과의 관계
4) 녹조현상이 생활환경, 수생태계, 농수산업에 미치는 영향

정답

1. 녹조현상의 정의 및 원인

녹조현상이란 부영양화된 호소 또는 유속이 느린 하천에서 녹조류와 남조류가 크게 늘어나 물빛이 녹색이 되는 현상이다. 녹조는 적당한 수온과 햇빛 그리고 질소, 인과 같은 영양염류가 풍부할 때 대량 번식하게 된다 상수원으로 대부분 지표수 또는 호소수를 사용하는 우리나라에는 매년 갈수기인 여름철 또는 가을철에 상수원 녹조 문제가 발생하고 있다.

2. 남조류의 냄새 및 독소 유발물질

1) 남조류에서 발생하는 지오스민이 흙냄새를 유발한다. 국내 주요 수계에서 우점하는 대표적인 남조류는 Microcystis이며 이에 함유된 독성물질이 Microcystin이다.

2) 인체에 미치는 영향

① 간질환을 일으키는 물질이며 화학적으로 안정됨
② 간세포에 침투해 세포골격을 붕괴시키고 연이어 혈관 세포도 사멸에 이르게 함

3) Microcystin의 종류

① 구조는 7종의 아미노산으로 이루어진 펩타이드로 구성

② 아미노산의 차이나 메틸기의 유무에 따라 50종 이상 알려짐

③ 주요한 것은 검출형태로, Microcystin - LR, RR, YR 등이 주요함

④ LR에 비해 RR의 독성이 약함

⑤ Mouse을 이용한 Bioassay Test에서 LD_{50}는 Microcystin - LR, YR는 약 $70\mu g/k$, Microcystin - RR은 $600\mu g/kg$으로 조사됨

⑥ 환경부에서는 Microcystin - LR을 감시항목으로 지정 관리함(2013년)

⑦ 권고기준 : 국제적으로 독성값이 확립된 Microcystin - LR의 국내 실정인자 및 먹는물을 통한 섭취율(WHO 준용)을 적용하여 $1\mu g/L$로 설정함

3. 부영양화와 녹조현상과의 관계

부영양화와 녹조현상의 관계는 다음과 같은 메커니즘으로 설명할 수 있다.

1) COD의 내부 생산

외부 영양염류의 유입에 의해 저층 저니의 혐기성분해에 의한 상부로 영양소 공급에 의해 수체내 조류의 대량 번식

2) 영양염의 재순환

대량 번식한 조류의 사멸 → 사체 → 저니에 침전 → 혐기성 분해 →유기물질 분해 및 영양염 공급 → 조루번성 → 사멸 … 등 여양염류의 순환속도가 빨라짐

3) 부영양화 초기단계에서는 남조류, 마지막 단계에서는 청록조류가 번성함

4. 녹조현상이 생활환경, 수생태계, 농수산업에 미치는 영향

1) 생활환경

① 호수 등에 이취미가 발생하여 수자원의 가치가 하락함

② 수자원으로 이용 시 정수공정에서의 정수 효율 저하

③ 수자원의 용도 및 가치가 하락함

2) 수생태계

① 사체분해 시 대량의 DO 소모

② 독소물질에 의한 어류의 생육장애 및 수중생태계의 현저한 변화

3) 농수산업

① 상품성 높은 고급어종의 사멸

② 조류독성에 의한 어류의 집단폐사

③ DO 고갈에 의한 어류폐사

④ 영양염류 과잉공급은 농작물의 이상 성장을 초래

⑤ 부영양화 물 이용 시 병충해에 대한 저항력 약화

⑥ 토양의 혐기성화와 유해가스 발생

⑦ 결국은 수확량이 감소함

문제 04 하수처리시설에서 발생되는 반류수의 특성, 농도 저감방안, 처리공법 등에 대하여 설명하시오.

정답

1. 개요

하수처리장의 농축, 소화, 탈수 등 전형적인 슬러지 처리 공정에서 발생하는 소화조, 농축조 상 징액 및 탈리여액 등은 전체 하수처리공정 내에서 수처리 계통으로 반송되기 때문에 반류수로 불린다. 이러한 반류수는 유량은 적으나 고농도로써 수처리 계통에 충격부하를 유발하기 때문에 전체 처리효율에 심각한 영향을 주는 것으로 알려져 있다. 따라서 반류수의 농도를 감소시키며, 발생된 반류수를 효과적으로 처리하기 위한 기술개발이 절실히 요구되고 있다.

2. 반류수의 특성

반류수는 유입원수에 비해 고농도의 유기물과 인 및 질소와 같은 영양염류, 부유물질 등을 포함한다. 유입량 대비 1~3%로 적은 유량이지만, T-N 부하의 21~47%, T-P 부하의 13~46% 가량이 반류수에 의해 증가한다. 하수처리장 충격부하(shock load)의 유발원인이다.

3. 다양한 처리공정에서 발생하는 반송수 내 BOD 및 SS 농도

처리공정	BOD(mg/L)		SS(mg/L)	
	범위	평균	범위	평균
중력농축 상징수				
1차슬러지	100~400	250	80~300	200
1차+폐활성슬러지	60~400	300	100~350	250
부상농축 상징수	50~1,200	250	100~2,500	300
원심농축 농축수	170~3,000	1,000	500~3,000	1,000
호기성소화조 상징수	100~1,700	500	100~10,000	3,400
혐기성소화조 상징수 (이단 및 고율)	500~5,000	1,000	1,000~11,500	4,500

처리공정	BOD(mg/L)		SS(mg/L)	
	범위	평균	범위	평균
원심탈수 탈수여액	100~2,000	1,000	200~20,000	5,000
벨트프레스 탈수여액	50~500	300	100~2,000	1,000
필터플레스 탈수여액	50~250		50~1,000	
슬러지라군 상징수	100~200		5~200	
슬러지건조상 하부배출수	20~500		20~500	
퇴비화공정 침출수		2,000		500
소각스크러버 세정수	20~60		600~8,000	
심층여과 세척수	50~500		100~1,000	
마이크로스크린 세척수	100~500		240~1,000	
탄소흡착 세척수	50~400		100~1,000	

(WEF, ASCE, E WERI, 2010)

4. 농도저감방안

1) 슬러지농축 발생공정
   ① 1차슬러지와 생물슬러지를 분리 농축, 중력 농축 시 희석수 주입 최적화
   ② 중력농축조 체류시간의 최적화에 의한 슬러지 부상방지
   ③ 균일하고 정기적인 슬러지 인발에 의한 슬러지 부상방지

2) 슬러지 탈수공정
   슬러지 개량공정을 향상하여 탈수기의 고형물 회수율을 최적화

3) 슬러지 안정화
   ① 상징수 제거시기 및 비첨두 부하 시 제거방법 등 최적화
   ② 안정화 전 단계에서 슬러지 농축을 통한 영양염류농도 저감

4) 심층여과수 세척수
   비첨두 유량 시 역세척주기의 조절 등

5. 처리공법

1) 반류수 내 질소기작

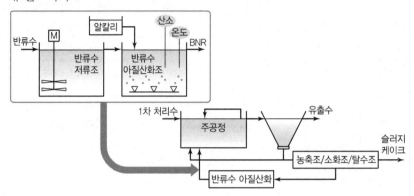

2) 반류수 내 인회수 및 자원화

정석 탈인법에 의한 인 제거 및 회수

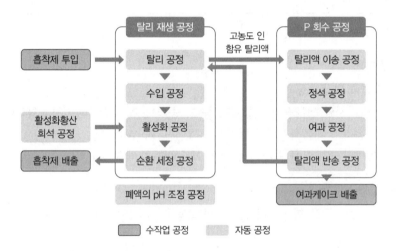

3) 물리 화학적 처리공정

① Ammonia air-stripping process

② steam stripping

③ MAP process-precipitation-crystallization & recovery

4) 생물학적 처리공정

① High-rate nitrification by SBR

② Nitrification denitrification process by single-sludge

③ Fixed-bed or fluidized bed bioreator

④ 물리적·화학적인 방법은 대체로 생물처리공정에 비해 처리의 안정성이 뛰어난 반면에 처리비용이 비싸고 슬러지 발생량이 과대한 단점이 있다.

문제 05 염색폐수에 대하여 다음을 설명하시오.

> 1) 염색폐수의 특성과 적정처리를 위한 처리공정 계획
> 2) 단위 공정별 시설 및 주요 고려사항

정답

1. 개요

염색산업은 섬유의 부가가치를 높이는 중요한 역할을 하기 때문에 중소기업 업종 중에서 우리나라의 중요한 부분을 차지하고 있다. 고도의 염색기술을 바탕으로 반월염색단지 등의 염색단지를 조성하여 현대화, 계열화, 전문화, 고급화, 기술향상 등의 국제경쟁력 강화를 꾀하고 있다. 염색공정은 피염물에 염료를 부착시키는 과정에서 다량의 물을 소비하며 폐수 발생량이 많은 특징이 있고 이렇게 발생된 폐수는 고온, 고알칼리성이며 색소 화합물, 조염제, 계면활성제, 기타 각종 고분자 유기화합물과 같은 난분해성 물질 및 미생물 성장 방해물질을 함유하고 있어 처리에 큰 어려움을 겪고 있다.

2. 염색폐수의 특성

1) 색도, 알칼리도, BOD, 온도 등이 매우 높다.

2) 상대적으로 SS 농도가 낮다.

3) 가공방법 및 소재 등이 계절별, 시대별로 변하여 폐수의 성상이 자주 변한다.

4) 미생물 분해가 되지 않거나 분해속도가 느린 염료와 각종 고분자 유기 화합물이 다량 함유되어 있다.

5) 하절기에는 40도를 넘는 고온이고 pH가 11.5~12인 강알칼리성 폐수가 발생된다.

3. 적정처리를 위한 처리공정 계획

일반적으로 폐수처리는 폐수에 용해되어 있거나 분산상태에 있는 각종 오염물질을 폐수와 분리하거나 분해하는 방법 등을 통하여 오염물질을 줄이는 공정이다. 이 때문에 폐수처리를 검토하는 경우에 그 공장에서 배출되는 오염물질의 종류와 성상 그리고 형태를 파악하는 것은 매우 중요한 일이다.

또 폐수 중 오염물질을 부유성 물질, 콜로이드성 물질, 용해성 물질의 3가지 형태로 나눌 수 있다. 폐수에서 이들 입자의 크기와 형태는 폐수처리 과정에서 큰 영향을 미치며 비교적 입자가 큰 부유물질은 처리하기 쉬우나, 콜로이드성 물질이나 용해성 물질은 처리가 어렵기 때문에 한 가지 방법만으로는 완전히 제거가 불가능하다. 따라서 대부분의 폐수처리에서는 이러한 오염물질을 여러 가지 방법에 의해 반응시킨 후 농축시켜 물과 분리시킨다.

지금까지 제안된 많은 폐수처리기술을 다음과 같이 나눌 수 있다.

실제 탈색은 화학적, 물리적, 전기적인 복잡한 작용으로 이루어져 있다고 볼 수 있다.

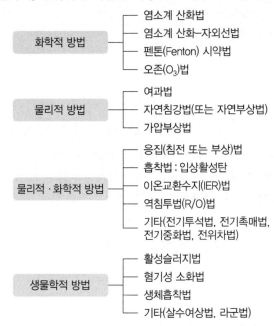

4. 단위 공정별 시설 및 주요 고려사항

현재 우리나라 염색폐수처리장에서 주로 운전되고 있는 처리공정은 응집침전, 응집침전 – 생물학적 처리, 응집침전 – 생물학적 처리 – 펜톤산화처리 등 세 가지로 나눌 수 있다.

각 단위 공정별 주요고려 사항은 다음과 같다.

1) 응집 침전설비

1차 처리로 많이 이용된다. 처리 효율 및 색도처리 효율이 낮으므로 이에 대한 대책도 필요하다.

2) 생물학적 처리

응집 침전의 적정처리로 생물학적 처리공정으로 유입되는 폐수의 부하량을 일정하게 유지하여 염색폐수에 순양된 미생물에 의해 오염물질을 제거하는 공정이다.

여름철 고온 폐수 유입에 대한 대책, 독성 물질 및 난분해성 물질 유입에 대한 대책을 고려해야 한다.

3) 펜톤 산화처리 등

처리수의 BOD, COD 농도를 현저하게 낮출 수 있는 공정이다. 펜톤시약에 의한 강력한 산화력으로 난분해성 물질의 처리 및 색도 제거율이 높다. 펜톤 산화 시 적정 약품 주입량 산정 및 발생되는 슬러지 저감 대책 등이 필요하다.

문제 06 혐기성 소화설비(산발효조, 소화조, 가스저장조 등)의 안정적 운전을 위한 계측기 연동 자동 운전 방안과 바이오가스 안정성 확보를 위한 시설물 계획 및 운전방안을 설명하시오.

정답

1. 개요

혐기성 소화처리는 일명 "메탄발효"라고도 하며, 주된 목적은 폐수 혹은 폐기물 처리와 동시에 메탄이라는 에너지를 회수하는 데 적용되고 있다. 혐기성 소화라는 용어에 포함된 것과 같이 무산소 상태에서 분해가능한 유기물을 분해시켜 메탄으로 전환시키는 것이다. 생물학적 처리 범주에 포함되며, 초기에는 통성 혐기성균이 작용하여 가수분해와 산발효를 시키고, 산소가 고갈되는 지점에서 편성 혐기성균인 메탄균이 메탄을 생성하게 된다 이러한 메탄을 자원으로 이용함으로써 폐기물처리와 함께 바이오 가스를 이용할 수 있는 친환경적인 폐기물 처리 방법 중의 하나다.

바이오 가스 플랜트 공정기술은 작동방법과 관계없이 4가지 공정 단계로 나눌 수 있다.
1) 기질관리(배달, 보관, 처리, 이송 및 투입)
2) 바이오가스 생산(산발효조, 소화조)
3) 발효부산물 보관, 정제 및 시비
4) 바이오가스 저장, 정제 및 활용

2. 혐기성 소화설비(산발효조, 소화조, 가스저장조등)의 연동 자동 운전 방안

상기 공정에서 2)와 3)사이에는 밀접한 관련이 있다. 왜냐하면 네 번째 단계가 일반적으로 두번째 단계에 필요한 공정열을 제공하기 때문이다. 그러기에 산발효조, 소화조, 가스저장조 등을 연동 자동 운전하는 것은 전 공정의 안정적인 운전에 매우 중요한 부분을 차지하고 있다.

올바르게 계획한 바이오가스 플랜트의 경제성은 전체 프로세스의 가용성 및 부하에 의해 결정된다. 이와 관련하여 투입되는 설비의 기능 및 작동 안정성 그리고 생물학적 프로세스의 지속적으로 높은 분해 능력이 결정적인 요소들이다. 기술 시스템 운전은 불가피하게 장애를 겪으므로, 이러한 장애를 감지하고, 고장을 식별 및 제거할 수 있는 적합한 장비를 갖추어야 한다. 프로세스 점검은 항상 사람과의 상호 작용을 통해 이루어지며, 자동화 정도는 매우 상이할 수 있다. 모니터링 및 컨트롤 알고리즘의 자동화는 지속적으로 시설을 가동할 수 있고 어느 정도 전문가에게 의존하지 않아도 된다는 장점이 있다. 또한 데이터 원격 전송 기능 덕분에 사람이 플랜트나 프로세스 모니터링을 위해 상주하지 않아도 된다. 광범위한 자동화의 단점은 늘어나는 경비이다. 각 플랜트 규모에 따라 이러한 장점과 단점의 경중이 각기 다를 수 있으므로 획일화된 바이오가스 플랜트용 측정 설비를 전제하기는 어렵다. 사용하는 장비는 각각의 구체적인 조건에 맞추어야 한다.

생물학적 프로세스 관찰에 이용할 수 있는 측정 변수들을 계측기에 의해 연동 작동한다면 안정적인 운전이 가능할 것이다.

1) 지방산 농도증가 측정 및 연동

　　먼저 초산 및 프로피온산 증가, 프로세스 부하와 I－부티르산 및 I－발레르산은 일정함

2) FOS(Fructooligosaccharides)/TAC(Total Alkalinity Capacity) 비율 측정

3) 메탄 함량

4) 공급량과 가스 생산량 측정

5) pH값 하락, 프로세스 산성화

6) 온도 변동 등을 계측하여 연동 처리토록 한다.

3. 안정성 확보를 위한 시설물 계획 및 운전방안

1) 투입 및 전처리 설비

　　용량은 적어도 투입량 1일분 용량이 필요하지만, 반입 계획 및 시설 운전 관리도 고려하여 적절한 용량으로 할 필요가 있다. 투입구의 설치는 악취 등 문제 방지를 위하여 2중 게이트를 설치하고, 저장조에 뚜껑을 설치하여 악취 등의 2차 민원이 발생하지 않아야 한다.

　　① 반입장은 에어커튼식 및 전동셔터, 악취 확산 방지

　　② 투입실 안식각을 5° 이상, 바닥 청소용 및 차량 청소용 공정수 배관 설치 관리토록 한다.

　　③ 광학현미경을 이용해 미생물(원생동물 등) 유동성 또는 미동이 없을 시 유입 금지

　　　　(예 구제역 시 다량 소독제가 투입된 가축분뇨)

2) 메탄발효설비

　　현재 혐기성 소화시스템의 기술적 노하우는 발효조에 있으며, 발효조 내 물질의 흐름, 가스 배출구조, 교반방식, 가온방식 등이 중요한 변수이다. 즉 발효조 형식, 열 교환 및 교반 방식은 하나의 시스템으로 정해져 있지 않고, 기술을 가지고 있는 업체에 따라 각각의 특성이 있으며, 현재 여러 방식이 제안되고 있는데 처리 규모 등에 적합한 형식을 검토하여 결정한다.

　　레이크·스크류 회전, 스컴 층에 소화가스로 교반되며 상등수 살수 등으로 스컴을 제거한다. 음식물류폐기물과 다른 유입물을 병합 시에는 소화조에 개별로 투입하며 스컴이 가스배관으로 배출될 것을 감안하여 배관 중간에 제거장치를 설치한다. 하부 침전물 제거 및 배관장치를 설치하여 운영한다.

　　습식처리의 경우 가능하면 24시간 균등 투입이 되도록 운전하고 건식 처리의 경우 가능하면 최대한 균등 투입이 되도록 운전한다.

3) 소화액 이용 설비

소화액 이용 설비는 소화액의 이용 조건, 살균 공정 필요성의 유무, 지역 특성, 저류설비의 규모 등을 고려하여 결정하며 살균 설비 및 소화액 저장설비로 구성된다.

① 살균 설비

공동형 및 집중형 시설에서는 복수의 배출원, 사업장, 농가에서 원료가 반입되고, 혼합 처리된 소화액은 자체설비에서 처리되거나, 농가 등에서 액비로서 살포된다. 액비 사용 후 농작물 피해 발생 시 책임이 명확하지 않고, 생산된 소화액 그 자체의 신뢰를 잃게 된다. 따라서, 소화액 시스템 참가 농가의 공동 이용이나 지역 외 이용 등을 고려하고, 살균이나 잡초 종자 발아 억제의 필요성을 검토하며 에너지 효율이 좋은 살균 방법 등을 결정한다.

② 소화액 저장설비

소화액을 액비 등으로 사용하기 위해서는 주변지역에 농가 등이 인접하여 수요가 있어야 하며, 액비로서 사용 시에는 우리나라는 겨울철에 동결될 수 있으므로 저류조의 보온 등이 필요하다. 또한 액비로 사용 시 동절기 토양의 동결로 인하여 한정된 기간 동안에 사용이 가능하므로 소화액의 저류조가 필요하다.

저류기간에 대해서는 지역의 기상특성, 영농상의 사용 적기 등을 참고하여 적절한 저류 일수를 결정한다. 또한 저류조 상부를 덮는 커버를 씌워 저류 중 소화액에서 암모니아 휘산이 없고, 대기 오염의 방지와 비료 성분의 감소가 억제되도록 해야 한다. 이와 관련하여 유럽에서는 밀폐하는 경우가 대부분이다.

4) 에너지 이용 설비

에너지 이용 설비는 바이오가스 저류 설비(바이오가스 홀더), 탈황 설비, 제습 설비, 열병합 발전기, 배전을 위한 전기 설비(계통 연계 설비), 바이오가스 보일러, 잉여 가스 연소 설비(플레어 스택) 및 중유 보일러 등으로 구성된다. 에너지 이용 설비의 구성·규모는 지역 특성·시설 입지 조건부터 전력이나 온열의 이용조건·이용량, 잉여 에너지의 활용 방법 등을 검토하여 결정한다.

① 바이오가스 저류 설비(바이오가스 홀더)

바이오가스 홀더는 바이오가스 발생량과 이용량의 차이를 조정하는 것으로 열병합발전기나 가스보일러의 운전 계획을 고려하여 용량을 결정한다.

② 탈황 설비

바이오가스는 미량의 황화수소 가스를 포함하고 있다. 황화수소 가스는 인체에 유해하면서도 물과 반응하여 희황산이 되고 기기류를 부식시키므로 황화수소 가스를 제거(탈황)하는 것이 필요하고 가스 이용 설비의 황화수소에 대한 내부식성을 고려한 탈황 목표 농도를 설정한다.

③ 제습 설비

바이오가스에 다량의 수분이 포함되면 열병합발전기 및 가스보일러의 효율을 저하시킨다. 또한 정해진 지역에는 가스 배관 내에서 결로가 일어나기 쉽고, 기기나 관로의 부식 원인이 된다. 이러한 것을 방지할 목적으로 제습 설비를 설치한다.

④ 열병합발전기(열전병급기)

열병합발전기는 발전과 동시에 열(온수)을 회수하고, 바이오가스 에너지의 이용효율을 높이는 것이다. 이 시스템을 제너레이션(Co-generation)이라고 한다. 회수한 전기 및 열에너지는 혐기성 발효 시설 내에서 소비하는 것 외에, 잉여 전기를 전력회사에 매전하는 등 잉여열의 유효 활용방안에 대하여 계획한다.

⑤ 전기 설비

얻은 전력을 각 설비에 공급하고 유효하게 이용하는 것 외에, 잉여 전력에 관해서는 시설 외 이용 또는 전력 회사에 매각하는 유효 활용을 도모한다. 전기 설비를 계획할 때 시설 내의 이용을 최우선으로 하고, 시설 외의 이용 계획 및 매전 계획을 고려하여 전력 회사와 계통 연계 설비를 계획한다.

⑥ 바이오가스 보일러

바이오가스를 연소하여 열을 얻는 설비로서 열에너지는 병합발전기에서도 얻으나 다량의 열을 필요로 하는 시설에서는 바이오가스 보일러에 의한 열이용 계획을 검토할 필요가 있다. 또 열병합발전기의 유지관리 시에 고장을 위한 비상용 열원으로서도 중요하다.

⑦ 잉여 가스 연소 장치(플레어 스택)

가스 이용 설비의 고장 또는 가스 발생량의 급증 시 발생하는 잉여 가스는 플레어 스택에서 별도로 연소 처리하고 바이오가스의 대기 방출에 따른 환경오염을 방지한다.

⑧ 중유 보일러

메탄균의 불활성 시에는 연소에 적합한 메탄 농도를 가진 바이오가스를 얻을 수 없는 경우도 있다. 또 혐기성 발효는 바이오가스를 아직 얻지 않은 운전 개시단계에서도 발효조로 열 공급이 불가결하다. 이와 같은 경우는 중유 보일러 등의 열공급으로 발효조 온도를 유지하는 것이 필요하다.

문제 01 비점오염원 저감시설에 대하여 다음을 설명하시오.

> 1) 비점오염원 저감시설의 종류 및 기능
> 2) 수질처리용량 WQ$_V$(water quality volume)과 WQ$_F$(water quality flow)

정답

1. 개요

비점오염원이란 도시, 도로, 농지, 산지, 공사장 등으로서 불특정장소에서 불특정하게 수질오염물질을 배출하는 배출원을 말한다.

비점오염원의 물질에는 토사, 영양물질, 박테리아 및 바이러스, 기름과 그리스, 금속, 유기물질, 농약, 협잡물 등이 있다.

2. 비점오염원 저감시설의 종류 및 기능

1) 자연형 시설

① 저류시설 : 강우유출수를 저류하여 침전 등에 의하여 비점오염물질을 저감함. 저류지, 연못 등

② 인공습지 : 침전, 여과, 미생물분해, 식생 식물에 의한 정화 등 자연상태의 습지가 보유하고 있는 정화 능력을 인위적으로 향상시켜 비점오염물질을 저감함

③ 침투시설 : 강우유출수를 지하로 침투시켜 토양의 여과, 흡착 작용에 따라 비점오염물질을 저감함. 유공포장, 침투조, 침투저류지, 침투도랑 등

④ 식생형시설 : 토양의 여과 흡착 및 식물의 흡착작용으로 비점오염물질을 줄임과 동시에 동·식물의 서식공간을 제공함으로써 녹지경관으로 기능하는 시설. 식생여과대, 식생수로 등

2) 장치형 시설

① 여과형 시설 : 강우유출수를 집수조에 모은 후 모래, 토양 등의 여과재를 통하여 걸러 비점오염물질을 감소시킴

② 와류형 시설 : 중앙회전로의 움직임으로 와류가 형성되어 기름, 그리스 등 부유성물질은 상부로 부상시키고, 침전 가능한 토사, 협잡물은 하부로 침전·분리시켜 비점오염물질을 감소시킴

③ 스크린형 시설 : 망의 여과, 분리작용으로 비교적 큰 부유물질이나 쓰레기 등을 제거하는 시설. 주로 전처리용으로 쓰임

④ 응집, 침전형 시설 : 응집제를 이용하여 응집 · 침전 · 분리하여 비점오염물질을 저감하는 시설

⑤ 생물학적 처리형 시설 : 전처리시설에서 토사 및 협잡물 등을 제거한 후 미생물에 의하여 콜로이드성, 용존성 유기물질을 제거하는 시설

3. 수질처리용량 WQ$_V$(water quality volume)과 WQ$_F$(water quality flow)

1) Water Quality Volume(WQ$_V$)

규모를 결정할 때 해당 지역의 강우빈도 및 유출수량 및 오염도 분석에 따른 비용 효과적인 삭감목표량 및 기타 규제 등에 따라 설계 강우량을 설정할 수 있으나 배수구역의 누출유출고를 환산하여 최소 5mm 이상 강우를 처리할 수 있는 규모에 합치하여야 한다. 이것이 Water Quality Volume이다. WQ$_V$는 전체 처리용량에 기준을 둔다.

• 산정식

$$WQ_V = \text{Water Quality Volume}$$
$$WQ_V = P1 \times A \times 10^{-3}$$

여기서, WQ$_V$: 수질처리용량(m^3)
$P1$: 설계 강우량에서 환산된 누적 유출고(mm)
A : 배수면적(m^2)

2) Water Quality Flow(WQ$_F$)

① 수질처리유량은 합리식을 이용하여 산정

② 기준 강도는 최근 10년 이상의 시간 강우자료를 이용하여 연간 누적발생빈도 80%에 해당되는 강우강도를 사용한다.

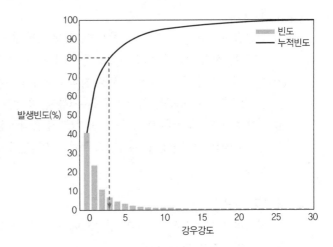

$$WQ_F = C \times I \times A \times 10^{-3}$$

여기서, C : 처리 대상 지역의 유출계수
　　　　I : 기준 강우강도(mm/h)
　　　　A : 배수면적(m^2)

3) 비점오염처리 시설별 규모 적용 예

비점오염 저감시설 구분		규모 설계기준
저류시설	• 저류지 • 지하저류조	WQ_V
인공습지	인공습지	
침투시설	• 유공포장(투수성포장) • 침투저류지 • 침투도랑	
식생형 시설	• 식생여과대 • 식생수로	WQ_F
	• 식생체류지 • 식물재배화분 • 나무여과상자	WQ_V
장치형 시설	• 여과형 시설 • 와류형 시설 • 스크린형 시설	WQ_F
	응집 · 침전 처리형 시설	—

문제 02 개발사업의 비점오염원 관리방안을 설명하시오.

정답

1. 개요

산업발달 및 도시화에 의해 개발사업에서 이루어지는 토지경사의 변경, 굴착, 절토, 충진물의 변경, 포장, 축조, 표토층 식물의 제거, 자연적 인공적 유로의 변경이나 관거 사업화 등의 모든 토지를 훼손하는 행위는 수문체계를 변화시키게 된다. 이러한 수문체계의 변화로 비점오염원의 발생량 및 배출량이 증가하게 되고 비점오염물질이 증가하게 되면 공공수역의 수질은 악화되고 이는 하천이나 해양의 생물생식영역에도 악영향을 미치게 된다.

2. 개발에 의한 수문체계 변화 현상

1) 토양 침식의 증가 및 유출량의 증가, 침투량 및 지하수 함양 감소 등의 수문체계의 변화
2) 강우에 대한 유역응답이 신속해지고 첨두시간이 빨라지며 유역지체는 감소하고 첨두유량도 증가한다.
3) 지하수량 및 기저 유출량이 감소하여 갈수량이 감소한다.
4) 갈수가 장기간에 걸쳐 발생하면 하천유지용량 확보가 어려워진다.
5) 강우가 지하로 침투되지 않고 하천이나 바다로 유출되면 이용 가능한 수자원의 감소로 물부족 문제가 발생한다.
6) 개발에 의한 비점오염물질의 발생이 증가하고 수생태계가 훼손된다.

3. 개발사업의 비점오염원 관리방안

1) 개발지역의 자연순환 기능을 최대한 유지하도록 한다.

개발에 의해 발생되는 오염물질의 정화 기능뿐만 아니라 물순환, 미기후 조절 및 생태적 기능의 저하방지가 가능하다.

2) 우수를 최대한 토양으로 침투 및 저수시키는 우수관리를 한다.

강우유출수의 최소화, 첨두유량의 감소 및 홍수 도달시간의 지연 도모함

3) 빗물을 직접 이용하는 용수수급 개선

물순환기는 증대 및 하천 유지유량확보, 용수증가량 및 환경용수의 증가에 대비 가능함

4) 소규모 시설들을 분산 적용한다.

개발지역의 강우유출수를 차단 또는 분산 관리하는 일이 가능함

5) 강우 유출수 중 수질 오염물질을 저감하여 비점오염원부하를 감소시킨다.

즉, 저영향개발기법을 통한 비점오염물질 관리를 통해서 물순환체계를 개발 이전에 가깝게 유지하는 것이 최적의 관리방안이다.

문제 03 콜로이드(Colloids)의 분류, 특성 및 제타전위(Zeta potential)에 대하여 설명하시오.

정답

1. 개요

하·폐수처리에서 쉽게 침전되지 않는 입자상 물질의 대표적인 크기가 콜로이드 물질에 해당된다. 크기는 $0.001\mu\text{m}$에서 $1\mu\text{m}$이다.

물속에서 쉽게 침전되지 않는 입자들을 크기에 따라 분류하면 $1\mu\text{m}$ 이하의 분자상 용해성물질, $1\mu\text{m}\sim0.001\mu\text{m}$ 크기의 콜로이드 물질, $1\mu\text{m}\sim10\mu\text{m}$ 크기의 세립현탁 물질, $10\mu\text{m}\sim100\mu\text{m}$ 크기의 조립현탁 물질로 구분되며 다음 그림과 같이 표현할 수 있다.

∥ 수중 입자의 크기와 성질 ∥

2. 콜로이드의 분류

1) 소수 콜로이드

물과 반발하는 성질을 가지고 있는 입자들로서 모두 전기적으로 하전되어 있어 전기장 내에 두면 입자는 반대쪽 전기 방향으로 이동한다. 또한 반대 부호로 대전된 콜로이드를 혼합하면 서로 중화되어 전하를 잃게되어 간단히 응결한다.(예 금속 수산화물, 점토, 석유-염을 가하여 쉽게 응결)

2) 친수 콜로이드

물과 강하게 결합하는 것으로 비누, 가용성 녹말, 가용성 단백질, 단백질 분해 생성물, 혈청, 아라비아 고무, 펙틴 및 합성세제 등이 있다.

친수성 콜로이드는 물에 쉽게 분산되며 그 안정도는 콜로이드가 가지고 있는 약한 전하량보다 용매에 대한 친화성에 의존하며 그 수용액으로부터 이들을 제거하기 곤란해진다.

전기 영동에 관해서 친수콜로이드는 수화 때문에 소수 콜로이드와 비교해서 전기장 속에서 이동 속도가 느리다.

3) 보호 콜로이드

친수성이 높은 친수 콜로이드와의 흡착을 중매로서 소수 콜로이드가 침전하기 어려워지는 현상을 친수콜로이드에 의한 보호 혹은 보호 작용이라고 하여 이 친수콜로이드에 의한 소수 콜로이드의 보호를 목적으로 해 더하는 친수 콜로이드를 더했을 경우, 그 친수 콜로이드를 보호 콜로이드라고 한다. 이와 같은 계에서 응집을 일으키기 위하여는 통상적인 폐수처리에서 사용하는 양의 약 10~20배의 약품을 투여하여야 한다.

이와 같이 보호 콜로이드의 예로서 단백질의 일종인 젤라틴, 먹물에 포함되는 니카와 등이 있다. 젤라틴도 니카와도 친수 콜로이드이기도 하다. 잉크에 포함되는 gum arabic도 보호 콜로이드이다. gum arabic의 순수물질은 다당류이며 수용성이 높은 친수 콜로이드이다.

4) 회합 콜로이드

비누 분자는 친수성의 물에 수화 하기 쉬운 부분과 소수성의 물과는 수화 하지 않는 부분들이 된다. 소수성의 부분이 마치 소수 콜로이드와 같이 모여 그 결과적으로 비누 분자는 수백개 정도 모인다. 그러나 분자에 친수성의 부분이 있으므로 마치 보호 콜로이드와 같이 비누 분자는 침전하지 않고 콜로이드 용액으로 계속 된다.

이 비누 분자가 응집할 때 친수성 부분은 바깥쪽으로 소수성 부분은 안쪽으로 모인다. 비누 분자의 집합체와 같이 친수기와 소수기를 가지는 분자가 친수기를 바깥쪽으로 향해서 집합한 것을 미셀이라고 한다. 이러한 콜로이드를 회합 콜로이드라고 한다. 회합 콜로이드는 친수 콜로이드의 일종으로 분류된다.

3. 콜로이드의 특성

1) 표면전하

콜로이드 입자들은 표면에 전하를 띠고 있으며 이 표면전하는 입자 간의 정전기적 반발력에 의하여 입자들이 상호 응집되지 못하고 안정화되는 주요 인자가 되며, 이 전하를 1차 전하라 한다. 이와 같이 콜로이드 입자가 전하를 띠는 원인은 수중에 분산된 화학적 불활성 물질들이 매질내 음이온(특히, 수산화이온)의 선택적 흡착에 의해 음전하를 띠거나, 단백질이나 미생물과 같은 물질의 경우에는 아래와 같이 입자를 구성하는 분자의 끝단에 있는 활성 groups인 카르복실기와 아미노기의 이온화에 의해 표면전하를 얻게 되며, 점토입자는 점토 속에 있는 Si(Ⅳ)이온과 Al(Ⅲ)이온 등의 다가이온(poly valent)이 이들보다 작은 전하를 가지고 있는 Ca, Mg, 금속이온 등의 저가이온에 의해 치환되는 이종동형 치환(isomorphous replacement)에 의해 표면에 음(−)전하를 띠게 된다. 그러므로 콜로이드는 전극 사이의 전기장에서 반대 전하의 전극을 향하여 이동하는 전기영동현상을 일으킨다.

2) Brown 운동

콜로이드 입자들은 분산매 분자들과 충돌 시 작은 질량으로 인하여 분산매 내를 움직인다. 이 운동을 Brown 운동이라 한다.

이러한 브리운 운동은 한외 현미경을 이용하여 관찰할 수 있다.

3) Tyndall 효과

콜로이드 입자들의 크기는 백색광의 평균파장보다 길기 때문에 빛의 투과를 간섭하며 입자에 닿은 빛이 반사되기도 한다.

따라서 빛살에 대하여 직각에 가까운 각도에서 콜로이드 입자를 관찰하면 콜로이드 서스펜션속을 통과하는 빛살을 볼 수 있다. 이 현상을 관찰한 영국의 물리학자 Tyndall의 업적을 기려 Tyndall 효과라고 하였다.

물의 혼탁도를 측정하는 방법으로 Tyndall 효과를 많이 이용하고 있다.

4) 흡착

콜로이드는 대단히 큰 표면적과 큰 흡착력을 가지고 있다. 대개의 흡착은 선택적으로 일어나며 이 선택작용은 전하를 띤 입자를 만들어 콜로이드 분산의 안정도에 기여한다.

5) 투석현상

반투막을 써서 콜로이드 입자나 고분자 물질은 막 속에 남고, 저분자의 전해질이나 불순 물질은 막 밖으로 나간다.

4. 콜로이드 입자의 Zeta Potential

콜로이드 입자의 경우 입자의 표면에 전하가 존재하며 바로 표면에는 반대 이온 또는 반대 전하를 가진 미립자가 흡착되어 고정층을 형성하고 있다고 하여 이를 Stern 층이라 하고 Stern 층과 확산 이중층의 두가지 층이 콜로이드의 외측 부분을 형성하고 있다고 생각하였다.

이것을 Stern−Gouy 이중층이라 한다.

이 상태를 모형적으로 나타낸 것이 아래 그림이다.

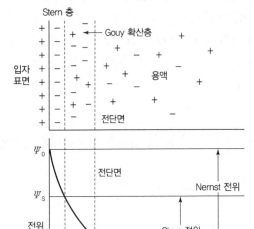

Gouy 확산층 전단면에서의 전위를 Zeta Potential(Zeta potential : ζ 전위)라 하며 Zeta
Potential은 콜로이드의 표면전하와 용액의 구성성분에 따라 변한다.

5. Zeta Potential과 응집관계

콜로이드 입자가 침강하기 위하여는 입자 간의 응집이 이루어져 입자의 크기가 커져야 한다. 그
러나 앞에서 검토한 바와 같이 콜로이드 입자는 표면의 전하로 인하여 두 대전체 사이의 반발하
는 힘인 쿨롱(Coulomb)력에 의한 반발로 응결을 방해하는 안정 요소로 작용하며 두 입자 사이
의 반데르발스(Van der Waals)력에 의한 인력은 응집을 일으키는 불안정 요소로 작용한다.
입자 간의 응결이 일어나려면 Zeta Potential을 감소시켜야 하며 입자 표면에 대하여 반대 전하
를 가진 응집제를 용액에 첨가하여 Zeta Potential을 감소시켜 응집을 촉진시킬 수 있다.

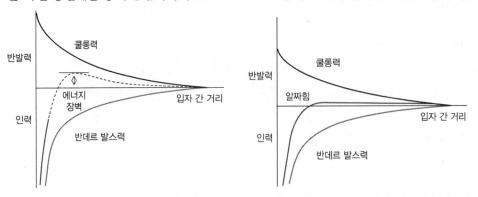

| 안정한 콜로이드 입자 간의 인력 및 반발력 | | 불안정한 콜로이드 입자 간의 인력 및 반발력 |

문제 04 '수돗물 안전관리 강화 대책'의 도입배경, 전략 및 주요 내용, 기대효과 등에 대하여 설명하시오.

정답

1. 도입배경

환경부는 2017년 9월 우리나라 상수도 보급률이 98.8%로 선진국 수준에 도달했으나, 수돗물에 대한 국민의 불신이 여전하다는 점을 고려하고 수돗물 안전성을 더욱 높이기 위해 '수돗물 안전관리 강화 · 대책'을 마련했다.

2. 전략 및 주요내용

1) 목표

가정의 수도꼭지까지 안심하고 마실 수 있는 수돗물의 공급, 국민들의 수돗물 만족도를 59%에서 2022년까지 80% 수준으로 향상시킬 계획

2) 전략

상수도 "시설확충"에서 "유지관리" 강화로 정책 전환 (4대 분야, 11개 과제)

3) 주요내용

① 첫 번째, 수도사업자(지자체)의 상수도 관망 관리 의무 강화다.

  ㉠ 연간 6억 9천만 톤에 이르는 수돗물 누수와 2차 오염문제를 개선하기 위해 수질 취약 구간의 수도관을 세척(Flushing)하거나 수돗물이 샐 것으로 우려되는 지역의 누수 탐사와 복구 작업 등 수도사업자의 여건에 따라 단계적으로 상수도 관망 관리 책임이 의무화 된다.

   • 수도관 관리부실 규모 : 연간 6억 9천만 톤(보령댐 7개 규모, 6천억 원)

   또한, 상수도 관망의 유지관리 전문성을 강화하기 위해 민간 전문업체 및 관망 운영 관리사 등 전문인력도 양성할 계획이다.

  ㉡ 2017년 착수한 '노후 지방상수도 현대화사업'에 스마트센서, 사물인터넷(IoT) 등 4차 산업혁명 기술을 적극 도입하고, 사업 완료 지자체에는 유지 · 관리 법적의무가 강화될 방침이다.

   • 수질 · 수량 자동측정을 위한 스마트센서, IoT를 활용한 유량 · 수질 정보 확보, 빅데이터 분석을 통한 수압 · 수요량 관리로 누수저감 등

② 두 번째 분야는 ▲불법 수도용 제품 즉시 수거제 도입, ▲위생안전기준 항목 확대, ▲인 증기관 공정성 확보, ▲불량제품 제재 강화 등 4개 과제로 구성된 수도용 자재 · 제품의 위생안전 관리 강화다.

　㉠ 위생안전인증을 받지 않고 유통되는 불법제품은 수거 권고절차 없이 바로 수거 · 회 수될 수 있도록 '즉시 수거명령제'가 도입된다.

　㉡ 수도용 제품 위생안전기준 추가를 위한 연구결과에 따라, 실제 수돗물에서는 검출되 지 않았으나 위생안전 사전관리 차원에서 니켈 항목이 위생안전기준에 추가된다.

　　• 수도용 제품의 3개 항목(니켈, 안티몬, 염화비닐)에 대한 용출시험 결과, 안티몬 · 염화비닐은 불검출 또는 극미량 검출되었으며, 니켈은 일부 제품(주로 수도꼭지 제 품)에서 0.001~1.531mg/L 수준으로 검출됨

　　• 니켈 용출이 가장 많은 3개 제품을 실제 사용환경 설치 후 수돗물 수질검사(21건) 결과 니켈 불검출. 최근 10년간 서울 · 대전에서 가정의 수도꼭지 수돗물 중 니켈 수 질검사(총 570건)를 실시한 결과, 모두 불검출된 바 있음

　㉢ 수도용 자재 · 제품에 대한 인증을 제조업체, 수도사업자 등으로 구성된 한국상하수 도협회가 담당하고 있어 공정성 논란이 제기됨에 따라 이에 대한 개선방안이 마련된다.

　㉣ 인증을 받은 제품 중에 제품 출시 후 정기 또는 수시검사에서 위생안전기준을 충족하 지 못한 불량 수도용 자재 · 제품에 대한 제재규정이 강화된다.

　　• 불량 수도용 제품은 인증취소 전이라도 제조 · 공급 금지 및 수거권고 조치가 가능 하도록 법적근거가 마련된다.

　　• 정기검사나 수시검사를 통과하지 못한 제품을 제조 · 수입 · 공급 · 판매한 자에 대 한 벌칙 규정(2년 이하의 징역이나 2천만 원 이하의 벌금)이 신설된다.

③ 세 번째 분야는 ▲먹는물 수질 '평생 건강권고치(Lifetime Health Advisory)' 도입, ▲ 먹는물 수질감시항목 확대 등 2개 과제로 구성된 먹는물 수질기준제도 보완이다.

　　• 평생 건강권고치 : 수돗물을 하루 2리터씩 평생(70년) 음용하여도 유해영향이 발생하 지 않을 것으로 기대되는 수질항목(유해물질) 평균 농도를 설정 · 관리하는 것으로 미 국에서 도입

　㉠ 정수장 상수원수에서 검출되지 않아 수질기준에 없으나, 수도용 제품의 위생안전기 준에 설정 · 관리 중인 스티렌 등 13개 항목 등에 대해 평생 건강권고치가 설정될 계 획이다.

　　• 그간 정수장 상수원수 처리 기준인 현행 수질기준이 가정까지 공급되는 과정에서 발생(결합 · 변환 · 용출 등의 화학반응)할 수 있는 유해물질을 반영하지 못해 안전 기준이 미흡하다는 지적이 있었다.

　㉡ 또한, 현재 26개 항목으로 운영 중인 수질감시 항목을 2022년까지 추가 발굴하여 총

31개로 확대할 예정이다.

- 특히, 최근 외신에서 보도된 수돗물 내 미세플라스틱 등을 포함한 미량의 화학물질에 대해서도 정수장 모니터링을 강화하고, 유해성 등에 대한 과학적·객관적 자료를 바탕으로 관리방안을 검토해 나갈 예정이다.

④ 네 번째 분야는 ▲수돗물 안심확인제 확대, ▲수돗물 수질 실시간 분석·확인시스템 개발, ▲수질감시항목 수질 인터넷 공개, ▲수돗물 안전성 확인 등 4개 과제로 구성된 수돗물 수질정보 공개 확대다.

㉠ 가정의 수도꼭지 수질 무료 검사제도인 '수돗물 안심확인제'의 검사항목에 시민들의 민원 등 관심분야 항목과 수도관 공급 과정에서 오염될 수 있는 물질을 추가한다.

- 또한, 주민의 편리한 신청과 검사결과의 투명한 공개를 위해 전용 누리집(홈페이지)도 운영할 예정이다.

㉡ 4차 산업혁명 기술을 활용하여 가정의 수도꼭지 수돗물 수질을 자동 측정하여 냉장고 디스플레이 화면, 홈 네트워크 시스템(월패드), 모바일 앱 등으로 실시간으로 보여주는 기술개발도 추진한다.

㉢ 향후 수돗물 안전성 체크 및 홍보도 정부 중심에서 시민참여와 의사 등 전문가 그룹과 함께 실시하여 신뢰성을 높일 예정이다.

3. 기대효과

환경부는 이번 수돗물 안전관리 강화 대책을 차질 없이 추진하여 국민들이 더욱 안심하고 마실 수 있는 수돗물 관리체계를 구축하는 것은 물론, 상수관망 유지관리 의무화 등을 통해 누수를 줄여 수돗물의 생산·관리·구입 비용도 절감될 것으로 기대하고 있다.

시·군지역 유수율 현재 78% → 85% 상승 시 연간 수돗물 생산비용을 약 3,400억 원 절감할 수 있으며 국민들의 수돗물 만족도를 59%에서 2022년까지 80% 수준으로 향상시킬 계획이다.

목표	가정의 수도꼭지까지 안심하고 마실 수 있는 수돗물 공급 (수돗물 국민만족도 59% → 80%로 향상)

전략	상수도 "시설확충"에서 "유지관리" 강화로 정책 전환 (4대 분야, 11개 과제)

분야	상수도 관망관리 (1개 과제)	자재·제품 위생안전 (4개 과제)	먹는물 수질기준 (2개 과제)	수돗물 수질 정보 공개 (4개 과제)
추진 과제	① 수도사업자 관망관리 책임제 – 관세척 – 누수관리 – 자산관리 – 전문관리	① 불법제품 즉시 수거제 도입 – 불법제품 즉시 수거 명령 ② 위생안전기준 항목 확대 – 니켈 추가 ③ 인증기관 공정성 확보 – 별도 전문기관 설립(안) 등 ④ 불량제품 제재 강화 – 벌칙 강화 – 인증 취소 전 유통금지 등	① 평생권고치 도입 – 평생건강권고치 제도 도입 – 수도꼭지 수질 모니터링 – 검사결과 공개 ② 먹는물 수질감시 항목 확대 – 염소소독부산물 2개 항목 추가 – '22년까지 추가 발굴, 총 31개로 확대	① 수돗물 안심확인제 확대 – 검사항목 추가 – 전용 홈페이지 ② 수돗물 실시간 분석확인시스템 개발 – 자동분석 및 실시간 확인 기술개발 ③ 수질감시항목 측정결과 인터넷 공개 – 조류독소 등 3개 항목 우선 공개 ④ 수돗물 안전성 확인 – 시민 및 전문가그룹 참여

❚ 수돗물 안전관리 강화 대책 추진 전략 ❚

문제 05 음식물의 사료화 방안에 대하여 다음을 설명하시오.

1) 사료화 방식의 처리 계통 및 주요 처리공정
2) 안정적 사료화 방안과 소화효율 확보방안
3) 악취 최소화 방안

정답

1. 사료화 방식의 처리 계통 및 주요 처리공정

음식물류 사료화 시설은 반입·저장, 선별·파쇄, 탈수 과정까지 음식물류 폐기물의 물리적 처리를 위한 전처리 공정과 건조, 냉각·포장과 같은 열처리 공정인 후처리 공정으로 구성된다. 주요 악취발생 공정은 반입 및 저장시설, 침출수 누출, 탈수된 음식물류 폐기물 건조과정 등이며, 특히 탄수화물류 등은 고온의 건조과정에서 탄화되어 악취 성분이 발생된다.

주요 처리공정은 다음과 같다.

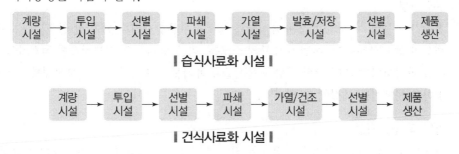

‖ 습식사료화 시설 ‖

‖ 건식사료화 시설 ‖

1) 혼합시설

혼합시설은 음식물류 폐기물 사료를 식품가공부산물, 효모, 박류, 곡류부산물(강피류)과 혼합하여 가축에 적합한 사료를 생산하기 위하여 설치하는 것이다.

2) 가열, 건조시설

음식물류 폐기물은 배출원에 따라 그 조성과 함량이 다르다. 영양소의 조성으로 볼 때 음식물류 폐기물은 단백질 함량이 비교적 높아 사료로서의 이용가치가 있으나, 수분함량이 높아 쉽게 부패되어 악취가 발생하는 단점이 있다.

대장균을 비롯한 각종 병원성 미생물이 증식할 위험이 있으므로 사료로서의 안전성을 위해서는 반드시 가열공정을 거쳐야 한다.

음식물류 폐기물을 이용한 사료화 제품은 사료관리법에서 규정한 바와 같이 100℃에서 30분 이상 가열할 수 있는 시설을 갖추어야 한다. 다만, 돼지 전용사료로 제조하는 경우에는 80℃(심부온도)에서 30분 이상 가열할 수 있는 시설을 갖추어야 한다.

건조시설에서는 선별·파쇄된 음식물류 폐기물을 건조기에 투입하여 가열처리와 건조를 병행할 수 있으며, 건조방식의 선택과 시설운영에서는 사료의 영양소 파괴 및 탄화현상 방지에 대하여 충분히 고려하여야 한다.

3) 저장시설

습식사료는 저장하는 기간 동안 비중차에 의하여 층분리가 일어나는 현상을 방지하고, 국지적인 부패를 방지하기 위하여 교반시설이 필요하며, 교반능력은 저장시설 내 사료가 상하층이 골고루 혼합될 수 있도록 설치하여야 한다.

2. 안정적 사료화 방안과 소화효율 확보방안

1) 저장시설

운영 중에 자주 발생하는 문제는 저장조에 반입된 음식물류 폐기물에 비중이 큰 조개, 달걀 등 석회질 침전에 의한 배관 막힘으로 인하여 배출이 잘 안 되는 경우가 있는데 이러한 문제는 배출관이 막혔을 경우 이를 제거할 수 있는 T-배관 등을 설치한다.

2) 혼합시설

혼합기의 운영 시 유의할 점은 음식물류 폐기물과 혼합재의 혼합이 잘 안 되는 경우와 막힘현상이 잘 발생하는데, 혼합기 내부의 스크류, 리본 및 패들의 마모상태를 점검하여 이상 유무를 파악하여야 하며 막힘 현상은 음식물류 폐기물과 혼합물질의 수분상태를 파악하여 조절하여 문제점을 해결할 수 있다.

3) 가열 및 건조시설

건조시설공정에서 공통적으로 유의할 점은 음식물류 폐기물의 최종생산물인 사료화제품의 색상이 검게 되는 것을 방지할 수 있도록 내부구조 및 열원을 조절할 수 있어야 하며 또한 미생물이 살균될 수 있도록 온도 및 체류시간을 조절할 수 있어야 한다. 또한 건조기에서 배출되는 수증기 및 건조공기는 악취제거설비를 통하여 완전 제거될 수 있어야 하며 건조상태, 제품의 색도, 병원균 사멸여부 등을 수시로 점검하면서 이상이 있을 때 즉시 수리하거나 보완하여야 한다.

음식물류 폐기물을 가열시설에서 가열하게 되면 음식물류 폐기물에 감염되었을지 모르는 유해 미생물을 사멸시킬 수 있다. 특히 덥고 습한 여름철에는 영양분과 수분이 많은 음식물류 폐기물이 쉽게 변질될 수 있는 소질이 많기 때문에 사료화 이용 시에는 반드시 살균 공정이 필요하다.

4) 발효 사료화 시설

① 함수율

미생물의 활동상태를 유지하기 위해서는 수분조절이 필수적이며 수분이 많거나 적으면 발효 미생물의 활동이 불가능한 상태가 된다.

발효미생물의 활동을 기대하기 위해서는 함수율이 40~60% 정도가 적합한 것으로 알려져 있으며 수분함량이 65% 이상이 되면 산소 공급이 충분하지 못해 발효미생물의 활동이 정지되고 40% 미만일 때도 미생물 활동에 지장을 줄 수 있으며 15% 미만에서는 활동이 정지된다. 따라서 산소 공급이 원활해질 수 있도록 인위적으로 함수율을 초기에 조절해야 한다.

② 온도

발효과정에서 온도는 사료화 완료여부를 나타내는 지표로서 활용될 만큼 중요한 인자이다. 일반적으로 발효 목적을 달성하려면 발열반응이 필수적이다. 음식물류 폐기물의 분해가능한 물질의 분해 과정은 발열반응이므로 온도상승은 분해작용이 일어나는지 여부를 판단하는 기준이 된다. 또한, 악취 발생은 혐기성 상태에서 더욱 심하게 발생하는데, 고온 발열반응은 곧 호기성 조건에 접근하여 발효가 진행되고 있음을 나타내는 지표이다. 일반적으로 고온균의 최적온도는 50~60℃이다. 실제 발효온도가 65℃ 이상으로 될 경우에는 공기 공급량을 증가시켜 온도를 65℃ 미만으로 유지해야 한다. 발효 과정에서 온도 조절은 미생물의 활동 상태를 최적화한다는 목적 이외의 병원균 사멸효과도 동시에 고려되어야 한다.

③ 영양의 균형화

탄수화물은 발효미생물의 에너지원이며 단백질은 미생물체를 구성하는 인자가 된다. 탄수화물과 단백질의 비율이 크고 작음에 따라 다음과 같은 현상이 나타난다. 탄수화물·단백질 비율이 높으면 단백질 결핍(소위 질소결핍) 현상으로 발효과정이 느려지고 발효온도가 상승되지 않는다.

탄수화물·단백질 비율이 낮아지면 질소의 암모니아화 현상에 따라 악취 발생 가능성이 높고 발효 공정이 느려진다. 그러므로 초기에 최적 탄수화물·단백질의 비율을 25~40% 정도로 조정하는 것이 중요하다.

④ 공기공급

공기 공급은 발효과정에서 필수적으로 온도를 조정하거나 수분 증발의 역할을 하는데 과잉의 공기 공급은 원활한 발효과정을 방해할 수 있으며, 너무 부족한 공기량은 혐기성을 유도한다. 공기 공급량은 일반적으로 5~15%의 산소가 발효조 공극 내에 잔재하도록 해야 한다. 이를 위해 공기 주입은 발효물 $1m^3$당 50~200l/min 정도가 적합한 것으로 알려져 있다. 발효물 내의 온도가 65℃ 이상 되면 공기 공급량을 증가시켜 온도를 65℃가 되도록 유지하는 장치도 필요하다.

⑤ 발효시간

음식물의 사료화 측면에서 발효시간의 단축은 큰 의미를 갖는다. 미생물 증식에 필요한 시간을 고려하면서 발효시간을 최소화함으로써 운영비용을 절감할 수 있다. 일반적으로 발효온도 50~65℃에서 발효물의 함수율을 40%로 낮추는 데 필요한 시간은 7~15시간 정도이며 이 때는 발효 중기에 도달하게 된다.

3. 악취 최소화 방안

주요 악취발생 공정은 반입 및 저장시설, 침출수 누출, 탈수된 음식물류 폐기물 건조과정 등이며, 특히 탄수화물류 등은 고온의 건조과정에서 탄화되어 악취 성분이 발생된다.

반입장 내 복합악취는 1,000~2,000배 정도이고, 악취원인 물질은 주로 낮은 농도에서도 악취가 발생되는 트라이메틸아민, 메틸머캅탄 및 아세트알데하이드로 측정되었다. 또한 부패과정에서 일부 유기산 물질도 발생되는 것으로 알려진다.

건조시설 악취분석결과 복합악취가 약 3,000~10,000배 이상 발생되며, 주로 메틸머캅탄과 알데하이드류가 주요 악취성분으로 조사되었다.

1) 최소한 방안

① 사업장 출입구 기밀 유지를 통한 악취 외부 확산 저감
② 주요 공정 밀폐 및 적절한 악취포집을 통한 작업장 내부 확산 방지
③ 반입장 미생물 탈취제 또는 오존 살포에 의한 악취물질 저감
④ 효율적인 방지시설 선정 및 운영을 통한 악취 배출량 저감

2) 음식물류 폐기물 사료화 시설에서 건조공정의 열원으로 사용하고 있는 보일러 외부 유입공기로 건조시설에서 발생되는 악취를 포집 후 사용 시 악취 저감 효율을 높음

문제 06 막결합 하수처리 공정의 장점과 문제점 및 해결방안을 설명하시오.

정답

1. 개요

막결합형 생물학적 처리법은 생물반응조와 분리막을 결합하여 2차 침전지 및 3차 처리여과시설을 대체하는 시설이다. 생물학적 처리의 경우는 통상적인 활성슬러지법과 원리가 동일하며, 이차침전지를 설치하지 않고 호기조 내부 또는 외부에 부착한 정밀여과막(MF) 또는 한외여과막(UF)에 의해 고액 분리됨에 따라 처리수 중 대부분의 입자성분이 제거되므로 매우 낮은 농도의 BOD, SS, 탁도의 유출수가 생산된다. 또한 종래 2차 침전지의 경우는 고액 분리의 한계로 생물반응조의 MLSS 농도를 4,000mg/L 이상에서 관리하는 일이 어려웠으나 막을 이용함으로써 미생물농도로서의 MLSS를 8,000~12,000mg/L 정도의 고농도로 유지가 가능하여, 짧아진 수리학적 체류시간으로 부지가 적게 소요된다.

2. 장점 및 단점

1) 장점

- 높은 용적부하에 따른 짧은 수리학적 체류시간
- 적은 소요부지
- 긴 SRT에 의한 높은 질소제거 효율 및 적은 슬러지 발생량
- 긴 SRT에서 질산화와 탈질이 동시에 가능한 낮은 DO 농도에서의 운전능력
- 탁도, BOD, SS, 박테리아가 낮은 농도의 처리수 생산

2) 단점

- 주기적인 약품세정 등의 막오염의 조절 필요
- 높은 에너지 비용
- 고가의 분리막 비용 및 주기적인 분리막 교체에 의한 비용 발생
- 고유량 유입 시 미처리 하수가 발생할 수 있으며, 합류식 하수배제방식에서는 적용 곤란

3. 막결합형 생물학적 처리법의 종류

막결합형 생물학적 처리법은 그림과 같이 크게 가압식과 침지식으로 분류할 수 있으며, 침지식은 생물반응조 내 분리막을 침지하는 방식과 별도의 분리막조에 분리막을 침지하는 방식이 있다. 가압식의 경우 지상에 분리막을 설치하며, 높은 투과율(Flux)에 의하여 적은 분리막 수량이 소요되고 지상 설치에 따른 유지관리가 용이하나, 높은 동력비가 소요되는 단점이 있다. 침지식의 경우 흡입식으로 적은 동력이 소요되는 장점이 있으나, 가압식에 비해 낮은 막투과율로 많은 분리막 수량이 필요하며, 수중에 침지되어 유지관리가 다소 불편한 점이 있다.

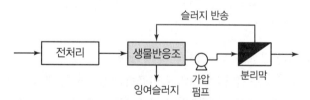

▎ **가압식 막결합형 생물반응조** ▎

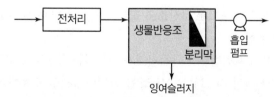

▎ **침지식 막결합형 생물반응조(생물반응조 분리막 침지)** ▎

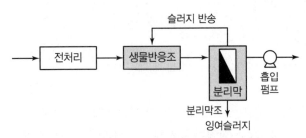

┃ 침지식 막결합형 생물반응조(분리막조 분리) ┃

가압식의 경우 모세관 형태 또는 관형의 분리막이 주로 사용되며, 침지식은 판형과 중공사막이 많이 사용된다.

4. 문제점 및 해결방안

1) 한계투과량으로 유량변동 약화에 대비한 유량조정조의 설치

막결합형 생물학적 처리법은 이차침전지가 설치되는 공정과 달리 막투과량의 한계로 인하여 고유량의 하수가 유입 시에는 한계 투과량으로 일시적인 운영이 가능할 수 있으나, 일반적으로 처리가 곤란하다. 따라서 유량변동에 대하여 설계 막투과량을 초과하지 않도록 적정 용량의 유량조정조 설치가 필요하다.

2) 유입수에 대한 전처리설비가 필요

분리막 파손을 유발할 수 있는 모래, 협잡물, 머리카락 등의 제거가 필요하며, 이에 따라 침사지와 함께 생물반응조 전단에 목간격 1mm 내외의 초미세목 스크린을 설치해야 한다. 오일, 유지류 등이 포함된 하수를 직접 여과 시에는 막폐색을 유발할 수 있지만, 막결합형 생물학적처리법의 경우 오일 등 물질이 분리막으로 도달 전에 생물반응조에서 분해되어 오일 등에 의한 막폐색 발생은 거의 없는 편이다.

3) DO 농도에 의한 질산화 효율저하와 대책 필요

생물반응조의 구성은 일반적인 고도처리공법과 유사하게 혐기조, 무산소조, 호기조를 구성하며, 목표수질에 따라 구성순서 및 단위공정의 수를 다르게 구성할 수 있다. 막결합형 생물학적 처리법은 외부반송이 없어 내부반송이 200~400% 정도로 높고, 분리막이 설치된 지점에서 반송할 경우 분리막 공기세정에 의해 높은 DO(2~6mg/L)가 포함된 액이 이송되어 질소처리를 저해할 수 있으므로 무산소조 또는 혐기조로 반송 시 DO 농도를 저감할 수 있는 방안을 고려하여야 한다.

막결합형 생물학적 처리법은 이차침전지가 설치되는 공법보다 고농도 MLSS를 적용하기 때문에 소요공기량 산정 시 고농도 MLSS를 고려한 a값을 적용하여야 한다.

4) 지속적인 유지관리의 필요

분리막 관련 설비에는 처리수 생산설비, 막투과율 유지설비, 처리수 모니터링 설비, 분리막 운전제어반 등이 있다. 처리수 생산설비에는 분리막 외 흡입 또는 가압펌프가 포함되며, 막 투과율 유지설비에는 분리막 공기세정 관련 설비, 약품세정설비 등이 포함된다. 처리수 모니 터링 설비는 분리막 파손 등을 감지하기 위한 설비로 탁도계, 입자계수기, 압력감쇄시험 (Pressure Decay Test), 공기방울 시험(Bubble test) 등이 있다.

5) 막폐색과 이에 대한 방지 방안 필요

분리막 운전에 따라 막 표면에 케이크 형성, 생물막 형성, 유기물 흡착, 작은 입자의 공극 막 음, 금속염 등의 무기물질 스케일 등에 의해 막폐색이 발생한다. 막폐색 방지방안으로는 물 리적 세정과 화학적 세정이 있으며, 물리적 세정에는 휴지, 역세척, 공기세정이 있고, 화학적 세정에는 약품을 이용한 유지세정과 회복세정이 있다.

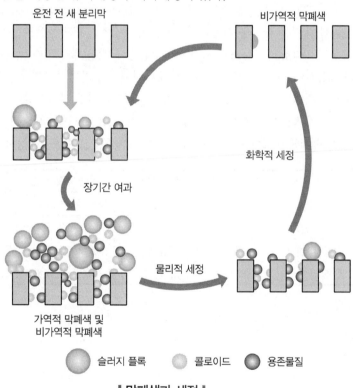

┃ 막폐색과 세정 ┃

① 물리적 세정

일반적인 분리막 운영은 여과와 휴지를 반복하여 운영하며, 일반적으로 여과 8~10분, 휴지 1~2분을 시행한다. 분리막 하부에 설치된 산기관에 의한 공기세정은 조대기포로 상시 시행하며, 휴지 시 공기세정의 효과가 증가된다. 역세척은 여과의 물흐름과 반대로 시행하는 것으로 처리수를 사용하며, 공극을 막고 있는 성분을 물리적으로 제거하는 공정으로 처리막 제조사에 따라 생략하는 경우도 있다.

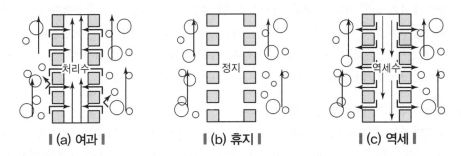

‖ (a) 여과 ‖   ‖ (b) 휴지 ‖   ‖ (c) 역세 ‖

② 화학적 세정

유지세정은 역세공정에서 유입시키는 처리수에 약품을 함께 주입하며, 분리막에 부착된 유기물질 제거 시에는 일반적으로 NaOCl 100~500mg/L 농도로 조정하여 주입한다. 무기물질 제거는 약산을 사용하며, 구연산, 옥살산, 황산 등을 이용하며 구연산의 경우 1,000~5,000mg/L 농도로 조정하여 주입한다. 유지세정의 주기, 사용 약품, 농도는 분리막 제조사에 따라 상이하며, 일반적인 유지세정 주기는 주 1회~일 1회 정도이다. 회복세정은 세정액이 담긴 세정탱크에 분리막을 인양하여 침지시키거나, 분리막조의 액을 배수시키고 세정액을 충진시켜 세정하고, 세정주기는 분리막 제조사에 따라 연 2~4회 정도이며, 막폐색 물질에 따른 일반적인 세정약품 종류 및 농도, 세정시간은 다음과 같다.

막폐색 물질	추천 약품	대안 약품	세정액 농도	세정시간
유기물	NaOCl	과산화수소	500~5,000mg/L	6~24시간
알루미늄 산화물	옥살산	구연산	1,000~10,000mg/L	6~24시간
철 산화물	옥살산	구연산	1,000~10,000mg/L	6~24시간
탄산칼슘	염산	구연산	1,000~10,000mg/L	6~24시간

116 회 수질관리기술사

•• 1교시 **다음 문제 중 10문제를 선택하여 설명하시오.(각 10점)**

1. 반응차수
2. 세균의 광합성
3. 미생물과 유기물(먹이) 관계 그래프
4. 병원균 지표(Pathogen indicator)
5. 산소전달의 환경인자
6. SMP(Soluble Microbial Product)
7. Smart Water Grid
8. 교차연결(Cross-connection)
9. 소독부산물(DBPs, Disinfection By-Products)
10. 산성비
11. 물의 경도
12. 대기 중 산소가 물속으로 용해되는 과정
13. 반감기

•• 2교시 **다음 문제 중 4문제를 선택하여 설명하시오.(각 25점)**

1. 부영양화된 호소가 정수장에 미치는 영향에 대하여 설명하시오.
2. 활성탄을 이용한 흡착탑 설계인자에 대하여 설명하시오.
3. 하수처리장 일차침전지에서 발생하는 침전의 종류와 특성에 대하여 설명하시오.
4. 역삼투를 이용한 해수담수화 과정을 설명하시오.
5. Phytoremediation의 정의와 처리기작에 대하여 설명하시오.
6. 수질모델링의 절차 및 한계성에 대하여 설명하시오.

3교시 다음 문제 중 4문제를 선택하여 설명하시오.(각 25점)

1. 펌프의 유효흡입수두(NPSH, Net Positive Suction Head) 산정방법을 설명하고, 공동현상 (Cavitation) 발생과의 관계를 설명하시오.
2. 임의성 산화지(Facultative lagoon)의 설계방법과 특징에 대하여 설명하시오.
3. 공공하수처리시설의 유기물질 지표를 CODMn에서 TOC로 전환한 배경을 설명하고, TOC 측정방법을 설명하시오.
4. 하수처리장 시운전의 목적과 필요성 및 절차에 대하여 설명하시오.
5. 호수의 성층현상과 전도현상을 설명하시오.
6. 미국환경청에서 개발한 것으로 강우 시 도시지역에 적용할 수 있는 모델을 설명하시오.

4교시 다음 문제 중 4문제를 선택하여 설명하시오.(각 25점)

1. 여과지의 하부집수장치 중 유공블록형과 스트레이너형의 장단점을 설명하고, 각 형태별 역세척 시 손실수두를 비교하여 설명하시오.
2. 우수조정지의 용량 산정방법을 설명하시오.
3. 기존 하수처리장에 고도처리시설 설치 시 고려사항과 추진방식 2가지를 설명하시오.
4. 하수처리 시 발생되는 슬러지의 안정화에 대하여 다음 항목을 설명하시오.
   1) 슬러지 안정화의 목적
   2) 호기성 소화와 혐기성 소화의 처리개요 및 장단점
5. 하천의 용존산소 하락곡선(DO Sag Curve)에 대하여 설명하시오.
6. 지구상 질소 순환을 설명하시오.

문제 01 반응차수

정답

1. 개요

반응속도와 반응물질 농도와의 관계를 나타낸 반응속도식에서 반응물질 농도항의 지수를 반응차수라고 한다.

2. 반응속도식

$$\text{반응속도} = \frac{\text{반응물이나 생성물의 농도 변화}}{\text{단위시간}}$$

$$\frac{dc}{dt} = -kC^m$$

여기서, K : 반응상수
C : 농도
m : 반응차수

3. 반응차수

1) 반응차수는 반드시 실험에 의해서 정해지며 분수 또는 음의 값을 가질 수도 있다.

2) 일반적인 반응차수는 0차 반응, 1차 반응, 2차 반응으로 나눌 수 있다.

3) 0차 반응은 반응속도가 반응물질의 농도와 무관하게 진행하는 반응이다. 포스핀의 촉매에 의한 분해, 체내에서의 알코올 분해 등의 0차 반응이다.

$$\frac{dc}{dt} = -kC^m = -kC^0 \Rightarrow C_t - C_o = -k \cdot t$$

4) 1차 반응은 반응속도가 반응물질의 농도에 1차적으로 비례하는 반응이다.

$$\frac{dc}{dt} = -kC^m = -kC^1 \Rightarrow \ln\frac{C_t}{C_o} = -k \cdot t$$

5) 2차 반응은 화학 반응물질에서 생성물이 만들어질 때 화학 반응물질의 제곱에 비례하는 반응이다.

$$\frac{dc}{dt} = -kC^m = -kC^2 \Rightarrow \frac{1}{C_t} - \frac{1}{C_o} = k \cdot t$$

문제 02 세균의 광합성

정답

1. 개요

광합성 세균이란 빛을 에너지원으로 하여 영양분을 만드는 세균으로 빛과 이산화탄소를 이용하여 에너지와 영양물질을 만든다. 녹색식물은 CO_2의 환원물질로 H_2O를 사용하여 O_2를 발생하지만, 세균의 광합성은 CO_2의 환원 물질로 H_2, H_2S 등을 사용하여 H_2O, S 등을 발생한다. 광합성을 하는 세균은 홍색황세균, 녹색황세균, 홍색세균 3종류가 있다.

2. 세균의 광합성식

1) 홍색황세균, 녹색황세균

$$6CO_2 + 2H_2S \ -- \ (빛에너지) \rightarrow C_6H_{12}O_6 + 6H_2O + 12S$$

2) 홍색세균

$$6CO_2 + 12H_2 \ -- \ (빛에너지) \rightarrow C_6H_{12}O_6 + 6H_2O$$

3. 세균의 광합성 응용

1) 양식업의 어패류 발병 억제
2) 축사의 축분 분해와 악취 제거
3) 벼농사, 원예농장 등에 이용

문제 03 미생물과 유기물(먹이) 관계 그래프

정답

1. 개요

분체증식하는 미생물의 경우 초기 배양액에 미생물을 접종하면 미생물은 분체증식을 시작하여 다음의 각 단계를 경유하게 된다.

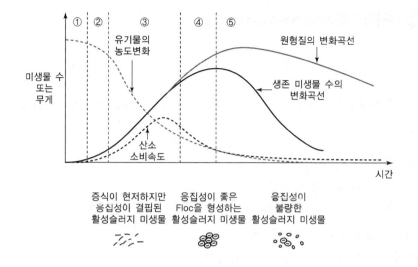

▌미생물과 유기물의 관계 그래프 ▌

1) 지연기
   ① 주변환경에 적응하기 시작하며 증식을 하지 않는다.
   ② 세포분열이전에도 질량은 증가하기 때문에 무게와 미생물의 수가 일치되지는 않는다.

2) 증식단계
   ① 미생물의 수가 증가한다.
   ② 영양분이 충분하면 미생물은 급증하기 시작한다.

3) 대수성장단계
   ① 미생물의 수가 급증한다.
   ② 증가속도가 최대가 된다.
   ③ 영양분이 충분하면 미생물은 최대 속도로 증식한다.

4) 감소성장단계
   ① 영양소의 공급이 부족하기 시작하여 증식률이 사망률과 같아질 때까지 둔화된다.
   ② 생존하는 미생물의 중량보다 미생물 원형질의 전체 중량이 더 커진다.
   ③ 생물수가 최대가 된다.

5) 내생성장단계
   ① 생존한 미생물이 부족한 영양소를 두고 경쟁하게 된다.
   ② 신진 대사율이 큰 폭으로 감소하게 된다.
   ③ 생존한 미생물은 자신의 원형질을 분해하여 에너지를 얻는다.
   ④ 원형질의 전체 중량이 감소하게 된다.

문제 04 병원균 지표(Pathogen Indicator)

정답

1. 개요

지표균이란 존재 유무로 오염정도를 예상할 수 있고 오염물질의 성질과 정도를 알 수 있는 균을 말한다.

2. 이상적인 병원균 지표

1) 모든 물의 형태에 적용 가능할 것

2) 병원균이 있을 때는 항상 존재할 것

3) 병원균이 없을 때는 항상 없을 것

4) 이질적인 균에 의해서 방해를 받지 않을 것

5) 실험자의 안전을 위해 병원균 자체가 아닐 것

3. 수인성 병원균의 지표

1) 대장균군, Escherichia coli 등이 있음

2) 사람의 내장에서 나온 균으로 위의 조건을 만족시키는 균이 좋은 지표균이 됨

4. 계수방법

1) 막 여과법 : $0.45\mu m$ 공극의 막으로 거른 뒤 배지에서 배양

2) 다중관 발효법 : 대장균의 최종생성물인 이산화탄소의 유무를 통해 확인하며 (추정 · 확정 시험 두 단계로 실시), 단위는 100ml당 MPN(Most Probable Mumber)로 표현한다.

문제 05 산소전달의 환경인자

정답

1. 개요

수중의 용존 산소(DO)는 수질을 평가하는 하나의 지표로 생물의 호흡작용에 따라 소모되며 용존산소량을 변화시키는 인자에는 수온, 압력, 물속 불순물의 양 등이 있다.

2. 산소전달의 환경인자

1) 온도가 낮을수록 산소전달속도 증가

2) 압력이 높을수록 산소전달속도 증가

3) 염분의 농도가 낮을수록 산소전달속도 증가

4) 물의 흐름이 빠를수록 산소전달속도 증가

5) 교반이 클수록 산소전달속도 증가

6) 난류일수록 산소전달속도 증가

7) 같은 유량일 때 수심이 낮을수록 산소전달속도 증가

8) 현존의 수중 DO 농도가 낮으면 산소전달속도 증가

문제 06 SMP(Soluble Microbial Product)

정답

1. 개요

SMP란 미생물 성장을 포함하는 기질 대사과정과 biomass decay로부터 용액으로 방출되는 유기화합물의 집단으로 정의된다.

2. SMP의 성분

주로 humic acid, fulvic acid, polysaccharide, protein, nucleic acid, organic acid, antibiotics, steroids, exocellular enzyme, siderophores, 세포 구성성분과 에너지대사 산물과 같은 미생물에서 유래된 여러 다른 성분들로 구성되어 있다.

즉, 기질의 사용속도와 비례하여 생산되는 UAP(substrate Utilization Association Products)와 미생물 decay와 관련된 SMP 즉 미생물 농도에 비례하여 생산되는 BAP(Biomass Associated Products)로 분류하였다.

3. SMP의 독성

SMP는 하수 내에 존재하는 유기물질보다 더 독성을 가질수 있으며 일부 SMP는 질산화에 방해물질로 작용한다는 보고가 있다.

문제 07 Smart Water Grid

정답

1. 개요

스마트워드그리드란 '수자원 및 상하수도 관리의 효율성 제고를 위하여 ICT를 도입하는 차세대 물 관리 시스템으로 수자원의 관리, 물의 생산과 수송, 사용한 물의 처리 및 재이용 등 전 분야에서 정보화와 지능화를 구현하기 위한 기술'이라고 정의할 수 있다.

2. 요소기술

스마트 워터그리드의 요소기술에는 다양한 수자원을 water platform에 수집 및 저장하며, 용수의 배분 · 관리 · 수송을 물리적으로 통합 · 관리할 수 있는 수자원 관리기술, 수자원의 확보 · 수송 · 활용 등에 대한 실시간 모니터링과 분석, 물 정보의 통합 · 관리 및 의사결정을 지원할 수 있는 ICT 기반 통합 · 관리기술 등이 있다.

문제 08 교차연결(Cross – Connection)

정답

1. 정의

수질 기준에 맞지 않아 마실 수 없는 물이 음용 설비에 유입되도록 물리적으로 연결하는 일이다.

2. 하수처리시설에서 교차연결과 관련 유의점

1) 하수처리시설 내의 급수시설에 교차연결이 존재하면 하수나 오염된 물이 음료수와 혼합될 수 있으므로 특히 유의하여야 한다. 또한 하수처리시설을 위한 주 급수관에 점검밸브를 이중으로 설치하여 하수처리시설의 급수관에서 도시의 급수관으로 물이 역류하는 것을 방지하여야 한다.

2) 하수처리시설에서 교차연결과 관련하여 다음을 유의하여야 한다.
   ① 하수 펌프, 슬러지 펌프 및 소각재 제거 펌프의 밀폐용수
   ② 펌프시동용 물
   ③ 물을 사용하는 진공펌프
   ④ 여러 가지 기기의 세척수
   ⑤ 스크린에서 제거된 협잡물의 분쇄기
   ⑥ 역세척 상징수 선택기
   ⑦ 슬러지 세정
   ⑧ 거품 제거

3. 교차연결 방지법

교차연결을 방지하기 위해 수면이 급수관 밑 15cm 정도에 도달하면 물이 월류할 수 있게 만들어진 물탱크를 사용할 수 있다. 물탱크에 의한 급수 시 수압이 모자라면 탱크의 위치를 높이거나 펌프를 사용하면 된다. 또한 급수관과 사용지점 사이에 특별한 유도관으로 된 휘기 쉬운 연결부를 설치하여 물 사용 시에는 이 유도관을 손으로 지지하고, 물 사용이 끝나서 놓으면 자동적으로 단수가 되게 하는 방법이 있다.. 이 방법은 벤투리관을 세척하거나 기타 일정한 간격으로 세척을 할 때 많이 사용된다.

문제 09 소독부산물(DBPs, Disinfection By-Products)

정답

1. 개요

소독부산물이란 먹는 물의 정수처리에 사용되는 소독제와 물속의 유기화합물이 반응하여 생성되는 물질이다. 소독물질인 염소, 이산화염소, 오존 등과 같은 것이 주입되면 수중의 유·무기 물질들과 함께 반응하여 산화되는데, 이러한 물질들이 산화되면서 생성되는 THMs, 알데히드, 케톤 등을 소독부산물이라고 한다.

2. 소독부산물의 종류 및 영향

최근에 염소 소독 시 발암물질인 트리할로메탄(THMs, Trihalomethanes)을 비롯하여 할로아세틱애시드(HAAs, Halo Acetic Acids), 할로아세토니트릴(HANs, Halo Aceto Nitriles), 포수클로랄(Chloral Hydrate) 등 수돗물에서 엄격하게 규제하고 있는 유해물질 이외에도 수많은 화합물이 배출되고 있어 그 위험성이 알려지기 시작했다. 그럼에도 불구하고 동일한 유해 화합물을 소독부산물로 배출하는 이른바 '락스'라고 알려진 염소 계열의 차아염소산나트륨(차염)을 사용함으로써 단순히 염소가 아니라는 그릇된 인식을 가지게 하였고, 이와 유사한 여러 제품들이 소독 시장의 주류를 형성하게 되었다.

한편, 오존(Ozone)과 자외선(UV, Ultra Violet)이 비염소계 소독 수단으로 각광 받았으나, 이 또한 과다한 장치 가격은 말할 것도 없고, 소독 시 생기는 부산물의 유해성이 심각하다고 알려지면서 최근 시장에서 급격하게 퇴출되는 상황이 나타나고 있다.

특히 오존은 염소산염(Chlorate), 요오드산염(Iodate), 브롬산염(Bromate), 과산화수소(Hydrogen peroxide), 에폭시(Epoxides), 오존에이트(Ozonates) 등 수많은 유해 소독 부산화합물을 발생시키고 있기 때문에 그 심각성이 알려지고 있는데, 그중 대표적인 것이 발암 물질로 알려진 브롬산염이다. 이 브롬산염은 우리 나라 수질 기준에 0.01ppm으로 엄격하게 규제하고 있는 물질이며, 이 물질이 최근 생수인 먹는 샘물에서 기준 초과로 검출되어 그 심각성이 알려지게 된 것이다.

3. 먹는 물 수질기준중 소독제 및 소독부산물질에 관한 기준

1) 잔류염소(유리잔류염소를 말한다)는 4.0mg/L를 넘지 아니할 것
2) 총트리할로메탄은 0.1mg/L를 넘지 아니할 것
3) 클로로포름은 0.08mg/L를 넘지 아니할 것
4) 브로모디클로로메탄은 0.03mg/L를 넘지 아니할 것
5) 디브로모클로로메탄은 0.1mg/L를 넘지 아니할 것
6) 클로랄하이드레이트는 0.03mg/L를 넘지 아니할 것
7) 디브로모아세토니트릴은 0.1mg/L를 넘지 아니할 것

8) 디클로로아세토니트릴은 0.09mg/L를 넘지 아니할 것

9) 트리클로로아세토니트릴은 0.004mg/L를 넘지 아니할 것

10) 할로아세틱에시드(디클로로아세틱에시드, 트리클로로아세틱에시드 및 디브로모아세틱에 시드의 합으로 한다)는 0.1mg/L를 넘지 아니할 것

11) 포름알데히드는 0.5mg/L를 넘지 아니할 것

문제 10 산성비

정답

1. 개요

1) 자연상태에서 내리는 강수의 pH값 5.6보다 낮은 비를 말한다.

2) 자연상태에서 내리는 강수는 대기 중의 이산화탄소가 녹아서 생성된 탄산을 포함하고 있다. 따라서 강수의 pH(potential of hydrogen : 용액 속의 수소 이온 농도를 나타내는 지수)는 약 5.6이다. 그러나 대기 중에 황산화물이나 질소산화물이 포함되어 있으면 이것들도 물에 녹아서 산을 만든다. 이는 강수의 산성도를 높이고 pH값을 낮추어서 산성비를 만드는 작용을 한다.

2. 산성비의 피해

1) 인체 영향

직접적으로 눈이나 피부에 닿으면 자극하여 불쾌감이나 통증 등 각종 질병을 일으키고 아토피 피부염이나 천식 등을 더욱 악화시키기도 한다. 산성비 속의 질산이온은 몸속에서 발암성 물질인 비트로소 화합물로 변하는데 심하면 위암 발생 가능성을 높인다.

2) 수중생태계 피해

수중미생물 플랑크톤을 비롯한 많은 미생물들의 활성도가 낮아지고 유기물이 분해가 되지 않아 물속에 영양공급이 현저히 낮아지게 된다. 또한 땅에서 용출된 알루미늄이 호수나 강으로 유입되어 물고기를 비롯한 물속 생물에게 큰 위협이 되고, pH가 5 이하로 낮아지면 대부분의 물고기가 알을 부화하지 못하게 된다.

3) 토양 피해

산성비로 인해 땅의 흙이 강한 산성을 띠게 되면 염기성 양이온이 부족해지고 식물이 정상적으로 성장하지 못하게 된다. pH5 이하가 되면 쌀과 밀, 보리의 광합성이 저하되어 잘 자라지 못하게 되고, pH4 이하에서는 식량생산이 줄어들고, 무나 당근과 같은 채소류의 수확도 크게 감소한다.

4) 삼림 황폐화

토양에서 식물의 필수 영양소인 칼슘과 마그네슘, 칼륨 등의 영양분을 잃게 되어 성장을 더디게 하고 광합성작용을 하는 엽록소를 제거해 피해를 입힌다. 또한 산성비를 맞은 토양층은 독성 물질을 배출하기도 하는데 결국 이런 것들이 합해져 삼림을 황폐화하고 더욱더 악영향을 끼친다.

5) 문화적 가치 상실

강한 산성비는 예술 작품, 문화재 등 문화적 가치가 높은 기념물에도 피해를 주는데 석회암과 대리석을 심각하게 부식시켜 건물과 금속, 자동차, 고무, 가죽제품까지 다양하게 피해를 입혀 경제적 손실을 가져오기도 한다.

3. 대책

1) 황산화 물질과 질산화 물질 배출의 억제

자동차의 친환경 에너지 사용, 산업체에서 화석연료를 청정연료로 대체, 공정개선이나 설비의 합리적 재배치를 통한 에너지 효율 극대화

2) 국제적 협력을 통한 배출물 저감

국지적 문제가 아닌 국제적 문제이므로 국제적 협력 및 노력이 필요하다.

문제 11 물의 경도

정답

1. 경도

물에 함유된 알칼리토류금속의 양을 표준 물질의 중량으로 환산하여 나타낸 것, 유발물질로는 칼슘, 마그네슘 등 알칼리토금속 2가 이온이다.

경도를 유발하는 금속이온들이 물속에서 중탄산염으로 용해되어 있는 상태의 경도를 탄산염 경도 또는 일시경도라 한다. 이것을 끓이면 탄산염은 물에 녹지 않기 때문에 침전하며 물은 연화되어 경도가 낮아진다. 그 외의 황산이온이나 염산이온과 결합하는 것을 비탄산염 경도 또는 영구경도로 구분한다.

2. 경도의 종류

1) EDTA 표준용액으로 간단히 측정할 수 있다.
2) 경도 정도에 따른 분류는 다음과 같다.
   - 연수 : 0~75mg/L as $CaCo_3$
   - 적당한 경수 : 75~150mg/L as $CaCo_3$
   - 경수 : 150~300mg/L as $CaCo_3$
   - 강한 경수 : 300이상mg/L as $CaCo_3$

3. 영향

경수는 공업용수로 부적합하며, pH나 알칼리도 영향에 따라 관내에 스케일 형성 및 비누의 거품 일기에 영향를 미쳐 소비량이 많아질 수 있다.

4. 제거방법

약품투입에($Ca(OH)_2$, Na_2CO_3) 또는 이온교환수지, RO 등을 통해 제거할 수 있다.

반응식 예

경도		소석회		침전
CO_2	$+$	$Ca(OH)_2$	$\rightarrow$	$CaCO_3 + H_2O$
$Ca(HCO_3)_2$	$+$	$Ca(OH)_2$	$\rightarrow$	$2CaCo_3 + 2H_2O$
$Mg(HCO_3)_2$	$+$	$Ca(OH)_2$	$\rightarrow$	$CaCO_3 + MgCO_3 + 2H_2O$
$MgCO_3$	$+$	$Ca(OH)_2$	$\rightarrow$	$CaCO_3 + Mg(OH)_2$

라임소다애시법

		소석회				
$MgSO_4$	$+$	$Ca(OH)_2$	$\rightarrow$	$Mg(OH)_2$	$+$	$CaSO_4$
		소다석회		침전		
$CaSO_4$	$+$	Na_2CO_3	$\rightarrow$	$CaCO_3$	$+$	Na_2SO_4

문제 12 대기 중 산소가 물속으로 용해되는 과정

정답

1. 개요

대기의 산소가 물속으로 용해되는 과정을 산소전달이라고 한다.

대기 중 산소는 Fick의 법칙에 의하여 물속으로 분산 흡수되고 기체의 분압에 의해서 어느 정도는 녹는다. 용존산소의 농도는 물의 온도와 기압 및 불순물질의 농도에 따라 달라진다. 즉 대기 중 산소가 물속으로 용해되는 과정을 산소전달이라고 하며, 전달되는 속도는 포기기의 종류, 수중 불순물의 대소, 온도, 탱크의 모양, 물의 흐름 상태에 따른 계수인 산소전달계수에 따라 다르다.

2. 용해되는 과정

대기 중의 산소가 물속으로 용해되는 과정은 평형상태에서의 액 중의 기체용해율과 수송률에 의해서 영향을 받는다.

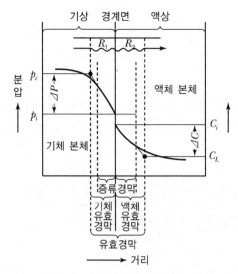

1) $P_G(atm), C_L(kmol/m^3)$: 각 상의 본체에서의 분압 및 압력

2) $P_i(atm), C_i(kmol/m^3)$: 경계면에서의 기체 및 액체의 분압 및 압력

3) 경막두께 = 확산거리

   두상이 접할 때 두상이 접한 경계면의 양측이 존재하고 기체상에서는 분압차에 의해 이동하며 액체경계면에는 농도차의 확산에 의해서 물질 전달이 일어난다. 즉 fick의 법칙을 따른다.

   Fick의 법칙

$$N_A = -D\frac{dc}{dx}$$

여기서, N_A : 단위시간, 단위면적당 물질전달량

D : 분자확산계수

그러므로 경막내에서의 물질전달량(N_A) 다음 식으로 표현할 수 있다.

기상경막 내 $N_A = k_g(P_{A1} - P_{A2}) = k_g(P_G - P_i)$

액상경막 내 $N_A = k_l(C_{A1} - C_{A2}) = k_l(C_i - C_L)$

계면에서 $N_A = k_g(P_G - P_i) = k_l(C_i - C_L)$

$-\dfrac{k_l}{k_g} = \dfrac{(P_G - P_i)}{(C_L - C_i)}$

여기서, k_g : 가스의 질량전달 계수(kmol/hr-m²-atm)

k_l : 액상 물질의 질량전달 계수(kmol/hr-m²-kmol/m²)=(m/hr)

경계면에서의 P_i와 C_i는 실험으로 구할 수 없고 작도로 구해야 한다.

문제 **13** 반감기

정답

1. 개요

화학 반응에서 반응 물질의 농도가 처음 농도의 반으로 감소되기까지의 시간을 뜻하는데, 원자
핵이 방사선을 내고 붕괴 반응을 하여 원래의 원자수가 반으로 감소되기까지의 시간을 말한다.

2. 반응차수와 반감기

1) 각 반응차수에 따른 반감기는 다음과 같이 나타낼 수 있다.

$$반응속도 = \frac{반응물이나\ 생성물의\ 농도\ 변화}{단위시간}$$

$$\frac{dc}{dt} = -kC^m$$

여기서, m : 반응차수

2) t=0일때 초기농도를 C_0라 하고 그 농도의 반이 되는 반감기(t_0)는 반응차수에 따라 다음과
같이 구할 수 있다.

0차 반응

$$\frac{dc}{dt} = -kC^m = -kC^0 \Rightarrow \frac{1}{2}C_0 - C_0 = -k \cdot t_0 에서 \ t_0 = \frac{C_0}{2k}$$

1차 반응

$$\frac{dc}{dt} = -kC^m = -kC^1 \Rightarrow \ln\frac{\frac{1}{2}C_0}{C_o} = -k \cdot t_0 에서 \ t_0 = \frac{0.693}{k}$$

2차 반응

$$\frac{dc}{dt} = -kC^m = -kC^2 \Rightarrow \frac{1}{0.5C_0} - \frac{1}{C_o} = k \cdot t_0 에서 \ t_0 = \frac{1}{C_0 k}$$

위 식에서 보듯이 1차 반응의 반감기는 초기농도에 무관하고 0차 반응의 반감기는 초기농도
에 비례하며 2차 반응의 반감기는 초기농도에 반비례함을 알 수 있다. 또한 반응차원이 높을
수록 반응속도가 초기에 빠르고 후기에는 느리며 반응 완료시간이 길어진다.

문제 01 부영양화된 호소가 정수장에 미치는 영향에 대하여 설명하시오.

정답

1. 개요

수체 내에서 내적, 외적인 요인에 의해 과다 영양염류가 유입되이 물의 생산 능력이 증가되어 수체 영양소의 순환속도가 빨라지면 조류의 광합성이 급격히 증가하여 그 성장과 번식이 매우 빠르게 진행되고 최종적으로 대량증식하게 되는데 이 현상을 부영양화라 한다. 산업발달, 인구증가로 인한 오염물질 배출량의 증가로 현저하게 부영양화가 가속되어 단시간 내에 호소의 부영양화가 되면 이수상의 지장을 초래하게 된다. 조류 다량 발생에 의한 호소수의 pH 상승, 조류 독성물질 배출, 이취미 발생 등 수생태계의 변화, 수산업의 수익성 저하, 농업용수로 이용 시 농수산물의 수확량 감소, 수자원의 용도 및 가치 하락뿐만 아니라 정수원수로 이용할 경우 정수공정의 효율저하라는 수질관리문제가 발생한다.

2. 정수장 수질관리에 미치는 문제

1) 응집제 사용량 증가
2) 이취미 발생
3) 여과지 폐쇄 또는 역세수 증가
4) 침전지에서의 pH 조정용 약품 증가
5) THM 발생

3. 대책

1) 고pH 유입에 대비한 pH 조정설비 설치
2) 중염소 주입설비 설치
   전염소 주입 시 Anabaena를 비롯한 남조류의 경우 산화로 인하여 세포질 누출 및 맛·냄새물질 증가가 우려되므로 중간염소 주입으로 전환 운영
3) 분말활성탄 주입설비 설치(적정 용량 확보)
   분말활성탄 주입률은 최소 5mg/L이며 유입 남조류의 개체수 및 맛·냄새물질 발생에 따라 최대 25~30mg/L까지 증가 주입

4) 냄새 농도 및 빈도가 높을 경우 고도정수처리공정 도입

① 오존+활성탄 설비

② UV+H_2O_2

5) 여과지 폐색 조류 출현빈도가 높을 경우 다층여과지 도입

문제 02 활성탄을 이용한 흡착탑 설계인자에 대하여 설명하시오.

정답

1. 개요

활성탄 흡착은 각종 용존성 난분해성 유기물을 비롯한 미량의 유기물 제거에 주로 이용되는 공정으로 색도, 탈취, 중금속의 제거 등에도 이용되며, 활성탄 직경은 200mesh 이하인 분말활성탄과 입경 0.1mm 이상인 입상활성탄으로 분류된다. 분말활성탄은 정립된 운전방법의 부족과 재생 및 회수기술의 부족으로 분말활성탄의 우수한 흡착능에도 불구하고 그 이용이 제한되고 있다. 활성탄 흡착탑은 가압식, 중력식, 유동상, 고정상, 상향류, 하향류 등으로 분류된다.

2. 활성탄 흡착공정의 오염물질 제거원리

1) 활성탄 흡착은 화학적 흡착과 물리적 흡착으로 나누어지며 흡착과정은 Bulk 용액의 이동, 막 확산 이동, 공극 이동, 흡착 과정으로 이루어진다.

2) 흡착제 소요량은 피흡착제의 양과 성질, 온도의 함수이며 활성탄의 흡착능력과 피흡착제의 제거정도를 결정하기 위해 Freundlich, Langmuir식 등 등온흡착식이 이용된다.

3) 활성탄 흡착탑의 설계에 필요한 인자들은 파일럿실험과 물질수지를 이용하여 구할 수 있다.

4) 실제 흡착탑의 흡착능은 등온흡착식에서 유도되는 이론적 흡착능보다 작다.

3. 흡착탑의 설계인자

1) 접촉시간

① 접촉시간은 활성탄 흡착탑의 적용방법, 폐수의 특성, 요구되는 유출수의 수질에 따라 달라진다.

② 일반적인 접촉시간의 범위는 15~35분

3차 처리 시에 유출수의 처리수질 목표가 COD 10~20mg/L일 경우 15~20분, 유출수의 목표 COD 5~15mg/L일 경우 30~35분, 물리-화학처리 시 일반적 접촉시간은 20~35분이다. (WEF, ASCE & EWRI, 2010)

2) 수리학적 부하율

상향류식 활성탑 흡착탑에서 흡착탑의 단면에 유입되는 일반적인 수리학적 부하율은 9.0~

24.5m³/m²·hr이며 하향류식 활성탄 흡착탑에 적용되는 일반적인 수리학적 부하율은 7.2
~11.9m³/m²·hr이다. 활성탄 흡착탑 0.3m마다 실제로 가해지는 압력이 7kPa 이상으로
운전되지 않도록 한다.

3) 흡착탑의 높이

활성탄 흡착탑의 높이는 다양하며 일반적으로 3~12m이고 주로 활성탄의 접촉시간에 따라
변화한다. 최소 높이는 3m가 적당하며 전형적인 총흡착제 층의 높이는 4.5~6.0m이다. 역
세척 동안이나 유동상 운전 시를 고려하여 흡착탑의 높이는 10~50%의 여유고가 있어야 하
며, 표준 흡착탑은 탑체와 원추형 혹은 접시모양의 상부덮개, 바닥에 설치된 흡착제 지지스
크린과 지지격자로 구성되어 있다. 칼럼의 최소 높이 대 직경의 비는 일반적으로 2 : 1이다.

4) 흡착탑의 수

어떠한 크기의 처리공정이든지 최소한 두 개의 유사한 흡착탑이 병렬로 있어야 한다. 흡착탑
내의 활성탄 제거와 보충, 역세척 등의 휴지기간을 고려하여 흡착탑 수를 결정한다. 처리수
량이 많을 때는 다음 그림 1과 같이 병렬로 연결하고, 유기물의 부하가 높을 때는 그림 2와
같이 직렬다단 방식으로 연결하기도 한다.

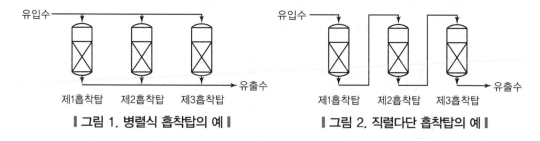

‖ 그림 1. 병렬식 흡착탑의 예 ‖　　　‖ 그림 2. 직렬다단 흡착탑의 예 ‖

문제 03 하수처리장 일차침전지에서 발생하는 침전의 종류와 특성에 대하여 설명하시오.

정답

1. 개요

침전지는 고형물입자를 침전, 제거해서 하수를 정화하는 시설로서 대상 고형물에 따라 일차침
전지와 이차침전지로 나눌 수 있다.
일차침전지는 1차 처리 및 생물학적 처리를 위한 예비처리의 역할을 수행하며, 이차침전지는 생
물학적 처리에 의해 발생되는 슬러지와 처리수를 분리하고, 침전한 슬러지의 농축을 주목적으
로 한다.

2. 침전의 종류와 특성

1) I형 독립침전

부유물질 입자의 농도가 낮은 상태에서 응결되지 않는 독립입자의 침전으로 Stokes의 법칙이 적용되며 보통침전지나 침사지에서 나타난다.

2) II형 응집침전

① 침강하는 입자들이 서로 접촉되면서 응집된 플록을 형성하여 침전하는 형태이다.

② 침전하면서 입자 상호 간에 플록이 더 큰 입자가 되어 침전속도가 점점 빨라지게 된다.

③ 약품침전지가 이에 속한다.

3) III형 간섭침전

① 플록을 형성하여 침전하는 입자들이 서로 방해를 받아 침전속도가 감소하는 침전이다.

② 중간 정도의 농도로써 침전하는 부유물과 상징수 간에 경계면을 지키면서 침강한다.

③ 상향류식 부유물 접촉침전지, 농축조가 이에 해당된다.

4) IV형 압축침전

① 고농도 입자들의 침전으로 침전된 입자군이 바닥에 쌓일 때 일어난다.

② 입자군의 무게에 의해서 물이 빠져나가면서 농축된다.

③ 농축조의 슬러지 영역에서 관찰된다.

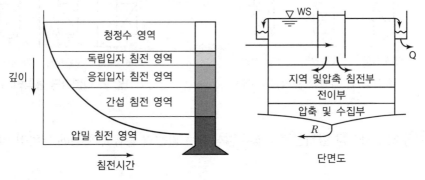

④ 1차 침전지에서 침전형태는 I형 독립침전이라 할 수 있다

⑤ 1차침전지의 적정 표면부하율은 하수의 수질, 침강성 물질의 비율, SS 농도 등에 의해 달라진다. 분류식의 경우 SS 제거율이 높아지면 반응조유입수의 BOD/SS비가 상승하여 벌킹의 원인이 되기도 하고, 활성슬러지의 SVI가 높게 되어 처리수질을 악화시킬 수도 있으므로 표면부하율은 $35 \sim 70 \ m^3/m^2 \cdot d$를 기준으로 한다. 한편 합류식에서는 우천 시 처리 등을 고려하여 표면부하율 $25 \sim 50 \ m^3/m^2 \cdot d$를 기준으로 한다.

문제 04 역삼투를 이용한 해수담수화 과정을 설명하시오.

정답

1. 개요

해수담수화란 바닷물에서 염분과 유기물질 등을 제거해 식수나 생활용수 등으로 이용할 수 있도록 담수를 얻는 것을 말한다. 해수를 증발시켜 염분과 수증기를 분리하는 증발법, 물은 통과시키고 물속에 녹아 있는 염분은 걸러내는 역삼투압 방식 등이 있다. 증발법은 역삼투압법에 비해 에너지 소비량이 3배나 더 많기 때문에 원유 가격이 안정적인 중동 지역을 제외하면 주로 역삼투압 방식을 사용한다.

2. 역삼투압법의 담수화

역삼투법은 물은 통과시키지만 염분은 통과시키기 어려운 성질을 갖는 반투막을 사용하여 담수를 얻는 방법이다. 해수의 삼투압은 일반 해수에서는 약 $2.4\,\text{MPa}$(약 $24.5\,\text{kgf/cm}^2$)이다. 이 삼투압 이상의 압력을 해수에 가하면, 해수 중의 물이 반투막을 통하여 삼투압과 반대로 순수 쪽으로 밀려나오는 원리를 이용하여 해수로부터 담수를 얻는다.

3. 역삼투를 이용한 해수담수화 구성도

역삼투법에 의한 해수담수화시설은 원수설비, 전처리설비, 역삼투설비, 후처리설비, 방류설비로 구성된다. 이들 처리공정을 제대로 가동시키기 위한 약품주입설비, 기계·전기설비, 계측제어설비가 있다. 역삼투압법에 의한 해수담수화설비의 구성도는 아래 그림과 같다.

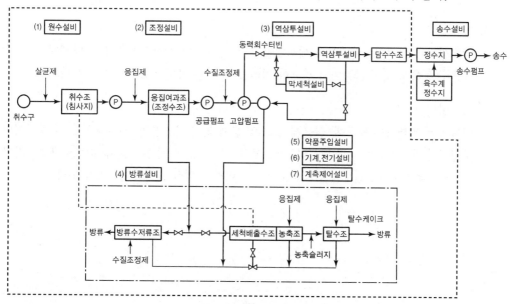

‖ 해수담수화설비의 구성도 예 ‖

4. 해수담수화 과정

1) 원수설비

취수구나 해안우물, 삼투취수인 경우에는 해수를 집수시설 등으로 취수관을 통하여 침사지까지 취수하고, 취수펌프와 도수관 등으로 전처리설비까지 도수하는 시설이다.

2) 전처리설비를 통한 전처리

역삼투막의 막힘과 열화를 방지하기 위하여 응집 · 침전 · 여과 등으로 해수원수 중에 포함된 탁질을 제거하고 역삼투막으로 공급하기에 알맞은 수질로 전처리하는 설비이다. 역삼투법인 경우에는 안정적인 운전을 하기 위한 적절한 전처리설비를 설치해야 한다.

3) 전처리수조 집수

전처리된 해수는 전처리수조(응집여과 해수조)에 저류되며, 막공급수와 필요한 역세척수량을 확보한다.

4) 역삼투설비로 통과에 의한 담수생산

역삼투설비는 고압펌프, 역삼투막설비, 역삼투막세척설비, 담수수조, 에너지회수 장치 등으로 이루어진다.

전처리된 해수는 막모듈에 의해 막투과수(담수)와 방류해수(농축해수)로 분리된다. 막투과수는 pH와 경도성분이 낮기 때문에 관재료의 부식 및 용출을 유발하므로, 이를 방지하기 위하여 칼슘(Ca^{2+})을 추가하고 CO_2를 퍼징하여 알칼리도를 조정한 후, 수돗물로서 급수해야 한다.

5) 방류설비

방류설비는 전처리설비에서의 세척배출수, 역삼투설비에서의 방류해수, 막세척 및 보관액 배출수 등을 모두 받아들여서 필요한 처리를 한 다음 해역으로 방류하는 설비이다.

6) 기타설비

이들 설비와 더불어 응집제, 살균제, 스케일 방지제, 수질조정제, 세척제 등을 각 처리설비에 주입하는 약품주입설비, 전력설비, 펌프설비, 각종 기계설비 등으로 구성되는 기계 · 전기설비, 해수담수화시설 전체를 감시하고 운전제어하기 위한 계측제어설비가 있다.

문제 05 Phytoremediation의 정의와 처리기작에 대하여 설명하시오.

정답

1. 정의

Phytoremediation은 그리스어 "phyton"(plant)과 라틴어 "remediare"(toremedy)의 합성어로 식물의 대사과정을 통하여 직접적으로 또는 식물의 근계에 분포하는 미생물을 이용하여 간접적으로 오염된 물과 토양에 존재하는 유해물질의 농도를 낮추거나 제거하는 기술이다. 물이나 바람에 의한 오염물질의 확산을 방지하는 기능까지 포함될 수 있다. Phytoremediation에 적용된 식물은 그림과 같이 오염 현장의 상태에 따라 지간접적으로 오염물질을 흡수·제거하게 되는데, 저렴한 정화비용과 정화 과정에서 환경 교란을 최소화하고 대면적에 적용할 수 있는 장점이 있어 최근에 전 세계적으로 많은 각광을 받고 있는 환경오염 복원 기술이다.

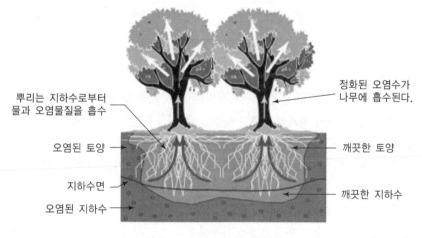

뿌리는 지하수로부터
물과 오염물질을 흡수

오염된 토양

지하수면

오염된 지하수

정화된 오염수가
나무에 흡수된다.

깨끗한 토양

깨끗한 지하수

┃ Phytoremediation 모식도 ┃

2. phytoremediation의 분류

Phytoremediation은 오염현장의 상태와 적용식물, 오염성분 등에 따라 다양한 방법을 통해 유해물질을 흡수·정화하게 되며 그 종류와 방식에 대하여 살펴보면 다음과 같다.

1) Phytoextraction

Phytoextraction은 식물의 뿌리를 통해 오염물질을 흡수하고 체내에 축적하는 가장 보편적인 정화과정 중의 하나이며, 식물의 바이오매스 수확을 통해 최종적으로 오염물질을 제거하는 방법이다. 이와 같은 방법은 납과 카드뮴 등 중금속으로 오염된 토양을 정화하는 데 적합하다. 이 phytoextraction은 식물의 바이오매스 성분에 축적되기 때문에 셀레늄과 같은 동물 생장에 필요한 원소가 축적된 식물의 잎 등을 동물이 섭취함으로써 유익한 결과를 가져다 주기도 하지만 유해한 중금속이 축적된 식물체를 섭취함으로써 생기는 부작용도 발생할 수 있다. 그리고 대부분의 중금속 phytoextraction에 이용되는 중금속 고축적 식물은 생장이 느리고 바이오매스 생산 능력이 낮아 정화 과정에 많은 시간이 소요된다. 바이오매스 수확에 의해 오염토양에서 식물체에 축적된 중금속을 제거하게 되는데, 고가의 중금속인 경우 제련과정을 통해 회수할 수 있으므로 생물광석(bio-ore) 산업으로도 활용되고 있다.

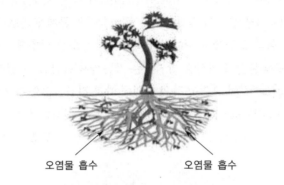

오염물 흡수   오염물 흡수

▌ Phytoextraction ▌

2) Rhizofiltration

Rhizofiltration은 식물 뿌리의 근권 범위에서 폐수와 지표수 및 지하수의 오염물질을 생물적 또는 물리적 과정을 거쳐 여과하고 흡수하는 것을 지칭한다. 이 과정에서 식물의 뿌리는 화학물질을 분비하여 수중의 중금속을 불용화시킴으로써 오염이 확산되는 것을 막아준다. 또한 중금속을 뿌리 주위에 흡착시키거나 식물체 조직에 축적시키는 과정을 통해 정화한다. 이와 같은 rhizofiltration은 수중의 저농도로 오염된 납, 카드뮴 등 중금속과 우라늄 등의 방사능 물질을 제거하는 데 효과적이다. Rhizofiltration에는 친수성 육상식물 또는 수생식물을 적용할 수 있는데, 친수성 육상식물을 적용하였을 경우 수생식물에 비해 정화효과가 탁월하다. 위 그림은 수중에서 잘 발달되어 있는 버드나무의 뿌리는 rhizofiltration 효과가 높은 수종이다.

3) Phytostabilization

Phytostabilization은 식물의 뿌리에 의해 오염물질을 흡수·축적하는 기작을 거쳐 오염물질을 토양 내에 고정하고 뿌리 등 식물의 기관을 이용하여 오염물질이 침식이나 풍화에 의해 확산되는 것을 방지하는 방법이다. Phytostabilization은 토양 내에 포함된 비소, 카드뮴 등 중금속 확산을 방지하는 데 적합한데, 식물 근권의 미생물 활동, 화학적 반응뿐만 아니라 토양환경과 오염물질의 화학적 조성 변화에 따라 가속화될 수 있다. Phytostabilization에 적용된 식물은 광범위한 시비나 토양 개량 등을 통하여 활력이 유지될 때 효과가 높아지며, 적용된 식물이 직접적으로 오염물질을 흡수하거나 제거하는 기작이 아니므로 오염된 토양을 안정화시키는 데까지 많은 시일이 소요되는 특징이 있다.

4) Rhizodegradation

Rhizodegradation은 식물의 근권에 의해 활성화된 미생물의 역할을 통해 토양 내의 유해 유기화합물을 분해하는 작용이다. 식물 뿌리의 삼출물은 당과 아미노산, 유기산, 지방산, 효소 등을 함유한 화합물로서 근권 주변 미생물의 활성을 높여주고 토양의 유해 유기화합물의 분해를 촉진시키는 역할을 한다. 그리고 식물의 뿌리는 토양의 통기성을 높이고 수분을 조절하여 미생물의 오염분질 분해 활동에 도움을 주게 된다. Rhizodegradation의 작용을 통해 제거하기 적합한 오염물질에는 벤젠, 톨루엔, 살충제, 제초제 등이 있으며, 뿌리의 분포범위가 넓고 깊은 식물을 적용했을 때 그 효과가 크게 나타난다.

5) Phytodegradation

Phytodegradation(phytotransformation)은 식물이 흡수한 오염물질을 대사과정 혹은 식물 자체 효소를 이용하여 분해하는 작용이며 외부의 미생물에 의해 정화되는 과정까지도 포함된다. Phytodegradation은 토양, 폐수, 슬러지 등에 함유된 제초제, 살충제, 화약류, 페놀 등을 정화하는 데 적합하며 지금까지 밝혀진 바에 의하면 약 88종의 초본과 목본식물이 흡수한 유기화합물의 종류는 약 70개에 이른다. 식물에 의한 유기화합물의 흡수 가능성 여부는 토양의 특성이나 오염이 이루어진 기간 등에 따라서 영향을 많이 받게 된다.

6) Phytovolatilization

Phytovolatilization은 식물이 흡수한 오염물질을 대사과정을 통해 저독성 또는 무독성 물질로 변환시켜 증산작용을 통해 대기 중으로 방출하는 작용이다. Phytovolatilization은 주로 지하수의 염소계 유기용제, 수은, 비소 등의 오염물질을 제거하는 데 이용되지만 토양과 슬러지의 오염물질 제거에도 적용할 수 있으며 오염물질을 신속하게 제거할 수 있는 특징이 있다. 그러나 완전히 방출되지 않은 오염물질이 과실이나 목재에 잔류하여 섭취하거나 목재로 이용되었을 때 인체에 피해를 미치는 경우도 발생할 가능성이 있다.

7) Hydraulic control

Hydraulic control은 식물의 증산작용을 이용하여 오염된 지하수를 흡수하고 소비함으로써 오염물질이 지하수를 따라 주변 수계로 이동하거나 확산되는 것을 방지하는 기능이다. Hydraulic control은 수용성 유기물 또는 무기물이 식물에 피해를 일으키지 않을 만큼의 저농도로 오염된 지하수, 지표수와 토양수의 제거에 적합하지만 수분의 흡수는 기상이나 계절적 요인에 의해 많은 영향을 받게 되며, 특히 활엽수의 경우 겨울에는 효율성이 대폭 감소한다. 또한 지하수의 제거는 뿌리 깊이까지만 가능하여 적용입지가 제한적이다.

8) Vegetative cover system

Vegetative cover system은 주로 폐기물매립지에 적용되는 방법으로, evapotranspiration cover와 phytoremediation cover의 두 가지 방식으로 구분할 수 있다.

evapotranspiration cover는 보수 능력이 우수한 점토질 토양 등을 이용하여 매립지 상부를 성토한 다음 그 위에 증산능력이 뛰어난 초본과 목본식물을 식재하여 강우에 의해 침투된 수분을 식물의 증산작용을 통해 다시 대기 중으로 방출시키고 매립된 폐기물에 수분 유입을 감소시킨다. 이와 같은 방법은 폐기물매립지에서 수분의 유입에 의해 생성되는 오염된 침출수의 발생을 근본적으로 줄여줄 수 있도록 만들어진 구조이다.

phytoremediation cover는 그 원리와 방법 자체는 evapotranspiration cover와 유사하지만 폐기물의 직접적인 정화 역할도 담당하도록 설계되는데, 식물의 수분흡수, 근권의 미생물 활동 촉진, 신진대사 등을 통해 오염물질을 저감하는 hydraulic control, phytodegradation, rhizodegradation, phytovolatilization과 phytoextraction이 복합적으로 적용된 구조이다.

Vegetative cover system은 저비용으로 폐기물 매립지를 안정화시키고 생태계를 복원하는 중요한 역할을 담당하지만 식생의 천이과정을 통해 불필요한 식물의 도입을 유발할 수도 있어 장기적인 관리와 관찰이 필요할 수도 있다.

9) Riparian corridors/Buffer strips

Riparian corridors/Buffer strips은 수질을 보호하기 위해 지표수와 지하수의 비점오염원 등을 정화하기 위해서 강이나 하천 연변을 따라 완충림을 조성하는 방법으로 최근에는 목본류나 초본류를 체계적으로 배치하여 오염물질의 수계 유입을 효율적으로 차단하는 방법이 활성화되고 있다.

Riparian corridors/Buffer strips은 오염된 지표수나 지하수를 식물의 대사과정을 거쳐 직접 흡수하고, 영양염류나 살충제, 제초제 등 비점오염원을 흡수할 뿐만 아니라 근권 주변의 미생물 활동을 활성화시켜 분해를 촉진함으로써 오염물질을 저감시키는 형태이며 hydraulic control, phytodegradation, rhizodegradation, phytovolatilization과 phytoextraction이 복합적으로 작용한다.

3. phytoremediation에 적용하는 식물

Phytoremediation에 보편적으로 이용되는 목본류는 교잡종 포플러류, 미루나무, 버드나무 등이 있다. 그리고 육상 초본류는 prairie grass와 fescue, 콩과 식물인 알팔파 그리고 중금속 고축적자로 잘 알려진 Thlaspi caerulescens, Brassica juncea, 해바라기 등이 대표적인 식물이다. 한편 수생 초본류는 물채송화, 갈대, 부들, 부레옥잠 등이 많이 이용되고 있다. 이러한 식물들은 phytoremediation 방식에 맞춰 적용할 수 있는데 중금속 정화에 이용되는 rhizofiltration과 phytostabilization의 경우 뿌리의 생장이 빠른 식물을 통해 정화를 촉진하고 뿌리로 흡수한 중금속이 지상부 조직으로 전위되지 않는 식물을 사용함으로써 동물의 섭취에 의한 2차 피해를 방지할 수 있다. Phytoextraction 방식에는 중금속에 대한 내성이 높고 줄기와 뿌리에 중금속 축적 능력이 우수할 뿐만 아니라 생장이 빠르고 바이오매스 생산능력이 뛰어난 식물이 적합한데 야생 동물의 먹이로 이용되지 않는 식물이 더욱더 안전하다. Rhizodegradation은 오염물질을 잘 흡수하지 않으면서 효소 분비가 원활한 식물이 적합하다.

문제 06 수질모델링의 절차 및 한계성에 대하여 설명하시오.

정답

1. 개요

수질 모델링이린 수체의 이송특성에 따라 이동하는 오염물질을 "질량보존의 법칙"에 의해 종합하여 시간과 거리에 따른 수질 농도를 계산할 수 있는 도구이다. 따라서 수학적 모델은 복잡한 환경시스템을 형성하고 있는 다양한 물리·화학·생물학적 정보를 종합하기 위한 정량적인 정보를 생성하는 데 사용된다.

2. 사용 중인 모델의 종류

① 수질 관련 모델링

모델명	적용가능지역	특성
QUAL2E (W.S. EPA)	하천	• DO, BOD, Chl−a, N−series(4가지), p−series(2가지), 비보존성 물질(3가지), 보존성 물질(2가지) 등 총 15가지 항목에 대해 예측 가능 • 1차원 모델로 정상 상태인 경우를 예측하며 비정상 상태의 예측이 불가능함 • 하천의 흐름을 한 방향으로 가정하여 조석이나 흐름 정체현상을 반영하지 못하는 수리학적 한계가 있음 • 현재까지 가장 보편적으로 활용되는 수질 모양
QUAL− NIER (환경부)	하천	• QUAL2E 모형의 반응기작을 확장 • CBOD 계산 시 조류 대사과정에 의한 유기물 증가 고려 • BOD_5에 조류에 의한 CBOD 계산식 추가 • 유기물 지표항목으로서 TOC 항목 추가
QUAL2K (KOREA)	하천	• QUAL2E 모형의 반응기작 확장 • 조류사멸에 의한 BOD 증가, 탈질화, 부착조류의 산소소모에 관한 반응기작을 추가

모델명	적용가능지역	특성
QUAL2K (U.S. EPA)	하천	• QUAL2E 모형의 반응기작을 확장한 Excel Base 모델 • 구간의 길이별로 점오염원의 유출입 입력 가능 • CBOD의 경우 Slowly Reacting CBOD(cs)와 Fast Reacting • CBOD(cf)로 나누어서 모의 가능 • 무산소 상태에서 산화반응이 가능하도록 구성
WASP5	하천, 호수, 하구 등	• DO, BOD, 온도, N−series, p−series, 독성유기화합물, 중금속, 총대장균군, 조류 농도 예측 가능 • 하천에 적용할 때에는 DYNHYD(2차원−상하 구분 불가) 및 기타 수리 모델과 연계하는 것이 바람직함 • 호수에 적용할 때는 상하층을 구분하여 EUTRO(3차원 모델−상하, 좌우 Segment로 구분) 적용 • 우리나라의 호소에 많이 적용된 모델이나, 유량의 유출입에 대해 유동적으로 입력이 불가함
WASP7	하천, 호수, 하구 등	• Window 버전으로 EFDC와 연동해서 모의 • 부영양모델, 독성모델 외에 Mercury, Heat 모델 추가 • 모의결과를 그림으로 표현할 수 있는 Postprocessor 기능 추가 • CBOD의 경우 분해 속도에 따라 CBOD(1), CBOD(2), CBOD(3) 3가지 종류로 구분하여 모의가 가능하도록 개선
CE −QUAL −W2	하천, 호수, 하구 등	• 수심이 깊고, 길이가 긴 호소에 적합한 모델 • 수체의 흐름에 대한 여러 형태의 적용 가능 • 상류경계조건을 고려하여 유입량을 선정하기 어려운 하천의 하구나 저수지에 적용 가능 • 호소의 성층 분석에 적용 가능 • 온도, 염분도, SS, DO, TOC, 인, 질소 등 총 21가지에 대해 예측 가능한 2차원 모델 • WQRRS 모델의 특성에 Segment의 구분이 있음 • CE−QUAL−R1에서 발전한 모델
WORRS	호수	• 길이가 짧고, 연직방향의 고려가 주된 호소일 때 적용 • 어류, 동물성 플랑크톤, 식물성 플랑크톤, 유기성 퇴적물질, COD, N−series, pH 등에 대해 예측 가능한 연직 1차원 모델 • 정상 상태 시 적용 용이

모델명	적용가능지역	특성
SMS (－RMA2, －RMA4)	하천, 호수, 하구 등	• GFGEN, RMA2, RMA4로 구성되어 각 모형은 격자 생성, 수리, 수질 모의를 수행 • 각 격점에서의 수위 및 유속을 계산할 수 있고, 유한요소해법을 적용해서 수질 농도를 계산할 수 있는 2차원 모델 • 하천에서의 오염물질 확산에 대한 예측 및 2차원 모형이므로 국부적인 해석이 필요할 때 활용도가 높음 • 수질반응식이 매우 단순하여 주로 부유물질이나 보존성 물질의 모의에 활용
EFDC	하천, 호수, 하구 등	• 3차원의 모의 가능 • 비교적 간단한 수질인자에 대해서는 자체 모의 가능(하천 혹은 호소의 탁도 모의) • WASP과 연계를 통하여 보다 다양한 수질인자 모의 가능

② 유역모델링

모델명	개발기관	강우형태	특성
AGNPS	USDA	단일, 연속	영양물질, 농약, 토사, COD 등에 대해 예측 가능하며, 다양한 토지 유형에 대해 처리 가능
ANSWERS	Purdue University	단일	농경지의 유출현상을 예측, 토지 관리 및 보전정책에 대한 효과를 평가, 토사 및 영양물질 유출 예측
DR3M －QUAL	USGS	단일, 연속	토사, 질소, 인, 금속 및 유기물질에 대해 예측 가능, 처리시설, 저수력, 하수시스템에 대한 분석 가능
STORM	HEC	연속	부유물질, 침강성 고형물, BOD, 총분변성 대장균, 정인산, 질소에 대해 예측 가능하며, 저수력, 처리시설에 대한 분석 가능
SWMM	EPA	연속	토사를 포함하여 10가지의 오염물질에 대해 예측 가능 · 처리시설, 저수력, 하수시스템에 대한 분석 가능
SWRRBWQ	USGS	연속	토사, 질소, 인 및 농약에 대해 예측 가능
CREAMS	USGS	단일 연속	농약과 비료에 대한 화학물질모델이 있으며, 영양물질 모델은 농경지에서의 질소와 인의 순환 및 유실 추정 가능
HSPF	EPA	단일 연속	농약, 영양물질 및 사용자 정의 물질에 대한 예측 가능, 수체 내부에서의 수질까지 동시에 시뮬레이션 가능
SWAT	USDA	연속	토양침식은 MUSLE(Modified Universal Soil Loss Equation)에 의해 계산되며 인, 질소, 살충제 등의 유기성 화학물질의 이동량 모의 가능

3. 한계 및 문제점에 대한 개선방안

1) 한계점

① 충분치 않은 실측자료를 사용한 부적합한 모델의 보증 및 검증

② 타당하지 않은 매개변수 및 경계조건 등의 적용에 의한 수질 모델링에 대한 불신과 예측 결과에 대한 신뢰도 저하

③ 수질모델의 자체 실행 전문가의 부족 등

④ **기술개발의 약점 존재**

퇴적물과 생태모니터링의 자료축척 부족, 기상 – 수리수문 – 수질 – 생태 분야의 다양한 연구체계 부족

2) 개선방안

① **IT 기반의 실시간 통합모니터링 구축**

- 댐 · 저수지 : 보연계 운영을 위한 자동측정 시설의 활용
- 본류와 지류의 주요지점 수량과 수질 통합 측정망 확대 운영
- 생태 모니터링 체계 강화

② **기술의 고도화**

퇴적물 분해 및 수체와 물질 교환 해석 모델 개발

③ **지류 수질, 생태 모니터링 및 모델링 체계 강화**

대규모 수자원사업에 대한 수질, 생태 모델링 검증제도 도입 등

문제 01 펌프의 유효흡입수두(NPSH, Net positive suction head) 산정방법을 설명하고, 공동현상(Cavitation) 발생과의 관계를 설명하시오.

정답

1. 개요

유효흡입수두(NPSH=Net Positive Suction Head)는 펌프가 캐비테이션(Cavitation) 발생 없이 안전하게 운전될 수 있는가를 나타내는 척도이다. NPSH는 NPSHav 와 NPSHre 의 서로 다른 두 가지 개념으로 나누어지며, 수두(m) 혹은 압력(bar)으로 표시된다.

1) NPSHav(Available NPSH) – 유효흡입수두, 배관시스템의 설계에 의해 결정됨

펌프의 설치 위치, 흡입관경, 흡입배관 길이, 이송액체의 종류 및 온도 등에 의하여 결정된다. 안전한 펌프 운전을 위해 필요흡입수두(NPSHre)보다 최소한 1.2~1.3배 정도 크게 유지되도록 시스템을 구성한다.

2) NPSHre(Required NPSH) – 필요흡입수두, 펌프의 설계에 의해 결정됨

펌프 자체에서 발생하는 손실 수두라고 이해하면 무리가 없을 것이며, 펌프 제작 시 펌프 고유의 특성에 의해 결정된다.

이를 구하는 계산식도 있으나 실험(캐비테이션실험)을 통하여 구하는 것이 정확하며 펌프 메이커는 그 값을 펌프데이터 하나로 제공한다.

2. 유효흡입수두 산정방법

$$H_{av} = H_a + H_s - H_p - H_L$$

여기서, H_{av} : 이용할 수 있는 흡인수두(NPSH)

H_a : 대기압 수두(m)

H_s : 흡입수두(m)(단, 펌프 기준면에서 액면까지의 높이로서 흡수면이 펌프 중심보다 높을 때는 정수두(+), 낮을 때는 부수두(−)로서 대입

H_p : 수온에 상당하는 포화증기압 수두(m)

H_L : 흡입 손실수두와 흡입 마찰손실수두 등을 고려한 흡입관의 총손실수두(m)

3. 공동현상

펌프 내에서 유속이 급변하거나 와류 발생, 유로 장애 등에 의해서 유체의 압력이 그때의 수온에 대한 포화증기압 이하로 되었을 때 유체의 기화로 기포가 발생하고 유체에 공동이 발생하는 현상으로 캐비테이션이라고도 한다.

4. 공동현상 발생장소와 영향

- 발생장소 : 펌프의 임펠러 부근, 관로 중 유속이 큰 곳이나 유향이 급변하는 곳
- 영향 : 소음과 진동 발생, 펌프성능의 저하, 급격한 출력 저하와 함께 심할 경우 Pumping 기능 상실, 심한 경우 임펠러 침식

5. NPSH와 공동 현상과의 발생관계

이용 가능한 NPSHav가 펌프의 필요 NPSHre보다 낮을 때 공동현상이 발생한다.

6. 대책

1) 유효 NPSHav를 필요 NPSHre보다 크게 한다.
2) 펌프의 설치위치를 가능한 한 낮추어 NPSHav를 크게 한다.
3) 흡입관의 손실을 가능한 작게하여 NPSHav를 크게 한다.
4) 흡입 측 밸브를 완전 개방하고 운전한다. (흡입관 손실을 적게 함)
5) 펌프의 회전속도를 낮게 선정하여 NPSHre를 작게 한다.
6) 성능에 크게 영향을 미치지 않는 범위에서 흡입관의 직경을 증가(흡입관의 손실을 적게 함)
7) 운전점이 변동되어 양정이 낮아지는 경우 토출량이 과대되므로 이것을 고려하여 충분한 NPSHav를 주거나 밸브를 닫아서 과대 토출이 안 되도록 조절한다.

문제 02 임의성 산화지(Facultative Lagoon)의 설계방법과 특징에 대하여 설명하시오.

정답

1. 개요

산화지는 생물학적 처리법의 일종으로 하수 및 폐수를 24시간~수 개월간 저수하여 주로 세균과 조류 및 산화를 통한 자연정화 작용으로 오염물질을 안정화하기 위한 연못이다.

2. 산화지의 분류

산화지는 다음과 같이 분류된다.
1) 호기성 산화지(aerobic lagoon)
   호기성 산화지의 깊이는 0.3~0.6m 정도이며 산소는 바람에 의한 표면포기와 조류에 의한

광합성에 의하여 공급된다. 호기성 산화지는 전 수심에 거쳐 일정한 용존산소농도를 유지하기 위해 주기적으로 혼합시켜 주어야 한다.

2) 포기식 산화지(aerated lagoon)

산기식 혹은 기계식 표면포기기를 사용하며 지의 깊이는 3~6m, 체류시간은 7~20일 정도이다. 포기식 산화지는 임의성 산화지보다 높은 BOD부하를 받아들이며 악취문제가 적고 소요부지 또한 비교적 작은 편이다.

3) 임의성 산화지(facultative lagoon)

수면과 대기의 접촉 부분은 호기성, 밑바닥은 혐기성이 되이 오염수를 처리 하는 설비로 깊이는 1.5~2.5m, 체류시간은 25~180일 정도이다. 임의성 산화지에는 호기성 산화지나 포기식 산화지와는 달리 부유물질이 산화지 내에서 침전되어 혐기성지역이 형성되도록 하며 혐기성 분해가 이루어지도록 설계된다. 임의성 및 포기식 임의성 호기조가 있다.

3. 설계방법

산화지를 설계할 때에는 다음 사항을 고려한다.

1) 산소공급능력 및 혼합능력

산소공급의 필요성 여부는 산화지의 성질에 따라 결정된다. 즉 호기성 및 임의성 산화지에서 유입하수를 처리하기 위한 소요크기는 산소공급 능력 및 미생물과 하수 내 유기물의 혼합정도에 따라 결정된다. 혼합정도가 증가하면 효율이 증대된다.

포기식 호기성 산화지는 MLSS를 침전시키지 않는 공법이며 포기식 임의성 산화지는 MLSS를 산화지 내에서 침전시키도록 한 공법이다.

포기식 임의성 산화지에 있어서의 산소소요량은 식(1)과 같다.

$$R_r = 2 \times 10^{-3} \times S_o \cdot Q \cdots\cdots\cdots\cdots\cdots\cdots\cdots\cdots\cdots\cdots\cdots (1)$$

여기서, R_r : 산소소요량(kg/d)

S_o : 유입하수의 BOD(mg/l)

Q : 유량(m³/d)

2) 유기물질부하율 및 체류시간

호기성 및 임의성 산화지의 설계기준으로서 흔히 사용되는 것이 유기물질 부하량인데 기온에 따라 매우 큰 차이가 있다. 포기식 임의성 산화지의 설계에 사용되는 공식은 식(2)와 같다.

$$SL = 10 - 5 \cdot So \cdot Q \cdot d/V \cdots\cdots\cdots\cdots\cdots\cdots\cdots\cdots\cdots\cdots (2)$$

여기서, SL : 유기물표면부하율(kg BOD/m² · d)

S_o : 유입하수의 최종BOD(mg/l)

Q : 유입하수량(m³/d)

d : 산화지의 깊이(cm)

V : 산화지의 체적(m³)

또한 포기식 임의성 산화지에서 유기물질의 부하량에 대한 공식을 보면

$$La = 10^{-3} \cdot So/t \dotfill (3)$$

여기서, t : 체류기간(일)

S_o : 유입하수의 BOD(mg/l)

La : 유기물질부하량(kg BOD/m³/ · d)

로 표시되며 체적에 대한 공식은 다음과 같다.

$$t = V/Q \dotfill (4)$$

여기서, t : 체류기간(일)

V : 산화지의 체적(m³)

Q : 유입하수의 유량(m³/d)

일반적으로 포기식 호기성 산화지는 혐기성, 임의성 산화지보다 짧은 체류기간으로 처리효율이 좋으며 일반적으로 포기식 임의성 산화지는 호기성 산화지의 체류기간의 약 2배 정도가 되어야 한다.

3) 산화지의 모양

공사비를 고려할 때 정사각형 또는 직사각형 산화지가 경제적이나 길이 대 폭의 비를 3 이상으로 하는 것은 좋지 않다. 특히 산화지의 바닥이 수밀성이 아닌 경우 길이 대 폭의 비가 너무 크면 바람에 의하여 산화지의 바닥에 영향을 주므로 길이 대 폭의 비를 감소시키지 않으면 안 된다. 산화지의 깊이는 지형, 소요체적, 소요면적, 사용될 포기기 등에 따라 크게 변한다. 깊이는 1~4 m 정도가 가능하며 깊이가 깊어지면 포기기를 사용한다. 특히 수심이 얕고 표면적이 넓어지면 단락류가 형성될 가능성이 크므로 이러한 단락류가 형성되지 않도록 적절히 수심과 표면적이 되도록 조정하고 유입 및 유출하수거를 적절히 배관한다. 수심이 얕고 표면적이 넓은 경우에는 겨울철 대기 중에 노출면이 크게 되어 수온이 강하되는 경향이 있으므로 소요대지의 감소 및 에너지의 축적이라는 면에서 수심이 깊은 산화지가 유리할 수도 있다. 다만 표면을 통한 산소공급이 감소되는 것을 종합적으로 고려하여 수심을 결정하는 것이 타당하다.

겨울철에 산화지는 동결될 가능성이 크며 이러한 경우에 하수의 유출입이 불가능해진다. 따라서 이러한 문제점을 감안하여 겨울철에 충분히 하수를 저장할 수 있도록 산화지의 규모를 결정해야 한다. 즉, 겨울철 초기에 수심을 0.5~0.6m로 내린 후 겨울철 동안 유입하수를 저류시킬 수 있도록 하는 것이 좋은 방법이다.

4) 운전온도

유기물질을 제거할 때 온도가 매우 중요한 역할을 하는데 연중 기준 처리효율을 계속 유지하기 위해서는 겨울철을 기준으로 산화지를 설계한다. 일반적으로 겨울철에 산화지의 수면온도는 1~1.5℃로 수심 3m에서의 온도보다 낮다. 수면온도는 대기와의 접촉면의 크기와 유입하수량에 의해서도 달라진다. 산화지의 운전온도를 계산하는 방법으로 식(5)를 이용한다.

$$(Ti - Te) = (Tw - Ta) \cdot F \cdot A / Q \cdots\cdots\cdots\cdots\cdots\cdots\cdots\cdots (5)$$

여기서, Ti : 유입하수의 수온(℃)
Te : 유출하수의 수온(℃)
Q : 유량(m³/d)
F : 열전달계수에 대한 비례상수
A : 산화지의 표면적(m²)
Tw : 산화지의 수온(℃)
Ta : 기온(℃)

F값은 풍속, 습도, 포기기의 종류 등에 따라 서로 다르나 우리나라 중북부지역의 F값은 8×10^{-6}으로 추정된다.

4. 특징

임의성 산화지의 적용 범위는 일반 하수 및 공장폐수이고 유지관리비가 저렴하고 효율적이지만 포기식 산화지에 비해 소요부지가 매우 넓고 냄새 문제가 있다.

문제 03 공공하수처리시설의 유기물질 지표를 CODMn에서 TOC로 전환한 배경을 설명하고, TOC 측정방법을 설명하시오.

정답

1. 개요

유기물 측정지표로는 BOD_5, COD_{Mn}, COD_{cr}, TOC 등이 있다. 2018년 8월 현재 공공하수처리시설의 유기물지표는 BOD_5와 COD_{Mn}으로 다음과 같다.

구분		생물화학적 산소요구량 (BOD)(mg/L)	화학적 산소요구량 (COD)(mg/L)
1일 하수처리용량 500m³ 이상	I 지역	5 이하	20 이하
	II 지역	5 이하	20 이하
	III 지역	10 이하	40 이하
	IV 지역	10 이하	40 이하
1일 하수처리용량 500m³ 미만 50m³ 이상		10 이하	40 이하
1일 하수처리용량 50m³ 미만		10 이하	40 이하

2. CODMn에서 TOC로 전환하는 배경 및 필요성

1) 기존 유기물질 지표의 한계

현재 방류수의 유기물질 지표로 BOD_5, COD_{Mn}을 채택하고 있으나, COD 망간법은 산화력 부족으로 난분해성 유기물질 측정이 곤란하여 유기물질에 대한 신속·정확한 측정 및 근본적인 원인 규명이 어려워 발생원 관리대책을 마련하는 데 한계가 있는 반면, TOC는 수중에 존재하는 유기물질의 약 90% 이상이 실시간(~30분 이내)으로 측정 가능하고 사전예방적 수질관리를 위해 신속·정확한 모니터링 및 관리가 가능한 지표이다.

2) TOC 생활기준과 연계한 체계적 유기물 관리 필요

난분해성물질 증가로 유기물 총량 관리 필요성이 증대됨에 따라 하천, 호소 생활환경기준에 2013년 1월부터 TOC가 도입되었고 2016년 1월부터 COD_{Mn}을 TOC로 전환 운영 중이므로 하수중의 난분해성 유기물질 관리와 신규 환경기준 달성을 위해 방류수 수질기준에 TOC 항목 도입이 필요하다.

3. TOC 측정방법

총유기탄소 측정방법은 크게 가감방법(TC-IC)과 비정화성 유기탄소(NPOC)로 구분한다. 가감방법은 총탄소(TC)와 무기탄소(IC)를 측정하여 그 차이값을 유기탄소로 산출하는 방법이며, 비정화성유기탄소는 시료를 산성화한 후 무기탄소를 완전히 제거하고 남은 유기탄소를 측정하는 방법이다. 가감방법은 과거에 무기탄소를 효율적으로 제거하지 못할 때 적용하였으며, 현재에는 빠른 분석시간과 재현성 있는 결과를 나타내는 비정화성 유기탄소 방법을 선택하고 있다.

1) 고온 연소산화법

산화성 촉매로 충전된 고온의 연소기에 시료 적당량을 넣은 후 연소를 통해 수중의 유기 탄소를 CO_2로 산화시켜 정량하는 방법

무기성 탄소를 사전에 제거하여 측정 또는 무기성 탄소를 측정한 후 총탄소에서 감하여 총유기탄소량을 구함

① TOC = TC−IC 또는 사전 IC 제거 후 TOC 측정

② TOC(Total Organic Carbon : 총유기탄소) : 수중에서 유기적으로 결합된 탄소의 합

③ TC(Total Carbon : 총탄소) : 수중에 존재하는 유기적 또는 무기적으로 결합된 탄소의 합

④ IC(Inorganic Carbon : 무기성 탄소) : 수중에 존재하는 탄산염, 중탄산염, 용존 이산화탄소 등 무기적으로 결합된 탄소의 합

2) 과황산 UV 및 과황산 열산화법

시료에 과황산염을 넣어 자외선이나 가열로 수중의 유기탄소를 이산화탄소로 산화한 후 정량

TOC = TC−IC 또는 사전 IC 제거 후 TOC 측정

문제 04 하수처리장 시운전의 목적과 필요성 및 절차에 대하여 설명하시오.

정답

1. 개요

시운전이란 각종 구조물 및 설비 설치가 완료된 후 각 시설이 설계에 규정된 성능으로 정상적인 가동을 하는지의 여부를 준공 전에 점검 확인하고 발생된 문제점을 수정 보완하며 각 기기별 및 설비 간의 연계작동을 검토하여 시설이 원활하게 운영되도록 하는 것을 말한다.

2. 시운전의 목적

하수처리장의 시운전 목적은 유입될 하수를 생물학적 처리방법으로 처리할 때 전문기술진을 일정 기간 동안 투입하여 시운전업무를 수행함으로써 제반설계에 규정된 성능의 정상적인 가동여부를 사전에 점검하고 발생된 문제점을 보완하며, 하수를 유입시켜 각 기기 설비 간의 연계작동을 총괄적으로 검토하여 전체 시설의 기능을 확인하고 정상적인 처리에 필요한 기초자료를 제공하는 데 있다.

또한 운전요원에 대한 수처리 이론 및 하수처리장 제반시설물에 대한 실무교육을 실시하여, 향후 하수처리시설 운영이 설계목적에 부합하고, 최적의 상태가 유지될 수 있도록 하는 데 있다.

3. 필요성

시운전 단계에서 발생되는 모든 문제점 및 하수처리장 운전 시에 예상되는 문제점을 적기에 발견하여 그들의 건전성, 기능성, 안정성을 확인하는 절차이며 본격적인 운전을 시작하기 위한 필수 불가결한 업무이라 할 수 있다.

4. 절차

하수처리시설의 시운전은 다음 절차에 따라 수행한다.

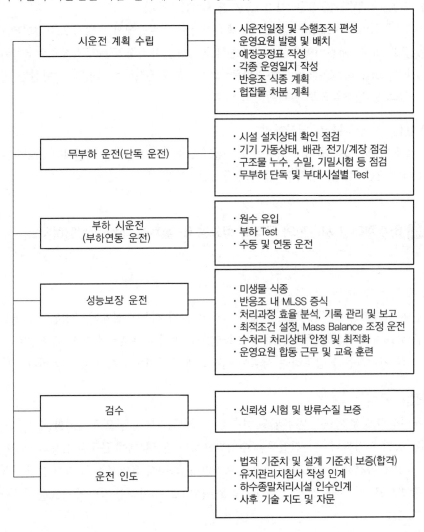

문제 05 호수의 성층현상과 전도현상을 설명하시오.

정답

1. 성층현상

① 중위도 지방에서 발생하는 현상

② 수심 10미터 또는 그 이상의 호소 수심에서 춘하추동마다 호소 수온의 상하 방향 분포가 특징적으로 변화되는 현상

2. 성층의 구분

성층은 순환층, 약층, 정체층으로 구분된다.

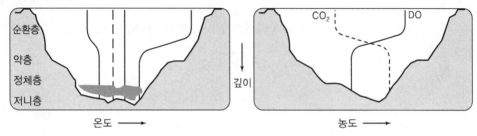

① **순환층(Epilimnion)** : 최상부층으로 온도차에 따른 물의 유동은 없으나 바람에 의해 순환류를 형성할 수 있는 층으로서 일명 표수층이라고도 한다.

→ 공기 중의 산소가 재폭기되므로 DO의 농도가 높아 호기성 상태를 유지한다.

② **약층(Thermocline)** : 순환층과 정체층의 중간층에 해당

수온이 수심이 1m당 ±0.9℃ 이상 변화하므로 변온층이라고도 한다.

③ **정체층(Hypolimnion)** : 온도차에 따른 물의 유동이 없는 호수의 최하부층

용존산소가 부족하여 혐기성화 발생, CO_2, H_2S 등의 농도가 높다.

3. 역전현상(Turn Over)

연직 방향의 수온차에 따른 순환 밀도류가 발생하거나 강한 수면풍의 작용으로 수괴의 연직안정도가 불안정하게 되는 현상

1) 봄 순환

① 봄철 표수층 수온 증가

② 표수층의 수온이 4℃ 부근에 도달하면 밀도가 최대로 되며 층수의 침강력은 전수층에 영향을 주어 평형상태가 불안정

③ 수면풍이 작용할 경우 연직혼합을 더욱 촉진

④ 저층의 영양염이 상부로 공급

2) 가을 순환

① 가을이 되면 외기온도가 저하되어 표수층의 수온이 4℃ 부근에 도달
② 무거워진 표수층에 의한 침강력이 작용함으로써 전수층에 평형상태가 불안정
③ 봄철 순환과 같은 연직혼합이 일어남

4. 성층 대순환과 부영양화의 관계

1) 성층화된 수체

바닥 조류 등의 초기 유기물 호기성 분해 → 용존산소 고갈 → 혐기성화 → 부패현상 발생
→ 암모니아, 황화수소, 메탄 발생 → 미생물의 인 방출 → 영양염 방출

2) 순환기

저층에 존재하는 상기 물질 → 수체와 함께 상부로 이동 부상 → 생물증식에 이용 → 부영양화
현상 촉진

문제 01 여과지의 하부집수장치 중 유공블록형과 스트레이너형의 장단점을 설명하고, 각 형태별 역세척 시 손실수두를 비교하여 설명하시오.

정답

1. 개요

하부집수장치는 여과지 중·하부에 여과블록을 설치하여 여과지를 상부와 하부로 분리하여 상부는 여과재(여과자갈, 여과모래, 안트라사이트 등)를 설치할 수 있는 구조로 하고, 하부는 여과수(정수)를 집수하여 정수지로 보내는 구조이다. 또한 역세척 시 세척수 및 공기를 균등 분배하여 하부에서 상부로 분출시켜 여과재를 세척하는 역할도 하는데, 이러한 기능을 갖도록 설비한 것을 하부집수장치라 하며, 그 기능은 다음과 같다.

1) 여과지를 하부 집수실과 상부 여과실로 분리한다.

2) 상부 여과실에는 설치한 여과재를 지지 보호하며 상·하부로 유출됨을 방지한다.

3) 상부 여과실에서 침전지 월류수를 여과하여 하부 집수실로 보낸다.

4) 하부 집수실로부터 세척수 및 공기를 상부 여과실로 분출시켜 여과재를 깨끗이 세척한다.

5) 여과실 전체에 역세척수 및 공기를 균등압력으로 균일하게 분포시켜서 세척의 효과를 높이는 역할도 매우 중요하다.

2. 종류 및 장단점

종류에는 유공블록형, 스트레이너형, 유공관형, 다공판형 등이 있다.

1) 유공블록형

바닥판에 분산실과 송수실을 갖는 성형블록을 병렬로 연결한 것으로, 블록의 표준형상과 매설상황은 그림 1에 표시된 바와 같다. 이 형식은 오리피스를 통한 2단 구조에 의한 균압효과와 블록상면에 배열된 다수의 집수공에 의하여 평면적으로 균등한 여과와 역세척효과를 기대한 것이다.

유공블록의 장점은 휠러형에 비하여 블록이 가볍고 지주 등이 필요하지 않으므로 시공이 쉽고 압력실이 필요하지 않으므로 구조를 얇게 할 수 있으며 평탄하게 하기 쉬운 점 등이다. 송수실의 단면 크기가 클수록 물 수송 과정에서 균등압력이 유지되므로 집수공의 공경을 크게 하더라도 수량분산의 평면적 균일성을 유지할 수 있어서 결과적으로 하부집수 장치에서 손실수두를 감소시킬 수 있다.

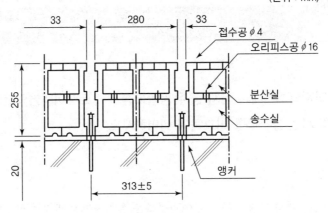

(단위 : mm)

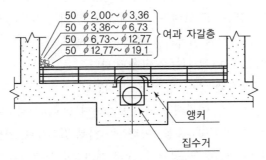

┃ 그림 1. 유공블록형 하부집수장치 예 ┃

2) 스트레이너형

저판상에 매설된 관 또는 지지판에 붙인 스트레이너를 통하여 여과수와 역세척수가 유출입
하게 되는 것으로, 이 표준형상과 매설상황은 그림 2에 표시한 바와 같다. 관에 부착할 경우
에는 관과 물이 유출입하는 집수거를 여과지 중앙에 설치한다. 관은 내구성이 좋은 것으로
하고, 부착할 때에는 스트레이너의 최하공 근처까지 콘크리트를 충전하여 물이 정체되는 부
분을 없애야 하며 스트레이너가 관에서 빠지지 않도록 충분히 고정해야 한다.

스트레이너의 간격이 너무 넓으면 균등한 여과와 세척이 이루어지지 않고 너무 좁으면 비경
제적이다. 지금까지의 경험으로 보면 10~20cm가 적당하다. 그리고 스트레이너의 부착 높
이가 동일하도록 설치해야 한다.

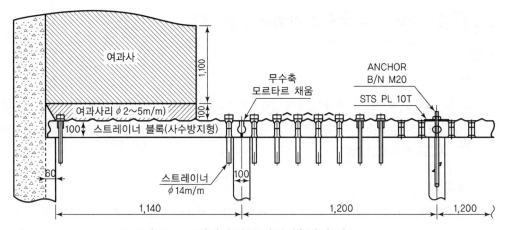

‖ 그림 2. 스트레이너 블록 하부집수장치 예 ‖

스트레이너형은 여과지 바닥의 지주 위에 스트레이너를 삽입한 블록을 병렬 배열하고, 여과지 바닥과 블록 사이에는 압력수실이 있는 것으로, 경제적이면서 제작과 시공이 용이하고, 정밀 시공 시 균등 여과 및 균압에 의한 역세척이 가능한 이점은 있으나, 역세척 시 손실수두가 크며, 시공 시 평판성의 유지가 어려워 균등한 역세척이 어렵고, 여과사로 인한 스트레이너 구멍의 폐쇄가 우려되며, 내구연한이 짧은 단점이 있다.

또한 역세척(air scouring)할 때에 여과사 하부의 각 분배관 사이에 사수부(dead space)가 발생하여 역세척 효율이 떨어진다.

3. 각 형태별 역세척 시 손실수두

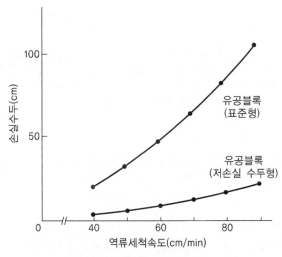

‖ 하부집수장치의 손실수두 ‖

일반적으로 역세척 속도에 따라 일차방적식의 크기로 손실수두가 증가한다.

문제 02 우수조정지의 용량 산정방법을 설명하시오.

정답

1. 정의

도시화 등에 의해 우수유출량이 증대되었지만 하류의 배수시설(관로, 펌프장)의 우수 배제능력이 부족하거나 방류수역의 유하능력이 부족할 경우에 우수량을 일정시간 저류시켜 방류하는 시설을 우수조정지라고 한다.

2. 설치위치

우수조정지는 ① 기존관(하류부)의 우수 배제능력이 부족한 경우, ② 배수펌프장에서 펌프능력이 부족한 경우, ③ 방류수역의 유하능력이 부족한 경우에 우수배제 및 유하능력이 부족한 부분의 전단에 설치한다.

설치하는 경우	분류식 하수도	합류식 하수도
기설관거 등의 능력부족	유량 조정이 필요한 구역 / 우수 조정지 / 배수 구역 / 능력이 부족한 관거 / 방류 수로	(◪는 우수토실) 배수 구역 / 유량 조절이 필요한 구역 / 우수 조정지 / 능력이 부족한 관거 / 방류 수로 등 / 처리장
펌프장의 능력부족	우수 조정지 / 배수 구역 / 능력이 부족한 펌프장 / 방류 수로	유량 조정이 필요한 구역 / 우수 조정지 / 능력이 부족한 펌프장 / 배수 구역 / 방류 수로 등 / 처리장
방류수로 등의 능력부족	배수 구역 / 하수로 / 우수 조정지 / 연결 수로 / 방류 수로	유량 조절이 필요한 구역 / 배수 구역 / 우수 조정지 / 연결 수로 / 펌프장 / 처리장 / 방류 수로 등

‖ 우수조정지의 설치 예 ‖

3. 구조

우수조정지의 구조형식은 댐식(제방높이 15m 미만), 굴착식 및 지하식으로 한다.

4. 용량 산정방법

용량은 계획강우에 따라 발생하는 첨두유량을 우수조정지로부터 하류로 허용되는 방류량까지 조절하기 위해 필요한 용량으로, 그 산정은 우수조절계산에 따른다.

우수조절계산은 연속식으로 하는데 그 기본식은 식(1)과 같다.

$$\frac{dV}{dt} = Q_i - Q_o \quad \cdots\cdots\cdots\cdots\cdots\cdots\cdots\cdots\cdots (1)$$

우수저류는 우수조정지에 수평으로 저류하는 것으로 하여 수치계산은 식(1)의 중앙차분식인 식(2)에 의한다.

$$V(t+\Delta t) - V(t) = \left[\frac{Q_i(t+\Delta t) + Q_i(t)}{2} - \frac{Q_o(t+\Delta t) + Q_o(t)}{2}\right] \cdot \Delta t$$

$$\cdots\cdots\cdots\cdots\cdots\cdots\cdots\cdots\cdots (2)$$

여기서, Q_i : 우수조정지로 유입되는 유량(m^3/s)

Q_o : 우수조정지에서 방류되는 유량(m^3/s)

V : 우수조정지의 저류량(=f(H), 저류우수의 수심 H의 관계로부터 주어진다.)(m^3)

Δt : 계산시간의 길이(유달시간 tc 또는 tc/2 정도로 한다.)(s)

$t, t+\Delta t$: 계산시각을 나타내는 첨자

또한 Q_o는 오리피스의 형상에 따라 달라지지만 H의 범위에 따라 식(3)과 같이 된다.
(그림 1 참고)

$$H \leq 1.2D \quad Q_o = (1.7 \sim 1.8)B \cdot H^{3/2}$$

$$H \geq 1.8D \quad Q_o = C \cdot B \cdot D\left[2g\left(H - \frac{D}{2}\right)\right]^{1/2} \quad \cdots\cdots\cdots\cdots\cdots (3)$$

1.2D < H < 1.8D H =1.2D의 Q_o와 H =1.8D의 Q_o를 이용한 직선근삿값으로 한다.

여기서, C : 유량계수로 종모양(bell mouth)이 있는 경우 0.85~0.95, 없는 경우 0.6

B : 방류오리피스의 폭(m)

D : 방류오리피스의 높이(m)

g : 중력가속도(=9.8m/s²)

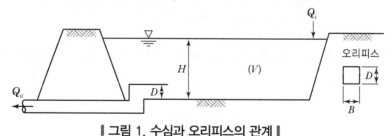

‖ 그림 1. 수심과 오리피스의 관계 ‖

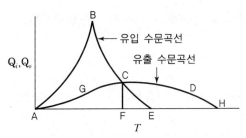

┃그림 2 유입 및 유출 수문곡선 ┃

따라서 우수조절계산은 $H-V$곡선(수위-저류량곡선)과 식(3)에 의한 $H-Q_o$곡선(수위-방류량곡선)에서 작성된 $V-Q_o$곡선(저류량-방류량곡선)과 식(2)를 연립시켜 반복하여 계산한다.

필요한 조절용량은 그림 2에 나타낸 것과 같이 하류에서 허용되는 방류량이 CF일 때, 유입유량도(hydrograph)의 ABCE에서 방류 오리피스로부터 유출유량도(hydrograph) AGCDH를 초과하는 부분의 면적, 즉 ABCGA의 수량을 저류할 수 있는 용량이 된다.

또한, 우수조절계산에서 연속식으로 수치계산을 할 수 없을 경우에는 필요한 조절용량을 개략적으로 구하기 위해 간이식으로서 식(4)를 이용한다. 식(4)는 이미 설치된 하류수로의 유하능력이 비교적 큰 경우에는 조절용량이 크게 되는 경향이 있으므로 조절용량 및 방류 오리피스 크기를 개략적으로 검토하기 위해 사용된다.

$$V_t = 60\left(r_i - \frac{r_c}{2}\right) \cdot \frac{t_i \cdot f \cdot A}{360} \quad\cdots\cdots\cdots\cdots\cdots\cdots\cdots\cdots\cdots\cdots\cdots\cdots(4)$$

여기서, V_t : 필요한 조절용량(m³)

r_i : 강우강도곡선상의 t_i에 대응하는 강우강도(mm/h)

r_c : 하류로 허용되는 방류량 Q_c에 상당하는 강우강도($=360\,Q_c/f\cdot A$)(mm/h)

t_i : 임의의 강우지속시간(min)

A : 유역면적(ha)

f : 유출계수

i : 지속시간을 표시하는 첨자

또한, 펌프에 의한 배수의 경우에는 펌프의 배수능력이 r_c이면 식(4)의 $r_c/2$를 r_c로 치환하여 계산한다.

문제 03 기존 하수처리장에 고도처리시설을 설치 시 고려사항과 추진방식 2가지를 설명하시오.

정답

1. 개요

고도처리란 통상의 유기물 제거를 주목적으로 하는 2차 처리로 얻어지는 처리수 수질이상을 얻기 위해서 행하는 처리이다.

2. 고도처리시설 설치 시 고려사항

1) 고도처리시설 설치 필요성 검토

기술진단 결과 방류수 수질기준을 준수하지 못하거나 유역하수도 정비계획에 따른 방류수 수질기준을 강화할 필요가 있는 경우에 고도처리시설 설치를 추진한다.

2) 중복투자 등 경제성 검토

① 기존시설에 고도처리시설을 도입하는 경우 동일공법, 유사규모 처리장의 운영실태를 분석하여 운전개선방식으로 추진이 곤란한 경우에 한해 시설개량방식으로 추진한다.

② 시설개량방식으로 고도처리시설을 설치하고자 할 때에는 기존 공법의 문제점 등을 검토하여 경제적인 방법으로 고도처리시설을 계획하여야 한다.

③ 기존 공공하수처리시설에 고도처리시설을 설치할 경우에는 부지여건을 충분히 고려하여 고도처리시설 설치계획을 수립하여야 한다.

④ 기존 공공하수처리시설 부지확장의 한계성 등 입지여건을 최대한 고려하여 처리효율 및 경제성이 비슷할 경우에는 부지가 가급적 적게 소요되는 고도처리시설을 선정한다.

⑤ 기존시설에 고도처리시설 설치 시 기존 시설물 처리공정을 최대한 활용하여 중복투자가 발생하지 않도록 하여야 한다.

⑥ 고도처리 공법을 선정할 때에는 LCC(Life Cycle Cost)에 의하여 공법 선정의 타당성을 검토하고, 그 검토 결과에 따라 하수처리공법(당해 공법에 수반되는 기자재 포함) 선정사유를 설계보고서에 구체적으로 제시하여 설계자문을 받아야 한다.

⑦ 공공하수처리시설을 증설하면서 고도처리시설을 설치하는 경우에는 기존 시설과의 연계성 및 오염물질 제거효율이 우수하고 유입수량과 수질의 변동에 유연하게 대응할 수 있는지 여부를 검토하여 선정한다.

3) 기존 처리공정 특성 검토

① 유기물질(BOD, COD) 항목만 처리효율 향상이 필요할 경우

㉠ 표준활성슬러지법과 호환성이 가장 용이한 A_2/O와 비교 시 처리효율면에서 거의 유사하고 오히려 ASRT(호기상태의 미생물체류시간)의 축소로 BOD 제거율이 저하되

는 경우 발생

ⓛ 고도처리방식은 운전개선방식으로 추진하는 방안을 우선적으로 검토
- 노후설비의 교체 및 개량
- 유량조정시설 및 전처리시설 기능 강화
- 운전모드 개선(폭기조 관리)
- 하수찌꺼기(슬러지) 처리계통 기능 개선(구내 반송수 관리)
- 연계처리수(분뇨, 축산, 침출수 등)의 효율적 관리

② 부유물질(SS) 항목만 처리효율 향상이 필요할 경우
- ㉠ 운전개선방식으로 사업을 추진할 경우
  - 유량조절기능 및 전처리설비 개선
  - 하수찌꺼기(슬러지) 처리설비 기능 개선(구내 반송수 관리)
  - 이차침전지 용량 및 구조개선(경사판·정류벽 설치 등)
- ㉡ 시설개량방식으로 사업을 추진할 경우
  - 운전개선방식에 의한 사항을 검토하여 반영
  - 침전지 용량 증설 및 여과시설 설치 등

③ T-N 항목만 처리효율 향상이 필요할 경우
- ㉠ T-N은 기존시설로는 제거효율이 낮으므로 새로운 처리공정 도입을 위하여 시설개량방식으로 추진하는 방안 검토
  - 운전개선방식을 우선적으로 검토하여 반영
  - 기존 포기조의 수리학적 체류시간(HRT)이 6시간 이상일 경우에는 기존 공공하수처리시설과 호환성이 있는 MLE, A_2/O 계열 등의 공법으로 변경하는 것이 바람직하므로 이를 우선적으로 검토
  - 기존 포기조의 수리학적 체류시간(HRT)이 6시간 이하이거나 유입 T-N이 고농도일 경우는 반응조 증설방안 등을 검토하되 우선적으로 연계처리수의 처리대책(설계시 T-N 유입하수오염부하량의 10% 이내) 관리를 검토
  - 표준활성슬러지법을 SBR(Sequencing Batch Reactor)로 시설을 개량할 경우에는 기존 시설의 사장화가 발생되므로 반드시 지양

④ T-P 항목만 처리효율 향상이 필요할 경우

T-P의 경우에는 생물학적 처리방식과 화학적 처리방식에 대한 경제성, 효율성을 비교·평가한 후 결정하고, T-P 처리로 인한 기존 공정에 미치는 영향을 고려하여 대책을 수립한다.

⑤ 동시에 T-N과 T-P 항목의 처리효율 향상이 필요할 경우

기존 공공하수처리시설에서 동시에 T-N 및 T-P 항목의 처리효율 향상이 필요할 경우에는 상기의 처리방식을 선택한다.

4) 유입수질 범위별 성능보증 방안 검토

① 신기술의 경우 유입수질 범위별(현재 수질, 장래 수질)로 각 공정별 성능보증수질을 제시하고, 보증확약서를 반드시 설계단계에서 제출하도록 하여야 한다.(물질수지도 포함)

② 신기술로 등록된 공법을 도입하고자 하는 경우, 공공하수처리시설의 유입수질조건 및 운전조건이 신기술 지정 시 및 기술 검증 시 제시한 조건과 상이할 때에는 이에 대한 대책방안을 마련하여 설계 자문 시 제시하여야 한다.

5) 여과시설 필요성 재검토

① 신기술 지정 또는 검증 시 여과시설을 별도로 설치하지 아니하고도 보증수질(또는 방류수 수질 기준) 이내로 처리할 수 있는 공법을 선정하는 경우에는 후단에 여과시설을 추가로 설치하여 예산을 낭비하는 일이 없도록 하여야 한다.

② 다만, 수질오염총량제 할당부하량 준수, 수질관리상 신기술 지정 또는 검증 시보다 더 엄격한 수질을 방류할 필요가 있는 경우 등 여과시설 설치가 필요한 때에는 여과시설을 설치할 수 있다.

3. 추진방식

기존 하수처리시설의 고도처리시설 설치사업 추진방식에는 2가지가 있다.

1) 운전개선방식(Renovation) : 기존처리공법 유지 또는 수정

① 운영실태 분석결과 기존 공공하수처리시설의 성능이 양호하여 운전방식개선 및 일부 설비 보완 등으로 강화된 방류수 수질기준 준수가 가능한 경우

② 기존 운영 중인 공공하수처리시설 중 상당수는 유입유량의 조절, 포기방식의 개선, 구내 반송수 등 하수찌꺼기(슬러지) 계통의 운영개선, 연계처리수의 효율적 관리, 여과시설 설치 등의 조치만으로도 수질기준 준수 가능

2) 시설개량방식(Retrofitting) : 기존 처리공법 변경

기존 공공하수처리시설의 성능이 운전방식의 개선 및 설비의 보완만으로는 강화된 방류수수질기준 준수가 곤란하여 처리공법 변경이 필요한 경우

문제 04 하수처리 시 발생되는 슬러지의 안정화에 대하여 다음 항목을 설명하시오.

1) 슬러지 안정화의 목적
2) 호기성 소화와 혐기성 소화의 처리개요 및 장단점

정답

1. 슬러지 안정화의 목적

슬러지 안정화의 목적은 ① 병원균의 감소, ② 악취의 제거, ③ 부패성의 억제, 감소 또는 제거하는 데 에 있다. 이러한 목적 달성의 성공 여부는 안정화 조작, 즉 슬러지 중의 휘발성 물질인 유기물 부분의 처리방법에 관계된다. 슬러지 중의 유기물 부분에서 미생물이 번식하게 되면 병원균이 잔류하고 악취가 나며 부패가 일어나게 된다.

슬러지 안정화 기술에는 염소산화, 석회안정화, 열처리, 혐기성 소화, 호기성 소화 등이 있다.

2. 호기성 소화

1) 목적

① 미생물의 내성호흡을 이용하여 유기물의 안정화 도모
② 슬러지 감량화뿐만 아니라 차후 처리 및 처분에 알맞은 슬러지 생성

2) 호기성 미생물의 최종 생성물

주로 CO_2, H_2O, 미생물 분해가 안 되는 polysaccharides, humicellulose, cellulose로 구성 소화 중 생성 암모니아는 아질산 및 질산으로 산화되어 알칼리도를 파괴하며 pH 저하를 가져온다. 그러므로 알칼리도가 부족한 경우에는 보충이 필요하다.

3. 혐기성 소화

1) 혐기성균의 활동에 의해 슬러지가 분해되어 안정화되는 것

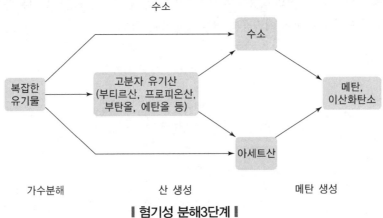

┃ 혐기성 분해3단계 ┃

PART 08

① 가수분해(Hydrolysis)

복합 유기물 → Longchain acid, 유기산, 당 및 아미노산 등으로 발효되어 결국 Propionic, Butyric, Valeric acids 등과 같은 더 작은 산으로 변화 → 이 상태가 산 생성 단계

② Acid Fermentation(산 발효)
- 산 생성 Bacteria는 임의성 혐기성균, 통성 혐기성균 또는 두 가지가 동시 존재
- 산 생성 박테리아에 의해 유기산 생성공정에서 CH_3COOH, H_2, CO_2 생성
- H_2는 산생성 Bacteria 억제자 역할
- H_2는 Fermentative bacteria와 H_2 − producing bacteria 및 Acetogenic bacteria (H_2 − utilizing bacteria)에 의해 생성
- CH_3COOH는 H_2 − Consuming bacteria 및 Acetogenic bacteria에 의해 생성되며 H_2는 몇몇 bacteria의 에너지원이고 축적된 유기산을 $CO_2 \uparrow$, CH_4로 전환시키면서 급속히 분해한다.
- H_2 분압이 10^{-4}atm이 넘으면 CH_4 생성이 억제되고 유기산 농도 증가
- 수소분압의 유지 필요(10^{-4}atm 이하) → 공정지표로 활용

③ 메탄 발효 단계

$$4H_2 + CO_2 \rightarrow CH_4 + 2H_2O$$
$$CH_3COOH \rightarrow CH_4 + CO_2$$

- 유기물 안정화는 초산이 메탄으로 전환되는 메탄 생성과정 중 발생
- 생성된 CO_2는 가스상태 또는 중탄산 알칼리로도 전환
- Formic Acid Acetic Acid Methanol 그리고 수소 등이 다양한 메탄 생성균의 주된 에너지원

반응식(McCarty에 의하면 체류시간 20일)

$$C_{10}H_{19}O_3N \rightarrow 5.78CH_4 + 2.47CO_2 + 0.19C_5H_7O_2N + 0.81NH_4 + 0.81HCO_3$$

210g의 하수슬러지 5.78mols(129liter) 메탄과 0.19 mols(21.5g) 미생물 및 0.81mols (40.5g as $CaCO_3$) 알칼리도 생성

2) 공정영향 인자
① Alkalinity : pH가 6.2 이하로 떨어지지 않도록 충분한 알칼리 확보 일반적(1,000~5,000mg/l)
② 온도 : 고온소화(55~60℃), 중온소화(36℃ 전후)
③ pH : 6~8(6.6~7.6) 정도
④ 독성물질 : 알칼리성 양이온, 암모니아, 황화합물, 독성유기물 그리고 중금속

4. 장단점

구분	호기성 소화	혐기성 소화
장점	• 최초 시공비 절감 • 악취 발생 감소 • 운전 용이 • 상징수의 수질 양호 • 체류시간이 짧음	• 유효자원 메탄 생성 • 소화슬러지 탈수성 양호, 처리 후 슬러지 생성량 적음 • 고농도 배수처리 가능 • 동력비 및 유지관리비 적음
단점	• 소화슬러지 탈수 불량 • 동력비 과다 • 유기물 감소율 저조	• 높은 온도(35℃ or 55℃) 유지 필요 • 상등액 BOD 높음 • 초기 적응 시간 긺 • 시설비가 많이 듦 • 암모니아와 H_2S에 의한 악취 문제

문제 05 하천의 용존산소 하락곡선(DO sag curve)에 대하여 설명하시오.

정답

1. 개요

하천에 유기오염 물질이 유입되면 미생물의 유기물 분해작용에 의한 산소소모와 재포기에 의한 산소 공급으로 인해 수중의 용존산소 변화는 스푼모양으로 나타난다.

용존산소 하락곡선(DO sag curve)은 하천수의 용존산소 변화를 시간 또는 거리에 따라 측정하여 가로축에 시간 또는 거리, 세로축에 용존산소농도를 나타낸 곡선을 말한다.

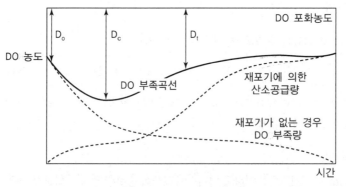

D_o : 초기 용존산소 부족량, D_c : 임계 용존산소 부족량, D_t : 용존산소 부족량

┃ 용존산소 하락곡선 ┃

2. 계산식

1) t일 후의 용존산소 부족농도

$$D_t = \frac{k_1 L_o}{k_1 - k_2}\left(e^{-k_1 t} - e^{-k_2 t}\right) + D_o \cdot e^{-k_2 t}$$

여기서, D_t : t일 후의 용존산소 부족량(mg/l)

L_o : BOD_o(mg/l)

D_o : 초기 DO 부족량(mg/l)

k_1 : 탈산소 계수(day^{-1})

k_2 : 재폭기 계수(day^{-1})

2) 최대 산소부족량(임계 부족량)

$$D_o = \frac{L_o}{f} 10^{-k_1 t_c}$$

여기서, f : 자정 계수($=k_2/k_1$)

t_c : 임계시간(day)

3) 임계시간

$$t_c = \frac{1}{k_2 - k_1} log\left[\frac{k_2}{k_1} - \left(1 - \frac{D_o(k_2 - k_1)}{L_o \cdot k_1}\right)\right]$$

4) 자정계수

자정계수(f)가 커지는 조건

① 온도가 낮을수록 : 재폭기 계수가 커지고 탈산소 계수가 작아짐

② 수심이 낮을수록 : 재폭기 계수가 커짐

③ 유속, 난류, 구배가 클수록 : 재폭기계수가 커짐

3. 기본가정조건

1) 하천에 방출되는 오염물질은 축방향으로 하천단면에 균일하게 분산되어 혼합된다.

2) 하천은 정상상태이다.

3) 조류의 광합성에 의한 수중의 산소변화는 무시한다.

4) 하천퇴적층의 유기물 분해는 고려하지 않는다.

5) 유기물의 분해는 1차 반응이다.

6) 하천의 흐름 방향으로는 분산이 없다.

문제 06 지구상 질소 순환을 설명하시오.

정답

1. 개요

질소는 인과 함께 원생생물과 식물의 성장에 필수적인 것으로서 영양물 또는 생물촉진제라 한다. 폐수의 생물학적 처리 가능성을 평가하고자 할 때 질소에 관한 자료가 필요하다. 질소의 양이 부족하면 첨가해주어야 한다. 또한 물을 활용하기 위하여 조류의 성장을 조절하려면 폐수속의 질소를 제거하거나 감소시켜 처리수를 방류해야 할 것이다.

질소(N_2)는 대기의 약 78%를 차지하고 있지만, 대부분의 생물은 이를 직접 이용하지 못하며, 일부 미생물들만이 직접 대기 중의 질소를 이용할 수 있다.

2. 질소의 순환

자연 중에 존재하는 질소의 변환과정은 다음과 같다.

1) 질소 고정 및 방전

질소 고정 세균에 의해 대기 중의 질소(N_2)가 암모늄 이온(NH^{4+})으로 전환되는 과정이다. 대기 중의 질소는 뿌리혹박테리아, 아조토박터 등 질소 고정 세균에 의해 암모늄 이온(NH^{4+})으로 고정되거나, 공중 방전에 의해 질산 이온(NO_3^-)으로 된다.

2) 질산화 과정

토양 속 일부 암모늄 이온은 아질산균과 질산균 같은 질화 세균에 의해서 이온(NH^{4+})이 아질산 이온(NO_2^-), 질산이온(NO_3^-)으로 산화된다.

$NH^{4+} \rightarrow$ (아질산균) $\rightarrow NO_2^- \rightarrow$ (질산균) $\rightarrow NO_3^-$

3) 질소 동화작용

식물이 토양 속의 무기 질소 화합물을 흡수하여 단백질, 핵산, 인지질 등의 유기 질소 화합물을 만드는 작용이다.

유기물 속의 질소는 먹이 사슬을 따라 소비자 쪽으로 이동한다.

4) 질소 분해

동식물의 사체나 배설물 속의 유기 질소 화합물은 분해자에 의해 암모늄 이온으로 분해되어 토양으로 되돌아간 후 식물에 다시 흡수되거나 질화 세균에 의해 질산 이온으로 전환되어 이용된다.

5) 탈질작용

토양 속 질산 이온의 일부는 탈질소 세균에 의해 질소 기체로 되어 대기 중으로 돌아간다.

3. 질소 순환 경로도

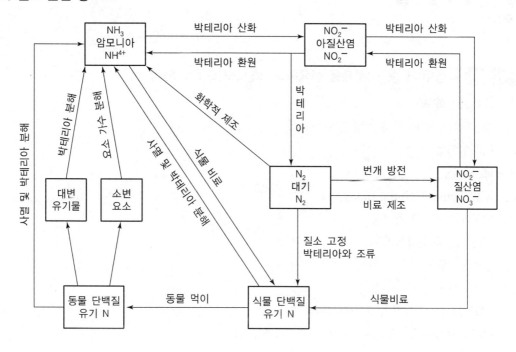

▪▪ 1교시 다음 문제 중 10문제를 선택하여 설명하시오.(각 10점)

1. 스마트소화조
2. 양분(질소, 인)수지와 지역 양분관리제
3. 정석탈인법
4. Monod식
5. SVI(Sludge Volume Index)
6. 완충저류시설 설치대상
7. 생태독성 배출허용기준
8. 물이용부담금
9. 전기전도도
10. BMP(Biochemical Methane Potential)
11. 산화환원전위(Oxidation Reduction Potential)
12. 수리전도도(Hydraulic Conductivity)
13. Autotrophic과 Heterotrophic 비교 설명

▪▪ 2교시 다음 문제 중 4문제를 선택하여 설명하시오.(각 25점)

1. 수중에 존재하는 고형물에 대하여 설명하시오.
2. 싱크홀(Sinkhole)의 종류, 발생원인, 방지대책에 대하여 설명하시오.
3. 정삼투압법(FO ; Forward Osmosis)과 압력지연삼투법(PRO ; Pressure Retarded Osmosis) 의 원리에 대하여 설명하고, 정삼투압법에 적용되는 막 모듈(膜Module)의 종류 및 특징에 대하여 설명하시오.
4. BTEX에 의한 지하수 오염이 심각해지고 있다. BTEX의 주요 오염원은 무엇이고, 지하수에 유입되었을 경우, 지하수 내 이동특성 및 정화방법을 설명하시오.
5. '제3차 지속가능발전 기본계획(2016−2035)'의 '건강한 국토환경' 목표의 추진전략 중 '깨끗한 물 이용보장과 효율적 관리'를 위한 이행과제를 설명하시오.
6. '생태하천복원사업 업무추진지침(환경부, 2017. 12)'의 생태하천복원 기본방향을 설명하시오.

▪▪3교시 다음 문제 중 4문제를 선택하여 설명하시오.(각 25점)

1. 유역통합관리의 도입배경 및 깨끗한 물 확보 방안에 대하여 설명하시오.

2. 하수슬러지의 자원화 방안에 대하여 설명하시오.

3. 응집의 원리를 Zeta-potential과 연계시켜 설명하고, 최적 응집제 선정 시 고려사항에 대하여 설명하시오.

4. 생물학적 탈질조건을 제시하고, 전탈질과 후탈질의 장단점을 비교하시오.

5. '가축분뇨공공처리시설 설치 및 운영관리지침(2018. 9, 환경부)'의 설치타당성조사를 설명하시오.

6. 물순환 서도도시에 대하여 설명하시오.

▪▪4교시 다음 문제 중 4문제를 선택하여 설명하시오.(각 25점)

1. 유수율의 정의와 유수율의 제고방안에 대하여 설명하시오.

2. 정수처리 공정별 조류대응 방안을 평상시와 조류 대량 발생 시로 구분하여 설명하시오.

3. 생물반응조의 2차 침전지에서 슬러지 벌킹(Bulking)을 야기하는 사상균의 제어방법에 대하여 설명하시오.

4. 해수담수화 방법 중 전기흡착법(CDI ; Capacitive Deionization), 전기투석법(ED ; Electro-dialysis), 막증발법(MD ; Membrane Distillation)에 대하여 설명하시오.

5. 하천 생활환경 기준의 등급별 기준 및 수질·수생태계 상태를 설명하시오.

6. 환경책임보험에 대하여 설명하시오.

수질관리기술사

제117회 | **1교시**

문제 01 스마트소화조

정답

1. 정의

각각의 하수슬러지, 음식물폐기물, 축산분뇨 등 유기성 폐자원을 개별적으로 처리함에 따라 에너지화 효율이 낮고(하수슬러지 에너지효율 35% 이내), 염분으로 퇴비·사료 품질도 낮으며, 음식물폐수로 인한 하수처리장 처리부하도 가중되고 있다.

스마트소화조란 하수슬러지·음식물폐기물·축산분뇨를 단일 소화조에서 통합처리해 에너지효율을 획기적으로(약 65% 수준) 끌어올리는 유기성 폐자원을 자원화하는 소화조를 말한다.

2. 스마트소화조 예

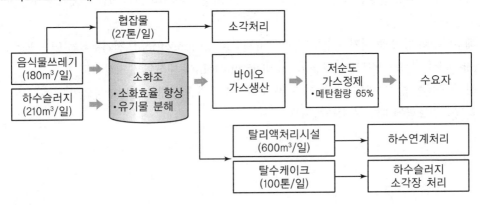

문제 02 양분(질소, 인)수지와 지역 양분관리제

정답

1. 양분수지

양분수지(Nutrient Budget)란 일정 범위의 농경지에서 발생한 양분(질소·인)의 유입량과 유출량의 차이를 계량화한 것으로 농가수지, 토양수지, 토지수지 등 3가지 방법으로 산정해낼 수 있다.

2. 양분관리제

양분관리제란 토양의 영양물질 투입 현황을 영양물질수지 지표를 산출하여 파악하고, 잉여 양분으로 인한 토양, 지표수 및 기저유출의 수질 등의 영향을 파악하여 영양물질 적정량을 설정한 다음 초과 발생된 일정 물량을 공공처리를 유도하고 축산환경관리원 등을 통해 관리하는 것을 말한다.

3. 도입배경

농·축산업 분야 오염원 중점관리의 하나로 제2차 물환경관리 기본계획에 의거 오염총량제가 상수원 수질개선의 핵심수단이 되도록 가축분뇨관리 선진화와 함께 양분관리제를 도입하게 되었다.

문제 03 정석탈인법

정답

1. 개요

인산이온, 칼슘이온, 수산화물 이온의 반응으로 난용해성 하이드록시아파타이트를 생성시켜 하수 중의 인을 제거하는 방법이다.

2. 반응식

인의 제거원리는 정(正)인산이온이 칼슘이온과 반응하여 난용해성 $Ca_{10}(OH)_2(PO_4)_6$의 결정(晶析)을 만들고 수중의 인을 제거한다.

본법에 있어서 하이드록시아파타이트의 제거메커니즘은 어느 물질의 과포화용액에 그 물질의 결정을 넣으면 용질이 결정을 핵으로 하여 석출하는 원리를 응용한 것이다. 반응식은 다음과 같다.

$$10Ca_2^+ + 6PO_4^{3-} + 2OH^- \rightarrow Ca_{10}(OH)_2(PO_4)_6$$

문제 04 Monod식

정답

1. 개요

Monod식은 미생물의 성장을 기술하는 수학적 모형이다. Michaelis-Menton 효소속도론과 형태가 같으나, 효소속도론은 경험식, Monod식은 이론에 바탕을 둔다.

2. Monod식

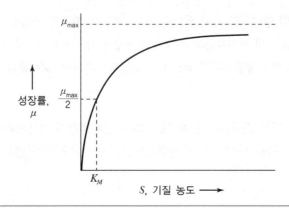

$$\mu = \mu_{\max} \times \frac{S}{K_s + S} \ \cdots\cdots [T^{-1}]$$

여기서, μ : 세포의 비증식 계수(속도)(T^{-1})

$\mu_{\max}$: 세포의 최대 비증식 계수(속도)(T^{-1})

S : 제한기질의 농도$(M_s L^{-3})$

K_s : 반포화농도, 즉 $\mu = \frac{1}{2}\mu_{\max}$ 일 때 제한기질(S)의 농도$(M_s L^{-3})$

$\mu_{\max},\ K_s$는 경험상수로 서로 다른 종 사이에서도 주변 환경 상태에 따라 다르다.

3. 활용 예

기질소비율과 비성장속도 사이의 관계

$$r_{su} = \frac{-\mu X}{Y}$$

여기서, X : 총 생물량(total biomass) (비성장속도 μ가 총 생물량으로 규격화됨)

Y : 수율계수

r_{su} : 기질 소비율

실제 응용 시 $[S/(K_s + S)]$ 꼴을 갖는 여러 개의 항을 곱하여 복수의 성장인자가 제한 요인으로 동작할 경우를 고려하기도 한다(예를 들면, 유기물과 산소는 종속영양균에게 둘 다 필요하다).

문제 **05** SVI(Sludge Volume Index)

정답

1. 개요

슬러지의 침강농축성을 나타내는 지표이다.

2. 측정방법

포기조의 혼합액을 1L메스실린더에서 1L의 활성슬러지를 30분 동안 침전시켰을 때 침전된 슬러지 1g이 차지하는 부피를 mL로 나타낸 값

$$SVI = SV30\% \times \frac{10,000}{MLSS농도} (mg/L)$$

> 여기서, SV30% : 용적 1L의 메스실린더에 시료를 30분간 정체시킨 후의 침전슬러지양을 그 시료량에 대한 백분율로 표시한 것

3. 기타

폭기조에서 SVI값이 MLSS농도가 2,000~3,000mg/L이면 일반적으로 80~150일 때 슬러지 침강성이 양호하다.

＊ SDI : Sludge Density Index

포기조의 혼합액을 30분간 정치시킨 후 침전한 혼합액 100mL 중에 포함된 활성슬러지 고형물을 그램수로 나타낸 것

$$SDI = \frac{100}{SVI}$$

$$SDI = \frac{MLSS농도}{100} \times SV30\%$$

문제 **06** 완충저류시설 설치대상

정답

1. 개요

완충저류시설이란 공업지역 또는 산업단지 내 사고 및 화재 등으로 인한 사고유출수 및 초기우수를 저류하는 시설을 말하며 유입시설, 협잡물제거시설, 저류시설, 배출 및 이송시설, 부대시설 등으로 구성된다.

2. 설치대상

1) 면적 150만m² 이상인 공업지역 또는 산업단지

2) 특정수질유해물질이 포함된 폐수의 배출량이 1일 200톤 이상인 공업지역 또는 산업단지

3) 폐수배출량 1일 5천 톤 이상인 경우 아래 지역에 위치한 공업지역 또는 산업단지

   ① 배출시설 설치제한 지역(물환경보전법 시행령 제32조)

   ② 한강, 낙동강, 금강, 영산강, 섬진강, 탐진강 본류의 경계로부터 1km 이내인 지역

   ③ 한강, 낙동강, 금강, 영산강, 섬진강, 탐진강 본류에 직접 유입되는 지류로부터 0.5km 이내인 지역

4) 유해화학물질의 연간 제조·보관·저장·사용량이 1천 톤 이상이거나 면적 1m²당 2kg 이상인 공업지역 또는 산업단지

문제 07 생태독성 배출허용기준

정답

1. 생태독성이란

1) 산업폐수 등이 실험대상 생물체에 미치는 급성독성 정도를 나타낸 것

2) 실험대상 물벼룩을 실험수에 투입하여 24시간 후의 치사 또는 유해율을 측정하여 TU 단위로 표현

2. 배출허용기준

1) 폐수종말처리시설은 TU 1 이하

2) 공공하수처리시설은 TU 1 이하

▼ 배출허용기준

구분		지역	기준
1, 2종 사업장		모든 지역	TU 1
3, 4, 5종 사업장		청정	TU 2
생태독성이 높은 배출시설	섬유염색 및 가공시설	가, 나, 특례	TU 2
	기타 분류되지 아니한 화학제품 제조시설		
	도금시설		
	기초 무기화학물질 제조시설		
	합성염료 유연제 및 기타 착색제 제조시설		

문제 08 물이용부담금

정답

1. 개요

물이용부담금 제도는 상류지역의 상수원보호를 위한 재산권 행사 제한이나 수질개선사업 추진 비용 등을 하류지역도 함께 분담하여 공영·공생의 유역공동체를 만들기 위한 제도이다. 즉, 상수원 지역의 주민지원사업과 수질개선 사업에 소요되는 재원을 충당하기 위하여 '사용자 부담 원칙'에 따라 물자원을 이용하는 자가 비용의 일부를 부담하는 것을 말한다.

2. 물이용부담금의 사용처

징수된 물이용부담금은 각 수계관리기금의 재원이 되어 상수원 상류 규제지역의 주민을 지원하고 상수원을 맑고 깨끗하게 가꾸는 데 사용된다.

지원사업으로는 주민지원사업, 환경기초시설 설치·운영사업, 토지매수 및 수변구역관리사업, 오염총량관리사업, 기타 수질개선지원 등 수질 기준에 맞지 않아 마실 수 없는 물이 음용 설비에 유입되지 않도록 하는 일에 사용된다.

문제 09 전기전도도

정답

1. 개요

전도도는 비교적 순도가 높은 물에 대한 파라미터로서 일반적으로 사용되고 있다. 전도는 Microsimens per Centimeter(uS/cm)로 표현되며, 원수 및 일차 정제수의 수질 측정에 사용된다. 저항은 전도도의 역수이며 Megohm-centimeters($M\Omega$·cm)로 표현된다. 물속에서 무기염은 양이온과 음이온으로 구성되어 있으며, 물속 2개의 전극에 전압을 가하면 전류를 발생시킨다. 이때 물속에 이온이 많을수록 전류가 많아지며, 따라서 전도도가 커지게 되고 반대로 저항은 작아지게 된다. 2 uS/cm 이하의 전도도 값은 반드시 온라인으로 측정되어야 한다. 그렇지 않으면 고순도의 물은 주위 환경으로부터, 특히 이산화탄소와 같은 불순물을 급속도로 흡수하게 되어 결과적으로 전도도가 급속하게 올라가게 된다.

2. 전기전도도 기록과 사용처

전기전도도 사용하는 곳은 순수 또는 초순수에서 물의 순도를 결정하기 위해 사용된다. 순수의 최대치는 저항값으로 $18.2M\Omega/cm$ 정도이며 이를 전도도로 환산하면 $0.055\mu s/cm$이다. 전기전도도는 온도차에 의한 영향(약 2%/℃)이 크므로 측정결과값의 통일을 기하기 위하여 25℃에서의 값으로 환산하여 기록한다.

문제 **10** BMP(Biochemical Methane Potential)

정답

1. 개요

Biochemical Methane Potential이란 Owen에 의해 개발된 이후 유기성 폐기물의 잠재 메탄 발생량을 평가하기 위한 목적으로 국내외 많은 연구자들에 의해 사용되고 있다.

2. BMP Test

Biochemical Methane Potential Test는 유기물이 혐기성 조건에서 분해 시 발생할 수 있는 잠재 메탄 발생량을 간단한 회분식 메탄발효조를 통하여 실험적으로 결정하는 방법이다.

BMP Test는 대상폐기물, 혐기성 미생물 그리고 미생물의 성장에 필요한 영양배지를 발효조에 주입한 후 혐기성 상태를 유지한 채 경과시간에 따른 폐기물로부터의 메탄 발생량을 측정하는 방법이다. 일반적으로 중온발효 조건인 $35 \pm 1 ℃$ 온도조건에서 진행되며, 실험 목적에 따라 그리고 연구자들에 따라 사용된 발효조의 크기가 매우 다양하다($0.1 \sim$ 수 L). 실험에 사용되는 혐기성 미생물은 일반적인 하·폐수 처리를 위한 소화시스템에서 채취한 소화슬러지가 사용되나 실험 목적에 따라 연구실에서 특정기질 및 환경조건에서 순수 배양된 미생물을 사용하는 경우도 있다.

문제 **11** 산화환원전위(Oxidation Reduction Potential)

정답

1. 개요

① 어떤 물질이 산화되거나 환원되려는 경향의 세기

② ORP Meter로 측정(pH Meter기에 유리전극 대신 백금전극 사용)

③ $-mV$: 환원상태, $+mV$: 산화상태

2. 이론식

$$E = E_o + \frac{RT}{nF} \ln \frac{[O_x]}{[R_{ed}]} \Rightarrow E = E_o + \frac{0.05915}{n} \log \frac{[O_x]}{[R_{ed}]}$$

여기서, E : 전극전위(V) (E_o는 표준상태 의미) $O_x = R_{ed}$일 때 $E = E_o$

n : 반응에 이동된 전자의 몰(mol) 수

F : Faraday 상수(1F=96,480J/V. mol.e-)

R : 가스정수(8.313J/mo.K)

T : 절대온도(K)

문제 12 수리전도도(Hydraulic Conductivity)

정답

1. 개요

유체가 토양이나 암석 등의 다공성 매체를 통과하는 데 있어서 그 용이도를 나타내는 척도로 사용한다.

2. 표시방법

단위 동수구배하에서 동점성계수를 갖는 단위체적의 지하수가 유선의 직각방향에서 측정한 단위면적을 통해서 단위시간 동안 흐르는 양으로 표시한다.

일반적으로 지하수의 흐름을 정량화하는 데 사용되기 때문에 흙 및 암석의 투수성을 나타내는 계수로 자주 거론되며, 이 경우 "수온이 15℃이고 동수구배가 1일 때 단위 시간에 대수층의 단위 단면적을 통과하는 물의 부피"로 정의된다. 수리전도도는 주어진 매질 자체의 특성과 매질을 통과하는 유체의 성격에 의해 결정되는 함수이며, 다음과 같은 식으로 표시된다.

$$K = \frac{k\rho g}{\mu}$$

여기서, ρ : 유체의 밀도, μ : 유체의 동력학적 점성도
g : 중력가속도, k : 고유의 투수계수

k는 매질의 형태(shape)와 입자의 크기에 따라 변화하고, 나머지 항목은 유체의 특성을 나타낸다.

문제 13 Autotrophic과 Heterotrophic 비교 설명

정답

1. 개요

미생물은 미생물 성장을 위한 탄소원의 획득에 따라 다음과 같이 분류할 수 있다.

① Autotrophic : 독립영양미생물로 CO_2로부터 세포탄소원을 획득하는 미생물

② Heterotrophic : 종속영양미생물로 새로운 미생물 형성을 위한 세포탄소원을 유기물로부터 획득하는 미생물

2. 하·폐수처리 관련 미생물 종류

① **종속영양미생물** : 호기성 산화, 혐기성 산발효, 철환원 미생물, 메탄생성균 등

② **독립영양미생물** : 질산화 미생물, 철산화, 황산화 미생물 등

문제 01 수중에 존재하는 고형물에 대하여 설명하시오.

정답

1. 개요

매년 갈수기 유량 부족으로 하천의 건천화 현상에 따른 수질악화, 수생식물 서식지 감소 등 수생태계 건강성 훼손 문제가 발생되고 있으며, 하천의 경우 홍수조절 및 이수 등의 목적으로 인위적으로 개수되어 왔으며, 그로 인해 인공적인 하천 시설물과 하천 주변의 무분별한 토지이용이 하천을 생태적으로 단절시키고 수생태계를 교란시키는 결과를 가져오게 되었다. 하천의 자정능력을 향상시키고 하천의 정상적인 기능을 회복하기 위해서는 수생생물의 서식환경 조성, 오염원 차단 및 적정 하천유지유량 확보 등의 다양한 조건이 요구되며 환경에 대한 사회적 관심이 증가하면서 하천 생태계를 고려한 환경생태유량의 중요성이 증가하고 있다.

2. 환경생태유량이란

수생태계 건강성 유지를 위하여 필요한 최소한의 유량을 말한다.

3. 환경생태유량 산정방법

환경생태유량산정은 물리적 모형에 의해 하천 흐름을 해석하고 생물 서식지와 연계하여 유량을 산정한다. 현재 국내에서 주로 사용되는 방법은 생태수리모형 분석방법으로 가장 널리 사용되는 모형은 PHABSIM 모형이다.

물리적 서식지 모의시스템(PHABSIM ; Physical Habitat Simulation System)은 흐름(유량 –유속, 수심 등)의 변화에 대한 하도구간 내 대표 어종의 물리적 서식지 변화를 예측하여 가용서식지면적(WUA)–유량관계를 통해 서식에 필요한 최적 유량을 산정하는 데 그 목적이 있다.

4. 환경생태유량 확보방안

1) 기존댐(다목적댐, 농업용 저수지)의 여유물량 활용방법

이 방법은 환경생태유량 확보방안 중 가장 효율적이며 현실적인 방안으로 간주되고 있다. 이 방안은 단기적으로 가장 유력한데, 문제는 기존 댐의 여유물량과 장기적으로 용도별 물의 수요에 대한 정확한 파악이 선행되어야 한다.

2) 수계 간 유량이동방법

이 방법은 가장 단기적으로 실행 가능한 방법이다. 예를 들어, 임하댐의 물을 도수로를 통해 영천댐으로 이동시킨 후 이를 다시 금호강 환경생태개선을 위해 사용하는 것이다. 물론 이 방법은 수원을 확보하는 방법이 아닌 만큼 댐의 여유 물량을 활용하거나 하수처리장의 배수를 활용하는 등 다른 방안과 같이 병행되어 추진되어야 한다. 수계 간 유량이동은 100%의 감수구간을 가져오기 때문에 타 수리이용자들의 권리를 침해할 수 있게 된다. 따라서 이러한 방법을 사용하기 위해서는 수원에 대한 물이용 상황에 대한 철저한 현황조사가 필요하다.

3) 하수처리장 배수의 고도처리 후 환경생태유량으로 재활용하는 방안

환경생태유량의 필요량을 확보하기 위해 하수처리장의 배수를 고도처리하여 이를 다시 환경생태유량으로 활용하는 것도 하나의 방법이 될 수 있다. 그러나 이 방법은 단기적으로 실행되기보다는 중장기적으로 추진될 수 있는 방법으로 경제적인 측면이나 환경보호적인 측면에서 미흡한 부분이 있으며 이 방법은 환경생태유량 확보의 주요한 수단이 되기 어렵고 보조적이며 지역적으로도 상당히 제한적으로 사용될 수밖에 없다. 일반적으로 하수처리장은 하천의 하류지역에 위치하고 있기 때문에 하수처리장의 배수를 하천의 전체 구간에서 환경생태유량으로 사용하기 위해서는 하수처리장의 배수를 고도처리 후 하천상류로 송수하는 시스템이 필요하다. 그런데 하수처리장의 처리수 재이용은 수량 확보가 용이하고 하천수질 개선효과가 있지만, 추가적으로 고도의 처리를 필요로 하는 등 경제적인 측면에서 비효율적인 면이 있다. 다만, 지역적으로 다른 수원에 의존하는 것보다 하수처리장 배수를 이용하는 것이 유리한 경우가 있는데 이러한 특성을 감안하여 하수처리장의 배수를 사용하는 것은 하천의 본류보다는 지천에서 적용하는 것이 바람직하다.

4) 지하수 활용을 위한 빗물의 재활용 방안

빗물의 재활용 방안은 일반적으로 많이 거론되고 있다. 빗물저류수 및 빗물침투수의 이용은 이용범위가 광범위하여 이용량의 증가가 예상되나, 환경생태유량 이용에 있어서는 강우상황에 좌우되기 때문에 정량적인 이용에는 부적절하며, 보조적인 수단에 머무른다. 다만, 빗물침투수는 자연적인 용수를 가져와 자연형 하천 등의 재생, 창출에 적합하여 자연에 순응하는 환경생태유량 이용이 기대되나, 실질적인 측면에서 강우가 많은 시기에는 환경생태유량이 그다지 필요하지 않다는 점에서 공급과 수요에 있어서의 시차가 존재하게 되며, 결과적으로 인위적인 빗물 저장시설이 설치되어야 하는 어려움이 남아 있다. 한편으로 지하수를 환경생태유량으로 이용하는 것은 수환경 개선뿐만 아니라, 그때까지 불분명한 물의 하수도에의 유입을 감소시키기 때문에 효과적이다. 그러나 지하수의 지속가능량, 지하수를 환경생태유량의 사용지역까지 공급할 수 있는 시스템의 설치 등에 따른 효용성 여부가 활용의 관건이 된다. 특히, 계절별 지하수위의 변동과 환경생태유량의 필요시기, 필요량 등을 고려할 때 이 역시 소량의 환경생태유량 사용 또는 보조적인 수단에 머무를 수밖에 없는 한계가 있다.

5) 신규 댐 건설로 환경생태유량을 공급하는 방안

이는 중단기적인 여러 가지 보조적인 수단들에 의해서 환경생태유량의 확보가 불가능한 경우 장기적으로 고려해 볼 수 있는 방안이다. 물론, 환경생태유량의 확보를 위한 댐 건설의 경우 댐건설장기종합계획에 반영되어야 하며 이를 위해서는 수자원장기종합계획에 환경생태유량의 수급에 대한 분석과 계획이 반영될 필요가 있다. 신규 댐 건설로 환경생태유량을 공급할 경우 대규모 다목적댐의 건설이 필요한 것이 아니라 중소규모댐으로 충분하다고 여겨진다. 일본의 경우에도 단지 홍수를 조절하면서 레크리에이션을 위한 유량 확보 목적으로 댐을 건설하는 경우가 있다.

6) 취수구의 하류 이전 방안

이는 환경생태유량의 사용으로 인해 타 수리사용자의 권리를 침해하지 않도록 하천중상류의 취수에서 하천하류에서의 취수 및 도수를 통해 환경생태유량을 공급하는 방안이다. 이는 취수구 이전을 통한 감수구간 발생을 방지하는 경우인데, 일반적으로 하류에 위치해 있는 지역(예를 들어, 부산시, 인천시 등)에 적용하기에 적절한 방안으로 고려될 수 있다. 물론, 이 방안은 환경생태유량의 사용지역으로부터 하류 취수구까지의 도수관로 설치에 따른 경제성 여부가 가장 중요한 문제로 대두된다.

문제 02 싱크홀(Sinkhole)의 종류, 발생원인, 방지대책에 대하여 설명하시오.

정답

1. 개요

싱크홀이란 광의적인 개념에서 지반침하의 한 형태로 지반 내 공동(Cavity)이 발생하여 표층지반이 갑작스럽게 가라앉으면서(Sink) 지반에 발생된 구멍(Hole)이라고 정의할 수 있다.

2. 싱크홀의 종류

1) 용해형 싱크홀(Dissolution Sinkhole)은 지표수나 빗물이 지표에 노출된 석회암을 녹이는 과정에서 생성

2) 침하형 싱크홀(Cover-Subsidence Sinkhole)은 암반층의 빈 공간으로 모래가 많이 포함된 토양이 오랜 기간 서서히 침하되면서 생성

3) 붕괴형 싱크홀(Cover-Collapse Sinkhole)은 점토층이 두꺼운 곳에서 발생하는데, 점토의 점착력으로 인해 일정기간 버티다가 갑자기 붕괴되어 큰 피해 유발

3. 발생원인

1) 자연적 원인에 의한 싱크홀

① 용해형 싱크홀

지표면에 노출된 석회암이 지표수나 빗물에 의해 용해되면서 발생하는 유형으로 암반표면으로부터 용해가 진행되어 점진적인 진행에 의해 작게 용해된 부분이 점진적으로 진행된다. 또한 싱크홀로 유입된 암석파편은 배수 흐름을 막아 물웅덩이나 습지가 형성될 수 있다.

② 지표 침하형 싱크홀

이러한 유형의 싱크홀은 주로 표층의 모래질 퇴적층이 암빈층 공동으로 유입되면서 표층이 가라앉는 형태이며 점진적인 형태로 발생하게 된다. 표층이 두껍게 존재하거나 점토질 퇴적층인 지역에서는 이러한 유형의 싱크홀이 상대적으로 드물고 적게 발생하며 오랜 기간 동안 발견되지 않을 수 있다.

③ 지표 붕괴형 싱크홀

이러한 유형의 싱크홀은 주로 지표에 점토질 흙이 많이 포함된 퇴적층이 존재하는 지역에서 발생한다. 암반 내부에 공동이 발생한 후 표층의 흙이 공동 내부로 유입되어 표층 두께가 얇아지게 되며 표층은 점토질 흙의 점착력에 의해 유지되어 아치형태의 구조를 이루게 된다. 점진적으로 얇아진 표층이 순간적으로 함몰되면서 대규모 싱크홀이 발생되며 진행에는 오랜 시간이 걸릴 수 있지만 붕괴는 순간적으로 발생하므로 큰 피해가 발생할 수 있다.

2) 인공적 원인에 의한 싱크홀

① 지중매설물 훼손에 의한 지반함몰(싱크홀)

도심지 지중에 매설된 Life Line(상하수관, 전기 통신관로 등) 시공 후 주변 지반 및 뒤채움 흙의 다짐 부실로 침하가 발생하게 된다. 특히, 상하수도관이 노후화 또는 충격에 의한 파손으로 누수가 발생하여 상부의 흙이 유실됨에 따라 지표 붕괴형 싱크홀과 같이 갑작스런 붕괴가 발생할 수 있다.

② 지하구조물 건설 중 관리 부실에 의한 지반함몰(싱크홀)

터널 등 지하구조물 건설 시 굴진면 관리 부실에 의해 다량의 지하수가 유입될 수 있으며 이로 인해 발생한 지중의 공동이 점차 확대되어 지표면에 커다란 지반함몰(싱크홀)이 발생하게 된다. 또한 지하철 또는 지하도로 건설 시 공법의 변경이 발생하는 접합부에서 방수기법의 차이에 의한 누수현상이 발생할 수 있으며 이로 인해 접합부 상부 지반으로 공동화가 진행되어 지반함몰(싱크홀)이 발생할 수 있다.

③ 지하수 사용, 지하수 흐름 교란 등 지하수 변화에 의한 지반함몰(싱크홀)

지하수의 과다한 사용으로 인해 암반 내 공동이 생성될 수 있으며 이렇게 생성된 공동은 싱크홀을 유발할 우려가 있다. 과다한 지하수 사용, 대형 신축건물 터파기, 지하철 공사 등으로 지중의 지하수가 과다하게 배출될 경우 주변 영역의 지하수위가 낮아질 수 있다. 지하수위 하강은 지반 내 유효응력의 증가로 이어지며 넓은 영역에 걸쳐 지반침하가 발생할 수 있다. 또한 지역 간 수두차 발생으로 넓은 영역에 걸쳐 지하수 흐름이 발생하여 지하수 흐름 변화에 따른 토사유실 등으로 지반함몰(싱크홀)이 발생할 수 있다. 서울시의 경우 지하철 인근 지하수위가 최근 10년 동안 1.7m 낮아졌다고 조사된 바 있다. 또한 2001~2010년 지하수관측망 자료를 분석한 결과 암반지하수 및 충적층지하수에서 수위 저하가 발생한 것으로 분석되어 이에 대한 지속적 관찰 및 관리가 필요하다.

4. 방지대책

1) 싱크홀 방지를 위한 제도 개선 및 지하수위 관리체계 구축

① 싱크홀의 원인인 지질정보, 지하수위, 상하수도관에 대한 지반정보를 정확히 파악하여 DB 구축

② 싱크홀 발생 위험지도를 작성하여 사업 승인 및 사업 추진 시 기반공사 강화기준 제시에 활용

③ 싱크홀 발생 우려가 큰 지역의 주민들에게 싱크홀 발생의 징후가 있는지 여부를 확인하여 조치를 취하는 과정의 제도화 필요

2) 추가적인 지하수위 저하는 도시지역 싱크홀 발생을 가속화시키므로 물 순환적 관점에서 지하수위 관리정책 도입

① 지하수위 저하 방지를 위한 수단이 빗물이용시설, 그린인프라, 물재이용, LID기법, 비점오염저감기법 등과 연계되어 물순환적 관점에서 접근 필요

② 수자원의 이용 및 관리와 홍수, 가뭄, 물부족, 싱크홀 등의 재난방지를 위해 중장기적으로 빅데이터를 활용한 관리체계 필요

문제 03 정삼투압법(FO ; Forward Osmosis)과 압력지연삼투법(PRO ; Pressure Retarded Osmosis)의 원리에 대하여 설명하고, 정삼투압법에 적용되는 막 모듈(膜Module)의 종류 및 특징에 대하여 설명하시오.

정답

1. FO(Forward Osmosis) 원리

정삼투(FO ; Forward Osmosis)란 물만 투과할 수 있는 막을 사용하여 용존 용질과 물을 분리하는 삼투 과정이다. 농도가 낮은 공급용액(Feed solution)과 농도가 높은 유도용액(Draw solution)이 분리막을 사이에 두고 있을 때 발생되는 삼투압 차이에 의해 공급용액이 유도용액 쪽으로 용매인 물이 이동하는 현상을 이용한다.

해수담수화에서는 반투막을 사이에 두고 고농도의 유도용질을 해수와 접하게 하여 해수 중의 담수를 유도용질로 흡수시킨 후 희석된 유도용액 내의 유도용질은 분리/농축하여 재사용하고 담수를 생산하는 방식이 정삼투 해수담수화이다.

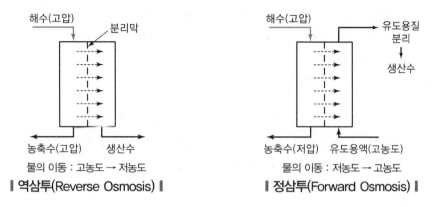

정삼투 해수담수화 특징은 막모듈 시스템에서 고압에너지가 불필요하고 에너지소비율이 $0.5kWh/m^3$로 낮다. 또 회수율은 80%로 농축수 배출량이 적으며 막의 파울링이 적다.

2. 압력지연삼투법

압력지연삼투는 바닷물의 삼투에너지를 전기로 전환할 수 있는 기술이다. PRO 전용 분리막의 양쪽에 농도가 다른 용액(예를 들면, 해수와 담수)을 흐르게 하면 두 용액의 염도 차이로 인해 삼투현상이 발생하여 저농도 용액이 고농도 용액으로 투과되며, 이때 증가한 유량이 터빈을 회전시켜 에너지를 생산하는 기술이다. 즉, 두 용액 간의 농도차에 의해 발생된 삼투압이 수압의 형태로 바뀌어 이 수압이 터빈을 회전시켜 에너지를 얻는 것이다. 압력지연삼투 기술의 성능은 솔루션-디퓨전 모델(Solution-Diffusion model)에서 유도된 투과수량 식 (1)과 단위면적당 전력밀도 식 (2)로 표현할 수 있다.

$$J_w = A(\Delta\pi - \Delta P) \quad\cdots\cdots\cdots\cdots\cdots\cdots\cdots\cdots\cdots\cdots\cdots\cdots (1)$$

$$W = J_w \Delta P = A(\Delta\pi - \Delta P)\Delta P \quad\cdots\cdots\cdots\cdots\cdots\cdots\cdots\cdots (2)$$

이때 $\Delta\pi$는 삼투압 차(bar), ΔP는 가해지는 압력(bar), W는 전력밀도 (W/m²)를 의미한다. 압력지연삼투 공정에서는 물이 투과되면서 막의 내·외부에 용질이 농축되는 농도분극현상과 고농도 유도용액에서 저농도 유입용액 방향으로의 염 확산에 의해 발생되는 역염투과량으로 인해 투과수량이 감소하여 공정 성능이 저하되기도 한다. 결국, 안정적인 PRO 공정의 에너지 생산을 위해서는 전처리 공정, 전용막 및 모듈 개발, 공정 최적화 기술 개발이 반드시 필요하다.

3. 정삼투압법에 적용되는 막 모듈(膜Module)의 종류 및 특징

역삼투막과 달리 FO 막은 표준화되지 못하였다.

1) 평막

① 상용화에 성공하였으나, 대형화에 있어 한계점을 가지고 있음

② 모듈 간격 조절 가능으로 고농도 현탁물질 함유 원수에 적용 가능

③ 교체비용이 적음

④ 초기투자비가 과다, 막세척이 어려움

2) 나권형 막

① 모듈 대용량화를 위해서 필수적인 8인치 모듈은 프로토 타입 형태의 나권형 막으로 제조되었고, 현재 평가가 이루어지고 있음

② 낮은 체류공정 가능, Compact함, 스페이서 오염 시 세척이 어려움

3) 중공사막

높은 표면적(A/V), 가장 작은 체류부피, 압력손실이 큼 등

[문제 04] BTEX에 의한 지하수 오염이 심각해지고 있다. BTEX의 주요 오염원은 무엇이고, 지하수에 유입되었을 경우, 지하수 내 이동특성 및 정화방법을 설명하시오.

[정답]

1. 개요

① BTEX : Benzene, Toluene, Ethyl Benzene, three isomers of Xcylene 방향족 화합물

② 정유제품에 많이 포함 : 가솔린, 디젤, 원유, 난방유 등

③ 가솔린 구성요소 [예] : 탄화수소(무게 기준) − 82%, BTEX − 18%

2. BTEX 오염경로

① 정유 제품의 누출

② 지하 Oil Tank의 누유

③ Pipe line의 누출 등

3. BTEX 지하수 내 이동 특성

① VOC 물질로 토양 유입 시 증발

② 물에 일부 용해되나 LNAPL(Light Non Aqueous Phase Liquid) 형태로 존재

③ 오염량이 많을 경우 Plume 형태로 지하수면 위에 부상 및 이동하여 수평적 오염 발생

④ 일부는 토양에 흡착됨

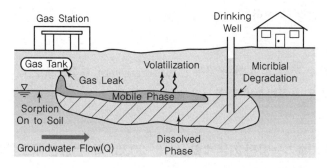

4. 환경 영향

① 급성독성을 나타냄

② 지하수에 노출될 경우 미미한 건강 악영향이나 장기간 악영향 미침

③ 기체상태에 노출 시 두통, 어지러움, 피부 점막 손상

④ 벤젠의 경우 발암물질임

⑤ 장기간 노출 시 뇌손상

5. 처리방법

1) Biodegradation

① 미생물 작용에 의해 오염된 토양과 지하수를 CO_2와 H_2O로 분해

② 필요할 경우 산소와 영양물 주입 시 효율 증대

③ Toluen의 경우 NO_2^-를 이용하여 혐기성 조건에서도 분해가 됨

2) Vapor Phase Extraction

불포화 대수층에 추출정을 설치하여 토양을 진공상태로 만들어 오염물 제거

3) Bioventing

① 미생물에 의한 분해작용

② 추출정과 주입정을 설치하여 공기, 영양물 등을 주입함으로써 효율 증대

4) Air Sparging

① 물리적 및 미생물학적 처리방법

② Air 주입 목적

    ㉠ 포화층에서 공기 주입에 의한 불포화층으로의 이동 후 추출 처리

    ㉡ 미생물 활동의 활성화

5) 활성탄 처리

　　오염 지하수 펌핑 후 처리

6) Air stripping

　　① 오염 지하수 펌핑 후 물과 공기를 Countercurrent 형식으로 처리

　　② 기체 처리용 후처리설비로 활성탄 이용 등

문제 05 '제3차 지속가능발전 기본계획(2016-2035)'의 '건강한 국토환경' 목표의 추진전략 중 '깨끗한 물 이용보장과 효율적 관리'를 위한 이행과제를 설명하시오.

정답

1. 개요

지속가능발전 기본계획이란 정부가 지속가능발전과 관련된 국제적 합의를 성실히 이행하고, 국가의 지속가능발전을 촉진하기 위하여 20년을 계획 기간으로 하여 5년마다 수립하는 행정 계획을 말한다.

2. '깨끗한 물 이용보장과 효율적 관리'를 위한 이행과제

2016년 수립된 '깨끗한 물 이용보장과 효율적 관리'를 위한 이행과제는 다음과 같다.

① 안전한 식수에 대한 접근성 보장

② 상수원 수질개선 대책 강화

③ 물순환 체계 강화

3. 안전한 식수에 대한 접근성 보장에 대한 이행과제

1) 깨끗하고 안전한 수돗물 생산 · 공급

　① 고도정수처리시설 도입 확대로 안전한 물 생산 · 공급 실현

　　• 녹조 상습 발생으로 독성 물질 및 맛 · 냄새에 취약한 정수장에 우선적으로 고도정수처리시설 도입

　　• 공급관리 감시 · 제어로 수돗물 수량 관리 강화

　② 고도정수처리 미도입 시설은 염소 및 분말활성탄, 응집제 등 수처리제의 충분한 확보로 맛 · 냄새물질 적정처리

　③ "수돗물 안심확인제" 확대 시행 등 국민이 자신이 마시는 수돗물의 수질을 직접 확인함으로써 수돗물에 대한 불신을 해소

2) 농어촌 지역 상수도 확충

① 농어촌지역 상수도 보급을 확대하기 위해 「농어촌지역 상수도 확충사업('13~'17)」을 지속 추진하여 '17년까지 보급률 80% 달성(면지역)*

  * '15년 73% → '17년 80%

② 물복지 수준이 낮은 섬, 해안지역에 안정적인 물공급을 위해 도서지역 용수공급시설 운영관리 가이드라인 마련('16. 6)

3) 노후 상수도 교체 및 인프라 강화

① 깨끗하고 안전한 수돗물 생산 · 공급과 보편적 물 복지 형평성 제고를 위해 낙후지역 노후 상수도시설 단계적 정비 추진

  • 지방 상수도시설 노후도는 30% 이상(관로 30.6%, 정수장 58.8%) 깨끗하게 생산된 물이 안전하게 가정까지 공급되지 못하는 문제 발생*

    * ('13년 직접음용률/원인) 5.4%, 물탱크나 수도관에 문제가 있을 것 같아서(30.8%)

  • 노후 지방상수도 개량을 위한 연구용역 및 시범사업(2개소)을 거쳐 노후 지방상수도 개량사업의 구체적 시행방안 마련

② 위생안전기준 미인증 제품, 기준미달 제품 등 불법 · 불량 수도용 자재에 대한 시판품 조사 및 행정처분 등 관리대책 추진

  • 수도꼭지류, 물탱크 등 위생안전기준 부적합률이 높은 제품, 인증시제품시험 면제 제품(수도계량기) 등에 대한 집중 조사

4. 상수원 수질개선 대책 강화에 대한 이행과제

1) 지류 · 지천 중심으로 수질개선

① 오염지류 또는 녹조발생 우심지류를 "조류 중점관리 지류"로 선정하여 봄철부터 오염지류 책임관리

  • 조류발생 상황 주기적 모니터링, 오염원 단속, 녹조발생시기 유량 확보, 녹조 직접제거 조치 등 조류저감대책 수립 · 추진

  • 지류별로 개선이 필요한 수질오염물질(유기물, 영양물질, 유해물질 등)을 선정하여 지자체 등이 자발적으로 참여하는 맞춤형 지류총량제 시행

② 통합 · 집중형 오염하천 개선사업 추진으로 수질개선 효과 제고

  • 생태하천복원, 하수처리시설 확충, 비점오염저감시설 설치 등 다양한 개선수단을 오염지류에 단기간 내에 집중하여 지원하는 방식으로 통합

③ 집중형(패키지형) 지원시스템 강화

2) 유해물질의 공공수역 배출 감축

감시물질 지정 및 신규 규제항목 도입으로 대상 물질 확대

① 현행 특정수질유해물질 외 감시물질 지정 · 확대

② 난분해성 물질 관리를 위해 배출허용기준 등에 TOC 도입 배출영향분석 결과를 고려하여 배출기준을 설정하도록 관리체계 전환

③ 업종별 감시물질 배출기준은 배출시설 허가 조건에 적용 유해물질 배출 저감 최적 가용기법(BAT)을 확대하여 처리 고도화

④ 유해물질 누출사고에 대비한 완충저류시설 순차적 설치

3) 오염총량제에 의한 수질관리 기반 강화

① 기본계획의 수질목표를 달성할 수 있도록 단계적으로 오염총량제 시 · 도 경계 목표수질 강화

② TOC 항목 도입(4단계, 2021년~)으로 유기물질 관리를 강화하고, 총질소(T-N) 등 지역별 현안물질관리를 위한 지류총량제 도입

③ 도로청소 등 신규 비점저감기법 및 친환경 농업 등 비구조적인 비점관리방안도 폭넓게 오염총량의 삭감량으로 인정

4) 농 · 축산업 분야 비점오염 절감유도

① 가축분뇨 오염원 관리를 위해 양분관리제를 단계적으로 도입하여 질소, 인 등 토양영양물질 관리 강화

• 지방자치단체(시 · 군)별로 가축분뇨 퇴 · 액비의 적정량을 설정, 초과발생된 가축분뇨 중 일정량은 공공처리를 유도하고, 축산환경관리원 등을 통한 지역별 양분관리* 추진

＊ 가축분뇨 고형연료화 확대, 질소 · 인 회수, 지역 간 퇴 · 액비 이동, 보통비료 대체 등

• 기업형 개별농가의 가축분뇨 정화처리시설에 대한 방류수 수질기준을 단계적으로 강화*

＊ TN : 850mg/L → 250mg/L(2019) → 단계적 강화

TP : 200mg/L → 100mg/L(2019) → 단계적 강화

② 토양 · 수질 등에 대한 농업환경지표를 개발하여 친환경농업의 수질개선효과를 체계적으로 평가

• 환경지표를 이용하여 친환경 농업직불금 등의 지원 근거로 활용

③ 비점오염물질 유출을 최소화할 수 있는 최적영농기법을 마련하고, 기법별 이행효과 및 저감효율 도출

• 물관리 시험포(물꼬), 완효성 비료 시비, 식생 밭두렁 조성 등 농촌 비점오염원 관리 시범사업

• 새만금호 수질 목표달성을 위하여 간척농지 비점오염 저감기술, 논 · 밭 최적관리기술 등을 연구하여 현장 적용(~2016.12)

• 관리 필요성이 높은 이천 설성천 지역(한강유역)을 선정하여 저감시설 설치, 최적관리 기법 적용, 저감효과 모니터링 등 통합관리 추진(2016~)

④ 농촌 비점오염원 관리 시범사업
- 새만금호 수질 목표달성을 위하여 간척농지 비점오염 저감기술, 논·밭 최적관리기술 등을 연구하여 현장 적용(~2016.12)
- 관리 필요성이 높은 이천 설성천 지역(한강유역)을 선정하여 저감시설 설치, 최적관리 기법 적용, 저감효과 모니터링 등 통합관리 추진(2016~)

5. 물순환 체계 강화를 위한 이행과제

1) 통합물관리 기반 마련
① 가뭄 극복 대응을 및 수자원 통합조정을 위한 컨트롤 타워 신선 등으로 통합 물 관리 추진 현행
② 「물관리 정보유통시스템(2004~)」에 종합분석기능을 추가하여 의사결정 지원시스템으로 고도화*
  * 각 부처의 수자원정보시스템과 연계강화하고, 강우-유출분석 등 분석기능을 보강하여 유역별 물 배분, 시설 간 연계 등 의사결정 지원
③ 가뭄 예·경보 시행을 위해 수자원정보센터 구축 추진

2) 전 국토의 물의 저류·함양 기능 유지 및 향상
① 도시지역 친환경 빗물관리기법인 저영향개발기법(LID) 및 그린인프라의 적용·확대·유지관리를 위한 기술·제도·재정적 기반 구축
- 한국형 저영향개발기법*을 개발·보급하고, 도심지역 LID 시설에 대한 성능검사제 도입 및 유지관리 의무화 등 제도적 기반 마련
  * 유역 전반 소규모·분산형 시설과 유역말단 중소규모 저류형 시설 혼합·연계
- 하수도 요금제에 강우유출수 요금제를 도입하여 재정조달체계를 마련하고, 빗물관리 비용 부담 차등화로 투수층 확대 유도
② 투수면적 확대 및 저류기능 향상을 위한 시설 확대를 추진하고, 물순환 및 생태적 기능을 고려한 기준 설정 및 가이드라인 마련
- 경제적 유인책과 연계한 도심지역 LID 시설 확충 및 환경영향평가 협의 강화를 통한 개발사업의 투수면 확대
  * 도심 LID 시설 도입 가이드라인 마련 및 불투수면 과다 지역 집중관리(51개 소권역)
- 지방자치단체와 협력하여 도시별 바람직한 투수면적 비율기준을 설정하고, 기준을 초과하는 지방자치단체에 대해 불투수면적 관리 의무 부여
  * 기준 초과 시 도심 녹지공간 창출 및 개발사업의 투수면 확대 등 의무화
- 수변생태벨트 내 물순환을 고려한 녹지공간 조성 기준을 정립하고, 천변 저류지를 확대 설치하여 수변의 물순환기능 향상

3) 가뭄 등 기후변화에 대응하기 위한 환경생태유량 확보 및 수질 개선

  ① 환경생태유량 법제화로 생태적 기능을 고려한 유량관리 기반 구축

    환경에 대한 수자원 배분을 통해 하천의 온전한 기능을 유지하고, 댐·보·저수지 최적 연계 운영에 반영

  ② 환경가뭄지수를 도입하여 단계별 가뭄 시 수생태계 보호를 위한 수량·수질관리 추진대 책을 수립하고 가뭄 위기대응 매뉴얼 마련

  ③ 기후변화에 따른 물관리 지원을 위한 가뭄전망정보 고도화

    • 선제적 가뭄 지원을 위한 3개월 이상 장기가뭄전망 기술 개발

    • 기상학적 가뭄지수의 농업·수문학적 가뭄 활용 및 연계 예측기술 개발

  ④ 갈수기에 방류수 수질관리 강화 및 하·폐수 방류수를 수생태계 유지를 위한 긴급유량으 로 활용할 수 있도록 기술 및 설비 정비

4) 물이용요금 현실화 및 상수도 수요관리 강화

  ① 물이용요금 부과체계를 합리적으로 개선하고 원가의 산정주기에 장기적 원가변동 예상 분을 반영하도록 조정하여 요금 안정성 확보

    • 지역별로 다양한 요금적용 업종체계를 단순화하고, 누진단계는 영리성 등을 반영하도 록 조정함으로써 요금부과의 효율성과 형평성 제고 및 물 다소비 업종의 물 절감 유도

    • 지방자치단체별 중장기 요금적정화 목표계획 수립 시 장기적 원가변동 예상분을 원가 산정에 반영하도록 유도

  ② 수도사업 효율성 증대와 수요관리 강화를 통하여 한정된 기존 수자원의 활용도를 증대

    • 노후관로 및 계량기 교체, 검침시스템 선진화 등 지속적인 유수율 제고 활동을 통하여 물 손실 최소화, 효율적인 수자원 관리 도모

    • 급수체계 조정사업을 통해 용수수급에 여유가 있는 지역의 여유량을 부족지역으로 전 환·공급 확대

5) 물 재이용 활성화를 위한 제도 개선 및 시설 확충

  ① 물재이용 제도의 합리성 제고를 위한 제도정비 등

    • 인체접촉유무에 따른 사용용도 구분 및 용도별 수질기준 합리적 조정, 특히 공업용수의 경우 수요자와 공급자 간 협의에 의해 결정하도록 개선

    • 풍수기에 저장된 빗물을 갈수기 시 사용방안, 빗물 이용이 실질적으로 담보될 수 있도 록 관리체계 개선

    • 관할 지방자치단체 용수이용계획(수도정비 기본계획 등)과 연계하여 지역별 물 재이용 관리계획이 수립되도록 관리 강화

  ② 물 재이용 확대 및 재이용수의 고급화 추진

    • 대규모 하수 발생 처리장을 중심으로 하수처리수 재이용 활성화

- 공업용수 재이용사업을 대규모 민자사업(BTO)으로 추진
- 양질의 수질을 가지는 빗물과 안정적인 수량을 가지는 중수도 등과 연계한 물재이용시스템 구축

문제 06 '생태하천복원사업 업무추진지침(환경부, 2017. 12)'의 생태하천복원 기본방향을 설명하시오.

정답

1. 개요

"생태하천복원사업"이라 함은 수질이 오염되거나 생물서식 환경이 훼손 또는 교란된 하천의 생태적 건강성을 회복하는 사업을 말한다.

2. 생태하천 복원의 기본방향

1) "수생태계 건강성" 회복에 초점을 두고 사업계획을 수립

   해당 하천의 생태계를 구성하고 있는 물리 · 화학 · 생물학적 요소들의 과거와 현재 상태를 조사하여 생태계의 훼손 현황과 원인을 정확히 이해하고 그 원인을 해결하는 데 초점을 맞춘 복원대책을 수립

   ＊ 하천의 공원화, 조경화에 치중하기보다 하천의 생태적 건강성을 회복하는 데 중점

2) 유역통합관리에 근거한 복원계획의 수립 · 추진

   하천구역 내 특정 구간만을 고려하는 선적인 하천복원에서 벗어나 유역 내 토지이용, 오염원 관리, 하수도 관리, 물순환, 주택 · 교통계획 등 하천에 영향을 미치는 요소들을 종합적으로 고려한 계획수립 및 시행

3) 하천의 종 · 횡적 연속성이 확보될 수 있도록 계획을 수립

   ① 하천구역 내 특정 구간만을 고려하는 복원을 지양하고 하천 최상류에서 하류까지, 본류로 유입되는 지천 및 그 지천으로 유입되는 실개천까지의 연계성을 고려하여 계획 수립 · 하천의 실핏줄 역할을 하고 있는 마을 앞 도랑까지, 복개되어 사라진 작은 실개천까지 확대하여 복원

   ② 사업구역을 하도를 넘어 수생태계 건강성 유지에 필요한 하천수변까지로 확장하여 정상적인 생물의 이동통로 및 물질의 교환 등 횡적인 연속성을 고려하여 계획 수립 · 하천 주변뿐만 아니라 수변 완충녹지 조성, 홍수터 복원, 생태습지 조성 등을 고려하여 복원

4) 깃대종 선정 등을 통하여 계획 단계에서부터 복원의 목표상을 고려

   ① 사업계획 단계에서부터 생태하천복원의 지표가 될 수 있는 '깃대종'을 선정하고 깃대종

을 보전 · 복원하기 위한 목표 및 복원방법을 강구

✱ 깃대종(Flagship Species) : 어떤 지역의 생태적, 지리적, 문화적 특성을 반영하는 '상징 동 · 식물'로서 이 종을 보전 · 복원함으로써 다른 생물의 서식지도 함께 보전 · 회복이 가능한 종

② 사업완료 후 '깃대종 복원' 여부 등을 통해 생태하천 복원의 효과를 확인하고, 지속적인 모니터링을 통해 생물종 변화, 서식지 훼손 실태 등을 파악, 개선하는 시스템 구축

✱ 생물 및 서식환경 조사 → 깃대종 중심의 복원계획 수립 → 설계 · 시공 → 모니터링 및 유지 · 관리

5) 도심 하천의 물길 회복 및 생태공간 조성

① 산업화, 도시화로 인해 콘크리트로 복개되어 사라진 도심지역의 옛 물길을 복원

② 수질개선사업 및 다양한 물 공급 방안을 적극 도입하여 건천화된 도심 하천에 깨끗하고 풍부한 물 공급

6) 하천별 특성 살리기

① 하천의 과거, 현재, 미래를 종합적으로 고려하고, 과거 하천의 모습은 인공위성, 역사적 문헌, 고령자의 증언 등을 통해 파악

② 하천별 고유의 역사와 문화를 살피고 이를 보전 · 복원하거나 새로운 하천문화 창출 · 생물서식지 및 생태계 복원 이외에 하천 주변의 문화, 역사 등과 연계된 종합적인 삶의 공간으로서의 역할 도모

문제 01 유역통합관리의 도입배경 및 깨끗한 물 확보 방안에 대하여 설명하시오.

정답

1. 개요

유역통합관리란 한정된 범위 내에서 물환경에 영향을 미치거나 받는 모든 인간 활동, 그 활동에 관련되어 있는 이해당사자, 그 행위에 영향을 받는 환경을 통합적으로 고려한 관리를 의미한다. 물은 상류부터 하류까지 연속적으로 주변 환경과 상호 영향을 주고받는 몸과 같은 유기체이므로 유역 단위로 통합 관리할 필요가 있다.

2. 도입 배경

우리나라의 하천 수질은 1980년 환경청 발족 이후 「4대강 물관리종합대책(1998~2005)」, 「물관리종합대책(2006)」, 「제1차 물환경관리 기본계획(2006~2015)」 등에 따른 환경시설에 대한 과감한 투자의 성과로 비약적으로 개선되었다. 특히, 1980~90년대 오염이 매우 심했던 주요 도심 하천 20개를 대상으로 2014년도 수질을 분석한 결과, BOD가 과거에 비해 평균 76.9mg/L에서 3.8mg/L로 약 95% 이상 떨어지는 등 수질이 크게 개선되었다. 2014년 기준으로 안양천의 수질오염도는 1970~80년대 BOD 146mg/L 수준에서 4.7mg/L로, 금호강은 BOD 191.2mg/L에서 3.8mg/L로 크게 낮아졌다.

그러나 많은 수계에서 난분해성 유기물질은 여전히 증가 추세이고 일부 상수원의 수질은 Ⅰ등급에 미달하고 있으며, 가축분뇨 및 농업비점오염 관리는 아직 미흡한 상황이다. 반면, 생활수준의 향상과 물환경에 대한 인식 제고로 깨끗한 물에 대한 수요와 이로 인한 혜택을 향유하고자 하는 국민적 요구는 날로 증가하고 있는 상황이다. 깨끗한 물을 확보하기 위해서는 유역통합관리를 강화해야 한다.

3. 깨끗한 물 확보방안

1) 주요 상수원 수질 Ⅰ등급 달성과 유역계획의 수립

주요 본류·지류·지천의 수질목표는 물이용의 목적과 유역현황, 자연환경의 특성 등 물환경 여건에 따라 다르게 설정되어야 한다. 이에 따라 지역 여건이 반영된 계획을 수립하고, 유역단위의 관리에서는 중앙정부보다 유역환경청, 지방자치단체 등 지방 공공기관의 권한과 책임 강화가 필요하다.

유역계획 수립 및 이행 시 유역에서 벌어지는 물문제와 물갈등 현안을 충분히 반영하기 위해서는 유역 거버넌스가 활성화되어야 한다. 수계위원회를 중심으로 유역단위의 민·관·학·연 거버넌스를 구축하고, 유역환경센터를 운영하여 민간부문의 활동 기반을 마련한다. 이를 중심으로 소유역 계획 수립 이행 시 사업자, 단체, 주민 등 이해관계당사자의 참여를 확대하는 제도를 확립하여 유역 기반의 물환경 관리를 실현한다.

2) 오염총량제가 상수원 수질개선의 핵심수단이 되도록 대책 마련

① 오염총량제의 수질개선 실효성 제고

4대강 수계법에 의해 추진되고 있는 수질오염총량제가 제2차 물환경관리 기본계획 목표수질 달성을 위한 가장 중요한 정책적 실행수단이 되도록 한다. 주요 상수원의 I등급 달성을 목표로 오염총량관리기본계획 및 시행계획을 수립한다. 이와 같은 수질오염총량제의 역할을 공고히 하기 위해 다음과 같은 대책을 추진한다.

② 오염총량제 운영방식 개선

4단계 오염총량제(2021년~)에서는 현행 오염총량제와 지류총량제(참여형 총량제)를 통합한 수질오염총량제로 확대·개편하여 각 지류별 오염상황에 따른 맞춤형 지류총량제를 시행하고, 오염총량제 목표수질 평가방법도 최근 들어 저·갈수기 수질이 평수기에 비해 양호한 점 등을 고려하여 부하지속곡선(LDC ; Load Duration Curve)에 의한 평가방법 등 보다 과학적인 평가방법을 도입한다.

③ 총량 목표·지점의 기본계획 연계성 강화

첫째, 4단계 총량제(2021년~)부터 오염총량제상의 목표수질을 본 계획에서 제시한 수질목표를 달성할 수 있는 수준으로 지역 여건을 고려하여 단계적으로 상향 조정한다. 또한 TOC 등 새로운 총량관리물질을 도입하여 지방자치단체와 목표수질 협의를 거쳐 4단계 총량제에 도입한다. 아울러 단계적으로 국가측정망(중권역 대표지점 등) 운영지점과 총량제 운영지점을 일치시켜 기본계획에 따른 목표수질과 오염총량제에 의한 목표수질이 유기적인 연계선상에 있도록 한다.

④ 지류총량제 도입

둘째, 지류별 시급히 개선해야 할 오염물질에 대한 지류총량제를 도입한다. 지방자치단체는 관할 유역의 오염우심지류를 우선 파악하여, 지방자치단체 현안에 따라 지류총량제를 자율적으로 추진한다. 지류 총량관리 대상물질 및 관리 필요성 여부에 대해서는 유역 구성원의 의사를 충분히 반영하여 결정하도록 함으로써 보다 선진적인 유역관리체계(소권역)를 구축한다. 환경부는 지류총량제의 안정적 운영을 위한 운영지침을 마련하고, 제도 시행 지방자치단체에 대한 행정·재정적 인센티브 부여방안(예산 우선지원, 지원율 상향 등)을 수립·이행한다.

⑤ 비점오염관리 방안을 총량 삭감량으로 인정

셋째, 비점오염원의 비구조적인 관리대책과 오염총량제와의 연계를 강화한다. 도시지역 내에서 행해지는 도로청소나 생태면적 확충, 그린빗물인프라 시설 설치, 농촌지역의 친환경농법 적용, 신규축사 신축 시 사전할당관리 등 그간 수질개선효과는 있으나 정량화하기 어려워 삭감량으로 인정해 오지 않았던 사업에 대해서도 삭감량 산정방안 및 관련 분석기법을 개발하여 폭넓게 인정하는 방안을 강구한다.

⑥ 연차별 이행평가결과 공개로 지방자치단체의 자발적 제재 실효화

넷째, 수질오염총량제의 연차별 이행평가에 따른 지방자치단체의 자발적 제재를 실효화한다. 현재의 오염총량제는 5년 단위의 평가에서 목표 달성을 못한 경우에 개발허가제한 등의 조치가 적용된다. 법적으로는 연차별 이행평가 결과에 따라 지방자치단체가 자발적 제재를 할 수 있도록 규정되어 있으나, 실제로 활용된 적은 없다. 이의 실효성을 위해 연차별 이행평가 결과 정보를 공개하여 지방자치단체 및 지역 주민의 관심을 제고하고 지방자치단체가 스스로 제재조치를 취할 유인을 제공하는 방안을 추진한다.

3) 지류 · 지천 수질개선 강화

① 지류 · 지천 정밀조사 및 통합집중형 개선 추진

정부와 지방자치단체는 국가 목표수질을 달성할 수 있도록 지류 · 지천에 대한 수질개선 대책을 강화한다. 먼저, 지류 · 지천의 수질을 효율적으로 개선하기 위해 현재의 용수활용실태, 수질 및 유량현황, 지류 · 지천 유역의 오염원 현황, 지역주민 개선요구 등을 조사하여 오염우심지류를 우선 파악한다. 그 결과를 바탕으로 오염우심하천을 단기간에 개선하기 위해 하수처리 강화, 비점오염 저감, 생태하천 복원 등 가능한 수단을 집중적으로 지원하는 「통합 · 집중형 오염하천 개선사업」을 확대해나간다.

② 지방자치단체 참여 강화

지류 · 지천의 수질개선이 미흡하여 본 계획에서 설정한 목표수질을 달성하지 못하는 경우에는 환경부장관이 해당 지방자치단체에 수질개선 및 시설설치를 유도 · 강제할 수 있도록 법적 근거를 마련한다. 또한, 지방자치단체가 맞춤형 지류총량제를 도입하여 지류별 현안물질의 총량을 관리함으로써 지류 · 지천의 수질관리를 수행하는 경우, 통합 · 집중형 오염하천 개선사업 우선 지원 등의 인센티브를 부여한다. 지방자치단체는 중앙정부와 협의하여 지역특성을 반영한 지류지천 관리 대책을 수립하고 추진하며, 중앙정부는 지방자치단체와 지역주민의 참여와 역할을 확대한다.

4) 농 · 축산업 분야 오염원 중점관리

① 양분관리제 도입

국내 농지의 영양물질 과잉 투입 문제를 해결하기 위해 지방자치단체별로 양분관리제를

단계적으로 도입한다. 토양의 영양물질 투입 현황을 영양물질수지 지표를 산출하여 파악하고, 잉여 양분으로 인한 토양, 지표수 및 기저유출의 수질 등의 영향을 파악하여 관리목표를 설정한다. 지방자치단체별로 영양물질 적정량을 설정하여 초과 발생된 일정 물량은 공공처리를 유도하고, 축산환경관리원 등을 통한 지역별 양분관리를 추진한다.

② 가축분뇨 관리 선진화

최근 대형 기업화되고 있는 개별 축산 농가의 가축분뇨 방류수에 대한 관리를 단계적으로 강화한다. 2025년까지 바이오가스화, 가축분뇨 질소·인 회수, 고체연료 제조 등 자원화시설 개선을 중심으로 가축분뇨공공처리시설을 확충하고, 비점오염원의 주요한 원인이 되는 가축(돼지)분뇨처리를 위해 현재 15%인 공공처리시설을 50%까지 확대 설치한다.

5) 경제적 유인책을 활용한 사전예방적 비점오염원 관리

① 사전예방적 비점오염원관리

유역 내의 비점오염원 관리는 불투수면 관리 등 건전한 물순환을 달성하여 강우 시 오염물질이 수계로 유입되는 것을 최소화하여야 한다. 수질-수량의 통합관리와 토지이용자 및 소유자에게 친환경적 토지이용을 적극적으로 유도하여 오염원의 사전예방적 관리를 강화한다. 전통적으로 대형 관거·처리장을 통해 지표수를 신속히 바다로 방류하는 방식에서 벗어나 비가 내린 원 지역에서 상당량의 물을 이용하고 투수면적을 증가시켜 토양의 저류능력을 향상시키고 비점오염원 유출을 감소시키는 시스템으로 전환해 나간다.

② 도시 비점오염원 관리

도시의 경우 공공시설, 주택, 대형건물에서 빗물이용시설을 확대하고, 도심 재개발 및 신규조성 과정에서 경제적 유인책을 도입하는 등의 방안을 활용하여 저영향개발기법의 적용을 확대한다. 불투수면적이 유역면적의 일정규모 이상인 소권역에 대해서는 해당 지방자치단체의 공공소유 토지 및 도로의 불투수면의 관리를 의무화하고, 강우유출수에 의한 수질오염이 평균 이상 높은 지역은 신규·기존 도로에 대해 LID의 적용을 의무화한다.

③ 농촌 비점오염원 관리

농촌의 경우 현재 농식품부에서 시행 중인 친환경농업직접지불제, 토지개량제보조금제 등을 활용하여 일정수준 이상의 최적영농기법을 도입한 참여자에게 보조금을 지급하는 교차준수제도의 시범 도입방안을 농식품부와 협의하여 도입한다. 우선 농촌비점오염원의 영향이 큰 지역을 비점관리지역으로 지정하고, 국가보조금사업을 활용하여 농민들과 친환경농업 계약을 맺는다. 농민들이 최적영농기법(BMP ; Best Management Practices)을 적용 시 보조금을 지급하고 이행을 점검하여 전국적인 확대적용 가능성을 검토한다. 또한, 상수원 등 수체에 가까이에서 환경오염을 유발하는 영농행위(농약 및 퇴비, 비료사용 규정)에 대해서는 관리를 강화한다. 고랭지 등 토사 유출에 많이 일어나는 지역에 탁수

저감에 효과가 큰 경작지를 대상으로 토사 유출이 적게 일어나는 작목으로 전환을 하는 경우 관계부처와 협동으로 토지정리, 배수로 구축 등을 지원한다.

6) 집중관리대상 호소별 수질목표 설정 및 관리

① 호소의 용도변화

호소는 이용목적에 따라 다목적댐, 농업용 저수지, 발전용 댐, 하구둑 등으로 구분된다. 농업용 호소는 2014년 말 기준으로 17,400여 개로 전체 호소의 대부분을 차지하지만 농업면적의 축소 등 산업구조의 변화로 인하여 기존의 농업용수 공급기능을 상실한 호소가 증가하고 있다. 도시화에 따라 농업용 호소의 주변이 택지 등으로 개발되어 호소의 용도가 농업용수 공급에서 주민친화형 공간으로 변모하고 있으며, 이 추세는 앞으로 가속화될 전망이다. 농업용 호소의 목표수질을 설정할 때에는 이러한 환경변화를 고려해야 한다.

② 집중관리대상 호소 선정 및 관리

환경부는 전국 17,760개의 호소 중 현행 측정망이 운영되고 있는 1,144개 호소의 물이용현황, 수질현황, 규모 등을 고려하여 집중관리대상 호소를 선정하고, 호소별 이용목적을 고려하여 상수원 호소의 경우는 좋음(1b) 등급 이상, 주민친화형 호소는 약간 좋음(II) 등급 이상, 농업용 호소이면서 주민친화형 호소는 보통(III) 등급 이상을 달성하도록 목표수질을 설정한다.

③ 호소 수질개선을 위한 관계부처와의 협업

집중관리대상 농업용 저수지의 수질목표 달성을 위하여 수면관리부처(농식품부)와 환경부가 공동으로 유역기반 호소관리 협업계획을 수립하여 추진하고, 기존의 협의체를 활성화하여 정기적인 피드백을 주고받으면서 저수지 수질개선을 함께 도모한다. 예를 들어, 환경부는 농업용수 수질기준 초과 농업용 저수지 중 하수처리시설의 방류수 수질이 저수지 수질저하의 원인으로 작용하는 경우 방류수 수질기준의 상향조정을 고려할 수 있으며, 해당 지방자치단체는 오수 · 우수 분리관거 운영, 총인 고도처리시설 등으로 방류수 수질개선을 시행한다. 또한 공공하수처리시설을 농업용 저수지 유역에 신규로 설치하는 경우 해당 시설 설치인가 전에 저수지 수질예측 모델링, 우회수로(By-pass) 설치 등 저수지 수질예측 및 오염 방지 대책을 충분히 마련하여 수면관리자와 협의를 거친 후 인가 협조를 구한다.

7) 하구 및 하구호 관리를 위한 관계부처 협업

현재 하구관리는 해양수산부(연안 · 수산관리), 국토교통부(하천관리), 농림축산식품부(용수관리), 환경부(수질관리) 등으로 나누어져 있어 관리범위나 책임을 정확이 구분하기 어려운 실정이다. 하구의 수질 및 수생태계 관리를 위해서는 수질 및 수생태계 환경조사, 개선대책 수립, 생태복원을 위한 관계부처 협업체계부터 구축해야 한다.

또한, 중앙·지방정부, 시민단체, 전문가 등으로 구성된 이해관계자 협의체를 구축·운영하여 하구 복원에 대한 공감대를 구축하고, 하구의 수질·수생태계에 대한 조사·평가를 확대하여 하구특성에 따라 생태복원 전략 및 복원 우선순위를 마련한다. 생태적으로 중요한 하구에 대해서는 '중권역 물환경관리계획'의 일환으로 수질개선, 서식지 보호, 염해피해 방지, 하구습지·배후습지 복원 등을 포함한 하구생태복원종합대책을 수립·추진한다.

하구둑을 쌓아서 만들어진 인공담수호의 수질은 농업용수기준인 Ⅳ등급을 초과하는 등 수질이 악화되고 있는 상황이다. 하구둑으로 인해 정체수역이 만들어진 곳에 상류유역 개발로 인한 오염물질 유입이 증가하고 있기 때문이다. 인공하구호(새만금호, 화성호) 수질관리에 있어서도 관계부처와 협력하여 개선대책을 수립·추진한다.

문제 02 하수슬러지의 자원화 방안에 대하여 설명하시오.

정답

1. 개요
최근 하수도 정비의 확대 및 생활 수준의 향상에 따라 슬러지 발생량은 급격하게 증가하고 있으며 이를 처리하기 위한 여러 가지 방법들이 모색되고 있다. 하지만 이러한 방법들은 처리비용의 증가를 초래하기 때문에 적절한 방법 선택에 어려움을 겪고 있다. 이와 같은 문제의 가장 좋은 방법은 최종 처분량을 감소시키는 것이고 향후 에너지 및 에너지 관점에 있어서 자원화는 가장 좋은 대응안이라 할 수 있다.

2. 자원화 방법
① 녹지 및 농지의 이용
② 건설자재로서의 이용
③ 에너지 이용

3. 녹지 및 농지이용 형태
1) 하수슬러지 부숙토
① 부숙토는 유기물이 생물학적으로 분해·안정된 것을 말한다.
② 슬러지를 그대로 이용 가능 – 급격분해에 의한 식물 생육 악영향 방지 가능 및 질소, 인 등 비료성분을 공급하여 생태 개량이 가능하다.

2) 지렁이 분변토
① 지렁이를 이용한 부숙토방법은 기존의 슬러지 처리방법보다 간편하다.
② 시설 및 운영비가 적게 든다.

③ 단, 지렁이 사육관계로 큰 시설에 적용하기는 곤란하다.

4. 건설자재로서의 이용

1) 소각재
   ① 무기계 소각제와 유기계 소각재로 구분됨
   ② 무기계의 경우 Ca 함량 파악이 필요함
   ③ 도로 포장재로 사용 시 소각재 단독 또는 혼합제로 사용 가능
   ④ 고분자계 소각제 이용은 함유된 규소나 알루미나 등을 점토 등의 대체재로 이용하는 것으로 이용 시 소각제 성분과 계절적 변동 파악이 필요함

2) 용융 슬래그
   ① 급랭 슬래그와 서랭 슬래그로 구분
   ② 세사 또는 쇄석의 대체재로 이용 가능
   ③ 일반적으로 서랭 슬래그가 급랭 슬래그에 비해 비중과 강도가 큼

5. 에너지 이용형태

1) 소화 가스
   ① 저위발열량은 $5,000 \sim 5,500 kcal/Nm^3$임
   ② 도시가스 에너지원으로 이용 가능

2) 건조 슬러지
   ① 슬러지 케이크 발열량(유기 응집제 사용 경우)이 $3,000 \sim 4,000 kcal/kg$ 정도로서 잠재적 가치 높음
   ② 자연소각 가능, 수분 제거된 슬러지는 고체 연료로도 사용 가능

3) 소각, 용융로 배기가스
   공기 예열이나 백연 방지 예열, 슬러지 케이크 건조에 사용

4) 슬러지 탄화물
   ① 슬러지를 탄화로에서 400℃ 이상의 온도 유지하면서 탄화
   ② 무악취이며 보관성도 좋음
   ③ 흡음제 또는 연료로 사용 가능
   ④ 탄화물 생성과정에서 다량의 에너지 사용, 탄화물 설비 설치 시 경제성 검토 필요함

문제 03 응집의 원리를 Zeta-potential과 연계시켜 설명하고, 최적 응집제 선정 시 고려사항에 대하여 설명하시오.

정답

1. 개요

하·폐수처리에서 쉽게 침전되지 않는 입자상물질의 대표적인 크기가 콜로이드 물질에 해당된다. 크기는 $0.001\mu m$에서 $1\mu m$이다.

특징으로는 표면전하, 브라운 운동, Tyndall 효과, 큰 표면적에 의한 큰 흡착력을 갖고 있다.

2. 콜로이드 입자의 Zeta Potential

콜로입드 입자의 경우 입자의 표면에 전하가 존재하며 바로 표면에는 반대이온 또는 반대 전하를 가진 미립자가 흡착되어 고정층을 형성하고 있다고 하여 이를 Stern 층이라 하고 Stern 층과 확산이중 층의 두가지 층이 콜로이드의 외측 부분을 형성하고 있다고 생각하였다. 이것을 Stern-Gouy 이중층이라 한다.

이 상태를 모형적으로 나타낸 것이 아래 그림이다.

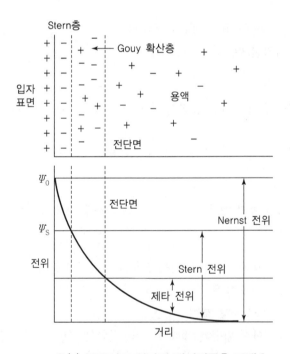

∥(c) 콜로이드 입자의 전기이중층 모델∥

Gouy확산층 전단면에서의 전위를 Zeta Potential(ζ전위)이라 하며 Zeta Potential은 콜로이드의 표면전하와 용액의 구성성분에 따라 변한다.

3. Zeta Potential과 응집관계

콜로이드 입자가 침강하기 위하여는 입자 간의 응집이 이루어져 입자의 크기가 커져야 한다. 그러나 앞장에서 검토한 바와 같이 콜로이드 입자는 표면의 전하로 인하여 두 대전체 사이의 반발하는 힘인 쿨롱(Coulomb)력에 의한 반발로 응결을 방해하는 안정요소로 작용하며 두 입자 사이의 반데르발스(Van der Waals)력에 의한 인력은 응집을 일으키는 불안정요소로 작용한다. 입자 간의 응결이 일어나려면 Zeta Potential을 감소시켜야 하며 입자 표면에 대하여 반대하전을 가진 응집제를 용액에 첨가하여 Zeta Potential을 감소시켜 응집을 촉진시킬 수 있다.

4. 응집이 일어나는 조건

① Zeta Potential의 감소(0 제타전위)

약품 주입 등에 의해 반데르발스 인력과 교반에 의해 입자들이 응결할 수 있는 만큼의 제타전위가 감소해야 되는데, 실제로 ±10mV 정도 범위이다.

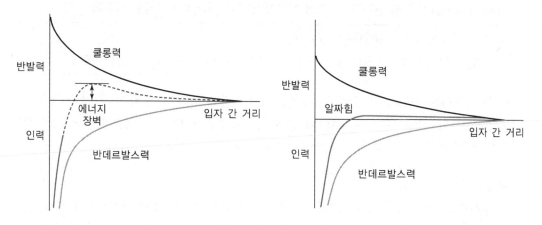

‖ 안정된 콜로이드 입자 간의 인력 및 반발력 ‖   ‖ 불안정화된 콜로이드 입자 간의 인력 및 반발력 ‖

② 콜로이드 활성기의 상호작용에 의한 입자 간의 응결 가교 작용입자 간 응집
③ 형성입자의 체거름 현상이 있어야 한다.

5. 최적 응집제 선정 시 고려사항

가장 널리 사용되고 있는 응집제로는 알루미늄염이나 철염이며, 폐수의 특성을 고려하여 응집보조제를 함께 사용하면 응집효과가 증대된다.

응집시설에서 적정응집제의 종류 및 적정농도의 선정은 유사 공업 및 농공단지의 수질에 대한 자료를 검토하고, 자테스트(Jar test)를 통하여 응집제 및 응집보조제의 종류, 적정 투입량에 대하여 예측하는 것이 경제적이고 합리적인 공공폐수처리시설 설계 및 관리에 바람직하다. 이때에는 온도 및 pH 등의 영향과 주입응집제의 강도를 주의 깊게 파악하여 처리하고자 하는 수질에 적합한 응집제와 투입량을 결정한다.

문제 04 생물학적 탈질조건을 제시하고, 전탈질과 후탈질의 장단점을 비교하시오.

정답

1. 개요

탈질반응은 미생물이 무산소(Anoxic) 상태에서 호흡을 위하여 산소 대신 NO_3^-, NO_2^- 등을 최종 전자수용체(Electron acceptor)로 이용하여 N_2, N_2O, NO로 환원시키는 과정을 말하며, 용존산소가 충분한 상태에서는 산소를 최종전자수용체로 이용하나 용존산소가 부족하거나 없는 상태에서는 질산, 아질산 등을 전자수용체로 사용하게 된다.

탈질과정은 Pseudomonas, Bacillus, Micrococcus 등 임의성 종속영양미생물(Facultative Heterotrophs)에 의해 진행되며, 여러 경로가 있으나 대표적인 과정은 다음과 같다.

$$NO_3^- \rightarrow NO_2^- \rightarrow NO \rightarrow N_2O \rightarrow N_2$$
일반 유기물의 경우 : $5(Organic-C) + 2H_2O + 4NO_3^- \rightarrow 2N_2 + 4OH^- + 5CO_2$

탈질반응에서는 환원된 질소 1g당 2.9∼3.0g의 알칼리도가 증가하게 되며, 최종산물의 형태는 미생물 종류와 pH에 따라 다르나 대부분 N_2로 방출되게 된다. NO_3^- 환원을 위한 전자공여체는 유기물이며 메탄올이 가장 좋은 것으로 알려져 있다.

2. 탈질조건

① **용존산소** : 용존산소는 질산염 환원효소를 억제하여 질산염의 환원을 저하시킬 수 있다. 활성슬러지 플록과 생물막 내에서 용액의 용존산소 농도가 낮을 경우 탈질이 일어날 수 있으며, 용존산소 농도가 2.0mg/L 이상이면 도시하수 처리 시 활성슬러지에서 탈질이 저해될 수 있다.

② **pH** : 질산화 미생물과 달리 탈질율에 대한 pH의 영향은 크지 않다. 탈질반응에서 알칼리도는 생성되고 이로 인하여 반응액의 pH는 질산화반응에서처럼 낮아지는 대신에 일반적으로 상승한다.

③ **온도** : 온도는 질산성 질소 제거와 미생물에 영향을 주며, 탈질률은 온도의 영향을 상당히 받기 때문에 온도보정계수를 주의하여 선택하여야 한다.

3. 전탈질 후탈질

부유성장식 질소제거 공정은 단일슬러지 공정(Single-sludge System)과 이단 슬러지 공정(Two-sludge System)으로 분류할 수 있다. 단일슬러지 공정은 단지 하나의 고형물 분리장치가 공정에 사용됨을 의미하며, 활성슬러지 반응조는 무산소와 호기조건으로 나누어지고 혼합액이 하나의 반응조에서 또 다른 반응조로 반송되지만 고액분리는 일반적으로 2차 침전지에서 한 번만 이루어지게 된다. 이단 슬러지 공정은 유기물 제거 및 질산화를 위한 포기조와 탈질을 위한 무산소조로 구성되며, 각 반응조마다 침전지가 있어 두 곳에서 슬러지가 발생한다.

단일단계 슬러지 생물학적 질소제거 공정은 무산소조의 위치에 따라서 포기조 전단에 무산소조가 위치한 전탈질공정, 무산소조가 포기조 다음에 오는 후탈질공정, 질산화와 탈질이 동일한 반응조에서 동시에 일어나는 동시 질산화탈질 공정으로 분류된다.

1) 전탈질공정

포기조에서 생성된 질산성질소가 탈질을 위하여 포기조 앞에 위치한 무산수상태의 전탈질조로 재순환하게 되며, 전탈질공정의 탈질률은 유입수 내 rbCOD농도, MLSS농도, 온도에 의해 영향을 받는다. 일반적으로 질소제거 공정은 전탈질공정이 주로 사용되는데, 이는 상대적으로 기존시설 개선의 용이성, 벌킹슬러지 제어를 위한 선택조의 장점, 질산화단계 이전에 알칼리도의 생성, 적절한 반응조 체류시간을 유지할 수 있어 기존의 생물학적 처리시스템을 질소제거 공정으로 전환시키는 것이 가능하기 때문이다.

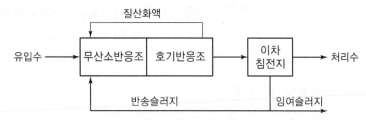

2) 후탈질공정

포기조에서 생성된 질산성질소가 탈질을 위하여 포기조 후단에 위치한 무산소상태의 후탈질조로 유입되게 되며, 후탈질공정의 설계는 외부탄소원의 첨가와 무첨가로 나누어질 수 있다. 외부탄소원의 공급이 없는 후탈질공정은 활성슬러지의 내생호흡에 의존하게 되며 이는 전자 공여체로서 유입수의 BOD를 이용하는 전탈질공정에 비하여 탈질률은 더 느리게 되고 높은 질산성질소 제거효율을 얻기 위해서는 긴 체류시간이 요구된다.

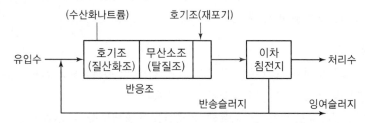

문제 05 '가축분뇨공공처리시설 설치 및 운영관리지침(2018. 9, 환경부)'의 설치타당성조사를 설명하시오.

정답

1. 개요
가축분뇨처리의 기본원칙은 다음과 같다.

① 가축분뇨는 축산농가에서 최대한 자체 처리하도록 하되, 이를 퇴비화, 바이오가스화 등 자원화하는 방식을 우선 추진하도록 유도하여야 한다.

② 축산농가의 자체 처리만으로는 해당 지역에서 발생되는 가축분뇨를 적정 처리할 수 없는 경우, 지방자치단체는 이를 처리하기 위한 방안을 강구하여야 한다.

③ 공공처리시설의 설치는 사전 예비조사와 주민의견을 충분히 수렴하여 사업 추진이 지연되거나 공사과정에서 문제가 발생하지 않도록 하여야 한다.

2. 설치타당성조사
시장·군수·구청장 또는 농협조합 등은 가축분뇨공공처리시설을 설치하고자 하는 경우 가축분뇨공공처리시설의 설치 필요성 여부, 설치장소, 처리방법, 처리용량 등에 대한 타당성을 먼저 조사하여야 한다.

3. 설치타당성조사서에 포함되어야 할 주요 사항
주요 사항은 다음과 같으며, 모든 통계는 출처를 표기하여야 한다(「가축분뇨법」 시행규칙 제19조제2항).

1) 해당 지방자치단체의 일반 현황
   ① 지리·지형, 기온 및 강수량(과거 5년 이상)
   ② 토지이용 현황 및 경작 시 사용되는 비료(화학비료, 가축분뇨를 이용한 유기질비료, 기타 비료 등 구분) 사용 현황
   ③ 하천수계 및 이수현황(상수원보호지역, 주요 취수장 현황 등 포함)
   ④ 지역 경제, 재정 규모 및 재원 등

2) 축산 현황 및 전망
   ① 지역 가축분뇨의 특성(축종별 발생 및 처리 현황, 가축분·뇨의 혼합·분리 여부 분석, 가축분뇨성상 측정, 계절별 발생특성 분석 등)
   ② 축종별·사육규모별 가축사육 동태, 가축분뇨의 발생량 및 처리량(허가·신고·신고 미만으로 구분, 10년간의 전망 포함)
   ③ 축산농가 규모화(5,000두 이상) 등 지역 내 축산현황 및 전망(전체 개별농가 현황 및 농

가당 사육두수 변화 추이 등)
- ④ 가축분뇨 발생량 및 처리량은 5,000두 이상(허가규모)과 5,000두 미만(허가), 신고, 신고 미만 규모로 구분
- ⑤ 가축분뇨 처리량은 사육농가 규모별*로 ㉠ 환경부 공공처리시설, ㉡ 농식품부 공동자원화시설, ㉢ 기타 민간위탁, ㉣ 자체 처리, ㉤ 미처리 등으로 분류
  - **＊** 5,000두 이상(허가규모)과 5,000두 미만(허가), 신고, 신고 미만 규모로 구분

3) 가축분뇨처리 현황
- ① 가축분뇨처리실태(가축분뇨처리방법별 시설설치 현황 및 운영관리실태, 발생폐수 농도 등을 가축분·액상폐수별로 구분하여 조사)
- ② 가축분뇨를 이용한 비료·액비의 유통 및 활용 현황
- ③ 연차별 가축분뇨처리계획
- ④ 가축분뇨처리 관련 부서의 조직·체계

4) 음식물 등의 폐기물 발생 및 처리 현황(혼합 처리 시만 작성)
- ① 음식물 등의 폐기물 발생 현황
- ② 음식물 등의 폐기물 처리실태(처리방법별 시설설치 현황 및 운영관리 실태, 발생농도)
- ③ 음식물 등의 폐기물 관련 부서의 조직·체계

5) 반입희망 농가 현황
- ① 가축분뇨 반입희망 농가 및 반입 희망량
  - **＊** 5,000두 이상(허가규모)과 5,000두 미만(허가), 신고, 신고 미만 규모로 구분하여 반입희망농가 및 반입량 조사
- ② 조사지역은 해당 지방자치단체 전역을 대상으로 하며, 반입희망 조사방식(우선 또는 설문지, 전수 또는 표본)과 결과보고서 등 근거서류 첨부
- ③ 해당 지방자치단체에 이미 설치되었거나, 사업추진이 확정된 공동자원화시설 등의 계약 농가와 중복 여부

6) 기존 가축분뇨공공처리시설 및 환경기초시설에 관한 사항
- ① 위치·시설용량 및 처리방식
- ② 유지관리 상황
- ③ 가축분뇨의 처리가능량 분석

7) 가축분뇨공공처리시설의 설치필요성 검토
- ① 신고규모 이하의 축산농가에서 발생하는 가축분뇨 중 적정처리되지 않는 가축분뇨량 산정
- ② 가축분뇨 퇴·액비 유통센터 등을 통하여 축산농가와 경작농가 간 연계하여 처리를 늘릴 수 있는 양 산정

③ 공공처리시설 설치 이외의 방법으로 적정처리되지 않는 가축분뇨를 처리하는 방안 검토 (농가의 시설개선, 농협 등의 기존 재활용시설의 활용, 인근 지방자치단체의 공공처리시설 활용 등)

8) 설치장소에 관한 사항(이하 설치필요성이 인정된 경우에 한정)
  ① 위치 · 면적 · 지목 · 지역구분 등
  ② 입지여건(강우 · 산사태 등 자연재해로부터의 안정성, 방류지역, 동력 확보, 용수 확보관계 등)
  ③ 인근 주거지역 현황(인구수, 거리 등)
  ④ 도시계획 및 장래 증설계획과의 관계
  ⑤ 축산농가로부터의 운반거리 등

9) 처리방식 및 시설용량에 관한 사항
  ＊ 처리공법은 기본 및 실시설계 단계에서 정밀 검토 · 결정
  ① 처리방식
   • 공공처리방식은 지역특성 및 경제성, 환경성 분석 등을 토대로 결정하되, 정화처리 방식보다는 퇴비 · 액비 등으로 자원화하는 방안을 우선적으로 검토하고, 환경용량에 따른 정화처리를 동시에 고려
   • 다른 환경기초시설과 병합처리 또는 연계처리하는 방안도 함께 검토(특히, 처리해야 할 가축분뇨량이 적은 경우에는 연계 · 병합처리 검토)
   • 가축분뇨 수거방식(관거유입, 차량수거) 및 반입 시의 농도통제방식도 함께 검토
  ② 처리방식별 대안 비교(재활용방안을 포함하여 3개 방식 이상)
   • 소요부지면적, 처리방식의 안정성 · 내구성
   • 운영관리의 난이도
   • 경제성(시설비 및 유지 · 관리비) 등 비교
  ③ 처리용량 산정
   ㉠ 유입대상 농가라도 재활용 등 자체 처리가 가능한 양은 최대한 배제하고 공공처리가 꼭 필요한 최소한의 양만으로 산정
   ㉡ 농림축산식품부의 가축분뇨처리시설 자금을 지원받은 농가는 공공처리시설 반입대상에서 배제하여 중복 지원이 없도록 관리, 다만 시설노후화 등으로 기존시설의 사용이 곤란한 경우에는 제외
   ㉢ 기존의 공공처리시설, 재활용시설 등을 최대한 활용하여 처리물량을 축소하는 방안 검토
   ㉣ 처리용량은 현재 수거량뿐만 아니라 장래 발생량도 고려해서 산정하여야 하며, 특히 축산농가 및 그 인접지역과 시설설치 부지 인접지역에 대한 개발계획을 충분히 고려

하여 시설가동 이후 농가 폐업 또는 민원 등으로 인한 가동률 저하 및 과다용량이 문제되지 않도록 주의(해당 지역에 대한 종합발전계획, 도시·군 기본계획(관리계획) 등 개발계획 검토 후 결과를 시설용량 산정 시 반영)

- 1일 수거량을 지역별, 축종별, 농가(신고, 신고 미만)별로 산정하고 장래 발생량도 함께 예측
- 음식물 등의 폐기물을 혼합 처리하려는 시설은 대상 반입물 각각의 발생량(장래 발생량 포함) 및 처리현황을 고려하여 적정 용량 산정(관련 통계 등 근거자료 제시)
- 바이오가스시설의 용량산정 시 소화액 처리를 감안한 시설 계획 고려

10) 계획수질(성상) 산정

① 유입수질(성상)
- 지역 축산농가 가축분뇨 실측농도, 타 시설 설계수질 등을 종합적으로 고려하고, 특히 증설의 경우 기존 처리시설 운영수질을 면밀히 분석
- 처리 안정성 및 경제성 확보를 위해 분·뇨 분리저장, 농도통제 등을 고려하여 유입수질을 과다하게 높게 산정하지 않도록 주의

② 처리수질(성상)
연계처리시설의 계획처리수질은 「가축분뇨법 시행규칙」 제21조를 준수하는 범위 내에서 정하고, 연계되는 시설관리부서와의 협의를 반드시 거쳐 설계 시 처리수질이 변경되는 경우 사전 방지

11) 가축분뇨공공처리시설의 효과, 주변에 미치는 영향 분석

① 생산된 퇴비·액비의 처분하기 위한 농지확보 또는 판매 방안(퇴비·액비화 방법)
  ✱ 퇴비·액비화 관련 수요처 및 살포농지 확보 증빙자료 제시
② 방류지점 및 방류하천 현황, 시설설치 후 주변환경에 미치는 영향, 상수원·취수장·유원지 등과의 관계(단독정화처리방법)
③ 질소·인 등 오염물질이 하수종말처리장에 미치는 부하 및 하수종말처리장의 방류수질 변화(연계정화처리방법)
  ✱ 정화처리시설의 경우 분석결과를 토대로 적정 방류수 기준 제안
④ 에너지원의 활용, 판매방안(바이오가스시설, 고체연료시설)

12) 시설설치 후 유지관리대책에 관한 사항

① 근무자 및 유지관리비 확보방안
② 공공처리시설의 처리용량으로 제시된 가축분뇨를 수거할 수 있는 인력·장비, 예산 등 구체적인 수거능력 확보방안 검토·제시
③ 가축분뇨공공처리시설 운영·관리과정에서의 악취 저감방안
④ 전문성 확보를 위한 민간위탁방안 등

13) 소요재원 및 사업비 확보방안

① 소요재원은 처리량 및 공사의 타당성이 유지될 수 있는 범위 내로 산정

② 사업비(시설비 · 보상비 등)의 계산

③ 자금조달방법(운영비 중 농가에 부과하는 처리비 수준 등)

14) 분뇨처리시설 등 관련 시설의 현황 및 설치계획

① 관련 시설의 위치 · 용량 · 처리방법 · 사업기간

② 관련 시설에서의 병합 · 연계처리 가능성

15) 관련 법규에 대한 검토

국토의 계획 및 이용에 관한 법률, 하수도법, 농지법, 기타 관련 법규

문제 06 물순환 선도도시에 대하여 설명하시오.

정답

1. 개요

우리나라에서는 1970년대 산업단지 조성 이후 급격히 진행된 도시화 및 인구 고밀화에 의해 불투수면적과 오염물질 배출부하량이 증가하고 있으며, 이에 따라 하천변 저지대의 침수피해와 하천과 지하수의 수질악화가 우려되고 있다. 또한 홍수유출량 증가에 반해 갈수기 하천유량 감소와 건천화, 지하수위 저하가 발생하고 있으며, 이는 하천 친수공간 감소, 하천 생태계환경 악화와 도심열섬화의 주원인으로 작용하고 있다.

이와 같이 도시화로 인한 불투수면적의 증가는 자연적인 물순환체계를 변화시켜 치수, 이수, 환경문제를 발생시키고 있다.

이에 대응하여 지하수 고갈, 하천 건천화 등이 발생하는 도심에 빗물의 저류, 침투, 증발과 같은 자연적인 물순환을 회복하고 경관도 개선하는 도시를 물순환 선도도시라 한다.

환경부가 2016년 인구 10만 명 이상의 대도시 74곳을 대상으로 공모하였고 9개의 도시 중 현장평가와 서류평가를 거쳐 사업 타당성, 추진기반 등에서 우수한 평가를 받은 대전광역시, 광주광역시, 안동시, 울산광역시, 김해시 총 5개의 도시가 "물순환 선도 도시"로 선정되었다.

2. 물순환 선도도시 방법

자연적인 물순환을 회복하고, 경관을 개선하는 방법은 LID기법을 활용한 도시라고 생각하면 된다. LID기법이란 저영향개발기법으로 도시의 개발계획 단계에서부터 빗물의 침투 · 저류를 고려하여 자연 물순환에 미치는 영향을 최소화하는 기법을 말한다.

3. LID 기법의 기술요소

① 식생체류지   ② 옥상녹화
③ 나무여과장치   ④ 식물재배화분
⑤ 식생수로   ⑥ 식생여과대
⑦ 침투도랑   ⑧ 투수성 포장 등

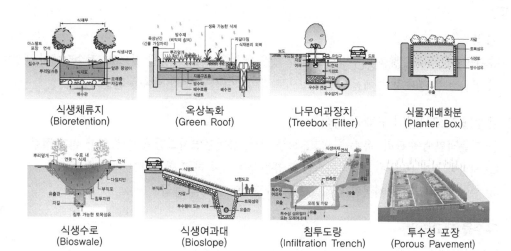

‖ 저영향개발 기술 예시 ‖

문제 01 유수율의 정의와 유수율의 제고방안에 대하여 설명하시오.

정답

1. 정의
유수율이란 유수수량을 배수량으로 나눈 것을 백분율(%)로 나타낸 것으로, 정수장에서 생산하여 공급된 총 송수량 중에서 요금수입으로 받아들여진 수량의 비율을 말한다.

2. 유수율 제고사업의 구체적 목적
① 전문적인 누수관리, 유수율 제고, 시설 개선, 통합운영시스템 구축에 의한 원가 절감
② 시설물 정보 등의 유지관리시스템 도입을 통한 신속하고 합리적인 의사 결정
③ 수량 및 수질의 체계적인 관리를 통한 안정적인 수돗물 공급

3. 유수율 제고방안
① 노후시설의 교체
② 관망도 작성과 전산화추진
③ 블록시스템 구축을 통한 관리
④ Tele Monitoring을 통한 블록별 정보화 관리
⑤ 누수탐사 인력과 장비를 확충해 지속적이고 효율적인 누수방지대책을 추진

물론 막대한 사업비가 소요되고 열악한 지방재정의 어려움은 있으나 불요불급한 지출을 억제하고 연차별 투자계획을 세워 지방채 발행이나 이율이 저렴한 공적 기금을 차용한다면 조기에 노후관로를 교체할 수 있을 것이라 생각한다.
또 관망도 작성과 전산화추진 그리고 블록시스템 구축을 조기에 완료하고 누수탐사 인력과 장비를 확충해 지속적이고 효율적인 누수방지대책을 추진해야만 막대한 국민세금이 땅속으로 사라져 버리는 어처구니 없는 일을 막을 수 있을 것이다.

문제 02 정수처리 공정별 조류대응 방안을 평상시와 조류 대량 발생 시로 구분하여 설명하시오.

정답

1. 개요

기후 온난화 등 환경 변화로 인해 상수원의 조류 대량 발생이 빈번해짐에 따라 조류 및 조류기인 물질로 인한 수처리 장애나 수돗물 맛·냄새 민원, 유해남조류 독소 발생 등에 대한 우려가 커지고 있다. 특히, 오존 및 입상활성탄 등의 고도처리시설을 갖추지 못한 일반 정수처리시설에서는 지오스민, 2-MIB와 같은 맛·냄새 물질이 높은 농도로 발생 시 처리에 한계가 있는데, 점차 지표수를 원수로 하는 상수원에서의 발생농도가 증가하는 추세에 있어 이 물질들을 최대한 적정 처리하여야 하는 실정에 직면해 있다.

2. 조치기준

구분	평상시	조류 대량 발생 시
기준	원수 Geosmin 또는 2-MIB < 20ng/L 원수 마이크로시스틴-LR < 1μg/L	원수 Geosmin 또는 2-MIB ≥ 20ng/L 원수 마이크로시스틴-LR ≥ 1μg/L 또는 수처리 장애 발생 시

＊ 수처리 장애 : 맛·냄새 민원 대량 발생, 여과지 막힘 현상 대량 발생 등

3. 평상시 조류 대응방안

1) 유역환경청, 물환경연구소, 상·하류 구간의 취·정수장, 지방자치단체 등 유관기관과의 비상연락체계 정비
2) 수질계측기, 어류관찰수조 등 수질경보시스템 설치·점검
3) 정수약품(분말활성탄, 응집제 등) 적정량 보유
4) 원·정수에 대한 주기적인 수질모니터링(pH, 조류, 맛·냄새물질 등)
5) 간헐운전 설비(분말활성탄, 중염소, 오존 등)의 정기점검 및 상시가동준비 유지
6) 상류 지점 수질이상 시 하류구간 영향 분석
7) 정수처리 공정에 대한 성능진단 및 시설개선 실시
   ① 고 pH 유입에 대비한 pH 조정설비 설치
   ② 염소 주입설비 설치
   ③ 분말활성탄 주입시설 설치 및 적정 접촉시간 확보(취수장, 도수관로 주입 등)
   ④ 적합한 활성탄 선택/구매 및 적정 용량 확보

⑤ 냄새 농도 및 빈도가 높을 경우 고도정수처리공정 도입

⑥ 여과지 폐색 조류(synedra 등) 출현빈도가 높을 경우 다층여과지 도입

8) 취 · 정수장 간 연계운영 가능한 곳은 주기적인 설비점검 실시

4. 조류 대량 발생 시 대응방안

1) 남조류 대량 발생 시 초기대응

① 분말활성탄 : 건량기준 10mg/L 내외 우선 주입

② 전염소 : 전염소 감소, 중염소 전환

③ pH 조절 : 사용하는 응집제에 적합한 pH 범위로 조절

④ 응집제 : 응집제 최적 주입, 응집보조제 사용 등 응집 · 침전공정 운영 강화

2) 정수처리공정별 세부 조치 내용

취수장	**맛 · 냄새 모니터링 강화** • 취수장 맛 · 냄새 모니터링 강화 • 조류 증가 및 맛 · 냄새 발생 상황 전파 **취수장 대책** • 선택취수 가능 시 취수지점 변경 • 취수시설 주변 조류방지막 설치 • 세포 내의 조류 독소 또는 맛 · 냄새 물질 비율이 높을 경우 전염소 주입량 감소 • 분말활성탄 적량 주입

착수정
혼화지
	공통
	• 원수 수질조사 강화
	• 수질계측기, 어류관찰수조 등 수질감시장치 관리 강화
	
	맛 · 냄새 발생 시
	• 규조류에 의한 비린내 발생 시 전염소 처리 강화
	• 남조류에 의한 흙/곰팡이 냄새 발생시 분말활성탄 주입
	  - 분말활성탄 주입 시 전염소 주입 최소화(가급적 중지 권장)
	  - 적정 주입률 결정을 위한 Jar-test 실시
	  - 분말활성탄은 가급적 접촉시간이 많이 확보되는 지점(취수장, 도수관로, 착수정 전단 등)에 주입
	  - 착수정 운영지수 최대화(전체지수 가동)
	  - 분말활성탄이 여과지에 유출되지 않도록 응집공정 강화
	  - 응집제는 분말활성탄과 가급적 시차를 크게 하여 주입
	• 배출수계통(침전슬러지, 역세척배출수)으로부터 회수 중지 고려
	여과지속시간 감소 시
	• 규조류에 의한 여과지 폐색 시 응집제 주입률 상향 조정

	– 적정 pH를 고려하여 원수특성에 적합한 응집제 사용 • 응집보조제(폴리아민) 사용 검토 • 오염물질 농축이 발생하는 경우, 여과지 역세척수 회수 중지 고려 pH 상승 시 • 원수 pH 상승 시 pH 조정 설비(황산, CO_2) 가동
응집지 침전지	맛·냄새 발생 시 • 분말활성탄 누출 최소화를 위한 응집공정 강화(필요시 응집지 G값 변경) • 침전슬러지 회수 주기 단축 pH 상승 시 • 원수 pH 상승 시 침전수 pH 모니터링 실시 – 측정값은 pH 조정제 주입률 결정을 위해 Feedback
여과지	맛·냄새 발생 시 • 여과수 중 분말활성탄 누출 유무 점검 – 여과지별 탁도 및 입자계수기 운영 강화 여과지속시간 감소 시 • 여과보조제(폴리아민) 사용 검토 • 필요 시 여과지 표층 삭취 및 머드볼 제거 • 역세척 시간 단축 및 표면세척 시간 연장 • 필요 시 단일여재의 경우 상부에 안트라사이트 긴급 포설 • 응집제 과량 주입 시 잔류 알루미늄 모니터링 pH 상승 시 • 원수 pH 상승 시 잔류 알루미늄 모니터링
정수지	맛·냄새 발생 시 • 전염소 주입 감소 시 후염소 관리 강화 • 수질감시항목(Geosmin, 2-MIB) 기준 초과 시 주민공지 실시 pH 상승 시 • 적정 소독능 유지를 위한 정수지 고수위 유지

문제 03 생물반응조의 2차 침전지에서 슬러지 벌킹(Bulking)을 야기하는 사상균의 제어방법에 대하여 설명하시오.

정답

1. 벌킹(Bulking)의 정의

슬러지용량지표(SVI : Sludge Volume Index)가 150mL/g 이상인 슬러지를 벌킹슬러지라고 하며 폭기조 혼합액 1mL 내 사상체 길이의 합이 $10^7 \mu m$ 이상이면 슬러지 침강이 불량하며 슬러지농축이 일어나지 않는다.

2. 벌킹의 발생원인

벌킹의 발생원인은 수없이 많다. 인간에 있어 암의 발병원인이 여러 가지이듯이 활성슬러지에 있어서도 거의 모든 환경조건이 벌킹의 원인으로 작용될 수 있으며 따라서 상반되는 환경조건이 벌킹의 발생원인이 될 수 있다. 부하가 너무 높거나 낮아도, DO 농도가 너무 높거나 낮아도, 수온이 너무 높거나 너무 낮아도, MLSS 농도가 너무 높거나 너무 낮아도 벌킹이 일어날 수 있는 것이다. 벌킹의 원인이 될 수 있는 조건의 예를 들어보면 다음과 같다.

① 유기물부하가 갑자기 높아졌을 때 또는 유기물 고부하가 계속될 때
② 폐수원수가 부패될 때
③ 유지함유량이 높은 폐수, 독성폐수 및 세제 등으로 영향을 받았을 때
④ 유량이나 수질이 크게 변동되었을 때
⑤ 영양원인 질소와 인이 적당히 존재하지 않을 때
⑥ 폭기량이 불충분하여 DO가 부족될 때
⑦ MLSS량이 과다할 때
⑧ 침전조나 슬러지 반송경로에 슬러지가 오래 체류되어 혐기성상태로 된 때
⑨ 염류농도가 크게 변동된 때
⑩ 유기성 폐수 중에 무기질이 적을 때
⑪ 환절기와 같이 수온변화가 클 때

그러나 이러한 조건들은 다음의 5가지 그룹으로 나누어 볼 수 있다.
① 낮은 DO
② 낮은 유기물 부하(낮은 F/M 비)
③ 원수의 부패 및 고농도 황화물
④ 영양염(N, P 등) 결핍
⑤ 낮은 pH

3. 사상체의 증식 메커니즘

사상체가 증식되는 메커니즘에 대해서는 많은 학설과 이론이 있지만 그중에서 가장 설득력이 있는 것은 A/V(Area/Volume) 가설이다. 세균은 고등동·식물과는 달리 영양분을 섭취하고 노폐물을 배설하는 기관이 따로 있는 것이 아니고 세포표면을 통해 영양분을 섭취하고 노폐물을 배설한다.

따라서 세균의 A/V 값이 크면, 즉 체적에 비해 체표면적이 넓으면 넓을수록 세균의 대사속도가 빨라진다. 따라서 영양분이나 DO와 같은 어떤 환경인자가 부족한 상태에서는 세포의 A/V 값이 큰 세균이 경쟁력을 가진다. 세균세포의 형태로는 구형, 막대형, 나선형 및 사상체가 있는데, 이 중에서 A/V 값이 가장 큰 것이 사상체이다.

따라서 유기물이 부족하거나, 영양염이 결핍되거나, DO가 부족한 환경에서 사상체가 증식하기 쉬어지며 구형이나 막대형의 세균 수가 줄어들면 경쟁상대가 없어지게 되므로 사상체는 그 양이 더욱 늘어난다. 사상체의 양이 극단적으로 많아진 상태가 벌킹이다. 그러나 벌킹의 발생원인 중 유기물부하가 고부하인 경우에는 이 A/V 가설로서는 설명이 어렵다.

4. 벌킹의 영향

벌킹이 일어나면 방류수로 슬러지가 유실되어 방류수의 SS 농도가 높아지는 등 방류수 수질기준을 위반할 우려가 있으며 방류수의 염소소독효과도 떨어진다. 벌킹이 심하면 폐수처리능력을 상실하게 되고 심하지 않더라도 슬러지 반송률을 높여야 하며 잉여슬러지 처리문제가 발생된다. 고형물농도가 3~4%인 정상적인 슬러지에 비하여 고형물농도가 1~2%인 벌킹슬러지의 부피는 2~4배가 되므로 슬러지 탈수에 큰 어려움이 있다.

5. 벌킹의 원인균

Zoogloea 벌킹을 제외한 모든 벌킹은 사상체에 의해 일어난다. 벌킹을 일으키는 사상체의 종류는 20여 종이 있는데, 폐수의 성상, 폐수처리방법, 운전방법 및 기후 등에 따라 벌킹을 주로 일으키는 원인 균도 달라진다. 미국 내에서 벌킹을 일으키는 빈도가 가장 높은 것이 Type 1701이고, 유럽에서는 Microthrix Parvicella가 가장 빈번하게 벌킹을 일으킨다. 우리나라에서는 Type 021N의 출현빈도가 높다.

6. 벌킹대책

벌킹의 빠른 해결조치로는 운전제어 및 공정개선이 주로 이용되고 있지만 화학물질의 첨가도 종종 이용된다. 그러나 화학물질의 첨가는 벌킹의 원인을 근본적으로 해결하는 것이 아니므로 화학물질 첨가를 중단하면 벌킹이 다시 일어나는 것이 일반적인 현상이다. 그뿐만 아니라 응집제 등의 화학물질 첨가방법은 비용이 많이 드는 단점이 있다. 벌킹제어방법은 다음과 같이 크게 3가지로 나누어 볼 수 있다.

1) 운전제어

① **침전조 SS 부하량 감소** : 슬러지반송률을 조절하여 MLSS 농도를 낮춤

② **DO 농도 조절** : 공기량의 증가 또는 축소

③ **폐수부패성 제어** : 당농도가 높은 폐수는 곰팡이 번식이 쉬우므로 pH 및 질소,인 균형 유지

④ **영양염 첨가** : 질소,인 등의 부족량 첨가

⑤ **폭기조 pH 조절** : pH 6.5에서 거품발생세균이 번성하므로 너무 낮아지지 않도록 제어

⑥ **혐기 · 호기 운전** : 혐기성 조건은 거품발생세균 증식을 억제

2) 화학물질 첨가

① **살균제(염소)**
  - 염소제제 첨가 전에 꼭 폭기조혼합액으로 첨가실험을 하여 첨가 후 상등액이 혼탁되지 않는 첨가량을 선택
  - 선택된 양을 폭기조에 첨가할 때도 하루에 몇 번으로 나누어 첨가

② **응집제, 침강제**
  응집제를 첨가하여 플러그 형성을 촉진시키거나, 미생물제재를 첨가하여 미생물 개체의 인위적 증가

3) 공정개선

① **폭기조형태와 폐수 유입방식**
  - 폭기조의 분할 : 폭기조에 칸막이를 설치하여 폭기조를 분할하거나 폭기조의 물흐름을 Plug Flow로 바꿈
  - 폐수단속주입 : 저부하 시 원수를 간헐 유입

② **선택조(Selector)**
  F/M비가 너무 낮아 벌킹이 항시 일어난다면 폭기조 앞에 선택조(Selector)를 설치

문제 04 해수담수화 방법 중 전기흡착법(CDI ; Capacitive Deionization), 전기투석법(ED ; Electrodialysis), 막증발법(MD ; Membrane Distillation)에 대하여 설명하시오.

정답

1. 개요

해수담수화란 바닷물에서 염분과 유기물질 등을 제거해 식수나 생활용수 등으로 이용할 수 있도록 담수를 얻는 것을 말한다. 고전적인 방법으로는 상의 변화를 유발하는 방법으로 해수를 증발시켜 염분과 수증기를 분리하는 증발법, 상의 변화를 유발하지 않는 물은 통과시키고 물속에 녹아 있는 염분은 걸러내는 역삼투압방식 등이 있다. 이 외의 방법으로 막을 이용한 전기흡착법, 전기투석법, 막증발법 등이 있다.

2. 전기흡착법(CDI)

1) CDI 개요

전기흡착법(CDI ; Capacitive Deionization)은 활성탄소 전극에 약 1.4볼트의 직류전원만을 인가하여 해수나 짠물 중의 염분을 탄소표면으로 이동시켜 흡착제거하는 축전식 탈염기술이다.

전기투석법은 이온교환막을 이용하여 이온을 분리하는 담수를 얻는 반면 전기흡착법에서는 전극 자체에서 이온을 흡착하여 제거하는 특징을 가지고 있다.

2) 흡착원리

직류전압이 인가된 활성탄소 전극 사이로 무기이온이 통과하면서 활성탄소 전극 표면에 흡착되어 제거되어 정화된 물은 통과되고, 활성탄소전극에 흡착된 무기이온은 전극에 반대전압을 인가함으로써 탈착시켜 전극을 재생시키는 원리이다.

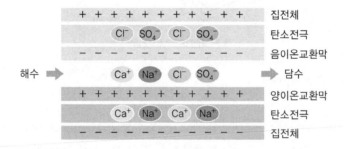

3) 장단점

① 해수담수화기술 중에서 에너지 소비량이 가장 적다.

② 상온에서 운전하므로 저압부분은 플라스틱재료 사용이 가능하여 재료부식 문제가 비교적 적다.

③ 운전기기 구성이 간단하여 운전 유지관리가 비교적 용이하다.

④ 농축수가 발생하지만 비교적 농도가 낮기 때문에 환경에 미치는 영향은 거의 없다.

⑤ Pilot plant 시험 외에는 해수담수화 실적이 없다.

⑥ 증류수 수준까지의 수질은 유지되지 않는다.

⑦ 초기 연구단계로 Capital Cost가 높다.

3. ED

1) ED개요

ED(Electrodialysis Process)법이란 전기투석조(Electrodialysis Stack) 양단에서 공급되는 직류전원에 의해 형성되는 전기장을 구동력으로 하고 물속에 녹아 있는 화학성분 중 전기적 성질을 갖는 전해질(양(+)이온 또는 음(-)이온)을 선택적으로 투과하는 이온교환막을 이용하여 이온성 물질을 분리하는 막분리 공정이다.

EDR은 막의 오염을 줄이기 위해 전류의 방향을 주기적으로 바꾸는 양극전도(Polarity Reversal)를 이용한 공정으로 유로와 전기투석의 전위구배를 바꿈으로써 전기투석공정에 있어서 장애요인으로 작용했던 오염속도를 감소시킬 수 있다.

① ED(Electrodialysis) Process(전기투석법)
② EDR(Electrodialysis Reversal) Process(역전전기투석법)

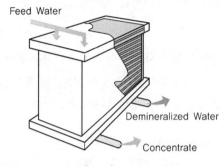

‖ ED(EDR) Module ‖

4. MD(Membrane Distillation)

1) 개요

막 증발법(MD ; Membrane Distillation)은 소수성 막(Membrane)에서 Vapor Pressure 의 차이로 Vapor가 이동 응축시켜 담수를 얻는 방식으로 1960년대 이미 개념이 확립된 기술로 멤브레인 기술 발달과 함께 거쳐 다시 주목받고 있는 기술이다.

MD 공법은 MSF와 같이 플래싱(Flashing) 증발 및 응축 과정을 통해 담수가 생산되며, 높은 온도의 유입수와 낮은 온도의 처리수 사이, 즉 증발기와 응축기 사이에 설치된 소수성 (Hydrophobic)의 다공성(Microporous) 멤브레인(PVDF, PTFE)을 통하여 용매는 이 멤브레인 표면에서 분리되고 증기(Vapor)만이 기공을 통과해 처리수 쪽에서 응축되어 담수를 얻는 기술이다.

즉, 온도차에 기반하여 가동되는 MD 프로세스는 다공성의 소수성 막 표면 사이에 존재하는 증기압 차이, 즉 수증기 압력 차이에 의해 운용되는 분리공정이다.

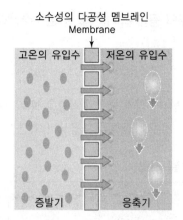

소수성의 다공성 멤브레인
Membrane

고온의 유입수 ↓ 저온의 유입수

증발기 　 응축기

┃Membrane Distillation 기본원리 ┃

2) MD의 장점

① 증발법이기 때문에 별도의 압력을 필요로 하지 않으며 RO에 비해 제거율이 상당히 좋은 편이다.

② 휘발성이 없는 이온성분인 경우 제거율이 뛰어나다.

③ 해수의 보론(Boron)에 대한 제거율도 매우 좋은 것으로 알려져 있다.

④ 물의 투과도가 유입수의 농도에 크게 영향을 받지 않는다(RO에 비해).

⑤ 높은 회수율의 담수화 공정도 충분히 가능하다.

3) MD의 단점

① 열원이 반드시 필요하여 폐열이나 태양열 등의 에너지와 연계하지 않을 경우 에너지 소모 량이 많은 편이다.

② 열을 이용하는 것이기 때문에 반복적으로 히팅(Heating)－쿨링(Cooling)으로 멤브레인 의 열화에 대한 내구성 문제 발생 가능성이 있다.

③ 휘발성이 해수 등 원수 중의 미량유해물질은 잘 제거가 되지 않는 단점이 있다.

④ 낮은 증발속도로 효율성이 낮다(MD 공정은 증발법의 하나로 물을 섭씨 100℃까지 올려 끓이고 이때 발생하는 증기를 다시 응축해 담수를 생산하는 것으로 저온에서의 증발의 경 우는 증발 속도가 너무 느리기 때문에 실용화하기 어렵다는 한계점이 있음).

4) MD의 해결해야 할 과제

멤브레인이 젖는 웨팅(Wetting) 현상을 예방할 수 있는 고도의 높은 소수성을 갖는 멤브레 인 개발이 필요하다(멤브레인 세공에 물이 침투해버리면 더 이상 증발법으로서의 역할을 할 수 없기 때문에 MD에 있어서 멤브레인이 젖는 웨팅(Wetting)현상이 없어야 함).

문제 05 하천 생활환경 기준의 등급별 기준 및 수질 · 수생태계 상태를 설명하시오.

정답

1. 개요

환경기준이란 「환경정책기본법」에 의거 국민의 건강을 보호하고 쾌적한 환경을 조성하기 위하여 국가가 달성하고 유지하는 것이 바람직한 환경상의 조건 또는 질적인 수준을 말한다.

2. 하천 생활환경 기준의 등급별 기준

등급		상태 (캐릭터)	기준								
			수소 이온 농도 (pH)	생물 화학적 산소 요구량 (BOD) (mg/L)	화학적 산소 요구량 (COD) (mg/L)	총 유기 탄소량 (TOC) (mg/L)	부유 물질량 (SS) (mg/L)	용존 산소량 (DO) (mg/L)	총 인 (T-P) (mg/L)	대장균군 (군수/100mL)	
										총 대장 균군	분원성 대장균 군
매우 좋음	Ia		6.5 ~ 8.5	1 이하	2 이하	2 이하	25 이하	7.5 이상	0.02 이하	50 이하	10 이하
좋음	Ib		6.5 ~ 8.5	2 이하	4 이하	3 이하	25 이하	5.0 이상	0.04 이하	500 이하	100 이하
약간 좋음	II		6.5 ~ 8.5	3 이하	5 이하	4 이하	25 이하	5.0 이상	0.1 이하	1,000 이하	200 이하
보통	III		6.5 ~ 8.5	5 이하	7 이하	5 이하	25 이하	5.0 이상	0.2 이하	5,000 이하	1,000 이하
약간 나쁨	IV		6.0 ~ 8.5	8 이하	9 이하	6 이하	100 이하	2.0 이상	0.3 이하		
나쁨	V		6.0 ~ 8.5	10 이하	11 이하	8 이하	쓰레기 등이 떠 있지 않을 것	2.0 이상	0.5 이하		
매우 나쁨	VI			10 초과	11 초과	8 초과		2.0 미만	0.5 초과		

3. 수질 · 수생태계 상태

① **매우 좋음** : 용존산소(溶存酸素)가 풍부하고 오염물질이 없는 청정상태의 생태계로 여과 · 살균 등 간단한 정수처리 후 생활용수로 사용할 수 있음

② **좋음** : 용존산소가 많은 편이고 오염물질이 거의 없는 청정상태에 근접한 생태계로 여과 · 침전 · 살균 등 일반적인 정수처리 후 생활용수로 사용할 수 있음

③ **약간 좋음** : 약간의 오염물질은 있으나 용존산소가 많은 상태의 다소 좋은 생태계로 여과 · 침전 · 살균 등 일반적인 정수처리 후 생활용수 또는 수영용수로 사용할 수 있음

④ **보통** : 보통의 오염물질로 인하여 용존산소가 소모되는 일반 생태계로 여과, 침전, 활성탄 투입, 살균 등 고도의 정수처리 후 생활용수로 이용하거나 일반적 정수처리 후 공업용수로 사용할 수 있음

⑤ **약간 나쁨** : 상당량의 오염물질로 인하여 용존산소가 소모되는 생태계로 농업용수로 사용하거나 여과, 침전, 활성탄 투입, 살균 등 고도의 정수처리 후 공업용수로 사용할 수 있음

⑥ **나쁨** : 다량의 오염물질로 인하여 용존산소가 소모되는 생태계로 산책 등 국민의 일상생활에 불쾌감을 주지 않으며, 활성탄 투입, 역삼투압 공법 등 특수한 정수처리 후 공업용수로 사용할 수 있음

⑦ **매우 나쁨** : 용존산소가 거의 없는 오염된 물로 물고기가 살기 어려움

⑧ 용수는 해당 등급보다 낮은 등급의 용도로 사용할 수 있음

⑨ 수소이온농도(pH) 등 각 기준항목에 대한 오염도 현황, 용수처리방법 등을 종합적으로 검토하여 그에 맞는 처리방법에 따라 용수를 처리하는 경우에는 해당 등급보다 높은 등급의 용도로도 사용할 수 있음

문제 06 환경책임보험에 대하여 설명하시오.

정답

1. 개요

특정수질유해물질을 기준치 이상 배출하는 시설을 가동하는 사업장에서는 반드시 환경책임보험에 가입해야 폐수배출시설 허가를 받을 수 있다.

2. 법적 근거

「환경오염피해배상책임 및 구제에 관한 법률」제17조 제1항 제2호(법 제3조제2호에 따른 시설로서 특정수질유해물질을 배출하는 시설)에 따른 시설을 설치 · 운영하는 사업자는 시설의 배출량이나 처리방식에 관계없이 모두 환경책임보험에 가입하여야 한다.

제17조제1항제2호에 따른 특정수질유해물질을 배출하는 시설이란 「물환경보전법」시행규칙

제6조 별표4의 제1항 다목에 따르면 특정수질유해물질이 포함된 원료, 부원료 또는 첨가물을 사용하는 시설로서 특정수질유해물질이 별표13의2에 따른 기준 이상 포함한 폐수를 배출하는 시설이다.

3. 환경책임보험 가입처

현재 국내에서 영업 중인 보험사 13곳 중 AIG손해보험, DB손해보험, NH농협손해보험에서 가입할 수 있다.

4. 미가입 시 처벌사항

「환경오염피해배상책임 및 구제에 관한 법률」 제47조(벌칙) 제2항 "1년 이하의 징역 또는 1천만 원 이하의 벌금에 처한다."

「환경오염피해배상책임 및 구제에 관한 법률」 제48조(양벌규정) 법인의 대표자나 법인 또는 개인의 대리인, 사용인, 그 밖의 종업원이 그 법인 또는 개인의 업무에 관하여 제47조의 위반행위를 하면 그 행위자를 처벌하는 외에 그 법인 또는 개인에게도 해당 조문의 벌금형을 과한다. 다만, 법인 또는 개인이 그 위반행위를 방지하기 위하여 해당 업무에 관하여 상당한 주의와 감독을 게을리하지 아니한 경우에는 그러하지 아니하다.

119 ⓗ 수질관리기술사

•• 1교시 다음 문제 중 10문제를 선택하여 설명하시오.(각 10점)

1. MBR(Membrane Bio Reactor)
2. 활성슬러지 미생물의 생리적 특성에 의한 분류 4가지
3. 발생원별 반류수의 중점처리 수질항목
4. MLSS, MLVSS, SRT, HRT에 대한 각각의 정의
5. A_2/O의 개요, 공정도 및 각 공정에서의 미생물 역할
6. Piper Diagram
7. 수생태계에서의 용존산소와 먹이에 따른 미생물 분류
8. 하천의 자정작용에 영향을 미치는 인자
9. 해양에서의 오염물질 이동경로 및 생물농축
10. LID(Low Impact Developement)
11. 습지를 이용하여 오염물질을 제거할 때 대상 오염물질의 제거 메커니즘, 장단점
12. 스마트 물산업 육성전략과 REWater 프로젝트
13. BOD, COD_{Mn}, COD_{Cr}, TOC의 측정원리, 분석 시 산화제 종류

•• 2교시 다음 문제 중 4문제를 선택하여 설명하시오.(각 25점)

1. 하수도설계기준에서 제시한 간이공공하수처리시설 설계 시 고려사항을 설명하시오.
2. 하·폐수처리시설에서 고도처리의 정의와 기존처리장에 고도처리시설 설치 시 고려사항을 설명하시오.
3. 총인에 대한 화학적 응집처리에 대하여 다음을 설명하시오.
   1) 화학식을 포함한 응집의 기본원리
   2) 유입농도 변화를 고려하지 않은 응집처리공정의 문제점과 해결방안
   3) 유입유량 변화를 고려하지 않은 응집처리공정의 문제점과 해결방안

4. 토양오염의 특성과 오염 여부를 판정하기 위한 필요인자에 대하여 설명하시오.
5. 하천수계에서의 허용배출부하량의 할당 절차에 대하여 설명하시오.
6. 제4차 국가환경종합계획의 법적 근거, 계획기간, 비전을 제시하고 물환경 위해관리체계강화의 추진방향에 대하여 단계적으로 설명하시오.

··3교시 다음 문제 중 4문제를 선택하여 설명하시오.(각 25점)

1. 악취방지와 관련하여 다음을 설명하시오.
   1) 처리방법의 선정 시 고려사항
   2) 활성탄 흡착법, 토양탈취법, 미생물 탈취법에 대하여 비교설명
   3) 탈수기실 악취방지시설 설계기준
2. 생물반응조 2차 침전지에서 슬러지 벌킹(Bulking)의 정의, 원인, 사상균의 제어방법에 대하여 각각 설명하시오.
3. 수계의 수질관리에 대해 고려사항을 설명하시오.
4. 해양오염물질의 종류와 부영양화의 피해에 대하여 설명하시오.
5. 환경영향평가서 작성규정에 따른 수질항목내용에 대하여 설명하시오.
6. 주민친화적 하수처리시설의 의의 및 종류, 설치 시 기본방향, 고려사항에 대하여 설명하시오.

··4교시 다음 문제 중 4문제를 선택하여 설명하시오.(각 25점)

1. 터널폐수의 발생특성, 발생량 예측방법, 처리계획, 처리시설 운전방법을 각각 설명하시오.
2. 펌프의 설계·시공상의 결함과 운전 미숙 등으로 발생되는 주요 장애현상 3가지를 쓰고, 각각의 발생원인, 영향, 방지대책에 대하여 설명하시오.
3. 호소의 성층화와 전도현상을 용존산소와 수온과의 상관관계를 이용하여 설명하시오.
4. 물순환 선도도시의 개념, 목적, 사업내용 및 효과를 설명하시오.
5. 광해배수의 자연정화법에 대하여 설명하시오.

문제 01 MBR(Membrane Bio Reactor)

정답

1. MBR 정의와 원리

MBR은 생물반응조(Bio Reactor)와 분리막(Membrane)을 결합하여 2차 침전지 및 3차 처리 여과시설을 대체하는 시설로서, 생물학석 처리의 경우는 통상적인 활성슬러지법과 원리가 동일하며, 2차 침전지를 설치하지 않고 호기조 내부 또는 외부에 부착한 정밀여과막(MF) 또는 한외여과막(UF)에 의해 고액분리됨의 원리를 이용한 방법이다.

2. MBR 특징

막을 이용하기 때문에 처리수 중 대부분의 입자성분이 제거되므로 매우 낮은 농도의 BOD, SS, 탁도의 유출수가 생산된다. 또 종래 2차 침전지의 경우는 고액분리의 한계로 인해 생물반응조의 MLSS 농도를 4,000mg/L 이상에서의 관리가 어려웠으나 막을 이용함으로써 미생물농도로서의 MLSS를 8,000~12,000mg/L 정도의 고농도로 유지가 가능하여, 짧아진 수리학적 체류시간으로 부지가 적게 소요된다.

3. 생물막법의 종류

생물막법은 그림과 같이 크게 가압식과 침지식으로 분류된다.
침지식은 생물반응조 내 분리막을 침지하는 방식과 별도의 분리막조에 분리막을 침지하는 방식이 있다.

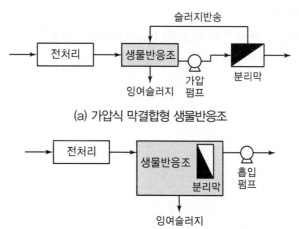

(a) 가압식 막결합형 생물반응조

(b) 침지식 막결합형 생물반응조(생물반응조 분리막 침지)

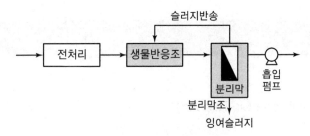

(c) 침지식 막결합형 생물반응조(분리막조 분리)

┃ 생물막법의 종류 ┃

문제 02 활성슬러지 미생물의 생리적 특성에 의한 분류 4가지

정답

1. 개요

유기물을 제거하는 활성슬러지 미생물을 생리적인 특성에 의하여 4가지로 분류하면 다음과 같다.

2. 4가지 분류

① **호기성 종속영양미생물**

산소조건하에서 유기물을 이용하여 증식, 세균류 외에 원생동물과 대형생물 포함

② **호기성 독립영양미생물**

호기성 조건에서 암모니아 질소를 아질산성질소 또는 질산성질소로 산화시킴, 질산화 미생물이 이에 속함, 무기계 탄소(CO_2)를 이용하여 증식함

③ **통기성 미생물**

무산소상태(용존산소가 존재하지 않는 상태)에서 질산성 호흡, 아질산성 호흡을 행함, 탈질미생물이 이에 속함

④ **혐기 호기를 교대로 반복하여 다중인산을 다량축적하는 미생물**

종속영양미생물이며 탈인 미생물, 인축적 미생물이라고 함

문제 03 발생원별 반류수의 중점처리 수질항목

정답

1. 개요

하수처리장의 농축, 소화, 탈수 등 전형적인 슬러지 처리공정에서 발생하는 소화조, 농축조 상징액 및 탈리여액 등은 전체 하수처리공정 내에서 수처리 계통으로 반송되기 때문에 반류수로 불린다.

반류수는 유입원수에 비해 고농도의 유기물과 인 및 질소와 같은 영양염류, 부유물질 등을 포함한다. 유입량 대비 1~3%의 적은 유량이지만, T-N 부하의 21~47%, T-P 부하의 13~46% 가량이 반류수에 의해 증가하며 하수처리장에 충격부하(Shock Load)의 유발원인이다.

2. 다양한 처리공정에서 발생하는 반송수 내 BOD 및 SS 농도

처리공정	BOD(mg/L)		SS(mg/L)	
	범위	평균	범위	평균
중력농축 상징수				
1차 슬러지	100~400	250	80~300	200
1차+폐활성 슬러지	60~400	300	100~350	250
부상농축 상징수	50~1,200	250	100~2,500	300
원심농축 농축수	170~3,000	1,000	500~3,000	1,000
호기성 소화조 상징수	100~1,700	500	100~10,000	3,400
혐기성 소화조 상징수 (이단 및 고율)	500~5,000	1,000	1,000~11,500	4,500
원심탈수 탈수여액	100~2,000	1,000	200~20,000	5,000
벨트프레스 탈수여액	50~500	300	100~2,000	1,000
필터프레스 탈수여액	50~250		50~1,000	
슬러지라군 상징수	100~200		5~200	
슬러지건조상 하부배출수	20~500		20~500	
퇴비화공정 침출수		2,000		500
소각스크러버 세정수	20~60		600~8,000	
심층여과 세척수	50~500		100~1,000	
마이크로스크린 세척수	100~500		240~1,000	
탄소흡착 세척수	50~400		100~1,000	

* WEF, ASCE, & WERI(2010)

3. 중점처리 수질항목

1) 슬러지농축 발생공정

   ① 주로 SS성분과 BOD성분이 높음

   ② 약품처리 또는 생물학적 처리를 통한 반류수 처리가 필요함

2) 슬러지 탈수공정

   ① BOD, T-N, TP 성분이 중점 처리 항목임

   ② 반류수 내 질소기작, 인 회수 자원화 또는 응집처리, 생물학적 처리를 통한 유기물 제거
   등이 필요함

3) 심층여과수 역세수

   중점처리 항목은 SS성분임

4) 활성탄 여과기 역세수

   중점처리 항목은 SS성분임

4. 처리공법

1) 반류수 내 질소기작

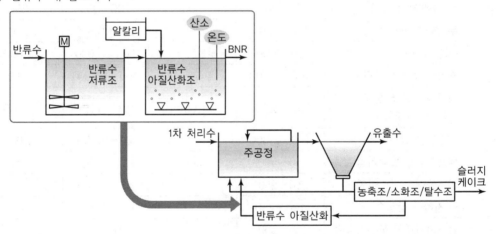

2) 반류수 내 인 회수 및 자원화

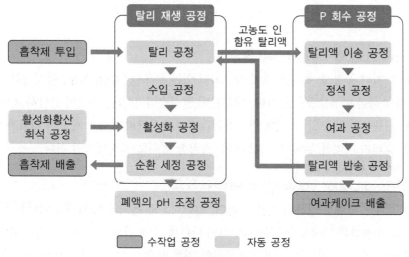

| 탈인 흡착장치 공정 |

3) 물리 화학적 처리공정

   ① Ammonia Air – stripping Process

   ② Steam Stripping

   ③ MAP Process – Precipitation – Crystallization & Recovery

4) 생물학적 처리공정

   ① High-rate Nitrification by SBR

   ② Nitrification Denitrification Process by Single-sludge

   ③ Fixed-bed or Fluidized Bed Bioreator

물리화학적인 방법은 대체로 생물처리공정에 비해 그 처리의 안정성이 뛰어난 반면에 처리
비용이 비싸고 슬러지 발생량이 과대한 단점이 있다.

문제 04 MLSS, MLVSS, SRT, HRT에 대한 각각의 정의

정답

1. MLSS(Mixed Liquor Suspended Solid)

   활성슬러지 처리 공정 중 폭기조 내에 함유되어 있는 부유물질(SS) 농도, 활성슬러지법에서 폭기조 내의 증식한 미생물량을 뜻한다. 대부분이 활성슬러지이며, 측정이 간단하고 반응조 안에 존재하는 미생물의 양을 알 수 있어 활성슬러지법의 운전관리에 매우 중요한 지표가 되고 있다. 안정적인 슬러지 처리를 위해서는 MLSS를 적절한 범위로 조절해야만 한다.

2. MLVSS(Mixed Liquor Volatile Suspended Solid)

   MLSS에 포함된 휘발성 성분의 양을 말하며, 일반적으로 폭기조 내의 혼합액에는 무기 물질도 포함하므로 부유물의 미생물 농도로 엄밀하게 나타낼 때에 사용한다. MLVSS는 MLSS를 강열하면 휘발되지 않고 남아있는 물질은 미생물에 의해 분해가 어려운 물질이다. 이 물질을 SS라 하면 MLSS≒MLVSS+SS의 식이 성립된다. 그러나 하수 내에는 SS와 BOD 같은 오염물질 양보다 미생물의 양이 현저히 많기 때문에 MLSS≒MLVSS로 분석되는 경우가 많다. 단위로는 mg/L를 사용한다.

3. SRT(Sludge Retention Time)

   ① 활성슬러지에서 고형물 체류시간으로 슬러지 일령이라고도 말한다.

   ② 일반적으로 하수처리장에서 미생물이 포기조나 생물반응조에 체류하는 시간을 말하는 것으로 수리학적 체류시간(HRT ; Hydraulic Retention Time)과 대별되는 용어이다.

   ③ 반응조 내의 MLSS의 양을 폐기 및 배출되는 고형물질의 양으로 나눈 값이다.

   ④ SRT(d)=수처리시스템 내에 존재하는 활성슬러지양(kg)/하루에 시스템 외부로 배출되는 활성슬러지양(kg/d)이다.

   ⑤ 활성슬러지법에서 반응조 내의 고형물 체류시간을 상대적으로 짧게 하면 종속영양생물에 따른 탄소계유기물의 제거는 진행되지만, 암모니아의 산화(질산화)는 진행되지 않도록 할 수 있으며, 반대로 SRT를 상대적으로 길게 하면 질산화 미생물의 증식이 진행되어 암모니아의 질산화가 일어나기 쉽다.

4. HRT(Hydraulic Retention Time)

   ① 생물학적으로 하수를 처리할 때 물이 반응조 내로 유입부터 유출까지의 시간, 즉 반응조 내에 머무는 시간을 의미

   ② 수리학적 체류시간은 반응조 용량과 유입유량의 관계를 이용하여 산출할 수 있다.

   ③ 수리학적 체류시간(hr)=반응조 용량(m^3)/유입유량(m^3/hr)이다.

문제 05 A₂/O의 개요, 공정도 및 각 공정에서의 미생물 역할

정답

1. 개요

미국의 Air Product & Chemical 사가 생물학적 인 제거를 목적으로 개발한 A/O 공정에 질소 제거 기능을 추가하기 위해 혐기조와 포기조 사이에 무산소조를 설치한 공정이다.

2. 공정도

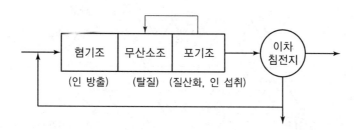

3. 각 공정에서의 미생물 역할

① 혐기조에서는 유입하수의 유기물을 이용하여 인을 방출한다.

② 무산소조에서는 탈질 미생물에 의해서 포기조로부터 내부반송된 질산성질소 혼합액과 혐기 조를 거친 유입하수를 외부탄소원으로 하여 질산성 질소를 질소가스로 환원시켜 질소를 제 거한다.

③ 포기조에서는 질산화 미생물에 의해서 암모니아성 질소를 질산성질소로 산화시킴과 동시에 종속 호기성 미생물에 의해서 유기물 제거와 인의 과잉섭취가 일어나며 인의 제거는 잉여슬 러지의 폐기에 의한다.

문제 06 Piper Diagram

정답

1. 개요

파이퍼 다이어그램(Piper Diagram)은 지하수의 수질 특성을 분석하기 위한 그래프로서 주요 양이온(Ca^{2+}, Mg^{2+}, $Na^+ + K^+$)과 음이온($HCO_3^- + CO_3^{2-}$, SO_4^{2-}, Cl^-)의 당량농도 (Equivalent Concentration)의 상대적인 비율을 삼각형과 마름모 형태의 도표에 도시한 것이다. 왼쪽 아래에 있는 삼각도표에는 양이온의 상대적 비율이 도시되고 오른쪽 아래에 있는 삼각도표 에는 음이온의 상대적 비율이 도시된다. 그리고 중간 위쪽에 있는 마름모 도표에는 아래 양 삼각 도표의 바깥쪽 경계선과 나란한 선을 확장함으로써 양이온과 음이온의 상대 비율이 함께 도시되

게 된다. 파이퍼 다이어그램은 시각적으로 물의 특성을 표현함으로써 여러 지역에서 채취된 지하수의 수질 유형을 한눈에 파악하는 데 유용하게 사용될 수 있다.

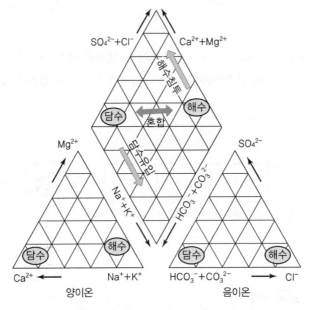

┃ 파이퍼 다이어그램(Piper Diagram) ┃

문제 07 수생태계에서의 용존산소와 먹이에 따른 미생물 분류

정답

1. 용존산소와의 관계

① 호기성(Aerobic) : 분자상 산소가 공급되어야만 생존, DO 섭취하여 세포합성

② 혐기성(Anaerobic) : 산소가 없는 환경에서만 생존, 화합물 내의 산소를 탈취하여 세포 합성

③ 통기성·임의성(Facultative) : 산소의 유무에 관계없이 생존(예 호소, 연못 상태)

2. 먹이와의 관계

생물이 계속해서 적절한 번식과 기능을 위한 에너지원과 탄소원, 질소, 인 등 무기원소와 미량원소도 필요

1) 세포 물질 획득원

① Hetrotrophic : 유기물(종속 영양형)

② Autotrophic : 무기물 CO_2(독립 영양형)

2) 에너지 획득원

① Hetrotrophic ⇒ 대부분 Chemotrophic 화학합성

유기물질 산화나 발효에서 에너지 획득

② Autotophic

- phototrophic : 광합성 작용(태양)
- Chemotrophic : 유기물의 산화 · 환원 반응

문제 08 하천의 자정작용에 영향을 미치는 인자

정답

1. 개요

하천에 유입된 오염물질이 자연적으로 정화되어 가는 작용이다. 자정작용은 희석 · 확산 · 침수 등의 물리작용, 산화 · 환원 · 흡착 · 응집 등의 화학작용, 여러 가지 수중생물에 의하여 분해되는 생물작용 등에 의해 이루어진다. 자정작용과 함께 유기물이 생물분해되어 물속의 용존산소가 소비된다.

2. 영향을 미치는 인자

1) 물리적 작용의 크기

① 희석 : 방류수역의 농도에 의한 오염물질의 농도가 감소한다.

② 확산 및 혼합 : 오염물질의 분자확산과 난류 확산 그리고 유체의 밀도 차에 의한 혼합 등이 현상에 의해서 오염물질의 농도가 낮아지고 용존산소가 균등하게 분포되는 등 이후의 자정작용에 영향을 미친다.

③ 용존산소공급 : 수표면을 통한 대기 중의 산소공급되는데 빠른 유속구간이나 폭포 등 낙차 등에 의해서 용존산소 공급에 영향을 미친다.

④ 여과 및 침전 : 모래 및 수생식물 뿌리에 의한 입자성 물질의 여과 및 흡착을 통한 정화 기작

⑤ 침전 : 입자성 오염물질의 유속이 낮은 구간에서의 정화 작용

2) 화학적 작용의 정도

① 산화작용 : 용존산소에 의한 화학적 산화작용에 의한 정화작용이 있을 수 있는데, 유기물이나 암모니아성 질소 등이 산화되어 정화되는 현상을 예로 들 수 있으나, 이러한 과정들은 미생물적인 분해 과정에 비해 상대적으로 아주 느린 과정이다. 실제적으로 대부분의 유기물 분해, 질산화 과정 등은 미생물에 의한 생물학적인 정화과정에 의해 발생되게 된다.

② 응집 · 침전 : 오염물질이 수산화물 등의 형태로 침전되거나, 수체 내 또는 토양성분 내의 화학물질 상호 간의 반응을 통해 수체 내에서 제거될 수도 있다.

3) 생물학적 작용의 관련 인자

대체적으로 하천의 자정작용은 물리적 · 화학적 요소보다는 미생물 분해를 중심으로 한 생물학적인 정화과정이 가장 큰 기여를 한다. 이러한 생물학적인 자정작용은 수온, pH 등 이화학적 수질조건, 용존산소 공급상황, 미생물 부착 매질의 이용 가능성 등 물리화학적 요소들에 크게 영향을 받는데, 특히, 수온의 영향이 커서 미생물의 활성이 높아지는 여름 고수온기에 생물학적 자정 능력이 상대적으로 증가된다.

문제 09 해양에서의 오염물질 이동경로 및 생물농축

정답

1. 개요

해양오염이란 인간에 의해 물질이나 에너지가 직접 혹은 간접적으로 해양환경에 유입되어 그 결과로서 생물자원에 대한 손상, 어로활동을 포함한 해양활동의 저해, 해수 이용을 위한 수질의 악화, 쾌적함의 감소 등과 같은 해로운 영향이 나타나는 것을 해양오염이라 정의한다.

2. 오염물질 이동경로

① 해수에 유입된 오염물질은 확산, 희석됨
② 특히, 금속물질의 경우 침전(Precipitation), 흡착(Adsorption), 물에 흡수(Absorption)
③ 해수 중의 금속농도가 탄산염(Carbonate)이나 염화물(Chloride)과 같은 음이온화합물보다 높을 경우에는 침전이 일어남
④ 황화수소가 발생하는 무산소 환경에서는 Cu, Pb, Hg, Ag, Zn 등의 중금속은 침전됨
⑤ 염화탄화수소(Chlorinated Hydrocarbons)는 해수 중 농도는 1ppb 이하로 낮고, 불용성이나 동물에게 섭취, 농축되고 먹이사슬을 순환
이와 같이 해수에 유입된 유입물질은 침전퇴적되고 생물체를 통해서 순환됨

3. 생물농축

① 중금속, 기타 미량원소, 방사성 물질, 탄화수소 등은 대부분 생물체의 조직 속에 농축 저장됨
② DDT, 수은 등과 같이 생체에 농축되는 물질의 경우, 먹이사슬에서 상위단계로 갈수록 축적된 양이 증가함
③ 오염물질의 용해도가 높을수록, 생물 체내에 지방질이 많을수록, 오염물질이 더 잘 농축되는 경향이 있음

문제 10 LID(Low Impact Developement)

정답

1. 개요

LID기법은 강우 유출관리에 있어서 강우 유출에 의한 오염부하를 효과적으로 제어하고 유역, 도시지역, 개발지에서 수문학적 건전성을 확보하기 위한 목적으로 개발된 공법이다. 자연을 이용해 빗물을 가능한 원위치와 가까운 곳에서 관리하는 토지개발 또는 재개발 방식을 말한다. 수질오염총량제 도입 후 점오염원의 부하량은 크게 줄었으나 비점오염원의 영향이 커지므로 이에 대한 대책 중의 하나라 할 수 있다.

2. LID 기술의 기능

① 물순환기능 : 저류, 침투, 증발산 등
② 환경기능 : 비점오염원 저감
③ 조경기능 : 심미적, 휴식, 여가 등
④ 경관적 기능 : 물−녹지 연계, 투수면적 확대, 녹색공간 등
⑤ 에너지 사용저감 : 온도저감, 도시 열섬 저감
⑥ 수자원 확보기능 : 지하수, 빗물 이용
⑦ 생태적 기능 : 동물, 식물, 미생물 등
⑧ 자산가치 기능 : 토지, 집값 향상 등
⑨ 삶의 질 향상 기능 : Community, Society 활동성 증가 등

총량관리 계획단계에서 오염부하량을 할당하여 관리하는 개발사업에 대해 계획 단계에서 LID를 적용하도록 장려할 필요가 있다.

3. LID 기법의 기술요소

식생저류지, 식생수로, 옥상녹화, 빗물정원, 침투도랑, 침투성 포장 등 여러 가지 기술이 있다.

문제 11 습지를 이용하여 오염물질을 제거할 때 대상 오염물질의 제거 메커니즘, 장단점

정답

1. 개요

습지는 1년 중 일정기간 동안 물에 잠겨 있거나 젖어 있는 지역으로, 담수, 기수 또는 염수가 영구적 또는 일시적으로 그 표면을 덮고 있으며 습지의 물에 따라 동식물의 생활과 주변 환경이 결정된다. 건조 시에 수심의 6m를 넘지 않는 해역을 포함한다. 크게 내륙습지와 연안습지로 나뉜다.

2. 오염물질 제거기작

1) 부유물질의 제거기작
대부분 기질층에 의한 여과작용

2) 유기물의 제거기작
입자상 유기물은 침전 여과 Biofilm에의 흡착, 응집/침전 등의 물리적 작용에 의해 습지 내에 저장, 이후 가수분해에 의해 용존성 유기물로 전환되어 생물학적 분해(호기성, 통성 혐기성, 혐기성분해) 및 변환으로 제거

3) 질소 제거기작
① 유기질소가 암모니아 질소로 변환된 후 질산화 미생물에 의한 질산화 및 탈질 미생물에 의한 탈질화
② 식물에 의한 질소의 흡수
③ 암모니아의 휘발과정
상기기작 중 미생물에 의한 탈질과정이 주요 기작임

4) 인 제거기작
① 습지식물에 의한 흡수
② 미생물의 고정화에 의한 유기퇴적층의 형성
③ 수체 내에서의 침전물 형성
④ 토양 내의 침전작용
※ 대부분 인 제거기작은 ③, ④에서 이루어짐. 그러므로 인의 완전한 제거는 식물의 제거나 침전층의 준설로만 가능함

5) 병원균 제거
자연적 사멸, 침전, 온도 효과, 여과, 자외선 효과 등

6) 중금속 제거
토양, 침전물 등에 흡착, 불용성 염으로 침전, 미생물, 식물 등에 의해 제거

3. 인공습지의 장점
① 건설비용이 적음
② 유지관리비가 낮음
③ 일관성이 있고 신뢰성이 있음
④ 운영이 간단
⑤ 에너지가 많이 필요하지 않음

⑥ 고도처리수준의 수질정화가 가능

⑦ 슬러지가 없고, 화학적인 조작이 필요 없음

⑧ 부하변동에 적응성이 높음

⑨ 야생동물의 서식지 제공

⑩ 우수한 경관 형성

4. 단점

① 많은 면적이 소요

② 최적 설계자료가 부족

③ 기술자, 운영자가 습지기술에 친숙하지 못함

④ 설계회사에서는 설계비용이 많이 소요

⑤ 모기발생 등의 위해발생 가능성이 있음

⑥ 습지식물의 조절 등 관리필요성이 있음

문제 12 스마트 물산업 육성전략과 REWater 프로젝트

정답

1. 개요

기후변화 등에 적극 대응하기 위해 세계 물시장은 지속 확대되고 있으나, 우리 물산업은 기술혁신을 통한 해외진출보다는 내수시장에 머물러 있어 글로벌 경쟁력 확보가 시급한 상황이다.
이에 정부는 국민들에게 더 좋은 물을 안정적으로 공급하고, 일자리 창출에 기여하기 위해

① 물기업의 기술경쟁력 제고

② 새로운 시장창출

③ 산업 혁신기반 조성을 주요 방향으로 2016년 11월 종합대책을 마련하였다. 이것이 스마트 물산업 육성전략이다.

2. 스마트 물산업 육성전략

첫째, 우리 물기업이 우수한 기술력을 바탕으로 세계 시장에 진출할 수 있도록 국가 물산업 클러스터를 조성하여 '기술개발 − 제품 사업화 − 해외진출'을 원스톱으로 지원하는 체계를 구축해 나간다.

둘째, 지속 가능한 물 이용을 위한 신시장 창출을 위해 산업단지 지정 시 하수 재이용 여부를 사전 협의하도록 하여 물재이용을 촉진하고

① 2030년까지 약 8.7조 원을 들여 ICT를 융합한 '스마트 상·하수도 관리시스템'을 구축하여 수도관 누수를 최소화하는 등 효율성을 높여 나간다.

② 연안지역의 생활 · 공업용수 부족 문제를 해결하기 위해 해수담수화 사업을 단계적으로 확대하고, 물과 에너지가 순환하는 연계 모델을 개발한다.

셋째, 기업들이 안심하고 중장기적으로 투자할 수 있는 제도적 기반을 조성하기 위해 물산업 육성 근거 법률을 제정(2017)하고, 전문인력 양성 및 창업 지원도 확대해 나간다는 것이다.

3. REWater 프로젝트

정부에서 새로운 산업 · 시장 창출에 눈을 돌릴 때다. 마침 환경부는 국내시장의 여건과 해외 성공전략을 토대로 미래 수요를 반영한 '물 재이용'을 활성화하는 'REWater 프로젝트'를 추진한다는 전략이다.

'REWater 프로젝트'는
① 순환(REuse) : 물재이용 활성화를 통한 연관 산업 육성
② 혁신(REnovation) : ICT와 연계한 상하수도 인프라 혁신
③ 대체(REplacement) : 해수담수화 수출전략 산업화
④ 연계(RElation) : 에너지 · 자원 연계 물관리 모델 수출 등을 주요 방향으로 한다.

문제 13 BOD, COD$_{Mn}$, COD$_{Cr}$, TOC의 측정원리, 분석 시 산화제 종류

정답

1. 개요
유기물지표항목으로는 BOD, COD$_{Mn}$, COD$_{Cr}$, TOC 등이 있다.

2. BOD
대상 유기물은 미생물이 쉽게 분해 가능한 저분자 물질, 수중의 유기물이 미생물에 의해 정화될 때 필요한 산소량으로 나타낸다. 산화제는 산소이다.

3. COD$_{Mn}$
화학적 산소요구량으로 BOD와 마찬가지로 물의 오염 정도를 나타내는 기준이며 유기물의 오염물질을 산화제 $KMnO_4$로 산화할 때 필요한 산소량으로 나타낸다.

시료를 황산산성으로 하여 $KMnO_4$ 일정과량을 넣고 30분간 수욕상에서 가열반응시킨 다음 소비된 과망가니즈산칼륨의 양을 구하기 위해 환원되지 않고 남아 있는 과망가니즈산칼륨을 옥살산나트륨($Na_2C_2O_4$)용액으로 적정하여 시료에 소비된 과망가니즈산칼륨을 계산하고 소비된 $KMnO_4$으로부터 이에 상당하는 산소의 양을 측정하는 방법이다.

4. CODcr

화학적 산소요구량이며 유기물의 오염물질을 산화제 $K_2Cr_2O_7$로 산화할 때 필요한 산소량으로 나타낸다. 시료를 황산산성으로 $K_2Cr_2O_7$ 일정과량을 넣고 2시간 가열반응을 본 다음 소비된 크롬산칼륨의 양을 구하기 위해 환원되지 않고 남아 있는 중크롬산칼륨을 황산제일철암모늄 $(NH_4)_3Fe(SO_4)_3$ 용액으로 적정하여 시료에 소비된 중크롬산칼륨을 계산하고 이에 상당하는 산소의 양을 측정하는 방법이다.

5. TOC

① 시료적당량을 산화성촉매로(산화코발트, 백금 등) 충전된 고온의 연소기에 넣은 후 연소를 통해 수중의 유기탄소를 CO_2로 산화시켜 정량한다.

② 또는 시료에 과황산염을 넣어 자외선이나 가열로 수중의 유기탄소를 이산화탄소로 산화한 후 정량하는 과황산 UV 또는 과황산 열 산화법이 있다.

수질관리기술사
제**119**회 | 2교시

문제 01 하수도설계기준에서 제시한 간이공공하수처리시설 설계 시 고려사항을 설명하시오.

정답

1. 개요

간이공공하수처리시설이란 「하수도법」 제2조 제9의2의 강우(降雨)로 인하여 공공하수처리시설에 유입되는 하수가 일시적으로 늘어날 경우 하수를 신속히 처리하여 하천·바다, 그 밖의 공유수면에 방류하기 위하여 지방자치단체가 설치 또는 관리하는 처리시설과 이를 보완하는 시설을 말한다.

2. 설계 시 고려사항

1) 위치 및 배치

① 간이공공하수처리시설은 공공하수처리시설 부지 내에 설치하는 것을 원칙으로 하며, 부지에 여유가 없는 경우 기존 공공하수처리시설과 연접하거나 연계가 용이한 부지를 선정한다.

② 부지계획고는 방류하천의 하천정비기본계획 및 기존 공공하수처리시설의 계획홍수위, 부지계획고 등을 고려하여 최적처리가 가능하도록 계획한다.

③ 간이처리를 위한 구조물은 기존 공공하수처리시설의 침사지, 유입펌프장 등과의 하수이송계획, 찌꺼기(슬러지)처리계획 등을 감안하여 효율적으로 배치한다.

2) 유입수문 및 유량계

① 간이공공하수처리시설 설치 시 유입수문은 우천 시 계획오수량이 유입될 수 있는 구조로 하며, 침수피해가 우려되는 경우에는 수문이 자동으로 차단될 수 있도록 구성한다.

② 유지관리의 편이성을 고려하여 간이공공하수처리시설 유입전단 및 방류지점에 각각 유량을 측정할 수 있는 설비를 설치하고 중앙제어실에서 실시간 모니터링할 수 있도록 시스템을 구축하여야 한다.

③ 농축조, 소화조, 탈수기 등의 반류수와 분뇨처리시설, 가축분뇨 등의 연계수는 간이공공하수처리시설의 효율증대를 위하여 충격부하를 최소화하는 방법을 강구하여야 한다.

3) 침사지 및 유입펌프시설

① 일차 침전지 증설 및 간이공공하수처리시설 설치에 따라 침사지 및 펌프용량이 부족한 경우 제3장 펌프장시설을 참조하여 신·증설을 검토하여야 한다.

② 펌프용량 증설이 필요하나 흡수정 및 펌프실 공간이 부족한 경우에는 구조물 개량보다는 기존 펌프를 고효율 펌프로 대체하는 방안을 우선 검토하여야 한다.

③ 펌프의 설치대수는 강우 시 유입량의 변화에 따라 경제적으로 운전하기 위하여 동일형식의 대·소 펌프용량으로 설치하여야 하고 예비대수는 배제지역의 용도(주거 및 상업용지, 공업용지 등), 지역적 특성과 고장빈도 및 가능성 등을 종합적으로 검토하여 설치 여부를 결정하여야 한다.

4) 간이공공하수처리시설

① 강우 시 유입량, 유입수질 등 모니터링 자료를 토대로 기존 일차 침전지, 생물반응조, 이차 침전지 등 기존 처리시설의 처리효율, 문제점 분석 등을 통하여 용량한계를 검토하여 간이공공하수처리시설 설치계획을 수립하여야 한다.

② 기존 일차 침전지 용량이 우천 시 계획오수량의 30분 이상 침전시간을 만족하고 간이공공하수처리시설 방류수 수질기준을 준수할 수 있는 경우 간이공공하수처리시설의 설치를 지양하고 기존시설을 최대한 활용하여야 한다.

③ 기존 일차 침전지가 하수도시설기준에 따른 우천 시 계획오수량을 30분 이상 체류할 수 있는 용량이나 간이공공하수처리시설 방류수 수질기준을 준수할 수 없는 경우 경제성, 운영관리 편의성 등을 고려하여 일차 침전지의 운전개선, 시설개량 등을 통해 처리효율을 제고하거나 별도의 시설 설치를 검토할 수 있다.

④ 기존 일차 침전지의 간이처리 용량이 부족한 공공하수처리시설은 우천 시 계획오수량의 30분 이상 침전시간이 확보되도록 일차 침전지를 증설하거나, 일차 침전지 개선(개량) 또는 별도 처리시설 설치 등을 통해 간이공공하수처리시설의 방류수 수질기준을 준수할 수 있는 방안을 검토하여야 한다.

⑤ 간이공공하수처리시설을 새로 설치할 경우 기존 공공하수처리시설에 대한 공정진단과 운전방법 개선 등을 통해 기존 공공하수처리시설에서 최대한 유입 처리 가능한 용량을 산정하고 이를 고려한 설치계획을 수립하여야 한다.

⑥ 일차 침전지가 없는 공공하수처리시설은 우천 시 계획오수량의 30분 이상 침전시간 확보 및 방류수 수질기준을 준수할 수 있도록 일차 침전지를 신설하거나 별도설비 설치를 검토할 수 있다.

⑦ 중력침전 방식이 아닌 간이공공하수처리시설을 설치할 경우, 협잡물 제거, 장비수선, 유지관리 등이 용이한 구조로 설치하여야 하며, 방류수 수질기준을 준수할 수 있도록 최적 시설이 도입되어야 한다.

⑧ 찌꺼기(슬러지) 계면 측정장치와 연동하여 자동 인발이 될 수 있도록 시스템을 구축하여야 한다.

⑨ 기존 일차 침전지 효율개선 또는 별도 간이공공하수처리시설을 설치할 경우 강우 시 유입

하수량 변동에 탄력적으로 대응하기 위하여 계열별로 운전이 가능하도록 시설을 설치하여야 한다.

5) 소독시설

① 간이공공하수처리시설의 소독방법은 강우 시 유입되는 하수의 높은 탁도에 대응할 수 있는 염소소독방법을 원칙으로 하고, 설치부지 및 접촉시간이 부족할 경우 효율성, 경제성, 환경성 등의 검토를 통하여 강우 시 일시적 사용에 적합한 소독방법을 도입하여야 한다.

② 간이처리수 소독은 발암물질인 THM 발생을 최소화할 수 있는 방식으로 선정하여야 한다.

③ 기존 공공하수처리시설에 운영되지 않는 염소접촉지가 있는 경우 이를 최대한 활용하는 방안을 검토하여 중복투자가 발생되지 않도록 한다.

④ 간이처리수의 별도 방류수로가 있는 경우에는 수로 안에 도류벽 등을 설치하여 염소접촉조로 활용하는 간이소독방식을 선택할 수도 있다. 간이소독시설은 약품탱크, 정량펌프, 제어반 등으로 구성하고, 약품투입은 간이처리 유량과 연동하여 투입될 수 있도록 제어되어야 한다.

문제 02 하 · 폐수처리시설에서 고도처리의 정의와 기존처리장에 고도처리시설 설치 시 고려사항을 설명하시오.

정답

1. 개요

고도처리란 통상의 유기물 제거를 주목적으로 하는 2차 처리로 얻어지는 처리수의 수질 이상을 얻기 위해서 행해지는 처리이다.

기존 하수처리시설의 고도처리시설 설치사업 추진방식은 2가지 방식이 있다.

① 운전개선방식(Renovation) : 기존처리공법 유지 또는 수정
운영실태 분석결과 기존 공공하수처리시설의 성능이 양호하여 운전방식개선 및 일부설비 보완 등으로 강화된 방류수수질기준 준수가 가능한 경우

② 시설개량방식(Retrofitting) : 기존 처리공법 변경
기존 공공하수처리시설의 성능이 운전방식의 개선 및 설비의 보완만으로는 강화된 방류수수질기준 준수가 곤란하여 처리공법 변경이 필요한 경우

2. 고도처리시설 설치 시 고려사항

1) 고도처리시설 설치 필요성 검토

기술진단 결과 방류수 수질기준을 준수하지 못하거나 유역하수도 정비계획에 따른 방류수 수질기준을 강화할 필요가 있는 경우에 고도처리시설 설치를 추진한다.

2) 중복투자 등 경제성 검토

① 기존시설에 고도처리시설을 도입하는 경우 동일공법 유사규모 처리장의 운영실태를 분석하여 운전개선방식으로 추진이 곤란한 경우에 한해 시설개량방식으로 추진한다.

② 시설개량방식으로 고도처리시설을 설치하고자 할 때에는 기존 공법의 문제점 등을 검토하여 경제적인 방법으로 고도처리시설을 계획하여야 한다.

③ 기존 공공하수처리시설에 고도처리시설을 설치할 경우에는 부지여건을 충분히 고려하여 고도처리시설 설치계획을 수립하여야 한다.

④ 기존 공공하수처리시설 부지확장의 한계성 등 입지여건을 최대한 고려하여 처리효율 및 경제성이 비슷할 경우에는 부지가 가급적 적게 소요되는 고도처리시설을 선정한다.

⑤ 기존시설에 고도처리시설 설치 시 기존 시설물 처리공정을 최대한 활용하여 중복투자가 발생하지 않도록 하여야 한다.

⑥ 고도처리 공법을 선정할 때에는 LCC(Life Cycle Cost)에 의하여 공법 선정의 타당성을 검토하고, 그 검토 결과에 따라 하수처리공법(당해 공법에 수반되는 기자재 포함) 선정사유를 설계보고서에 구체적으로 제시하여 설계자문을 받아야 한다.

⑦ 공공하수처리시설을 증설하면서 고도처리시설을 설치하는 경우에는 기존 시설과의 연계성 및 오염물질 제거효율이 우수하고 유입수량과 수질의 변동에 유연하게 대응할 수 있는지 여부를 검토하여 선정한다.

3) 기존 처리공정 특성 검토

① 유기물질(BOD, COD) 항목만 처리효율 향상이 필요할 경우

㉠ 표준활성슬러지법과 호환성이 가장 용이한 A_2/O와 비교 시 처리효율면에서 거의 유사하고 오히려 ASRT(호기상태의 미생물체류시간)의 축소로 BOD 제거율이 저하되는 경우가 발생되므로,

㉡ 고도처리방식은 운전개선방식으로 추진하는 방안을 우선적으로 검토
- 노후설비의 교체 및 개량
- 유량조정시설 및 전처리시설 기능 강화
- 운전모드 개선(폭기조 관리)
- 하수찌꺼기(슬러지) 처리계통 기능 개선(구내 반송수 관리)
- 연계처리수(분뇨, 축산, 침출수 등)의 효율적 관리

② 부유물질(SS) 항목만 처리효율 향상이 필요할 경우
  ㉠ 운전개선방식으로 사업을 추진할 경우에는
    • 유량조절기능 및 전처리설비 개선
    • 하수찌꺼기(슬러지) 처리설비 기능 개선(구내 반송수 관리)
    • 이차 침전지 용량 및 구조개선(경사판 설치, 정류벽 설치 등)
  ㉡ 시설개량방식으로 사업을 추진할 경우에는
    • 운전개선방식에 의한 사항을 검토하여 반영
    • 침전지 용량 증설 및 여과시설 설치 등
③ T-N 항목만 처리효율 향상이 필요할 경우
  ㉠ T-N은 기존시설로는 제거효율이 낮으므로 새로운 처리공정 도입을 위하여 시설개량방식으로 추진하는 방안 검토
    • 운전개선방식을 우선적으로 검토하여 반영
    • 기존 포기조의 수리학적 체류시간(HRT)이 6시간 이상일 경우에는 기존 공공하수처리시설과 호환성이 있는 MLE, A₂/O계열 등의 공법으로 변경하는 것이 바람직하므로 이를 우선적으로 검토
    • 기존 포기조의 수리학적 체류시간(HRT)이 6시간 이하이거나 유입 T-N이 고농도일 경우는 반응조 증설방안 등을 검토하되 우선적으로 연계처리수의 처리대책(설계 시 T-N 유입하수오염부하량의 10% 이내)관리를 검토
    • 표준활성슬러지법을 SBR(Sequencing Batch Reactor)로 시설을 개량할 경우에는 기존 시설의 사장화가 발생되므로 반드시 지양
④ T-P 항목만 처리효율 향상이 필요할 경우
  T-P의 경우에는 생물학적 처리방식과 화학적 처리방식에 대한 경제성, 효율성을 비교·평가한 후 결정하고, T-P 처리로 인한 기존 공정에 미치는 영향을 고려하여 대책을 수립한다.
⑤ T-N과 T-P 항목을 동시에 처리효율 향상이 필요할 경우
  기존 공공하수처리시설에 T-N 및 T-P 항목에 대하여 동시에 처리효율 향상이 필요할 경우에는 상기의 처리방식을 선택한다.

4) 유입수질 범위별 성능보증 방안 검토
  ① 신기술의 경우 유입수질 범위별(현재 수질, 장래 수질)로 각 공정별 성능보증수질을 제시하도록 하고, 보증확약서를 반드시 설계단계에서 제출하도록 하여야 한다(물질수지도 포함).
  ② 신기술로 등록된 공법을 도입하고자 하는 경우, 공공하수처리시설의 유입수질조건 및 운전조건이 신기술 지정 시 및 기술검증 시 제시한 조건과 상이할 때에는 이에 대한 대책방안을 마련하여 설계자문 시 제시하여야 한다.

5) 여과시설 필요성 재검토
① 신기술 지정 또는 검증 시 여과시설을 별도로 설치하지 아니하고도 보증수질(또는 방류수 수질 기준) 이내로 처리할 수 있는 공법을 선정하는 경우에는 후단에 여과시설을 추가로 설치하여 예산을 낭비하는 일이 없도록 하여야 한다.
② 다만, 수질오염총량제 할당부하량 준수, 수질관리상 신기술 지정 또는 검증 시보다 더 엄격한 수질을 방류할 필요가 있는 경우 등 여과시설 설치가 필요한 때에는 여과시설을 설치할 수 있다.

문제 03 총인에 대한 화학적 응집처리에 대하여 다음을 설명하시오.

1) 화학식을 포함한 응집의 기본원리
2) 유입농도 변화를 고려하지 않은 응집처리공정의 문제점과 해결방안
3) 유입유량 변화를 고려하지 않은 응집처리공정의 문제점과 해결방안

정답

1. 화학식을 포함한 응집의 기본원리

응집제 침전법에 주로 사용되는 대표적인 응집제는 알루미늄염과 철염이 사용되는데, 각각의 인 제거 원리는 아래와 같다.

- Al : $PO_4^{3-} + Al^{3+} \rightarrow AlPO_4 \downarrow$

$Al^{3+} + (3-x)H_2O + xPO^{4-} \rightarrow Al(OH)_{3-x}(H_2PO_4)_x + (3-x)H^+$

$Al(OH)_3 + xH_2PO^{4-} \rightarrow Al(OH)_{3-x}(H_2PO_4)_x + xOH^-$

- Fe : $3Fe^{3+} + 2PO_4^{3-} + 3H_2O \rightarrow (FeOH)_3(PO_4)_2 + 3H^+$

$3Fe^{2+} + 2HPO_4^{2-} \rightarrow Fe_3(PO_4)_2 + 2H^+$

이러한 응집반응에는 pH가 중요한 역할을 하는데, 일반적으로 ortho-P의 경우 pH 4.5~7.3 사이에서 반응이 활발하며, poly-P의 경우 4.8~6.7 사이가 적당하다. 또한 pH 증가 시 AL계 음이온의 증가로 효율이 감소하는 경우가 발생한다.

2. 유입농도 변화를 고려하지 않은 응집처리공정의 문제점과 해결방안

응집에 관련된 영향인자는 수온, 탁도, pH, 알칼리도, 유입농도 등을 들 수 있다.

1) 유입농도 변화를 고려하지 않은 응집처리공정의 문제점
초기 일정한 유입농도에 따라 약품 주입량이 고정 주입될 경우 유입 농도의 변화에 의하여

pH 변화가 올 것이며 적정 pH가 안 될 경우 응집 및 응결의 효율이 떨어져서 만족스러운 방류수 기준을 충족할 수 없다.

2) 해결방안

pH 기작으로 한 피드백제어방식 또는 탁도 기준으로 하는 피드백제어방식을 통해서 유입농도에 따른 약품 주입량을 제어할 수 있는 알고리즘을 통해서 문제를 해결할 수 있다.

3. 유입유량 변화를 고려하지 않은 응집처리공정의 문제점과 해결방안

1) 유입유량 변화를 고려하지 않은 응집처리공정의 문제점

초기 확정된 약품주입량으로 주입할 경우 유량 변화에 의해서 적정 pH 조정이 안 되어 처리효율이 떨어져 만족스러운 방류수 기준을 충족할 수 없다. 또한 유량변동에 의한 응집반응 시간 및 침전조의 수면적 부하율 변동에 따라서 약품 교반 및 침전처리 효율이 저하하고 처리수질도 일정하지 않을 수 있다.

2) 해결방안

유량변동에 대해서 대처할 수 있도록 충분한 반응조 및 침전조를 설치하고 유량변동에 따라 약품주입량을 제어할 수 있도록 유입유량과 비례 연동한 약품 주입량 조절 또는 pH와 연동된 약품주입량 조절을 통해서 해결할 수 있다.

문제 04 토양오염의 특성과 오염 여부를 판정하기 위한 필요인자에 대하여 설명하시오.

정답

1. 개요

사업활동이나 그 밖의 사람의 활동에 의하여 토양이 오염되는 것으로서 사람의 건강·재산이나 환경에 피해를 주는 상태를 말한다. 토양 자체는 물론 지하수와 지하 공기까지 오염 대상이 된다.

2. 토양 오염 유발물질 오염원

① 석유류 저장 및 제조시설   ② 유독물 저장 및 제조시설
③ 불량 매립지   ④ 산업시설
⑤ 군사 관련 지역 : 폐유 및 폐장비 저장소 등   ⑥ 폐광산
⑦ 화학물질 수송관 등   ⑧ 하수시설
⑨ 농업활동   ⑩ 독성물질 운송 중

3. 토양오염의 특징

① 물이나 공기와 달리 유동성이 거의 없는 토양은 오염이 겉으로 잘 드러나지 않고 오랜 시간에 걸쳐 서서히 그 영향이 나타난다(만성적).

② 토양 생물과 지하수 등을 통해 인체에 영향을 끼친다(간접적).

③ 오염 지역의 개선 및 복구에 많은 시간과 비용이 든다(시간적, 경제적).

4. 오염 여부를 판정하기 위한 필요인자

토양오염을 판단하기 위한 물질은 다음과 같으며 각 1·2·3지역에 따라 토양 1kg당 오염물질 농도를 측정하여 오염우려기준으로 판단한다.

(mg/kg)

물질	1지역	2지역	3지역
카드뮴	4	10	60
구리	150	500	2,000
비소	25	50	200
수은	4	10	20
납	200	400	700
6가크롬	5	15	40
아연	300	600	2,000
니켈	100	200	500
불소	400	400	800
유기인화합물	10	10	30
폴리클로리네이티드비페닐	1	4	12
시안	2	2	120
페놀	4	4	20
벤젠	1	1	3
톨루엔	20	20	60
에틸벤젠	50	50	340
크실렌	15	15	45
석유계총탄화수소(TPH)	500	800	2,000
트리클로로에틸렌(TCE)	8	8	40
테트라클로로에틸렌(PCE)	4	4	25
벤조(a)피렌	0.7	2	7
1,2-디클로로에탄	5	7	70

5. 대책

　　① 토양 오염 유발 시설에 대한 감시 및 관리체계 확립

　　② 폐기물량 최소화 및 폐기 규정 준수

　　③ 농약 사용 줄이기 및 잔류 허용 기준과 안전 사용 기준 준수

　　④ 오염된 토양 개선 및 정화 방법 연구 개발 등

문제 05 하천수계에서의 허용배출부하량의 할당 절차에 대하여 설명하시오.

정답

1. 개요

　　수질오염총량제의 도입배경을 보면 도시화, 산업화 진전에 다른 오폐수 배출량이 급속히 증가하여 개별오염원에 배출허용기준을 준수하더라도 하천에 유입되는 오염물질 양이 늘어나 수질환경기준 달성이 곤란하여 하천의 목표수질을 설정하고 이를 달성할 수 있는 오염부하량(허용총량)을 정하여 하천으로 유입하는 오염부하량을 허용총량 이내로 관리할 필요가 대두되고 있다.

2. 허용배출부하량의 할당 절차

　1) 총량관리 단위유역 할당부하량 산정

　　시·도지사는 단위유역 할당부하량을 다음 산식에 의하여 산정한다.

　　　단위유역 할당부하량＝단위유역 기준배출부하량×(1－안전율)

　2) 지방자치단체별 할당부하량 산정

　　① 시·도지사는 관할지역 내 기초자치단체별 할당부하량을 정하여야 한다.

　　② 기초자치단체별 할당부하량은 단위유역별 할당부하량 중 해당 기초자치단체 관할지역의 할당부하량으로 한다.

　3) 오염원 그룹별 할당

　　① 시장·군수는 오염총량관리계획에서 소유역별 할당부하량을 오염원그룹별로 할당한다.

　　② 시장·군수가 소유역별 할당부하량을 오염원그룹별로 할당하고자 할 때에는 다음 각 호의 사항을 고려하여 할당방법을 정하여야 한다.

　　　㉠ 오염부하량 삭감의 효율성

　　　㉡ 오염원그룹별 수질오염 기여도 및 지역개발 추진방향

　　　㉢ 오염원그룹 간의 형평성

4) 사업장별 할당

　오염부하량 할당대상과 지정기관은 다음과 같다.

　① 공공하수처리시설, 폐수종말처리시설, 분뇨처리시설, 축산공공처리시설－지방환경서
　　　장(이해관계자와 사전 협의)

　② 1일 200m³ 이상 오·폐수 배출 또는 방류시설, 목표수질 달성을 위해 시행계획에서 정
　　　하는 시설－특·광역시장·시장·군수(이해관계자와 사전 협의)

문제 06 제4차 국가환경종합계획의 법적 근거, 계획기간, 비전을 제시하고 물환경 위해관
리체계강화의 추진방향에 대하여 단계적으로 설명하시오.

정답

1. 법적 근거

국가환경종합계획은 향후 20년간의 국가환경정책의 비전과 장기전략을 제시하는 법정 계획으
로「환경정책기본법」제14조(국가환경종합계획의 수립 등)에 의거 환경부장관은 관계 중앙행
정기관의 장과 협의하여 국가 차원의 환경보전을 위한 종합계획(이하 "국가환경종합계획"이라
한다)을 20년마다 수립하여야 한다.

2. 계획기간

2016~2035년(20년)

3. 비전

자연과 더불어, 안전하게, 모두가 누리는 환경행복

4. 위상과 역할

환경분야의 범정부 최상위 계획으로 분야별 환경계획, 타 중앙행정기관, 지방자치단체 환경계
획에 대한 기본 원칙 및 방향 제시

5. 물환경 위해관리체계강화의 추진방향

1) 물환경기준의 선진화

　① 하천 유기물질기준 TOC 도입, 유기물질에 대한 사전 예방적 관리 강화

　② 카드뮴, 수은, 납 등 건강보호항목의 선진국 수준까지 확대(15년 20개 → 35년 40개)

　③ 수생생물 보호기준 마련 및 관리
　　　생태독성 DB 구축, 수생생물의 생존, 생장, 번식을 보장할 수 있는 수준으로 기준 설정

2) 수질 유해물질 환경배출 최소화

① 감시물질 지정으로 관리대상물질 확대

> 관리대상 유해물질＝감시물질＋특정수질 유해물질

현행 특정수질유해물질(28종) 외 감시물질 지정확대(16년 9종 → 25년 54종)

② 환경영향을 고려한 배출허용기준 설정 · 적용

- 수계별 영향, 업종별 특성을 고려한 사업장 배출 허용기준 설정
- 업종별 감시물질 배출기준은 배출시설 허가 조건에 적용

③ 특정수질유해물질 처리 고도화 및 누출사고 예방

- 유해물질 환경배출 최소화를 위한 최적가용기법(BAT) 개발 및 활용 가이드라인 마련 등 최신기술 적용 확대
- 사고로 인한 특정수질유해물질의 수계 배출을 차단하기 위한 자동측정기기 부착 및 완충저류시설의 설치 확대

3) 녹조 발생 최소화로 공공수역 안전 확보

① 영양물질 유입차단 및 적정 유속확보로 사전예방

- 하수처리장 총인처리 강화 및 천변저류지를 통한 재처리
- 댐 · 보 · 저수지 최적 연계 운영 추진

② 녹조 감시 모니터링 및 관리강화

- 보 구간 수심 연속 측정 및 초분광 영상을 이용한 조류의 원격 모니터링 추진
- 댐 · 둑 높임 저수지 연계 방류 등 제거조치 시행

③ 국민 안심 서비스 제공으로 소통 강화

물환경정보시스템에 실시간 녹조발생상황을 공개하고 친수활동 보호를 위한 친수경보제 확대

문제 01 악취방지와 관련하여 다음을 설명하시오.

1) 처리방법의 선정 시 고려사항
2) 활성탄 흡착법, 토양탈취법, 미생물 탈취법에 대하여 비교 설명
3) 탈수기실 악취방지시설 설계기준

정답

1. 개요

악취란 황화수소, 메르캅탄류, 아민류, 그 밖의 자극성 있는 기체상태의 물질이 사람의 후각을
자극하여 불쾌감과 혐오감을 주는 냄새를 말한다.

2. 처리방법 선정 시 고려사항

악취방지를 위해서는 다음 사항을 고려하여 적절한 방법을 선정한다.

① 악취방지법 등의 관계법령을 준수한다.

② 악취물질의 종류와 양, 발생장소 및 주변의 환경을 파악하여 악취발생 방지의 목적에 알맞은
경제적인 설비를 설치한다.

③ 탈취는 가능한 한 고농도의 악취를 적은 부피가 되도록 포집하여 처리한다.

④ 탈취방식은 약액세정방식, 미생물탈취방식, 활성탄흡착방식이 있으며, 악취조건을 고려하
여 선정한다.

⑤ 탈취풍량은 환기계통과는 별도 계통으로 하고 악취가스의 희석, 확산을 가능 한 피하여 필요
최소한의 양으로 한다.

⑥ 탈취팬은 원칙적으로 2대로 하고 형식은 FRP, 스테인리스제의 터보팬으로 한다.

3. 활성탄 흡착법, 토양탈취법, 미생물 탈취법에 대하여 비교 설명

1) 활성탄 흡착법

① **원리** : 악취물질을 활성탄에 통과시켜 물리적 흡착에 의해 제거

② **적용물질** : 황화수소 및 메틸머캅탄(암모니아 및 아민)

③ **특징** : 고가이며 수두손실이 크다. 가스 중 수분, 먼지 등이 있으면 흡착력이 저하되고,
저농도의 악취에 적합하므로 최종단계에 쓰인다. 취기가스 중의 악취발생물질을 활성탄
의 물리적 · 화학적 흡착을 이용하여 제거하는 방법이다. 일반 활성탄에 산 · 염기 또는

할로겐을 첨착시킨 첨착활성탄이 있으며 이것을 사용하면 암모니아 및 아민 등의 물질의 제거도 가능하다. 고농도가스와 흡착률이 적은 가스는 활성탄 수명을 단축시켜 교환빈도 가 잦아진다.

2) 토양탈취법
  ① 원리 : 악취물질을 토양에 주입시켜 세균 등의 작용에 의해 흡착, 산화시켜 분해
  ② 적용물질 : 세균의 영양이 되는 유기성 물질
  ③ 특징 : 유지관리비는 싸지만 넓은 부지를 필요로 한다. 토양을 습윤하고 비옥한 상태로 유지할 필요가 있다.

3) 미생물 탈취법
  ① 원리 : 유기물 및 무기화합물을 미생물을 이용하여 생물학적으로 산화시키는 방법, 악취 물질을 포기조에 보내어 활성슬러지의 작용에 의해 산화·분해
  ② 적용물질 : 황화합물, 유기성 물질
  ③ 특징 : 기존 포기조를 이용한 포기산화법의 경우 설비비 및 유지관리비가 싸다. 포기조 내의 송풍기 등의 부식에 주의한다.

4. 탈수기실 악취방지시설 설계기준
  1) 탈수기실 배치는 처리장 경계선으로부터 일정한 거리 이상 떨어지게 배치하여 발생된 악취 가 경계선 이내에서 충분히 희석되어 주변지역에 영향을 주지 않도록 한다.
  2) 냄새 발생시설은 복개하여 악취 발산을 막고 배기가스를 포집하여 별도 처리하도록 한다.
  3) 6~12회/시간의 속도로 환기하고 상대습도는 60% 이하가 되도록 한다.

문제 02 생물반응조 2차 침전지에서 슬러지 벌킹(Bulking)의 정의, 원인, 사상균의 제어방법에 대하여 각각 설명하시오.

정답

1. 벌킹(Bulking)의 정의
   슬러지용량지표(SVI : Sludge Volume Index)가 150mL/g 이상인 슬러지를 벌킹슬러지라고 하며 폭기조 혼합액 1mL 내 사상체 길이의 합이 $10^7\mu m$ 이상이면 슬러지 침강이 불량하며 슬러 지농축이 일어나지 않는다.

2. 벌킹의 발생원인
   벌킹의 발생원인은 수없이 많다. 인간에 있어 암의 발병원인이 여러 가지이듯이 활성슬러지에 있어서도 거의 모든 환경조건이 벌킹의 원인으로 작용될 수 있으며 따라서 상반되는 환경조건이

벌킹의 발생원인이 될 수 있다. 부하가 너무 높거나 낮아도, DO 농도가 너무 높거나 낮아도, 수온이 너무 높거나 너무 낮아도, MLSS 농도가 너무 높거나 너무 낮아도 벌킹이 일어날 수 있는 것이다.

벌킹의 원인이 될 수 있는 조건의 예를 들어보면 다음과 같다.
① 유기물부하가 갑자기 높아졌을 때 또는 유기물 고부하가 계속될 때
② 폐수원수가 부패될 때
③ 유지함유량이 높은 폐수, 독성폐수 및 세제 등으로 영향을 받았을 때
④ 유량이나 수질이 크게 변동되었을 때
⑤ 영양원인 질소와 인이 적당히 존재하지 않을 때
⑥ 폭기량이 불충분하여 DO가 부족할 때
⑦ MLSS량이 과다할 때
⑧ 침전조나 슬러지 반송경로에 슬러지가 오래 체류되어 혐기성 상태로 될 때
⑨ 염류농도가 크게 변동될 때
⑩ 유기성 폐수 중에 무기질이 적을 때
⑪ 환절기와 같이 수온변화가 클 때

그러나 이러한 조건들은 다음의 5가지 그룹으로 나누어 볼 수 있다.
① 낮은 DO
② 낮은 유기물 부하(낮은 F/M비)
③ 원수의 부패 및 고농도 황화물
④ 영양염(N, P 등) 결핍
⑤ 낮은 pH

3. 사상체의 증식 메커니즘

사상체가 증식되는 메커니즘에 대해서는 많은 학설과 이론이 있지만 그중에서 가장 설득력이 있는 것은 A/V(Area/Volume) 가설이다. 세균은 고등 동·식물과는 달리 영양분을 섭취하고 노폐물을 배설하는 기관이 따로 있는 것이 아니고 세포표면을 통해 영양분을 섭취하고 노폐물을 배설한다.

따라서 세균의 A/V 값이 크면, 즉 체적에 비해 체표면적이 넓을수록 세균의 대사속도가 빨라진다. 따라서 영양분이나 DO와 같은 어떤 환경인자가 부족한 상태에서는 세포의 A/V 값이 큰 세균이 경쟁력을 가진다. 세균세포의 형태로는 구형, 막대형, 나선형 및 사상체가 있는데 이 중에서 A/V 값이 가장 큰 것이 사상체이다.

따라서 유기물이 부족하거나, 영양염이 결핍되거나, DO가 부족한 환경에서 사상체가 증식하기

쉬워지며 구형이나 막대형의 세균수가 줄어들면 경쟁상대가 없어지므로 사상체는 그 양이 더욱 늘어난다. 사상체의 양이 극단적으로 많아진 상태가 벌킹이다. 그러나 벌킹의 발생원인 중 유기물부하가 고부하인 경우에는 이 A/V 가설로서는 설명이 어렵다.

4. 벌킹의 영향

벌킹이 일어나면 슬러지가 방류수로 유실되어 방류수의 SS 농도가 높아지는 등 방류수 수질기준을 위반할 우려가 있으며 방류수의 염소소독효과도 떨어진다. 벌킹이 심하면 폐수처리능력을 상실하게 되고 심하지 않더라도 슬러지 반송률을 높여야 하며 잉여슬러지 처리문제가 발생된다. 고형물농도가 3~4%인 정상적인 슬러지에 비하여 고형물농도가 1~2%인 벌킹슬러지의 부피는 2~4배가 되므로 슬러지 탈수에 큰 어려움이 있다.

5. 벌킹의 원인균

Zoogloea 벌킹을 제외한 모든 벌킹은 사상체에 의해 일어난다. 벌킹을 일으키는 사상체의 종류는 20여 종이 있는데 폐수의 성상, 폐수처리방법, 운전방법 및 기후 등에 따라 벌킹을 주로 일으키는 원인균도 달라진다. 미국 내에서 벌킹을 일으키는 빈도가 가장 높은 것이 Type 1701이고, 유럽에서는 Microthrix Parvicella가 가장 빈번하게 벌킹을 일으킨다. 우리나라에서는 Type 021N의 출현빈도가 높다.

6. 사상균의 제어방법

벌킹의 빠른 해결조치로는 운전제어 및 공정개선이 주로 이용되고 있지만 화학물질의 첨가도 종종 이용된다. 그러나 화학물질의 첨가는 벌킹의 원인을 근본적으로 해결하는 것이 아니므로 화학물질 첨가를 중단하면 벌킹이 다시 일어나는 것이 일반적인 현상이다. 그뿐만 아니라 응집제 등의 화학물질 첨가방법은 비용이 많이 드는 단점이 있다. 벌킹제어방법은 다음과 같이 크게 3가지로 나누어 볼 수 있다.

1) 운전제어
   ① 침전조 SS 부하량 감소
      슬러지반송률을 조절하여 MLSS 농도를 낮춤
   ② DO 농도 조절
      공기량의 증가 또는 축소
   ③ 폐수부패성 제어
      당 농도가 높은 폐수는 곰팡이 번식이 쉬우므로 pH 및 질소, 인 균형유지
   ④ 영양염 첨가
      질소, 인 등의 부족량 첨가

⑤ 폭기조 pH 조절

pH 6.5에서 거품발생세균이 번성하므로 너무 낮아지지 않도록 제어

⑥ 혐기 · 호기 운전

혐기성 조건으로 거품발생세균 증식을 억제

2) 화학물질 첨가

① 살균제(염소)

- 염소제제 첨가 전에 반드시 폭기조혼합액으로 첨가실험을 하여 첨가 후 상등액이 혼탁되지 않는 첨가량을 선택
- 선택된 양을 폭기조에 침가할 내도 하두에 몇 번으로 나누어 첨가

② 응집제, 침강제

응집제를 첨가하여 플록형성을 촉진시키거나, 미생물제제를 첨가하여 미생물 개체의 인위적 증가

3) 공정개선

① 폭기조형태와 폐수 유입방식

- 폭기조의 분할 : 폭기조에 칸막이를 설치하여 폭기조를 분할하거나 폭기조의 물 흐름을 Plug Flow로 바꿈
- 폐수 단속 주입 : 저부하 시 원수를 간헐 유입

② 선택조(Selector)

F/M비가 너무 낮아 벌킹이 항시 일어난다면 폭기조 앞에 선택조(Selector)를 설치

문제 03 수계의 수질관리에 대한 고려사항을 설명하시오.

정답

1. 개요

우리나라는 1998년에 4대강 물관리 체계를 처음 만든 이래 지금까지 시행해 오고 있다. 수계관리위원회에서는 수계의 수질보전 및 물관리 정책을 효율적으로 추진하기 위해 해당 강의 수질개선을 위한 오염물질 삭감에 관한 종합계획을 협의하고 수변 구역 관리기본계획을 수립하였다. 또한 물이용부담금의 부과 · 징수 및 요율에 관한 사항을 논의하고, 기금의 운용 및 관리, 토지 매수, 민간수질감시활동 지원, 환경기초시설 설치 · 운영 지원 등에 관한 협의와 조정을 주요 임무로 하고 있다.

제2차 물환경관리 기본계획에 나오듯이 하천의 발원지에서 하구연안까지 본류부터 지류 · 지천까지 물리적 · 생물적 · 화학적으로 맑고 깨끗한 물을 확보하여 자연과 상생하는 건강한 물순환

을 달성하는 것이 2025년 미래상의 기본전제이며 이것을 달성하기 위해서는 수계의 수질관리가 필수적이라고 할 수 있다.

2. 수계의 수질관리에 대한 고려사항

1) 점오염원의 파악 및 관리지속방향 모색
① 환경기초시설의 확충 및 방류수 수질관리 강화
② 하수관거 오접방지 및 노후관거의 정비

2) 비점오염원의 관리강화방안 고려
① LID기법 확산
② 초기빗물처리 강화
③ 가축분뇨 퇴비 · 액비 관리 강화
④ 주기적인 도로청소
⑤ 고랭지 밭 흙탕물 저감
⑥ 생태습지 조성

3) 수생태계 건강성 회복 및 유지관리방안 모색
① 생태하천 복원
② 생물서식 환경조성
③ 주민 참여 친수문화 확산

4) 제도개선방안 고려
① 수질원격감시체계 강화
② 유역 수계관리를 위한 하수처리시설 설치 · 운영 · 통합

3. 맺음말

수계의 환경대책은 ① 환경기초시설의 확충 및 비점오염원 사업의 적극 추진을 통한 지류 · 지천의 수질 개선, ② 훼손 하천의 복원과 주민 참여형 하천관리 커뮤니티 활성화를 통한 수생태계 건강성 회복관리를 목표로 추진한다. 수질개선을 위해서는 수질이 불량한 각 지류를 대상으로 현장조사를 통해 파악한 문제점 해결중심의 맞춤형 수질대책을 추진하며 지역주민이 모든 지류에 직접 하천복원과 관리에 참여하여 지속 가능한 친수문화를 조성할 수 있도록 추진한다.

문제 04 해양오염물질의 종류와 부영양화의 피해에 대하여 설명하시오.

정답

1. 개요

해양오염이란 인간에 의해 물질이나 에너지가 직접 혹은 간접적으로 해양환경에 유입되어 그 결과로서 생물자원에 대한 손상, 어로활동을 포함한 해양활동의 저해, 해수 이용을 위한 수질의 악화, 쾌적함의 감소 등과 같은 해로운 영향이 나타나는 것을 말한다.

2. 해양오염물질의 종류

① **영양염류** : 질산염, 인산염

② **지속성 유기오염물질** : 살충제, PCBs, TBT 등, 강한 독성, 환경지속성, 생물축적과 생물확대

③ **석유** : 사고에 의한 유출, 운항 및 사용과정의 유출

④ **중금속** : 수은, 납

⑤ **방사성 원소** : 핵실험, 핵추진 선박, 핵발전소에서 유출

⑥ **고형폐기물** : 물에 뜨거나 썩지 않는 플라스틱류

⑦ **열오염** : 해안에 설치된 발전소의 냉각수에 의한 온배수

⑧ **외래 생물종의 유입** : 선박의 밸러스트류 물에 의한 외래 생물종 유입

3. 영양염 축적과 부영양화

영양염인 질산염과 인산염은 해양식물의 광합성에 필요하며 해양생태계의 유지에 필수 요소이나, 물속에 너무 많이 존재하면 부영양화(Eutrophication) 상태가 되며 영양염의 광합성 촉진에 의한 식물플랑크톤의 대증식 초래로 적조현상이 나타난다.

4. 부영양화의 피해

① 플랑크톤이 대량 증식 후에 죽으면 이의 분해에 따른 DO 부족으로 H_2S, CO_2 등의 가스가 증가하고 어패류가 질식사한다.

② 적조생물이 발생시키는 독소물질로 인하여 어류의 패사가 일어난다.

③ 점액물질이 많은 플랑크톤이 아가미에 부착하여 호흡장애에 의한 질식사가 일어난다.

④ 수질변화 및 생태계에 심한 악영향을 미치게 된다.

문제 05 환경영향평가서 작성규정에 따른 수질항목의 내용에 대하여 설명하시오.

정답

1. 개요

환경영향평가란 대상사업의 사업계획을 수립하는 데 당해 사업의 시행으로 인하여 환경에 미치는 해로운 영향을 미리 예측·분석하여 환경영향을 줄일 수 있는 방안을 강구하는 평가절차이다. 환경영향평가서 작성 중 평가항목·범위 등의 심의 결과, 주민 등과 관계 행정기관 의견 수렴 결과 등을 종합적으로 고려하여 대상 계획 및 사업의 시행으로 환경에 미칠 각 영향의 중요도를 규명하고 중요한 사항을 집중적으로 고찰하되 경미한 사항은 간략히 기술한다.

2. 환경영향평가서의 구성

환경영향평가서에는 다음 각 호의 사항이 포함되어야 한다.

① 요약문
② 환경영향평가 대상 사업의 개요
③ 지역개황
④ 환경영향평가 대상사업의 시행으로 인해 평가 항목별 영향을 받게 되는 지역의 범위 및 그 주변 지역에 대한 환경 현황
⑤ 환경영향평가항목 등의 결정 내용 및 조치 내용
⑥ 주민 및 관계 행정기관의 의견 수렴 결과 및 검토 내용
⑦ 평가 항목별 환경 현황 조사, 환경 영향 예측 및 평가의 결과
⑧ 환경에 미치는 영향의 저감 방안(환경 보전을 위한 조치)
⑨ 불가피한 환경 영향 및 이에 대한 대책
⑩ 주민의 생활환경, 재산상의 환경오염 피해 및 대책
⑪ 대안 설정 및 평가
⑫ 종합 평가 및 결론

3. 수질항목내용(수환경분야)

1) 수질(지표·지하)
  ① 현황
    ㉠ 조사항목 : 대상사업의 종류, 규모, 지표수, 지하수의 특성 및 지역의 환경적 특성을 고려하여 수질에 미치는 영향을 적절히 파악할 수 있도록 설정하되 아래 사항을 참고한다.
      • 수질 관련 지구·지역 지정 현황
      • 하천, 호소, 지하수 수질 현황

- 지하수 이용 현황
- 수문 현황
- 수자원 이용 상황
- 오염원 및 처리시설 현황
- 우수 유로 현황
- 수질오염 총량관리 현황

　ⓛ 조사범위
- 공간적 범위 : 해당 사업의 집수구역을 원칙으로 하되 대상사업의 종류, 규모 및 수역의 특성을 고려하여 조정할 수 있다.
- 시간적 범위 : 하천의 유황을 고려하여 오염도 변화를 충분히 파악할 수 있는 기간으로 하되 대상사업의 종류, 규모 및 수역의 특성을 고려하여 조정할 수 있다.

　ⓒ 조사방법
- 수질현황조사 : 기존 자료조사와 현지조사를 병행한다.
- 현지조사 : 갈수기, 저수기, 평수기, 풍수기 중 최소 2시기 이상 조사를 원칙으로 하되, 신뢰할 수 있고 활용 가능한 기존 자료가 있는 경우에는 현지조사를 생략할 수 있다.
- 조사지점 및 측정방법은 수질오염공정시험기준에 따른다.

　② 조사결과
조사지점별로 각 조사항목의 내용을 수역의 환경적 특성과 관련 지역 환경기준 등과 함께 정리·기술한다.

② 사업시행으로 인한 영향 예측
　㉠ 항목 : 아래 사항 및 해당 사업의 시행으로 인하여 영향을 받을 수 있는 사항을 토대로 설정한다.
- 대상수역에 미치는 수질오염도의 변화
- 대상수역의 유황변화(유속, 유량, 수위 등)
- 수역이용상황 변화
- 지하수 환경변화
- 수자원 이용 상황, 재이용수 활용 방안
- 사업지역의 점오염원과 비점오염원

　ⓛ 범위
- 공간적 범위 : 조사범위를 기준으로 하되 대상사업의 실시로 인하여 영향이 미칠 것으로 예상되는 지역을 포함한다.
- 시간적 범위 : 공사 시와 운영 시로 구분하되 수질에 미치는 영향이 최고가 되는 시

점을 포함한다.

    ⓒ 방법 : 대상사업의 종류, 규모 및 유황 등 수역의 특성을 고려하여 예측모델을 이용한 수치해석, 수리모형시험, 유사사례에 의한 방법 중에서 적절한 방법을 선택하여 예측한다.

    ⓔ 예측결과 : 아래 사항들을 포함하여 예측항목별로 정리 · 기술한다.
- 점오염원과 비점오염원의 발생량 및 농도
- 대상수역의 수질 변화
- 지하수 환경 변화
- 수자원 이용 상황에 대한 영향
- 수질오염총량관리계획과의 부합성 등

    ⓜ 평가 : 영향 예측결과를 바탕으로 환경기준과의 비교, 현황농도대비 증가량(%) 등을 검토하여 사업 시행으로 인한 수질 및 수자원 이용에 대한 영향을 평가한다.

③ 저감방안

    ㉠ 평가결과를 토대로 하여 환경기준 및 관련 수역과 기타 지역의 환경적 특성을 고려하여 사업규모 조정, 저감시설의 설치, 저영향개발(LID)기법 적용 등 수질에 미치는 영향을 저감할 수 있는 방안을 구체적으로 수립 · 제시한다.

    ㉡ 저감방안 수립 후 수질 및 수자원 이용에 미치는 영향을 평가한다.

④ 사후환경 영향조사

사업 시행으로 환경영향 및 저감대책의 적정 시행 여부를 확인하고 필요시 추가적인 대책을 수립할 수 있도록 조사계획을 수립한다.

2) 수리 · 수문

① 현황

    ㉠ 조사항목 : 아래 사항을 중심으로 조사하되 대상사업의 종류, 규모 및 지역의 환경적 특성을 고려하여 수리 · 수문적 특성에 미치는 영향을 적절히 파악할 수 있도록 설정한다.
- 하천의 특성
- 호소 및 저수지 특성
- 우수 유로 현황
- 수문관측자료
- 하천시설물 현황
- 지하수로 인한 수리 · 수문 영향

ⓛ 조사범위
- 공간적 범위 : 사업 시행으로 인하여 직·간접적으로 영향을 받는 수역으로 한다.
- 시간적 범위 : 지역의 지형·지질특성, 유역의 상황 등을 고려하여 계절적 변화가 충분히 나타날 수 있는 범위로 한다.
ⓒ 조사방법 : 기존 조사자료를 최대한 활용하되, 필요한 경우 현지조사를 실시한다.
ⓔ 조사결과 : 조사항목별로 정리·기술한다.

② 사업시행으로 인한 영향 예측
㉠ 항목 : 아래 항목을 포함하여 사업 시행으로 인해 직·간접적으로 영향을 받을 것으로 예상되는 것으로 한다.
- 대상수역의 유황 변화(유속, 유량, 수위 등)
- 개발 전·중·후의 우수유출량 변화
- 홍수량에 따른 홍수위 변화
ⓛ 범위
- 공간적 범위 : 현황조사범위로 하되 대상사업의 실시로 인하여 영향이 미칠 것으로 예상되는 지역을 범위로 포함한다.
- 시간적 범위 : 공사 시와 운영 시로 구분하고 운영 시의 경우 장기적인 변화를 예측할 수 있도록 설정한다.
ⓒ 방법 : 예측은 대상사업의 종류, 규모 및 유황 등 수역의 특성을 고려하여 예측모델을 이용한 수치해석, 수리모형시험, 유사사례에 의한 방법 중에서 적절한 방법을 선택하여 예측한다.
ⓔ 예측결과 : 대상수역의 유황 변화, 우수유출량 변화, 홍수위 변화 등의 예측결과를 기술하고, 수치, 도면 등으로 제시한다.
ⓜ 평가 : 예측결과를 바탕으로 하천유지유량, 오염총량관리계획에 의한 오염할당부하량 등 수계의 환경용량 등을 고려하여 사업 시행으로 인한 수리·수문 영향을 평가한다.

③ 저감방안
㉠ 평가결과를 토대로 수리·수문 환경의 변화를 최소화할 수 있도록 우수배제계획, 수로차단 대책, 하천이설 대책 수립 등을 수립한다.
ⓛ 저감방안 수립 후 사업으로 인해 수리·수문에 미치는 영향을 평가한다.

④ 사후환경영향조사
사업 시행으로 인한 수리·수문 영향 및 저감대책 적정 시행 여부 등을 확인하고 필요시 추가적인 대책을 수립할 수 있도록 조사계획을 수립한다.

3) 해양환경

① 현황

㉠ 조사항목 : 아래 사항을 중심으로 조사하되 대상사업의 종류, 규모 및 지역의 환경적 특성을 고려하여 해양환경에 미치는 영향을 적절히 파악할 수 있도록 설정한다.

- 해양 동·식물상
- 해양수질
- 해양저질
- 해양물리
- 수자원 이용 상황

㉡ 조사범위

- 공간적 범위 : 대상사업의 종류, 규모 및 해역의 특성 등을 고려하여 사업으로 인해 영향을 받을 것으로 예상되는 해역까지로 설정한다.
- 시간적 범위 : 해양환경의 계절별 변화를 충분히 파악할 수 있도록 하되, 대상사업의 종류, 규모 및 해역의 특성 등을 고려하여 조정할 수 있다.

㉢ 조사방법

- 해양환경조사 : 기존 자료조사와 현지조사를 병행한다.
- 현지조사 : 조사범위를 고려하여 각 조사항목별 해양환경의 변화를 충분히 파악할 수 있도록 한다.
- 활용 가능한 기존 자료가 있을 경우 동 자료를 활용한다.
- 시료채취 및 시험방법은 해양환경공정시험기준을 따른다.

㉣ 조사결과 : 조사항목별, 조사지점별로 조사내용을 정리하여 기술하고, 표나 그림으로 제시한다.

② 사업시행으로 인한 영향 예측

㉠ 항목 : 해양 동·식물상, 해양수질오염, 해양물리, 수자원 이용 상황 등으로 한다.

㉡ 범위

- 공간적 범위 : 현황조사범위를 준용하되 필요시 그 범위를 조정한다.
- 시간적 범위 : 공사 시와 운영 시로 구분하되 오염물질 발생량이 최고가 되는 시점을 포함하고 장기적인 변화를 예측할 수 있도록 설정한다.

㉢ 방법 : 대상사업의 종류, 규모 및 해역의 특성을 고려하여 유사사례 분석, 수치해석, 수리모형시험 등을 이용하여 영향을 예측한다.

㉣ 예측결과 : 예측항목별, 조사정점별로 분석·정리하여 기술하고, 표나 그림으로 제시한다.

     ⓜ 평가 : 예측결과를 바탕으로 해당 사업의 시행이 수자원의 이용 등 해양환경 전반에 미치는 영향을 해양환경기준 등을 고려하여 평가한다.

  ③ **저감방안**

    평가결과를 토대로 해양환경 및 수자원의 이용에 미치는 영향을 최소화할 수 있는 방안을 제시한다.

  ④ **사후환경영향조사**

    사업 시행으로 인한 해양환경 영향 및 저감대책 적정 시행 여부를 확인하고 필요시 추가적인 대책을 수립할 수 있도록 조사계획을 수립한다.

문제 06 주민친화적 하수처리시설의 의의 및 종류, 설치 시 기본방향, 고려사항에 대하여 설명하시오.

정답

1. 개요

친환경 · 주민친화적 하수처리시설은 부정적 이미지를 탈피하여 환경개선과 보호를 위한 시설로 지역과 사회에 도움이 되는 시설, 즉 단지 오수나 하수를 처리하기 위한 시설이 아니라 생태 환경을 체험하고 학습하고 주민화합을 도모할 수 있는 의의를 갖는 공간 조성이라고 할 수 있다.

2. 종류

친환경 · 주민친화시설은 하수처리시설의 본연의 기능, 활용 가능한 친환경 자원의 이용과 하수처리시설 근무자, 방문자 또는 지역주민의 이용이나 편의를 제공하는 형태에 따라 분류한다.

▼ **친환경 · 주민친화적 시설 분류의 예**

대분류	소분류		설치 가능 시설
친환경 시설	기본형		고도처리시설, 이중복개시설, 악취방지시설 등
	활용형		하수처리수 재이용시설, 하수슬러지 재이용 및 자원화시설, 에너지 재생산시설, CSO 처리시설 등
주민 친화 시설	관찰형	휴양	생태연못, 실개천, 습지, 전통마을 숲, 수림대, 산책로, 쉼터 등
		관찰	야생화동산, 잠자리원 · 나비원 등 인공서식처, 식물원, 동물원, 반딧불이원 등 인공증식장, 온실, 관찰센터, 탐조대, 야생조수관찰장, 생태탐방 데크, 관찰원, 전망대, 관찰오두막, 관찰벽, 자연관찰로 등
	이용형	체험학습	생태계교육센터, 생태학습원, 자연교육장, 생태학교, 자연환경보전 보호교육장, 자연환경보전교육장, 토양 · 미생물자연관찰학습장 등

대분류	소분류		설치 가능 시설
		문화전시	전시관, 촉각전시관(장애인 배려), 박물관, 자연사 박물관, 박제품 · 밀렵도구 전시시설, 연구소, 회의실 등
		근린생활	방문객센터, 유모차 및 휠체어 전용보도, 휴게소, 어린이놀이터, 퍼걸러, 식당, 커피숍, 선물숍, 예술 · 공예갤러리, 농기구 수리센터, 마을복지회관 등
		운동	야구장, 농구장, 스케이트장(롤러, 인라인), 축구장, 테니스장, 수영장, 체육관(헬스장), 체력단련장, 게이트볼장, X-게임장 등

3. 설치 시 기본방향, 고려사항

1) 기본방향

① 지역적 특성을 고려한 계획이 이루어져야 한다.

② 환경개선 및 생태보전에 크게 기여하여야 한다.

③ 에너지보전 측면을 고려하여야 한다.

④ 이용자의 안전성을 최대한 확보해야 한다.

2) 고려사항

① 지역의 특성과 입지여건을 최대한 고려하여야 한다.

② 시설의 종류, 위치, 규모가 시설목적과 수용능력에 부합하도록 계획한다.

③ 친환경적 구조, 소재, 시스템을 사용한다.

④ 사회적 약자의 편의를 최대한 반영한다.

⑤ 친환경 주민시설의 계획 전 · 후에 이해 당사자가 참여할 수 있도록 한다.

문제 01 터널폐수의 발생특성, 발생량 예측방법, 처리계획, 처리시설 운전방법을 각각 설명하시오.

정답

1. 터널폐수의 발생특성

터널폐수는 디널공사에서 발생되는 지하수 및 공정 작업수와 함께 배출되는 분진 및 토사를 비롯한 SS 성분과 작업장비에서 발생되는 유분 및 세척수 그리고 콘크리트의 타설 및 약액 주입과정에서 발생되는 폐수로서 일반적으로 부유물질(Suspended Solids)의 유출농도는 100~1,000mg/L이며, 수소이온농도(pH) 범위가 9~13으로 강알칼리성을 띠고 있다.

2. 발생량 예측방법

터널공사 중 발생 폐수량은 다음과 같이 크게 세 가지로 구분할 수 있다.

1) 지하수 유출량

터널공사현장의 지형·지질에 따른 지하수위에 의해 발생되는 지하수량

2) 터널 내부 작업 시 폐수량(Shotcrete 타설, 천공 등)

터널 천공 시 발생하는 장비 작업수량 및 Shotcrete 타설 시 발생되는 작업 시 폐수량, 발생량은 약 $86.4m^3$로 계산한다.

3) 콘크리트 혼합시설에서의 발생량

① 공사 현장에 현장 B/P Plant가 있는 경우 발생
② B/P Plant 발생 폐수는 강알칼리성이며 유량조정조 유입 시 소량씩 주입하여야 한다.

위의 폐수발생량은 다음과 같이 계산할 수 있다.

> 폐수발생량＝지하수 유출량＋터널 내부 작업 시 폐수량(Shotcrete 타설, 천공 등)
> ＋콘크리트 혼합시설에서의 폐수 발생량

＊ 설계 참고자료 출처 : 한국환경정책·평가연구원
　1. 터널공사 시 폐수발생량은 지형 및 지질과 지하수 매장 형태에 따라 매우 다르게 나타날 수 있으나, 설계자료의 최소치인 $0.500m^3/min·km$ 이상으로 원단위를 적용하여 산정하는 것이 필요하다.
　2. 터널공사 시 배출수(폐수)량의 작업(굴착)용수량 : $86.4m^3/$일
　3. 콘크리트 혼합시설에서의 폐수발생량 : $22.1m^3/$일

3. 처리계획

터널 굴착폐수는 유기물이 혼합되지 않은 무기성 오염물질로 비중이 무거운 모래 등의 입자성 물질은 그림과 같이 작업장 근처에서 1차 자연중력 침강 후 알칼리성분과 현탁성 부유물질은 중화, 응집 및 침전시키는 화학적 처리공법이 가장 일반적인 처리법이다.

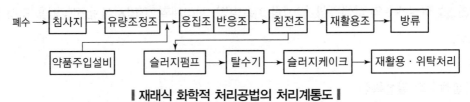

┃ 재래식 화학적 처리공법의 처리계통도 ┃

폐수처리장 가동 시 석분 및 화학제와 시멘트액성이 혼합된 무기성 폐수가 화학적인 응집침전과정을 거쳐 슬러지저장조로 이송되며 탈수기를 거쳐 탈수케이크로 최종 처리된다. 이 탈수케이크는 성분분석 후 현장에 재활용하거나 폐기물처리업자에게 위탁처리 한다.

4. 처리시설 운전방법

1) 침사지

유입수 중 비중이 2.65 이상, 직경이 0.2mm 이상인 무기물 및 입자가 큰 부유물을 제거하여 방류수역의 오염 및 토사의 침전을 방지하고, 펌프 및 처리시설의 파손이나 폐쇄를 방지하여 처리작업을 원활히 하도록 펌프 및 처리시설 전단부에 설치한다.

2) 유량조정조

유입유량 및 부하를 균등하게 하여 후단 시설물의 용량축소 및 운전비용 절감을 목적으로 설치한다. 유량조정조는 24시간 균등하게 조정하여 완전한 균등화를 이루는 것이 이상적이나, 이의 경우 조용량이 커지고 그에 따른 부대설비도 증가하므로 비경제적이다. 따라서, 시간 최대 유입수량 및 건설비용 등을 고려하여 결정하며, 부수적으로 청소 및 부속설비의 점검 및 수리를 위하여 2개 조로 분할하여 구성한다.

3) 응집반응조

① 응집은 진흙입자, 유기물, 세균, 색소, 콜로이드 등 탁도를 일으키는 Colloid 상태의 불순물을 제거하기 위하여 채택되며 때때로 맛, 냄새도 제거되므로 오염된 지표수 및 각종 폐수처리에 많이 이용되는 단위 공법이다.
② 황산 및 Alum 주입을 통해 적정 pH로 운전한다.

4) 침전조

응집반응조에서 응결된 슬러지를 고액분리 하는 장치로 주기적으로 슬러지를 슬러지 저장조로 배출 후 탈수처리 해야 한다.

문제 02 펌프의 설계·시공상의 결함과 운전 미숙 등으로 발생되는 주요 장애현상 3가지를 쓰고, 각각의 발생원인, 영향, 방지대책에 대하여 설명하시오.

정답

1. 개요

펌프 및 관로상에서 나타나는 장애현상

① NPSHav가 NPSHre보다 작아서 나타나는 Cavitation 현상

② Water Hammer

③ System Head Curve에 의한 펌프 Head 부족으로 인한 유량부속 현상

④ 배관 고점에서의 Air Vent 미설치로 인한 배관 내 Air에 의한 양수량 부족현상 등

2. 공동현상(Cavitation)

펌프 내에서 유속이 급변하거나 와류발생, 유로 장애 등에 의해서 유체의 압력이 그때의 수온에 대한 포화증기압 이하로 되었을 때 유체의 기화로 기포가 발생하고 유체에 공동이 발생하는 현상으로 캐비테이션이라고도 한다.

1) 발생장소

① 펌프의 임펠러 부근

② 관로 중 유속이 큰 곳이나 유향이 급변하는 곳

2) 발생원인

① 임펠러 입구의 압력이 포화증기압 이하로 낮아졌을 때

② 이용 가능한 NPSHav가 펌프의 필요 NPSHre보다 낮을 때

③ 관내 수온이 포화증기압 이상으로 증가할 때

④ 펌프의 과대 출량으로 운전 시

3) 영향

① 소음과 진동발생

② 펌프성능 저하

③ 급격한 출력 저하와 함께 심할 경우 Pumping 기능의 상실

④ 임펠러의 침식(토양부식)

4) 방지방법

① NPSHav를 NPSHre보다 크게 한다.

② 펌프의 설치위치를 가능한 한 낮추어 NPSHav를 크게 한다.

③ 흡입관의 손실을 가능한 한 작게 하여 NPSHav를 크게 한다.

④ 흡입 측 밸브를 완전 개방하고 운전한다(흡입관 손실을 작게).

⑤ 펌프의 회전속도를 낮게 선정하여 NPSHre를 작게 한다.

⑥ 성능에 크게 영향을 미치지 않는 범위 내에서 흡입관의 직경을 증가한다(흡입관 손실을 작게).

⑦ 운전점이 변동되어 양정이 낮아지는 경우 토출량이 과대해지므로 이것을 고려하여 충분한 NPSHav를 주거나 밸브를 닫아서 과대 토출이 안 되도록 조절한다.

⑧ 동일한 회전수와 토출량이면 양흡입 펌프, 입축형 펌프, 수중펌프의 사용을 검토한다.

⑨ 악조건에서 운전하는 경우 임펠러 침식 방지를 위해 강한 재료를 사용한다.

3. 수격작용(Water Hammer)

관내를 충만하게 흐르고 있는 물의 속도가 급격히 변하면 수압도 심한 변화를 일으키며 관내에 압력파가 발생하고, 이 압력파는 관내를 일정한 전파속도로 왕복하면서 충격을 주게 되는데, 이러한 작용을 수격작용라고 한다.

1) 발생원인

① 관내의 흐름을 급격하게 변화시킬 때 압력변화로 인하여 발생된다.

② 펌프의 급정지, 관내에 공동이 발생한 경우에 유발된다.

2) 영향

① 소음과 진동발생

② 관의 이완 및 접합부의 손상

③ 송수기능의 저하

④ 압력 상승에 의한 펌프, 배관, 관로 등 파괴

⑤ 펌프 및 원동기 역전에 의한 사고 등

3) 경험적 지침으로 수격작용 분석이 필요한 경우

① 관내 유량이 15m³/시 이상이고 동력학적 수두가 14m인 경우

② 역지밸브를 가지고 있는 고양정 펌프시스템

③ 수주분리가 일어날 수 있는 시설, 즉 고위점이 있는 시설, 관길이 100m 이상, 압력관으로 자동공기배출구나 공기진공밸브가 있는 시설의 경우

4) 방지방법

① **수주분리 발생방지법**

㉠ 펌프에 플라이 휠 부착 : 펌프관성 증가, 급격한 압력강화 방지

㉡ 토출 측 관로에 표준형 조압수조 설치

ⓒ 토출 측 관로에 일방향 압력 조절수조 설치 : 압력강하 시에 물을 보급하여 부압발생 방지

ⓔ 펌프 토출부에 공기탱크 설치 또는 부압지점에 흡기밸브 설치

ⓜ 관내 유속을 낮추거나 관거 상황을 변경한다.

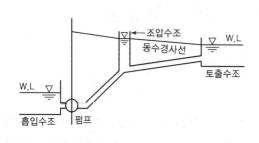

┃ 표준형 조압수조 ┃ ┃ 한 방향형 조압수조 ┃

② 압력 상승의 방지법

　ⓐ 완폐식 체크밸브 설치

　　역류 개시 직후의 역류에 대해서 밸브디스크가 천천히 닫히게 함으로써 압력상승 완화

　ⓑ 급폐식 체크밸브에 의한 방법

　　역류가 일어나기 전 유속이 느릴 때 스프링 등의 힘으로 체크밸브를 급폐시키는 방법으로, 300mm 이하 관로에 사용

　ⓒ 콘밸브, 니들밸브 및 볼밸브에 의한 방법

　　밸브 개도를 제어하여 자동적으로 완폐시키는 방법, 유속변화를 적게 하여 압력상승 억제

4. System Head Curve(관로특성 곡선)에 의한 양수량 부족현상

1) 시스템 수두곡선은 총동수두(THD)와 양수량과의 관계를 나타낸 것이다. H_F와 H_V가 양수량의 함수이고 H_V도 수위의 변화 등 여러 요인에 의해서 변동될 수 있으므로 통상직선이 아니고 곡선이다.

$$TDH = H_L + H_F + H_V$$

여기서, H_L : 총정수두

H_F : 총마찰손실수두$\left(f\dfrac{V_2}{2g},\ f\dfrac{L}{D}\dfrac{V_2}{2g},\ 확관류 : f\left(\dfrac{V_1 - V_2}{2}\right) \right)$

H_V : 속도수두($V^2/2g$)

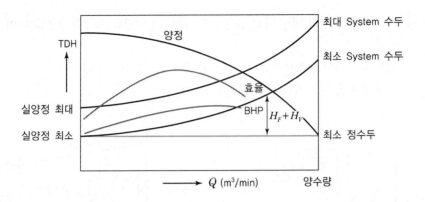

2) 발생 문제점 및 대책

펌프의 효율곡선이 System 수두곡선보다 낮을 경우에는 펌프 유량곡선을 따르지 않는다. 즉, 유량 부족 현상이 나오므로 펌프 선정 시 최대 System 수두곡선을 고려하여 선정하여야 한다.

5. 배관 최고점에서의 Air 방출

배관 내 Air가 차 있을 경우 양수 불량 현상이 나타나므로 반드시 배관 내 Air 제거 후 펌프를 운전해야 한다.

문제 03 호소의 성층화와 전도현상을 용존산소와 수온과의 상관관계를 이용하여 설명하시오.

정답

1. 성층현상

① 중위도지방에서 발생하는 현상
② 수심 10m 또는 그 이상의 호소 수심에서 춘하추동마다 호소 수온의 상하방향 분포가 특징적으로 변화되는 현상

2. 성층의 구분

성층은 순환층, 약층, 정체층으로 구분

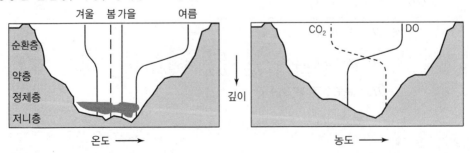

1) 순환층(Epilimnion)

① 최상부층으로 온도차에 따른 물의 유동은 없으나 바람에 의해 순환류를 형성할 수 있는 층으로서 일명 표수층(表水層)이라고도 한다.

② 공기 중의 산소가 재폭기되므로 DO의 농도가 높아 호기성 상태를 유지한다.

2) 약층(Thermocline)

① 순환층과 정체층의 중간층에 해당한다.

② 수온이 수심이 1m당 $\pm 0.9℃$ 이상 변화하므로 변온층이라고도 한다.

3) 정체층(Hypolimnion)

① 온도차에 따른 물의 유동이 없는 호수의 최하부층이다.

② 용존산소가 부족하여 혐기성화 발생, CO_2, H_2S 등의 농도가 높다.

3. 역전현상(Turn Over)

연직방향의 수온차에 따른 순환 밀도류가 발생하거나 강한 수면풍의 작용으로 수괴의 연직안정도가 불안정하게 되는 현상

1) 봄순환

① 봄철 표층수 수온 증가

② 표층수의 수온이 4℃ 부근에 도달하면 밀도가 최대로 되며 층수의 침강력은 전수층에 영향을 주어 불안정한 평형상태가 됨

③ 수면풍이 작용할 경우 연직혼합을 더욱 촉진

④ 저층의 영양염이 상부로 공급

2) 가을순환

① 가을이 되면 외기온도가 저하 표층수의 수온이 4℃ 부근에 도달

② 무거워진 표층수에 의한 침강력 작용으로 전수층에 불안정한 평형상태를 갖게 됨

③ 봄철 순환과 같은 연직혼합이 일어남

4. 성층 대순환과 부영양화의 관계

1) 성층관 수체

바다 조류 등의 초기 유기물 호기성 분해 → 용존산소 고갈 → 혐기성화 → 부패현상 발생 → 암모니아, 황화수소, 메탄 발생 → 미생물의 인 방출 → 영양염 방출

2) 순환기

저층에 존재하는 상기 물질 → 수체와 함께 상부로 이동 부상 → 생물증식에 이용 → 부영양화 현상 촉진

문제 04 물순환 선도도시의 개념, 목적, 사업내용 및 효과를 설명하시오.

정답

1. 개념

우리나라에서는 1970년대 산업단지 조성 이후 급격히 진행된 도시화 및 인구 고밀화에 의해 불투수면적과 오염물질 배출부하량이 증가하고 있으며, 이에 따라 하천변 저지대의 침수피해와 하천과 지하수의 수질악화가 우려되고 있다.

또한 홍수유출량 증가에 반해 갈수기 하천유량 감소와 건천화, 지하수위 저하가 발생하고 있으며, 이는 하천 친수공간 감소, 하천 생태계환경 악화와 도시열섬화의 주원인으로 작용하고 있다. 이와 같이 도시화로 인한 불투수면적의 증가는 자연적인 물순환체계를 변화시켜 치수, 이수, 환경문제를 발생시키고 있다.

이에 대응하여 지하수 고갈, 하천 건천화 등이 발생하는 도심에 빗물의 저류, 침투, 증발산 같은 자연적인 물순환을 회복하고 경관도 개선하는 도시를 물순환 선도도시라고 한다.

2. 목적

대도시의 경우 아스팔트, 콘크리트와 같은 불투수층의 증가로 빗물이 땅속으로 침투하지 못해 가뭄, 홍수, 지하수 고갈, 하천 건천화, 수질오염 등 많은 문제점이 발생하고 있다. '물순환 선도도시 조성사업'은 이러한 문제점을 개선하기 위해 저영향개발(Low Impact Development) 기법을 적용하여 불투수층을 투수층으로 바꾸어서 물순환을 회복하고 경관도 개선하는 것이다.

3. 사업내용

환경부가 2016년 인구 10만 명 이상의 대도시 74곳을 대상으로 공모하였고 9개의 도시 중 현장평가와 서류평가를 거쳐 사업 타당성, 추진기반 등에서 우수한 평가를 받은 대전광역시, 광주광역시, 안동시, 울산광역시, 김해시 총 5개의 도시를 '물순환 선도 도시'로 선정하였다.

사업내용은 투수성 포장, 빗물정원, 식생체류지, 옥상녹화, 침투도랑 등 저영향개발 기법 적용 시설을 설치하여 물순환을 회복하는 것이다.

4. 효과

저영향개발로 물순환도시 조성 시 인간에 의해 조성된 사회인프라의 환경적 문제(물순환 왜곡, 비점오염물질 유출, 녹지공간 축소, 지하수위 저하, 도시홍수 발생, 하천의 건천화, 도시열섬현상 등)를 저감하는 효과가 있다.

문제 05 광해배수의 자연정화법에 대하여 설명하시오.

정답

1. 광해배수의 정의

산성광산폐수(산성광산배수)란 폐갱구 및 광산폐기물에서의 황(Sulfide)과 철(Fe) 등의 산화에 의해 발생되는 pH가 낮은 배출수를 말한다.

폐광산에서는 광산 주변에 적치되어 있는 광미로부터 오염중금속이 용출될 뿐 아니라 황철석의 산화로 인한 산성폐수가 납, 수은, 카드뮴과 같은 유해중금속을 용출시켜 인근 지역의 토양과 하천수, 지하수를 오염시키고 농작물에도 악영향을 끼치고 있으며 하천바닥에 적갈색 등의 침전물을 형성시켜 미관상 및 생태학적인 악영향을 끼친다.

2. 환경에 미치는 영향

1) 수중생물에 미치는 영향
   ① 어류, 수생식물 등의 생장장애 등 유발
   ② 서식처 변화, 물고기의 산란방해 등 유발
   ③ 중금속 농도를 증가시키므로 수생생태계에 악영향
   ④ 하천수의 유기물을 분해하는 세균은 낮은 pH에서 활성이 낮아지므로 하천의 자정작용이 억제
   ⑤ 수산화물의 침전에 의해 저서조류(Benthic Algae), 저서성대형무척추동물(Benthic Macroinvertebrates) 등의 서식에 악영향

2) 수자원에 미치는 영향
   ① 낮은 pH에 의한 중금속 오염
   ② 철산화물은 물색이 적색을 띠게 함

3) 심미적인 영향
   하천을 붉게 물들여 경관을 크게 해친다.

4) 구조물 등에 미치는 영향
   각종 금속물질이나 콘크리트 구조물의 부식 증가, 시설물 노후화, 내구성 저하

3. 자연정화법

자연정화법은 대규모의 자연습지 또는 인공습지를 조성하고 식물을 식재하며, 산성광산폐수를 유입시켜 자연적으로 산화 및 중화처리 되도록 하는 방법이다.

인공습지는 호기성 습지와 혐기성 습지로 분류된다. 호기성 습지에서는 산화작용, 수화작용 등

이 발생하는데 이러한 과정을 통하여 폐수 중의 중금속이 불용성 금속화합물로 침전·제거된다. 혐기성 습지는 주로 유기물과 석회석을 충전하여 인공적으로 만드는 경우가 많은데 이곳에서 폐수 중의 중금속이 황산염 환원균에 의해 황화물로 제거된다.

1) 습지에서 중금속 원소의 제거과정

여과 및 흡착, 식물 뿌리로 흡수, 습지 내의 미생물 작용에 의한 황화물 침전 등에 의한다.

2) 습지식물에 의한 주요 정화기작

① Phytoextraction

오염물질을 식물체 내로 흡수하여 농축시킨 후, 오염물질이 농축된 식물체를 제거하는 방식이다. 수확된 식물은 때에 따라 재이용할 수도 있으나 중금속 등 오염물질이 함유되어 있으므로 적절한 처리가 필요하며 대체적으로 소각 등에 의해 처리된다.

② Rhizofiltration

오염물질을 식물의 뿌리 주변에 축적, 여과, 식물체 내로 흡수시키는 과정이다.

③ Phytostabilization

식물체의 뿌리 주변에서 오염물질이 미생물학적·화학적 산화과정을 겪게 되어 중금속의 산화도가 바뀌어서 불용성의 상태로 식물체의 뿌리 주변에서 비활성의 상태로 축적되거나 식물체에 의해서 이동이 차단되는 과정이다.

120 _회 수질관리기술사

•• 1교시 다음 문제 중 10문제를 선택하여 설명하시오.(각 10점)

1. 인천 적수 원인과 대책
2. 조류경보제
3. 해양오염물질 종류
4. 초기 우수 유출수
5. Soil Flushing
6. 암모니아성 질소, 알부미노이드성 질소, 아질산성 질소, 질산성 질소
7. 슬러지 지표(Sludge Index)
8. 미생물의 성장에서 증식과정, 미생물의 성장과 F/M비
9. 물환경보전법 제2조 정의에 따른 용어 중
   1) 물환경   2) 폐수
   3) 특정수질유해물질   4) 호소
   5) 수생태계 건강성

10. 생물막법
11. 청색증(Methemglobinemia)
12. 급속여과지 여과속도 향상방안
13. 비회전도(N_s)와 Pump의 특성

•• 2교시 다음 문제 중 4문제를 선택하여 설명하시오.(각 25점)

1. 수질관리에 있어서 수저퇴적물이 수생태계에 미치는 영향에 대하여 설명하시오.
2. 오염지하수정화 업무처리지침(2019.4.24.)에서 제시된 오염된 지하수 정화를 위한 기본절차를 설명하시오.
3. 생물화학적 산소요구량(BOD)에 대하여 아래 사항을 설명하시오.
   1) 측정원리
   2) 전처리 사유와 방법
   3) 용어설명(원시료, 희석수, 식종액(접종액), 식종희석수, (식종)희석 검액)
   4) 시험방법(단, 순간 산소요구량 조건은 고려하지 않음)

4. 수질오염물질의 배출허용기준 중 지역구분 적용에 대한 공통기준, 2020년 1월 1일부터 적용되는 배출허용기준(생물화학적 산소요구량, 화학적 산소요구량, 부유물질량만 제시) 및 공공폐수처리시설의 방류수 수질기준, 방류수 수질기준 적용대상지역에 대하여 설명하시오.

5. 소독공정에서 소독 적정성 판단(불활성비 산정), CT값 증가방법, 필요소독능(CT 요구값) 및 실제소독능(CT 계산값)에 대하여 설명하시오.

6. 하수처리장 이차침전지에 대하여 아래 사항을 설명하시오.
   1) 형상 및 구조
   2) 정류설비
   3) 유출설비
   4) 슬러지 제거설비
   5) 슬러지 배출설비

3교시 다음 문제 중 4문제를 선택하여 설명하시오.(각 25점)

1. 해양오염에 있어서 미세플라스틱에 의한 영향을 설명하시오.

2. 국립환경연구원에서 개발한 한국 실정에 맞는 부영양화 지수에 대하여 설명하시오.

3. 수처리 공법 중 부상분리법에 대하여 다음을 설명하시오.
   1) 부상분리법의 개요
   2) 중력침강법에 대한 부상분리법의 장단점
   3) 부상분리법의 종류
   4) 부상지의 설계 시 고려사항

4. 폭기조 반응형태 중 Plug Flow, Complete Mix, Step Aeration 공정에 대하여 다음을 설명하시오.
   1) 각 공정의 특징 및 공정도
   2) 조 길이에 따른 산소농도 분포
   3) 조 길이에 따른 BOD 농도 분포

5. 정수장 혼화 · 응집공정에서 다음 사항을 설명하시오.
   1) 응집공정의 목표 및 검토항목
   2) 처리 효율에 영향을 미치는 인자
   3) 공정 개선방안

6. 정수처리 막여과(Membrane Filtration)에 대하여 다음 사항을 설명하시오.
   1) 막여과의 정의 및 필요성

2) 일반정수처리 공정과 비교한 막여과의 장단점

3) 막여과방식(Dead End Flow, Cross Flow)

4) 막의 열화와 파울링

5) 막 종류

4교시 다음 문제 중 4문제를 선택하여 설명하시오.(각 25점)

1. 상수원보호구역에 있어서 허가 및 제한되는 행위에 대하여 설명하시오.

2. 물 관련 법에서 제시된 마시는 물의 종류를 열거하고 각 물에 대한 미생물 수질기준을 설명하시오.

3. 제5차 국가환경종합계획(2020~2040) 내용 중 다음 사항을 설명하시오.

    1) 계획의 비전과 목표

    2) 통합 물관리 정책방향

    3) 물관리 주요 정책과제 및 주요 지표

4. 도시 하수처리 관련 다음 사항에 대하여 설명하시오.

    1) 도시 하수처리 계통도(생물학적 공정시스템 포함)

    2) 1차 및 2차 슬러지 특징 및 차이점

    3) 처리량 1톤에 대한 함수율 증가에 따른 부피의 영향(1톤 기준)

    4) 1차 및 2차 소화조 특징

    5) 슬러지 개량의 목적

    6) 탈수 케이크 함수율

5. 강변여과수에 대하여 설명하시오.

    1) 강변여과수 취수정 설치 시 고려사항

    2) 강변여과수의 특징

    3) 취수 방식 중 수직 및 수평 집수정 방식

6. A/O 공법 및 A_2/O 공법에 대하여 다음 사항을 설명하시오.

    1) 각 공법의 원리 및 특징

    2) 각 공법의 설계 인자 및 장단점

문제 01 인천 적수 원인과 대책

정답

1. 사건 개요

2019년 5월 30일 인천 서구에서 수도꼭지에서 붉은 수돗물이 수주간 지속되어 식수 및 생활용수로 사용하지 못한 사태를 말한다.

2. 원인

1) 직접원인 : 무리한 수계전환

정수장에서 전기공사로 인한 수계전환을 하면서 역류하는 수류의 적정 유속을 제대로 유지하지 못해서 발생

2) 간접원인

① 수돗물을 공급하는 각종 시설과 관망에 대한 구조적 문제
② 관계규정을 제대로 마련하 못한 제도상의 문제

3. 대책

1) 노후관에 대한 대처
2) 수도관망의 유지관리 의무화의 제도적 장치 필요
상수관망의 청소, 관리, 정비에 관한 법제화 강화 필요

문제 02 조류경보제

정답

1. 개요

조류경보제란 수질오염경보 종류의 하나로 녹조류 발생을 독성을 지닌 남조류의 세포수를 기준으로 발생 정도에 따라 관심, 경계, 조류 대발생, 해제 등 단계별로 구분 · 발령하고, 취수, 정수장 등 관계기관에 신속하게 전파하여 단계적인 대응 조치를 취하도록 하는 제도이다.

2. 단계별 발령기준

1) 상수원 구간

경보단계	발령·해제 기준
관심	2회 연속 채취 시 남조류 세포수가 1,000세포/mL 이상 10,000세포/mL 미만인 경우
경계	2회 연속 채취 시 남조류 세포수가 10,000세포/mL 이상 1,000,000세포/mL 미만인 경우
조류 대발생	2회 연속 채취 시 남조류 세포수가 1,000,000세포/mL 이상인 경우
해제	2회 연속 채취 시 남조류 세포수가 1,000세포/mL 미만인 경우

2) 친수활동 구간

경보단계	발령·해제 기준
관심	2회 연속 채취 시 남조류 세포수가 20,000세포/mL 이상 100,000세포/mL 미만인 경우
경계	2회 연속 채취 시 남조류 세포수가 100,000세포/mL 이상인 경우
해제	2회 연속 채취 시 남조류 세포수가 20,000세포/mL 미만인 경우

문제 03 해양오염물질 종류

정답

1. 개요

해양오염이란 인간에 의해 물질이나 에너지가 직접 혹은 간접적으로 해양환경에 유입되어 그 결과로서 생물자원에 대한 손상, 어로활동을 포함한 해양활동의 저해, 해수 이용을 위한 수질의 악화, 쾌적함의 감소 등과 같은 해로운 영향이 나타나는 것을 말한다.

2. 해양오염물질의 종류

① **영양염류** : 질산염, 인산염
② **지속성 유기오염물질** : 살충제, PCBs, TBT 등, 강한 독성, 환경지속성, 생물축적과 생물확대
③ **석유** : 사고에 의한 유출, 운항 및 사용과정의 유출
④ **중금속** : 수은, 납
⑤ **방사성 원소** : 핵실험, 핵추진 선박, 핵발전소에서 유출
⑥ **고형폐기물** : 물에 뜨거나 썩지 않는 플라스틱류
⑦ **열오염** : 해안에 설치된 발전소의 냉각수에 의한 온배수
⑧ **외래 생물종의 유입** : 선박의 밸러스트류 물에 의한 외래 생물종 유입

문제 04 초기 우수 유출수

정답

1. 개요

공공수역으로 유입되는 오염물부하량 중 비점오염원의 부하량이 증가하고 있으며 비점오염원 중 불투수층에서 초기 강우에 의한 수질오염물질 유출은 비점오염원의 가장 큰 오염원이라 할 수 있다.

2. 초기 우수 유출수의 특징

1) 불투수층에서의 초기 우수 발생량은 매우 불규칙하다.

2) 많은 종류의 오염물질을 함유하며, 발생량과 부하량 변동이 매우 크다.

3) 이러한 오염물질은 강우 초기 유출수의 농도를 급격하게 증가시킨다.

4) 초기 우수 유출수가 하천으로 유입 시 수생태계를 교란한다.

3. 초기 우수 처리장치

1) 자연형 시설

① **저류시설** : 강우유출수를 저류하여 침전 등에 의하여 비점오염물질을 줄이는 시설로 저류지·연못 등

② **인공습지** : 침전, 여과, 흡착, 미생물 분해, 식생 식물에 의한 정화 등 자연상태의 습지의 정화능력을 인위적으로 향상시켜 비점을 줄임

③ **침투시설** : 지하로 침투시켜 토양의 여과·흡착 작용 이용, 유공 포장, 침투조, 침투저류지, 침투도랑 등

④ **식생형 시설** : 토양의 여과·흡착 및 식물의 흡착 작용 이용, 동시에 동식물 서식공간을 제공, 녹지경관으로 기능, 식생여과대와 식생수로 등을 포함

2) 장치형 시설

① **여과형 시설** : 강우유출수를 집수조 등에서 모은 후 모래·토양 등의 여과재를 통하여 거름 현상 이용

② **와류형 시설** : 와류를 형성, 기름·그리스(Grease) 등 부유성 물질은 부상 토사, 협잡물은 하부로 침전·분리

③ **스크린형 시설** : 망의 여과·분리 작용, 비교적 큰 부유물이나 쓰레기 제거

④ **응집·침전 처리형 시설** : 응집제를 사용, 침강시설에서 고형물질을 침전·분리

⑤ **생물학적 처리형 시설** : 전처리시설에서 토사 및 협잡물 등을 제거한 후 미생물에 의하여 콜로이드(Colloid)성, 용존성 유기물질 제거

문제 05 Soil Flushing

정답

1. 기술원리

Soil Flushing은 오염된 토양을 먼저 굴착한 후 토양에서 다양한 종류의 세척제를 사용하여 오염물질을 물리 · 화학적으로 분리하는 기술이다.

2. 장단점

1) 생물학적 분해가 어려운 화학물질이나 중금속을 빠른 시간 안에 처리할 수 있다.
2) 사용하는 세척제의 종류에 따라 광범위한 유기 및 무기오염물질을 제거할 수 있다.
3) 선별과정을 통해서 효과적으로 오염토양의 부피를 감소시킬 수 있기 때문에 타 공정과 복합적으로 사용할 경우 그 활용도가 높아질 수 있다.
4) 오염토양의 굴착 및 이송비용, 토양세척 장치의 제작비용 및 폐수 폐기물 처리비용 등이 높게 소요될 수 있다.
5) 오염물질이 복합적으로 존재할 경우 적정한 세척제의 선정 및 제조가 용이하지 않다.
6) 토양의 유기물질인 휴믹 물질의 함량이 높으면 제거 효율이 낮다.
7) 미세토양에는 적용할 수 없다.

문제 06 암모니아성 질소, 알부미노이드성 질소, 아질산성 질소, 질산성 질소

정답

1. 암모니아성 질소

단백질이 분해되면서 생성되는 물질이다. 암모니아성 질소(NH_4)는 수중의 물고기의 아가미에 염증을 유발하여 죽게 하거나 질산화 과정에 수중의 용존산소를 소모하여 수생태계에 영향을 미친다.

2. 알부미노이드성 질소

유기성 질소화합물 중 암모니아가 되기 전 단계의 유기성 질소를 말한다. 쉽게 분해 가능한 상태의 질소화합물이며 분뇨로 인한 오염지표로 사용하기도 한다.

3. 아질산성 질소

① 수질 오탁을 표시하는 지표로 사용하며, 주로 암모니아성 질소의 산화에 의해서 생성된다(NO_2^-로 표시).
② 물속의 아질산성 질소는 세균류에 의해 생물학적 · 화학적 산화 또는 환원된다. 주로 대소변,

하수 등의 혼입에 의한 암모니아성 질소의 산화에 의해서 생성되므로 물의 오염을 추정할 수 있는 유력한 지표가 된다.

③ 그 순서는 우선 암모니아가 되고 다시 산화되어 아질산이 되며 마지막으로 질산이 되어 안정화된다. 따라서 그 양을 측정하면 오수의 자연 정화 정도를 알 수 있다.

4. 질산성 질소

① 아질산성 질소가 산화되어 질산성 질소(NO_3^-)로 된다. 음용수 중에 존재하는 질산성 질소 성분은 동물이나 인체에 여러 가지 형태로 건강을 해친다. 질산성 질소의 독성은 거의 무시해도 좋으나 2차, 3차 영향을 미칠 수 있다.

② 2차적인 독성은 미생물에 의해서 질산성 질소가 아질산성 질소로 환원 시 혈류 내 흡수되며 헤모글로빈과 반응하여 산소 전달계 기능을 부분적으로 상실시킨다(Blue Baby병 유발).

③ 3차적인 독성은 질산성 질소가 위산과 반응하여 니트로사민을 형성하여 매우 광범위한 위험 요소가 된다.

문제 07 슬러지 지표(Sludge Index)

정답

1. 개요

슬러지 지표란 활성슬러지의 침전특성을 나타내는 것을 말한다.

2. 종류

슬러지 용량지표, 슬러지 밀도지표가 있다.

3. 슬러지 용량지표(Sludge Volume Index)

SVI란 슬러지의 침강농축성을 나타내는 지표로서 폭기조 혼합액 1L를 30분 침전시킨 후 1g의 MLSS가 슬러지를 형성 시 차지하는 부피(mL)를 말한다.

$$SVI = 30분\ 침강\ 후\ 슬러지\ 부피(mL/L) \times 1,000/MLSS\ 농도(mg/L)$$
$$= SV(mL/L) \times 1,000/MLSS(mg/L)$$
$$= SV(\%) \times 10,000/MLSS(mg/L)$$
$$= SV(\%)/MLSS(\%)$$

SVI는 활성슬러지의 침전 가능성을 나타내는 값으로 슬러지 팽화(Sludge Bulking) 여부를 확인하는 지표이다. 통상 SVI가 50~150(80~120)일 때의 침전성은 양호하며 200 이상이면 Sludge Bulking이 일어난다.

4. 슬러지 밀도지표

포기조 혼합액을 30분 간 정치시킨 후 그 침전한 슬러지양 100mL 중에 포함되어 있는 MLSS를 그램수로 나타낸 것

$$SDI = 100/SVI$$
$$= MLSS \ 농도(mg/L)/(SV(mL/L) \times 10)$$
$$= MLSS(mg/L)/(SV(\%) \times 100)$$
$$= MLSS(\%) \times 100/SV(\%)$$

침강성이 좋은 슬러지는 SDI > 0.7이다.

문제 08 미생물의 성장에서 증식과정, 미생물의 성장과 F/M비

정답

1. 개요

분체증식 하는 미생물의 경우 초기 배양액에 미생물을 접종하면 미생물은 분체증식을 시작하여 다음의 각 단계를 경유하게 된다.

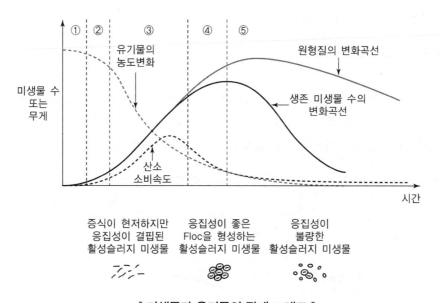

┃ 미생물과 유기물의 관계 그래프 ┃

1) 지연기

   ① 주변 환경에 적응하기 시작하며 증식을 하지 않는다.

   ② 세포분열 이전에도 질량은 증가하기 때문에 무게와 미생물의 수가 일치되지는 않는다.

2) 증식단계

　① 미생물 수가 증가한다.

　② 영양분이 충분하면 미생물은 급증하기 시작한다.

3) 대수성장단계

　① 미생물 수가 급증한다.

　② 증가속도가 최대가 된다.

　③ 영양분이 충분하면 미생물은 최대속도로 증식한다.

4) 감소성장단계

　① 영양소의 공급이 부족하기 시작하여 증식률이 사망률과 같아질 때까지 둔화된다.

　② 생존하는 미생물의 중량보다 미생물 원형질의 전체 중량이 더 커진다.

　③ 생물수가 최대가 된다.

5) 내생성장단계

　① 생존한 미생물이 부족한 영양소를 두고 경쟁하게 된다.

　② 신진대사율이 큰 폭으로 감소한다.

　③ 생존한 미생물은 자신의 원형질을 분해하여 에너지를 얻는다.

　④ 원형질의 전체 중량이 감소한다.

2. 미생물의 성장과 F/M비

1) F/M비

BOD 부하란 단위 미생물당 부여되는 유기물량을 말하며 미생물량(MLVSS)에 기초하여 산출한다. BOD부하는 폐수 내의 유기물량(Food)과 활성오니량(Micro organism)의 비라는 의미이므로 F/M비로 나타내거나, 설계의 기본인자로 사용한다.

2) 미생물의 성장과 F/M비를 도시하면 다음 그림과 같다.

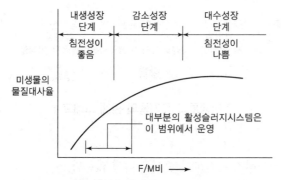

▮ F/M비와 물질대사율의 관계 ▮

F/M비가 작을 경우에는미생물의 내생성장단계이며 F/M비가 클 경우에는 대수성장단계의 미생물 성장을 한다.

문제 09 물환경보전법 제2조 정의에 따른 용어 중

1) 물환경   2) 폐수   3) 특정수질유해물질
4) 호소   5) 수생태계 건강성

정답

1. 물환경

사람의 생활과 생물의 생육에 관계되는 물의 질(수질) 및 공공수역의 모든 생물과 이들을 둘러싸고 있는 비생물적인 것을 포함한 수생태계를 총칭하여 말한다.

2. 폐수

물에 액체성 또는 고체성의 수질오염물질이 섞여 있어 그대로는 사용할 수 없는 물을 말한다.

3. 특정수질유해물질

사람의 건강, 재산이나 동식물의 생육(生育)에 직접 또는 간접으로 위해를 줄 우려가 있는 수질오염물질로서 환경부령으로 정하는 것을 말한다.

4. 호소

다음 각 목의 어느 하나에 해당하는 지역으로서 만수위(滿水位)[댐의 경우에는 계획홍수위를 말한다] 구역 안의 물과 토지를 말한다.
① 댐·보(洑) 또는 둑(「사방사업법」에 따른 사방시설은 제외한다) 등을 쌓아 하천 또는 계곡에 흐르는 물을 가두어 놓은 곳
② 하천에 흐르는 물이 자연적으로 가두어진 곳
③ 화산활동 등으로 인하여 함몰된 지역에 물이 가두어진 곳

5. 수생태계 건강성

수생태계를 구성하고 있는 요소 중 환경부령으로 정하는 물리적·화학적·생물적 요소들이 훼손되지 아니하고 각각 온전한 기능을 발휘할 수 있는 상태를 말한다

문제 10 생물막법

정답

1. 개요

생물막법은 접촉제 및 유동담체의 표면에 미생물을 이용하여 처리하는 방법으로 담체의 형상, 충전 방식의 차이에 따라 살수여상, 호기성 여상법, 회전원판법 등 여러 가지 공법이 있다. 이용되는 담체의 소재로는 판상이나 섬유상플라스틱, 자갈 등이 있다. 생물막법은 유입하수에 의해 미생물이 스스로 증식하고, 다양한 생물종(후생동물, 미소후생동물)이 존재하기 때문에 높은 처리효율과 질산화가 가능하며 슬러지 생산량도 적은 특징을 가지고 있다. 생물막법은 호기성뿐만 아니라 무산소, 혐기공정에도 적용이 가능하다.

2. 생물막법의 기본원리

부착된 생물막 표면으로부터 산소와 유기물을 공급하는 2차원 방식이다.

1) 생물막에서의 물질 이동
   ① 유기물은 교반 혼합에 따라 생물막으로 이동
   ② 생물막 내 확산과정에서 분해
   ③ 유기물을 이용한 생물막 증식 → 막이 두꺼워짐 → 매체 부근 미생물에 충분한 유기물이 전달되지 않음 → 내생호흡
   ④ 산소 → 표면 확산 → 미생물에 소비되어 감소 → 생물막 부근이 혐기성 상태가 됨
   ⑤ CO_2 + 기타 반응생성물은 역방향으로 배출

2) 생물막 탈리
   ① 내호흡, 혐기성 상태 → 부착력 약화 → 탈리 → 새로운 막 형성 및 증식
   ② 또는 오수의 교반과 매체이동에 따른 전단력에 의해서도 표면에서 탈리가 일어날 수 있음

3) 반응조 내 미생물량의 조정
   ① 반응조 내 미생물량이 조건에 따라 자동 조정됨
   ② 반송 등 조작이 필요 없음
   ③ 역설적으로 인위적 변화가 어려움, 즉 문제 발생 시 단기적 조치가 어려움

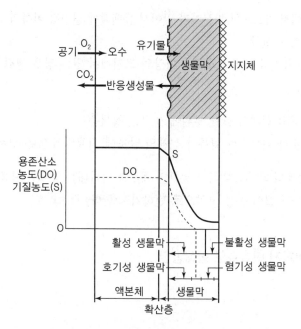

공기 → O₂ → 오수 유기물 생물막 지지체

CO₂ ← 반응생성물 ←

용존산소
농도(DO)
기질농도(S)

DO

S

O

활성 생물막   불활성 생물막

호기성 생물막   혐기성 생물막

액본체   생물막

확산층

▍생물막에 의한 물질이동의 개념도 ▍

3. 생물막법 도입 시 장점

1) pH, 충격부하 및 난분해성 물질 유입에도 안정된 처리 가능
2) 고농도의 미생물농도를 유지하여 부지면적 축소 가능
3) 미생물 체류시간(SRT)이 길어져 슬러지 발생량 감소
4) 특수미생물을 선택고정 하여 특정물질에 대한 제거성능 확보 가능
5) 수처리뿐만 아니라 악취 제거에도 적용 가능

문제 **11** 청색증(Methemglobinemia)

정답

1. 개요

오염된 물속에 포함된 질산염이 몸속의 헤모글로빈과 결합해 산소 공급을 어렵게 해서 나타나는 질병이다. 청색증이란 이름이 붙은 이유는 산소 부족으로 온몸이 파랗게 변하기 때문이다.

2. 종류 및 증상

1) 중심성 청색증
   ① 주로 입술, 손가락 끝, 귀 등에서 쉽게 관찰

② 주로 폐에서 가스교환의 문제가 있어서 동맥혈에 일정량 이하의 산소가 포함되어 있는 경우에 생기는 현상

③ 호흡기질환이나 해발 2,400m 이상의 고지에서 있는 경우 생길 수 있다.

2) 말초성 청색증

① 손가락 등의 신체의 말단 부위에 생기는 청색증

② 혈류의 순환 이상으로 혈류가 신체의 말초에 지체되어 있는 경우에 주로 발생

3) 심폐질환 증세의 하나로 위독한 질환의 예후를 나타내는 중요한 지표이다. 이 증세가 오래되는 경우 손가락 끝이 곤봉 모양으로 변하기도 한다.

문제 12 급속여과지 여과속도 향상방안

정답

1. 개요

급속여과는 물속에 존재하는 입자상의 물질을 응집약품으로 Floc을 형성하여 침강 · 제거한 후 나머지를 여과지에서 여과 · 제거하는 방법이다. 여과지 내에 유입된 미세플록은 여재입자에 물리 · 화학적 작용으로 부착되거나 플록 상호 간의 억류기작에 따라 비교적 대량의 부유물질을 제거할 수 있다. 그러나 용해성 물질의 제거능력은 거의 없으므로 용해성 물질의 종류와 농도에 따라서 고도정수시설이 더 필요하며, 굵은 여과모래를 사용하고 여과속도는 120~150m/d가 표준으로 대량의 물을 처리할 수 있는 방식이다.

2. 여과속도 향상방안

1) 조립심층 여과방식의 선택

① 단층여과에서 여재의 표면여과효과를 내부여과효과를 확대함

② 여재 입경분포 폭을 작게 하고 입도를 크게 한다.

③ 즉, L/D_e 1,000~2,000, 유효경 1.0mm 이상, 여층두께 110cm 이상하여 표층에서의 억류량층의 완화 및 여과층을 두껍게 함으로써 탁질 누출 지연

2) 다층여과 방식에 의한 여과방식

① 밀도가 다른 여러 여재를 이용하여 내부여과의 이용하는 방법

② 모래층 위에 안트라사이트 등를 넣은 이층여과로 모래에 비하여 입경이 크고 밀도가 작은 안트라사이트 층에서 탁질의 대부분을 억류하고 나머지를 모래층에서 억류기작에 따라 각각 분리하는 방식으로 여과 속도를 향상시킬수 있다.

문제 13 비회전도(N_s)와 Pump의 특성

정답

1. 비교회전도 개념

1개의 Impeller를 대상으로 형상과 운전상태를 동일하게 유지하면서 그 크기를 바꾸고 단위유량 1m³/min에서 단위양정 1m를 발생시킬 때 그 Impeller에 주어지는 회전수

2. 비교회전도 식

$$N_s = N \times \frac{Q^{\frac{1}{2}}}{H^{\frac{3}{4}}}$$

여기서, N : 회전속도(rpm)

Q : 토출량(m³/min)(양흡인 경우 한쪽의 유량을 취하여 $Q/2$로 한다.)

H : 전양정(m)(다단펌프인 경우 1단당 전양정으로 한다.)

3. N_s와 Pump의 특성

① N_s가 작아지면 Impeller의 폭도 작아지고 반대로 N_s가 커지면 Impeller의 폭도 커진다.

② 일반적으로 N_s가 작으면 유량이 적은 고양정 펌프로 되고, N_s가 크면 유량이 많은 저양정 펌프가 된다. 또한 유량 및 전양정이 동일하면 회전수가 클수록 N_s가 커진다.

③ 펌프의 형식과 비속도 N_s와의 관계는 다음과 같다.

형식		N_s(rpm, m³/min, m)
원심펌프	단단식 편흡입형	100~450
	단단식 양흡입형	100~750
	다단식	100~200
사류펌프	입축, 횡축	700~1,200
축류펌프	입축, 횡축	1,100~2,000

문제 01 수질관리에 있어서 수저퇴적물이 수생태계에 미치는 영향에 대하여 설명하시오.

정답

1. 개요

수저퇴적물은 육지로부터 유입되거나 내부적인 생·화학적 작용을 통해 호소, 하천, 하구, 바다 등의 바닥에 쌓이는 자갈, 모래, 점토, 유기물질, 광물질을 통칭한다. 이러한 퇴적물은 오래전부터 자연자원의 이용, 이수, 치수 및 수운과 관련된 측면에서 관리의 대상이 되어왔다. 즉, 건설 골재의 원료로 사용될 수 있는 모래, 자갈 등은 집중적인 채취의 대상으로, 수로 및 얕은 수심의 감소 원인이 되는 퇴적물은 원활한 수운을 위한 준설대상이 되어 왔으며, 하천 통수량의 확보를 위한 하천정비 또는 홍수통제 사업의 대부분도 하상퇴적물의 준설을 수반한다.

퇴적물과 관련된 이러한 전통적인 문제와 더불어 최근에는 환경적인 측면에서 퇴적물관리의 필요성이 크게 대두되고 있다. 이는 수저퇴적물이 수체(水體)와 함께 수생태계(水生態界)를 구성하는 기본적인 요소로 저서생물의 서식지를 제공하는 동시에 수체와 유기적으로 연결되어 있어 퇴적물에 축적된 각종 오염물질이 수생태계의 자연적인 순환과정을 통해 직·간접적으로 수질, 저서생물 및 야생생물에 여러 가지 악영향을 미치고 있다는 사실이 밝혀지고 있기 때문이다.

2. 수생태계에 미치는 영향

1) 어류의 산란 제한
과도한 세립자퇴적물이 쌓이게 되어 어류의 산란을 위한 자갈층을 덮어 산란을 저해

2) 퇴적물 유기물 산화에 의한 산소저감으로 수생생물의 생존에 영향
적정 산소가 공급되지 않으면 유기물 분해에 무산소환경이 형성되어 수생물에 영향

3) 퇴적물에 포함된 중금속 등 유해물질에 의한 수생태계 파괴
4) 먹이사슬에 의한 중금속 등의 생물농축 현상에 의한 수생생물 및 인류의 건강에 악영향
5) 퇴적물 유기물 분해와 동시에 질소, 인 등 영양염류의 수중 재용출로 조류 성장이 촉진되어 녹조현상 발생
6) 하천 및 호소에 퇴적된 토사에 의한 하천의 통수능 저해 및 호소의 저수량 저해 등

문제 02 오염지하수정화 업무처리지침(2019.4.24.)에서 제시된 오염된 지하수 정화를 위한 기본절차를 설명하시오.

정답

1. 목적

이 지침은 「지하수법」 제16조제2항 및 같은 법 시행령 제26조 및 「지하수의 수질보전 등에 관한 규칙」 제3조제1항에 따라 지방환경관서의 장 또는 지방자치단체의 장이 지하수를 오염시킨 자에 대한 오염원 지하수의 정화 등의 명령을 발령하고 명령의 이행여부를 확인함에 있어 필요한 사항을 정함으로써 지하수 환경 관리의 효율성을 제고함을 목적으로 한다.

2. 개요

지하수 오염 및 확산 범위, 오염원인에 대한 평가, 오염방지대책 및 오염 지하수의 정화 등에 관한 판단에 필요한 조사를 수행하고 그 결과를 분석·평가하며, 오염지하수정화사업 계획을 수립토록 한다.

3. 기본절차

1) 지하수오염평가는 아래의 항목·절차들이 고려·반영되어 실시되어야 한다.
   ① 개략적인 오염범위 추정을 위한 자료수집 및 현장조사
   ② 신규 관측정 설치를 통한 오염물질 분석, 수리지질조사 및 오염범위 분석
   ③ 지하수 유동특성 분석
   ④ 오염도 작성 및 오염물질 총량 추정
   ⑤ 시간경과에 따른 오염물질 거동 및 확산 예측
   ⑥ 오염원인 및 오염경로에 대한 평가
   ⑦ 오염된 지하수의 자연정화 가능성 평가

2) 오염지하수정화계획은 아래의 항목·절차들이 고려·반영되어 수립되어야 한다.
   ① 정화대상지역 선정   ② 정화방법 선정
   ③ 적용성 시험   ④ 오염지하수 정화목표
   ⑤ 정화사업의 규모   ⑥ 정화 사업기간
   ⑦ 소요사업비   ⑧ 재원조달방법
   ⑨ 비상대책

3) 지하수오염 확산방지대책 및 오염원에 대한 추가 오염방지대책을 실시토록 하며, 오염확산방지 대책은 지하수 오염이 확인된 즉시 시행되도록 하여 정화가 완료될 때까지 지속되도록 조치한다.

4) 지하수오염평가 및 오염지하수정화계획의 작성 및 수립은 지하수법에 따라 등록된 지하수조사전문기관, 지하수영향조사기관, 등록된 지하수정화업체가 하도록 한다.

문제 03 생물학적 산소요구량(BOD)에 대하여 아래 사항을 설명하시오.

1) 측정원리
2) 전처리 사유와 방법
3) 용어설명(원시료, 희석수, 식종액(접종액), 식종희석수, (식종)희석 검액)
4) 시험방법(단, 순간 산소요구량 조건은 고려하지 않음)

정답

1. 측정원리

BOD는 오수의 오염 정도, 특히 생물학적으로 분해 가능한 유기물질의 함량의 정도를 측정하는 실험법이다. 호기성 미생물은 수중의 유기물을 산화시켜 생활에 필요한 에너지를 얻기도 하고 새로운 세포를 합성하는 데 활용하기도 한다.

$$유기물 + O_2 \rightarrow CO_2 + H_2O(+새로운\ 세포)$$

물속에 유기물이 많다면 그 유기물을 산화시키는 데 소요되는 용존산소량도 많아질 것이다. 즉, 용존산소량의 변화를 측정함으로써 유기물의 양을 간접적으로 평가하는 방법이라 할 수 있다.

2. 전처리 사유와 방법

1) 산성 또는 알칼리성 시료

pH가 6.5~8.5의 범위를 벗어나는 산성 또는 알칼리성 시료는 염산용액(1M) 또는 수산화나트륨용액(1M)으로 시료를 중화하여 pH 7~7.2로 맞춘다. 다만, 이때 넣어 주는 염산 또는 수산화나트륨의 양이 시료량의 0.5%가 넘지 않도록 하여야 한다. pH가 조정된 시료는 반드시 식종을 실시한다. 이유는 미생물 활동을 위한 적정 pH 조정이다.

2) 잔류염소가 함유된 시료

가능한 한 염소소독 전에 시료를 채취한다. 그러나 잔류염소를 함유한 시료는 시료 100mL에 아자이드화나트륨 0.1g과 요오드화칼륨 1g을 넣고 흔들어 섞은 다음 염산을 넣어 산성으로 한다(약 pH 1). 유리된 요오드를 전분지시약을 사용하여 아황산나트륨용액(0.025N)으로 액의 색깔이 청색에서 무색으로 변화될 때까지 적정하여 얻은 아황산나트륨 용액(0.025N)의 소비된 부피(mL)를 남아 있는 시료의 양에 대응하여 넣어 준다. 일반적으로 잔류염소를 함유한 시료는 반드시 식종을 실시한다. 이유는 잔류염소에 의한 미생물의 살균을 방지하기 위함이다.

3) 과포화 용존산소의 경우 폭기

수온이 20℃ 이하일 때의 용존산소가 과포화되어 있을 경우에는 수온을 23~25℃로 상승시킨 이후에 15분간 통기하고 방치한 후 냉각하여 수온을 다시 20℃로 한다. 사유는 과량의 산소에 의한 DO 소비량 오차를 방지하기 위함이다.

4) 독성물질 포함 시료의 경우에는 미생물의 증식에 영향을 방지하기 위해서 그 독성을 제거한 후 식종을 실시한다.

3. 용어설명(원시료, 희석수, 식종액(접종액), 식종희석수, (식종)희석 검액)

1) 원시료

BOD를 측정하고자 하는 시료

2) 희석수

pH를 7.2로 유지하는 완충작용을 하고 세균증식에 필요한 무기영양소를 공급해 주기 위한 시료이다.

3) 식종액(접종액)

BOD 측정에 미생물이 부족할 경우에는 외부로부터 미생물을 접종시켜야 하며 그 접종액을 식종액이라 한다. 신선한 생하수를 20℃ 또는 실온에서 24~36시간 동안 방치한 상등액을 사용하며 식종액의 BOD는 미리 정량하여 측정결과의 보정에 사용한다.

4) 식종희석수

소독 및 살균 등으로 시료 중에 미생물이 존재하지 않을 경우 BOD 측정을 위해서 하천수 등을 식종액으로 하여 희석수를 제조한 것

5) 희석 검액

시료 중의 용존산소가 소비되는 산소의 양보다 적을 때에는 시료를 적당히 희석하여 실험에 사용하는데 이것을 희석 검액이라 한다.

4. 시험방법

1) 시료의 준비

시료(또는 전처리한 시료)의 예상 BOD값으로부터 단계적으로 희석배율을 정하여 3~5종의 희석시료 2개를 한 조로 조제한다. 예상 BOD값에 대한 사전경험이 없을 때에는 희석하여 시료를 조제한다. 오염 정도가 심한 공장폐수는 0.1~1.0%, 처리하지 않은 공장폐수와 침전된 하수는 1~5%, 처리하여 방류된 공장폐수는 5~25%, 오염된 하천수는 25~100%의 시료가 함유되도록 희석·조제한다.

2) 시료의 희석

BOD용 희석수 또는 BOD용 식종희석수를 사용하여 시료를 희석할 때에는 2L 부피실린더에 공기가 갇히지 않게 조심하면서 반만큼 채우고, 시료(또는 전처리한 시료) 적당량을 넣은 다음 BOD용 희석수 또는 식종 희석수로 희석배율에 맞는 눈금의 높이까지 채운다.

3) 5일간 배양

공기가 갇히지 않게 젖은 막대로 조심하면서 섞고 2개의 300mL BOD병에 완전히 채운 다음, 한 병은 마개를 꼭 닫아 물로 마개주위를 밀봉하여 BOD용 배양기에 넣고 어두운 상태에서 5일간 배양한다. 이때 온도는 20℃(항온)로 한다. 나머지 한 병은 15분간 방치 후에 희석된 시료 자체의 초기 용존산소를 측정하는 데 사용한다.

4) 용존 산소량 측정

같은 방법으로 미리 정해진 희석배율에 따라 몇 개의 희석시료를 조제하여 2개의 300mL BOD병에 완전히 채운 3)과 같이 실험한다. 처음의 희석시료 자체의 용존산소량과 20℃에서 5일간 배양할 때 소비된 용존산소의 양을 용존산소측정법에 따라 측정하여 구한다.

5) BOD 계산

5일 저장기간 동안 산소의 소비량이 40~70% 범위 안의 희석시료를 선택하여 초기용존산소량과 5일간 배양한 다음 남아 있는 용존산소량의 차로부터 BOD를 계산한다.

문제 04 수질오염물질의 배출허용기준 중 지역구분 적용에 대한 공통기준, 2020년 1월 1일부터 적용되는 배출허용기준(생물화학적 산소요구량, 화학적 산소요구량, 부유물질량만 제시) 및 공공폐수처리시설의 방류수 수질기준, 방류수 수질기준 적용대상지역에 대하여 설명하시오.

정답

1. 개요

배출허용기준이란 산업활동에서 물 이용자가 물을 다시 하천이나 호소로 되돌려 보낼 때 지켜야 되는 최소한의 법적 의무, 최대한의 법적 허용치이다. 환경기준달성을 위한 환경오염인자의 배출을 배출원에서 규제하는 것이다. 방류수 수질기준은 배출허용기준의 일종이며 공공기관성 또는 공동으로 오·폐수처리(종말)할 때의 최종 방류수 기준이다.

2. 배출허용기준(물환경보전법 시행규칙 34조 관련)

대상규모 항목 지역구분	1일 폐수배출량 2천 세제곱미터 이상			1일 폐수배출량 2천 세제곱미터 미만		
	생물화학적 산소요구량 (mg/L)	총유기 탄소량 (mg/L)	부유 물질량 (mg/L)	생물화학적 산소요구량 (mg/L)	총유기 탄소량 (mg/L)	부유 물질량 (mg/L)
청정지역	30 이하	25 이하	30 이하	40 이하	30 이하	40 이하
가지역	60 이하	40 이하	60 이하	80 이하	50 이하	80 이하
나지역	80 이하	50 이하	80 이하	120 이하	75 이하	120 이하
특례지역	30 이하	25 이하	30 이하	30 이하	25 이하	30 이하

비고 : 지역구분 적용에 대한 공통기준
  ① 청정지역 : 「환경정책기본법 시행령」에 따른 수질 및 수생태계 환경기준인 매우 좋음(Ⅰa) 등급 정도
    의 수질을 보전하여야 한다고 인정되는 수역의 수질에 영향을 미치는 지역으로서 환경부장관이 정하
    여 고시하는 지역
  ② 가지역 : 수질 및 수생태계 환경기준 좋음(Ⅰb), 약간 좋음(Ⅱ) 등급 정도의 수질을 보전하여야 한다
    고 인정되는 수역의 수질에 영향을 미치는 지역으로서 환경부장관이 정하여 고시하는 지역
  ③ 나지역 : 수질 및 수생태계 환경기준 보통(Ⅲ), 약간 나쁨(Ⅳ), 나쁨(Ⅴ) 등급 정도의 수질을 보전하여
    야 한다고 인정되는 수역의 수질에 영향을 미치는 지역으로서 환경부장관이 정하여 고시하는 지역
  ④ 특례지역 : 환경부장관이 법 제49조제3항에 따른 공동처리구역으로 지정하는 지역 및 시장ㆍ군수
    가 「산업입지 및 개발에 관한 법률」 제8조에 따라 지정하는 농공단지

3. 공공폐수처리시설의 방류수 수질기준(물환경보전법 12조 관련)

구분	수질기준			
	Ⅰ지역	Ⅱ지역	Ⅲ지역	Ⅳ지역
생물화학적 산소요구량(BOD) (mg/L)	10(10) 이하	10(10) 이하	10(10) 이하	10(10) 이하
총유기탄소량(TOC)(mg/L)	15(25) 이하	15(25) 이하	25(25) 이하	25(25) 이하
부유물질(SS)(mg/L)	10(10) 이하	10(10) 이하	10(10) 이하	10(10) 이하
총질소(T-N)(mg/L)	20(20) 이하	20(20) 이하	20(20) 이하	20(20) 이하
총인(T-P)(mg/L)	0.2(0.2) 이하	0.3(0.3) 이하	0.5(0.5) 이하	2(2) 이하
총대장균 군수(개/mL)	3,000(3,000) 이하	3,000(3,000) 이하	3,000(3,000) 이하	3,000(3,000) 이하
생태독성(TU)	1(1) 이하	1(1) 이하	1(1) 이하	1(1) 이하

※ 적용기간에 따른 수질기준란의 (   )는 농공단지 공공폐수처리시설의 방류수 수질기준을 말한다.

▼ 적용대상기준

구분	범위
Ⅰ지역	가. 「수도법」 제7조에 따라 지정 · 공고된 상수원보호구역 나. 「환경정책기본법」 제22조제1항에 따라 지정 · 고시된 특별대책지역 중 수질보전 특별대책지역으로 지정 · 고시된 지역 다. 「한강수계 상수원수질개선 및 주민지원 등에 관한 법률」 제4조제1항, 「낙동강수계 물관리 및 주민지원 등에 관한 법률」 제4조제1항, 「금강수계 물관리 및 주민지원 등에 관한 법률」 제4조제1항 및 「영산강 · 섬진강수계 물관리 및 주민지원 등에 관한 법률」 제4조제1항에 따라 각각 지정 · 고시된 수변구역 라. 「새만금사업 촉진을 위한 특별법」 제2조제1호에 따른 새만금사업지역으로 유입되는 하천이 있는 지역으로서 환경부장관이 정하여 고시하는 지역
Ⅱ지역	법 제22조제2항에 따라 고시된 중권역 중 생물화학적 산소요구량(BOD), 총유기탄소량(TOC) 또는 총인(T-P) 항목의 수치가 법 제10조의2제1항에 따른 물환경 목표기준을 초과하였거나 초과할 우려가 현저한 지역으로서 환경부장관이 정하여 고시하는 지역
Ⅲ지역	법 제22조제2항에 따라 고시된 중권역 중 한강 · 금강 · 낙동강 · 영산강 · 섬진강 수계에 포함되는 지역으로서 환경부장관이 정하여 고시하는 지역(Ⅰ지역 및 Ⅱ지역을 제외한다)
Ⅳ지역	Ⅰ지역, Ⅱ지역 및 Ⅲ지역을 제외한 지역

문제 05 소독공정에서 소독 적정성 판단(불활성비 산정), CT값 증가방법, 필요소독능(CT 요구값) 및 실제소독능(CT 계산값)에 대하여 설명하시오.

정답

1. 소독의 적정성 판단

1) 정수처리기준

① 정수처리기준은 바이러스, 지아디아 포낭, 크립토스포리디움 난포낭과 같이 소독성이 강한 병원성 미생물로부터 안전한 수돗물의 확보를 목적으로 한다.

② 정수처리를 통해 바이러스 99.99% 이상, 지아디아 포낭 99.9% 이상, 크립토스포리디움 난포낭 99% 이상을 제거하면 병원성 미생물로부터 안전성이 확보되었다고 본다.

2) 불활성비

① 불활성비란 병원 미생물이 소독에 의해서 사멸되는 비율을 나타내는 값으로 정수시설의 일정지점에서의 소독제 농도와 물과의 접촉시간 등을 측정, 평가하여 계산된 소독능값

(CT)과 대상 미생물을 불활성화하기 위해 이론적으로 요구되는 소독능값의 비를 말한다.

② 계산된 불활성화비 값이 1.0 이상이면 99.99%의 바이러스 및 99.9%의 지아디아 포낭의 불활성화가 이루어진 것으로 한다.

2. CT값 증가방법

1) 염소투입량 증가
약품농도를 높게 하여 C값을 크게 한다.

2) 정수장 도류벽 설치
도류벽은 유입·유출부의 속도를 감소시키고 정수지 내에 균일히게 유량을 분배하고 단락류를 방지함으로써 유효접촉시간을 연장할 수 있다.

3) 정수장 수위를 높게 유지
정수지 수위의 변화 폭이 수용가의 용수수요가 시간대별로 다른 이유에 기인하는데 이러한 이유로 소독제와 충분한 접촉이 이루어지지 않고 있다. 소독능 계산 시 최소 수위를 적용하고 대부분의 정수장에서는 정수지 시설규모의 일부 정도만 사용하고 있는 실정이므로 유출구의 위치를 상부로 조정하여 정수장 시설규모의 2/3 또는 3/4 정도로 활용하도록 한다.

3. 필요 소독능(CT 요구값)

1) 불활성화비 계산을 위한 소독능 요구값(CT 요구값) 산정방식은 다음과 같다.
① 표에서 측정된 pH와 온도범위에 해당하는 상한값을 찾은 후, 그 두 값을 직선화하여 측정된 pH와 온도에서의 소독능 요구값을 정한다.

② 일상적인 계산에 있어서는 소독능 산정의 편리 등을 위하여, 측정된 pH와 온도보다 낮은 온도 및 높은 pH를 찾은 후 그 값을 적용할 수 있다.

4. CT 계산값

CT 계산값 = 잔류소독제 농도(mg/L) × 소독제 접촉시간(분)

1) 잔류소독제 농도는 측정한 잔류소독제 농도값 중 최소값을 택한다.

2) 소독제와 물의 접촉시간은 1일 사용유량이 최대인 시간에 최초소독제 주입지점부터 정수지 유출지점까지 측정한다.
① 추적자시험을 통해 실제 소독제의 접촉시간을 측정하는 때에는 최초 소독제 주입지점에 투입된 추적자의 10%가 정수지 유출지점 또는 불활성화비의 값을 인정받는 지점으로 빠져나올 때까지의 시간을 접촉시간으로 한다.

② 이론적인 접촉시간을 이용할 경우는 정수지 구조에 따른 수리학적 체류시간(정수지 사용용

량/시간당 최대통과유량)에 장폭비에 따른 환산계수를 곱하여 소독제 접촉시간으로 한다.

▼ 바이러스 소독능 요구값 예(유리염소를 사용하는 경우)

온도(℃)	불활성화 정도					
	2 log		3 log		4 log	
	pH		pH		pH	
	6~9	10	6~9	10	6~9	10
0.5	6	45	9	66	12	90
5	4	30	6	44	8	60
10	3	22	4	33	6	45
15	2	15	3	22	4	30
20	1	11	2	16	3	22
25	1	7	1	11	2	15

※ 불활성비의 계산 $= \left(\dfrac{CT_{계산값}}{CT_{요구값}} \right)$ 값이 1.0 이상이면 99.99%의 바이러스 및 99.9%의 지아디아 포낭의 불활성화가 이루어진 것으로 한다.

문제 06 하수처리장 이차침전지에 대하여 아래 사항을 설명하시오.

1) 형상 및 구조	2) 정류설비	3) 유출설비
4) 슬러지 제거설비	5) 슬러지 배출설비	

정답

1. 개요

하수처리설비에서 침전지는 고형물입자를 침전 · 제거해서 하수를 정화하는 시설로서 대상 고형물에 따라 일차침전지와 이차침전지로 나눌 수 있다.

일차침전지는 1차 처리 및 생물학적 처리를 위한 예비처리의 역할을 수행하며, 이차침전지는 생물학적 처리에 의해 발생되는 슬러지와 처리수를 분리하고, 침전한 슬러지의 농축을 주목적으로 한다. 소규모 하수처리시설에서는 처리방식에 따라서 일차침전지를 생략할 수도 있다.

2. 형상 및 구조

1) 침전지의 형상 및 지수는 다음 사항을 고려하여 정한다.
   ① 형상은 원형, 직사각형 또는 정사각형으로 한다.
   ② 직사각형인 경우, 폭과 길이의 비는 1 : 3 이상으로 하고, 폭과 깊이의 비는 1 : 1~ 2.2

5 : 1 정도로, 폭은 슬러지수집기의 폭을 고려하여 정한다. 원형 및 정사각형의 경우, 폭과 깊이의 비는 6 : 1~12 : 1 정도로 한다.

2) 침전지의 구조는 다음 사항을 고려하여 정한다.

① 침전지는 수밀성 구조로 하며 부력에 대해서도 안전한 구조로 한다.

② 슬러지를 제거시키기 위해 슬러지수집기를 설치한다.

③ 슬러지수집기를 설치하는 경우의 침전지 바닥 기울기는 직사각형에서는 1/100~ 2/100으로, 원형 및 정사각형에서는 5/100~10/100으로 하고, 슬러지호퍼(Hopper)를 설치하며 그 측벽의 기울기는 60° 이상으로 한다.

3. 정류·설비

1) 직사각형 침전지와 같이 하수의 유입이 평행류인 경우에는 저류판 혹은 유공정류벽을 설치한다.

2) 원형 및 정사각형 침전지에서와 같이 하수의 유입이 방사류인 경우에는 유입구의 주변에 원통형 저류판을 설치한다.

4. 유출설비

1) 유출부분에는 월류위어와 스컴저류판(Scum Baffle), 스컴제거기를 설치한다.

2) 스컴저류판의 상단은 수면 위 10cm, 하단은 수면아래 30~40cm가량 되도록 설치한다.

3) 월류위어의 부하율은 일반적으로 190m³/m · d 이하로 한다.

4) 월류위어 및 위어수로에는 필요에 따라 조류증식 방지대책을 고려한다.

5. 슬러지 제거설비

슬러지 제거를 위한 수집기는 다음 사항을 고려하여 정한다.

1) 직사각형지의 경우에는 연쇄식, 주행사이펀식을 이용하는 것이 좋다.

2) 원형지 또는 정사각형지의 경우에는 회전식으로 한다.

3) 슬러지수집기의 속도는 침전된 슬러지가 교란되지 않을 정도로 한다.

6. 슬러지 배출설비

1) 슬러지를 배출하기 위해서는 수위차를 이용하거나 펌프 또는 주행사이펀을 사용한다.

2) 슬러지를 배출하기 위한 관은 주철관 또는 이와 동등 이상의 기능을 갖는 재질의 관이어야 하며 직경 150mm 이상으로 한다.

3) 배출관은 폐쇄되기 쉬우므로 배관에 특히 유의하며, 적당한 곳에 청소구를 설치한다.

수질관리기술사
제120회 | **3교시**

문제 01 해양오염에 있어서 미세플라스틱에 의한 영향을 설명하시오.

정답

1. 개요

1938년 뒤퐁사에서 나일론을 합성하여 스타킹을 만들기 시작하면서 합성수지의 사용이 폭발적으로 증가하였고, 그 후 100년이 되지 않은 기간 동안 플라스틱은 산업 전반에 걸쳐 우리 생활 모든 분야에 스며들어 편리함을 제공하고 있다. 플라스틱은 저렴한 가격과 가공의 편이성, 우수한 구조적 강도, 내구성, 단열성, 화학적 안정성, 탄성 등의 장점으로 일상생활에서 사용하는 포장재, 교통, 건축 및 건설, 전자전기, 소비재, 산업용 기계 직물 등으로 활용되고 있다.

플라스틱의 소비는 매년 급격하게 증가하고 있으며, 2012년 전 세계 플라스틱 생산량은 2억 8천톤으로 지난 60년 사이 170배가 증가하여, 현재 추세로 2050년에는 그 누적량이 330억 톤에 이를 것으로 전망하고 있다. 1년에 해양에 유입되는 플라스틱 쓰레기는 480만~1,270만 톤으로 해양 고체 오염물질 총량의 60~80%를 차지한다. 이러한 속도라면 2050년에는 바다에 물고기보다 플라스틱이 더 많아질 수 있을 것이라는 예측이 나오고 있다.

2. 미세플라스틱의 종류

미세플라스틱은 5mm 이하의 플라스틱을 뜻하며, 예상되는 발생원에 따라 1차 미세플라스틱과 2차 미세플라스틱으로 구분할 수 있다. 1차 미세플라스틱은 생산 당시부터 의도적으로 작게 만들어지는 플라스틱으로, 지난 수십 년간 화장품, 공업용 연마제, 치약, 청소용품, 세제, 전신 각질제거제, 세안제 등에 사용되어 왔다. 또한 다양한 종류의 플라스틱 제품을 생산하기 위하여 전 단계 원료로 사용되는 레진 펠릿(Resin Pellet)을 포함한다.

2차 미세플라스틱은 생산될 때는 크기가 그보다 컸지만, 이후 플라스틱이 사용·소모·폐기되는 과정에서 인위적으로 또는 자연적으로 미세화된 플라스틱을 말한다. 2차 미세플라스틱은 물리적인 힘뿐 아니라 빛과 같은 광화학적 프로세스에 의해서도 발생할 수 있다.

3. 1, 2차 미세플라스틱 먹이연세 과정모식도

1차 미세플라스틱은 너무 작아 하수처리시설에서 걸러지지 않고 그대로 바다와 강으로 유입되어 바다로 흘러든다. 2차로 생성된 미세플라스틱은 환경을 파괴할 뿐 아니라 그것을 먹이로 오인하여 먹은 생물을 인간이 섭취하면서 인간의 신체에도 영향을 끼친다.

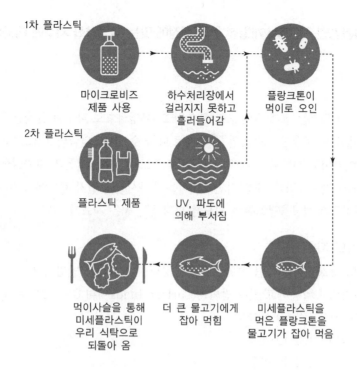

1차 플라스틱
마이크로비즈
제품 사용

하수처리장에서
걸러지지 못하고
흘러들어감

플랑크톤이
먹이로 오인

2차 플라스틱
플라스틱 제품

UV, 파도에
의해 부서짐

먹이사슬을 통해
미세플라스틱이
우리 식탁으로
되돌아 옴

더 큰 물고기에게
잡아 먹힘

미세플라스틱을
먹은 플랑크톤을
물고기가 잡아 먹음

4. 영향

① 생물 농축에 의한 해양생물 및 인간 건강에 악영향

미세플라스틱 내 자체 유해화학물질이 생체 내에 흡입 · 섭취 · 흡수되면, 체내에서 축적 및
농축되어, 해양생물, 인간뿐만 아니라 지구 생태계에 큰 문제를 일으킴

② 해양 수자원의 기능 감소

천연소금에서 플라스틱 성분 검출 등 인간 건강생활에 지장

5. 대책

① 일상생활에서 미세플라스틱 제품 사용 자제

② 플라스틱 제품의 재활용

③ 플라스틱 재료를 분해성이 큰 생물성 재료로 변경 등

문제 02 국립환경연구원에서 개발한 한국 실정에 맞는 부영양화 지수에 대하여 설명하시오.

정답

1. 개요

호소의 부영양화 평가는 크게 빈영양호, 중영양호, 부영양호로 나누는 단계별 구분법과 부영양화 지수를 사용하는 정량적인 방법의 두 가지로 나눌 수 있다. 외국의 호소 연구는 주로 자연호를 대상으로 이루어졌으며 호소 유기물의 근원을 주로 식물플랑크톤의 일차생산에 의해 공급되는 내부기원으로 간주하였다. 또한 자연호에서는 체류시간이 길기 때문에 무기부유물질이 적으며 따라서 투명도가 식물플랑크톤의 밀도를 나타내는 좋은 지표가 된다.

2. 부영양화평가도 지수

1) 영양물질의 상호관계를 종합하여 부영양화 상태를 평가하는 방법이다.

2) 가장 보편적으로 활용하고 있는 방법은 Carlson Index이며 0~100으로 표시한다
   ① 부영화상태 : TSI 50 이상
   ② 중영양상태 : TSI 40~50
   ③ 빈영양상태 : TSI 40 이하

3) Carlson(1977)은 투명도와 엽록소 a 농도와의 관계, 엽록소 a 농도와 총인 농도와의 관계를 서로 관련지어 투명도를 기준으로 하는 연속적인 부영양화도 지수를 개발하였다.

$$TSI(SD) = 10\left(6 - \frac{\ln(SD)}{\ln 2}\right)$$

$$SD = \frac{\ln\left(\dfrac{I_t}{I_o}\right)}{\sigma_D + \sigma_P \times C_P}$$

$$TSI(Chl - a) = 10\left(6 - \frac{2.04 - 0.68\ln(C_P)}{\ln 2}\right)$$

$$TSI(T - P) = 10\left(6 - \frac{\ln(48/C_{TP})}{\ln 2}\right)$$

여기서, SD : 투명도(Secchi Depth)

I_t : 투명도에 대응하는 일정 수심에서의 빛의 강도

I_o : 수면에서의 빛의 강도

σ_D : 물과 용존물질에 의한 빛의 감쇄계수

σ_P : 식물 플랑크톤에 의한 빛의 감쇄계수

C_P : 식물 플랑크톤($chl - a$)의 농도(mg/m^3)

C_{TP} : 총인의 농도(mg/m^3)

3. 한국형 평가지수

1) 평가기준

① 빈영양 : 30 미만

② 중영양 : 30~50 미만

③ 부영양 : 50~70 미만

④ 과영양 : 70 이상

$$종합 = 0.5TSI_{KO}(COD) + 0.25TSI_{KO}(Chl-a) + 0.25TSI_{KO}(T-P)$$

- $TSI_{KO}(COD) = 5.8 + 64.4log(COD\ mg/L)$
- $TSI_{KO}(Chl-a) = 12.2 + 38.6log(Chl-a\ mg/m^3)$
- $TSI_{KO}(T-P) = 114.6 + 43.3log(TP\ mg/L)$

＊ 지수 산정에 사용되는 개별 항목의 오염도는 연간산술평균값으로 한다.

＊ TSI_{KO}(Trophic State Index of Korea) : 한국형 부영양화 지수

4. 한국형 부영양화지수의 의의

우리나라는 인공호가 대부분이며 난분해성 외부기원 유기물이 크므로 COD가 가장 큰 핵심항목이 되었다. 다음으로 부영양화에 따른 내부성 유기물, 즉 조류의 일차 생산력 증가를 지표하는 Chl-a가 중요한 지표가 되었으며 조류 성장의 원인이 되는 인자로서 TP가 평가항목으로 선정되었다고 할 수 있다.

문제 03 수처리 공법 중 부상분리법에 대하여 다음을 설명하시오.

1) 부상분리법의 개요
2) 중력침강법에 대한 부상분리법의 장단점
3) 부상분리법의 종류
4) 부상지의 설계 시 고려사항

정답

1. 부상분리법의 개요

부상분리조는 비중이 작은 부유물질에 기포를 부착시켜 겉보기비중을 작게 함으로써 고액분리하는 처리시설이다.

2. 중력침강법에 대한 부상분리법의 장단점

1) 장점

① 부유물질의 성질에 따라 다르나 중력침전의 침전속도에 비해 부상속도가 크다.

② 처리물질이나 처리목적에 따라 약품 첨가를 하지 않아도 비교적 높은 처리효율을 얻을 수 있는 경우가 있다.

③ 처리장의 크기, 소요면적 및 체류시간을 줄일 수 있다.

④ 분리된 고형물은 스컴이지만 중력침전법에 비해서 함수율이 작다.

2) 단점

① 폐수의 수질변동에 의해 처리효과가 일정하게 유지되기 어렵고 상당히 많은 차이를 보이는 경우가 많다.

② 처리수의 수질이 일반적으로 중력침전법에 비해 나쁘다.

3. 부상분리법의 종류

1) 공기부상분리법

폐수 내에 다량의 공기를 유입시켜 미세기포($10^3\,\mu m$ 정도)를 발생시킨 후 기포와 입자를 상호 접촉시킨 후 기포 주변에 입자를 부착하여 부상 가능 물질을 제거한다. 따라서 입자는 안정하고 소수성이 큰 것이어야 한다. 공기 유압방법에는 산기장치법 및 에어리프트법이 있다. 또한 교반방법으로는 임펠러를 이용한 기계 교반법 및 산기장치를 이용한 유체압 이용법 등이 있다.

2) 용존공기부상법

폐수 중에 용존해 있거나 강제적으로 용존시킨 공기의 압력을 변화시켜 미세형기포($10^3\,\mu m$ 이하)를 발생시키거나 물리 · 화학적인 방법으로 폐수 중에 기포를 발생시켜 부상 가능물질을 제거한다. 이러한 경우 비교적 큰 입자 주변에 기포를 부착함으로써 겉보기비중을 감소시킨다. 또한 입자를 미리 응집시켜 그중에 기포를 부착시킬 수도 있다.

용존공기부상법의 경우 어느 정도 소수성이면 기포는 입자를 핵으로 해서 부착하기 때문에 공기부상법의 경우처럼 유입된 공기와 입자의 부착문제 및 충돌을 위한 교반문제가 없고 비교적 쉽게 부유시킬 수 있고 거품이 생성하지 않는 경우가 많다. 이 때문에 산업폐수처리에서는 용존공기부상법이 유리하다.

4. 부상지의 설계 시 고려사항

1) 가압부상방식

가압방법으로는 폐수의 전체를 가압하는 방법(전량가압법), 폐수의 일부를 가압하는 방법(부분가압법) 및 처리수의 일부를 반송가압하는 방법(순환수가압법)이 있다. 유분을 함유한 폐수와 같이 배관이나 시설내부에 부착할 우려가 많은 것 또는 플록이 파괴되기 쉬운 경우에는 처리수의 일부를 반송가압해서 순환하는 방법이 좋다. 처리수의 일부를 반송가압하는 경우의 장점은 용존성 고형물의 감소로 공기의 용해도가 증가하게 되고 부유물질의 농도가 감소하여 유지관리의 문제가 줄어들게 된다.

2) 가압압력

가압하는 압력을 증가시켜도 처리효율이 좋아진다고는 할 수 없다. 특히, 응집성 고형물에서는 고압일 때에 플록이 파괴되는 경우가 있다. 가압은 2~5kg/cm² 정도일 때가 가장 효과적이라고 알려져 있다.

3) 소요수면적

소요수면적은 처리수량(m³/h)을 입자상승속도(m/h)로 나누어서 구한다. 상승속도는 다음과 같다.

$$V_t = \frac{g(\rho_w - \rho_o)}{18\mu} \times d^2$$

일반적으로 상승속도는 0.008~0.16m³/m²/min 정도이나 유입수 성상에 따라 다르다.

4) 체류시간과 수심

고액분리를 목적으로 가압부상분리설비를 이용하는 경우에는 20~30분의 체류시간이 적당하다. 유효수심은 부상속도와 체류시간으로 구한다.

유분이 고농도로 농축되어 있는 경우에는 체류시간을 늘려야 하며 부유물질의 농도가 0.5% 이하일 때 처리효율이 좋다. 또한 부상부분의 깊이는 1.8m 정도가 적당하다.

5) 공기량 대 고형물량의 최적비(A/S비)

부상을 위한 시설을 설계하는 경우 이것에 관계된 여러 가지 변수를 평가하기 위해서 공기 대 고형물의 비로 나타낸 무차원수 A/S비를 이용하는 것이 편리하다. A/S비는 가압수에서 방출된 공기의 중량과 처리된 고형물량으로 나눈 것으로 소요공기량의 결정에 이용된다.

$$\frac{A}{S} = \frac{K \cdot C_a(f \cdot P - 1)R}{S_a \cdot Q}$$

여기서, K : 상수($= \frac{273}{273+t} \times 1.293$, t : 온도(℃))

C_a : 1기압하, t℃의 물에 대한 공기의 용해도(cm³/L)

P : 가압되는 압력(atm)

f : 압력 P에서의 용존공기분율

R : 가압수 반송량(m³/hr)

S_a : 함유고형물농도(유분농도 등)(mg/L)

Q : 유입유량(m³)

문제 04 폭기조 반응형태 중 Plug Flow, Complete Mix, Step Aeration 공정에 대하여 다음을 설명하시오.

> 1) 각 공정의 특징 및 공정도
> 2) 조 길이에 따른 산소농도 분포
> 3) 조 길이에 따른 BOD 농도 분포

정답

1. 각 공정의 특징 및 공정도

1) Plug Flow

  ① 유체입자는 도입 순서대로 반응기를 거쳐 유출된다.

  ② 지체시간과 이론적 체류시간은 동일하다.

  ③ 길이 방향의 분산은 최소이거나 없는 상태이다.

  ④ 생물반응조의 경우 길이에 따른 생물학적 환경조건이 변하고 기질은 입구에서 과부하, 출구는 내호흡 수준까지 낮아진다. 충격부하, 부하변동, 독성물질 등에 취약하다.

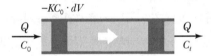

2) Complete Mix

  ① 유입하는 액체는 반응조 내에서 즉시 완전혼합되며 균등하게 분산된다.

  ② 유입한 액체의 일부는 즉시 유출되고, 입자는 통계적 모집단에 비례하여 유출된다.

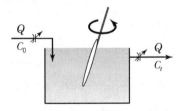

3) Step Aeration

  ① 유입하수를 분산식으로 여러 곳으로 유입시켜 BOD 부하를 균일하게 하는 방식이다.

  ② 분산식 유입길이는 포기조 전체 길이의 50~60%에서 이루어지며 포기식은 산기식을 많이 이용한다.

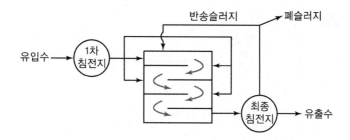

2. 조 길이에 따른 산소농도 분포

1) Plug Flow

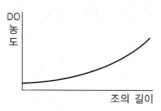

2) Complete Mix

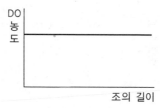

3) Step Aeration

3. 조 길이에 따른 BOD 농도 분포

1) Plug Flow

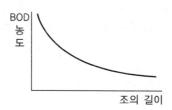

2) Complete Mix

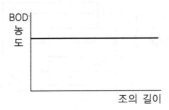

3) Step Aeration

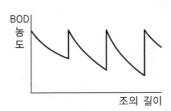

문제 05 정수장 혼화 · 응집공정에서 다음 사항을 설명하시오.

1) 응집공정의 목표 및 검토항목
2) 처리 효율에 영향을 미치는 인자
3) 공정 개선방안

정답

1. 응집공정의 목표 및 검토항목

원수의 탁질 중에서 입경이 10^{-2}mm 이상인 것은 보통침전이나 여과로 제거가 가능하지만, 입경이 10^{-3}mm(1μm) 이하가 되면 일반적으로 콜로이드입자라고 총칭하며 그대로의 상태로는 거의 침강되지 않을 뿐더러 급속여과기구에서도 포착되지 않는다.

따라서 급속여과방식에서는 이와 같은 탁질을 효과적으로 제거하기 위한 전처리로서 응집조작으로 콜로이드상의 탁질을 플록화하여 약품침전이나 급속여과에서 포착되도록 탁질의 성상을 변화시켜 양호한 플록을 효과적으로 형성시키는 것이 응집의 목표이다.

혼화의 목적은 응집제를 단시간 내에 골고루 확산시키는 점을 검토하고, 응집에서는 급속혼화로 생성된 미소플록을 침강이 잘 되도록 크고 무거우며 견고하게 형성되도록 교반강도 및 체류시간을 잘 검토해야 된다.

2. 처리 효율에 영향을 미치는 인자

1) 교반의 영향

입자끼리 충돌횟수가 많고, 입자농도가 높으며, 입자의 크기가 불균일할수록 응집효과가 좋음

2) pH

응집제의 종류에 따라 최적 pH에 따른 처리효율 변화

3) 수온

수온이 높으면 반응속도 증가 및 물의 점도저하로 응집제의 화학반응이 촉진되고, 수온이 낮으면 Floc 형성시간이 길고, 응집제 사용량도 많아진다.

4) 알칼리도

고알칼리도가 많은 Floc 형성에 도움 및 pH에 영향을 줌

5) 응집제 종류 및 투여량

응집제 종류와 투여량에 따라 영향을 받는다.

3. 공정 개선방안

1) 응집 효율의 물리·화학적 인자 중 중요한 요인으로는 응집제 주입량, 응집제 종류 및 갑작스런 원수 수질의 변화가 있다. 응집제 주입량 결정은 Jar test 후 상징수의 탁도를 기준으로 최적 응집제 주입량을 결정하고 있다. 하지만 최근에 소독부산물이나 미량 유해물질 그리고 심미적인 물질들에 대한 관심이 높아지면서 이제는 더 이상 탁도 위주의 정수처리로는 국민의 욕구에 부응하기 점차 어려워지고 있다. 따라서 용존 유기물질과 같은 미량 유해물질 제거효율을 향상시켜야 한다. 또한 SCD나 on-line 입자입도분석기와 같은 장치를 이용해 응집제 주입량과 정수의 수질변화를 연속 관찰하여 원수의 수질변화에 능동적으로 대처하여야 한다.

2) 공정의 설계나 적정 운영인자를 찾기 위해서는 교반강도 및 체류시간 각각의 변화에 따른 Floc의 형성효율 및 응집제 투입량에 따른 변화, 처리 원수의 수온 변화에 의한 영향 등을 고려하여 결정해야 한다. 특히 주의할 점은 정수장마다 유입원수의 수질과 혼화방법, 응집방법이 다르기 때문에 실제 현장의 처리원수에 대한 직접실험을 통해 교반강도와 체류시간을 결정해야 한다는 것이다. 또한 설계나 시설개선과 같이 구조물을 변경할 때는 반드시 Pilot Plant 등의 운전을 통해 운전조건을 도출해야 하며 실험에 의하여 운전조건이 결정되어도 수질변화가 심하거나 처리수의 악화가 예상되면 응집지(플록 형성지)의 운전조건을 재실험하여 운전조건을 변경해 주어야 한다.

3) 응집공정의 설계 및 유지관리에서 중요한 점은 단회로 방지이다. 단회로 방지를 위해 주로 응집지의 임펠러 구조와 응집지와 임펠러와의 구조적 위치 및 형상에 주안점을 두고 기술개발을 하고 있다. 선진 외국의 경우 이러한 목적을 달성하기 위하여 많은 연구가 수행되었고 실제 정수장에 도입·운영되고 있다.

단회로를 방지하기 위해서는 수평식 응집지의 경우 흐름의 직각 방향으로 임펠러를 설치하는 것보다는 흐름 방향으로 임펠러를 설치하는 것이 유리하며 Floc 파괴를 방지하기 위해서는 수평식보다는 수직식이 유리하다.

문제 06 정수처리 막여과(Membrane Filtration)에 대하여 다음 사항을 설명하시오.

1) 막여과의 정의 및 필요성
2) 일반정수처리 공정과 비교한 막여과의 장단점
3) 막여과방식(Dead End Flow, Cross Flow)
4) 막의 열화와 파울링
5) 막 종류

정답

1. 막여과의 정의 및 필요성

1) 정의

정수처리 막여과란 막을 여과재로 사용하여 물을 통과시켜서 원수 속의 불순한 물질을 분리 · 제거하고 깨끗한 여과수를 얻는 정수방법을 말한다.

2) 필요성

수도기술자의 부족으로 유지관리가 쉬운 기술, 원수수질의 악화로 인해 안정성이 높은 정수처리기술, 용지부족으로 콤팩트한 설비, 응집제 첨가에 의한 슬러지 폐기문제로 인해 응집제 주입 저감기술, 건설공기의 장기화로 인해 Pre-Fab(조립) 기술 등의 필요성이 증대되고 있으며, 이에 대한 막여과 기술의 도입으로 이러한 문제점들을 어느 정도 해결할 수 있다.

2. 일반정수처리 공정과 비교한 막여과의 장단점

1) 막을 여재로 하는 여과공법이고 막 모듈의 결합으로 구성되어 있어서 설비증설이 간단하다.
2) 응집침전 모래여과가 불필요
3) 좁은 부지면적
4) 유지관리 용이 : 무인화 자동 운전 가능
5) 오염(Fouling)에 의한 Flux 저하
6) Cryptosporidium, Giardia 등 세균 제거 가능

3. 막여과방식 (Dead End Flow, Cross Flow)

1) 전량여과방식(Dead-End Flow)
① 공급수 전량을 여과하는 방식
② 막면에 대해 직각흐름을 만들어 종래의 모래여과와 같이 막 공급수의 전량을 여과하는 방식

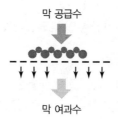

2) 십자류여과(Cross-Flow)
막면에 대하여 평형으로 물의 흐름을 만들어 현탁물질이나 콜로이드물질이 막면에 퇴적하는
것을 억제하여 여과하는 방식

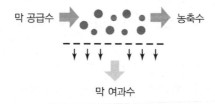

4. 막의 열화와 파울링

1) 막의 열화 : 막 자체의 비가역적인 변질로 생기는 성능변화로 성능이 회복되지 않는다.
① 물리적 열화 : 압력에 의한 크립(Creep)변형, 손상
② 화학적 열화 : 가수분해, 산화
③ 생물열화(Bio-Fouling) : 미생물로 자화(資化)

2) 막의 파울링 : 막 자체의 변화가 아니라 외적 요인으로 막의 성능이 변화되는 것으로, 그 원
인에 따라서는 세척함으로써 성능이 회복될 수 있다.

5. 막 종류

1) 정밀여과법(MF ; Microfiltration)
① 정밀여과 막모듈을 이용하여 부유물질이나 원충, 세균, 바이러스 등을 체가름원리에 따
라 입자의 크기로 분리하는 여과법을 말한다.
② 고분자재료 등에 다공성(고분자물질 – 입자물질 크기)을 가진 막모듈, 펌프, 제어설비 등
으로 구성되어 탁질 등을 제거한다.
③ 모래여과를 대체하는 정수처리 공정으로 도입되었다.

2) 한외여과법(UF ; Ultrafiltration)

① 한외여과 막모듈을 이용하여 부유물질이나 원충, 세균, 바이러스, 고분자물질 등을 체가름원리에 따라 분자의 크기로 분리하는 여과법을 말한다.

② 고분자재료 등에 다공성(고분자물질 – 입자물질 크기)을 가진 막모듈, 펌프, 제어설비 등으로 구성되어 탁질 등을 제거한다.

③ 모래여과를 대체하는 정수처리공정으로 도입되었다.

3) 나노여과법(NF ; Nanofiltration)

① 나노여과 막모듈을 이용하여 이온, 저분자물질 등을 제거하는 여과법을 말한다

② 분자량 수백 크기의 물질을 제거할 수 있는 설비로 막모듈, 펌프 및 제어설비로 구성된다.

③ 질산성 질소, 맛·냄새물질 등의 제거로 정수공정의 오존·활성탄 공정의 역할을 대체할 수 있다.

④ 반드시 전처리 공정으로 탁질제거 공정(UF/MF, 모래여과)을 도입해야 한다.

4) 역삼투법(RO ; Reverse Osmosis)

① 물은 통과하지만 이온은 통과하지 않는 역삼투 막모듈을 이용하여 이온물질을 제거하는 여과법을 말한다.

② 미량오염물질을 제거할 수 있는 막모듈, 펌프, 제어설비 등으로 구성된다.

③ 역삼투 공정에 반드시 탁질제거 전처리 공정을 도입해야 한다.

5) 해수담수화 역삼투법(해수담수화 RO ; Seawater Desalting Reverse Osmosis)

① 물은 통과하지만 이온은 통과하지 않는 역삼투 막모듈을 이용하여 해수 중의 염분을 제거하는 여과법을 말한다.

② 해수 중에 포함된 염분을 99% 이상 제거할 수 있는 막모듈 및 고압펌프, 제어설비 등으로 구성된다.

③ 해수담수화 공정에 반드시 탁질제거 전처리공정을 도입해야 한다.

문제 01 상수원보호구역에 있어서 허가 및 제한되는 행위에 대하여 설명하시오.

정답

1. 개요

상수원보호구역은 상수원의 확보와 수질 보전을 위하여 도입된 제도로서 「수도법」에 의한 상수원보호구역과 금강·낙동강·영산강·섬진강수계 물관리 관계 법령에 의한 상수원보호구역으로 구분된다.

2. 상수원보호구역 지정 조건

「수도법」에 의한 상수원보호구역은 환경부장관이 취수시설이 설치되어 있거나 설치될 예정인 지역에서 지정하며, 취수원(하천수, 복류수(伏流水), 호소수(湖沼水), 지하수)별 지정기준은 다음과 같다.

1) 상수원관리규칙에 의한 기준

　① 하천수와 복류수의 경우 : 취수지점을 기점으로 유하거리 4km를 표준거리로 하되, 수질오염상태, 취수량, 취수비율, 주변지역의 개발잠재력 등을 고려하여 표준거리를 가감할 수 있다. 이 경우 보호구역의 폭은 집수구역으로 하되 집수구역 중 빗물, 오수나 폐수가 제방 등에 의하여 상수원으로 직접 유입되지 아니하는 지역의 경우는 제외한다.

　② 호소수의 경우 : 하천수나 복류수의 경우와 같은 기준에 따라 지정하되 상수원전용댐, 1일 취수량 10만 톤 이상의 상수원, 그 밖에 지역의 특성상 필요하다고 인정되는 호소는 표준거리의 산정기점을 호소의 만수위선으로 한다. 이 경우 만수위구역에서 유하거리가 10km를 초과하고, 집수구역의 면적이 150km²를 초과하면 취수지점에서 유하거리 10km를 초과하는 지역에 대해서는 지역특성을 고려하여 폭을 따로 정할 수 있다.

　③ 지하수와 강변여과수의 경우 : 취수지점을 기점으로 지하수는 반경 200m(심층지하수의 경우는 반경 20m), 강변여과수는 유하거리 2km를 표준거리로 하되, 취수지점을 기점으로 지하 깊이, 수질, 취수량, 인접지역의 토지이용상태, 토양의 투수계수(透水係數), 지층의 구조, 지하수맥 등을 고려하여 지정한다.

2) 금강·낙동강·영산강·섬진강수계 물관리 관계 법령에 의한 상수원보호구역은 시·도지사가 취수시설(광역상수도 및 지방상수도의 취수시설만 해당)에서 취수하는 원수의 연평균

수질이 다음의 기준에 미달하면 그 취수시설의 상류 집수구역 중 「수도법」에 의한 상수원보호구역 지정기준에 해당하는 지역을 「수도법」에도 불구하고 상수원보호구역으로 지정하며, 상수원보호구역이 지정·공고된 경우에는 「수도법」에 따라 지정·공고된 것으로 본다.

① 하천인 경우 : 생물화학적 산소요구량이 리터당 1mg 이하
② 호소인 경우 : 총유기탄소량이 리터당 2mg 이하

3. 허가 및 제한되는 행위

1) 「물환경보전법」 제2조제7호 및 제8호에 따른 수질오염물질·특정수질유해물질, 「화학물질관리법」 제2조제7호에 따른 유해화학물질, 「농약관리법」 제2조제1호에 따른 농약, 「폐기물관리법」 제2조제1호에 따른 폐기물, 「하수도법」 제2조제1호·제2호에 따른 오수·분뇨 또는 는 「가축분뇨의 관리 및 이용에 관한 법률」 제2조제2호에 따른 가축분뇨를 사용하거나 버리는 행위

2) 그 밖에 상수원을 오염시킬 명백한 위험이 있는 행위로서 대통령령으로 정하는 금지행위
① 가축을 놓아기르는 행위
② 수영·목욕·세탁·선박운항(수질정화활동, 수질 및 수생태계 조사 등 환경부령으로 정하는 바에 따라 선박을 운항하는 경우는 제외한다) 또는 수면을 이용한 레저행위
③ 행락·야영 또는 야외 취사행위
④ 어패류를 잡거나 양식하는 행위. 다만, 환경부령으로 정하는 자가 하는 환경부령으로 정하는 어로행위는 제외한다.
⑤ 자동차를 세차하는 행위
⑥ 「하천법」 제2조제2호에 따른 하천구역에 해당하는 지역에서 농작물을 경작하는 행위

3) 지정·공고된 상수원보호구역에서 다음 각 호의 어느 하나에 해당하는 행위를 하려는 자는 관할 특별자치시장·특별자치도지사·시장·군수·구청장의 허가를 받아야 한다. 다만, 대통령령으로 정하는 경미한 행위인 경우에는 신고하여야 한다.
① 건축물, 그 밖의 공작물의 신축·증축·개축·재축(再築)·이전·용도변경 또는 제거
② 입목(立木) 및 대나무의 재배 또는 벌채
③ 토지의 굴착·성토(盛土), 그 밖에 토지의 형질변경

문제 02 물 관련 법에서 제시된 마시는 물의 종류를 열거하고 각 물에 대한 미생물 수질기준을 설명하시오.

정답

1. 마시는 물의 종류

"먹는물"이란 먹는 데에 통상 사용하는 자연 상태의 물, 자연 상태의 물을 먹기에 적합하도록 처리한 수돗물, 먹는샘물, 먹는염지하수(鹽地下水), 먹는해양심층수(海洋深層水) 등을 말한다.

① 수돗물은 강이나 호수의 물을 우리가 사용할 수 있도록 정수시설을 통해서 깨끗하게 만든 물을 말한다. 수질기준에 대한 구체적 사항은 '먹는물 수질기준 및 검사 등에 관한 규칙'으로 정하고 있다.

② "샘물"이란 암반대수층(岩盤帶水層) 안의 지하수 또는 용천수 등 수질의 안전성을 계속 유지할 수 있는 자연 상태의 깨끗한 물을 먹는 용도로 사용할 원수(原水)를 말한다.

③ "먹는샘물"이란 샘물을 먹기에 적합하도록 물리적으로 처리하는 등의 방법으로 제조한 물을 말한다.

④ "염지하수"란 물속에 녹아 있는 염분(鹽分) 등의 함량(含量)이 환경부령으로 정하는 기준 이상인 암반대수층 안의 지하수로서 수질의 안전성을 계속 유지할 수 있는 자연 상태의 물을 먹는 용도로 사용할 원수를 말한다.

⑤ "먹는염지하수"란 염지하수를 먹기에 적합하도록 물리적으로 처리하는 등의 방법으로 제조한 물을 말한다.

⑥ "먹는해양심층수"란 「해양심층수의 개발 및 관리에 관한 법률」 제2조제1호에 따른 해양심층수를 먹는 데 적합하도록 물리적으로 처리하는 등의 방법으로 제조한 물을 말한다.

2. 각 물의 미생물 수질기준

① 일반세균은 1mL 중 100CFU(Colony Forming Unit)를 넘지 아니할 것. 다만, 샘물 및 염지하수의 경우에는 저온일반세균은 20CFU/mL, 중온일반세균은 5CFU/mL를 넘지 아니하여야 하며, 먹는샘물, 먹는염지하수 및 먹는해양심층수의 경우에는 병에 넣은 후 4℃를 유지한 상태에서 12시간 이내에 검사하여 저온일반세균은 100CFU/mL, 중온일반세균은 20CFU/mL를 넘지 아니할 것

② 총 대장균군은 100mL(샘물·먹는샘물, 염지하수·먹는염지하수 및 먹는해양심층수의 경우에는 250mL)에서 검출되지 아니할 것. 다만, 제4조제1항제1호나목 및 다목에 따라 매월 또는 매 분기 실시하는 총 대장균군의 수질검사 시료(試料) 수가 20개 이상인 정수시설의 경우에는 검출된 시료 수가 5퍼센트를 초과하지 아니하여야 한다.

③ 대장균·분원성 대장균군은 100mL에서 검출되지 아니할 것. 다만, 샘물·먹는샘물, 염지

하수 · 먹는염지하수 및 먹는해양심층수의 경우에는 적용하지 아니한다.

④ 분원성 연쇄상구균 · 녹농균 · 살모넬라 및 쉬겔라는 250mL에서 검출되지 아니할 것(샘물 · 먹는샘물, 염지하수 · 먹는염지하수 및 먹는해양심층수의 경우에만 적용한다)

⑤ 아황산환원혐기성포자형성균은 50mL에서 검출되지 아니할 것(샘물 · 먹는샘물, 염지하수 · 먹는염지하수 및 먹는해양심층수의 경우에만 적용한다)

⑥ 여시니아균은 2L에서 검출되지 아니할 것(먹는물 공동시설의 물의 경우에만 적용한다)

문제 03 제5차 국가환경종합계획(2020~2040) 내용 중 다음 사항을 설명하시오.

1) 계획의 비전과 목표
2) 통합 물관리 정책방향
3) 물관리 주요 정책과제 및 주요 지표

정답

1. 계획의 비전과 목표

1) 비전 : 국민과 함께 여는 지속 가능한 생태국가

① 국민과 함께 여는 : 중앙정부 중심의 관성에서 벗어나, 지역과 주민, 기업 등과 함께 미래 20년을 소통하며 만들어 가는 지속 가능한 환경 구현

② 지속 가능한 생태국가 : 에너지, 국토개발, 산업 등 사회 · 경제 전 분야의 지속 가능성을 제고하여 환경을 키우고 세계와 협력하는 생태국가 구현

2) 계획의 목표

① 목표 1 : 자연생명력이 넘치는 녹색환경

- 우수한 자연은 잘 보전하고 인구감소 등으로 인한 쇠퇴지역은 재자연화를 통해 국토 생태용량을 적극적으로 늘리고 지속 가능한 이용으로 모두가 누리는 자연생명력이 넘치는 환경 구현

- 순환과 복원, 생태계서비스 등 인간과 자연의 공정한 공유를 통해 풍요로운 통합 물관리 구현

② 목표 2 : 삶의 질을 높이는 행복환경

- 미세먼지, 화학물질 등 환경위해요인의 획기적 저감과 안전관리를 통해 어린이, 노인, 장애인 등 모두에게 미치는 피해를 예방하고 건강하고 행복한 삶 보장

- 기후위기와 환경재해 등에 현명한 대비를 하여 현 세대와 미래 세대가 안심하고 살 수 있도록 삶의 터전 관리

③ 목표 3 : 사회 · 경제시스템을 전환하는 스마트환경
- 사회 · 경제시스템의 녹색전환을 토대로 모두를 포용하는 환경정책으로 환경정의를 구현하고 산업의 녹색화와 세계적 수준의 환경기술 발전을 이루어 녹색순환경제 정착
- 한반도 환경공동체 구현을 통해 동북아 및 개발도상국의 지속 가능 발전을 촉진하고 기후변화 등 국제협약의 성실한 이행과 책임성 강화

2. 통합 물관리 정책방향

	현재(As-Is)	⇒	미래 방향(To-Be)
정책 방향	수자원 확보 위주의 인프라 건설 및 단편적 도시물순환정책	⇒	이수 · 치수 · 수생대를 고려한 댐 · 보 운영 및 도시물순환정책 추진
	물공급 위주의 물이용 서비스	⇒	물수요 · 안전성 · 재이용을 종합적으로 고려한 물이용서비스 강화
	오염원 관리 위주의 물환경 관리	⇒	미량물질 등 신규 오염원 관리 강화 및 수용체를 고려한 물환경 정책 추진
	「물관리기본법」 등 통합 물관리 법적 기반 마련	⇒	물관리 정보 통합 · 공유체계 및 유역 거버넌스 확립

3. 물관리 주요 정책과제 및 주요 지표

1) 물관리 주요 정책과제

주요 정책 과제	물순환 건전성과 수요 · 공급의 조화를 고려한 물서비스 강화	• 건강한 물순환 회복으로 기후변화에 강한 도시 구축 • 저류−방류, 수질−수량−수생태계를 연계한 종합적 댐 운영 • 유역별 수요관리 우선 고려 및 하수 재이용 등 대체 수자원을 적극 활용하는 물공급체계 구축
	수질오염관리 선진화로 안전한 물환경 조성	• 수질오염총량제 고도화 및 미량물질관리 등 수질오염관리체계 강화 • 사전예방적 비점오염원 관리 강화 • 유역 단위 하수도 관리 정책 추진
	수생태계 건강성 증진 및 생태서비스 가치 실현	• 하천/하구 수생태계 건강성 증진 및 연속성 확보 • 수생태계 생물다양성 관리 강화 및 건강성 관리시스템 구축 • 수생태계 건강성 관리를 통한 생태서비스 가치 실현
	유역기반 · 참여기반의 통합 물관리로의 전환	• 물 관련 법령 · 계획 정비와 물정보 통합 · 공유, 혁신성장 체계 마련 • 지역발전과 연계한 유역 중심의 거버넌스 구축 • 5대 강 고유의 물문화 프로그램 개발 · 보급

2) 물관리 주요 지표

	구분	단위	현재	⇒	2030	⇒	2040
주요 지표	불투수면적률	개	51('17)	⇒	30	⇒	10
	수돗물 음용률(음식조리 등)	%	49.4('17)	⇒	55	⇒	60
	물 공급 안전율	%	67.6('17)	⇒	98	⇒	100
	홍수예보지점	개	60('19)	⇒	110	⇒	170
	신규 오염물질 관리항목	개	55('17)	⇒	100	⇒	120
	물산업 일자리	만 개	16.3('17)	⇒	20	⇒	25

주) 불투수면적률은 25% 이상 소유역 개소, 예보지점은 특보기준

문제 04 도시 하수처리 관련 다음 사항에 대하여 설명하시오.

1) 도시 하수처리 계통도(생물학적 공정시스템 포함)
2) 1차 및 2차 슬러지 특징 및 차이점
3) 처리량 1톤에 대한 함수율 증가에 따른 부피의 영향(1톤 기준)
4) 1차 및 2차 소화조 특징
5) 슬러지 개량의 목적
6) 탈수 케이크 함수율

정답

1. 개요

도시에서 발생되어 하수관거로 집수되는 모든 물은 하수로 간주된다. 따라서 하수의 종류는 가정에서 배출되는 생활오수뿐만 아니라 노면의 빗물이나 상가지역의 배출수, 관공서의 청소용수 등 다양하다.

2. 도시 하수처리 계통도

물리적 처리, 생물학적 처리, 화학적 처리 방법이 있으며 흔히 3가지 방법을 병행하고 있다.

1) 물리적 처리

원수나 폐수 내의 불순물을 침전, 여과 등의 물리적인 작용에 의하여 처리하는 것으로 스크린, 혼합, 응결, 침전, 부상, 세척, 진공여과, 건조 등이 이에 속한다.

2) 생물학적 처리

각종 세균, 박테리아 등의 기타 미생물을 이용하여 복잡한 유기물을 간단하고 안정된 물질로 분해하는 방법이다. 생물학적 방법에는 혐기성 방법, 호기성 방법 및 무산소 방법이 있다.

3) 화학적 처리

부유물질 및 탁도 제거를 위한 응집제 주입, 침전에 의한 중금속 및 인의 제거, 이온교환 등에 화학 약품을 이용하여 물을 처리하는 것들을 의미한다.

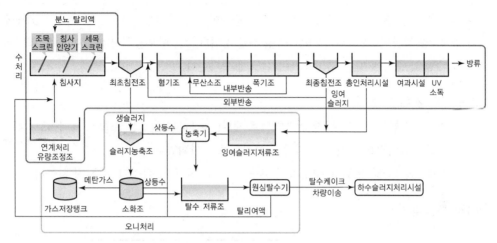

‖ 일반적 처리도의 예 ‖

3. 1차 및 2차 슬러지 특징 및 차이점

1) 1차 슬러지

1차 침전지에서 침전 후 발생되는 슬러지로, 회색, 점착성이 있고 심한 악취가 난다. 고형물 농도는 4~10% 정도이다.

2) 2차 슬러지

① 수처리공정 중 폭기조를 거쳐 2차 침전지에서 침전된 슬러지로 비중이 가볍고, 원심농축이 효율적이다.

② 갈색, 흙냄새, 단독 또는 1차 슬러지와 혼합하여 소화가 가능하고 유기물 성분이 높으며, 고형물 농도는 0.8~2.5% 정도이다.

4. 처리량 1톤에 대한 함수율 증가에 따른 부피의 영향(1톤 기준)

수분함량은 슬러지 중에 포함된 수분량의 중량비로 표시되며, 슬러지부피와 함수율과의 관계는 다음 식과 같이 나타낸다.

$$\frac{V_1}{V_2} = \frac{100 - P_2}{100 - P_1}$$

여기서, V_1 : 함수율 $P_1(\%)$인 슬러지의 부피
V_2 : 함수율 $P_2(\%)$인 슬러지의 부피

그러므로 함수율에 따른 부피는 다음과 같이 나타낼 수 있다.

$$V_2 = V_1 \times \frac{100 - P_2}{100 - P_1}$$

예를 들어 함수율이 97%에서 98%로 1% 증가한다면 부피는 1.5M³, 함수율이 97%에서 99%로 2% 증가한다면 부피는 3M³로 증가할 것이다. 즉, 함수율의 절대값이 높은 범위에서는 함수율의 증가에 따른 부피증가비가 크게 증가한다.

5. 1차 및 2차 소화조 특징

① 소화슬러지를 침전시키기 위한 소화법으로 개발, 즉 1차 소화조는 소화가 목적이고, 2차 소화조는 소화슬러지를 침전 농축시키는 목적으로 설치되었다.

② 상징액에 고농도 SS가 함유되어 있기 때문에 소화슬러지의 침전이 잘 되지 않는다.

6. 슬러지 개량의 목적

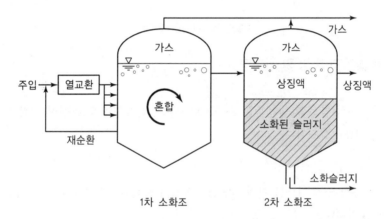

1차 소화조   2차 소화조

슬러지의 질 개량은 탈수를 효율적으로 하기 위하여 슬러지의 성상을 개선하는 것으로 탈수에 앞서 슬러지입자의 성질을 물리·화학적으로 변화시켜 물과의 친화력 감소, 응집력 증대, 입자 조립화를 도모하여야 한다.

7. 탈수 케이크 함수율

탈수슬러지의 함수율은 일반적으로 85% 이하, 혐기성 소화슬러지의 경우는 75% 이하이다. 슬러지를 85% 이하의 함수율로 탈수하려면 약품개량이 필수조건이다. 혐기성 소화슬러지의 경우는 배출슬러지의 고형물 농도가 4~6%로 높아 약품개량을 하지 않고 탈수가 가능하다. 그러나 이 경우의 슬러지 회수율(총 고형물 중의)은 50~70%로 낮기 때문에 탈리액의 처리는 2단계 처리설비에 균등하게 이송하는 등의 주의가 필요하다.

문제 05 강변여과수에 대하여 설명하시오.

1) 강변 여과수 취수성 설치 시 고려사항
2) 강면 여과수의 특징
3) 취수 방식 중 수직 및 수평 집수정 방식

정답

1. 개요

강변여과수란 각종 환경오염으로 인해 하천에 흐르는 사연수를 그대로 취수원으로 뽑아 쓸 수 없게 됨에 따라 그 대안으로 개발된 취수방법이다. 하천 표류수(漂流水)가 장기간에 걸쳐 강변의 하천 바닥[河床] 또는 옆으로 뚫고 들어가 토양의 자정(自淨) 능력에 의해 오염물질이 여과되거나 제거된 물을 말한다.

2. 취수방식

강변여과수를 취수하는 방식은 다음과 같다.

1) 집수정방식

   ① 수평집수정

      ㉠ 우물통을 중심으로 수평집수 암거를 설치하여 취수하는 방식

      ㉡ 대용량 취수 가능, 유지관리 비용 저렴, 설치 공정 복잡, 공사비 많이 소요

   ② 수직집수정

      ㉠ 가장 기본적인 우물의 형태로 우물통 중심으로 여과수를 펌프하여 취수하는 방식

      ㉡ 우물통 아래에는 하천 방향 또는 방사상 형태로 수평집수관 설치

      ㉢ 설치 용이, 공사비 저렴, 취수용량 제한적, 수중 모터 설치 시 펌프장 불필요, 다량 취수가 어렵고 유지관리 힘듦

2) 취수방식

   ① 강변여과 취수방식

      강 둔치에서 30~50m 떨어진 지역에 물을 한꺼번에 모을 수 있는 20~40m 깊이의 취수정을 뚫어 취수하는 방식이다.

   ② 인공방식

      인공적으로 호소나 함양분지(涵養盆地) 등의 시설을 만들어 하천의 표류수를 취수하거나 고도처리된 하수물을 저장하여, 대수층(帶水層 : 지하수를 함유하고 있는 지층)에 침투시켜 지층의 자정 능력에 의해 오염물질이 여과 · 제거된 물을 다시 취수하는 방식이다.

3. 강변 여과수 개발의 장점

안전하면서도 안심하고 마실 수 있는 수돗물을 공급하기 위해 개발된 취수방식으로 다음과 같은 장점이 있다.

1) 하천 물이 강변의 대수층을 통해 여과되는 동안 BOD(생화학적 산소요구량)·탁도·세균· 유해물질이 자연적으로 감소된다.

2) 돌발적인 수질사고 시 강변의 충적층이 완충작용을 해주므로 안정적으로 물을 공급할 수 있다.

3) 계절에 따라 수온·탁도 변화가 적어 정수 처리 및 수질 관리가 쉽고 경제적이다.

4) 일시적인 가뭄에도 대수층에 남아 있는 여과수를 취수할 수 있어 안정적인 취수와 급수가 가능하다.

5) 하천표류수로부터 직접적인 영향을 많이 받지 않아 상수원보호지역 규제의 필요성이 적다.

6) 기존공정에서 응집·침전 시 발생하는 슬러지 처리비용을 줄일 수 있다.

4. 개발 시 검토사항

1) 하천표류수의 조건

강변에서의 거리와 충적층의 토양조건들을 종합적으로 고려하여 결정할 수 있다.

2) 하천변 지하층의 오염저감 능력

제한된 시료에 대한 수리분산의 원칙에 따라 이동시간 및 농도 변화에 대한 예측이나 분석을 실행할 수 있다.

3) 간접 취수방식의 적용이 가능한 입지선정 기준

① 개발수량 : 충적층의 조건, 배후지와의 거리, 충적층 분포면적 및 거리에 의해 결정
② 수질조건 : 상수원수 3등급 이상의 수질과 토양오염이 심각하지 않은 지역
③ 기타 : 부지확보 가능 면적, 시설물 설치의 용이성, 민원 발생소지 등

4) 대용량 취수지 인근지역에 미치는 영향

과잉 양수에 의한 수원 고갈, 지하수위 강하에 따른 지반 침하, 지하수위 변화에 따른 각종 재해

문제 06 A/O공법 및 A₂/O공법에 대하여 다음 사항을 설명하시오.

1) 각 공법의 원리 및 특징
2) 각 공법의 설계 인자 및 장단점

정답

1. 개요

질소와 인을 함유한 방류수는 호소의 부영양화를 가속할 수 있고 하천에서의 조류와 수생생물의 성장을 촉진할 수 있으며, 심미적으로 불쾌감을 줄 수 있다. 또한 방류수위 질소농도가 높을 경우 수중의 용존산소를 고갈시키고 수중생물의 독성을 유발하며 염소소독의 효율에 영향을 끼치고 공중보건상의 위해를 야기하는 등 부정적인 영향이 나타날 수 있기 때문에 질소와 인은 처리수 배출 시 고려해야 할 영양 염류이다.

2. A/O(Anaerobic Oxic) 공법

1) 개요

1955년 Greenburg 등이 인의 과잉 섭취에 대한 연구를 보고한 후 발전되어 왔으며, 활성슬러지 내의 미생물에 일시적으로 중요 요소가 결핍되면(일시적 혐기상태 또는 혐기와 호기의 반복상태) 정상적인 대사과정이 이루어지지 못하고 심한 압박상태에 놓이게 되며, 일부 미생물은 다른 대사 경로를 이용하여 생존을 모색하게 되는 것을 이용하는 방법이다.

2) 주요 대사기작

① 혐기상태
  - 세포 내의 폴리인산을 가수분해하여 정인산으로 방출하며 에너지 생산
  - 이 에너지로 세포 밖의 유기물을 능동 수송하여 세포 내에 PHB(Poly-Hydroxy Buthylate)로 저장

② 호기상태
  - 세포 내 저장된 기질(PHB)을 정상적인 TCA 회로로 보내어 ATP 획득
  - 다시 이 에너지로 세포 외의 정인산을 흡수하여 폴리인산으로 저장

③ 상기 과정이 반복되면서 인의 과잉섭취(Luxury Uptake) 현상이 발생하게 된다. 이때 Luxury Uptake는 인 이외의 필수원소가 제한되는 상태에서 세포 내로 인을 이동시키는 데 필요한 에너지가 충분하면 인을 과잉 섭취하는 현상을 말하며, Over-Plus란 미생물이 인의 공급이 부족해진 후 다시 인 농도가 높은 환경에 있으면 인을 급속히 섭취하는 현상을 말한다. 보통 미생물 세포 내의 인 함량은 건조중량으로 1.5~2% 정도이나 혐기 조건에 이어 호기 조건이 따를 경우에는 4~12%까지에 이른다.

3) 공정의 구성 원리

이러한 성질을 이용하여 혐기조에서 인산 방출, 호기조에서 인의 과잉섭취를 할 수 있도록 공정을 구성하고 인산을 흡수한 잉여 슬러지를 폐기함으로써 생물학적으로 인을 제거할 수 있다.

3. A₂O 공법

1) 개요

미국의 Air Product & Chemical 사가 생물학적 인 제거를 목적으로 개발한 A/O 공정에 질소 제거기능을 추가하기 위해, 혐기조와 포기조 사이에 무산소조를 설치한 공정이다.

2) 공정구성

① 혐기조에서는 유입하수의 유기물을 이용하여 인을 방출하고 무산소조에서는 포기조로부터 내부반송된 질산성 질소 혼합액과 혐기조를 거친 유입하수를 외부탄소원으로 하여 질산성 질소를 질소가스로 환원시켜 질소를 제거한다.

② 포기조에서는 암모니아성 질소를 질산성 질소로 산화시킴과 동시에 유기물 제거와 인의 과잉섭취가 일어나며 인의 제거는 잉여슬러지의 폐기에 의한다.

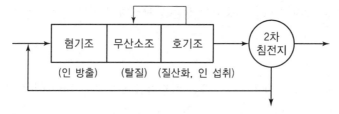

3) 특징

인의 제거는 결국 폐슬러지의 폐기로부터 결정되므로 제거되는 슬러지양이 중요하며 따라서 SRT가 가장 중요한 인자가 된다. 이때 제거된 슬러지에서의 인의 함유량은 무게비(Dry Weight)로 4~6%가 된다.

① 장점 : 화학적인 제거 방법에 비해 약품비가 소요되지 않아 경제적이고 슬러지 발생량을 줄일 수 있어 슬러지 처리 비용을 감소할 수 있으며, 같은 양의 BOD 제거당 더 많은 양의 인을 제거할 수 있다.

② 단점 : 최적 운전조건의 설정이 어렵고 안정된 인 제거가 곤란하며 슬러지 처리계통에서 인이 재용출될 가능성이 있으며 수정 Bardenpho보다 많은 양의 슬러지를 생산하고 저율의 유기물 부하에는 부적합하다.

122 회 수질관리기술사

1교시 다음 문제 중 10문제를 선택하여 설명하시오.(각 10점)

1. 산화환원전위(Oxidation Reduction Potential)
2. 관정부식(Crown Corrosion)
3. 산도(Acidity)와 알칼리도(Alkalinity)
4. 오존처리
5. 물발자국(Water Footprint)의 개념과 산정방식
6. 스마트 워터 그리드(Smart Water Grid)
7. 오염지표 미생물(Indicator Microorganism)의 정의 및 조건
8. 폭기(Aeration)와 조류(Algae)번성에 따른 물의 pH 변화
9. 하천 자정작용의 4단계
10. 환경기준, 배출허용기준, 환경영향평가 협의기준
11. 물이용부담금
12. 상수원보호구역 지정기준
13. 물의 수소결합(Hydrogen Bond)과 특징

2교시 다음 문제 중 4문제를 선택하여 설명하시오.(각 25점)

1. 비점오염원의 처리시설로 이용되는 자연형 침투시설의 개요, 장단점, 주요 설계인자 및 효율적 관리방안에 대하여 설명하시오.
2. 온대지방 호수에 대하여 다음 사항을 설명하시오.
   1) 수온 성층현상
   2) 수심에 따른 수질 특성
   3) 전도현상
   4) 전도현상이 수질에 미치는 영향

3. 해수의 담수화 방식을 분류하고, 담수화시설 계획 시 고려사항을 설명하시오.
4. 폐수의 유기물질 관리지표인 BOD, COD, TOC의 측정원리 및 측정방법을 비교·설명하고, 폐수의 유기물질 관리지표를 화학적 산소요구량(COD)에서 총유기탄소량(TOC)으로 전환하는 이유 및 기대효과에 대하여 설명하시오.

5. 정수처리에서 발생하는 THMs(총트리할로메탄)에 대하여 다음 사항을 설명하시오.
   1) THMs의 정의
   2) 생성원인 및 인체에 미치는 영향
   3) THMs 생성에 영향을 미치는 요소
   4) THMs 생성 전 제어방법
   5) 생성된 THMs 제거방법

6. 건설현장에서 발생하는 산성배수(Acid Drainage)에 대하여 다음 사항을 설명하시오.
   1) 발생원인
   2) 환경에 미치는 영향
   3) 처리방안

•• 3교시 **다음 문제 중 4문제를 선택하여 설명하시오.(각 25점)**

1. 수돗물의 이취미에 대하여 다음 사항을 설명하시오.
   1) 이취미를 발생시키는 주요 원인물질
   2) 수원지에서의 유입방지 · 제거방법
   3) 정수장에서의 제거방법
   4) 배수계통에서의 발생억제방법

2. 수중에 존재하는 암모니아성 질소에 대하여 다음 사항을 설명하시오.
   1) 일정온도하에서 pH에 따른 암모니아와 암모늄 이온의 비율변화
   2) 생태독성

3. 수질오염총량관리제도의 도입 현황, 제도시행의 한계 및 개선방안에 대하여 설명하시오.

4. 연안해역에 화력발전소 운영 시 발생되는 온배수(溫排水)의 정의, 온배수 확산이 해양환경에 미치는 영향 및 저감대책에 대하여 설명하시오.

5. "생태하천복원사업 업무추진 지침(2020.5), 환경부"에 포함된 다음 사항을 설명하시오.
   1) 생태하천 복원의 기본방향
   2) 우선 지원 사업
   3) 지원 제외 사업

6. 「물환경보전법」에 명시된 완충저류시설에 대하여 다음 사항을 설명하시오.
   1) 설치대상
   2) 설치 및 운영 기준

4교시 다음 문제 중 4문제를 선택하여 설명하시오.(각 25점)

1. 하천구역 안에서 지정되는 보전지구, 복원지구, 친수지구에 대하여 설명하시오.

2. 모래여과지에 대하여 다음 사항을 설명하시오(단, 필요한 경우 알맞은 공식을 기재하고 설명하시오).

   1) 유효경

   2) 하젠(Hazen) 공식에 의한 투수계수

   3) 다시(Darcy) 법칙에 의한 모래여과지 수두손실 산정

3. 토사유출량 산정방법(원단위법, 개정 범용토양유실공식)에 대하여 설명하시오.

4. 특정수질유해물질배출량 조사제도에 대하여 설명하시오.

5. TMS(Telemonitoring System)에 대하여 설명하시오.

문제 01 산화환원전위(Oxidation Reduction Potential)

정답

1. 개요

1) 산화 : 산소 기준으로 산소와 결합, 수소와 결합하여 수소수 감소, 전자수 감소

2) 환원 : 산소를 잃거나 수소를 얻는 반응, 전자수 증가

2. 산화환원전위

1) 어떤 물질이 산화되거나 환원되려는 경향의 세기

2) ORP Meter로 측정(pH Meter기에 유리전극 대신 백금전극 사용)

3) $-$mV : 환원 상태, $+$mV : 산화 상태

3. 이론식

$$E = E_0 + \frac{RT}{nF} \ln \frac{[O_x]}{[R_{ed}]} \Rightarrow E = E_0 + \frac{0.05915}{n} \log \frac{[O_x]}{[R_{ed}]}$$

여기서, E : 전극전위(V)(E_0는 표준상태 의미) $O_x = R_{ed}$일 때 $E = E_0$

n : 반응에 이동된 전자의 몰(mol) 수

F : Faraday 상수($1F = 96,480$J/V.mol.e$^-$)

R : 가스정수(8.313J/mol $\cdot$ K)

T : 절대온도(K)

4. 폐수처리 관련 반응

1) 유기물의 산화, 환원

① 화학적 산화 : 폭기에 의한 산화, 오존에 의한 산화 처리

② 생물학적 산화 : 활성슬러지법에 의한 유기물의 산화 처리

③ 생물학적 환원 : 메탄 발효법

2) 무기물의 산화, 환원

① 화학적 산화 : 산화제에 의한 시안의 독성 처리, 철염 등의 산화, 대장균의 소독 처리

② 화학적 환원 : Cr^{6+}의 환원 처리(환원제 : $FeSO_4$, $NaHSO_3$ 등)

문제 02 관정부식(Crown Corrosion)

정답

1. 개요

콘크리트 하수관거에서 미생물 때문에 발생한 황산에 의하여 콘크리트에 함유된 철(Fe), 칼슘 (Ca) 또는 알루미늄(Al) 등과 결합하여 황산염이 됨으로써 콘크리트 관을 부식 또는 파괴시키는 현상

2. 원인

① 하수 중의 단백질과 유화물이 침적하여 Slime 형성 : 혐기 상태에서 분해

② 황화수소(H_2S) 발생

③ 물과 결합하여 H_2SO_4 발생

④ 콘크리트 상부관에서 부식 현상

$$H_2S + 2O_2 \xrightarrow[\textit{Thiobacillus}]{\text{황박테리아}} H_2SO_4$$

$$H_2SO_4 + CaCO_3 \rightarrow Ca^{2+} + CO_3{}^{2-} + 2H^- + SO_4{}^{2-}$$

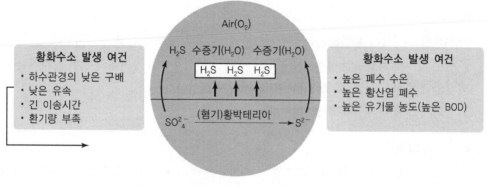

$$SO_4{}^{2-} + 2C + 2H_2O \rightarrow 2HCO_3{}^- + H_2S$$

3. 대책

① 하수관거의 내식성 재료 사용

② 하수의 유속을 빠르게 함

③ 하수관거 내부의 주기적 청소 및 준설

④ 하수의 염소소독(황화합물의 산화 촉진)

문제 03 산도(Acidity)와 알칼리도(Alkalinity)

정답

1. 산도(Acidity)

수중의 탄산과 황산, 염산, 질산 및 유기산 등과 같은 산을 중화시키는 데 필요한 알칼리분을 이에 대응하는 $CaCO_3$로 환산한 값이다.

2. 유발물질

H_2CO_3, HCO_3^-, H^+, 무기산 등

3. 산도의 종류

① M – 산도

산성 상태의 시료에 일정한 농도의 알칼리를 주입하여 pH 4.5까지 올라가는 데 소모된 알칼리양을 $CaCO_3$ 상당량으로 표시한 값을 무기산도라 한다.

② P – 산도

이 시료에 더욱 알칼리를 가하여 pH 8.3까지 올리는 데 소모된 알칼리양을 $CaCO_3$ 상당량으로 표시한 값으로, 무기산도와 탄산산도를 포함한 총산도라 한다.

4. 산도자료의 응용

① 위생적 견지에서 무관하지만 무기산도가 많은 경우 맛냄새 문제를 유발한다.

② 상수 원수가 지하수인 경우 이산화탄소에 의한 부식특성을 제어하기 위한 처리가 필요하다.

③ 생물학적 처리 시 대개 중성(pH 6~8)에서 처리한다.

④ 중화제 소요량 계산에 사용한다.

5. Alkalinity의 정의

산을 중화할 수 있는 완충능력, 즉 수중에 존재하는 수소이온[H^+]을 중화시키기 위하여 반응할 수 있는 이온의 총량을 말한다.

6. Alkalinity 유발물질

수중에서 알칼리도를 유발할 수 있는 주요 물질은 수산화물(OH^-), 중탄산염(HCO_3^-), 탄산염(CO_3^{2-}) 등이 있다. 자연수의 경우 중탄산염에 의한 알칼리도가 지배적이다. 이 외에 알칼리도에 영향을 미치는 약산의 염에는 붕산염, 규산염, 인산염, 기타 암모니아, 마그마네슘, 칼슘, 나트륨, 칼륨염류 등이 있다.

7. Alkalinity의 종류

① P – Alkalinity

알칼리상태의 시료에 일정한 농도의 산을 주입하여 pH 8.3까지 낮추는 데 소모된 산의 양을 $CaCO_3$ 상당량으로 표시한 값

② M – Alkalinity

이 시료에 산을 더욱 가하여 pH를 4.5까지 낮추는 데 소모된 산의 양을 $CaCO_3$ 상당량으로 표시한 값으로, M – Alkalinity는 T – Alkalinity에 상당한다.

8. Alkalinity 자료의 이용

① 일칼리노는 화학적 응집(Chemical Coagulation)에 있어 응집제 투입 시 적정 pH 유지 및 응집효과 촉진

② 알칼리도에 의한 pH의 완충작용

③ 부식제어(Corrosion Control) : 부식제어에 관련되는 중요한 변수인 Langelier 포화지수의 계산에 사용

문제 04 오존처리

정답

1. 개요

오존은 3개의 산소 원자로 구성되어 있으며, 무색의 반응성이 강한 기체로서 강산화제이다. 오존처리는 오존(O_3)이 갖는 강한 산화력을 이용하여 수중이나 가스 등에 존재하는 유기물을 산화 분해하는 처리법이다. 오존분자가 매우 강한 산화력을 가진 사실이 알려진 것은 오래 되었고, 실제로 수처리에 처음 사용된 것이 1893년이며 살균, 표백, 탈취, 철과 망간의 제거, 시안 화합물, 페놀, 세제 등의 분해, 하수의 최종처리 등에 사용되고 있다. 수처리 프로세스에서 고품질의 물이 요구되어 오존처리는 필수 불가결한 처리프로세스로 사용될 수 있다.

2. 수처리분야에서 오존처리 응용과 효과

분야명	적용 효과
정수처리	• 병원성 세균 외 완전살균 및 바이러스 제거 • 과다한 염소주입으로 인한 발암물질인 THM의 제거 • 염소취기 제거, 피부접촉 시 불쾌감을 없앤다. • 미량의 Fe, Mn, 농약성분 제거 • ABS, 페놀 등 제거 • 색도, 탁도 향상

분야명	적용 효과
폐수처리	• 전 오존처리에 의한 BOD, COD의 제거 및 응집효과 증진 • 최종 처리수의 소독, 살균, 악취 제거 • CN 폐수의 처리 • 난분해성 폐수처리 • 색도 제거

문제 05 물발자국(Water Footprint)의 개념과 산정방식

정답

1. 정의

제품의 생산·사용·폐기 전 과정에서 얼마나 많은 물을 쓰는지 나타내는 환경 관련 지표이다. 즉, 어떤 제품이 소비자에게 오기까지 '원료 취득 – 제조 – 유통 – 사용 – 폐기' 전 과정에서 사용되는 물의 총량과 물과 관련된 잠재적 환경영향을 정량화한 개념이다. 네덜란드 트벤테 대학의 아르옌 훅스트라 교수가 고안하였다.

2. 물발자국 평가 · 개념

① 공정, 제품, 생산자나 소비자의 물발자국을 계량화하고 정확한 발생지점을 파악하거나 특정 지리적 영역 내 물발자국의 공간과 시간을 계량화

② 발자국의 환경적, 사회적, 경제적 지속 가능성 평가

③ 대응 전략의 수립을 모두 포괄하는 행동

3. 물발자국 산정방식

Water Footprint Network(WFN) 협회에서의 산정방식 예는 다음과 같다.

① Green Water : 농작물이나 (목재생산을 위한) 숲으로부터 증발되는 담수

② Blue Water : 담수 소비량으로 저장소(Catchment)에서 인위적으로 추출한 담수

③ Grey Water : 폐수를 일정기준 오염농도 이하로 정화하기 위해 필요한 담수

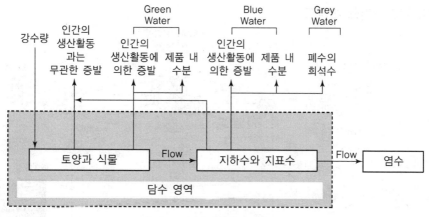

강수량 | 인간의 생산활동과는 무관한 증발 | Green Water — 인간의 생산활동에 의한 증발 · 제품 내 수분 | Blue Water — 인간의 생산활동에 의한 증발 · 제품 내 수분 | Grey Water — 폐수의 희석수

토양과 식물 → Flow → 지하수와 지표수 → Flow → 염수

담수 영역

▎ WFN의 물발자국 개념도 ▎

단위공정에 대한 물발자국은 위에서 제시한 청색 물발자국, 녹색 물발자국, 회색 물발자국의 합으로 산정되며, 모든 유형의 물발자국은 단일공정의 물발자국의 합으로 구성된다.

문제 06 스마트 워터 그리드(Smart Water Grid)

정답

1. 개요

스마트 워드 그리드란 '수자원 및 상하수도 관리의 효율성 제고를 위하여 ICT를 도입하는 차세대 물 관리 시스템으로 수자원의 관리, 물의 생산과 수송, 사용한 물의 처리 및 재이용 등 전 분야에서 정보화와 지능화를 구현하기 위한 기술'로 정의할 수 있다.

2. 요소 기술

스마트 워터 그리드는 다양한 수자원을 Water Platform에 수집 및 저장하며 용수의 배분 · 관리 · 수송을 물리적으로 통합관리 할 수 있는 수자원관리기술과 수자원의 확보 · 수송 · 활용 등에 대한 실시간 모니터링과 분석, 물 정보의 통합관리 및 의사결정을 지원할 수 있는 ICT 기반 통합관리기술 등의 주요 요소 기술이다.

3. 스마트 워터 그리드 개념도

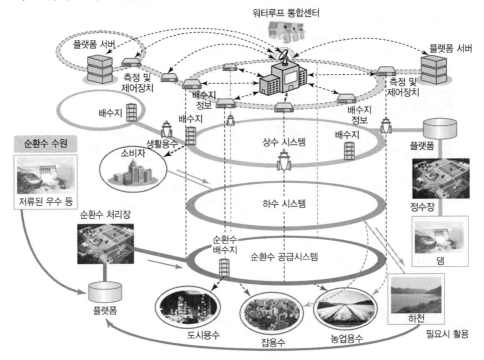

문제 07 오염지표 미생물(Indicator Microorganism)의 정의 및 조건

정답

1. 개요

오염지표 미생물이란 토양이나 수질 등의 오염 정도를 간접적으로 나타낼 수 있는 지표가 되거나, 바이러스를 포함하는 병원성 미생물 등의 존재를 예측할 수 있는 미생물을 말한다.

2. 조건

이상적인 지표 미생물은 우선 비병원성이어야 하며, 신속한 검출과 정량이 가능해야 하고, 무엇보다 예측하고자 하는 대상과 밀접한 상관관계를 가지고 있어야 한다.

이상적인 지표 미생물이란 다음과 같은 조건을 충족시켜야 한다.

① 병원균보다 생존기간이 길어야 한다.

　지표 미생물이 존재할 때 예측하고자 하는 병원성 미생물이 존재해야 하고, 지표 미생물이 존재하지 않을 경우 병원성 미생물 역시 존재하지 않아야 한다.

② 지표 미생물과 예측하고자 하는 병원성 미생물의 성장 특성은 동일한 환경 조건하에서 유사

하여야 한다.

③ 지표 미생물과 예측하고자 하는 미생물의 검출되는 양 사이에 일정한 비율이 있어야 하며, 이는 통계적으로 유의하여야 한다.

④ 소독제나 환경요인에 의해 영향을 받거나 내성을 갖는 등 특성이 유사하여야 한다.

⑤ 지표 미생물은 비병원성이어야 하고, 쉽게 정량할 수 있어야 한다.

⑥ 지표 미생물만을 검출해 낼 수 있는 방법이 있어야 하고, 위양성 반응이 없거나 적은 방법이어야 한다.

문제 08 폭기(Aeration)와 조류(Algae)번성에 따른 물의 pH 변화

정답

1. 폭기에 따른 pH 변화

수중의 이산화탄소는 보통 폭기를 하여 제거할 수 있고 이산화탄소(CO_2)는 산성 기체이므로 이산화탄소를 제거하면 pH가 상승하게 된다. 보통 공기는 부피로 약 0.03%의 이산화탄소를 포함하고 있으므로 25℃에서 이산화탄소에 대한 Henry의 법칙 상수는 약 1,500mg/ L-atm이며, 따라서 공기와 접촉하고 있는 물의 이산화탄소 평형농도＝0.0003×1,500 (0.45mg/L)이므로 알칼리도 100mg/L를 포함하는 물을 공기 중의 이산화탄소와의 평형 농도로까지 폭기시키면 pH가 8.6이 된다.

• 고 알칼리도의 물 : 폭기에 따라 더 높은 pH로 된다.

• 저 알칼리도의 물 : 폭기에 따라 낮은 pH로 된다.

2. 조류(Algae)번성에 따른 물의 pH 변화

대부분 지표수에는 조류가 번성하며 조류가 빠르게 자라는 지역(특히 수심이 얕은 물)에서는 pH 10까지 상승하는 것이 관찰된다. 조류는 광합성 작용을 통하여 이산화탄소를 이용하므로 수중의 이산화탄소가 조류로 인하여 소모됨에 따라 pH는 높아진다.

이산화탄소를 제거하기 위해, 적당한 알칼리도를 가진 물을 폭기한 경우 pH는 8~9 정도로 상승되나, 조류는 유리 이산화탄소의 농도를 공기와의 평형농도 이하로 감소시킬 수 있으므로 pH는 폭기의 경우보다 더 높은 상태를 유지하게 된다. pH가 상승함에 따라 다음과 같이 탄산염으로부터 조류 성장에 필요한 이산화탄소를 생성한다.

$$2HCO_3^- \leftrightarrow CO_3^{2-} + H_2O + CO_2 \cdots\cdots\cdots\cdots\cdots\cdots\cdots\cdots\cdots\cdots\cdots\cdots\cdots\cdots\cdots\cdots (1)$$
$$CO_3^{2-} + H_2O \leftrightarrow 2OH^- + CO^2 \cdots\cdots\cdots\cdots\cdots\cdots\cdots\cdots\cdots\cdots\cdots\cdots\cdots\cdots\cdots\cdots\cdots\cdots (2)$$

조류에 의한 이산화탄소의 소비는, 알칼리도의 형태를 [탄산수소염 → 탄산염 → 수산화물] 알칼리도로 변화시키게 되나 이러한 변화기간에도 Total 알칼리도는 일정하게 유지된다.

문제 09 하천 자정작용의 4단계

정답

1. 개요

하천자정작용이란 하천에 유입된 오염물질이 자연적으로 정화되어 가는 작용이다. 자정작용은 희석·확산·침수 등의 물리작용, 산화·환원·흡착·응집 등의 화학작용, 여러 가지 수중생물에 의하여 분해되는 생물작용 등에 의해 이루어진다.

2. 자정작용 4단계

1) 분해지대

유기물 혹은 오염물이 유입되는 하수의 방류지점과 가까운 하류지점에 위치하며 여름철 온도에서는 용존산소 포화도의 40%에 해당하는 용존산소를 갖게 된다. 분해가 진행됨에 따라 세균수가 증가하고 유기물을 많이 함유하는 슬러지의 침전이 많아지며, 분해가 심해지면 녹색 수중식물이나 고등생물 대신 균류가 심하게 번식한다. 이러한 현상은 희석이 잘 되는 큰 하천보다는 소하천에서 뚜렷이 나타난다.

2) 활발한 분해지대(부패지대)

① 혐기성 지점으로 부패상태에 도달하게 되는 단계로, 암모니아와 황화수소가 발생되며 악취가 발생한다. 슬러지가 많고 하천은 어두운 색을 띠게 된다.

② 수중에 DO가 거의 없고, 흑색 및 점성지 슬러지 침전물이 발생하며 메탄가스 등에 의한 기체방울이 발생한다.

③ 수중에 CO_2 또는 NH_3-N 농도가 증가하며 균류(Fungi)가 사라진다.

3) 회복지대

① 수중의 오염물이 어느 정도 분해되어 수중의 DO 농도가 증가하며 혐기성균이 호기성균으로 대체되며 조류가 발생하며 균류도 발생하기 시작한다.

② 광합성을 하는 조류 및 원생동물, 윤충류, 갑각류가 번식하며 큰 수중식물도 생성되기 시작한다. DO 농도가 포화될 정도로 회복된다.

③ 아질산염 또는 질산염의 농도가 증가하는 구간이다.

4) 정수지대

① 정화작용의 결과로 원래의 정상 하천생태계로 돌아온다.

② DO와 BOD 농도가 오염 이전의 농도로 돌아온다.

③ 호기성 미생물, 착색조류 및 맑은 물에 서식하는 고급어종이 증가한다.

3. 각 단계별 오염물질 및 DO 농도 변화상

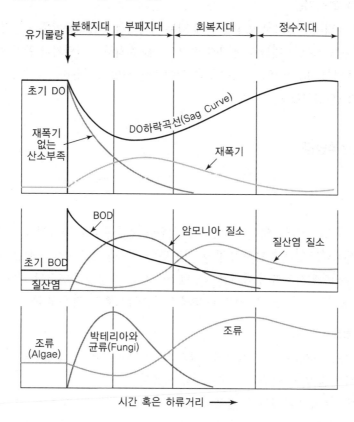

문제 10 환경기준, 배출허용기준, 환경영향평가 협의기준

정답

1. 환경기준

환경기준이란 국민의 건강을 보호하고 쾌적한 환경을 조성하기 위하여 국가가 달성하고 유지하는 것이 바람직한 환경상의 조건 또는 질적인 수준을 말한다.(환경정책기본법 제3조)

2. 배출허용기준

① 환경기준을 달성하기 위해서 각 배출시설에서 나오는 오염물질과 악취 발생물, 기계·기구 따위에서 나는 소음과 진동에 관하여 환경 보전법에서 정한 기준을 말한다.

② 폐수 배출허용기준은 환경부령으로 정하며 각 지역별(청정지역, 가, 나, 특례지역) 및 항목별 배출허용기준(가. 생물학적 산소요구량, 화학적 산소요구량, 부유물질량 및 나. 페놀류 등 수질오염물질)이 있다.

③ 또한 종말처리시설에 배출되는 배출수 기준인 방류수 허용기준이 있다.

3. 환경영향평가 협의기준

협의기준이란 사업의 시행으로 영향을 받게 되는 지역에서 배출허용기준 또는 방류수 허용기준으로는 「환경정책기본법」 제12조에 따른 환경기준을 유지하기 어렵거나 환경의 악화를 방지할 수 없다고 인정하여 사업자 또는 승인기관의 장이 해당 사업에 적용하기로 환경부장관과 협의한 기준을 말한다. (환경영향평가법 제2조)

문제 11 물이용부담금

정답

1. 개요

물이용부담금 제도는 상류지역의 상수원보호를 위한 재산권 행사 제한이나 수질개선사업 추진 비용 등을 하류지역도 함께 분담하여 공영·공생의 유역공동체를 만들기 위한 제도이다. 즉, 상수원 지역의 주민지원사업과 수질개선 사업에 소요되는 재원을 충당하기 위하여 '사용자 부담 원칙'에 따라 물자원을 이용하는 자가 비용의 일부를 부담하는 것을 말한다.

2. 물이용부담금의 사용처

① 징수된 물이용부담금은 각 수계관리기금의 재원이 되어 상수원 상류 규제지역의 주민을 지원하고 상수원을 맑고 깨끗하게 가꾸는 데 사용된다.

② 지원사업으로는 주민지원사업, 환경기초시설 설치·운영사업, 토지매수 및 수변구역관리사업, 오염총량관리사업, 기타 수질개선지원 등 수질기준에 맞지 않아 마실 수 없는 물이 음용 설비에 유입되도록 물리적으로 연결하는 일에 사용된다.

문제 12 상수원보호구역 지정기준

정답

1. 개요

상수원보호구역은 상수원의 확보와 수질 보전을 위하여 도입된 제도로서 「수도법」에 의한 상수원보호구역과 금강·낙동강·영산강·섬진강수계 물관리 관계 법령에 의한 상수원보호구역으로 구분된다.

2. 지정기준

1) 보호구역은 취수시설이 설치되어 있거나 설치될 예정인 지역에서 지정한다. 다만, 그 지역이 다음 각 호의 어느 하나에 해당하면 보호구역으로 지정하지 아니할 수 있다.

① 축사·공장 등의 오염원이 없는 지역으로서 보호구역의 지정 검토 시 장래 10년 이내에

오염의 우려와 개발가능성이 없다고 인정되는 지역인 경우

② 심층지하수를 취수(取水)하는 취수시설의 주변으로서 지질(地質)이나 지층구조상 수질
오염의 우려가 없다고 인정되는 지역인 경우

③ 공업용수만을 공급하기 위한 취수시설이 설치된 지역으로서 보호구역을 지정하지 아니
하여도 공업용수로서의 이용에 지장이 없다고 인정되는 지역인 경우

④ 「국토의 계획 및 이용에 관한 법률」에 따른 도시지역의 상수원 주변지역으로서 하수도정
비 등에 의하여 오염물질이 상수원으로 흘러가지 아니하는 지역인 경우

2) 「상수원관리규칙」 제4조에 따른 보호구역의 취수원별 지정기준은 다음 각 호와 같다.
① **하천수와 복류수의 경우** : 취수지점을 기점으로 유하거리 4킬로미터를 표준거리로 하되,
수질오염상태, 취수량, 취수비율, 주변지역의 개발잠재력 등을 고려하여 표준거리가감
기준 평정표에 따라 표준거리를 가감(加減)할 수 있다. 이 경우 보호구역의 폭은 집수구
역으로 하되 집수구역 중 빗물, 오수(汚水)나 폐수가 제방 등에 의하여 상수원으로 직접
유입되지 아니하는 지역의 경우는 제외한다.

② **호소수의 경우** : 하천수나 복류수의 경우와 같은 기준에 따라 지정하되 상수원전용댐, 1일
취수량 10만 톤 이상의 상수원, 그 밖의 지역의 특성상 필요하다고 인정되는 호소는 표준
거리의 산정기점을 호소의 만수위선으로 한다. 이 경우 만수위구역에서의 유하거리가 10
킬로미터를 초과하고, 집수구역의 면적이 150제곱킬로미터를 초과하면 취수지점에서
유하거리 10킬로미터를 초과하는 지역에 대하여는 지역특성을 고려하여 폭을 따로 정할
수 있다.

③ **지하수와 강변여과수의 경우** : 취수지점을 기점으로 지하수는 반경 200미터(심층지하수
의 경우는 반경 20미터), 강변여과수는 유하거리 2킬로미터를 표준거리로 하되, 취수지
점을 기점으로 지하 깊이, 수질, 취수량, 인접지역의 토지이용상태, 토양의 투수계수(透
水係數), 지층의 구조, 지하수맥 등을 고려하여 지정한다.

문제 13 물의 수소결합(Hydrogen Bond)과 특징

정답

1. 개요

수소원자(H)가 전기음성도가 높은 원자(X)와 공유결합하게 되면 수소원자의 부분 전자량은 비
교적 큰 음의 값을 가지게 된다. 수소원자의 근방에 전기음성도가 높은 원자(Y)가 접근하면 원
자(Y)는 수소원자와 강한 X−H⋯Y의 상호작용을 가리키게 된다. 이 상호 작용을 일반적으로
수소결합이라고 한다. X, Y는 질소, 산소, 유황, 할로겐 원자 등에 해당한다. X와 Y는 같은 종류
의 원자이다.

실제 물이나 얼음에서는 각 H_2O 분자가 그림과 같이 수소결합을 형성하고 $(H_2O)n$과 같은 결합 상태가 된다.

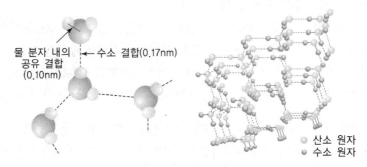

물 분자 내의
공유 결합
(0.10nm)

← 수소 결합(0.17nm)

○ 산소 원자
● 수소 원자

┃ 물의 수소결합 ┃

2. 특징

1) 물리적 특징

① 표면 장력이 크다

② 물 특유의 밀도 온도관계 : 온도가 4℃일 때 물의 밀도는 가장 크고, 온도가 4℃ 밑으로 내려가면 다시 밀도는 낮아진다. 또한 물이 얼면 밀도는 수소결합으로 인해 얼지 않은 물 0℃의 밀도보다 더 낮아진다.

③ 증발열이 다른 액체에 비하여 크다.

④ 융해잠열이 다른 어떤 액체보다 높다.

⑤ 열용량이 크다. 즉, 물의 온도가 오르고 내려가는 데 있어 강력한 완충제 역할을 한다(즉, 전 세계적으로 기후가 어느 정도 일정하게 유지될 수 있는 가장 큰 원인이 된다).

2) 화학적 특징

① **용해력** : 물은 가장 보편적인 용매로서, 어떠한 다른 액체보다도 가장 많은 물질을 녹일 수 있는 능력이 있다(산소원자를 포함하거나 산소 또는 질소와 결합된 수소원자를 포함하는 다양한 비극성 유기 및 무기 화합물은 수소결합에 의해 녹는다).

② **pH** : 물 분자 속의 수소와 산소 사이의 강력한 결합이 깨진다. 약간의 물만 있어도 물 분자들은 전하를 완전하게 분리시켜 2개의 전하를 띤 부분으로 갈라놓는다(H^+ 이온과 OH^- 이온, 여기에서 1개의 수소원자가 자신의 전자를 산소원자의 전자들과 결합하게 두고 물러가면 자유로운 수소 양이온과 수산화 음이온이 만들어진다).

문제 01 비점오염원의 처리시설로 이용되는 자연형 침투시설의 개요, 장단점, 주요 설계인자 및 효율적 관리방안에 대하여 설명하시오.

정답

1. 개요

침투시설은 우수가 지하로 침투되도록 유도하는 시설이며 우수를 지표 혹은 지표면보다 얕은 곳에서 불포화지층을 통해 분산 침투시키는 시설물로 침투도랑, 침투저류지, 침투조 등이 있으며, 빗물이 상부 포장면에 투수되어 지하로 침투될 수 있는 유공포장도 이에 포함된다.

2. 자연형 침투시설의 장단점

침투시설은 초기강우를 지하토층으로 침투시켜 처리하므로 수질개선 및 지하수 재충전 효과를 기대할 수 있다. 또한 불투수면적률이 높은 시지역에서 첨두유출량 저감 및 지하수 재충전 기능을 통해 수문학적으로 중요한 기능을 담당할 수 있으나, 관리가 미흡하면 침전물에 의해 공극이 막혀 기능이 제한될 수 있다.

3. 주요 설계인자

1) 설계기준이 되는 규모의 결정은 다음의 WQ_V(Water Quality Volume) 방법에 따른다

① 규모결정에 있어서 해당지역의 강우빈도 및 유출수량 및 오염도 분석에 따른 비용효과적인 삭감목표량 및 기타 규제 등에 따라 설계강우량을 설정할 수 있으나 배수구역의 누출유출고를 환산하여 최소 5mm 이상 강우를 처리할 수 규모에 합치하여 한다. 이것이 Water Quality Volume이다.

② WQ_V는 전체 처리용량에 기준을 둔다.

$$WQ_V = P_1 \times A \times 10^{-3}$$

여기서, WQ_V : 수질처리용량(m^3)

P_1 : 설계강우량으로부터 환산된 누적 유출고(mm)

A : 배수면적(m^2)

2) 침전물로 인하여 토양의 공극이 막히지 아니하는 구조로 설계한다.

3) 침투시설 하층 토양의 침투율은 시간당 13mm 이상이어야 하며, 동절기에 동결로 기능이 저하되지 아니하는 지역에 설치한다.

4) 지하수 오염을 방지하기 위하여 최고 지하수위 또는 기반암으로부터 수직으로 최소 1.2m 이상의 거리를 두도록 한다.

5) 침투도랑, 침투저류조는 초과유량의 우회시설을 설치한다.

6) 침투저류조 등은 비상시 배수를 위하여 암거 등 비상배수시설을 설치한다.

4. 효율적인 관리방안

1) 설치한 저감시설의 보존상태와 주변부의 여건, 상황 등을 파악하여 시설물의 기능을 유지하기 어렵거나 어렵게 될 우려가 있는 부분을 보수하여야 한다.

2) 슬러지 및 협잡물 제거
   ① 저감시설의 기능이 정상상태로 유지될 수 있도록 침전부 및 여과시설의 슬러지 및 협잡물을 제거하여야 한다.
   • 토양의 공극이 막히지 아니하도록 시설 내의 침전물을 주기적으로 제거하여야 한다.
   • 침투시설은 침투단면의 투수계수 또는 투수용량 등을 주기적으로 조사하고 막힘 현상이 발생하지 아니하도록 조치하여야 한다.
   ② 유입 및 유출 수로의 협잡물, 쓰레기 등을 수시로 제거하여야 한다.
   ③ 준설한 슬러지는 「폐기물관리법」에 따른 기준에 맞도록 처리한 후 최종 처분하여야 한다.

3) 정기적으로 시설을 점검하되, 장마 등 큰 유출이 있는 경우에는 시설을 전반적으로 점검하여야 한다.

4) 주기적으로 수질오염물질의 유입량, 유출량 및 제거율을 조사하여야 한다.

5) 시설의 유지관리계획을 적절히 수립하여 주기적으로 점검하여야 한다.

문제 **02** 온대지방 호수에 대하여 다음 사항을 설명하시오.

1) 수온 성층현상
2) 수심에 따른 수질 특성
3) 전도현상
4) 전도현상이 수질에 미치는 영향

정답

1. 수온 성층현상

1) 중위도지방에서 발생하는 현상
2) 수심 10m 또는 그 이상의 호소 수심에서 춘하추동마다 호소 수온의 상하방향 분포가 특징적으로 변화되는 현상
3) 성층은 순환층, 약층, 정체층으로 구분한다.

2. 수심에 따른 수질 특성

1) 순환층(Epilimnion)
   ① 최상부층으로 온도차에 따른 물의 유동은 없으나 바람에 의해 순환류를 형성할 수 있는 층으로서 일명 표수층(表水層)이라고도 한다.
   ② 공기 중의 산소가 재폭기 되므로 DO의 농도가 높아 호기성상태를 유지한다.

2) 약층(Thermocline)
   ① 정체층의 중간층에 해당한다.
   ② 수온이 수심이 1m당 ±0.9℃ 이상 변화하므로 변온층이라고도 한다.

3) 정체층(Hypolimnion)
   ① 온도차에 따른 물의 유동이 없는 호수의 최하부층이다.
   ② 용존산소가 부족하여 혐기성화 발생, CO_2, H_2S 등의 농도가 높다.

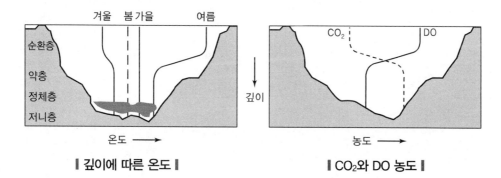

┃ 깊이에 따른 온도 ┃   ┃ CO_2와 DO 농도 ┃

3. 전도현상

연직방향의 수온차에 따른 순환 밀도류가 발생하거나 강한 수면풍의 작용으로 수괴의 연직안정도가 불안정하게 되어 상하의 물이 연직 혼합이 되는 현상

1) 봄순환

① 봄철 표층수 수온 증가

② 표층수의 수온이 4℃ 부근에 도달하면 밀도가 최대로 되며 층수의 침강력은 전수층에 영향을 주어 불안정한 평형상태가 됨

③ 수면풍이 작용할 경우 연직혼합을 더욱 촉진

④ 저층의 영양염이 상부로 공급

2) 가을순환

① 가을이 되면 외기온도가 저하 표층수의 수온이 4℃ 부근에 도달

② 무거워진 표층수에 의한 침강력 작용으로 전수층에 불안정한 평형상태를 갖게 됨

③ 봄철 순환과 같은 연직혼합이 일어남

4. 전도현상이 수질에 미치는 영향

전반적으로 호소의 수질이 평준화하는 현상을 가져오지만 다음과 같이 부영화를 촉진하는 결과를 가져온다.

1) 성층된 수체

바닥 조류 등의 초기 유기물 호기성 분해 → 용존산소 고갈 → 혐기성화 → 부패현상 발생 → 암모니아, 황화수소, 메탄 발생 → 미생물의 인 방출 → 영양염 방출

2) 순환기

저층에 존재하는 상기 물질 → 수체와 함께 상부로 이동 부상 → 생물증식에 이용 → 부영양화 현상 촉진

문제 03 해수의 담수화 방식을 분류하고, 담수화시설 계획 시 고려사항을 설명하시오.

정답

1. 개요

해수담수화란 바닷물에서 염분과 유기물질 등을 제거해 식수나 생활용수 등으로 이용할 수 있도록 담수를 얻는 것을 말한다. 고전적인 방법으로는 상의 변화를 유발하는 방법으로 해수를 증발시켜 염분과 수증기를 분리하는 증발법, 상의 변화를 유발하지 않는 물은 통과시키고 물속에 녹아 있는 염분은 걸러내는 역삼투압 방식 등이 있다. 이 외의 방법으로 막을 이용한 전기흡착법, 전기투석법, 막증발법 등이 있다.

2. 해수담수화 방식

해수담수화를 위해 일반적으로 증발법, 전기투석법, 역삼투법의 3가지 방식을 이용한다. 기술적으로는 증발법이 가장 빨리 상용화되었고 다음으로 전기투석법이 개발되었다. 최근에는 에너지소비량이 적고 운전 및 유지관리가 용이한 역삼투법의 비중이 점차 커지고 있다.

① 증발법

증발법은 해수를 가열하여 증기를 발생시켜서 그 증기를 응축하여 담수를 얻는 방법이다. 현재 실용화되어 있는 증발법은 다단플래시법, 다중효용법, 증기압축법 등이 있다.

② 전기투석법

전기투석법은 이온에 대하여 선택투과성을 갖는 양이온교환막과 음이온교환막을 교대로 다수 배열하고 전류를 통과시킴으로써 농축수와 희석수를 교대로 분리시키는 방법이다.

③ 역삼투법

역삼투법은 물은 통과시키지만 염분은 통과시키기 어려운 성질을 갖는 반투막을 사용하여 담수를 얻는 방법이다. 해수의 삼투압은 일반 해수에서는 약 2.4MPa(약 24.5kgf/cm²)이다. 이 삼투압 이상의 압력을 해수에 가하면, 해수 중의 물이 반투막을 통하여 삼투압과 반대로 순수 쪽으로 밀려나오는 원리를 이용하여 해수로부터 담수를 얻는다.

3. 시설 계획 시 고려사항

해수담수화시설의 도입계획은 해당 수도사업이 관할하는 지역의 물 수급계획을 합리적이고 경제적으로 만족시키는 수도사업계획의 범주 안에서 수립되어야 한다. 또한 장래의 수요예측에 대하여 확실한 수원확보대책으로 지표수원과 해수담수화 양쪽을 어떠한 방법으로 개발할 것인가를 선택하는 것이 문제이다.

해수담수화시설 도입과 시설규모 결정에는,
① 지표수계 수원개발의 가능성 및 안정성과 그 전망(갈수에 대처도 고려)
② 지표수계 수원개발과 해수담수화로 생산된 물의 가격 비교 및 입지조건
③ 지표수계 수원과 해수담수화시설의 종합적 운용방법 등에 관하여 포괄적으로 검토한다.

일반적인 도입과정의 흐름은 그림과 같다.

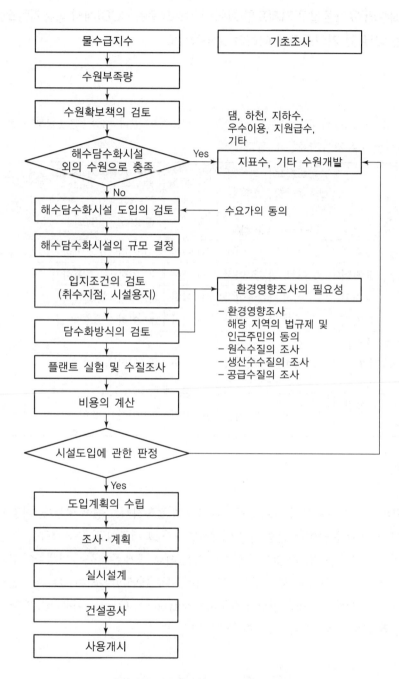

┃ 해수담수화시설 도입과정의 흐름도 ┃

문제 04 폐수의 유기물질 관리지표인 BOD, COD, TOC의 측정원리 및 측정방법을 비교·설명하고, 폐수의 유기물질 관리지표를 화학적 산소요구량(COD)에서 총유기탄소량(TOC)으로 전환하는 이유 및 기대효과에 대하여 설명하시오.

정답

1. 개요

유기물 측정지표로는 BOD_5, COD_{Mn}, COD_{Cr}, TOC 등이 있다. 2021년 1월부터 실시되는 공공하수처리시설의 유기물지표는 다음과 같다.

구분		생물화학적 산소요구량 (BOD) (mg/L)	총유기 탄소량 (TOC) (mg/L)	부유물질 (SS) (mg/L)	총질소 (T-N) (mg/L)	총인 (T-P) (mg/L)	총대장균 군수 (개/ml)	생태 독성 (TU)
1일 하수 처리용량 500m³ 이상	Ⅰ지역	5 이하	15 이하	10 이하	20 이하	0.2 이하	1,000 이하	1 이하
	Ⅱ지역	5 이하	15 이하	10 이하	20 이하	0.3 이하	3,000 이하	
	Ⅲ지역	10 이하	25 이하	10 이하	20 이하	0.5 이하		
	Ⅳ지역	10 이하	25 이하	10 이하	20 이하	2 이하		
1일 하수처리용량 500m³ 미만 50m³ 이상		10 이하	25 이하	10 이하	20 이하	2 이하		
1일 하수처리용량 50m³ 이상		10 이하	25 이하	10 이하	40 이하	4 이하		

2. 측정방법

1) BOD

일정량의 시료를 채취하여 시료를 공기와 충분히 접촉시키고 병에 넣는다. 이후 병을 밀봉하여 20℃의 어두운 곳에서 일정 기간 배양하였다가 그 시료의 잔존 산소량을 측정한다. 배양 전과 후의 산소 농도차, 즉 없어진 산소의 양은 시료 내에 존재하는 미생물이 유기물질을 분해하는 데 소비한 산소의 양을 의미하고, 이는 시료 내에 함유되어 있는 유기물질의 함량에 비례한다. 일반적으로 용존 산소량(DO ; Dissolved Oxygen)을 이용하여 배양을 시작한 지 5일 후의 값을 측정하는데, 이것이 BOD_5이다.

2) COD_{Mn}

화학적 산소요구량이며 BOD와 마찬가지로 물의 오염 정도를 나타내는 기준으로 유기물의 오염물질을 산화제 $KMnO_4$로 산화할 때 필요한 산소량으로 나타낸다.

시료를 황산산성으로 하여 $KMnO_4$ 일정과량을 넣고 30분간 수욕상에서 가열반응시킨 다음 소비된 과망가니즈산칼륨의 양을 구하기 위해 환원되지 않고 남아 있는 과망가니즈산칼륨을 옥살산나트륨($Na_2C_2O_4$)용액으로 적정하여 시료에 소비된 과망가니즈산칼륨을 계산하고, 소비된 $KMnO_4$으로부터 이에 상당하는 산소의 양을 측정하는 방법

3) COD_{Cr}

화학적 산소요구량이며 유기물의 오염물질을 산화제 $K_2Cr_2O_7$로 산화할 때 필요한 산소량으로 나타낸다. 시료를 황산산성으로 $K_2Cr_2O_7$ 일정과량을 넣고 2시간 가열반응 다음 소비된 크롬산칼륨의 양을 구하기 위해 환원되지 않고 남아 있는 중크롬산칼륨을 황산제일철암모늄($(NH_4)_3Fe(SO_4)_3$) 용액으로 적정하여 시료에 소비된 중크롬산칼륨을 계산하고 이에 상당하는 산소의 양을 측정하는 방법

4) TOC

① 시료 적당량을 산화성 촉매로(산화코발트, 백금 등) 충전된 고온의 연소기에 넣은 후 연소를 통해 수중의 유기탄소를 CO_2로 산화시켜 정량한다.

② 또는 시료에 과황산염을 넣어 자외선이나 가열로 수중의 유기탄소를 이산화탄소로 산화 후 정량하는 과황산 UV 또는 과황산 열 산화법이 있다.

3. 전환이유와 기대효과

1) 전환이유

현재 방류수의 유기물질 지표로 BOD_5, COD_{Mn}을 채택하고 있으나, COD 망간법은 산화력 부족으로 난분해성 유기물질을 측정하기 곤란하여 유기물질에 대한 신속·정확한 측정 및 근본적인 원인 규명이 어려워 발생원 관리대책을 마련하는 데 한계가 있다. 그러나 TOC는 수중에 존재하는 유기물질의 약 90% 이상, 실시간(~30분 이내)으로 측정 가능하고 사전예방적 수질관리를 위해 신속·정확한 모니터링 및 관리가 가능하다.

2) 기대효과

TOC는 유기물질 측정 비율이 높고 신속한 분석이 가능하여 측정결과에 대한 신뢰도 향상에 기여하며 TOC 지표전환을 통해 하수 중 난분해성 유기물질을 포함한 유기물질 관리와 하천·호소 환경기준 달성을 위한 통합적·효율적 유역관리가 가능하다.

＊존재하는 유기물질량을 정확하게 파악할 수 있어 수질오염 대책을 수립하고 정책적 우선순위를 결정하는 데 계량적인 판단 근거 제공

문제 05 정수처리에서 발생하는 THMs(총트리할로메탄)에 대하여 다음 사항을 설명하시오.

1) THMs의 정의
2) 생성원인 및 인체에 미치는 영향
3) THMs 생성에 영향을 미치는 요소
4) THMs 생성 전 제어방법
5) 생성된 THMs 제거방법

정답

1. THMs의 정의

메탄의 수소원자 3개가 할로겐원자(주로 염소, 브롬, 요오드)로 치환된 물질의 총칭

2. 생성원인 및 인체에 미치는 영향

1) 생성원인

정수처리의 염소 소독과정에서 물속에 함유되어 있는 부식질계 유기물(Humic Acid, Fulvic Acid 등)과 반응하여 생성되며, 수돗물 중에는 클로로포름 농도가 가장 높게 나타남

2) 인체에 미치는 영향

① 중추신경작용 억제, 간장과 신장에 영향, 중독되면 혼수상태 또는 사망
② 클로로포름이 함유된 물을 연속적으로 마실 경우 암 발생률 증가

3. THMs 생성에 영향을 미치는 요소

① pH 증가 시 THM 생성량 증가
② 온도 증가 시 THM 생성량 증가
③ THM 생성반응속도가 느려서 급수망 단말에서 THM 발생 가능성 높음
④ 전구물질 농도가 높을수록 생성량 증가

4. THMs 생성 전 제어방법

① 소독법의 전환 : 염소소독법에서 ClO_2, NaOCl법, 결합염소법, 오존처리, 자외선 처리 등
② 응집침전 강화를 통한 원수의 수질기준 강화에 의한 전구물질 제거
③ 오존전처리, 활성탄 처리 등에 의한 전구물질 제거

5. 생성된 THMs 제거방법

① 방치에 의한 THM 제거 : 클로로포름은 휘발산이므로 대기 중에서 48시간 방치하면 대기 중으로 확산
② 가열에 의한 제거 : 60도 이상이면 THM 농도 감소

③ 포기법

④ 활성탄 흡착 등

문제 06 건설현장에서 발생하는 산성배수(Acid Drainage)에 대하여 다음 사항을 설명하시오.

1) 발생원인
2) 환경에 미치는 영향
3) 치리방인

정답

1. 개요

산성광산배수는 휴폐광산 광해의 주요한 문제로 널리 인식되어 왔으며 건설공사 현장에서는 황화광물을 많이 함유한 지역의 지반굴착 건설현장에서 산성배수의 발생과 이로 인한 환경오염과 구조물의 안정성 저해가 발생된다.

2. 발생원인

황화광물(Sulfides)은 암석과 퇴적물에 흔히 산출되는 광물로서 퇴적물의 속성작용, 열수로부터 침전, 열수와 암석의 반응 등 다양한 지질작용에 의하여 생성된다. 생성조건에 따라 argentite(Ag_2S), chalcocite(CuS), galena(PbS), sphalerite[(Zn, Fe)S], chalcopyrite ($CuFeS_2$), covellite(CuS), cinnabar(HgS), pyrite(FeS_2), arsenopyrite(FeAsS) 등 다양한 황화광물이 있으며 황철석(Pyrite)은 가장 흔한 광물로서 산성배수(Acid Drainage) 발생의 주원인 광물이다. 황화광물은 지하에서 대기와 차단된 상태로 존재하면 안정하나 지반굴착, 배수, 지하수위 강하, 준설 등에 의하여 지표환경에 노출되면 황화광물은 용존산소와 반응하여 황산을 생성하고 산성배수를 발생시킨다. 가장 흔한 황화광물인 황철석의 산화과정은 다음과 같다.

$$FeS_2 + 3.5O_2 + H_2O \rightarrow Fe^{2+} + 2SO_4^{2-} + 2H^+ \quad \cdots\cdots\cdots\cdots\cdots\cdots (1)$$

$$Fe^{2+} + 0.25O_2 + H^+ \rightarrow Fe^{3+} + 0.5H_2O \quad \cdots\cdots\cdots\cdots\cdots\cdots\cdots (2)$$

$$Fe^{3+} + 3H_2O \rightarrow Fe(OH)_3 + 3H^+ \quad \cdots\cdots\cdots\cdots\cdots\cdots\cdots\cdots (3)$$

$$FeS_2 + 14Fe^{3+} + 8H_2O \rightarrow 15Fe^{2+} + 2SO_4^{2-} + 16H^+ \quad \cdots\cdots\cdots\cdots (4)$$

황철석의 산화반응은 미생물의 작용과 순수 무기적인 반응의 복합과정이다. 황철석의 산화에 관여하는 미생물들은 Thiobacillus ferrooxidans, Thiobacillus thiooxidans, Thiobacillus novellus, Thiobacillus acidophillus, Sulfurlobus acidocaldarious, Leptospirillum ferrooxidans 등이 있다. 황철석의 산화반응 초기에는 반응 (1), (2), (3)이 우세하며 일정농도 이상의 수소이온(H^+)이 생성되면 $Fe(OH)_3$ 생성반응[반응 (3)]이 발생하지 않고 Fe^{3+}는 황철석의 산화제로 작용하여 많은 양의 황산을 생성한다[반응 (4)]. Fe^{2+}의 Fe^{3+}로 산화반응에는 용존산소뿐만 아니라 미생물의 작용이 중요한 것으로 알려져 있다. 미생물작용에 의한 Fe^{2+}의 산화는 용존산소에 의한 반응보다 수만에서 수십만 배 높은 것으로 알려져 있다.

황화광물의 산화에 의하여 생성된 산성배수는 수소이온을 소모하면서 조암광물의 용해도를 증가시킨다.

$$NaAlSi_3O_8 + 4H^+ + 4H_2O$$
$$Na^+ + Al^{3+} + 3H_4SiO_4 \quad \cdots\cdots\cdots\cdots\cdots\cdots\cdots\cdots\cdots\cdots\cdots\cdots\cdots\cdots\cdots\cdots\cdots (5)$$

따라서 산성배수는 황화광물로부터 용출된 Fe, 중금속, SO_4^{2-}뿐만 아니라 조암광물의 용해과정에 용출된 다양한 종류의 이온을 함유한다. 일반적으로 산성배수는 높은 농도의 Fe, Al, 중금속, SO_4^{2-}를 함유하는 특성을 가진다.

3. 환경에 미치는 영향

1) 수중생물에 미치는 영향
   ① 어류, 수생식물 등의 생장장애 등을 유발
   ② 서식처 변화, 물고기의 산란방해 등을 유발
   ③ 중금속 농도를 증가시키므로 수생생태계에 악영향
   ④ 하천수의 유기물을 분해하는 세균은 낮은 pH에서 활성이 낮아지므로 하천의 자정작용이 억제
   ⑤ 수산화물의 침전에 의해 저서조류(Benthic Algae), 저서성대형무척추동물(Benthic Macroinvertebrates) 등의 서식에 악영향

2) 수자원에 미치는 영향
   ① 낮은 pH에 의한 중금속 오염
   ② 철산화물은 물색을 적색을 띠게 함

3) 심미적인 영향
   하천을 붉게 물들여 경관을 크게 해친다.

4) 구조물 등에 미치는 영향
   ① 암석풍화 촉진 및 사면안정성 저해(조암광물의 용해도 촉진)
   $$CaAl_2Si_2O_8(s) + 2H^+ \rightarrow Ca^{2+} + H_2O + Al_2Si_2O_5(OH)_4(s)$$
   ② 각종 금속물질이나 콘크리트 구조물의 부식을 증가, 시설물을 노후화, 내구성 저하

5) 콘크리트 및 아스콘 노후화 촉진

황화광물의 골재사용으로 인한 산성폐수 발생에 의한 2차 피해발생

4. 자연정화법

자연정화법은 대규모의 자연습지 또는 인공습지를 조성하고 식물을 식재하며 산성광산폐수를 유입시켜 자연적으로 산화 및 중화처리 되도록 하는 방법이다.

인공습지는 호기성 습지와 혐기성 습지로 분류된다. 호기성 습지에서는 산화작용, 수화작용 등이 발생하는데 이러한 과정을 통하여 폐수 중의 중금속이 불용성 금속화합물로 침전·제거된다. 혐기성 습지는 주로 유기물과 석회석을 충전하여 인공적으로 민드는 경우가 많은데 폐수는 이곳에서 황산염 환원균에 의해 중금속이 황화물로 제거된다.

1) 습지에서 중금속 원소들이 제거되는 과정

여과 및 흡착, 식물의 뿌리로의 흡수, 습지 내의 미생물 작용에 의한 황화물 침전 등에 의한다.

2) 습지식물에 의한 주요한 정화기작

① Phytoextraction

오염물질을 식물체 내로 흡수하여 농축시킨 후, 오염물질이 농축된 식물체를 제거하는 방식이다. 수확된 식물은 때에 따라 재이용할 수도 있으나 중금속 등 오염물질이 함유되어 있으므로 적절한 처리가 필요하며 대체적으로 소각 등에 의해 처리된다.

② Rhizofiltration

오염물질을 식물의 뿌리 주변에 축적, 여과시켜 식물체 내로 흡수시키는 과정이다.

③ Phytostabilization

식물체의 뿌리 주변에서 오염물질이 미생물학적·화학적 산화과정을 거치면 중금속의 산화도가 바뀌어서 불용성의 상태로 식물체의 뿌리 주변에서 비활성의 상태로 축적되거나 식물체에 의해서 이동이 차단되는 과정이다.

5. 처리방안

산성배수 발생의 근원이 되는 황화광물의 산화반응을 억제하는 방법에는 산화제인 O_2와 Fe^{3+}의 제거, 산화제인 Fe^{3+}의 생성 억제, 산화제와 황화광물의 접촉차단이 산성배수를 발생시킬 개연성이 높은 암석 혹은 폐기물에 유기물을 첨가하여 미생물을 활성화시켜 용존산소를 제거하고, 산소에 의한 Fe^{2+}의 Fe^{3+}로의 산화를 억제하는 방법이 있다. 중화제의 첨가는 발생된 산성배수를 중화시킬 뿐만 아니라 $Fe(OH)_3$의 침전을 유도하여 Fe^{3+}를 제거하여 산성배수의 발생을 억제한다. 또한 황화광물의 표면에 형성된 $Fe(OH)_3$는 산화제의 표면접촉을 억제한다.

미생물의 활동을 억제하는 살균제를 산성배수를 발생시키는 암석 혹은 폐기물에 첨가하여 황화광물의 산화를 억제하고 산성배수의 발생을 저감시킬 수 있다.

살균제를 이용한 산성배수 발생억제기술은 주기적으로 살균제를 살포해야 하고 살포된 살균제에 의한 2차 환경오염문제가 유발될 수 있어 현장 활용에 많은 제약이 있다.

산화제의 황화광물 접촉차단기술은 물리적 기법과 표면코팅기법으로 나눌 수 있다. 물리적 기법은 산성배수를 발생시키는 암석과 폐기물을 대기와 용존산소를 함유한 물로부터 격리시키는 방법이다. 지하공동 차폐저장, 수막 저장, clay liner, plastic liner, cement layer 혹은 asphalt를 이용한 지상차폐, 시멘트 등을 이용한 고형화 등이 대표적인 기법이다.

코팅 형성제는 유기물과 무기물로 대별된다. 유기물은 황화광물 표면에 흡착되어 소수성 코팅을 형성함으로써 산소와 Fe^{3+}의 표면접촉을 차단하고 흡착된 유기물은 환원제 역할을 하여 표면에서 산화제를 환원·차단한다. 무기물 코팅 형성제는 산화제, 인산염 혹은 규산염, 중화제로 이루어져 있으며 산화제는 황화광물의 표면을 산화시켜 표면으로부터 금속 이온을 용출시키고 용출된 금속이온은 인산염 혹은 규산염과 반응하여 황화광물 표면에 안정한 침전물을 생성하여 코팅을 형성한다.

제122회 · 3교시

수질관리기술사

문제 01 수돗물의 이취미에 대하여 다음 사항을 설명하시오.

1) 이취미를 발생시키는 주요 원인물질
2) 수원지에서의 유입방지·제거방법
3) 정수장에서의 제거방법
4) 배수계통에서의 발생억제방법

정답

1. 이취미를 발생시키는 주요 원인물질

수돗물의 맛 또는 냄새가 날 경우 그 원인이 되는 물질로서 이들은 구조가 매우 복잡하고 종류가 상당히 많기 때문에 특별히 어떤 물질이라고 정하는 것은 어렵다. 특히, 부영양화된 물에서는 2-methyl isoborneol(MIB)와 Geosmin이 냄새의 원인물질인데, 이들 물질은 곰팡이 냄새를 유발한다. 조류의 증식 외에도 방선균(Streptomyces)에 의한 물질, 저수조에서 발생한 미생물 반응물, 철, 망간 등이 있으며, 염소와 반응하여 발생하는 페놀류, 아미노류는 인간에게 매우 불쾌한 냄새를 유발한다. 이 중 주요 원인물질로는 조류증식에 의한 2-methyl isoborneol(MIB)와 Geosmin로 ppt 이하의 극히 낮은 농도에서 인지되는 특성을 갖고 있다.

2. 수원지에서의 유입방지·제거방법

취수구와 조류가 심한 지역에 대한 차단막 설치 등 조류제거 조치 실시, 수역에서 부상분리에 의한 조류의 제거, 선택취수 가능 시 조류증식 수심 이하로 취수구 이동을 통해 조류 유입을 최소화한다.

3. 정수장에서의 제거방법

1) 남조류의 효과적인 처리방법

구분	입자(조류세포 내)	용존(조류세포 외)
처리공정	응집-침전-여과	활성탄, 오존
공정운전	• 전염소↓, 중염소↑ • 최적 pH 조절 • 응집제 최적 주입 • 침전슬러지 회수주기 단축	• 분말활성탄 최적 주입(주입지점, 주입량 등) • 오존/입상활성탄 적정 운영
제거효율	G/M 약 100% (※ G : 지오스민, M : 2-MIB)	분말활성탄-G 약 70%, M 약 50%, 오존&입상활성탄 G/M 약 10%

2) 규조류에 의한 비린내 발생 시 전염소처리 강화

3) 고도산화법 도입($UV + H_2O_2$, 오존 + H_2O_2)

4. 배수계통에서의 발생억제방법

배출수 계통(침전슬러지, 역세척배출수)으로부터의 회수 중지

5. 정수지 주의사항

정수지에서는 맛, 냄새 발생 시에는 전염소 주입 감소 시 후염소 관리강화를 하며, 정수지 pH 상승 시 적정 소독능 유지를 위해서 고수위 유지를 하며 수질항목 기준 초과 시(지오스민, 2-MIB 기준 초과 시) 주민공지를 실시한다.

문제 02 수중에 존재하는 암모니아성 질소에 대하여 다음 사항을 설명하시오.

1) 일정온도하에서 pH에 따른 암모니아와 암모늄 이온의 비율변화
2) 생태독성

정답

1. 암모니아성 질소

암모니아성 질소는 단백질이 분해되면서 생성되는 물질로 수중의 물고기 아가미에 염증을 유발하여 죽게 하거나 질산화 과정에 수중의 용존 산소를 소모하여 수생태계에 영향을 미친다.

2. 일정온도하에서 pH에 따른 암모니아와 암모늄 이온의 비율변화

① 암모니아가스는 물에서 pH와 수온에 따라 다음과 같이 해리한다.

$$NH_3 + H_2O = NH^{4+} + OH^-$$

총암모니아염은 용액 중에 NH^{4+}와 NH_3의 형태로 분포한다.

② NH_3-N는 강한 독성을 나타내는데 NH_3의 %는 다음과 같은 식으로 계산된다.

$$NH_3(\%) = 100/(1 + 10^{pka-pH})$$

전리과정의 결정인자는 pH라 할 수 있다.

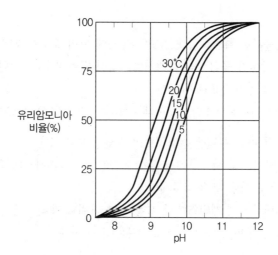

유리 암모니아는 pH와 수온이 증가할수록 성분이 많아진다.

즉, 일정온도일 때 pH가 증가할수록 유리 암모니아 농도가 증가한다.

3. 생태독성

암모니아의 경우 어류 아가미 조직의 이상조직과 상피조직의 손상을 유발, 혈액의 산소 운반 기능의 저하, 에너지 물질인 ATP의 생성도 억제, 간과 신장의 대사과정을 방해하는 등 전반적으로 어류의 생리기능에 피해를 준다.

환경부 실험에 의하면 암모니아성질소(NH_3-N)는 pH에 따라 암모늄이온(NH^{4+})과 유리 암모니아(NH_3)로 상변화가 일어나며 pH가 상승하면 생태독성도 증가된다. 즉, 유리 암모니아(NH_3) 증가로 독성이 증가하며 필요시 폭기를 통해서 유리 암모니아 농도를 줄여 독성을 줄일 수 있다.

문제 03 수질오염총량관리제도의 도입 현황, 제도시행의 한계 및 개선방안에 대하여 설명하시오.

정답

1. 수질오염총량제도 개요 및 도입 현황

1) 도입 의의

- 농도관리의 한계 : 도시화, 산업화 등으로 하천 유입 오염물질의 총량이 증가, 배출농도 중심의 관리로는 수질관리 한계에 직면*

  * 경안천(팔당호 유입하천)의 경우 유역의 오염원 증가로 배출허용기준을 준수했음에도 오염물질 배출량이 많아져 Ⅳ등급 수준인 BOD 6.4mg/L로 악화('03년)

  → 수계구간별 목표 수질을 달성 · 유지하기 위해 단위유역별로 오염물질 배출총량을 관리하는 정책으로 전환

2) 도입 현황

① 도입 : 4대강 물관리 특별종합대책('98~'01)에 따라 오염총량제 도입

• 한강(팔당), 낙동강(물금), 금강(대청호), 영산강(주암호) 상수원의 수질개선을 위해 유기물질 개선을 주요목표로 설정*

＊ 팔당(1.5 → 1.0), 물금(4.8 → 2.9), 대청호(3.2 → 2.0, COD), 주암호(2.9 → 1.9)

② 확대 : 4대강 및 기타 수계에 순차적으로 오염총량제 시행

• 한강 : 특대지역 7개 시·군에서 우선 시행('04~'12)하고(임의제), '13년부터 경기, 서울, 인천으로 시행 확대(의무제)

• 3대강 : '04년부터 수계전역에서 시행, 5년 단위로 계획

• 기타 수계 : 진위천('12~), 삽교호 수계('19~) 시행

3대강 수계 (낙동강, 금강, 영산강·섬진강)		한강 수계		기타 수계 (임의계)	
1단계	'04~'10년 대상물질:BOD	임의제	'04~'12년 대상물질:BOD 특대지역 지자체	진위천 수계	'12~'20년 대상물질:BOD 경기 수원, 화성 등 8개 지자체
2단계	'11~'15년 대상물질:BOD, T-P* * 금강은 대청호 상류지역만 적용	1단계	'13~'20년 대상물질:BOD, T-P 서울, 경기, 인천		
3단계	'16~'20년 대상물질:BOD, T-P	2단계	'21~'30년 대상물질:BOD, T-P 서울, 경기, 인천, 강원, 충북	삽교호 수계	'19~'30년 대상물질:BOD 충남 천안, 아산, 당진
4단계	'21~'30년				

3) 그간의 성과

① 배출허용기준 중심의 사후관리에서 환경용량을 고려한 사전예방적 관리로 전환

오염원 관리계획을 수립, 매년 평가를 통해 하천의 환경용량 이내로 유역 내 오염원을 통합 관리, '선삭감, 후개발' 원칙에 따라 개발 허용

② 환경기초시설 투자 확대 및 운영 효율화 유도

• 총량제 시행('11~'15) 기간 동안 하수처리장(560천 톤/일) 신·증설, 하수관로 정비(4,784km)

• 공공하수처리시설의 법적 방류기준보다 강화된 총량관리 기준을 설정하여 처리공정 및 운영 개선 유도

＊ 방류수질 기준을 강화하여 법적 방류기준 준수 시보다 BOD 42,597kg/일(286개소), T-P 1,314kg/일(321개소) 저감('15년 기준)

③ 오염물질 부하량 저감을 통한 하천 수질 개선

• 부하량 감축 : '10년 대비 오염물질 부하량을 BOD 25.8%, T-P 45.5% 감축(3대강)

• 수질 개선 : 제도 시행 전 대비 BOD 18.5~46.7%, T-P 62.9~78.9% 개선(3대강)

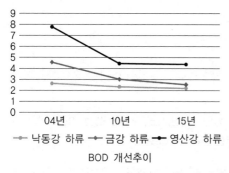

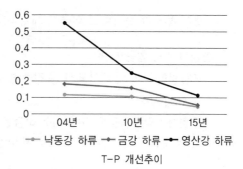

BOD 개선추이 · T-P 개선추이

┃3대강 수질개선 추이┃

2. 제도시행의 한계점

1) 제도 여건의 변화

① 총량관리제도 여건 변화
- 계획기간 변경 : 계획 수립·이행 기간이 중장기로 변경(5 → 10년)됨에 따라, 예측 및 평가기능 강화, 탄력적 제도 운영 등 대응체계 개편 필요
- 난분해성 유기물질 증가 : 하천환경기준('15), 배출기준('21) 등에 TOC 항목을 도입하여 난분해성 유기물질에 대한 관리를 강화

② 하천수질관리에 대한 이해관계자 요구 변화
- 물환경 수요 : 물놀이 수요 증가, 수생태계 건강성 회복 등 지천·하류까지 물환경복지에 대한 국민관심 증가
- ＊ 전문가 설문조사(환경부, '16.12)에서 강화·확대되어야 할 물환경정책으로 '수생태 건강성 복원 정책'(36.5%)을 두 번째 주요 정책으로 제시

③ 지자체
지자체별 총량관리 여건에 맞도록 제도체계 정비 요구
- ＊ 수질이 좋은 지역에 대한 인센티브 도입, 평가·제재 규정 정비 등

2) 제도시행의 한계('04~'15)

① 점오염원 및 유기물질(BOD) 중심의 총량관리
- 점오염원 삭감 치중 : 삭감이 용이한 공공하수처리시설 위주＊로 총량계획을 수립·이행하고, 가축분뇨, 도로먼지 등 비점오염원에 대한 관리는 상대적으로 미흡
- ＊ 부하량 삭감이 인정되는 공공처리장 신증설에 주력하고, 가축분뇨·개인오수처리시설·비점오염원(농경지, 도로) 등 다양한 수질개선 노력은 미흡한 편

② 유역관리 측면의 원인분석 및 정책대안 제시 미흡
- 결과중심의 관리 : 지자체는 주요 오염원의 근본적 저감 노력보다는 처리시설 확충을

통한 부하량 삭감방식 위주로 제도 이행

③ **환경청 기능 활용 미흡**
- 오염원인 분석 및 대안제시 등 정책평가 미흡으로 환경청의 다양한 유역관리 정책수단*
  과 연계 부족
  ＊ 환경청은 각종 삭감계획(하·폐수, 비점 등) 승인·예산 지원, 오염원 점검, 각종 수질개선사업 추
  진, 상수원관리 등 규제부터 지원까지 다양한 관리 수단 보유

- 총량제도는 종합적인 오염원관리 계획 및 이행관리 체계를 운영함에도 불구, 할당부하
  량 초과 등 결과중심의 평가에만 국한

④ **지류개선 미흡** : 본류 위주의 단위유역 수질개선에 중점을 두고 있어, 지역주민이 쉽게 체
  감할 수 있는 지류 수질개선에는 한계
  ＊ 총량관리 목표수질이 설정된 하천의 90%가 하천 본류 또는 제1지류에 해당

⑤ **지역사회 참여 부족** : 오염물질의 지속적인 저감을 위해서는 지역 주민의 참여가 필수적
  이나, 현행제도는 정부·전문가 중심으로 추진

3) 체계적 관리 미흡으로 제도 시행효과 반감

① **시행계획 수립 면제지역 관리 소홀** : 목표수질을 이미 달성한 지역은 시행계획 수립을 면
  제하여 '지자체 관리부담을 완화'하고 있으나, 당초 제도취지와 달리, 오염원 관리 소홀
  로 이어지는 경향이 나타남

② **관리체계 전반** : 개선조치(연차평가 결과) 불이행 지자체에 대한 실효적 강제수단 미비*,
  인센티브 부재로 지자체 수질개선 노력 유인에 한계 등
  ＊ 이행평가 결과 부하량 초과지역에 대해 삭감계획 이행, 시행계획 변경 등의 개선조치 불이행시 조
  치기간 미설정 및 미이행시 실효적 제재규정 부재

4) 총량관리의 과학적 정밀성 보완 필요

① **수질 – 오염원 인과분석** : 오염배출량 감소에도 수질이 악화되는 사례가 나타나 제도 신뢰
  도 저하 우려
- 현장조사 및 실측에 기반한 계획 수립 및 평가, 부하량과 수질간의 보다 과학적인 분석
  자료 제공 필요

② **기초자료의 정확도 저해** : 오염원 조사 시 지자체 제출 자료에 의존(현장조사·실측 미흡) 등

3. 개선방향

1) **총량관리 항목 확대** : TOC 총량관리 항목 도입

① **도입배경** : 수체 내 난분해성 유기물질 배출 증가에 대응하기 위해 총량관리물질로 TOC

항목 도입(현행 BOD, T-P)

　＊ BOD는 유기물질의 20~40% 측정, TOC는 유기물질의 90% 이상 측정 가능

② **추진내용** : '22년 주요지역 총량제 시범 도입, '26년부터 전국수계로 확대 추진

  • 기술 · 제도적 시행기반 마련 이후 TOC 목표수질 설정 및 오염부하량 할당

③ **기대효과** : 오염물질 관리대상 범위 확대(생분해성 물질 → 고난분해성 물질)

  • 주요배출원 관리를 '생활하수 중심'에서 산업폐수 및 비점까지 확대 · 강화

2) 비점오염원 관리 강화

　① 지류총량관리 오염 지천에 내한 실측 기반의 지류총량관리 도입

  • **도입배경** : 현행 오염원 조사기반의 총량관리체계 한계＊를 보완하고자 실측 · 현장조사를 통한 총량관리 방안 도입

　　＊ 비구조적 · 간헐적인 발생 오염원(가축분뇨 방치, 무단방류, 관거누수 등)에 대한 관리 곤란

  • **관리방식** : 현장조사를 통한 맞춤형 저감방안을 마련하여 마을단위(민관협의체 구성 · 운영 등)의 이행책임 부여

  • **재정지원＋인센티브** : 지류총량관리 비용 지원＊, 성과지역에 대해 현행 총량제(본류 중심)와 연계(삭감량 인정) 및 친환경 사업 지원 등

　　＊ 주민지원사업, 비점오염저감, 가축분뇨 처리, 도랑살리기 등 기금지원

  • **기대효과** : 관(官) 주도 저감이 어려운 생활 비점오염원(경작, 쓰레기 등) 관리강화, 주거인접 지천의 수질개선으로 주민의 친수공간 확대

　② 오염물질 삭감방안 다양화

　　㉠ **도입배경**

  • 도로먼지, 경작지오염 등 비점오염원이 전체 오염원에 차지하는 비중은 높음에도 불구, 비점오염원 저감 노력 미흡

  • 비점오염원 저감방식 중 체계적 관리 · 평가가 어려운 비시설적인 저감방안에 대해 평가방식을 개발하여 비점 저감 확대 유도

　　　＊ 현재는 비점오염저감시설 등 저감효율이 인정된 시설 운영 시에만 저감 인정

　　㉡ **주요내용** : 우선 측정 · 평가가 용이한 '도로청소'를 저감방안으로 인정('18), 그 외 수단＊은 시범사업 성과를 토대로 단계적으로 확대('19년~)

　　　＊ 농경지 시비 조정, 농수로 물꼬 관리 등

3) 총량관리 제재 · 유인(誘引) 강화

① 시행단계 관리 강화

시행계획 미수립지역에 대한 중간평가 및 불이행 지역에 대한 이행력 확보수단 도입

② 개발사업 관리

- 개발 인허가 전에 허용총량이내 개발 여부 등을 환경청에 사전 검토하도록 하는 개발사업 협의제도 내실화
- 협의대상 확대 : 현행 환경영향평가 등 규모가 큰 사업 외에 오염 배출이 높은 축산시설(허가 이상), 폐수배출시설(1~3종) 등도 추가

③ 인센티브 활용

총량제 시행 우수 지자체는 안전율 조정(10% → 5%), 수질개선사업 예산 지원, 포상금 지급 등 이행 유인체계 마련

④ 물 사용 · 재이용 정책 연계

- 물 이용단계부터 오염저감 유도
- 빗물, 중수도, 하수 처리수 재이용 등을 오염배출량 저감방안의 주요 수단으로 활용될 수 있도록 제도 개선
  * 방류량 측정지점 이후 재이용 공급관로가 설치된 경우 배출부하량 산정에 반영되지 않고 있어 별도 유량계 설치, 재이용 용도 등 조사를 통해 저감량 인정

4) 이행평가 개선 및 환경청 권한 강화

① 정밀평가도입

오염부하량 초과 등 결과 중심의 이행평가를 보완하여 원인분석 · 대안제시 등을 위한 현장중심의 정밀평가 도입

② 환경청 권한 강화

현행제도는 기술적 검토 중심(할당부하량 준수 확인)의 관리체계로 진행되어, 환경청의 다양한 정책수단 활용 제한

5) 조사 및 관리 시스템 개선

① 오염원 조사체계 개선

- 부하량 원단위 현행화 : 오염원별 원단위 적정성 검토 및 물환경 여건변화를 고려하여 현행화
- 검증체계 강화 : 타 부처 정책정보 활용근거 명문화, GIS 검증체계도입(시설 폐쇄 여부, 공공하수처리 등 확인)
- 실태조사 : 오염우심지역에 대한 환경청 실태조사

- 지자체 전문성 강화 : 지자체 오염원조사 업무 기피 및 관행적인 업무처리(기존조사 자료 제출 등) 등 개선을 위해 관리방안(교육, 인센티브 등) 마련

② 물 측정망 연계 · 확대
- 기존 측정망 : 물관리 기관별로 운영 중인 수질 · 유량측정망 연계 · 조정(측정주기 · 항목 · 지점 등)으로 통합분석 능력 강화
- 신규 확대 : 지천까지 측정망을 확대하여 본류부터 지류까지 수질 변화추이 분석, 오염 지천 확인 및 원인분석 등을 위한 정책자료 제공

③ 총량 전산시스템 개선 : 전산시스템으로 지역개발사업 협의를 진행하여 부하량 실시간 관리 및 협의절차 간소화

문제 04 연안해역에 화력발전소 운영 시 발생되는 온배수(溫排水)의 정의, 온배수 확산이 해양환경에 미치는 영향 및 저감대책에 대하여 설명하시오.

정답

1. 개요

발전소에서는 발전에 사용된 증기를 물로 응축시켜 재사용하기 위하여 다량의 냉각수를 필요로 한다. 이 과정에서 온도가 상승된 물이 주변으로 방출되고 이렇게 자연수온보다 높은 온도를 지니면서 주변의 하천이나 호수 또는 바다로 배출되는 냉각수를 온배수(溫排水, Thermal Effluents 또는 Thermal Discharges)라고 부르고 온배수는 주변의 수온을 상승시키는 열오염 (Thermal Pollution)을 발생시킨다.

2. 온배수가 해양환경에 미치는 영향

1) 식물플랑크톤

발전소 온배수가 유입되는 해역의 식물플랑크톤은 계절에 따라 다르게 반응한다. 대체로 봄과 가을에는 자연 수역보다 온배수가 유입되는 해역에서 식물플랑크톤의 생산력이 증가하는 경향을 보인다. 그렇지만 여름철에는 온배수가 유입되는 해역에서 식물플랑크톤의 생산력이 온배수의 영향을 받지 않는 곳보다 오히려 감소하는 양상을 나타낸다.

2) 동물플랑크톤

동물플랑크톤(Zooplankton)은 수명의 대부분을 물기둥에서 살게 된다. 이들의 횡적 이동은 물의 흐름에 의존하게 되므로 발전소 취수구에서 물의 흐름을 따라 연행되기 쉽다. 동물플랑크톤은 주로 윤충류(Rotifera)와 미소 갑각류(Micro-crustacea)로 구성되고, 미소갑각류는 요각류(Copepoda) 및 패충류(Cladocera)를 포함한다.

많은 수역에서 동물플랑크톤 개체군들은 일주기 또는 계절주기로 수직이동하고 있으므로 동물플랑크톤의 밀도는 시간 및 수심에 따라 변화할 수 있다. 따라서 발전소 취수구와 배수구의 위치는 동물플랑크톤이 연행되거나 온배수의 영향을 받는 정도를 결정짓는 데 중요할 수 있다.

동물플랑크톤의 경우 식물 플랑크톤의 경우와 마찬가지로 최소한 32~33℃까지는 온도보다 염소 처리가 동물플랑크톤의 높은 사망률의 주요 원인이 된다. 염소를 처리하면 연행 후 동물플랑크톤의 사망률이 30%로 현저하게 증가하는 것으로 현장 조사에서 밝혀졌다.

3) 해조류

온배수의 영향을 받는 곳에 서식하는 해조류는 대체로 조간대와 조하대에서 그 양상을 달리한다. 먼저 조석에 따라 물에 잠기거나 드러나는 조간대에 출현하는 해조류는 정상적인 조건에서도 온도 변화와 건조에 대하여 어느 정도 내성을 가지기 때문에 대체로 온배수에 대한 영향이 그다지 크지 않다. 반면에 항상 물에 잠겨 있는 조하대의 해조류는 조간대의 경우보다 훨씬 안정된 조건에서 생육하는 탓에 온배수의 영향을 받게 되면 생장이 감소하거나 출현종의 조성이 바뀌는 경향을 보인다.

4) 저서동물

저서동물의 군집은 오랫동안 수질의 오염 또는 압박에 대한 지표생물로 활용되어 왔다. 자연 수역에서 대형무척추동물의 온도 상한은 45~50℃이다. 하지만 저서동물의 최대 사망률은 배수온도가 36~37℃가 되는 여름에 나타났다.

5) 어류

물에서 발견되는 주요 생물집단 가운데 어류는 대체로 높은 수온에 대한 내성이 가장 약하다고 알려져 있다. Brock(1975)은 38℃ 이상 가열된 생태계에서 개체군을 존속시킬 수 있는 어류는 없고, 이 임계온도를 며칠 또는 몇 주일만 초과하더라도 어류 개체군이 감소한다고 결론지었다. 어류의 유생은 발전소의 취수구에 연행되면서 냉각 계통을 통과하여 사망률이 높아질 수 있다. 또한 염소를 0.11mg/L의 농도까지 처리할 경우 유생들의 치사율은 증가하였다. 결국 배수온도가 33℃를 넘는 경우, 발전소 냉각 계통을 통과한 후 생존하는 치어는 거의 없었다. 하지만 성어의 경우는 다르다. 우리나라 같은 온대 해역에 분포하는 대부분의 어류는 수온이 낮은 겨울철에 양분을 적게 섭취하고 성장도 아주 느리게 진행된다. 따라서 발전소의 폐열을 이용하게 되면 겨울철의 양분 섭취율을 증가시키고 결과적으로 성장률을 촉진시킬 수 있다.

6) 해수 생태계 파괴

수온이 상승하여 어떤 생물의 생육이 급격히 감소한다면 이는 나아가서 생태계 전반에 걸쳐 혼란을 야기할 수 있다. 해양생태계의 안정성은 바로 이들 생물 구성원의 다양성에 기초를 두고 있는 것이다. 그런데 만일 먹이사슬 또는 먹이그물을 이루며 연계되는 다양한 생물 가운데 어느 한 종류가 갑자기 사라진다면 이들을 먹이로 삼던 다른 생물이 타격을 받을 수 있고, 따라서 생태계는 전반적으로 혼란을 겪을 수 있다.

7) 열의 직접적인 영향에 의한 수중 생물 죽음

8) 겨울철의 광합성량 크게 저감, 안개발생으로 인한 선박의 항해장애

9) 독성화합물질의 작용력 증가, 세균의 번성에 따른 해태 양식장의 피해 증가 등

3. 저감방안

1) 냉각탑을 설치하여 폐열을 대기로 방출

2) 폐열의 효율적 분배
바다 공간의 입체적 이용-수심에 따른 효과 고려

3) 온배수의 적극 활용
① 온배수를 이용한 양식장 조성, 해양목장 조성
② 온배수를 이용한 해양생태 공원 조성

문제 05 "생태하천복원사업 업무추진 지침(2020.5), 환경부"에 포함된 다음 사항을 설명하시오.

1) 생태하천 복원의 기본방향
2) 우선 지원 사업
3) 지원 제외 사업

정답

1. 개요

"생태하천복원사업"이라 함은 수질이 오염되거나 생물서식 환경이 훼손 또는 교란된 하천의 생태적 건강성을 회복하는 사업을 말한다.

2. 생태하천 복원의 기본방향

1) "수생태계 건강성" 회복에 초점을 두고 사업계획을 수립
해당 하천의 생태계를 구성하고 있는 물리적·화학적·생물학적 요소들의 과거와 현재 상태를 조사하여 생태계의 훼손 현황과 원인을 정확히 이해하고 그 원인을 해결하는 데 초점을 맞

춘 복원대책을 수립

※ 하천의 공원화, 조경화에 치중하기보다 하천의 생태적 건강성을 회복하는 데 중점

2) 유역통합관리에 근거한 복원계획의 수립 · 추진

하천구역 내 특정 구간만을 고려하는 선적인 하천복원에서 벗어나 유역 내 토지이용, 오염원 관리, 하수도 관리, 물순환, 주택 · 교통계획 등 하천에 영향을 미치는 요소들을 종합적으로 고려한 계획수립 및 시행

3) 하천의 종 · 횡적 연속성이 확보될 수 있도록 계획을 수립

① 하천구역 내 특정 구간만을 고려하는 복원을 지양하고 하천 최상류에서 하류까지, 본류로 유입되는 지천 및 그 지천으로 유입되는 실개천까지의 연계성을 고려하여 계획 수립

② 사업구역을 하도를 넘어 수생태계 건강성 유지에 필요한 하천수변까지로 확장하여 정상적인 생물의 이동통로 및 물질의 교환 등 횡적인 연속성을 고려하여 계획 수립 · 하천 주변뿐만 아니라 수변 완충녹지 조성, 홍수터 복원, 생태습지 조성 등을 고려하여 복원

4) 깃대종 선정 등을 통하여 계획 단계에서부터 복원의 목표상을 고려

※ 깃대종(Flagship Species) : 어떤 지역의 생태적 · 지리적 · 문화적 특성을 반영하는 '상징 동 · 식물'로서 이 종을 보전 · 복원함으로써 다른 생물의 서식지도 함께 보전 · 회복이 가능한 종

• 사업완료 후 '깃대종 복원' 여부 등을 통해 생태하천 복원의 효과를 확인하고, 지속적인 모니터링을 통해 생물종 변화, 서식지 훼손 실태 등을 파악, 개선하는 시스템 구축

※ 생물 및 서식환경 조사 → 깃대종 중심의 복원계획수립 → 설계 · 시공 → 모니터링 및 유지 · 관리

5) 도심 하천의 물길 회복 및 생태공간 조성

산업화, 도시화로 인해 콘크리트로 복개되어 사라진 도심지역의 옛 물길을 복원

6) 하천별 특성 살리기

① 하천의 과거, 현재, 미래를 종합적으로 고려하고, 과거 하천의 모습은 인공위성, 역사적 문헌, 고령자의 증언 등을 통해 파악

② 하천별 고유의 역사와 문화를 살피고 이를 보전 · 복원하거나 새로운 하천문화 창출

3. 우선 지원 사업

1) 환경부에서 추진하는 수질개선 대책과 연계하여 추진하는 사업

① '통합 · 집중형 오염지류 개선사업'으로 선정된 하천

② '도랑유역 살리기', '비점오염원 저감대책'과 병행하여 추진하는 사업

③ '공단주변 오염우심 하천' 또는 '복개된 도심하천' 복원 사업

2) 하천의 종·횡적 연속성 확보를 위해 하천을 공유하고 있는 2개 이상의 지방자치단체가 공동으로 추진하는 사업 및 지역행복생활권으로 추진하는 사업

3) 지방자치단체에서 기업, 시민단체 등과 함께 협의체를 구성하여 추진하는 사업
협의체를 구성하고 있는 단체·개인의 참여확인서, 협의체 운영 목적, 활동계획 등을 제시

4) 지방자치단체에서 생태하천 살리기 아이디어 공모전을 통해 계획한 사업

5) 전반적인 수생태계 선상성 상태가 열악한 하천[수생태계 건강성 D(나쁨)~E(매우 나쁨) 등급]에서 추진하는 사업

6) 국가의 환경정책 목표 달성을 위해 필요하다고 인정되는 사업
① 수계의 정체성 확보를 위해 발원지에서 하구까지 복원이 필요한 하천
② 환경부의 수질개선 중·장기 계획에 의거 우선지원이 필요한 하천
③ 상수원보호구역, 특별대책지역, 수변구역 등에 위치한 하천
④ 총량관리 대상 지자체의 관할구역 내에서 수질개선이 필요한 하천

7) 계속사업은 당해연도에 시설 준공이 가능한 사업

4. 지원 제외 사업

1) 생태환경이 우수한 하천 또는 하천구간에 추진하는 사업
① 수생태계 건강성이 A(매우 좋음) 등급인 하천
※ 다만, 수생태계 건강성이 우수하여도 잠재적인 오염가능성, 기후적 원인으로 인한 유량 변화의 문제 발생 가능성, 외래종의 존재 혹은 침입가능성 등이 명확할 경우에는 생태하천 복원사업을 추진할 수 있음
②「자연환경보전법」에 따라 '생태·경관 보전지역', '습지보호지역'으로 지정된 하천 또는 하천구간

2) 수질 개선 또는 생태계 복원이 궁극적 목적이 아닌 사업
① 지방하천의 이·치수기능 확보를 주 목적으로 종합적인 하천정비를 하고자 하는 사업
② 체육공원·주차장·자전거도로 등 부대시설(친수시설 등) 설치, 하도준설, 골재채취, 보·교량 신규설치 등을 주목적으로 하는 사업

3) 동일 하천구간(연접 포함)에서 다른 하천사업과 병행하여 추진하는 사업
① 동일 하천구간(연접 포함)에서 "지방하천정비사업"과 "생태하천복원사업"을 동시에 시행하는 경우

② 동일 하천구간(연접 포함)에서 최근 3년 이내에 "지방하천정비사업" 또는 "생태하천복원사업"을 시행하였거나 예정되어 있을 경우

4) 사업시행 지방자치단체에서 협의절차 등을 미이행하는 경우(다음 항목 중 미이행 사실을 확인한 다음 연도부터 향후 3년간 신규사업 미반영)

① '수생태계 복원계획'을 수립 후 관할 유역(지방)환경청에 승인을 득하지 않은 경우

② 기본 및 실시설계 진행 시 기술검토 의무화를 이행하지 않은 경우

③ 설계서 최종 심의 시 '생태하천복원 심의위원회' 구성요건 미 준수 등 정상운영하지 않은 경우

④ 생태하천복원사업 추진 시 변경내용 공사 착공 전에 사업계획 변경승인 및 변경보고 절차를 거치지 않고 사업을 추진하는 경우

⑤ 사업이 완료된 후 5년간 사후관리 계획을 수립하지 않거나 수립한 이후에 이행하지 않은 경우

문제 06 「물환경보전법」에 명시된 완충저류시설에 대하여 다음 사항을 설명하시오.

1) 설치대상
2) 설치 및 운영 기준

정답

1. 개요

완충저류시설이란 공업지역 또는 산업단지 내 사고 및 화재 등으로 인한 사고유출수 및 초기우수를 저류하는 시설을 말한다.

2. 설치대상

1) 면적 150만m^2 이상인 공업지역 또는 산업단지

2) 특정수질유해물질이 포함된 폐수의 배출량이 1일 200톤 이상인 공업지역 또는 산업단지

3) 폐수배출량 1일 5천 톤 이상인 경우 다음 지역에 위치한 공업지역 또는 산업단지

① 배출시설 설치제한 지역(물환경보전법 시행령 제32조)

② 한강, 낙동강, 금강, 영산강 · 섬진강 · 탐진강 본류의 경계로부터 1km 이내인 지역

③ 한강, 낙동강, 금강, 영산강 · 섬진강 · 탐진강 본류에 직접 유입되는 지류로부터 0.5km 이내인 지역

4) 유해화학물질의 연간 제조 · 보관 · 저장 · 사용량이 1천 톤 이상이거나 면적 1m^2당 2kg 이상인 공업지역 또는 산업단지

3. 설치기준

1) 완충저류시설의 설치위치는 배수구역에서 발생될 수 있는 사고유출수, 초기우수 등의 유입, 저류수의 연계처리, 지역적 특성을 고려하여 선정하여야 한다.
2) 완충저류시설은 유입시설, 협잡물제거시설, 저류시설, 배출 및 이송시설, 부대시설 등으로 구성한다.
3) 완충저류시설은 사고유출수의 토양오염방지를 위하여 누수가 발생되지 않는 구조이어야 한다.
4) 유입시설은 배수구역 내에서 발생될 수 있는 사고유출수, 초기우수 등이 완충저류시설로 적정히 유입될 수 있도록 설치하여야 한다.
5) 유입시설 또는 협잡물제거시설에 사고유출수, 초기우수 등의 유입 및 수질의 이상 징후를 상시 측정·감시할 수 있는 장비를 갖추어야 한다.
6) 저류시설은 사고유출수의 하천 직유입 차단 및 강우 시 비점오염저감 기능을 갖추어야 한다. 다만, 비점오염저감시설이 설치되어 있는 경우에는 사고유출수 저류기능만 갖출 수 있다.
7) 저류시설은 대상 배수구역에서 발생될 수 있는 사고유출수, 초기우수 등을 안정적으로 저류할 수 있는 구조 및 용량을 갖추어야 한다.
8) 저류시설은 사고유출수, 초기우수 등의 저류로 인해 바닥에 퇴적된 퇴적물의 처리·제거를 위한 시설 및 구조를 갖추어야 한다.
9) 배출 및 이송시설은 사고유출수, 초기우수의 배출, 이송 또는 연계처리를 신속하게 수행할 수 있어야 한다.
10) 부대시설은 환기시설, 실시간 운영관리시설 등의 적절한 시설운영에 필요한 시설로 구성한다.

4. 운영기준

1) 전담관리인을 지정하여 시설을 효율적으로 관리하여야 한다.
2) 전담관리인은 사고발생 시 수질오염물질, 유해화학물질 등이 포함된 사고유출수의 하천 직유입을 차단할 수 있도록 신속히 조치하여야 한다.
3) 평상시 초기우수 처리를 위한 비점오염저감시설로 운영 중이더라도 사고유출수 유입에 대응할 수 있도록 운영하여야 한다.
4) 불시에 발생하는 사고유출수 및 초기우수를 효과적으로 관리하기 위해 유입시설 또는 협잡물제거시설 내 수질을 상시 측정·감시하여야 한다.
5) 청천 시, 강우 시, 사고유출수 발생 시 저류 등에 대한 계획을 수립하고 운영에 반영하여야 한다.
6) 지역 여건을 고려하여 목표처리 수준을 정하고, 저류시설에 유입된 사고유출수 또는 초기우수 등의 수질검사를 실시하여 배출, 이송 및 연계처리 등의 처리방법을 결정한다.
7) 시설의 운영관리 및 수질측정에 관한 사항을 기록하고 1년간 보존한다.
8) 완충저류시설은 연계처리하는 하수·폐수 처리시설 운영자 등에게 운영을 하게 할 수 있다.

수질관리기술사
제**122**회 | **4교시**

문제 01 하천구역 안에서 지정되는 보전지구, 복원지구, 친수지구에 대하여 설명하시오.

정답

1. 개요

하천관리청은 하천기본계획을 수립하는 경우에 하천구역 안에서 하천환경 등의 보전 또는 복원이나 하천공간의 활용 등을 위하여 필요한 경우에는 보전지구 · 복원지구 및 친수지구를 지정할 수 있다.

2. 보전지구

보전가치가 높은 곳으로서 인공적 정비와 인간의 활동은 최소화하고, 가급적 자연상태로 방임하는 지구를 말한다.

하천관리청은 법 제44조제1항에 따른 보전지구를 다음 각 호의 하천구역 내에 지정할 수 있다. 〈개정 2009.11.16.〉

① 하천의 자연생태계 유지를 위하여 보전가치가 큰 하천구역

② 수량이 풍부하고 수질이 양호하여 용수공급, 주민의 건강에 미치는 영향이 큰 하천구역

③ 특이한 경관 · 지형 또는 지질을 가진 하천구역

④ 다양한 하천생태계를 대표할 수 있거나 표본이 될 수 있는 하천구역

⑤ 중요하고 고유한 역사적 · 문화적 가치가 있는 하천구역

⑥ 제1호부터 제5호까지의 하천구역 외에 하천관리청이 보전할 필요가 있다고 인정하는 하천구역

3. 복원지구

하천구역이 훼손되어 보전을 위하여 복원할 필요가 있는 지역(하천정비사업 등 복원사업이 예정되어 있는 지역), 보전중심으로 관리, 인공시설물 설치 가급적 배제한다.

하천관리청은 제1항에 따라 지정된 보전지구 또는 제1항 각 호의 어느 하나에 해당하는 하천구역이 인간의 간섭이나 자연재해 등으로 훼손 또는 파괴되어 자연 · 역사 · 문화적 가치의 보전을 위하여 복원할 필요가 있는 경우 그 하천구역 내에 법 제44조제1항에 따른 복원지구를 지정할 수 있다.

4. 친수지구

시민들의 생활휴식, 문화 · 레저 · 자연체험 공간으로서 자연과 인간의 조화를 이루는 곳으로서 하천관리상 지장이 없는 범위 내에서 친수시설 설치 등 인공적 정비도 가급적 허용한다.

하천관리청은 다음 각 호의 어느 하나에 해당하는 하천구역 내에 법 제44조제1항에 따른 친수지구를 지정할 수 있다. 이 경우 친수지구의 지정 범위는 하천의 자연성 및 생태환경을 보전하기 위하여 최소로 하여야 한다.

① 직간접적인 친수활동을 목적으로 하천점용허가를 받아 상거래행위를 하는 하천구역

② 전통적으로 친수활동이 활발하게 이루어지고 있는 하천구역

③ 그 밖에 하천관리청이 지징할 필요가 있다고 인정하는 하천구역

문제 02 모래여과지에 대하여 다음 사항을 설명하시오(단, 필요한 경우 알맞은 공식을 기재하고 설명하시오).

1) 유효경
2) 하젠(Hazen) 공식에 의한 투수계수
3) 다시(Darcy) 법칙에 의한 모래여과지 수두손실 산정

정답

1. 유효경

모래입도 가적곡선에서 10% 통과경을 유효경이라 한다.

1) 세사

① 표면여과이 경향이 있고, 표면에 억류되는 탁질량으로 여과지속 시간이 짧아진다.

② 그러나 역세수량이 적고 사층의 두께를 줄일 수 있는 장점이 있으며 수질 측면에서는 좋다.

2) 왕사

① 내부 여과의 경향이 크므로 여과지속시간과 여과속을 증대할 수 있다.

② 그러나 역세척속도 및 사층의 두께가 커야 한다.

보통 급속여과지에서는 탁류율, 여과지속시간, 역세척유속, 여과속도 및 광범위한 원수수질 변화 등을 종합적으로 판단하여 유효경을 정하고 있다.

급속여과 모래유효경은 0.45~0.7mm에서, 완속여과 모래유효경은 0.3~0.45mm에서 선정한다.

2. 하젠(Hazen) 공식에 의한 투수계수

1) 투수계수란 매질의 유체통과 능력을 나타내는 지수로 통상 수리전도도와 같은 의미로 사용한다.

2) 단위체적의 지하수가 유선의 직각 방향의 단위면적을 통해 단위시간당 흐르는 양을 말한다.

3) 하젠(Hazen) 공식은 입경과의 관계에 의한 경험식이다.

4) 유효입경이 0.1~3mm이고, 균등계수가 5 이하인 균등한 모래의 투수계수를 결정한다.

$$k = cD_{10}^2 (\text{cm/sec})$$

여기서, k : 투수계수, c : 상수(100~150), D_{10} : 유효입경(cm)

3. 다시(Darcy) 법칙에 의한 모래여과지 수두손실 산정

다시(Darcy) 법칙은 흙의 간극 속에 흐르는 물이 층류인 경우에만 적용할 수 있다.

층류에 대한 Darcy의 계산식은 다음과 같다.

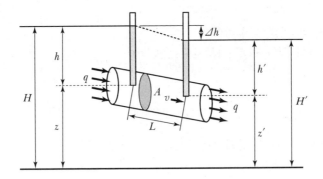

$$v = ki = k\frac{\Delta h}{L}$$

$$q = vA = kiA = k\frac{\Delta h}{L}A$$

여기서, v : 유출속도, k : 투수계수, i : 동수경사, Δh : 수두차
L : 물이 흐른 길이, q : 단위시간당 유량 A : 단면적

위 식에서 모래여과기 수두손실은 Δh로 구할 수 있다.

$$q = k\frac{\Delta h}{L}A$$

$$\Delta h = \frac{q \cdot L}{k \cdot A}$$

문제 03 토사유출량 산정방법(원단위법, 개정 범용토양유실공식)에 대하여 설명하시오.

정답

1. 개요

개발사업 등으로 인한 공사 시 토사 유출로 인한 인근 하천수질에 미치는 영향예측 등을 위한 토양유출 산정식에는 원단위법과 범용토양유실 공식이 있다.

2. 원단위법

원단위법은 개발특성이 비슷한 경험자료를 이용하여 단위기간 동안 단위면적에서 발생하는 토사유출 원단위($m^3/ha/year$)를 제시한 것이며, 제시된 원단위에 유역면적을 곱하여 연간 토사유출량을 산정하는 매우 단순한 방법임

3. 범용토양유실공식

범용토양유실곡선 USLE은 미국의 Wischmeier와 Smith(1960)에 의해 원래는 농경지의 토양 손실 예측을 위해서 개발되었으며 장기간에 걸친 토양 손실량을 추정하기 위한 모형이다.

$$Y = R \cdot K \cdot L \cdot S \cdot C \cdot P$$

여기서, Y : 연평균 토양손실량($t/ha/yr$), R : 강우침식계수($MJ/ha \cdot mm/hr$)
K : 토양침식지수($t/ha \cdot R$), L : 사면길이인자(무차원)
S : 사면경사인자(무차원), C : 식생피복인자(무차원)
P : 토양보존대책인자(무차원)

4. 수정 범용토양유실공식(Revised Universal Soil Loss Equation)

범용토양손실공식에 사용된 자료에 더 많은 현장치를 추가하여 수정·보완된 기법으로 Renard 등이 발표하였다.

보완된 내용으로는 강우침식인자(R)에 평탄한 지역의 고인 물에서의 R값의 감소량을 포함하였고 토양침식인자(K)에서는 계절별 조건이나 현장에 대한 자세한 고려가 가능하도록 하였으며, 지형인자(LS)에서는 동결과 해빙의 현상을 고려가 가능하도록 하였으며 복잡한 지형에 대한 구간을 나누어 계산하도록 하였다.

식생피복인자(C)는 토지이용 식생상태 및 표면의 조도계수 등에 대한 고려가 가능한 조건들이 포함되었으며 토양보존대책인자(P)에서는 윤작 및 배수상태 등이 고려되는 등 각종 인자들의 상세한 분류가 추가되었다.

5. 개정 범용토양유실공식(Modified Universal Soil Loss Equation)

USLE 식은 농경지나 건설현장과 같이 사면 마루부에서 판상 및 세류침식에 의한 연평균 토양침식을 위해서 개발한 기법으로 단일 강우에 의한 침식량을 산정할 수 없다. 이러한 단점을 보완한 것이 MUSLE이다.

$$Y = 95(Q \times q_p)^{0.56}\{K\}_a\{LS\}_a\{CP\}_a$$

여기서, Y : 단일호우에 의한 토양침식량
$\{K\}_a\{LS\}_a\{CP\}_a$: 면적가중치를 이용하여 산정한 유역의 USLE/RUSLE의 평균값

문제 04 특정수질유해물질배출량 조사제도에 대하여 설명하시오.

정답

1. 개요

「물환경보전법」 제46조의2에 따라 배출시설의 설치허가(변경허가를 포함한다)를 받은 자 중 환경부령으로 정하는 자는 매년 사업장에서 배출되는 특정수질유해물질의 종류, 취급량 · 배출량 등을 조사(이하 "특정수질유해물질 배출량조사"라 한다)하여 그 결과를 환경부장관에게 제출하여야 한다. 다만, 「화학물질관리법」 제11조제2항에 따라 화학물질 배출량조사에 필요한 자료를 제출한 경우는 제외한다.(2018년 1월부터 시행)

2. 특정수질유해물질배출량 조사제도

① 배출시설의 설치허가를 받아 특정수질유해물질을 배출하는 사업자는 해당 물질배출량을 조사하여 제출하고, 환경부에서 이를 확인 검증하여 일반에 공개하는 제도이다.

② 사업자 스스로 회사 내 특정수질유해물질 배출 현황을 파악하여 원천적으로 관리하고 줄일 수 있도록 하는 제도이다.

③ 조사주기는 연 1회이며 배출량정보를 공개하며 처벌규정에는 과태료(1천만 원 이하)가 있다.

3. 제도체계

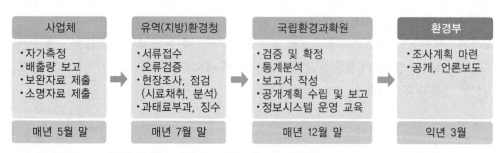

사업체	유역(지방)환경청	국립환경과학원	환경부
• 자가측정 • 배출량 보고 • 보완자료 제출 • 소명자료 제출	• 서류접수 • 오류검증 • 현장조사, 점검 (시료채취, 분석) • 과태료부과, 징수	• 검증 및 확정 • 통계분석 • 보고서 작성 • 공개계획 수립 및 보고 • 정보시스템 운영 교육	• 조사계획 마련 • 공개, 언론보도
매년 5월 말	매년 7월 말	매년 12월 말	익년 3월

• 유역(지방)청 : 조사업무 등 행정, 과학원 : 검증, 시스템구축

4. 조사대상

배출시설허가(변경허가 포함)를 받은 1~3종 사업장으로 특정수질유해물질을 적용기준 이상으로 배출하는 사업장

종류	배출 규모
제1종 사업장	1일 폐수배출량이 2,000m^3 이상인 사업장
제2종 사업장	1일 폐수배출량이 700m^3 이상, 2,000m^3 미만인 사업장
제3종 사업장	1일 폐수배출량이 200m^3 이상, 700m^3 미만인 사업장

5. 기대효과

① 특정수질유해물질에 대한 과학적 관리 기반 구축

② 폐수배출시설 허가제도 정상화

③ 특정수질유해물질 사고예방 및 감시기능 강화

문제 05 TMS(Telemonitoring System)에 대하여 설명하시오.

정답

1. 개요

수질 TMS란 하·폐수 종말처리장, 폐수 배출 업소의 방류 라인에 설치된 자동측정기기로부터 관제센터의 주 컴퓨터까지 ON-line으로 연결하여 수질오염물질을 상시 감시하는 시스템

2. 목적

1) 공공하수처리시설, 폐수종말처리시설, 폐수배출 사업장의 방류수질을 실시간 관리·점검하여 수질오염사고 예방

2) 사업장 스스로 수질현황을 분석·관리하여 공정운영의 효율성을 제고하고 자체 공정개선 유도

3) 신속·정확한 수질오염물질 배출현황 관리를 통해 합리적인 배출부과금 산정, 물환경정책 개선을 위한 기초자료 등에 활용

3. 대상

1) 공공폐수처리시설 : 700m^3/일 이상

2) 공공하수처리시설 : 700m^3/일 이상

3) 배출사업장 : 폐수배출량 200m^3/일 이상

4. 대상항목

pH, COD, SS, TN, TP, 적산 유량

5. 운영체계 효과

1) 2014년 기준 전국 하·폐수 배출량의 96.8% 실시간 모니터링
2) 2008년 대비 수질오염배출부하량 평균 35% 감소(하천 수질 개선)
3) 수질오염처리공정 개선 및 약품 에너지절감 효과 확실
4) 2018년 통신표준규격 실시, 관제센터업무범위 명확화, 합리적 운영을 위한 제도 규정
5) 2020년 수질 TMS 측정기기 적정운영관리를 위하여 수질오염공정시험기준을 개정 시행 (2020.6.29)
6) 숨김기능 삭제, 측정상수 수동입력 금지, 비밀번호 입력기능 등은 즉시 개선

6. 문제점

1) 수분석 값과 TMS 측정 값의 병행 활용 미비
   ① TMS 측정 값에 의한 초과 여부 판단으로 행정처분으로 인한 공무원이 지도·단속에 소홀할 가능성이 높음
   ② 사업장의 지나친 기계 값 의존 및 조작 가능성
   ③ 그러므로 행정기관에서 지도 단속 시 시료채취와 오염도 분석 시 수측정 값 우선 적용 실시 필요

2) 상대정확도 검사는 연 1회 일부 TMS 부착사업장만 실시
   ① 정기지도, 점검 시 상대 정확도 검사가 미비하여 TMS 운영실태 관리 감독이 미비함
   ② 향후 정기점검지도 시 정확도 검사를 같이 실시하여 TMS의 적정한 운영 도모 필요

3) 수질 TMS 부착업체에 대한 배출부과금 경감을 통한 동기 부여 실시 필요
4) 공공하수시설의 특성을 고려한 2Q 이상의 하수처리시설의 특성 고려 필요

123 _회 수질관리기술사

•• 1교시 다음 문제 중 10문제를 선택하여 설명하시오.(각 10점)

1. 분류식 하수관거 월류수(Sanitary Sewer Overflows, SSOs)
2. 속도경사(Velocity Gradient, G)
3. log 제거율과 % 제거율의 관계
4. 하수관거에서의 역사이펀(Inverted Siphon)
5. 지하수 환경기준 6가지 분류와 지하수의 수질기준(음용수 이외의 이용 시) 2가지 분류
6. 합리식
7. 블록형 오탁방지막(개요도, 장단점)
8. 도로 비점오염물질 저감시설의 유형
9. 해양수질기준에서 수질평가지수(WQI, Water Quality Index)
10. 물벼룩 생태독성 시험에서 치사, 유영저해, 반수영향 농도, 생태독성 값의 정의
11. 먹는물, 샘물, 먹는샘물, 염지하수의 정의
12. 콜로이드의 전기이중층과 약품교반시험(Jar-test) 절차
13. 상수도 수원용 저수시설 유효저수량 산정방법

•• 2교시 다음 문제 중 4문제를 선택하여 설명하시오.(각 25점)

1. 활성슬러지에 대하여 다음 사항을 설명하시오.
   1) 회분배양 시 미생물 성장곡선
   2) F/M비, 물질대사율, 침전성의 관계
2. 하수처리 시 발생되는 슬러지의 안정화에 대하여 다음 항목을 설명하시오.
   1) 슬러지 안정화의 목적
   2) 호기성 소화와 혐기성 소화의 처리 개요 및 장단점
3. 우리나라 환경정책기본법에 의한 하천과 호소의 생활환경기준 항목과 그 차이점을 설명하고 등급별 수질 및 수생태계 상태에 대하여 기술하시오.
4. 지하수수질측정망 설치 및 운영의 목적, 법적 근거, 지하수측정망의 종류, 측정망 구성체계, 기관별 역할에 대하여 설명하시오.
5. 비점오염저감시설 중 스크린형 시설의 비점오염물질 저감능력 검사방법을 설명하시오.
6. 알칼리도의 종류 및 측정방법, 수질관리의 중요성에 대하여 설명하시오.

3교시 다음 문제 중 4문제를 선택하여 설명하시오.(각 25점)

1. 수생식물을 이용한 오수의 고도처리에 대하여 다음 사항을 설명하시오.
   1) 원리와 장단점
   2) 고도처리에 이용 가능한 수생식물

2. 하수처리장에서 발생하는 슬러지의 자원화 방안에 대하여 설명하시오.

3. 하수도법에 의한 주택 및 공장 등에서 오수발생 시 해당 유역의 하수처리 구역 여부, 공공하수도의 차집관로 형태 등에 따른 개인하수처리시설의 처리방법 및 방류수 농도(BOD)에 대하여 설명하시오.

4. 하천으로 유입되는 폐수 방류수질의 유기물질 측정지표를 COD_{Mn}에서 TOC로의 전환에 따른 전환이유, 유기물측정지표(BOD, COD_{Mn}, TOC)별 비교, 각 폐수배출 시설별 적용시기에 대하여 설명하시오.

5. 저영향개발(Low Impact Development, LID)기법의 조경ㆍ경관 설계과정의 검토사항과 계획 시 고려사항을 설명하시오.

6. 부유물질(Suspended Solids) 측정방법에 대하여 간섭물질, 분석기구, 분석절차, 계산방법을 설명하시오.

4교시 다음 문제 중 4문제를 선택하여 설명하시오.(각 25점)

1. 폐수의 질소제거 공정인 아나목스(Anammox, Anaerobic Ammonium Oxidation) 공정에 대하여 다음 사항을 설명하시오.
   1) 공정의 원리 및 반응식
   2) 장단점 및 적용가능 하ㆍ폐수

2. 슬러지의 탈수(Dewatering) 공정에 대하여 다음 사항을 설명하시오.
   1) 슬러지 비저항(Specific Resistance)
   2) 기계식 탈수장치의 종류 및 장단점

3. 우리나라 해양 미세 플라스틱오염의 원인, 실태, 해결방안에 대하여 설명하시오.
4. 환경생태유량 확보를 위한 현행 문제점과 제도화 방안에 대하여 논하시오.
5. 하수관로시설 기술진단방법에 대하여 설명하시오.
6. 물 재이용 관리계획 수립내용, 기본방침, 작성기준에 포함할 내용을 설명하시오.

문제 01 분류식 하수관거 월류수(Sanitary Sewer Overflows, SSOs)

정답

1. 개요

오수와 우수를 분리·배출하는 분류식 하수관거에서 오수관로나 맨홀로 불명수가 유입되어 하수처리장에서 용량이 초과되어 수질오염물질이 처리되지 못하고 하천에 방류되는 것을 SSOs라 한다.

2. 문제점

① SSOs 내 함유된 미처리 오염물질의 하천유입에 의한 하천오염

② 처리량 과부하에 의한 하수처리장 기능 저하

③ 시설침수에 의한 기능정지 가능성

3. 대책

① 최우선적으로 관로공사의 품질 확보

② SSOs 발생원인 조사 및 시설 보수

③ 하수처리장의 여유용량 활용 또는 SSOs 처리시설 설치

문제 02 속도경사(Velocity Gradient, G)

정답

1. 개요

속도경사(Velocity Gradient)는 속도의 변화율로, 두 층의 속도차를 두 층 사이의 간격으로 나눈 값이다. 유체의 얇은 층으로 나누어 서로 이웃하고 있는 두 층에 대하여 생각하면 두 층 사이에 전단력 (마찰력) $\tau = \mu(dv/dy)$가 작용한다. 여기서, (dv/dy)는 속도의 변화율로 속도구배라고도 한다.

> $G = dv/dy$, m/sec/m
>
> 또한 교반을 위한 강도 P, 용적 V, 점성계수 μ의 함수이며 $G = \sqrt{(P/V\mu)}$로 표시된다.

여기서, P : 소요동력(W), μ : 점성계수(N·s/m²), V : m³

2. 수처리에서의 적용

속도구배가 존재하면 속도가 큰 유선 중의 입자가 속도가 작은 유선 중의 입자와 서로 충돌·결합하게 됨으로써 대형 플록을 형성하게 되는데 속도구배가 클수록 플록이 대형으로 성장하는 것을 촉진시키나 전단력의 증가는 플록을 파괴하는 결과를 초래할 수도 있다.

플록형성지의 체류시간이 15~30분인 경우에 속도구배(G)는 20~75/sec 정도가 요구되며 $G \cdot t$ 값은 10^4~10^5 정도가 필요하다.

문제 03 log 제거율과 % 제거율의 관계

정답

1. 개요

정수설비에서 처리되는 바이러스 및 지아디아 포낭의 불활성화율의 결정 기준은 log 불활성화율과 % 제거율로 나타낼수 있다.

미생물은 개체수가 급격하게 늘어나거나 감소하므로 % 제거율보다는 log 제거율로 표기한다.

2. log 불활성화율과 % 제거율 예

총대장균군 1,000개체/100mL가 소독처리 후 10개체/100mL로 줄었다면

1) % 제거율은 $(1,000-10)/1,000 \times 100\% = 99\%$(제거)
2) log 제거율은 log(나중 농도) $-$ log(처음 농도) $=$ log(10) $-$ log(1,000)
   $\log 10^1 = 1$, $\log 10^3 = 3$이므로(상용로그일 때), $1-3 = -2$
   (2 log 제거율)
   90% 제거율 $=$ 1log 제거율, 99.9% 제거율은 3log 제거율

3. log 불활성화율과 % 제거율 환산식

% 제거율 $= 100 - (100/10^{\log 제거율})$

문제 04 하수관거에서의 역사이펀(Inverted Siphon)

정답

1. 개요

하천, 수로, 철도 및 이설이 불가능한 지하매설물의 아래에 하수관을 통과시킬 경우에 역사이펀 압력관으로 시공하는 부분을 역사이펀이라고 한다. 횡단하려는 장애물 양측에 수직으로 역사이펀실을 설치한 그 사이를 수평 또는 하향경사를 가진 수로로 연결한 구조이다.

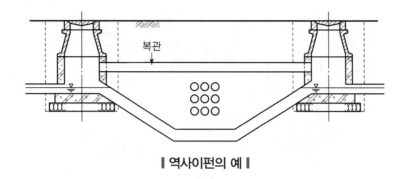

‖ 역사이펀의 예 ‖

2. 설치 시 고려사항

① 역사이펀의 구조는 장해물의 양측에 수직으로 역사이펀실을 설치하고, 이것을 수평 또는 하류로 하향 경사의 역사이펀 관거로 연결한다. 또한 지반의 강약에 따라 말뚝기초 등의 적당한 기초공을 설치한다.

② 역사이펀실에는 수문설비 및 깊이 0.5m 정도의 이토실을 설치하고, 역사이펀실의 깊이가 5m 이상인 경우에는 중간에 배수펌프를 설치할 수 있는 설치대를 둔다.

③ 역사이펀 관거는 일반적으로 복수로 하고, 호안, 기타 구조물의 하중 및 그들의 부등침하에 대한 영향을 받지 않도록 한다. 또한 설치위치는 교대, 교각 등의 바로 밑은 피한다.

④ 역사이펀 관거의 유입구와 유출구는 손실수두를 적게 하기 위하여 종모양(Bell Mouth)으로 하고, 관거 내의 유속은 상류 측 관거 내의 유속을 20~30% 증가시킨 것으로 한다.

⑤ 역사이펀 관거의 흙두께는 계획하상고, 계획준설면 또는 현재의 하저최심부로부터 중요도에 따라 1m 이상으로 하며 하천관리자와 협의한다.

⑥ 하천, 철도, 상수도, 가스 및 전선케이블, 통신케이블 등의 매설관 밑을 역사이펀으로 횡단하는 경우에는 관리자와 충분히 협의한 후 필요한 방호시설을 한다.

⑦ 하저를 역사이펀하는 경우로서 상류에 우수토실이 없을 때에는 역사이펀 상류 측에 재해방지를 위한 비상방류관거를 설치하는 것이 좋다.

⑧ 역사이펀에는 호안 및 기타 눈에 띄기 쉬운 곳에 표식을 설치하여 역사이펀 관거의 크기 및 매설깊이 등을 명확히 표시하는 것이 좋다.

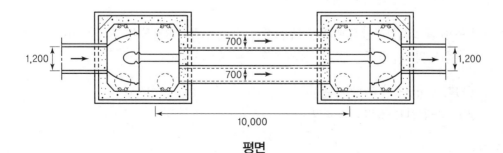

평면

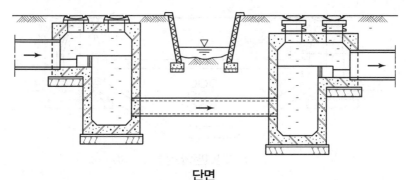

단면

▌ 역사이펀 평면, 단면 예 ▐

문제 05 지하수 환경기준 6가지 분류와 지하수의 수질기준(음용수 이외의 이용 시) 2가지 분류

정답

1. 개요

지하수 환경기준 항목 및 수질기준은 「먹는물관리법」 제5조 및 「수도법」 제26조에 따라 환경부령으로 정하는 수질기준을 적용한다. 다만, 환경부장관이 고시하는 지역 및 항목은 적용하지 않는다. 지하수의 수질기준은 「지하수의 수질보존 등에 관한 규칙」 제11조에 따른다.

2. 지하수 환경기준 6가지 분류

1) 미생물에 관한 기준
   일반세균 및 총대장균군 등에 대한 기준치

2) 건강상 유해영향 무기물질에 관한 기준
   납·불소비소 및 셀레늄 등 중금속류, 질산성 질소류 등에 대한 기준치

3) 건강상 유해영향 유기물질에 관한 기준
   페놀, 벤젠, 톨루엔 등에 대한 기준치

4) 소독제 및 소독부산물질에 관한 기준(샘물·먹는샘물·염지하수·먹는염지하수·먹는해양심층수 및 먹는물공동시설의 물의 경우에는 적용하지 아니한다)

5) 심미적 영향물질에 관한 기준
   경도, 과망가니즈산칼륨 소비량 등

6) 방사능에 관한 기준(염지하수의 경우에만 적용한다)

세슘(Cs-137), 스트론튬(Sr-90), 삼중수소 등에 대한 기준치

3. 지하수의 수질기준

지하수를 생활용수, 농·어업용수, 공업용수로 이용하는 경우

1) 일반오염물질 분류

① pH, 총대장균군, 질산성 질소, 염소이온 등이 있다.

② 어업용수, 지하수의 이용 목적상 염소이온의 농도가 인체에 해가 되지 아니하는 경우, 해수침입 등으로 인하여 일시적으로 염소이온 농도가 증가한 경우에는 염소 이온농도를 적용하지 않을 수 있다.

2) 특정유해물질 분류

카드뮴, 비소, 시안, 수은, 다이아지논, 파라티온, 페놀, 납, 크롬, 트리클로로에틸렌, 테트라클로로에틸렌, 에틸벤젠, 톨루엔 등 16개 항목이 있다.

문제 06 합리식

정답

1. 개요

소규모 유역에서 강우배제 시설물을 설계할 때 가장 보편적으로 쓰이는 방법이다. 합리식의 개념으로 만일 강도 I인 강우가 순간적으로 내리기 시작하여 무한히 지속된다고 했을 때 유출량은 유역의 모든 구역의 유역출구 유출에 기여하는 도달시간(Time of Concentration)까지는 계속 증가한다는 이론이다. 도달시간 이후로는 강우강도와 유역면적을 곱한 값만큼 일정하게 유역으로 유입되는 평행상태가 된다. 자연상태의 유역 출구에서 발생하게 되는 첨두유출량 Q는 손실량이 있기 때문에 강우강도와 유역면적을 곱한 값보다는 작아진다. 이와 같이 강우강도와 유량의 비율을 유출계수라 부른다.

2. 합리식

합리식에 의한 첨두유출량은 다음 수식과 같다.

$$Q = \frac{1}{3.6} CIA$$

여기서, Q : 유출량(m³/sec), C : 유출계수($0 \leq C \leq 1$)
I : 강우강도(mm/hr), A : 유역면적(km²)

문제 07 블록형 오탁방지막(개요도, 장단점)

정답

1. 개요

오탁방지막은 하천 및 해양 토목공사 시 부유토사 및 오염물질의 확산을 방지하고 오염원 발생 주변의 수중에 막 형태로 설치하여 오염물질의 확산을 방지하는 공법이다.

2. 블록형 오탁방지막 개요도

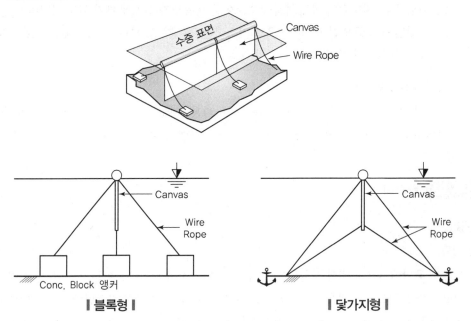

‖ 블록형 ‖   ‖ 닻가지형 ‖

3. 장단점

① 닻가지형 오탁방지막에 비하여 수심 및 유속에 따른 영향을 적게 받아 설치여건에 제약이 적음(일반하천, 해양)

② 현장제작이 가능하므로 현장여건에 따라 블록크기 결정 시 유리

③ 일반현장에서 주로 사용

④ 설치 및 철거가 다소 불리

문제 08 도로 비점오염물질 저감시설의 유형

정답

1. 개요

도로 조사·계획 시 비점오염저감시설의 설치를 고려하여 부지를 확보하며 비점오염저감시설은 경관성, 안전성, 유지관리의 용이성을 고려하여 설치한다.

2. 저감시설의 유형

도로 사업은 배수구역이 작은 규모로 나뉘므로 소규모의 침투시설, 식생시설, 저류시설 등을 설치한다.

1) 침투시설

강우유출수를 지하로 침투시켜 토양의 여과·흡착 작용에 의해 오염물질을 줄이는 시설로, 도로에 적합한 침투시설에는 침투도랑, 침투저류지, 유공포장 등이 있다.

2) 식생시설

토양의 여과·흡착 및 식물의 흡착 작용으로 비점오염물질을 줄임과 동시에 동·식물 서식공간을 제공하여 녹지경관 조성에 우수한 시설로, 도로에 적합한 식생시설에는 식생수로, 식생여과대, 식생체류지, 나무여과상자, 식물재배화분 등이 있다.

3) 저류시설

저류지(Stormwater Pond)는 강우유출수를 저류시킨 후 침전 및 생물학적 과정을 통해 비점오염물질을 저감하는 시설을 말한다. 저류시설은 저비용으로 고효율의 강우유출수 관리를 할 수 있는 자연친화적 시설로 경관성과 심미적인 효과를 기대할 수 있다.

4) 인공습지(Stormwater Wetland)

강우유출수를 처리하기 위하여 인위적으로 얕은 습지를 조성하는 것으로, 침전, 여과, 흡착, 미생물 분해, 식생식물에 의한 정화 등 자연 상태의 습지가 보유하고 있는 정화능력을 이용하여 오염물질을 저감하는 시설을 말한다.

5) 기타 시설

교량, 터널, 시가화 지역 등 자연형 비점오염저감시설을 설치하기 어렵거나 비효율적인 경우에 적용 가능한 기타 시설로는 여과형 시설, 와류형 시설, 스크린형 시설 등이 있다.

문제 09 해양수질기준에서 수질평가지수(WQI, Water Quality Index)

정답

1. 개요

환경정책기본법에 의한 해양환경기준에는 생활환경기준, 생태기반 해수수질기준, 해양생태계 보호기준, 사람의 건강보호기준이 있으며 생태기반 해양수질기준은 수질평가 지수값으로 관리한다.

2. 생태기반 해수수질기준

등급	수질평가 지수값(Water Quality Index)
Ⅰ(매우 좋음)	23 이하
Ⅱ(좋음)	24~33
Ⅲ(보통)	34~46
Ⅳ(나쁨)	47~59
Ⅴ(매우 나쁨)	60 이상

3. 수질평가지수

항목별 점수를 이용하여 농도에 따른 값(범위는 1~5까지 있음)을 주입하여 계산한다.

$$수질평가지수(WQI) = 10 \times [저층\ 산소포화도(DO)]$$
$$+ 6 \times \left[\frac{식물플랑크톤농도(Chl-a) + 투명도(SD)}{2} \right]$$
$$+ 4 \times \left[\frac{용존무기질농도(DIN) + 용존무기인농도(DIP)}{2} \right]$$

저층은 해저바닥으로부터 최대 1m 이내의 수층을 말한다.

문제 10 물벼룩 생태독성 시험에서 치사, 유영저해, 반수영향 농도, 생태독성 값의 정의

정답

1. 생태독성

시료에 물벼룩(Daphnia Magna)을 투입하여 급성독성을 평가하는 것으로 물벼룩이 독성에 영향을 받게 되는 정도를 생태독성값(TU, Toxic Unit)으로 계산한 것이다.

2. 치사

일정 비율로 준비된 시료에 물벼룩을 주입하고 24시간 경과 후 시험용기를 살며시 움직여주고, 15초 후 관찰했을 때 아무 반응이 없을 때를 치사로 판정한다.

3. 유영저해

일정 비율로 준비된 시료에 물벼룩을 주입하고 24시간 경과 후 독성물질에 의해 영향을 받아 일부기관(촉각, 후복부 등)이 움직임이 없거나 유영하지 않을 때를 유영저해로 판정하고 이때 촉수를 움직인다 하더라도 수영을 하지 못한다면 유영저해로 판정한다.

4. 반수영향 농도

반수영향 농도(EC_{50})란 투입 시험생물의 50%가 치사 혹은 유영저해를 나타낸 농도이다.

5. 생태독성값

생태독성값은 TU(Toxicity Unit)로 나타내는데 통계적 방법을 이용해 반수영향농도인 EC_{50}을 구한 후 100으로 나눠준 값을 의미하며 EC_{50}의 단위는 %이다.

문제 11 먹는물, 샘물, 먹는샘물, 염지하수의 정의

정답

「먹는물 관리법」 제3조 정의에 따르면 다음과 같다.

1. 먹는물

먹는물이란 먹는 데에 일반적으로 사용하는 자연 상태의 물, 자연 상태의 물을 먹기에 적합하도록 처리한 수돗물, 먹는샘물, 먹는염지하수, 먹는해양심층수 등을 말한다.

2. 샘물

샘물이란 암반대수층 안의 지하수 또는 용천수 등 수질의 안전성을 계속 유지할 수 있는 자연 상태의 깨끗한 물을 먹는 용도로 사용할 원수를 말한다.

3. 먹는샘물

먹는샘물이란 샘물을 먹기에 적합하도록 물리적으로 처리하는 등의 방법으로 제조한 물을 말한다.

4. 염지하수

염지하수란 물속에 녹아 있는 염분 등의 함량이 환경부령으로 정하는 기준 이상인 암반대수층 안의 지하수로서 수질의 안전성을 계속 유지할 수 있는 자연 상태의 물을 먹는 용도로 사용할 원수를 말한다.

5. 기타

① 먹는염지하수란 염지하수를 먹기에 적합하도록 물리적으로 처리하는 등의 방법으로 제조한 물을 말한다.

② 먹는해양심층수란 「해양심층수의 개발 및 관리에 관한 법률」 제2조제1호에 따른 해양심층수를 먹는 데 적합하도록 물리적으로 처리하는 등의 방법으로 제조한 물을 말한다.

문제 12 콜로이드의 전기이중층과 약품교반시험(Jar-test) 절차

정답

1. 개요

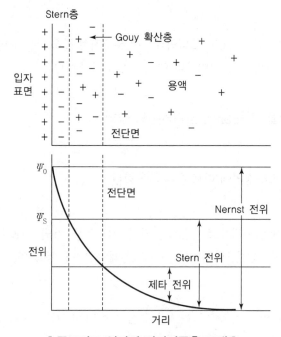

┃ 콜로이드 입자의 전기이중층 모델 ┃

콜로입드 입자의 경우 입자의 표면에 전하가 존재하며 바로 표면에는 반대 이온 또는 반대 전하를 가진 미립자가 흡착되어 고정층을 형성하고 있다고 하여 이를 Stern 층이라 하고 Stern 층과 확산이중 층의 두 가지 층이 콜로이드의 외측 부분을 형성하고 있다고 생각하였다. 이것을 Stern-Gouy 이중층, 즉 전기이중층이라고 한다.

Gouy 확산층 전단면에서의 전위를 Zeta Potential(Zeta potential : ζ전위)라 하며 Zeta Potential은 콜로이드의 표면전하와 용액의 구성성분에 따라 변한다.

2. 약품교반시험(Jar-test) 목적

　1) 약품의 최소 주입률 결정

　　Jar에 시료를 넣고, 급속 교반함과 동시에 응집제를 증가시켜 주입해 가면서 최초의 Floc이 생기는 최소 약품량을 결정한다.

2) 최적 pH 결정

Jar를 준비하고 최소 약품량에서 결정한 양의 약품을 주입하여 pH 4~9까지 1단위마다 조정하여 급속교반한 후, 완속교반하여 각각의 Sample에 대하여 Floc이 생기는 시간을 기록한다. 응집 후 20분 동안 침강시킨 후 상징수의 탁도와 pH를 측정한다. 상징수의 탁도와 pH의 관계를 구하고 최적 pH를 결정한다.

3) 최적 약품량 결정

Beaker에 각각 시료를 넣고 실험에서 얻은 최소 약품량의 25~200%로 약품주입량을 준비한다. 각 Beaker가 최적 pH에 이르도록 Alkali 뜨는 산을 첨기하여 조정한다. 급속 교반하고 완속 교반한다. Floc이 생길 때까지 시간과 Floc의 크기 등을 기록한다. 응집 후 20분 동안 침강시킨 후 상징수의 탁도와 pH를 측정한다. 상징수의 탁도와 약품주입량의 관계를 구하고 최적 약품량을 결정한다.

4) 약품교반실험(Jar-test)

실험실 시험은 적당한 응집제와 응집보조제를 결정하며, 특정한 물의 응집에 필요한 응집제의 주입량을 결정한다.

3. 실험 예

① 원수의 탁도와 pH를 기록한다.
② 응집제인 0.1% PAC를 0.01%로 희석한다.
③ 원수를 1L 비커 6개에 500ml씩 담는다.
④ 희석된 응집제를 각각의 비커에 0, 2, 4, 6, 8, 10mL씩 투여한다.
⑤ 비커들을 테스터기에 배열 후 처음 2분간 200rpm으로 급속 교반한다.
⑥ 다음 15분간은 5분 간격으로 60, 40, 20rpm으로 조절하며 완속 교반한다.
⑦ 교반 종료 후 30분간 침전시킨 후 상등액을 채수한다.
⑧ 각 상등액의 pH 및 탁도를 측정한다.
⑨ 실시한 실험과정을 통해 결정된 최적의 응집제량을 6개의 500ml 원수가 담긴 비커에 넣고 pH를 4, 5, 6, 7, 8, 9로 조절한다.(마그네틱교반기로 교반하면서 조절한다.)
⑩ pH 조절된 비커들을 테스터기에 배열하고 ⑤~⑧의 과정을 반복하여 최적 pH를 기록한다.

상수도 수원용 저수시설 유효저수량 산정방법

정답

1. 개요

유효저수량은 기준 갈수년에 있어서 계획취수량을 취할 수 있는 저수량을 말한다. 유효저수량은 과거 기록 중 10년 정도의 갈수년을 기준으로 산정한다.

2. 유효저수지 산정방법

1) 가정법

연평균강우량에 대응하는 계획취수량의 취수일을 산정한다.

$$C = \frac{5,000}{\sqrt{(0.8R)}}$$

여기서, C : 저수지의 유효저수량(계획취수량의 취수일)
R : 연평균강우량(mm)

2) 유량도표법

월별 하천유량변화와 월별 계획취수량 변화를 도시하면 하천유량이 계획취수량보다 적은 부분이 용수부족분으로 그 면적이 최대인 부분을 저수지 유효수량으로 결정한다.

3) 유량누가곡선도표법

매월의 하천 누가유량과 계획취수량 누가유량을 도시하여 저수지의 유효저수량을 산정한다. 하천유량누가곡선과 계획취수량 누가곡선을 도시한 후 하천유량 누가곡선에서 유량이 감소되는 지점을 기준으로 계획취수량 누가곡선과의 평행선을 긋고 평행선에서 하천유량누가곡선으로의 최대 수직거리가 유효저수량(m^3/sec)이 된다.

저수지의 저수시기는 최대 수직점 기준으로 계획취수량 누가곡선과 평행선을 그어 만나는 점에서 취수를 시작하여 하천유량 누가곡선의 정점부에서 만수위가 되고 최대 수직점에서 저수위가 된다. 결국 저수지 저수용량은 유효저수량(m^3/sec)×저수일(월)이다.

3. 적용

저수용량은 3가지 중에서 가장 큰 값을 선택하는 것이 이상적이다. 실질은 20~30% 여유를 가산하며, 여유수량은 수면증발, 누수, 침투에 의한 손실, 퇴사에 의한 저수용량 감소, 추운 지방에서의 결빙에 의한 수량 등이 포함된다.

문제 01 활성슬러지에 대하여 다음 사항을 설명하시오.

1) 회분배양 시 미생물 성장곡선
2) F/M비, 물질대사율, 침전성의 관계

정답

1. 회분배양시 미생물 성장곡선

분체증식(2분법 등)하는 미생물을 회분배양하는 경우 초기의 배양액에 미생물을 접종시키면 미생물은 분체증식을 시작하여 다음의 각 단계를 경유하게 된다.

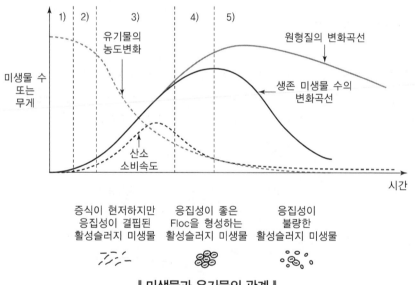

‖ 미생물과 유기물의 관계 ‖

1) 지연기
   ① 주변환경에 적응하기 시작하며 증식을 하지 않는다.
   ② 세포분열 이전에도 질량은 증가하기 때문에 무게와 미생물의 수가 일치되지는 않는다.

2) 증식단계
   ① 미생물의 수가 증가한다.
   ② 영양분이 충분하면 미생물은 급증하기 시작한다.

3) 대수성장단계

① 미생물의 수가 급증한다.

② 증가속도가 최대가 된다.

③ 영양분이 충분하면 미생물은 최대속도로 증식한다.

4) 감소성장단계

① 영양소의 공급이 부족하기 시작하여 증식률이 사망률과 같아질 때까지 둔화된다.

② 생존하는 미생물의 중량보다 미생물 원형질의 전체 중량이 더 크게 된다.

③ 생물수가 최대가 된다.

5) 내생성장단계

① 생존한 미생물이 부족한 영양소를 두고 경쟁하게 된다.

② 신진대사율은 큰 폭으로 감소한다.

③ 생존한 미생물은 자신의 원형질을 분해하여 에너지를 얻는다.

④ 원형질의 전체 중량이 감소한다.

2. F/M비, 물질대사율, 침전성의 관계

1) F/M비

BOD 부하란 단위 미생물당 부여되는 유기물량을 말하며 미생물량(MLVSS)에 기초하여 산출한다. BOD 부하는 폐수 내의 유기물량(Food)과 활성오니량(Micro Organism)의 비라는 의미이므로 F/M비로 나타내거나, 설계의 기본인자로 사용한다.

2) F/M비와 물질대사율을 도시하면 다음 그림과 같다.

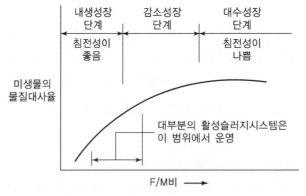

‖ F/M비와 물질대사율의 관계 ‖

F/M비가 작으면 물질대사율도 작고 F/M비가 상승하면 대사율도 어느 정도 상승하다가 일정비율을 갖게 된다.

3) 침전성과의 관계

F/M비가 적정범위(0.2~0.4(kg BOD/kg MLVSS)보다 크거나 작게 되면 침전성은 다음과 같다.

① F/M비가 클 경우

미생물은 대수성장단계에서 처리하는 것이 물질대사율이 높지만 이 경우에는 미생물의 Floc이 잘 생기지 않으며 침전이 잘 안 되고 BOD 제거효율은 떨어진다.

② F/M비가 낮을 경우

유입되는 유기물량이 적어 원생동물들이 박테리아를 잡아먹는 약육강식에 의한 자기 산화를 초래하고 침전성도 어느 정도는 좋으나 너무 낮으면 침전성이 나쁘다.

문제 02 하수처리 시 발생되는 슬러지의 안정화에 대하여 다음 항목을 설명하시오.

1) 슬러지 안정화의 목적
2) 호기성 소화와 혐기성 소화의 처리 개요 및 장단점

정답

1. 슬러지 안정화의 목적

슬러지 안정화의 목적은 ① 병원균의 감소, ② 악취의 제거, ③ 부패성을 억제, 감소 또는 제거하는 데 있다. 이러한 목적 달성의 성공 여부는 안정화 조작, 즉 슬러지 중의 휘발성 물질인 유기물 부분의 처리방법에 관계된다. 슬러지 중의 유기물 부분에서 미생물이 번식하면 병원균이 잔류하고 악취가 나며 부패가 일어난다.

슬러지 안정화 기술에는 염소산화, 석회안정화, 열처리, 혐기성 소화, 호기성 소화 등이 있다.

2. 호기성 소화

1) 원리

① 미생물의 내성호흡을 이용하여 유기물의 안정화 도모
② 슬러지 감량화뿐만 아니라 차후 처리 및 처분에 알맞은 슬러지 생성

2) 호기성 미생물의 최종 생성물

① 주로 CO_2, H_2O, 미생물 분해가 안 되는 polysaccharides, humicellulose, cellulose로 구성된다.

② 소화 중 생성 암모니아는 아질산 및 질산으로 산화되어 알칼리도를 파괴하며 pH 저하를 가져온다. 그러므로 알칼리도가 부족한 경우에는 보충이 필요하다.

3. 혐기성 소화

1) 원리

혐기성균의 활동에 의해 슬러지가 분해되어 안정화되는 것

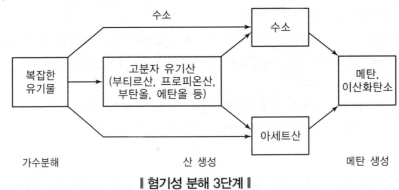

┃ 혐기성 분해 3단계 ┃

① 가수분해(Hydrolysis)

복합 유기물 → Longchain acid, 유기산, 당 및 아미노산 등으로 발효되어 결국 Propionic, Butyric, Valeric acids 등과 같은 더 작은 산으로 변화 → 이 상태가 산 생성 단계

② Acid Fermentation(산 발효)

- 산 생성 Bacteria는 임의성 혐기성균, 통성 혐기성균 또는 두 가지가 동시 존재
- 산 생성 박테리아에 의해 유기산 생성공정에서 CH_3COOH, H_2, CO_2 생성
- H_2는 산생성 Bacteria 억제자 역할
- H_2는 Fermentative bacteria와 H_2 − producing bacteria 및 Acetogenic bacteria (H_2 − utilizing bacteria)에 의해 생성
- CH_3COOH는 H_2 − Consuming bacteria 및 Acetogenic bacteria에 의해 생성되며 H_2는 몇몇 bacteria의 에너지원이고 축적된 유기산을 CO_2 ↑, CH_4로 전환시키면서 급속히 분해한다.
- H_2 분압이 10^{-4}atm을 넘으면 CH_4 생성이 억제되고 유기산 농도 증가
- 수소분압의 유지 필요(10^{-4}atm 이하) → 공정지표로 활용

③ 메탄 발효 단계

$$4H_2 + CO_2 \rightarrow CH_4 + 2H_2O$$
$$CH_3COOH \rightarrow CH_4 + CO_2$$

- 유기물 안정화는 초산이 메탄으로 전환되는 메탄 생성과정 중 발생

- 생성된 CO_2는 가스상태 또는 중탄산 알칼리로도 전환
- Formic Acid Acetic Acid Methanol 그리고 수소 등이 다양한 메탄 생성균의 주된 에너지원
- 반응식(McCarty에 의하면 체류시간 20일)

$$C_{10}H_{19}O_3N \rightarrow 5.78CH_4 + 2.47CO_2 + 0.19C_5H_7O_2N + 0.81NH_4 + 0.81HCO_3$$

210g의 하수슬러지 5.78mols(129liter) 메탄과 0.19mols(21.5g) 미생물 및 0.81mols (40.5g as $CaCO_3$) 알칼리도 생성

2) 공정영향 인자
① Alkalinity : pH가 6.2 이하로 떨어지지 않도록 충분한 알칼리 확보, 일반적으로(1,000~5,000mg/L)
② 온도 : 고온소화(55~60℃), 중온소화(36℃ 전후)
③ pH : 6~8(6.6~7.6) 정도
④ 독성물질 : 알칼리성 양이온, 암모니아, 황화합물, 독성유기물 그리고 중금속

4. 장단점

구분	호기성 소화	혐기성 소화
장점	• 최초 시공비 절감 • 악취 발생 감소 • 운전 용이 • 상징수의 수질 양호 • 체류시간이 짧음	• 유효자원 메탄 생성 • 소화슬러지 탈수성 양호, 처리 후 슬러지 생성량 적음 • 고농도 배수처리 가능 • 동력비 및 유지관리비 적음
단점	• 소화슬러지 탈수 불량 • 동력비 과다 • 유기물 감소율 저조	• 높은 온도(35℃ or 55℃) 유지 필요 • 상등액 BOD 높음 • 초기 적응 시간 긺 • 시설비가 많이 듦 • 암모니아와 H_2S에 의한 악취 문제

문제 03 우리나라 환경정책기본법에 의한 하천과 호소의 생활환경기준 항목과 그 차이점을 설명하고 등급별 수질 및 수생태계 상태에 대하여 기술하시오.

정답

1. 개요

환경기준이란 국민의 건강을 보호하고 쾌적한 환경을 조성하기 위하여 국가가 달성하고 유지하는 것이 바람직한 환경상의 조건 또는 질적인 수준을 말한다. 환경정책기본법에 의거 하천과 호소에는 사람의 건강보호기준과 생활환경기준이 있다. 하천과 호소의 건강보호기준은 같다.

2. 생활환경기준 항목과 차이점

1) 하천

등급		기준								
		수소 이온 농도 (pH)	생물 화학적 산소 요구량 (BOD) (mg/L)	화학적 산소 요구량 (COD) (mg/L)	총 유기 탄소량 (TOC) (mg/L)	부유 물질량 (SS) (mg/L)	용존 산소량 (DO) (mg/L)	총인 (total phosphor us) (mg/L)	대장균군 (군 수/100mL)	
									총 대장균 군	분원성 대장균 군
매우 좋음	Ia	6.5~ 8.5	1 이하	2 이하	2 이하	25 이하	7.5 이상	0.02 이하	50 이하	10 이하
좋음	Ib	6.5~ 8.5	2 이하	4 이하	3 이하	25 이하	5.0 이상	0.04 이하	500 이하	100 이하
약간 좋음	II	6.5~ 8.5	3 이하	5 이하	4 이하	25 이하	5.0 이상	0.1 이하	1,000 이하	200 이하
보통	III	6.5~ 8.5	5 이하	7 이하	5 이하	25 이하	5.0 이상	0.2 이하	5,000 이하	1,000 이하
약간 나쁨	IV	6.0~ 8.5	8 이하	9 이하	6 이하	100 이하	2.0 이상	0.3 이하		
나쁨	V	6.0~ 8.5	10 이하	11 이하	8 이하	쓰레기 등이 떠 있지 않을 것	2.0 이상	0.5 이하		
매우 나쁨	VI		10 초과	11 초과	8 초과		2.0 미만	0.5 초과		

2) 호소

등급		기준								대장균군 (군 수/100mL)	
		수소 이온 농도 (pH)	화학적 산소 요구량 (COD) (mg/L)	총 유기 탄소량 (TOC) (mg/L)	부유 물질량 (SS) (mg/L)	용존 산소량 (DO) (mg/L)	총인 (mg/L)	총질소 (total nitro-gen) (mg/L)	클로로 필-a (Chl-a) (mg/m³)	총 대장균 군	분원성 대장균 군
매우 좋음	Ia	6.5~8.5	2 이하	2 이하	1 이하	7.5 이상	0.01 이하	0.2 이하	5 이하	50 이하	10 이하
좋음	Ib	6.5~8.5	3 이하	3 이하	5 이하	5.0 이상	0.02 이하	0.3 이하	9 이하	500 이하	100 이하
약간 좋음	II	6.5~8.5	4 이하	4 이하	5 이하	5.0 이상	0.03 이하	0.4 이하	14 이하	1,000 이하	200 이하
보통	III	6.5~8.5	5 이하	5 이하	15 이하	5.0 이상	0.05 이하	0.6 이하	20 이하	5,000 이하	1,000 이하
약간 나쁨	IV	6.0~8.5	8 이하	6 이하	15 이하	2.0 이상	0.10 이하	1.0 이하	35 이하		
나쁨	V	6.0~8.5	10 이하	8 이하	쓰레기 등이 떠 있지 않을 것	2.0 이상	0.15 이하	1.5 이하	70 이하		
매우 나쁨	VI		10 초과	8 초과		2.0 미만	0.15 초과	1.5 초과	70 초과		

3) 생활환경기준 항목의 차이점

차이점에는 BOD와 COD, 클로로필-a(Chl-a)(mg/m³) 농도가 있다.

① BOD와 COD

BOD 실험의 이론적 배경은 하천과 같은 흐르는 수체를 대상으로 만든 것으로 물이 거의 정체되어 있는 호소수역과 같은 환경에서는 여러 가지 제한을 받기 때문에 정확한 BOD 측정이 곤란할 경우가 있다.

즉, 호소와 같은 정체수역에서는 여러 가지 인자에 의하여 조류(Algae)의 성장조건이 양호한 상태가 되기 때문에 상대적으로 하천에 비하여 많은 양의 조류가 존재함으로써 조류에 의한 광합성 및 호흡작용 등에 따라 수환경에 많은 변화를 가져오게 되는데, 낮에는 탄산가스를 섭취하고 산소를 방출하는 반면 밤에는 반대로 호흡을 위하여 산소를 섭취하고 탄산가스를 방출하기 때문에 낮과 밤의 수환경(특히 용존산소와 수소이온농도)이 극심한 차이를 나타낸다.

따라서 이러한 상태의 시료를 채취하여 BOD 실험을 할 경우 차광하여 5일간 배양하는 과정에서 유기물의 분해에 의한 산소소비량 외에 조류의 호흡에 의한 산소소비량도 동시에 측정되어 BOD값이 원래보다 높게 나타나기 때문에 측정결과가 부정확하다. 또한 조류역시 유기체로서 사멸 후 그 자체가 오염물질이 되어 수중 용존산소를 소비 하게 되는데 BOD의 경우 사멸된 조류는 산소소모량으로 측정이 가능하지만 조류생체의 경우는 측정이 불가능하기 때문에 그만큼 정확한 측정결과를 기대할 수 없다.

그러나 COD(Chemical Oxygen Demand, 화학적 산소요구량)는 화학약품(산화제)을 이용하여 시료 중에 있는 유기물질을 강제로 산하시켜 안정화하는 데 요구되는 산소량을 측정하는 방법이기 때문에 위와 같은 방해영향을 받지 않을 뿐만 아니라 조류생체에 의한 산소소모량도 측정이 가능하므로 호소수에서는 BOD를 대신하여 COD를 오염의 지표로 사용하고 있는 것이다.

결국 COD는 BOD의 보조수단으로서 BOD 실험과정에서 발생할 수 있는 제반결점을 보완하기 위하여 만들어진 실험법이라 생각할 수 있으며, 실질적으로 현재 우리나라에서 공정시험방법으로 채택하고 있는 CODMn법은 일반적인 자연수역에서 BOD값과 거의 유사한 측정결과를 나타낸다.

② 부영양화지표 관리

또한 호소의 부영양화 정도관리를 하기 위하여 인, 질소(원인물질) 및 클로로필−a 농도를 관리한다.

3. 등급별 수질 및 수생태계 상태

1) 매우 좋음 : 용존산소가 풍부하고 오염물질이 없는 청정상태의 생태계로 여과 · 살균 등 간단한 정수처리 후 생활용수로 사용할 수 있음

2) 좋음 : 용존산소가 많은 편이고 오염물질이 거의 없는 청정상태에 근접한 생태계로 여과 · 침전 · 살균 등 일반적인 정수처리 후 생활용수로 사용할 수 있음

3) 약간 좋음 : 약간의 오염물질은 있으나 용존산소가 많은 상태의 다소 좋은 생태계로 여과 · 침전 · 살균 등 일반적인 정수처리 후 생활용수 또는 수영용수로 사용할 수 있음

4) 보통 : 보통의 오염물질로 인하여 용존산소가 소모되는 일반 생태계로 여과, 침전, 활성탄 투입, 살균 등 고도의 정수처리 후 생활용수로 이용하거나 일반적 정수처리 후 공업용수로 사용할 수 있음

5) 약간 나쁨 : 상당량의 오염물질로 인하여 용존산소가 소모되는 생태계로 농업용수로 사용하거나 여과, 침전, 활성탄 투입, 살균 등 고도의 정수처리 후 공업용수로 사용할 수 있음

6) 나쁨 : 다량의 오염물질로 인하여 용존산소가 소모되는 생태계로 산책 등 국민의 일상생활에 불쾌감을 주지 않으며, 활성탄 투입, 역삼투압 공법 등 특수한 정수처리 후 공업용수로 사용할 수 있음

7) 매우 나쁨 : 용존산소가 거의 없는 오염된 물로 물고기가 살기 어려움

8) 용수는 해당 등급보다 낮은 등급의 용도로 사용할 수 있음

9) 수소이온농도(pH) 등 각 기준항목에 대한 오염도 현황, 용수처리방법 등을 종합적으로 검토하여 그에 맞는 처리방법에 따라 용수를 처리하는 경우에는 해당 등급보다 높은 등급의 용도로도 사용할 수 있음

문제 04 지하수수질측정망 설치 및 운영의 목적, 법적 근거, 지하수측정망의 종류, 측정망 구성체계, 기관별 역할에 대하여 설명하시오.

정답

1. 지하수수질측정망 설치 및 운영의 목적

전국 지하수 수위 및 수질 현황과 변화 추세를 정기적으로 파악 · 분석하여 정책 수립을 위한 기초 자료로 활용하기 위한 측정망을 설치 · 운영

2. 법적 근거

1) 지하수법 제18조(수질오염의 측정)

2) 지하수의 수질보전 등에 관한 규칙 제9조(수질측정망 설치 및 수질오염실태 측정 계획의 수립 · 고시)

3. 지하수측정망의 종류

1) 국가지하수관리측정망

우리나라 지질과 유역을 고려한 지하수 수위 및 수질 현황과 변화 추세를 파악 · 관리하기 위하여 설치 · 운영하는 측정망

2) 국가지하수오염측정망

국가 차원의 오염관리가 필요한 오염우려지역의 지하수 오염과 확산을 지속적으로 감시하기 위하여 설치 · 운영하는 측정망

3) 농촌지하수관리관측망

양질의 지하수 관측자료를 추가 확보하고자 측정자료를 공동 활용하고 있는 농림축산식품부 관측망

4) 지역지하수측정망

지방자치단체 관할 지역 내 지하수 오염과 확산을 지속적으로 감시하기 위하여 설치 · 운영하는 국가지하수오염측정망을 보완하는 측정망

① 일반지역 : 지역 내 지하수 수질현황 및 변화추이를 파악
② 오염우려지역 : 지역 내 지하수 오염우려지역에 인접한 지역의 수질현황 및 변화추이를
   파악

4. 구성체계

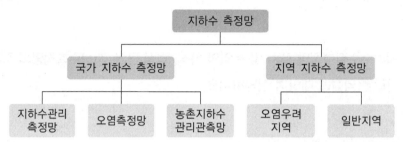

5. 기관별 역할

1) 환경부

① 국가지하수측정망 설치 · 운영 업무 총괄
② 국가지하수측정망 설치 및 운영 계획 수립
③ 지하수 수질 · 수량 측정 관리

2) 국립환경과학원

① 지하수측정망 수질 · 수량 통합 자료 및 연보 검증
   측정자료에 이상이 있는 경우, 재확인 요청(지방청, 지자체, 환경공단, 수자원공사 등)
② 지하수 수질 · 수량 측정 정도관리 및 교육
③ 지하수 측정 · 분석기법의 개발 및 표준화
④ 지하수 우선관리대상물질 및 수질기준 후보물질 선정 · 수질조사

3) 한국수자원공사

① 지하수관리측정망 설치 · 운영 및 유지관리
② 지하수관리측정망 측정결과 분석 · 평가 및 보고(7월, 익년 1월)
③ 지하수측정망 통합 연보 발행(12월)
④ 국가 및 지역지하수측정망 입력 · 관리시스템 구축, 운영 및 교육
⑤ 국가 및 지역지하수측정망 자료 통합 DB 구축(GIMS) 및 관리

4) 한국환경공단

① 오염측정망 설치 · 운영 및 유지관리
② 오염측정망 측정결과 분석 · 평가 및 보고(7월, 익년 1월)
③ 지역지하수측정망(오염우려지역 등) 노후관정 시설개선

5) 유역(지방)환경청

① 농촌지하수관리관측망(일부지점 공동활용) 및 지역지하수측정망(오염우려지역) 운영 및 지점관리

② 측정결과 분석 및 자료입력(GIMS) 등 보고(7월, 익년 1월)

③ 측정지점별(농촌지하수관리관측망 포함) 위 · 경도 좌표를 확인하여 제출

6) 지방자치단체

① 시 · 도

• 지역지하수측정망(일반지역) 총괄

• 취합결과 측정자료에 이상이 있는 경우 재확인 요청(지자체)

② 시 · 군 · 구(시 · 도 보건환경연구원 등 분석기관)

• 지역지하수측정망(일반지역) 운영 및 지점관리(변경, 초과지점 관리 등)

• 측정결과 분석 및 자료입력(GIMS) 등 통보(7월, 익년 1월)

• 측정지점별 위 · 경도 좌표를 확인하여 제출

문제 05 비점오염저감시설 중 스크린형 시설의 비점오염물질 저감능력 검사방법을 설명하시오.

정답

1. 비점오염저감시설의 성능검사 추진배경

시설의 효율 담보 및 지속 가능한 저감시설의 설치를 유도하기 위해 비점오염저감시설의 성능을 확인할 수 있는 제도 필요 및 기술별 성능 차이에 의해 경쟁력을 가질 수 있도록 전문기관이 성능을 검증하여 그 결과를 공개하는 제도 도입 추진이 필요하게 됨

2. 제도내용

1) 근거

① 「물환경보전법」 제53조의3

② 「물환경보전법 시행규칙」 제78조의3부터 제78조의5까지

③ 「비점오염저감시설 성능검사 방법 및 절차 등에 관한 규정」

2) 대상

비점오염저감시설을 제조하거나 수입하는 자

3) 항목 및 방법

① 서류검토 : 기술적 타당성, 유지관리 방법의 적절성

② 성능실험 : 비점오염물질 저감능력(제거효율, 통수능력)

4) 주요내용

① 비점오염저감시설은 공급 전 한국환경공단으로부터에 성능검사를 받고, 공단은 해당 시설의 성능검사 판정서 발급(판정서 유효기간 : 5년)

② 시설의 구조, 재료, 운전방법이 변경될 경우 다시 검사를 받아야 함

3. 성능검사의 절차

1) 신청인(제조·수입자)은 신청서 및 첨부서류를 한국환경공단에 제출

2) 신청서류 검토 후 신청인은 수수료 납부 및 시제품(실험용 제품)을 공단에 제출하고 공단은 성능검사(서류검토, 성능실험) 후 판정서 발급

4. 비점오염저감시설 유형별 비점오염물질 저감 능력 세부검사항목

시설 구분		검사항목				비고
		기술적 타당성	비점오염물질 저감 능력		유지관리 방법의 적절성	
			제거 효율	통수 능력		
자연형 시설	저류시설	○	○		○	
	인공습지	○	○		○	
	침투시설	○		○*	○	* 공극 등을 가지는 재료 표면을 통해 물을 유입시키는 경우에 한함
	식생형 시설	○	○		○	
장치형 시설	여과형 시설	○	○	○	○	
	소용돌이형 시설	○	○	○	○	
	스크린형 시설	○	○	○	○	
	응집·침전형 시설	○	○		○	
	생물학적 처리형 시설	○	○		○	

5. 스크린형 시설의 비점오염물질 저감능력 검사방법

1) 실험은 유입 유량 $20m^3/h$를 기준으로 하며, 오염물질(부유물질기준) 350mg/L, 250mg/L, 150mg/L 농도별로 10분간 실시한다.

2) 실험수는 일정량으로 공급되는 청수에 고형물을 정량 투입하여 제조한다. 이때 실험수의 농도가 일정하게 유지되도록 고형물은 정량 공급장치로 투입한다.

3) 제거효율 산정을 위한 실험수(유입수 및 유출수)의 채수는 매 농도별 실험마다 적정 간격으로 3회 채수한다. 다만, 3회 중 최초 채수는 유출이 발생하는 시점으로부터 2분 이내에 실시한다.

4) 제거효율 산정은 총유입부하량과 총유출부하량은 유입된 고형물 총량과 유출된 고형물의 총량에 여과면적을 나누어 산정한다. 제거효율은 350mg/L, 250mg/L, 150mg/L 농도별로 부하량합산법(Summation of Loads)에 따라 효율을 산정하고 3개의 효율을 산술평균하여 최종효율로 한다.

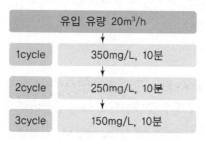

┃ 소용돌이형 시설과 스크린형 시설의 제거효율 실험 흐름도 ┃

① 부하량합산법은 총유입부하량 대비 총유출부하량의 비에 기초한 효율로 정의되며 산정식은 다음과 같다.

$$제거효율(\%) = \left(1 - \frac{\sum 총유출부하량}{\sum 총유입부하량}\right) \times 100$$

② 총유입부하량과 총유출부하량은 유입된 고형물 총량과 유출된 고형물의 총량에 여과면적을 나누어 산정한다.

③ 유출된 고형물량은 채수한 시점까지의 실험수량과 유출농도를 곱하여 계산하고 농도별 실험 중 첫 번째 채수는 채수 시점까지 유입된 실험수량을 유출농도와 곱하여 유출된 고형물량을 계산하고 마지막 채수는 채수 이후 실험종료까지 유출된 실험수량을 합하여 계산한다.

5) 손실수두 실험은 다음의 방법으로 실시한다.

① 시제품에 10분간 실험수를 통과시키면서 발생하는 손실수두는 피조미터를 통해 측정한다. 손실수두는 다음의 산출식을 사용하여 측정한다.

$$H_S(\text{cm}) = h_i - h_0$$

여기서, H_S : 손실수두, h_i : 실험 후 수두, h_0 : 실험 전 수두

② 손실수두는 3회 이상 측정하며 측정된 손실수두의 산술평균 값으로 한다.

문제 06 알칼리도의 종류 및 측정방법, 수질관리의 중요성에 대하여 설명하시오.

정답

1. 알칼리도 정의

산을 중화할 수 있는 완충능력, 즉 수중에 존재하는 수소이온[H^+]을 중화시키기 위하여 반응할 수 있는 이온의 총량을 말한다.

2. 알칼리도 유발물질

수중에서 알칼리도를 유발할 수 있는 주요 물질은 수산화물(OH^-), 중탄산염(HCO_3^-), 탄산염(CO_3^{2-}) 등이 있다. 자연수의 경우 중탄산염에 의한 알칼리도가 지배적이다. 이 외에 알칼리도에 영향을 미치는 약산들의 염으로는 붕산염, 규산염, 인산염, 기타 암모니아, 마그마네슘, 칼슘, 나트륨, 칼륨염류 등이 있다.

3. 알칼리도 종류

1) P-Alkalinity

알칼리상태의 시료에 일정한 농도의 산을 주입하여 pH 8.3까지 낮추는 데 소모된 산의 양을 $CaCO_3$ 상당량으로 표시한 값

2) M-Alkalinity

이 시료에 산을 더욱 가하여 pH를 4.5까지 낮추는 데 소모된 산의 양을 $CaCO_3$ 상당량으로 표시한 값으로, M-Alkalinity는 T-Alkalinity에 상당한다.

4. 알칼리도 측정방법

삼각플라스크에 검수 100mL를 정확히 취한다.

↓

MR 혼합지시약 2~3적(0.1~0.15mL)
수상이 청색 : 탄산수소염, 탄산염, 수산화물 존재 의미

↓

0.02N 황산용액으로 적정 : 적자색을 띨 때까지

↓

$$총알칼리도(mg/L) = \left(a \times F \times \frac{1,000}{V} \right) \times 1.0$$

여기서, a : 검액량(ml)
V : 검수량
F : 0.02N 황산의 역가

삼각플라스크에 검수 100mL를 정확히 취한다.

↓

페놀프탈레인 지시약 2~3적(0.1~0.15mL)

수상이 홍색 : 탄산수소염, 탄산염, 수산화물 존재 의미

↓

0.02N 황산용액으로 적정 : 무색이 될 때까지

↓

페놀프탈레인 알칼리도$(mg/L) = \left(a \times F \times \dfrac{1,000}{V}\right) \times 1.0$

여기서, a : 검액량(ml)

V : 검수량

F : 0.02N 황산의 역가

5. 수질관리의 중요성

1) 알칼리도는 화학적 응집(Chemical Coagulation)에 있어 응집제 투입시 적정 pH 유지 및 응집효과 촉진

2) 알칼리도에 의한 pH의 완충 작용

3) 부식 제어(Corrosion Control) : 부식제어에 관련되는 중요한 변수인 Langelier 포화지수의 계산에 사용

문제 01 수생식물을 이용한 오수의 고도처리에 대하여 다음 사항을 설명하시오.

1) 원리와 장단점
2) 고도처리에 이용 가능한 수생식물

정답

1. 개요

수생식물에 의한 고도처리는 1960년대부터 부상된 이후 기존의 물리적·화학적, 미생물적 처리의 보완적 의미로 유기물과 유해물질 처리에 적용이 되었을 뿐만 아니라 수질정화의 친수 공간의 확보를 겸한 습지조성 등에 광범위하게 적용되고 있다. 수생식물을 이용한 오수처리는 인공습지와 자연습지를 이용하는 경우가 있다.

인공습지는 오·폐수나 강우 처리의 단독 목적을 위해 습지가 아닌 곳에서 인위적으로 만들어진 습지이다. 그러므로 인공습지는 자연환경을 대신하기 위해 습지가 없는 곳에 만들어지며, 이용되는 수생식물의 형태에 따라 부수식물법(Floating Plant Systems), 침수식물법(Submerged Plant Systems) 및 정수식물법(Emerged Plant Systems) 등으로 구분할 수 있다.

1) 부수식물법

부수식물의 뿌리는 토양에 부착하지 않고 수중에 부유하며, 잎과 줄기는 수표면 위에 있어서 햇빛을 직접 받는다. 잠수되어 있는 뿌리 및 줄기는 오수의 안정화를 위하여 박테리아의 적절한 서식처로 제공된다. 부유식물은 수표면에 자유롭게 부유하므로 바람의 방향 및 물의 흐름 방향을 따라 유동하게 된다. 부유 수생식물을 이용한 습지는 영양물 제거와 재래식 안정화지의 성능을 향상하기 위해 쓰인다. 개구리밥, 부레옥잠, 마름, 생이가래 등이 있다.

2) 부엽식물법

부수식물과 비슷하게 보이나 줄기가 길어서 뿌리를 습지 바닥에 내리고 있다. 대개 물속에 잠기는 잎(수중엽)과 물 위로 뜨는 잎(부엽)의 형태가 다른 두 종류의 잎을 갖는다. 마름, 수련, 가래, 순채, 어린연꽃 등이 있다.

3) 침수식물법

침수식물은 수표면 아래에 빛이 충분히 투과되는 곳에서 자란다. 탁도가 있는 물이거나 조류가 번식할 때에는 수중으로 빛의 투과가 감소되기 때문에 이는 침수 형태의 수초 성장에 억제요인이 된다. 따라서 침수 형태의 수초들은 수처리에 효과적이지 못하다. 물수세미, 검정말, 붕어마름, 이삭물수세미, 솔잎말 등이 있다.

4) 정수식물법

얕은 물에서 자라며, 뿌리는 물속 토양에 있고 잎이나 줄기의 일부 또는 대부분이 공중으로 뻗어 있는 식물의 총칭이다. 갈대, 물억새, 미나리, 큰고랭이, 부들, 개연꽃, 연꽃 등이 대표적인 식물이다. 뿌리의 발달은 다양하며, 물속에 살기 때문에 증산작용에 대한 보호가 적어서 내건성이 매우 약한 편이다. 추수식물이라고도 하며, 통기조직이 줄기에 발달되어 근계의 호흡을 돕는다.

2. 오염물질 제거기작

1) 부유물질 제거기작

대부분 기질층에 의한 여과작용

2) 유기물 제거기작

입자상 유기물은 침전, 여과, Biofilm에 흡착, 응집/침전 등의 물리적 작용에 의해 습지 내에 저장, 이후 가수분해에 의해 용존성 유기물로 전환되어 생물학적 분해(호기성, 통기성 혐기성, 혐기성 분해) 및 변환으로 제거

3) 질소 제거기작

① 유기질소가 암모니아질소로 변환된 후 질산화 미생물에 의한 질산화 및 탈질 미생물에 의한 탈질화
② 식물에 의한 질소의 흡수
③ 암모니아의 휘발과정
위 기작 중 미생물에 의한 탈질과정이 주요 기작이다.

4) 인 제거기작

① 습지식물에 의한 흡수
② 미생물의 고정화에 의한 유기퇴적층의 형성
③ 수체 내에서의 침전물 형성
④ 토양 내의 침전작용
인 제거기작의 주요 기작은 ③, ④이며 인의 완전한 제거는 식물의 제거나 침전층의 준설로만 가능하다.

5) 병원균 제거

자연적 사멸, 침전, 온도효과, 여과, 자외선 효과 등

6) 중금속 제거

토양, 침전물 등에 흡착, 불용성염으로 침전, 미생물, 식물 등에 의해 제거

3. 수생식물법의 장단점

1) 장점

① 다른 공법에 비해서 건설비용이 적음

② 유지관리비가 낮음

③ 일관성이 있고 신뢰성이 있음

④ 운영이 간단

⑤ 에너지가 많이 필요하지 않음

⑥ 고도처리수준의 수질정화가 가능

⑦ 슬러지가 없고, 화학적인 조작이 필요 없음

⑧ 부하변동에 적응성이 높음

⑨ 야생동물의 서식지 제공 및 우수한 경관 형성

2) 단점

① 많은 면적이 소요

② 최적 설계자료가 부족

③ 기술자, 운영자가 습지기술에 친숙하지 못함

④ 설계회사에서는 설계비용이 많이 소요

⑤ 모기발생 등의 위해발생 가능성이 있음

⑥ 습지식물의 조절 등 관리 필요성이 있음

4. 고도처리에 이용 가능한 수생식물

1) 정수식물

① **갈대와 부들류** : 정수식물의 대표적인 갈대와 부들류는 근대의 발달도가 높고 밀생하여 미생물에 대한 부착매질로서 양호한 조건을 제공해 준다. 또한 통기조직을 통한 산소의 공급을 통해 유기물의 분해나 탈질을 유도함에 비하여 체내의 질소, 인 함량이 적고 성장 속도가 낮아 영양염류의 흡수능은 미약하며, 수거가 어려운 반면 사료나 비료로서의 이용성은 크다.

② **미나리** : 정수식물과 부수식물의 중간수준의 장점을 가지며 내한성이 커서 국내의 기후 조건에 매우 적합할 뿐만 아니라 처리대상수가 중금속 등 유해물질을 포함하지 않으면 식용이 가능하므로 적용성이 매우 높은 식물이다.

2) 부수식물

① **부레옥잠** : 모든 부분에서 수처리에 적합한 식물이나 과밀하게 성장된 경우는 수표면에서 공기와의 산소유통을 차단하여 용존산소를 결핍시키며, 내한성이 낮아 국내의 자연수역에서는 적용이 시기적으로 제한적이고 수분함량이 높아 운반이 어렵다.

② **좀개구리밥** : 위의 문제점을 갖지 않으나 생체량이 적고 근대발달이 적어 제거능이 상대적으로 떨어진다.

유기물 제거에 적합한 식물은 대체로 갈대나 부들류이며 자연적인 기후조건하에서 유기물 및 영양염류 제거에는 미나리나 좀개구리밥이 적합하고, 온실조건이나 기온이 온화한 시기의 자연조선에서는 부레옥잠이 적합하다.

부엽식물과 침수식물은 자연습지에서 다양한 영양구조의 한 구성원으로서 중요한 역할을 하나 수처리용 식물로는 효과가 적다.

문제 02 하수처리장에서 발생하는 슬러지의 자원화 방안에 대하여 설명하시오.

정답

1. 개요

최근 하수도 정비의 확대 및 생활 수준의 향상에 따라 슬러지 발생량은 급격하게 증가하고 있으며 이를 처리하기 위한 여러 가지 방법들이 모색되고 있다. 하지만 이러한 방법들은 처리비용의 증가를 초래하기 때문에 적절한 방법 선택에 어려움을 겪고 있다. 이와 같은 문제 해결에 가장 좋은 방법은 최종 처분량을 감소시키는 것이고 향후 에너지 및 에너지 관점에서 자원화는 가장 좋은 대응안이라 할 수 있다.

2. 자원화 방안

1) 녹지 및 농지 이용
2) 건설자재로서 이용
3) 에너지 이용

3. 녹지 및 농지 이용

1) 하수슬러지 부숙토

① 부숙토는 유기물이 생물학적으로 분해 · 안정화 됨

② 슬러지를 그대로 이용 가능 – 급격분해에 의한 식물 생육 악영향 방지 가능 및 질소 인 등 비료성분을 공급하여 생태 개량 가능

2) 지렁이 분변토

   ① 지렁이를 이용한 부숙토방법은 기존의 슬러지 처리방법보다 간편

   ② 시설 및 운영비가 적음(단, 지렁이 사육 때문에 큰 시설에 적용하기는 곤란함)

4. 건설자재로 이용

1) 소각재

   ① 무기계 소각제와 유기계 소각재로 구분

   ② 무기계는 Ca 함량 파악 필요

   ③ 도로 포장재로 사용 시 소각재 단독 또는 혼합제로 사용 가능

   ④ 고분자계 소각재 이용은 함유된 규소나 알루미나 등을 점토 등의 대체재로 이용하는 것이므로 이용 시 소각재 성분과 계절적 변동 파악 필요

2) 용융 슬래그

   ① 급랭 슬래그와 서랭 슬래그로 구분

   ② 세사 또는 쇄석의 대체재로 이용 가능

   ③ 일반적으로 서랭 슬래그가 급랭 슬래그에 비해 비중 및 강도가 큼

5. 에너지 이용

1) 소화 가스

   ① 저위발열량 : 5,000~5,500kcal/Nm^3

   ② 도시가스 에너지원으로 이용 가능

2) 건조 슬러지

   ① 슬러지 케이크 발열량(유기 응집제 사용 시)이 3,000~4,000kcal/kg 정도로서 잠재적 가치가 높음

   ② 자연소각 가능, 수분이 제거된 슬러지는 고체연료로도 사용 가능

3) 소각, 용융로 배기가스

   공기 예열이나 백연 방지 예열, 슬러지 케이크 건조에 사용

4) 슬러지 탄화물

   ① 탄화로에서 400℃ 이상의 온도 유지하면서 슬러지 탄화

   ② 무악취, 보관성이 좋음

   ③ 흡음재 또는 연료로 사용 가능

   ④ 탄화물 생성과정에서 다량의 에너지 사용, 탄화물 설비 설치 시 경제성 검토 필요함

문제 03 하수도법에 의한 주택 및 공장 등에서 오수발생 시 해당 유역의 하수처리 구역 여부, 공공하수도의 차집관로 형태 등에 따른 개인하수처리시설의 처리방법 및 방류수 농도(BOD)에 대하여 설명하시오.

정답

1. 개요

「하수도법」 제34조(개인하수처리시설의 설치)에 따라 오수를 배출하는 건물·시설 등(이하 "건물등"이라 한다)을 설치하는 자는 단독 또는 공동으로 개인하수처리시설을 설치하여야 한다. "개인하수처리시설"이라 함은 건물·시설 등에서 발생하는 오수를 침전·분해 등의 방법으로 처리하는 시설을 말한다.

단, 공공폐수처리시설로 오수를 유입시켜 처리하는 경우, 오수를 흐르도록 하기 위한 분류식하수관로로 배수설비를 연결하여 오수를 공공하수처리시설에 유입시켜 처리하는 경우, 공공하수도관리청이 환경부령으로 정하는 기준·절차에 따라 하수관로정비구역으로 공고한 지역에서 합류식하수관로로 배수설비를 연결하여 공공하수처리시설에 오수를 유입시켜 처리하는 경우 등에는 설치하지 않을 수 있다.

2. 개인하수처리시설의 처리방법

1) 하수처리구역 밖

① 1일 오수 발생량이 2m³를 초과하는 건물·시설 등 설치자

오수처리시설(개인하수처리시설로서 건물등에서 발생하는 오수를 처리하기 위한 시설을 말한다. 이하 같다)을 설치할 것

② 1일 오수 발생량 2m³ 이하인 건물등 설치자

정화조(개인하수처리시설로서 건물등에 설치한 수세식 변기에서 발생하는 오수를 처리하기 위한 시설을 말한다. 이하 같다)를 설치할 것

※ 하수처리구역 밖이라 해도 「환경정책기본법」 제38조제1항에 따른 특별대책지역 또는 4대강 수계법에 의한 수변구역에서 수세식 변기를 설치하거나 1일 오수 발생량이 1m³를 초과하는 건물등을 설치하려는 자는 오수처리시설을 설치하여야 한다.

2) 하수처리구역 안

① 합류식하수관로 설치지역

수세식 변기를 설치하려는 자는 정화조를 설치할 것

② 분류식의 경우에는 공공하수도로 유입되므로 설치 예외

3. 방류수(BOD)농도

구분	1일 처리용량	지역	항목	방류수 수질기준
오수 처리 시설	50m³ 미만	수변구역	생물화학적 산소요구량(mg/L)	10 이하
			부유물질(mg/L)	10 이하
		특정지역 및 기타지역	생물화학적 산소요구량(mg/L)	20 이하
			부유물질(mg/L)	20 이하
	50m³ 이상	모든 지역	생물화학적 산소요구량(mg/L)	10 이하
			부유물질(mg/L)	10 이하
			총질소(mg/L)	20 이하
			총인(mg/L)	2 이하
			총대장균군수(개/mL)	3,000 이하
정화조	11인용 이상	수변구역 및 특정지역	생물화학적 산소요구량 제거율(%)	65 이상
			생물화학적 산소요구량(mg/L)	100 이하
		기타지역	생물화학적 산소요구량 제거율(%)	50 이상

문제 04 하천으로 유입되는 폐수 방류수질의 유기물질 측정지표를 COD_{Mn}에서 TOC로의 전환에 따른 전환이유, 유기물 측정지표(BOD, COD_{Mn}, TOC)별 비교, 각 폐수배출 시설별 적용시기에 대하여 설명하시오.

정답

1. TOC로의 전환에 따른 전환이유

2019년 12월 말까지는 방류수의 유기물질 지표로 BOD_5, COD_{Mn}을 채택하였으나, COD_{Mn}법은 산화력 부족으로 난분해성 유기물질 측정이 곤란하여 유기물질에 대한 신속·정확한 측정 및 근본적인 원인 규명이 어려워 발생원 관리대책 마련에 한계가 있었다. 반면, TOC는 수중에 존재하는 유기물질의 약 90% 이상, 실시간(~30분 이내)으로 측정 가능하고 사전예방적 수질관리를 위해 신속·정확한 모니터링 및 관리가 가능하다.

특히, 하천·호소의 생활환경기준이 TOC 변경·운영 중('16.1월)에 하천의 수질에 큰 영향을 미치는 공공하수처리시설의 방류수수질기준을 TOC로 전환하여 공공수역의 수질관리와 연계가 필요하였던 것이다.

TOC는 유기물질 측정비율이 높고 신속한 분석이 가능하여 측정결과에 대한 신뢰도 향상에 기여하며, TOC 지표전환을 통해 하수 중 난분해성 유기물질을 포함한 유기물질 관리와 하천·호소 환경기준 달성을 위한 통합적·효율적 유역관리가 가능해졌다.

2. 유기물 측정지표(BOD, CODMn, TOC)별 비교

구분		BOD	CODMn	CODCr	TOC
측정원리		유기물 산화 시 미생물 호흡으로 소비된 산소량 측정	유기물 산화 시 소비된 산화제량(산소량) 측정		유기물 내 탄소량 직접 측정 ※ C를 CO_2로 전환하여 측정
분석	산화제	호기성 미생물 (20℃, 5일간 배양)	과망가니즈산칼륨 (95℃ 가열)	중크롬산칼륨 (140℃ 가열)	고온연소 (550℃)
	장비	실험기구			TOC 분석장비
	결과값	산소량(mg/L)			탄소량(mg/L)
측정	대상	저분자* 유기물 * 포도당, 지방 등	저분자 및 고분자* 유기물 * 합성수지, 천연고무, 섬유소 등 분자량이 1만 개 이상 등으로 용해가 잘 안 되고 결합이 강한 물질		
	범위 (경험적)	20~40%	30~60%	90% 이상	90% 이상
		예 전분($C_6H_{12}O_6$)에 대한 분석 결과(일본 논문) * BOD : 460mg/L, CODMn : 653mg/L, CODCr : 930mg/L 이론적 산소요구량 : 1,070mg/L			
	방해 물질	고분자 유기물 등	염소(Cl^-) 등	염소, 아질산성 이온(NO_2^-) 등	무기물 등
특징		하천 환경을 실험실에서 재현	우리나라·일본 통용 오염물질 배출	국제 통용성 오염물질 배출	신속·다량·자동화 장비구입·유지

3. 각 폐수배출 시설별 적용시기

▼ 공공폐수처리시설 방류수 수질기준

구분(mg/L)	I 지역	II 지역	III 지역	IV 지역
현 COD 기준	20(40)	20(40)	40(40)	40(40)

▼

	I 지역	II 지역	III 지역	IV 지역
TOC 기준	15(25)	15(25)	25(25)	25(25)

※ ( )는 농공단지 공공폐수처리시설

▼ 폐수배출시설 배출허용기준

구분(mg/L)	2,000톤/일 이상 사업장				2,000톤/일 미만 사업장			
	청정	가	나	특례	청정	가	나	특례
현 COD 기준	40	70	90	40	50	90	130	40

▼

TOC 기준	25	40	50	25	30	50	75	25

※ 신규는 2020년부터 적용
  • 기존 공공폐수처리시설은 1년 유예('20) → 2021년부터 적용
  • 하수도법에 근거한 공공하수처리시설도 2021년부터 시행
  • 기존 폐수배출시설은 2년 유예('20~'21) → 2022년부터 적용

문제 05 저영향개발(Low Impact Development, LID)기법의 조경 · 경관 설계과정의 검토
사항과 계획 시 고려사항을 설명하시오.

정답

1. 개요

저영향개발은 도시의 불투수층을 줄여 빗물의 지하 침투 및 저류능력을 향상시킴으로써 도시의
건조화와 열섬현상을 완화하고 비점오염으로부터 발생하는 오염물질을 저감하여 도시의 쾌적
성을 향상시키는 기능을 한다.
자연형 시설, 장치형 시설, 빗물이용시설로 구분할 수 있다.

2. 조경, 경관 설계과정의 검토사항

1) 상위계획에 대한 검토로서 기작성된 계획과 설계도서를 검토하여 LID 기법 도입 시 이를 고
려해야 하며 관련 상위계획은 다음과 같다.

① 물환경계획

하수도 정비계획, 수질오염총량관리 시행계획 등 물환경과 관련된 인프라 현황 및 향후
확충 계획 등을 검토한다.

② 도시 공간계획

해당 지자체의 도시기본계획, 도시관리계획 등을 검토하여 주민 생활 환경의 변화 예측
및 도시 내 공간질서 확립에 대한 부분을 검토한다.

③ 도로계획

해당 지자체의 도로 정비 기본 계획을 검토한다. 도로시설 현황 및 장래 계획, 환경친화적
도로건설 등의 내용을 검토한다.

④ 제반 개발사업 계획

LID 기법을 적용하려는 대상 부지와 관련된 제반 개발사업계획을 분석한다. 녹지율, 건폐율, 보행자 동선노선, 부지의 조성계획고 등 설계 시 타 공종과의 상충 여부, 설계에 반영할 사항 및 조정해야 할 사항 등을 사전에 파악한다.

3. 계획 시 고려사항

1) 토양특성

① LID 기법의 설치 시 토양특성에 기인한 침투능력에 따라 적용 가능한 LID 기술요소가 결정되며, 오염된 빗물을 처리하는 과정에서 토양 및 지하수 오염을 유발할 가능성이 있으므로 설치 예정시의 토양특성을 평가하여야 한다.

② 부지로 선정된 지역의 토양에 대한 침투속도와 투수성 및 기타 관련 인자를 확인하기 위해서 투수시험을 실시하여야 한다.

2) 유지관리

① LID 기술요소의 효율적인 기능을 유지하기 위하여 주기적으로 점검하고 보수하여야 하므로 유지관리가 용이한 형태로 계획하고 수시 및 정기점검이 가능한 구조로 설치하여야 한다.

② LID 기술요소의 빗물 유입구와 유출구는 공통적으로 쓰레기 및 협잡물을 제거할 수 있는 구조이어야 한다.

③ LID 기술요소의 기능이 지속될 수 있도록 유지관리계획을 수립하여야 하며, 식생형 시설은 토양 및 식물에 대한 유지관리계획을 포함하여야 한다.

④ 도출된 최종 설계안을 바탕으로 시공 후 유지관리 및 모니터링 계획을 수립하여 LID 기법의 기능이 유지될 수 있도록 하여야 한다.

⑤ LID 기술요소는 유지관리의 용이성과 비용을 검토하여 선정하여야 한다.

3) 경관

① LID 기술요소 선정 시 주변 환경과 조화를 이룰 수 있도록 색상, 형태, 디자인을 고려하여 주변 기반시설과 연계되도록 하며, 이용자의 안정성과 심미성을 확보하도록 한다.

② 식재 시 식물의 관상 가치와 계절에 따른 변화를 고려하고 지역사회에서 선호하는 수종을 선택하도록 한다.

③ 식물 소재는 주변 경관을 고려하여 색상, 형태 및 디자인을 선택하여야 한다.

4) 선호도 및 민원

① LID 기술요소 도입 시 적합한 시설이 설치되었더라도 지역주민의 의식수준이나 혐오감 등으로 사용되지 못하고 방치되는 경우가 있으므로 정기적인 유지관리를 통해 민원발생을 최소화할 수 있도록 한다.

② 동선이 많은 공간에는 보행에 불편을 주지 않도록 동선을 충분히 확보하여야 하며, 보행자의 통행에 장애가 되지 않도록 안전성을 고려하여 설치하여야 한다.

문제 06 부유물질(Suspended Solids) 측정방법에 대하여 간섭물질, 분석기구, 분석절차, 계산방법을 설명하시오.

정답

1. 부유물질(SS, Suspended Solids)
수중의 고형물에는 입자상으로 현탁되어 있는 고형물과 용액으로 되어 있는 용존 고형물이 있다. 수중에 현탁되어 있는 입자상의 고형물을 부유물질이라 한다.

2. 간섭물질
① 나무조각, 큰 모래입자 등과 같은 큰 입자들은 부유물질 측정에 방해를 주며, 이 경우 직경 2mm 금속망에 먼저 통과시킨 후 분석을 실시한다.
② 증발잔류물이 1,000mg/L 이상인 경우의 해수, 공장폐수 등은 특별히 취급하지 않을 경우 높은 부유물질 값을 나타낼 수 있다. 이 경우 여과지를 여러 번 세척한다.
③ 철 또는 칼슘이 높은 시료는 금속 침전이 발생하며 부유물질 측정에 영향을 줄 수 있다.
④ 유지(Oil) 및 혼합되지 않는 유기물도 여과지에 남아 부유물질 측정값을 높게 할 수 있다.

3. 분석기구
① 여과장치

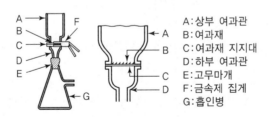

A : 상부 여과관
B : 여과재
C : 여과재 지지대
D : 하부 여과관
E : 고무마개
F : 금속제 집게
G : 흡인병

② 유리섬유여과지(GF/C)
유리섬유여과지(GF/C) 또는 이와 동등한 규격으로 지름 47mm인 것을 사용한다.

③ 건조기
105~110℃에서 건조할 수 있는 건조장치를 사용한다.

④ 데시케이터

수분함유에 따라 흡습제가 색변화를 나타내거나 수분함량을 표시할 수 있는 데시케이터를 사용한다.

⑤ 시계접시

시계접시 또는 알루미늄 호일 접시로 유리섬유여과지(GF/C)를 담아 건조할 수 있어야 한다.

4. 분석절차

① 유리섬유여과지(GF/C)를 여과장치에 부착하여 미리 정제수 20mL씩으로 3회 흡인여과 히여 씻은 다음 시계접시 또는 알루미늄 호일 접시 위에 놓고 105～110℃의 건조기 안에서 2시간 건조시켜 데시케이터에 넣어 방치하고 냉각한 다음 항량하여 무게를 정밀히 달고, 여과장치에 부착시킨다.

② 시료 적당량(건조 후 부유물질로서 2mg 이상)을 여과장치에 주입하면서 흡입여과 한다.

③ 시료 용기 및 여과장치의 기벽에 붙어 있는 부착물질을 소량의 정제수로 유리섬유여과지에 씻어 내린 다음 즉시 여지상의 잔류물을 정제수 10mL씩 3회 씻어주고 약 3분 동안 계속하여 흡입여과 한다. 용존성 염류가 다량 함유되어 있는 시료의 경우에는 흡입장치를 끈 상태에서 정제수를 여지 위에 부은 뒤 흡입여과 하는 것을 반복하여 충분히 세척한다.

④ 유리섬유여과지를 핀셋으로 주의하면서 여과장치에서 끄집어내어 시계접시 또는 알루미늄 호일 접시 위에 놓고 105～110℃의 건조기 안에서 2시간 건조시켜 데시케이터에 넣어 방치하고 냉각한 다음 항량으로 하여 무게를 정밀히 단다.

5. 계산방법

여과 전후의 유리섬유여지 무게의 차를 구하여 부유물질의 양으로 한다.

$$부유물질(mg/L) = (b-a) \times \frac{1,000}{v}$$

여기서, a : 시료 여과 전의 유리섬유여지 무게(mg)
b : 시료 여과 후의 유리섬유여지 무게(mg)
v : 시료의 양(mL)

문제 01 폐수의 질소제거 공정인 아나목스(Anammox, Anaerobic Ammonium Oxidation) 공정에 대하여 다음 사항을 설명하시오.

1) 공정의 원리 및 반응식
2) 장단점 및 적용가능 하 · 폐수

정답

1. 공정원리

Anammox는 Anaerobic Ammonia Oxidation의 약자로 폐수에서 암모늄을 제거하는 과정이며, 혐기성 조건에서 전자수용체인 아질산염과 반응하여 질소 가스로 전환된다. 동시에 아질산염을 질산염으로 산화하는 독립영양 미생물 대사반응이다.

반응결과 pH가 증가하고 NO_3가 생성되므로 완전한 질산의 제거는 힘들지만 탈질에 유기성 탄소원이 불필요하다.

2. 반응식

$$NH_4^+ + 1.3NO_2^- + 0.042CO_2$$
$$0.042(Biomass) + N_2 + 0.22NO_3^- + 0.08OH^- + 1.87H_2O$$

3. 장단점

1) 장점

① 반응조를 집약적으로 만들 수 있다.

전통적인 활성슬러지 공정의 질소 부하율은 약 $0.1kgN/m^3 \cdot day$에 비해 Anammox 공정은 일반적으로 공정 부하율이 $2.6kgN/m^3 \cdot day$ 정도로 매우 높기 때문에 반응조를 집약적으로 만들 수 있다.

② 외부탄소원 및 산소가 필요 없다.

Anammox 박테리아는 독립영양균에 속하기 때문에 별도의 외부 탄소원이 필요하지 않고, 전자 수용체로 $NO_2^- - N$를 사용하기 때문에 산소도 필요하지 않다.

③ 슬러지 발생량이 적다.

2) 단점

① Anammox 박테리아는 성장률이 매우 느리기 때문에 반응기 안에 미생물을 유지하기 위해 긴 고형물 체류시간이 필요하다.

② 유입온도가 높아야(30℃ 이상) 효과가 크다.(높은 $NH_4^+ - N$ 유입)

4. 적용가능 하폐수

1) Anammox를 이용한 아질산화/anammox 공정은 주로 유럽에 설치되어 있지만 근래 북미지역에서 하수처리장 반류수 처리에 많이 적용된다.

2) 하수처리장 소화여액(Centrate)에 설치한다.

3) 축산폐수, 음식물처리 등에 적용 가능하다.

4) 근래에 들어 단일 반응조로 추세가 옮겨가고 있고, 유동상 생물막(MBBR), 과립형 슬러지, 연속회분식(SBR) 공정이 적용되고 있다.

문제 02 슬러지의 탈수(Dewatering) 공정에 대하여 다음 사항을 설명하시오.

1) 슬러지 비저항(Specific Resistance)
2) 기계식 탈수장치의 종류 및 장단점

정답

1. 개요

1) 슬러지 비저항이란 슬러지 탈수성을 나타내는 지표로서 이 값이 클수록 탈수성이 나쁘다.

2) Buchner Funnel 장치를 이용하여 측정한다.

3) 일반적으로 이용되는 여과 비저항에 대한 식은 압축성 케이크 여과이론으로부터 도출된 다음과 같은 식을 이용한다.

$$\frac{t}{V} = \frac{\mu \cdot r \cdot w}{2A^2 P} V + \frac{\mu_f R_m}{AP}$$

여기서, t : 여과시간(sec), V : 여액 체적(mL), μ_f : 여액의 비저항(N · sec/m²)

r : Specific Resistance to Filtration(m/kg)

w : 단위 여액당 축적되는 슬러지의 질량(kg/m²)

A : 여지의 면적(m²), P : 압력 (N/m²), R_m : 여지의 저항(1/m)

위 식에서 비저항계수는 다음 그림에서와 같이 직선의 기울기로서 $r = \dfrac{2PA^2}{\mu w}$ (m/kg) 값을 나타낸다.

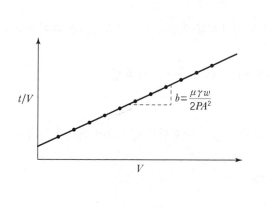

┃ 비저항계수 산출그래프 ┃

┃ 부흐너 깔때기 실험기구 ┃

2. 기계식 탈수장치의 종류 및 장단점

1) 가압탈수

가압탈수는 여포형 탈수(Filter Press) 및 스크루프레스(Screw Press) 탈수 방식으로 분류할 수 있다.

① 여포형 가압탈수기(Filter Press)

여포형 가압탈수기로 여포를 2매의 주철제 탈수판에 붙여서 하나의 탈수실이 되도록 한 것으로서 필요용량에 맞추어 탈수를 증가시키면 된다.

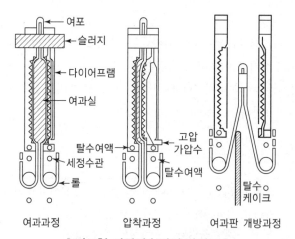

┃ 여포형 가압탈수기의 단면도 ┃

가압탈수방법에는 단면 탈수와 양면 탈수가 있는데, 두 방법 모두 탈수를 실시할 경우에는 유압으로 탈수판 전체를 연결시킨 다음 탈수판의 가운데에 있는 구멍으로 유입펌프를 이용하여 슬러지를 각 탈수 실내로 유입시킨다. 탈수실 전체에 슬러지가 가득 찰 때까지

가압이 계속되며, 탈수 실내에 슬러지가 가득 차게 되면 슬러지의 공급이 정지되고 유압 실린더에 의해 탈수판이 가압되어 슬러지에 포함된 수분을 압출시켜서 탈수가 실시된다. 탈수판을 분리시키면 케이크는 여포에서 박리되어 밑으로 떨어지고, 탈리액은 탈수판상에 파여 있는 다수의 작은 홈을 통하여 탈수판 밑에 있는 탈수여액 배출구로 빠져나간다.

② 스크루프레스 탈수방식(Screw Press)
  ㉠ 스크루프레스 탈수기
    스크루프레스 탈수기는 스크루프레스 탈수 방식의 원형으로 원통의 스크린과 스크루 날개로 구성되며 양자 간의 용적은 탈수슬러지 유출부에 가까울수록 축소·압축되어 탈수된다. 분리된 탈수여액은 원통스크린을 통해 배출된다. 스크루의 회전수는 2회/분 정도이고 스크린의 세정은 탈수종류 후 수행한다. 응집제는 양이온고분자 응집제를 슬러지 건조 고형물량당 1.0~1.3% 정도 투입하며 함수율은 76~82% 범위이다. 일반적으로 스크루의 회전수가 높을수록 탈수량과 함께 함수율도 증가하므로 회전수를 적정하게 유지하여야 한다.
  ㉡ 다중판형 스크루프레스 탈수기
    다중판형 스크루프레스 탈수기는 고정축에 의해 스크루의 내통을 형성하는 고정판과 고정판 사이에서 편심축에 의해 편심운동을 하는 유동판(링)과 내통 사이에서 저속 회전하는 스크루에 의해 이송 및 압축하여 슬러지를 출구방향에 이송하면서 탈수가 진행되는 탈수기이다.

2) 벨트프레스 탈수기

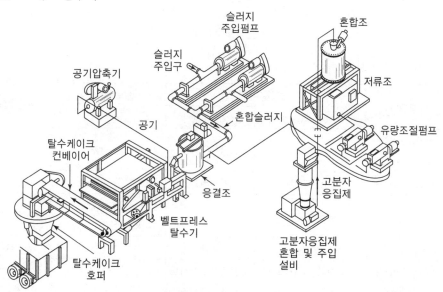

‖ 벨트프레스 탈수기 계통도 ‖

벨트프레스 탈수는 그림처럼 슬러지에서 물을 짜내기 위하여 벨트(Belt)와 롤러(Roller)를 사용하여 압력을 가하는 방법이다. 탈수할 때 여포를 연속이동시키면서 여포 위에 고분자응집제를 첨가시킨 응집슬러지를 공급하면, 응결물 사이의 간극수가 중력에 의해 탈수되고 이동된 슬러지는 상하의 여포압축에 의해 탈수된다.

탈수케이크는 제거기에 의해 여포에서 박리된다. 탈수케이크가 박리된 여포는 압력수로 세척되어 다시 탈수부로 돌아가며 다시 앞의 과정이 연속적으로 반복된다.

3) 원심탈수기

슬러지에 약품을 첨가하여 중력가속도의 2,000~3,500배의 원심력으로 원심분리시키면 슬러지가 탈수된다. 원심력에 의한 침강속도는 고체입자 직경의 자승에 비례하므로 응집제를 첨가해 슬러지 입자의 크기를 증대시키고 원심력를 크게 할수록 빨라진다. 분리특성은 슬러지의 입자직경, 밀도 및 교반작용에 따라 변화한다. 원심탈수기는 액분리기능과 침강분리된 고형물의 함수율을 낮추는 탈수기능으로 나눌 수 있다.

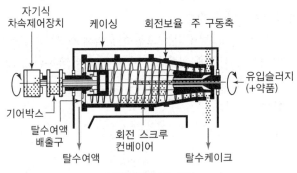

▌ 원심탈수기 예 ▌

4) 각 탈수기의 종류별 비교

항목	가압탈수기		벨트프레스 탈수기	원심탈수기
	Filter Press	Screw Press		
유입슬러지 고형물농도	2~3%	0.4~0.8%	2~3%	0.8~2%
케이크 함수율	55~65%	60~80%	76~83%	75~80%
용량	3~5kgDS/m^2 · h	—	100~150 kgDS/m · h	1~150m^3/h
소요면적	많다.	적다.	보통	적다.
약품주입률 (고형물당)	Ca(OH)$_2$ 25~40% FeCl$_3$ 7~12%	고분자응집제 1% FeCl$_3$ 10%	고분자응집제 0.5~0.8%	고분자응집제 1% 정도

항목	가압탈수기		벨트프레스 탈수기	원심탈수기
	Filter Press	Screw Press		
세척수	수량 : 보통 수압 : 6~8kg/cm²	보통	수량 : 보통 수압 : 3~5kg/cm²	적다
케이크의 반출	사이클마다 여포실 개방과 여포이동에 따라 반출	screw 가압에 의해 연속 반출	여포의 이동에 의한 연속 반출	스크루에 의한 연속 반출
소음	보통(간헐적)	적다.	적다.	보통 (패키지 포함)
동력	많다.	적다.	적다.	많다.
부대장치	많다.	많다.	많다.	적다.
소모품	보통	많다.	많다.	적다.

문제 03 우리나라 해양 미세플라스틱오염의 원인, 실태, 해결방안에 대하여 설명하시오.

정답

1. 개요

1938년 뒤퐁사에서 나일론을 합성하여 스타킹을 만들기 시작하면서 합성수지의 사용이 폭발적으로 증가하였고, 그 후 100년이 되지 않은 기간 동안 플라스틱은 산업 전반에 걸쳐 우리 생활 모든 분야에 스며들어 편리함을 제공하고 있다. 플라스틱은 저렴한 가격과 가공의 편이성, 우수한 구조적 강도, 내구성, 단열성, 화학적 안정성, 탄성 등의 장점으로 일상생활에서 사용하는 포장재, 교통, 건축 및 건설, 전자전기, 소비재, 산업용 기계 직물 등으로 활용되고 있다.

플라스틱의 소비는 매년 급격하게 증가하고 있으며, 2012년 전 세계 플라스틱 생산량은 2억 8천톤으로 지난 60년 사이 170배가 증가하여, 현재 추세로 2050년에는 그 누적량이 330억 톤에 이를 것으로 전망하고 있다. 1년에 해양에 유입되는 플라스틱 쓰레기는 480만~1,270만 톤으로 해양 고체 오염물질 총량의 60~80%를 차지한다. 이러한 속도라면 2050년에는 바다에 물고기보다 플라스틱이 더 많아질 수 있을 것이라는 예측이 나오고 있다.

2. 미세플라스틱의 종류

미세플라스틱은 5mm 이하의 플라스틱을 뜻하며, 예상되는 발생원에 따라 1차 미세플라스틱과 2차 미세플라스틱으로 구분할 수 있다. 1차 미세플라스틱은 생산 당시부터 의도적으로 작게 만들어지는 플라스틱으로, 지난 수십 년간 화장품, 공업용 연마제, 치약, 청소용품, 세제, 전신 각질제거제, 세안제 등에 사용되어 왔다. 또한 다양한 종류의 플라스틱 제품을 생산하기 위하여 전

단계 원료로 사용되는 레진 펠릿(Resin Pellet)을 포함한다.

2차 미세플라스틱은 생산될 때는 크기가 그보다 컸지만, 이후 플라스틱이 사용 · 소모 · 폐기되는 과정에서 인위적으로 또는 자연적으로 미세화된 플라스틱을 말한다. 2차 미세플라스틱은 물리적인 힘뿐 아니라 빛과 같은 광화학적 프로세스에 의해서도 발생할 수 있다.

3. 1, 2차 미세플라스틱 먹이연세 과정모식도

1차 미세플라스틱은 너무 작아 하수처리시설에서 걸러지지 않고 그대로 바다와 강으로 유입되어 바다로 흘러든다. 2차로 생성된 미세플라스틱은 환경을 파괴할 뿐 아니라 그것을 먹이로 오인하여 먹은 생물을 인간이 섭취하면서 인간의 신체에도 영향을 끼친다.

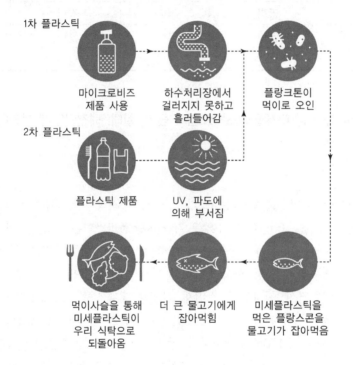

4. 영향

① 생물 농축에 의한 해양생물 및 인간 건강에 악영향

　미세플라스틱 내 자체 유해화학물질이 생체 내에 흡입 · 섭취 · 흡수되면, 체내에서 축적 및 농축되어, 해양생물, 인간뿐만 아니라 지구 생태계에 큰 문제를 일으킴

② 해양 수자원의 기능 감소

　천연소금에서 플라스틱 성분 검출 등 인간 건강생활에 지장

5. 대책

① 일상생활에서 미세플라스틱 제품 사용 자제

② 플라스틱 제품의 재활용

③ 플라스틱 재료를 분해성이 큰 생물성 재료로 변경 등

문제 04 환경생태유량 확보를 위한 현행 문제점과 제도화 방안에 대하여 논하시오.

정답

1. 개요

환경생태유량이란 수생태계 건강성 유지를 위하여 필요한 최소한의 유량을 말한다.

2. 환경생태유량 확보를 위한 현행 문제점

하천법에서는 "하천관리청은 하천유지유량을 확보하기 위하여 노력할 것"을 명시하고 있다. 우리나라에서는 하천유지용량에 사람이 사용하기 위한 물의 양을 합쳐 "하천관리유량"을 설정하고 있다. 즉 "하천관리유량＝하천유지유량＋사람의 물이용량"이다. 이때 하천법에 의해 하천유지 유량이 사람의 물이용량보다 우선순위에 있다.

한편 하천유지용량의 산정기준으로 수질과 수생태계가 가장 많이 이용되고 있고, 하천법에서도 이를 감안하여 연중 최소유량의 유지를 명시하고 있지만 역설적이게도 이 점은 오히려 생태계적인 측면에서 부정적일 수 있다. 즉 생태계가 건강성을 유지하기 위해서는 역동적인 유량이 필요한데 하천유지유량 개념에서는 이를 확보하기 어렵기 때문이다. 또한 하천유지유량 확보는 국가하천과 지방하천과 같은 일정규모 이상에서 하천을 대상으로 하고 있는데 생태적으로 더 중요한 중소규모 하천에서는 유량 확보가 소홀해지는 문제가 발생하고 있다.

3. 환경생태유량 확보방안

1) 기존댐(다목적댐, 농업용 저수지)의 여유물량 활용방법

이 방법은 환경생태유량 확보방안 중 가장 효율적이며 현실적인 방안으로 간주되고 있다. 이 방안은 단기적으로 가장 유력한데, 기존 댐의 여유물량과 장기적으로 용도별 물의 수요에 대한 정확한 파악이 선행되어야 한다.

2) 수계 간 유량이동 방법

이 방법은 가장 단기적으로 실행 가능한 방법이다. 예를 들어, 임하댐의 물을 도수로를 통해 영천댐으로 이동시킨 후 이를 다시 금호강 환경생태개선을 위해 사용하는 것이다. 물론 이 방법은 수원을 확보하는 방법이 아닌 만큼 댐의 여유 물량을 활용하거나 하수처리장의 배수를 활용하는 등 다른 방안과 같이 병행되어 추진되어야 한다. 수계 간 유량이동은 100%의 감

수구간을 가져오기 때문에 타 수리이용자들의 권리를 침해할 수 있다. 따라서 이러한 방법을 사용하기 위해서는 수원에 대한 물이용 상황에 대한 철저한 현황조사가 필요하다.

3) 하수처리장 배수의 고도처리 후 환경생태유량으로 재활용하는 방안

환경생태유량의 필요량을 확보하기 위해 하수처리장의 배수를 고도처리하여 이를 다시 환경생태유량으로 활용하는 것도 하나의 방법이 될 수 있다. 그러나 이 방법은 단기적으로 실행되기보다는 중장기적으로 추진될 수 있는 방법으로 경제적인 측면이나 환경보호적인 측면에서 미흡한 부분이 있으며, 환경생태유량 확보의 주요한 수단이 되기 어렵고 보조적이며 지역적으로도 상당히 제한적으로 사용될 수밖에 없다.

하수처리장의 배수를 하천의 전체구간에서 환경생태유량으로 사용하기 위해서는 하수처리장의 배수를 고도처리 후 하천상류로 송수하는 시스템이 필요하다. 이 방법은 수량 확보가 용이하고 하천수질 개선효과가 있지만, 추가적으로 고도처리를 필요로 하는 등 경제적인 측면에서 비효율적인 면이 있다.

4) 빗물, 지하수 활용방안으로 빗물의 재활용

빗물저류수 및 빗물침투수의 이용은 광범위하여 이용량의 증가가 예상되나, 환경생태유량 이용에 있어서는 강우상황에 좌우되기 때문에 정량적인 이용에는 부적절하며, 보조적인 수단에 머무른다. 다만, 빗물침투수는 자연적인 용수를 가져와 자연형 하천 등의 재생, 창출에 적합하는 등 자연에 순응하는 환경생태유량 이용이 기대되나, 실질적인 측면에서 강우가 많은 시기에는 환경생태유량이 그다지 필요하지 않다는 점에서 공급과 수요의 시차가 존재하게 되며, 결과적으로 인위적인 빗물 저장시설이 설치되어야 하는 어려움이 남아 있다.

한편으로 지하수를 환경생태유량으로 이용하는 것은 수환경 개선뿐만 아니라, 그때까지 불분명했던 물의 하수도에의 유입을 감소시키기 때문에 효과적이다. 그러나 지하수의 지속가능량, 지하수를 환경생태유량의 사용지역까지 공급할 수 있는 시스템의 설치 등에 따른 효용성 여부가 활용의 관건이 된다. 특히, 계절별 지하수위의 변동과 환경생태유량의 필요시기, 필요량 등을 고려할 때 이 역시 소량의 환경생태유량 사용 또는 보조적인 수단에 머무를 수밖에 없는 한계가 있다.

5) 신규 댐 건설로 환경생태유량을 공급하는 방안

중단기적인 여러 가지 보조적인 수단들에 의해서 환경생태유량의 확보가 불가능한 경우 장기적으로 고려해 볼 수 있는 방안이다. 물론, 환경생태유량의 확보를 위한 댐 건설의 경우 댐 건설장기종합계획에 반영되어야 하며 이를 위해서는 수자원장기종합계획에 환경생태유량의 수급에 대한 분석과 계획이 반영될 필요가 있다. 신규 댐 건설로 환경생태유량을 공급할 경우 대규모 다목적댐의 건설이 필요한 것이 아니라 중소규모댐으로 충분하다고 여겨진다.

6) 취수구의 하류 이전방안

환경생태유량의 사용으로 인해 타 수리사용자의 권리를 침해하지 않도록 하천중상류의 취수에서 하천하류에서의 취수 및 도수를 통해 환경생태유량을 공급하는 방안이다. 이는 취수구 이전을 통한 감수구간 발생을 방지하는 경우인데 일반적으로 하류에 위치해 있는 지역(예를 들어 부산시, 인천시 등)에 적용하기에 적절한 방안으로 고려될 수 있다. 물론, 이 방안은 환경생태유량의 사용지역으로부터 하류 취수구까지의 도수관로 설치에 따른 경제성 여부가 가장 중요한 문제로 대두된다.

4. 제도화 방안

1) 법률 정비

법률은 환경생태유량뿐만 아니라 수생태계의 건강성 관련 내용을 포함하여 정비하도록 한다. 수생태계 건강성 법을 같이 정비하여 하천수생태계의 건강성을 유지하는 목적을 달성하도록 한다.

2) 조직 정비

환경유량 조사, 검증 및 산정, 심의, 평가가 객관적이고 체계적으로 진행될 수 있도록 정부 유관기관의 유기적인 조직 역할을 분담하도록 한다.

3) 관련 예산의 확보 및 활용

4) 업무절차의 확보

산정, 고시, 평가 등을 위한 절차를 확보한다.

5) 측정망 운영 및 평가

환경생태유량 측정망 신설 및 운영, 자료의 축적, 관리, 평가, 갱신 등

6) 유량 확보

유량 확보의 근거 마련, 관계부처 및 지자체 협력방안 등을 제도화한다.

문제 05 하수관로시설 기술진단방법에 대하여 설명하시오.

정답

1. 개요

하수관로시설 기술진단은 「하수도법」 제20조 및 같은 법 시행령 제16조, 같은 법 시행규칙 제14조에 의한 공공하수도의 기술진단을 효율적으로 추진하기 위하여 그 세부적인 사항을 정한 공공하수도 기술진단 업무처리 규정안에 따른다.

2. 기술진단범위와 방법

구분	수행범위	내용
현황조사	기초자료 조사 및 분석	• 하수도정비기본계획, 하수처리장 계획 등의 관련계획 자료조사 • 하수관로 공사 설계 · 시공도서 및 하수관로 청소, 준설, 보수 등의 유지관리 자료조사 • 하수의 유하계통 파악, 지역특성 및 유량 · 수질조사를 고려한 소유역 분할

	현황조사[2]	• 자료조사 결과와 현황의 일치 여부 확인
		   – 하수도대장도를 기초로 현황 일치 여부 샘플조사 확인
		   – 과도한 오류 발생 시 지자체와 별도 협의 필요
		• 상세조사 구간 선정을 위한 현장 파악
		• 유량 · 수질조사지점 현황 파악

현상진단[1]	유량 및 수질조사[3]	• 소유역별 관로 끝단에서 유량 · 수질(BOD)조사에 의한 하수발생특성 및 정량적인 관로상태 진단
		• 유량조사
		   – 청천일 : 약 7~17일 범위 내에서 측정
		   – 강우일 : 도로에 물이 흐르는 정도의 강우 시 측정
		• 수질(BOD)조사 : 유량조사 지점과 동일 지점에서 12회/1일(2시간 간격) 기준으로 조사
		   – 청천일 : 2일 이상 측정
		   – 강우일 : 1일 이상 측정

	표본지역 상세조사	• 관로연장 대비 최소 10%에 대한 상세조사로 정성적인 관로상태 진단 • 관로 내부조사에 의한 관로불량도 진단 – 관로 내부 CCTV 조사[4]를 표준으로 하며, 관경 800mm 이상은 육안 조사 가능 • 송연조사[5]에 의한 오접상황 진단

구분	수행범위	내용
대책진단	문제점 도출 및 개선대책 수립	현황조사 및 현상진단 결과를 기초로 관로상태 분석, 문제점 도출 및 개선대책 수립 • 관로정비 필요지역 판단 • 개략 사업비 추정
	시설유지관리 방안수립	점검, 청소주기 및 중점관리사항 등 관로 유지관리 방안 제시

주 1) 현상진단내용은 현장여건에 따라 공공하수도관리청과 협의하여 전체 비용 범위 내에서 조정할 수 있다.

2) 관로 현황조사
   • 제출사료(대장도 및 조서)와 현장상황 불일치가 10%를 초과하는 경우 진단을 중지하고 신청기관에 하수관로 대장도 및 조서 재작성을 요청한다.
   • 하수관로 대장도 및 조서를 재작성하는 경우 이에 소요되는 기간은 진단기간에서 제외한다.

3) 유량 및 수질조사
   • 유량조사에는 청천일 및 강우일 조사가 포함되어야 한다.
   • 유량조사 기간 중 강우로 인해 도로에 물이 흐르는 정도의 강우일 측정이 포함되어야 하며, 기상상황에 대해 강우일 측정이 불가능한 경우 진단기간을 연장한다.(필요시 신청기관과 협의)
   • 수질조사는 유량조사지점에 대하여 BOD 항목을 측정한다.(청천일 2일, 강우일 1일을 포함하여 총 3일 실시)
   • 수질조사는 유량조사지점과 동일 지점에서 BOD 측정을 원칙으로 하되 불명수 유입이 의심될 경우 별도 지점을 선정하여 조사할 수 있으며, BOD 측정으로 하수유입성상 판단 곤란 시 COD 측정 등으로 대체할 수 있다.

4) 관로 내부조사
   • 관로 내부조사는 CCTV 조사를 표준으로 하며 사람의 출입이 가능한 경우 육안조사로 대체한다.
   • 합류식 하수관로는 조사물량을 20% 이상으로 한다.

5) 송연조사
   • 기존관로의 오접 여부 확인을 위한 연막조사를 표준으로 한다.
   • 기존관로의 오접과 가옥 내 배수설비 오접을 함께 조사하는 경우에는 송연조사 대상연장의 1/2만을 조사하는 것으로 한다.
   • 합류식 하수관로는 송연조사를 생략할 수 있다.

문제 06 물 재이용 관리계획 수립내용, 기본방침, 작성기준에 포함할 내용을 설명하시오.

정답

1. 물 재이용 관리계획의 의의

물 재이용 관리계획(이하 "관리계획"이라 한다)이란 「물의 재이용 촉진 및 지원에 관한 법률」 제6조제1항 및 동법 시행령 제4조의 규정에 의거하여 환경부장관이 수립한 "물 재이용 기본계획"에 따라 물 재이용을 계획적·체계적으로 관리하기 위하여 특별시장·광역시장·특별자치시장·특별자치도지사·시장·군수가 수립하는 물 재이용 촉진에 관한 계획이다.

2. 물 재이용 관리계획 수립내용

① 관할지역 내 물 수급 현황 및 물 이용 전망

② 물 재이용시설 설치 · 운영 현황

③ 물 재이용 수요량 전망

④ 물 재이용 관련 분야별 실행 가능 목표량 및 용도별 보급계획

⑤ 물 재이용이 하류 하천의 하천유지유량 및 하천수 사용에 미치는 영향 및 대책

⑥ 물 재이용 촉진을 위한 단계별 대책 및 사업계획에 관한 사항

⑦ 물 재이용 사업에 드는 비용 산정 및 재원조달 계획에 관한 사항

⑧ 물 재이용 홍보에 관한 사항

⑨ 그 밖에 물 재이용과 관련하여 조례로 규정한 사항

3. 관리계획 기본방침

① 종합성

물 재이용 관리계획은 물 재이용 관리에 관한 장기적 · 종합적 계획이므로 물 재이용시설 설치 등 물적 분야는 물론 행정 · 재정 등 비물적 분야까지 포함하여 작성한다.

② 실현 가능성

물 재이용 관리계획 전체의 구상이 포괄적이고 실현 가능하며 시행의 과정과 변화에 대한 탄력성이 확보될 수 있도록 수립한다.

③ 정합성

물 재이용 기본계획 등 상위계획의 내용을 수용하고, 기본방침, 목표설정, 부문별 계획, 재정계획 등 계획의 내용은 물 재이용 기본계획 목표와 부합하고 일관성이 확보되도록 계획되어야 하며 관련 법령에 적합하게 작성되어야 한다.

④ 관련 계획의 반영

관리계획의 수립은 「국토의 계획 및 이용에 관한 법률」 제18조의 규정에 의한 도시 · 군기본계획을 기본으로 하되 관련 계획을 고려하여야 하며, 특히 수도정비기본계획, 하수도정비기본계획, 공공폐수처리시설 기본계획 등을 충분히 검토하고 시행계획의 내용을 반영하여야 한다.

⑤ 명확성

물 재이용 관리계획의 중요한 기능인 정책방향 제시 기능이 저하되지 않도록 계획서 내용 중 각종 현황조사 및 자료의 양이 과다하지 않으며, 지역주민과 관할기업에게 예측 가능한 행정계획이 되도록 작성한다.

⑥ 물 재이용의 목표는 물 재이용 활성화 및 지속가능한 친환경 수자원을 확보하는 데 있으므로 지표설정 및 세부계획의 수립에 있어서는 항상 이 목적을 달성하는 데 방향을 맞추도록 한다.

⑦ 관리계획은 목표연도를 2년 단위의 시행단계로 구분하고 있으므로 각종 지표설정 및 세부계획수립에 있어서도 단계별로 설정·수립한다. 단계구분은 특별한 사유가 없는 한 관리계획 전체에 걸쳐 동일하게 적용한다.

⑧ 관리계획 수립 시 관계법령 및 문헌·연구보고서 등 자료조사와 함께 특히 계획대상지역과 여건이 유사한 지역에서 기수립된 관리계획을 참조하여 내용이 풍부하고 치밀한 계획이 되도록 한다.

⑨ 관리계획 수립을 위한 기초조사는 실측조사를 원칙으로 하고 실측 조사된 자료는 공인된 기관에서 발간된 최근 자료를 활용하여 비교·검토하여야 한다.

⑩ 관리계획에 사용하는 용어는 「물의 재이용 촉진 및 지원에 관한 법률」에 정의된 용어를 사용한다.

⑪ 관리계획의 내용은 구체적인 물 재이용 목표를 제시하고 이를 달성하기 위한 체계적·합리적·효율적인 수단을 개발함과 동시에 다른 분야의 계획과 상호 관련 체계를 유지하도록 하고 산출근거와 자료 출처를 명확히 한다.

⑫ 관리계획의 변경 시에는 변경 전 기조사에서 축척된 해당 항목별 자료를 반드시 수록하여 과거의 변화를 알 수 있도록 비교·제시한다.

⑬ 최근 5년 이내 물 재이용 관련 조사를 별도 실시한 경우에는 그 결과를 참조·활용한다.

4. 작성기준에 포함할 내용

① 총설
계획의 목적 및 범위, 물 재이용의 기본방향

② 기초조사
자연적 조건에 관한 조사, 사회적 특성에 관한 조사, 관련 계획에 대한 조사, 관할지역의 자연적·사회적·경제적 여건변화를 고려하여 향후 10년간 물 이용 전망 분석

③ 물 재이용 현황 및 목표설정
빗물, 중수도, 하·폐수처리수 재이용 및 발전소 온배수 재이용 현황 및 목표량 요약정리

④ 물 재이용에 따른 하천 영향 분석(물 순환 분석)
물 재이용 목표량 반영 시 하천에 대한 영향 분석

⑤ 물 재이용 사업 계획 수립
빗물, 중수도, 하·폐수처리수 재이용 및 발전소 온배수 재이용 설치사업 추진 계획 등

⑥ 물 재이용 사업시행 및 재정계획

물 재이용 사업은 물 부족의 시급성, 재정현황, 사업시행 우선순위 등을 고려하여 사업효과
가 가장 높은 사업부터 시행하는 계획 등

⑦ 물 재이용 교육 및 홍보

물 재이용 목표 달성을 위한 교육·홍보 캠페인, 광고 등의 추진 계획 수립

⑧ 물 재이용 관리계획 추진성과 평가

물 재이용 정책의 추진성과를 체계적으로 평가하기 위한 관할구역 특성에 적합한 성과관리
체계 제시

125회 수질관리기술사

•• 1교시 다음 문제 중 10문제를 선택하여 설명하시오.(각 10점)

1. 암모니아 탈기법
2. LI(Langelier Index)
3. SUVA₂₅₄(Specific UV Absorbance)
4. 탁도 재유출(Turbidity Spikes)
5. 레이놀즈 수(Re), 프루드 수(Fr)
6. 역삼투에 의한 해수담수화 공법
7. 지하수 오염의 정의와 특성
8. 물놀이형 수경(水景)시설의 관리기준
9. 민간투자사업의 추진방식
10. 불투수면
11. 독성원인물질평가(TIE), 독성저감평가(TRE)
12. 유속－면적법에 의한 하천유량측정방법

•• 2교시 다음 문제 중 4문제를 선택하여 설명하시오.(각 25점)

1. 염색폐수의 특성과 처리방법을 간략히 설명하고, 처리방법 중 펜톤산화공정에 대하여 상세히 설명하시오.
2. 고농도 유기성 폐기물의 혐기성소화 처리시설 설계 시 고려사항에 대하여 설명하시오.
3. 호수의 부영양화에 대하여 다음 사항을 설명하시오.
   1) 외부 유입원 저감기술
   2) 내부 발생원 제어기법
4. 슬러지 최종처분에 대하여 설명하시오.
5. 비점오염 저감시설의 종류, 용량 결정방법, 관리·운영 기준에 대하여 설명하시오.
6. 지속 가능한 물 재이용 정착으로 건전한 물순환 확산을 위한 "제2차 물 재이용 기본계획(2021~2030)"의 비전 및 목표, 정책추진 방향, 추진과제 중 하수처리시설의 재이용수공급능력 향상에 대하여 설명하시오.

▪▪ 3교시 다음 문제 중 4문제를 선택하여 설명하시오.(각 25점)

1. 공공하수처리시설 에너지 자립화 기술, 사례, 사업추진 시 문제점 및 개선방안에 대하여 설명하시오.

2. 기존 하수처리시설에 추가로 고도처리시설 설치 시 사업추진 방식과 고려사항에 대하여 설명하시오.

3. 해양에 유출된 원유(Oil Spill)의 제거방법에 대하여 다음 사항을 설명하시오.
   1) 기계적 방법
   2) 물리화학적 방법

4. 강변여과공법에 대하여 다음 사항을 설명하시오.
   1) 정의 및 특징
   2) 필요성과 한계점
   3) 장점 및 단점

5. 수질오염총량관리제도, 오염총량관리제 시행절차, 오염총량관리 기본계획 보고서에 포함되어야 할 사항을 설명하시오.

6. 하수도시설의 유역별 통합운영관리 방안과 통합운영관리시스템 계획을 설명하시오.

▪▪ 4교시 다음 문제 중 4문제를 선택하여 설명하시오.(각 25점)

1. 응집 반응에 대한 메커니즘, 영향인자, 응집제 종류 및 특성에 대하여 설명하시오.

2. 분리막 공정의 장단점, 분리막 종류, 막모듈, 막오염에 대하여 설명하시오.

3. 해안의 발전소 온배수가 해양환경에 미치는 영향과 경감대책에 대하여 설명하시오.

4. 비소에 대하여 다음 사항을 설명하시오.
   1) 발생원 및 특성
   2) 인체로 흡수되는 경로
   3) 인체에 대한 독성

5. 그린뉴딜 중 스마트 하수도 관리체계 구축에 대하여 설명하고, 주요사업 중 스마트 하수처리장 선도사업에 대하여 설명하시오.

6. 폐수를 관로로 배출하는 경우 설치하는 제해시설(除害施設)에 대하여 설명하시오.

문제 01 암모니아 탈기법

정답

1. 개요

방류수중 질소 농도가 높을 경우 수중의 용존 산소를 고갈시키고 수중생물의 독성을 유발하며 염소소독에 영향을 끼치고 공중보건상의 위해를 야기하는 등 부영양화와 더불어 부정인 영향을 미치기 때문에 배출 시 고려해야 한다.

2. 질소의 제거방법

1) 물리화학적 제거방법

① 암모니아 탈기법

② 파과점 염소주입

③ 이온교환법

2) 생물학적 질소제거방법

① 탈질전자공여체에 의한 방법

순환식 질산화 탈질법, 질산화 내생 탈질법, 외부 탄소원 주입법

② 기타

단계 혐기호기법, 간헐포기탈질법, 탈질생물막법, SBR법 등

3. 암모니아 탈기법

1) 원리 : 폐수에 소석회를 첨가하여 pH를 11 정도로 증가시켜 비이온화 암모니아성 질소를 가스 상태로 전환시켜 제거하는 방법

$NH_3 + H_2O \Leftrightarrow NH_4^+ + OH^-$

유입수의 pH를 11 이상으로 충분히 높여 암모늄이온(NH_4^+)을 암모니아(NH_3)로 전환시켜 교반하면서 공기를 접촉시켜 암모니아를 기체 상태로 제거하게 된다. 즉 주요공정은 혼합 및 응결, 침전, 탈기, 재탄화, 침전의 공정으로 구성된다.

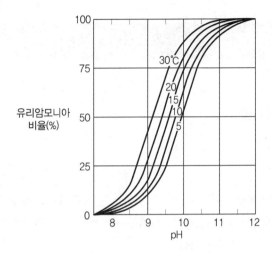

▎pH와 유리암모니아의 비율 ▎

2) 장점
　　① 선택적 암모니아 제거 제어 가능
　　② 계절별로 인제거용 소석회조와 조합 가능
　　③ 독성 물질 농도와 무관

3) 단점
　　① 온도에 민감, 저온에서 암모니아의 용해도 증가
　　② 저온에서 안개 및 결빙 발생
　　③ 배출된 암모니아 가스는 미세먼지 2차 생성에 중요한 역할을 하여 대기오염 유발
　　④ pH 조정용 소석회의 비용, 운전 및 유지관리 문제
　　⑤ 중탄산에 의한 보관약품 및 배관 내 스케일 형성
　　⑥ 암모니아 형태 질소만 제거 가능

문제 02 LI(Langelier Index)

정답

1. 개요
　　원수의 pH가 6.5~9.5 범위 내에 있을 때 탄산칼슘을 용해시킬 것인지 아니면 침전시킬 것인지를 나타내는 척도로서 물의 실제 pH와 이론적인 pH의 차이로 표시된다. 이것은 물의 안정도와 부식의 판단여부를 나타내는 척도로 많이 이용된다.

2. 계산식

$$LI = \mathrm{pH} - \mathrm{pHs}$$

여기서, pH : 실측된 pH

pHs : 포화 시의 pH

pHs $= 8.313 - \log[\mathrm{Ca}^{2+}] - \log[\mathrm{A}] + \mathrm{S}$

$[\mathrm{Ca}^{2+}]$: me/L로 나타낸 칼슘이온량

A : me/L로 나타낸 알칼리도

S : 용해성 물질에 따른 보정치

3. 판단기 기준

① $LI = 0$: 평형상태의 물의 안정도

② $LI > 0$: 과포화 상태, 탄산칼슘 침전 및 퇴적, 탄산칼슘 피막이 형성되므로 물의 부식성이 적음

③ $LI < 0$: 불포화 상태, 부식성을 가짐

문제 03 SUVA₂₅₄(Specific UV Absorbance)

정답

1. 개요

SUVA₂₅₄(Specific UV Absorbance)는 자외선 중에서 특정 파장(254nm)을 이용한 자외선 흡광도법으로 물속의 유기물 농도 등을 분석하는 데 이용한다.

2. 계산식

$$\mathrm{SUVA}_{254}(\mathrm{L/mg \cdot m}) = 100(\mathrm{cm/m}) \times \{\mathrm{UV}_{254}(\mathrm{cm}^{-1})/\mathrm{DOC}(\mathrm{mg/L})\}$$

여기서, UV₂₅₄ : 흡광도

DOC : 용존 유기물 농도

3. 의미

용존성 유기물 중에서 소독 부산물을 형성하는 휴믹물질을 분석하기 위하여 방향족화합물(불포화탄소화합물-휴믹물질)과의 반응값 UV₂₅₄를 DOC(Dissolved Organic Carbon)에 대한 비율로 표시한 것으로 휴믹물질의 특성을 나타내거나 소독 부산물의 생성을 평가하기 위한 지표로 이용된다.

유기탄소당 소독 부산물(DBP) 발생량은 일반적으로 SUVA₂₅₄값의 증가에 따라 비례하여 커진다.

① SUVA$_{254}$≤2 : THMs와 HAAs 형성과는 상관이 없는 것으로 보고됨

② 2<SUVA$_{254}$≤3 : 유기물 특성이 친수성이거나 방향족성과 분자량이 상대적으로 낮음

③ SUVA$_{254}$≥4 : 유기물 특성이 소수성이거나 방향족성과 분자량이 상대적으로 큼

문제 04 탁도 재유출(Turbidity Spikes)

정답

1. 개요

상수에서 비정상적인 흐름에 의해서 적체된 입자들의 재유입에 의해 탁도가 순간적으로 정상치보다 상승하였다가 정상치로 되돌아오는 현상

2. 영향

Spike에 의해 상수관 단말에 더러운 물이 공급되어 미관상, 위생상 문세 발생

3. 원인

1) Turbidity Spike 발생 운전요인

① 플러싱을 이용한 Mains관 청소

② 배수지로부터의 이물질 유입

③ Mains관 수리 시 밸브 개폐에 의한 Water Hammer

④ 정기적인 분기관 청소 시

⑤ Mains관 누수 또는 소화전에 의한 고유량 발생 시

⑥ Chemical Reactions of Fluid and Pipe Wall

⑦ Pipe Erosion and Corrosion

⑧ 다른 상수급수에 따른 역 흐름 발생

⑨ Biofilm에 의한 미생물성장

⑩ Fire Sprinkler System의 사용

2) 탁도성분이 되는 Particle 생성 Source

① 수원과 처리과정

② 상수관망의 부식물 자체

③ 미생물 성장

④ 파이프 보수 시 외부에서 유입

⑤ 철 망간산화물 등의 화학적 작용

문제 05 레이놀즈 수(Re), 프루드 수(Fr)

정답

1. 레이놀즈 수(Re)

유체의 점성력과 관성력의 비로 층류와 난류를 구별하기 위하여 사용되는 무차원의 수로 이 수가 클수록 난류가 됨

$$\text{Re} \sim \frac{\text{관성력}}{\text{점성력}}$$

$$\text{Re} = \frac{\rho VL}{\mu}$$

여기서, ρ : 유체밀도
μ : 유체의 점성계수
V : 유체의 평균 속도
L : 유동에서의 특성길이로서 해석하려는 문제의 대표적인 길이

레이놀즈 수(Re)가 크다는 것은 점성력에 비하여 관성력이 크다는 의미로 유체 혼합 가능성이 크다는 것을 의미한다. 즉, 레이놀즈 수(Re)가 클수록 난류가 되므로 교반조 등에서의 혼합특성은 양호해지고, 관로에서는 마찰손실 계수는 감소하나 유속의 증가로 관로 손실수도는 증가한다. 예를 들어, 직경 D의 원관의 경우 레이놀즈 수 $\text{Re} = \frac{\rho VD}{\mu}$ 이다. 이 경우 Re<2,300일 때는 층류, Re>4,000일 때는 난류, 2,300<Re<4,000일 때 층류 또는 난류로 되는 과도기상태이다.

2. 프루드 수(Fr)

자유표면의 영향을 받는 유동에서 중력이 유체의 운동에 미치는 영향을 나타내기 위해 사용하는 무명수

$$\text{Fr} \sim \sqrt{\frac{\text{관성력}}{\text{중력}}}$$

$$\text{Fr} = \frac{V}{\sqrt{g.d}} = \frac{V^2}{g.d}$$

여기서, d : 유체의 깊이
g : 중력가속도
V : 소형의 표면파(또는 중력파)의 속도

Fr가 1 이하의 값을 가지면 소형의 표면파는 상승흐름이 되며, Fr가 1보다 크면 하강흐름이 되고, Fr=1(임계 프루드 수)이면 유체의 속도가 표면파의 속도와 동일하게 된다.

프루드 수는 어떤 조건에서 발생하는 수력 점프(수위의 증가)를 공식화하는 데 도입되며, 레이놀즈 수와 함께 개수로에서 층류와 난류의 경계를 결정하게 된다.

Fr<1 상류(Subcritical Flow) : 느린 자연하천

Fr=1 임계류(Critical Flow) : 상류와 사류의 변환점

Fr>1 사류(Supercritical Flow) : 빠르게 흐르는 하천, 산간계류하천, 폭포수 등

레이놀드 수가 물 안쪽의 상황을 잘 나타내 준다면, 프루드 수는 물 표면의 상황을 잘 나타내 주는 수치다.

문제 06 역삼투에 의한 해수담수화 공법

정답

1. 개요

해수담수화란 바닷물에서 염분과 유기물질 등을 제거해 식수나 생활용수 등으로 이용할 수 있도록 담수를 얻는 것을 말한다. 해수를 증발시켜 염분과 수증기를 분리하는 증발법, 물은 통과시키고 물속에 녹아 있는 염분은 걸러내는 역삼투압 방식 등이 있다.

2. 역삼투압법의 담수화

역삼투법은 물은 통과시키지만 염분은 통과시키기 어려운 성질을 갖는 반투막을 사용하여 담수를 얻는 방법이다. 일반 해수의 삼투압은 약 2.4MPa(약 24.5kgf/cm^2)이다. 이 삼투압 이상의 압력을 해수에 가하면, 해수 중의 물이 반투막을 통하여 삼투압과 반대로 순수 쪽으로 밀려나오는 원리를 이용하여 해수로부터 담수를 얻는다.

3. 역삼투를 이용한 해수담수화 구성도

역삼투법에 의한 해수담수화 시설은 원수설비, 전처리설비, 역삼투설비, 후처리설비, 방류설비로 구성된다. 이들 처리공정을 제대로 가동시키기 위한 약품주입설비, 기계ㆍ전기설비, 계측제어설비가 있다. 역삼투압법에 의한 해수담수화 설비의 구성도는 다음 그림과 같다.

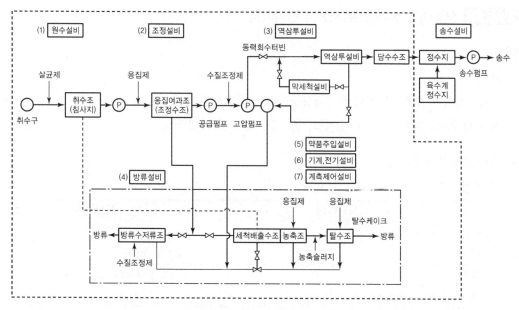

∥ 해수담수화 설비 구성도 예 ∥

문제 07 지하수 오염의 정의와 특성

정답

1. **정의**

    지하수란 빗물이 땅속에 스며들어 고인 것으로 땅속의 암석 등의 빈틈을 채우고 있는 물로서, 농업용수나 공업용수, 그리고 먹는 샘물로도 많이 이용되고 있다. 이러한 지하수가 오염물질로 인해 더럽혀져 이용할 수 없는 상태를 지하수 오염이라고 한다.

2. **특성**

    ① 오염물질의 거동 및 영향은 수질과 대기를 통한 피해보다 상대적 노출속도가 느리다.
    ② 전달경로가 복잡하여 사회적 관심 및 기술개발 미흡하다.
    ③ 한번 오염되면 자정능력이 느리다.
    ④ 오염정도의 측정과 예측 및 감시가 어렵다.

3. **오염의 영향**

    ① 건강상의 위험
    ② 생태계 붕괴 혹은 불균형
    ③ 물부족

문제 08 물놀이형 수경(水景)시설의 관리기준

정답

1. 개요

수경시설이란 물을 이용하여 설계대상공간의 경관을 연출하기 위한 시설로서 물의 흐르는 형태에 따라 폭포, 벽천, 낙수천, 실개울, 못, 분수 등으로 나뉜다.

2. 측정항목별 수질기준

1) 수질기준

검사항목	수질기준
수소이온농도	5.8~8.6
탁도	4NTU 이하
대장균	200(개체수/100mL) 미만
유리잔류염소(염소소독을 실시하는 경우만 해당한다)	0.4~4.0mg/L

2) 검사 방법 및 주기

① 1)의 측정항목에 대하여 「먹는물관리법」 제43조에 따른 먹는물 수질검사기관 또는 「환경분야 시험 · 검사 등에 관한 법률」 제16조제1항에 따른 수질오염물질 측정대행업자에게 수질검사를 의뢰하여야 하며, 「환경분야 시험 · 검사 등에 관한 법률」에 따른 환경오염공정시험기준에 따라 검사하여야 한다.

② 시설의 가동 개시일을 기준으로 운영기간 동안 15일마다 1회 이상 검사를 실시하여야 하며, 검사 시료는 가급적 이용자가 많은 날에 채수하도록 한다.

3. 관리기준

1) 운영기간 중 물놀이형 수경시설의 수심을 30cm 이하로 유지하고, 부유물 및 침전물 유무를 수시로 점검, 제거하여야 한다.

2) 운영기간 중 다음의 어느 하나에 해당하는 방법으로 관리해야 한다.
① 저류조(貯溜槽)의 주 1회 이상 청소
② 물놀이형 수경시설에 사용되는 물의 주 1회 이상 교체
③ 물놀이형 수경시설에 사용되는 물의 1일 1회 이상 여과기 통과

3) 운영기간 중 소독제를 저류조 등에 투입하거나 소독시설을 설치하여 물놀이형 수경시설의 물을 소독하여야 한다. 이 경우 「먹는물관리법」 제36조제1항에 따라 고시된 수처리제의 기준과 규격을 충족하거나, 같은 조 제2항에 따라 기준과 규격을 인정받은 살균 · 소독제 또는 자외선 소독시설을 이용하여야 한다.

4) 운영기간 중 이용자가 쉽게 볼 수 있는 곳에 물놀이형 수경시설의 운영자 연락처, 수질검사 일자 및 결과, 이용자 주의사항(음용 금지, 애완동물 출입금지 등) 등을 게시하여야 한다.

5) 해당 연도의 운영기간 중 별지 제40호의5서식의 물놀이형 수경시설 관리카드를 작성하여 다음 연도 1월 30일까지 관할 시·도지사 등에게 제출하고, 제출한 서류의 사본을 제출한 날부터 2년간 보관하여야 한다.

6) 운영기간 중 물놀이형 수경시설의 수질이 법적 기준을 초과하는 경우에는 지체 없이 물놀이형 수경시설의 개방을 중지하고, 소독 또는 청소·용수 교체 등의 조치를 완료한 후 수질을 재검사하여 법적 기준을 충족하는지 여부를 확인한 후 물놀이형 수경시설을 재개방하여야 한다. 이 경우 수질 기준의 초과를 확인한 날부터 14일 이내에 별지 제40호의5서식의 물놀이형 수경시설 관리카드에 수질 검사결과, 초과원인, 조치 이행 및 재검사 결과를 작성하여 관할 시·도지사 등에게 제출하여야 한다.

〈참고〉「물환경보전법 시행규칙」물놀이형 수경시설의 수질 기준 및 관리 기준(제89조의3 관련) [별표 19의2]

문제 09 민간투자사업의 추진방식

정답

1. 개요

「사회기반시설에 대한 민간 투자법」제4조 민간투자사업의 추진방식에 의거하여 민간투자사업은 다음 각 호의 하나에 해당하는 방식으로 추진하여야 한다.

2. 사업추진방식

1) BTO(Build-Transfer-Operation) 방식

사회기반시설의 준공과 동시에 해당 시설의 소유권이 국가 또는 지방자치단체에 귀속되며, 사업시행자에게 일정기간의 시설관리운영권을 인정하는 방식(제2호에 해당하는 경우는 제외한다)

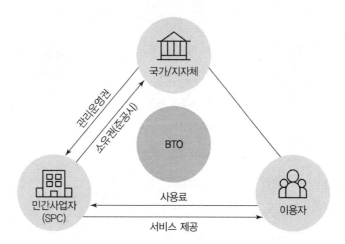

2) BTL(Build – Transfer – Lease) 방식

　사회기반시설의 준공과 동시에 해당 시설의 소유권이 국가 또는 지방자치단체에 귀속되며, 사업시행자에게 일정기간의 시설관리운영권을 인정하되, 그 시설을 국가 또는 지방자치단체 등이 협약에서 정한 기간 동안 임차하여 사용·수익하는 방식

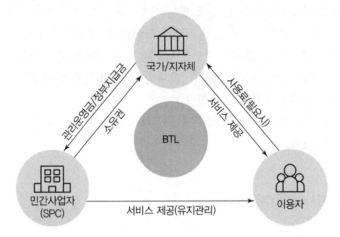

3) BOT(Build – Operation – Transfer) 방식

　사회기반시설의 준공 후 일정기간 동안 사업시행자에게 해당 시설의 소유권이 인정되며 그 기간이 만료되면 시설소유권이 국가 또는 지방자치단체에 귀속되는 방식

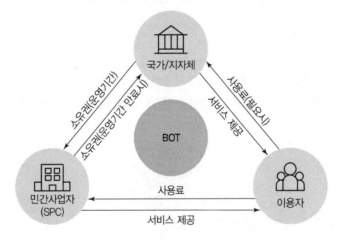

4) BOO(Build−Own−Operate) 방식

사회기반시설의 준공과 동시에 사업시행자에게 해당 시설의 소유권이 인정되는 방식

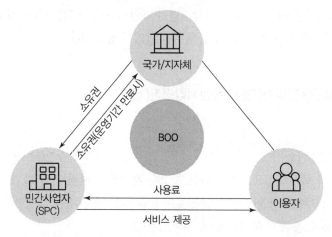

5) 민간부문이 사업을 제안하거나 주무관청이 타당하다고 인정하여 채택한 방식

6) 그 밖에 주무관청이 수립한 민간투자시설사업 기본계획에 제시한 방식

문제 10 불투수면

정답

1. 정의

불투수면(불투수층)은 빗물 또는 눈 녹은 물 등이 지하로 스며들 수 없게 하는 아스팔트·콘크리트 등으로 포장된 도로, 주차장, 보도, 건물 등을 말한다.

2. 불투수면적률

불투수면적률은 대상지역의 전체면적 대비 불투수면적의 비율을 백분율로 표시한 것을 말하며, 불투수면적에 포함되는 지적도상의 지목 및 용도지역은 다음 각 호와 같다.

① 지목 "대" 중 용도가 주거지역, 상업지역, 공업지역, 개발제한구역, 용도미지정

② 공장용지

③ 학교용지

④ 주차장

⑤ 주유소용지

⑥ 창고용지

⑦ 도로

⑧ 지목 "체육용지" 중 운동장, 체육시설, 광장, 수련시설

3. 불투수면의 영향

불투수면이 많으면 땅에 흡수되는 빗물의 양이 줄어들기 때문에 집중 호우나 태풍 시 도심 침수를 야기하는 원인이 되며, 지하수가 고갈되면서 하천이 마르는 "건천화 현상"을 일으켜 수질 오염도 심해질 수 있기 때문에 도심 내 불투수면 관리가 중요하다.

문제 11 독성원인물질평가(TIE), 독성저감평가(TRE)

정답

1. 독성원인물질평가(TIE)

원 시료의 독성과 독성원인으로 의심되는 물질을 제거하는 여러 가지 방법을 시행하여 독성의 변화를 살펴봄으로써 독성 원인군을 찾아내는 방법이다. 본 과정을 수행한 후 이화학적 분석과 다양한 처리방법을 통해 독성 원인군을 재확인한다.

2. 독성원인물질 평가방법

독성원인물질을 탐색하는 과정은 총 3단계로 구성되어 있다. 먼저 1단계는 특성화하는 과정, 2단계는 독성원인물질을 화학분석 등을 통해 확인하는 과정, 마지막 단계는 확증하는 단계이다. 특성화과정은 크게 부유물질 테스트, 중금속 테스트, 암모니아 테스트, 유기화합물 테스트, 산화제 테스트, 휘발성 테스트 6가지 방법으로 구성되어 있다.

1) 부유물질 테스트

① 시료 내 입자상으로 존재하는 독성물질의 영향을 알아보기 위한 과정으로 시료를 물리적으로 여과시킨 것과 여과시키지 않은 것을 준비하여 물리적으로 여과된 이후 독성이 감소하는지 여부를 확인하는 과정이다.

② 시료는 GF/C 여과지로 통과시킨 후 부유물이 제거된 시료를 이용하여 독성 실험을 실시하게 된다.

2) 유기화합물 테스트

① 독성을 갖는 비극성 유기화합물의 영향을 알아보기 위한 과정으로, 비극성 유기화합물을 흡착시키는 C18(Octadecyl) 칼럼에 시료를 통과시킨 후 독성이 감소되었는지 여부를 확인한다.

② Sep-Pak C18 SPE (Solid Phase Extraction) Column에 시료를 연동 펌프를 이용하여 10 mL/min의 속도로 통과시킨 후, 비극성 유기화합물이 제거된 시료를 이용하여 독성 실험을 실시한다.

3) 휘발성 물질 테스트

시료에 유리재질의 Pasteur Pipette을 통하여 2시간 동안 기포를 발생시켜 휘발성 물질을 제거한 후 독성 실험을 실시하고 이때 공기 주입관 중간에는 In-line Filter를 이용하여 공기 중의 입자가 시료에 들어가지 않도록 실시하여 비교한다.

4) 중금속 테스트

시료에 중금속과 착염을 형성하는 킬레이트인 EDTA를 30mg/L가 되도록 주입하고, 24시간 이상 반응시켜 중금속의 독성을 제거한 후 독성 실험을 실시한다.

5) 산화제 테스트

시료에 티오황산나트륨($Na_2S_2O_7$)을 500mg/L가 되도록 주입하고, 24시간 이상 반응시켜 산화제를 제거한 후 독성 실험을 실시한다.

6) 암모니아 테스트

암모니아는 pH가 증가하면서 독성도 증가하게 된다. 그러므로 pH가 감소함에 따라 독성 또한 감소할 경우, 독성에 기여하는 암모니아의 역할이 크다고 볼 수 있고 시험방법은 시료의 pH가 6, 7, 8이 되도록 각각 준비하여 암모니아와 암모늄 이온의 상대적 비율을 달리 조절하여 각 시료별로 독성 실험을 실시한다.

3. 독성저감평가(TRE)

① 독성기준 초과 시 독성을 저감하는 방법이다.
② 사용물질, 생산공정, 폐수처리시설 등을 종합적으로 고려하여 독성저감방안을 탐색해 나간다.
③ 사용원료 변경, 생산공정 및 폐수처리시설 개선 등으로 독성물질 배출을 저감할 수 있다.

문제 12 유속 – 면적법에 의한 하천유량측정방법

정답

1. 개요

유량측정의 목적은 하천 유량을 측정하여 유역의 수위, 유량, 유사량, 하상의 변동상황과 강수량과 유출량을 측정하여 하천의 오염 정도를 측정하는 데 목적이 있다.

2. 측정방법

1) 유황(流況)이 일정하고 하상의 상태가 고른 지점을 선정하여 물이 흐르는 방향과 직각이 되도록 하천의 양끝을 로프로 고정하고 등간격으로 측정점을 정한다.

2) 그림과 같이 통수단면을 여러 개로 소구간 단면으로 나누어 각 소구간마다 수심 및 유속계로 1~2개의 점 유속을 측정하고 소구간 단면의 평균유속 및 단면적을 구한다.

3) 이 평균유속에 소구간 단면적을 곱하여 소구간 유량(q_m)을 구한다.

소구간 단면에 있어서 평균유속 V_m은 수심 0.4m를 기준으로 다음과 같이 구한다.

① 수심이 0.4m 미만일 때 $V_m = V_{0.6}$

② 수심이 0.4m 이상일 때 $V_m = (V_{0.2} + V_{0.8}) \times 1/2$

$V_{0.2}$, $V_{0.6}$, $V_{0.8}$은 각각 수면으로부터 전 수심의 20%, 60% 및 80%인 점의 유속이다.

$$Q = q_1 + q_2 + \cdots + q_m$$

여기서, Q : 총 유량

q_m : 소구간 유량

V_m : 소구간 평균유속

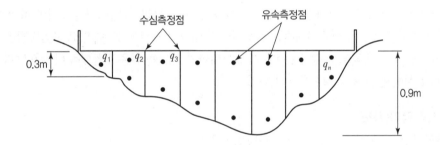

문제 01 염색폐수의 특성과 처리방법을 간략히 설명하고, 처리방법 중 펜톤산화공정에 대하여 상세히 설명하시오.

정답

1. 개요

염색산업은 섬유의 부가가치를 높이는 중요한 역할을 하기 때문에 우리나라 중소기업 업종 중에서 중요한 부분을 차지하고 있다. 고도의 염색기술을 바탕으로 반월염색단지 등의 염색단지를 조성하여 현대화, 계열화, 전문화, 고급화, 기술향상 등의 국제경쟁력 강화를 꾀하고 있다. 염색공정은 피염물에 염료를 부착시키는 과정에서 다량의 물을 소비하며 폐수 발생량이 많은 특징이 있고, 이렇게 발생된 폐수는 고온, 고알칼리성이며 색소 화합물, 조염제, 계면활성제, 기타 각종 고분자 유기화합물과 같은 난분해성 물질 및 미생물 성장 방해물질을 함유하고 있어 처리에 큰 어려움을 격고 있다.

2. 염색폐수의 특성

① 색도, 알칼리도, BOD, 온도 등이 매우 높다.

② 상대적으로 SS 농도가 낮다.

③ 가공방법 및 소재 등이 계절별, 시대별로 변하여 폐수의 성상이 자주 변한다.

④ 미생물 분해가 되지않거나 분해속도가 느린 염료와 각종 고분자 유기 화합물이 다량 함유되어 있다.

⑤ 하절기에는 40℃를 넘는 고온에 pH가 11.5~12인 강알칼리성 폐수가 발생된다.

3. 적정처리를 위한 처리공정 계획

일반적으로 폐수처리는 폐수에 용해되어 있거나 분산상태에 있는 각종 오염물질을 폐수와 분리하거나 분해하는 방법 등을 통하여 오염물질을 줄이는 공정이다. 이 때문에 폐수처리를 검토하는 경우에 그 공장에서 배출되는 오염물질의 종류와 성상, 그리고 형태를 파악하는 것은 매우 중요한 일이다.

폐수 중의 오염물질은 부유성 물질, 콜로이드성 물질, 용해성 물질의 3가지 형태로 나눌 수 있다. 폐수에서 이들 입자의 크기와 형태는 폐수처리 과정에서 큰 영향을 미치며 비교적 입자가 큰 부유물질은 처리하기 쉬우나, 콜로이드성 물질이나 용해성 물질은 처리가 어렵기 때문에 한가지 방법만으로는 완전한 제거가 불가능하다. 따라서 대부분의 폐수처리에서는 이러한 오염물질을 여러 가지 방법에 의해 반응시킨 후 농축시켜 물과 분리시킨다.

지금까지 많은 폐수처리기술이 제안된 바 있는데 그 내용은 다음 화학적, 물리적, 전기적인 복잡한 작용으로 이루어져 있다고 볼 수 있다.

4. 단위 공정별 시설

현재 우리나라 염색폐수처리장에서 주로 운전되고 있는 처리공정은 응집침전, 응집침전-생물학적 처리, 응집침전-생물학적 처리-펜톤산화처리의 3가지로 나눌 수 있다.

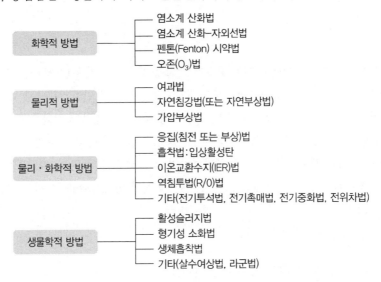

5. 펜톤산화공정

처리수의 BOD, COD 농도를 현저하게 낮출 수 있는 공정이다. 펜톤시약에 의한 강력한 산화력으로 난분해성 물질의 처리 및 색도 제거율이 높다. 펜톤 산화 시 적정 약품 주입량 산정 및 발생되는 슬러지 저감 대책 등이 필요하다.

1) 반응원리

과산화수소(H_2O_2)와 2차 철염(Fe^{2+})의 Fenton's reagent를 이용하여 반응 중 생성되는 OH Radical(OH·)의 산화력으로 유기물을 제거한다.

"$Fe^{2+} + H_2O_2 \rightarrow Fe^{3+} + OH^- + OH\cdot$"

2) 펜톤산화의 중요 영향인자

① 반응 pH

- pH의 변화에 따라 지배적 이온종이 바뀌고 OH Radical 생성되는 산화 환원 전위가 바뀜
- pH 적정범위를 넘을 경우 $Fe(OH)_3(s)$로 침전되어 제거되거나 Fe(Ⅲ) 착물이 형성되므로 순환되는 철 이온의 양이 감소되어 효율이 감소됨

• Fenton 산화의 적정 pH 범위는 3~5이며, 처리대상 물질에 따라 최적 pH가 민감하게 변화함

② 과산화 수소 및 Fe^{2+}의 주입량

③ 반응시간

• 일반적으로 유기물과 OH Radical의 반응속도상수는 보통 $10^9 \sim 10^{10}$ M/S임

• 정상상태에서 OH Radical의 농도가 $10^{-11} \sim 10^{-12}$ M이라고 가정하여도 OH Radical이 일반적인 유기물과 반응하는 속도가 매우 빠르다는 것을 의미

④ 중화 및 철염 제거공정

OH Radical에 의한 유기물 제거와 함께 철염 슬러지 제거 공정 중에서도 낮은 양의 유기물이 제거됨

6. 펜톤산화공정도

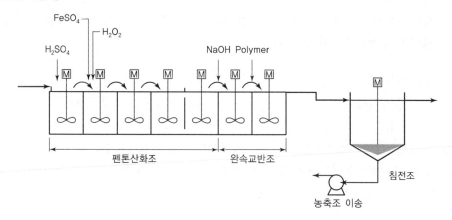

7. 펜톤산화 장단점

1) 장점 : 다른 고도산화법에 비해 부대장치 소요 적음, 사용 편리, 강력한 산화력

2) 단점 : 슬러리 발생량 많음, 유지관리비 비쌈, 환원성물질 대량 폐수 시 과량의 과수요구

문제 02 고농도 유기성 폐기물의 혐기성 소화 처리시설 설계 시 고려사항에 대하여 설명하시오.

정답

1. 개요

혐기성 소화는 유기성 폐기물을 가수분해, 산생성단계, 메탄생성단계를 거쳐 메탄과 이산화탄소을 최종산물로 전환시키는 폐기물 안정화 방법이다.

2. 혐기성 처리의 장단점

1) 장점

① 폭기가 필요하지 않기 때문에 동력 손실이 작고 공간의 효율성이 높다.

② 미생물 균체량이 적고 반응속도가 느려 슬러지 발생량이 적다.

③ 폐기물의 처리와 동시에 새로운 에너지원이 창출된다.

④ 영양염류의 사용량이 매우 줄어든다.

⑤ 최종처리 슬러지의 탈수성이 양호하다.

⑥ 병원성 미생물이 사멸된다.

2) 단점

① 호기성 처리와 비교하여 반응속도가 느리기 때문에 큰 용적의 장치가 필요하여 초기 투자 비용이 높다.

② 혐기성 미생물의 적정 생장온도(35℃, 55℃)에 맞는 가온 및 냉각 장치가 필요하므로 시설비 및 유지관리비가 소요된다.

3. 설계 시 고려사항

1) 유입폐기물의 특성에 따른 슬러지의 특성을 파악하고 처리가능성 및 적용범위 등을 파악한다.

혐기성 소화조 운전 시에는 슬러지 내 유기물의 농도 및 구성, 농축정도에 따른 고형물의 농도, 영양분의 농도, 유입슬러지의 온도, 알칼리도, 그리고 독성물질의 농도 등이 아주 중요하다. 특히 폐기물에 독성물질이 함유되어 있을 가능성이 높은 경우 슬러지 처리도실험을 행하여 이를 바탕으로 설계가 행해져야 한다.

2) 소화방식에 따른 슬러지의 소화효율 및 부피감소율 등을 고려한다.

소화방식으로는 저율, 고율, 이단 및 이상소화법 등이 쓰인다. 이 중 가장 많이 쓰이는 방법은 고율 및 이단 혐기성 소화방식이다. 처리법을 선택할 경우에는 소화법에 따른 제한점, 적용범위, 처리효율 등을 고려한 후 결정하는 것이 바람직하다. 소화효율은 처리법에 따라 다소 차이가 있지만 대략 휘발성 고형물을 기준으로 35~60% 정도이며 처리에 따른 부피 감소율은 30~50% 정도이다.

3) 체류시간 및 소화온도를 고려한다.

혐기성 소화조의 설계 시 고려되어야 할 가장 중요한 사항으로 체류시간 및 소화온도가 있다. 체류시간은 휘발성 고형물의 안정화 정도를 결정하는 요소로, 설정 체류시간은 주입되는 휘발성 고형물을 충분히 감소시킬 수 있도록 결정해야 한다. 하지만 지나치게 긴 체류시간은 소화조 용량을 과대 설계할 수 있으므로 소화효율을 고려하여 결정한다. 체류시간은 일반적인 슬러지 유출입량으로 산정하며 상징수로 제거하는 경우에도 제거되는 슬러지양을 기준으로 하며, 일반적인 체류시간의 범위는 공정에 따라 10~90일 정도이다.

온도는 슬러지 소화율을 결정하는 데 아주 중요한 요소로, 소화온도가 증가하면 소화효율이 증가하여 체류시간을 단축시킬 수 있다. 소화온도는 주요 영역에 따라 저온소화, 중온소화, 고온소화로 구분할 수 있으며 중온소화와 고온소화가 주로 사용된다. 중온소화 영역은 대부분 25~38℃, 고온소화는 50~60℃ 정도이다. 고온은 중온에 비하여 소화효율 이외에도 병원균의 사멸률이 높지만, 가온에 필요한 운전비용을 추가로 부담하여야 한다. 한편 운전 시 소화온도를 일정하게 유지하는 것이 중요한데, 운전 시 하루에 1℃ 이상 온도 차이가 발생하면 효율저하 또는 운전실패를 일으킬 수도 있으므로 가온설비 등의 설계 시에 운전 온도범위가 1℃ 이내로 유지할 수 있도록 하며 온도변화는 0.5℃ 이내로 하는 것이 좋다.

4) 유기물 부하율 및 기타 환경조건을 고려한다.

유기물 부하율은 슬러지 소화효율을 적정선으로 유지하는 데 필요한 것으로, 유기물 농도가 높을 경우 주어진 체류시간에서 소화효율을 향상시켜 용적을 감소시킬 수 있다. 일반적으로 50~55% 정도의 휘발성 고형물을 함유할 경우 소화효율이 35~50% 정도를 보이며 만족할 만한 처리효율을 얻기 위해서는 고형물 농도가 적어도 15g/L 정도는 되어야 한다. 그리고 슬러지를 효율적으로 안정화시키기 위한 환경조건으로 pH, 알칼리도, 휘발산 농도 등이 고려되어야 한다. pH의 경우 특히, 메탄생성균에 영향을 주어 산생성이 우세해지는 경우 적절한 대책이 마련되지 않으면 운전실패가 일어날 수 있다. 일반적으로 최적 pH 범위는 6.8~7.4 정도이며, 6.0 이하일 경우에는 메탄생성균에 저해를 주기 시작하여 가스발생량이 줄어들고 유기물 제거율이 감소한다. 알칼리도는 소화조 운전 시 완충역활을 수행하는데 잘 운영되는 경우 2,000~5,000mgCaCO₃/L 정도이며, 대부분 칼슘, 마그네슘 및 암모늄과 결합한 중탄산염알칼리도다. 알칼리도와 더불어 휘발산의 농도도 운전지표로서 중요한데 50~300mg/L인 경우 소화조가 잘 운전되고 있는 것이며, 농도가 높으면 운전실패에 이를 수 있다. 통상 휘발산/알칼리도의 비로서 운전상태를 확인할 수 있는데, 0.05~0.25의 범위이며 0.1인 경우 잘 운영되고 있는 상태다.

한편 혐기성 슬러지 소화공정 시 소화상태를 파악하기 위해 유입슬러지, 소화조내액 및 유출액을 상대로 총고형물 농도, 휘발성 고형물 농도, pH, 알칼리도, 총휘발산 농도를 측정한다. 그리고 처리온도의 유지 및 확인을 위해 유입슬러지, 소화슬러지, 소화조내액을 대상으로 온도를 측정하여 비교한다. 상징수가 처리계통으로 반송될 경우 처리에 미치는 영향 및 물질수지에 따른 슬러지 발생량 등을 예측하기 위하여 상징액의 BOD, COD, TS, VS, pH, 질소, 인농도 등을 측정한다.

5) 소화조의 가온, 혼합, 소화가스의 포집, 저장 및 기타 부대설비 등을 고려한다.

소화조 혼합은 소화조 내 부분별 온도 차이를 없애고, 소화된 슬러지와 유입슬러지의 혼합을 가능하게 하여 소화를 촉진할 수 있을 뿐만 아니라 소화조 상부의 스컴도 파괴시킬 수 있다.

슬러지 유입 및 소화슬러지 유출 시에는 처리효율을 유지를 위하여 갑작스런 주입이나 유출은 가급적 피하는 것이 좋다. 그리고 발생되는 소화가스의 포집, 저장시설, 탈황설비 등을 고려하여야 한다.

문제 03 호수의 부영양화에 대하여 다음 사항을 설명하시오.

1) 외부 유입원 저감기술
2) 내부 발생원 제어기법

정답

1. 부영양화

① 수체 내에서 내외적인 요인에 의해 과다 영양염류가 유입되어 물의 생산능력이 증가되어 수체가 자연적 늪지화되어 가는 현상

② 극상으로는 삼림으로 비가역적으로 천이해 가는 자연적 현상

③ 본래 긴 역사 동안 일어나는 자연적 현상

④ 산업발달, 인구증가로 인한 오염물질 배출량의 증가로 현저하게 부영양화가 가속되어 단시간 내에 호소의 부영양화가 이수상의 지장 초래

2. 메커니즘

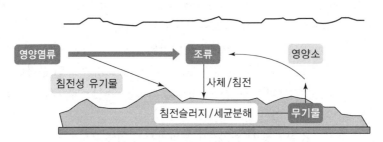

1) COD 내부생산 : 외부 영양염류 유입, 저층슬러지의 혐기성 분해에 의한 영양소 공급에 따라 수체 내 플랑크톤 대량 번식

2) 영양염의 재순환 : 대량 번식 플랑크톤 사멸 → 침전 → 혐기성 분해 → 영양염 재공급 → 플랑크톤 대량 발생…반복 순환속도 빨라짐

3. 영향
① 수중생태계의 변화
② 정수공정의 효율 저하
③ 수산업의 수익성 저하
④ 농수산물의 수확량 감소
⑤ 수자원의 용도 및 가치 하락

4. 외부 유입원 저감기술
① 하수의 고도처리
② 비점오염원의 감소
③ 오염수의 호수 유입 우회관로 설치
④ 오염된 하천수의 처리

5. 내부 발생원 제어방법
1) 물리적 대책

준설, Flushing, 심수층폭기, 심수층배제, 퇴적물 피복 등
2) 화학적 대책
① 호소수의 응집처리에 의한 인의 배제
② 퇴적물 산화 : 퇴적층에 산소 공급 등
3) 생물학적 대책

초어에 의한 플랑크톤 제거
4) 식물학적 대책

부레옥잠 등 수생식물에 의한 호수정화 등

문제 04 슬러지 최종처분에 대하여 설명하시오.

정답

1. 개요
슬러지의 처리 및 처분 방법은 슬러지의 특성, 처리효율, 처리시설의 규모, 최종처분방법, 입지조건, 건설비, 유지관리비, 관리의 난이도, 재활용 및 에너지화 그리고 환경오염대책 등을 종합적으로 검토한 후 지역 특성에 적합한 처리법을 평가하여 결정한다.

2. 슬러지 처리계통도

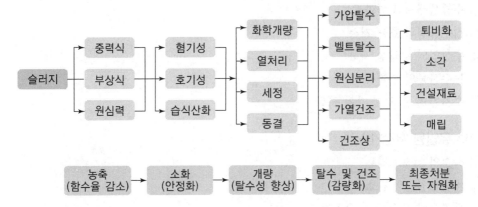

3. 슬러지 최종처분방식

1) 매립(Landfill)

매립 비용은 소각하는 경우보다 저렴하기 때문에 많이 사용되는 방법이다. 그러나 시간이 지
날수록 슬러지 내부에서 썩으면서 메탄가스, 침출수 등을 발생시켜 매립지의 지반침하나 하
천, 지하수의 수질오염문제를 야기시키는 문제가 있다. 또한, 유기성 오니는 중간처리 과정
을 거치지 않고 직접 매립하는 것에 대한 법적인 제약이 엄격화되고 있다. 그러므로 처분 전
단계인 탈수, 건조 과정에서 함수율을 최소화하는 등의 소요부지 절약방안을 강구해야 한다.
국내의 경우, 2000년 7월부터 슬러지의 육상매립이 금지되었다. 수도권 지역에서 발생하는
하수슬러지의 경우 직매립이 아니라 슬러지를 고화처리하여 수도권 매립지의 복토재로 재활
용하고 있다.

2) 해양 투기(Ocean Dumping)

슬러지를 바닷물에 투척하면 바닷물 속 염류의 염석작용으로 해수는 원래 상태로 되돌아온
다고 알려져 있지만, 오염물질이 농축되는 등 환경문제를 야기시킨다. 국내의 경우 2012년
하수오니와 가축분뇨를, 2013년 음폐수를 해양배출 금지하도록 규정하였으며 2016년 1월
1일부터 폐수슬러지의 해양배출 또한 금지되었다. 2016년 1월 1일부터는 국제사회에서 해
양투기가 가능하도록 규정하고 있는 준설토사, 수산가공잔재물 등 일부를 제외한 모든 육상
폐기물 해양배출이 전면 금지되었다.

3) 재활용 방법

① 녹지 및 농지의 이용

녹농지 이용을 주목적으로 하여 퇴비화 기술에 의해 탈수슬러지에 통기개량제를 혼합하
여 발효시켜 안정화시키는 방법이다.

㉠ 하수슬러지 부숙토
- 부숙토는 유기물을 생물학적으로 분해하여 안정화시킴
- 급격한 분해에 따른 식물 생육 악영향 방지 및 질소, 인 등 비료성분을 공급하여 생태 개량 가능함

㉡ 지렁이 분변토
- 지렁이 이용한 부숙토 방법은 기존의 슬러지 처리방법보다 간편하며, 시설 및 운영비 적음
- 단, 지렁이 사육관계로 큰 시설에 적용하기는 곤란함

② 건설자재로서의 이용

슬러시 소각재를 아스팔트 채움재, 노상 및 노반재, 시멘트 원료, 연화재료 등으로 사용한다. 석회 슬러지 소각재의 성분은 CaO, SiO_2, Fe_2O_3, Al_2O_3가 80% 정도를 차지하기 때문에, 단독으로 시멘트를 만들 수는 없지만, 종래의 시멘트 원료에 적당량 첨가하여 사용하는 것이 가능하다.

㉠ 소각재
- 무기계 소각재와 유기계 소각재로 구분됨
- 무기계 경우 Ca 함량 파악이 필요함
- 도로 포장재로 사용 시 소각재 단독 또는 혼합재로 사용 가능
- 고분자계 소각재 이용은 함유된 규소나 알루미나 등을 점토 등의 대체재로 이용하는 것임. 이용 시 소각제 성분과 계절적 변동 파악이 필요함

㉡ 용융 슬래그
- 급냉 슬래그와 서냉 슬래그로 구분
- 세사 또는 쇄석의 대체재로 이용 가능
- 일반적으로 서냉 슬래그가 급냉 슬래그에 비해 비중이 크고 강도가 큼

③ 에너지로 이용

㉠ 소화가스
- 저위발열량은 5,000~5,500kcal/Nm^{3}임
- 도시가스 에너지원으로 이용 가능

㉡ 건조 슬러지
- 슬러지 케이크 발열량(유기 응집제 사용 경우) 3,000~4,000kcal/kg 정도로서 잠재적 가치 높음
- 자연소각 가능, 수분 제거된 슬러지는 고체 연료로도 사용 가능

㉢ 소각, 용융로 배기가스
공기 예열이나 백연 방지 예열, 슬러지 케이크 건조에 사용

㉣ 슬러지 탄화물
- 슬러지를 탄화로에서 400℃ 이상의 온도로 유지하면서 탄화시킴
- 무악취이며 보관성도 좋은 흡음제 또는 연료로 사용 가능함
- 탄화물 생성과정에서 다량의 에너지 사용, 설치 시 에너지 회수 검토가 필요함

문제 05 비점오염 저감시설의 종류, 용량 결정방법, 관리·운영기준에 대하여 설명하시오.

정답

1. 개요

비점오염원이란 도시, 도로, 농지, 산지, 공사장 등으로서 불특정장소에서 불특정하게 수질오염물질을 배출하는 배출원을 말한다. 비점오염원의 물질로는 토사, 영양물질, 박테리아 및 바이러스, 기름과 그리스, 금속, 유기물질, 농약, 협잡물 등이 있다.

2. 비점오염원 저감시설의 종류 및 기능

1) 자연형 시설
   ① 저류시설 : 강우유출수를 저류하여 침전 등에 의하여 비점오염물질을 저감시킴(저류지, 연못 등)
   ② 인공습지 : 침전, 여과, 미생물분해, 식생식물에 의한 정화 등 자연상태의 습지가 보유하고 있는 정화능력을 인위적으로 향상시켜 비점오염물질을 저감시킴
   ③ 침투시설 : 강우유출수를 지하로 침투시켜 토양의 여과, 흡착 작용에 따라 비점오염물질을 저감시킴(유공포장, 침투조, 침투저류지, 침투도랑 등)
   ④ 식생형 시설 : 토양의 여과 흡착 및 식물의 흡착작용으로 비점오염물질을 줄임과 동시에 동식물의 서식공간을 제공함으로써 녹지경관으로 기능하는 시설(식생여과대, 식생수로 등)

2) 장치형 시설
   ① 여과형 시설 : 강우유출수를 집수조에 모은 후 모래, 토양 등의 여과재를 통하여 걸러 비점오염물질을 감소시킴
   ② 와류형 시설 : 중앙회전로의 움직임으로 와류가 현성되어 기름, 그리스 등 부유성 물질은 상부로 부상시키고, 침전 가능한 토사, 협잡물은 하부로 침전·분리시켜 비점오염물질을 감소시킴
   ③ 스크린형 시설 : 망의 여과, 분리작용으로 비교적 큰 부유물질이나 쓰레기 등을 제거하는 시설. 주로 전처리용으로 쓰임
   ④ 응집, 침전형 시설 : 응집제를 이용하여 응집침전 분리하여 비점오염물질 저감하는 시설

⑤ 생물학적 처리형 시설 : 전처리시설에서 토사 및 협잡물 등을 제거한 후 미생물에 의하여 콜로이드성, 용존성 유기물질을 제거하는 시설

3. 용량 결정방법

1) Water Quality Volume(WQ_V)

① 규모결정에 있어서 해당지역의 강우빈도 및 유출수량 및 오염도 분석에 따른 비용효과적인 삭감목표량 및 기타 규제 등에 따라 설계 강우량을 설정할 수 있으나 배수구역의 누출유출고를 환산하여 최소 5mm 이상 강우를 처리할 수 있는 규모

② WQ_V는 전체 처리용량에 기준을 둔다.

$$WQ_V = P_1 \times A \times 10^{-3}$$

여기서, WQ_V : 수질처리용량(m³)

P_1 : 설계강우량으로부터 환산된 누적 유출고(mm)

A : 배수면적(m²)

2) Water Quality Flow(WQ_F)

① 수질처리유량은 합리식을 이용하여 산정한다.

② 기준강도는 최근 10년 이상의 시간강우자료를 이용하여 연간 누적발생빈도 80%에 해당되는 강우강도를 사용한다.

$$WQ_F = C \times I \times A \times 10^{-3}$$

여기서, C : 처리대상지역의 유출계수

I : 기준강우강도(mm/h)

A : 배수면적(m²)

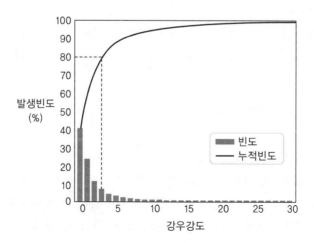

3) 비점오염처리시설별 규모 적용 예

비점오염저감시설 구분		규모 설계기준
저류시설	• 저류지 • 지하저류조	WQ_V
인공습지	인공습지	
침투시설	• 유공포장(투수성 포장) • 침투저류지 • 침투도랑	
식생형 시설	• 식생여과대 • 식생수로	WQ_F
	• 식생체류지 • 식물재배화분 • 나무여과상자	WQ_V
장치형 시설	• 여과형 시설 • 와류형 시설 • 스크린형 시설	WQ_F
	응집 · 침전 처리형 시설	–

4. 관리 · 운영기준

1) 설치한 저감시설의 보존상태와 주변부의 여건, 상황 등을 파악하여 시설물의 기능을 유지하기 어렵거나 어려워질 우려가 있는 부분을 보수하여야 한다.

2) 슬러지 및 협잡물 제거

   ① 저감시설의 기능이 정상상태로 유지될 수 있도록 침전부 및 여과시설의 슬러지 및 협잡물을 제거하여야 한다.

   ② 유입 및 유출 수로의 협잡물, 쓰레기 등을 수시로 제거하여야 한다.

   ③ 준설한 슬러지는 「폐기물관리법」에 따른 기준에 맞도록 처리한 후 최종처분하여야 한다.

3) 정기적으로 시설을 점검하되, 장마 등 큰 유출이 있는 경우에는 시설을 전반적으로 점검하여야 한다.

4) 주기적으로 수질오염물질의 유입량, 유출량 및 제거율을 조사하여야 한다.

5) 시설의 유지관리계획을 적절히 수립하여 주기적으로 점검하여야 한다.

6) 사업자는 비점오염저감시설을 설치한 경우에는 지체 없이 그 설치내용, 운영내용 및 유지관리계획 등을 유역환경청장 또는 지방환경청장에게 서면으로 알려야 한다.

문제 06 지속 가능한 물 재이용 정착으로 건전한 물순환 확산을 위한 "제2차 물 재이용 기본계획 (2021~2030)"의 비전 및 목표, 정책추진 방향, 추진과제 중 하수처리시설의 재이용 수공급능력 향상에 대하여 설명하시오.

정답

1. 개요

2021년 1월 환경부에서는 제1차 물 재이용 기본계획('11~'20)이 완료됨에 따라 향후 10년간의 물 재이용 촉진에 관한 종합적인 기본계획을 발표하였다.

2. 비전 및 목표

① 비전 : 지속 가능한 물 재이용 정착으로 건전한 물 순환 확산

② 목표 : 하수처리수의 장외 재이용률 향상(8% → 17%), 공업용수의 하수처리수 재이용률 확대(0.9% → 5%), 물 재이용으로 하천(73개) 건천화 개선

3. 정책추진 방향

1) 지속 가능한 통합 물관리를 지향하는 물 순환이용 체계로 제도 정비

물 재이용 정착을 통한 용수공급, 도심하천 회복 및 친수공간 확보 등 지속 가능한 물 순환체계로의 전환

2) 유역기반의 합리적 수요를 반영한 물 재이용 실행력 제고

「물관리기본법」 및 유역 물관리체계와 연계한 물 순환이용 체계로의 전환을 통한 유역 통합 물관리 실현

3) 기술개발 지원으로 산업발전 기반 마련

물 순환이용에 대한 인식개선 및 체계적 교육 · 홍보 강화, 연구개발 촉진으로 물 산업발전 지원

4. 하수처리시설의 재이용수 공급능력 향상방안

1) 민간투자사업 다양화

공업용수 공급을 위한 하수처리수 재이용사업을 민간 위주의 발굴 · 시행에서 공공이 발굴하고 민간이 시행하는 사업 방식으로 다양화 추진

① 민간제안사업에서 정부고시사업으로 추진체계 전환 검토

② 지자체 '물 재이용 관리계획' 수립 시 민간투자사업 발굴 및 지원활성화를 위한 제도 개선

③ 경제성 분석 과정 시 하수처리수 방류량 감소에 따른 환경적 편익 및 기존 수도시설의 수원을 보존함으로써 향후 생활용수 등의 용도로 활용토록 하는 편익 등을 포함하도록 하수처리수 재이용 사업의 경제성 확보방안 마련

2) 하수처리수 재이용 – 공업용수도 연계사업 추진

　　기존 공업용 수도시설과 하수처리수 재이용을 연계하는 비수익성 신사업모델을 통해 실질적인 하수처리수 재이용 활성화 도모

　　① 공업용수의 안정적 공급을 위해 기존 공업용수 공급체계와 하수처리수 재이용수를 연계 공급하는 신사업모델 개발 → 신규 관로 매설 비용 절감 및 기존 공업용수 공급 수원 보존

　　② 재이용수의 공업용수 공급 확대를 위한 법 · 제도 개선방안 검토

문제 01 공공하수처리시설 에너지 자립화 기술, 사례, 사업추진 시 문제점 및 개선방안에 대하여 설명하시오.

정답

1. 개요

하수처리시설은 하수의 수집 · 처리과정에서 다량의 에너지를 소비한다. 2010년도 하수처리시설에서 사용되는 전력은 연간 총전력 사용량의 0.5%를 차지하나, 공공하수처리시설 에너지 자립율은 0.8%에 불과하여 이에 2010년 환경부에서는 하수처리시설 에너지 독립을 선언하고 에너지 자립화 기본 계획을 수립하였다.

녹색기술 적용, 에너지 사용량 저감, 신재생에너지 생산 등을 통하여 에너지 자립률 목표를 18%(~'15년) → 30%(~'20년) → 50%(~'30년)로 추진하였다.

2. 추진전략

① 에너지절감대책(운영효율 개선 · 에너지절감시스템 구축 등) 추진

② 에너지 이용 · 생산 확대(소화가스 · 태양광 · 풍력 · 소수력 등)

③ 에너지자립화 기반 R&D 및 평가지표 개발 등을 추진

3. 국내 공공하수처리설의 에너지 절감 및 생산사례

1) ESCO 사업 참여

① 대구서부 : 생물반응조 운영방법 개선으로 전력사용량 49% 감소('09년)

② 달서천 : 하수찌꺼기 저류조, 교반조 개선 등으로 전력사용량 16.3% 감소

③ 안산 : 인버터 자동제어반 설치로 전력사용비 20% 절감

2) 공정 및 기계 설비 개선

① 부천 굴포 : 소화가스 발전설비 설치, 하수찌꺼기 소각 개선 등으로 에너지자립률 6.3% → 30.7%로 향상

② 파주 통일동산 : 에너지 저감형 송풍기 교체, 태양광 설치

3) 재생에너지 활용

① 안양 석수 : 방류수를 활용한 소수력 발전으로 3,000kWh/일 전기생산(연간 전기사용료의 13%(1.5억) 절감)

② 안산2처리장 : 태양광 발전시설 설치, 처리장 사용(10%), 한전 판매(90%)하여 연간 26억 원 수익 발생

③ 서울 서남 : 태양광 발전시설 설치 · 운영(연간 1,690만kWh 발전, 989tCO$_2$ 감축)

4. 문제점

1) 하수처리장 에너지 효율을 높이려는 계획 · 대책 · 제도 등은 지속적으로 수립 · 추진되어 왔으나 성과 저조

   ※ 전력비 비중 증가(19.2%('06) → 22.1%('16))/에너지 자립률 저조(0.8%('10) → 3.4%('14) → 3.5%('16))

2) 에너지 생산 · 절감 등 관련제도와 연계한 에너지관리 최적화 미흡

5. 원인

1) 하수처리장 운영 · 관리자에게 별다른 에너지 관리 책무 또는 인센티브가 부여되지 않아 자발적 노력에 의존

   ① 처리장별(지자체별) 에너지 모니터링 체계 미흡

   반응조 등 단위공정별 에너지 계측장비 미부착으로 전체 사용량만 확인 → 전력사용변동 시 분석 곤란

   ② 에너지 효율개선 목표와 계획이 없고, 운영자 자발적 노력이 있으나 미미한 수준

   사례 : 대구서부 하수처리장에 '09년 64억 원을 투입하여, 수동운전 → 자동감시 제어 변경 등을 통해 전력량 27,683MWh/년, 전력비 21억 원/년 절감('13.7월 투자비 회수)

   ③ 관리대행계약 체결 시 전기료를 실비 정산함에 따라 에너지절감 유인 미흡

2) 하수처리장 에너지 평가 · 환류체계 미흡

   ① 「하수도법」에 의한 하수도 운영관리 실태 점검(환경부 → 지자체) 등을 통해 에너지 분야를 평가하고 있으나 평가방식 및 환류체계 미흡

   유사시설과의 상대적 평가분석이 없고 배점도 낮아(1.8%) 에너지절감 유인 미흡

   ② 「에너지이용합리화법」에 따라 연간 에너지사용량 합계가 2,000toe 이상인 하수처리장은 에너지 진단대상이나, 2,000toe 미만은 제외

   '07~'16년간 444건의 하수처리장 에너지 진단 결과, 펌프(24%), 송풍기(18%), 조명(14%), 수전 · 발전 · 배전(10%) 설비 순으로 개선 필요성 제시

   ③ 지방공기업 경영평가 시 상수도사업은 전력사용 효율성을 평가하나, 하수도사업은 제외

   '12년까지 상하수도 에너지 평가지표로 1톤당 이산화탄소배출량 기준으로 산정했으나, '13년부터 상수도는 전력사용/소비 평가지표로 수정되고 하수도 부문은 삭제

3) 하수처리시설의 에너지 최적관리 미흡

바이오가스 생산, 탄소중립 프로그램, 온실가스 · 에너지목표관리제 등 다양한 에너지저감 프로그램이 운용되고 있으나, 처리장별 맞춤형 최적 관리 체계는 미흡

5. 개선방향

1) 처리장별 에너지 모니터링, 진단평가를 통한 에너지 관리 강화

   ① 하수처리장 운영관리자가 에너지 생산 · 소비량을 정기적으로 모니터링하도록 규정

   ② 에너지 진단 대상에서 제외된 하수처리시설(에너지사용량 2,000toe 미만)에 대하여도 에너지 관리 강화

   ③ 하수도 운영관리 실태점검(환경부 → 지자체) 시 에너지 효율 개선 비중을 강화하여 지자 체의 관심과 노력 유도

   ④ 공공하수도시설에서 에너지 사용량을 절감할 경우 절감액의 일부를 인센티브로 제공받 을 수 있도록 제도 개선 추진

2) 중장기 에너지 자립 목표 재설정 및 중장기 계획

   시설 개선, 최적 운영, 에너지 생산 등에 기초하여 향후 5~10년 이내에 달성해야 할 에너지 절감 국가목표 설정 및 평가 · 환류체계 제시

3) 에너지 자립 성공모델 확산을 위한 시범사업 추진

4) 하수처리장에서의 재생에너지 생산 확대

   ① 공공하수처리장에 태양광 등 재생에너지 생산시설 확충

   ② 혐기성 소화조 효율개선을 통한 에너지(바이오가스) 생산 증대

5) 하수처리시설 효율적 에너지 관리 기술 개발 및 보급

   저에너지 · 고효율 핵심기자재 및 처리기술개발 등 '상 · 하수도 혁신기술개발사업(R&D)' 추진 등

문제 02 기존 하수처리시설에 추가로 고도처리시설 설치 시 사업추진방식과 고려사항에 대하여 설명하시오.

정답

1. 개요

고도처리란 통산의 유기물 제거를 주목적으로 하는 2차 처리로 얻어지는 처리수의 수질 이상을 얻기 위해서 행해지는 처리이다.

2. 추진방식

1) 운전개선방식(Renovation) : 기존 처리공법 유지 또는 수정
   ① 운영실태 분석결과 기존 공공하수처리시설의 성능이 양호하여 운전방식 개선 및 일부설비 보완 등으로 강화된 방류수 수질기준 준수가 가능한 경우
   ② 기존 운영 중인 공공하수처리시설 중 상당수는 유입유량의 조절, 포기방식의 개선, 구내 반송수 등 하수찌꺼기(슬러지) 계통의 운영개선, 연계처리수의 효율적 관리, 여과시설 설치 등의 조치만으로도 수질기준 준수가 가능하다.

2) 시설개량방식(Retrofitting) : 기존 처리공법 변경
   기존 공공하수처리시설의 성능이 운전방식의 개선 및 설비의 보완만으로는 강화된 방류수 수질기준 준수가 곤란하여 처리공법 변경이 필요한 경우

3. 고도처리시설 설치 시 고려사항

1) 고도처리시설 설치 필요성 검토
   기술진단 결과 방류수 수질기준을 준수하지 못하거나 유역하수도 정비계획에 따른 방류수 수질기준을 강화할 필요가 있는 경우에 고도처리시설 설치를 추진한다.

2) 중복투자 등 경제성 검토
   ① 기존시설에 고도처리시설을 도입하는 경우 동일 공법 유사규모 처리장의 운영실태를 분석하여 운전개선방식으로 추진이 곤란한 경우에 한해 시설개량방식으로 추진한다.
   ② 시설개량방식으로 고도처리시설을 설치하고자 할 때에는 기존 공법의 문제점 등을 검토하여 경제적인 방법으로 고도처리시설을 계획하여야 한다.
   ③ 기존 공공하수처리시설에 고도처리시설을 설치할 경우에는 부지여건을 충분히 고려하여 고도처리시설 설치계획을 수립하여야 한다.
   ④ 기존 공공하수처리시설 부지확장의 한계성 등 입지여건을 최대한 고려하여 처리효율 및 경제성이 비슷할 경우에는 부지가 가급적 적게 소요되는 고도처리시설을 선정한다.
   ⑤ 기존시설에 고도처리시설 설치 시 기존 시설물 처리공정을 최대한 활용하여 중복투자가 발생하지 않도록 하여야 한다.
   ⑥ 고도처리 공법을 선정할 때에는 LCC(Life Cycle Cost)에 의하여 공법 선정의 타당성을 검토하고, 그 검토 결과에 따라 하수처리공법(당해 공법에 수반되는 기자재 포함) 선정사유를 설계보고서에 구체적으로 제시하여 설계자문을 받아야 한다.
   ⑦ 공공하수처리시설을 증설하면서 고도처리시설을 설치하는 경우에는 기존 시설과의 연계성 및 오염물질 제거효율이 우수하고 유입수량과 수질의 변동에 유연하게 대응할 수 있는지 여부를 검토하여 선정한다.

3) 기존 처리공정 특성 검토

① 유기물질(BOD, COD) 항목만 처리효율 향상이 필요할 경우

표준활성슬러지법과 호환성이 가장 용이한 A₂O와 비교 시 처리효율면에서 거의 유사하고 오히려 ASRT(호기상태의 미생물체류시간)의 축소로 BOD 제거율이 저하되는 경우가 발생되므로, 고도처리방식은 운전개선방식으로 추진하는 방안을 우선적으로 검토

- 노후설비의 교체 및 개량
- 유량조정시설 및 전처리시설 기능 강화
- 운전모드 개선(폭기조 관리)
- 하수찌꺼기(슬러지) 처리계통 기능 개선(구내 반송수 관리)
- 연계처리수(분뇨, 축산, 침출수 등)의 효율적 관리

② 부유물질(SS) 항목만 처리효율 향상이 필요할 경우

㉠ 운전개선방식으로 사업을 추진할 경우에는
- 유량조절기능 및 전처리설비 개선
- 하수찌꺼기(슬러지) 처리설비 기능 개선(구내 반송수 관리)
- 이차침전지 용량 및 구조개선(경사판 설치, 정류벽 설치 등)

㉡ 시설개량방식으로 사업을 추진할 경우에는
- 운전개선방식에 의한 사항을 검토하여 반영
- 침전지 용량 증설 및 여과시설 설치 등

③ T-N 항목만 처리효율 향상이 필요할 경우

T-N은 기존시설로는 제거효율이 낮으므로 새로운 처리공정 도입을 위하여 시설개량방식으로 추진하는 방안 검토

- 운전개선방식을 우선적으로 검토하여 반영
- 기존 포기조의 수리학적체류시간(HRT)이 6시간 이상일 경우에는 기존 공공하수처리시설과 호환성이 있는 MLE, A₂O 계열 등의 공법으로 변경하는 것이 바람직하므로 이를 우선적으로 검토
- 기존 포기조의 수리학적체류시간(HRT)이 6시간 이하이거나 유입 T-N이 고농도일 경우는 반응조 증설방안 등을 검토하되 우선적으로 연계처리수의 처리대책(설계시 T-N 유입하수 오염부하량의 10% 이내) 관리를 검토
- 표준활성슬러지법을 SBR(Sequencing Batch Reactor)로 시설을 개량할 경우에는 기존 시설의 사장화가 발생되므로 반드시 지양

④ T-P 항목만 처리효율 향상이 필요할 경우

T-P의 경우에는 생물학적 처리방식과 화학적 처리방식에 대한 경제성, 효율성을 비교·평가한 후 결정하고, T-P 처리로 인한 기존 공정에 미치는 영향을 고려하여 대책을 수립한다.

⑤ T-N과 T-P 항목이 동시에 처리효율 향상이 필요할 경우

기존 공공하수처리시설에 T-N 및 T-P 항목에 대하여 동시에 처리효율 향상이 필요할 경우에는 상기의 처리방식을 선택한다.

4) 유입수질 범위별 성능보증 방안 검토

① 신기술의 경우 유입수질 범위별(현재 수질, 장래 수질)로 각 공정별 성능보증수질을 제시토록 하고, 보증확약서를 반드시 설계단계에서 제출하도록 하여야 한다(물질수지도 포함).

② 신기술로 등록된 공법을 도입하고자 하는 경우, 공공하수처리시설의 유입수질조건 및 운전조건이 신기술 지정 시 및 기술검증 시 제시한 조건과 상이할 때에는 이에 대한 대책방안을 마련하여 설계자문 시 제시하여야 한다.

5) 여과시설 필요성 재검토

① 신기술 지정 또는 검증 시 여과시설을 별도로 설치하지 아니하고도 보증수질(또는 방류수 수질 기준) 이내로 처리할 수 있는 공법을 선정하는 경우에는 후단에 여과시설을 추가로 설치하여 예산을 낭비하는 일이 없도록 하여야 한다.

② 다만, 수질오염총량제 할당부하량 준수, 수질관리상 신기술 지정 또는 검증 시보다 더 엄격한 수질을 방류할 필요가 있는 경우 등 여과시설 설치가 필요한 때에는 여과시설 설치할 수 있다.

문제 03 해양에 유출된 원유(Oil Spill)의 제거방법에 대하여 다음 사항을 설명하시오.

1) 기계적 방법
2) 물리 · 화학적 방법

정답

1. 개요

유류는 해양에 유출된 순간부터 대기나 해수와의 접촉을 통하여, 확산, 증발 등의 물리 · 화학적인 변화와 미생물 분해 등에 의한 생물학적인 변화를 받게 되며 여러 가지 환경문제를 발생시킨다.

2. 유류의 해양유입경로

1) 유조선 유출사고

2) 대기로부터의 유입

① 자동차 및 화력 발전소에서의 화석연료(Fossil Fuel)가 불완전 연소되면 다량의 석유계 탄화수소 화합물이 대기 중으로 배출된다.

② 대기 중의 탄화수소 화합물들은 직접적으로 해수에 유입되거나 육수의 유입과정을 통해 해수 중에 유입된다.

3) 도시하수 및 산업폐수의 유입

도로의 기름, 차고에 떨어져 있던 기름 등이 우수 시 하천과 바다로 유입된다. 가정하수나 공장폐수에는 동식물유와 광유가 들어 있으며, 업종에 따라서는 공장폐수 중에 상당량의 유류가 포함된다. 연안역에 이런 폐수들이 직접 배출될 수 있다.

4) 밸러스트유의 배출

5) 자연적 유입

현재 전 세계 해양에서 잔류하는 탄화수소의 많은 부분은 자연적인 유출의 결과이다. 바다 밑에 있는 지각 표면에서 자연적으로 기름이 새어 나오는 곳은 현재 190여 곳으로 알려져 있으며, 이들은 일차적으로 심해저와 구조 지질학적으로 활동하는 지역에 위치하고 있다. 유출되는 양은 장소에 따라 다르지만 대략 연간 25만 톤 정도, 이 중 10% 정도가 대륙붕 해역에서 유출되는 것을 알려져 있다.

3. 영향

1) 해양 수생태계의 파괴

해양 박테리아 성장 저해, 해양 플랑크톤의 감소 등

2) 어패류가 호흡장애로 질식사하거나 낮은 농도에서는 기름냄새로 상품가치의 상실

3) 유류의 독성에 의한 생물체의 세포막 파괴로 인한 괴사

4) 조류 깃털에 유류가 묻어 조류의 익사

5) 해양 포유류에 악영향

6) 기름에 의한 기형어 탄생 등 생태계 혼란

7) 유류처리제에 의한 2차 환경오염

8) 휴양관광자원 가치상실 등

9) 연안지역 경우 악취문제로 인한 인간 건강에 장해발생 등

4. 기계적 제거방법

1) 오일펜스 설치

① 유출유의 포집 및 회수 용이

② 유출유의 확산 방지

③ 유출유의 흐름방향 유도

2) 유회수기의 이용

① 유출된 기름을 물리적으로 회수

② 기름의 비중과 점성 등 기름의 특성

③ 기계적인 진공압을 이용하여 흡입

3) 물로 씻어내기(Hydraulic Cleaning)와 모래분사(Sand Blasting)

유출된 기름을 방제할 때, 가능하다면 모든 기름을 물에 부유한 상태에서 제거하는 것이 가장 좋다. 대부분의 방제 장비들이나 기술들이 물에서의 방제를 염두에 두고 개발된 것들이다. 그러나 해안선에서 가까운 곳에서 대량의 기름이 유출이 발생하여 유출유가 해안에 도달한 경우 사용되는 방법인데, 이것은 조간대의 식물 및 동물에 나쁜 영향을 줄 수 있으므로 시행시에는 주의를 기울여야 한다. 해안의 종류나 오염된 상태에 따라 물이나 모래를 분사하는 강도를 조절해야 좋은 결과를 얻을 수 있다.

5. 물리 · 화학적 방법

1) 유흡착제 사용

유흡착제는 물을 배척하고 기름을 선택적으로 흡수하는 방법으로 기름을 제거한다. 이것은 유출량이 적거나 엷은 유막을 회수할 때 사용된다. 흡착제는 표면에 기름을 묻히는 종류와 기름을 흡수하는 종류가 있다 . 일반적으로 흡착제는 방제작업 마무리 단계에서 사용하거나, 선박 접근이 곤란한 해역의 엷은 유막 회수에 사용하며, 산란장이나 습지 같은 환경민감 해역에서 다른 방법으로 방제하기 곤란한 경우에 사용하기도 한다. 단, 기름을 충분히 흡착한 흡착제(투척 후 30분~1시간 경과)는 반드시 수거하여야 하며, 수거하지 않으면 사용하지 않는 것보다 못하게 된다.

2) 유처리제 살포

① 해상에 기름이 유출되었을 때 주로 유회수기나 흡착제 등을 이용하여 기름을 회수하게 되지만, 상황에 따라서는 화학물질을 투여하여야 하는 경우도 생기게 된다. 특히 유출된지 오랜 시간이 지나서 유막이 얇게 확산되었거나 또는 처음부터 유출량이 적어서 유막이 얇게 형성된 경우인데 이 경우에는 물리적인 방법으로 기름을 회수하는 것이 매우 비효율적이다. 이런 경우 화학물질을 이용하여 기름을 물속으로 분산시킨 후 자연적인 정화작용에 의해 저절로 없어지게 하는데, 가장 많이 사용되는 것이 바로 분산제이다. 이것은 기름을 미립자화하여 유화 분산시키는 것으로 기름이 해수와 섞이게 되면 미생물에 의한 분해, 일조에 의한 증발 산화 작용이 활발하게 일어나서 물리적으로 기름을 회수하는 것보다 효과적으로 기름을 제거할 수 있게 된다.

② 유처리제 사용금지 지역

• 수심 10m 이하, 해안가 및 양식장에 3시간 이내에 도달할 해역

• 어장, 양식장, 발전소 취수구, 종묘배양장 및 폐쇄성 해역인 경우

- 특정해역 중 수자원 보호구역으로 지정된 경우
- 점도 2,000cSt 이상

문제 04 강변여과공법에 대하여 다음 사항을 설명하시오.

1) 정의 및 특징
2) 필요성과 한계점
3) 장점 및 단점

정답

1. 정의 및 특징

강변여과수란 각종 환경오염으로 인해 하천에 흐르는 자연수를 그대로 취수원으로 뽑아 쓸 수 없게 됨에 따라 그 대안으로 개발된 취수방법이다. 하천 표류수(漂流水)가 장기간에 걸쳐 강변의 하천 바닥(河床) 또는 옆으로 뚫고 들어가 토양의 자정(自淨) 능력에 의해 오염물질이 여과되거나 제거된 물을 말한다.

강변여과수는 겨울철에도 강물보다 수온이 높으므로 겨울철 정수처리 공정에서 발생할 수 있는 암모니아 문제를 산화과정으로 제거할 수 있으며, 부유물질은 강변여과 과정에서 거의 제거되어 기존 공정에서 응집침전의 부담을 줄여준다. 또한, 용해성 물질도 모래층에 흡착, 침전되거나 미생물에 의하여 제거되어 하천 표류수에 비해 DOC가 60~70% 감소되는 특징이 있다.

2. 취수방식

강변여과수를 취수하는 방식은 다음과 같다.

1) 집수정 방식

① 수평집수정

- 우물통을 중심으로 수평집수 암거를 설치하여 취수하는 방식
- 대용량 취수 가능, 유지관리 비용 저렴, 설치 공정 복잡, 공사비 많이 소요

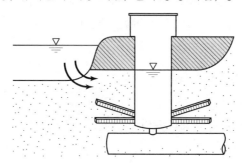

② 수직집수정
  - 가장 기본적인 우물의 형태로 우물통을 중심으로 여과수를 펌프하여 취수하는 방식
  - 우물통 아래에는 하천 방향 또는 방사상 형태로 수평집수관 설치
  - 설치 용이, 공사비 저렴, 취수용량 제한적, 수중 모터 설치 시 펌프장 불필요, 다량 취수 가 어렵고 유지관리 힘듦

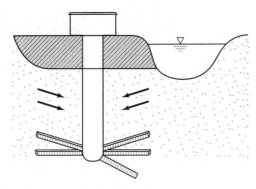

2) 취수방식
  ① 강변여과 취수방식
    강 둔치에서 30~50m 떨어진 지역에 물을 한꺼번에 모을 수 있는 20~40m 깊이의 취수 정을 뚫어 취수하는 방식이다.
  ② 인공방식
    인공적으로 호소나 함양분지(涵養盆地) 등의 시설을 만들어 하천의 표류수를 취수하거나 고도처리된 하수물을 저장하여, 대수층(帶水層 : 지하수를 함유하고 있는 지층)에 침투시 켜 지층의 자정 능력에 의해 오염물질이 여과 · 제거된 물을 다시 취수하는 방식이다.

3. 필요성과 한계점
  1) 필요성
    기존 취수방식이 한 가지 수자원에 의존하고 있는 경우나 인재, 천재지변이나 재해 등이 발 생할 경우 대체할 수 있는 방법이 없는 취약한 구조인 경우 수자원 확보 방안의 다양성에 대 한 필요성이 있다. 직접 취수는 1급수 시에는 관계가 없지만, 비점오염을 비롯하여 자동차 독성물질 사고에 항상 대비해야 되기 때문에 간접 취수방식인 강변여과 방식 등이 필요하다.

  2) 한계점
    강변여과 개발 시 한계점은 다음과 같다.
    ① 하천표류수의 조건
      강변에서의 거리와 충적층의 토양조건들을 종합적으로 고려하여야 한다.

② 하천변 지하층의 오염저감 능력

제한된 시료에 대한 수리분산의 원칙에 따라 이동시간 및 농도 변화에 대한 예측이나 분석을 실행할 수 있다.

③ 간접 취수방식의 적용이 가능한 입지선정 기준

㉠ 개발수량

충적층의 조건, 배후지와의 거리, 충적층 분포면적 및 거리에 의해 결정

㉡ 수질조건

상수원수 3등급 이상의 수질과 토양오염이 심각하지 않은 지역

㉢ 기타

부지확보 가능 면적, 시설물 설치의 용이성, 민원 발생소지 등

④ 대용량 취수지 인근지역에 미치는 영향

과잉양수에 의한 수원고갈, 지하수위 강하에 따른 지반 침하, 지하수위 변화에 따른 각종 재해을 고려해야 된다.

4. 강변여과수 장단점

안전하면서도 안심하고 마실 수 있는 수돗물을 공급하기 위해 개발된 취수방식으로 다음과 같은 장단점이 있다.

1) 하천 물이 강변의 대수층을 통해 여과되는 동안 BOD(생화학적 산소요구량)·탁도·세균·유해물질이 자연적으로 감소된다.

2) 돌발적인 수질사고 시 강변의 충적층이 완충작용을 해주므로 안정적으로 물을 공급할 수 있다.

3) 계절에 따라 수온·탁도 변화가 적어 정수 처리 및 수질 관리가 쉽고 경제적이다.

4) 일시적인 가뭄에도 대수층에 남아 있는 여과수를 취수할 수 있어 안정적인 취수와 급수가 가능하다.

5) 하천 표류수로부터 직접적인 영향을 많이 받지 않아 상수원보호지역 규제의 필요성이 적다.

6) 기존 공정에서 응집침전 시 발생하는 슬러지 처리비용을 줄일 수 있다.

7) BOD 오염물질은 여과로 제거될 수 있지만 철 및 망간이 기준치를 초과하는 농도로 포함될 수 있다.

8) 지역적으로 미량의 유해물질 및 질산성 질소가 문제될 수 있다.

문제 05 수질오염총량관리제도, 오염총량관리제 시행절차, 오염총량관리 기본계획 보고서에 포함되어야 할 사항을 설명하시오.

정답

1. 수질오염총량관리제도

수질오염총량관리제는 도시화, 산업화 등으로 하천 유입 오염물질의 총량이 증가, 배출농도 중심의 관리로는 수질관리 한계에 직면하여 수계구간별 목표 수질을 달성·유지하기 위해 단위유역별로 오염물질 배출 총량을 관리하는 정책이다.

이 제도는 과학적 바탕 위에서(Scientific), 수질관리의 효율성을 제고하고(Efficient), 각 경제주체들의 책임성을 강화하여(Responsible), 행정목표(목표수질)를 적기에 달성하고자 하는 제도로서, "환경과 개발"을 함께 고려하는 지속가능성을 확보할 수 있는 핵심적인 유역관리제도이다.

2. 오염총량관리제 시행절차

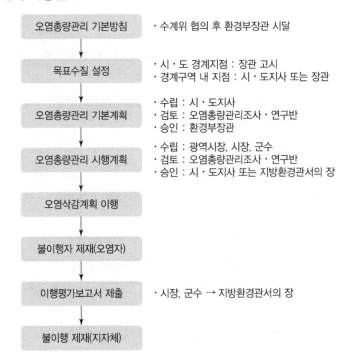

오염총량관리 기본방침
· 수계위 협의 후 환경부장관 시달

목표수질 설정
· 시·도 경계지점 : 장관 고시
· 경계구역 내 지점 : 시·도지사 또는 장관

오염총량관리 기본계획
· 수립 : 시·도지사
· 검토 : 오염총량관리조사·연구반
· 승인 : 환경부장관

오염총량관리 시행계획
· 수립 : 광역시장, 시장, 군수
· 검토 : 오염총량관리조사·연구반
· 승인 : 시·도지사 또는 지방환경관서의 장

오염삭감계획 이행

불이행자 제재(오염자)

이행평가보고서 제출
· 시장, 군수 → 지방환경관서의 장

불이행 제재(지자체)

3. 오염총량관리 기본계획 보고서에 포함되어야 할 사항

목차	내용
1. 기본계획 개요	1-1 계획수립 주체 1-2 계획수립 목적 및 범위 1-3 계획수립 추진 경과 1-4 오염총량관리대상 오염물질 1-5 기본계획 요약(총량관리단위유역별로 요약) • 총량관리단위유역별 명칭, 목표수질, 계획수립 당시 오염도 • 총량관리단위유역별 · 소유역별 시행계획 최초 시행시점의 오염물질 발생량과 배출량 • 목표수질 달성을 위한 소유역별 할당부하량과 지방자치단체별 할당부하량

2. 유역환경조사	2-1 토지이용 및 토지이용규제실태 조사방법
	※ 제6조의 규정에 의한 지역 · 지구 · 구역 등의 지정현황을 표시한 평면도(1/10만)를 작성하여 제시
	2-2 조사결과
	2-3 수계환경자료 조사
	• 조사방법
	• 조사주체 및 추진 경과
	• 조사결과
	2-4 총량관리단위유역 소유역 구분현황
	• 오염총량관리단위유역, 소유역 경계를 표시한 오염총량관리평면도(1/10만)를 작성하여 제시
	※ 평면도 작성방법
	  - 오염총량관리단위유역 경계선은 빨간색 실선, 소유역 경계는 녹색 실선, 하천은 청색 실선으로 표시
	  - 총량관리유역 명칭, 소유역 구분기호, 행정구역(시 · 군 · 구) 명칭, 하천명칭을 표시
	  - 행정구역의 관할지역을 표시하는 색은 인접행정구역의 관할지역과 다르게 표시

목차	내용
3. 오염원조사 및 오염부하량 산정	3-1 오염원 조사방법 설명 3-2 오염원 조사 추진 경과 3-3 오염원 조사결과 　　　총량관리단위유역별 및 소유역별로 종합하여 제시 3-4 오염원 예측방법 및 예측결과 3-5 오염부하량 산정방법 설명 3-6 오염부하량 산정결과 　　　총량관리단위유역별 및 소유역별로 종합하여 제시
4. 총량관리단위 유역별 할당 부하량	4-1 총량관리단위유역별 목표수질 4-2 기준유량산정방법 4-3 기준유량산정을 위한 자료 4-4 기준유량산정결과 4-5 총량관리단위유역별 할당부하량
5. 소유역별 할당부하량	5-1 수질모델링 　• 선정된 수질모델링에 대한 설명 　• 수질모델링 보정방법 및 보정결과 5-2 수질모델링에 의한 유달부하량 산정결과 5-3 할당방법 　• 관련 시·군의 의견수렴과정 　• 관련 시·도와 협의과정 　• 할당방법 설명 5-4 기준배출부하량 5-5 안전율 　• 안전율 산정방법 　• 안전율 산정결과 5-6 소유역별 할당부하량 산정결과
6. 지방자치 단체별 할당부하량	6-1 지방자치단체(시·군·구)별 소유역 현황 6-2 지방자치단체별 할당부하량
7. 시행계획 수립지침	※ 제24조의 규정에 의한 시행계획수립지침의 내용에 따라 작성

참고 : 제24조의 규정에 의한 시행계획수립지침의 내용
　　　1. 오염부하량 할당대상시설 등 오염물질의 배출·삭감시설에 대한 수질 및 유량조사계획
　　　2. 매년 이행평가를 위한 오염원조사 및 오염부하량, 삭감부하량 산정계획
　　　3. 할당시설 및 비할당시설의 지정·관리계획
　　　4. 지역개발사업 사후관리계획(비점저감시설 설치 및 운영관리 등)
　　　5. 목표수질관리를 위한 모니터링 계획

문제 06 하수도시설의 유역별 통합운영관리 방안과 통합운영관리시스템 계획을 설명하시오.

정답

1. 개요

통합운영관리계획은 하수도시설의 운영관리 효율화 및 유지관리 비용저감을 주목적으로 하되, 유역별 수질관리체계에 부응되어야 한다.

사회 및 경제가 발전함에 따라 하수도시설의 종류 및 개소는 다양해지고 증가하고 있어 이들 시설의 효율적인 관리가 요구되고 있다. 이에 따라 하수두시설을 통힙운영관리함으로써 시설의 운영관리효율화와 이에 따라 유지관리 비용저감을 도모하여야 한다.

2. 유역별 통합운영관리 방안

① 통합운영관리계획은 관할 구역 내 하수도시설 전체를 대상으로 하드웨어적 통합관리뿐만 아니라 소프트웨어적 통합관리로 계획한다.

② 통합운영 관리계획 방안은 현재 및 장래의 모든 하수도시설뿐만 아니라 환경기초시설 전체를 포함하여 추진하는 것이 바람직하다.

③ 통합운영관리계획은 유역별 하수도정비계획, 수질오염총량관리계획 등을 고려하여 단순 행정적 범위를 넘어선 유역별 수질관리체계에 부합되도록 추진되어야 한다.

3. 통합운영관리시스템 계획

처리장의 통합관리는 인원관리, data관리, 운영관리를 중앙통합관리 처리장으로 집중화하여 관리의 전문화, 과학화를 통한 처리장의 운영개선에 그 목적이 있다.

환경기초 시설물의 효율적인 관리시스템을 구축하기 위한 것으로 아래사항을 검토하여 계획하여야 한다.

1) 통합관리의 범위 검토

① 시·군 단위의 모든 환경 기초시설을 원칙적으로 통합관리의 범위로 한다.

② 통합관리 대상의 단위처리장 자동화 수준이 미약하여 통합관리가 곤란할 경우에는 최소한의 자동화설비를 갖추거나 장래 단계별 계획으로 검토한다.

③ 만일 단위처리장이 중앙집중식 통합관리를 하여도 투자비용에 비하여 효과가 미비하거나, 통합관리가 특별히 곤란할 경우에는 통합관리의 범위에서 제외하는 것으로 검토한다.

2) 중앙통합관리 처리장 선정

① 시설물 운영의 중추적인 기능과 외래인 방문, 견학 및 교육 등을 수행하는 기능성, 상징성을 고려하여 선정한다.

② 시·군을 대표할 수 있는 처리장으로 한다.

③ 처리장 규모가 큰 처리장으로 한다.

④ 권역 내 통합관리 대상처리장의 효율적인 관리를 위하여 가급적 중앙에 위치한 처리장으로 한다.

⑤ 교통 및 도로 여건상 접근이 용이한 위치에 있는 처리장을 선정한다.

⑥ 통합관리 시스템 설비의 설치조건이 유리한 처리장으로 한다.

⑦ 단위처리장의 통합유지관리에 가장 적합한 처리장으로 한다.

⑧ 기존 처리장을 중앙통합관리 처리장으로 선정할 경우에는 기존시설의 운영관리에 지장을 최소화할 수 있으며, 신설 설비의 설치 조건이 유리한 처리장으로 한다.

3) 통합관리형태 검토

① 시·군 단위별 단위처리장의 관리체계는 단위처리장에 관리자를 최소한으로 배치하고 실시간 원격감시·제어설비를 갖춘 중앙통합관리 처리장에 관리자를 집중 배치하여 중앙집중식으로 관리하는 방식으로 검토한다.

② 통합관리시스템 구축에 따라 중앙통합관리 처리장과 단위처리장의 기구, 인원, 담당업무 한계, 자격요건 등에 대하여 검토하고, 또한 각 처리장의 근무형태(24시간 교대근무, 주간근무, 무인화 등)에 대해서도 검토한다.

③ 단위처리장의 효율적인 관리를 위하여 중앙통합관리 처리장에 순회점검반을 편성하여 단위처리장을 상시 순회 점검할 수 있는 체계를 검토한다.

④ 단위처리장의 관리효율을 높이기 위해 자료통합관리와 설비통합운영을 분리하여 검토한다.

⑤ 중앙통합관리 시스템에 접속하여 단위처리장의 감시, 제어 또는 설정치 변경 등의 작업 시에는 미리 관리자의 등급을 분류하여 인증된 관리자만 해당작업이 가능하도록 접속자 접속등급을 규정한다.

문제 01 응집 반응에 대한 메커니즘, 영향인자, 응집제 종류 및 특성에 대하여 설명하시오.

정답

1. 개요

응집은 주로 콜로이드 입자를 제거하기 위하여 콜로이드 입자가 띠고 있는 전하와 반대 전하물질을 투입하거나 pH 변화를 일으켜 Zeta Potential(전기적 반발력)을 감소시킴으로써 Floc을 형성 침전 · 제거하는 것을 목적으로 한다.

2. 메커니즘

1) Zeta Potential의 감소(0 제타전위)

약품주입 등에 의해 반데르반스 인력과 교반에 의해 입자들이 응결할 수 있는 만큼의 제타전위가 감소해야 되며, 실제로 ±10mV 정도 범위임

2) 콜로이드 활성기의 상호작용에 의한 입자 간의 응결 가교 작용, 입자 간 응집

3) 형성입자의 체거름 현상으로 입자 간 Floc 형성

3. 영향인자

1) 교반의 영향

입자끼리 충돌횟수가 많고, 입자농도가 높으며, 입자의 크기가 불균일할수록 응집효과가 좋다.

2) pH

응집제의 종류에 따라 최적의 pH에 따른 처리효율이 변화한다.

3) 수온

수온이 높으면 반응속도 증가 및 물의 점도저하로 응집제의 화학반응이 촉진되고, 수온이 낮으면 Floc 형성시간이 길고, 응집제 사용량도 많아진다.

4) 알칼리도

고알칼리도는 많은 Floc 형성에 도움이 되며 pH에 영향을 준다.

5) 응집제 종류 및 투여량

응집제 종류와 투여량에 따라 영향을 받는다.

4. 사용되는 응집제의 종류와 특성

1) 응집제 약품 : 황산 알루미늄, PAC, 염화제2철, 황산제1철, 황산제2철 등 주로 Coagulation 역할을 하는 약품이라 할 수 있다.

① 황산알루미늄(Alum)은 황산반토라 하며 고형과 액체가 있다. 최근에는 취급이 용이하므로 대부분의 경우 액체가 사용된다. 황산반토는 대부분의 탁질에 유효하다. 고탁도 시나 저수온 시 등에는 응집보조제를 병용함으로써 처리효과가 상승된다. 액체 황산알루미늄은 겨울철에 산화알루미늄 농도가 높으면 결정이 석출되어 송액관이 막히는 경우도 있으므로 사용농도에 주의하여야 한다.

② PAC(Poly Aluminum Chloride)은 액체로서 그 액체 자체가 가수분해된 중합체이므로 일반적으로 황산알루미늄보다 적정주입 pH의 범위가 넓으며 알칼리도의 감소가 적다는 특징이 있다. 그러므로 최근에는 소규모시설과 한랭지 상수도에서는 상시 사용하는 곳이 많아졌다. 다만 PAC의 산화알루미늄농도가 $10 \sim 18\%$이고 $-20℃$ 이하에서는 결정이 석출되므로 한랭지에서는 보온장치가 필요하다. 6개월 이상 저장 시 변질될 가능성이 있으므로 주의를 요한다.

③ 철염계 응집제는 적용 pH 범위가 넓고 플록이 침강하기 쉽다는 이점이 있지만 과잉 주입 시 착색되기 때문에 주입량의 제어가 중요하다. 염화제2철은 해수담수화의 전처리용 응집제로 사용된다.

2) 응집보조제 약품 : 소석회, 생석회, Polymer 등

① 응집제의 응집효율을 증가시키기 위해 통상 소량으로 사용되며 대표적인 것은 산, 알칼리, 활성규사, 점토(Clay), 소석회 또는 생석회 등이 있다.

② 소석회 또는 생석회는 응집 시 저하되는 pH를 보충하는 알칼리 역할을 한다. Polymer의 경우에는 Flocculation 역할을 한다.

문제 02 분리막 공정의 장단점, 분리막 종류, 막모듈, 막오염에 대하여 설명하시오.

정답

1. 분리막 공정

분리막 공정은 막을 이용하여 원수 속의 불순한 물질을 분리 제거하고 깨끗한 여과수 또는 처리수를 얻는 방법을 말한다.

2. 분리막 공정의 장단점

1) 장점

① 원수와 전처리 운전조건에 영향을 받지 않는 안정한 수질을 확보

② 정수 처리의 경우 기존 처리 시스템으로는 제거가 어려운 원생동물 등의 제거율이 매우 우수

③ 탁도 및 병원성 미생물 등의 관점에서도 매우 양호한 처리수를 얻을 수 있음

④ 운전인력의 숙련도와 경험에 크게 의존하지 않는 자동운전이 용이함

⑤ Compact한 시설 설비가 가능하여 부지 면적이 적게 듦

2) 단점

① 막오염물질에 의한 Flux 저하

② 유체의 온도에 따른 점도변화에 의하여 운전압 상승 또는 Flux 저하

3. 분리막의 종류 및 특성

1) 정밀여과막(Microfiltration : MF)

- 공칭공경 $0.01\mu m$ 이상이며 부유물질이나 원충, 세균, 바이러스 등을 체가름원리에 따라 입자의 크기로 분리하는 여과법을 말한다. 정밀여과막은 고분자재료 등에 다공성(고분자물질-입자물질 크기)을 가진 막모듈, 펌프, 제어설비 등으로 구성되어 탁질 등을 제거한다.

- 모래여과를 대체하는 정수처리공정으로 도입한다.

2) 한외여과막(Ultrafiltration : UF)

- 분획분자량 100,000Dalton 이하 분리경을 갖춘 막이다. 한외여과법은 한외여과 막모듈을 이용하여 부유물질이나 원충, 세균, 바이러스, 고분자량 물질 등을 체가름원리에 따라 분자의 크기로 분리하는 여과법을 말한다. 고분자재료 등에 다공성(고분자물질-입자물질 크기)을 가진 막모듈, 펌프, 제어설비 등으로 구성되어 탁질 등을 제거한다.

- 모래여과를 대체하는 정수처리공정으로 도입한다.

3) 나노여과막(Nanofiltration : NF)

- 염화나트륨 제거율 5~93% 미만 분리경을 갖추었으며, 나노여과법은 나노모듈막을 이용하여 이온이나 저분자량 물질 등을 제거하는 여과법을 말한다. 분자량 수백 크기의 물질을 제거할 수 있는 설비로 막모듈, 펌프 및 제어설비로 구성된다.

- 질산성 질소, 맛/냄새물질 등의 제거로 정수공정의 오존/활성탄공정의 역할을 대체한다.

- 반드시 전처리공정으로 탁질제거공정 도입(UF/MF, 모래여과)이 필요하다.

4) 역삼투막(Reverse Osmosis : RO)

- 염화나트륨을 93% 이상을 제거하는 분리경을 갖추었다. 역삼투압법은 물은 통과하지만 이온은 통과하지 않는 역삼투 막모듈을 이용하여 이온물질을 제거하는 여과법을 말한다. 미량오염물질을 제거할 수 있는 막모듈, 펌프, 제어설비 등으로 구성된다.

- 역삼투공정에 반드시 탁질제거를 위한 전처리공정을 도입해야 한다.

5) 해수담수화 역삼투(Seawater Desalting Reverse Osmosis : 해수담수화 RO)

- 염화나트륨 99% 이상 제거 분리경을 갖추었다. 해수담수화 역삼투압법은 물은 통과하지

만 이온은 통과하지 않는 역삼투 막모듈을 이용하여 해수 중의 염분을 제거하는 여과법을 말한다. 해수 중에 포함된 염분을 99% 이상 제거할 수 있는 막모듈 및 고압펌프, 제어설비 등으로 구성된다.

• 해수담수화공정에 반드시 탁질제거용 전처리공정의 도입이 필요하다.

4. 막모듈

1) 중공사형 모듈(Hollow Fiber(type) Membrane Module)

외경 수 mm 정도(Order)의 중공사막을 사용하는 모듈로 중공사형 모듈이라고도 한다. 한외여과막모듈에서는 어느 방향으로도 침투가 가능하다. 중공사막의 양단을 모듈 내에서 고정시킨 것과 일단을 고정시키고 반대편 단은 밀봉(Seal)하여 모듈 내에 충전한 것이 있다. 일반적으로 중공사형은 단위막 면적당 여과수량은 작더라도 막충전밀도를 크게 할 수 있으므로 다른 모듈과 비교하여 침투액량에 대한 모듈점유용적이 조밀하게 된다.

2) 평판형 모듈(Flat Sheet(type) Module)

실용화되어 있는 평판형 모듈은 평판막과 막지지판으로 구성된 가압급수실과 여과실을 교대로 조합시킨 다층구조로 되어 있다. 막을 수직으로 다수 배치한 프랫엔프레임(Flat and Frame)형이나 막을 수평방향으로 배치한 스택(Stack)형이 있지만, 십자흐름(Cross Flow) 여과방식으로 운전하는 것이 일반적이다. 또한 평판막을 원판상으로 하여 회전시키는 형식도 있다.

3) 나권형 모듈(Spiral Wound(type) Module)

평판형 막을 자루모양으로 형성한 것을 자루지지체와 스페이서(Spacer)와 함께 김밥모양으로 말아서 성형한 막모듈에 엘리멘트(Element)와 엘리멘트를 삽입한 베셀(Vessel : 내압용기)로 구성된다. 이 형식은 막의 충전밀도가 높고 압력손실이 작다.

4) 관형 모듈(Tubular(type) Module)

다공관의 내측 또는 외측에 막을 장착한 막모듈(원형모양으로 형성된 막에서 내경이 3~5mm 이상인 것을 말한다)이고 외압식 여과법과 내압식 여과법이 있다.

내압식 모듈은 막의 충전밀도는 작지만 스펀지폴(Sponge Pole) 등으로 막면세척이 가능하고, 외압식 모듈은 압력손실이 작고 세척이 용이하다.

5. 막의 오염

운전시간이 경과함에 따라 막의 열화와 파울링이 발생한다.

1) 막의 열화

압력에 의한 크립(Creep)변형이나 손상 등 물리적 열화, 가수분해나 산화 등 화학적 열화, 미생물로 자화(資化)되는 생물열화(Bio-fouling) 등 막자체의 비가역적인 변질로 생기는 성능변화로 성능이 회복되지 않는다.

2) 막의 파울링
　① 막의 오염을 말한다.
　② 막 자체의 변화가 아니라 외적 요인으로 막의 성능이 변화되는 것으로, 그 원인에 따라서는 세척함으로써 성능이 회복될 수 있다.
　③ fouling 종류는 유기물, 미생물, 무기물오염 등이 있으며 분리막 운전에 따라 막표면에 케이크 형성, 생물막 형성, 유기물 흡착, 작은 입자의 공극 막음, 금속염 등의 무기물질 스케일등에 의해 막폐색이 발생한다.
　④ 막폐색 방지방안으로는 물리적 세정과 화학적 세정이 있으며, 물리적 세정은 휴지, 역세척, 공기세정이 있고, 화학적 세정은 약품을 이용한 유지세정과 회복세정이 있다.

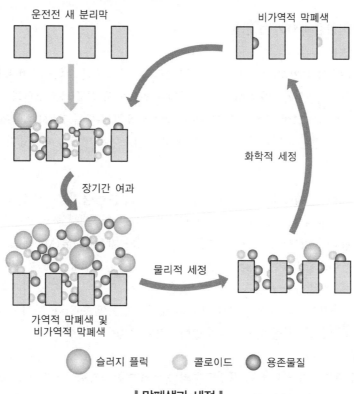

운전전 새 분리막　　　　비가역적 막폐색

화학적 세정

장기간 여과

물리적 세정

가역적 막폐색 및
비가역적 막폐색

슬러지 플럭　　　콜로이드　　　용존물질

┃ 막폐색과 세정 ┃

문제 03 해안의 발전소 온배수가 해양환경에 미치는 영향과 경감대책에 대하여 설명하시오.

정답

1. 개요

발전소에서는 발전에 사용된 증기를 물로 응축시켜 재사용하기 위하여 다량의 냉각수를 필요로 한다. 이 과정에서 온도가 상승된 물이 주변으로 방출되고 이렇게 자연수온보다 높은 온도를 지니면서 주변의 하천이나 호수 또는 바다로 배출되는 냉각수를 온배수(溫排水, Thermal Effluents 또는 Thermal Discharges)라고 부르고 온배수는 주변의 수온을 상승시키는 열오염(Thermal Pollution)을 발생시킨다.

2. 온배수가 해양환경에 미치는 영향

1) 식물 플랑크톤

발전소 온배수가 유입되는 해역의 식물 플랑크톤은 계절에 따라 다르게 반응한다. 대체로 봄과 가을에는 자연 수역보다 온배수가 유입되는 해역에서 식물 플랑크톤의 생산력이 증가하는 경향을 보인다. 그렇지만 여름철에는 온배수가 유입되는 해역에서 식물 플랑크톤의 생산력이 온배수의 영향을 받지 않는 곳보다 오히려 감소하는 양상을 나타낸다.

2) 동물 플랑크톤

① 동물 플랑크톤(Zooplankton)은 그들 수명의 대부분을 물기둥에서 살게 된다. 이들의 횡적 이동은 물의 흐름에 의존하게 되므로 발전소 취수구에서 물의 흐름을 따라 연행되기 쉽다. 동물 플랑크톤은 주로 윤충류(Rotifera)와 미소갑각류(Micro-crustacea)로 구성되고, 미소갑각류는 요각류(Copepoda) 및 패충류(Cladocera)를 포함한다.

② 많은 수역에서 동물 플랑크톤 개체군들은 일주기 또는 계절주기로 수직이동하고 있으므로 동물 플랑크톤의 밀도는 시간 및 수심에 따라 변화할 수 있다. 따라서 발전소 취수구와 배수구의 위치는 동물 플랑크톤이 연행되거나 온배수의 영향을 받는 정도를 결정짓는 데 중요할 수 있다.

③ 동물 플랑크톤의 경우 식물 플랑크톤의 경우와 마찬가지로 최소한 32~33℃까지는 온도보다 염소 처리가 동물 플랑크톤 사망률의 주요 원인이 된다. 염소 처리 후 동물 플랑크톤의 사망률이 30%로 현저하게 증가하는 것으로 현장 조사에서 밝혀졌다.

3) 해조류

온배수의 영향을 받는 곳에 서식하는 해조류는 대체로 조간대와 조하대에서 그 양상을 달리한다. 먼저 조석에 따라 물에 잠기거나 드러나는 조간대에 출현하는 해조류는 정상적인 조건에서도 온도 변화와 건조에 대하여 어느 정도 내성을 가지기 때문에 대체로 온배수에 대한 영향이 그다지 크지 않다. 반면에 항상 물에 잠겨있는 조하대의 해조류는 조간대의 경우보다 훨씬 안정된 조건에서 생육하는 탓에 온배수의 영향을 받게 되면 생장이 감소하거나 출현종의 조성이 바뀌는 경향을 보인다.

4) 저서동물

저서동물의 군집은 오랫동안 수질의 오염 또는 압박에 대한 지표생물로 활용되어 왔다. 자연 수역에서 대형 무척추동물의 온도 상한은 45~50℃이다. 하지만 저서동물의 최대 사망률은 배수온도가 36~37℃가 되는 여름에 나타났다.

5) 어류

물에서 발견되는 주요 생물집단 가운데 어류는 대체로 높은 수온에 대한 내성이 가장 약하다고 알려져 있다. Brock(1975)은 38℃ 이상 가열된 생태계에서 개체군을 존속시킬 수 있는 어류는 없고, 이 임계온도를 며칠 또는 몇 주일만 초과하더라도 어류 개체군이 감소한다고 결론지었다. 어류의 유생은 발전소의 취수구에 연행되어 냉각 계통을 통과하면 사망률이 높아질 수 있다. 또한 염소를 $0.11mg/L^{-1}$의 농도까지 처리할 경우 유생들의 치사율은 증가하였다. 결국 배수온도가 33℃를 넘는 경우, 발전소 냉각 계통을 통과한 후 생존하는 치어는 거의 없었다. 하지만 성어의 경우는 다르다. 우리나라 같은 온대 해역에 분포하는 대부분의 어류는 수온이 낮은 겨울철에 양분을 적게 섭취하여 성장이 아주 느리게 진행된다. 따라서 발전소의 폐열을 이용하게 되면 겨울철의 양분 섭취율을 증가시키고 결과적으로 성장류을 촉진시킬 수 있다.

6) 해수 생태계 파괴

수온이 상승하여 어떤 생물의 생육이 급격히 감소한다면 이는 나아가서 생태계 전반에 걸쳐 혼란을 야기할 수 있다. 해양 생태계의 안정성은 바로 이들 생물 구성원의 다양성에 기초를 두고 있는 것이다. 그런데 만일 먹이사슬 또는 먹이그물을 이루며 연계되는 다양한 생물 가운데 어느 한 종류가 갑자기 사라진다면 이들을 먹이로 삼던 다른 생물이 타격을 받을 수 있고, 따라서 생태계는 전반적으로 혼란을 겪을 수 있다.

7) 열의 직접적인 영향에 의한 수중 생물 죽음
8) 겨울철의 광합성량 크게 저감, 안개 발생으로 인한 선박의 항해장애
9) 독성화합물질의 작용력 증가, 세균의 번성에 따른 해태 양식장의 피해 증가 등

6. 저감방안

1) 냉각탑 설치 등을 통하여 폐열을 대기 방출
2) 폐열의 효율적 분배

수심에 따른 효과를 고려한 바다 공간의 입체적 이용

3) 온배수의 적극 활용

① 온배수 이용 양식장 조성, 해양목장 조성

② 온배수를 이용한 해양생태 공원 조성

문제 04 비소에 대하여 다음 사항을 설명하시오.

1) 발생원 및 특성
2) 인체로 흡수되는 경로
3) 인체에 대한 독성

정답

1. 발생원 및 특성

비소는 원자번호 33, 주기율표 15족에 속하는 물질로 −3, 0, +3, +5의 원자가를 갖는다. 무취, 은회색 금속 광택성 결정체인 비소는 금속과 비금속 원소의 중간 형태인 메탈로이드(Metalloid) 원소로서 평균 2mg/kg의 농도로 지각에 널리 분포한다.

1) 발생원 : 자연적 토양 및 암석의 침식과 수원으로부터 유출유리 및 전자제품 폐기물에서 유출

① 광산, 제련소, 아비산, 비산염 등의 제조공장

② 사용공정(반도체 제조, 유리공법 등), 공장 등에서 나오는 폐수

③ 농장물에 사용되는 농약 등에서 발생

2) 특성

① 비소는 노란색 분말을 뜻하는 그리스어 arsenikon에서 유래된 말로 원소기호 As(Arsenicum)로 쓰고 원소번호는 33, 원자량 74.9216인 준금속 원소이며, 녹는점 817℃, 주기율표 5B족의 질소족 원소의 하나이다.

② 증기압 1mmHg, 용해도 $0.1ml/m^3$

③ 국내에서는 건강상 유해영향 무기물질로 분류하고 있다.

④ 환원상태에서 As(Ⅲ)이 주요 형태이고, 산화상태에서는 As(Ⅴ)가 일반적으로 안정한 형태를 띤다. 무기형태 비소 화합물로서는 As(III)가 비소의 독성이 As(V)가 비소보다 높으며 유기형태의 비소 화합물의 독성은 무기형태의 비소보다 약하다.

⑤ 원소 상태의 비소는 물, 알칼리성에 녹지 않으나 질산에는 녹는다.

2. 인체로 흡수되는 경로

1) 오염된 식수에 의한 노출

2) 식료품에 의한 노출 : 대부분 식료품에 1mg/kg(건조물)로 존재

3) 대기 중 오염의 의한 노출

음용수나 식품에 의한 노출에 비해 양적으로 미미하다.

3. 인체에 대한 독성

1) 급성독성

① 다량 섭취 시 소화기계통, 호흡기계통, 피부와 신경계통을 심하게 해침

② 피로, 구토, 두통, 신경통, 심한 경우 사망

2) 만성독성

① 근 무력증, 식욕부진, 구역질, 점막에 염증이 발생

② 무기비소는 발암물질로 분류됨

③ 음용수 중 0.2mg/L의 농도로 As가 존재할 때 피부암 발생확률이 5%라고 보도된 바 있음

④ WHO의 음용수 권고기준 : 0.01mg(As)/L

4. 비소처리 기술

1) 응집침전처리

① 침전은 지하수에서 비소를 처리하는 방법 중에서 가장 많이 사용하는 처리기술이다.

② 비소의 처리효과를 증대하기 위하여 전처리과정이 필요한데, 이때 산화제로 오존이나 과산화수소(H_2O_2), 과망가니즈산칼륨($KMnO_4$), 차아염소산나트륨($NaOCl$)과 같은 화학물질을 사용한다. 그 후에 pH의 조정과 응집제를 첨가하여 응결 침강의 단계를 거친 다음 정화조와 침전지를 통과하여 비소가 고형물의 형태로 바뀌게 된다. 처리기술은 침전방법에 따라서 응집(Coagulation), 철/망간 산화(Fe/Mnoxidation), 및 석회 연수화(Lime Softening)로 구분되며 공침효과에 의해서 60~90% 정도의 처리효율을 나타낸다.

2) 멤브레인 처리기술

오염된 지하수를 반투막이나 멤브레인에 통과시켜 지하수로부터 비소를 제거하는 기술로 지하수에 용존된 물질이 선택적으로 멤브레인을 통과하지 못하는 특성을 이용한다.

3) 이온 처리기술

① 이온교환수지와 오염물질 사이에 양이온이나 음이온이 교환되는 기작을 이용하여 비소를 제거하는 기술이다.

② 비소제거를 위해서는 보통 강염기성 수지를 사용한다. 이온교환기술의 단점은 As(Ⅲ)는 거의 제거되지 않는다는 것으로 그 이유는 pH가 9 이하일 경우 As(Ⅲ)가 중성이온으로 존재하기 때문이다. 따라서 이온교환처리를 하기 전에는 As(Ⅲ)를 As(Ⅴ)로 산화시키는 전처리과정이 필요하다.

4) 흡착처리기술

① 흡착제로 채워진 고정층 칼럼에 비소로 오염된 지하수를 통과시키면 비소가 흡착제에 흡착·제거되는 기작을 이용한 기술이다.

② 비소를 흡착하거나 공침할 수 있는 매질에는 철/망간/알루미늄 산화물과 수산화물, 점토광물, 유기물 등이 있다.

문제 05 그린뉴딜 중 스마트 하수도 관리체계 구축에 대하여 설명하고, 주요사업 중 스마트 하수처리장 선도사업에 대하여 설명하시오.

정답

1. 개요

2021년 7월 환경부에서는 그린뉴딜 사업 중 하나인 스마트 하수도 사업을 발표하였다. 스마트 하수도 관리란 하수처리 과정에 최신 정보통신기술(ICT)를 도입해 하수처리장, 하수관로를 실시간으로 감시 제어 등을 도입하여 안전하고 깨끗한 물환경을 조성하는 것이다.

2. 관리 구축내용

사업명		주요내용
스마트 하수처리장	하수처리장 지능화	에너지 절감, 수질개선, 휴먼에러 제로화 등을 위해 하수처리장에 ICT 기반 계측·감시시스템 및 디지털 기반 의사결정 지원체계 시범 구축 ※ ('21) 중형 처리장(1만m³/일 이하) 6곳 　　('22) 대형 처리장(1만m³/일 초과) 7곳
스마트 하수관로	도시침수 대응	강우 시 하수의 월류로 인한 도시침수 피해를 예방하기 위해 하수관로에 ICT 기반 실시간 수량 모니터링 및 제어시스템 시범 구축 ※ ('21) 5곳 설계, ('22~'23) 5곳 공사
	하수악취 관리	하수악취 저감을 위해 하수관로에 ICT 기반 실시간 악취 모니터링 및 제어시스템 시범 구축 ※ ('21) 5곳 설계, ('22~'23) 5곳 공사
하수도 자산관리		체계적인 하수도시설 유지관리 및 최적 투자의사결정을 위한 자산목록 DB화 및 자산관리시스템 구축 ※ ('22~'23) 5곳, ('23~'24) 5곳

3. 스마트 하수처리장 선도사업

하수처리 전 과정에 대해 ICT 기반의 계측, 감시, 제어설비를 도입하여 실시간으로 처리공정을 진단, 최적의 운영지원 체계를 구축하는 사업으로 환경부에서는 2021년 6개소, 2022년 7개소를 선발하여 지원할 예정이다.

4. 기대효과

① 하수처리 전과정의 스마트화를 통해 깨끗하고 안전한 물관리 체계 및 안정적 하수도 운영 · 관리체계 구축에 기여

② 하수도 분야에 스마트 기술 기반의 저비용 · 고효율 관리체계 도입으로 하수도 안전 강화 및 저탄소 하수도 관리체계 구현

문제 06 폐수를 관로로 배출하는 경우 설치하는 제해시설(除害施設)에 대하여 설명하시오.

정답

1. 개요

산업폐수는 다양한 성분의 오염물질을 포함하고 있고 일반 오염물질 이외에 중금속 등 기타 오염물질을 함유하게 되는데, 특히 생물반응조 내 미생물의 유기물 분해에 악영향을 미치거나 미생물을 사멸시킬 수 있는 것으로 생물학적 처리에 유해한 독성물질 같은 pH, 유분, 온도, 페놀, 중금속 등의 물질을 포함하고 있다.

공공폐수처리시설에 배수설비를 통하여 폐수를 전량 유입시키는 배출시설에 대하여는 공공폐수처리시설에서 적정하게 처리할 수 있는 항목에 대하여 별도 허용기준을 정하여 고시할 수 있으며, 유입이 허용되는 기준 이상의 농도로 배출되는 사업장이나 「물환경 보전법 시행규칙」에서 제시한 특정 수질유해물질에 준하는 특정 폐수 및 독성(Toxicity) 등을 함유하고 있어 공공폐수처리시설의 처리도(Treatability) 등 제 기능을 저하시키는 폐수를 배출 할 경우에는 배수설비 후단에 제해시설을 설치하여 관로시설을 포함한 공공폐수처리시설의 안정성을 확보하여야 한다.

2. 제해시설 결정 시 고려사항

특정폐수 및 독성 등이 포함된 폐수를 공공폐수처리시설에 유입시키는 경우에는 관로를 손상시키고, 그 기능을 저하시키거나 또는 처리장에서의 처리능력을 방해하거나 방류수의 수질기준을 유지하기가 어려우므로 제해시설을 설치하여 폐수의 종류에 따라 배출 전에 처리한다. 제해시설의 설치 또는 개조에 있어서는 충분한 사전조사를 하여 적절한 처리방법을 선택한다.

1) 사전조사

제해시설의 계획에서는 계획 전에 다음 사항에 대하여 충분한 조사를 한다.

① 일반적인 상황
- 공장의 규모와 장래계획
- 생산공정 및 시간적 변화
- 공장 내 폐수처리시설용 부지

- 배제해야 할 하수도와의 관계
- 공장폐수와 다른 오·폐수와의 관계

② 폐수에 관한 사항
- 공정 중 폐수를 생성시키는 부분의 명확성
- 생산물 또는 원료 단위당의 폐수량 및 처리해야 할 물질의 부하량
- 폐수의 양 및 질의 시간적 변화와 공장측 자료의 신뢰성
- 분리처리의 가능여부
- 발생슬러지 양 및 성상

2) 처리방법의 선정

처리방법의 선정 시에는 다음 사항을 사전에 검토할 필요가 있다.

① 종합적인 처리계획
② 처리해야 할 항목과 처리정도
③ 처리공정
④ 처리방법의 경제성
⑤ 배출지역의 특성
⑥ 폐수관찰 및 시료채취장소의 결정

3. 각종 폐수에 대한 제해시설의 예

1) 온도가 높은(45℃ 이상) 폐수

온도가 높은 폐수는 관로 내에서 악취를 발산시키고 관로를 침식시킨다. 또한 처리장에서 침전지의 분리기능을 저하시켜 활성슬러지나 살수여상의 미생물에 악영향을 미치기도 한다. 따라서 온도가 높은 폐수는 냉각탑이나 기타의 제해시설을 만들어 냉각 후 관로로 배출시켜야 한다.

2) 산(pH 5 이하) 및 알칼리(pH 9 이상) 폐수

산 및 알칼리 폐수는 관로, 맨홀, 받이 및 처리시설 등의 구조물을 침식하여 파괴한다. 또한 처리기능상에도 여러 가지 장해를 주게 되므로 산 및 알칼리 폐수는 중화설비를 설치하여 각각의 중화제에 의해 중화시킨 후에 관로로 배출시킨다.

3) 유지류를 함유하는(30mg/L 초과) 폐수

유지류는 관로의 벽에 부착하여 관로를 폐쇄하며 처리기능을 저해시킨다. 따라서 유지류는 침전지로 보내어 침전하는 것은 침전물과 같이 제거하고, 부상하는 것은 스컴과 함께 제거하지만 양이 많을 때에는 부상분리장치를 설치하여 스컴과 함께 별도로 처리한다. 이런 경우 필요에 따라 조의 저부에 설치한 산기장치에 의해 압착공기를 폐수 중에 불어 넣어 스컴의 분리를 좋게 한다. 또한 원심분리설비에 의해 유지류를 분리시키는 방법도 있다.

4) 페놀 및 시안화물 등의 독극물을 함유하는 폐수

   페놀 및 시안화물 등은 처리기능에 악영향을 주는 것으로, 특히 활성슬러지나 살수여상 등의 미생물을 죽게 함으로 이들 독성물질의 독성을 제거한 후에 관로로 배출시켜야 한다.

5) 중금속류를 함유하는 폐수

   중금속류를 함유하는 폐수는 농도가 높은 경우에는 처리기능을 파괴하며, 농도가 낮은 경우라도 처리장으로부터의 방류수 중에 기준 이상의 중금속이 들어 있으면 안 되며, 슬러지에 중금속 농도가 높아져 슬러지의 유출이용에 지장을 초래하게 되므로 중금속류를 제해시설로 제거시킨 후 관로로 배출시켜야 한다.

6) BOD가 높은 폐수

   다량의 부유성 유기물이 관로 내에 유입되면 유기물이 관저부에 체류하게 되어 유해가스를 발생시킬 뿐만 아니라 악취가 발생되기도 한다. 용해성 유기물 농도가 높은 폐수는 생물처리에 과부하를 주게 되어 처리기능을 악화시킨다. 특히, 탄수화물을 다량으로 함유한 폐수는 활성슬러지의 분해와 침강성을 감소시켜 팽화현상(Bulking)을 일으키기 쉽다. 일반적으로 공공폐수처리시설은 오·폐수를 기본으로 하여 설계되어 있으므로 BOD가 높은 폐수가 들어가면 처리능력이 부족하여 처리가 곤란하게 된다. 따라서 하수도에서의 허용농도는 오·폐수의 BOD가 평균 300~400mg/L이므로 500mg/L 정도로 규제할 필요가 있다. 단, BOD가 높아도 수량이 적고 또한 도중의 관로 내에서 퇴적의 우려가 없다고 판단되는 경우에는 600mg/L 정도까지는 허용될 수 있다.

7) 대형 부유물을 함유하는 폐수

   부유물이 많으면 관로 내에 침전되어 하수의 흐름을 저해하며 대형 부유물은 소량이라도 관로를 폐쇄시켜 범람의 요인이 된다. 따라서 대형 부유물은 관로에 배출되기 전에 침전지 등에서 수거하거나 스크린을 설치하여 제거한다.

8) 침전성 물질을 함유하는 폐수

   침전성 물질은 폐쇄 및 범람의 원인이 되므로 침전지에서 제거한다.

9) 그 밖의 폐수

   그 밖에 휘발성 물질을 다량 함유하는 폐수는 폭발의 우려가 있고, 또한 황화물, 악취를 발생하는 물질 및 착색물질 등은 여러 가지 장해 및 관로 유지관리자의 안전에까지 악영향을 끼칠 수 있으므로 적당한 제해시설을 설치할 필요가 있다.

126 ⓗ 수질관리기술사

▪▪1교시 다음 문제 중 10문제를 선택하여 설명하시오.(각 10점)

1. 지하수오염 유발시설
2. Priority Pollutants
3. 소규모 공공폐수처리시설 설계 시 고려사항
4. BTEX, MTBE
5. 전기탈이온설비(EDI)의 구성과 기능
6. Shut-Off Pressure의 정의와 적용
7. 정수장 사용 활성탄의 종류, 특징, 제거대상물질
8. 미세플라스틱
9. 통합물관리(Integrated Water Resource Management)
10. AGP(Algal Growth Potential)
11. Advanced Oxidation Process
12. 최근 개정된 비점오염원관리지역 지정기준(물환경보전법 시행령 개정, 2021.11.23)
13. 공통이온효과의 정의, 예시

▪▪2교시 다음 문제 중 4문제를 선택하여 설명하시오.(각 25점)

1. 물관리기본법이 정한 물관리의 12대 기본원칙에 대하여 설명하시오.
2. 적조 발생원인, 피해 및 대책에 대하여 설명하시오.
3. 입상활성탄의 탁질 누출현상(파과, Breakthrough)의 발생과정, 발생원인, 수질에 미치는 영향 및 대책에 대하여 설명하시오.
4. 물리적, 화학적 소독방식의 종류를 제시하고, 정수공정에서 사용되는 소독제인 염소, 오존, 이산화염소, 자외선의 장단점을 비교 설명하시오.
5. 하수처리장에서의 악취 방지를 위해 고려해야 할 사항과 악취 방제방법 중 탈취법(원리, 적용물질, 특징)에 대하여 설명하시오.
6. 펌프의 운전장애 현상에 대해 발생원인, 영향, 방지대책에 대하여 설명하시오.

‥ 3교시 다음 문제 중 4문제를 선택하여 설명하시오.(각 25점)

1. 역삼투 해수담수화 공정에서 보론은 다른 이온에 비해 제거효율이 낮다. 그 이유를 설명하고, 제거율 향상을 위해 사용하는 방법을 설명하시오.
2. 불소함유 폐수처리 방법을 설명하시오.
3. 녹조관리기술을 물리, 화학 및 생물학적 기술로 구분하여 설명하고, 종합적 녹조관리방법을 설명하시오.
4. 호소의 부영양화 방지를 위한 호소외부 및 호소내부 각각의 관리대책을 설명하시오.
5. 비점오염원저감시설 중 자연형 시설인 인공습지(Stormwater Wetland)를 설치하려고 한다. 시설의 개요, 설치기준, 관리·운영기준에 대하여 설명하시오.
6. 국내 농·축산지역의 지하수 수질특성에 대하여 설명하고, 지하수 수질개선대책 수립 시 수질 개선 방안에 대해 환경부 시범사업 내용을 포함하여 설명하시오.

‥ 4교시 다음 문제 중 4문제를 선택하여 설명하시오.(각 25점)

1. 과불화화합물의 정의(종류, 특성, 노출경로 등), 위해성에 대하여 설명하고, 만일 상수원 원수에 과불화화합물이 함유되어 있을 경우 저감방법에 대하여 설명하시오.
2. MBR을 활성슬러지공정과 비교 설명하고, MBR의 장단점을 설명하시오.
3. 상수도 정수처리공정 선정 시 처리대상물질에 따른 처리방법의 고려사항에 대하여 설명하시오.
4. 슬러지 탄화(炭化)에 대하여 설명하시오.
5. 급속여과 공정에 있어서 유효경, 균등계수, 최소경, 최대경의 기준과 규제하는 이유에 대하여 설명하시오.
6. 규조류에 의한 정수장의 여과장애 발생 시 대책을 설명하시오.

문제 01 지하수오염 유발시설

정답

1. 지하수오염

지하수란 빗물이 땅속에 스며들어 고인 것으로 땅속의 암석 등의 빈틈을 채우고 있는 물로서, 농업용수나 공업용수, 그리고 먹는 샘물로도 많이 이용되고 있다. 이러한 지하수가 오염물질로 인해 더럽혀져 이용할 수 없는 상태를 지하수 오염이라고 한다.

2. 유발시설(지하수의 수질보전 등에 관한 규칙 제2조 2항)

1) 지하수보전구역에 설치된 다음의 시설

① 「토양환경보전법 시행규칙」 별표 2에 따른 특정토양오염관리대상시설

② 「물환경보전법 시행규칙」 별표 4 제1호가목에 따른 폐수배출시설

③ 「폐기물관리법 시행령」 별표 3 제2호가목에 따른 매립시설

④ 그 밖에 ①~③의 시설과 유사한 시설로서 특별히 관리할 필요가 있다고 인정되어 환경부장관이 관계 중앙행정기관의 장과 협의하여 고시하는 시설

2) 지하수보전구역 외의 지역에 설치된 다음의 시설

① 「토양환경보전법 시행규칙」 별표 2에 따른 특정토양오염관리대상시설(해당 시설이 설치된 부지 및 그 주변지역에 대하여 「토양환경보전법」 제11조, 제14조 또는 제15조에 따라 토양정밀조사 실시 명령을 받거나 토양정밀조사를 실시하지 않고 오염토양의 정화조치 명령을 받은 경우만 해당한다)

② 「폐기물관리법 시행령」 별표 3 제2호가목에 따른 매립시설

③ 그 밖에 가목 또는 나목의 시설과 유사한 시설로서 특별히 관리할 필요가 있다고 인정되어 환경부장관이 관계 중앙행정기관의 장과 협의하여 고시하는 시설 지하수시료의 채취가 불가능하거나 지하수 오염검사가 필요하지 아니하여 시장·군수의 승인을 받은 때에는 지하수오염 유발시설에서 제외한다.

▼ 특정 토양오염 관리대상시설(제1조의3 관련)

종류	대상범위
1. 석유류의 제조 및 저장시설	「위험물안전관리법 시행령」 별표 1의 제4류 위험물 중 제1 · 제2 · 제3 · 제4석유류에 해당하는 인화성액체의 제조 · 저장 및 취급을 목적으로 설치한 저장시설로서 총 용량이 2만 리터 이상인 시설(이동탱크저장시설을 제외한다)
2. 유해화학물질의 제조 및 저장시설	「화학물질관리법」 제28조에 따른 유해화학물질 영업의 허가를 받은 자가 설치한 저장시설 중 별표 1에 따른 토양오염물질을 저장하는 시설[유기용제류의 경우는 트리클로로에틸렌(TCE), 테트라클로로에딜렌(PCE), 1,2 – 디클로로에탄 저장시설에 한정한다]
3. 송유관시설	「송유관 안전관리법」 제2조제2호의 규정에 의한 송유관시설중 송유용 배관 및 탱크
4. 기타 위 관리대상시설과 유사한 시설로서 특별히 관리할 필요가 있다고 인정되어 환경부장관이 관계중앙행정기관의 장과 협의하여 고시하는 시설	

폐기물관리법 시행령 [별표 3] 〈개정 2020. 7. 21.〉
폐기물 처리시설의 종류(제5조 관련)
※ 최종 처분시설(매립시설)
  1) 차단형 매립시설
  2) 관리형 매립시설(침출수 처리시설, 가스 소각 · 발전 · 연료화 시설 등 부대시설을 포함한다)

문제 02 Priority Pollutents

정답

1. 개요

미국 EPA에서 1976년 독성 오염물질 목록이 개발되었고 1977년에 의회에 의해 깨끗한 물법에 추가되었다. 이 목록은 EPA와 주에서 유출 지침 규정, 수질 기준 및 표준 및 허가 요구사항이 수로에서 독성 문제를 해결하기 위한 출발점으로 사용되도록 하기 위한 것이다. 그러나 이 목록은 특정, 개별 오염물질보다는 오염물질의 화합물류라는 넓은 범주로 구성되었다. 이에 EPA는 1977년에 독성 오염물질 목록의 구현을 수질 테스트 및 규제 목적으로 보다 실용적으로 만들기 위해 우선오염물질(Priority Pollutents) 목록을 개발하였다.

2. Priority Pollutents

우선오염물질은 EPA가 규제하는 화학 오염물질 집합이며 EPA는 각 오염물질에 대한 분석 테스트 방법을 발표했다.
우선오염물질 목록은 화학물질이 개별 화학 이름으로 적용되고 각 오염물질에 대해서 테스트하고 규제에 대해선 더 실용적이다. 반면 독성 오염물질 목록에는 "염화벤젠화합물"과 같은 개방형 오염물질 그룹이 포함되어 있다. 그 그룹은 화합물의 수백을 포함하며 전체적으로 그룹에 대한 측정방법이 없다.

3. Priority Pollutents 목록 예

Acenaphthene, Acrolein, Acrylonitrile, Benzene, Benzidine, Copper, Nickel, Selenium, Thallium, Zinc 등 127종

문제 03 소규모 공공폐수처리시설 설계 시 고려사항

정답

1. 개요

공공폐수처리시설은 수질오염이 심하여 환경기준을 유지하기 곤란하거나 수질보전상 필요하다고 인정되는 지역의 사업장에서 배출되는 수질오염물질을 공동으로 처리하여 공공수역에 방류하기 위하여 설치한다.

2. 소규모 공공폐수처리시설의 계획 및 설계 시 고려사항

① 유입수량이 작아도 소음 진동 및 악취의 발생은 배제할 수 없다. 처리시설 주변환경의 장래 동향을 예측하고 필요한 대책을 계획단계에서 수립한다. 용지의 취득은 점차 어려워질 수 있으므로 충분히 여유를 두어 확보하고 외부와의 차단효과를 발휘할 수 있도록 시설을 효과적으로 배치한다.

② 소규모 처리시설은 계열수가 적기 때문에 고장 점검 보수 시 기능이 현저하게 저하될 수 있으므로 이에 대한 대책을 세운다.

③ 소규모 처리시설의 경우 슬러지발생량이 적기 때문에 슬러지처리·처분의 장래예측을 구체적으로 하지 않고 계획할 가능성이 크다. 소규모 처리시설이라 하더라도 슬러지처리·처분은 전체 공공폐수처리시설의 운전에 치명적인 지장을 초래할 수 있다. 또한 슬러지처리계획 수립 시 경제성도 고려하여 슬러지처분에 관계되는 시설의 계획도 고려한다.

④ 공공폐수처리시설로 유입되는 폐수량 및 수질의 변동이 크므로 유량조정조, 침전지 등의 규모결정을 신중하게 한다. 또한 유입부하의 변동에 대응할 수 있는 처리시설을 선정한다.

⑤ 건설비 및 유지관리비는 규모가 작아 상대적으로 높을 수 있으며 고도의 기술을 가진 기술자의 확보가 곤란하므로 건설 및 유지관리비가 낮고 유지관리가 용이한 처리방법을 채택한다.

문제 04 BTEX, MTBE

정답

1. BTEX

① Benzene, Toluene, Ethylbenzene, Xcylene 방향족 화합물로 석유 및 관련 생산제품, 원유에 함유되어 있음

② VOC 물질로 구분

③ 물에 일부 용해되나 LNAPL(Light Non Aqueous Phase Liquid) 형태로 존재

④ 오염량이 많을 경우 Plumc 형태로 지하수면 위에 부상 및 이동하여 수평적 오염 발생

⑤ 인체에 Benzene은 발암성이 있으며, Toluene, Ethylbenzene, Xylene 등은 신경장애, 중추신경장애를 일으킴

2. BTEX 발생원

지하석유 저장탱크로부터 유출이나, 제련소, 이송라인, 송유 시의 유출로부터 발생

3. MTBE

① Methyl Tertiary Butyl Ether(메틸3부틸에테르) 무연 휘발유 첨가제

② 옥탄가를 높이고 산소량을 증가시키는 특성(불연소량을 줄임)

4. MTBE 발생원

① 자동차 연료에서 연소 후 배출

② 지상 강하물질되어 비점오염물질로 발생, 강우시 지하수계로 이동

5. MTBE 지하수오염 특성

① 지하수계에서 경소수성액체(LNAPL)로서, 지하수층에서 흐름을 타고 같은 속도로 오염이 동함

② 광범위한 지역을 확산되어, 지하수를 장기간 오염시킴

③ 생분해가 어렵고 토양흡착능력이 약함

④ 수계에서 거동은 BTEX와 비슷하나, 용해성은 강함

6. MTBE 환경영향

① 지하수에 조금이라도 섞이면 강한 불쾌감과 쓴맛 등을 일으킴

② 두통과 구토, 어지러움, 호흡곤란 등 인체 신경계를 교란시킴

문제 05 전기탈이온설비(EDI)의 구성과 기능

정답

1. EDI 개요

ED법(Electrodialysis Process)이란 전기투석조(Electrodialysis Stack) 양단에서 공급되는 직류전원에 의해 형성되는 전기장을 구동력으로 하고 물속에 녹아 있는 화학성분 중 전기적 성질을 갖는 전해질(양(+)이온 또는 음(−)이온)을 선택적으로 투과하는 이온교환막을 이용하여 이온성 물질을 분리하는 막분리 공정이다.

EDI System이란 셀(Cell)로 구성된 물이 통과하는 이온교환막 사이에 혼상 이온교환수지를 넣고 직류전류를 걸어주어 이온이 전극 쪽으로 끌려 제거되는 원리로 이용하는 고효율 순수제조 장치이다.

2. 구성과 기능

EDI 기본원리는 양이온교환막은 음이온 활성기를 가지고 있어 정전기적으로 양이온만, 음이온 교환막은 음이온만 선택적으로 통과시키고, 이온교환막 사이에 충진된 이온교환수지는 이온의 이동속도를 증가시키는 매개체로 작용하고 전기저항을 감소시키는 역할을 한다.

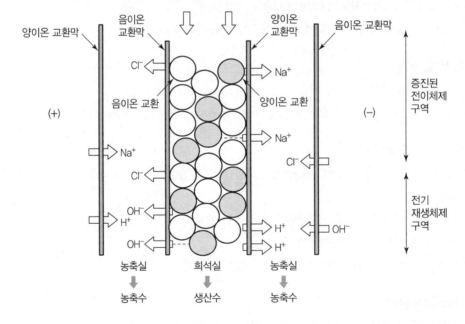

3. 반영구적으로 이용 가능한 원리(재생원리)

EDI의 재생원리는 원수가 셀에 충진되어 있는 이온교환수지를 지날 때 원수에 포함된 이온은 수지에 흡착된다. 그리고 흡착된 이온은 전극판의 인력에 의해 이온교환 막(멤브레인)을 통과하여 음극판(Cathode)에는 양이온이, 양극판(Anode)에는 음이온이 모이게 된다.

동시에 물에 흐르는 직류전기가 물을 분리하여 생성된 수소($H+$)와 수산화물($OH-$) 이온이 지속적으로 이온교환수지를 재생하여 약품 재생 없이 연속적으로 사용이 가능하다.

4. 특징

1) 일정한 고순도의 수질을 연속적으로 생산 가능하다.
2) 약품 재생을 하지 않아 폐수 중화설비가 필요하지 않다.
3) 전기적으로 처리하기 때문에 운전이 매우 쉽다.
4) 유지관리가 매우 간편하며 비용이 적다.
5) 장치가 소형으로 간편하다.
6) EDI의 원수는 RO수 이상이어야 하며, 유입 유량이 일정해야 한다.
   ① ED(Electrodialysis) Process (전기투석법)
   ② EDR(Electrodialysis Reversal) Process (역전전기투석법)
   ③ EDI(Electrodialysis Ion exchanger)

문제 06 Shut-off Pressure의 정의와 적용

정답

1. 개요

Pump의 운전 중 Pump Discharge Line이 Block되었을 때 Line에 가장 높은 압력이 걸리게 되는데, 이 압력을 Shut-off Pressure라 한다. 즉 펌프의 유량이 0일 때의 배출 압력이다.

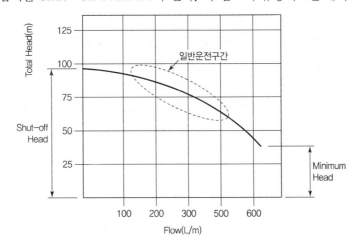

2. 적용

Shut−off Pressure＝흡입관에서의 최대운전 흡입속도＋최대 차동압×1.25

펌프의 Discharge 측에 위치한 장비와 배관설계에 영향을 미친다.

배관 및 장비의 안전을 위해서 이 압력 이하에서 작동하는 안전밸브를 설치해야 된다.

문제 07 정수장 사용 활성탄의 종류, 특징, 제거대상 물질

정답

1. 활성탄의 종류

정수장에 사용되는 활성탄은 임시용으로 많이 사용되는 분말활성탄과 흡착력이 높고 표면에서 발생하는 염소의 환원반응을 이용하여 정수처리에 한 공정으로 이용되고 있는 입상활성탄(GAC)이 있으며, 최근엔 활성탄의 공극에서 번식하는 미생물을 이용한 생물 활성탄(BAC ; Biological Activated Carbon) 처리도 있다.

활성탄은 유기물의 제거나 TriHaloMethane(THM)을 비롯한 전 유기할로겐, 오존처리로 생기는 생물동화가 가능한 유기탄소 및 맛, 냄새의 원인물질을 제거할 수 있다.

2. 특징 및 제거대상 물질

① 상수도에 사용하는 분말활성탄은 입경이 0.1mm보다 작아 기존 처리시설에 이용할 수 있으므로 계절적으로 발생하는 곰팡이 냄새나 계면활성제 및 농약의 제거 그리고 화학물질의 유출사고 대비용으로 사용된다.

② 유입수에 염소가 없을 때에도 곰팡이냄새 원인물질은 입상활성탄으로 효과적으로 제거되며, 오존에 의해서도 분해되므로 오존과 입상활성탄을 조합시킨 정수처리시스템에서 곰팡이냄새는 완전히 제거된다.

③ 오존/입상활성탄 처리에서 활성탄을 재생시키지 않고 6년간 계속운전할 때의 THM 전구물질 제거 결과에 의하면, 60~80%가 장기간에 걸쳐서 안정적으로 제거되고 입상활성탄만으로도 20% 정도가 제거되고 있어서 활성탄을 장기간 사용해도 미생물의 작용에 의해 오랫동안 사용할 수 있음을 보인다. 따라서 염소가 없는 물을 입상활성탄 층에 유입시키면 층 내에 미생물이 증식하여 활성탄에 의한 흡착 이외에도 미생물에 의한 처리효과가 있어서 이를 생물활성탄 처리라고 하며, 장기간에 걸쳐 처리성능을 유지할 수 있다.

문제 08 미세플라스틱

정답

1. 미세플라스틱의 종류

미세플라스틱은 5mm 이하의 플라스틱을 뜻하며, 예상되는 발생원에 따라 1차 미세플라스틱과 2차 미세플라스틱으로 구분할 수 있다. 1차 미세플라스틱은 생산 당시부터 의도적으로 작게 만들어지는 플라스틱으로, 지난 수십 년간 화장품, 공업용 연마제, 치약, 청소용품, 세제, 전신 각질제거제, 세안제 등에 사용되어 왔다. 또한 다양한 종류의 플라스틱 제품을 생산하기 위하여 전단계 원료로 사용되는 레진 펠렛(Resin Pellet)을 포함한다.

2차 미세플라스틱은 생산될 때는 크기가 그보다 컸지만, 이후 플라스틱이 사용, 소모, 폐기되는 과정 중 인위적으로 또는 자연적으로 미세화된 플라스틱을 말한다. 2차 미세플라스틱은 물리적인 힘뿐 아니라 빛과 같은 광화학적 프로세스에 의해서도 발생할 수 있다.

2. 1, 2차 미세플라스틱 먹이연쇄과정 모식도

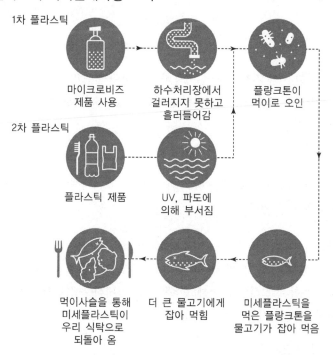

1차 미세플라스틱은 너무 작아 하수처리시설에 걸러지지 않고 그대로 바다와 강으로 유입되어 바다로 흘러든다. 2차로 생성된 미세플라스틱은 환경을 파괴할 뿐 아니라 그것을 먹이로 오인해 먹은 생물들을 인간들이 섭취하면서 인간의 신체에도 영향을 끼친다.

3. 영향

1) 생물 농축에 의한 해양생물 및 인간 건강에 악영향

미세플라스틱 내 자체 유해화학물질이 생체 내에 흡입 · 섭취 · 흡수가 되면, 체내에서 축적 및 농축되어, 해양 생물, 인간뿐만 아니라 지구 생태계에 큰 문제를 야기한다.

2) 해양 수자원의 기능 감소

천연소금에서 플라스틱 성분의 검출은 인간 건강생활에 지장을 초래한다.

4. 대책

① 일상생활에서 미세플라스틱 제품 사용의 자제

② 플라스틱 제품의 재활용

③ 플라스틱 재료를 분해성이 큰 생물성 재료로 변경 등

문제 09 통합물관리(Integrated Water Resource Management)

정답

1. 개요

최적의 물관리를 통한 지속 가능한 물을 이용하기 위하여 물관리 이해당사자 간에 소통과 물 기술의 고도화를 기반으로 기존에 분산되었던 물관리 구성요소들(시설, 정보, 수량, 수질 등)을 권역 단위로 통합관리하는 것을 말한다.

2. 이점

각 권역 내에서 발생될 수 있는 문제를 바로 파악하고, 각종 재해에 발 빠르게 대처하고, 최적의 물 순환체계를 구축할 수 있다.

3. 통합물관리 과정

1) 물 정보를 조사하고 관리, 분석

실시간 수문 정보를 수집하여 분석하고 유역, 하천, 지하수 정보를 조사하고 이를 토대로 관리하여 맞춤형 수자원 기초 조사하고 분석한다.

2) 물관리 예측 및 운영

실시간 데이터 분석과 의사결정으로 강우를 예측하고 홍수를 관리하고 용수 공급, 수질관리를 발전 운영한다.

3) 수자원 시설 유지 및 안전 관리를 진행

수자원 시설을 통합안전관리시스템을 실행하고 댐위험도를 분석, 평가하며 치수 능력을 증대시키고 노후댐의 성능을 개선한다.

4) 유역하천, 저수지의 수질관리

유역, 하천을 통합해 수질 예측 시스템을 활용해서 생태계 영향을 최소화시키며 실시간 오염을 감시하고 수생태 복원기술을 적용한다.

5) 취수원 수질 관리

사전 예방적인 수질 관리를 위해 예측 시스템을 개발하고 취수원 이상 수질에 대한 선제적 대응을 위해 기반을 마련한다.

6) 정수처리 시스템의 최적화

① 글로벌 물안전 기법

수돗물 안전성을 위협하는 위해 요인을 사전에 진단하고 개선방향을 제시한다.

② 수직형 정수처리 및 분산형 용수공급시스템을 실행

실행을 통해 정수시설을 분산배치하고 비상용수를 확보한다.

7) 지능형 관망 운영

수운영 시스템 구축하며 수집된 자료를 분석하고 지능형 관망 운영 시스템을 통해 건강한 물을 공급하게 된다.

8) 맞춤형 공업용수의 제공

각 기업마다 요구에 맞는 수질의 공업용수를 생산하고 공급한다.

9) 하수처리 운영의 효율화

댐상류에 하수도를 건설하여 상수원 수질을 안전하게 관리하고 대규모 하수도사업을 참여하고 안정된 양질의 물 순환체계를 형성한다.

문제 10 AGP(Algal Growth Potential)

정답

1. 개요

① AGP(Algal Growth Protential)는 호소의 부영양화 정도를 파악하는 데 사용

② 조류증식 잠재능력의 약칭

③ 조사대상이 되는 호수 또는 하천수, 폐수 등의 시료를 사용하여 배양액을 만들고 일정조건 하의 실험조건에서 조류증식량을 건조질량(mg-dry weight/L)으로 나타낸 값

④ 일종의 조류를 이용한 생물검증

2. 평가방법

① AGP 70mg/L 이상 : 극부영양

② AGP 51~70mg/L : 부영양

③ AGP 41~50mg/L : 중영양화

④ AGP 40mg/L 이하 : 빈영양

3. 실험방법

① 배양배지에 시료 주입

② 일정 온도(20~25℃), 일정 조도(4,000lux), 7일 동안 배양

③ 배양 후 건조 중량으로 조류의 양을 계산

문제 11 Advanced Oxidation Process

정답

1. AOP의 원리

① 고급산화법(AOP)은 인위적으로 Hydroxyl Radical(OH Radical)을 생성시켜 오염물질을 제거하는 방법이다.

② OH Radical은 산화력(2.8V)이 다른 산화제에 비해 월등히 뛰어나고 비선택적으로 반응하기 때문에 유기염소 화합물과 같은 난분해성 물질도 신속히 분해하는 특성을 갖는 산화법의 일종이다.

2. 종류

1) Fenton 산화법

과산화수소(H_2O_2)와 2차 철염(Fe^{2+})의 Fenton's Reagent를 이용하여 반응 중 생성되는 OH Radical(OH)의 산화력으로 유기물 제거

$$\text{"}Fe^{2+} + H_2O_2 \rightarrow Fe^{3+} + OH^- + OH \cdot \text{"}$$

① 장점

- 다른 고도산화법에 비해 부대장치 소요 적음, 사용 편리
- 강력한 산화력 → 염색폐수에 특히 많이 적용(색도 제거)

② 단점
- 슬러리 발생량 많음
- 유지관리비 비쌈
- 환원성물질 대량 폐수 시 과량의 물 요구

2) Peroxone(O_3/H_2O_2 AOP)

오존에 과산화수소를 인위적으로 첨가 → O_3를 빠르게 분해시켜 OH Radical 형성하여 유기물 분해

$$\text{“}2O_3 + H_2O_2 \, \rightarrow \, 2OH \cdot + 3O_2\text{”}$$

① O_3와 H_2O_2는 서로 반응이 느리나 HO_2^- 발생되면 O_3 분해 활발(O_3 단독공정보다 효과적)
② H_2O_2를 인위적으로 주입하여 OH Radical 형성
③ H_2O_2는 OH Radical을 형성하는 Initiator이자 OH Radical을 Trap할 수 있는 Scavenger 역할 → O_3과 H_2O_2의 투입비 중요

3) UV+H_2O_2(Photolysis)

UV(자외선)에 의한 에너지와 O_3에 의해 생성된 OH Radical 등의 강력한 산화력으로 유기물 분해

$$\text{“}3O_3 + H_2O \xrightarrow{hv} 2HO \cdot + 4O_2\text{”}$$

① OH Radical 생성효율 증대목적으로 철염을 촉매로 사용하는 경우 있음
② 철염에 의한 Scale이 석영관에 Fauling 현상 유발 → 방지책 : Wiper 시스템 필요
③ 비용은 UV/O_3에 비해 저렴
④ 그러나 Sludge가 발생함

4) UV+O_3

H_2O_2에 UV light 조사 → OH Radical 발생

$$\text{“}H_2O_2 \xrightarrow{hv} 2OH \cdot \text{”}$$

① 최대 흡수파장 : 254nm
② 물흡광계수(Molar Extinction Coefficient) : 3,300/M · cm → H_2O_2보다 UV 흡수도 큼
③ pH에 크게 영향 안 받음
④ O_3와 UV System 설치비 및 유지비 고가

5) UV + TiO₂

자외선에 의한 에너지와 및 촉매인 TiO_2 표면에서 생성되는 OH Radical 의 강한 산화력으로 유기물 분해

① 2차 오염 유발 없음

② 응집침전 같은 전처리 없이 가장 효율적인 처리조건 만족

③ pH 임의 조절 가능

④ UV 강도가 낮아 Fe_2O_3 형성 없음 → 비용 및 효율성 우수

⑤ 조작 간편

문제 12 최근 개정된 비점오염원관리지역 지정기준(물환경보전법 시행령 개정, 2021.11.23)

정답

1. 개정이유 및 주요내용

비점오염원의 효과적인 관리를 통해 물환경을 적정하게 관리 · 보전하기 위하여 불투수면적률이 25퍼센트 이상인 지역으로서 비점오염원 관리가 필요한 지역을 환경부장관이 자연생태계 보전 등을 위하여 지정할 수 있는 비점오염원관리지역의 범위에 추가하고, 환경부장관이 유역환경청장이나 지방환경청장에게 위임하던 호소수 생태계 건강성 등의 조사 · 측정 권한을 국립환경과학원장에게 위임하는 등 현행 제도의 운영상 나타난 일부 미비점을 개선 · 보완하려는 것이다.

＊ 비점오염원 : 도시, 도로, 농지, 산지, 공사장 등으로서 불특정 장소에서 불특정하게 수질오염물질을 배출하는 배출원

＊＊ 불투수면적률 : 전체 면적 대비 불투수면(빗물 또는 눈 녹은 물 등이 지하로 스며들 수 없게 하는 아스팔트 · 콘크리트 등으로 포장된 도로, 주차장, 보도 등을 말함)의 비율

2. 변경 전

① 「환경정책기본법 시행령」 제2조에 따른 하천 및 호소의 물환경에 관한 환경기준 또는 법 제10조의2제1항에 따른 수계영향권별, 호소별 물환경 목표기준에 미달하는 유역으로 유달부하량(流達負荷量) 중 비점오염 기여율이 50퍼센트 이상인 지역

② 비점오염물질에 의하여 자연생태계에 중대한 위해가 초래되거나 초래될 것으로 예상되는 지역

③ 인구 100만 명 이상인 도시로서 비점오염원관리가 필요한 지역

④ 「산업입지 및 개발에 관한 법률」에 따른 국가산업단지, 일반산업단지로 지정된 지역으로 비점오염원 관리가 필요한 지역

⑤ 지질이나 지층 구조가 특이하여 특별한 관리가 필요하다고 인정되는 지역

⑥ 그 밖에 환경부령으로 정하는 지역

3. 변경 후

1) 「환경정책기본법 시행령」 제2조에 따른 하천 및 호소의 물환경에 관한 환경기준 또는 법 제10조의2제1항에 따른 수계영향권별, 호소별 물환경 목표기준에 미달하는 유역으로 유달부하량(流達負荷量) 중 비점오염 기여율이 50퍼센트 이상인 지역

2) 다음 각 목의 어느 하나에 해당하는 지역으로서 비점오염물질에 의하여 중대한 위해(危害)가 발생되거나 발생될 것으로 예상되는 지역

   가. 법 제31조의2제1항에 따라 지정된 중점관리저수지를 포함하는 지역
   나. 「해양환경관리법」 제15조제1항제2호에 따른 특별관리해역을 포함하는 지역
   다. 「지하수법」 제12조제1항에 따리 지정된 지하수보전구역을 포함하는 지역
   라. 비점오염물질에 의하여 어류폐사(斃死) 및 녹조발생이 빈번한 지역으로서 관리가 필요하다고 인정되는 지역
   마. 지질이나 지층 구조가 특이하여 특별한 관리가 필요하다고 인정되는 지역

3) 법 제53조의5제2항제4호가목에 따른 불투수면적률이 25퍼센트 이상인 지역으로서 비점오염원 관리가 필요한 지역

4) 「산업입지 및 개발에 관한 법률」에 따른 국가산업단지, 일반산업단지로 지정된 지역으로 비점오염원 관리가 필요한 지역

5) 그 밖에 환경부령으로 정하는 지역

문제 13 공통이온효과의 정의, 예시

정답

1. 개요

두 가지 이상의 전해질이 용액 속에서 생성하는 이온 중 공통된 것(예를 들어 $NaCl$과 HCl의 용액 속에 있는 Cl 이온)

2. 공통이온 효과

공통이온을 생성하는 전해질의 이온화는 화학평형의 법칙에 따라 서로 영향을 준다. 한 전해질 용액에 공통이온을 가진 다른 전해질을 첨가하면 전자의 용해도나 이온화가 감소한다.

3. 예시

약한 전해질인 아세트산의 용액에 강한 전해질인 아세트산나트륨을 녹여 주면 아세트산이온이 많아지므로 H이온의 농도는 크게 감소된다.

$BaSO_4$의 침전이 수중에 존재하는 경우에, 용액 중에는 약간의 Ba^{2+}, SO_4^{2-}(약 $10^{-5}mol\ dm^{-3}$)가 용해되어 있다. 여기에 소량의 $BaCl_2$(약 $10^{-2}mol\ dm^{-3}$)를 가하면 $BaSO_4$의 침전이 거의 완전하게 생성된다(남아 있는 SO_4^{2-}는 약 $10^{-8}mol\ dm^{-3}$). 이 경우 Ba^{2+}가 공통이온이다.

문제 **01** 「물관리기본법」이 정한 물관리의 12대 기본원칙에 대하여 설명하시오.

정답

1. 개요

「물관리기본법」은 2018년 6월 12일 공포되었으며 목적은 물관리의 기본이념과 물관리 정책의 기본방향을 제시하고 물관리에 필요한 기본적인 사항을 규정함으로써 물의 안정적인 확보, 물환경의 보전·관리, 가뭄·홍수 등으로 인하여 발생하는 재해의 예방 등을 통하여 지속가능한 물순환 체계를 구축하고 국민의 삶의 질 향상에 이바지함을 목적으로 한다.

2. 12대 기본원칙

1) 물의 공공성

물은 공공의 이익을 침해하지 아니하고 국가의 물관리 정책에 지장을 주지 아니하며 물환경에 대한 영향을 최소화하는 범위에서 이용되어야 한다.

2) 건전한 물순환

국가와 지방자치단체는 물이 순환과정에서 지구상의 생명을 유지하고, 국민생활 및 산업활동에 중요한 역할을 하고 있는 점을 고려하여 생태계의 유지와 인간의 활동을 위한 물의 기능이 정상적으로 유지될 수 있도록 하여야 한다.

3) 수생태환경의 보전

국가와 지방자치단체는 물관리를 위한 정책을 수립·시행하는 경우 생물 서식공간으로서의 물의 기능과 가치를 고려하여 수생태계 건강성이 훼손되는 때에는 이를 개선·복원하는 등 지속가능한 수생태환경의 보전을 위하여 노력하여야 한다.

4) 유역별 관리

물은 지속가능한 개발·이용과 보전을 도모하고 가뭄·홍수 등으로 인하여 발생하는 재해를 예방하기 위하여 유역 단위로 관리되어야 함을 원칙으로 하되, 유역 간 물관리는 조화와 균형을 이루어야 한다.

5) 통합 물관리

① 국가와 지방자치단체는 지표수와 지하수 등 물순환 과정에 있는 모든 형상의 물이 상호 균형을 이루도록 관리하여야 한다.

② 국가와 지방자치단체가 물과 관련된 정책을 수립·시행할 때에는 물순환 과정의 전주기(全週期)를 고려하여야 한다.

③ 국가와 지방자치단체는 물관리를 할 때 수량확보, 수질보전, 가뭄 및 홍수 등으로 발생하는 재해방지, 기후·토지·자원·환경·식생 등과 같은 자연환경, 경제·사회 등에 미치는 영향 등을 종합적으로 고려하여야 한다.

6) 협력과 연계 관리

국가와 지방자치단체는 물관리 정책을 시행함에 있어 유역 전체를 고려하여야 하며, 어느 한 지역의 물관리 여건 변화가 다른 지역의 물순환 건전성에 나쁜 영향을 미치지 않도록 하여 유역·지여 간 연대를 이루어야 한다.

7) 물의 배분

국가와 지방자치단체는 물의 편익을 골고루 누릴 수 있도록 물을 합리적이고 공평하게 배분하여야 하며, 이 경우 동·식물 등 생태계의 건강성 확보를 위한 물의 배분도 함께 고려하여야 한다.

8) 물수요관리 등

① 국가와 지방자치단체는 수자원의 개발·공급에 관한 계획을 수립하려는 경우에 용수를 절약하고 물손실을 감소시키기 위한 노력을 통하여 물수요를 적정하게 관리하여야 할 필요성을 그 계획을 수립하기 전에 고려하여야 한다.

② 국가와 지방자치단체는 수자원 부족 또는 가뭄·홍수로 인한 재해에 대비하여 강수의 관리·이용 및 하수의 재이용, 짠물의 민물화 등 대체(代替) 수자원을 개발하고 재해예방을 위한 기술개발을 적극적으로 장려하여야 한다.

9) 물 사용의 허가 등

물을 사용하려는 자는 관련 법률에 따라 허가 등을 받아야 한다.

10) 비용부담

① 물을 사용하는 자에 대하여는 그 물관리에 드는 비용의 전부 또는 일부를 부담시킴을 원칙으로 한다. 다만, 이 법 또는 다른 법률에서 정하는 특별한 사정이 있는 경우에는 그러하지 아니하다.

② 물관리에 장해가 되는 원인을 제공한 자가 있는 경우에는 그 장해의 예방·복구 등 물관리에 드는 비용의 전부 또는 일부를 그 원인을 제공한 자에게 부담시킴을 원칙으로 한다.

③ 제1항과 제2항에 따른 비용의 부담 및 관리 등에 관하여는 관계 법률에서 정하는 바에 의하고, 그 비용으로 받는 재원은 물관리를 위하여 사용한다.

11) 기후변화 대응

국가와 지방자치단체는 기후변화로 인한 물관리 취약성을 최소화하여야 하며, 물순환 회복 등을 통하여 적극적으로 기후변화에 대응할 수 있는 물관리 방안을 마련하여야 한다.

12) 물관리 정책 참여

물관리 정책 결정은 국가와 지방자치단체 관계 공무원, 물 이용자, 지역 주민, 관련 전문가 등 이해관계자의 폭넓은 참여 및 다양한 의견 수렴을 통하여 이루어져야 한다.

3. 맺음말

물은 지구의 물순환 체계를 통하여 얻어지는 공공의 자원으로서 모든 사람과 동·식물 등의 생명체가 합리적으로 이용하여야 하고, 물을 관리할 때에는 그 효용은 최대한으로 높이되 잘못 쓰거나 함부로 쓰지 아니하며, 자연환경과 사회·경제 생활을 조화시키면서 지속적으로 이용하고 보전하여 그 가치를 미래로 이어가게 함을 기본이념으로 해야 한다.

문제 02 적조 발생원인, 피해 및 대책에 대하여 설명하시오.

정답

1. 개요

① 특정한 조류(藻類)의 폭발적인 증식으로 인해 해수가 붉은 빛을 띠는 현상

② 적조를 일으키는 조류는 주로 편모조류·규조류·야광충 등인데 적색 세균·남조류 등에 의해 생기기도 한다. 적조로 인한 바닷물의 색은 보통 붉은 색이지만, 플랑크톤의 종류에 따라서 황갈색·황록색·암자색을 띠는 경우도 있다.

③ 최근에는 적조로 인한 직·간접적 피해가 다발하고 있어 유해조류의 대번식(HAB ; Harmful Algal Blooms)의 의미로 사용한다.

2. 발생원인

① 대량의 담수 유입으로 인한 영양염류의 급증

② 해수의 혼합이 잘 일어나지 않는 경우

③ 일조량이 풍부한 경우

④ 풍부한 영양 등

3. 적조를 일으키는 생물

전 세계적으로 적조를 일으키고 있는 종수는 대략 200여 종 정도가 보고되고 있는데, 우리나라에서 적조(녹조포함)를 일으키는 생물에는 담수에서 녹조를 일으키는 녹조류 4종을 포함하여 60여 종이 있으며, 규조류와 편모류가 대부분이다.

60여 종의 적조생물 중 마비성, 설사성, 신경성 패독 등을 가지고 있는 종들이 있으나, 유독성 생물에 의한 적조발생은 수년에 1~2건 정도로 매우 적다.

특히, 여름철 남해안을 중심으로 발생하는 적조 원인 생물은 코클로디니움이라는 편모류이고 독성이 없는 종이다.

4. 피해
① 해수의 용존산소량 부족으로 어패류 폐사
② 조류의 점액질에 의한 어류의 폐사
③ 연안 생물의 다양성 감소
④ 양식산업의 경제적 손실
⑤ 조류독소 생성에 인한 먹이사슬에 의한 생물 및 인간에 영향

5. 대책
① 적조방제방법은 약품살포에 의한 화학적 방법, 응집시키거나 초음파 등을 이용한 물리적 방법, 천적을 이용한 생물학적 방법 등 다양한 방법이 있다.
② 황토살포, 용존산소 폭기, 연안의 영양염류 유입의 감소 등

문제 03 입상활성탄의 탁질 누출현상(파과, Breakthrough)의 발생과정, 발생원인, 수질에 미치는 영향 및 대책에 대하여 설명하시오.

정답

1. 개요
① 흡착은 용액 내의 분자가 물리·화학적 결합력에 의해 고체표면에 붙는 현상
② 입상활성탄은 BOD 및 COD 제거, 탈색, 탈취 등에 이용

2. 누출현상의 발생과정
① 입상활성탄에 있어서 초기에는 상부층에서 흡착이 진행
② 시간 경과에 따라 흡착반응이 일어나는 지점이 점차 칼럼 하부로 이동
③ MTZ(Mass Transfer Zone)의 이동속도는 처리유량의이동시간(EBCT)에 비례하여 달라짐

$$\text{EBCT(Empty Bed Contact Time)} = V/Q$$

여기서, V : 활성탄흡착 칼럼의 체적
Q : 처리유량

④ MTZ가 칼럼의 하부에 도달하면 파괴점(또는 파과점 : Breakthrough Point)에 이르러 흡착되지 않고 유출수의 농도가 급격히 증가하는데, 이것을 파과라 한다.

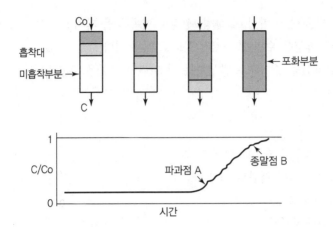

3. 영향

① 파과점을 지난 후 처리수질 농도의 급속 증가

② 처리수질의 종말점 도착에 의한 흡착 처리능력의 상실

4. 대책

① 활성탄의 신품교체

② 활성탄의 재생 후 재사용

문제 04 물리적, 화학적 소독방식의 종류를 제시하고, 정수공정에서 사용되는 소독제인 염소, 오존, 이산화염소, 자외선의 장단점을 비교 설명하시오.

정답

1. 개요

수돗물은 병원성 미생물에 오염되지 않고 위생적으로 안전하여야 된다.

침전과 여과로는 원수 중의 세균을 완전히 제거하는 것이 불가능하며, 배수계통에서도 위생상 완전히 제거하는 것이 불가능하기 때문에, 안전을 유지하기 위하여 수돗물은 항상 확실하게 소독되어야 한다. 이를 위하여 정수시설에는 정수방법의 종류나 시설규모의 대소에 관계없이 반드시 소독설비를 설치해야 한다.

2. 소독방식의 종류

1) 물리적 방법

① 가열살균(加熱殺菌) : 물을 고온으로 가열함으로써 살균하는 방법이다. 일반적으로 소규모적이고, 가정에서 긴급을 요할 때 많이 이용되는 살균법이다.

② 광선(光線) · 방사선(放射線)에 의한 방법 : 태양광선에 의한 자연살균법(自然殺菌法)과 인위적으로 설치한 수은(水銀) 램프에서 방출되는 3000Å 이하의 자외선(紫外線)을 이용하여 살균하는 자외선 살균법이 있다. 자외선 살균법은 수심(水深)이 깊거나 미생물 또는 부유 현탁물질 등의 농도가 높은 경우에는 적용하기 곤란하다. 한편 감마선을 조사(照射)하여 살균하는 방사선 살균법은 하수나 슬러지처리에 주로 이용된다.

2) 화학적 방법

① 산화제에 의한 방법 : 할로겐(염소, 브롬, 요오드)이나 오존, 그 외의 산화제($KMnO_4$, H_2O_2)와 알코올 등을 이용하는 살균법으로 염소화합물이 가장 많이 이용된다.

② 산(酸) · 알칼리에 의한 방법 : 산(酸)을 투입하여 물의 pH를 3 이하로 낮추거나 알칼리를 사용하여 pH를 11 이상으로 증가시킴으로써 원형질(原形質)의 콜로이드 성질을 변화시키는 방법이다. 이러한 살균법의 대표적인 예는 석회연화법(石灰軟化法)에 의한 연수화-살균 등이 있다.

3. 염소, 오존, 이산화염소, 자외선의 장단점

	장점	단점
염소 소독	1. 잘정립된 기술이다. 2. 소독이 효과적이다. 3. 잔류염소의 유지가 가능하다. 4. 암모니아의 첨가에 의해 결합잔류염소가 형성된다. 5. 소독력 있는 잔류염소를 수송관거 내에 유지시킬 수 있다.	1. 처리수의 잔류독성이 탈염소과정에 의해 제거되어야 한다. 2. THM 및 기타 염화탄소가 생성된다. 3. 안정규제가 요망된다. 4. 대장균살균을 위한 낮은 농도에서는 Virus, Cysts, Spores 등을 비활성화 시키는데 효과적이지 못할 수도 있다. 5. 처리수의 총용존고형물이 증가한다. 6. 안전상 화학적 제거시설이 필요할 수도 있다.
오존 소독	1. Cl_2보다 더 강력한 산화제이다. 2. 저장시스템의 파괴를 인한 사고가 없다. 3. 생물학적 난분해성 유기물을 전환시킬 수 있다. 4. 모든 박테리아 바이러스를 살균시킨다.	1. 저장할 수 없어 반드시 현장에서 생산해야 한다. 2. 초기투자비 및 부속설비가 비싸다. 3. 소독의 잔류효과가 없다. 4. 가격이 고가이다.
이산화 염소 소독	1. 소독이 효과가 염소의 2.5배이다. 2. THM 생성이 안 된다. 3. 지속성이 있다. 4. 산화력이 염소의 5배이다.	1. 암모니아와 반응하지 않는다. 2. 화학적으로 불안정하다. 3. 폭발성 및 부식성이 있다.

장점	단점
1. 소독이 효과적이다. 2. 잔류독성이 없다. 3. 대부분의 Virus, Spores, Cysts 등을 비활성화시키는 데 염소보다 효과적이다. 4. 안전성이 높다. 5. 요구되는 공간이 적다. 6. 비교적 소독비용이 저렴하다.	1. 소독이 성공적으로 되었는지 즉시 측정할 수 없다. 2. 잔류효과가 없다. 3. 대장균 살균을 위한 낮은 농도에서는 Virus, Cysts, Spores등을 비활성화시키는 데 효과적이지 못하다.

자외선 소독 (first column)

문제 05 하수처리장에서의 악취 방지를 위해 고려해야 할 사항과 악취 방제방법 중 탈취법(원리, 적용물질, 특징)에 대하여 설명하시오.

정답

1. 개요

악취란 황화수소, 메르캅탄류, 아민류 그 밖의 자극성 있는 기체상태의 물질이 사람의 후각을 자극하여 불쾌감과 혐오감을 주는 냄새를 말한다.

2. 하수처리시설에서의 악취 방지를 위해 고려해야 할 사항

1) 하수처리시설의 위치

하수처리시설의 위치 선정 시 지형적 특성, 기후, 주풍향·풍속, 인구밀집지역과의 인접여부 등을 고려하여, 발생되는 악취가 최대한 분산되는 곳을 선정한다.

2) 악취발생공정의 배치

처리장 내에서 주악취원이 되는 펌프장, 슬러지 농축조, 소화조, 탈수실 등을 배치할 때는 처리장 경계선으로부터 내부로 일정한 거리 이상 떨어지게 배치하여 발생된 악취가 경계선 이내에서 충분히 희석되어 주변지역에 영향을 주지 않도록 한다.

3) 수리학적 고려

모든 처리시설에 대하여 수리학적 고려를 한다. 각종 관거에서는 최소유량에 대해 0.45m/s 이상의 유속을 확보하여 고형물의 침전·부패를 방지하고, 직사각형의 침전지, 포기조 등에는 사각지역을 최소화하며, 슬러지 처리시설에서 발생되는 각종 상징수와 탈리액 등을 처리장 유입부로 반송할 때는 난류발생을 억제하여 수중에서 유입되도록 설계한다.

4) 부패방지를 위한 포기

분배수로, 예비포기조, 유량조정조 등에 고형물의 축적·부패를 억제하기 위해 필요하면 간단한 포기시설을 설치해 산소를 공급해 준다. 폐수의 특성상 포기 시 용존황화물이 탈기될 가능성이 있는 경우에는 피한다.

5) 주악취원의 복개

악취발생 가능성이 큰 중력식 농축조, 열처리슬러지의 침전지, 슬러지 탈수시설, 슬러지 저류조, 정화조폐액 투입/저장 설비 등은 복개하여 악취의 발산을 막고 배기가스를 포집하여 별도 처리하도록 한다.

6) 건물 내 환기

작업자가 들어가 활동하는 건물이나 공간에서는 환기가 필수적이다. 특히 농축조, 탈수기, 소화조 등의 건물 내부에는 황화수소류 등이 존재할 수 있으며 악취문제뿐만 아니라 중독사고의 위험을 방지하기 위해 6~12회/h의 속도로 환기하도록 하고 상대습도도 60% 이하가 되게 조정하도록 권장되고 있다.

7) 건설재료 선정

처리시설에는 표면이 조밀하고 평탄하며 밝은 색의 건설재료를 사용하여 악취물질이 흡착되어 실내조건에 따라 장기적인 악취를 발생하지 않도록 한다. 또한 화학물질에 대해 안정하고, 열전도율이 낮은 재료를 사용한다.

8) 구조설계

수로, 스컴웅덩이, 저류조, 스크린, 그릿 컨베이어와 같은 시설에 대하여 주기적인 청소가 가능하도록 압력수를 제공할 수 있는 수도시설과 30m 이상의 호스를 비치하며, 바닥은 배수가 쉬운 구조로 설계한다.

3. 탈취방법

일반적으로는 탈취 후의 악취강도(또는 농도)를 어느 정도로 할 것인가에 따라 다르나 복수의 방법을 조합하여 사용하는 경우가 많다. 탈취에는 다음과 같은 방법이 있다.

1) 수세정법

① 원리 : 악취물질을 물에 접촉·용해시켜 제거

② 적용물질 : 암모니아, 아민류 등 물에 용해하기 쉬운 물질

③ 특징

• 설비비 및 유지관리비가 싸다.

• 탈취보다는 다른 방법의 전처리로 사용되는 경우가 많다.

• 2차 처리수를 세정수로 사용하면 오히려 악취가 나는 경우가 있으므로 주의한다.

2) 산 및 알칼리 세정법

① 원리

• 산세정법은 악취물질을 염산 또는 황산에 접촉시켜 중화반응으로 제거

• 알칼리 세정법은 악취물질을 가성소다 등에 접촉시켜 중화반응으로 제거

② 적용물질 : 암모니아 및 아민(산 세정법), 황화수소 및 메틸메르캅탄(알칼리 세정법)

③ 특징

- 약액의 중화설비가 필요하다.
- 약액과 악취의 접촉방법으로는 여러 가지의 방식이 있으므로 충분한 검토가 필요하다.
- 약액의 pH가 탈취효율에 관계되므로 주의할 필요가 있다.

3) 직접연소법

① 원리 : 악취물질을 연소로에서 800℃ 정도로 연소시켜 분해

② 적용물질 : 거의 모든 악취물질

③ 특징

- 탈취효과는 좋으나 연료비가 높다.
- 폭발하한계 이하의 높은 농도의 장소에 유리하다.
- 연소가스 중의 SO_x를 고려할 필요가 있다.
- 산소농도가 낮아지지 않도록 주의한다.

4) 촉매연소법

① 원리 : 악취물질을 열교환기에서 350℃ 정도로 가열해, 백금, 파라디움 등의 촉매가 들어 있는 연소로에 통과시켜 저온 연소시켜 분해

② 적용물질 : 거의 모든 악취물질

③ 특징

- 연료비는 직접연소에 비해 적다.
- 폭발한계 이하의 고농도인 장소에 유리하다.
- 악취 중에 납 등이 있으면 촉매표면에 부착되어 활성을 저하시키므로 1년에 1~2회의 세정 및 제거가 필요하다.

5) 오존(Ozone)산화법

① 원리 : 악취물질을 오존과 접촉시켜 산화작용으로 제거

② 적용물질 : 고농도에서 대용량의 악취물질(단, 암모니아에는 부적합)

③ 특징

- 오존은 유독 및 유취하므로 처리가스 중의 잔류오존이 과다하지 않도록 주의하며 필요에 따라 오존제거용 활성탄을 설치한다.
- 악취물질을 습윤상태로 오존과 접촉시키면 탈취효과가 좋아진다.

6) 약액산화법

① 원리 : 악취물질을 염소수, 차아염소산나트륨, 이산화염소, 취화나트륨 등의 용액과 접촉시켜 산화작용에 의해 제거

② 적용물질 : 피산화성 물질

③ 특징

처리가스 내 잔류염소 제거를 위해 알칼리 용액에 의한 흡수설비가 필요하다.

7) 토양탈취법

① 원리 : 악취물질을 토양에 주입시켜 세균 등의 작용에 의해 흡착·산화시켜 분해

② 적용물질 : 세균의 영양이 되는 유기성 물질

③ 특징

• 유지관리비는 싸지만 넓은 부지를 필요로 한다.

• 토양을 습윤하고 비옥한 상태로 유지할 필요가 있다.

8) 포기산화법

① 원리 : 악취물질을 포기조에 보내어 활성슬러지의 작용에 의해 산화분해

② 적용물질 : 황화합물

③ 특징

• 설비비 및 유지관리비 모두 싸다.

• 포기조 내의 송풍기 등의 부식에 주의한다.

9) 활성탄 흡착법

① 원리 : 악취물질을 활성탄에 통과시켜 물리적 흡착에 의해 제거

② 적용물질 : 황화수소 및 메틸머켑탄(암모니아 및 아민)

③ 특징

• 활성탄은 비교적 고가이며 수두손실이 크다.

• 수명이 다 되면 교환해야 한다.

• 가스 중에 수분이 있으면 흡착력이 떨어진다.

• 저농도의 악취에 적합하므로 탈취 최종단계에서 쓰인다.

• 일반적인 활성탄에 산, 염기 또는 할로겐을 첨착시킨 첨착활성탄이 있으며 이것을 사용하면 암모니아, 아민 등의 물질의 제거도 가능하다.

문제 06 펌프의 운전장애 현상에 대해 발생원인, 영향, 방지대책에 대하여 설명하시오.

정답

1. 펌프 및 관로상에서 나타나는 장애 현상

① NPSHav가 NPSHre보다 적어 나타나는 공동현상(Cavitation) 현상

② 수경작용(Water Hammer)

③ 배관 고점에서의 Air Vent 미설치로 인한 배관 내 Air에 의한 양수량 부족현상 등

2. 공동현상(Cavitation)

펌프 내에서 유속이 급변하거나 와류발생, 유로장애 등에 의해서 유체의 압력이 그때의 수온에 대한 포화증기압 이하가 되었을 때 유체의 기화로 기포가 발생하고 유체에 공동이 발생하는 현상으로 캐비테이션이라고도 한다.

1) 발생장소

① 펌프의 임펠러 부근

② 관로 중 유속이 큰 곳이나 유향이 급변하는 곳

2) 발생원인

① 임펠러 입구의 압력이 포화증기압 이하로 낮아졌을 때

② 이용 가능한 NPSHav가 펌프의 필요 NPSHre보다 낮을 때

③ 관내 수온이 포화증기압 이상으로 증가할 때

④ 펌프의 과대 출량으로 운전 시

3) 영향

① 소음과 진동발생

② 펌프성능 저하

③ 급격한 출력저하와 함께 심할 경우 Pumping 기능의 상실

④ 임펠러의 침식(토양부식)

4) 방지방법

① 유효 NPSHav를 필요 NPSHre보다 크게 한다.

② 펌프의 설치위치를 가능한 한 낮추어 NPSHav를 크게 한다.

③ 흡입관의 손실을 가능한 작게 하여 NPSHav를 크게 한다.

④ 흡입측 밸브를 완전개방하고 운전한다(흡입관 손실 작게).

⑤ 펌프의 회전속도를 낮게 선정하여 NPSHre를 작게 한다.

⑥ 성능에 크게 영향을 미치지 않는 범위 내에서 흡입관의 직경을 증가시킨다(흡입관의 손실 작게).

⑦ 운전점이 변동되어 양정이 낮아지는 경우 토출량이 과대되므로 이것을 고려하여 충분한 NPSHav를 주거나 밸브를 닫아서 과대 토출이 안 되도록 조절한다.

⑧ 동일한 회전수와 토출량이면 양흡입 펌프, 입축형 펌프, 수중펌프의 사용을 검토한다.

⑨ 악조건에서 운전하는 경우 임펠러 침식 방지를 위해 강한 재료를 사용한다.

3. 수격작용(Water Hammer)

관 내를 충만하게 흐르고 있는 물의 속도가 급격히 변하면 수압도 심한 변화를 일으키며 관 내에 압력파가 발생하고, 이 압력파는 관 내를 일정한 전파속도로 왕복하면서 충격을 주게 되는데, 이러한 작용을 수격작용라고 한다.

1) 발생원인
① 관내의 흐름을 급격하게 변화시킬 때 압력변화로 인하여 발생된다.
② 펌프의 급정지, 관내에 공동이 발생한 경우에 유발된다.

2) 영향
① 소음과 진동발생
② 관의 이완 및 접합부의 손상
③ 송수기능의 저하
④ 압력상승에 의한 펌프, 배관, 관로 등을 파괴
⑤ 펌프 및 원동기 역전에 의한 사고 등

3) 경험적 지침으로 수격작용 분석이 필요한 경우
① 관내유량이 15m³/시 이상이고 동력학적 수두가 14m인 경우
② 역지밸브를 가지고 있는 고양정 펌프 시스템
③ 수주분리가 일어날 수 있는 시설, 즉 고위점이 있는 시설, 관길이 100m 이상, 압력관으로 자동공기배출구나 공기진공 밸브가 있는 시설의 경우

4) 방지방법
① 수주분리 발생방지법
• 펌프에 플라이 휠 부착 : 펌프관성 증가, 급격한 압력강화 방지
• 토출측 관로에 표준형 조압수조 설치
• 토출측 관로에 일방향 압력 조절수조 설치 : 압력강하 시에 물을 보급하여 부압발생 방지
• 펌프 토출부에 공기탱크 설치 또는 부압지점에 흡기 밸브 설치
• 관내 유속을 낮추거나 관거 상황을 변경한다.

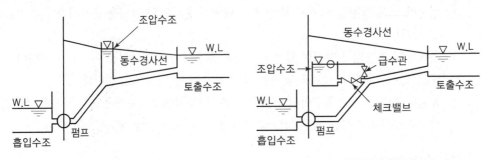

▌표준형 조압수조 ▌　　　　　▌한 방향형 조압수조 ▌

② 압력 상승의 방지법
- 완폐 체크밸브 설치 : 역류개시 직후의 역류에 대해서 밸브디스크가 천천히 닫히게 함으로써 압력상승을 완화
- 급폐식 체크밸브에 의한 방법 : 역류가 일어나기 전 유속이 느릴 때 스프링 등의 힘으로 체크밸브를 급폐시키는 방법으로 300mm 이하 관로에 사용
- 콘밸브, 니들밸브나 볼밸브에 의한 방법 : 밸브개도를 제어하여 자동적으로 완폐시키는 방법, 유속변화를 작게 하여 압력상승을 억제함

4. 배관 최고점에서의 Air 방출

배관 내 Air가 차 있을 경우 양수 불량 현상이 발생하므로 반드시 배관 내 Air 제거 후 펌프를 운전토록 한다.

문제 01 역삼투 해수담수화 공정에서 보론은 다른 이온에 비해 제거효율이 낮다. 그 이유를 설명하고, 제거율 향상을 위해 사용하는 방법을 설명하시오.

정답

1. 개요

역삼투법은 물은 통과시키지만 염분은 통과시키기 어려운 성질을 갖는 반투막을 사용하여 담수를 얻는 방법이다. 해수의 삼투압은 일반 해수에서는 약 2.4MPa(약 24.5kgf/cm²)이다.

이 삼투압 이상의 압력을 해수에 가하면, 해수 중의 물이 반투막을 통하여 삼투압과 반대로 순수 쪽으로 밀려나오는 원리를 이용하여 해수로부터 담수를 얻는다.

2. 보론(B, Boron, 붕소)

① 보론은 칼슘의 손실을 방지하는 반면에, 여성호르몬 에스트로겐의 효과를 갖는다고 알려져 있다.

② WHO에서 쥐, 생쥐 등에게 보론이 함유된 물과 먹이를 제공한 결과 고환장애를 관찰할 수 있으며, 유전적 변이나 발암의 원인은 발견되지 않았다고 보고하였다.

③ 환경호르몬의 성격이 있으며 일반적으로 담수에서는 보론이 0.03mg/L 이하로 문제될 것 없는 수준이나, 바닷물에는 3~5mg/L로 높은 수준이다.

3. 보론의 제거효율이 낮은 이유

해수에서 보론은 pH 8.2에서 $B(OH)_3$로 76%, $B(OH)_4^-$로 12%, 나머지 11%는 복합체와 금속 이온을 이룬 구조로 존재하고 있다. 이러한 구조로 인해 역삼투막에 의하여 약 70~80%가 제거되므로 현재 수질기준인 1mg/L 이하로 생산하기가 쉽지 않다. 역삼투 후에도 보론 한계기준보다 높은 수치로 남아 있어 효과적으로 제거할 수 있는 공정이 필요하다.

4. 보론 제거방법

1) 수지흡착처리

① 친화성이 높은 이온교환 수지를 이용한 흡착법으로 제거

② 흡착된 붕소(보론)는 소금물을 이용하여 외부로 배출함으로써 일정기간 재사용이 가능

2) 2단 탈염법

생성된 민물을 pH 9~10으로 조정하고, 고기능 저압 역삼투막을 통해 붕소를 제거하는 방법

3) 일부를 2단 탈염 후 1단 탈염한 담수와 혼합

문제 02 불소함유 폐수 처리방법을 설명하시오.

정답

1. 개요

① 불소는 형석, 수정석으로 자연계에 널리 분포하며 화강암, 화산암, 충적층 지대에 수중에 많이 포함되어 있다. 강한 산화력을 가지며 반응성이 크다.

② 신경독소, 면역력 손상, 근육약화, 소화기계 증상, 골격계 증상, 갑상선 기능 저하, 반상치 등 악영향을 미칠 수 있음

③ 플루오린(불소) 함유량(mg/L) 배출허용기준 : 청정지역 3mg/L 이하, 가,나, 특례지역 15mg/L 이하

2. 불소 폐수 배출원

불소화합물은 유리세공의 에칭공정이나 스테인리스 제조공정의 스케일 제거 또는 반도체 공정의 에칭 및 도금공정(아르마이트 가공), 산세정공정 등에 의하여 발생한다.

3. 불소 폐수 처리방법

1) 일반적 화학처리

① Calcium 주입에 의한 처리

- 불소 및 그 화합물은 칼슘 처리에 의하여 불화물 용해도가 가장 낮은 불화칼슘 CaF_2로 처리
- 칼슘제 : 소석회($Ca(OH)_2$), 염화칼슘($CaCl_2$), 탄산칼슘($CaCO_3$), 생석회(CaO) 등 첨가
- pH 9.5~11 정도로 하여 불화칼슘 슬러지 생산
- 반응속도가 매우 느림

$$2HF + Ca(OH)_2 \rightarrow CaF_2 + 2H_2O$$

② Alum 주입에 의한 처리

- Alum을 물속에 투입하면 불용성의 $Al(OH)_3$가 형성되고 불소이온이 미립자에 흡착되어 용액에서 제거하는 방법
- 다량의 Alum이 소비됨

2) 불소의 고도처리

화학처리 후 처리수(약 10~30mg/L)를 규제치 이하로 처리

① 이온 교환법

- 강염기성 음이온 교환수지를 이용하여 불소 제거
- 흡착수지(Cerium 수지)

$$Ce-OH + F^- \rightarrow Ce-F + OH^- \ (pH\ 3.5)$$

- 재생
- Back Wash : 흡착수지탑 내부의 Ca^{2+} 이온 제거
- NaOH 주입 : 수지로부터 F^- 이온 탈착
- Rinse : 흡착수지탑 내부의 고농도 F^-을 배출
- HCl 세정 : 흡착수지탑 내부의 pH를 산성으로 하여 다음 Service 준비

② Activated Alumina
- 활성 알루미나에 강한 흡차력 나타냄
- 98%까지 제거 가능하며 비소까지 동시 제거 가능
- 용량 초과 시 재생 또는 교체 필요(가성소다로 재생 후 황산으로 세척 등)
- 충분한 접촉시간이 있어야만 불소 제거 가능함

③ BC-Carbon
- Bone-Char(BC) Carbon, 사람의 뼈와 같이 불소를 흡인함
- BC-Carbon은 다공성 흡착물임

문제 03 녹조관리기술을 물리, 화학 및 생물학적 기술로 구분하여 설명하고, 종합적 녹조관리방법을 설명하시오.

정답

1. 개요

녹조는 적당한 수온과 햇빛 그리고 질소, 인과 같은 영양염류가 풍부할 때 대량 번식하게 된다. 상수원을 대부분 지표수 또는 호소수를 사용하는 우리나라의 경우 매년 갈수기인 여름철 또는 가을철에 상수원에 녹조 발생문제로 사회적 이슈가 되고 있다. 정수처리 시 조류가 유입되면 염소처리 시 THM 발생 문제, 조류의 분비물질에 의한 이 취미가 발생하는 문제뿐만 아니라 대개 정수처리가 1단계 응집/침전 공정으로 이루어지기 때문에 조류를 일시에 제거한다는 것은 무리다. 조류가 발생하면 평상시의 수처리 방법으로는 한계가 있는 것이다.

2. 물리, 화학 및 생물학적 관리기술

1) 물리적 제어

① 초음파

초음파 처리기술은 남조류의 세포내 소기관인 기낭을(Gas Vesicle) 파괴하여 부력 조절능력에 손상을 입혀 호소 바닥에 가라앉게 해 광합성 차단으로 남조류의 생장을 억제하는 기

술이다. 기낭뿐만 아니라 세포내 여러 소기관을 물리적, 화학적으로 광합성에 관련된 소기관에 손상을 입혀 광합성을 방해하거나 이취미 물질이나 독소물질의 생성을 억제한다.

② 수중 폭기

세계적으로 널리 쓰이는 심층 폭기(Hypolimnetic Aeration)는 정체된 호수나 저수지에서 용존산소가 결핍된 심층부의 물을 공기펌프를 이용해 호소의 수표면으로 끌어올려 대기의 산소와 접촉시키고 용존산소의 농도를 증가시켜 호소바닥의 영양염류 농도변화로 조류의 성장을 억제시킨다. 또한 수면의 수온은 높고 저수지 하부의 수온은 낮아 발생하는 성층화현상(Stratification)을 파괴하여 남조류가 서식하기에 불리한 수계 환경을 조성하여 수질을 개선시키는 기술이다. 같은 원리로 밀도류 확산장치기가 있다(Singleton et al., 2006).

③ 가압필터 여과기

수중의 입자성 물질을 다단가압을 이용하여 $1\mu m$ 이하까지 제거하고 여과막을 코팅하여 여과막 폐색이 없고 슬러지가 쌓이면 자동 역세척으로 배출시켜 제거하는 기술이다.

④ 마이크로버블 수중산소 용해장치(Bubble Flum Mixing)

정화대상 수역의 외부에서 산소를 물에 용해시켜 산소 용해수를 만들어 이 산소 용해수를 다시 정화대상 수역의 바닥층에 토출시켜 수역 내부에 산소가 잔존하는 시간을 연장시킨다. 이후 수중 내의 오염원의 산화와 분해하고 자생하는 미생물의 활성을 촉진시켜 수질을 정화할 수 있는 기술이다(Chen et al., 2018).

⑤ 조류제거선

남조류를 여과 제거할 수 있는 미세필터를 장착한 선박을 이용하여 수표면에 형성된 남조류의 덩어리(Scum)을 제거할 수 있다.

⑥ 플라즈마(Plasma)

플라즈마는 전기적인 방전으로 생기는 전하를 띤 양이온과 음이온 등 전자들의 집단을 의미하는데 기체에 에너지를 조금 더 가하면 빛을 발하는 플라즈마 상태가 된다. 이 플라즈마를 이용하여 오존과 과산화수소, OH− 라디칼 등의 산화물질을 생성시켜 분해가 어려운 수중의 물질을 분해하고 세균과 조류를 사멸시킬 수 있다(Bai et al., 2010).

⑦ 태양광을 이용한 물순환장치

수중에 산소기포 공급장치를 통과하며 용존산소가 높아진 물은 펌핑되어 수표면을 따라 퍼져나가고 바닥의 수직흡입관에서는 차가운 물이 흡입되어 상층과 저층의 밀도차로 인한 성층화 현상을 저온수와 중온수의 혼합으로 파괴시키는 기술이다. 이렇게 표층수의 교환이 진행됨으로써 호소 하부로 호기성 영역은 확장되고 저층의 부유물질과 용해물질을 감소시켜 메탄가스를 배출시킨다.

⑧ 영양염류가 농축된 심층수의 방류(Flushing)

영양염류의 농도가 높은 심층수를 방출하여 영양염류의 수중 체류하는 시간을 짧게 하는 방법으로, 수심이 깊은 호수나 저수지에서 매우 효과적이며 미국과 네덜란드에서 주로 사용하는 녹조제어방법이다(Hosper and Meyer, 1986).

⑨ 가압부상법

미세기포를 $10\sim50\mu m$의 크기로 수중으로 응집제와 함께 가압으로 분사되면 유기물의 화학적 침전을 일으키거나 수면 위로 부상시켜 유기물의 산화와 살균효과가 동시에 이뤄진다. 수중에서 조류와 영양염류를 동시에 제거하는 기술로 팔당호와 대청호에서 적용된 바 있다.

⑩ 차광막 설치

햇빛을 차단시켜 조류 광합성을 방해하는 방법으로 조류의 생장을 억제한다. 작은 수체나 적용범위가 넓지 않은 단점이 있지만 조류 증식에 많은 영향을 끼치는 태양광을 차단한다. 같은 원리로 2008년부터 미국 캘리포니아주에서 Shade Ball로 햇빛 차단으로 인한 조류 발생과 저수지의 증발을 막고 있다(Oquist et al., 1992).

2) 화학적 관리기술

① 살조제(Algicide)를 이용한 조류제어방법

㉠ 황토 살포(Red Clays)

구하기 쉬운 황토는 비용이 저렴하고 조류 대발생 시 짧은 시간 안에 제어가 가능하다. 황토는 콜로이드 입자가 수중 내 녹조와 영양염류인 인과 질소를 흡착하여 호소의 바닥으로 가라앉는다.

㉡ 석회 살포(Lime)

석회는 인을 흡착 후 침전해 부영양화의 주요 영양염류인 인의 농도를 감소시키고 알칼리도를 증가시켜 pH가 낮아지는 것에 대해 완충역할을 보이며 조류 증식에 억제 효과를 보인다. 그리고 조류 세포에 영향을 주지 않고 조류의 독성물질이 수중으로 방출되지 않아 조류가 대발생 해도 적용이 가능하다. 하지만 실제 수중에 석회를 살포하는 것이 실제적으로 들어가는 비용이 매우 커 일반적인 취수원에서 사용되기에는 무리가 있다(Lam et al., 1995).

㉢ 황산동($CuSO_4 \cdot 5H_2O$)

가장 많이 사용되는 살조물질(Algicide)은 황산동($CuSO_4 \cdot 5H_2O$)으로 조류의 광합성을 억제하여 질소대사를 변화시키고 유지 효과가 있어 녹조 처리에 적합하며, 염소에 비해 처리가 쉽고 취급 위험이 적어 효과가 크다. 황산동 0.2~0.5ppm 정도의 수

중 내 농도는 인체에 해가 없다. 일반적으로 녹조가 발생한 경우 황산동을 살포하면 오히려 조류의 독성물질이 수중으로 해리되어 역효과를 일으키기 때문에 조류가 발생하기 전에 황산동을 살포해야 한다. 황산동 살포의 단점은 녹조제어 효과가 나타나기 까지 많은 시간이 필요하며, 황산동에 면역성을 갖는 조류가 번식할 우려가 있다. 또한 장시간 반복적으로 사용하면 어류에 독성을 보이고 용존산소가 고갈되는 부정적인 결과가 나타난다(박 등, 1996).

ⓔ 규조토(Diatomite)

규조류는 죽어서 가라앉으면 세포막이 단단하여 규조토가 되는데 이 규조토를 이용하여 조류 억제에 관한 연구와 실험이 있었으며 독성 조류 세포에는 영향을 주지 않아 독성 물질을 분비시키지 않고 조류를 제어해 규조토의 녹조 제어 효율성이 실험적으로 증명되었다.

ⓜ 키토산(Chitosan)

키토산은 용이하게 구할 수 있는 천연 물질이며 강한 양전하를 가지고 있어 키토산을 처리하였을 때 녹조의 표면전하가 음전하에서 양전하로 바뀌며, 응집 및 살조하며, 형태학적으로 녹조 생물의 표면을 감싸면서 녹조생물의 성장을 억제한다. 키토산의 생태계 안정성 평가는 키토산이 생태계에 미치는 영향이 적으며 유해녹조만을 살조할 수 있는 효과적인 물질로 확인되었다.

② 인의 불활성화

㉠ 알루미늄 황산염(Aluminum Sulfate)

수중에 알루미늄 황산염 ($Al_2(SO_4)_3 \cdot 12H_2O$)을 가하여 인의 불활성화를 시키는데 수중의 인을 침전시키고 불활성화시켜 조류의 발생을 제어하는 효과가 크다. 특히, 수심이 깊은 호소에서 유지효과가 큰 것으로 알려져 있다. 미국 오하이오주와 네덜란드, 독일에서 사용한 바 있다. 그러나 알루미늄 황산염은 pH 6 이하에서는 고분자 $Al(OH)_2$나 Al^{3+}는 수중 생물들에 독성이 나타날 수 있다(Chow et al., 1999).

③ 인의 흡착

㉠ 규산질다공체(Ceramic)

규산질다공체는 영양염류 중 부영양화의 주범인 인을 흡착하는 특성을 이용해 조류의 생장을 억제한다. 규산질다공체 중 세라믹 소재는 조류 중에서 유해 남조류를 선택적으로 제어하는 것으로 확인되었다(박 등, 2001).

㉡ Phoslock

Phoslock은 점착성 및 팽창성을 가진 점토광물로서 물속에서 제조되며, 과립형태로서 물속에서 약 30초 가량의 시간 내에 용해된다. 이 용해된 Phoslock을 조류의 원인 물질인 인(P)으로 오염된 지역에 살포하면 서서히 가라앉아 수중의 인을 흡착하여 불 용성 물질인 란타늄인산염으로 전환되어 24~48시간 내에 막을 이루며 침전한다.

④ 호소 저니의 캡핑(Sediment Capping)
저질토는 중금속 및 영양염류의 용출이 일어나기 때문에 지표수의 부영양화를 일으키는 주요 수질인자이다. 저질토를 합성수지 및 모래 등으로 호수나 저수지의 바닥에 도포하 여 저니에서 나오는 유기물 등 영양염류 등을 차단하는 방법이다. 저질토의 준설은 공정 과정에서 나오는 오염물질 용출과 탁도 증가로 처리에 2차적인 비용이 발생하는 것과 비 교하여 저니의 캡핑은 수저면의 빠른 복원이 가능하고 수계에 미치는 영향이 적다(김 등, 2006).

3) 생물학적 관리기술
① 초어에 의한 플랑크톤 제거
② 미생물 이용
특수 미생물을 이용하여 유기물을 먹이로 빠르게 증식 확산하여 미생물 환경을 개선하고 먹이사슬의 정화를 촉진시켜 조류를 억제시키는 방법 등이 있다.

③ 식물 이용
연구가 많이 진척된 방법으로 식물 중에 개구리밥, 부레옥잠, 미나리, 부들, 갈대, 줄 등 을 이용하여 수질을 개선하는 방법으로 국내에서 실질적으로 팔당호와 경포호 및 파로호 에서 적용된 사례가 있다. 팔당호에서는 인공 식물섬을 만들어 자연 경관을 높이고 호소 에서 생물들의 거처를 제공하는 역할이 주목받고 있다.

3. 종합적 녹조관리방법

1) 녹조의 원인이 되는 영양물질의 유입 감소
① 하수의 고도처리
② 비점오염원의 감소
③ 호소유입의 오염수의 우회관로 설치
④ 오염된 하천수의 처리
⑤ 오염된 하천의 준설

2) 호소 내에서의 녹조발생 방지를 위한 내부 관리
① 물리적 대책
준설, Flushing, 심수층폭기, 심수층배제, 퇴적물 피복 등

② 화학적 대책
- 호소수의 응집처리에 의한 인의 배제
- 퇴적물 산화 : 퇴적층에 산소 공급 등
③ 식물학적 대책
부레옥잠 등 수생식물에 의한 호수정화

3) 정책적 관리방안
① TN, TP 등 배출허용기준 강화관리
② 비점오염원 철저관리
③ 총량규제 관리강화 등

문제 04 호소의 부영양화 방지를 위한 호소외부 및 호소내부 각각의 관리대책을 설명하시오.

정답

1. 부영양화

① 수체 내에서 내적, 외적인 요인에 의해 과다 영양염류가 유입되어 물의 생산능력이 증가되어 수체가 자연적 늪지화가 되어 가는 현상
② 극상으로는 삼림으로 비가역적으로 천이해 가는 자연적 현상
③ 본래 긴 역사 동안 일어나는 자연적 현상
④ 산업발달, 인구증가로 인한 오염물질 배출량의 증가로 현저하게 부영양화가 가속되어 단시간 내에 호소의 부영양화가 이수상의 지장 초래

2. 메커니즘

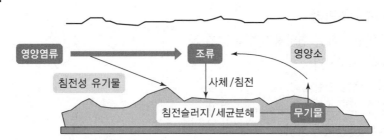

① COD 내부생산 : 외부 영양염류 유입, 저층슬러지의 혐기성 분해에 의한 영양소 공급에 따른 수체 내 플랑크톤 대량 번식
② 영양염의 재순환 : 대량 번식 플랑크톤 사멸, 침전, 혐기성 분해, 영양염 재공급, 플랑크톤 대량 발생…반복 순환속도 빨라짐

3. 영향

① 수중생태계의 변화

② 정수공정의 효율 저하

③ 수산업의 수익성 저하

④ 농수산물의 수확량 감소

⑤ 수자원의 용도 및 가치 하락

4. 호소외부 및 호소내부 관리방안

1) 호소외부

① 하수의 고도처리

② 비점오염원의 감소

③ 우회관로 설치

④ 오염된 하천수의 처리

⑤ 오염된 하천의 준설

2) 호소내부

① 물리적 대책

준설, Flushing, 심수층폭기, 심수층배제, 퇴적물 피복 등

② 화학적 대책

• 응집처리에 의한 인의 배제

• 퇴적물 산화 : 퇴적층에 산소 공급 등

③ 생물학적 대책

초어에 의한 플랑크톤 제거

④ 식물학적 대책

부레옥잠 등 수생식물에 의한 호수정화

문제 **05** 비점오염원저감시설 중 자연형 시설인 인공습지(Stormwater Wetland)를 설치하려고 한다. 시설의 개요, 설치기준, 관리 · 운영기준에 대하여 설명하시오.

정답

1. 개요

인공습지란 침전, 여과, 흡착, 미생물 분해, 식생식물에 의한 정화 등 자연상태의 습지가 보유하고 있는 정화능력을 인위적으로 향상시켜 비점오염물질을 줄이는 시설을 말한다.

2. 인공습지 종류

인공습지는 습지 내 유체의 흐름위치에 따라 크게 지표흐름형(Free Water Surface) 인공습지와 지하흐름형(Subsurface Flow) 인공습지로 분류할 수 있다. 비점오염저감시설로서의 인공습지는 강우량의 변동에 대응력이 뛰어나야 하고, 입자상물질의 유입이 많은 경우 관리의 용이성이 확보되어야 한다. 이에 지하흐름형 인공습지는 지하의 토양층을 통해 강우가 흘러가야 하므로 지표흐름형 인공습지에 비해 시설규모가 커질 수 있다. 지표흐름형 인공습지 내 일부에만 지하흐름형을 설치하는 경우도 있는데 이 경우에도 지하흐름층의 투수능이 계획유입유량보다 커야만 강우유출수를 인공습지 내로 유입시킬 수 있다. 또 지하흐름형은 입자상물질에 의해 폐색이 발생할 수 있으므로 유지관리가 가능한 구조로 설계하는 것이 타당하다.

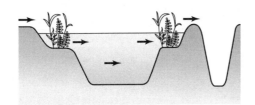

┃ 지표흐름형 인공습지 ┃

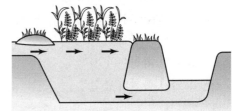

┃ 지하흐름형 인공습지 ┃

3. 설치기준

① 인공습지의 유입구에서 유출구까지의 유로는 최대한 길게 하고, 길이 대 폭의 비율은 2 : 1 이상으로 한다.

② 다양한 생태환경을 조성하기 위하여 인공습지 전체 면적 중 50퍼센트는 얕은 습지(0~0.3미터), 30퍼센트는 깊은 습지(0.3~1.0미터), 20퍼센트는 깊은 못(1~2미터)으로 구성한다.

③ 유입부에서 유출부까지의 경사는 0.5퍼센트 이상 1.0퍼센트 이하의 범위를 초과하지 아니하도록 한다.

④ 물이 습지의 표면 전체에 분포할 수 있도록 적당한 수심을 유지하고, 물 이동이 원활하도록 습지의 형상 등을 설계하며, 유량과 수위를 정기적으로 점검한다.

⑤ 습지는 생태계의 상호작용 및 먹이사슬로 수질정화가 촉진되도록 정수식물, 침수식물, 부엽식물 등의 수생식물과 조류, 박테리아 등의 미생물, 소형 어패류 등의 수중생태계를 조성하여야 한다.

⑥ 습지에는 물이 연중 항상 있을 수 있도록 유량공급 대책을 마련하여야 한다.

⑦ 생물의 서식 공간을 창출하기 위하여 5종부터 7종까지의 다양한 식물을 심어 생물다양성을 증가시킨다.

⑧ 부유성 물질이 습지에서 최종 방류되기 전에 하류수역으로 유출되지 아니하도록 출구 부분에 자갈쇄석, 여과망 등을 설치한다.

4. 관리·운영기준

① 동절기(11월부터 다음 해 3월까지를 말한다)에는 인공습지에서 말라 죽은 식생(植生)을 제거·처리하여야 한다.

② 인공습지의 퇴적물은 주기적으로 제거하여야 한다.

③ 인공습지의 식생대가 50퍼센트 이상 고사하는 경우에는 추가로 수생식물을 심어야 한다.

④ 인공습지에서 식생대의 과도한 성장을 억제하고 유로(流路)가 편중되지 아니하도록 수생식물을 질라내는 등 수생식물을 관리하여야 한다.

⑤ 인공습지 침사지의 매몰 정도를 주기적으로 점검하여야 하고, 50퍼센트 이상 매몰될 경우에는 토사를 제거하여야 한다.

문제 06 국내 농·축산지역의 지하수 수질특성에 대하여 설명하고, 지하수 수질개선대책 수립 시 수질개선 방안에 대해 환경부 시범사업 내용을 포함하여 설명하시오.

정답

1. 개요

지하수관리기본계획은 지하수법 제6조에 따라 수립되는 법정계획으로 10년 단위로 수립하고, 5년마다 타당성을 검토하여 수정·보완한다. 본 계획은 '96년 1차 수립, '02년 2차 수립, '07년 2차 계획의 보완, '12년 3차 수립에 이어 2017년 3차 계획의 수정이 있었다.

지하수수질관리기본계획('17~'21, 환경부)에 의거 농축산분야 오염원 중점관리사업이 시행되었다. 지하수 중 질산성 질소 목표수질관리제도 마련을 위해 시범사업지역(충청남도)을 대상으로 수질개선을 추진하고 관련제도를 마련하였다.

2. 농·축산지역의 지하수 수질특성

농축산지역 지하수 중 질산성 질소 수질기준 초과율이 20.3~39.6%로 확인되어 근본적인 대책마련이 필요하다.

3. 수질개선 관련 시범사업 내용

1) 오염원 및 오염실태조사

① 질소계 오염원 조사 및 오염원별 지표투입량 도출(집중관리지역 3개 등)

② 지하수 중 질산성 질소 수질변화 모니터링(2,000개 시료, 질산성 질소 등 14항목) 및 수질변동특성 분석

2) 저감목표 설정 및 평가

① 오염원별 저감목표 마련

- 오염원, 지하수수질 및 침출량 등을 종합적으로 검토하여 필지별 오염원 저감량(퇴비, 화학비료 등) 제시방법 도출 및 적용

   ※ 표준시비량 등을 고려하여 농업활동지역에 비료제공 가능

② 토양·지하수 중 질소계 오염물질 변환 및 거동특성 평가

- 토양·지하수 및 작물성장특성 등 조사(정밀조사 1개 지점과 추가 1~2개소)

   ※ 조사지역 및 내용은 과학원과 협의 후 추진(정밀조사지점은 1차년도 연구지역 유지)

3) 지하수 수질개선(질산성질소) 방안 마련

① 질소계 오염원 물질수지 계산식 도출 및 엑셀 기반 모델구축

② 물질수지 기반 오염원별 저감계획 수립, 저감기술 적용 및 개선효과 분석

- 탄소원 주입 원위치 정화기술, 지하수 재이용기술 등 유역별 최적저감기술 적용 및 경제성 평가

   ※ 시비량 저감 및 저감기술 적용 등에 따른 경제성 평가 수행

4) 지하수 중 질산성 질소 관리지침(안) 마련

① 관리대상지역선정, 지하수 수질조사, 지표투입량평가 및 저감계획 등 포함

② 질산성 질소 목표수질관리제도를 위한 규정(안) 마련

5) 기타사항

① "지속가능한 농촌지하수 수질관리" 관련 포럼(국제포함) 개최

② 저감목표 설정 및 평가 등 과제 관련 전문가회의 지속 개최

   ※ 회의 주제, 횟수, 시기 및 관련 전문가 등은 과학원과 협의하에 추진

③ 농촌 지하수 중 질산성 질소 배경농도 도출 지점선정 및 관련 DB구축

문제 01 과불화화합물의 정의(종류, 특성, 노출경로 등), 위해성에 대하여 설명하고, 만일 상수원 원수에 과불화화합물이 함유되어 있을 경우 저감방법에 대하여 설명하시오.

정답

1. 개요

과불화화합물(PFC ; Poly – & Per – fluorinated Compounds)은 아웃도어 제품과 종이컵, 프라이팬 등 생활용품에 주로 사용된다. 특히 방수나 먼지가 묻지 않도록 하는 기능성 제품이 많은 아웃도어 산업에서는 많이 사용하는 물질로 알려져 있다. 하지만 PFC는 잘 분해되지 않는 특성 때문에, 한 번 환경에 노출되면 수백 년간 남게되어 환경오염의 원인이 되기도 한다. 일부 PFC는 생식기능을 저하시키고 암을 유발하며 호르몬 시스템에 악영향을 미칠 수 있다.

2. 종류

탄화수소를 전부 또는 일부를 불소로 치환한 것을 모두 포함하며, 좁은 의미의 과불화화합물은 과불화화합물 중 술폰산류와 지방산류, 술폰산류와 지방산류로 쉽게 바뀌거나 생성할 수 있는 물질, 예를 들어 과불화옥탄산(PFOA), 과불화옥탄술폰산(PFOS) 등을 말한다.

3. 과불화화합물이 많이 발생하는 곳

플라스틱, 합성섬유의 제도과정, 유기화합물질, 석유 · 가스추출과정, 광산, 폐기물 처리시설, 금속 코팅시설(특히 테프론코팅, 공항, 군시설 등)

4. 특징

자연적으로 잘 분해되지 않는 특징(난분해성)을 갖는 잔류성 유기화합물질의 일종으로 자연계나 체내에 축적될 가능성이 있다. 동물실험에서는 간독성, 암 유발 등이, 인체역학연구에서는 갑상선 질병 발생과의 관련성이 보고된 바 있으며, 체내에서 안정성이 높아 과불화화합물의 일종인 PFOA와 PFOS의 경우 인체에 대한 반감기는 3.8~5.4년 정도로 알려져 있다.

5. 수질 관련 감시

① 먹는물 수질감시항목은 상수원수 2종, 정수 32종, 먹는샘물 3종이다.
② 정수/유해영향유기물질 중 과불화화합물은 PFOS, PFOA, PFHxS 3종이며, 분기당 1회 검사하여야 한다.

6. 처리방법

① 오염물질 제거효율 향상을 위해 오존투입 강화와 입상 활성탄 처리

② 신탄 교체를 확대, 분말활성탄의 투입대기 등 공정관리

③ 미규제물질의 처리방안 모색을 위해 응집침전, 오존, 입상활성탄, 자외선처리방법 등 연구 진행 중임

문제 02 MBR을 활성슬러지공정과 비교 설명하고, MBR의 장단점을 설명하시오.

정답

1. MBR 정의와 원리

MBR은 생물반응조(Bio Reactor)와 분리막(Membrane)을 결합하여 이차침전지 및 3차처리 여과시설을 대체하는 시설로서, 생물학적 처리의 경우는 통상적인 활성슬러지법과 원리가 동일하며, 이차침전지를 설치하지 않고 호기조 내부 또는 외부에 부착한 정밀여과막(MF) 또는 한외여과막(UF)에 의해 고액분리되는 원리를 이용한 방법이다.

2. MBR 특징

막을 이용하기 때문에 처리수 중의 대부분의 입자성분이 제거되므로 매우 낮은 농도의 BOD, SS, 탁도의 유출수가 생산된다. 또 종래 이차침전지의 경우는 고액분리의 한계로 인해 생물반응조의 MLSS 농도를 4,000mg/L 이상에서의 관리가 어려웠으나 막을 이용함으로써 미생물농도로서의 MLSS를 8,000~12,000mg/L 정도의 고농도로 유지가 가능하여, 짧아진 수리학적 체류시간으로 부지가 적게 소요된다.

3. MBR(생물막법)의 종류

생물막법은 그림과 같이 크게 가압식과 침지식으로 분류되며, 침지식은 생물반응조 내 분리막을 침지하는 방식과 별도의 분리막조에 분리막을 침지하는 방식이 있다.

가압식의 경우 지상에 분리막을 설치하며, 높은 투과율(Flux)에 의하여 적은 분리막 수량이 소요되고 지상 설치에 따른 유지관리가 용이하나, 높은 동력비가 소요되는 단점이 있다. 침지식의 경우 흡입식으로 적은 동력이 소요되는 장점이 있으나, 가압식에 비해 낮은 막투과율로 많은 분리막 수량이 필요하며, 수중에 침지되어 유지관리가 다소 불편한 점이 있다.

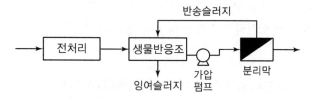

(a) 가압식 막결합형 생물반응조

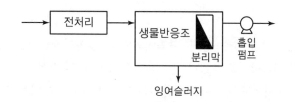

(b) 침지식 막결합형 생물반응조(생물반응조 분리막 침지)

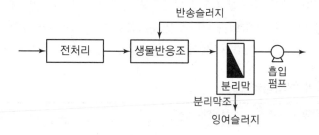

(c) 침지식 막결합형 생물반응조(분리막조 분리)

▌막결합형 생물학적 처리법의 종류 ▌

4. 장단점

1) 장점

    ① 높은 용적부하에 따른 짧은 수리학적 체류시간

    ② 적은 소요부지

    ③ 긴 SRT에 의한 높은 질소제거 효율 및 적은 슬러지발생량

    ④ 긴 SRT에서 질산화와 탈질이 동시에 가능한 낮은 DO농도에서의 운전능력

    ⑤ 탁도, BOD, SS, 박테리아가 낮은 농도의 처리수 생산

2) 단점

    ① 주기적인 약품세정 등의 막오염의 조절 필요

    ② 높은 에너지 비용

③ 고가의 분리막 비용 및 주기적인 분리막 교체에 의한 비용 발생
④ 고유량 유입 시 미처리 하수가 발생할 수 있으며, 합류식 하수배제방식에서는 적용 곤란

문제 03 상수도 정수처리공정 선정 시 처리대상물질에 따른 처리방법의 고려사항에 대하여 설명하시오.

정답

1. 개요

정수처리방법에는 소독만 하는 방식, 완속여과방식, 급속여과방식, 막여과방식, 고도정수처리방식 또는 기타의 처리방식을 추가하는 방식이 있으며, 이와 같은 처리방법을 선정하는 것은 어떠한 원수수질에 대해서도 정수수질의 관리목표를 만족시킬 수 있는 적절한 정수처리방법이어야 함은 물론이고 정수시설의 규모나 운전제어 및 유지관리기술의 수준 등을 고려하여 선정하는 것이 바람직하다.

일반적으로 제거대상이 되는 불용해성 성분으로는 탁질, 조류 및 일반세균이나 대장균군이 있으며 용해성 성분으로는 농약이나 기타 일반유기화학물질, 소독부산물 및 그 전구물질, 그 이외에 철, 망간, 경도, 불소, 암모니아성 질소, 질산성 질소, 침식성 유리탄산 등의 무기물이 있다.

2. 처리대상물질과 처리방법

처리대상항목		처리대상물질	처리방법
불용해성 성분	탁도		완속여과방식, 급속여과방식, 막여과방식
	조류		막여과방식, 마이크로스트레이너, 부상분리 (급속여과방식 중에서 2단 응집, 다층여과 등의 대응방법이 있다.)
	미생물	크립토스포리디움	완속여과방식, 급속여과방식, 막여과방식, 오존
		일반세균, 대장균군	염소, 오존
용해성 성분	냄새	곰팡이 냄새	활성탄, 오존, 생물처리
		기타 냄새	활성탄, 오존, 폭기, 염소
	소독부산물	THMs전구물질	완속여과방식, 급속여과방식, 막여과방식, 오존, 활성탄
		THMs	활성탄, 산화, 소독방법 변경
	음이온계면활성제		활성탄, 오존, 생물처리
	휘발성 유기물		활성탄, 탈기
	농약류		활성탄, 오존

처리대상항목		처리대상물질	처리방법
용해성 성분	무기물	철	산화(전염소, 중간염소, 폭기)처리, 폭기와 여과
		망간	산화(전염소, 중간염소, 오존, 과망가니즈산칼륨)처리와 여과, 망간사 여과
		암모니아성질소	염소(파괴점염소)처리, 생물처리, 막처리(역삼투)
		질산성질소	이온교환, 막처리(역삼투), 전기투석, 생물처리(탈질)
		불소	응집침전, 활성알루미나, 골탄, 전기분해, 막처리(여삼투)
		경도	정석(晶析)연화, 응석(凝析)침전, 막처리(NF), 이온교환
		침식성 유리탄산	폭기, 알칼리제 처리
	색도	부식질	응집침전, 활성탄, 오존
	랑겔리아지수		알칼리제 처리, 탄산가스, 소석회 병용법

3. 처리방법의 선정 시 고려사항

정수처리공정을 선정할 때에는 우선 불용해성 성분에 관하여 적절한 처리방식을 선택하며, 그 다음 필요에 따라 용해성 성분을 처리하기 위한 처리방식을 조합시키는 것을 고려한다. 다만, 수질이 양호한 지하수를 수원으로 하는 경우에는 소독만으로 수질기준을 만족하는 경우도 많다. 불용해성 성분을 제거하는 유효하고 대표적인 처리방식으로 완속여과방식, 급속여과방식 및 막여과방식이 있다.

여과방식만으로는 용해성 성분을 충분히 제거할 수 없기 때문에 필요에 따라 고도정수처리 등의 특수처리방식을 추가하는 것을 고려해야 한다.

문제 04 슬러지 탄화(炭化)에 대하여 설명하시오.

정답

1. 개요

최근 하수도 정비의 확대 및 생활 수준의 향상에 따라 슬러지 발생량은 급격하게 증가하고 있으며 이를 처리하기 위한 여러 가지 방법들이 모색되고 있다. 하지만 이러한 방법들은 처리비용의 증가를 초래하기 때문에 적절한 방법 선택에 어려움을 겪고 있다. 이와 같은 문제의 가장 좋은 방법은 최종 처분량을 감소시키는 것이고 향후 에너지 및 에너지 관점에 있어서 자원화는 가장 좋은 대응안이라 할 수 있다.

2. 자원화 방법

1) 녹지 및 농지의 이용

2) 건설자재로서의 이용

3) 에너지 이용 : 소화 가스 이용, 건조 슬러지 이용, 소각, 용융로 배기가스 이용, 슬러지 탄화물 이용 등

3. 슬러지 탄화

탄화(Carbonization)는 여러 가지 유기물을 열분해(Pyrolysis)시켜 다른 물질로 만드는 화학적 변화를 말하며, 유기물을 가스 배출구가 있는 용기 내에서 공기공급을 차단하고 가열하면 연소되지 않고, 각종 구성원소가 서로 결합하여 여러 가지 화합물을 만들며, 이들은 다시 결합 또는 분해에 의하여 가연성 가스로 변화되므로 포집하여 탄화작업의 열원으로 활용되고 최후에는 탄화물만 남게 됨

4. 공정

슬러지 탄화기술은 열원과 슬러지의 열접촉방식에 따라 직접가열식과 간접가열식이 있으며, 탄화로 구조에 따라 스크루식, 로터리킬른식, 회전로상식 등이 있다.

▼ 탄화로에서의 온도변화에 따른 화학반응

온도(℃)	화학반응
100~200	열전 건조, 수분 분리(물리적 분리)
250	탈산, 탈황, 결합수분 및 CO_2 분리, H_2S – 화합물 분리
340	지방함유 물질 분리, 메탄 및 다른 지방물질들의 분리
380	C – 함유 건류물질의 분리
400	C – O 및 C – N 결합물질의 분리
400~800	탄화물 형성
> 600	Olefin(Ethylene –) Ethylene → Butylene

1) 직접가열 회전로상식 탄화설비

① 원통형의 입형시설로, 가열용 공기와 버너의 화염이 노 내의 연소가스와 함께 선회하면서 선회연소에 의하여 건조 탄화됨

② 노 내의 온도와 건조 탄화 조건이 선회 흐름에 의하여 균일하게 조성되기 때문에 효율이 좋은 건조 탄화가 진행

③ 건조 슬러지는 원통 외주부에서 투입되어 교반 날개에 의하여 서서히 내부로 유도되고, 골고루 건조 탄화되며 탄화물은 중심부에서 하부로 유출(노상의 회전수를 조정함으로써 체류시간을 조정하여 슬러지 수분량의 변화에 대응할 수 있는 구조)

④ 탄화로에서 발생한 건조가스는 재연소실로 유도되어 850℃에서 2초 이상 체류하여 완전 연소 됨

→ 직접가열 회전식 탄화설비는 간접가열 방식에 비해 설비가 간단하며, 설비비, 건축비 등 초기투자비가 저렴하고, 고효율 직화식 연소이므로 열효율이 높음

2) 간접가열 회전로상식 탄화설비

① 입형의 완전 밀폐형 구조로 외주에 600℃의 열풍이 체류하는 재킷을 설치

② 내부 중앙에 특수한 날개가 부착된 축을 설치하여 이 날개의 회전에 따라 건조슬러지가 가열된 벽면에 원심력에 의해 접촉되어 탄화(탄화기 내부는 무산소상태이기 때문에 염화비닐 등을 400~450℃로 가열하여도 산화반응이 일어나지 않아 염화비닐의 염소, 벤젠 등의 결합 없이 가스화 됨)

③ 분리가스는 연소 혹은 냉각된 후 무공해화 되어 대기 중으로 방출됨

3) 간접가열 스크루식 탄화설비

① 건조기에서 완전 건조된 슬러지는 탄화로에 투입되어 예열관과 탄화관을 거치면서 탄화로 내부의 간접열에 의해 휘발분과 탄소분으로 분리되고 연속적으로 탄화물 생성

② 탄화과정에서 발생된 휘발성 건류 가스는 탄화관 상부의 가스배출구를 통해 배출되며 탄화로 내부 분위기 온도에 의해 연소되어 탄화기의 열원으로 이용

③ 탄화로에서 배출되는 850~1,100℃의 연소가스는 건조기에 공급되는 건조용 공기를 가열하는 데 사용된 후 약 500℃로 낮아진 상태로 건조기에 투입되어 건조 열원으로 이용

5. 탄화물 사용처

특성	활용분야
다공 흡착성	환경오염물질 흡착 및 수질 정화제(오수정화 및 방류수 SS 제거)
미생물 활성	퇴비 발효 촉진제
토양 활성	절개지 녹화 자재
대체 연료	비닐하우스 난방용 보조 연료
흡수, 흡유성	탈수 보조제 및 폐유 흡착제(해양오염 제거제)
환원성	고로환원제, 가탄제, 보온재(제절공정)

문제 05 급속여과 공정에 있어서 유효경, 균등계수, 최소경, 최대경의 기준과 규제하는 이유에 대하여 설명하시오.

정답

1. 개요
급속여과는 원수중의 현탁물질을 약품으로 응집시킨 다음 입상층에서 비교적 빠른 속도로 물을 통과시켜 여재에 부착시키거나 여과층에서 체거름 작용으로 제거하는 공정이다.

2. 여과재의 두께와 여재사양
① 급속여과 모래 유효경 0.45~1.0mm 중 선정(통상 0.45~0.7mm)
② 균등계수 1.7 이하(실질 1.4 정도)
③ 세척강도 30NTU 이하
④ 강열감량 0.75% 이하
⑤ 염산 가용률 3.5% 이하
⑥ 비중 2.55~2.65
⑦ 마모율 3% 이하
⑧ 최대경 2.0mm, 최소경 0.3mm

3. 여재사양 규제 이유
1) 유효경
모래입도 가적곡선에서 10% 통과경을 유효경이라 하며 세사의 경우 표면여과의 경향이 크므로 표면에 억류되는 탁질량으로 여과지속시간이 짧아진다. 그러나 역세수량이 작고 사층의 두께를 줄일 수 있는 장점이 있으며 수질 측면에서는 좋다.
왕사의 경우 내부여과의 경향이 크므로 여과지속시간과 여과속도를 증대할 수 있다. 그러나 역세척 속도가 빨라야 하고 사층의 두께를 크게 해야 한다.
여층 두께의 보통 급속여과지에서는 탁질억류율, 여과지속시간, 역세척유속, 여과속도 및 광범위한 원수수질변화 등을 종합적으로 판단하여 유효경을 정하고 있다.

2) 균등계수
① 기준은 1.7 이하로 모래입도 가적곡선 60% 통과경과 10% 통과경의 비를 말함
② 모래의 균등계수는 1.5~3.0의 범위이나, 그대로 사용 시 거대 모래 사이 세사 유입에 의한 세밀 충진상태 됨 → 탁질저지율 높으나 손실수두 큼
③ 역세 시 조립자는 하층, 세립자가 상층에 모임 → 손실수두 큼 → 여과시간 짧음
• 여층표면에서 고저지율을 완화하고 여층 내부에 높은 탁질 억류능력을 갖기 위해서 여사입경의 균일도를 높일 필요가 있어 균등계수를 1.7 이하로 정함

- 균등계수 1에 탁질 억류능력은 증가하나 가격이 고가임

3) 최대경, 최소경

① 역세척 반복에 따른 분급의 경향이 극단적으로 커지는 것을 방지하기 위하여 규제함

② 일반적인 기준은 0.3mm 이상, 2.0mm 이하

③ 실제로 0.3mm 이하는 표층을 쉽게 폐색시키고, 2.0mm 이상의 모래는 여과 효과에 기여치 않음

문제 06 규조류에 의한 정수장의 여과장애 발생 시 대책을 설명하시오.

정답

1. 개요

수온 상승 등 환경변화로 인해 상수원 조류 발생이 빈번해짐에 따라 정수장 유입조류로 인한 수처리 장애와 수돗물 맛·냄새 및 조류 독소 발생에 대한 우려가 커지고 있다. 특히, 고도처리시설을 갖추지 못한 정수장은 맛·냄새물질이 고농도로 유입될 경우 적정 정수청리에 어려움을 겪고 있는 실정이다.

2. 조류의 주요 정수처리 장애

구분	주요 정수처리 장애	비고
남조류	• 맛·냄새물질(2-MIB, Geosmin 등) 　일반처리공정 처리에 한계, 수돗물 수질저하 영향 • 독소(마이크로시스틴-LR 등) 　일반처리공정 정상운영으로 거의 100% 제거 가능 • 탁질(남조류 입자)	조류입자(탁질)에 맛·냄새물질/독소가 포함되어 있는 경우, 조류입자는 응집-침전-여과를 통해 거의 100% 제거되므로 입자에 포함됨
규조류	• 여과장애(Synedra, Aulacoseira 등) 　수돗물 수질에는 영향 없으나, 정수공정운영 어려움 • 탁질(규조류 입자)	맛·냄새물질/독소도 함께 제거됨
녹조류	탁질(녹조류 입자)	

비고 : 규조류는 정수처리 공정 내에서 응집·침강효율 저하 및 비린내 등을 유발하는 n-hexanal, n-heptanal 물질을 생성하여 맛·냄새를 발생시키며, 특히 여과지 폐색을 일으킴

※ Synedra와 같은 막대 형상의 규조류는 여과지의 표층에서 대부분 제거됨에 따라 여과지속시간을 급격히 감소시킴

3. 규조류에 의한 장애 발생 시 대책

1) 전염소 및 전오존 주입률 상향 조정

규조류는 저농도 염소 주입에 의한 산화·제거율이 낮으므로, 조류의 산화를 위하여 전염소 주입률을 염소소비량보다 높게 주입하여 침강효율 개선

2) 응집제 적정 주입

① pH 등 원수특성을 고려하여 적정 응집제 선택·주입하여 침전지에서의 규조류 제거율을 높임으로써 여과지 유입 농도 저감

② 일반 응집제의 적정 주입률 범위를 초과할 경우 pH 저하 및 잔류 탁도 상승하는 문제 주의

③ 여과장애 원인이 되는 조류종 출현 시기에 적정 응집제 사전 확보 필요

3) 응집보조제 및 여과보조제(폴리아민 등) 주입

응집·침전 효율 증가 및 여과지속시간 증가 효과

4) 배출수 회수(재이용) 중지 고려

침전슬러지 및 역세척 배출수 중에는 원수보다 높은 농도의 규조류가 농축되어 함유되어 있음

5) 여과지 표층 삭취

여층 구성상 유효경이 작은 여재가 분포되어 있는 표층 부분을 일부 삭취하고, 필요시 유효경이 큰 여재로 보충

6) 다층여과

① 여과지 폐쇄장애를 방지하기 위해 밀도와 입경이 다른 여러 종류의 여재를 사용하여 수류 방향에서 큰 입경으로부터 작은 입경으로 구성된 역입도의 여과층을 구성함

② 응급시 모래 단층 여과지의 표층 일부를 안트라사이트로 교체할 경우 여과지속시간이 길어짐

128 회 수질관리기술사

■■ 1교시 **다음 문제 중 10문제를 선택하여 설명하시오.(각 10점)**

1. BOD, NOD
2. 하천의 정화단계(Whipple Method)
3. 국가물관리기본계획의 개요와 포함 내용
4. 악취 발생원, 발산원, 배출원
5. 특정토양오염관리내상시설의 종류
6. 부영양화의 영향 및 대책
7. 경도(Hardness)
8. 기타수질오염원의 정의 및 종류
9. 생물학적 인 제거 시 영향인자
10. 오존을 이용한 고도산화(AOP, Advanced Oxidation Process) 3가지
11. 미생물연료전지(MFC, Microbial Fuel Cell)
12. 입상활성탄 주요 설계인자(EBCT, SV, LV)
13. 환경영향평가 수질조사지점 선정 시 고려사항

■■ 2교시 **다음 문제 중 4문제를 선택하여 설명하시오.(각 25점)**

1. 물속에 있는 TS 등 고형물의 종류와 각 고형물의 관계에 대하여 설명하시오.
2. 대표적 영양물질인 질소와 인의 특징과 순환에 대하여 설명하시오.
3. 지하수에서 Darcy의 법칙이 성립하기 위한 가정과 적용조건을 설명하시오.
4. 산성광산폐수의 영향 및 처리기술에 대하여 설명하시오.
5. 간이공공하수처리시설의 정의, 설치대상, 설치기준, 용량산정 방법에 대하여 설명하시오.
6. 상수도에서 맛·냄새 원인물질에 대하여 설명하고, 맛·냄새 제거방안에 대하여 설명하시오.

3교시 **다음 문제 중 4문제를 선택하여 설명하시오.(각 25점)**

1. 수질환경미생물의 종류와 특징에 대하여 설명하시오.
2. 「물의 재이용 촉진 및 지원에 관한 법률」에 따른 재이용 대상 수원별 재이용 현황과 하수처리수 재이용을 활용한 물순환 촉진 방안을 설명하시오.
3. 오염지하수정화 업무처리절차에 대하여 설명하시오.
4. 생태하천복원사업 추진 시 문제점, 복원목표, 기본방향 및 우선지원사업 등에 대하여 설명하시오.
5. 혐기성 소화 시 이상상태의 원인 및 대책에 대하여 설명하시오.
6. 반류수의 정의, 반류수별 수질항목, 처리 시 고려사항, 반류수의 증가 원인, 문제점, 처리방안에 대하여 설명하시오.

4교시 **다음 문제 중 4문제를 선택하여 설명하시오.(각 25점)**

1. 비점오염물질 정의와 오염물질의 종류 및 관리지역 지정기준에 대하여 설명하시오.
2. 수질오염총량관리 검토보고서 작성내용에 대하여 설명하시오.
3. 해수담수화의 특징 및 유의사항과 해수담수화 방식의 종류 및 역삼투압 공정 계획 시 고려사항에 대하여 설명하시오.
4. 녹조현상의 원인 및 유발물질, 부영양화와 녹조현상과의 관계, 녹조현상이 생활환경과 생태계, 농작물과 수산업 등에 미치는 영향에 대하여 설명하시오.
5. 순환식질산화탈질법과 질산화내생탈질법의 특징, 설계 유지관리상 유의사항, 차이점에 대하여 설명하시오.
6. 하수 고도처리시설 설치 시 일반원칙 및 추진방식에 대하여 설명하시오.

문제 01 BOD, NOD

정답

1. 개요

유기물질의 생물학적 산화작용은 완만하며 20℃에서 5일 동안 60~70%의 유기물질 산화, 20일간 95~99%의 유기물 산화가 일어난다.

2. 정의

수중 유기물은 호기성 미생물 작용에 의해서 안정화되는데 이때 소비되는 용존산소량을 생물학적 산소요구량(BOD)이라고 한다. 단위는 mg/L 사용하며, 일반적으로 용존산소량을 이용하여 배양을 시작한지 5일 후의 값을 측정하는데 이것이 표준 5일 BOD_5이다. 처음 7~9일 동안의 1단계는 유기물 중 탄소계 산화에 따른 DO 소모곡선, 즉 C-BOD(Carbonaceous BOD)라 하며 2단계 질소계 유기물의 산화에 소비되는 산소량을 N-BOD 또는 NOD(Nitrogenous BOD)라 한다.

3. 의의

BOD 측정은 특정 유기물을 정량하기 위한 수단이 아니라 생물학적으로 분해가능한 유기물 또는 부패성 유기물의 총량을 간접적으로 파악한다.

4. 각 단계 주요반응

1) 1단계 : C-BOD

$$탄수화물 + O_2 \rightarrow CO_2 + H_2O$$
$$단백질 + O_2 \rightarrow CO_2 + H_2O + NH_4^+$$

2) 2단계 : N-BOD

$$2NH_4^+ + 3O_2 \rightarrow 2NO_2^- + 4H^+ + 2H_2O(Nitrosomonas)$$
$$2NO_2^- + O_2 \rightarrow 2NO_3^-(Nitrobacter)$$

5. BOD의 반응곡선

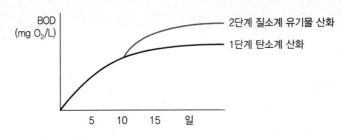

문제 02 하천의 정화단계(Whipple Method)

정답

1. 개요

하천 자정작용이란 하천에 유입된 오염물질이 자연적으로 정화되어 가는 작용이다. 자정작용은 희석·확산·침전 등의 물리작용, 산화·환원·흡착·응집 등의 화학작용, 여러 가지 수중생물에 의하여 분해되는 생물작용 등에 의해 이루어진다.

Whipple은 하천에 하수 등의 유기성 오염물질의 유입으로 인한 변화상태를 분해지대, 활발한 분해지대, 회복지대, 정수지대 등 4지대로 구분하였다.

2. 자정작용 4단계

1) 분해지대

유기물 혹은 오염물이 유입되는 하수의 방류지점과 가까운 하류지점에 위치하며 여름철 온도에서는 용존산소 포화도의 40%에 해당하는 용존산소를 갖게 된다. 분해가 진행됨에 따라 세균수가 증가하고 유기물을 많이 함유하는 슬러지의 침전이 많아지며, 분해가 심해지면 녹색 수중식물이나 고등생물 대신 균류가 심하게 번식한다. 이러한 현상은 희석이 잘 되는 큰 하천보다는 소하천에서 뚜렷이 나타난다.

2) 활발한 분해지대(부패지대)

① 혐기성 지점으로 부패상태에 도달하게 되는 단계이다. 암모니아와 황화수소가 발생되며 악취가 발생하며, 슬러지가 많아 하천은 어두운 색을 띠게 된다.

② 수중에 DO가 거의 없으며, 흑색 및 점성지 슬러지 침전물이 발생하고 메탄가스 등에 의한 기체방울이 발생된다.

③ 수중에 CO_2 또는 NH_3-N 농도가 증가하며 균류(Fungi)가 사라진다.

3) 회복지대

① 수중의 오염물이 어느 정도 분해되어 수중의 DO 농도가 증가하며 혐기성균이 호기성균

으로 대체되며 조류가 발생한다.

② 광합성을 하는 조류 및 원생동물, 윤충류, 갑각류가 번식하며 큰 수중식물도 생성되기 시작한다. DO농도가 포화될 정도로 회복된다.

③ 아질산염 또는 질산염의 농도가 증가하는 구간이다.

4) 정수지대

① 정화작용의 결과로 원래의 정상 하천생태계로 돌아온다.

② DO와 BOD 농도가 오염 이전의 농도로 돌아온다.

③ 호기성 미생물, 착색조류 및 맑은 물에 서식하는 고급어종이 증가한다.

3. 각 단계별 오염물질 및 DO 농도 변화상

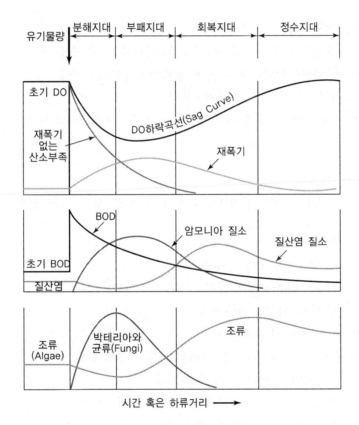

문제 03 국가물관리기본계획의 개요와 포함 내용

정답

1. 개요
① 기후변화, 경제 · 사회 여건 변화 등에 효과적으로 대응하고, 지속가능한 물관리 체계를 구축하기 위해 새로운 물관리 계획 필요
② 물관리 인프라 노후화, 대규모 신규 수자원 확보의 곤란 등의 상황에서 국민들의 안전 확보와 삶의 질 향상을 위한 물관리 전략 마련 긴요
③ 물관리 일원화, 물관리기본법 제정 · 시행 등 우리나라 물관리 체계의 혁신기에 구심점 역할을 수행할 통합물관리 전략 마련 요구 등이 있음

2. 계획의 법적 근거와 범위
① 법적 근거 : 「물관리 기본법」 제27조(국가물관리기본계획의 수립 등)
② 수립 : 환경부 장관이 10년마다 수립, 여건 변화 시 5년마다 변경
③ 심의 의결 : 국가물관리위원회가 심의 · 의결
※ 물관리기본법 공표[2018.6.12 제15653호] 공포 후 1년이 경과한 날부터 시행함

3. 계획의 범위
① 시간적 범위 : 2021년~2030년
② 공간적 범위 : 대한민국 국토전역(4대 유역, 17개 시도, 하구 · 연안 포함)

4. 물관리 기본계획 포함 내용
① 국가 물관리 정책의 기본 목표 및 추진 방향
② 국가 물관리 정책의 성과평가 및 물관리 여건의 변화 및 전망
③ 물환경 보전 및 관리, 복원에 관한 사항
④ 물의 공급 · 이용 · 배분과 수자원의 개발 · 보전 및 중장기 수급전망
⑤ 가뭄, 홍수 등으로 인하여 발생하는 재해의 경감 및 예방에 관한 사항
⑥ 기후변화에 따른 물관리 취약성 대응방향
⑦ 물분쟁 조정 및 수자원 사용의 합리적인 비용분담원칙 · 기준
⑧ 물관리 예산의 중 · 장기 투자방향에 관한 사항
⑨ 물산업의 육성과 경쟁력 강화
⑩ 유역물관리 종합계획의 기본 방침
⑪ 물관리 국제협력에 관한 사항
⑫ 남북한 간 물관리 협력에 관한 사항

⑬ 물관리 관련 조사연구 및 기술개발 지원에 관한 사항

⑭ 국가 물관리 기본계획의 연도별 이행사황 평가에 관한 사항

문제 04 악취 발생원, 발산원, 배출원

정답

1. 개요

악취란 황화수소, 메르캅탄류, 아민류 그 밖에 자극성 있는 기체상태의 물질이 사람의 후가을 자극하여 불쾌감과 혐오감을 주는 냄새를 말한다.

2. 하수도의 악취 발생 구분 및 특징

1) 발생 구분 및 장소

구분	특징	악취발생 장소
악취 발생원	하수 중에 황화수소와 같은 악취물질이 용존 상태로 존재	• 정화조, 오수처리시설 • 빌딩배수조 • 하수관로 내 퇴적물 • 관벽 생물막(Slime)층
악취 발산원	하수 중에 용존 형태로 존재하는 악취물질이 난류에 의하여 하수관로 내의 대기 중으로 기체상태로 발산	• 연결관 부분(펌핑 시) • 하수관로 · 맨홀 등의 단차 부분 • 압송관의 토출부 • 역사이펀 말단부 • 펌프장 등
악취 배출원	개인하수처리시설과 하수관로 내부 등 밀폐된 내부공간에서 발생 및 발산된 악취물질이 외부와 연결된 장소를 통하여 외부로 배출	• 맨홀 • 받이 • 토구 등

2) 악취물질 특성

① 메틸메르캅탄 : 양파, 양배추 썩는 냄새

② 황화수소 : 계란 썩는 냄새

③ 암모니아 : 분뇨냄새

문제 05 특정토양오염관리대상시설의 종류

정답

1. 개요

지하수 오염유발시설 중에는 「토양환경보전법 시행규칙」별표 2에 따른 특정토양오염관리대상
시설을 포함한다. 토양을 현저하게 오염시킬 우려가 있는 토양오염관리시설로서 환경부령으로
정하는 것은 다음과 같다.

2. 특정토양오염관리대상시설

▼ **특정토양오염관리대상시설(제1조의3관련)**

종류	대상범위
1. 석유류의 제조 및 저장시설	「위험물안전관리법 시행령」별표 1의 제4류 위험물 중 제1 · 제2 · 제3 · 제4석유류에 해당하는 인화성 액체의 제조 · 저장 및 취급을 목적으로 설치한 저장시설로서 총 용량이 2만 리터 이상인 시설(이동탱크저장시설을 제외한다)
2. 유해화학물질의 제조 및 저장시설	「화학물질관리법」제28조에 따른 유해화학물질 영업의 허가를 받은 자가 설치한 저장시설 중 별표 1에 따른 토양오염물질을 저장하는 시설[유기용제류의 경우는 트리클로로에틸렌(TCE), 테트라클로로에틸렌(PCE), 1,2 – 디클로로에탄 저장시설에 한정한다]
3. 송유관시설	「송유관 안전관리법」제2조제2호의 규정에 의한 송유관시설 중 송유용 배관 및 탱크
4. 기타 위 관리대상시설과 유사한 시설로서 특별히 관리할 필요가 있다고 인정되어 환경부장관이 관계중앙행정기관의 장과 협의하여 고시하는 시설	

문제 06 부영양화의 영향 및 대책

정답

1. 부영양화

① 수체 내에서 내외적인 요인에 의해 과다 영양염류가 유입되어 물의 생산능력이 증가되어 수체가 자연적 늪지화되어 가는 현상

② 극상으로는 삼림으로 비가역적으로 천이해 가는 자연적 현상

③ 본래 긴 역사 동안 일어나는 자연적 현상

④ 산업발달, 인구증가로 인한 오염물질 배출량의 증가로 현저하게 부영양화가 가속되어 단시간 내에 호소의 부영양화가 이수상의 지장 초래

2. 영향
    1) 수중생태계의 변화
    2) 정수공정의 효율 저하
        ① 맛, 냄새발생
        ② 응집,침전 방해

    3) 수산업의 수익성 저하
    4) 농수산물의 수확량 감소
    5) 수자원의 용도 및 가치하락

3. 대책
    1) 유입감소방안
        ① 하수의 고도처리
        ② 비점오염원의 감소
        ③ 우회관로 설치
        ④ 오염된 하천수의 처리
        ⑤ 오염된 하천의 준설

    2) 내부관리방안
        ① 물리적 대책
            준설, Flushing, 심수층폭기, 심수층배제, 퇴적물 피복 등
        ② 화학적 대책
            • 응집처리에 의한 인의 배제
            • 퇴적물 산화 : 퇴적층에 산소 공급 등
        ③ 생물학적 대책
            초어에 의한 플랑크톤 제거
        ④ 식물학적 대책
            부레옥잠 등 수생식물에 의한 호수정화

문제 07 경도

정답

1. 개요

물에 함유된 알칼리 토류금속의 양을 표준물질의 중량으로 환산하여 나타낸 것으로, 유발물질로는 칼슘, 마그네슘 등 알칼리 토금속 2가 이온이다.

경도를 유발하는 금속이온들이 물속에서 중탄산염으로 용해되어 있는 상태의 경도를 탄산염 경도 또는 일시경도라 한다. 이것을 끓이면 탄산염은 물에 녹지 않기 때문에 침전하며 물은 연화되어 경도가 낮아진다. 그 외의 황산이온이나 염산이온과 결합하는 것을 비탄산염 경도 또는 영구경도로 구분한다.

2. 경도의 종류

EDTA 표준용액으로 적정하여 간단히 측정할 수 있으며, 경도 정도에 따라 연수(0~75), 적당한 경수(75~150), 경수(150~300), 강한 경수(300 이상)로 분류된다.

3. 영향

경수는 공업용수로 부적합하며, pH나 알칼리도 영향에 따라 관내에 스케일 형성 및 비누의 거품 일기에 영향을 미쳐 소비량이 많아질 수 있다.

4. 제거방법

약품투입($Ca(OH)_2$, Na_2CO_3) 또는 이온교환수지, RO 등을 통해 제거할 수 있다.

반응식 예

경도		소석회		침전
CO_2	+	$Ca(OH)_2$	→	$CaCO_3 + H_2O$
$Ca(HCO_3)_2$	+	$Ca(OH)_2$	→	$2CaCO_3 + 2H_2O$
$Mg(HCO_3)_2$	+	$Ca(OH)_2$	→	$CaCO_3 + MgCO_3 + 2H_2O$
$MgCO_3$	+	$Ca(OH)_2$	→	$CaCO_3 + Mg(OH)_2$

라임소다애시법

		소석회				
$MgSO_4$	+	$Ca(OH)_2$	→	$Mg(OH)_2$	+	$CaSO_4$
		소다석회		침전		
$CaSO_4$	+	Na_2CO_3	→	$CaCO_3$	+	Na_2SO_4

문제 08 기타수질오염원의 정의 및 종류

정답

1. 개요

"기타수질오염원"이란 점오염원 및 비점오염원으로 관리되지 아니하는 수질오염물질을 배출하는 시설 또는 장소로서 환경부령으로 정하는 것을 말한다. (「물환경보전법」제2조 정의)

2. 종류

시설구분	대상	규모
1. 수산물 양식시설	가. 「양식산업발전법 시행령」제9조제8항제2호에 따른 가두리양식업시설	면허대상 모두
	나. 「양식산업발전법 시행령」제29조제1항제1호에 따른 육상수조식해수양식업시설	수조면적의 합계가 500제곱미터 이상일 것
	다. 「양식산업발전법 시행령」제29조제2항제1호에 따른 육상수조식내수양식업시설	수조면적의 합계가 500제곱미터 이상일 것
2. 골프장	「체육시설의 설치·이용에 관한 법률 시행령」별표 1에 따른 골프장	면적이 3만 제곱미터 이상이거나 3홀 이상일 것(법 제53조제1항에 따라 비점오염원으로 설치 신고대상인 골프장은 제외한다)
3. 운수장비 정비 또는 폐차장 시설	가. 동력으로 움직이는 모든 기계류·기구류·장비류의 정비를 목적으로 사용하는 시설	면적이 200제곱미터 이상(검사장 면적을 포함한다)일 것
	나. 자동차 폐차장시설	면적이 1천 500제곱미터 이상일 것
4. 농축수산물 단순가공시설	가. 조류의 알을 물세척만 하는 시설	물사용량이 1일 5세제곱미터 이상[「하수도법」제2조제9호 및 제13호에 따른 공공하수처리시설 및 개인하수처리시설(이하 이 호에서 "공공하수처리시설 및 개인하수처리시설"이라 한다)에 유입하는 경우에는 1일 20세제곱미터 이상]일 것

시설구분	대상	규모
4. 농축수산물 단순가공시설	나. 1차 농산물을 물세척만 하는 시설	물사용량이 1일 5세제곱미터 이상(공공하수처리시설 및 개인하수처리시설에 유입하는 경우에는 1일 20세제곱미터 이상)일 것
	다. 농산물의 보관·수송 등을 위하여 소금으로 절임만 하는 시설	용량이 10세제곱미터 이상(공공하수처리시설 및 개인하수처리시설에 유입하는 경우에는 1일 20세제곱미터 이상)일 것
	라. 고정된 배수관을 통하여 바다로 직접 배출하는 시설(양식어민이 직접 양식한 굴의 껍질을 제거하고 물세척을 하는 시설을 포함한다)로서 해조류·갑각류·조개류를 채취한 상태 그대로 물세척만 하거나 삶은 제품을 구입하여 물세척만 하는 시설	물사용량이 1일 5세제곱미터 이상(농축 수산물 단순가공시설이 바다에 붙어 있는 경우에는 물사용량이 1일 20세제곱미터 이상)일 것
5. 사진 처리 또는 X-Ray 시설	가. 무인자동식 현상·인화·정착시설	1대 이상일 것
	나. 한국표준산업분류 733사진촬영 및 처리업의 사진처리시설(X-Ray시설을 포함한다) 중에서 폐수를 전량 위탁처리하는 시설	1대 이상일 것
6. 금은판매점의 세공시설이나 안경원	가. 금은판매점의 세공시설(「국토의 계획 및 이용에 관한 법률 시행령」 제30조에 따른 준주거지역 및 상업지역에서 금은을 세공하여 금은판매점에 제공하는 시설을 포함한다)에서 발생되는 폐수를 전량 위탁처리하는 시설	폐수발생량이 1일 0.01세제곱미터 이상일 것
	나. 안경원에서 렌즈를 제작하는 시설	1대 이상일 것
7. 복합물류터미널 시설	화물의 운송, 보관, 하역과 관련된 작업을 하는 시설	면적이 20만 제곱미터 이상일 것
8. 거점소독시설	조류인플루엔자 등의 방역을 위하여 축산 관련 차량의 소독을 실시하는 시설	면적이 15제곱미터 이상일 것

비고 : 1. 제1호나목 및 다목에 해당되는 시설 중 증발과 누수로 인하여 줄어드는 물을 보충하여 양식하는 양식장, 전복양식장은 제외한다.
　　　 2. 제8호의 거점소독시설은 「가축전염병 예방법」 제3조제1항에 따른 가축전염병 예방 및 관리대책에 따른 거점소독시설 및 같은 조 제5항에 따라 농림축산식품부장관이 고시한 방역기준에 따른 거점소독시설을 말한다.
　　　 3. 「환경영향평가법 시행령」 별표 3 제1호아목에 해당되어 비점오염원 설치신고 대상이 되는 사업은 기타수질오염원 신고대상에서 제외한다.

문제 09 생물학적 인 제거 시 영향인자

정답

1. 인제거의 기본원리

생물학적 인 제거 공정은 PAOs(Polyphosphate Accumulating Organism)라 불리는 미생물이 혐기조건과 호기조건에 번갈아가며 노출되면서 인 섭취 미생물에 의해 인 방출과 괴잉섭취(Luxury Uptake)가 일어나고, 침전 후 잉여 슬러지를 배출함으로써 인을 제거하는 방법이다.

2. 영향인자

1) 유입유기물

혐기상태에서 인방출에 소비되는 탄소원은 유입수 내의 유기물을 사용하기 때문에 유입수의 COD/TP 비가 매우 중요하다.

VFA/TP=4~16, RBCOB/TP=15 (Stephens et al, 2003)

2) DO

호기성 조건에서는 DO 농도가 2mg/L 이상, 혐기성 조건에서는 DO 농도가 존재하지 않은 상태가 필요하다.

3) 온도

생물학적 인 제거 시 온도 영향에 관한 연구결과에 의하면 5℃에서 제거된 인의 총량은 15℃에서 제거된 것보다 40% 많다고 보고하였다. 이는 친냉성 박테리아들이 저온에서 더 많은 세포를 생성하므로 인의 제거 기전에 관여하기 때문이다.

4) pH

pH의 효과에 연구결과 pH가 7.5~8.0 사이일 때 인 제거 효율이 가장 좋다. pH 5.2 이하로 떨어지면 미생물의 인 섭취 활성도가 상실된다는 보고도 있다.

5) 산화질소

혐기성 영역에서 산화질소 존재 시 인 방출을 방해한다.

6) SRT

SRT가 너무 길면 잉여슬러지양 감소, 너무 짧으면 인 제거 미생물의 비율감소. 일반적으로 SRT가 길수록 단위 BOD 제거당 인 제거 효율은 떨어진다. 시스템에서 요구한는 적정 SRT를 넘지 않도록 한다.

7) 혐기조체류시간

통상 체류시간은 $0.5 \sim 3$시간(발효반응 + PHB 축적 소용시간)이다. 체류시간이 길어질수록 인 방출은 좋아지고 슬러지의 침강성은 나빠진다.

문제 10 오존을 이용한 고도산화(AOP, Advanced Oxidation Process) 3가지

정답

1. AOP의 원리

고급산화법(AOP)은 인위적으로 Hydroxyl Radical(OH Radical)을 생성시켜 오염물질을 제 거하는 방법이다.

OH Radical은 산화력(2.8V)이 다른 산화제에 비해 월등히 뛰어나고 비선택적으로 반응하기 때 문에 유기염소 화합물과 같은 난분해성 물질도 신속히 분해하는 특성을 갖는 산화법의 일종이다.

2. 종류

1) Peroxone (O_3/H_2O_2 AOP)

오존에 과산화수소를 인위적으로 첨가 → O_3를 빠르게 분해시켜 OH Radical을 형성하여 유 기물 분해

$$2O_3 + H_2O_2 \rightarrow 2OH \cdot + 3O_2$$

- O_3와 H_2O_2는 서로 반응이 느리나 HO_2^- 발생되면 O_3 분해 활발(O_3 단독공정보다 효과적)
- H_2O_2를 인위적으로 주입하여 OH Radical 형성
- H_2O_2는 OH Radical을 형성하는 Initiator이자 OH Radical을 Trap할 수 있는 Scavenger 역할 → O_3과 H_2O_2의 투입비 중요

2) UV + O_3(Photolysis)

UV(자외선)에 의한 에너지와 O_3에 의해 생성된 OH Radical 등의 강력한 산화력으로 유기 물 분해

$$3O_3 + H_2O \xrightarrow{hv} 2HO \cdot + 4O_2$$

- OH Radical 생성효율 증대목적으로 철염을 촉매로 사용하는 경우 있음
- 철염에 의한 Scale이 석영관에 Fauling 현상 유발 → 방지책 : Wiper 시스템 필요
- 비용은 UV/O_3에 비해 저렴
- 철염 사용 경우 Sludge 발생이 단점

3) 오존/High pH AOP

오존이 수산화기에 분해되어 중간 생성물인 OH 라디칼을 생성 시 pH를 증가시킬수록 오존 분해가 가속화되어 OH 라디칼 생성농도가 증대된다. 그러나 pH를 높인다고 반드시 높은 정상상태의 OH 라디칼 농도를 증가시킬 수는 없다. OH 라디칼 소모반응을 동시에 고려하여 최적의 pH를 구해야 한다.

문제 11 미생물연료전지(MFC, Microbial Fuel Cell)

정답

1. 개요

미생물 연료전지(MFC ; Microbial Fuel Cell)는 미생물이 유기.무기물질을 산화시켜 생성되는 전자를 전극으로 전달시킬 수 있는 미생물을 촉매로 사용하여 오 · 폐수 내 존재하는 유기물의 화학적 에너지를 전기에너지로 전환시키는 시스템이다.

2. 미생물 연료전지의 작동 과정

1) 미생물이 공급된 유기물을 분해하는 과정에서 전자와 수소이온이 생성된다.
2) 양이온 교환막을 통해 양극으로 수소이온이 이동된다.
3) 외부장치를 통해 전위차에 따라 전자가 흐르고 전기에너지가 생성된다.

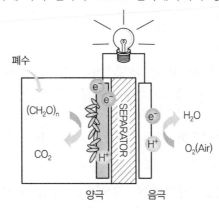

미생물 연료전지의 산화전극부와 환원전극부에서의 화학반응식은 다음과 같다.

- 산화반응 : $(CH_2O)_n \rightarrow CO_2 + H^+ + e-$
- 환원반응 : $1/2\ O_2 + 2H^+ + e- \rightarrow H_2O$

구성요소 : 산화전극, 환원전극, 분리막, 촉매

문제 12 입상활성탄 주요 설계인자(EBCT, SV, LV)

정답

1. 개요

활성탄 흡착은 각종 용존성 난분해성 유기물을 비롯한 미량의 유기물 제거에 주로 이용되는 공정이며 색도, 탈취, 중금속의 제거 등에도 이용되며, 활성탄 직경은 200mesh 이하의 분말활성탄과 입경 0.1mm 이상의 입상활성탄으로 분류된다. 분말활성탄은 정립된 운전방법의 부족과 재생 및 회수기술의 부족으로 분말활성탄의 우수한 흡착능에도 불구하고 그 이용이 제한되고 있다. 활성탄 흡착탑은 가압식, 중력식, 유동상, 고정상, 상향류, 하향류 등으로 분류된다.

2. 흡착탑의 설계인자

1) 접촉시간(EBCT)

접촉시간은 활성탄 흡착탑의 적용방법, 폐수의 특성, 요구되는 유출수의 수질에 따라 달라진다. 일반적인 접촉시간의 범위는 15~35분이다.

2) 수리학적 부하율(LV)

상향류식 활성탑 흡착탑에서 흡착탑의 단면에 유입되는 일반적인 수리학적부하율은 9.0~24.5m³/m²/hr이며 하향류식 활성탄 흡착탑에 적용되는 일반적인 수리학적 부하율은 7.2~11.9m³/m²/hr이다. 활성탄 흡착탑 0.3m마다 실제로 가해지는 압력이 7kPa 이상으로 운전되지 않도록 한다.

3) 공간속도

공간속도 SV(Space Velocity)는 활성탄 부피당 흐르는 유량을 말한다. 즉, $SV=$유량$(Q) \div$활성탄 부피(V)에서 통상적으로 $EBCT = V \div Q$이므로 EBCT의 역수를 구하면 SV를 구할 수 있다.

그러므로 $SV = 60\text{min}/EBCT \text{min} = 1/(15 \sim 35) = 4 \sim 1.71\text{h}^{-1}$

4) 흡착탑의 높이

활성탄 흡착탑의 높이는 다양하며 일반적으로 3~12m이고 주로 활성탄의 접촉시간에 따라 변화한다. 최소 높이는 3m가 적당하며 전형적인 총 흡착제 층의 높이는 4.5~6.0m이다. 역세척 동안이나 유동상 운전 시를 고려하여 흡착탑의 높이는 10~50%의 여유고가 있어야 하며, 표준 흡착탑은 탑체와 원추형 혹은 접시모양의 상부덮개, 바닥에 설치된 흡착제 지지스크린과 지지격자로 구성되어 있다. 칼럼의 최소 높이 : 직경의 비는 일반적으로 2 : 1이다.

5) 흡착탑의 수

어떠한 크기의 처리공정이든지 최소한 두 개의 유사한 흡착탑이 병렬로 있어야 한다. 흡착탑 내의 활성탄 제거와 보충, 역세척 등의 휴지기간을 고려하여 흡착탑의 수를 결정한다. 처리수량이 많을 때는 다음 그림 1과 같이 병렬로 연결하고 유기물의 부하가 높을 때는 그림 2와 같이 직렬다단 방식으로 연결하기도 한다.

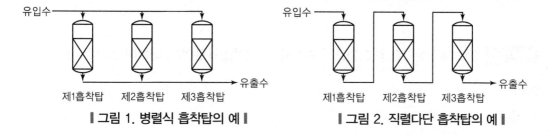

┃ 그림 1. 병렬식 흡착탑의 예 ┃　　　　　┃ 그림 2. 직렬다단 흡착탑의 예 ┃

문제 13 환경영향평가 수질조사지점 선정 시 고려사항

정답

1. 개요

환경영향평가제도란 환경에 중대한 영향을 미치는 국가정책계획이나 개발사업 등이 환경에 미치는 영향을 조사, 예측, 분석하여 부정적인 환경영향을 피하거나 저감방안을 강구하는 것이다.

2. 수질조사지점 선정 시 고려사항

구분	조사지점 선정 시 고려사항
지역을 대표하는 지점	• 수질 대표 지점으로는 유량이나 유황이 안정적이거나 다른 특정 오염원에 의한 영향이 적은 지점 • 과거로부터의 경위 등을 파악하기 위해서는 환경기준점을 선정 • 호수나 해역에서는 메시 형태로 조사 지점을 배치하여 물질의 면적인 분포를 조사하는 경우가 많음
영향이 특히 크거나 우려가 있는 지점	사업에 의한 영향이 특히 커질 우려가 있는 지점으로서는, 오염물질의 배출 지점이나 유형 변화가 큰 사업지역의 직하류 등을 선정함
환경보전에 대하여 배려가 특히 필요한 대상 등이 존재하는 지점	• 환경보전에 대한 배려가 특히 필요한 대상 : 상수원(수도용수원) 및 취수 지점 등 • 주로 수역의 물이용 관점에서 중요한 지점을 선정함
이미 환경이 현저하게 악화되고 있는 지점	다른 오염발생원의 영향을 받아 이미 수질 상황이 악화되었다고 생각하는 지점을 선정
현재 오염 등이 점점 진행되어 가고 있는 지점	인근의 다른 오염발생원에 의해 현재 오염이 진행되고 있다고 생각되는 항목 등은 해당 사업에 의한 영향과 기타 영향을 구분하기 위해 사업 실시 전의 상황을 파악함

수질관리기술사

제128회 | **2교시**

문제 01 물속에 있는 TS 등 고형물의 종류와 각 고형물의 관계에 대하여 설명하시오.

정답

1. 총고형물의 정의
시료를 105~110℃에서 증발시켰을 때 남은 모든 물질을 총고형물 함유량이라 한다.

2. 고형물의 종류
총고형물(증발잔류물)은 입자 크기에 따라 부유물질과 용존고형물로 나뉘며, 성상에 따라서는 휘발성 고형물과 강열잔류고형물로 나눌 수 있다. 물속의 고형물 관계는 다음 그림과 같다.

TS = VS + FS
‖ ‖ ‖
TSS = VSS + FSS
+ + +
TDS = VDS + FDS

1) 총고형물(TS ; Total Solids)
   총 증발잔류물이라고도 하며, TSS와 TDS를 합한 것의 농도

2) 총현탁고형물(TSS ; Total Suspended Solids)
   폐수를 표준 여과판(Filter Disk)으로 거른 후 105~110℃에서 1시간 이상 건조시켰을 때 남는 증발잔류물 농도

3) 총용존고형물(TDS ; Total Dissolved Solids)
   폐수 중에서 표준 여과판을 통과한 용액을 접시에 받고 105~110℃에서 1시간 이상 건조시켰을 때 남는 증발잔류물 농도

4) 총휘발성 고형물(VS ; Volatile Solids)
   휘발성 물질의 총농도로서 VSS와 VDS를 합한 것의 농도

5) 휘발성 고형물(VSS ; Volatile Suspended Solids)

  총현탁고형물 중에서 열작감량을 뜻하며, TSS를 550±50℃에서 15분 동안 태웠을 때에 없어진 증발잔류물 농도

6) 휘발성 용존고형물(VDS ; Volatile Dissolved Solids)

  총용존고형물 중에서 열작감량을 뜻하며, TDS를 550±50℃에서 15분 동안 태웠을 때에 없어진 증발잔류물 농도

7) 총열작잔류고형물(FS ; Fixed Solids)

  총고형물 중의 열작성분이며, FSS와 FDS를 합한 것의 농도

8) 열작잔류고형물(FSS ; Fixed Suspended Solids)

  총현탁고형물 중에서 열작잔량을 뜻하며, TSS를 550±50℃에서 15분 동안 태웠을 때 남는 물질 농도

9) 열작잔류용존고형물(FDS ; Fixed Dissolved Solids)

  ① 총용존고형물 중에서 열작잔량을 뜻하며, TDS를 550±50℃에서 15분 동안을 태웠을 때 남는 물질 농도

  ② 휘발성 고형물은 대부분이 유기물이며 강열잔류고형물은 무기물 성질을 나타내는데, 시료 내의 유기물 함량을 알 수 있는 측정방법

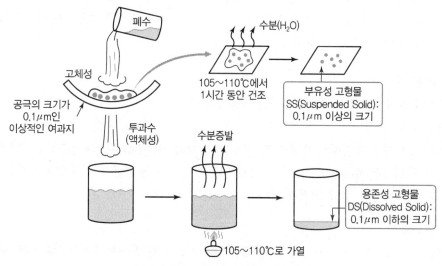

‖ 여과지에 의한 SS와 DS의 구분 ‖

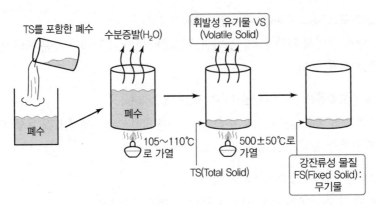

┃ 500℃ 강열에 의한 VS와 FS 구분 ┃

문제 02 대표적 영양물질인 질소와 인의 특징과 순환에 대하여 설명하시오.

정답

1. 개요

질소는 인과 함께 원생생물과 식물의 성장에 필수적인 것으로서 영양물 또는 생물촉진제라 한다. 폐수의 생물학적 처리 가능성을 평가하고자 할 때 질소와 인에 관한 자료가 필요하며, 질소와 인의 양이 부족하면 첨가해 주어야 한다. 또한 물을 활용하기 위하여 조류의 성장을 조절하려면 폐수 속의 인과 질소를 제거하거나 감소시켜 처리수를 방류해야 한다.

질소(N_2)는 대기의 약 78%를 차지하고 있지만, 대부분의 생물은 이를 직접 이용하지 못하며, 일부 미생물들만이 직접 대기 중의 질소를 이용할 수 있다.

2. 질소의 순환

자연 중에 존재하는 질소의 변환과정은 다음과 같다.

1) 질소 고정 및 방전

질소 고정 세균에 의해 대기 중의 질소(N_2)가 암모늄 이온(NH^{4+})으로 전환되는 과정이다. 대기 중의 질소는 뿌리혹박테리아, 아조토박터 등 질소 고정 세균에 의해 암모늄 이온(NH^{4+})으로 고정되거나, 공중 방전에 의해 질산 이온(NO^{3-})으로 된다.

2) 질산화과정

토양 속 일부 암모늄 이온은 아질산균과 질산균 같은 질화 세균에 의해서 이온(NH^{4+})이 아질산 이온(NO^{2-}), 질산이온(NO^{3-})으로 산화된다.

$$NH^{4+} \rightarrow (아질산균) \rightarrow NO^{2-} \rightarrow (질산균) \rightarrow NO^{3-}$$

3) 질소동화작용

   ① 식물이 토양 속의 무기 질소 화합물을 흡수하여 단백질, 핵산, 인지질 등의 유기 질소 화합물을 만드는 작용이다.

   ② 유기물 속의 질소는 먹이사슬을 따라 소비자 쪽으로 이동한다.

4) 질소 분해

   동식물의 사체나 배설물 속의 유기 질소 화합물은 분해자에 의해 암모늄 이온으로 분해되어 토양으로 되돌아 간 후 식물에 다시 흡수되거나 질화 세균에 의해 질산 이온으로 전환되어 이용된다.

5) 탈질작용

   토양 속 질산 이온의 일부는 탈질소 세균에 의해 질소 기체로 되어 대기 중으로 돌아간다.

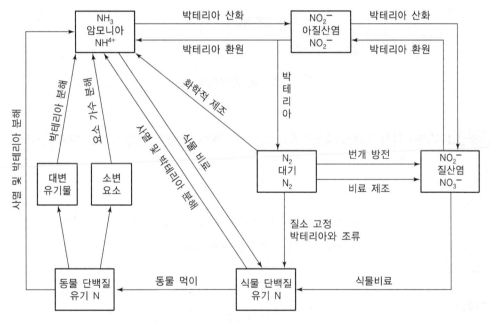

‖ 질소 순환 경로도 ‖

3. 인의 순환

인은 모든 생물체의 필수 원소이며 유기체들은 ATP와 DNA와 같은 핵산 성분을 만들기 위하여, 척추동물들은 뼈와 이를 만들기 위하여 인을 필요로 한다. 탄소나 질소와 달리 인은 대기 중에 있지 않고 오로지 지역적으로 국한하여 재순환된다.

① 자연형태에서 무기 인산형태로 방출된 인을 식물이 무기인산염 이온을 토양으로부터 흡수하고 이것으로 유기화합물을 만들어 낸다. 소비자들은 유기 인을 식물로부터 유기물 형태로 얻게 된다.

② 유기물 형태의 인은 추후 미생물과 같은 분해자들에 의해서 토양으로 되돌아 간다.

③ 어떤 인은 용액형태로 침전되어 호수나 대양의 밑바닥에 가라앉아 새로 생성되는 바위가 되며, 지각 변동에 의해 육상으로 융기되어 바위가 풍화되지 않는 한 재순환되지 못한다.

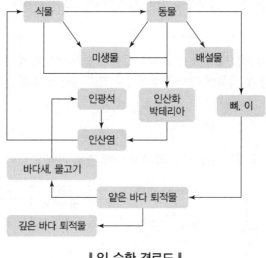

┃ 인 순환 경로도 ┃

문제 03 지하수에서 Darcy의 법칙이 성립하기 위한 가정과 적용조건을 설명하시오.

정답

1. 개요

Darcy 법칙은 다공성 매질을 통과하는 유체의 흐름에 대하여 관찰을 통해서 얻어진 경험식이다. 유체가 토양이나 암석 등의 다공성 매체를 통과하는 데 있어서 그 용이도를 나타내는 척도로 사용한다.

2. 가정

① 다공층을 구성하는 물질의 특성이 균일하고 동질이다.

② 대수층 내에 모관수대가 존재하지 않는다.

③ 흐름은 층류이다.

3. 적용조건

다르시의 법칙은 유속이 느린 점성 흐름에 대해서만 유효한데, 대부분의 지하수의 흐름에는 다르시의 법칙을 적용할 수 있다. 일반적으로 레이놀즈 수가 1보다 작은 흐름은 층류이고 Darcy 법칙을 적용할 수 있으며, 실험에 의하면 레이놀즈 수가 약 10 정도인 흐름까지도 Darcy 법칙을 적용할 수 있다.

4. Darcy의 법칙

다공성 매질을 통과하는 유체의 단위 시간당 유량과 유체의 점성, 유체가 흐르는 거리와 그에 따르는 압력 차이 사이의 비례 관계를 의미한다.

$$Q = -K\frac{(p_b - p_a)}{L}A = KIA = VA$$

여기서, Q : 유량

K : 투수계수(cm/sec) (수리전도도)

I : 동수경사

$(p_b - p_a)$: 수두차(cm)

A : 내부 매질의 단면적

V : 유속

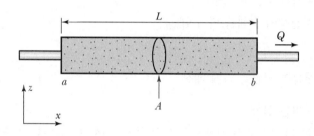

흙 시료에 다르시의 법칙을 적용한다고 할 때, 단면적 A는 흙 시료 전체 단면적이므로 이를 통해 계산한 유속 V는 실제 유속 V_a(침윤속도라고도 함)와 다르다. 왜냐하면 실제로 흙 시료에서 물이 흐르는 단면적은 공극만큼의 단면적 A_v이기 때문이다. 이는 연속 방정식에 의해 $Q = VA = V_a A_v$로 나타낼 수 있다. 즉, 실제침투속도(V_a)가 이론침투속도(V)보다 크다.

문제 04 산성광산폐수의 영향 및 처리기술에 대하여 설명하시오.

정답

1. 개요

산성광산폐수(산성광산배수)란 폐갱구 및 광산폐기물에서의 황(Sulfide)과 철(Fe) 등의 산화에 의해 발생되는 pH가 낮은 배출수를 말한다.

폐광산에서는 광산 주변에 적치되어 있는 광미로부터 오염 중금속이 용출될 뿐 아니라 황철석의 산화로 인한 산성폐수가 납, 수은, 카드뮴과 같은 유해중금속을 용출시켜 인근 지역의 토양과 하천수, 지하수를 오염시키고 농작물에도 악영향을 끼치고 있으며 하천바닥에 적갈색 등의 침전물을 형성시켜 미관상 및 생태학적인 악영향을 끼친다.

2. 환경에 미치는 영향

1) 수중생물에 미치는 영향

① 어류, 수생식물 등의 생장장애 등 유발

② 서식처 변화, 물고기의 산란방해 등 유발

③ 중금속 농도를 증가시키므로 수생생태계에 악영향

④ 하천수의 유기물을 분해하는 세균은 낮은 pH에서 활성이 낮아지므로 하천의 자정작용 억제

⑤ 수산화물의 침전에 의해 저서조류(Benthic Algae), 저서성 대형무척추동물(Benthic Macroinvertebrates) 등의 서식에 악영향

2) 수자원에 미치는 영향

① 낮은 pH에 의한 중금속 오염

② 철산화물은 물색이 적색을 띠게 함

3) 심미적인 영향

하천을 붉게 물들여 경관을 크게 해침

4) 구조물 등에 미치는 영향

각종 금속물질이나 콘크리트 구조물의 부식 증가, 시설물 노후화, 내구성 저하

3. 처리기술

1) 산성광산폐수 발생방지법

① 산소공급 차단 – 생성초기 단계에 유효

② 미생물의 활동을 억제

• Thiobacillus Ferrooxidans 등의 활동을 억제하기 위하여 살균제 등을 주입

• 살균제에 의한 2차 오염성 내재

2) 산성광산폐수 강제처리방식(Active Treatment)

① 산성광산폐수를 수집하여 인위적인 처리를 실시하는 방식

② 화학적, 기계적, 생물학적인 방법으로 산화, 중화를 실시하여 금속을 수산화물의 형태로 전환시켜 침전, 제거하는 방법

• 장점 : 처리효율이 높고 부지가 적게 소요

• 단점 : 장비, 운전비용 소요, 유지관리에 많은 노력 필요함

3) 자연정화법

자연정화법은 대규모의 자연습지 또는 인공습지를 조성하고 식물을 식재하여, 산성광산폐수를 유입시켜 자연적으로 산화 및 중화처리되도록 하는 방법이다.

인공습지는 호기성 습지와 혐기성 습지로 분류된다. 호기성 습지에서는 산화작용, 수화작용 등이 발생하는데 이러한 과정을 통하여 폐수 중의 중금속이 불용성 금속화합물로 침전, 제거된다. 혐기성 습지는 주로 유기물과 석회석을 충전하여 인공적으로 만드는 경우가 많은데 폐수 중의 중금속이 황산염 환원균에 의해 황화물로 제거된다.

① 습지에서 중금속 원소들이 제거되는 과정

여과 및 흡착, 식물 뿌리로의 흡수, 습지 내의 미생물 작용에 의한 황화물 침전 등

② 습지식물에 의한 주요 정화기작

㉠ Phytoextraction

오염물질을 식물체 내로 흡수하여 농축시킨 후, 오염물질이 농축된 식물체를 제거하는 방식이다. 수확된 식물은 때에 따라 재이용할 수도 있으나 중금속 등 오염물질이 함유되어 있으므로 적절한 처리가 필요하며 대체적으로 소각 등에 의해 처리된다.

㉡ Rhizofiltration

오염물질을 식물의 뿌리 주변에 축적, 여과, 식물체 내로 흡수시키는 과정

㉢ Phytostabilization

식물체의 뿌리 주변에서 오염물질이 미생물학적, 화학적 산화과정을 겪게 되어 중금속의 산화도가 바뀌어서 불용성의 상태로 식물체의 뿌리 주변에서 비활성의 상태로 축적되거나 식물체에 의해서 이동이 차단되는 과정이다.

문제 05 간이공공하수처리시설의 정의, 설치대상, 설치기준, 용량산정 방법에 대하여 설명하시오.

정답

1. 정의

강우(降雨)로 인하여 공공하수처리시설에 유입되는 하수가 일시적으로 늘어날 경우 하수를 신속히 처리하여 하천·바다, 그 밖의 공유수면에 방류하기 위하여 지방자치단체가 설치 또는 관리하는 처리시설과 이를 보완하는 시설을 말한다. (「하수도법」 제2조제9의2)

2. 간이공공하수처리시설의 설치대상

간이공공하수처리시설은 I, II지역의 합류식 지역 내 500m³/일 이상 공공하수처리시설에 설치하는 것을 원칙으로 한다.

3. 설치기준

① '24년 이후 강화되는 방류수 수질기준을 고려하여 중복 및 과잉투자가 발생되지 않도록 효율적인 시설계획을 수립하여야 한다.

② 강우 시 간이공공하수처리시설의 삭감부하량 목표를 설정하고, 관련계획 및 지역특성에 적합한 목표 방류부하량을 제시하여야 한다.

4. 간이공공하수처리시설 용량산정

1) 간이공공하수처리시설 용량(A)

간이공공하수처리시설의 용량은 우천 시 계획오수량과 공공하수처리시설의 강우 시 처리가능량을 고려하여 결정하여야 한다.

간이공공하수처리 시설용량(A)	=	우천 시 계획오수량 (B)	−	공공하수처리 시설의 강우 시 처리가능량(C)

[하수관로정비(분류식화)사업 추진에 따른 간이공공하수처리시설의 적정 용량 검토]

① 분류식화 사업이 완료된 경우 → 간이공공하수처리시설 설치 대상이 아님
② 분류식화 사업이 계획 또는 추진 중인 경우 → 간이공공하수처리시설 완공시점의 분류식화 현황에 따라 간이공공하수처리시설 용량을 산정
③ 분류식화 사업계획 없음(합류식 지역) → 강우 시 유입량(3Qhr)에 대해 기존 공공하수처리시설에서 처리가능한 용량을 제외한 후 간이공공하수처리시설 용량을 산정

2) 우천 시 계획오수량(B)

① 합류식 지역의 우천 시 계획오수량은 계획시간최대오수량의 3배(3Qhr)로 산정하여야 한다.
② 합류식과 분류식이 병용된 지역에서 분류식 지역의 우천 시 계획오수량은 계획시간최대오수량(Qhr)으로 하고 합류식의 우천 시 계획오수량과 합산하여 전체 우천 시 계획오수량을 산정하여야 한다.

3) 공공하수처리시설의 강우 시 처리가능량(C)

공공하수처리시설의 강우 시 처리가능량은 강우 시 유입하수량, 유입수질, 체류시간, 처리수량, 처리수질 등을 종합 검토하여 기존 공공하수처리시설에서 최대 처리할 수 있는 용량으로 한다.

문제 06 상수도에서 맛·냄새 원인물질에 대하여 설명하고, 맛·냄새 제거방안에 대하여 설명하시오.

정답

1. 이취미를 발생시키는 주요 원인물질

수돗물의 맛 또는 냄새가 날 경우 그 원인이 되는 물질로서 이들은 구조가 매우 복잡하고 종류가 상당히 많기 때문에 특별히 어떤 물질이라고 정하는 것이 어렵다. 특히, 부영양화된 물에서는

2−methyl isoborneol(MIB)과 Geosmin이 냄새의 원인물질인데, 이들 물질은 곰팡이 냄새를 유발한다. 조류의 증식 외에도 방선균(Streptomyces)에 의한 물질, 저수조에서 발생한 미생물 반응물, 철, 망간 등이 있으며, 염소와 반응하여 발생하는 페놀류, 아미노류는 인간에게 매우 불쾌한 냄새를 유발한다. 이 중 주요 원인물질로는 조류증식에 의한 2−methyl isoborneol(MIB)과 Geosmin로 ppt 이하의 극히 낮은 농도에서 인지되는 특성을 갖고 있다.

2. 수원지에서의 유입방지 · 제거방법

① 취수구와 조류가 심한 지역에 대한 차단막 설치 등 조류제거 조치 실시
② 수역에서 부상분리에 의한 조류의 제거
③ 선택취수 가능 시 조류증식 수심이하로 취수구 이동을 통해 조류 유입 최소화

3. 정수장에서의 제거방법

1) 남조류의 효과적인 처리방법

구분	입자(조류세포 내)	용존(조류세포 외)
처리공정	응집 침전 여과	활성탄, 오존
공정운전	전염소 ↓ 후염소 ↑ 최정 pH 조절 응집제 최적 주입 침전슬러지 회수주기 단축	분말활성탄 최적 주입 (주입지점 및 주입량) 오존/입상활성탄 적정 운영
제거효율	G/M 약 100% (G : 지오스민, M : 2−MIB)	분말활성탄 G 약 70%, M 약 50%, 오존 & 입상활성탄 G/M 약 100%

2) 규조류에 의한 비린내 발생 시 전염소처리 강화
3) 고도산화법 도입(UV+H_2O_2, 오존+H_2O_2)

4. 배수계통에서의 발생억제방법

배출수 계통(침전슬러지, 역세척배출수)으로부터의 회수 중지

5. 정수지 주의사항

정수지에서는 맛 · 냄새 발생 시에는 전염소 주입 감소 시 후염소 관리를 강화하며, 정수지 pH 상승 시 적정 소독능 유지를 위해서 고수위를 유지하며 수질항목 기준 초과 시(지오스민, 2−MIB 기준 초과 시) 주민공지를 실시한다.

문제 01 수질환경미생물의 종류와 특징에 대하여 설명하시오.

정답

1. 개요

유기물을 제거하는 활성슬러지 미생물은 적절한 생식과 기능을 유지하기 위해서 에너지원과 세포를 생성할 수 있는 탄소원 및 영양물질들이 필요하다.

2. 미생물 종류

1) 용존 산소와의 관계에 의한 분류

① 호기성(Aerobic) : 분자상 산소가 공급되어야만 생존, DO 섭취하여 세포합성

② 혐기성(Anaerobic) : 산소가 없는 환경에서만 생존, 화합물 내의 산소 탈취하여 세포 합성

③ 통기성 · 임의성(Facultative) : 산소의 유무에 관계없이 생존(예 : 호소, 연못 상태)

2) 먹이와의 관계

생물이 계속해서 적절한 번식과 기능을 위한 에너지원과 탄소원, 질소, 인 등 무기원소와 미량원소도 필요

① 세포 물질 획득원

• Heterotrophic : 유기물(종속 영양형)

• Autotrophic : 무기물 CO_2(독립 영양형)

② 에너지 획득원

㉠ Heterotrophic → 대부분 Chemotrophic 화학합성

(유기물질 산화, 즉 발효에서 에너지 받음)

㉡ Autotrphic

• Phototrophic : 광합성 작용(태양)

• Chemotrophic : 유기물의 산화 · 환원 반응

3. 중요 미생물 및 특징

1) Bacteria : 활성슬러지를 구성하는 생물량(Biomass) 95%가 단세포 원생생물 세균이다.

① 형태 : 구형, 원주형(간균), 나선형

• 구균 지름 : $0.5 \sim 1.0 \mu m$

• 간균(예, bacilusrod) 폭 : $0.5 \sim 1 \mu m$, 길이 : $1.5 \sim 3.0 \mu m$

- 나선균(Spirilla, spiral) 폭 $0.5 \sim 5 \mu m$, 길이 $6 \sim 15 \mu m$

② 시험결과 : 80% 물 + 20% 건조물질

③ 20% → 90% 유기물질($C_5H_7NO_2$, 인 고려 시, $C_{60}H_{87}O_{23}N_{12}P$) + 10% 무기물질 유기물 제거 및 폐수처리에 있어서 가장 중요

2) Fungi(균류)

① 절대호기성, DO 낮은 조건, 낮은 pH에도 잘 자람

② 활성슬러지법에서 잘 침전하지 않고 Bulking 문제 유발

③ 실모양(Filament), 크기 $5 \sim 10 \mu m$

3) Algae(조류)

① 단세포 또는 다세포의 무기영양 광합성 원생 생물

② 탄소동화작용을 하며 무기물 섭취

③ 상수의 맛과 냄새, 여과지 폐쇄 등을 일으킴

$$\text{광합성} : CO_2 + H_2O \xrightarrow{\text{빛}} (CH_2O) + O_2 + H_2O$$

$$\text{호흡} : CH_2O + O_2 \rightarrow CO_2 + H_2O$$

④ CH_2O 증식 조류세포

조류광합성 의해 pH 상승($\because$ HCO3$^-$에서 CO_2 감소) 작용도 한다.

4) 원생 동물(Protozoa)

① 운동성의 미세 원생 생물(대개 단세포)

② 대부분 호기성 유기 영양형이지만 혐기성도 있음

③ 에너지원으로 박테리아 섭취

5) Sludge Worm, 후생동물

① 윤충류(Rotifer) 등

② 호기성, 유기영양형, 다세포 동물

③ 분산 및 군집 박테리아와 작은 유기물 입자의 소비에 아주 효과적임

문제 02 「물의 재이용 촉진 및 지원에 관한 법률」에 따른 재이용 대상 수원별 재이용 현황과 하수처리수 재이용을 활용한 물순환 촉진 방안을 설명하시오.

정답

1. 개요

지속 가능한 물 재이용 정착으로 건전한 물 순환 확산을 위한 제2차 물 재이용 기본계획(2021~2030년)이 발표되었다. 기본계획 수립 근거는 다음과 같다.

① 목적 : 물의 재이용을 촉진하고 관련 기술의 체계적 발전 도모

② 법적근거 : 물의 재이용 촉진 및 지원에 관한 법률 제5조

③ 계획기간 : 2021~2030년(제2차, 필요시 5년 후 변경)

2. 위상과 역할

① 물 재이용 정책에 대한 국가 기본방침

② 물 재이용과 관련된 정부 최상위 계획

③ 중앙부처와 지방자치단체의 정책입안 지침

3. 수자원별 재이용 현황

① '18년 물 재이용량 총 15.2억m³

② 전체 수자원 이용량 대비 4.1% 차지

③ 하수처리수 11.1억m³(75%), 중수 3.6억m³(24%), 빗물 0.08억m³(1%), 폐수처리수 0.37억m³(2%)을 재이용하고 있음

④ 전체 : 18년 물 재이용량 총 15.2억m³으로 3단계 목표 대비 60% 재이용

※ '20년까지 물 재이용량 목표를 '08년 대비 2.9배 증가한 25.2억m³/년으로 설정

⑤ 하수처리수 : 18년 기준 3단계(20년) 목표량 대비 56% 재이용

⑥ 중수 : 18년 기준 3단계(20년) 목표량 대비 74% 재이용

⑦ 빗물 : 18년 기준 3단계(20년) 목표량 대비 8.0% 재이용

⑧ 폐수처리수 : 18년 기준 3단계(20년) 목표량 대비 187% 재이용

4. 하수처리수 재이용을 활용한 물순환 촉진 방안

1) 하수처리수 재이용수의 하천유지용수 공급 확대로 하천 건천화 개선

① 하수처리수 재이용 하천유지용수 공급 합리적 수질기준 마련('21~)

수질악화를 유발하지 않는 목표 수질, 색도 등에 대한 가이드라인 수립 및 대상 하천의 수질 특성을 고려한 기준 마련

② 하수처리수 재이용수의 건천구간 유지용수 공급계획 구상('22~)

물순환/물수지 분석에 기반한 체계적 하천유지용수 공급 타당성 검토 및 공급 계획 수립

③ 지자체별 물 재이용 관리계획 수립 시 하천 건천화 개선계획 검토·반영('21~)

지자체 물 재이용 관리계획 수립 시 재이용수를 활용한 건천 하천 개선계획 마련 및 수질·수량 검토를 통한 재이용 시설 계획 반영

④ 하수처리시설 개선 및 하천 건천화 개선 추진(~'30)

물 재이용 관리계획에 기반한 건천화 개선 계획구간 인근 하수처리 시설 개선 및 건천화 개선계획 단계별 추진

⑤ 하천 건천화 개선사업 효과 분석 및 대국민 홍보(~'30)
- 건천에 재이용수 상시공급을 통한 건천화 해소 효과 분서
- 하천 인근 거주민의 만족도 조사 및 대국민 홍보

2) 농민 인식제고 방안 및 가뭄 취약지역 비상 농업용수 공급방안 마련으로 재이용수의 농업용수 활용 활성화

① 농업용수 부족지역 실태조사 및 공급방안 마련('23~)
- 상시 가뭄발생지역 우선으로 농업용수 부족지역 실태조사
- 재이용 활용 가능지역, 시범사업 타당성 분석 및 계획 수립
- 재이용수의 작물 직접공급 외 수막재배용수, 간접공급 등에 대한 수요조사 및 공급방안 마련
- 유관기관과 재이용수 활용 규모 및 방안 협의

② 시범지역 선정 후, 재이용수 비상 공급관로 구축 및 시범운영('24~)
- 재이용수 활용 수요조사 및 비상 공급관로 구축계획
- 시범운영을 통한 수질 및 운영계획 등 보완

③ 비상 농업용수 공급 사업 단계별 확대 적용('25~)

④ 농업용수 재이용 인식개선 사업 발굴 및 지속 추진('23~)

시범사업지의 가뭄 시 용수 공급효과 등에 대한 분석 및 홍보

문제 03 오염지하수정화 업무처리절차에 대하여 설명하시오.

정답

1. 목적

이 지침은 지방환경관서의 장 또는 지방자치단체의 장이 지하수를 오염시킨 자에 대한 오염원 지하수의 정화 등의 명령을 발령하고 명령의 이행 여부를 확인함에 있어 필요한 사항을 정함으로써 지하수 환경 관리의 효율성을 제고함을 목적으로 한다.

2. 개요

지하수 오염 및 확산 범위, 오염원인에 대한 평가, 오염방지대책 및 오염 지하수의 정화 등에 관한 판단에 필요한 조사를 수행하고 그 결과를 분석·평가하며, 오염지하수정화사업 계획을 수립토록 한다.

3. 업무처리절차

1) 지하수 오염원인 평가
   ① 개략적인 오염범위 추정을 위한 자료수집 및 현장조사
   ② 신규 관측정 설치를 통한 오염물질 분석, 수리지질조사 및 오염범위 분석
   ③ 지하수 유동특성 분석
   ④ 오염도 작성 및 오염물질 총량 추정
   ⑤ 시간경과에 따른 오염물질 거동 및 확산 예측
   ⑥ 오염원인 및 오염경로에 대한 평가
   ⑦ 오염된 지하수의 자연정화 가능성 평가

2) 오염지하수 정화계획 수립
   ① 정화대상지역 선정
   ② 정화방법 선정
   ③ 적용성 시험
   ④ 오염지하수 정화목표
   ⑤ 정화사업의 규모
   ⑥ 정화 사업기간
   ⑦ 소요사업비
   ⑧ 재원조달방법
   ⑨ 비상대책

3) 지하수오염 확산방지대책 및 오염원에 대한 추가 오염방지대책을 실시
   오염확산방지 대책은 지하수 오염이 확인된 즉시 시행되도록 하여 정화가 완료될 때까지 지속되도록 조치한다.

4) 비상대책
   ① 정화공정이 지연될 경우, 만회할 수 있는 예비 대안 기술
   ② 발생 가능한 민원에 대한 대책 수립·제시
   ③ 환경·보건·안전대책 제시

문제 04 생태하천복원사업 추진 시 문제점, 복원목표, 기본방향 및 우선지원사업 등에 대하여 설명하시오.

정답

1. 개요
"생태하천복원사업"이라 함은 수질이 오염되거나 생물서식 환경이 훼손 또는 교란된 하천의 생태적 건강성을 회복하는 사업을 말한다.

2. 문제점
1) 사업 목적 불명확
수생태계 건강성의 훼손 원인 및 해소방안을 정확히 규명하지 못한 상태에서 조경 중심, 친수시설 도입 위주의 사업을 추진함에 따라 생태계 복원 효과 미비

2) 획일화된 복원계획 수립
하천 고유의 사회적, 문화적, 지역적, 생태적 특성을 고려하지 않고 과학적이지 못한 획일적 생물서식처의 조성 및 과도한 친수시설 도입 등 하천꾸미기 중심으로 사업을 추진

3) 모니터링 및 시설 유지관리 미흡
① 사업계획 수립 시 서식생물 및 생태계 등에 대한 현장조사 없이 과거 문헌자료 등을 토대로 복원계획을 수립함으로써 정확한 현황 파악이 안 되어 사업계획(특히 사업목적과 목표설정)에 중대한 차질 발생
② 시공 완료 후 효과에 대한 모니터링 및 시설물 등을 포함한 사업 전반에 대한 유지관리가 미흡하여 복원효과 저감

3. 복원목표
훼손된 수생태계의 건강성을 회복하기 위한 목적으로 훼손 이전과 유사한 수생태계 또는 변화한 여건에 적합한 기능을 수행하는 대체 수생태계를 조성하는 것임

4. 생태하천 복원의 기본방향
1) "수생태계 건강성" 회복에 초점을 두고 사업계획을 수립
해당 하천의 생태계를 구성하고 있는 물리 · 화학 · 생물학적 요소들의 과거와 현재 상태를 조사하여 생태계의 훼손 현황과 원인을 정확히 이해하고 그 원인을 해결하는 데 초점을 맞춘 복원대책을 수립
※ 하천의 공원화, 조경화에 치중하기보다 하천의 생태적 건강성을 회복하는 데 중점

2) 유역통합관리에 근거한 복원계획의 수립 · 추진

하천구역 내 특정 구간만을 고려하는 선적인 하천복원에서 벗어나 유역 내 토지이용, 오염원 관리, 하수도 관리, 물순환, 주택 · 교통계획 등 하천에 영향을 미치는 요소들을 종합적으로 고려한 계획수립 및 시행

3) 하천의 종 · 횡적 연속성이 확보될 수 있도록 계획을 수립

① 하천구역 내 특정 구간만을 고려하는 복원을 지양하고 하천 최상류에서 하류까지, 본류로 유입되는 지천 및 그 지천으로 유입되는 실개천까지의 연계성을 고려하여 계획 수립

② 사업구역을 하도를 넘어 수생태계 건강성 유지에 필요한 하천 수변까지로 확장하여 정상적인 생물의 이동통로 및 물질의 교환 등 횡적인 연속성을 고려하여 계획 수립

(하천 수변뿐만 아니라 수변 완충녹지 조성, 홍수터 복원, 생태습지 조성 등을 고려하여 복원)

4) 깃대종 선정 등을 통하여 계획 단계에서부터 복원의 목표상을 고려

① 깃대종(Flagship Species) : 어떤 지역의 생태적, 지리적, 문화적 특성을 반영하는 '상징 동 · 식물'로서 이 종을 보전 · 복원함으로써 다른 생물의 서식지도 함께 보전 · 회복이 가능한 종

② 사업완료 후 '깃대종 복원' 여부 등을 통해 생태하천 복원의 효과를 확인하고, 지속적인 모니터링을 통해 생물종 변화, 서식지 훼손 실태 등을 파악, 개선하는 시스템 구축

③ 생물 및 서식환경 조사 → 깃대종 중심의 복원계획수립 → 설계 · 시공 → 모니터링 및 유지 · 관리

5) 도심 하천의 물길 회복 및 생태공간 조성

산업화, 도시화로 인해 콘크리트로 복개되어 사라진 도심지역의 옛 물길을 복원

6) 하천별 특성 살리기

① 하천의 과거, 현재, 미래를 종합적으로 고려하고, 과거 하천의 모습은 인공위성, 역사적 문헌, 고령자의 증언 등을 통해 파악

② 하천별 고유의 역사와 문화를 살피고 이를 보전 · 복원하거나 새로운 하천문화 창출

5. 우선지원사업

1) 환경부에서 추진하는 수질개선 대책과 연계하여 추진하는 사업

① '통합 · 집중형 오염지류 개선사업'으로 선정된 하천

② '도랑유역 살리기', '비점오염원 저감대책'과 병행하여 추진하는 사업

③ '공단주변 오염우심 하천' 또는 '복개된 도심하천' 복원 사업

2) 하천의 종·횡적 연속성 확보를 위해 하천을 공유하고 있는 2개 이상의 지방자치단체가 공동으로 추진하는 사업 및 지역행복생활권으로 추진하는 사업

3) 지방자치단체에서 기업, 시민단체 등과 함께 협의체를 구성하여 추진하는 사업
   협의체를 구성하고 있는 단체·개인의 참여확인서, 협의체 운영 목적, 활동계획 등을 제시

4) 지방자치단체에서 생태하천 살리기 아이디어 공모전을 통해 계획한 사업

5) 전반적인 수생태계 건강성 상태가 열악한 하천(수생태계 건강성 D(나쁨)~E(매우나쁨) 등급)에서 추진하는 사업

6) 국가의 환경정책 목표 달성을 위해 필요하다고 인정되는 사업
   ① 수계의 정체성 확보를 위해 발원지에서 하구까지 복원이 필요한 하천
   ② 환경부의 수질개선 중·장기 계획에 의거 우선지원이 필요한 하천
   ③ 상수원보호구역, 특별대책지역, 수변구역 등에 위치한 하천
   ④ 총량관리 대상 지자체의 관할구역 내에서 수질개선이 필요한 하천

7) 계속사업은 당해년도에 시설 준공이 가능한 사업

문제 05 혐기성 소화 시 이상상태의 원인 및 대책에 대하여 설명하시오.

정답

1. 개요

혐기성 소화는 혐기성균의 활동에 의해 슬러지가 분해되어 안정화되는 것이다. 소화 목적은 슬러지의 안정화, 부피 및 무게의 감소, 병원균 사멸 등을 들 수 있다.

2. 혐기성 처리의 기본원리

1) 가수분해(Hydrolysis) : 탄수화물, 지방, 단백질 등 불용성 유기물이 미생물이 방출하는 외분비효소(Extracellular enzyme)에 의해 가용성 유기물로 분해된다.

2) 산생성단계(Acidogenesis) : 유기산균(Acid producing bacteria)이 유기물질을 분해시켜 유기산과 알코올을 생성한다.
   ① 유기산 : Butyric acid(낙산), Lactic acid(젖산), Acetic acid
   ② 유기산균 : Clostridum, Peptococcus anaerobus, Lactobacillus

3) 초산생성단계(Acetogenesis) : 산생성단계에서 생긴 아세트산을 제외한 물질(Isopropanol, Propionate, Aromatic compound)들은 초산생성균에 의해 초산으로 변화한다.

4) 메탄생성단계(Methanogenesis) : 메탄생성균의 기질(Substrates)로 초산, 포름산, 수소, 메탄올, 메틸아민 등이 사용되며, 이들이 메탄생성균에 의해 CH_4와 CO_2로 최종 전환된다. 메탄 생성은 초산으로부터 72% 생성되며, 나머지 28%는 수소와 이산화탄소가 반응하여 생성된다.

3. 이상상태의 원인 및 대책

상태	원인	대책
소화가스 발생량 저하	• 저농도 슬러지 유입 • 소화슬러지 과잉 배출 • 조내 온도 저하 • 소화가스 누출 • 과다한 산생성	• 저농도의 경우는 슬러지 농도를 높이도록 노력한다. • 과잉배출의 경우는 배출량을 조절한다. • 저온일 때는 온도를 소정치까지 높인다. 가온시간이 정상인데 온도가 떨어지는 경우는 보일러를 점검한다. • 조용량 감소는 스컴 및 토사 퇴적이 원인이므로 준설한다. 또한 슬러지농도를 높이도록 한다. • 가스누출은 위험하므로 수리한다. • 과다한 산은 과부하, 공장폐수의 영향일 수도 있으므로, 부하조정 또는 배출 원인의 감시가 필요하다.
상징수 악화 (BOD, SS가 비정상적으로 높음)	• 소화가스발생량 저하와 동일원인 • 과다 교반 • 소화슬러지의 혼입	• 소화가스발생량 저하와 동일원인일 경우의 대책은 위의 대책에 준한다. • 과도교반 시는 교반횟수를 조정한다. • 소화슬러지 혼입 시는 슬러지 배출량을 줄인다.
pH 저하 • 이상 발포 • 가스발생량 저하 • 악취 • 스컴 다량 발생	• 유기물의 과부하로 소화의 불균형 • 온도 급저하 • 교반 부족 • 메탄균 활성을 저해하는 독물 또는 중금속 투입	• 과부하나 영양불균형의 경우는 유입슬러지 일부를 직접 탈수하는 등 부하량을 조절한다. • 온도저하의 경우는 온도유지에 노력한다. • 교반 부족 시는 교반강도, 횟수를 조정한다. • 독성 물질 및 중금속이 원인인 경우 배출원을 규제하고, 조내 슬러지의 대체방법을 강구한다.
이상발포 (맥주 모양의 이상발포)	• 과다배출로 조내 슬러지 부족 • 유기물의 과부하 • 1단계조의 교반 부족 • 온도 저하 • 스컴 및 토사의 퇴적	• 슬러지의 유입을 줄이고 배출을 일시 중지한다. • 조내 교반을 충분히 한다. • 소화온도를 높인다. • 스컴을 파쇄 · 제거한다. • 토사의 퇴적은 준설한다.

문제 06 반류수의 정의, 반류수별 수질항목, 처리 시 고려사항, 반류수의 증가 원인, 문제점, 처리방안에 대하여 설명하시오.

정답

1. 정의

하수처리장의 농축, 소화, 탈수 등 전형적인 슬러지 처리 공정에서 발생하는 소화조, 농축조 상징액 및 탈리여액 등은 전체 하수처리공정 내에서 수처리 계통으로 반송되는 물을 반류수라 한다.

2. 반류수의 수질항목

① 농축 : SS, 질소, 인

② 혐기성 소화 : 질소, 인, COD

③ 탈수 : 탈수까지의 처리공정에 따라 달라지나, 소화공정이 있는 경우에는 질소, 인

④ 소각, 용융 : 중금속(저비등점의 것), 다이옥신류, 시안

⑤ 심층여과수 및 활성탄 여과기 역세수 : SS

3. 반류수 처리 시 고려사항

① 반류수의 수량 및 수질이 시간적 변동이 큰 경우는 반류수저류조를 설치하여 반류수를 저류시켜 일정량의 반류수가 처리시설로 유입되도록 할 필요가 있다.

② 반류수는 침사지 혹은 일차침전지의 유입부로 반송하는데, 침사지로 반송하는 경우에 반류수를 포함하지 않는 유입하수를 채수할 수 있게 배려해야 한다.

4. 반류수 증가 원인

1) 하수처리장 에너지 자립화를 위한 혐기성 소화조 도입

하수처리장에 고효율 혐기소화조 및 소화조 전처리설비가 도입되면서 농축조 및 소화조 후단에서의 반류수 증가

2) 총인처리시설 설치증가

방류수 기준 강화로 인한 인제거를 위한 설비 도입으로 총인처리시설에 따른 슬러지 및 탈수여액 등의 증가

5. 반류수 문제점

반류수는 유입원수에 비해 고농도의 유기물과 인 및 질소와 같은 영양염류, 부유물질 등을 포함한다. 유입량 대비 1~3%의 적은 유량이지만, T-N 부하의 21~47%, T-P 부하의 13~46% 가량이 반류수에 의해 증가한다. 하수처리장 충격부하(Shock Load)의 유발원인이다.

6. 처리방안

수처리시설과 슬러지 처리시설을 순환하는 반류부하를 감소시키는 방법으로 반류수를 단독으로 처리하는 방법이 있다. 다른 처리장으로부터 모아진 슬러지만을 처리하는 처리장은 상세한 검토가 필요하다.

① 처리수질을 유입수질까지 처리한 후 2차 처리시설로 반송시키는 방법

② 직접방류가 가능한 정도까지 처리하는 방법

　(처리비용 등의 경제성과 처리수질의 안정성 등에 대하여 종합적인 판단을 하여 결정할 필요가 있다.)

문제 01 비점오염물질 정의와 오염물질의 종류 및 관리지역 지정기준에 대하여 설명하시오.

정답

1. 개요

비점오염원이란 도시, 도로, 농지, 산지, 공사장 등으로서 불특징장소에서 불특정하게 수질오염
물질을 배출하는 배출원을 말한다.

2. 비점오염물질의 종류

① 토사 : 다른 오염물질이 흡착되어 같이 이동, 수생생물의 광합성, 호흡, 성장, 생식에 치명적
영향을 미침

② 영양물질 : 조류의 성장을 촉진함

③ 박테리아 및 바이러스 : 동물의 배출물과 하수도의 월류수에서 유출

④ 기름과 그리스 : 유막 형성 등에 의한 수생 생물에 치명적 영향을 미침

⑤ 금속 : 도시지역 강우유출수에 흔히 검출됨. 생물 농축 및 음용수 오염의 가능성 있음

⑥ 유기물질 : 하수관거 침전물, 공업지역 등에서 발생

⑦ 농약 : 제초제, 살충제, 항곰팡이제 등에서 발생, 생물농축의 현상이 있음

⑧ 협잡물 : 낙엽이나 잔디 깎은 잔재물 등 건축공사장 및 사업장 등에서 발생

3. 비점오염원의 종류

① 생활계

② 축산계

③ 산업계

④ 토지계

⑤ 양식계

⑥ 매립계

4. 관리지역 지정기준

1) 「환경정책기본법 시행령」 제2조에 따른 하천 및 호소의 물환경에 관한 환경기준 또는 법 제
10조의2제1항에 따른 수계영향권별, 호소별 물환경 목표기준에 미달하는 유역으로 유달부
하량(流達負荷量) 중 비점오염 기여율이 50퍼센트 이상인 지역

2) 다음 각 목의 어느 하나에 해당하는 지역으로서 비점오염물질에 의하여 중대한 위해(危害)가 발생되거나 발생될 것으로 예상되는 지역

가. 법 제31조의2제1항에 따라 지정된 중점관리저수지를 포함하는 지역

나.「해양환경관리법」제15조제1항제2호에 따른 특별관리해역을 포함하는 지역

다.「지하수법」제12조제1항에 따라 지정된 지하수보전구역을 포함하는 지역

라. 비점오염물질에 의하여 어류폐사(斃死) 및 녹조발생이 빈번한 지역으로서 관리가 필요하다고 인정되는 지역

마. 지질이나 지층 구조가 특이하여 특별한 관리가 필요하다고 인정되는 지역

3) 법 제53조의5제2항제4호가목에 따른 불투수면적률이 25퍼센트 이상인 지역으로서 비점오염원 관리가 필요한 지역

4)「산업입지 및 개발에 관한 법률」에 따른 국가산업단지, 일반산업단지로 지정된 지역으로 비점오염원 관리가 필요한 지역

5) 그 밖에 환경부령으로 정하는 지역

문제 02 수질오염총량관리 검토보고서 작성내용에 대하여 설명하시오.

정답

1. 개요

수질오염총량관리제는 관리하고자 하는 하천의 목표수질을 정하고, 그 하천의 목표수질 달성을 위해 해당 유역에서 허용할 수 있는 수질오염물질을 총량으로 관리하는 제도이다. 총량관리 검토보고서에는 시행계획에 대한 전년도의 이행사항을 평가한 것을 작성하여야 한다.

2. 보고서 작성내용

1) 평가보고서 개요

① 이행평가 주체

② 목적 및 범위

③ 추진 경과

④ 오염총량관리대상 오염물질

⑤ 평가보고서 요약(소유역별)

• 유역명, 이행평가 대상기간의 수질

• 오염 · 삭감부하량 산정결과

• 오염 · 삭감부하량 증감원인

• 이행평가 결과

2) 유역환경조사

   ① 유역환경 개요 : 행정구역, 소유역, 하천·호소 현황 등(지도 첨부)

   ② 수계환경 조사결과

     • 오염물질 배출·삭감시설의 수질 및 유량

     • 총량관리 단위유역 유출입지점의 수질 및 유량

     • 총량관리 단위유역 내 하천 주요지점의 수질 및 유량

3) 오염원 및 오염·삭감부하량

   ① 오염원 조사방법

   ② 오염원 조사결과

   ③ 오염·삭감부하량 산정방법

   ④ 오염·삭감부하량 산정결과

4) 이행평가

   ① 이행평가

     • 오염원 및 오염부하량 평가결과

     • 하천 모니터링지점의 수질 및 유량 측정자료 분석결과

     • 개발실적 평가결과

     • 할당부하량 평가결과

     • 삭감실적 평가결과

   ② 할당부하량 초과원인

     시행계획에 따른 연차별 할당부하량의 초과원인 분석결과

5) 조치방안

   ① 개발계획, 할당부하량 및 삭감계획 조정방안

   ② 기타 조치방안

문제 03 해수담수화의 특징 및 유의사항과 해수담수화 방식의 종류 및 역삼투압 공정 계획 시 고려사항에 대하여 설명하시오.

정답

1. 개요

해수담수화란 바닷물에서 염분과 유기물질 등을 제거해 식수나 생활용수 등으로 이용할 수 있도록 담수를 얻는 것을 말한다. 고전적인 방법으로는 상의 변화를 유발하는 방법으로 해수를 증발시켜 염분과 수증기를 분리하는 증발법, 상의 변화를 유발하지 않는 물은 통과시키고 물속에 녹아 있는 염분은 걸러내는 역삼투압 방식 등이 있다. 이 외에도 막을 이용한 전기흡착법, 전기투석법, 막증발법 등이 있다.

2. 해수담수화 시설의 특징 및 유의사항

1) 특징

① 계절에 영향을 받지 않고, 안정된 수량을 확보할 수 있다.

② 건설에 장기간이 소요되는 댐의 개발에 비하여 상대적으로 단기간에 건설할 수 있다.

③ 지표수의 취수에 따른 관련 기관과의 복잡한 문제발생이 적고, 수도사업자가 독자적으로 도입할 수 있다.

2) 유의사항

① 하천수를 이용하여 상수를 생산하는 방법에 비하여, 전기요금, 막 교체비 등의 운영비가 상대적으로 많이 소요된다.

② 에너지의 절약대책이나 농축해수의 방류로 인한 생태계에의 영향에 관한 대책 등 환경적 측면에서의 문제점을 고려해야 한다.

3. 해수담수화 방식

해수담수화를 위해 일반적으로 증발법, 전기투석법, 역삼투법의 3가지 방식을 이용한다. 기술적으로는 증발법이 가장 빨리 상용화되었고 다음으로 전기투석법이 개발되었다. 최근에는 에너지소비량이 적고 운전 및 유지관리가 용이한 역삼투법의 비중이 점차 커지고 있다.

1) 증발법

증발법은 해수를 가열하여 증기를 발생시켜서 그 증기를 응축하여 담수를 얻는 방법이다. 현재 실용화되어 있는 증발법은 다단플래시법, 다중효용법, 증기압축법의 3가지 방식이 있다.

2) 전기투석법

전기투석법은 이온에 대하여 선택투과성을 갖는 양이온교환막과 음이온교환막을 교대로 다수 배열하고 전류를 통과시킴으로써 농축수와 희석수를 교대로 분리시키는 방법이다.

3) 역삼투법

역삼투법은 물은 통과시키지만 염분은 통과시키기 어려운 성질을 갖는 반투막을 사용하여 담수를 얻는 방법이다. 해수의 삼투압은 일반 해수에서는 약 2.4MPa(약 24.5kgf/cm²)이다. 이 삼투압 이상의 압력을 해수에 가하면, 해수 중의 물이 반투막을 통하여 삼투압과 반대로 순수 쪽으로 밀려나오는 원리를 이용하여 해수로부터 담수를 얻는다.

4. 역삼투 공정 계획 시 고려사항

① 역삼투막 모듈에 대하여 막 모듈 공급업체에서 요구하는 수준의 SDI 및 허용탁도 이하의 해수를 공급하기 위한 전처리설비 및 막투과수의 pH 조절이나 필요에 따라 경도를 조절하기 위한 후처리설비 또는 담수를 혼합하는 설비를 설치하는 등의 설비구성을 고려한다.

② 생산된 물의 수질에 대해서는 보론과 트리할로메탄이 「먹는물수질기준」에 적합하도록 유의한다.

③ 역삼투설비의 계열 수는 유지관리나 사고 등으로 인한 운전정지를 고려하여 2계열 이상으로 한다.

④ 해수담수화 시설을 설치하는 장소에 대해서는 가능한 한 청정한 해수원수를 취수할 수 있고, 농축해수를 방류하는 데 따른 환경영향을 고려하여 선정한다.

⑤ 운영비용을 저감시키기 위하여 에너지 절약대책을 강구하고 회수율을 높이는 등 에너지 효율을 높이는 방안을 고려한다.

⑥ 시설이나 배관의 부식방지대책을 마련한다.

⑦ 자연재해, 기기의 사고, 수질사고 등에 대한 안전대책을 강구하고 시설에 기인되는 소음 등 환경에 나쁜 영향을 미치지 않도록 유의한다.

문제 04 녹조현상의 원인 및 유발물질, 부영양화와 녹조현상과의 관계, 녹조현상이 생활환경과 생태계, 농작물과 수산업 등에 미치는 영향에 대하여 설명하시오.

정답

1. 녹조현상의 정의 및 원인

녹조현상이란 부영양화된 호소 또는 유속이 느린 하천에서 녹조류와 남조류가 크게 늘어나 물빛이 녹색이 되는 현상이다. 녹조는 적당한 수온과 햇빛 그리고 질소, 인과 같은 영양염류가 풍부할 때 대량 번식하게 된다. 지표수 또는 호소수가 상수원인 우리나라의 경우 매년 갈수기인 여름철 또는 가을철에 상수원에 녹조 발생문제로 사회적 이슈가 되고 있다.

2. 부영양화와 녹조현상과의 관계

부영양화와 녹조현상의 관계는 다음과 같은 메커니즘으로 설명할 수 있다.

1) COD의 내부 생산

외부 영양염류의 유입에 의해 저층 저니의 혐기성 분해에 따른 상부로의 영양소 공급으로 수체 내 조류의 대량번식

2) 영양염의 재순환

대량번식한 조류의 사멸 → 사체 → 저니에 침전 → 혐기성 분해 → 유기물질 분해 및 영양염 공급 → 조류 번성 → 사멸 … 등 영양염류의 순환속도가 빨라짐

3) 부영양화 초기단계에서는 남조류, 마지막 단계에서는 청록조류가 번성함

3. 녹조현상이 생활환경, 수생태계, 농수산업에 미치는 영향

1) 생활환경
① 호수 등에 이취미 발생 등으로 인한 수자원의 가치하락
② 수자원으로 이용 시 정수공정에서의 정수 효율 저하
③ 수자원의 용도 및 가치하락을 가져옴

2) 수생태계
① 사체분해 시 대량의 DO소모
② 독소물질에 의한 어류의 생육장애 및 수중생태계의 현격한 변화

3) 농수산업
① 상품성 높은 고급어종의 사멸
② 조류독성에 의한 어류의 집단폐사
③ DO 고갈에 의한 어류폐사

④ 영양염류 과잉공급은 농작물의 이상 성장을 초래
⑤ 부영양화 물 이용 시 병충해에 대한 저항력 약화
⑥ 토양의 혐기성화와 유해가스 발생
⑦ 결국은 수확량의 감소를 가져옴

문제 05 순환식 질산화 탈질법과 질산화 내생탈질법의 특징, 설계 유지관리상 유의사항, 차이점에 대하여 설명하시오.

정답

1. 개요

질소 제거방법에는 탈질전자공여체 의한 구분으로 순환식 질산화 탈질법, 질산화 내생탈질법, 외부 탄소원 탈질법 등이 있다.

2. 순환식 질산화 탈질법

① 반응조를 무산소(탈질)반응조, 호기(질산화)반응조 순서로 배열
② 유입수 및 반송슬러지를 무산소반응조에 유입
③ 무산소반응조에서 질산성 질소가 유입수중의 유기물의 산화반응에 의해 질소가스로 환원

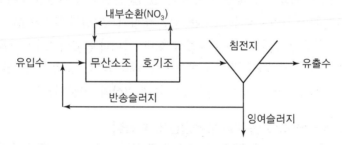

3. 순환식 탈질법 설계 유지관리상 주의점

① 우천 시나 가동초기대책으로 혐기반응조 또는 무산소반응조에 필요한 유기물을 공급하기 위해 유입수가 일차침전지를 우회하는 By-Pass 수로를 설치하는 것이 바람직하나, 협잡물이 혐기조에 유입되어 수중교반기의 고장원인이 되기도 하므로 주의가 필요하다.
② 표준 도시하수의 경우에는 탈질을 위한 메탄올이나 pH 조정용의 수산화나트륨 등의 첨가가 필요 없지만, 유역특성에 의해 유입수중의 알칼리도가 낮은 경우나 강우 등의 영향이 큰 경우에는 알칼리제나 메탄올 등의 탈질보조제의 주입 설비가 필요하게 된다.
③ 질산화액의 순환은 기본적으로 순환펌프에 의하지만 호기반응조의 산기에 동반된 에어리프트효과에 의한 순환류를 이용할 수도 있다.

④ 인 제거를 효과적으로 행하기 위해서는 일차침전지 슬러지와 잉여슬러지의 농축을 분리하는 것이 바람직하며 슬러지 처리계통으로부터의 인 반류부하가 적은 슬러지 처리공정을 선택할 필요가 있다.

⑤ 방류수의 인농도를 안정적으로 확보할 필요가 있는 경우에는 호기반응조의 말단에 응집제 (PAC 등)를 첨가할 설비를 설치하는 것이 바람직하다.

4. 질산화 내생탈질법

① 질산화 공정 이후에 탈질공정 배치

② 탈질공정에 필요한 수소공여체로 활성슬러지 흡착되어 세포 내 축적된 유기물 이용

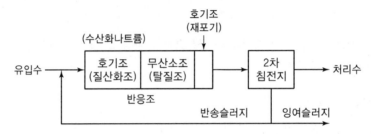

5. 내생탈질법 설계 유지관리상 주의점

본법은 질소제거율의 목표치가 높은 경우, 또는 장기포기법과 같은 정도의 시설을 설치할 여유가 있는 경우에 유력한 처리공정이다. 또한, 기존의 장기포기법의 처리시설에 질소제거의 기능을 부가하는 방법으로 본법을 충분히 활용할 수 있다. 그러나 본법의 질소제거율은, 유입수의 총질소 및 유기물 농도, 호기반응조(질산화 반응조 및 재포기반응조) 및 무산소반응조에 있어서의 HRT, 수온, pH, MLSS 농도, SRT, DO 농도 등에 의하여 지배받는다.

6. 순환식 질산화 탈질법과 질산화 내생탈질법의 차이점

항목	순환식 질산화 탈질법	질산화 내생탈질법
탈질조 위치	질산화조 전단	질산화조 후단
수소공여체	유입수 중 유기물	세포 내 축적된 유기물
탈질 속도	내생법에 비해 빠름	순환식에 비해 느림
탈질 반응조 크기	상대적으로 작음	상대적으로 큼
도시하수의 경우 T-N 제거율	연평균 60~70%	연평균 70~90%
질산화 순환 펌프	필요	불필요
재포기조	불필요	필요
알칼리 보충제	자체 보충 가능	경우에 따라 별도 주입 설비 필요

문제 06 하수 고도처리시설 설치 시 일반원칙 및 추진방식에 대하여 설명하시오.

정답

1. 개요

고도처리란 통산의 유기물 제거를 주목적으로 하는 2차 처리로 얻어지는 처리수의 수질 이상을 얻기 위해서 행해지는 처리이다.

2. 고도처리시설 설치 일반원칙

① 공공하수처리시설에 고도처리시설의 설치 여부를 검토할 경우에는 다음 사항을 고려하여 결정하되, 고도처리시설을 설치하여 본래의 제거효율을 정상 발휘할 수 있을 만큼 유입수질이 개선되는지 여부를 사전 검토하여야 한다.

- 공공하수처리시설의 방류수 수질기준 강화로 하수의 고도처리가 요구되는 경우
- 방류되는 유역이 호소 · 내만 등 폐쇄성유역으로서 질소 · 인으로 인한 부영양화가 문제되는 경우
- 하수처리수를 중수도, 농업용수 및 공업용수 등으로 재이용하는 경우
- 기타 수질보전상 고도처리가 필요한 경우

② 고도처리시설의 방류수 수질은 「하수도법」 방류수질기준을 준수할 수 있도록 계획하여야 한다.

③ 공공하수처리시설의 페놀류 등 오염물질의 방류수 수질기준은 해당 처리시설에서 처리할 수 있는 오염물질항목에 한하여 특례지역에 적용되는 배출허용기준 이내에서 당해 처리시설 설치사업시행자의 요청에 따라 환경부장관이 정하여 고시함을 검토하여 설치하여야 한다.

④ 기존 공공하수처리시설의 경우 실제 유입되는 수질의 저농도 등으로 고도처리 효율이 떨어질 것으로 예상되는 때에는 반드시 하수관거정비사업과 병행하여 추진한다.

※ 유입수질이 설계수질의 50% 미만, 유입하수량이 계획하수량의 60% 이내, C/N비가 3.5 이하인 시설은 하수관거의 문제점 조사 및 최소한 상기 각 항목이 그 이상으로 개선되는 시점에 맞추어 고도처리시설이 완료되도록 한다.

⑤ 기존 공공하수처리시설에서 우천 시 미처리하수에 관련된 운영의 문제점이 파악될 경우 고도처리시설 설치사업의 추진에 있어 우천 시 방류부하량 저감계획을 고려하여 설치하여야 한다.

⑥ 공공하수처리시설 설치사업의 원활한 추진을 위하여 6개월의 범위 내에서 종합시운전을 하고, 1회에 한하여 3개월의 범위 내에서 연장할 수 있으나, 연장기간 초과 시 부정당업체로 인정하여 입찰참가를 제한하는 방안을 검토하여야 한다.

3. 추진방식

1) 운전개선방식(Renovation) : 기존 처리공법 유지 또는 수정
   ① 운영실태 분석결과 기존 공공하수처리시설의 성능이 양호하여 운전방식개선 및 일부설비 보완 등으로 강화된 방류수수질기준 준수가 가능한 경우
   ② 기존 운영 중인 공공하수처리시설 중 상당수는 유입유량의 조절, 포기방식의 개선, 구내 반송수 등 하수찌꺼기(슬러지) 계통의 운영개선, 연계처리수의 효율적 관리, 여과시설 설치 등의 조치만으로도 수질기준 준수가 가능하다.

2) 시설개량방식(Retrofitting) : 기존 처리공법 변경
   기존 공공하수처리시설의 성능이 운전방식의 개선 및 설비의 보완만으로는 강화된 방류수 수질기준 준수가 곤란하여 처리공법 변경이 필요한 경우

129 _회 수질관리기술사

1교시 다음 문제 중 10문제를 선택하여 설명하시오.(각 10점)

1. VOC(Volatile Organic Compound)
2. 해수담수화 역삼투막 공정에 적용되는 ERD(Energy Recovery Device)
3. 초순수
4. 가수분해
5. 바이오가스
6. 물발자국(녹색 물발자국, 청색 물발자국, 회색 물발자국)
7. 수격작용(Water Hammer)의 문제점 및 방지방안
8. 지류총량제
9. BOD, COD_{Mn}, TOC 측정방법 및 특징
10. 전국오염원조사 목적, 법적근거, 조사내용
11. 고도하수처리의 정의, 도입이유 및 처리방식
12. 빗물이용시설과 우수유출저감시설을 비교 설명
13. 잔류성 유기오염물질(POPs)

2교시 다음 문제 중 4문제를 선택하여 설명하시오.(각 25점)

1. 해수담수화 농축수의 처리방식, 국내 규제 및 환경적 문제에 대하여 설명하시오.
2. 혐기성 소화 시 저해물질에 대하여 설명하시오.
3. 2004~2020년의 비점오염원관리 종합대책의 한계와 제3차(2021~2025) 강우유출 비점오염원관리 종합대책에 대하여 설명하시오.
4. 조류경보제와 수질예보제를 비교 설명하고, 조류경보제의 단계별 대응조치를 설명하시오.
5. 하수처리시설의 소독방법 선정 시 고려사항을 설명하고, 소독방법 중 하나인 자외선 소독방법의 원리, 영향인자와 염소소독과의 장단점을 비교 설명하시오.
6. 세계 다른 선진국들과는 달리 우리나라는 합류식 지역에 정화조가 설치되어 하수악취 문제로 많은 민원이 발생하고 있다. 이러한 악취에 대하여 다음 사항을 설명하시오.
   1) 하수관로의 악취발생원, 악취발산원, 악취배출원
   2) 발생원, 발산원, 배출원별 적용 가능한 악취저감시설

··3교시 다음 문제 중 4문제를 선택하여 설명하시오.(각 25점)

1. 하수처리장 시운전 절차에 대하여 설명하시오.
2. 토양오염의 특성 및 토양오염 정화기술의 종류에 대하여 설명하시오.
3. 해양오염의 정의와 해양오염물질의 종류에 대하여 설명하시오.
4. 완전혼합형 반응조(CSTR)와 압출류형 반응조(PFR)와 관련하여 다음의 사항에 대하여 설명하시오.
   1) 처리효율이 같고, 1차 반응인 경우 각각 반응조의 부피 비교
   2) 동일한 크기의 완전혼합형 반응조(CSTR)가 계속 연결될 경우의 특성
   3) 각각 반응조의 장단점
5. 완충저류시설의 정의와 설치대상, 설치 및 운영기준에 대하여 설명하시오.
6. 「하수도법 시행규칙」 개정(2022.12.11.)에 따라 폐수배출시설의 업종 구분 없이 폐수를 공공하수처리시설에 유입하여 처리하는 경우 생태독성의 방류수 수질기준을 준수하여야 하는데, 이와 관련하여 다음 사항을 설명하시오.
   1) 생태독성 관리제도의 도입배경
   2) 생태독성(TU) 정의 및 산정방법
   3) 독성원인물질평가(TIE) 및 독성저감평가(TRE)

··4교시 다음 문제 중 4문제를 선택하여 설명하시오.(각 25점)

1. 하수처리장 설계를 위해 수리종단도를 작성할 경우 수리계산 시 고려사항 및 수리계산방법에 대하여 설명하시오.
2. 인공습지의 정의, 오염물질 제거기작, 장단점과 비점오염저감시설로 적용할 경우의 설치기준에 대하여 설명하시오.
3. 국가수도기본계획(2022~2031)의 추진전략, 정책과제 및 세부추진계획에 대하여 설명하시오.
4. 수질모델링의 개념, 필요성, 수질예측 절차도 및 예측 절차별 수행내용에 대하여 실무적으로 접근하여 설명하시오.
5. 생물학적 인 제거 원리 및 인 제거효율 향상법에 대하여 설명하고, 대표적 방법인 A/O와 A₂/O 공법의 개요와 장단점을 비교하여 설명하시오.
6. 유기성 폐자원을 활용한 바이오가스 생산과 관련하여 다음 사항을 설명하시오.
   1) 유기성 폐자원의 종류
   2) 기존 유기성 폐자원의 처리상 문제점
   3) 바이오가스 공급 및 수요 확대 방안

문제 01 VOC(Volatile Organic Compound)

정답

1. 개요

비점(끓는 점)이 낮아서 대기 중으로 쉽게 증발되는 액체 또는 기체상 유기화합물의 총칭으로서 VOC라고도 하는데, 산업체에서 많이 사용하는 용매에서 화학 및 제약공장이나 플라스틱 건조 공정에서 배출되는 유기가스에 이르기까지 매우 다양하며 끓는점이 낮은 액체연료, 파라핀, 올레핀, 방향족화합물 등 생활주변에서 흔히 사용하는 탄화수소류가 거의 해당된다.

2. VOC 오염원

1) 액체연료

① 원유, 가솔린 등 액체연료에 많이 함유

② 연료로부터 직접 또는 연료의 연소과정에서 발생

2) 산업공정

① 페인트, 접착제, 의약품, 냉매 등의 제조 시 사용되거나 발생

② 드라이클리닝 구성성분으로 산업폐수와 함께 배출

3) 유류운송

특히 해역에서 유류 유출 사고 시 발생

3. VOCs 의 수중 소멸과정

1) 휘발

① 지표수에서 VOCs가 제거되는 가장 중요한 과정

② 호소에서는 풍속 및 수면 교란 상태 등에 의해서, 하천에서는 하천수와 하상과의 상호작용에 크게 영향을 받음

2) 생분해

미생물에 의해서 VOC가 분해됨

3) 흡착

하상이나 퇴적물층에 흡착되어 제거, 석유계 탄화수소는 하구언에서 퇴적층과의 흡착이 매우 중요한 제거기작으로 작용

4) 광분해

수중에서 광산화에 의해 분해

4. VOCs의 영향

1) VOC는 대기 중에서 질소산화물(NOx)과 함께 광화학반응으로 오존 등 광화학산화제를 생성하여 광화학스모그를 유발하며, 대부분의 VOC는 악취를 발생시킨다.

2) 인체에 대한 영향
   ① 다량 섭취 시 급만성 중독현상
   ② 눈 피부에 자극적, 접촉 시 피부염 또는 화상
   ③ 생체 내 유전물질의 변형을 일으킬 수 있음
   ④ 발암성 물질

3) 수중생태계의 영향
   ① 수중생물에 독성
   ② 치어나 알에 독성 큼
   ③ 수계에 유입되면 주로 빠르게 증발되거나 산소 존재 시 생분해되어 감소되며 수생생물에 대한 생체농축은 일어나지 않음

문제 02 해수담수화 역삼투막 공정에 적용되는 ERD(Energy Recovery Device)

정답

1. 개요

에너지 소모량이 높은 R/O System에서 Membrane을 거쳐 흐르는 고압의 농축수를 재이용하여 고압펌프의 에너지 소모량을 감소시키는 장치로, 에너지회수장치는 고압펌프에서 48~63bar 정도 가압된 원수가 R/O 시설에서 수력 마찰로 1~4bar 정도 손실된 후 고압의 압력을 유지한 채 버려지는 농축수에서 압력에너지를 회수하기 위한 장치이다.

2. 역삼투막 공정에 적용되는 ERD

1) 원심식(Centrifugal Type)
   ① 수리학적 에너지(Hydraulic Energy)를 기계적 에너지(Mechanical Energy)로 변환한 후 다시 수리학적 에너지로 전환하는 방식
   ② 펠톤 터빈(Pelton Turbine), 터보 차저(Turbocharger) 등을 사용
   ③ 에너지 전달 과정에서 임펠러(Impeller) 회전 등으로 인해 기계적인 에너지 손실이 발생함
   ④ 적용 용량이 제한적이고 좁은 흐름(Narrow Flow) 및 압력 운전 조건에 적합

2) 양변위(Positive Displacement Type) 혹은 등압식(Isobaric Type)
　① 직접 농축수의 수리학적 에너지를 회수하는 방식
　② 덕트(Duct) 내 로터(Rotor)의 회전, 챔버(Chamber) 내부의 피스톤 운동으로 압력을 직
　　접 전달하는 압력 교환기(Pressure Exchanger)를 일반적으로 사용
　③ 플랜트의 대부분이 양변위식 ERDs를 사용

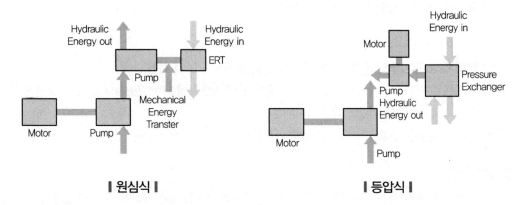

‖ 원심식 ‖　　　　　　　　　　　**‖ 등압식 ‖**

3. 터보차지형 에너지 회수장치(Turbocharger Type)

물레방아와 비슷한 원리로 회전축에 달려 있는 다수의 버킷에 고압의 농축수를 분사시켜 모터의
회전축을 회전시킴으로써 에너지 회수를 진행한다. 농축수량에 관계없이 효율곡선이 일정하다
는 장점은 있으나, 농축수가 대기압으로 배출됨에 따라 농축수 확산배출을 위해서는 추가 배수
펌프 설치가 요구되며 고압펌프, 모터, 터빈을 설치하고, 농축수를 터빈에 공급하여 직접 고압
펌프의 보조동력으로 사용한다.
주로 R/O 가압수에 보조 압력원으로 사용하는 방법으로 R/O에서 요구하는 압력의 약 70% 정
도를 고압펌프에서 공급하고 나머지 30%는 농축수에서 회수하여 원수 승압한다.

4. Pressure Exchange(PX type)

세라믹 재질의 회전체가 회전하면서 회전체에 연결되어 있는 채널을 통해 역삼투막 유입수와 농
축수가 직접 접촉하여 농축수 압력을 유입수 측에 전달해 주는 원리로 농축수의 고압을 기계적
인 에너지로 변환 없이 유입수의 압력을 높여 줄 수 있어 수력 효율이 94~96%로 높은 장점은
있으나 유입수 가압을 위한 별도의 Booster Pump를 필요로 한다.

문제 03 초순수

정답

1. 정의

물속에 포함된 불순물(이온, 유기물, 미생물, 미립자, 기체 등)들을 극히 낮은 값으로 억제한 이론 순수에 가장 근접한 물

2. 용도

① 반도체, LCD, 태양광 패널 등 정밀산업 분야에서 광범위 사용

② 반도체는 식각·연마 등 공정 전후의 웨이퍼 세정에 활용되며, LCD는 글라스 세정에 주로 활용되며 현상·식각공정에도 투입

※ 반도체 제조공정에서 6인치 웨이퍼 1장당 약 1.5t의 초순수 사용

3. 생산공정

① 물속의 불순물(이온·유기물·기체 등)을 제거하기 위한 20~30여 개의 다양한 수처리 공정을 조합으로 구성

② 초순수 시스템은 전처리 공정(Pretreatment System), 순수처리 공정(Make-up System 또는 Primary System), 초순수처리 공정(Sub System 또는 Secondary System), 후처리 공정(Reclaim System)으로 크게 네 개의 공정으로 구분

③ 순수처리 공정(Make-up System 또는 Primary System)의 주요 구성 장치로서 역삼투 장치, 탈기 장치, 이온 교환 장치가 포함되어 있다. 역삼투 장치는 매우 중요한 역할을 하고 있고, 역삼투 막의 도입, 개량에 의해 초순수 제조기술은 비약적으로 진보했다. 이온 교환 장치도 무기 이온을 경제적으로 제거하기 위해서는 없어서는 안 될 필수기술로서 자리 매김하였다.

④ 초순수처리 공정(Sub System또는 Secondary System)의 주요 구성 장치는 자외선 살균, 산화장치, 이온 교환 장치, 한외 여과 장치가 있다. 한외 여과는 최종 여과공정으로서 미립자, 박테리아를 제거하는 중요한 역할을 하고 있다. 최종 여과 공정은 초순수 고유의 기술로 개발, 개량이 거듭되어 왔다.

⑤ 후처리 공정(Reclaim System), 즉 재이용 공정은 역삼투 장치, 활성탄 흡착 장치, 이온 교환 장치, 자외선 산화 장치 등으로 구성된다. 재이용 공정은 대부분의 초순수 시스템과 함께 많이 선택된다.

문제 04 가수분해

정답

1. 정의

① 가수분해란 화합물에 물을 끼어 넣어 두 개 이상으로 쪼개는 화학반응을 의미한다.

② 금속염이 물과 반응해서 산성 또는 알칼리성 물질이 되거나 사람의 소화기 내에서 음식이 아밀라아제와 만나 소화되는 과정도 가수분해이다.

2. 가수분해 원리

① 가수분해가 되기 위해서는 물 외의 결합을 끊어주기 위한 힘이 필요한데 화학적 가수분해에서는 산과 열이, 생물학적 가수분해에서는 가수분해요소 등이 필요하다.

② 원자나 분자 간의 결합이 끊어지는 힘에 의해 분해되면 분해된 부위를 안정화시키기 위하여 물의 수산화이온과 수소이온이 결합하게 되는 것이 기본 원리이다.

3. 환경공학에서의 가수분해 예

1) 유리잔류염소 생성

염소의 가수분해 : Cl_2 + H_2O ↔ HOCl + HCl

치아염소산 or 하이포아염소산

HOCl ↔ H^+ + OCL^-

물에 주입된 염소는 가수분해 및 이온화되어 유리 잔류염소 생성

2) 활성슬러지의 유기물 산화

$$C_x H_y O_z + \left(x + \frac{y}{4} - \frac{z}{2}\right) O_2 \rightarrow x\,CO_2 + \frac{y}{2} H_2O + Energy$$

① 활성슬러지에 흡착된 유기물은 가수분해효소에 의해서 산화분해하여 무기물화됨

② 상기 반응은 이화작용이며 생성된 에너지는 세균이 활동하기 위한 생활 에너지 및 세포합성 에너지로 사용됨

3) 혐기성 소화

① 혐기성균의 활동에 의해 슬러지가 분해되어 안정화되는 것

② 혐기성 분해 3단계 : 가수분해 - 산생성 - 메탄생성

③ 복합 유기물이 가수분해 단계를 거쳐 Longchain acid, 유기산, 당 및 아미노산 등으로 발효되어, 결국 Propionic, Butyric, Valeric acids 등과 같은 더 작은 산으로 변화된다.

문제 05 바이오가스

정답

1. 개요

바이오가스란 재생에너지 중 유기성 물질을 변환시켜 발생하는 가스를 말한다. (「유기성 폐자원을 활용한 바이오가스의 생산 및 이용 촉진법」, [시행 2023. 12. 31.] [법률 제19151호, 2022. 12. 30., 제정]

유기성 폐자원 처리 과정에서 혐기성 소화가 되며 메탄, 이산화탄소, 그리고 미량 성분들의 혼합가스인 바이오가스가 생성된다. 이 바이오가스는 메탄 성분이 총부피 중 45~70%이며, 나머지는 대부분 이산화탄소이다. 따라서 바이오가스 열량은 16~28MJ/㎥이며, 전력 및 열 생산 또는 취사용 연료로 사용 가능하다.

2. 바이오가스 사용처

① 난방과 전력으로 사용

② 자동차와 대중교통의 연료

③ 수소생산

3. 바이오가스의 장점

① 탄소 중립으로서 천연가스 시스템을 이용할 수 있다.

② 열과 전력의 지속 가능한 공급이 가능하다.

③ 유기물의 분해 과정에서 얻어지며 온실가스 감축에 기여한다.

④ 폐기물 관리, 활용 측면에서 중요한 분야이다.

⑤ 장거리 운송이 가능하며 에너지 효율이 높다.

⑥ 영양분 재활용, 일자리 창출 등 순환 경제 개념에 적합하다.

문제 06 물발자국(녹색 물발자국, 청색 물발자국, 회색 물발자국)

정답

1. 개요

네덜란드 트벤테 대학의 아르옌 훅스트라 교수가 고안한 제품의 생산·사용·폐기 전 과정에서 얼마나 많은 물을 쓰는지 나타내는 환경 관련 지표이다. 즉, 어떤 제품이 소비자에게 오기까지 '원료 취득 – 제조 – 유통 – 사용 – 폐기' 전 과정에서 사용되는 물의 총량과 물과 관련된 잠재적 환경영향을 정량화한 개념이다.

2. 물발자국 평가 개념

① 공정, 제품, 생산자나 소비자의 물발자국을 계량화하고 정확한 발생지점을 파악하거나 또는 특정 지리적 영역 내 물발자국의 공간과 시간을 계량화
② 물발자국의 환경적, 사회적, 경제적 지속가능성 평가
③ 대응 전략의 수립을 모두 포괄하는 행동을 말함

3. 물발자국 종류

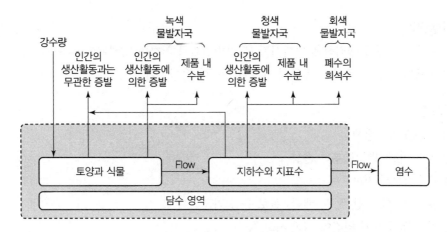

❚ WFN의 물발자국 개념도 ❚

1) 녹색 물발자국

강우를 통해 자연적으로 공급된 물로 에너지 투입 없이 사용되는 물의 양
예 농작물이나 (목재생산을 위한) 숲으로부터 증발되는 담수

2) 청색 물발자국

에너지를 투입하여 사용한 물의 양으로, 제품을 생산하기 위해 사용한 관개용수와 소비, 유통될 때 사용된 물의 총량

3) 회색 물발자국

제품이나 서비스를 생산할 때 발생된 오염된 물을 일정 기준 오염농도 이하로 정화하기 위해 필요한 물의 양

문제 07 수격작용(Water Hammer)의 문제점 및 방지방안

정답

1. 수격작용(Water Hammer)

관내를 충만하게 흐르고 있는 물의 속도가 급격히 변하면 수압도 심한 변화를 일으키며 관내에 압력파가 발생하고, 이 압력파는 관내를 일정한 전파속도로 왕복하면서 충격을 주게 되는데, 이러한 작용을 수격작용라고 한다.

2. 발생원인

① 관내의 흐름을 급격하게 변화시킬 때 압력변화로 인하여 발생된다.

② 펌프의 급정지, 관내에 공동이 발생한 경우에 유발된다.

3. 문제점

① 소음과 진동발생

② 관의 이완 및 접합부의 손상

③ 송수기능의 저하

④ 압력상승에 의한 펌프, 배관, 관로 등을 파괴

⑤ 펌프 및 원동기 역전에 의한 사고 등

4. 방지방법

1) 수주분리 발생방지법

　① 펌프에 플라이 휠 부착 : 펌프관성 증가, 급격한 압력강화 방지

　② 토출측 관로에 표준형 조압수조 설치

　③ 토출측 관로에 일방향 압력 조절수조 설치 : 압력강하 시에 물을 보급하여 부압발생 방지

　④ 펌프 토출부에 공기탱크 설치 또는 부압지점에 흡기 밸브 설치

　⑤ 관내 유속을 낮추거나 관거 상황 변경

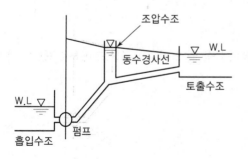

‖ 표준형 조압수조 ‖

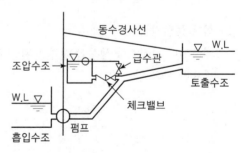

‖ 한 방향형 조압수조 ‖

2) 압력상승 방지법

① 완폐식 체크밸브 설치 : 역류개시 직후의 역류에 대해서 밸브디스크가 천천히 닫히게 함
으로써 압력상승을 완화

② 급폐식 체크밸브에 의한 방법 : 역류가 일어나기 전 유속이 느릴 때 스프링 등의 힘으로
체크밸브를 급폐시키는 방법으로 300mm 이하 관로에 사용

③ 콘밸브, 니들밸브나 볼밸브에 의한 방법 : 밸브개도를 제어하여 자동적으로 완폐시키는
방법, 유속변화를 작게 하여 압력상승을 억제함

문제 08 지류총량제

정답

1. 지류총량제

현재 수질오염총량제를 보완하여 지류별로 개선이 필요한 수질오염물질을 집중관리하는 제도

2. 필요성

현행 총량은 획일적인 관리(기준유량, 대상물질 등)에서 벗어나 맞춤형 관리를 요구받고 있음

① 문제가 되는 수계구간과 오염물질을 대상으로 한 지류 및 소유역 중심의 맞춤형 총량제 도입
이 필요함

② 실질적으로 유역 주민이 피부로 체감할 수 있는 수질효과를 거둠과 동시에 본류 수질에 대한
사전 예방 기는 확보 필요

③ 현행 총량제도는 저수/평수량 조건에서 관리하지만 일부 지류에서는 대상물질, 배출형태에
따라 다른 유량조건의 관리 필요

④ 오염원인을 과학적으로 진단하고 적절한 삭감수단을 제공하여 유역관리의 허브 역할 필요

3. 수질오염총량제와의 비교

구분	수질오염총량제	지류총량제
공간범위	수계 내 모든 지역	특정 지류 지역
대상오염물질	BOD, T-P	지류별 관리가 필요한 오염물질(유기물, 영양물질, 유해물질 등)
목표수질	주요 상수원의 목표달성을 위한 단위유역별 목표 수질 설정(지류 포함)	지류내 문제 오염물질별 수질개선을 위한 목표 설정
관리기준	단일 공통유량조건(저수, 평수)	다양한 유량 조건
지역참여	의무제	자발적 참여

문제 09 BOD, CODMn, TOC 측정방법 및 특징

정답

1. 개요
유기물 측정지표로는 BOD$_5$, COD$_{Mn}$, COD$_{cr}$, TOC 등이 있다.

2. 측정방법
1) BOD
일정량의 시료를 채취하여 시료를 공기와 충분히 접촉시키고 병에 넣는다. 이후 병을 밀봉하여 20℃의 어두운 곳에서 일정 기간 배양하였다가 그 시료의 잔존 산소량을 측정한다. 배양 전과 후의 산소 농도차, 즉 없어진 산소의 양은 시료 내에 존재하는 미생물이 유기물질을 분해하는 데 소비한 산소의 양을 의미하고, 이는 시료 내에 함유되어 있는 유기물질의 함량에 비례한다. 일반적으로 용존 산소량(DO ; Dissolved Oxygen)을 이용하여 배양을 시작한지 5일 후의 값을 측정하는데, 이것이 BOD$_5$이다.

2) COD$_{Mn}$
화학적 산소요구량. BOD와 마찬가지로 물의 오염 정도를 나타내는 기준으로 유기물의 오염물질을 산화제 KMnO$_4$로 산화할 때 필요한 산소량으로 나타낸다.
시료를 황산산성으로 하여 KMnO$_4$ 일정과량을 넣고 30분간 수욕상에서 가열반응시킨 다음 소비된 과망가니즈산칼륨의 양을 구하기 위해 환원되지 않고 남아 있는 과망가니즈산칼륨을 옥살산나트륨(Na$_2$C$_2$O$_4$)용액으로 적정하여 시료에 소비된 과망가니즈산칼륨을 계산하고 소비된 KMnO$_4$으로부터 이에 상당하는 산소의 양을 측정한다.

3) COD$_{cr}$
화학적 산소요구량. 유기물의 오염물질을 산화제 K$_2$Cr$_2$O$_7$로 산화할 때 필요한 산소량으로 나타낸다. 시료를 황산산성으로 K$_2$Cr$_2$O$_7$ 일정과량을 넣고 2시간 가열반응시킨 다음 소비된 중크롬산칼륨의 양을 구하기 위해 환원되지 않고 남아 있는 중크롬산칼륨을 황산제일철암모늄 (NH$_4$)$_3$Fe(SO$_4$)$_3$ 용액으로 적정하여 시료에 소비된 중크롬산칼륨을 계산하고 이에 상당하는 산소의 양을 측정하는 방법이다.

4) TOC
① 시료 적당량을 산화성 촉매로(산화코발트, 백금 등) 충전된 고온의 연소기에 넣은 후 연소를 통해 수중의 유기탄소를 CO$_2$로 산화시켜 정량한다.
② 시료에 과황산염을 넣어 자외선이나 가열로 수중의 유기탄소를 이산화탄소로 산화후 정량하는 과황산 UV 또는 과황산 열 산화법도 있다.

3. 측정원리 및 특징

구분		BOD	COD$_{Mn}$	COD$_{Cr}$	TOC
측정원리		유기물 산화 시 미생물 호흡으로 소비된 산소량 측정	유기물 산화 시 소비된 산화제량 (산소량) 측정		유기물 내 탄소량 직접 측정 ※ C를 CO$_2$로 전환하여 측정
분석	산화제	호기성 미생물 (20℃, 5일간 배양)	과망가니즈산칼륨 (95℃ 가열)	중크롬산칼륨 (140℃ 가열)	고온연소 (550℃)
	장비	실험기구			TOC 분석상비
	결과값	산소량 mg/L			탄소량 mg/L
측정	대상	저분자 유기물 : 포도당, 지방 등	저분자 및 고분자 유기물 : 합성수지, 천연고무, 섬유소 등 분자량이 1만 이상 등으로 용해가 잘 안되고 결합이 강한 물질		
	범위 (경험적)	20~40%	30~60%	90% 이상	90% 이상
		예) 전분(C$_6$H$_{12}$O$_6$)에 대한 분석 결과(일본 논문) BOD : 460mg/L, COD$_{Mn}$: 653mg/L, COD$_{Cr}$: 930mg/L, 이론적 산소요구량 : 1,070mg/L			
	방해물질	고분자 유기물 등	염소(Cl$^-$) 등	염소, 아질산성 이온(NO$_2^-$) 등	무기물 등
특징		하천 환경을 실험실에서 재현	일본 통용 오염물질 배출규제	국제 통용성 오염물질 배출규제	신속·다량·자동화 장비구입·유지

문제 10 전국오염원조사 목적, 법적근거, 조사내용

정답

1. 개요

전국오염원조사 시스템이란 4대강 수질정책 등 각종 수질관리를 위한 기초자료 확보를 위한 전국수질오염원에 대한 조사자료 입력 및 관련 통계자료 관리·제공하는 시스템이다(Water Emission Management System).

2. 목적

1) 전국 공공수역 영향권의 물 환경정책 수립을 위한 기초자료 확보
2) 수질오염총량관리, 환경기초시설 투자계획 수립 등 중요자료로 활용
   오염물질부하량 발생·배출현황, 장래전망 및 분석 등에 다각도로 활용

3) 전국의 수질보전을 위한 오염원 통계자료 제공

산업폐수의 발생과 처리통계, 가축분뇨 처리통계, OECD 통계자료, e-나라지표 등 행정기관 기초자료 활용 강화 및 오염원 조사 자료 대국민 공개

3. 법적근거

1) 물환경보전법 제23조, 동법 시행령 제31조, 동법 시행규칙 제32조

① 환경부장관 및 시·도지사는 수계영향권별 오염원 등에 대하여 정기적으로 조사

② 시·도지사는 매년 관할구역의 오염원 종류, 수질오염물질 발생량 등을 조사

③ 그 밖에 오염원 등에 대한 조사내용·방법 및 절차 등에 관하여 필요한 사항은 환경부장관이 정함

2) 물환경보전법 제68조

환경부장관 또는 시·도지사는 오염원 조사를 위해 필요한 보고 및 자료제출을 지시

※ '산업폐수의 발생과 처리' 승인통계 보고서 발간(승인번호 제10605호)

3) 가축분뇨의 관리 및 이용에 관한 법률 제44조

시·도지사 또는 시장·군수·구청장은 관할구역의 가축분뇨의 관리 및 처리실적(가축분뇨 처리통계)을 환경부장관에게 보고

4) 수질오염총량관리 기본방침(환경부 훈령 제1378호)

시·도지사는 점·비점 구분하여 단위유역별·소유역별·행정구역별로 오염원을 조사

5) 유역관리업무지침(환경부 훈령 제1426호)

유역별 오염원 조사 등을 실시하여 환경부장관에게 보고

4. 조사내용

대상	조사내용
생활계	인구현황, 물사용량, 정화조시설 정보
축산계	가축분뇨현황, 수집운반업, 설계시공업, 가축분뇨처리업의 실적사항 등
산업계	폐수배출업소현황, 처리형태, 폐수발생량, 폐수방류량, 폐수오염도 등
토지계	토지이용 면적조사(국토교통부 자료 활용)
양식계	기타수질오염원 중 수산물양식시설에 대해 현황 자료 조사
매립계	매립시설에 대해 현황 자료 조사, 침출수의 처리 정보
환경기초시설현황	환경기초시설의 현황자료 조사
기타수질오염원	양식장을 제외한 기타수질오염원에 대한 현황 조사 및 처리현황 등

문제 11 고도하수처리의 정의, 도입이유 및 처리방식

정답

1. 개요

고도처리란 통상의 유기물 제거를 주목적으로 하는 2차 처리로 얻어지는 처리수의 수질 이상을 얻기 위해서 행해지는 처리이다. 전에는 3차 처리라는 용어가 사용되며 활성슬러지법 등에 의한 2차 처리를 행한 후 부가적으로 수행되는 처리를 의미하였지만, 기술 개발에 의하여 단독 공정으로도 2차 처리 이상의 수질을 얻을 수 있는 처리기술들이 많이 등장하였기 때문에 3차 처리라는 용어 대신에 고도처리 라는 용어를 사용하게 되었다.

2. 고도처리 도입이유

1) 방류수역의 수질환경기준의 달성

도시하천과 같이 고유유량이 적고 하수처리수로서 수량의 대부분이 점유되는 경우와 폐쇄성 수역 및 수질의 총량규제가 이루어지는 경우에는 방류수역의 수질환경기준을 달성하기 위하여 BOD, COD, SS, 질소, 인 등을 대상으로 하는 고도처리가 필요하다.

2) 폐쇄성 수역의 부영양화 방지

만의 안쪽 및 호소 등과 같은 폐쇄성 수역에서는 적조 또는 수화(Water Bloom) 등 플랑크톤의 발생 등에 의한 물 이용 시 피해를 방지하기 위해서 그 원인이 되는 질소, 인의 유입부하량을 줄여야 할 필요가 있다. 이와 같은 폐쇄성 수역에 처리수를 방류하는 경우에는 질소, 인을 대상으로 하는 고도처리가 필요하게 된다.

3) 방류수역의 이용도 향상

방류수역의 다양한 물이용 형태에 따라 고도의 방류수질이 요구되는 경우가 있다. 고도처리의 제거대상 물질은 부유물, 유기물, 영양염류 등이 있으며, 각각의 제거대상 물질에 대하여 다양한 처리방식이 존재한다.

4) 처리수의 재이용

하수처리수의 재이용에는 하수처리시설을 운전하는 데 필요한 시설운전용 재이용수와 조경용수 등 하수처리시설 내외에 다목적으로 필요한 다목적용 재이용수로 구분되며, 그 이용 목적에 따라 처리대상 물질이 달라진다. 따라서 각 용도에 맞는 고도처리를 행하는 것이 필요하다.

3. 처리방식

고도처리의 처리방식은 처리대상에 따라 다음의 공정에서 선정한다.

1) 질소, 인 동시 제거공정

구분	공법
생물학적 공정	혐기무산소호기조합법
	응집제병용형 순환식 질산화 탈질법
	응집제병용형 질산화 내생탈질법
	반송슬러지 탈질탈인 질소·인 동시제거법
	기타공법

2) 질소 제거공정

구분	공법
탈질전자공여체에 의한 구분	순환식 질산화 탈질법
	질산화 내생탈질법
	외부탄소원 탈질법
기타	단계혐기호기법
	고도처리 연속회분식 활성슬러지법
	간헐포기 탈질법
	고도처리 산화구법
	탈질생물막법
	막분리 활성슬러지법
	기타공법

3) 인 제거공정

구분	공법
화학적 공정	응집제첨가 활성슬러지법
	정석탈인법
생물학적 공정	혐기호기 활성슬러지법
	반송슬러지 탈인 화학침전법
기타	기타공법

4) 잔류 SS 및 잔류 용존유기물 제거공정

구분	공법
잔류 SS 제거	급속여과법
	막분리법(MF, UF)
잔류 용존유기물 제거	막분리법(NF, RO)
	활성탄흡착법
	오존산화법
잔류 SS 및 용존성 인 제거	응집침전법

문제 12 빗물이용시설과 우수유출저감시설을 비교 설명

정답

1. 개요

1) 관련 법적사항

빗물이용시설 : 건축물의 지붕면 등에 내린 빗물을 모아 이용할 수 있도록 처리하는 시설

2) 물재이용법에 근거

우수유출저감시설 : 우수(雨水)의 직접적인 유출을 억제하기 위하여 인위적으로 우수를 지하로 스며들게 하거나 지하에 가두어 두는 시설과 가두어 둔 우수를 원활하게 흐르도록 하는 시설을 말한다.

2. 시설 설치대상

빗물이용시설	우수유출저감시설
1. 다음 각 목의 어느 하나에 해당하는 시설물로서 지붕면적이 1천 제곱미터 이상인 시설물 　가. 「체육시설의 설치·이용에 관한 법률 시행령」에 따른 운동장(지붕이 있는 경우로 한정한다) 또는 체육관 　나. 「건축법 시행령」에 따른 공공업무시설(군사·국방시설은 제외한다) 　다. 공공기관의 청사 2. 「건축법 시행령」에 따른 아파트, 연립주택, 다세대주택 및 기숙사로서 건축면적이 1만 제곱미터 이상인 공동주택 3. 「건축법 시행령」에 따른 초등학교, 중학교, 고등학교, 전문대학, 대학 및 대학교로서 건축면적이 5천 제곱미터 이상인 학교 4. 「체육시설의 설치·이용에 관한 법률」 골프장으로서 부지면적이 10만 제곱미터 이상인 골프장 5. 「유통산업발전법」에 따른 대규모점포	우수유출저감시설 설치 대상 개발사업 1. 국토·지역 계획 및 도시의 개발 2. 산업 및 유통 단지 조성 3. 관광지 및 관광단지 개발

3. 구성 및 종류

빗물이용시설	우수유출저감시설
1. 지붕(골프장의 경우에는 부지를 말한다)에 떨어지는 빗물을 모을 수 있는 집수시설(集水施設)	① 우수유출저감시설은 풍수해 및 가뭄피해 경감을 위하여 우수의 순간유출량을 저감하는 기능을 갖추어야 한다.
2. 처음 내린 빗물을 배제할 수 있는 장치나 빗물에 섞여 있는 이물질을 제거할 수 있는 여과장치 등의 처리시설	1. 침투시설 가. 침투통 나. 침투측구 다. 침투트렌치
3. 제2호에 따른 처리시설에서 처리한 빗물을 일정 기간 저장할 수 있는 다음 각 목의 요건을 갖춘 빗물 저류조(貯溜槽)	라. 투수성 포장 마. 투수성 보도블록 등
가. 지붕의 빗물 집수 면적에 0.05미터를 곱한 규모 이상의 용량(골프장의 경우 해당 골프장에 집수된 빗물로 연간 물사용량의 40퍼센트 이상을 사용할 수 있는 용량을 말한다)일 것	2. 저류시설 가. 쇄석공극(碎石空隙)저류시설 나. 운동장저류 다. 공원저류
나. 물이 증발되거나 이물질이 섞이지 아니하고 햇빛을 막을 수 있는 구조일 것	라. 주차장저류 마. 단지내저류 바. 건축물저류
다. 내부를 청소하기에 적합한 구조일 것	사. 공사장 임시 저류지(배수로를 따라 모여드는 물을 관개에 다시 쓰기 위하여 모아두는 곳을 말한다)
4. 처리한 빗물을 화장실 등 사용장소로 운반할 수 있는 펌프·송수관·배수관 등 송수시설 및 배수시설	아. 유지(溜池), 습지 등 자연형 저류시설

문제 13 잔류성 유기오염물질(POPs)

정답

1. 개요

자연환경에서 분해되지 않고 생태계의 먹이사슬을 통해 동식물 체내에 축적되어 면역체계 교란·중추신경계 손상 등을 초래하는 유해물질로, 'POPs(Persistent Organic Pollutant)'라고도 한다.

2. 잔류성 유기오염물질(POPs)의 주요 특성

구분	주요 특성
잔류성 (Persistence)	화학물질의 반감기(Half Life)가 물에서 2개월 이상, 토양이나 퇴적물에서 6개월 이상, 기타 잔류성이 높다고 판단되는 경우
생물학적 농축 (Bio – Accumulation)	분해가 매우 느려 생물학적 농축계수가 5,000 이상, 옥탄올 – 물 분배계수(Log Kow) 값이 5 이상, 기타 생물학적 농축이 높다고 판단되는 경우
장거리 이동 (Long Range Transport)	대기 중 반감기가 2일 이상으로 바람과 해류, 철새 등을 통해 수백, 수천 km 장거리 이동성을 나타내는 경우
독성 (Toxicity)	임이나 내분비계 장애 등 인체나 생물체에 악영향을 미치는 물질인 경우

3. 주요 측정대상물질

공정 부산물(5개)	유기염소계 농약류(13개)	산업용 물질(5개)
다이옥신 · 퓨란, 폴리클로리네이티드비페닐(PCBs), 헥사클로로벤젠, 펜타클로로벤젠	알드린, 엔드린, 디엘드린, 클로르데인, DDT, 헵타클로르, 미렉스, 톡사펜, 알파 – 헥사클로로사이클로헥산(α – HCH), 베타 – 헥사클로로사이클로헥산(β – HCH), 린덴, 엔도설판, 클로르데콘	테트라 · 펜타 – 브로모디페닐 에테르(4,5 – BDEs), 헥사 · 헵타 – 브로모디페닐에테르(6,7 – BDEs), 헥사브로모비페닐(HBB), 과불화옥탄술폰산(PFOS), 과불화옥탄산(PFOA)

문제 **01** 해수담수화 농축수의 처리방식, 국내 규제 및 환경적 문제에 대하여 설명하시오.

정답

1. 개요

인구증가와 산업의 발달로 물의 수요는 계속해서 증가하고 있는 반면 수질오염의 확산, 기후변화로 인한 강수량의 편중현상 등으로 안정적인 수자원 확보는 점점 어려워지고 있다. 이에 안정적인 수자원 확보를 위해 도서 및 연안지역을 중심으로 해수담수화 시설을 확장 및 신설하려고 하고 있다. 해수담수화는 건설 공사기간이 짧아 조기에 수자원 확보가 가능하며, 지속적인 기술개발로 담수생산 단가 감소 등 미래 물 산업에서 중요한 의미를 지니고 있다.

2. 해수담수화의 종류

1) 증발법

증발법은 해수를 가열하여 증기를 발생시켜서 그 증기를 응축하여 담수를 얻는 방법이다. 현재 실용화되어 있는 증발법은 다단플래시법, 다중효용법, 증기압축법의 3가지 방식이 있다.

2) 전기투석법

전기투석법은 이온에 대하여 선택투과성을 갖는 양이온교환막과 음이온교환막을 교대로 다수 배열하고 전류를 통과시킴으로써 농축수와 희석수를 교대로 분리시키는 방법이다.

3) 역삼투법

역삼투법은 물은 통과시키지만 염분은 통과시키기 어려운 성질을 갖는 반투막을 사용하여 담수를 얻는 방법이다. 해수의 삼투압은 일반 해수에서는 약 2.4MPa(약 24.5kgf/cm²)이다. 이 삼투압 이상의 압력을 해수에 가하면, 해수 중의 물이 반투막을 통하여 삼투압과 반대로 순수 쪽으로 밀려나오는 원리를 이용하여 해수로부터 담수를 얻는다.

3. 해수농축수의 특징

농축수는 해수담수화 기술에 따라 다른 특성을 보인다. 주요 기술방식으로는 역삼투(RO ; Reverse Osmosis)와 다단증발법(MSF ; Multi-Stage Flush)이 있으며 고염분 농축수를 배출하는 공통된 특징이 있다. 다단증발법은 열을 가하여 증발을 유도함에 따라 고온의 농축수가 배출되는데, 주변 수온보다 5~15℃ 높고 약 50psu의 염분을 갖는 농축수를 배출하는 반면, 역삼투법의 플랜트로부터 발생되는 농축수의 수온은 주변 수온과 큰 차이를 보이지 않지만 염분의 경우 최대 65~80psu로 다단증발법보다 더 높은 염분을 가진 농축수를 발생시킨다.

※ 염분 35의 표준해수는 1kg의 용액 속에 KCl 32.4356g이 녹아 있는 KCl 용액과 1기압 15℃
에서 전기전도도의 비가 1.0이 되는 바닷물이다. psu(practical salinity unit : 실용염분단
위)는 액체의 전기전도도를 측정한 단위이다. 전기전도도와 염분 사이에는 일정한 관계가 있
으며, 이를 이용해서 물속의 성분을 분석하지 않아도 정밀한 센서의 측정만으로 염분을 알 수
있다. 단, 이는 상대적인 값이기 때문에 '무차원'이다.

4. 농축수 처리방식

농축수 처리방법으로는 해양 및 하구로 배출, 증발연못, 압력대수층 주입, Zero Liquid
Discharge(ZLD, 염의 처리 및 재사용을 위해 농축수의 물만을 증발시킴) System 등이 있다.
이들 처리방법은 각각 장단점을 갖고 있는데 증발연못은 대규모 토지가 필요하여 개발된 도시지
역에서는 비경제적이다. 미국 캘리포니아 해안을 따라 많은 해수담수화 시설이 위치하고 있지
만 높은 토지 가치로 인해 증발연못과 같은 처리 방식은 당국에서도 권장하지 않고 있다.

압력대수층 처리방식은 지하수 대수층에 농축수를 주입하는 것으로 기술적으로는 가능하지만
처리비용이 비싸고, 철저한 사전조사가 수행되어야 한다.

따라서 해양 및 하구로의 배출방식이 일반적으로 이용되고 있으며 발전소의 방류수 또는 하수처
리장의 처리수와 혼합하여 배출되는 사례도 있다. 해양으로 직접배출하는 경우에는 관을 이용
하여 해안에서 떨어진 근해에 배출하는 방법을 주로 이용한다.

농축수가 배출되면 수괴의 염분 농도차가 발생하며 해양생태계, 염분에 민감한 늪지대, 주변 어
장에 환경피해를 줄 수 있다. 이러한 피해에도 불구하고 농축수 배출 현황을 공개하는 경우는 매
우 드물며, 그로 인한 환경적 피해 사례를 찾기도 어려운 실정이다.

5. 국내 규제

농축수에 대한 규제기준은 염분 한계와 배출구에서의 거리로 표현되는 준수지점으로 구분할 수
있다.

미국 EPA는 농축수 배출로 인한 염분 증가가 4psu를 초과하지 않도록 권고하고 있으며,
California Water Boards에서는 일일 최대 염분농도가 배출구주변 100m 이내에서 주변 염분
농도보다 2psu를 초과하지 못하도록 규정을 개정하였다. 호주 Perth 해수담수화 시설에서는
농축수 배출로 인한 염분증가는 배출구로부터 50m 이내에는 배경농도의 1.2psu 이내,
1,000m 이내에는 배경농도의 0.8psu 이내가 되도록 제안하고 있다. 일본 오키나와의 해수담
수화시설은 배출된 농축수의 염분농도가 혼합구역에서 최대 38psu, 해저면과 만나는 경계에서
주변 농도와 비교하여 1psu 이상 증가하지 않도록 하고 있으며 아부다비에서는 혼합구역의 가
장자리의 염분농도는 배경농도의 5%를 초과해서는 안 된다고 권고한다.

농축수 배출기준에 대해서는 국내 기준이 없는 시점에서 해외의 기준을 적용하는 것이 하나의

방안이 될 수 있으며 우리나라는 서해, 남해, 동해의 특성이 상이하므로 해역별 특성을 고려한 배출기준의 설정도 검토될 수 있다.

6. 환경적 문제

농축수는 담수화 과정에서 발생하는 부산물질로 생산수의 염분을 포함하여 일반 해수보다 1.5 ~2.5배 이상 높은 염분 농도를 가진다(Wetterau 2011). 해수담수화 시설 가동 후 염분에 의한 주변의 오염상태가 증가한 사례도 조사되고 있다. 원수 취수 및 사후처리 과정에서 생물성장 방지, 부유물질의 응집 및 제거, 스케일링 및 부식 방지, 멤브레인 세정을 위해 여러 화학물질들이 첨가되고, 이들을 포함한 농축수가 배출되어 다른 환경문제를 야기할 수 있다. 농축수가 해양환경에 미치는 영향범위는 시설의 용량, 농축수 배출량, 배출 디퓨저의 설계, 수리학적 환경 등에 따라 수십 m에서 수천 m까지 달라진다.

고염의 농축수는 해양생태계에 다양한 영향을 미치고 해수의 화학적 오염, 해저의 무산소화, 탁도 변화로 인해 수질에 영향을 준다. 높은 염분 농도로 인한 삼투압 조절 능력의 저하는 해양 플랑크톤과 해수 사이의 불균형을 야기하여 일차생산성을 비롯한 해양의 전체 생산성에 부정적으로 작용한다. 어류 군집은 유형능력이 있어 농축수 배출에 대해 회피할 수 있지만 유형능력이 부족한 유충과 어린 개체의 경우 멸종할 수 있다.

또한 빠른속도로 농축수가 배출되면 환경적 변화를 야기하여 포식자에 대한 취약성을 증가시킬 뿐더러 주변 해양환경의 수력학적(Hydrodynamics) 조건을 변화시켜 민감한 어종 또는 작은 개체들에게 영향을 줄 수 있다. 이러한 영향은 고염수가 배출되는 환경에 서식하는 종의 민감도에 따라 차이를 보인다. 배출수 지역 주변으로 혐염성 생물종이 서식하고 있다면 이들은 엄청난 영향을 받을 수 있다. 또한 산호와 같이 환경변화에 민감한 종이 서식하고 있을 경우에도 부정적인 영향을 미칠 수 있다.

농축수의 배출은 주변의 탁도를 증가시킬 수 있는데 탁도의 증가는 해저에 도달하는 빛을 감소시켜 해초류와 해초류의 광합성에 영향을 미칠 수 있다. 이외에도 농축수 배출로 인한 표층과 저층 사이의 성층화 형성은 영양염 공급을 감소시켜 생물량을 감소시킬 가능성이 크다. 특히 여름철 강한 성층의 형성은 저층의 빈산소 또는 무산소층을 조성하여 저층 수생물에 지대한 영향을 미칠 수 있다.

염분과 수온은 일반적으로 생물이 선호하는 환경조건을 제공하여 해양생물종의 분포를 조절하는 중요한 요소이다. 대부분의 해양생물은 생존에 최적화된 환경조건으로부터 약간 벗어나는 범위 내에서 생존이 가능하며, 일시적으로 극심한 환경에 내성을 가질 수 있다. 하지만 생존에 불리한 환경에 지속적으로 노출된 경우에는 그렇지 않다. 높은 농도를 갖는 농축수의 지속적인 배출은 해양생물에게 치명적이며, 그로 인해 배출구 주변의 생물종 조성과 풍부도를 변화시킬 수 있다. 해양생물은 새로운 환경조건에 적응하거나 소멸될 수 있으며, 새로운 환경에 쉽게 적응한 생물은 배출구 지역 주변에서도 높은 생물량을 보일 수 있다.

7. 맺음말

국내 · 외 독성평가 및 모니터링 조사를 통하여 고염분의 농축수가 환경적 영향을 준다는 사실이 입증되었다. 하지만 배출되는 지역의 특성(고유종의 염분내성, 해수교환율, 해수의 배경 염분농도 등)에 따라 영향의 정도가 상이하여 각 지역에 적합한 저감방안을 강구하는 것이 필요하다. 우선적으로 고유종의 염분 민감도, 저서생물군집의 유무, 양식장 운영여부 등을 고려하여 환경적으로 영향이 적은 지역에 농축수가 배출되도록 다양한 입지 대안을 수행할 필요가 있다. 그리고 농축수의 염분농도를 줄일 수 있는 방안도 검토되어야 한다. 농축수의 염분농도는 발전소에서 배출되는 온배수와 농축수를 혼합하여 염분농도를 줄일 수 있으며 오 · 폐수처리수를 활용하는 방안도 있다. 대부분이 해양생물은 고농도의 염분에 취약하기 때문에 배출되는 농축수가 빠르게 주변 해수와 혼합될 수 있도록 멀티 배출방식, 배출수 분사각도, 배출구 주변의 해수교환율을 증가시킬 수 있는 방안 등을 다양하게 고려할 필요가 있다. 무엇보다도 농축수의 배출량을 줄이는 것이 중요하므로 고염분의 배출수를 자원화하는 기술을 최대한 이용하는 것도 바람직하다.

문제 02 혐기성 소화 시 저해물질에 대하여 설명하시오.

정답

1. 개요

혐기성 소화는 혐기성균의 활동에 의해 슬러지가 분해되어 안정화되는 것이다.
소화 목적은 슬러지의 안정화, 부피 및 무게의 감소, 병원균 사멸 등을 들 수 있다.

2. 혐기성 처리의 기본원리 단계

1) 가수분해(Hydrolysis)

탄수화물, 지방, 단백질 등 불용성 유기물이 미생물이 방출하는 외분비효소(Extracellular Enzyme)에 의해 가용성 유기물로 분해되고 복합 유기물이 Longchain acid, 유기산, 당 및 아미노산 등으로 발효되어 결국 Propionic, Butyric, Valeric acids 등과 같은 더 작은 산으로 변화한다.

2) Acid Fermentation(산발효)

① 산생성 Bacteria는 임의성 혐기성균, 통성혐기성균 또는 두 가지 동시 존재한다.
② 산생성 박테리아에 의해 유기산 생성공정에서 CH_3COOH, H_2, CO_2가 생성된다.
③ H_2는 산생성 Bacteria 억제자 역할을 하며, Fermentative bacteria와 H_2-Producing bacteria 및 Acetogenic bacteria(H_2-Utilizing bacteria)에 의해 생성된다. CH_3COOH는 H_2-Consuming bacteria 및 Acetogenic bacteria에 의해 생성된다.

④ H_2는 몇몇 Bacteria의 에너지원이고 축적된 유기산을 CO_2, CH_4로 전환시키면서 급속히 분해된다.

⑤ H_2 분압이 10~4atm이 넘으면 CH_4 생성이 억제되고 유기산 농도가 증가하므로 수소분압 유지가 필요(10~4atm 이하) 하다.

3) 메탄발효단계

$$CH_4 + CO_2 \rightarrow CH_4 + 2H_2O$$
$$CH_3COOH \rightarrow CH_4 + CO_2$$

① 유기물 안정화는 초산이 메탄으로 전환되는 메탄생성과정 중 일어남

② 생성 CO_2는 가스상태 또는 중탄산 알칼리로도 전환함

3. 소화 시 저해물질

대부분의 유기물과 무기물들은 혐기성 처리공정에 독성이나 저해제로 작용될 수 있다. 독성은 서로 연관성이 있으며 독성이나 저해를 일으키는 물질의 농도는 몇 분의 일 mg/L~수천 mg/L 이다. 이러한 물질도 저농도에서는 미생물의 활동이 대부분 활성적이다. 이러한 중금속염의 활성적인 농도 범위는 단지 몇 분의 일 mg/L~수백 mg/L 의 나트륨이나 칼슘염일 뿐이다. 그러나 활성적인 농도 이상으로 증가하면 생물학적 활성율은 감소하기 시작한다. 이 지점에서는 저해가 분명하게 일어나고, 생물학적 활성율이 물질을 주입하지 않았을 때보다도 적어지게 되며, 결국 높은 농도에서는 생물학적 활성도가 0에 가까워진다. 대부분의 미생물들은 어느 정도의 저해물질 농도에 적응할 수 있는 능력이 있는데, 어떤 경우는 저해물질 축적이 일어난 후에도 활성도가 영향을 받지 않기도 하고, 축적이 발생한 후에 활성도가 저해를 받아 감소하기도 한다.

1) 유기산 저해

유기산에 의한 독성은 pH와 밀접한 관계가 있다. 유기산이 축적되면 소화조의 pH가 낮아져 소화효율이 저하된다. 총유기산(TVA)은 이온화된 것(IVA)과 이온화되지 않은 휘발성산 (UVA)으로 나눌 수 있는데, 소화조 내에서 pH의 메탄화 저해작용은 주로 UVA의 양에 의해 결정된다. UVA는 미생물막을 쉽게 통과하므로 미생물 내에 축적되어 신진대사를 저하시키기 때문이다. UVA의 농도는 소화조 내의 pH와 총휘발성산의 함수이다. 아세트산의 경우, UVA과 TVA의 분포를 계산하여 TVA의 총량이 500mg/mL일 때 pH 7, 6.5, 6에서 각각 UVA가 2.5, 7.8, 23.9mg/mL이다. 저해작용을 일으킨다고 보고된 이온화되지 않은 산의 농도는 아세트산의 경우는 10~25mg/mL, 총유기산의 경우는 30~60mg/mL라고 알려져 있다. pH를 알맞은 범위로 조절할 경우 유기산의 농도가 높아도 메탄 생성량이 영향을 받지 않게 되므로 pH 조절이 매우 중요함을 알 수 있다.

2) 황산화물 저해

Sulfate와 다른 산화된 황화합물은 양호한 상태의 혐기조에서는 쉽게 Sulfide로 분해된다. 혐기성 처리에서 생성된 황화물은 양이온과 결합하는 종류에 따라 용존상태나 불용성 상태로 존재한다. 중금속황화물은 불용성이며, 용액 내에서 미생물에 해가 없이 침전된다. 남아 있는 용존성 황화물은 용액 내에서 이온화되어 약산으로 작용하고 pH를 좌우한다. 또한 황화수소의 용해도의 한계 때문에 일부가 소화조에서 생성된 가스와 함께 빠져나갈 것이다. 따라서 황화물은 불용성 상태와 용존상태, 그리고 가스화된 황화수소로 변한다. 실제 황화물의 전환은 소화조의 pH에 의한다. 이러한 Sulfides는 반응기 내부의 미생물들의 활동에 의해 형성되는데, 그들과 연관된 양이온들에 의해 좌우된다. 중온성 조건에서 황환원균이 메탄균에 비하여 동역학적인 면에서 훨씬 우세한 결과 대부분의 기질이 메탄균보다는 황환원균에 이용되어 황화물을 생성함으로써 메탄생성이 억제되어 왔다. 이는 결과적으로 에너지 이용 측면에서 대단히 불리할 뿐만 아니라 황화합물이 반응조설비를 부식하거나 반응조 내 체류하는 미생물에 부정적인 영향을 미칠 것이다. 한편, 철이 첨가되면 수용액 내의 S 이온을 제거 시킴으로써 Sulfide Inhibition을 개선하는 역할을 한다.

3) 암모니아 질소 저해

혐기성 소화조에서 암모니아가 중요한 완충 역할을 하고는 있지만, 그 농도가 높아지면 저해요인으로 작용할 수 있다.

암모니아의 농도별 영향을 보면 2,730~4,725mg/L에서 가스 발생량이 감소하고, 4,835mg/L에서 27% 정도 감소하며, 10,000mg/L에서 50% 정도 감소한다고 한다. 휘발성 산이 축적되어 pH가 감소되는 경향이 있을 때는 일시적으로 저해성을 띠는 조건이 호전될 수 도 있다. 즉, pH가 다른 방법에 의해서 감소된 것이 아니라면 휘발성 산의 농도는 꽤 높을 것이다. 다른 방법으로는 pH를 7.0이나 7.2로 유지하기 위해서 HCl을 첨가하기도 한다. 암모니아 질소 농도가 3,000mg/L를 넘으면 암모니아 이온은 자체적으로 pH에 상관없이 매우 독성을 띠므로 공정은 실패하게 될 것이다. 따라서 가장 좋은 해결법은 희석하거나 폐기물 자체의 암모니아 질소 성분의 원인을 제거하는 것이다.

4) 알칼리와 알칼리 토금속염의 독성

Na^+, K^+, Ca^{2+}, Mg^{2+} 과 같은 알칼리와 알칼리 토금속염의 농도는 산업폐기물 내에 고농도로 있을 수 있어, 혐기성 처리 실패나 비효율적 운영의 원인이 된다. 그러나 하수의 잉여슬러지에 pH 조정을 위해 알칼리 염을 고농도로 주입하지 않는 한 이러한 염의 농도가 문제시될 만큼 들어 있지도 않고 저농도이다. 독성물질은 보통 염의 음이온보다는 양이온과 결합한다. 활성적인 농도에서는 공정효율을 최대로 만들어줄 것이고, 중간 정도의 저해성을 지닌 농도는 미생물이 약간 적응은 필요하지만 내성을 가지는 농도이다. 그러나 노출될 경우, 몇 일에서 수 주일 동안 성장에 저해를 받을 수 있다. 높은 저해농도에 노출된 경우는 처리효율이 향

상되기 위한 회복시간이 굉장히 오래 걸리며, 효율이 급격히 감소한다. 이러한 농도에서는 혐기성 처리가 성공적일 수가 없다. 이러한 양이온 결합물의 영향은 동일한계 내에 존재하는 다른 양이온과 경쟁적이므로 더욱 복잡하다. 즉 어떤 양이온의 독성은 감소시키는 반면, 동시에 그 외 다른 양이온에 대해서는 독성을 증가시키는 작용을 한다. 만약 폐기물 내에 어떤 양이온의 농도가 저해성을 가질 때, 동시에 다른 경쟁적인 이온이 존재하거나 폐기물 내에 함유되어 있다면, 그 저해성은 현저히 감소될 것이다.

Na와 K는 이러한 목적에 이용되는 가장 좋은 경쟁 물질이다. Ca와 Mg는 경쟁관계에 있지 않아 다른 양이온 때문에 독성이 감소하지 않고 오히려 증가한다. 그러나 이 두 이온은 다른 경쟁적인 물질이 이미 존재하고 있는 경우 활성될 수도 있다. 예를 들어 7,000mg/L의 Na이 혐기성 처리에 현저하게 저해를 일으켰을 때 300mg/L의 K을 첨가하면, 저해성이 80% 정도 회복될 수 있다. 여기에 만약 150mg/L의 Ca 이온이 첨가된다면 저해성은 완전히 사라지게 될 것이다. 그러나 만약 Ca 이온이 첨가될 때, K 이온이 없는 상태였다면 위의 효과는 나타나지 않을 것이다. 경쟁적인 물질로 많이 사용되는 것은 Chloride 염이다. 만약 폐기물 내에 염류가 독성을 가질 농도로 함유되었을 때 이를 제거하기 위해서 염화염을 첨가하여도 별 효과가 없거나 경제적이지 못하다면 가장 최고의 해결책은 바로 폐기물로 희석하는 방법이 있다.

5) 중금속

중금속은 많은 소화조 운영을 불안정하게 만든다. Cu, Zn, Ni 염 등의 용존농도는 매우 독성이 있고, 이들 염은 혐기성 처리에 중금속 독성문제의 대부분을 차지한다. Cr^{6+} 또한 혐기성 처리에 독성이 있다. 그러나 이 금속 이온은 소화조의 pH가 정상적일 때에는 불용성의 3가 형태로 감소되어 결국 독성이 없어진다. Fe 염과 Al 염은 낮은 용해도 때문에 독성이 없다. 더 독성이 큰 중금속류(Cu, Zn, Ni)에 대해 내성을 가질 수 있는 농도는, 매우 불용성인 황화합물염에 중금속이 결합하는 데 이용될 수 있는 화합물의 농도와 관계가 있다. 그런 염은 비활성적일 뿐만 아니라 미생물에 영향을 주지도 않는다. 침전되는 황화합물의 농도가 낮을 때에는 소량의 중금속류에 대해서 내성을 가진다. 그러나 황화합물의 농도가 매우 높다면, 해로운 영향을 받지 않고도 고농도의 중금속에 대해서 내성을 가진다. 황화합물은 그 자체로 혐기성 처리에 있어서 중금속과 마찬가지로 매우 독성적인 물질이다. 그러나 함께 결합이 되면 불용성 형태로 저해물질이 아니다. 중금속이 침전되기 위해서 중금속 1몰당 황화물 1몰이 필요하다. Cu, Zn, Ni의 분자량은 58~65이나 황의 분자량은 32이다. 즉, 중금속 1mg/L를 침전시키는 데 0.5mg/L 황화물이 필요하다. 중금속을 침전시키기 위해서는 충분한 양의 황화물이 필요하다. 만약 충분한 양의 황화물이 형성되지 않았다면, Sodium Sulfide(Na_2S)나 황산염이 혐기성 조건에서 감소되므로 첨가해야 할 것이다. Sodium Sulfide(Na_2S)를 첨가함으로써 중금속에 의한 문제로부터 쉽게 독성을 조절할 수 있다.

6) 산소

산소도 혐기성균에 독성을 미치는 물질이다. 메탄생성균이나 기타 편성 혐기성균들은 미량의 용존산소에도 매우 치명적인 손상을 입기 쉬우므로 소화조는 항상 밀폐되어야 하며, 이 조건은 메탄의 회수에도 필수적이다. 산소에 의한 영향도 가역적으로 혐기성 미생물이 산소에 노출된 후 약 10일 정도 이후에는 가스발생량이 정상상태로 회복됨이 보고되었다.

7) 기타 저해성 화합물

혐기성 처리에 독성을 미치는 유기물질의 범위는 유기용매에서부터 알코올, 고분자 지방산 등의 흔한 물질에 이르기까지 매우 다양하다. 일반적으로 대부분의 독성 유기물질은 미생물을 죽이는 것보다는 미생물의 활성을 저하시키는 효과를 지니므로, 일부의 독성물질은 순응기간을 거치면 미생물의 기질로 사용될 수 있다.

① 기타 유기화학물질 : Chloroform, Phenol Benzene, Pentachlorophenol, Tyrosine, 지질, 무인합성세제, Raurine acid Formal dehyde, 고분자 응집제, 탄닌산, 항생물질 화학요법제, 유기염소화합물

② 무기화합물 : 시안이 메탄균의 발육저해제

문제 03 2004~2020년의 비점오염원관리 종합대책의 한계와 제3차(2021~2025) 강우유출 비점오염원관리 종합대책에 대하여 설명하시오.

정답

1. 개요

비점오염원이란 도시, 도로, 농지, 산지, 공사장 등으로서 불특정 장소에서 불특정하게 수질오염물질을 배출하는 배출원을 말한다(「물환경보전법」 제2조제2호).

폐수배출시설, 하수발생시설, 축사 등으로부터 관로 등을 통해 일정한 지점으로 배출되어 관리가 상대적으로 용이한 점오염원과는 달리 도시, 도로, 농지 등 토지에서 빗물과 함께 불특정한 경로로 배출되기 때문에 관리가 어려운 특징이 있다.

2. 비점오염원 대책 주요 경과 및 성과

1) 주요경과

관계부처 합동으로 1차('04~'11, 국조실 주관), 2차('12~'20, 환경부 주관) 종합대책을 수립하여 비점오염관리 정책 추진

2) 성과

① 1차 : 비점오염원관리 제도 도입 및 비점오염 저감사업 착수

㉠ 비점오염원 설치신고제 도입('06), 비점오염원 관리지역 지정제도('07) 등 비점오염

신규관리제도 도입

※ 평창 도암호, 안동시 안동댐 하류 등 전국 15개 지역을 지정('20년 기준)

ⓛ 비점오염저감시설 설치('06~), 흙탕물 저감사업('08~) 등 집중적인 비점오염 저감 사업으로 강우 시 비점오염물질의 하천 유출 저감

※ 비점오염저감시설 20,984개('19년 설치신고서 접수 기준), 흙탕물저감사업 1,136 억 원('19년 준공시설 기준), 그린빗물인프라 조성사업 21개소 389억 원('19년 준 공시설 기준), 토지매수 및 수변 생태벨트 조성 25.7km²('19) 등

② 2차 : 분야별 비점오염 관리체계로 전환을 위한 제도적 기반 마련

㉠ 도시 : 도시 비점오염 저감을 위한 불투수면적률 및 물순환율 목표 설정 의무화('18), 저영향 개발기법(LID) 도입 및 확산

ⓛ 농·축산 : 농촌 비점오염 최적관리기법(BMPs : Best Management Practices) 도 입 및 시범적용, 가축분뇨 전자인계 관리시스템 도입 및 자원화기술 개발·보급

※ 경기 이천, 전북 부안 등 3개 지역에 BMPs 적용시범 사업 추진('17~'20)

3. 한계 및 시사점

1) 종합대책의 달성 목표 등 성과관리체계 부재

제1·2차 대책 수립 시 목표·성과지표 미설정, 이행성과 평가체계 부재

→ 계량적인 성과 목표 및 관리지표, 성과평가체계 마련

※ 비점오염물질 총량을 줄이기 위한 배출부하량 목표 설정, 도시 등 비점오염 관리 대상별 성과지표 마련, 종합대책 이행점검 체계 구축 등

2) 부하비중이 큰 농·축산계 대책의 실효성 부족

농촌 비점오염저감대책 추진에도 불구, 여전히 축산계(BOD 54.7%, T−P 49.2%), 토지계 (BOD 39.3%, T−P 48.6%)가 비점오염의 대부분을 차지

→ 근본적인 농·축산계 비점오염 저감을 위한 새로운 정책수단 개발 및 관련 부처 간 협업체 계 구축

※ 양분관리제 도입·확산, 농촌 비점오염 최적관리기법 정착, 관계부처협의체 구성 등

3) 저감시설 설치 등 사후관리 위주의 대책 추진

비점오염저감시설 설치, 흙탕물 저감사업, 도시 비점오염관리 사업 등 비점오염물질 사후 처 리 중심의 대책추진

→ 물순환과 물환경 통합관리를 고려한 사전 예방적 관리 정책 추진

※ 물순환 목표제 정착, 저영향개발기법의 확대, 수질오염총량제와 연계 강화 등

4) 국민적 참여와 행동변화를 유발할 수 있는 교육·홍보 부족

　대상이 특정되지 않은 전시·일방형 홍보와 단기·일회적인 교육 추진

　→ 비점오염 관리의 주류화를 위한 거버넌스와 교육·홍보 대책 마련

　※ 국민 참여형 민·관 거버넌스 구축, 국민·사업자 등 맞춤형 홍보·교육 실시 등

4. 제3차 종합대책

1) 목적 및 근거

　① 목적 : 비점오염원의 효율적 관리를 위한 전략 및 추진과제 마련

　② 법적 근거 :「물환경보전법」제53조의5(비점오염원 관리 종합대책의 수립)

2) 위상 및 역할

　국가물관리기본계획 중 물환경부문 관리계획의 목표 달성을 위한 비점오염원 관리 분야의
전략 및 실행계획

3) 비전 및 전략

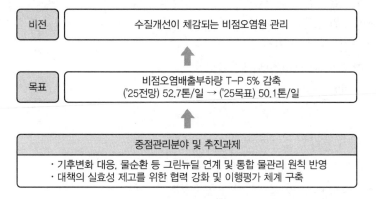

4) 세부추진전략

　① 도시 부문

　　㉠ 물순환목표관리제 이행체계 구축 및 저영향개발 확대

　　　• 도시개발사업 저영향개발 기법 적용확대

　　　• 물순환지수 도입 등 물순환개선 모델 구축

　　　• 저영향개발기법 보급 확산

　　　• 물순환목표 관리계획 수립

　　㉡ 산업시설 비점오염원 중점관리

　　　• 비점오염원 신고대상 제도 합리화

　　　• 집약지역 및 노후산단 등 관리강화

ⓒ 강우 시 하수관리 체계개선
- 불투수율을 고려한 하수도정비중점관리지역 지정
- 강우 시 하수관리를 위한 관련 규정 개정
- 분류식 우수관로 비점오염저감사업 추진

② 농·축산 부문
ⓐ 지역단위 양분관리제 기반 마련 및 확대 시행
- 양분관리제 시범사업 확대시행
- 양분관리제 도입 추진
ⓑ 농업생산기반시설 연계 비점오염관리
- 농업기반시설 연구 및 최적관리기법 확산 등
- 공익직불금 합동점검 및 맞춤형 저감시설 지원
ⓒ 유역진단을 통한 맞춤형 비점오염원 관리
- 친환경관리 계약제 시범사업 추진
- 주민참여형 농업비점관리 및 거버넌스 구축 확대
- 상수원 상류유역 거점형 오염저감 시범사업
ⓓ 가축분뇨관리 선진화
- 전자인계관리시스템 대상확대
- 자원화시설 고도화

③ 산림 부문
ⓐ 고랭지 경작지 흙탕물 관리강화
- 비점저감 국고보조사업 확대지원
- 고랭지 매수 및 불법경작지 합동점검
ⓑ 산림복원사업의 비점오염관리 강화
- 수변관리지역 숲가꾸기 부산물 수집 강화
- 임도개량 등 토사유출 방지사업 추진
ⓒ 폐광지역 비점오염원 관리 지속추진
- 제4단계 광해방지기본계획 수립
- 수질정화를 위한 노후시설 개선사업 추진
- 폐석유실 방지사업 추진

④ 관리기반 부문
ⓐ 비점오염 관리제도 실효성 제고
- 비점오염관리지역 지정제도 개선
- 비점오염 우려지역 국고 우선지원방안 마련

- 비점저감시설 설치 · 관리 효율화 방안 마련
  - ⓛ 이행력 있는 거버넌스 구축
    - 주민참여형 농업비점 거버넌스 확대
    - 관리주체별 맞춤형 교육 운영
  - ⓒ 비점관리 고도화를 위한 연구 · 개발
    - 농경지 토양 및 양분유출 평가 · 관리기술 개발
    - 강우에 의한 유해물질 영향분석 등 연구
    - 비점배출경로 조사 및 BMP 신기술 개발
    - 비점오염물질 측정망 확대 및 개선

5) 실행 주체별 역할

국가	· 물순환 이행을 위한 제도 및 기반 마련 · 관련 법령, 지침, 가이드라인 등 관련 기준 마련 및 개정 · 물순환 및 비점오염저감을 위한 국비지원 등 사업추진 · 변화되는 환경에서 유역관리를 위한 연구 및 개발
지방 자치 단체	· 물순환 목표에 따른 시행계획 수립 및 이행 추진 · 지자체 우심지역 비점오염저감을 위한 사업추진 · 비점오염저감사업 효과 분석 및 유지관리 · 행정 거버넌스를 통한 자체적인 정화활동 추진
국민 · 기업	· 생활 속 비점오염저감을 위한 실천활동 · 민간단위 참여거버넌스를 통한 교육 및 실천 활동 · 물순환 및 비점오염저감을 위한 기술개발 · 원인자 부담원칙에 따른 비점오염저감시설 관리

문제 04 조류경보제와 수질예보제를 비교 설명하고, 조류경보제의 단계별 대응조치를 설명하시오.

정답

1. 개요

"수질예보"란 수치모델링을 이용하여 기상 및 오염원의 변화에 따른 장래의 수질변화를 예측하고 발표하는 것을 말한다. 법적 근거는 「물환경보전법」 제3조, 제19조의2, 제21조에 따라 공공수역의 수질예보와 사전예방적 수질 관리를 위한다.(수질예보 및 대응조치에 관한 규정, 환경부 훈령 제1299호)

"조류 경보제"란 수질오염경보 종류의 하나로 독성을 지닌 남조류의 세포수를 기준으로 발생 정도에 따라 관심, 경계, 조류대발생, 해제 등 단계별로 녹조류 발생을 구분 발령하고, 취수, 정수장 등 관계기관에 신속하게 전파하여 단계적인 대응 조치를 취하도록 하는 제도이다. (「물환경보전법 시행령」 제28조 수질오염경보)

2. 조류경보제와 수질예보제의 비교

두 제도의 가장 큰 차이점은 조류경보제는 현장 실측치 기반으로 한 경보제도이고, 수질예보제는 남조류 세포수 등 실측자료와 더불어 수온 등 기상자료를 바탕으로 장래의 수질을 예측하는 예보제도라는 점이다.

구분	조류경보제	수질예보제
도입목적	경보를 발령하여 필요한 조치를 취함으로써 안정적인 수돗물을 공급	4대강 보구간의 선제적 수질관리 및 수생태계 건강성 보호
도입시기	1998년	2012년
대상	주요상수원 호소, 하천 28개소	4대강 본류(16개 보)
발령권자	유역환경청/지자체	국립환경과학원
분석주기	주1회(경계, 대발생 시 주2회 이상)	7일간 수질변화를 예측하여 주2회 예보
분석항목	남조류 세포수	남조류 세포수, 총인, 총질소 등 (예보항목 : 수온, 클로로필－a농도)
발령단계	관심, 경계, 대발생	관심, 주의, 경계, 심각
발령기준	cells/mL	cells/mL와 클로로필 농도 mg/m^3
차이점	실측치 기준으로 경보발생	클로로필 농도(예측)와 남조류 세포수(실측)로 발령

3. 조류경보제 단계별 발령기준

1) 상수원 구간

발령단계	발령 · 해제 기준
관심	2회 연속 채취 시 남조류 세포수가 1,000세포/mL 이상, 10,000세포/mL 미만인 경우
경계	2회 연속 채취 시 남조류 세포수가 10,000세포/mL 이상, 1,000,000세포/mL 미만인 경우
조류 대발생	2회 연속 채취 시 남조류 세포수가 1,000,000세포/mL 이상인 경우
해제	2회 연속 채취 시 남조류 세포수가 1,000세포/mL 미만인 경우

2) 친수활동 구간

발령단계	발령 · 해제 기준
관심	2회 연속 채취 시 남조류 세포수가 20,000세포/mL 이상, 100,000세포/mL 미만인 경우
경계	2회 연속 채취 시 남조류 세포수가 100,000세포/mL 이상인 경우
해제	2회 연속 채취 시 남조류 세포수가 20,000세포/mL 미만인 경우

4. 조류경보제의 단계별 대응조치

1) 조류경보

① 상수원 구간

단계	관계기관	조치사항
관심	4대강(한강, 낙동강, 금강, 영산강을 말한다. 이하 같다) 물환경연구소장 (시·도 보건환경연구원장 또는 수면관리자)	1) 주 1회 이상 시료 채취 및 분석 (남조류 세포수, 클로로필-a) 2) 시험분석 결과를 발령기관으로 신속하게 통보
	수면관리자 (수면관리자)	취수구의 조류가 심한 지역에 대한 차단막 설치 등 조류 제거 조치 실시
	취수장·정수장 관리자 (취수장·정수장 관리자)	정수 처리 강화(활성탄 처리, 오존 처리)
	유역·지방 환경청장 (시·도지사)	1) 관심경보 발령 2) 주변오염원에 대한 지도·단속
	홍수통제소장, 한국수자원공사사장 (홍수통제소장, 한국수자원공사사장)	댐, 보 여유량 확인·통보
	한국환경공단이사장 (한국환경공단이사장)	1) 환경기초시설 수질자동측정자료 모니터링 실시 2) 하천구간 조류 예방·제거에 관한 사항 지원
경계	4대강 물환경연구소장 (시·도 보건환경연구원장 또는 수면관리자)	1) 주 2회 이상 시료 채취 및 분석(남조류 세포수, 클로로필-a, 냄새물질, 독소) 2) 시험분석 결과를 발령기관으로 신속하게 통보
	수면관리자 (수면관리자)	취수구와 조류가 심한 지역에 대한 차단막 설치 등 제거 조치 실시
	취수장·정수장 관리자 (취수장·정수장 관리자)	1) 조류증식 수심 이하로 취수구 이동 2) 정수 처리 강화(활성탄 처리, 오존 처리) 3) 정수의 독소 분석 실시
	유역·지방 환경청장 (시·도지사)	1) 경계경보 발령 및 대중매체를 통한 홍보 2) 주변오염원에 대한 단속 강화 3) 낚시·수상스키·수영 등 친수활동, 어패류 어획·식용, 가축 방목 등의 자제 권고 및 이에 대한 공지(현수막 설치 등)
	홍수통제소장, 한국수자원공사사장 (홍수통제소장, 한국수자원공사사장)	기상상황, 하천수문 등을 고려한 방류량 산정

단계	관계기관	조치사항
경계	한국환경공단이사장 (한국환경공단이사장)	1) 환경기초시설 및 폐수배출사업장 관계기관합동점검 시 지원 2) 하천구간 조류 제거에 관한 사항 지원 3) 환경기초시설 수질자동측정자료 모니터링 강화
조류 대발생	4대강 물환경연구소장 (시·도 보건환경연구원장 또는 수면관리자)	1) 주 2회 이상 시료 채취 및 분석(남조류 세포수, 클로로필-a, 냄새물질, 독소) 2) 시험분석 결과를 발령기관으로 신속하게 통보
	수면관리자 (수면관리자)	1) 취수구와 조류가 심한 지역에 대한 차단막 설치 등 조류 제거 조치 실시 2) 황토 등 조류제거물질 살포, 조류 제거선 등을 이용한 조류 제거 조치 실시
	취수장·정수장 관리자 (취수장·정수장 관리자)	1) 조류증식 수심 이하로 취수구 이동 2) 정수 처리 강화(활성탄 처리, 오존 처리) 3) 정수의 독소 분석 실시
	유역·지방 환경청장 (시·도지사)	1) 조류대발생경보 발령 및 대중매체를 통한 통보 2) 주변오염원에 대한 지속적인 단속 강화 3) 어획·식용, 가축 방목 등의 금지 및 이에 대한 공지(현수막 설치 등)
	홍수통제소장, 한국수자원공사사장 (홍수통제소장, 한국수자원공사사장)	댐, 보 방류량 조정
	한국환경공단이사장 (한국환경공단이사장)	1) 환경기초시설 및 폐수배출사업장 관계기관합동점검 시 지원 2) 하천구간 조류 제거에 관한 사항 지원 3) 환경기초시설 수질자동측정자료 모니터링 강화
해제	4대강 물환경연구소장(시·도 보건환경연구원장 또는 수면관리자)	시험분석 결과를 발령기관으로 신속하게 통보
	유역·지방 환경청장(시·도지사)	각종 경보 해제 및 대중매체 등을 통한 홍보

비고 : 1. 관계 기관란의 괄호는 시·도지사가 조류경보를 발령하는 경우의 관계 기관을 말한다.
　　　2. 관계 기관은 위 표의 조치사항 외에도 현지 실정에 맞게 적절한 조치를 할 수 있다.
　　　3. 조류경보를 발령하기 전이라도 수면관리자, 홍수통제소장 및 한국수자원공사사장 등 관계 기관의 장은 수온 상층 등으로 조류 발생 가능성이 증가할 경우에는 일정 기간 방류량을 늘리는 등 조류에 따른 피해를 최소화하기 위한 방안을 마련하여 조치할 수 있다.

② 친수활동 구간

단계	관계 기관	조치사항
관심	4대강 물환경연구소장 (시 · 도 보건환경연구원장 또는 수면관리자)	1) 주 1회 이상 시료 채취 및 분석(남조류 세포 수, 클로로필－a, 냄새물질, 독소) 2) 시험분석 결과를 발령기관으로 신속하게 통보
	유역 · 지방 환경청장 (시 · 도지사)	1) 관심정보 발령 2) 낚시 · 수상스키 · 수영 등 친수활동, 어패류 어획 · 식용 등의 자제 권고 및 이에 대한 공지(현수막 설치 등) 3) 필요한 경우 조류제거물질 살포 등 조류 제거 조치
경계	4대강 물환경연구소장 (시 · 도 보건환경연구원장 또는 수면관리자)	1) 주 2회 이상 시료 채취 및 분석(남조류 세포 수, 클로로필－a, 냄새물질, 독소) 2) 시험분석 결과를 발령기관으로 신속하게 통보
	유역 · 지방 환경청장 (시 · 도지사)	1) 경계경보 발령 2) 낚시 · 수상스키 · 수영 등 친수활동, 어패류 어획 · 식용 등의 금지 및 이에 대한 공지(현수막 설치 등) 3) 필요한 경우 조류 제거물질 살포 등 조류 제거 조치
해제	4대강 물환경연구소장 (시 · 도 보건환경연구원장 또는 수면관리자)	시험분석 결과를 발령기관으로 신속하게 통보
	유역 · 지방 환경청장 (시 · 도지사)	각종 경보 해제 및 대중매체 등을 통한 홍보

비고 : 1. 관계 기관란의 괄호는 시 · 도지사가 조류경보를 발령하는 경우의 관계기관을 말한다.
 2. 관계 기관은 위 표의 조치사항 외에도 현지 실정에 맞게 적절한 조치를 할 수 있다.

문제 05 하수처리시설의 소독방법 선정 시 고려사항을 설명하고, 소독방법 중 하나인 자외선 소독방법의 원리, 영향인자와 염소소독과의 장단점을 비교 설명하시오.

정답

1. 개요

하수처리시설에서 시행되는 소독의 목적은 처리 중에 생존할 우려가 있는 병원성 미생물을 사멸시켜 처리수의 위생적인 안전성을 높이는 데 있다. 사람의 대변 1g에는 10^{12}마리 정도의 생물체가 존재하며 그중 총 대장균군 수는 $10^7 \sim 10^9$마리, 그리고 분변성균은 $10^6 \sim 10^9$마리인 것으로 알려져 있다. 한편 하수 내에는 각종 세균들이 대단히 많이 존재하므로 일반적인 하수처리과정에서 99% 제거된다 하더라도 처리수에는 여전히 많은 수의 세균들이 존재하므로 결국 소독이 필요하다.

2. 소독방식의 종류

1) 물리적 방법

① 가열살균 : 물을 고온으로 가열함으로써 살균하는 방법이다. 일반적으로 소규모적이고, 가정에서 긴급을 요할 때 많이 이용되는 살균법이다.

② 광선·방사선에 의한 방법 : 태양광선에 의한 자연살균법과 인위적으로 설치한 수은 램프에서 방출되는 3000 Å 이하의 자외선을 이용하여 살균하는 자외선 살균법이 있다. 자외선 살균법은 수심이 깊거나 미생물 또는 부유 현탁물질 등의 농도가 높은 경우에는 적용하기 곤란하다. 한편 감마선을 조사하여 살균하는 방사선 살균법은 하수나 슬러지 처리에 주로 이용된다.

2) 화학적 방법

① 산화제에 의한 방법 : 할로겐(염소, 브롬, 요오드)이나 오존, 그 외의 산화제 ($KMnO_4$, H_2O_2)와 알코올 등을 이용하는 살균법으로 염소화합물이 가장 많이 이용된다.

② 산·알칼리에 의한 방법 : 산을 투입하여 물의 pH를 3 이하로 낮추거나 알칼리를 사용하여 pH를 11 이상으로 증가시킴으로써 원형질의 콜로이드 성질을 변화시키는 방법이다. 이러한 살균법의 대표적인 예는 석회연화법에 의한 연수화−살균 등이 있다.

3. 소독방법 선정 시 고려사항

1) 소독방법의 선택 시에는 다음과 같은 요건을 고려하여 가장 적절한 방법을 택하여야 한다.

① 소독제의 물에 대한 용해도가 높을 것
② 소독력이 강할 것
③ 잔류독성이 거의 없을 것
④ 경제적일 것
⑤ 안정적인 공급이 가능할 것
⑥ 주입조작 및 취급이 쉬울 것

2) 상기 요건 중 첫 번째에서 세 번째까지의 사항은 소독제로서의 당연한 조건이지만, 실무적인 관점에서는 마지막의 세 가지 요건이 중요하기 때문에 첫 번째에서 다섯 번째까지의 요건을 만족시킨다고 할 지라도 조작 및 취급이 어려우면 적합한 방법으로 선택할 수 없게 된다. 현재까지 알려져 있는 이들 요구조건을 만족시키는 방법은 염소, 이산화염소, 오존 및 자외선 조사법 등이다.

또한, 소독방법의 선정 시 다음과 같은 사항을 고려하여야 한다.

① 염소계 소독방법을 선정할 경우에는 THM 문제를 해소할 수 있는 탈염소설비 등 대책을 강구한다.

② 오존소독방법을 선정할 경우에는 잔여오존 해소대책 및 경제성 비교에 신중을 기하여야 한다.

③ 자외선소독을 선정할 경우에는 처리장의 시설용량을 감안하여 접촉방식과 비접촉방식 중 시설비 및 유지관리비가 적게 소요되는 방식을 채택하여야 한다.

4. 자외선소독의 원리

자외선(UV)의 소독작용은 주파장이 253.7nm인 자외선이 박테리아나 바이러스의 핵산에 흡수되어 화학변화를 일으킴으로써 핵산의 회복기능이 상실되는 데 기인한다고 알려져 있다. 따라서 물의 소독에는 주파장 253.7nm를 방사하는 자외선램프가 사용되고 있으며, 그 기본구조와 작동원리는 일반 형광램프와 거의 같고 유리관의 재료로는 자외선 투과율이 좋은 석영유리가 사용된다. 자외선 조사에 의한 물의 소독방법은 물이 흐르는 상태에서 외부로부터 자외선을 조사하는 외조식과 석영유리 램프에 의해 유수 중의 내부로부터 자외선을 조사하는 내조식으로 대별되고 있으나, 단순한 장치로 다량의 물을 처리할 수 있는 내조식이 주로 이용된다.

램프의 수은가스를 통해 전기아크가 발생하며 수은을 자극하여 생긴 에너지의 방출이 자외선 방사가 되는 것이다. 253.7nm의 파장을 갖는 자외선은 박테리아나 바이러스 등이 갖고 있는 유전인자의 특성에 변형을 주어 이들이 번식하지 못하게 하며 특히 각종 세균의 세포막을 투과하여 핵산(DNA)을 손상시킴으로써 소독한다.

5. 영향인자

자외선 강도	접촉시간
1) 수질 　• 자외선 투과율 　• 부유물 농도 　• 총경도 2) 램프의 상태 　• 슬리브의 깨끗한 정도 　• 사용기간, 노후상태 3) 처리공정	1) 유량 2) 접촉조의 설계

6. 염소소독과의 장단점 비교

	장점	단점
염소 소독	1. 잘정립된 기술이다. 2. 소독이 효과적이다. 3. 잔류염소 유지가 가능하다. 4. 암모니아의 첨가에 의해 결합잔류염소가 형성된다. 5. 소독력 있는 잔류염소를 수송관거 내에 유지시킬 수 있다.	1. 처리수의 잔류독성이 탈염소과정에 의해 제거되어야 한다. 2. THM 및 기타 염화탄소가 생성된다. 3. 안정규제가 요망된다. 4. 대장균 살균을 위한 낮은 농도에서는 Virus, Cysts, Spores 등을 비활성화시키는 데 효과적이지 못할 수도 있다. 5. 처리수의 총용존 고형물이 증가한다. 6. 안전상 화학적 제거시설이 필요할 수도 있다. 7. 하수의 염화물 함유량이 증가한다.
자외선 소독	1. 소독이 효과적이다. 2. 잔류독성이 없다. 3. 대부분의 Virus, Spores, Cysts 등을 비활성화시키는 데 염소보다 효과적이다. 4. 안전성이 높다. 5. 요구되는 공간이 적다. 6. 비교적 소독비용이 저렴하다.	1. 소독이 성공적으로 되었는지 즉시 측정 할수 없다. 2. 잔류효과가 없다. 3. 대장균 살균을 위한 낮은 농도에서는 Virus, Cysts, Spores등을 비활성화시키는 데 효과적이지 못하다.

문제 06 세계 다른 선진국들과는 달리 우리나라는 합류식 지역에 정화조가 설치되어 하수 악취 문제로 많은 민원이 발생하고 있다. 이러한 악취에 대하여 다음 사항을 설명하시오.

> 1) 하수관로의 악취발생원, 악취발산원, 악취배출원
> 2) 발생원, 발산원, 배출원별 적용 가능한 악취저감시설

정답

1. 개요

악취란 황화수소, 메르캅탄류, 아민류, 그 밖에 자극성 있는 기체상태의 물질이 사람의 후각을 자극하여 불쾌감과 혐오감을 주는 냄새를 말한다.

2. 하수관로의 악취발생원, 악취발산원, 악취배출원

1) 발생 구분 및 장소

구분	악취발생 특성	악취발생 장소	주요 악취물질
발생원	하수 중에 황화수소와 같은 악취 유발 물질이 용존상태로 존재하는 것	정화조와 오수처리시설과 같은 개인하수처리시설, 배수조	황화수소, 암모니아, 메틸메르캅탄
		퇴적물이 존재하는 하수관거내부, 맨홀, 받이 등	황화수소, 암모니아
발산원	하수 중에 용존 형태로 존재하는 황화수소와 같은 악취물질이 난류에 의하여 대기 중으로 가스 형태로 발산하는 것	개인하수처리시설이 하수관거 내로 펌핑되는 연결관 부분, 하수관거 내의 단차부분, 압송관의 토출부, 역사이펀 말단부, 펌프장 등	황화수소, 암모니아
배출원	개인하수처리시설과 하수관거 내부 등 밀폐된 내부 공간에서 발생 및 발산된 악취 유발 물질이 외부와 연결된 장소를 통하여 외부로 배출되는 것	맨홀, 받이, 토구 등	황화수소, 암모니아

2) 악취물질 특성

① 메틸메르캅탄 : 양파, 양배추 썩는 냄새
② 황화수소 : 계란 썩는 냄새
③ 암모니아 : 분뇨냄새

3. 발생원, 발산원, 배출원별 적용 가능한 악취저감시설

구분	시설	적용기술	개요
발생원 대책	정화조, 오수처리시설, 빌딩배수조	공기공급장치	정화조 및 오수처리시설의 방류조에 공기를 주입하는 방식
		공기주입식 SOB media장치	공기와 황산화세균(SOB ; Sulfur-Oxidizing Bacteria)을 이용하여 악취의 주원인인 황화수소(H_2S)를 황산염(SO_4^{2-})으로 산화시켜 방류조 수중의 악취물질을 제거하는 방식
		저전력 산화전리 시스템	전기화학적 산화방식을 이용하여 악취물질 및 악취전구물질을 동시에 산화시켜 대기 중으로 악취가 확산되지 않도록 제어하는 방식
		캐비테이터	미세기포 교반에 의한 혐기화 방지

구분	시설	적용기술	개요
발생원 대책	정화조, 오수처리시설, 빌딩배수조	수위 조절 (저수위 운전)	빌딩배수조는 체류시간 증가에 따라 황화수소의 발생이 증가하므로 체류시간 단축 운전(2시간 이내)
		배출 시간 조절	펌프 가동 타이머를 이용한 가동 시간 조절(심야·새벽 시간대 배출 및 악취발산 유도)
	하수관로 저부 및 관벽	세정 및 준설	매년 1회 이상 하수관로 준설을 실시함으로써 하수의 원활한 흐름 유지
	하수관로 맨홀	인버트 설치	맨홀에 인버트를 설치함으로써 하수의 원활한 흐름을 통하여 퇴적물 발생 방지
발산원 대책	하수관로 맨홀	부관 설치	단차 맨홀의 경우, 하수 낙차로 인한 악취발산 방지를 위하여 맨홀 외부에 부관을 설치하거나, 부관붙임맨홀 적용
	관로 내부	약품주입(산화)	산화제를 주입하여 악취물질인 황화수소를 산화시켜 관내 대기 중으로 발산 방지
		약품주입 (pH 상향 조절)	pH를 상승시켜 하수 중에서 황화물의 형태를 불쾌한 H_2S 형태에서 용해된 황화물의 형태로 변환
배출원 대책	맨홀, 받이, 토구	악취차단장치	맨홀, 받이 등에 악취차단기능을 하는 차단장치를 일체형으로 만들어 설치
		스프레이 악취저감장치	황화수소가 물에 녹는 성질을 이용하여 토구 및 맨홀에서 배출되는 악취 제거

문제 01 하수처리장 시운전 절차에 대하여 설명하시오.

정답

1. 개요

시운전이라 함은 각종 구조물 및 설비 설치가 완료된 후 각 시설이 설계에 규정된 성능으로 정상적인 가동을 하는지의 여부를 준공 전에 점검 확인하고 발생된 문제점을 수정 보완하며 각 기기별 및 설비 간의 연계작동을 검토하여 시설의 원활한 운영이 이루어지도록 하는 것을 말한다.

2. 시운전의 목적

하수처리장의 시운전 목적은 유입될 하수를 생물학적 처리방법으로 처리함에 있어 전문기술진을 일정기간 동안 투입 시 운전업무를 수행함으로써 제반설계에 규정된 성능의 정상적인 가동여부를 사전에 점검하고 발생된 문제점을 보완하며, 하수를 유입시켜 각 기기 설비 간의 연계작동을 총괄적으로 검토하여 전체 시설의 기능을 확인하고 정상적인 처리를 위한 필요한 기초자료를 제공하는 데 있다. 또한, 운전요원에 대한 수처리 이론 및 하수처리장 제반시설물에 대한 실무교육을 실시하여, 향후 하수처리시설 운영이 설계목적에 부합하고, 최적의 상태가 유지될 수 있도록 하는 데 그 목적이 있다.

3. 필요성

시운전 단계에서 발생되는 모든 문제점 및 하수처리장 운전 시에 예상되는 문제점을 적기에 발견하여 그들의 건전성, 기능성, 안정성을 확인하는 절차이며 본격적인 운전을 시작하기 위한 필수 불가결한 업무라 할 수 있다.

4. 일반적 시운전 범위

① 시운전계획서 작성

② 하수통수

③ 토목, 기계, 전기시설물의 부하테스트

④ 반응조의 미생물 식종 및 배양

⑤ 유입 및 처리과정 수질분석

⑥ 단위공정별 처리효율 분석

⑦ 기기류, 전기, 계장설비의 가동상태 점검 및 보완 운영상태 파악

⑧ 운영요원 교육훈련 및 실무기술 이전

⑨ 공인기관 수질분석 의뢰

⑩ 시운전 결과보고서 작성

5. 절차

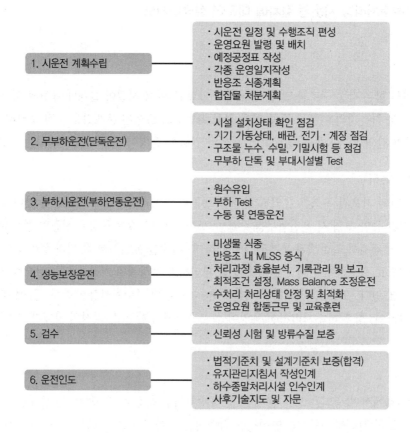

1. 시운전 계획수립	· 시운전 일정 및 수행조직 편성 · 운영요원 발령 및 배치 · 예정공정표 작성 · 각종 운영일지작성 · 반응조 식종계획 · 협잡물 처분계획
2. 무부하운전(단독운전)	· 시설 설치상태 확인 점검 · 기기 가동상태, 배관, 전기·계장 점검 · 구조물 누수, 수밀, 기밀시험 등 점검 · 무부하 단독 및 부대시설별 Test
3. 부하시운전(부하연동운전)	· 원수유입 · 부하 Test · 수동 및 연동운전
4. 성능보장운전	· 미생물 식종 · 반응조 내 MLSS 증식 · 처리과정 효율분석, 기록관리 및 보고 · 최적조건 설정, Mass Balance 조정운전 · 수처리 처리상태 안정 및 최적화 · 운영요원 합동근무 및 교육훈련
5. 검수	· 신뢰성 시험 및 방류수질 보증
6. 운전인도	· 법적기준치 및 설계기준치 보증(합격) · 유지관리지침서 작성인계 · 하수종말처리시설 인수인계 · 사후기술지도 및 자문

문제 02 토양오염의 특성 및 토양오염 정화기술의 종류에 대하여 설명하시오.

정답

1. 개요

사업활동이나 그 밖의 사람의 활동에 의하여 토양이 오염되는 것으로서 사람의 건강·재산이나 환경에 피해를 주는 상태를 말한다. 토양 자체는 물론 지하수와 지하 공기까지 오염 대상이 된다.

2. 토양 오염 유발물질 오염원

① 석유류 저장 및 제조시설

② 유독물 저장 및 제조시설

③ 불량 매립지

④ 산업시설

⑤ 군사관련지역 : 폐유 및 폐장비 저장소 등

⑥ 폐광산

⑦ 화학물질 수송관 등

⑧ 하수시설

⑨ 농업활동

⑩ 독성물질 운송 중

3. 토양오염의 특징

① 물이나 공기와 달리 유동성이 거의 없는 토양은 오염이 겉으로 잘 드러나지 않고 오랜 시간에 걸쳐 서서히 그 영향이 나타난다(만성적).

② 토양 생물과 지하수 등을 통해 인체에 영향을 끼친다(간접적).

③ 오염 지역의 개선 및 복구에 많은 시간과 비용이 든다(시간적, 경제적).

4. 정화기술의 종류

처리하는 위치에 따라

① Ex Situ : 오염물질을 현장 외부로 이동

② In Situ : 현장의 지하

③ On Situ : 현장의 지표

▼ **오염된 토양의 정화기술**

정화기술			비고
Ex-situ	물리적 방법	열탈착법(High Temperature Thermal Desorption)	
		토양증기추출법(Soil Vapor Extraction)	
	화학적 방법	토양세척법(Soil Washing)	
		고형화 및 안정화(Solidification/Stabilization)	
		탈할로겐화법(BCD)	
		탈할로겐화법(Glycolate)	
		용매추출법[Solvent Extraction(Chemical Extraction)]	
		화학적 산화 및 환원법(Chemical Reduction/Oxidation)	

정화기술			비고
Ex-situ	생물학적 방법	슬러리상 처리(Slurry-Phase Treatment)	
		Biopile	
		퇴비화 공법(Composting)	
In-situ	물리적 방법	토양증기추출법(Soil Vapor Extraction)	
		가열토양증기추출법(Thermally Enhanced SVE)	
	화학적 방법	고형화 및 안정화(Solidification/Stabilization)	
	생물학 방법	Bioventing	
		지중 생물복원법	
		식물복원공정(Phytoremediation)	

5. 토양정화기술

1) 열탈착법(High Temperature Thermal Desorption)

열적 처리과정은 통제된 환경에서 토양을 고온에 노출시켜 소각이나 열분해를 통해 토양 중에 함유되어 있는 유해물질을 분해시키도록 고안된 기술이다.

2) 토양증기추출법(Soil Vapor Extraction)

토양증기추출법은 토양진공추출법(SVE ; Soil Vacuum Extraction)으로도 알려져 있으며 가솔린, 용매, 휘발성 및 반휘발성 유기오염물질을 처리하는 데 이용되는 경제적인 처리기술이다. 토양증기추출법은 오염된 토양 내 공극을 통해 오염 공기를 뽑아내어 처리하는 기술이다.

3) 토양세척법(Soil Washing)

토양세척기법은 적절한 세척제를 사용하여 토양입자에 결합되어 있는 유해한 유기오염물질의 표면장력을 약화시키거나 중금속을 액상으로 변화시켜 토양입자로부터 유해한 유기오염물질 및 중금속을 분리시켜 처리하는 기법이다.

4) 고형화 및 안정화(Solidification/Stabilization)

① 고형화 및 안정화법은 물리화학적인 방법을 통해 독성물질과 오염물질의 유동성을 감소시키는 방법으로 중금속 등 무기물질을 고정시키는 데 효과가 높다.

② 시멘트화에 의한 고형화 및 안정화 처리기술은 고형물질을 형성함으로써 오염물질의 이동을 방지하기 위한 기술로 Portland Cement, 석회 및 Petrifix 등이 있고, 이 중 Portland Cement가 널리 사용되고 있다.

③ 안정화란 물질을 불용해성으로 만드는 것이고, 고형화란 액상이나 슬러지와 같은 폐기물에 접합제를 첨가하여 고상의 형태로 만드는 것을 의미한다.

5) 탈할로겐화법(Dehalogenation)

탈할로겐화 공정은 화학약품을 오염토양에 직접 가하여 오염물질 분자로부터 한 개 또는 그이상의 할로겐(염소, 취소, 불소 또는 요오드) 원자를 제거하는 것이며 현재 화학적 처리기술 중 가장 널리 사용되고 있다.

6) 용매추출법[Solvent Extraction(Chemical Extraction)]

용매추출법으로 오염물질을 분해하지는 못하지만, 토양, 슬러지, 퇴적물질로부터 오염물질을 분리시켜 부피를 감소시킬 수 있다. 이 기술은 용매로 유기화학물질을 이용하며, 물이나 계면활성제를 이용하는 토양세척과는 다르다. 주로 물, 산 및 유기용매를 이용하여 중금속이나 PAH, PCB를 처리한다.

7) 화학적 산화 및 환원법(Chemical Reduction/Oxidation)

산화/환원반응은 오염물질을 화학적으로 더 안정하고, 유동성이 없으며, 비활성 물질로 변화시키는 반응이다. 산화/환원반응은 한 물질로부터 다른 물질로 전자를 이동시키는 반응으로, 하나의 물질이 산화되면 다른 물질은 환원된다. 독성물질의 처리에 사용되는 가장 일반적인 시약은 오존, 과산화수소, 차아염소산염, 염소, 그리고 이산화염소이다. 화학적 산화는 음용수와 폐수의 제오염방지를 위해 사용되는 Full-Scale 기술이며, 시안으로 오염된 토양의 처리를 위한 가장 일반적인 방법이다.

8) 슬러리상 처리(Slurry-Phase Treatment)

슬러리상 처리는 굴착된 오염토양을 생물반응기에 넣고 오염토양물질(토양, 침전물 등), 미생물, 물 등이 일정 용기에서 접촉함으로써 처리하는 방법이다.

9) Biopile

Biopile 공정은 Biocells, Bioheaps, Biomounds, Compost Piles 이라고도 불리며 생물학적 반응을 통해 굴착된 토양의 유기성 오염물질을 처리하는 공정이다. 이 기술은 Piles안에 오염토양을 Heaping하고 폭기, 영양물질 주입, 수분함유량 조절 등을 통해 미생물활성을 극대화시키는 과정을 포함한다.

10) 퇴비화 공법(Composting)

퇴비화 공법(Composting)은 유기오염물질을 인위적으로 퇴적 분해시키는 것을 의미하고, 미생물에 의해 분해 가능한 오염물질을 $50 \sim 55\,^{\circ}\mathrm{C}$의 온도에서 생물학적으로 분해·안정화하는 것이다.

11) 토양증기추출법(Soil Vapor Extraction)

토양증기추출법은 불포화 대수층위에 추출정(井)을 설치하여 토양을 진공상태로 만들어 줌으로써 토양으로부터 휘발성, 준휘발성 오염물질을 제거하는 In-situ 기술이다. 오염지역 외부에서 공기가 주입되어 내부에서 추출되는 방법으로서, 토양으로부터 제거되는 가스는 지상에서 처리해야 한다.

12) 가열토양증기추출법(Thermally Enhanced SVE)

열을 이용한 토양증기추출법은 준휘발물질의 유동을 증가시키며, 추출을 용이하게 하기 위해 증기 혹은 뜨거운 공기를 주입하거나, 전기나 무선주파수(Radio Frequency) 열을 이용하는 기술이다. 기본적인 토양증기추출법(SVE)과 유사하다.

13) Bioventing

Bioventing 기술은 기체상으로 존재하는 휘발성 유기물질을 추출해 내는 동시에 기존의 토착 미생물에 산소 및 영양분을 공급하고, 토양 내 증기흐름속도를 공학적으로 조절함으로써 미생물의 지중 생분해능을 극대화하는 데 중점을 둔 기술이다.

14) 식물복원공정(Phytoremediation)

식물정화공법은 식물을 이용하여 오염토양 및 지하수를 포함한 수질을 정화시키는 새로운 자연친화적인 환경복원기술이다. 식물정화는 뿌리가 접촉하는 면에 한정되어 일어나기 때문에 오염원의 깊이가 중요한 고려요소이며, 식물종, 식물의 생장속도, 오염물질의 농도, 주변 생태계 및 환경과의 관계 등도 기본적으로 고려해야 할 사항들이다.

문제 03 해양오염의 정의와 해양오염물질의 종류에 대하여 설명하시오.

정답

1. 정의

해양오염이란 인간에 의해 물질이나 에너지가 직접 혹은 간접적으로 해양환경에 유입되어 그 결과로서 생물자원에 대한 손상, 어로활동을 포함한 해양활동의 저해, 해수, 이용을 위한 수질의 악화, 쾌적함의 감소 등과 같은 해로운 영향이 나타나는 것을 말한다.

2. 해양오염물질의 종류

① 영양염류 : 질산염, 인산염
② 지속성 유기오염물질 : 살충제, PCBs, TBT 등(강한 독성, 환경지속성, 생물축적과 생물확대)
③ 유류 : 사고에 의한 유출, 운항 및 사용과정의 유출
④ 중금속 : 수은, 납
⑤ 방사성 원소 : 핵실험, 핵추진 선박, 핵발전소에서 유출
⑥ 고형폐기물 : 물에 뜨거나 썩지 않는 플라스틱류
⑦ 열오염 : 해안에 설치된 발전소의 냉각수에 의한 온배수
⑧ 외래생물종의 유입 : 선박의 밸러스트 물에 의한 외래 생물종 유입

3. 오염물질의 이동경로

① 해양오염원에서의 오염물질 배출

② 해수에 유입된 오염물질은 확산, 희석됨

③ 특히 금속물질의 경우, 침전(Precipitation), 흡착(Adsorption), 물에게 흡수(Absorption)

④ 해양생물의 오염물질 직접 섭취 또는 먹이사슬을 통해 생물농축되고 먹이사슬로 순환

4. 해양오염물질 중 미세플라스틱 문제

1) 개요

미세플라스틱은 5mm 이하의 플라스틱을 뜻하며, 예상되는 발생원에 따라 1차 미세플라스틱과 2차 미세플라스틱으로 구분할 수 있다. 1차 미세플라스틱은 생산 당시부터 의도적으로 작게 만들어지는 플라스틱으로, 지난 수십 년간 화장품, 공업용 연마제, 치약, 청소용품, 세제, 전신 각질제거제, 세안제 등에 사용되어 왔다. 또한 다양한 종류의 플라스틱 제품을 생산하기 위하여 전 단계 원료로 사용되는 레진 펠렛(Resin Pellet)을 포함한다.

2차 미세플라스틱은 생산될 때는 크기가 그보다 컸지만, 이후 사용, 소모, 폐기되는 과정 중 인위적으로 또는 자연적으로 미세화된 플라스틱을 말한다. 2차 미세플라스틱은 물리적인 힘뿐 아니라 빛과 같은 광화학적 프로세스에 의해서도 발생할 수 있다.

2) 1,2차 미세플라스틱 먹이연세 과정모식도

1차 미세플라스틱은 너무 작아 하수처리시설에 걸러지지 않고 그대로 바다와 강으로 유입되고 바다로 흘러들어 2차로 생성된 미세플라스틱은 환경을 파괴할 뿐 아니라 그것을 먹이로 오인해 먹은 생물들을 인간들이 섭취하면서 인간의 신체에도 영향을 끼치게 된다.

3) 영향
① 생물 농축에 의한 해양생물 및 인간 건강에 악영향
미세플라스틱 내 자체 유해화학물질이 생체 내에 흡입, 섭취, 흡수가 되면, 체내에서 축적 및 농축되어, 해양생물, 인간뿐만 아니라 지구 생태계에 큰 문제를 야기함
② 해양 수자원의 기능 감소
천연소금에서 플라스틱 성분의 검출에 의한 인간 건강 생활에 지장 초래

4) 대책
① 일상생활에서 미세플라스틱 제품 사용의 자제
② 플라스틱 제품의 재활용
③ 플라스틱 재료를 분해성이 큰 생물성 재료로 변경 등

문제 04 완전혼합형 반응조(CSTR)와 압출류형 반응조(PFR)와 관련하여 다음의 사항에 대하여 설명하시오.

1) 처리효율이 같고, 1차 반응인 경우 각각 반응조의 부피 비교
2) 동일한 크기의 완전혼합형 반응조(CSTR)가 계속 연결될 경우의 특성
3) 각각 반응조의 장단점

정답

1. 개요
1) 완전혼합형 반응조
① 유입하는 액체는 반응조 내에서 즉시 완전혼합되며 균등하게 분산된다.
② 유입한 액체의 일부는 즉시 유출된다. 입자는 통계적 모집단에 비례하여 유출된다.
③ 활성슬러지 공정에서 사용되고 있는 원형, 정방형, 장방형 반응조는 대체로 완전혼합 반응조에 속한다.

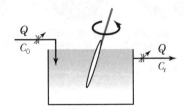

2) 압출류형 반응조

유체의 성분들이 피스톤과 같은 방식으로 반응조를 통과하며 동시에 외부로 유출되는데 반응조를 통과하는 동안 횡적인 혼합은 이루어지지 않는다. 대체로 긴 형태의 탱크나 관으로 구성되며 축방향으로 연속적으로 흐르도록 되어 있다. 예를 들면 길고 좁게 설계된 직사각형 활성슬러지 반응조가 이에 해당한다.

$$-KC_0 \cdot dV$$

2. 처리효율이 같고, 1차 반응인 경우 각각 반응조의 부피 비교

1) CSTR 체류시간

$$\Delta C \cdot V = QC_0 \Delta t - KC^m V \Delta t - QC \Delta t$$

각 항을 Δt로 나누면

$$\frac{\Delta C}{\Delta t} \cdot V = QC_0 - KC^m V - QC$$

1차 반응식

$$V \cdot \frac{dC}{dt} = QC_0 - QC - KCV$$

정상상태에서 $dc/dt = 0$

그러므로 위 식은 다음과 같다.

$$0 = QC_0 - QC - KCV$$

체류시간 $T_{CSTR} = \dfrac{V}{Q} = \dfrac{(C_0 - C)}{KC}$

2) PFR의 체류시간

$$dV \frac{dC}{dt} = QC_0 - Q(C_0 - dC) - KC \cdot dV$$

정상상태에서 $dc/dt = 0$

$$QC_0 = Q(C_0 - dC) + KC \cdot dV$$

$$0 = -Q \cdot dC + KC \cdot dV$$

$$Q \cdot dC = KC \cdot dV$$

$$\frac{1}{C} dC = \frac{K}{Q} \cdot dV$$

$X = 0$에서 $C_0 = C_0$, $X = L$에서 $C_t = C$

$$\int_{C_0}^{C} \frac{dC}{C} = \frac{K}{Q} A \int_{0}^{L} dx$$

$$\ln \frac{C}{C_0} = -\frac{KAL}{Q} = -\frac{K \cdot V}{Q} = -K \cdot T_{PFR}$$

$$T_{PFR} = \frac{\ln \dfrac{C}{C_0}}{-K} t$$

체류시간 $T_{CSTR} = \dfrac{V}{Q} = \dfrac{(C_0 - C)}{KC}$

체류시간 $T_{PFR} = \dfrac{\ln \dfrac{C}{C_0}}{-K}$

$$\frac{T_{CSTR}}{T_{PFR}} = \frac{(C_0 - C)}{KC} \cdot \frac{-K}{\ln \dfrac{C}{C_0}} = \frac{1 - \dfrac{C_0}{C}}{\ln \dfrac{C}{C_0}}$$

> **예** 50% 효율 시 $T_{CSTR}/T_{PFR} =$ 약 1.44(반응조 1.44배)
>
> 99% 효율 시 $T_{CSTR}/T_{PFR} =$ 약 21.5(반응조 21.5배)
>
> 즉, 같은 효율이라고 할 때 CSTR이 PFR보다 반응조 크기가 더 커야 한다.

3. 동일한 크기의 완전혼합형 반응조(CSTR)가 계속 연결될 경우의 특성

　동일한 크기의 완전혼합형 반응조(CSTR)가 계속 연결될 경우에는 반응기수가 많을수록 PFR 반응기 특성에 근접한다.

4. 장단점

구분	PFR	CSTR
장점	• 동일한 제거효율 얻기 위한 필요용적이 적음 • 포기에 대한 동력이 적음(기질 제거율이 높고 신뢰도 높음)	• 충격부하에 강함 • 유입수량 및 수질변동에 강함 • 유동물질 유입 → 순간혼합 → 독성저하 → 미생물장해적음 • 대용량처리 가능

구분	PFR	CSTR
단점	• 충격부하 및 부하변동에 약함 • 포기조 유입부 BOD 부하 높음 　→ 용존산소부족 → 불균형초래 → Sludge 　Bulking 발생 → 입구측 기질부하 과대 → 　출구측 → 과소현상 • 충격부하 발생빈도 증가 • 독성물질 유입에 취약 • DO 불균형 문제 초래	• 동일용량 PFR에 비해 처리효율 낮음 • 완전혼합을 위한 동력소요 많음 • Floc 과산화되기 쉬움 　→ 분산 →침전성불량 • 유출수 수질불량 → BOD 제거효율 낮음 • 슬러지 생산량 많음

문제 05 완충저류시설의 정의와 설치대상, 설치 및 운영기준에 대하여 설명하시오.

정답

1. 개요

완충저류시설이란 공업지역 또는 산업단지 내 사고 및 화재 등으로 인한 사고유출수 및 초기우수를 저류하는 시설을 말한다.

2. 설치대상

1) 면적 150만m² 이상인 공업지역 또는 산업단지

2) 특정수질유해물질이 포함된 폐수의 배출량이 1일 200톤 이상인 공업지역 또는 산업단지

3) 폐수배출량 1일 5천 톤 이상인 경우 다음 지역에 위치한 공업지역 또는 산업단지

　① 배출시설 설치제한 지역(「물환경보전법 시행령」 제32조)

　② 한강, 낙동강, 금강, 영산강 · 섬진강 · 탐진강 본류의 경계로부터 1km 이내인 지역

　③ 한강, 낙동강, 금강, 영산강 · 섬진강 · 탐진강 본류에 직접 유입되는 지류로부터 0.5km 이내인 지역

4) 유해화학물질의 연간 제조 · 보관 · 저장 · 사용량이 1천 톤 이상이거나 면적 1m²당 2kg 이상인 공업지역 또는 산업단지

3. 설치기준

① 완충저류시설의 설치위치는 배수구역에서 발생될 수 있는 사고유출수, 초기우수 등의 유입, 저류수의 연계처리, 지역적 특성을 고려하여 선정하여야 한다.

② 완충저류시설은 유입시설, 협잡물제거시설, 저류시설, 배출 및 이송시설, 부대시설 등으로 구성한다.

③ 완충저류시설은 사고유출수의 토양오염방지를 위하여 누수가 발생되지 않는 구조이어야 한다.

④ 유입시설은 배수구역 내에서 발생될 수 있는 사고유출수, 초기우수 등이 완충저류시설로 적정히 유입될 수 있도록 설치하여야 한다.

⑤ 유입시설 또는 협잡물제거시설에 사고유출수, 초기우수 등의 유입 및 수질의 이상징후를 상시 측정·감시할 수 있는 장비를 갖추어야 한다.

⑥ 저류시설은 사고유출수의 하천 직유입 차단 및 강우 시 비점오염저감 기능을 갖추어야 한다. 다만, 비점오염저감시설이 설치되어 있는 경우에는 사고유출수 저류기능만 갖출 수 있다.

⑦ 저류시설은 대상 배수구역에서 발생될 수 있는 사고유출수, 초기우수 등을 안정적으로 저류할 수 있는 구조 및 용량을 갖추어야 한다.

⑧ 저류시설은 사고유출수, 초기우수 등의 저류로 인해 바닥에 퇴적된 퇴적물의 처리·제거를 위한 시설 및 구조를 갖추어야 한다.

⑨ 배출 및 이송시설은 사고유출수, 초기우수의 배출, 이송 또는 연계처리를 신속하게 수행할 수 있어야 한다.

⑩ 부대시설은 환기시설, 실시간 운영관리시설 등의 적절한 시설운영에 필요한 시설로 구성한다.

4. 운영기준

① 전담관리인을 지정하여 시설을 효율적으로 관리하여야 한다.

② 전담관리인은 사고발생 시 수질오염물질, 유해화학물질 등이 포함된 사고유출수의 하천 직유입을 차단할 수 있도록 신속히 조치하여야 한다.

③ 평상시 초기우수 처리를 위한 비점오염저감시설로 운영 중이더라도 사고유출수 유입에 대응할 수 있도록 운영하여야 한다.

④ 불시에 발생하는 사고유출수 및 초기우수를 효과적으로 관리하기 위해 유입시설 또는 협잡물제거시설 내 수질을 상시 측정·감시하여야 한다.

⑤ 청천 시, 강우 시, 사고유출수 발생 시 저류 등에 대한 계획을 수립하고 운영에 반영하여야 한다.

⑥ 지역여건을 고려하여 목표처리 수준을 정하고, 저류시설에 유입된 사고유출수 또는 초기우수 등의 수질검사를 실시하여 배출, 이송 및 연계처리 등의 처리방법을 결정한다.

⑦ 시설의 운영관리 및 수질측정에 관한 사항을 기록하고 1년간 보존한다.

⑧ 완충저류시설은 연계처리하는 하수·폐수 처리시설 운영자 등에게 운영을 하게 할 수 있다.

[참고] •「물환경보전법」 제21조의4 (완충저류시설의 설치·관리)
　　　 •「물환경보전법 시행규칙」 제30조의3 (완충저류시설의 설치대상)
　　　 •「물환경보전법 시행규칙」 별표12의2 완충저류시설의 설치·운영기준(제30조의5 관련)

문제 06 「하수도법 시행규칙」 개정(2022.12.11.)에 따라 폐수배출시설의 업종 구분 없이 폐수를 공공하수처리시설에 유입하여 처리하는 경우 생태독성의 방류수 수질기준을 준수하여야 하는데, 이와 관련하여 다음 사항을 설명하시오.

1) 생태독성 관리제도의 도입배경
2) 생태독성(TU) 정의 및 산정방법
3) 독성원인물질평가(TIE) 및 독성저감평가(TRE)

정답

1. 생태독성 관리제도의 도입배경

① 유해화합물질 종류의 급격한 증가로 개별대응한계

② 이화학기준 만족하는 방류수에도 생태독성 발생으로 소하천 등 수생태계 손상 우려

③ 미지의 유해화학물질에 독성 통합관리의 필요성 대두

2. 정의

① 산업폐수 등이 실험대상 생물체에 미치는 급성독성 정도를 나타낸 것

② 실험 대상인 물벼룩를 실험수에 투입하여 24시간 후의 치사 또는 유해율을 측정하여 TU 단위로 표현

3. 산정방법

시료를 여러 비율로 희석한 시험수에 물벼룩을 넣고 24시간 동안 관찰하여 물벼룩의 50%가 유영저해를 일으키는 시료농도(EC_{50}에서의 시험수 중 시료의 함유율)를 결정하고 단위환산에 의해 생태독성값(TU)을 계산

구분	내용
시험생물	Daphnia magna Straus
시료희석비율	원수 100%를 기준으로 50%, 25%, 12.5%, 6.25%
노출기간(hr)	24
조명시간(hr)	명 : 암＝16 : 8
시험온도	20±2
시료농도당 시험생물 개체수	20±2
시료농도당 반복수	4번 이상(20개체의 경우 5마리씩 4번 반복)
시험방법	지수식 시험방법(시험기간 중 시험용액을 교환하지 않는 시험)
시험용액의 부피	50mL

구분	내용
최종 측정치	유영저해률(Immobility) 및 치사여부
독성값	물벼룩 50%가 유영저해를 받는 시료농도(EC_{50})를 구한 다음 최종적으로 생태독성값($TU = 100/EC_{50}$)을 산출

4. 독성원인물질평가(TIE)

원 시료의 독성과 독성원인으로 의심되는 물질을 제거하는 여러 가지 방법을 시행하여 독성의 변화를 살펴봄으로써 독성 원인군을 찾아내는 방법이다.

본 과정을 수행한 후 이화학적 분석과 다양한 처리방법을 통해 독성 원인군을 재확인한다.

[독성원인물질 평가방법]

독성원인물질을 탐색하는 과정은 총 3단계로 구성되어 있다. 1단계는 특성화하는 과정, 2단계는 독성원인물질을 화학분석 등을 통해 확인하는 과정이며 마지막 단계는 확증하는 단계이다. 특성화 과정은 크게 부유물 테스트, 중금속 테스트, 암모니아 테스트, 유기화합물 테스트, 산화제 테스트, 휘발성 테스트 6가지 방법으로 구성되어 있다.

1) 부유물질 테스트

시료 내 입자상으로 존재하는 독성물질의 영향을 알아보기 위한 과정으로 시료를 물리적으로 여과시킨 것과 여과시키지 않은 것을 준비하여 물리적으로 여과된 이후 독성이 감소하는지 여부를 확인하는 과정이다. 시료는 GF/C 여과지로 통과시킨 후 부유물이 제거된 시료를 이용하여 독성 실험을 실시한다.

2) 유기화합물 테스트

독성을 갖는 비극성 유기화합물의 영향을 알아보기 위한 과정으로, 비극성 유기화합물을 흡착시키는 C18(Octadecyl) 칼럼에 시료를 통과시킨 후 독성이 감소되었는지 여부를 확인한다. Sep-Pak C18 SPE(Solid Phase Extraction) Column에 시료를 연동 펌프를 이용하여 10mL/min의 속도로 통과시킨 후, 비극성 유기화합물이 제거된 시료를 이용하여 독성 실험을 실시한다.

3) 휘발성 물질 테스트

시료에 유리재질의 Pasteur Pipette을 통하여 2시간 동안 기포를 발생시켜 휘발성 물질을 제거한 후 독성 실험을 실시하고 이때 공기 주입관 중간에는 In-Line Filter를 이용하여 공기 중의 입자가 시료에 들어가지 않도록 실시하여 비교한다.

4) 중금속 테스트

시료에 중금속과 착염을 형성하는 킬레이트인 EDTA를 30mg/L가 되도록 주입하고, 24시간 이상 반응시켜 중금속의 독성을 제거한 후 독성 실험을 실시한다.

5) 산화제 테스트

시료에 티오황산나트륨($Na_2S_2O_7$)을 500mg/L가 되도록 주입하고, 24시간 이상 반응시켜 산화제를 제거한 후 독성 실험을 실시한다.

6) 암모니아 테스트

암모니아는 pH가 증가하면 독성도 증가하게 된다. 그러므로 pH가 감소함에 따라 독성 또한 감소할 경우, 독성에 기여하는 암모니아의 역할이 크다고 볼 수 있고 시험방법은 시료의 pH가 6, 7, 8이 되도록 각각 준비하여 암모니아와 암모늄 이온의 상대적 비율을 달리 조절하여 각 시료별로 독성 실험을 실시한다.

5. 독성저감평가(TRE)

① 독성기준 초과 시 독성을 저감하는 방법이다.
② 사용물질, 생산공정, 폐수처리시설 등을 종합적으로 고려하여 독성저감방안을 탐색해 나간다.
③ 사용원료 변경, 생산공정 및 폐수처리시설 개선 등으로 독성물질 배출을 저감할 수 있다.

문제 01 하수처리장 설계를 위해 수리종단도를 작성할 경우 수리계산 시 고려사항 및 수리계산방법에 대하여 설명하시오.

정답

1. 개요

하수처리시설은 일반적으로 침사지까지 하수를 자연 유하시킨 다음 펌프로 양수하여 본 처리시설을 거쳐 자연유하의 형식으로 방류될 수 있도록 한다. 수리계산은 이러한 유수의 자연유하가 가능하도록 각 시설 간의 소요 수위차를 산정한 후 수리종단도를 작성하기 위하여 필요하다. 수리종단도는 연결되는 각 시설물의 종단면도에 처리유량의 고수위, 저수위 등 수위변화 및 지반고등을 표시한 도면으로서 수리종단도를 이용하여 자연유하에 의한 수리학적 경사의 안정성을 검토하고, 펌프 등 기타 부대시설에 요구되는 동력요구를 산정할 수 있으며, 각 처리시설의 적절한 굴착깊이 및 첨두유량 등 최악의 상태에서 시설의 정상운전 등을 검토할 수 있다.

2. 수리계산 시 고려사항

1) 계획방류수위 및 계획지반고

하수처리시설의 방류수역 수위를 결정하는 것은 매우 중요한 기본적인 사항으로, 방류에 앞서 하천에 있어서는 해당 하천의 계획고수위, 해역에 있어서는 최고조수위를 결정한다. 하천계획은 통상 100년 확률 강우강도에 의한 수위를 예상하는데 계획고수위가 매우 높은 경우가 많으며, 계획고수위에서도 처리수를 자연유하로 방류하려면 시설의 수위를 상당히 높게 할 필요가 있다. 그러나 시설을 지나치게 높게 설치하면 유입펌프의 소요 양정이 높아지므로 비경제적이 된다. 이러한 계획방류수위의 결정에 있어서는 계획고수위를 정한 다음 주변의 조건, 경제성을 충분히 검토하여야 한다.

계획지반고는 계획방류수위와 밀접한 관계가 있는데, 유의해야 할 점은 침수방지대책에 있다. 처리장은 지표면에 중요한 기기가 설치되어 있는데, 이들 기기들은 일단 침수하면 기능회복에는 장시간 및 막대한 경비가 소요된다. 방류수역의 상황, 제방의 개수상황 및 부지부근에 있어서 과거의 침수상황을 파악하여 침수방지대책에 적합하도록 선정하여야 한다. 또한 장내의 맨홀 등의 개구부에 대비하도록 충분한 주의를 하고, 주변 환경과의 조화, 공사비, 유지관리의 용이 등을 종합적으로 검토하여 결정한다.

2) 계획수량 및 유속

각 처리시설은 수리학적으로 유리하도록 수량 및 유속에 대하여 충분한 검토한다. 장내의 물수지에는 각종 슬러지처리시설 반송수, 인발슬러지, 소포수, 장내재이용수 등을 고려하지만 일반적으로 그 수량은 적다. 활성슬러지법에 대해서는 반송슬러지양만을 수리계산상 고려하는 경우가 많으며, 그러한 경우 반송슬러지양은 계획상한치를 적용한다. 특히 포기조와 이차침전지 사이의 도수관거 설계 시 슬러지반송을 고려하여야 하는데, 슬러지반송량은 운전관리상의 인자이고 가변적인 요소로서 통상 유입수량의 50~150% 정도이다.

3) 각 시설 간의 연결관

도수관거는 가능한 한 짧게 하며 수리적으로 불리한 곡면, 단면형상의 급변, 수류를 방해하는 장애물 등은 적게 한다. 도수관거는 관랑 등 기타 시설과의 교차를 될 수 있는 한 피하고 교차하는 경우에도 사이펀 형상은 피하며 일정한 구배로 유하하도록 한다. 부득이 역사이펀으로 할 경우에는 수리학적으로 충분히 검토하고 여유를 예상하여 설계하며 우회수로 등의 설치도 고려한다.

주요 시설 간의 연결관거는 될 수 있는 한 복수로 하여 이들 사이에도 상호 연결이 가능하도록 하는 것이 바람직하다.

4) 여유치

각 시설은 구조상의 수위변화량에 관거, 계량설비 등의 수위변화량을 가산하여 소요 수위차를 갖도록 하며, 기본적으로 수리학적인 계산에 의하여 설계를 할 때에는 필요한 여유를 예측하여야 한다.

5) 시설의 구조

처리시설의 구조는 단위처리시설 사이의 유량분배를 균등화할 수 있고, 미생물의 손실을 방지하기 위하여 극도의 첨두유량에서는 이차처리시설을 우회할 수 있는 대책을 마련하여야 하며, 관로나 수로에서 하수가 흐르는 방향이 변환되는 경우를 최소화하는 것이 필요하다. 침사지나 침전지에 있어서는 사수부(Dead Space)나 단락류 등이 발생하지 않는 구조가 되도록 해야 한다.

6) 각종 수리학적 악조건의 발생

처리장 내의 기계설비 고장 등으로 인하여 가동을 중지한 상태에서의 수리학적 상태와 유량이나 수질면에서 최악의 상태 등에 대비하여 수리계산을 행하여야 한다. 처리장의 높이는 방류수역의 이상 고수위 시 역류가 발생하지 않도록 설정할 필요가 있으며, 특히 전기, 기계설비 등은 침수하지 않는 높이로 설치하여야 한다.

3. 수리계산방법

① 수리계산은 계획방류수위를 정한 후 방류관거로부터 처리시설의 펌프시설 또는 유입관거까지 역으로 계산한다.

② 수리계산 시에는 적합한 수리공식이 적용되어야 하고 그 계산은 정확하여야 한다.

4. 수리종단도의 작성

일반적으로 수리계산을 행한 후 각 시설 수리의 적합성 및 기타 부대시설의 설치 등을 고려한 여유를 파악하기 위하여 수리종단도를 작성한다. 수리종단도를 작성할 때에는 보통시설물을 묘사하기 위하여 변형된 수직 및 수평 축척이 사용되며 계획수위는 고수위(HWL ; High Water Level), 평균수위(MWL ; Mean Water Level) 및 저수위(LWL ; Low Water Level) 등으로 나누어 작성하고, 지반고(GL ; Ground Level) 등도 나타낸다. 이때 고수위는 시간최대유량, 평균수위는 일최대유량, 저수위는 일평균유량을 기준으로 하여 결정한다. 단, 합류식 배제방식의 경우에는 별도로 강우 시 수위(WWFL ; Wet Weather Flow Level)를 나타낼 수 있다.

문제 02 인공습지의 정의, 오염물질 제거기작, 장단점과 비점오염저감시설로 적용할 경우의 설치기준에 대하여 설명하시오.

정답

1. 개요

습지란 영구적 또는 일시적으로 물을 담고 있는 땅으로 물이 고이는 과정을 통해 다양한 생명체를 키움으로써 생산과 소비의 균형을 갖춘 하나의 생태계이다.

2. 인공습지의 정의

인공습지란 자연정화 능력이 있는 토양, 식물, 또는 미생물 등을 이용하여 오염된 환경을 개선할 수 있도록 인공적으로 조성된 습지를 말한다.

3. 주요물질 제거기작

1) 부유물질의 제거기작

대부분 기질층에 의한 여과작용

2) 유기물의 제거기작

입자상 유기물은 침전 여과 Biofilm에의 흡착, 응집/침전 등의 물리적 작용에 의해 습지 내에 저장, 이후 가수분해에 의해 용존성 유기물로 전환되어 생물학적 분해(호기성, 통성혐기성, 혐기성 분해) 및 변환으로 제거

3) 질소 제거기작

① 유기질소가 암모니아 질소로 변환된 후 질산화 미생물에 의한 질산화 및 탈질 미생물에 의한 탈질화

② 식물에 의한 질소의 흡수

③ 암모니아의 휘발과정으로 제거

※ 상기 기작 중 미생물에 의한 탈질과정이 주요 기작임

4) 인 제거기작

① 습지식물에 의한 흡수

② 미생물의 고정화에 의한 유기퇴적층의 형성

③ 수체 내에서의 침전물 형성

④ 토양 내의 침전작용

※ 대부분 ③,④가 주요 기작임

인의 완전한 제거는 식물의 제거나 침전층의 준설로만 가능함

5) 병원균 제거

자연적 사멸, 침전, 온도효과, 여과, 자외선 효과 등

6) 중금속 제거

토양, 침전물 등에 흡착, 불용성염으로 침전, 미생물, 식물 등에 의해 제거

4. 인공습지의 장단점

1) 장점

① 일관성, 신뢰성이 있음

② 에너지가 많이 필요하지 않음

③ 고도처리수준의 수질정화 가능

④ 슬러지가 없고, 화학적인 조작이 필요 없음

⑤ 부하변동에 적응성이 높음

⑥ 야생동물의 서식지 제공 및 우수한 경관형성

2) 단점

① 많은 면적이 소요

② 기술자, 운영자가 습지기술에 친숙하지 못함

③ 모기발생 등의 위해발생 가능성이 있음

④ 습지식물의 조절 등 관리필요성이 있음

5. 설치기준

① 인공습지의 유입구에서 유출구까지의 유로는 최대한 길게 하고, 길이 대 폭의 비율은 2 : 1 이상으로 한다.

② 다양한 생태환경을 조성하기 위하여 인공습지 전체 면적 중 50퍼센트는 얕은 습지(0~0.3미터), 30퍼센트는 깊은 습지(0.3~1.0미터), 20퍼센트는 깊은 못(1~2미터)으로 구성한다.

③ 유입부에서 유출부까지의 경사는 0.5퍼센트 이상 1.0퍼센트 이하의 범위를 초과하지 아니하도록 한다.

④ 물이 습지의 표면 전체에 분포할 수 있도록 적당한 수심을 유지하고, 물 이동이 원활하도록 습지의 형상 등을 설계하며, 유량과 수위를 정기적으로 점검한다.

⑤ 습지는 생태계의 상호작용 및 먹이사슬로 수질정화가 촉진되도록 정수식물, 침수식물, 부엽식물 등의 수생식물과 조류, 박테리아 등의 미생물, 소형 어패류 등의 수중생태계를 조성하여야 한다.

⑥ 습지에는 물이 연중 항상 있을 수 있도록 유량공급대책을 마련하여야 한다.

⑦ 생물의 서식 공간을 창출하기 위하여 5종부터 7종까지의 다양한 식물을 심어 생물다양성을 증가시킨다.

⑧ 부유성 물질이 습지에서 최종 방류되기 전에 하류수역으로 유출되지 아니하도록 출구 부분에 자갈쇄석, 여과망 등을 설치한다.

문제 03 **국가수도기본계획(2022~2031)의 추진전략, 정책과제 및 세부추진계획에 대하여 설명하시오.**

정답

1. 개요

1) 목적

국가수도정책의 체계적인 발전, 용수의 효율적인 이용 및 수돗물의 안정적 공급을 위해 수도정비계획 기반 종합계획 수립

2) 법적 근거 : 「수도법」 제4조

환경부장관은 국가수도정책의 체계적 발전, 용수의 효율적 이용 및 수돗물의 안정적 공급을 위하여 국가수도기본계획(이하 이 조에서 "기본계획"이라 한다)을 10년마다 수립하여야 한다.

3) 계획기간 : 2022~2031년(제1차, 필요시 5년 후 변경)

'국가수도기본계획'은 수도사업의 변화 및 혁신의 흐름에 맞춰 그간 이원화되었던 '전국수도종합계획'과 '광역 및 공업용수 수도정비기본계획'을 수도분야 최상위 계획인 '국가수도기본계획'으로 통합·개편하여 계획 간 정합성을 높인 것이 특징이다.

2. 목표

'국가수도기본계획'은 '언제 어디서나 국민 모두가 신뢰하는 수도 서비스 제공'을 비전으로 유역 중심의 안전한 물이용체계 구축 및 지속 가능한 수도서비스 실현을 목표로 한다.

3. 추진전략

1) 물관리일원화 기본 원칙 및 국가 물관리 정책 방향에 부합하는 "유역 수요관리 기반 용수 확보 및 통합 물관리체계로의 전환"

  수도 통합·연계 강화, 유역 기반의 합리적 생활·공업용수 수요관리, 취수원 다변화(대체 수자원 등) 등을 통한 국가 물 공급체계 최적화

2) 국민 모두가 안심하고 누리는 "국민 중심의 수도 서비스 혁신"

  ① 수돗물 생산·공급 전 과정 수질·위생 관리 강화로 안전한 물 공급 실현
  ② 급수취약지역 물 복지 실현 및 수도 정책·계획에 대한 국민 참여 확대

3) 수도사업 경쟁력 강화를 위한 "관리체계 혁신 및 운영관리 전문화"

  ① 국가 상수도 스마트화로 저탄소·친환경 수돗물 공급시스템 구축
  ② 수도시설 전문 운영관리로 수돗물 안전관리 강화 및 국민 서비스 향상

4) 수도사업 구조 개편, 합리적 재정 운영 및 투자 평가체계 구축 등을 통한 수도서비스 경쟁력 강화로 "지속가능한 사업체계로 전환"

4. 정책과제 및 세부추진계획

추진전략	정책과제	세부추진계획
1. 유역기반의 통합적 수도공급 체계구축	1. 유역중심의 물이용으로 전환	• 유역단위 국가 수도계획 통합 • 유역 상수도 통합모니터링체계 구축 • 상수도 통합관리체계 구축
	2. 유역 수요관리 기반 물 이용체계 구축	• 기존 수원의 효율적 배분·활용 • 하수재이용 등 대체수자원 개발 활성화
	3. 가뭄 및 사고대비 수도시스템 복원력 강화	• 지역 맞춤형 가뭄대응체계 구축 • 가뭄·수도사고 대비 유역별 비상연계 및 대응체계 구축
	4. 급수취약지역 물 복지 확대	• 분산형 시스템 등 취약지역 맞춤형 물공급 서비스 확대 • 소규모 수도시설 유지관리체계 재정립

추진전략	정책과제	세부추진계획
2. 국민 모두가 안심하는 수돗물 생산	5. 취수에서 수도꼭지까지 위생안전 · 관리 강화	• 상수원 위해요소 실시간 감시 확대 • 정수 생산과정 위생강화대책 추진 • 스마트 상수도를 활용한 수돗물 공급과정 수질 안전성 제고
	6. 노후 · 취약 수도시설 적정 유지보수	• 정수장 시설개량 및 고도정수처리 시설 확대 • 노후 상수관망 정비사업 체계적 수행 • 자산관리기반 수도시설 최적 투자관리
	7. 수돗물 생산 · 공급 전과정 스마트 관리체계 구축	• 스마트 상수도 관리체계 구축 • 스마트 기술기반 점검 · 진단 및 유지관리
	8. 국민체감형 수돗물 서비스 확대	• 고객 접점 수돗물 안심서비스 제공 • 대국민 수도 정보 공유 및 소통 강화 • 수도서비스 평가 국민 참여 활성화
3. 수도시설 운영관리 전문성 제고	9. 수도시설 운영관리 전문성 제고	• 지방상수도 전문 기술지원 강화(유역청 – 유역수도지원센터 – 지자체) • 수도사업 전문 운영관리 활성화
	10. 수도분야 종사인력의 관리역량 향상	• 수도사업 전문가 운영관리제도 강화 • 맞춤형 인력양성 교육프로그램 운영 • 수도시설 운영관리 · 지도점검 강화
	11. 글로벌 수준의 수도산업 기술경쟁력 확보	• 국가수도산업 육성 및 전주기 지원 • 미래기술력 제고를 위한 상수도 분야 연구개발 다각화 • 산학연 거버넌스 및 글로벌 협력체계 구축
4. 지속가능 수도사업 관리체계 구축	12. 수도서비스 제고 및 활성화를 위한 사업구조 개선	• 수도사업 통합을 위한 기반조성 및 시범모델 마련 • 전용 공업용수도 민간 참여 활성화
	13. 수도사업 합리화 및 평가체계 개선	• 수도사업 합리적 재정운영체계 구축 • 수도사업 평가체계 개선
	14. 저탄소형 수돗물 생산 · 관리체계 구축	• 재생에너지 기반의 친환경 수돗물 생산 • 최적 에너지 관리시스템 구축 및 고효율 설비도입으로 저에너지형 수돗물 공급
	15. 수요자 기반 물 수요관리 정책 강화	• 맞춤형 물 사용 모니터링 기반 구축 • 절수설비 설치 및 물 절약 참여 확대 • 물 절약 동참을 위한 대국민 인식 개선

문제 04 수질모델링의 개념, 필요성, 수질예측 절차도 및 예측 절차별 수행내용에 대하여 실무적으로 접근하여 설명하시오.

정답

1. 수질모델링의 개념

수질모델링은 하천, 호수, 바다 등과 같은 수체에서 일어나는 수질현상을 해석하기 위하여 수체 내의 다양한 물리, 화학, 생물학적 변화를 수학적으로 표현하고 컴퓨터 등을 통해서 해석함으로써, 대상시스템의 수질 및 상태변화를 예측 및 평가하고 오염 저감에 대한 관리 대안을 검토하는 일련의 과정이라고 할 수 있다.

수질모델의 기본적인 원리는 실제 자연계에서 일어나는 수리동력학적 과정, 수질반응기작, 생태학적 과정을 간략화·개념화·종합화하여 수학적 지배방정식과 보조방정식으로 표현하고, 이들 방정식을 다양한 수치해석 기법과 컴퓨터를 이용하여 해를 구하는 것이다. 수질모델의 원리는 크게 고전적인 질량, 운동량, 에너지 보존원리를 이용하는 역학적 모델과 축적된 자료와 통계적 원리에 근거한 통계적 모델로 구분된다.

2. 필요성

하천 및 호소 등의 수질관리를 위한 대책을 수립하거나 인간활동 등에 의해서 수계에 오염물질의 유입에 의한 영향을 예측, 평가하기 위해서는 수질오염물질의 거동현상을 해석할 수 있는 방법이 필요하다. 이는 과학적 이론에 접근하여 합리적으로 이루어져야 하며 가능한 사실에 가깝게 묘사되어야 한다. 이러한 필요성에 의해 컴퓨터 기술 발달과 함께 수질모델이 발전하였다.

3. 수질예측 절차도

① 목표정의
② 모델선정
③ 모델 입력자료 구축
④ 모델구동
⑤ 모델의 보정 및 검증
⑥ 수질 분석 및 예측

4. 절차별 수행내용

1) 목표정의

수행대상유역, 대상유역의 문제점 및 수행절차 계획 정의, 과거 수질에 대한 원인규명 또는 미래 수질 예측에 대한 목적 구분 필요

2) 모델선정

대상유역의 특성, 대상기간, 모의 대상항목 등에 대해서 모델선정

[예] 토사확산일 경우 EDFC, 하천 부영양화일 경우 QUAL2E, 댐 부영양화일 경우 EFDC-WASP7

3) 모델입력자료 구축

수체모식화, 수리계수, 유량, 오염부하자료 등 가용자료 수집 후 속성파일 변경, 단위확산 등 모델에 적합한 형식으로 변환하여 입력

4) 모델구동

모델이 잘 구동되었는지, 입력자료 구축에 대한 접근이 잘되었는지 확인 필요. 정적, 동적 모델구동에 따라 구동시간 다양

5) 모델 보정 및 검증

① 모델 수행 예측치와 실측치가 불일치 시 수질 계수를 재조정하여 실측치와 일치시키는 보정 작업 수행

② 보정 시 사용한 반응계수의 조건에서 다른 실측변수를 입력하여 모델의 적용성을 평가하는 검증 실시

③ 예를 들어 호소의 경우 각 계수의 보정은 조류 관련하여 우선 조정하고 Chl-a 농도를 실측치와 예측지를 일치 우선 시킨 다음 T-N, T-P, DO, BOD 순으로 조정

④ 실측치에 대한 모의값의 오차범위는 20% 이내이어야 함

6) 수질분석 및 예측

① 검증결과가 어느 정도 일치하면 수질 관리를 위한 장래 수질 예측을 실시

② 미계측 지역의 수질 예측, 비점오염원의 기여도, 장래 개발 및 삭감계획, 최적관리기법 적용 등 시나리오별 입력자료 변경을 통해서 수질 영향 분석 및 예측을 수행

5. 수질모델링의 한계

① 실제 유역환경을 전부 수식화하는 것은 불가능함
② 수많은 반응계수에 대한 최적값의 결정이 어려움
③ 운영자의 주관적 해석 개입

6. 발전방향

모델링 관련 중요한 쟁점사항은 모델의 복잡도 증가에 따른 불확실성 정량화 문제, 녹조문제 해석 등에 필요한 지식적 한계, 결정론적 모델링과 불투명한 모델링에 따른 불신과 정책 리스크로 요약될 수 있다. 이러한 문제점들을 해결하기 위한 방안으로는 매개변수 민감도와 모델 불확실

성에 대한 정량화, IoT 센서 기술 기반 고빈도 및 고해상도 자료 취득 및 활용, 역학적 모델과 자료기반 모델의 연계 활용, 수질모델링 과정의 투명성 확보로 요약될 수 있다. 수질모델링 분야의 이러한 발전은 모델링 전문가와 통계학자, 생태학자와의 공동연구가 필요하며, 정책결정자와 이해당사자와의 민주적인 의사소통이 뒷받침되어야 한다. 끝으로 수질모델의 지속적인 발전을 위해서는 전문기관과 전문인력의 인프라가 반드시 필요하다. 이것은 단기간의 훈련이나 개인적인 연구프로젝트로 해결될 수 없는 문제이며 국가적 차원의 장기적인 지원이 요구된다.

문제 05 생물학적 인 제거 원리 및 인 제거효율 향상법에 대하여 설명하고, 대표적 방법인 A/O와 A₂/O공법의 개요와 장단점을 비교하여 설명하시오.

정답

1. 생물학적 총인 제거의 기본원리

생물학적 인 제거 공정은 PAOs(Polyphosphate Accumulating Organism)라 불리는 미생물이 혐기조건과 호기조건에 번갈아가며 노출되면서 이루어진다. 지금까지의 연구를 바탕으로 인 제거 공정의 특성을 살펴보면 다음과 같다.

① 혐기상태와 연속되는 호기상태를 거치는 동안 활성슬러지 내 폴리인산축적미생물(PAOs)에 의해 섭취된 정인산(PO_4-P)은 세포 내에서 폴리인산으로 축척된다.

② 혐기상태에서 세포 중에 축척된 폴리인산이 가수분해되어 정인산으로 혼합액에 방출되며 혼합액에 들은 유기물이 세포 내로 섭취된다. 이때 인의 방출속도는 일반적으로 혼합액 중의 유기물 농도가 높을수록 크다.

③ 혐기성 상태에서 정인산의 방출과 동반되어 섭취되는 유기물은 글리코겐 및 PHB(Poly Hydroxybeta Butyrate)를 주제로한 PHA(Polyhydroxyalkanoates) 등의 기질로서 세포 내에 저장된다.

④ 호기성 상태에서는 이렇게 세포 내에 저장된 기질이 산화·분해되어 감소된다. 폴리인산 축척미생물은(PAOs)은 이때 발생하는 에너지를 이용하여 혐기성 상태에서 방출된 정인산을 섭취하고 폴리인산으로 재합성한다.

⑤ 이상 ①~④ 과정이 반복되면서 활성슬러지의 인의 과잉섭취(Luxury Uptake)가 발생하게 된다. 이때 과잉섭취 되는 인을 흡수한 PAO를 폐수로부터 분리하면 폐수 내의 인이 제거되는 것이다.

2. 인 제거효율 향상법

1) 유입유기물

① 혐기상태에서 인 방출에 소비되는 탄소원은 유입수 내의 유기물을 사용하기 때문에 유입수의 COD/TP비가 매우 중요함

② VFA/TP=4~16, RBCOD/TP=15

③ 하수처리 경우 우수 유입의 방지 등이 필요

2) DO

호기성 조건에선 DO 농도가 2mg/L 이상, 혐기성 조건에서는 DO 농도가 존재하지 않은 상태, 즉 DO농도 관리가 필요

3) 혐기성 접촉시간

① 혐기성 접촉시간은 rbCOD의 발효를 위해 0.25 ~1시간 필요

② 3시간 이상 시 인의 2차 방출 원인이 됨

4) pH

pH의 효과에 연구결과 pH가 7.5~8.0일 때 인 제거효율이 가장 좋다. pH 5.2 이하로 떨어지면 미생물의 인 섭취 활성도가 상실되므로 적정한 pH 관리가 필요

5) 산화질소

① 혐기성 영역에서 산화질소 존재 시 인 방출을 방해한다.

② 반송슬러지 내 용존산소와 질산성 질소는 최대한 적게 한다.

6) SRT

SRT가 너무 길면 잉여슬러지양이 감소하고, 너무 짧으면 인 제거 미생물의 비율이 감소한다. 일반적으로 SRT가 길수록 단위 BOD 제거당 인 제거효율이 떨어지므로 시스템에서 요구하는 적정 SRT를 넘지 않도록 한다.

3. A/O 공법

1) 개요

Anaerobic Oxic 공법으로 1955년 Greenburg 등에 의한 인의 과잉섭취 보고 후 소개, 발전되어 왔으며, 활성슬러지 내의 미생물에게 일시적으로 중요 요소가 결핍되게 되면 (일시적 혐기상태 또는 혐기와 호기의 반복상태) 정상적인 대사과정이 이루어지지 못하고 심한 압박상태에 놓이게 되며, 일부 미생물은 다른 대사 경로를 이용하여 생존을 모색하게 되는 것을 이용하는 방법이다.

2) 주요 대사기작

① 혐기상태

- 세포 내의 폴리인산을 가수분해하여 정인산으로 방출하며 에너지 생산
- 이 에너지로 세포 밖의 유기물을 능동 수송하여 세포 내에 PHB(Poly-Hydroxy Buthylate)로 저장

② 호기상태

- 세포 내 저장된 기질(PHB)을 정상적인 TCA 회로로 보내어 ATP 획득
- 다시 이 에너지로 세포 밖의 정인산을 흡수하여 폴리인산으로 저장

3) 공정 구성

혐기조에서 인산방출, 호기조에서 인의 과잉섭취를 할 수 있도록 공정을 구성하고 인산을 흡수한 잉여 슬러지를 폐기함으로써 생물학적으로 인을 제거할 수 있다.

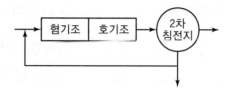

4. A₂O 공법

1) 개요

미국의 Air Product & Chemical사가 생물학적 인 제거를 목적으로 개발한 A/O 공정에 질소 제거기능을 추가하기 위해 혐기조와 호기조 사이에 무산소조를 설치한 공정이다.

2) 공정 구성

혐기조에서는 유입하수의 유기물을 이용하여 인을 방출하고 무산소조에서는 호기조로부터 내부반송된 질산성 질소 혼합액과 혐기조를 거친 유입하수를 외부탄소원으로하여 질산성 질소를 질소가스로 환원시켜 질소를 제거한다. 호기조에서는 암모니아성 질소를 질산성 질소로 산화시킴과 동시에 유기물 제거와 인의 과잉섭취가 일어나며 인의 제거는 잉여슬러지의 폐기에 의한다.

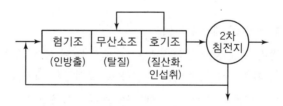

5. 장단점

구분		A/O	A₂/O
장점		• 인발슬러지 비료로 재활용 가능 • 인 제거효율 높음 • 운전방식이 비교적 간단	• 인발슬러지 비료로 재활용 가능 • 인, 질소 동시제거 가능 • A/O 공법과 비교하여 탈질 성능 우수
단점		• 높은 BOD/TP 요구 • 수온이 낮을 때 운전 성능 불확실 • 질소, 인 동시제거 불가능	• BOD/N 12 이상 요구 • 겨울철 질소 제거효율 저하 • A/O 공법과 비교하여 비교적 복잡한 공정, 　고도의 운영기술 필요 • 반송슬러지 내 질산염에 의한 인 방출 억제 　가능성으로 인 제거효율 감소 가능성 있음

문제 06 유기성 폐자원을 활용한 바이오가스 생산과 관련하여 다음 사항을 설명하시오.

1) 유기성 폐자원의 종류
2) 기존 유기성 폐자원의 처리상 문제점
3) 바이오가스 공급 및 수요 확대 방안

정답

1. 개요

"유기성 폐자원"이란 다음 각 목의 어느 하나에 해당하는 것을 말한다.

① 「하수도법」 제2조제1호에 따른 하수를 공공하수처리시설에서 처리하는 과정에서 발생하는 하수찌꺼기
② 「하수도법」 제2조제2호에 따른 분뇨
③ 「가축분뇨의 관리 및 이용에 관한 법률」 제2조제2호에 따른 가축분뇨
④ 「폐기물관리법」 제2조제1호에 따른 폐기물 중 음식물류 폐기물
⑤ 「폐기물관리법」 제2조제1호에 따른 폐기물 중 동·식물성 잔재물
⑥ 그 밖에 대통령령으로 정하는 유기성 물질

　에너지 잠재력이 큰 하수찌꺼기, 분뇨, 가축분뇨, 음식물폐기물, 동·식물성 잔재물 등은 혐기성 소화공정으로 처리 시 바이오가스 생산(메탄 함량 약 60%) 및 활용 가능하다.

[참고] 「유기성 폐자원을 활용한 바이오가스의 생산 및 이용 촉진법」 22.12.30. 제정, 23.12.31. 시행

2. 기존 유기성 폐자원의 처리상 문제점

1) 음식물류 폐기물(음폐수)

① 동물보호, 가축전염병 예방 목적으로 가축 사료화 제한

② 사료 수요처 부족으로 적치되거나 폐기되는 사례가 다수

③ 고농도 음폐수 연계처리로 인한 시설 용량 등 운영 어려움

(2013부터 음폐수 해양 투기 금지로 하수처리시설로 연계처리 多)

2) 가축분뇨

① 퇴액비화 : 경작지 감소 등 수요처 부족 및 불법투기, 과다 살포에 따른 토양 및 수질 등 2차 오염 야기

② 가축분뇨 부적정 처리 및 관리, 저 품질 퇴 · 액비 생산으로 악취 증가

3) 하수찌꺼기

① 2012년부터 모든 하수찌꺼기는 육상 처리(건조, 소각, 탄화 등)

에너지 다량 사용에 따른 처리비용 증가와 온실가스 배출 문제 발생

② 발전소 찌꺼기 연료 반입 축소로 적정 처리의 어려움

반입량 (현재) 250만 톤/년 → ('30년) 3만 3천 톤/년 → 약 240만 톤/년 처리 불가

※ 찌꺼기 건조 연료화 REC 가중치 축소(1.0 → 0.5, '20.06월)

4) 종합적 처리 현황

① 유기성 폐자원의 5.7%만 바이오가스화, 대부분 퇴 · 액비 생산(76.7%)

• 음식물 : 에너지화는 전체의 12.5%, 이외는 사료화 36.2%, 퇴비화 38.1%

• 가축분뇨 : 에너지화는 전체의 1.6%, 이외는 퇴액비화 86.8%, 정화 12.8%

• 하수찌꺼기 : 에너지화는 전체의 51.7%, 이외는 비에너지화 48.3%

• 사료 · 퇴비화, 정화로 처리되는 자원(94.3%)을 에너지화 확대 필요

3. 바이오가스 공급 및 수요 확대 방안

바이오가스란 유기물이 공기가 없는 상태에서 미생물에 의해 분해(혐기성 소화)되어 생성되는 가스(메탄 50~65%, 이산화탄소 25~50%, 기타)

1) 공급 확대 방안

① 폐자원 종류별 에너지화 확대

기존 운영 중인 시설은 통합 바이오가스화 시설로 전환, 신규시설은 통합 바이오가스화 시설로 설치하여 에너지 생산시설 확대

• 음식물 : 사료화, 퇴비화 제도정비를 통해 에너지화 전환 유도

• 하수찌꺼기 : 소각, 고형화 제도정비를 통해 에너지화 전환 유도

- 가축분뇨 : 퇴 · 액비 생산량 적정 관리, 바이오가스화 시설유입 확대, 바이오가스 생산 효율 개선 등 추진
- 동식물성 잔재물 : 미활용되는 동식물성 잔재물(식품공장 등 사업장폐기물, 농축산 부산물 등 포함)의 통합 에너지화 시설 유입 확대

② 신규물질 활용을 위한 기술개발('22~'26년, 428억 원)
- 잔재물 분석 : 신규 물질의 성상 및 에너지화 가능성 분석, 지자체에서 발생하는 잔재물의 확보 및 기술 실증
  ※ 동식물성 잔재물의 경우 대부분 소각 · 폐기 또는 자연소실되는 도심지 낙엽의 가스화 연구 병행
- 플랜트 구축 : 신규물질 투입에 따른 안정적 소화조 시스템 및 운영 기술개발
  ※ 바이오매스 종류 · 투입량 변동에도 소화율이 유지 또는 향상(80% 이상)될 수 있는 기술개발
- 온실가스 포집 : 온실가스 포집 · 분리 및 액화 · 고순도화 기술개발
- 매뉴얼 개발 : 바이오가스 시설 운전 매뉴얼 및 장기 운영계획, 지역참여도 향상을 위한 비즈니스 모델 제시

③ 바이오가스 종합정보시스템 구축
바이오가스 생산 · 이용 실적보고, 인증, 거래 등을 데이터 기반통합 관리할 수 있는 자동화 시스템 구축

2) 수요 확대 방안
① 가스 활용 : 도시가스 공급 및 자체 활용
- 다른 에너지로 전환 없이 도시가스, 자체 에너지원으로 활용 확대 필요
- 도시가스 공급 : 도시가스 품질기준(열량 및 부취제 등)을 준수하여 인근 도시가스 그리드에 연결 및 공급
- 화석연료 대체사용 : 소화조 열원 등 환경기초시설 내에서 필요한 기존 에너지원을 대체하여 바이오가스를 우선 활용

② 열에너지 : 도심 · 비도심 맞춤 열에너지 공급 촉진
- 도심 : 소각열처럼 기저열원으로 사용할 수 있도록 집단에너지사업자와 연계해 열에너지 공급 노력확대(열에너지 사업지 내 입지 시)
- 비도심 : 집단 에너지 및 도시가스 공급이 어려운 지역을 대상으로 소규모 집중 열에너지 생산 · 공급 확대 추진

③ 그린수소 : 바이오 그린수소 생산 및 연료전지 등 신규 수요처 발굴
- 바이오 그린수소 : 바이오가스 생산시설에 개질 · 고질화 설비확충을 통해 그린수소 생산 · 공급 추진
- 연료전지 : 바이오메탄으로 생산한 그린수소를 연료전지에 활용하는 사업 확대추진

■ 1교시 다음 문제 중 10문제를 선택하여 설명하시오.(각 10점)

1. 가축분뇨 전자인계관리시스템

2. 전기적 이중층(Double Layer)

3. 퇴적물산소요구량(SOD ; Sediment Oxygen Demand)

4. 비점오염관리를 위한 물순환관리지표

5. 지하수 오염물질의 지체현상(Retardation)

6. 「물환경보전법」 제41조에 따른 배출부과금

7. 조류경보제 경보단계 및 각 단계별 발령·해제기준

8. 녹색·청색·회색 물발자국(Water Footprint)

9. 공유하천 관리방안

10. 비점오염저감시설의 정의 및 종류

11. 정수처리에서 오존처리 시 수반되는 주요 문제점 및 저감대책

12. 고도산화법(AOP ; Advanced Oxidation Process)

13. 독립영양미생물(Autotrophs)과 종속영양미생물(Heterotrophs)을 비교 설명

■ 2교시 다음 문제 중 4문제를 선택하여 설명하시오.(각 25점)

1. 가축분뇨의 비점오염 유발특성과 농축산 비점오염원 관리방안 중 농업생산기반시설과 연계한 방안 및 공익직불제를 활용한 방안에 대하여 설명하시오.

2. 하천에서 어류폐사의 원인 및 폐사방지 대책에 대하여 설명하시오.

3. 신규 댐 건설에 따른 공사중과 운영중 수질에 미치는 영향 및 저감대책에 대하여 설명하시오.

4. 특별관리해역 연안오염총량관리 기본방침(「해양수산부훈령」 제622호)에 따른 다음사항에 대하여 설명하시오.

   1) 특별관리해역 및 연안오염총량관리의 정의

   2) 오염원 그룹의 분류

   3) 해역별 전문가 협의회 및 관리대상 오염물질의 종류

5. 「제1차 국가물관리기본계획(2021~2030)」의 3대 혁신 정책과 6대 분야별 추진전략에 대하여 설명하시오.

6. 막여과(MF, UF, NF, RO)의 특성과 막여과 공정구성에 대하여 설명하시오.

∷ 3교시 다음 문제 중 4문제를 선택하여 설명하시오.(각 25점)

1. 수질원격감시체계(TMS)의 목적, 부착대상, 부착시기, 배출부과금 및 관제센터 업무체계에 대하여 설명하시오.
2. 상수원 수질보전 특별대책지역의 지정현황, 기본방침, 오염원관리 및 주민지원사업에 대하여 설명하시오.
3. 개인하수처리시설 정화조 내 악취문제 해결방안에 대하여 설명하시오.
4. 하수처리장 에너지 자립화 방안에 대하여 온실가스 목표관리제 등 정부정책을 포함하여 설명하시오.
5. 유출지하수의 발생량 조사방법, 활용방안 및 수질기준(음용수 제외)에 대하여 설명하시오.
6. 폐기물 매립지에서 발생하는 침출수에 대하여 설명하시오.

∷ 4교시 다음 문제 중 4문제를 선택하여 설명하시오.(각 25점)

1. 하수처리장에서 발생하는 슬러지의 농축과 소화(안정화)에 대하여 설명하시오.
2. 해상풍력발전사업 공사에 따른 수질모델링 중 부유사 확산모의에 대하여 설명하시오.
3. 가축분뇨의 발생특성과 가축분뇨처리시설의 설치기준에 대하여 설명하시오.
4. 비점오염관리지역의 지정기준 및 관리대책에 대하여 설명하시오.
5. 지하수 오염등급기준을 활용한 지하수 오염평가 및 오염원인 평가에 대하여 설명하시오.
6. 펜톤 반응(Fenton Reaction)과 광펜톤 반응(Photo Fenton Reaction)에 대하여 처리공정 등을 포함하여 설명하시오.

문제 01 가축분뇨 전자인계관리시스템

정답

1. 개요

가축분뇨 전자인계관리시스템은 축산농가에서 발생하는 가축분뇨의 배출, 수집·운반, 처리 전과정과 재활용 사업장에서의 업무 처리과정을 인터넷을 통해 투명하게 관리하는 시스템으로 불법투기 방지 및 적정 처리를 모니터링할 수 있는 정보시스템이다.

2. 도입배경

1) 가축분뇨 불법투기 방지

   ① 관리 및 처리의 어려움으로 불법처리 사례 다수 발생

   ② 불법투기로 인한 수질오염 및 온실가스 배출 등의 환경오염 발생

2) 정보화 관리시스템 구축 필요

   ① 예방 및 사후추적 시스템 부재

   ② 지자체 관리인력 부족으로 지도 점검 한계

3) 전자인계제도 정착 필요

   ① 인터넷 및 모바일 디바이스를 이용한 가축분뇨 관리 필요

   ② 시범 구축을 통한 제도 조기 정착 필요

3. 구성도

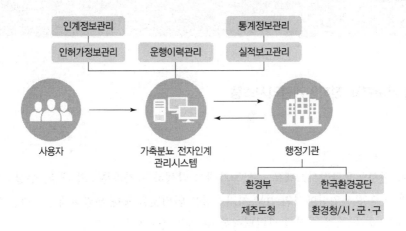

4. 기대효과

① 가축분뇨 민원정보 제공의 신속성 및 신뢰성 확보

② 가축분뇨 운송서비스 개선

③ 종이문서의 전자문서 대체로 인한 경비 절감

④ 인계서 작성 오류 점검

⑤ 축산농가에서 수거되는 분뇨수거량을 집계하여 총발생량 대비 자가 처리량 및 처리장을 통한 분뇨처리량 파악이 가능

⑥ 액비의 불법살포 감시가 가능해짐에 따라 불법살포에 대한 환경오염방지 및 민원발생의 감소

⑦ 가축분뇨 관련 민원발생 시 인계서 및 액비살포 영상자료를 통해 오염발생 원인에 대한 추적이 가능

⑧ 시스템을 통해 입력된 자료를 근거로 현장점검이 필요한 축산농가 및 처리업체를 추출함으로써 효율적인 점검이 가능

⑨ 국제협약에 의한 '가축분뇨의 해양투기 금지(2012년)'에 따른 협약의 이행

문제 02 전기적 이중층(Double Layer)

정답

1. 개요

콜로이드 입자의 경우 입자의 표면에 전하가 존재하며 바로 표면에는 반대이온 또는 반대 전하를 가진 미립자가 흡착되어 고정층을 형성하고 있다고 하여 이를 Stern층이라 하고 Stern층과 확산이중층의 두 가지 층이 콜로이드의 외측 부분을 형성하고 있는 것을 Stern – Gouy 이중층, 즉 전기적 이중층이라고 한다.

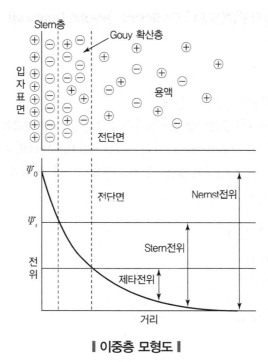

┃ 이중층 모형도 ┃

Gouy확산층 전단면에서의 전위를 제타전위(Zeta potential : ζ전위)라 하며 제타전위는 콜로이드의 표면전하와 용액의 구성성분에 따라 변한다.

2. 응집 메커니즘과 전기적 이중층

콜로이드 입자를 제거하기 위하여 응집제를 사용할 때 적절한 응집제의 선정과 적절한 응집제의 투입량을 알기 위한 목적으로 제타전위를 사용한다.

1) 전기적 이중층 압축
   ① 제타전위의 감소(0 제타전위)
   ② 약품주입 등으로 반데르반스 인력과 교반에 의해 입자들이 응결할 수 있는 만큼까지 제타전위가 감소해야 함(실제로 ±10mV 정도 범위)

2) 콜로이드 활성기의 상호작용에 의한 입자 간의 응결 가교 작용, 입자 간 응집
3) 형성입자의 체거름 현상으로 입자 간 Floc 형성

문제 03 퇴적물산소요구량(SOD ; Sediment Oxygen Demand)

정답

1. 개요

① 하천의 바닥 퇴적물에서 요구되는 산소량

② SOD 중 저서성 생물의 호흡작용에 의한 DO 소모는 SOD 중 생물학적 작용에 의한 부분으로 보통 BSOD(Biological Sediment Oxygen Demand)로 나타내며 환원성 물질의 산화에 따라 소모되는 CSOD(Chemical SOD)로 구분하여 나타낼 수 있다.

2. 주요 원인물질

① 침강된 유기물질의 분해

② 저수성 생물의 호흡

③ 환원성 물질의 산화작용

3. SOD에 미치는 환경요인

① 수온

② 저수층의 DO 및 유속

SOD는 수심이 깊고 유속이 빠른 하천보다도 수심이 낮고 유속이 느린 하천에서 DO 소모율이 커지는 특성이 있으며 호수일 경우에는 심수층의 DO 소모에 가장 큰 영향을 받게 된다.

③ 저서생물의 특성

④ 저질 내의 유기물의 특성 등

문제 04 비점오염관리를 위한 물순환관리지표

정답

1. 개요

환경부장관은 비점오염원의 종합적인 관리를 위하여 비점오염원 관리 종합대책을 5년마다 수립하여야 한다.

1) 비점오염원의 현황과 전망

2) 비점오염물질의 발생 현황과 전망

3) 비점오염원 관리의 기본 목표와 정책 방향

4) 다음 각 목의 사항에 대한 중장기 물순환 목표

① 시 · 도별, 소권역별 불투수면적률(전체 면적 대비 불투수면의 비율을 말한다)

② 시 · 도별, 소권역별 물순환율(전체 강우량 대비 빗물이 침투, 저류 및 증발산되는 비율을 말한다)

[참고] 근거 물환경보전법 제53조의5(비점오염원 관리 종합대책의 수립)

2. 정의

1) "물순환 관리지표"란 "불투수면적률"과 "물순환율"을 말한다.

2) "물순환"이란 비점오염관리를 위한 협의의 물순환을 의미한다.

3) "불투수면"이란 빗물 또는 눈 녹은 물 등이 지하로 스며들 수 없게 하는 아스팔트 · 콘트리트 등으로 포장된 도로, 주차장, 보도 등을 말한다.

4) "직접유출률"이란 대상지역의 전체 강우량 대비 빗물이 토양으로 침투, 저류되거나 증발산 되지 않고 지표면 위로 직접 흐르는 양의 비율을 말한다.

5) "전체 강우량"은 물순환율 산정의 기준이 되는 강우량을 말한다.

6) "집수면적"이란 강우가 내려 강우유출수가 저영향개발기법 시설로 유입되는 구역의 전체 면적을 의미한다.

7) "최대잠재보유수량"이란 유역에서 최대로 보유할 수 있는 수분량, 즉, 침투 및 저류능력을 나타낸다.

3. 물순환관리지표 산정

1) 대상지역의 소권역도, 지적도 및 정밀토양도를 GIS(Geographic Information System)로 중첩하여 토지중첩정보를 공간자료로 생산한다.

2) 불투수면률은 대상지역의 전체면적 대비 불투수면적의 비율을 백분율로 표시한 것을 말하며, 불투수면적에 포함되는 지적도상의 지목 및 용도지역으로 다음과 같다.

① 지목 "대" 중 용도가 주거지역, 상업지역, 공업지역, 개발제한구역, 용도미지정

② 공장용지

③ 학교용지

④ 주차장

⑤ 주유소용지

⑥ 창고용지

⑦ 도로

⑧ 지목 "체육용지" 중 운동장, 체육시설, 광장, 수련시설

3) 저영향개발 기법이 적용된 지역에 대해서는 집수면적을 계산하여 총 불투수면적에서 제외한다.

4) 물순환율은 대상지역의 전체 강우량 대비 빗물이 침투, 저류 및 증발산 되는 비율을 말하며, 1에서 직접유출률을 제한 값을 백분율로 나타낸다.

문제 05 지하수 오염물질의 지체현상(Retardation)

정답

1. 지체현상

지하수 내 오염물질이 유입되었을 때 지하수의 오염물질 이동이 지하수 흐름 유속보다는 늦게 나타나는 현상을 말한다. 용해도가 큰 물질인 염소 등은 이류하고 용해도가 낮은 물질은 지체된다.

2. 지하수 내 오염물질의 지체요인

① 흡착(토양이나 암석에 오염물질이 붙어버리는 현상)

② 분산(오염체가 지하수 흐름에 수직으로 퍼져나가는 현상)

③ 생분해(시간이 지나면서 오염체가 화학적, 생물학적으로 분해되는 현상)

3. 지체에 따른 지하수 오염의 특징

① 오염물질의 거동 및 영향은 수질과 대기를 통한 피해보다 상대적 노출속도가 느리다.

② 전달경로가 복잡하여 사회적 관심 및 기술개발이 미흡하다.

③ 오염정도의 측정과 예측 및 감시가 어렵다.

문제 06 「물환경보전법」 제41조에 따른 배출부과금

정답

1. 개요

환경부장관은 수질오염물질로 인한 수질오염 및 수생태계 훼손을 방지하거나 감소시키기 위하여 수질오염물질을 배출하는 사업자 또는 허가 · 변경허가를 받지 아니하거나 신고 · 변경신고를 하지 아니하고 배출시설을 설치하거나 변경한 자에게 배출부과금을 부과 · 징수한다.

2. 배출부과금 종류

1) 기본배출부과금

① 배출시설(폐수무방류배출시설은 제외한다)에서 배출되는 폐수 중 수질오염물질이 배출허용기준 이하로 배출되나 방류수 수질기준을 초과하는 경우

② 공공폐수처리시설 또는 공공하수처리시설에서 배출되는 폐수 중 수질오염물질이 방류수 수질기준을 초과하는 경우

2) 초과배출부과금

① 수질오염물질이 배출허용기준을 초과하여 배출되는 경우

② 수질오염물질이 공공수역에 배출되는 경우(폐수무방류배출시설로 한정한다)

3. 배출부과금 산정방법

1) 배출부과금을 부과할 때에는 다음 각 호의 사항을 고려한다.

① 배출허용기준에 따른 초과 여부

② 배출되는 수질오염물질의 종류

③ 수질오염물질의 배출기간

④ 수질오염물질의 배출량

⑤ 자가측정 여부

⑥ 그 밖에 수질환경의 오염 또는 개선과 관련되는 사항으로서 환경부령으로 정하는 사항

2) 제1항의 배출부과금은 방류수 수질기준 이하로 배출하는 사업자(폐수무방류배출시설을 운영하는 사업자는 제외한다. 이하 이 항에서 같다)에 대해서는 부과하지 아니하며, 대통령령으로 정하는 양 이하의 수질오염물질을 배출하는 사업자 및 다른 법률에 따라 수질오염물질의 처리비용을 부담한 사업자에 대해서는 배출부과금을 감면할 수 있다.

3) 배출부과금을 내야 할 자가 정하여진 기한까지 내지 아니하면 가산금을 징수한다.

문제 07 조류경보제 경보단계 및 각 단계별 발령 · 해제기

정답

1. 조류경보제

조류경보제란 수질오염경보의 하나로 독성을 지닌 남조류의 세포수를 기준으로 녹조류 발생 정도에 따라 관심, 경계, 조류 대발생, 해제 등 단계별로 구분 발령하고, 취수, 정수장 등 관계기관에 신속하게 전파하여 단계적인 대응 조치를 취하도록 하는 제도이다.

2. 조류경보제 단계별 발령기준 및 해제기

1) 상수원 구간

경보단계	발령 · 해제 기준
관심	2회 연속 채취 시 남조류 세포수가 1,000세포/mL 이상 10,000세포/mL 미만인 경우
경계	2회 연속 채취 시 남조류 세포수가 10,000세포/mL 이상 1,000,000세포/mL 미만인 경우
조류 대발생	2회 연속 채취 시 남조류 세포수가 1,000,000세포/mL 이상인 경우
해제	2회 연속 채취 시 남조류 세포수가 1,000세포/mL 미만인 경우

2) 친수활동 구간

경보단계	발령 · 해제 기준
관심	2회 연속 채취 시 남조류 세포수가 20,000세포/mL 이상 100,000세포/mL 미만인 경우
경계	2회 연속 채취 시 남조류 세포수가 100,000세포/mL 이상인 경우
해제	2회 연속 채취 시 남조류 세포수가 20,000세포/mL 미만인 경우

문제 08 녹색 · 청색 · 회색 물발자국(Water Footprint)

정답

1. 정의

제품의 생산 · 사용 · 폐기 전과정에서 얼마나 많은 물을 쓰는지 나타내는 환경 관련 지표이다. 즉 어떤 제품이 소비자에게 오기까지 '원료 취득−제조−유통−사용−폐기' 전 과정에서 사용되는 물의 총량과 물과 관련된 잠재적 환경영향을 정량화한 개념이다. 네덜란드 트벤테 대학의 아르옌 훅스트라 교수가 고안했다.

2. 물발자국 평가 개념

① 공정, 제품, 생산자나 소비자의 물발자국을 계량화하고 정확한 발생지점을 파악하거나 또는 특정 지리적 영역 내 물발자국의 공간과 시간을 계량화
② 물발자국의 환경적, 사회적, 경제적 지속가능성 평가
③ 대응 전략의 수립을 모두 포괄하는 행동을 말함

3. 물발자국 종류

1) 녹색 물발자국
   강우를 통해 자연적으로 공급된 물로 에너지 투입 없이 사용되는 물의 양
   예 농작물이나 (목재생산을 위한) 숲으로부터 증발되는 담수

2) 청색 물발자국
   에너지를 투입하여 사용한 물의 양. 제품을 생산하기 위해 사용한 관개용수와 소비, 유통될 때 사용된 물의 총량

3) 회색 물발자국
   제품이나 서비스를 생산할 때 발생된 오염된 물을 일정기준 오염농도 이하로 정화하기 위해 필요한 물의 양

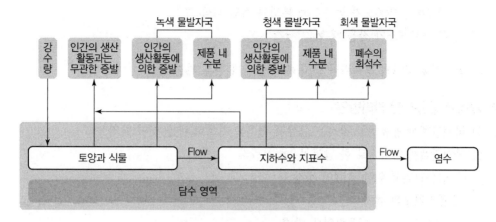

‖ WFN의 물발자국 개념도 ‖

문제 09 공유하천 관리방안

정답

1. 정의
공유하천은 보통 둘 이상의 나라들의 경계를 이루거나 이들 국가의 영토를 흐르는 하천을 말한다.

2. 국제 공유하천의 예
① 나일강(이집트 등 9개국) : 이집트의 아스완 댐건설로 인한 주변국 반발
② 라인강(독일, 프랑스, 오스트리아, 네덜란드) : 용수사용량 증가에 따른 수질 오염 및 개발에 따른 홍수위험성 증가
③ 메콩강(중국, 미얀마, 캄보디아, 라오스, 태국, 베트남) : 메콩강 개발을 둘러싼 인접국 간 분쟁
④ 유프라테스, 티그리스강(터키, 시리아, 이라크) : 터키 댐건설로 인한 이라크 물부족문제
⑤ 임진강(남북한) : 물부족 심화 및 치수문제

3. 국제 공유하천의 공동관리의 일반적 경향
1) 일반적인 원칙이 없고, 협정 및 조약의 강제성이 전부
각 국가들은 자국의 이해에 부합하는 원칙을 주장하나, 국제법이나 기구는 강제적인 구속력을 갖지 못함 → 국제법이나 수리권적 접근 한계가 있음

2) 연안국가들 간의 협력 및 적대관계, 세력관계가 반영됨
① 순수한 물 문제만으로 무력충돌까지 비화한 경우는 거의 없음
② 물 문제 협상 이전에 관련국들 사이의 관계 개선 필요

③ 공유하천 의존도가 높을수록 분쟁의 정도 심함

④ 물 스트레스가 작을 때 협약 체결

3) 상·하류 국가의 경제력과 군사 차이에 따라 다른 해결 방식

4. 남북한 공유하천 관리방안

1) 국제관례상 공유하천 관리는 협상과 협력을 기초로 하는 것이 원칙

2) 국제관례를 바탕으로 한 남북공유하천관리

① 공동관리를 위한 조약의 체결

② 관리기구의 설치

③ 공유하천 공동 이용방안의 마련

문제 10 비점오염저감시설의 정의 및 종류

정답

1. 개요

비점오염원이란 도시, 도로, 농지, 산지, 공사장 등으로서 불특정장소에서 불특정하게 수질오염 물질을 배출하는 배출원을 말한다.

비점오염원의 물질로는 토사, 영양물질, 박테리아 및 바이러스, 기름과 그리스, 금속, 유기물 질, 농약, 협잡물 등이 있다.

2. 비점오염원 저감시설의 종류

1) 자연형 시설

① 저류시설 : 강우유출수를 저류하여 침전 등에 의하여 비점오염물질을 저감시킴

예 저류지, 연못 등

② 인공습지 : 침전, 여과, 미생물분해, 식생식물에 의한 정화 등 자연상태의 습지가 보유하 고 있는 정화 능력을 인위적으로 향상시켜 비점오염물질을 저감시킴

③ 침투시설 : 강우유출수를 지하로 침투시켜 토양의 여과, 흡착작용에 따라 비점오염물질 을 저감시킴

예 유공포장, 침투조, 침투저류지, 침투도랑 등

④ 식생형 시설 : 토양의 여과 흡착 및 식물의 흡착작용으로 비점오염물질을 줄임과 동시에 동·식물의 서식공간을 제공함으로써 녹지경관으로 기능하는 시설

예 식생여과대, 식생수로 등

2) 장치형 시설

① 여과형 시설 : 강우유출수를 집수조에 모은 후 모래, 토양 등의 여과재를 통하여 비점오염물질을 감소시킴

② 와류형 시설 : 중앙회전로의 움직임으로 와류가 형성되어 기름, 그리스 등 부유성 물질은 상부로 부상시키고, 침전 가능한 토사, 협잡물은 하부로 침전·분리시켜 비점오염물질을 감소시킴

③ 스크린형 시설 : 망의 여과, 분리작용으로 비교적 큰 부유물질이나 쓰레기 등을 제거하는 시설. 주로 전처리용으로 쓰임

④ 응집·침전형 시설 : 응집제를 이용하여 응집·침전·분리하어 비점오염물질을 저감하는 시설

⑤ 생물학적 처리형 시설 : 전처리시설에서 토사 및 협잡물 등을 제거한 후 미생물에 의하여 콜로이드성, 용존성 유기물질을 제거하는 시설

문제 11 정수처리에서 오존처리 시 수반되는 주요 문제점 및 저감대책

정답

1. 개요

최근 수역의 오염가중, 부영양화, 일반적인 정수처리공정에서 처리되지 않는 물질의 처리, 맛, 냄새문제 등을 해결하기 위해서 고도정수처리 필요성이 대두되고 있다. 고도정수의 경우 오존, 활성탄 조합으로 많이 운영되고 있다.

2. 오존처리의 목적

① 소독, 살균
② 바이러스의 불활성화
③ 맛, 냄새물질 제거
④ 색도 제거
⑤ 유기화합물의 생분해성 증가
⑥ 염소요구량 감소
⑦ Fe, Mn의 제거 등

3. 주요 문제점

① 소독효과의 지속성 없음, 잔류염소 만족을 위한 염소처리 병행 실시 필요
② 배오존에 의한 피해

③ 오존처리 시 AOC(Assimilable Organic Carbon), BDOC(Biodegradable Dissolved Organic Carbon) 증가로 급배수관망에서의 미생물에 의한 2차 오염 발생

4. 저감대책

1) 배오존 처리설비 설치

2) 오존 접촉조의 적정 위치 선정

오존 누출로 인한 피해가 없도록 사무실 인근 회피, 환기시설 추가 설치

3) 오존 접촉조 설계의 합리화

접촉조 마지막 후단에서 잔류오존이 충분히 소모될 수 있는 체류조 설계

4) 오존공정의 적절한 제어기술 확보

① 일반화/계절별 변화 반영, 후속공정인 BAC에 대한 영향 고려하여 설계

② 수질 및 수량변화에 실시간 대응할 수 있는 제어시스템 구축

문제 12 고도산화법(AOP ; Advanced Oxidation Proce)

정답

1. 개요

고도산화법(AOP)은 인위적으로 Hydroxyl Radical(OH Radical)을 생성시켜 오염물질을 제거하는 방법이다.

OH Radical은 산화력(2.8V)이 다른 산화제에 비해 월등히 뛰어나고 비선택적으로 반응하기 때문에 유기염소화합물과 같은 난분해성 물질도 신속히 분해한다.

2. 종류

1) Fenton 산화법

과산화수소(H_2O_2)와 2차 철염(Fe^{2+})의 Fenton's Reagent를 이용하여 반응 중 생성되는 OH Radical(OH)의 산화력으로 유기물을 제거한다.

$$Fe^{2+} + H_2O_2 \rightarrow Fe^{3+} + OH^- + OH \cdot$$

① 장점
- 다른 고도산화법에 비해 부대장치 소요 적어 사용이 편리함
- 강력한 산화력 → 염색폐수에 특히 많이 적용(색도 제거)

② 단점
- 슬러리 발생량 많음
- 유지관리비 비쌈

　　• 환원성 물질 대량 폐수 시 과량의 과수 요구

2) Peroxone(O_3/H_2O_2 AOP)

　　오존에 과산화수소를 인위적으로 첨가 → O_3를 빠르게 분해시켜 OH Radical을 형성하여 유기물을 분해한다.

$$2O_3 + H_2O_2 \rightarrow 2OH \cdot + 3O_2$$

　　① O_3와 H_2O_2는 서로 반응이 느리나 HO_2^- 발생되면 O_3 분해 활발(O_3 단독공정보다 효과적)

　　② H_2O_2를 인위적으로 주입하여 OH Radical 형성

　　③ H_2O_2는 OH Radical을 형성하는 Initiator이자 OH Radical을 Trap할 수 있는 Scavenger 역할 → O_3과 H_2O_2의 투입비 중요

3) UV + H_2O_2(Photolysis)

　　UV(자외선)에 의한 에너지와 O_3에 의해 생성된 OH Radical 등의 강력한 산화력으로 유기물을 분해한다.

$$3O_3 + H_2O \xrightarrow{h\upsilon} 2HO \cdot + 4O_2$$

　　① OH Radical 생성효율 증대목적으로 철염을 촉매로 사용하는 경우 있음

　　② 철염에 의한 Scale이 석영관에 Fauling 현상 유발 → Wiper 시스템 필요

　　③ 장점 : UV/O_3에 비해 저렴

　　④ 단점 : Sludge 발생이 단점

4) UV + O_3

　　H_2O_2에 UV light 조사 → OH Radical 발생

$$H_2O_2 \xrightarrow{h\upsilon} 2OH \cdot$$

　　① 최대 흡수파장 : 254nm

　　② 몰흡광계수(Molar Extinction Coefficient) : 3,300/M.cm → H_2O_2 19.6/M.cm보다 UV 흡수도 큼

　　③ 장점 : pH에 크게 영향 안 받음

　　④ 단점 : O_3와 UV System 설치비 및 유지비 고가

5) UV + TiO_2

　　자외선에 의한 에너지와 및 촉매인 TiO_2 표면에서 생성되는 OH Radical 의 강한 산화력으로 유기물을 분해한다.

① 2차 오염 유발 없음

② 응집침전 같은 전처리 없이 가장 효율적인 처리조건 만족

③ pH 임의 조절 가능

④ UV 강도가 낮아 Fe_2O_3 형성 없음 → 비용 및 효율성 우수

⑤ 조작이 간편

문제 13 독립영양미생물(Autotrophs)과 종속영양미생물(Heterotrophs)을 비교 설명

정답

1. 개요

미생물 물질대사는 세포가 존속하고 증식하는 근본수단으로 하·폐수처리에서는 이를 이용하여 용존 유기물질과 영양물질 등을 제거한다.

① 이화작용 : 에너지 생산

② 동화작용 : 세포 합성

미생물이 증식과 적절한 기능을 계속하기 위해서는 에너지원과 새로운 세포를 합성할 수 있는 탄소원, 그리고 질소, 인, 황, 칼륨, 칼슘, 마그네슘과 같은 무기물(영양소)이 필요하며, 세포합성을 위해 유기 영양소(성장인자)도 필요하다.

2. 독립영양미생물과 종속영양미생물의 비교

1) 미생물은 미생물 성장을 위한 탄소원의 획득에 따라 다음과 같이 분류할 수 있다.

　① 독립영양미생물(Autotrophic) : CO_2로부터 세포탄소원을 획득하는 미생물

　② 종속영양미생물(Heterotrophic) : 유기물로부터 세포탄소원을 획득하는 미생물

　CO_2를 세포의 탄소화합물로 전환시키는 과정을 동화작용이라 하는데, 이때 순에너지 공급이 필요하다. 따라서 독립영양생물은 종속영양생물에 비해 합성에 더 많은 에너지를 소비하기 때문에 일반적으로 세포증식량과 성장속도가 낮다.

2) 세포합성에 필요한 에너지는 빛이나 화학적 산화반응에 의해서 공급한다.

　① 광영양미생물(Phototrophs) : 에너지원으로 빛을 이용할 수 있는 생물

　　• 종속영양성(황 환원박테리아)

　　• 독립영양성(조류와 광합성 박테리아)

　② 화학영양미생물(Chemotrophs) : 화학반응에서 에너지를 얻는 생물

　　• 종속영양성(원생동물, 균류, 대부분의 박테리아) : 대개 유기화합물을 산화시켜서 에너지를 얻음

• 독립영양성(질산화 박테리아) : 암모니아, 아질산염, 철염, 아황산염 등과 같은 환원된 무기화합물에서 에너지를 얻음

종류		에너지원	탄소원
독립영양미생물	광독립영양미생물	빛	CO_2
	화학독립영양미생물	환원형 무기물	CO_2
종속영양미생물	광종속영양미생물	빛	유기물
	화학종속영양미생물	유기물	유기물

3. 하 · 폐수처리 관련 미생물 종류

① 독립영양미생물 : 질산화, 철산화, 황산화 미생물 등

② 종속영양 미생물 : 호기성 산화, 혐기성 산발효, 철환원 미생물, 메탄생성균 등

문제 **01** 가축분뇨의 비점오염 유발특성과 농축산 비점오염원 관리방안 중 농업생산기반시설과 연계한 방안 및 공익직불제를 활용한 방안에 대하여 설명하시오.

정답

1. 개요

비점오염물질은 농지에 살포된 비료 및 농약, 대기오염물질의 강하물, 지표상 퇴적 오염물질, 합류식 하수관거 월류수 내 오염물질 등으로 주로 강우 시 강우유출수와 함께 유출되는 오염물질을 말하며, 이러한 비점오염물질을 발생시키는 곳을 비점오염원이라 한다.

2. 가축분뇨의 비점오염 유발특성

1) 기술수준이 낮은 시설에서 생산된 퇴·액비는 미부숙 가능성이 높아 살포 후 강우 시 용출되어 비점오염 발생 가능성 큼

2) 가축분뇨는 항생제, 중금속 등 미량 유해물질을 포함하고 있음

3) 수질오염뿐만 아니라 토양, 대기, 악취 등 여러 면에 환경피해가 우려됨

4) 오염원별 비점오염원 배출부하량은 축산계 비중이 가장 큼(2018년 기준)
   ① (BOD) 축산계 383톤/일(54.7%), 토지계 275톤/일(39.3%), 생활계 41톤/일(5.9%)
   ② (T-P) 축산계 26톤/일(49.2%), 토지계 25톤/일(48.6%), 생활계 1톤/일(2.2%)

5) 축산계 배출부하량 증가로 비점오염 배출부하량은 지속 증가
   전체 비점오염 배출부하량(T-P)에서 축산계가 차지하는 비중은 ('13)36.1% → ('18)42.2%로 큰 폭 증가

3. 국내 비점오염원 관리 여건

1) 기후변화 심화, 도시개발 등 비점오염 관리 여건 변화
   ① '20년 유례없는 긴 장마(52일), 기록적 폭우 등 기후변화에 따른 기상이변 일상화로 비점오염물질 발생 가능성 증가
   ② 도시개발 등 불투수면적의 지속적 증가(0.12%/년)에 따른 물순환체계의 악화로 강우 시 비점오염물질의 하천 직접유출 증가

2) 가축분뇨 유래 비점오염발생 우려 심화

① 가축분뇨 발생량의 90%가 퇴 · 액비화 및 살포되어 비점오염원으로 작용

② 퇴액비 과잉살포로 우리나라 토양의 양분수지는 OECD 최상위 수준

3) 비점오염의 특성에 따른 비점오염원 관리 어려움 심화

① 비점오염물질은 도시, 농지 등 불특정 장소에서 배출되고, 토지용도에 따라 여러 기관에서 분산 관리되므로 기관 간 이해 충돌

② 미세플라스틱 등 관리가 필요한 비점오염물질은 증가하고 있으나 비점오염물질 종류, 배출특성, 수계유출량 등 비점오염 관리정책 추진을 위한 기초자료 확보는 다소 미흡

4) 비점오염원 관리 패러다임의 확대 · 변경
통합 물관리를 위한 제도 전반의 조정이 진행중으로 이에 발맞춰 비점오염원 관리 전반에 대한 구조적인 재정비가 필요한 상황

4. 축산 비점오염원 관리방안

1) 외부 강우유출수가 축사 내로 유입되지 않도록 우회수로, 방지턱 등을 설치

2) 방목시기를 조정하여 초지가 과다 손상되지 않도록 순환방목 실시 및 방목시기 조절

① 방목지 내에서의 방목가축수를 적절히 유지하고 발생된 축산분뇨 제거

② 토양침식 방지차원에서 경사지, 하천 인접지역 등에서의 방목 금지

3) 축분이나 퇴비가 강우 시 유출되지 않도록 가축 운동장 덮개시설, 퇴비사 시설, 방지턱, 도랑 등 설치

4) 축산분뇨를 초지나 경작지에 살포하는 경우에는 작물의 흡수가 최대가 되는 시기에 우기를 피하여 살포

5) 양분관리제 실시

6) 가축분뇨 전자인계관리시스템 강화

7) 가축분뇨 자원화 기술 고도화를 통한 처리경로 다양화 등

5. 농업기반시설 연계관리 방안

1) 현황 및 여건

① 농업생산기반시설은 원래 기능을 유지하면서도 고형물 침전 등 비점오염 저감기능도 수행, 일부 시설은 비점오염저감시설과 인접해 있어 방류 전 연계처리 가능

② 농업용수는 다량의 영양염류를 포함하므로 하천 방류전 적정 처리할 경우 녹조발생 감소 등 직접적인 효과도 기대할 수 있음

2) 세부추진과제

① 농업생산기반 정비사업계획 설계기준 개정 검토

배수로 및 배수장 유수지 설계 시 비점오염 저감기능을 고려한 설계

② (환경부-농식품부) 농업생산기반시설에 비점오염 관리기능 부여

- 순환관개 시스템 도입을 통한 농업용수 내 영양염류의 제거
- 배수장과 인근 인공습지의 연계를 통한 비점오염원 관리

6. 공익직불제와 연계한 농업 비점오염 발생 저감

1) 현황 및 여건

① '공익직불제' 시행('20.5)으로 농업분야 비점오염저감 활성화 교두보 마련

② 여건상 농업 비점오염 발생억제를 위한 농민들의 자발적 참여가 가능한 시점임

2) 세부추진과제

① 환경분야 준수사항 이행 합동점검 · 교육 실시(환경부 · 농식품부 협업)

② 가축분뇨법 개정

퇴비 · 액비화, 퇴비 · 액비 살포기준 등 의무준수 관련규정 정비

① 화학비료 사용기준 준수(농업농촌공익직불법 제12조)

실천사항	토양 검정 후 발급되는 시비처방전에 따른 작물별 화학비료(질소, 인산, 칼리)를 정량 사용해야 합니다.

② 비료의 적정 보관 · 관리(비료관리법 제19조의2)

실천사항	농업인은 사용 전까지 구입한 비료를 영농창고에 보관하거나 비닐 등을 덮어 유출을 방지해야 합니다.

③ 가축분뇨 퇴비 · 액비화 및 살포기준 준수(가축분뇨법 제10조, 제17조)

실천사항	가축분뇨는 가축자원화시설에서 퇴비화 또는 액비화하여 배출허용기준을 준수해야 합니다. 또한, 액비살포지 외의 장소에는 사용하지 않아야 하며, 살포할 경우 기준을 준수해야 합니다.

④ 공공수역 농약 · 가축분뇨 배출금지(물환경보전법 제15조)

실천사항	농약, 가축분뇨는 농업용 수로, 하수, 하천, 강 등에 배출하시면 안 됩니다.

❙ 공익직불제 준수사항 중 환경보호 분야 ❙

문제 02 하천에서 어류폐사의 원인 및 폐사방지 대책에 대하여 설명하시오.

정답

1. 개요

어류폐사는 수환경 변화 및 오염물질 유입 등 여러 원인에 따라 발생되는데, 대부분 수체에서 사고가 일어나기 때문에 즉각적으로 현장을 파악하고 원인 규명 과정을 시행하지 않으면 그 원인을 밝히기가 매우 어렵다. 다수의 지자체에서 발생한 어류폐사 사고가 용존산소 결핍, 외부 독성물질 유입의 일부 사례를 제외하고는 그 원인이 밝혀지지 않고 있다.

2. 이류폐사의 유형

1) 자연적 유형
   ① 각종 질병 및 산란 후 폐사 등이 대표적임
   ② 초기 강우에 의한 용존산소 부족 등

2) 인위적 유형
   다수의 화학물질, 기름과 토사유출, 각종 오 · 폐수 등이 원인

3. 어류폐사의 원인

1) 용존산소의 부족
   ① 초기 강우에 의한 유기물의 다량유입 및 호기성균의 활동에 의한 용존산소 부족
   ② 수온증가에 의한 용존산소 부족
   ③ 갈수기에 의한 수위 저하 시 초기강우 유입에 의한 부유물질 증가로 용존산소 부족
   ④ 우수토실의 침전물 유입에 의한 용존산소 감소
2) 농약, 제초제, 화학물질 유입에 의한 폐사
3) 유류 오염에 의한 폐사
   ① 도로 유출 누유의 유입
   ② 수상 운송수단에서의 유류 유출
4) 미생물 등에 의한 폐사
   바이러스, 독성조류번식, 진균류
5) 기타 환경스트레스

4. 폐사방지대책

1) 어류폐사가 발생하면 최초 신고자로부터 사고접수 후 시간, 장소, 폐사 어류상태 등 최대한 정확한 상황을 접수하고, 각 유역환경청 및 유관기관에 상황을 전파한다.

2) 현장으로 출동하면, 어류사체의 하류유출 방지 펜스 설치 등 초동조치 후 폐사지점으로부터 상·하류 5km 구간의 지점별 수질 및 퇴적물, 물고기 시료 채취 등 현장조사를 실시한다. 상황에 따라 필요시 어류 전문가 및 기관(대학, 연구소 및 부설기관)의 협조를 요청한다. 채취된 수질 및 퇴적물 시료는 시·도 보건환경연구원 등에, 물고기 시료는 국립과학수사연구원(약독극물), 국립수산과학원(질병검사) 등에 분석을 의뢰한다.

3) 물고기 사체는 수거 후 지정된 매립지 내 매립 또는 소각 처리하며, 오염원 조사 및 사고원인 규명은 현장조사 결과를 바탕으로 추적하고, 필요시 어류, 수질, 수생태, 화학물질 등의 전문가의 협조를 요청한다.

4) 재발 방지를 위한 수량 확보 및 희석을 위해 댐, 보, 저수지 방류를 요청하고(한국농어촌공사, 한국수자원공사), 토사 유입방지를 위한 방지막을 설치하여 오염원을 제거한다.

5) 사후관리는 장기적 모니터링, 어류 개체군 및 서식환경 복원, 하류지역 등 호소순찰 및 감시활동 강화 등을 한다.

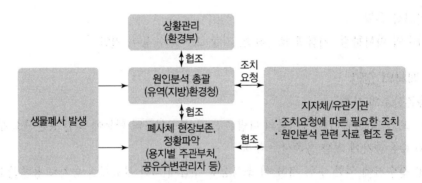

| 어류 폐사 원인분석 체계도 |

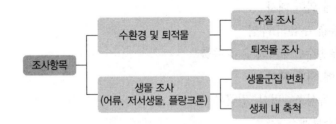

| 폐사 사고 이후 필요한 환경영향평가 항목 |

문제 03 신규 댐 건설에 따른 공사중과 운영중 수질에 미치는 영향 및 저감대책에 대하여 설명하시오.

정답

1. 댐의 정의

"댐"이라 함은 하천의 흐름을 막아 그 저수를 생활용수, 공업용수, 농업용수, 환경개선용수, 발전, 홍수 조절, 주운(舟運), 그 밖의 용도로 이용하기 위한 높이 15미터 이상의 공작물을 말하며, 여수로(餘水路)·보조댐과 그 밖에 해당 댐과 일체가 되어 그 효용을 다하게 하는 시설이나 공작물을 포함한다.(「댐건설 및 주변지역지원 등에 관한 법률」)

2. 댐의 기능

1) 물 저장 및 공급

강이나 하천의 물을 저장하여 농업용 물공급, 생활용 물공급, 산업용 물공급 등에 활용

2) 홍수통제

홍수가 예상되는 경우 수문의 개방을 조절하여 홍수를 조절

3) 수력발전

수력발전소에서는 물을 흘려 전기생산

4) 하천 유지용량

적정 댐관리는 하천의 수생태계 보호

5) 지하수 보충역활

6) 레크레이션 및 관광

댐 주변은 레크레이션과 관광 자원으로 활용 가능

3. 댐건설 추진절차

우리나라 댐 건설사업의 시행절차는 기본구상 → 댐건설의 적정성 검토 및 지역의견 수렴 → 국가수자원관리위원회 심의 → 하천유역수자원관리계획 반영 → 예비타당성 조사 → 타당성조사 → 기본계획 수립 → 기본 및 실시설계 → 실시계획 수립 → 공사착공 순으로 진행되고 있으며, 전략환경영향평가는 기본계획 확정 전에 실시하고, 환경영향평가는 실시계획 승인 또는 확정 전에 시행한다.

4. 친환경 댐건설을 위한 수질분야 평가흐름도

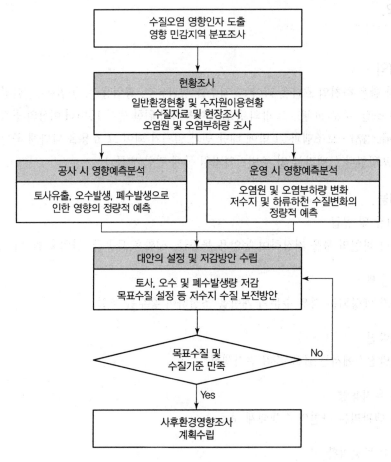

| 수질분야 평가흐름도 |

5. 공사 시와 운영 시 수질에 미치는 영향

1) 공사 시

① 공사 시 절·성토 및 굴착행위에 의해 발생하는 토사에 의한 수질변화

② 공사 시 현장에서의 오수발생에 의한 수질변화

현장근무 인력에 의한 오수발생 등

③ 공사 시 폐수발생에 의한 수질변화

콘크리트혼합설비(B/P장) 및 골재선별설비(C/P장) 사용 시, 터널굴착 시에 발생하는 폐수 등

2) 운영 시

① 댐 건설 후 형성된 저수지 수질의 변화

- 정체 호소에 외부 오염물 유입에 의한 수질 악화
- 호소 성층화에 의한 호소 하부의 수질변화

② 하류하천의 수질변화

하천유량 변화에 따른 수질변화 등

6. 공사 시 수질영향 저감대책

1) 공사 시 토사유출 저감 방안

공사 시 강우로 인해 유출되는 토사가 수계에 미치는 수질오탁 등을 방지하기 위하여 토공작업은 우기를 피하여 실시하는 등의 저감전략을 세워야 한다. 그 외에도 침사지, 가물막이, 오탁방지막, 가배수로 등의 토사유출 방지시설 설치계획을 수립한다.

2) 공사 시 공사투입인력에 의한 발생오수 처리방안

공사 시 투입인력에 의해 오수를 오수처리시설을 통해 처리하도록 계획되어 있는 경우 오수처리시설은 「하수도법」에 의거 오수처리시설의 용량이 산정되므로 적합한 공법을 선정하여 오수처리시설의 제원을 계획한다.

3) 공사시 기타 시설물 설치에 따른 폐수처리방안

폐수성상에 적합한 폐수처리방식(자연침강 침전지, 응집침전지, 응집침강 기계처리)을 선정한다. 폐수처리수 방류에 의한 영향을 최소화할 수 있도록 최대한 폐수처리수 재이용계획을 포함한다.

7. 운영 시 수질영향 저감대책

1) 저수지 수질 보전 방안

일반적으로 호소의 수질기준 항목은 COD, TOC를 기준으로 설정하고 있으므로 저수지 목표수질 항목도 COD, TOC로 설정하며 유역의 현재 하천수질 현황, 댐 저수지 목표수질 설정사례 및 저수지 수질예측 결과 등을 고려하여 목표를 설정한다.

2) 점오염원 저감대책

① 목표연도에 따른 목표수질을 달성할 수 있도록 하수처리계획, 축산폐수 처리대책, 관리사무실 오수처리계획, 수질자동측정설비 설치계획 등을 마련하여 제시한다.

② 운영 시 각종 점오염원 유입을 방지하기 위한 방안으로서 저수지 주변에 대한 보호구역 설정방안을 명시한다.

③ 댐 유역 내에 대규모 축산농가가 있는 경우에는 매입 및 이주의 필요성을 분석하고 이주대책을 수립한다.

3) 비점오염원 저감대책

비점오염물질 제거시설(저류형, 침투형, 식생형, 장치형, 하수처리형, 복합접촉산화 등)의 설치를 계획하여 저감대책을 수립한다.

4) 저수지 부영양화 방지대책

정체수역인 저수지의 수질개선을 위해서는 수체 내 영양염류의 유입방지와 생성억제, 생성물의 제거와 같은 근본적인 대책이 수립되어 시행되어야 하는데 부영양화된 저수지의 수질 회복은 많은 시간과 투자를 요하게 된다. 따라서 저수지 수질을 보전하기 위해서는 종합적인 부영양화 방지대책이 요구되며, 이는 저수지 내 영양물질 생성의 최소화 방안(화학적 침전, 생물적 제어, 호소 저부처리 등)과 영양 염류 유입제한을 병행함으로써 이루어진다.

5) 댐 유역 수환경 보전계획 수립

① 해당지역(시·군)의 환경보전종합계획 및 수질오염총량관리계획 등을 고려하여 수질오염행위 규제 및 오염원의 입지를 제한하기 위한 상수원보호구역 지정 등 행정적인 대책을 검토한다.

② 운영 시 저수지 용수 방류로 인한 하류지역 냉해 피해 방지를 위한 대책을 수립한다.

③ 또한 갈수기 시 하류지역의 목표수질유지를 위하여 긴급히 필요하다고 관계기관의 장이 요청하는 경우에는 한정된 기간 동안 수질보전을 위해 적정한 유량을 방류하도록 하는 계획을 추가한다.

문제 04 특별관리해역 연안오염총량관리 기본방침(「해양수산부훈령」제622호)에 따른 다음 사항에 대하여 설명하시오.

1) 특별관리해역 및 연안오염총량관리의 정의
2) 오염원 그룹의 분류
3) 해역별 전문가 협의회 및 관리대상 오염물질의 종류

정답

1. 정의

1) 특별관리해역

해양환경기준의 유지가 곤란한 해역 또는 해양환경 및 생태계의 보전에 현저한 장애가 있거나 장애가 발생할 우려가 있는 해역으로서 해양수산부장관이 정하여 고시하는 해역(해양오염에 직접 영향을 미치는 육지를 포함)

2) 연안오염총량관리

특별관리해역으로 지정된 해역에 목표수질을 설정하고 이를 달성하는 데 필요한 오염물질
허용배출총량을 산정하여 그 범위 내에서 오염물질 배출량을 관리하는 제도

2. 연안오염총량관리구역

마산만 특별구역, 시화호 특별관리해역, 부산연안 특별관리해역, 울산연안 특별관리해역

3. 오염원 그룹의 분류

① 생활계 오염원 : 주택, 음식점, 숙박, 위락시설 등 사람이 거주하거나 생활 및 서비스업에 관
   련된 시설과 이와 유사한 시설

② 축산계 오염원 : 가축 및 그 사육시설과 이와 유사한 시설

③ 산업계 오염원 : 폐수배출시설 및 폐수처리시설과 폐기물처리시설과 이와 유사한 시설(매
   립시설은 제외)

④ 토지계 오염원 : 지목별로 구분된 토지

⑤ 양식계 오염원 : 양식시설 및 이와 유사한 시설

⑥ 매립계 오염원 : 매립시설 중 침출수가 나오는 매립시설

⑦ 선박계 오염원 : 불특정 지점에서 오염물질을 배출하는 관리해역으로 출입하거나 정박하는
   선박

⑧ 수중양식계 오염원 : 관리해역의 수중에 설치된 가두리 양식장 등의 양식과 연관된 오염원

⑨ 수저 퇴적물 : 수질에 영향을 미치는 오염물질을 배출하는 수저퇴적물

⑩ 그 밖의 오염원 : 특수한 형태의 오염원

4. 해역별 전문가협의회

해양수산부장관은 오염물질 총량규제를 위한 항목과 목표수질의 결정 및 조정, 오염물질 총량규
제의 시행 등에 관한 조사 · 연구를 위하여 관계 전문가 등으로 협의회를 구성 · 운영할 수 있다.

연안오염총량관리 시행 특별관리해역	전문가협의회
1. 마산만	• 마산만 특별관리해역 환경자문위원회 • 마산만 연안오염총량관리 기술검토단
2. 시화호	• 시화호 연안오염총량관리 전문위원회 • 시화호 연안오염총량관리 기술검토단
3. 부산연안	• 부산연안 특별관리해역 환경자문위원회 • 부산연안 연안오염총량관리 기술검토단
4. 울산연안	• 울산연안 특별관리해역 환경자문위원회 • 울산연안 연안오염총량관리 기술검토단

5. 해역별 관리대상 오염물질의 종류

연안오염총량관리 시행 특별관리해역	총량관리계획기간	관리대상 오염물질
1. 마산만	제3차 총량관리계획기간 (2017~2021)	화학적 산소요구량, 총인
2. 시화호	제2차 총량관리계획기간 (2018~2022)	화학적 산소요구량, 총인
3. 부산연안	제2차 총량관리계획기간 (2020~2024)	화학적 산소요구량
4. 울산연안	제1차 총량관리계획기간 (2018~2022)	중금속 (구리, 아연, 수은)

문제 05 「제1차 국가물관리기본계획(2021~2030)」의 3대 혁신 정책과 6대 분야별 추진 전략에 대하여 설명하시오.

정답

1. 개요

① 기후변화, 경제·사회 여건 변화 등에 효과적으로 대응하고, 지속가능한 물관리체계를 구축 하기 위해 새로운 물관리 계획 필요

② 물관리 인프라 노후화, 대규모 신규 수자원 확보의 곤란 등 국민들의 안전 확보와 삶의 질 향 상을 위한 물관리 전략 마련 긴요

③ 물관리 일원화, 물관리기본법 제정·시행 등 우리나라 물관리체계의 혁신기에 구심점 역할 을 수행할 통합물관리 전략 마련 요구 등이 있음

2. 계획의 법적 근거와 범위

① 법적 근거 : 물관리기본법 제27조(국가물관리기본계획의 수립 등)

② 수립 : 환경부 장관이 10년마다 수립, 여건 변화 시 5년마다 변경

③ 심의 의결 : 국가물관리위원회가 심의·의결

※ 물관리기본법[2018.6.12 제15653호] 공포 후 1년이 경과한 날부터 시행함

④ 계획의 범위

• 시간적 범위 : 2021~2030년

• 공간적 범위 : 대한민국 국토 전역(4대 유역, 17개 시도, 하구·연안 포함)

3. 비전 및 목표

1) 비전 : 자연과 인간이 함께 누리는 생명의 물
   ① 함께 누리는 : 인간중심에서 자연과 인간의 균형점을 지향하고 인간사회의 지역 간, 소득 수준 간 물복지 격차의 해소를 추구
   ② 생명의 물 : 모든 생명의 근원인 물을 안전하고 건강하고 풍부하게 하여 인간과 자연 모든 삶의 번영이 지속되도록 관리

2) 목표 : 건전한 물순환 달성(물관리기본법의 목적 및 기본이념)
   ① 기본목표 1 : 유역 공동체(인간과 자연) 모두의 건강성 증진
   ② 기본목표 2 : 지속가능한 물 이용 체계 확립으로 미래 세대 물 이용 보장
   ③ 기본목표 3 : 기후위기에 강한 물안전 사회 구축

4. 3대 혁신정책

기후위기시대에 대응하고 유역 물관리 및 통합물관리 체계 구현을 위해 6대 분야별 추진전략에 공통으로 적용되는 핵심정책

1) 물순환 전 과정의 통합물관리
   지표수와 지하수, 하천과 하구·연안, 수량·수질·수생태, 가뭄·홍수, 물관리와 국토개발 등을 통합적으로 접근하여 물순환 건전성 제고

2) 참여·협력·소통 기반의 유역 물관리
   유역 기반의 협력 거버넌스 확립·확산으로 소통 중심의 시민체감형 물관리서비스를 강화하고 물로 인한 갈등을 합리적으로 조정

3) 기후위기시대 국민 안전 물관리
   물관리 전 과정의 탄소 저감, 4차 산업기술을 통한 물관리 체계 확립 등을 통해 기후변화로 인한 물관리 전 과정의 취약성 최소화

5. 6대 분야별 추진전략

(전략 1~3) 전통적 물관리 3대 분야별(수질·수생태, 이수, 치수) 전략
(전략 4~6) 3대 분야별 전략을 효과적으로 추진하기 위한 기반·역량 강화 전략

1) 물환경의 자연성 회복
   공공수역의 깨끗한 수질 확보 및 수생태계 건강성 확보를 통하여 국민이 안심하고 즐길 수 있는 하천 공간을 지속적으로 확대

2) 지속가능한 물 이용 체계 확립

물절약, 효과적 배분, 수원 다변화, 수돗물 안전관리 강화 등을 통해 국민 모두가 깨끗한 물을 지속적으로 이용할 수 있게 보장

3) 물 재해 안전 체계 구축

기후변화에 따른 극한 가뭄·홍수로부터 안전한 방어체계를 구축하여 겪어보지 못한 가뭄·홍수가 오더라도 국민들의 피해 최소화

4) 미래 인력 양성 및 물 정보 선진화

전문 인력 양성, 물 관련 조사·분석·정보 관리체계 지능화, 세계 최고 수준의 물관리 기술 개발을 통해 물관리 기반 선진화

5) 물 기반시설 관리 효율화

물 기반시설 안전관리 강화에 중점을 두되, 시설별 관리 전략 및 생애주기자산관리체계를 구축하여 관리상 경제적 효율성 제고

6) 물산업 육성 및 국제협력 활성화

국제적 물 이슈에 주도적으로 참여하여 국격을 제고하고, 물산업 육성 생태계조성 및 해외진출 지원을 통해 글로벌 물산업 선도

문제 06 막여과(MF, UF, NF, RO)의 특성과 막여과 공정구성에 대하여 설명하시오.

정답

1. 개요

분리막 공정은 막을 이용하여 원수 속의 불순한 물질을 분리 제거하고 깨끗한 여과수 또는 처리수를 얻는 방법을 말한다.

2. 막여과의 특성

1) 정밀여과막(MF ; Microfiltration)

① 공칭공경 $0.01\mu m$ 이상이며 부유물질이나 원충, 세균, 바이러스 등을 체거름원리에 따라 입자의 크기로 분리하는 여과법을 말한다. 정밀막 여과는 고분자재료 등에 다공성(고분자물질 – 입자물질 크기)을 가진 막모듈, 펌프, 제어설비 등으로 구성되어 탁질 등을 제거한다.

② 모래여과를 대체하는 정수처리공정으로 도입한다.

2) 한외여과막(UF ; Ultrafiltration)

① 분획분자량 100,000Dalton 이하 분리경을 갖춘 막이다. 한외여과법은 한외여과 막모듈을 이용하여 부유물질이나 원충, 세균, 바이러스, 고분자량물질 등을 체거름원리에 따라 분자의 크기로 분리하는 여과법을 말한다. 고분자재료 등에 다공성(고분자물질 – 입자물질 크기)을 가진 막모듈, 펌프, 제어설비 등으로 구성되어 탁질 등을 제거한다.

② 모래여과를 대체하는 정수처리공정으로 도입한다.

3) 나노여과막(NF ; Nanofiltration)

① 염화나트륨을 5~93% 제거하는 분리경을 갖추었으며, 나노여과법은 나노모듈막을 이용하여 이온이나 저분자량 물질 등을 제거하는 여과법을 말한다. 분자량 수백 크기의 물질을 제거할 수 있는 설비로 막모듈, 펌프 및 제어설비로 구성된다.

② 질산성 질소, 맛/냄새물질 등의 제거로 정수공정의 오존/활성탄공정의 역할을 대체한다.

③ 반드시 전처리공정으로 탁질제거공정 도입(UF/MF, 모래여과)이 필요하다.

4) 역삼투막(RO ; Reverse osmosis)

① 염화나트륨을 93% 이상 제거하는 분리경을 갖추었다. 역삼투압법은 물은 통과하지만 이온은 통과하지 않는 역삼투 막모듈을 이용하여 이온물질을 제거하는 여과법을 말한다. 미량오염물질을 제거할 수 있는 막모듈, 펌프, 제어설비 등으로 구성된다.

② 반드시 탁질제거을 위한 전처리공정을 도입이 필요하다.

3. 분리막 공정의 장단점

1) 장점

① 원수와 전처리 운전조건에 영향을 받지 않는 안정한 수질 확보 가능

② 정수처리 경우 기존 처리시스템으로는 제거가 어려운 원생동물 등의 제거율이 매우 우수하며, 탁도 및 병원성 미생물 등의 관점에서도 매우 양호한 처리수를 얻을 수 있음

③ 자동운전 용이

④ 시설의 크기가 작아 부지 면적이 적게 듦

2) 단점

① 막오염물질에 의한 Flux 저하

② 유체의 온도에 따른 점도변화에 의한 운전압 상승 또는 Flux 저하

4. 막여과시설의 공정구성

1) 막여과공정은 원수공급, 펌프, 막모듈, 세척, 배관 및 제어설비 등으로 구성되며, 막의 종류, 막여과 면적, 막여과 유속, 막여과 회수율 등은 원수수질 및 여과수의 수질기준과 시설의 규모 등을 고려하여 결정하여야 한다.

2) 막여과 정수시설은 필요에 따라 배출수 처리설비를 설치하여야 하며, 막모듈의 보호 및 여과 수의 수질 향상을 위해 별도의 전·후 처리설비를 설치할 수 있다.

① 전처리 설비
- 원수 내 협잡물 제거를 위한 스크린이나 스트레이너설비
- 원수 내 탁질 및 유기물 제거를 위한 응집, 침전, 여과설비
- 원수 내 철, 망간 등의 산화를 위한 전염소 또는 전오존 주입설비
- 원수 내 맛·냄새물질 등 미량유기물질 등의 제거를 위한 분말활성탄 주입설비
- 수소이온농도(pH) 및 응집효율 제어를 위한 약품 주입설비
- 기타 막모듈 보호 및 여과수질 향상을 위한 전처리설비

② 후처리 설비
- 맛·냄새물질 및 미량오염물질 제거를 위한 오존, 활성탄 설비
- 기타 여과수질 향상을 위한 설비

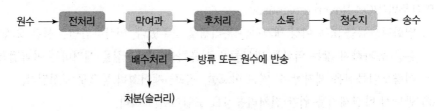

┃ 일반적인 막여과 정수처리시설의 예 ┃

문제 01 수질원격감시체계(TMS)의 목적, 부착대상, 부착시기, 배출부과금 및 관제센터 업무체계에 대하여 설명하시오.

정답

1. 개요

수질 TMS란 하, 폐수 종말처리장, 폐수배출업소의 방류 라인에 설치된 자동측정기기로부터 관제센터의 주 컴퓨터까지 온라인으로 연결하여 수질오염물질을 상시 감시하는 시스템이다.

2. 목적

1) 공공하수처리시설, 폐수종말처리시설, 폐수배출 사업장의 방류수질을 실시간 관리·점검하여 수질오염사고 예방
2) 사업장 스스로 수질현황을 분석·관리하여 공정운영의 효율성을 제고하고 자체 공정개선 유도
3) 신속, 정확한 수질오염물질 배출현황 관리를 통해 합리적인 배출부과금 산정, 물환경정책 개선을 위한 기초자료 등에 활용

3. 부착대상 및 부착시기

사업장(시설)	부착기준	부착시기
공공하수처리시설	처리용량 700m³/일 이상	• 사용공고 전 • 처리용량 증가로 대상 사업장이 된 경우 사용공고 날로부터 9개월 이내
공공폐수처리시설	처리용량 700m³/일 이상	• 설치완료 전 • 처리용량 증가로 대상 사업장이 된 경우 다음 연도 9월 말까지
1~3종 사업장	폐수배출량 200m³/일 이상	• 가동개시 신고 일부터 2개월 이내 • 폐수배출량 증가로 대상 사업장이 된 경우 변경허가(신고)일로부터 9개월 이내 (제3종 사업장의 경우에는 '08.10.1 이후 배출허용기준초과 통보받은 날부터 9개월 이내)
공동방지시설	처리용량 200m³/일 이상	
폐수수탁처리업	• 공공수역에 폐수의 전부 또는 일부 직접 방류(1~5종) • 공공하폐수 처리시설로 모두 유입처리(1~3종)	

4. 대상항목

pH, COD, SS, TN, TP, 적산 유량, 부대시설(시료채취기 및 자료수집기)

5. 배출부과금

배출부과금은 폐수배출시설에 대하여 배출허용기준을 초과하여 배출하는 오염물질량에 대해 부과하는 초과배출부과금과 배출허용기준 이하라도 방류수수질기준을 초과하는 오염물질량에 대해 부과하는 기본배출부과금으로 구분한다.

구분	기본배출부과금	초과배출부과금
부과 기준	• 폐수배출시설 　배출허용기준 이하라도 폐수 방류수수질기준을 초과하는 오염물질의 배출량에 부과 • 공공폐수처리시설 　방류수수질기준을 초과한 오염물질의 배출량에 부과 • 공공하수처리시설 　1~4종 사업장의 폐수를 유입하여 처리하는 시설로서 폐수 방류수수질기준을 초과하는 오염물질의 배출량에 부과	• 폐수배출시설 　배출허용기준을 초과하여 배출하는 오염물질의 배출량에 부과
통보일	7월 말, 익년 1월 말	매분기 익월 말
항목	• 유기물질(TOC) • 부유물질(SS)	• 유기물질(TOC) • 부유물질(SS) • 총질소(T−N) • 총인(T−P) • 페놀류 등 19종
부과 금액	• 유기물질(TOC) : 450원/kg • 부유물질(SS) : 250원/kg	• 유기물질(TOC) : 450원/kg • 부유물질(SS) : 250원/kg • 총질소(T−N), 총인(T−P) : 500원/kg

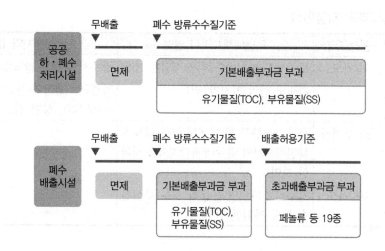

6. 관제센터 업무체계

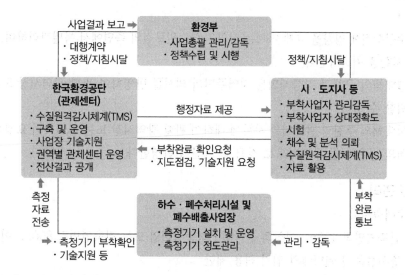

문제 02 상수원 수질보전 특별대책지역의 지정현황, 기본방침, 오염원관리 및 주민지원사업에 대하여 설명하시오.

정답

1. 개요

특별대책지역이란 환경오염 · 환경훼손 또는 자연생태계의 변화가 현저하거나 현저하게 될 우려가 있는 지역과 환경기준을 자주 초과하는 지역을 환경부장관이 환경정책기본법에 의거 지정 · 고시한 지역을 말한다.

2. 특별대책지역의 지정현황

구분	행정구역	특별대책지역 Ⅰ권역	특별대책지역 Ⅱ권역
팔당호	경기도	광주시 도척면(방도2리를 제외한 전역) 가평군 설악면(천안1리)	광주시 도척면(방도2리) 가평군 : 설악면(천안2리), 조종면(대보2리), 상면(임초1리)
대청호	대전광역시	동구 : 비룡동 및 세천동 일부(대청호 특별대책지역 내 수계바깥지역을 제외한 지역)	
	충청북도	청주시 : 문의면 등동리 일부(무심천 수계)를 제외한 전역	

3. 기본방침

1) 특별대책은 팔당·대청호의 수질을 매우좋음(Ⅰa)등급 수질로 개선·유지하는 것을 목표로 한다.
2) 상수원수질에 영향을 크게 미치는 시설은 상수원보전의 측면에서 특별관리하며, 재산권행사의 제한을 최소화한다.
3) 특별대책의 구체적 집행계획은 지역주민의 의사를 반영하여 관할 광역시장 또는 도지사가 수립할 수 있다.
4) 특별대책의 추진과 관계되는 사항에 대하여 관할 광역시장 또는 도지사의 요청을 받은 관계 부처의 장은 이를 우선적으로 정책 및 예산에 반영한다.

4. 오염원 관리

1) 오수배출시설
   ① 건축연면적 400m² 이상의 숙박업·식품접객업 또는 건축연면적 800m² 이상의 오수배출시설은 Ⅰ권역에의 입지 허용 제한
   ② 오염총량관리시행계획 적용대상지역은 오염총량관리시행계획의 범위 내에서 입지제한 미적용
   ③ 한강수계 및 금강수계에서 오염부하량을 초과하거나 특별한 사유없이 오염총량관리시행계획을 수립·시행하지 않는 경우 입지제한 적용

2) 폐수배출시설
   ① 1일 폐수배출량이 200m² 이상인 폐수배출시설 입지 허용 제한
   ② 기준 이상으로 특정수질유해물질을 배출하는 폐수배출시설의 입지 허용 제한

3) 가축분뇨배출시설
  ① 허가대상 가축분뇨배출시설의 입지 허용 제한
  ② 오염총량관리시행계획 적용대상지역은 오염총량관리시행계획의 범위 내에서 입지제한 미적용
  ③ 한강수계에서 오염부하량을 초과허가나 특별한 사유없이 오염총량관리시행계획을 수립·시행하지 않는 경우 입지제한 적용

4) 폐기물처리시설 등
  ① 폐기물처리시설 중 매립시설, 폐기물처리업, 폐기물재활용시설 및 건설계기물처리업의 입지 허용 제한
  ② 오염물질이 외부로 유출될 우려가 없고, 폐수를 배출하지 않거나 발생된 폐수를 공공하수처리시설로 전량 유입·처리하는 경우 입지 허용

5) Ⅰ권역에서의 용도변경
  ① Ⅰ권역 중 하수처리구역 외 지역에서 건축물의 용도변경은 입지가 관계법령에 적합한 경우에는 허용
  ② 건축물이 용도변경으로 인해 오수발생량이 감소하거나 동일한 경우에는 허용
  ③ 오염총량관리시행계획 적용대상지역은 오염총량관리시행계획의 범위 내에서 용도변경 허용
  ④ 한강수계 및 금강수계에서 오염부하량을 초과하거나 특별한 사유없이 오염총량관리시행계획을 수립·시행하지 않는 경우 용도변경 제한

6) 내수면어업
  ① Ⅰ권역에는 어업(낚시터업 포함)의 신규 면허·허가·등록 및 신고(증설포함)를 허용하지 않으며, 내수면양식업은 면허기간 연장도 허용하지 않음
  ② Ⅱ권역에는 내수면양식업의 신규 면허 및 면허기간 연장을 허용하지 않음
  ③ 특별대책지역에서 내수면양식업 사업자는 기타수질오염원 처리시설 설치 또는 조치 사항 준수
  ④ 안전사고가 우려되고, 수생태계 안정성에 영향이 없다고 판단되는 경우 총 선박톤수 1톤 미만 이내에서 증설 허용 가능

7) 유도선산업 등
  ① Ⅰ권역에는 유선·도선사업, 수상레저사업, 수상비행장·수상헬기장 및 수상이착륙장, 하천의 점용행위, 식품접객업의 신규(증설포함) 면허, 허가, 신고 및 등록 허용 제한

② 교통불편 해소와 복지 증진 등을 목적으로 환경선박(전기 · 태양광 · 수소 에너지를 동력원으로 사용하는 선박)을 이용하는 도선사업은 허용

8) 골프장 및 골프연습장

① 골프장의 신규입지는 관련 법에 따름

② Ⅰ권역에는 천연잔디로 조성된 골프코스를 갖춘 골프연습장의 신규 입지 또는 증설 허용 제한

③ Ⅱ권역에는 천연잔디로 조성된 골프코스를 갖춘 골프연습장은 필요시설설치 또는 조치 사항을 준수하는 조건으로 입지 허용

9) 광물채굴 및 채석

① 특별대책지역에는 광물채굴 또는 석재의 굴취 · 채취를 허용하지 않음

② 공공목적상 필요하다고 인정하는 석재의 굴취 · 채취의 경우, 지방환경관서의 장과 협의한 경우 허용

10) 집단묘지

특별대책지역에는 공설묘지와 법인이 설치하는 사설묘지의 신규입지는 허용 제한

11) 기타 오염관리 방안

① 국토의 계획 및 이용상의 용도지역 변경 억제

② 질소 · 인의 규제

③ 기존 특정수질유해물질 배출시설의 이전유도

5. 주민지원사업

1) 간접지원사업

① 소득증대사업

농림축수산업 관련 시설, 친환경농업에 필요한 시설 설치 · 운영 지원사업, 친환경농축산물의 생산 · 유통 지원사업 등

② 복지증진사업

주민의 편익향상, 의료, 보육 등 지역사회의 복지향상을 위한 시설의 설치 · 운영 지원사업, 주민의 복지증진을 위하여 필요하다고 인정하는 사업

③ 육영사업

• 교육기자재의 공급 및 학교급식시설의 지원 등 교육환경의 개선을 위한 사업
• 학자금 · 장학금의 지원 및 장학기금의 적립 · 운영 등 육영 관련 사업
• 그 밖에 위원회가 지역의 인재육성을 위하여 필요하다고 인정하는 사업

④ 오염물질 정화사업

　• 분류식 하수관로 또는 가축분뇨 처리시설의 설치 등 오염물질 저감시설의 설치 · 운영 지원사업

　• 다른 지역보다 오염물질의 정화비용이 추가로 드는 경우의 정화비용 지원사업

　• 그 밖에 위원회가 오염물질의 정화를 위하여 필요하다고 인정하는 사업

2) 직접지원사업

공공요금 납부지원 및 주거생활의 편의도모를 위한 사업 등 가구별 생활지원사업

3) 특별지원사업

상수원관리지역을 관할하는 시 · 군 · 자치구 지역의 수질개선 및 지역발전을 위한 사업으로 서 위원회가 심의하여 인정하는 사업

문제 03 개인하수처리시설 정화조 내 악취문제 해결방안에 대하여 설명하시오.

정답

1. 개요

정화조는 분뇨를 정화 처리하기 위해 부패조 · 여과조의 구조로 이루어진 시설로 합류식 하수처 리구역 또는 처리구역 밖의 오수 발생량 $2m^3/일$ 이하의 건물 · 시설 등의 경우에 설치된다.

2. 정화조의 원리

정화조는 크게 부패조, 여과조, 방류조 총 3실로 이루어져 있으며, 각 조의 기능은 아래와 같다.

1) 부패조

침전 · 분리된 부유물질을 혐기성 분해를 거쳐 일부는 스컴(슬러지)으로 부상하게 되고 나머 지는 부패조에 슬러지로서 저류하게 한다.

2) 여과조

조 내부에 유기물과 협잡물의 유출을 방지하는 여재(필터)가 부패조에서 유입되는 오수 중 찌꺼기 및 부유물질의 방류를 제한한다.

3) 방류조

정화조를 거친 방류수를 배수설비를 통하여 공공하수처리시설까지 연계 처리한다.

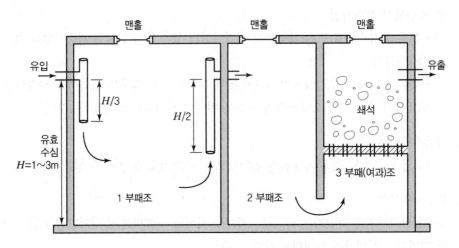

┃ 정화조 3실형 부패탱크 방식의 흐름도 ┃

3. 정화조에서의 악취

악취란 황화수소, 메르캅탄류, 아민류 그 밖에 자극성 있는 기체상태의 물질이 사람의 후각을 자극하여 불쾌감과 혐오감을 주는 냄새를 말한다. 정화조에서의 주요 악취물질은 황화수소, 암모니아, 메틸메르캅탄이다.

4. 악취문제 해결방안

발생원에서의 저감, 발산 억제, 배출 차단 등 세 가지 부분에서 저감 노력이 필요하다. 가장 근본적으로는 발생원에서의 저감 대책이 선행되어야 하고, 수중의 악취물질이 대기 중으로 발산되지 않도록 하는 방지 대책, 그리고 악취가 외부로 배출되는 배출원에서의 배출 차단 대책 등이 같이 병행되어야 한다. 악취 저감 개선대책에는 다음과 같은 방법이 있다.

신규 설치 시	기존 시설 개선 시	
	단기	중장기
• 공기공급장치 • 분류식화	• 공기공급장치 설치 • 약취 저감 약품 투입 • 정기적인 청소 • 펌핑 주기 조절	하수관로의 완전 분류식화에 따른 정화조 폐쇄

1) 발생원에서의 저감

발생원에서의 저감 대책으로는 악취의 대표 물질인 황화수소가 수중에 존재하고 있을 때, 화학적 또는 생물학적으로 악취물질을 제거하는 방법이 있다.

정화조 방류조에 설치하여 방류수에 공기를 주입함으로써 수중의 황화수소를 황산염으로 산화시키고, 식 ①과 같이 일부는 탈기되어 제거된다.

$$H_2S + 2O_2 \rightarrow SO_2^{-2} + H_2O + 탈기 \cdots ①$$

정화조 내부뿐만 아니라 펌핑 후 하수관 안에서 교란으로 인한 H_2S가 발산하는 것을 방지함으로써 맨홀 및 받이에서의 악취 발생을 방지하는 데 효과가 있다.

① 방류수 강제 배출 상태 정화조 배수조

건축물의 지하층에 설치되어 있는 정화조의 경우 방류수가 저류되는 배수조에 그림과 같이 공기공급장치를 설치하여 배수조 내 수중으로 공기를 공급하여 배수펌프 가동 시 공공하수도에서 확산하는 악취를 감소시키는 효과가 있다.

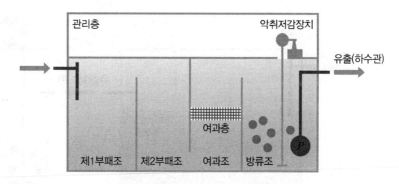

∥ 공기공급장치 설치 모식도 ∥

② 방류수 자연유하 상태 정화조

건축물 지상에 설치되어 있는 정화조는 방류수가 자연적인 하수관 기울기에 의해 공공하수도로 유입되는데 부패탱크방법의 경우에는 여과조 내부에 산기관을 설치하여 공기공급장치를 통해 공기를 공급하면 공공하수도 내부 악취를 감소시키는 효과가 있다. 또한 여과조 상단 공간이 부족한 경우에는 별도 집수조를 설치하여 공기공급장치를 설치하면 악취를 감소시킬 수 있다.

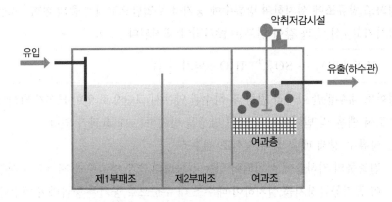

┃ 자연유하 정화조 공기공급장치 여과조 설치 모식도 ┃

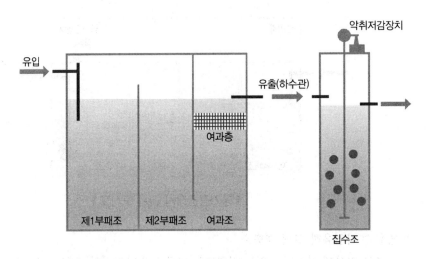

┃ 자연유하 정화조 공기공급장치 별도 집수조 설치 모식도 ┃

2) 악취 저감 약품 투입(기존 시설개선)

개인하수처리시설에 악취 저감 약품을 투입하는 방법의 목적은 악취의 원인물질인 황화수소의 생성을 억제하는 것이다. 상세 방법으로는 하수의 혐기화를 방지하기 위하여 공기, 산소, 질산염, 과산화수소수 및 유용 미생물 제제를 주입하는 방법이 있다. 황화수소의 고정화를 위해서는 염화제2철이나 황화제1철을 주입하는 방법이 있으며, 살균 및 활성을 억제하기 위해서는 염소를 주입하는 방법이 있다.

배수조는 유지방 분해가 가능한 성분의 약품을 적정량 투입하여 유지방 등 오염물질의 분해를 촉진하고 정기적인 내부청소와 소독을 실시하여야 한다.

3) 정기적인 청소(기존 시설개선)

개인하수처리시설 중 정화조는 하수도법에 따라 연 1회 이상 내부청소가 정해져 있으며 일부 건축물의 용도 및 지역 여건에 따라 처리용량이 부족한 경우 연 2회 내부청소를 실시하게 되어있다. 하수처리구역 안밖에 따라 오수처리시설은 내부청소의 의무사항이 다르게 적용되지만, 처리구역 안일 경우 정화조로 간주되어 연 1회 내부청소를 시행하여야 한다.

4) 펌핑 주기 조절(기존 시설개선)

건축물의 최저 지하층에 설치된 정화조의 방류조 및 배수조의 설치 규모가 정해지지 않아 건물마다 크기가 다양하게 설치되어 있는데 이는 방류조와 배수조에 체류하는 시간에 따라 악취 원인물질인 황화수소 발생이 많아질 수 있으므로 발생원에서의 악취를 위해서는 처리시설의 적정한 운전과 방류조에서의 오수가 저류되어 있는 체류시간을 최소화해야 한다.

기존 시설물에서 방류조와 배수조의 크기를 조정하는 것은 불가능하므로 자동 수위 조절 장치(전극봉, 오뚜기 스위치 등)를 개선 하향 설치하여 오수의 펌핑 주기를 2시간 이내의 단시간으로 조절하면 악취 발생을 감소시킬 수 있다.

문제 04 하수처리장 에너지 자립화 방안에 대하여 온실가스 목표관리제 등 정부정책을 포함하여 설명하시오.

정답

1. 개요

하수처리시설은 하수의 수집·처리과정에서 다량의 에너지 소비한다. 2010년도 하수처리시설에서 사용되는 전력은 연간 총전력 사용량의 0.5%를 차지하나, 공공하수처리시설 에너지 자립률은 0.8%에 불과하여 이에 2010년 환경부에서는 하수처리시설 에너지 독립선언을 선언하고 에너지 자립화 기본 계획을 수립하였다.

2. 온실가스 관련 정부정책 등

1) 온실가스 목표관리제

「기후위기 대응을 위한 탄소중립·녹색성장 기본법」에 따른 국가 온실가스 감축목표(2030년까지 2018년 대비 40% 감축)를 달성할 수 있도록 온실가스 배출량이 (50,000tCO_2eq 이상 업체, 15,000tCO_2eq 이상 사업장) 지정 기준 이상인 업체 및 사업장을 관리업체로 지정하여 온실가스 감축목표를 설정하고 관리하는 제도이다.

중앙행정기관, 지자체, 공공기관, 지방공사·공단 등 대상기관도 매년 온실가스 감축 및 에너지 절약에 대한 목표를 설정하고 지속적으로 감축활동을 이행하도록 공공부문 온실가스 목표관리를 시행하고 있다.

2) 국가하수도 종합계획

하수찌꺼기 이용 에너지화 확대, 하수도 에너지자립화 사업 지속 추진

3) 폐기물 에너지화 종합대책

신고유가 시대 도래, 온실가스 감축의무 가시화, 폐기물 해양배출기준 강화('12.1부터 해양 투기 금지) 등에 따른 폐기물의 에너지화율 제고

4) 하수처리시설 에너지 자립화 기본계획

녹색기술 적용, 에너지 사용량 저감, 신재생에너지 생산 등 에너지 자립화 촉진

(목표설정) 에너지 자립률 18%(~'15년) → 30%(~'20년) → 50%(~'30년)

5) 환경기초시설 탄소중립프로그램

하수처리장 · 정수장 · 매립장 등의 유휴부지에 태양광 등 재생에너지 생산하여 탄소중립

3. 에너지 자립화 추진 전략

① 에너지 절감대책(운영효율개선 · 에너지절감 시스템구축 등) 추진
② 에너지 이용 · 생산 확대(소화가스 · 태양광 · 풍력 · 소수력 등)
③ 에너지 자립화 기반 R&D 및 평가지표 개발 등을 추진

4. 국내 공공하수처리설의 에너지 자립화 방안 예

1) ESCO 사업 참여

① 생물반응조 운영방법 개선으로 전력사용량 감소
② 하수찌꺼기 저류조 교반조 개선 등으로 전력사용량 감소
③ 인버터 자동제어반 설치로 전력사용비 절감

2) 공정 및 기계 설비 개선

① 소화가스 발전설비 설치, 하수찌꺼기 소각개선 등으로 에너지 자립률 향상
② 에너지 저감형 송풍기 교체, 태양광 설치

3) 재생에너지 활용

① 통합 바이오가스 및 그린수소 생산
② 방류수 활용한 소수력발전으로 전기 생산
③ 태양광 발전시설 설치, 처리장 사용 및 한전 판매로 수익 발생
④ 태양광 발전시설 설치 · 운영(CO_2 감축)

문제 05 유출지하수의 발생량 조사방법, 활용방안 및 수질기준(음용수 제외)에 대하여 설명하시오.

정답

1. 개요

유출지하수란 지하공간의 개발·이용 또는 건축물 공사 등 지하수에 영향을 미치는 행위로 인하여 흘러나오는 지하수를 말한다. 유출지하수 관련 제도의 연혁은 아래와 같다.

1) 2001년 「지하수법」 개정 시, 지하철·터널 등 굴착공사로 인해 발생되는 유출지하수에 대한 관리를 제도화
   • 유출지하수 감소대책 수립·시행, 이용계획 수립·신고, 개선명령 등
2) 2013년 「지하수법」 개정 시, 유출지하수 감소대책을 수립 후 시장·군수·구청장에 신고토록 규정
3) 2021년 「지하수법」 개정 시, 신고 및 보고체계 개선
   • 유출지하수 '감소대책 수립·신고'를 '발생현황 신고'로 변경
   • 유출지하수 이용계획 수립 시점을 '시설물 준공 후'에서 '지하층 공사 완료 후'로 변경
   • 지자체에 신고된 발생현황 및 이용계획을 환경부에 보고

4) 2022년 유출지하수 활용 확대 종합대책 수립
   • 유출지하수 관리체계 개선, 활용분야 및 사업모델 마련 등 중장기 추진계획 수립

2. 유출지하수 신고대상의무시설 종류 및 적용범위

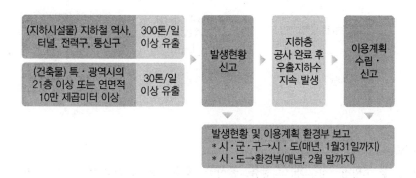

❙ 유출지하수 업무 처리 절차 ❙

3. 유출지하수 조사방법

유출지하수 발생량을 측정하는 방법은 유량계 설치 측정, 자연배수(개수로) 측정, 펌프 가동시간 측정 등으로 구분한다.

1) 유량계 설치 측정

굴착공사 중 발생하는 유출지하수는 오수·우수맨홀로 배출 시 유량계를 설치하여 측정한다. 유량계는 초음파식과 기계식이 있으며, 초음파식 유량계는 비파괴식으로 배관 절단이 불필요하여 설치가 쉽고 일별 유출량 데이터 저장기능이 있어 유출지하수량 계측이 편리하다. 기계식 유량계는 배관 절단이 필요하며, 유량 측정 범위가 넓고 정밀도가 높으나 배출되는 지하수에 토사 등이 섞일 경우 유량계 오작동 또는 파손 위험이 있어 이물질 유입방지를 위한 필터 설치가 필요하다.

2) 자연배수(개수로) 측정

개수로에서 위어(Weir) 및 파샬 플룸(Parshall Flume)을 이용하여 유출지하수량을 측정할 수 있다.

3) 펌프 가동시간 측정

유출지하수량＝펌프 용량×펌프 가동시간

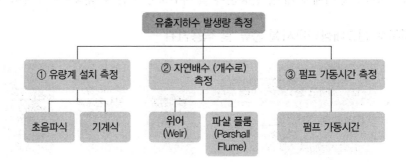

4. 활용방안

생활용수 중 소방용, 청소용, 조경용, 공사용, 화장실용, 공원용 또는 냉난방용

5. 수질기준

1) 지하수를 생활용수, 농·어업용수, 공업용수로 이용하는 경우

단위 : mg/L

항목 \ 이용목적별		생활용수	농 · 어업용수	공업용수
일반 오염물질 (4개)	수소이온농도(pH)	5.8~8.5	6.0~8.5	5.0~9.0
	총대장균군	5,000 이하 (군수/100mL)	–	–
	질산성 질소	20 이하	20 이하	40 이하
	염소이온	250 이하	250 이하	500 이하
특정 유해물질 (16개)	카드뮴	0.01 이하	0.01 이하	0.02 이하
	비소	0.05 이하	0.05 이하	0.1 이하
	시안	0.01 이하	0.01 이하	0.2 이하
	수은	0.001 이하	0.001 이하	0.001 이하
	다이아지논	0.02 이하	0.02 이하	0.02 이하
	파라티온	0.06 이하	0.06 이하	0.06 이하
	페놀	0.005 이하	0.005 이하	0.01 이하
	납	0.1 이하	0.1 이하	0.2 이하
	크롬	0.05 이하	0.05 이하	0.1 이하
	트리클로로에틸렌	0.03 이하	0.03 이하	0.06 이하
	테르타클로로에틸렌	0.01 이하	0.01 이하	0.02 이하
	1.1.1-트리클로로에탄	0.15 이하	0.3 이하	0.5 이하
	벤젠	0.015 이하	–	–
	톨루엔	1 이하	–	–
	에틸벤젠	0.45 이하	–	–
	크실렌	0.75 이하	–	–

비고 : 1. 다음 각 목의 어느 하나에 해당하는 경우에는 염소이온기준을 적용하지 아니할 수 있다.
　　　가. 어업용수
　　　나. 지하수의 이용 목적상 염소이온의 농도가 인체에 해가 되지 아니하는 경우
　　　다. 해수침입 등으로 인하여 일시적으로 염소이온 농도가 증가한 경우
　　2. 농 · 어업용수/공업용수가 생활용수의 목적으로 이용되는 경우 생활용수 수질기준을 적용한다.

2) 냉난방에너지원으로 활용하는 시설을 설치하는 경우

① 냉난방에너지원으로 활용하는 경우 필요한 적정 수량을 상시 확보할 것

② 열교환기 내에 물리적, 화학적 침전물로 인한 성능 저하를 방지하기 위하여 수질이 양호한 유출지하수를 활용하거나 정수설비 또는 침전물 제거를 위한 별도 장치를 설치할 것

③ 집수정에서 열교환기로 유출지하수를 공급하는 펌프는 비상시를 대비해 예비용 펌프를 갖출 것

문제 06 폐기물 매립지에서 발생하는 침출수에 대하여 설명하시오.

정답

1. 개요

침출수란 고체 폐기물이 물리적 · 화학적 작용을 일으키면서 액체 상태로 배출하는 오염물질을 말한다. 폐기물 안에 있는 유기물질의 함량이나 폐기물의 분해 정도, 중금속류의 함량, 매립한 뒤 지나간 기간, 수분 함량, 온도, 다짐 정도, 매립지의 형태, 토양의 성질 등에 따라 서로 다른 성질과 형태를 나타낸다. 침출수에서 높은 농도를 나타내는 질소는 오랫동안 배출되므로 주변 수역을 부영양화시킬 수 있다.

2. 침출수의 특징

1) 침출수의 화학적 조성은 매립지의 경과년수와 시료 채취 상황에 따라 다양하다.
   침출수 시료가 분해의 산생성 단계에서 채집되었다면 pH는 낮고, BOD_5, TOC, COD, 영양 물질 그리고 중금속의 농도는 높을 것이다. 반면에 침출수 시료가 메탄 발효기에 채취되었다면 pH는 6.5~7 사이에 BOD_5, TOC, COD 그리고 영양물질 농도는 상대적으로 낮을 것이다. 또한 중금속도 중성의 pH 사이에서는 용해성이 낮으므로 농도가 낮을 것이다. 침출수의 pH 범위는 존재하는 산의 농도뿐만 아니라, 침출수에 접촉하는 매립가스 중의 CO_2 분압에도 좌우된다.

2) 침출수의 생분해성은 시간에 따라 변화된다.
   침출수 생물분해성의 변화는 BOD_5/COD비로 감지할 수 있다. 처음에 이 비율은 0.5 이상이 되며, 비율이 0.4~0.6 정도인 것은 침출수 내의 많은 유기물이 생물학적으로 분해 가능함을 나타낸다. 숙성 단계에 있는 매립지에서는 BOD_5/COD의 비가 보통 0.05~0.2 정도이다. 생물학적으로 분해가 어려운 휴민산 및 펄브산을 함유하는 숙성 단계의 매립지 침출수는 비율이 낮아진다.

3) 다양한 침출수의 특성 때문에 침출수 처리시설의 설계는 복잡해진다.
   신규 매립지 침출수의 성질에 따라 설계된 처리시설은 숙성단계 매립지의 침출수 처리시설로 설계된 것과 다르다. 분석 결과를 해석하는 일도 한 시기, 한 지점에서 발생된 침출수는 다른 시기의 폐기물에서 나온 침출수와 혼합된 것이기 때문에 더욱 복잡해진다.

3. 침출수의 처리방안

침출수의 처리방안은 발생 예상 침출수량 및 수질특성, 방류수 수질기준 및 처리시설의 입지조건등을 감안하여 선정한다. 침추수 처리방안은 다음과 같이 구분할 수 있다.

구분	자체 처리 후 방류	하수처리장 연계 처리	침출수 재순환
처리시설	별도 침출수 처리장 신설	하수관로나 차집관로에 연결하여 하수처리장 연계처리	매립지 상부 및 중간 매립층에 재순환 실시
경제성	공사비 및 유지·관리비 과다 소요로 비경제적	가장 경제적	연계처리보다는 비싸고 자체 처리보다는 경제적
장점	• 침출수 특성에 따른 프로세스 선택 용이 • 중금속 및 기타 유해물질에 대한 최적처리 가능	• 최소의 처리시설 및 유지·관리로 경제적 • 부하변동에 대처 용이 • 전처리시설로 비상시 대처가능	매립지 초기안정에 기여
단점	• 현재 처리기술 수준상 완벽처리의 한계성 • 시설 및 유지·관리비용 많이 소요 • 처리장 가동에 따른 민원 발생 우려 • 향후 시설의 이용 및 폐쇄 계획 수립	하수처리장 운영에 영향을 줄 수 있음	• 함수량 증가에 따른 사면 불안정 • 대규모 시설비 소요
적용 가능성	제거대상물질을 최대처리효율의 프로세스로 처리 가능	하수처리장 적정부하 내 합병 처리 가능	불투수층의 존재로 수분흐름의 방해와 함수량 증가에 따른 사면붕괴 우려

4. 침출수의 배출허용기준

구분	생물화학적 산소요구량 (mg/L)	화학적 산소요구량 (mg/L)	부유물질량 (mg/L)
청정지역	30	200	30
가지역	50	300	50
나지역	70	400	70

1) 화학적 산소요구량의 배출허용기준은 중크롬산칼륨법에 따라 분석한 값
2) 질소의 배출허용기준은 2024년 7월 1일부터 청정지역은 30mg/L 이하를, 가지역 및 나지역은 60mg/L 이하를 각각 적용한다.

문제 01 하수처리장에서 발생하는 슬러지의 농축과 소화(안정화)에 대하여 설명하시오.

정답

1. 개요

하수슬러지의 처리 및 처분 방법은 슬러지의 특성, 처리효율, 처리시설의 규모, 최종처분방법, 입지조건, 건설비, 유지관리비, 관리의 난이도, 재활용 및 에너지화 그리고 환경오염대책 등을 종합적으로 검토한 후 지역특성에 적합한 처리법을 평가하여 결정한다.

2. 슬러지 처리계통도

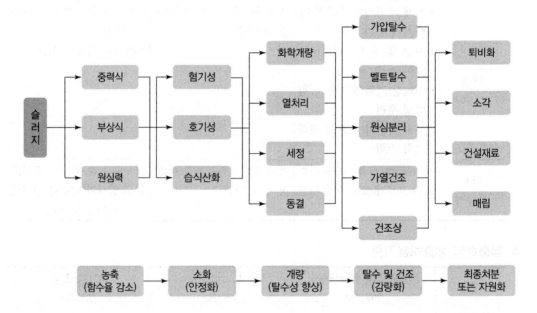

3. 슬러지 농축

슬러지 농축의 역할은 수처리시설에서 발생한 저농도 슬러지를 농축한 다음 슬러지 소화나 슬러지 탈수를 효과적으로 기능하게 하는 데 있다.

슬러지 농축이 충분하지 못하면 슬러지 처리효율 저하를 초래하는 것뿐만 아니라 상징수 중에 다량의 부유물이 포함되어 반송되므로 처리수의 수질악화의 원인이 된다.

구분	중력식	부상식	원심분리식	중력벨트 농축
원리	조 내에 체류된 슬러지 중에 함유된 고형물을 중력을 이용하여 조하부에 침강시키는 방법	부유물질을 기포에 부착시켜 고형물의 비중을 물보다 작게 함으로써 슬러지와 물을 분리하는 방법	침강, 농축하기 어려운 슬러지를 원심력을 이용하여 고액 분리시키는 방법	연속적으로 이동하는 한 장의 여과포 위에서, 중력에 의해서 농축 분리시키는 방법
설치비	큼	중간	적음	적음
설치면적	큼	중간	적음	중간
부대설비	적음	많음	중간	많음
동력비	적음	중간	큼	중간
장점	• 구조가 간단하고 유지관리 용이 • 1차 슬러지에 적합 • 저장과 농축이 동시에 가능 • 약품을 사용하지 않음	• 잉여슬러지에 효과적 • 약품주입 없이도 운전 가능	• 잉여슬러지에 효과적 • 운전 조작이 용이 • 악취가 적음 • 연속운전 가능 • 고농도로 농축 가능	• 잉여슬러지에 효과적 • 벨트탈수기와 같이 연동운전이 가능함 • 고농도로 농축 가능
단점	• 악취문제 발생 • 잉여슬러지의 농축에 부적합 • 잉여슬러지의 경우 소요면적이 큼	• 악취문제 발생 • 소요면적이 큼 • 실내에 설치할 경우 부식문제 유발	• 동력비가 높음 • 스크류 보수 필요 • 소음이 큼	• 악취문제 발생 • 소요면적이 크고 규격(용량)이 한정됨 • 별도의 세정장치가 필요함

4. 소화

소화란 하수슬러지를 감량화, 안정화하는 것이다. 소화 종류에는 호기성 소화와 혐기성 소화가 있으며 하수슬러지의 경우 혐기성 소화가 대부분이다.

1) 혐기성균의 활동에 의해 슬러지가 분해되어 안정화되는 것

　① 가수분해(Hydrolysis)

　　• 복합 유기물 → Longchain acid, 유기산, 당 및 아미노산 등으로 발효

　　• 결국 Propionic, Butyric, Valeric acids 등과 같은 더 작은 산으로 변화

　　　→ 이 상태가 산 생성단계

　② 산 발효(Acid Fermentation)

　　• 산 생성 Bacteria는 임의성 혐기성균, 통성 혐기성균 또는 두 가지 동시 존재

　　• 산 생성 박테리아에 의해 유기산 생성공정에서 CH_3COOH, H_2, CO_2 생성

- H_2 분압이 $10^{-4}atm$이 넘으면 CH_4 생성이 억제되고 유기산 농도 증가하므로 수소분압 유지 필요 → 증정지표로 활용

③ 메탄 발효

$$4H_2 + CO_2 \rightarrow CH_4 + 2H_2O$$
$$CH_3COOH \rightarrow CH_4 + CO_2$$

- 유기물 안정화는 초산이 메탄으로 전환되는 메탄생성과정 중 일어남
- 생성 CO_2는 가스상태 또는 중탄산 알칼리로도 전환

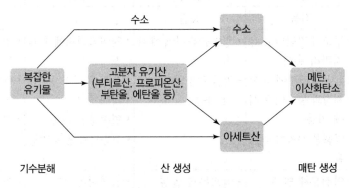

┃ 혐기성 분해 3단계 ┃

2) 소화의 목적

① 슬러지 안정화

② 부피 및 무게의 감소

③ 병원균 사멸

④ 유효 메탄가스 부산물 획득

3) 공정영향 인자

① 알칼리도 : pH가 6.2 이하로 떨어지지 않도록 충분한 알칼리 확보
　　　　　　(일반적으로 1,000~5,000mg/L)

② 온도 : 고온소화(55~60℃), 중온소화(36℃ 전후)

③ pH : 6~8 정도

④ 독성물질 : 알칼리성 양이온, 암모니아, 황화합물, 독성 유기물, 중금속 등

문제 02 해상풍력발전사업 공사에 따른 수질모델링 중 부유사 확산모의에 대하여 설명하시오.

정답

1. 개요

세계 각국은 기후 위기에 대응한 탄소중립사회로의 전환을 위해 화석연료 사용을 줄이고 재생에너지 중심의 에너지 전환에 총력을 기울이고 있다. 이러한 상황에서 국내에서도 대규모 해상풍력, 육상풍력·육상태양광 등 재생에너지 발전사업을 확대를 추진 중에 있다.

해상 재생 에너지 발전사업은 공사 및 운영 과정에서 지연환경 및 생활환경에 다양하고 복합적인 영향을 미칠 수 있으며 사회적 갈등 또한 유발할 수 있어 환경평가 과정에서 많은 기간이 소요되는 경우가 다수이며, 사전에 친환경적인 개발검토가 매우 중요하다.

2. 계획 시 중요 고려사항

1) 입지 관련

해상풍력발전 개발사업 부지 선정을 위한 방안으로 지역의 생물 다양성과 환경 민감도 비교, 생물다양성이 높은 영역을 표시하는 디지털 정보 활용 및 입지정보도를 이용하여 해양환경, 해양 생태계 및 조류(새) 등에 미치는 영향이 최소화되는 입지로 선정하여야 한다.

2) 해양수질

하부구조물 설치작업 및 해저케이블 공사 시 부유사 발생으로 인한 해양수질 영향 및 침식·퇴적변화에 따른 해양저질 변화를 예측하여야 한다.

3. 해양수질오염 변화

사업 시행으로 인한 해양환경 영향예측에 대해서는 대상해역에 미치는 해양수질 오염도의 변화, 해역 이용상황의 변화, 수자원 이용상황의 변화 등을 명시한다.

① 공사 중에는 SS, 탁도 등을 예측한다.

② 운영 시 해양오염물질 배출이 예상되는 사업일 경우 비보존성 수질모델링에 의한 COD, T-N, T-P 등을 예측하고 사후환경영향조사 등을 통해 검증한다.

4. 수질모델링 중 부유사 확산모의

수질예측 모델링은 다음과 같이 수행한다.

① 예측항목, 사업대상 해역의 특성 등을 고려하여 오염물질의 영향을 정확하게 예측할 수 있는 적절한 모델 선정

② 모델은 국내 적용 가능성이 검토된 모델로 하며, 층별 수질 변화를 예측할 수 있는 모델 이용

③ 선정된 모델은 산출된 유동장을 이용하되, 사업 시행으로 발생하는 수질의 경계조건을 정확히 입력하고 계수를 보정한 후 검증과정을 거친 후 예측실험 실시

④ 오염부하량 산정은 조사를 통하여 직접 산출 또는 공인된 원단위를 사용하여 산정하며, 산정 과정을 정확하게 제시

⑤ 수질예측의 경우 정확한 예측을 위하여 중요한 계수에 대해서는 실험을 통하여 계수값 도출

⑥ 예측실험의 유동장, 사업대상 해역의 수질 변화 항목의 입력을 고려하되 최악의 경우에 대한 실험을 포함

⑦ 모델 구성은 계절별로 하며 모델의 격자는 사업 규모에 따라 사업의 영향을 충분히 파악할 수 있도록 고분해능으로 함

5. 저감방안

① 부유토사의 확산으로 인한 영향을 줄이기 위해 부유토사 발생지역 주변에 오탁방지막 설치 및 Filter Mat 포설

② 공사공정 및 공사강도 조절

③ 해양생물의 생육조건이 좋은 시기, 어민들의 조업시기 등을 고려하여 공사 시행시기 등을 조정

④ 공사는 가능한 간조 시 및 밀물 시 시행하여 부유토사의 확산을 사업지구 안쪽으로 제한

문제 03 **가축분뇨의 발생특성과 가축분뇨처리시설의 설치기준에 대하여 설명하시오.**

정답

1. 개요

"가축분뇨"란 가축이 배설하는 분(糞)·요(尿) 및 가축사육 과정에서 사용된 물 등이 분·요에 섞인 것을 말한다.

2. 가축분뇨의 발생특성

가축분뇨의 발생량과 성분함량은 가축의 종류와 연령 및 체중, 사료의 종류와 양, 급수량에 따라 크게 변할 뿐 아니라 계절이나 사양관리 및 축사관리 등의 환경적 요인에 의해 영향을 받는다. 가축분뇨는 자연자원의 유기물질을 다량 함유한 완전한 작물영양 공급원임에도 불구하고, 적절히 관리하지 않으면 우기에 높은 전염 위험성, 수질오염과 토양오염, 메탄 및 암모니아 가스, 아산화질소 등 악취 및 유해가스 방출과 함께 비점오염원의 오염물질로 작용한다.

3. 설치기준

1) 가축분뇨는 축산농가에서 최대한 자체 처리토록 하되, 이를 퇴비화, 바이오가스화 등 자원화하는 방식을 우선 추진하도록 유도하여야 한다.

2) 축산농가의 자체 처리만으로는 해당 지역에서 발생되는 가축분뇨를 적정 처리할 수 없는 경우, 지자체는 이를 처리하기 위한 방안을 강구하여야 한다.

　① 지자체는 가축분뇨 공공처리시설을 설치하기에 앞서 지역 내 분뇨처리시설 등 환경기초시설이나 농협 등의 비료화 시설, 인근 지자체 시설의 공동 활용 방안 등을 먼저 검토하여야 한다.

　② 아울러 향후 가축분뇨 발생량의 감소, 축산농가의 자체 처리량 증가 등으로 인해 공공처리시설의 설치 필요성이 낮아지거나 가동률이 저조해지는 문제가 발생하지 않도록 지역의 도시화 계획, 축산업의 규모화 진행 상황 등에 대해서도 면밀히 검토하여야 한다.

　③ 이러한 검토에도 불구하고 공공처리시설의 설치가 필요한 경우에는 지역특성 및 경제성, 환경성 등을 검토하여 구체적인 처리방식과 용량을 결정하되, 정화보다는 가축분뇨를 자원화하는 처리방식을 우선적으로 강구하여야 한다.

3) 공공처리시설의 위치는 축산현황을 감안하여 수거와 운반이 편리한 지역으로 선정하되, 시설설치로 인한 민원 발생이나 주변 수계에 미치는 영향 등을 감안하여 환경에 미치는 영향이 최소화될 수 있는 장소를 선정하여야 한다.

4) 공공처리시설의 설치는 사전 예비조사와 주민의견을 충분히 수렴하여 사업 추진이 지연되거나 공사과정에서 문제가 발생하지 않도록 하여야 한다.

5) 공공처리시설의 공사완료 후 충분한 기간 동안 시험운전을 실시하여 당초 설계수질에 맞게 운전되는지를 확인하여 준공함으로써 실제 운영·관리 시 문제발생이 없도록 하여야 한다.

문제 04 비점오염관리지역의 지정기준 및 관리대책에 대하여 설명하시오.

정답

1. 개요

환경부장관은 비점오염원에서 유출되는 강우유출수로 인하여 하천·호소 등의 이용목적, 주민의 건강·재산이나 자연생태계에 중대한 위해가 발생하거나 발생할 우려가 있는 지역에 대해서는 관할 시·도지사와 협의하여 비점오염원관리지역으로 지정할 수 있다. (물환경보전법 제54조 관리지역의 지정 등)

2. 지정조건

1) 「환경정책기본법 시행령」 제2조에 따른 하천 및 호소의 물환경에 관한 환경기준 또는 법 제10조의2제1항에 따른 수계영향권별, 호소별 물환경 목표기준에 미달하는 유역으로 유달부하량(流達負荷量) 중 비점오염 기여율이 50퍼센트 이상인 지역

2) 다음 각 목의 어느 하나에 해당하는 지역으로서 비점오염물질에 의하여 중대한 위해(危害)가 발생되거나 발생될 것으로 예상되는 지역

① 비점오염원관리법 지정된 중점관리저수지를 포함하는 지역

②「해양환경관리법」에 따른 특별관리해역을 포함하는 지역

③「지하수법」에 따라 지정된 지하수보전구역을 포함하는 지역

④ 비점오염물질에 의하여 어류폐사(斃死) 및 녹조발생이 빈번한 지역으로서 관리가 필요하다고 인정되는 지역

⑤ 지질이나 지층 구조가 특이하여 특별한 관리가 필요하다고 인정되는 지역

3) 불투수면적률이 25퍼센트 이상인 지역으로서 비점오염원 관리가 필요한 지역

4) 국가산업단지, 일반산업단지로 지정된 지역으로 비점오염원 관리가 필요한 지역

3. 관리대책

환경부장관은 관리지역을 지정·고시하였을 때에는 다음 각 호의 사항을 포함하는 비점오염원 관리대책을 관계 중앙행정기관의 장 및 시·도지사와 협의하여 수립하여야 한다.

1) 관리목표

2) 관리대상 수질오염물질의 종류 및 발생량

3) 관리대상 수질오염물질의 발생 예방 및 저감 방안

4) 그 밖에 관리지역을 적정하게 관리하기 위하여 환경부령으로 정하는 사항

4. 관리대책에 따른 실행계획의 수립

시·도지사는 환경부장관으로부터 관리대책을 통보받았을 때에는 다음 각 호의 사항이 포함된 관리대책의 시행을 위한 계획(이하 "시행계획"이라 한다)을 수립하여 환경부령으로 정하는 바에 따라 환경부장관의 승인을 받아 시행하여야 한다.

1) 관리지역의 개발현황 및 개발계획

2) 관리지역의 대상 수질오염물질의 발생현황 및 지역개발계획으로 예상되는 발생량 변화

3) 환경친화적 개발 등의 대상 수질오염물질 발생 예방

4) 방지시설의 설치·운영 및 불투수면의 축소 등 대상 수질오염물질 저감계획

5) 그 밖에 관리대책을 시행하기 위하여 환경부령으로 정하는 사항

문제 05 지하수 오염등급기준을 활용한 지하수 오염평가 및 오염원인 평가에 대하여 설명하시오.

정답

1. 개요

지하수를 오염시키거나 현저하게 오염시킬 우려가 있는 시설로서 다음 각 호의 어느 하나에 해당하는 시설(이하 "지하수오염유발시설"이라 한다)의 설치자 또는 관리자(이하 "지하수오염유발시설관리자"라 한다)는 대통령령으로 정하는 바에 따라 지하수 오염방지를 위한 조치를 하고, 지하수 오염 관측정(觀測井)을 설치하여 수질측정을 히여야 하며, 그 측정 결과를 시장·군수·구청장에게 보고하여야 한다(지하수법 제16조의2 지하수오염유발시설의 오염방지 등).

1) 지하수보전구역에 설치된 환경부령으로 정하는 시설
2) 지하수의 오염방지를 위하여 오염 여부에 대한 지속적인 관측이 필요하다고 인정되는 시설로서 환경부령으로 정하는 시설

2. 지하수 오염등급

등급	등급기준	색구분
I	수질기준의 50% 미만	파랑
II	수질기준의 50% 이상 ~ 수질기준 미만	노랑
III	수질기준 이상 ~ 수질기준의 200% 미만	주황
IV	수질기준의 200% 이상	빨강

3. 항목별 세부절차

지하수 오염평가를 실시하거나 오염지하수 정화계획을 수립하고자 할 때에는 아래의 항목·절차를 적절히 고려·반영하도록 노력하여야 한다.

1) 오염범위

자료조사, 현장방문조사, 청취조사
2) 관측정 설치
3) 수리지질조사
4) 지구물리탐사

지하수 유동 특성과 오염물질 확산을 예측하기 위한 기본적인 지하매질의 물리적 특성자료를 확보하기 위해 지구물리 탐사를 수행

5) 시추조사

지표지질 조사, 물리탐사 및 지하수 수질조사결과에 따라 지하지질구조와 지하수 분포특성을 확인하기 위해 필요하다고 인정하는 경우에는 시추조사(Boring Test)를 수행

6) 토양조사

하수 오염과의 인과관계 및 연관성을 파악하기 위해 토양오염이 예상되는 지역에서 토양시료를 채취·분석하여 조사대상 지역의 토양오염범위, 오염면적, 오염부피, 오염물질 등을 조사

7) 지하오염물질 조사, 분석

8) 지하수 오염평가

4. 지하수 오염등급을 이용한 오염평가

지하수 오염평가의 경우, 다음 사항을 반영하여 오염도를 작성한다.

1) 지하수 수질기준 초과물질에 한해 항목별 지하수 오염도를 작성한다.

2) 오염등급을 4등급으로 구분하여 작성한다(오염현황과 현장여건에 따라 조정 가능).

3) 오염도는 등농도선 오염도 또는 버블형 오염도로 나타낼 수 있다.

① 등농도선 오염도 : 각 관측정의 오염물질 분석결과 값을 토대로 대상지역에서 오염물질 농도가 같은 값의 지점을 연결하여 평면도에서 표현하며 오염등급기준에 따라 오염정도를 나타냄

② 버블형 오염도 : 각 관측정별 오염물질 분석결과 자료를 오염등급기준에 따라 원의 크기나 색상으로 표현

5. 오염원인 평가

오염원인 평가 시, 다음과 같은 항목·절차들이 고려·반영되어 수행되어야 한다.

1) 오염물질 누출 확인 또는 추정시설의 현황자료

① 시설의 배치를 알 수 있는 평면도와 시설의 기초·깊이를 알 수 있는 측면도

② 시설, 배관 등에 관한 재질 및 설치·운영내역을 파악할 수 있는 자료

③ 유해물질의 제조 또는 저장시설의 경우에는 저장 또는 사용물질의 명칭, 성상, 농도, 용량, 사용내역 등을 알 수 있는 자료

2) 오염원인 및 오염경로 평가

① 지하수 유동 및 오염물질의 이동 모의 결과를 토대로 오염물질 누출 확인 또는 추정시설 현황, 지하수 흐름방향, 지하수 오염물질의 분포 범위 및 농도를 조사지역 도면에 도시

② 오염물질 누출 확인 또는 추정시설로부터 유출될 수 있는 물질항목과 조사지역의 지하수 오염물질의 연관성 평가

③ 오염물질 누출 확인 또는 추정시설로부터 유출될 수 있는 물질의 특성과 지하수 흐름방향

및 속도, 오염물질의 분포형태에 대한 연관성 평가

④ 오염물질 누출 확인 또는 추정시설로부터 운송, 저장, 처리과정 중 어떤 경로로 유출되었는지 평가

⑤ 오염물질 누출 확인 또는 추정시설의 위치, 오염현황, 지하수 유동 및 오염물질 이동 모델링 결과를 종합 분석하여 지하수 오염경로 평가

3) 잠재오염원의 종류, 특성, 위치, 잠재오염항목을 조사

① 오염물질 누출 확인 또는 추정시설의 설치부지를 포함한 인근지역의 지하수유역 내 상류를 중심으로 잠재오염원(지하수오염유발시설, 주유소, 정화조, 소규모 유류/위험물저장시설, 정비소, 세탁소 등)의 종류, 특성, 위치, 잠재오염항목을 지하수 흐름방향, 지하수 오염물질의 분포와 함께 축척 5천분의 1의 지형도에 도시

② 잠재오염원별로 추정 지하수 오염물질 목록 제시 및 조사지역의 지하수 오염물질과의 연관성 평가

4) 오염된 지하수가 자연정화 가능성 평가

지하수 오염원 현황, 오염물질의 종류·분포, 농도의 변화, 수리지질학적 특성, 지하수 흐름 및 오염물질 이동 예측 결과, 주변지역의 지하수 이용현황, 위해성평가 등의 지하수 오염평가 자료의 분석을 통해서 자연적 감소에 의하여 오염된 지하수가 자연정화되고 있는지 또는 자연정화될 수 있는지 여부 평가

문제 06 펜톤 반응(Fenton Reaction)과 광펜톤 반응(Photo Fenton Reaction)에 대하여 처리공정 등을 포함하여 설명하시오.

정답

1. 펜톤 반응

1) 반응원리

과산화수소(H_2O_2)와 2차 철염(Fe^{2+})의 펜톤시약(Fenton's reagent)을 이용하여 반응 중 생성되는 OH Radical($OH \cdot$)의 산화력으로 유기물을 제거한다.

$$Fe^{2+} + H_2O_2 \rightarrow Fe^{3+} + OH^- + OH \cdot$$

2) 화학반응식

① 개시반응 : Radical 생성단계

$$Fe^{2+} + H_2O_2 \rightarrow Fe^{3+} + OH^- + OH \cdot$$

② 전파반응 : 새로운 Radical 생성단계

$$OH \cdot + H_2O_2 \rightarrow HO_2 \cdot + H_2O$$
$$HO_2 \cdot \rightarrow -H^+ + O^-_2 \cdot$$
$$O^-_2 \cdot Fe^{3+} \rightarrow Fe^{2+} + O_2$$
$$Fe^{2+} + H_2O_2 \rightarrow Fe^{3+} + OH \cdot + OH^-$$

③ 종결반응 : Radical 소멸단계

$$Fe^{2+} + OH \cdot \Rightarrow Fe^{3+} + OH^-$$

3) 펜톤반응의 중요 영향인자

① 반응 pH

pH의 변화에 따라 지배적 이온종이 바뀌고 OH Radical이 생성되는 산화 환원 전위가 바뀐다. 펜톤산화의 적정 pH 범위는 3~5이며, 처리대상 물질에 따라 최적 pH가 민감하게 변화한다. pH 적정범위 초과 시 $Fe(OH)_3(s)$로 침전되어 제거되거나 Fe(Ⅲ) 착물이 형성되므로 순환되는 철 이온의 양이 감소되어 효율이 낮아진다.

② 과산화 수소 및 Fe^{2+}의 주입량

펜톤산화반응에서 Fe^{2+}는 촉매로 작용하며 적정량 이상에서는 오히려 OH Radical을 소모하게 되므로 Fe^{2+}가 효과적으로 작용하기 위해서는 철과 불포화탄화수소(Fe^{2+}/RH)의 비가 중요하다. OH Radical은 이 값이 클 때는 Fe^{2+}의 산화에 많이 소모되고 반대로 작을 때는 RH의 산화분해에 많이 이용된다.

③ 반응시간

적정반응시간을 결정할 경우 유기물의 제거효율뿐만 아니라 과산화수소의 잔류량도 고려되어야 한다. 이는 반응 후 잔류 과산화수소가 철염제거공정 중에 슬러지의 부상을 초래할 수 있기 때문이다.

④ 중화 및 철염제거공정

중화단계에서 촉매로 이용된 철염을 제거하기 위해서 pH 범위를 Fe^{3+}의 용해도가 낮은 7.5~8로 조정한다. OH Radical에 의한 유기물 제거와 함께 철염 슬러지 제거공정 중에서 많은 양의 유기물이 제거된다.

2. 광펜톤 반응

펜톤반응의 단점을 보완하고자 광원을 추가한 반응으로, 펜톤반응에서 산화되어 발생하는 3가 철이온에 자외선을 조사하여 2가철이온으로 광환원이 일어나 지속적인 반응이 가능해 펜톤반응보다 더 높은 처리효율을 보인다.

$$H_2O_2 + UV \rightarrow 2OH \cdot$$

$$Fe^{3+} + UV + H_2O_2 \rightarrow OH \cdot + Fe^{2+} + H^+$$

3. 펜톤산화 공정도

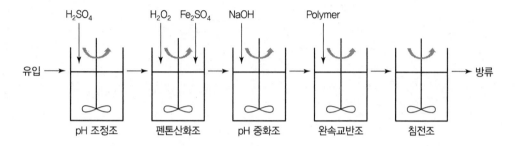

1) pH 조정조

일반적으로 pH는 3~5 이하로 강산성이 좋다.

2) 펜톤산화조

반응시간은 충분해야 하며 1~2시간 정도의 반응시간이 필요하다.

3) pH 중화조

완속교반조에서의 처리효율을 높이기 위해서 고분자 응집제 주입 전 pH를 약알칼리성으로 조정한다.

4) 완속교반조

적정량의 고분자 응집제를 투입하여 큰 플록을 형성한다.

5) 침전조

완속교반조에서 형성된 슬러지와 상등수의 자연적 침강분리를 통해 주기적인 슬러지 인발을 실시한다.

4. 펜톤산화의 장단점

① 장점 : 다른 고도산화법에 비해 부대장치 소요 적음, 사용 편리, 강력한 산화력

② 단점 : 슬러리 발생량 많음, 유지관리비 비쌈, 환원성 물질 대량 폐수 시 과량의 과수요구

P A R T

09

출제경향

┅01 환경법규 관련 문제

① 배출기준/총량규제

구분	기출문제	시행연월
1	특별관리해역 연안오염총량관리 기본방침(「해양수산부훈령」 제622호)에 따른 다음 사항에 대하여 설명하시오. 1) 특별관리해역 및 연안오염총량관리의 정의 2) 오염원 그룹의 분류 3) 해역별 전문가 협의회 및 관리대상 오염물질의 종류	'23.08.
2	「물환경보전법」 제41조에 따른 배출부과금	'23.08.
3	지류총량제	'23.02.
4	수질오염총량관리검토 보고서 작성내용에 대하여 설명하시오.	'22.07.
5	하천으로 유입되는 폐수 방류수질의 유기물질 측정지표를 COD_{Mn}에서 TOC로의 전환에 따른 전환이유, 유기물측정지표(BOD, COD_{Mn}, TOC)별 비교, 각 폐수배출시설별 적용시기에 대하여 설명하시오.	'21.01.
6	우리나라 환경정책기본법에 의한 하천과 호소의 생활환경기준 항목과 그 차이점을 설명하고 등급별 수질 및 수생태계 상태에 대하여 기술하시오.	'21.01.
7	해양수질기준에서 수질평가지수(WQI ; Water Quality Index)	'21.01.
8	지하수 환경기준 6가지 분류와 지하수의 수질기준(음용수 이외의 이용 시) 2가지 분류	'21.01.
9	수질오염총량관리제도, 오염총량관리제 시행절차, 오염총량관리 기본계획 보고서에 포함되어야 할 사항을 설명하시오.	'21.07.
10	수질오염총량관리제도의 도입 현황, 제도시행의 한계 및 개선방안에 대하여 설명하시오.	'20.07.
11	폐수의 유기물질 관리지표인 BOD, COD, TOC의 측정원리 및 측정방법을 비교 설명하고, 폐수의 유기물질 관리지표를 화학적 산소요구량(COD)에서 유기탄소량(TOC)으로 전환하는 이유 및 기대효과에 대하여 설명하시오.	'20.07.
12	환경기준, 배출허용기준, 환경영향평가 협의기준	'20.07.
13	오염지표 미생물(Indicator Microorganism)의 정의 및 조건	'20.07.
14	수질오염물질의 배출허용기준 중 지역구분 적용에 대한 공통기준, 2020년 1월 1일부터 적용되는 배출허용기준(생물화학적 산소요구량, 화학적 산소요구량, 부유물질량만 제시) 및 공공폐수처리시설의 방류수 수질기준, 방류수 수질기준 적용대상지역에 대하여 설명하시오.	'20.02.

구분	기출문제	시행연월
15	제4차 국가환경종합계획의 법적 근거, 계획기간, 비전을 제시하고 물환경 위해관리 체계강화의 추진방안에 대하여 단계적으로 설명하시오.	'19.08.
16	하천 수계에서 허용배출부하량의 할당 절차에 대하여 설명하시오.	'19.08.
17	하천 생활환경 기준의 등급별 기준 및 수질·수생태계 상태를 설명하시오.	'19.01.
18	공공하수처리시설의 유기물질지표를 COD_{Mn}에서 TOC로 전환한 배경을 설명하고 TOC측정방법을 설명하시오.	'18.08.
19	물관리 일원화의 필요성, 의의, 효과 및 추진 시 고려사항에 대하여 설명하시오.	'17.08.
20	2018년 시행예정인 물환경보전법의 주요 개정내용에 대하여 설명하시오.	'17.08.
21	물수요관리 목표제, 재활용목표 관리제	'17.08.
22	제2차 물환경관리기본계획(2016~2025)의 수립 배경 및 필요성과 핵심전략에 대하여 설명하시오.	'17.01.
23	지류지천의 수질관리대책에 대해 설명하고, 지류총량제와 수질오염총량제를 비교하시오.	'17.01.
24	호소의 수질환경기준 항목중에서 BOD 대신 COD를 채택하고 있는 이유	'17.01.
25	수질오염총량관리에 대하여 다음을 설명하시오. 가. 도입배경 나. 총량관리에서 분류하고 있는 6가지 오염원 그룹 다. 할당부하량 산정에 이용되는 기준유량인 저수량	'16.08.
26	상수원 수질보전을 위해 지정된 특별대책지역을 제시하고 특별종합대책 기본방침을 설명하시오.	'16.08.
27	수질 및 수생태계 목표기준 평가규정	'16.08.
28	물환경에서 유기물질 관리를 위한 수질 항목들의 정의와 상호관계를 설명하고 하천, 호소의 수질환경기준과 배출시설의 배출허용기준에 있는 유기물질 항목을 상호 비교하여 설명하시오.	'16.01.
29	공공수역 질소관리를 위한 관련법, 관리대상 질소형태를 제시하고 목표달성을 위한 규제수단을 제시하시오.	'15.02.
30	하천의 목표수질을 달성하기 위한 오염총량에 대하여 설명하시오.	'15.02.
31	2014년부터 달라지는 환경제도 중 수질관리 분야에 해당되는 대표적인 제도에 대해 설명하고 관련 법률을 제시하시오.	'14.02.
32	2012년 11월 개정된 환경정책기본법에는 수질환경기준에 총유기탄소가 생활환경 기준에 추가 도입되었는데, 그 배경과 주요내용을 설명하시오.	'13.08.
33	생물학적 수질판정의 종류와 내용에 대하여 설명하시오.	'13.08.

구분	기출문제	시행연월
34	수질오염 관리에 있어 농도규제와 총량관리의 규제방식, 환경기준 및 장단점을 비교 설명하시오.	'13.01.
35	연안오염총량관리제에 대하여 설명하시오.	'11.08.
36	총량관리계획 수립 시 오염부하량 할당방법 중 5가지를 선택하여 설명하시오.	'11.08.
37	총량초과부과금을 설명하고 산정방안 제시	'11.08.
38	수질오염총량관리제도의 2단계 시행에서는 $T-P$ 농도가 중요한 목표수질에 포함된다. 이때 처리시설의 $T-P$ 농도가 기준을 초과할 경우 대응요령에 대하여 설명하시오.	'11.02.
39	최근(2006) 변경된 하천수질기준의 변경내용 및 변경에 따른 효과에 대하여 설명하시오.	'11.02.
40	아래 물음에 답하시오. 가. 수질오염총량관리제도의 도입배경 나. 총량관리에서 분류하고 있는 6가지 오염원 그룹 다. 할당부하량 산정에 이용되는 기준유량인 저수량	'11.02.
41	개정된 호소수질의 COD 항목의 변경된 기준과 클로로필$-$a 항목의 추가 의미에 대하여 설명하시오.	'11.02.

② 생태독성

구분	기출문제	시행연월
1	하수도법 시행규칙 개정(2022.12.11.)에 따라 폐수배출시설의 업종 구분 없이 폐수를 공공하수처리시설에 유입하여 처리하는 경우 생태독성의 방류수 수질기준을 준수하여야 하는데, 이와 관련하여 다음 사항을 설명하시오. 1) 생태독성 관리제도의 도입배경 2) 생태독성(TU) 정의 및 산정방법 3) 독성원인물질평가(TIE) 및 독성저감평가(TRE)	'23.02.
2	독성원인물질평가(TIE), 독성저감평가(TRE)	'21.07.
3	물벼룩 생태독성 시험에서 치사, 유영저해, 반수영향 농도, 생태독성값의 정의	'21.01.
4	생태독성 배출허용기준	'19.01.
5	수환경 관리에 생태독성을 도입한 배경과 생태독성관리제도를 설명하시오.	'17.01.
6	LOEC(Low Observed Effect Concentration)	'15.08.
7	폐수종말처리시설 생태독성 방류수 수질기준	'15.02.
8	생태독성값 (TU, Toxic Unit)	'14.02.

구분	기출문제	시행연월
9	독성시험(Toxicity Test)의 목적과 그 결과의 평가에 대하여 설명하시오.	'13.01.
10	독성물질에 대한 생물분석 방법의 종류와 내용에 대하여 설명하시오.	'12.08.
11	특정 생물체에 미치는 화합물의 치사효과를 측정하는 데 사용되는 독성 시험법에 대하여 설명하시오.	'12.02.
12	Toxic Unit Acute와 Toxic Unit Chronic 산정방법	'11.08.

③ 환경영향평가

구분	기출문제	시행연월
1	신규 댐 건설에 따른 공사중과 운영중 수질에 미치는 영향 및 저감대책에 대하여 설명하시오.	'23.08.
2	환경영향평가서 작성규정에 따른 수질항목의 내용에 대하여 설명하시오.	'19.08.
3	하천개발기본계획 수립 시 전략환경영향평가에 대하여 설명하시오.	'15.02.
4	환경영향평가에서 수질환경 사후영향조사의 정의, 조사범위 및 항목에 대하여 설명하시오.	'14.02.

02 수자원 관리

1 수자원관리와 하천정화

구분	기출문제	시행연월
1	「제1차 국가물관리기본계획(2021~2030)」의 3대 혁신 정책과 6대 분야별 추진전략에 대하여 설명하시오.	'23.08.
2	국가수도기본계획(2022~2031)의 추진전략, 정책과제 및 세부추진계획에 대하여 설명하시오.	'23.02.
3	국가물관리기본계획의 개요와 포함 내용	'22.07.
4	물관리기본법이 정한 물관리의 12대 기본원칙에 대하여 설명하시오.	'22.01.
5	통합물관리(Integrated Water Resource Management)	'22.01.
6	하수도시설의 유역별 통합운영관리 방안과 통합운영관리시스템 계획을 설명하시오.	'21.07.
7	환경생태유량 확보를 위한 현행 문제점과 제도화 방안에 대하여 논하시오.	'21.01.
8	제5차 국가종합계획(2020~2040) 내용 중 다음 사항을 설명하시오. 1) 계획의 비전과 목표 2) 통합 물관리 정책방향 3) 물관리 주요 정책과제 및 주요 지표	'20.02.
9	물 관련 법에서 제시된 마시는 물의 종류를 열거하고 각 물에 대한 미생물 수를 설명하시오.	'20.02.
10	상수원 보호구역에 있어서 허가 및 제한되는 행위에 대하여 설명하시오.	'20.02.
11	물순환 선도도시의 개념, 목적, 사업내용 및 효과를 설명하시오.	'19.08.
12	수계의 수질관리에 대한 고려사항을 설명하시오.	'19.08.
13	스마트 물산업 육성전략과 REWater 프로젝트	'19.08.
14	물순환 선도도시에 대하여 설명하시오.	'19.01.
15	'제3차 지속가능발전 기본계획(2016-2035)'의 '건강한 국토환경' 목표의 추진전략 중 '깨끗한 물 이용보장과 효율적 관리'를 위한 이행과제를 설명하시오.	'19.01.
16	환경생태유량의 정의와 환경생태유량 확보 방안에 대하여 설명하시오.	'19.01.
17	유역통합관리의 도입배경 및 깨끗한 물 확보 방안에 대하여 설명하시오.	'19.01.
18	정부는 국가 차원에서 제3의 물시장, 즉 물산업을 발전시키고자 노력하고 있다. 물산업의 개념과 정부의 물산업육성책에 대하여 기술하시오.	'15.08.
19	하천에서의 SSS(Settable Suspended Solids)와 NSSS(Non–Settable Suspended Solids)	'15.02.

구분	기출문제	시행연월
20	기후변화와 물관리대책	'14.08.
21	수역 유역관리를 위해 과거 오염하천 정화사업에서 자연형 하천 복원사업으로 다시 2009년부터는 생태하천 복원사업으로 추진하고 있으나 유역의 수질 개선과 수생태계의 복원효과가 미흡한데 그 이유에 대해서 설명하시오.	'14.08.
22	수돗물 사용량을 줄이는 물절약 전문업 등록제 시행에 관하여 설명하시오.	'14.02.
23	○○○ 저수지 수질개선사업 기본 및 실시설계의 과업지시서를 작성하시오.	'14.02.
24	저수지의 유효저수량 산정방법을 설명하시오.	'14.02.
25	유역통합관리(Integrated Watershed Management)의 특성 5가지만 설명하시오.	'12.08.
26	유역의 불투수율 변화에 따른 수질, 수량 및 수생태계에 미치는 영향을 각각 설명하시오.	'12.08.
27	하천구역 내의 준설 등 공사로 인한 탁수 및 유류 유출 시 취·정수장에서의 대응요령에 대하여 설명하시오.	'11.02.

2 수질모델링

구분	기출문제	시행연월
1	해상풍력발전사업 공사에 따른 수질모델링 중 부유사 확산모의에 대하여 설명하시오.	'23.08.
2	수질모델링의 개념, 필요성, 수질예측 절차도 및 예측 절차별 수행내용에 대하여 실무적으로 접근하여 설명하시오.	'23.02.
3	토사유출량 산정방법(원단위법, 개정범용토양유실공식)에 대하여 설명하시오.	'20.07.
4	미국환경청에서 개발한 것으로 강우 시 도시지역에 적용할 수 있는 모델을 설명하시오.	'18.08.
5	수질모델링의 절차 및 한계성에 대하여 설명하시오.	'18.08.
6	토양유출량을 산정하는 MUSLE(Modified Universal Soil Loss Equation) 방법	'15.08.
7	수질모델링의 한계 및 문제점, 개선방안에 대하여 설명하시오.	'15.08.
8	수체에서 독성물질의 물리·화학적 주요 거동에 대하여 설명하시오.	'15.02.
9	호수 수질 모델에서 인과 클로로필을 모의하기 위해서 필요한 기작	'13.08.
10	하구를 1차원으로 그리고 조석평균 정상상태로 가정하면 지배방정식은 다음과 같다. 〈지배방정식〉 $-\mu \dfrac{dC}{dx} + E\dfrac{d^2C}{dx^2} - kC = 0$ 여기서, μ : 한 조기 동안 일어나는 순유속, E : 조석평균 확산 계수 하구에 보존성 점오염 물질 유입 시 거리에 따른 오염 농도를 구하는 식을 유도하시오.	'12.08.
11	수결정적 모델과 경험적 모델을 설명하고 수질관리에 있어 적용한 예 제시	'11.08.
12	개정범용토양유실공식(RUSLE)	'11.08.

③ 하천정화

구분	기출문제	시행연월
1	하천에서 어류폐사의 원인 및 폐사방지 대책에 대하여 설명하시오.	'23.08.
2	생태하천복원사업 추진 시 문제점, 복원목표, 기본방향 및 우선지원사업 등에 대하여 설명하시오.	'22.07.
3	하천구역 안에서 지정되는 보전지구, 복원지구, 친수지구에 대하여 설명하시오.	'20.07.
4	"생태하천복원사업 업무추진지침(2020.5), 환경부"에 포함된 다음 사항을 설명하시오. 1) 생태하천 복원의 기본방향 2) 우선지원 사업 3) 지원 제외 사업	'20.07.
5	수질관리에 있어서 수저퇴적물이 수생태계에 미치는 영향에 대하여 설명하시오.	'20.02.
6	'생태하천복원사업 업무추진지침(환경부 2017.12)'의 생태하천복원 기본방향을 설명하시오.	'19.01.
7	생태하천 복원 후 수질 및 수생태계 모니터링 항목 및 조사주기	'16.08.
8	생태하천 복원 시 고려사항을 설명하시오.	'15.02.
9	'국가물환경 기본계획(2006~2015)'에서는 하천 수생태 복원 및 하천수질 개선을 주요 정책으로 포함하고 있다. 하천수질 개선을 위한 생태하천 복원사업의 주요 추진 방향 중에서 '건전한 물순환 체계구축' 및 '하천 중심의 종·횡적 생태 네트워크 구축'에 대하여 설명하시오.	'11.02.

④ 수질자동측정/TMS

구분	기출문제	시행연월
1	수질원격감시체계(TMS)의 목적, 부착대상, 부착시기, 배출부과금 및 관제센터 업무체계에 대하여 설명하시오.	'23.08.
2	TMS(Telemonitoring System)에 대하여 설명하시오.	'20.07.
3	TMS(Tele-Monitoring System)의 목적, 대상 및 측정항목, 운영체계 효과 및 문제점을 간략하게 설명하시오.	'15.08.
4	현행 산업폐수 규제기준을 제시하고 문제점 및 개선방안을 제시하시오.	'14.08.
5	국내 산업폐수 관리제도적 수단에 대하여 설명하시오.	'13.08.
6	수질측정망 운영계획상의 측정망 조사지점 선정 및 절차에 관하여 설명하시오.	'13.01.

5 비점오염원

구분	기출문제	시행연월
1	비점오염관리지역의 지정기준 및 관리대책에 대하여 설명하시오.	'23.08.
2	가축분뇨의 비점오염 유발특성과 농축산 비점오염관리방안 중 농업생산기반시설과 연계한 방안 및 공익직불제를 활용한 방안에 대하여 설명하시오.	'23.08.
3	비점오염관리를 위한 물순환관리지표	'23.08.
4	비점오염저감시설의 정의 및 종류	'23.08.
5	2004~2020년의 비점오염원관리 종합대책의 한계와 제3차(2021~2025) 강우유출 비점오염원관리 종합대책에 대하여 설명하시오.	'23.02.
6	빗물이용시설과 우수유출저감시설을 비교 설명	'23.02.
7	완충저류시설의 정의와 설치대상, 설치 및 운영기준에 대하여 설명하시오.	'23.02.
8	비점오염물질 정의와 오염물질의 종류 및 관리지역 지정기준에 대하여 설명하시오.	'22.07.
9	최근 개정된 비점오염원관리지역 지정기준(물환경보전법 시행령 개정, 2021.11.23.)	'22.01.
10	비점오염 저감시설의 종류, 용량 결정방법, 관리·운영 기준에 대하여 설명하시오.	'21.07.
11	저영향개발(Low Impact Development, LID)기법의 조경·경관 설계과정의 검토 사항과 계획 시 고려사항을 설명하시오.	'21.01.
12	비점오염저감시설 중 스크린형 시설의 비점오염물질 저감능력 검사방법을 설명하시오.	'21.01.
13	도로 비점오염물질 저감시설의 유형	'21.01.
14	"물환경보전법"에 명시된 완충저류시설에 대하여 다음 사항을 설명하시오. 1) 설치대상　　　　　　　　　2) 설치 및 운영 기준	'20.07.
15	비점오염원의 처리시설로 이용되는 자연형 침투시설의 개요, 장단점, 주요 설계인자 및 효율적 관리방안에 대하여 설명하시오.	'20.07.
16	초기 우수 유출수	'20.02.
17	LID(Low Impact Development)	'19.08.
18	유수율의 정의와 유수율의 제고방안에 대하여 설명하시오.	'19.01.
19	완충저류시설 설치대상	'19.01.
20	개발사업의 비점오염원 관리방안을 설명하시오.	'18.02.
21	비점오염원 저감시설에 대하여 다음을 설명하시오. (1) 비점오염원 저감시설의 종류 및 기능 (2) 수질처리용량 WQ$_v$(water quality volume)과 WQ$_F$(water quality flow)	'18.02.
22	통합물관리(Integrated Water Management)	'18.02.
23	LID(Low Impact Developement)	'18.02.

구분	기출문제	시행연월
24	비점오염원의 종류, 비점오염원 저감시설의 종류 및 선정 시 고려사항에 대하여 설명하시오.	'17.08.
25	기저유출의 정의 및 중요성	'17.01.
26	오수처리에서 인공습지의 장·단점	'17.01.
27	비점오염원 저감시설 중 자연형 시설 설치기준을 설명하시오.	'16.08.
28	비점오염원 저감시설의 용량산정에 대한 다음을 설명하시오. 가. Water Quality Volume(WQ$_V$) 나. Water Quality Flow(WQ$_F$) 다. 비점오염처리시설별 적용 규모 설계기준	'16.08.
29	완충저류시설 설치기준에 대하여 설명하시오.	'16.08.
30	EIA(Effective Impervious Area)와 TIA(Total Impervious Area)	'16.08.
31	비점오염원 초기우수시설 중 장치형(여과형)시설의 문제점과 설계기준을 정리하여 설명하시오.	'15.08.
32	홍수유출 저감을 위한 저류시설 중 지역의 저류시설의 On-Line 방식과 Off-Line 방식에 대해 설명하시오.	'15.08.
33	총괄유출계수	'15.08.
34	Water Quality Volume과 Water Quality Flow의 차이를 설명하고, 각각에 대하여 산정식을 유도하고, LID 시설별 적용방안을 설명하시오.	'15.02.
35	비점오염원 저감시설의 시설유형별 관리·운영기준을 설명하시오.	'15.02.
36	비점오염원 저감시설 모니터링의 결과를 이용하여 오염물 삭감효과를 평가할 수 있는 방법 3가지를 설명하시오.	'15.02.
37	계량이 가능한 Green Infrastructure의 대표적인 경제적 편익 4가지를 설명하시오.	'15.02.
38	식생체류지(Bioretention)	'15.02.
39	저영향개발(Low Impact Developement)의 정의 및 효과	'15.02.
40	비점오염원에서의 First Flush	'15.02.
41	녹조의 사전 예방대책으로 도시 및 농촌 비점오염원 저감대책을 기술하시오.	'14.08.
42	우수유출량 저감방법 중 우수침투형	'14.02.
43	식생정화대(Biotope)	'14.02.
44	다음을 설명하시오. 가. 수질오염총량관리에서 비점오염원 관리방향 나. 저영향개발(LID ; Low Impact Developement)과 그린빗물인프라(GSI ; Green Stormwater Infrastructure)	'13.08.

구분	기출문제	시행연월
45	인공습지를 흐름형태별로 분류하여 설명하고, 오염물질 처리기작과 인공습지의 가치를 설명하시오.	'13.08.
46	아래의 조건으로 비점오염 저감을 위한 저류지를 설계하고자 할 때 수질처리 용량을 산정하고, 초기침강지와 저류지 규모를 각각 설계하시오. 〈조건〉 • 토지이용 : 아스팔트 포장 주차장 • 배수면적 : 5,000m² • 누적유출고로 환산한 설계강우량＝5mm • 저류지의 구성 : 초기침강지(전처리 시설)＋저류지(후속처리 시설) • 초기침강지 및 저류지의 깊이＝1.5m • 초기침강지와 저류지의 수질처리용량 분배＝25 : 75 • 초기침강지와 저류지의 길이(L) : 폭(W)의 비＝3 : 1	'13.08.
47	물순환체계 구축을 위해 국내 적용 중이거나 적용 가능한 관리제도를 설명하시오.	'13.08.
48	비점오염원의 처리시설로 이용되는 자연형 침투시설의 개요, 장단점 및 주요 설계인자와 효율적 관리방안에 대하여 설명하시오.	'13.01.
49	그린빗물인프라(Green Stormwater Infrastructure)	'13.01.
50	녹색기반시설(Green Infrastructure)	'12.08.
51	비점오염원시설을 유형별로 설명	'12.02.
52	생태면적률을 공간 유형별로 설명	'12.02.
53	LID(Low Impact Developement) 요소기술 5가지만 들고 각각에 대해 개요, 장점, 한계점을 설명하시오.	'11.08.
54	빗물의 저류와 활용 System의 개요, System 구성도 및 효율평가 인자에 대해서 설명하시오.	'11.08.
55	비점오염원 저감시설의 용량산정 시 검토해야 할 항목과 처리용량 계산방법을 설명하고 인공습지시설의 설계기준을 설명하시오.	'11.08.
56	최근 기후변화에 따른 집중강우로 도시침수가 급증하는 상황에서 침수피해를 저감 또는 방지할 수 있는 방안에 대하여 설명하시오.	'11.08.
57	분산통합형 현지저류시스템 개념도	'11.08.
58	지표월류수(Exceedance Flow)	'11.08.
59	이중배수체계	'11.08.
60	다음 물음에 답하시오. 가. 완충지(buffer zone) 효과 나. 인공습지의 종류와 오염물질의 제거기작	'11.02.

구분	기출문제	시행연월
61	도시화 및 개발사업은 자연적 물순환시스템의 왜곡과 더불어 인근 수계에 다양한 환경수리학적 문제를 야기시킨다. 이와 관련하여 다음 물음에 답하시오. 가. 개발로 인한 환경수리학적 영향 나. 관리대안인 저영향개발(LID ; Low Impact Development) 다. 수계의 수질보호를 위한 8가지의 유역관리기법	'11.02.
62	'수질 및 수생태계 보전에 관한 법률'의 시행령에서는 비점오염원관리지역 지정을 통해 비점오염원 관리를 명시하고 있다. 이러한 비점오염원 관리지역 지정기준에 대해서 설명하고, 환경부가 2007년 지정한 4개 지역에 대해 관리지역별 지정된 사유와 수질개선 목표를 설명하시오.	'11.02.
63	비점오염저감시설 중 자연형 및 장치형의 종류를 쓰고 간략히 설명하시오.	'11.02.

6 강변여과

구분	기출문제	시행연월
1	강변여과공법에 대하여 다음 사항을 설명하시오. 1) 정의 및 특징 2) 필요성과 한계점 3) 장점 및 단점	'21.07.
2	강변여과수에 대하여 다음 사항을 설명하시오. 1) 강변여과수 취수정 설치 시 고려사항 2) 강변여과수의 특징 3) 취수방식 중 수직 및 수평 집수정 방식	'20.02.
3	강변여과에 대하여 설명하시오.	'15.02.

7 호소수

구분	기출문제	시행연월
1	폭기(Aeration)와 조류(Algae)번성에 따른 물의 pH 변화	'20.07.
2	임의성 산화지(Facultative lagoon)의 설계방법과 특징에 대하여 설명하시오.	'18.08.
3	호소 조류(Algae)의 광합성에 의한 pH 상승 기작	'18.02.
4	조류 증식에 따른 pH 증가가 수질관리에 미치는 영향을 설명하시오.	'15.02.

8 부영양화

구분	기출문제	시행연월
1	녹조현상의 원인 및 유발물질, 부영양화와 녹조현상과의 관계, 녹조현상이 생활환경과 생태계, 농작물과 수산업 등에 미치는 영향에 대하여 설명하시오.	'22.07.
2	부영양화의 영향 및 대책	'22.07.
3	호소의 부영양화 방지를 위한 호소외부 및 호소내부 각각의 관리대책을 설명하시오.	'22.01.
4	AGP(Algal Growth Potential)	'22.01.
5	호수의 부영양화에 대하여 다음 사항을 설명하시오. 1) 외부 유입원 저감기술　　　2) 내부 발생원 제어기법	'21.07.
6	국립환경연구원에서 개발한 한국 실정에 맞는 부영양화지수에 대하여 설명하시오.	'20.02.
7	정수처리 공정별 조류대응 방안을 평상시와 조류대량 발생 시로 구분하여 설명하시오.	'19.01.
8	부영양화된 호소가 정수장에 미치는 영향에 대하여 설명하시오.	'18.08.
9	다음을 설명하시오. 가. 호소 조류의 일반적 세포구성성분과 조류의 특성 나. 조류 성장 제한인자 다. 부영양화 방지 및 관리기법	'16.08.
10	AGP(Algal Growth Potential) 정의와 측정방법 및 부영양화 판정방법	'15.08.
11	호수의 부영양화 관리를 위한 유입감소방안 5가지와 내부 관리방안 4가지를 설명하시오.	'15.02.
12	녹조류의 물리·화학적 제거공법, 특징 및 장단점을 설명하시오.	'13.01.
13	호소의 부영양화 시 조류가 급성장하게 된다. 이러한 조류의 일반적 세포 구성성분, 특성, 조류 성장 제한인자, 부영양화의 방지 및 관리기법과 녹조류의 성장 시 용존산소 변화에 대하여 설명하시오.	'11.02.

9 성층현상

구분	기출문제	시행연월
1	온대지방 호수에 대하여 다음 사항을 설명하시오. 1) 수온 성층현상　　2) 수심에 따른 수질 특성 3) 전도현상　　4) 전도현상이 수질에 미치는 영향	'20.07.
2	호소의 성층화와 전도현상을 용존산소와 수온과의 상관관계를 이용하여 설명하시오.	'19.08.
3	호수의 성층현상과 전도현상을 설명하시오.	'18.08.
4	호수에서의 성층현상(Strafication)과 역전현상(Turn Over)에 대하여 설명하시오.	'13.08.

⑩ 조류발생

구분	기출문제	시행연월
1	조류경보제 경보단계 및 각 단계별 발령ㆍ해제기준	'23.08.
2	조류경보제와 수질예보제를 비교 설명하고, 조류경보제의 단계별 대응조치를 설명하시오.	'23.02.
3	규조류에 의한 정수장의 여과장애 발생 시 대책을 설명하시오.	'22.01.
4	조류 경보제	'20.02.
5	남소류의 과나 증식에 따른 녹조현상에 대하여 다음을 설명하시오. (1) 녹조현상의 정의 및 원인 (2) 남조류의 냄새 및 독소 유발물질 (3) 부영양화와 녹조현상과의 관계 (4) 녹조현상이 생활환경, 수생태계, 농수산업에 미치는 영향	'18.02.
6	녹조관리기술을 물리, 화학 및 생물학적 기술로 구분하여 설명하고, 종합적 녹조관리 방법을 설명하시오.	'17.01.
7	공공수역의 수질예보에 대하여 설명하시오.	'16.08.
8	남조류 독성	'16.08.
9	호소의 부영양화로 인한 녹조 발생 시 남조류 등이 대량 증식하는데 이때 Microcystin과 같은 독성 물질이 발생 될 수 있다. 이 독성 물질의 특징과 대책에 대하여 설명하시오.	'13.08.
10	조류의 광합성 증가에 따른 pH 변화 기작	'13.08.
11	Microcystin-LR과 Microcystin-RR의 차이	'13.08.
12	조류예보제에 대한 기본개념과 절차 및 적용내용에 대하여 설명하시오.	'12.08.
13	조류의 과도한 성장으로 인한 문제점 10가지	'12.02.

⑪ AGP

구분	기출문제	시행연월
1	조류배양시험 목적 방법	'14.02.
2	AGP(Algal Growth Potential)의 정의와 이용방안에 대하여 설명하시오.	'11.02.

⑫ 상수원 수질관리 및 정수처리

구분	기출문제	시행연월
1	상수원 수질보전 특별대책지역의 지정현황, 기본방침, 오염원관리 및 주민지원사업에 대하여 설명하시오.	'23.08.
2	상수도에서 맛·냄새 원인 물질에 대하여 설명하고, 맛·냄새 제거 방안에 대하여 설명하시오.	'22.07.
3	과불화화합물의 정의(종류, 특성, 노출경로 등), 위해성에 대하여 설명하고, 만일 상수원 원수에 과불화화합물이 함유되어 있을 경우 저감방법에 대하여 설명하시오.	'22.01.
4	상수도 정수처리공정 선정 시 처리대상물질에 따른 처리방법의 고려사항에 대하여 설명하시오.	'22.01.
5	비소에 대하여 다음 사항을 설명하시오. 1) 발생원 및 특성 2) 인체로 흡수되는 경로 3) 인체에 대한 독성	'21.07.
6	상수도 수원용 저수시설 유효저수량 산정 방법	'21.01.
7	수돗물의 이취미에 대하여 다음 사항을 설명하시오. 1) 이취미를 발생시키는 주요 원인물질 2) 수원지에서의 유입방지·제거방법 3) 정수장에서의 제거방법 4) 배수계통에서의 발생억제방법	'20.07.
8	수돗물의 색도 유발물질(철, 망간) 억제방안에 대하여 설명하시오.	'17.08.
9	분산형 용수공급시스템의 도입배경, 특징 및 처리계통을 중앙집중식 용수공급시스템과 비교하여 설명하시오.	'16.08.
10	상수도에서의 에너지 절감방안	'14.08.
11	낙동강을 상수원으로 하는 경우, 처리대상물질과 정수공정을 제안하고 그 제안 이유를 설명하시오.	'14.08.
12	비소의 건강 및 환경에 대한 영향에 관하여 설명하시오.	'14.02.
13	정수공정에서 불소 제거에 대하여 설명하시오.	'14.02.
14	정수시설을 신설하거나 확장하는 계획수립 시 고려하여야 할 사항에 대하여 설명하시오.	'13.01.
15	상수원 수변지역 수변생태벨트(Riverine Ecobelt) 조성에 대하여 설명하시오.	'12.02.
16	정수처리방법과 시설의 선정에 있어서 일반적인 정수방법 선정 Flow Diagram을 그리고 처리대상 물질과 처리방법에 대하여 설명하시오.	'11.08.

🔞 지하수오염

구분	기출문제	시행연월
1	지하수 오염등급기준을 활용한 지하수 오염평가 및 오염원인 평가에 대하여 설명하시오.	'23.08.
2	지하수 오염물질의 지체현상(Retardation)	'23.08.
3	오염지하수정화 업무처리절차에 대하여 설명하시오.	'22.07.
4	국내 농·축산지역의 지하수 수질특성에 대하여 설명하고, 지하수 수질개선대책 수립 시 수질개선 방안에 대해 환경부 시범사업 내용을 포함하여 설명하시오.	'22.01.
5	BTEX, MTBE	'22.01.
6	지하수오염 유발시설	'22.01.
7	지하수 오염의 정의와 특성	'21.07.
8	지하수수질측정망 설치 및 운영의 목적, 법적근거, 지하수측정망의 종류, 측정망 구성체계, 기관별 역할에 대하여 설명하시오.	'21.01.
9	지하수정화 업무처리지침(2019. 4. 24.)에서 제시된 오염된 지하수 정화를 위한 기본절차를 설명하시오.	'20.02.
10	BTEX에 의한 지하수 오염이 심각해지고 있다. BTEX의 주요 오염원은 무엇이고, 지하수에 유입되었을 경우, 지하수 내 이동특성 및 정화방법을 설명하시오.	'19.01.
11	오염된 지하 대수층의 오염원이 식별가능하고 오염물질 흐름을 추적할 수 있다고 가정할 때, 오염물질을 제어하기 위한 방법들에 대하여 설명하시오.	'17.08.
12	일반 상부보호공을 설치하는 지하수오염방지시설의 설치기준과 구조도를 설명하시오.	'16.01.
13	우리나라의 지하수 수질기준 항목 중 TCE, PCE, 질산성 질소에 대하여 각각 오염원, 인체영향, 환경 중 거동을 설명하시오.	'12.08.
14	지하수 오염 방지대책 및 정화기술에 대하여 각각 설명하시오.	'12.02.

구분	기출문제	시행연월
15	아래 주어진 조건과 두 호스가 지하 투수층으로 연결되어 있는 그림을 이용하여 다음물음에 답하시오. 〈조건〉 • 단면적(A) = 50m² • 손실수두(Δh) = 40m • 흐름경로길이(L) = 2,000m • 수리학적 전도도(K) = 10^{-3}m/sec • 다공질 매체의 공극도(a) = 0.4 • 오염물질의 초기농도(C_o) = 100g/m³ • 1차 분해상수(k) = 0.001/day(밑이 e) 가. 상부 지역의 호스로부터 하부 지역의 호수로 물이 흐르는 시간을 구하시오. 나. 오염물질의 반응이 1차반응일 경우, 하부 지역의 호수로 유입되는 농도를 계산하시오. (단, 외부적인 요인은 없는 것으로 가정한다.)	'12.02.
16	지하수층 내에서 오염물질의 동역학적 분산(Hydrodynamic Dispersion)에 대하여 설명하시오.	'11.02.
17	토양 및 지하수 오염을 유발하는 BTEX와 MTBE에 대해 설명하고, 지하수 오염의 특성에 대하여 설명하시오.	'11.02.

⑭ 해양오염

구분	기출문제	시행연월
1	해양오염의 정의와 해양오염 물질의 종류에 대하여 설명하시오.	'23.02.
2	미세플라스틱	'22.01.
3	해안의 발전소 온배수가 해양환경에 미치는 영향과 경감대책에 대하여 설명하시오.	'21.07.
4	해양에 유출된 원유(Oil Spill)의 제거방법에 대하여 다음 사항을 설명하시오. 1) 기계적 방법 2) 물리화학적 방법	'21.07.
5	우리나라 해양 미세 플라스틱오염의 원인, 실태, 해결방안에 대하여 설명하시오.	'21.01.

구분	기출문제	시행연월
6	연안해역에 화력발전소 운영 시 발생되는 온배수(溫排水)의 정의, 온배수 확산이 해양환경에 미치는 영향 및 저감대책에 대하여 설명하시오.	'20.07.
7	해양오염에 있어서 미세플라스틱에 의한 영향을 설명하시오.	'20.02.
8	해양오염물질 종류	'20.02.
9	해양에서의 오염물질 이동경로 및 생물농축	'19.08.
10	해양오염물질의 종류와 부영양화의 피해에 대하여 설명하시오.	'19.08.
11	열오염	'15.08.
12	해양 유류사고 시 영향 및 대책	'14.02.
13	연안해역에 화력발전소 운영 시 발생되는 온배수 확산이 해양 환경에 미치는 영향과 그 저감대책에 대하여 각각 설명하시오.	'12.02.
14	다음 물음에 답하시오. 　가. 유출 유류가 해양생태계에 미치는 영향과 4가지 제거방안 　나. 적조현상을 일으키는 원인과 5가지 관리대책	'11.02.
15	하·폐수 처리장 수온이 담수환경에 미치는 영향을 설명하고 제도적·기술적 개선방안을 제시하시오.	'13.08.

15 적조

구분	기출문제	시행연월
1	적조 발생원인, 피해 및 대책에 대하여 설명하시오.	'22.01.
2	다음 물음에 답하시오. 　가. 유출 유류가 해양생태계에 미치는 영향과 4가지 제거방안 　나. 적조현상을 일으키는 원인과 5가지 관리대책	'11.02.

16 습지(Wet Land)

구분	기출문제	시행연월
1	인공습지의 정의, 오염물질 제거 기작, 장·단점과 비점오염저감시설로 적용할 경우의 설치기준에 대하여 설명하시오.	'23.02.
2	비점오염원저감시설 중 자연형 시설인 인공습지(Stormwater Wetland)를 설치하려고 한다. 시설의 개요, 설치기준, 관리·운영기준에 대하여 설명하시오.	'22.01.

구분	기출문제	시행연월
3	수생식물을 이용한 오수의 고도처리에 대하여 다음 사항을 설명하시오. 1) 원리와 장·단점 2) 고도처리에 이용 가능한 수생식물	'21.01.
4	습지를 이용하여 오염물질을 제거할 때 대상 오염물질의 제거 메커니즘, 장단점	'19.08.
5	인공습지에 대하여 다음을 설명하시오. (1) 인공습지의 정의와 오염물질 제거기작 (2) 인공습지의 식생분류 (3) 수문학적 흐름형태에 따른 유형분류	'18.02.
6	다음을 설명하시오. 가. 인공습지의 정의 나. 인공습지의 주요 물질 거동 기작 다. 인공습지의 식생분류 라. 수문학적 흐름형태에 따른 유형분류와 정의	'16.08.

···03 하·폐수설비

1 하·폐수설비 기본계획

구분	기출문제	시행연월
1	하수처리장 시운전 절차에 대하여 설명하시오.	'23.02.
2	간이공공하수처리시설의 정의, 설치대상, 설치기준, 용량산정 방법에 대하여 설명하시오.	'22.07.
3	하수 고도처리시설 설치 시 일반원칙 및 추진방식에 대하여 설명하시오.	'22.07.
4	소규모 공공폐수처리시설 설계 시 고려사항	'22.01.
5	기존 하수처리시설에 추가로 고도처리시설 설치 시 사업추진 방식과 고려사항에 대하여 설명하시오.	'21.07.
6	하수도법에 의한 주택 및 공장 등에서 오수발생시 해당 유역의 하수처리 구역 여부, 공공하수도의 차집관로 형태 등에 따른 개인하수처리시설의 처리방법 및 방류수 농도(BOD)에 대하여 설명하시오.	'21.01.
7	도시 하수처리 관련 다음 사항에 대하여 설명하시오. 1) 도시하수 처리계통도 2) 1차 및 2차 슬러지 특징 및 차이점 3) 처리량 1톤에 대한 함수율 증가에 따른 부피의 영향(1톤 기준) 4) 1차 및 2차 소화조 특징 5) 슬러지 개량의 목적 6) 탈수 케이크 함수율	'20.02.
8	주민친화 하수처리시설의 의의 및 종류, 설치 시 기본방향, 고려사항에 대하여 설명하시오.	'19.08.
9	하·폐수처리시설에서 고도처리의 정의와 기존 처리장에 고도처리시설 설치 시 고려사항을 설명하시오.	'19.08.
10	하수도설계기준에서 제시한 간이공공하수처리시설의 설계 시 고려사항을 설명하시오.	'19.08.
11	하수처리장 시운전의 목적과 필용성 및 절차에 대하여 설명하시오.	'18.08.
12	기존 하수처리장에 고도처리시설을 설치 시 고려사항과 추진방식 2가지를 설명하시오.	'18.08.
13	최근 폐수성상이 다양해지고 이전에는 경험하지 못한 새로운 폐수들이 등장함에 따라 과거의 경험치만으로 신뢰성 있는 설계를 할 수 없는 경우가 많아지고 있다. 이와 관련하여 폐수처리 신공정에 대한 정확성과 경제성을 도모하고 신뢰성 있는 설계인자의 도출을 위한 처리도 실험(모형실험)에 대하여 설명하시오.	'17.08.

구분	기출문제	시행연월
14	공공폐수처리시설은 대부분 생물학적 처리시설을 중심으로 하는 생물학적 질소, 인 제거방법을 채택하고 있다. 다음 물음에 대하여 설명하시오. 1) 공공폐수처리시설에서의 질소, 인제거방법의 장단점 각각 3가지 2) 공공폐수처리시설의 취약점 3) 공공폐수처리시설의 설치 시 고려사항	'17.08.
15	소규모 하수처리시설의 계획 및 공정 선정 시 고려사항을 설명하고, 귀하의 경험을 바탕으로 소규모 하수처리시설에 적합한 공법 1개와 그 특성을 설명하시오.	'17.08.
16	기존 하수처리시설의 고도처리시설 설치 시 고려사항을 설명하시오.	'17.08.
17	간이공공하수처리시설	'17.08.
18	하수처리방법 선정 시 고려사항에 대하여 설명하시오.	'17.01.
19	계획오수량	'16.08.
20	폐수종말처리시설에 대한 기술진단 범위 중 1) 오염물질의 유입특성조사 2) 공정진단 3) 운영진단 4) 개선대책 및 최적화 방안수립에 대한 실시내용을 설명하시오.	'16.01.
21	오수처리시설의 성능검사방법에 대하여 설명하시오.	'16.01.
22	소규모 하수처리장 건설 및 유지관리의 문제점과 대응방안에 대하여 설명하고 대표적인 적용공법 3가지를 설명하시오.	'16.01.
23	염분이 함유된 폐수의 발생원과 생물학적 처리 시 고려사항을 운전인자를 포함하여 설명하고 미생물의 염분한계농도에 대해서 설명하시오.	'15.08.
24	일반하수와 영업오수(휴게소) 등 여행객이 단시간 머물고 가는 장소에서 발생하는 하수의 차이점과 하수처리 시 고려사항을 설명하시오.	'15.08.
25	기존하수처리시설의 성능개선 및 고도처리 계획을 설명하시오.	'15.02.
26	폐수종말처리시설 종류 및 설치기준에 대하여 설명하시오.	'15.02.
27	하수도의 유역별 통합 운영 관리방안과 중점처리시설의 시스템 구성에 대하여 설명하시오.	'14.08.
28	하수처리장 부대시설	'14.08.
29	현행 소규모 하수처리시설과 개인 하수처리시설의 문제점과 개선방안을 제시하시오.	'14.08.
30	유역하수도 정비계획의 근거법령 목표, 절차를 설명하시오.	'14.02.

② 관거시설

구분	기출문제	시행연월
1	폐수를 관로로 배출하는 경우 설치하는 제해시설(除害施設)에 대하여 설명하시오.	'21.07.
2	하수관로시설 기술진단방법에 대하여 설명하시오.	'21.01.
3	하수관거에서의 역사이펀(Inverted Siphon)	'21.01.
4	분류식 하수관거 월류수(SSOs ; Sanitary Sewer Overflows)	'21.01.
5	교차연결(Cross – Connection)	'18.08.
6	I/I(Infiltration/Inflow) 산성방법	'17.08.
7	하수관거 설계에 관한 다음을 설명하시오. 　가. 분류식 및 합류식 하수관거의 적정 설계 유속 범위 　나. 설계유속 확보 대책	'16.08.
8	상수관로 누수의 원인과 대책 그리고 누수판정 및 누수량 측정법에 대해서 설명하시오.	'15.08.
9	도시하수관거의 기능 및 하수관거의 정비 필요성과 기대효과를 기술하시오.	'14.08.
10	합류식 하수관거시스템에서 강우 시 발생하는 월류수 및 하수처리장 초과 유입수(2Q)의 현행 관리의 문제점과 개선방안을 제시하고 이를 줄일 수 있는 방안을 제시하시오.	'14.08.
11	하수관거에서의 역사이펀(Inverted Siphon)	'14.02.
12	오수관거 계획 시 불명수 유입 저감계획	'14.02.
13	합류식 하수도 월류수 처리에 대한 필요성, 대책, 처리방법에 대하여 설명하시오.	'12.02.

④ 관정부식

구분	기출문제	시행연월
1	관정부식(Crown Corrosion)	'20.07.
2	관정부식	'14.02.

⑤ 유량조정조

구분	기출문제	시행연월
1	Off–Line 유량조정 방식 적용이 유리한 현장 여건	'18.02.
2	유량조정조의 설치목적, 용량결정, 유입하수 조정방법 및 필요설비에 대하여 설명하시오.	'13.01.

6 펌프시설

구분	기출문제	시행연월
1	수격작용(Water Hammer)의 문제점 및 방지방안	'23.02.
2	펌프의 운전장애 현상에 대해 발생원인, 영향, 방지대책에 대하여 설명하시오.	'22.01.
3	비회전도(Ns)와 Pump의 특성	'20.02.
4	펌프의 설계·시공상의 결함과 운전미숙 등으로 인해 발생되는 주요 장애현상 3가지를 쓰고, 각각의 발생원인, 영향, 방지대책에 대하여 설명하시오.	'19.08.
5	펌프의 유효흡입수두(NPSH ; Net Positive Suction Head) 산정방법을 설명하고, 공동현상(Cavitation) 발생과의 관계를 설명하시오.	'18.08.
6	하수처리 유량조정 펌프의 유량제어 방안	'18.02.
7	설계, 시공상의 결함과 운전미숙 등으로 인해 발생되는 펌프 및 관로에서의 장애현상, 영향, 방지대책에 대하여 설명하시오.	'17.01.
8	펌프의 전양정	'16.08.
9	펌프의 비교회전도(Ns)	'15.08.
10	조압수조(Surge Tank)	'15.08.
11	수두손실과 관내 유속과의 관계	'14.08.
12	Cavitation의 발생원인과 피해 및 방지대책	'13.01.

7 반응조 이론

구분	기출문제	시행연월
1	완전혼합형 반응조(CSTR)와 압출류형 반응조(PFR)와 관련하여 다음의 사항에 대하여 설명하시오. 1) 처리효율이 같고, 1차 반응인 경우 각각 반응조의 부피 비교 2) 동일한 크기의 완전혼합형 반응조(CSTR)가 계속 연결될 경우의 특성 3) 각각 반응조의 장단점	'23.02.
2	폭기조 반응형태 중 Plug Flow, Complete Mix, Step Aeration 공정에 대하여 다음을 설명하시오. 1) 각 공정의 특징 및 공정도 2) 조 길이에 따른 산소농도 분포 3) 조 길이에 따른 BOD 농도 분포	'20.02.
3	반응차수	'18.08.
4	반감기	'18.08.

구분	기출문제	시행연월
5	액상 유기성 폐기물을 운반하는 탱크트럭이 사고로 인해 내용물이 소형호수로 누출되었다. 그 결과 호수의 유기성 폐기물의 초기 농도가 100mg/L가 되었다. 만일 용액 중의 유기성 폐기물의 k값이 0.005/day를 가지는 1차 광화학적 반응($r_c = -kC$)이라 할 때 호수에서 액상 폐기물의 농도가 초기농도의 5%로 감소할 때까지의 요구되는 시간을 구하시오.(단, 호수의 총부피는 100,000m³, 호우에 유입, 유출되는 유량은 1,000m³/day이다. 호수 내에서의 반응은 정상상태이고, 완전혼합 반응조(CFSTR)로 가정한다.)	'17.08.
6	유입유량 Q, 유입농도 C_o, 반응속도 $r = kC$로 분해되어, 농도 C로 유출될 경우 아래 물음에 답하시오. 1) CSTR과 PFR의 반응기의 부피를 Q, k, C_o 및 C를 이용하여 구하시오. 2) CSTR을 무한히 늘리면 PFR이 되는 것을 유도하시오.	'17.01.
7	반응조에서 비이상적 흐름을 유발하는 요소를 설명하시오.	'17.01.
8	어느 하천으로 공장 폐수가 방류되고 있다. 방류점에서는 혼합이 이상적으로 이루어져 있으며, 혼합수의 수질 및 기타 조건은 아래와 같을 때 2일 후의 DO 농도, 혼합 후 최저 DO 농도가 나타나는 시간(day), 이때 DO의 최저농도를 각각 구하시오. 〈조건〉 • DO 부족량＝3.2mg/L • DO 포화농도＝9.2mg/L • 최종 BOD＝20mg/L • BOD 반응률 상수＝0.1 • 재포기율 상수＝0.24	'13.08.
9	반응조 내 비이상적인 흐름(예 : 단회로 현상)을 유발하는 요소들에 대하여 설명하시오.	'12.08.
10	어느 반응조 내 반응차수가 1차 반응($r_c = -kC$)라 할 때, 농도를 90% 감소(유입농도 $C_o = 1$)시키는 데 필요한 CFSTR(완전혼합반응조)과 PFR의 부피를 각각 구하고, 그 비를 구하시오.(단, 각 반응은 정상상태라 가정하고, 부피는 $\dfrac{Q}{k}$의 항으로 구한다. k는 반응속도상수, 유량은 Q로 설정)	'12.08.

구분	기출문제	시행연월
11	그림과 같이 강으로 직렬 연결된 두 호수가 있다. 호수 #1로 유출되는 하천 유량은 5,000m³/d이고, 최종 BOD는 10mg/L이다. 두 호수와 강의 1차 BOD 반응속도(k)은 d⁻¹이고 각 호수에서 완전 혼합이 이루어진다고 할 때, 호수 #1의 방류 BOD와 호수 #2의 방류 BOD를 각각 계산하시오.(단, 호수와 강의 BOD는 무시, 호수 사이 강의 길이는 5km이고 유속은 0.5m/s이며 반응은 이상적 PFR(Plug Flow Reactor)라 가정, 호수 #1과 호수 #2의 용량은 각각 25,000m³ 및 15,000m³이며, 정상상태이다.) 	'12.08.
12	환경분야에서 사용되는 기본 반응조 및 생물막 반응조의 종류와 배열 형태를 구분하여 나타내고, 각각의 용도에 대하여 설명하시오.	'12.02.
13	폐수처리에 사용되는 주된 반응기의 종류를 그림으로 제시하고 설명하시오.	'11.02.

🔳 기체전달이론

구분	기출문제	시행연월
1	대기 중 산소가 물속으로 용해되는 과정	'18.08.
2	경막계수(Film Coefficient)	'14.08.
3	이중경막이론(Two－Film Theory)	'12.08.

🔳 포기설비

구분	기출문제	시행연월
1	산소전달의 환경인자	'18.08.
2	호흡률(OUR ; Oxygen Uptake Rate)	'16.01.
3	포기조에 사용되는 Aerator의 성능시험	'16.01.
4	산소섭취율(OUR ; Oxygen Uptake Rate)	'14.08.

···04 물리적 수처리

1 침사

구분	기출문제	시행연월
1	입자의 상태에 따른 침강특성을 기술하고 I형의 침강속도식을 유도하시오.(단, 입자는 구형으로 가정, 항력계수는 $\dfrac{24}{N_{re}}$ 사용)	'14.02.
2	흐름 영역에 따른 침강속도 계산방법	'13.08.
3	소류 속도(Scouring Velocity, 또는 소류력)	'13.01.

2 침전

구분	기출문제	시행연월
1	하수처리장 이차침전지에 대하여 아래 사항을 설명하시오. 1) 형상 및 구조 　　2) 정류설비 3) 유출설비 　　　　4) 슬러지 제거설비 5) 슬러지 배출설비	'20.02.
2	하수처리장 일차침전지에서 발생하는 침전의 종류와 특성에 대하여 설명하시오.	'18.08.
3	2차침전지 고형물 부하 계산식 및 인자값의 의미	'18.02.
4	고형물 Flux를 이용하여 침전지의 면적(A)을 구하는 침전칼럼 실험방법에 대하여 설명하시오.	'17.01.
5	분류식 하수관거로 유입되고 고도처리공법으로 운영되는 하수처리장의 침전지에 대하여 설명하시오. 가. 1차 및 2차 침전지의 표면적 결정에 적용되는 설계인자 제시 나. 1차 및 2차 침전지에 적용되는 표면적 산정 절차가 다른 이유를 침전지의 4가지 유형을 도시하여 설명	'16.08.
6	침전지 용량효율	'16.08.
7	하수처리시설의 일차 침전지를 설치할 때 필요한 설계항목과 중앙유입식 원형 일차 침전지를 그림으로 나타내어 설명하시오.	'16.01.
8	침전지의 밀도류(Density Currents)의 정의 및 발생원인과 대응방안	'16.01.
9	하수처리시설에서의 동절기 2차침전지 효율저하 요인	'15.02.
10	표면적부하율(Surface Loading Rate)의 정의 및 적용시키는 단위공정	'14.08.

구분	기출문제	시행연월
11	이상침전지에 관해 다음 물음에 답하시오. 가. 제거율(E)을 나타내는 식($E = \dfrac{w_0}{Q/A}$)을 유도 나. 제거율 계산(단, w_0 : 0.1cm/s, Q : 1,000m³/d, A : 10m², H : 4m) 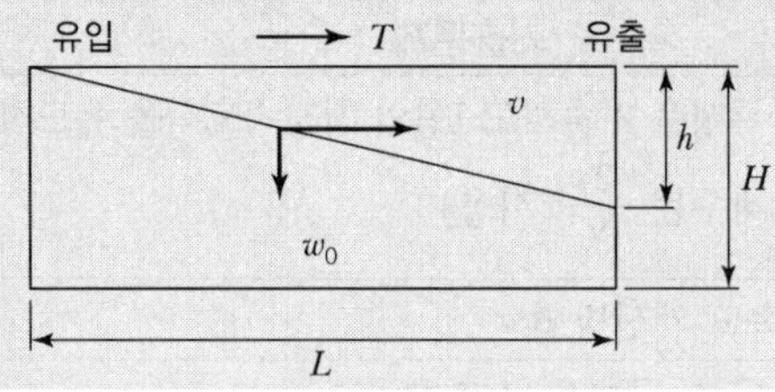 	'14.08.
12	다음 그림과 같이 H(m), L(m)의 장방형 침전지에 유량 Q(m³/h)가 유입되고 있다. 최초에는 최종 단부에서만 침전 처리수를 집수하였으며, 이때 완전분리조건의 입자 침강속도는 V_t(m/h)였다. 침전지 중간에 집수통 2개를 그림과 같이 추가하여 각각 $\dfrac{Q}{3}$만 집수하도록 개량한다면 침전효율은 어느 정도 상승할 것인지 설명하시오. 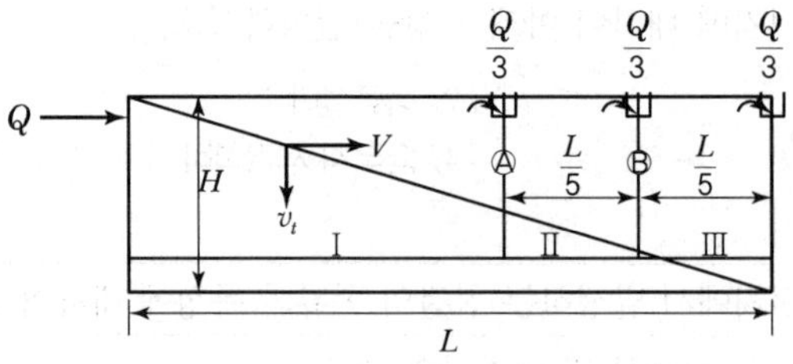 	'11.08.
13	활성슬러지 고액분리에 문제를 일으키는 이상현상의 종류와 현상 및 영향에 대하여 설명하시오.	'11.02.

❸ 여과설비

구분	기출문제	시행연월
1	지하수에서 Darcy의 법칙이 성립하기 위한 가정과 적용조건을 설명하시오.	'22.07.
2	급속여과 공정에 있어서 유효경, 균등계수, 최소경, 최대경의 기준과 규제하는 이유에 대하여 설명하시오.	'22.01.
3	탁도 재유출(Turbidity Spikes)	'21.07.

구분	기출문제	시행연월
4	모래여과지에 대하여 다음 사항을 설명하시오.(단, 필요한 경우 알맞은 공식을 기재하고 설명하시오.) 1) 유효경 2) 하젠(Hazen) 공식에 의한 투수계수 3) 다시(Darcy) 법칙에 의한 모래여과지 수두손실 산정	'20.07.
5	급속여과지 여과속도 향상방안	'20.02.
6	여과지의 하부집수장치 중 유공블럭형과 스트레이너형의 장단점을 설명하고, 각 형태별 역세척 시 손실수두를 비교하여 설명하시오.	'18.08.
7	여과 성능에 영향을 미치는 주요 인자와 여과지 세정에 대하여 설명하시오.	'17.01.
8	여과지의 성능지표와 UFRV(Unit Filter Run Volume)	'15.08.
9	하수고도처리 시 적용하는 급속여과법에 대하여 설명하시오.	'15.02.
10	급속여과에서 유효경, 균등계수, 최소경, 최대경 기준 및 규제이유를 설명하시오.	'14.02.
11	탁도 재유출(Turbidity spikes)	'14.02.
12	급속여과 공정에 있어서 유효경, 균등계수, 최소경, 최대경을 규제하는 이유	'12.02.
13	정수시설에서 입상여재(모래＋안트라사이트) 여과지로 구성된 여과상을 통해 180 $L/m^2 - min$의 여과속도로 운전하는 경우 주어진 조건을 이용하여 여과지층의 총 손실수두(Ht)를 계산하시오.(단, 소수점 둘째 자리까지 계산) 〈조건〉 • 균등 모래 평균 직경(d_1) : 0.5mm • 균등 안트라사이트 평균 직경(d_2) : 1.6mm • 모래여상 길이(L_1) : 0.3m • 안트라사이트 여상깊이(L_2) : 0.5m • 운전온도 20℃에서 여과상수(k) : 6 • 동점성계수(v) : $1.003 \times 10^{-6} m^2/sec$ • 형상계수(s) : 6.0 • 중력가속도(g) : $980m/s^2$ • 공극률(α) : 0.4	'12.02.
14	표면여과와 내부여과	'11.08.

⋯05 화학적 수처리

1 응집이론

구분	기출문제	시행연월
1	전기적 이중층(Double Layer)	'23.08.
2	응집 반응에 대한 메커니즘, 영향인자, 응집제 종류 및 특성에 대하여 설명하시오.	'21.07.
3	콜로이드의 전기 이중층과 약품교반시험(Jar-test) 절차	'21.01.
4	정수장 혼합, 응집공정에서 다음 사항을 설명하시오. 1) 응집공정의 목표 및 검토항목 2) 처리 효율에 영향을 미치는 인자 3) 공정 개선방안	'20.02.
5	터널폐수의 발생특성, 발생량 예측 방법, 처리계획, 처리시설 운전 방법을 각각 설명하시오.	'19.08.
6	응집의 원리를 Zeta-Potential과 연계시켜 설명하고, 최적 응집제 선정 시 고려사항에 대하여 설명하시오.	'19.01.
7	콜로이드(Colloids)의 분류, 특성 및 제타전위(Zeta Potential)에 대하여 설명하시오.	'18.02.
8	응집제의 종류와 특성 및 응집 효율에 영향을 미치는 인자를 설명하시오.	'18.02.
9	Enhanced Coagulation(강화 응집)	'17.08.
10	응집침전공정에서 Coagulation과 Flocculation의 진행과정을 기술하고, 여기에 사용되는 응집제의 역할을 설명하시오.	'17.01.
11	응집의 영향인자	'16.08.
12	응집원리를 Zeta-Potential과 연계하여 설명하고 응집 공정에 영향을 미치는 주요 인자를 설명하시오.	'15.08.
13	응집반응에 영향을 미치는 인자	'14.02.
14	하수처리시설에서 인(Phosphorus)처리를 위한 고도처리에 약품을 사용하려고 한다. 이때 아래 조건에서의 이론적 슬러지 발생량을 산정하시오. 〈조건〉 • 하수처리시설 용량 $Q=42,500\text{m}^3/\text{day}$ • 유입 T-P 농도=0.904mg/L • T-P 목표 방류수질=0.2mg/L • Alum 주입률=4.5mol Al/mol P • $AlPO_4$ 생성반응식 $Al_2(SO_4)_3 \cdot x\,H_2O + 2H_2PO_4^- + 4HCO_3^- \rightarrow 2AlPO_4(\downarrow) + 3SO_4^{2-} + 4H_2CO_3 + x\,H_2O$ • $Al(OH)_3$ 생성반응식 $Al_2(SO_4)_3 \cdot x\,H_2O + 3Ca(HCO_3)_2 \rightarrow 3CaSO_4 + 2Al(OH)_3(\downarrow) + 6CO_2 + x\,H_2O$ • Al 원자량=27, P 원자량=31	'13.08.

구분	기출문제	시행연월
15	Sweep Floc	'12.02.
16	전기이중층의 형성, 구성 및 거동에 대하여 설명하시오.	'11.02.

② 약품 및 pH 화학적 처리

구분	기출문제	시행연월
1	50,000m³/d를 처리하는 정수장을 설계하고자 한다. Jar Test와 Pilot Plant 분석에 의하면, $G \cdot t$값이 4.0×10^4일 때, 황산반도 40mg/L 주입 시 예상 수온 15℃($\mu = 1.139 \times 10^{-3}N \cdot s/m^2$, $\rho = 999.1kg/m^3$, vp=0.67m/s, Cd=1.8)에서 최적의 결과를 나타내었다. 다음 문제에 답하시오. 가. 황산반토의 월 소요량 나. 3개의 직교 흐름의 수평 패들(G=20~40s⁻¹)이 사용되었을 때, 응집조의 크기를 구하고 평면 및 측면 배치를 간단히 도해하시오.(단, 응집조와 침강조를 적절히 연결하려면 넓이는 최대 12m, 깊이는 5m 이하로 한다.) 다. 필요 동력량	'13.01.

③ 화학적 처리

구분	기출문제	시행연월
1	산성광산폐수의 영향 및 처리기술에 대하여 설명하시오.	'22.07.
2	건설현장에서 발생하는 산성배수(Acid Drainage)에 대하여 다음 사항을 설명하시오. 1) 발생원인 2) 환경에 미치는 영향 3) 처리방안	'20.07.
3	광해배수의 자연정화법에 대하여 설명하시오.	'19.08.
4	시안(NaCN)과 크롬(H_2CrO_4)이 함유된 폐수를 크롬은 환원침전법(환원제 Na_2SO_3 사용), 시안은 알칼리염소법(NaClO)으로 처리할 때 반응식, 처리공정, 운영인자를 설명하고 $Ca(OH)_2$을 사용해 침전시킬 Cr 1kg을 기준으로 발생되는 슬러지양과 CN 1kg을 제거하는 데 필요한 산화제 양을 산출하시오.	'16.01.
5	광산폐수의 문제점 및 처리방안을 설명하시오.	'14.02.
6	폐광지역에서 발생되는 산성 광산폐수의 문제점 및 처리방안에 대하여 설명하시오.	'11.02.

4 Alkalinity와 Acidity

구분	기출문제	시행연월
1	경도(Hardness)	'22.07.
2	LI(Langelier Index)	'21.07.
3	알칼리도의 종류 및 측정방법, 수질관리의 중요성에 대하여 설명하시오.	'21.01.
4	산도(Acidity)와 알칼리도(Alkalinity)	'20.07.
5	물의 경도	'18.08.
6	경도(Hardness)와 알칼리도(Alkalinity)의 유발물질과 영향	'18.02.
7	취수된 원수의 수질분석 결과는 다음과 같다. *(아래 표 참조)* 다음 값을 구하시오. 가. Mg²⁺ 농도(mg/L) 나. Alkalinity(mg/L as CaCO₃) 다. 탄산경도(mg/L as CaCO₃) 라. 비탄산경도(mg/L as CaCO₃)	'16.01.
8	산성폐수와 알칼리성 폐수의 혼합 pH 계산방법	'16.01.
9	수도관거의 부식에 영향을 주는 요소, 각 요소별 부식에 대한 영향 및 부식방지를 위한 방법을 설명하시오.	'13.01.
10	Alkalinity와 Acidity의 종류 및 정의	'12.08.
11	수온 25℃, pH=7.0, Ca^{2+}=9.5mg/L, S_d=60mg/L, Alkali=30mg/L일 EO, pHs를 구하고 SI(Saturation Index)에 의한 물의 안정성을 구하시오.(단, pHs : 이론적 pH, S_d : 용해물질의 총 농도, S : 공존하는 용해성 물질의 영향을 나타내는 보정치, $S=2\sqrt{\mu}/(1+\sqrt{\mu})$, $\mu=2.5\times10^{-5}\,S_d$, pHs=8.313+pCa+pAlkali+S, SI=pH−pHs)	'12.08.
12	부식속도에 영향을 끼치는 수중의 중요 화학인자들에 대하여 설명하고 화학인자들을 조정하는 것 외에 부식속도를 지연시킬 수 있는 방법 5가지를 설명하시오.	'12.02.

표(문제 7):

항목	Ca^{2+}	Mg^{2+}	Na^+	Cl^-	HCO_3^-	SO_4^{2-}	CO_3^{2-}
분자량	40	24	23	35.5	61	96	44
농도(mg/L)	60	(?)	46	35.5	183	120	44

5 응집침전 및 가압부상법

구분	기출문제	시행연월
1	수처리 공법 중 부상분리법에 대하여 다음을 설명하시오. 1) 부상분리법의 개요 2) 중력침강법에 대한 부상분리법의 장단점 3) 부상분리법의 종류 4) 부상지의 설계 시 고려사항	'20.02.
2	용존공기부상법(DAF)의 원리, 장단점 및 공정구성에 대하여 설명하시오.	'17.08.
3	마이크로 버블에 의한 하·폐수의 부상분리법	'17.01.
4	활성슬러지 혼합액을 0.2%에서 4%로 농축시키기 위한 부상분리 농축조를 가압순환이 있는 경우와 없는 경우로 설명하시오. 〈조건〉 • 최적 A/S비＝0.008mL/mg • 온도＝20℃ • 공기용해도＝18.7mL/mg • 가압순환식에서의 압력＝275kPa • 포화도＝0.5 • 표면부하율＝8L(m² · min) • 슬러지유량＝300m³/d 가. 가압순환이 없는 경우 소요압력, 필요 표면적, 고형물부하율 나. 가압순환이 있는 경우 대기 중 압력, 필요 순환율, 필요 표면적	'15.08.
5	용존가압순환부상법에서 다음 설계인자를 이용하여 폐수량 60m³/hr에서 가압순환수량(m³/hr)을 구하시오. (설계인자) • A/S비 : 0.04 　　• 고형물부하 : 120kg/m² · d • 수면적부하 : 6m³/m² · hr 　• 가압수압력 : 4kgf/cm² • f＝90% 　　• S_a＝10mg/L (관계식) $A/S = \dfrac{1.3S_a(f \times P - 1)}{S_s} \times \dfrac{Q_r}{Q}$ 여기서, Q : 폐수량, Q_r : 가압순환수량 S_s : 폐수 중 고형물농도(mg/L) S_a : 대기압 시 포화공기농도(mg/L) P : 가압평균 절대압력(atm)	'12.08.

구분	기출문제	시행연월
6	Petrochemical Plant에서 발생하는 폐수를 부상분리하여 처리하고자 한다. Stockes 법칙과 다음의 값을 이용하여 부상분리조 깊이 $H(m)$, 폭(B), 길이 $L(m)$, 지수를 결정하시오.(단, 유량 Qm=1,350m³/h 수평유속 VH=0.9m/min, ρ(기름)=0.9g/cm³, 중력가속도 g=980cm/S², μ(물)= 0.01.g/cm sec, d(기름)=150μm, F=Ft×Fs(=1.2)) 〈Ft의 산정〉 Vh/Vr: 20, 15, 10, 6, 3 / Ft: 1.45, 1.37, 1.21, 1.14, 1.07 깊이 범위(m) : 0.9m<H<2.4m 폭 범위(m) : 1.8m<B<6.1m	'11.08.

6 고도산화(AOP)

구분	기출문제	시행연월
1	펜톤 반응(Fenton Reaction)과 광펜톤 반응(Photo Fenton Reaction)에 대하여 처리공정 등을 포함하여 설명하시오.	'23.08.
2	고도산화법(AOP ; Advanced Oxidation Process)	'23.08.
3	오존을 이용한 고도산화(AOP ; Advanced Oxidation Process) 3가지	'22.07.
4	Advanced Oxidation Process	'22.01.
5	염색폐수의 특성과 처리방법을 간략히 설명하고, 처리방법 중 펜톤산화공정에 대하여 상세히 설명하시오.	'21.07.
6	광펜톤 반응(Photo Fenton Reaction)	'16.08.
7	AOP(Advanced Oxidation Process)의 원리와 종류	'16.01.
8	Fenton 산화법의 목적, 반응원리, 화학반응식 및 투입되는 약품을 설명하시오.	'14.02.

7 활성탄설비

구분	기출문제	시행연월
1	입상활성탄 주요 설계인자(EBCT, SV, LV)	'22.07.
2	입상활성탄의 탁질 누출현상(파과, Breakthrough)의 발생과정, 발생원인, 수질에 미치는 영향 및 대책에 대하여 설명하시오.	'22.01.
3	정수장 사용 활성탄의 종류, 특징, 제거대상물질	'22.01.
4	활성탄을 이용한 흡착탑 설계인자에 대하여 설명하시오.	'18.08.

구분	기출문제	시행연월
5	고도처리공정인 BAC(Biological Activated Carbon Filter)공정에 대하여 다음을 설명하시오. (1) BAC공정에 사용하는 석탄계와 야자계 입상활성탄의 적용특성 비교 (2) 입상활성탄 수처리제 규격의 대표적인 물성 중 체잔류물, 건조감량, 요오드 흡착력, 메틸블루 탈색력을 규정한 이유	'18.02.
6	DOC 제거 및 DBPs 생성 억제를 위한 정수처리방법 중 BAC(Biological Activated Carbon)공정에 대하여 설명하시오.	'17.08.
7	입상활성탄의 파과(Breakthrough)	'14.08.
8	등온 흡착 시(Freundlich 및 Langmuir) 및 상수 산정방법	'14.02.
9	생물활성탄(BAC ; Biological Activated Carbon)	'13.08.

8 이온 교환

구분	기출문제	시행연월
1	초순수	'23.02.
2	초순수의 정의, 주요 처리공정, 첨단용수산업의 특성 및 첨단용수 시장 현황에 관해 설명하시오.	'14.02.
3	이온 교환의 원리 및 적용, 이온 교환수지의 종류, 반응과정 등에 대하여 설명하시오.	'13.01.
4	용해성 무기질의 제거방법에 대하여 설명하시오.	'13.01.

9 소독

구분	기출문제	시행연월
1	정수처리에서 오존처리 시 수반되는 주요 문제점 및 저감대책	'23.08.
2	하수처리시설의 소독방법 선정 시 고려사항을 설명하고, 소독방법 중 하나인 자외선 소독방법의 원리, 영향인자와 염소소독과의 장·단점을 비교 설명하시오.	'23.02.
3	물리적, 화학적 소독방식의 종류를 제시하고, 정수공정에서 사용되는 소독제인 염소, 오존, 이산화염소, 자외선의 장·단점을 비교 설명하시오.	'22.01.
4	$SUVA_{254}$(Specific UV Absorbance)	'21.07.
5	log 제거율과 % 제거율의 관계	'21.01.

구분	기출문제	시행연월
6	정수처리에서 발생하는 THMs(총트리할로메탄)에 대하여 다음 사항을 설명하시오. 1) THMs의 정의 2) 생성원인 및 인체에 미치는 영향 3) THMs 생성에 영향을 미치는 요소 4) THMs 생성 전 제어방법 5) 생성된 THMs 제거방법	'20.07.
7	소독공정에서 소독 적정판단(불활성비 산정), CT값 증가방법, 필요 소독능(CT 요구값) 및 실제소독능(CT 계산값)에 대하여 설명하시오.	'20.02.
8	병원균 지표(Pathogen Indicator)	'18.08.
9	소독부산물(DBPs ; Disinfection by-products)	'18.08.
10	하수처리수 재이용 시 위생성 확보를 위한 소독처리공정에 대하여 다음을 설명하시오. (1) 하폐수처리수 제처리수의 용도별 소독처리공정의 필요성 (2) 국내 하수 재이용에 적용 가능한 소독처리공정 비교 및 적용 공정 선정시고려사항	'18.02.
11	소독공정에서의 불활성비의 정의 및 계산방법	'18.02.
12	전염소처리 및 중간 염소처리	'17.08.
13	다음을 설명하시오. 가. 염소처리의 목적 나. 유리잔류염소 다. 결합잔류염소 라. 유리잔류염소와 결합잔류염소의 살균력	'16.08.
14	SUVA$_{254}$	'15.08.
15	정수처리 소독과정에서 액화염소의 저장설비 및 주입설비의 기준에 대하여 설명하시오.	'15.08.
16	소독능(CT) 및 불활성비 계산법	'15.08.
17	정수공정에서 사용되는 살균제인 염소와 대체제인 오존, 이산화염소, 자외선 등의 장단점을 비교 설명하시오.	'14.02.
18	미생물 2차 증식(After Growth)	'14.02.
19	자외선 소독시설 성능의 확인과 유지관리를 위하여 확인해야 할 사항 5가지를 설명하시오.	'12.08.

구분	기출문제	시행연월
20	15℃에서 HOCL수용액 10^{-3}M의 이온세기(μ)와 활동도계수(γ)의 상관관계가 주어진 조건과 같을 때 HOCL과 OCL^- 농도의 logC－pH diagram을 도시하고 아울러 살균효과와 pH관계를 설명하시오. 〈조건〉 • HOCL의 $K_a = 10^{-7.6}$ • 이온세기(μ) = 0.5 $\sum C_j Z_j^2$ = 0.1M • γ_{H+} = 0.83 • γ_{OH^-} = 0.75 • γ_{HOCL} = 1 • K_w = 4.5×10^{-15}	'12.02.
21	결합잔류염소의 정의와 관련 반응식	'12.02.
22	염소 소독 시 수중에 암모니아가 존재할 경우 형성되는 클로라민(Chloramine)의 종류를 반응식으로 나타내고, pH 변화에 따른 클로라민의 분포 형태를 그림으로 제시하고 설명하시오.	'11.02.

🔟 대장균균

구분	기출문제	시행연월
1	총 대장균군, 분원성 대장균군, 대장균의 정의와 측정방법 종류	'16.01.
2	병원성 미생물의 존재 여부를 파악하기 위한 지표 미생물로 Escherichia Coli를 적용할 때 발생하는 문제점	'12.02.

···06 생물학적 수처리

1 미생물 종류

구분	기출문제	시행연월
1	독립영양미생물(Autotrophs)과 종속영양미생물(Heterotrophs)을 비교 설명	'23.08.
2	수질환경미생물의 종류와 특징에 대하여 설명하시오.	'22.07.
3	활성슬러지에 대하여 다음 사항을 설명하시오. 1) 회분배양 시 미생물 성장곡선 2) F/M비, 물질대사율, 침전성의 관계	'21.01.
4	미생물의 성장에서 증식과정, 미생물의 성장과 F/M비	'20.02.
5	수생태계에서의 용존산소와 먹이에 따른 미생물 분류	'19.08.
6	활성슬러지 미생물의 생리적인 특성에 의한 분류 4가지	'19.08.
7	Autotrophic과 Heterotrophic 비교 설명	'19.01.
8	Monod식	'19.01.
9	미생물과 유기물(먹이) 관계 그래프	'18.08.
10	Monod식	'15.02.
11	Autotrophic과 Hetrotrophic 비교 설명	'12.02.
12	하천에서 미생물의 이화작용, 동화작용, 내호흡에 대한 반응식을 제시하고 설명하시오.	'11.08.
13	비연속 배양의 호기성 공정에서의 기질 제거와 세포합성 및 감쇄, 산소사용량 등의 정량적 관례를 그림으로 제시하고 설명하시오.	'11.02.

2 사상미생물

구분	기출문제	시행연월
1	생물반응조의 2차 침전지에서 슬러지 벌킹(Bulking)의 정의, 원인, 사상균의 제어방법에 대하여 각각 설명하시오.	'19.08.
2	생물반응조의 2차 침전지에서 슬러지 벌킹(Bulking)을 야기하는 사상균의 제어방법에 대하여 설명하시오.	'19.01.
3	Viscous Bulking(점성팽화)	'17.08.
4	방사선균의 발생원인 및 억제대책	'13.01.

구분	기출문제	시행연월
5	생물학적 처리공정의 운전 시 발생하는 다음의 문제점에 대한 원인 및 현상을 설명하시오. 가. Reducing sulfur bulking 나. Viscous Bulking 다. Pinpoint Floc 라. Bubble and Scum Formation 마. Dispersion Growth	'12.02.

③ 활성슬러지법

구분	기출문제	시행연월
1	ASRT(Aerobic – SRT)	'17.08.
2	슬러지 반송이 있는 연속류식 완전혼합형 활성슬러지법의 유기물 제거원리를 설명하시오.	'16.08.
3	생물반응조 내 물질수지를 통해 고형물 체류시간(SRT ; Solid Retension Time)관계식을 구하고, SRT를 길게 할 때와 짧게 운전할 때 나타나는 반응조 현상에 대해 상세히 설명하시오.	'16.01.
4	심층포기법의 특징과 설계 시 고려사항에 대하여 설명하시오.	'14.08.
5	정상상태를 가정하여 완전혼합 반응조(CFSTR)에서의 기질제거율(E)과 F/M비의 관계를 식으로 유도하고, 그 결과를 그림으로 제시하시오.	'11.02.

④ 질소, 인 처리공정

구분	기출문제	시행연월
1	생물학적 인제거 원리 및 인제거 효율향상법에 대하여 설명하고, 대표적 방법인 A/O와 A_2/O공법의 개요와 장 · 단점을 비교하여 설명하시오.	'23.02.
2	고도하수처리의 정의, 도입이유 및 처리방식	'23.02.
3	생물학적 인 제거 시 영향인자	'22.07.
4	순환식 질산화 탈질법과 질산화 내생탈질법의 특징, 설계 유지관리상 유의사항, 차이점에 대하여 설명하시오.	'22.07.
5	대표적 영양물질인 질소와 인의 특징과 순환에 대하여 설명하시오.	'22.07.
6	암모니아 탈기법	'21.07.

구분	기출문제	시행연월
7	폐수의 질소제거 공정인 아나목스(Anammox, Anaerobic Ammonium Oxidation) 공정에 대하여 다음 사항을 설명하시오. 1) 공정의 원리 및 반응식 2) 장·단점 및 적용가능 하·폐수	'21.01.
8	수중에 존재하는 암모니아성 질소에 대하여 다음 사항을 설명하시오. 1) 일정온도하에서 pH에 따른 암모니아와 암모늄 이온의 비율변화 2) 생태독성	'20.07.
9	A/O공법 및 A_2/O공법에 대하여 다음 사항을 설명하시오. 1) 각 공법의 원리 및 특징 2) 각 공법의 설계 인자 및 장단점	'20.02.
10	암모니아성 질소, 알부노이드성 질소, 아질산성 질소, 질산성 질소	'20.02.
11	총인에 대한 화학적 응집처리에 대하여 다음을 설명하시오. 1) 화학식을 포함한 응집의 기본원리 2) 유입농도 변화를 고려하지 않은 응집처리공정의 문제점과 해결방안 3) 유입유량 변화를 고려하지 않은 응집처리공정의 문제점과 해결방안	'19.08.
12	A_2/O의 개요·공정도 및 각 공정에서의 미생물 역할	'19.08.
13	생물학적 탈질조건을 제시하고, 전탈질과 후탈질의 장단점을 비교하시오.	'19.01.
14	정석탈인법	'19.01.
15	하수처리시설 총인 제거에 대하여 다음을 설명하시오. (1) 생물학적 총인 제거의 기본원리, 영향인자 및 적용가능공법 (2) 기존 하수처리시설의 총인 처리시설 추가 설치시 고려사항	'18.02.
16	수중 암모니아 전리과정의 결정인자와 생물독성 영향	'18.02.
17	물리, 화학적 질소제거방법에 대하여 설명하시오.	'17.08.
18	질산화 및 탈질 반응속도에 영향을 미치는 인자와 최적 조건에 대하여 각각 설명하시오.	'17.08.
19	A/O 공법과 A_2O 공법에 대하여 설명하시오.	'17.01.
20	하·폐수의 생물학적 질소제거 시 알칼리도(Alkalinity)의 역할을 설명하시오.	'17.01.
21	총질소(T-N)과 TKN	'17.01.
22	하·폐수처리장 에너지 자립화를 향상시키기 위한 기법 및 장치가 많이 도입되고 있는 추세인데, A_2O(Anaerobic-Anoxic-Oxic)로 운영되는 생물반응조 내에서의 운영비 저감기법과 장치에 대하여 설명하시오.	'16.08.

구분	기출문제	시행연월
23	하·폐수 고도처리의 경우 질산화에 미치는 영향요인에 대하여 설명하시오.	'16.01.
24	MAP(Magnesium Ammonium Phosphate)법의 반응원리와 적용폐수의 종류에 대해 설명하시오.	'16.01.
25	BOD/TKN비율에 따른 활성슬러지의 질산화미생물 분율의 변화	'16.01.
26	질소제거공정에서 순환식 질산화 탈질법과 질산화 내생탈질법에 대해 비교 설명하시오.	'15.08.
27	활성질소(Reative Nitrogen)가 공공 수역으로 유출되는 메커니즘에 대해 설명하시오.	'15.02.
28	고도처리 시 알칼리제 및 추가 유기물원 주입	'15.02.
29	4대강 사업 중 하수처리장 총인 처리사업의 기대효과와 문제점 및 개선 방안을 제시하시오.	'14.08.
30	생물학적 질소, 인 제거 하수처리공정에서 여름철과 겨울철의 인 제거 효율이 낮은 이유와 개선 방안을 제시하시오.	'14.08.
31	BOD와 총 질소 농도가 각각 5mg/L 이하, 총 인은 0.3mg/L 이하를 달성할 수 있는 생물학적 하수처리공정을 제시하시오.	'14.08.
32	비이온성 암모니아	'14.08.
33	하수처리장 방류수의 총 질소 규제농도가 현재 20mg/L 이하인데 이를 강화할 필요성과 기존 하수처리장에서 방류수의 총 질소 농도를 10mg/L 이하로 낮출 수 있는 공정 개조방안을 저에너지와 관련하여 설명하시오.	'14.08.
34	응집제병용형 생물학적 질소 제거법에 대하여 설명하시오.	'14.02.
35	공기탈기법으로 폐수 중의 암모니아성 질소를 제거하기 위하여 pH를 조절하고자 한다. 수중의 암모니아 중 NH_3를 99%로 하기 위한 pH를 아래 조건을 이용하여 구하시오. 〈조건〉 • 암모니아성 질소의 수중에서의 평형 $NH_3 + H_2O \leftrightarrow NH_4^+ + OH^-$ • 평형상수 $K_b = 1.8 \times 10^{-5}$ • $K_w = 1.0 \times 10^{-14}$	'13.08.
36	호소의 부영양화를 유발하는 영양염류 중 하나인 질소를 수처리 공정을 통해 제거하고자 할 때 물리 화학적 방법과 생물학적 방법을 각각 2가지만 설명하시오.	'13.08.
37	수처리 공정 중 호기성, 혐기성, 무산소 조건에 대한 비교	'13.08.
38	탈질 여과공정(하향류 방식)의 구성에 대하여 설명하시오.	'13.01.
39	인 제거를 위한 화학적 침전방법	'13.01.

구분	기출문제	시행연월
40	처리수의 T-P 농도가 높은 목표수질을 넘을 위험성이 높다고 예상되는 경우, 그 관리 순서를 쓰고 설명하시오.	'12.02.
41	하수 고도처리의 개념, 목적, 대상물질별 처리 방법에 대하여 각각 설명하시오.	'12.02.
42	생물학적 광인 인 제거(EBPR) 메커니즘	'12.02.
43	물리·화학적 질소 제거방법	'12.02.
44	BOD 제거와 질산화를 위한 활성슬러지 공정의 설계과정에 대해 설명하시오.	'11.08.
45	생물학적 질소 제거공정 중 전탈질과 후탈질 공정의 특징을 각각 설명하시오.	'11.02.
46	일반적인 도시하수처리 계통도를 공정도로 제시하고, 각 처리시설별 역할에 대해 설명하시오.	'11.02.
47	질소와 인의 동시 제거가 가능한 하수의 생물학적 고도 처리공법 중 3개 이상의 공법에 대한 처리원리와 장단점에 대하여 설명하시오.	'11.02.
48	탈질여상(Denitrifying Filter)	'11.08.
49	dPAO(denitrifying Phosphorus Accumulating Organifying)	'11.08.

5 슬러지 처리 및 자원화

구분	기출문제	시행연월
1	반류수의 정의, 반류수별 수질항목, 처리 시 고려사항, 반류수의 증가 원인, 문제점, 처리 방안에 대하여 설명하시오.	'22.07.
2	슬러지 탄화(炭化)에 대하여 설명하시오.	'22.01.
3	슬러지 최종처분에 대하여 설명하시오.	'21.07.
4	슬러지의 탈수(Dewatering) 공정에 대하여 다음 사항을 설명하시오. 1) 슬러지 비저항(Specific Resistance) 2) 기계식 탈수장치의 종류 및 장·단점	'21.01.
5	하수처리장에서 발생하는 슬러지의 자원화 방안에 대하여 설명하시오.	'21.01.
6	발생원별 반류수의 중점처리 수질항목	'19.08.
7	하수슬러지 자원화 방안에 대하여 설명하시오.	'19.01.
8	하수처리시설에서 발생되는 반류수의 특성, 농도 저감방안, 처리공법 등에 대하여 설명하시오.	'18.02.
9	슬러지 처리·처분 방식	'16.08.
10	하·폐수를 생물학적 방법으로 처리할 경우 슬러지가 발생된다. 슬러지의 발생원에 따른 발생량을 관계식으로 적용하여 설명하시오.	'16.01.

구분	기출문제	시행연월
11	슬러지의 고형물 분석을 실시하여 다음과 같은 결과를 획득하였다. 이 실험 결과의 신뢰성 여부를 판단하고, 신뢰성이 확보될 수 있도록 재측정이 필요한 항목과 그 값을 추정하시오. (측정값 TS : 20,000mg/L, VS : 17,800mg/L, TSS : 17,000mg/L, VSS : 13,400mg/L)	'16.01.
12	다음의 조건을 갖는 생물반응조에서 발생되는 잉여슬러지양(m^3/day)과 농축슬러지의 함수율(%)을 계산하시오. <조건> • 포기조 용적 : 2,000m^3 • MLVSS : 2,500mg/L • 고형물체류시간 : 4일 • 반송슬러지 농도 : 10,000mg/L • 농축슬러지의 양 : 25m^3/day(단, 잉여 및 농축슬러지 비중은 1.0으로 가정)	'16.01.
13	가축분뇨 고체연료기준	'16.01.
14	하·폐수처리장에서 슬러지 처리 및 처분비용이 전체 처리장 운영 및 유지관리비에 상당 부분을 차지하고 있는 실정이다. 따라서 최적의 슬러지 처리 및 처분시설을 설계하기 위해서는 무엇보다도 슬러지의 종류, 양 및 특성을 정확히 파악하여 처리시설의 설계 기본자료로 이용하여야 한다. 하·폐수처리장에서 공정별 슬러지 종류, 양, 특성에 대해서 설명하시오.	'15.08.
15	슬러지 처리공정에서 발생하는 반류수의 처리방법에 대하여 설명하시오.	'14.02.
16	탈수능 측정(CST ; Capillary Suction Time) 목적 및 방법	'14.02.
17	하수슬러지의 자원화 방안에 대하여 설명하시오.	'13.08.
18	수처리공정에서 슬러지 발생량을 줄일 수 있는 슬러지 가용화 방식에 의한 슬러지 감량기술의 원리와 대표적인 가용화 방법을 열거하고 비교 설명하시오.	'11.08.

6 혐기성·호기성 소화

구분	기출문제	시행연월
1	하수처리장에서 발생하는 슬러지의 농축과 소화(안정화)에 대하여 설명하시오.	'23.08.
2	하수처리장 에너지 자립화 방안에 대하여 온실가스 목표관리제 등 정부정책을 포함하여 설명하시오.	'23.08.
3	유기성 폐자원을 활용한 바이오가스 생산과 관련하여 다음 사항을 설명하시오. 1) 유기성 폐자원의 종류 2) 기존 유기성 폐자원의 처리상 문제점 3) 바이오가스 공급 및 수요 확대 방안	'23.02.

구분	기출문제	시행연월
4	혐기성 소화 시 저해물질에 대하여 설명하시오.	'23.02.
5	바이오가스	'23.02.
6	혐기성소화 시 이상상태의 원인 및 대책에 대하여 설명하시오.	'22.07.
7	공공하수처리시설 에너지 자립화 기술, 사례, 사업추진 시 문제점 및 개선방안에 대하여 설명하시오.	'21.07.
8	고농도 유기성 폐기물의 혐기성소화 처리시설 설계 시 고려사항에 대하여 설명하시오.	'21.07.
9	하수처리장에서 발생하는 슬러지의 안정화에 대하여 다음 사항을 설명하시오. 1) 슬러지 안정화의 목적 2) 호기성 소화와 혐기성 소화의 개요 및 장·단점	'21.01.
10	스마트소화조	'19.01.
11	하수처리 시 발생되는 슬러지의 안정화에 대하여 다음 항목을 설명하시오. (1) 슬러지 안정화의 목적 (2) 호기성 소화와 혐기성 소화의 처리개요 및 장단점	'18.08.
12	혐기성 소화설비(산발효조, 소화조, 가스저장조 등)의 안정적 운전을 위한 계측기 연동 자동 운전 방안과 바이오가스 안정성 확보를 위한 시설물 계획 및 운전방안을 설명하시오.	'18.02.
13	혐기성 처리에 대하여 다음을 설명하시오. (1) 혐기성 처리를 위한 조건 (2) 유기물의 혐기성 분해과정과 단계 (3) 혐기성 처리의 장점과 단점	'18.02.
14	폐수의 혐기성 처리를 위한 공정 설계 시 고려해야 할 유입수의 성상 및 전처리 인자에 대하여 설명하시오.	'17.08.
15	하수슬러지의 호기성 소화를 혐기성 소화와 비교하여 장·단점을 설명하시오.	'17.01.
16	하수처리장에서의 병합 혐기성 소화 처리에 대하여 다음을 설명하시오. 가. 하수슬러지와 유기성 폐기물(음식물 폐기물, 가축분뇨, 분뇨 등)의 특성 나. 병합처리 시 나타나는 문제점 및 대책	'16.08.
17	다음을 설명하시오. 가. 혐기성 처리를 위한 조건 나. 유기물의 혐기성 분해과정과 단계 다. 혐기성 처리의 장점과 단점	'16.08.
18	혐기성 처리의 목적, 유기물 분해과정, 공정 영향인자에 대해 설명하시오.	'15.08.
19	하수처리장 에너지 자립도 개선사업과 관련하여, 우리나라의 현황과 하수처리장에서의 에너지 저감 및 생산 방안을 설명하시오.	'14.08.

구분	기출문제	시행연월
20	COD 15,000mg/L인 유기용액을 소화 실험한 결과 소화조 내 메탄균의 성장에 관한 식이 다음과 같다. 소화에 의해 COD를 95% 제거하고자 할 때 소화슬러지의 체류시간을 구하시오.(단, 소화조는 완전혼합상태라 가정하고, m : 메탄균 농도(mg/L) a : COD당 메탄균 생성량(0.04 mg/mg COD), b : 메탄균 자기분해 상수(0.03d^{-1}) c : 기질농도(mg/L), c_m : 포화정수(250 mg/L), $\mu_{\max}$: 단위 메탄균량당 기질 이용 속도(25.0mgCOD/mg·d) $$\frac{dM}{dt} = \frac{a\mu_{\max}c}{c_m+c}M - bM$$	'14.08.
21	슬러지 처리공정 중 혐기성 소화조 효율이 낮을 경우의 원인 및 개선방안에 대하여 설명하시오.	'13.01.
22	자체 발열 고온 호기성 소화(ATAD ; Autothermal Thermophilic Aerobic Digestion) 공정개요와 주요 장단점을 비교 설명하시오.	'13.01.
23	수질복원센터의 농축조를 거친 혼합슬러지를 고속 혐기성 소화법에 따라 처리하고자 한다. 주어진 조건을 적용하여 다음 물음에 답하시오. 〈조건〉 • 계획 1일 평균슬러지양(Q_{des}) : 300m^3/day • 기질제거율(E) : 0.7 • 생슬러지 기질농도(So) : 42kg BODL/m^3 • 소화온도(T) : 35℃ • 35℃에서의 슬러지 일령(θ_x)=10days • 메탄가스의 부피비율 : 약 70% • 열작작량(Fixed Solids)의 비중 : 2.5 • 열작감량(Volatile Solids)의 비중 : 1.6 • 세포물질 생산계수(Y) : 0.04g VSS/g BODL • 세포물질 감쇠속도상수(b) : 0.015day^{-1} • 생슬러지 고형물 농도 : 4%(FSS1=0.3, VSS1=0.7) • 소화될 슬러지 고형물 농도 : 8%(FSS2=0.5, VSS2=0.5) 가. 소화조의 용적(m^3) 나. 소화율(%) 다. 슬러지의 부피 감량률(%) 라. 전체 생물분해가스 발생량(m^3 STP/day)	'12.02.
24	최근 메탄화에 의한 혐기성 처리가 저농도의 하·폐수 처리에도 검토되는 바, 혐기성 처리가 호기성 처리에 비해 갖는 장단점에 대하여 설명하시오.	'12.02.
25	혐기성 처리공정의 일반적인 설계 고려사항에 대하여 설명하시오.	'11.08.
26	혐기성 반응조에서의 메탄생산율과 세포질생산량에 대한 관계식	'11.08.

☑ 중수도 및 재이용

구분	기출문제	시행연월
1	유출지하수의 발생량 조사방법, 활용방안 및 수질기준(음용수 제외)에 대하여 설명하시오.	'23.08.
2	「물의 재이용 촉진 및 지원에 관한 법률」에 따른 재이용 대상 수원별 재이용 현황과 하수처리수 재이용을 활용한 물순환 촉진 방안을 설명하시오.	'22.07.
3	지속 가능한 물 재이용 정착으로 건전한 물순환 확산을 위한 "제2차 물 재이용 기본계획(2021~2030)"의 비전 및 목표, 정책추진 방향, 추진과제 중 하수처리시설의 재이용수 공급능력 향상에 대하여 설명하시오.	'21.07.
4	물 재이용 관리계획 수립내용, 기본방침, 작성기준에 포함할 내용을 설명하시오.	'21.01.
5	물 재이용 기본계획과 관리계획 수립에 포함되어야 할 사항	'16.01.
6	최근 대두되고 있는 하수처리장 재이용의 문제점에 대하여 설명하시오.	'15.08.
7	하수처리수를 관개용수로 사용하고자 할 때 작물의 생산과 토양의 특성을 고려한 수질 검토사항을 설명하시오.	'14.08.

☑ 하수, 축산, 분뇨 등 연계처리 등

구분	기출문제	시행연월
1	가축분뇨 전자인계관리시스템	'23.08.
2	가축분뇨의 발생특성과 가축분뇨처리시설의 설치기준에 대하여 설명하시오.	'23.08.
3	'가축분뇨공공처리시설 설치 및 운영관리지침(2018. 9, 환경부)'의 설치타당성조사를 설명하시오.	'19.01.

☑ 음식물처리/침출수 등

구분	기출문제	시행연월
1	폐기물 매립지에서 발생하는 침출수에 대하여 설명하시오.	'23.08.
2	음식물의 사료화 방안에 대하여 다음을 설명하시오. (1) 사료화 방식의 처리 계통 및 주요처리공정 (2) 안정적 사료화 방안과 소화효율 확보방안 (3) 악취 최소화 방안	'18.02.

⑩ 토양오염

구분	기출문제	시행연월
1	토양오염의 특성 및 토양오염 정화기술의 종류에 대하여 설명하시오.	'23.02.
2	특정토양오염관리대상시설의 종류	'22.07.
3	Soil Flushing	'20.02.
4	토양오염의 특성과 오염 여부를 판정하기 위한 필요인자에 대하여 설명하시오.	'19.08.
5	Phytoremediation의 정의와 처리기작에 대하여 설명하시오.	'18.08.
6	지하수 오염의 특성	'16.08.
7	BTEX에 대해 설명하고 지하수에 유입되었을 경우, 지하수 내 이동 특성 및 정화방법을 설명하시오.	'14.02.
8	BTEX와 MTBE	'13.08.
9	탈염소화 방법에 대하여 설명하시오.	'13.01.
10	토양 및 지하수 오염물질의 사례를 들어서 LNAPL과 DNAPL의 특징에 대하여 설명하시오.	'11.02.
11	Phytoremediation의 대표적 정화기작 3가지에 대하여 설명하시오.	'11.02.

⑪ 악취

구분	기출문제	시행연월
1	개인하수처리시설 정화조 내 악취문제 해결방안에 대하여 설명하시오.	'23.08.
2	세계 다른 선진국들과는 달리 우리나라는 합류식 지역에 정화조가 설치되어 하수악취 문제로 많은 민원이 발생하고 있다. 이러한 악취에 대하여 다음 사항을 설명하시오. 1) 하수관로의 악취발생원, 악취발산원, 악취배출원 2) 발생원, 발산원, 배출원별 적용 가능한 악취저감시설	'23.02.
3	악취 발생원, 발산원, 배출원	'22.07.
4	하수처리장에서의 악취 방지를 위해 고려해야 할 사항과 악취 방제방법 중 탈취법(원리, 적용물질, 특징)에 대하여 설명하시오.	'22.01.
5	악취방지와 관련하여 다음을 설명하시오. 1) 처리방법의 선정 시 고려 사항 2) 활성탄 흡착법, 토양탈취법, 미생물 탈취법에 대하여 비교 설명 3) 탈수기실 악취방지시설 설계기준	'19.08.
6	하수도 시설에서 발생되는 악취를 악취물질에 따라 발생원, 발산원 및 배출원으로 구분하여 악취물질의 특성과 배출장소에 따른 저감기술에 대해 설명하시오.	'16.01.
7	하수처리장 악취발생원 및 악취물질	'15.08.

···07 기타 및 용어 설명

1 BOD와 COD 관련 문제

구분	기출문제	시행연월
1	BOD, COD$_{Mn}$, TOC 측정방법 및 특징	'23.02.
2	BOD, NOD	'22.07.
3	생물학적 산소요구량(BOD)에 대하여 아래 사항을 설명하시오. 1) 측정원리 2) 전처리 사유와 방법 3) 용어설명(원시료, 희석수. 식종액(접종액), 식종희석수, (식종)희석 검액) 4) 시험방법(단, 순간 산소요구량 조건은 고려하지 않음)	'20.02.
4	BOD, COD$_{Mn}$, COD$_{Cr}$, TOC의 측정원리, 분석 시 산화제 종류	'19.08.
5	TOC	'17.01.
6	유기물 지표항목의 종류와 특징	'13.08.
7	N-BOD, C-BOD의 정의 및 BOD 반응곡선	'13.01.
8	공공 수역의 유기물질관리지표로서 BOD, COD$_{Mn}$, COD$_{Cr}$, TOC의 특성과 장단점을 설명하시오.	'11.08.

2 자정계수

구분	기출문제	시행연월
1	하천의 정화단계(Whipple Method)	'22.07.
2	하천 자정작용의 4단계	'20.07.
3	하천의 자정작용에 영향을 미치는 인자	'19.08.
4	하천의 용존산소 하락곡선(DO sag curve)에 대하여 설명하시오.	'18.08.

구분	기출문제	시행연월
5	유량이 4.2m³/sec, 유속이 0.4m/sec, BOD는 4.8mg/L이고 자정계수(f)는 4, 초기 산소 부족농도(DO) 1.8mg/L, 탈산소계수(k1) 0.1, 하천의 용존산소 포화농도(DS) 가 9.2mg/L인 하천에 유량 34,560m³/day, BOD 300mg/L의 공장 폐수가 유입될 때 다음 물음에 답하시오.(단, 수온은 20℃로 일정하고 합류지점에서의 혼합은 이상 적으로 이루어진다고 가정) 가. 합류지점의 BOD₅, DO, BODₐ값(mg/L(단, 소수점 첫째 자리까지 계산)) 나. 하천의 유속이 일정할 경우 처음 합류지점으로부터 DO가 부족되는 임계점까지의 거리(km) 계산 다. 합류지적의 DO을 5mg/L 이상으로 유지하고자 할 때, 공장 폐수처리시설계획 수립 시 BOD 제거율(%)을 얼마 이상으로 해야 하는지 계산 라. 기본 Streeter-Phelps 공식을 이용하여 하천 수질 관리에 실제로 적용하는 경우 차이가 나는 이유 설명	'12.02.
6	Streeter and Phelps 모델의 원리를 설명하고, 하천에서의 용존산소 변화 모델식을 유도하시오.	'11.08.

③ 막여과공법

구분	기출문제	시행연월
1	막여과(MF, UF, NF, RO)의 특성과 막여과 공정구성에 대하여 설명하시오.	'23.08.
2	MBR을 활성슬러지공정과 비교 설명하고, MBR의 장ㆍ단점을 설명하시오.	'22.01.
3	분리막 공정의 장ㆍ단점, 분리막 종류, 막모듈, 막오염에 대하여 설명하시오.	'21.07.
4	정수처리 막여과(Membrane Filtration)에 대하여 다음 사항을 설명하시오. 1) 막여과의 정의 및 필요성 2) 일반정수처리공정과 비교한 막여과의 장단점 3) 막여과방식(Dead End Flow, Cross Flow) 4) 막의 열화와 파울링 5) 막 종류	'20.02.
5	생물막법	'20.02.
6	MBR(Membrane Bio Reactor)	'19.08.
7	SMP(Soluble microbial product)	'18.08.
8	막결합 하수처리 공정의 장점과 문제점 및 해결방안을 설명하시오.	'18.02.
9	역삼투막 FI(Fouling Index) 산정식 및 파울링 예방방안	'18.02.

구분	기출문제	시행연월
10	정수처리에 적용하는 막여과시설에 대하여 다음을 설명하시오. 1) 막의 종류 및 특성　　　　　2) 막여과시설의 특징 3) 막여과시설의 공정구성　　　4) 막의 여과방식에 따른 분류 5) 막여과시설의 설치 시 고려사항	'17.08.
11	수처리용 분리막의 Flux 저하 원인 및 대책 3가지씩	'17.08.
12	하 · 폐수처리의 막분리공정에서 세라믹막의 장단점	'17.01.
13	생물막법의 기본 원리 및 장단점에 대하여 설명하시오.	'16.08.
14	EPS(Extracellular Polymeric Substances)	'16.01.
15	수처리공정에서의 막의 운전시간 경과에 따른 발생되는 막의 열화와 파울링(Fouling) 현상에 대하여 설명하고 그에 따른 대책을 설명하시오.	'15.08.
16	혐기성 막분리공정인 AnMBR(Anaerobic Membrane Bio_Reactor)의 특징, 장점 및 문제점을 설명하시오.	'15.02.
17	분리막의 투과능력	'15.02.
18	수처리용 막열화의 정의와 종류에 대하여 설명하시오.	'12.08.
19	MFI(Modified Fouling Index)	'12.08.
20	오 · 폐수처리 시 막분리 공정의 설계와 운영에 따른 일반적 고려사항 및 막분리 공정을 이용한 오 · 폐수 처리방법을 설명하시오.	'12.02.
21	한외여과(Ultra Filtration)의 원리, 이용분야 및 장단점에 대하여 설명하시오.	'11.02.

❹ 해수담수화

구분	기출문제	시행연월
1	해수담수화 농축수의 처리방식, 국내 규제 및 환경적 문제에 대하여 설명하시오.	'23.02.
2	해수담수화 역삼투막 공정에 적용되는 ERD(Energy Recovery Device)	'23.02.
3	해수담수화의 특징 및 유의사항과 해수담수화 방식의 종류 및 역삼투압 공정 계획 시 고려사항에 대하여 설명하시오.	'22.07.
4	역삼투 해수담수화 공정에서 보론은 다른 이온에 비해 제거효율이 낮다. 그 이유를 설명하고, 제거율 향상을 위해 사용하는 방법을 설명하시오.	'22.01.
5	전기탈이온설비(EDI)의 구성과 기능	'22.01.
6	역삼투에 의한 해수담수화 공법	'21.07.
7	해수의 담수화 방식을 분류하고, 담수화 시설 계획 시 고려사항을 설명하시오.	'20.07.
8	해수담수화 방법 중 전기흡착법(CDI, Capacitive Deionization), 전기투석법(ED, Electrodialysis), 막증발법(MD, Membrane Distillation)에 대하여 설명하시오.	'19.01.

구분	기출문제	시행연월
9	정삼투압법(FO, Forward Osmosis)과 압력지연삼투법(PRO, Pressure Retarded Osmosis)의 원리에 대하여 설명하고, 정삼투압법에 적용되는 막 모듈(膜Module)의 종류 및 특징에 대하여 설명하시오.	'19.01.
10	역삼투를 이용한 해수담화 과정을 설명하시오.	'18.08.
11	전기투석법(電氣透析法)	'15.08.
12	역삼투압에 의한 해수 담수화시설을 원수설비, 전처리설비, 역삼투설비, 빙류설비로 구분하여 설명하시오.	'15.02.
13	해수 담수화 방식을 분류하고, 담수화 시설 계획 시 고려사항을 설명하시오.	'14.08.

⑤ 기타

구분	기출문제	시행연월
1	하수처리장 설계를 위해 수리종단도를 작성 할 경우 수리계산 시 고려사항 및 수리계산방법에 대하여 설명하시오.	'23.02.
2	전국오염원조사 목적, 법적근거, 조사내용	'23.02.
3	물속에 있는 TS 등 고형물의 종류와 각 고형물의 관계에 대하여 설명하시오.	'22.07.
4	환경영향평가 수질조사지점 선정 시 고려사항	'22.07.
5	Shut−Off Pressure의 정의와 적용	'22.01.
6	공통이온효과의 정의, 예시	'22.01.
7	불소함유 폐수처리 방법을 설명하시오.	'22.01.
8	그린뉴딜 중 스마트 하수도 관리체계 구축에 대하여 설명하고, 주요사업 중 스마트 하수처리장 선도사업에 대하여 설명하시오.	'21.07.
9	물놀이형 수경(水景)시설의 관리기준	'21.07.
10	블록형 오탁방지막(개요도, 장·단점)	'21.01.
11	부유물질(Suspended Solids) 측정방법에 대하여 간섭물질, 분석기구, 분석절차, 계산방법을 설명하시오.	'21.01.
12	민간투자사업의 추진방식	'21.07.
13	유속−면적법에 의한 하천유량측정방법	'21.07.
14	산화환원전위(Oxidation Reduction Potential)	'20.07.

구분	기출문제	시행연월
15	기기분석 중 비색법 원리에 대하여 다음 사항을 설명하시오.(단, 필요한 경우 알맞은 공식을 기재하고 설명하시오.) 1) 램버트(Lambert) 법칙과 투광도(T) 2) 비어(Beer) 법칙과 투광도(T) 3) 램버트-비어(Lambert-Beer) 법칙과 투광도(T) 4) 흡광도(A)와 투광도(T)의 관계식 5) 램버트-비어 법칙을 적용한 분석기기 및 미지시료의 농도 결정방법	'20.07.
16	특정수질유해물질배출량 조사제도에 대하여 설명하시오.	'20.07.
17	산화환원전위(Oxidation Reduction Potential)	'19.01.
18	산성비	'18.08.
19	Smart Water Grid	'18.08.
20	우수조정지의 용량 산정방법을 설명하시오.	'18.08.
21	지구상 질소 순환을 설명하시오.	'18.08.
22	염색폐수에 대하여 다음을 설명하시오. (1) 염색폐수의 특성과 적정처리를 위한 처리공정 계획 (2) 단위 공정별 시설 및 주요 고려사항	'18.02.
23	'수돗물 안전관리 강화 대책'의 도입배경, 전략 및 주요내용, 기대효과 등에 대하여 설명하시오.	'18.02.
24	양분관리제	'18.02.
25	다음은 하수처리장 유입수 50mL를 사용하여 분석한 실험결과이다. TS, TSS, TDS, VSS, FSS에 대해 설명하고 각각의 농도(mg/L)를 계산하시오. − 증발접시무게＝62.003g − 105℃에서 건조후 증발접시 무게와 잔류물 무게의 합＝62.039g − 550℃에서 태운 후 증발접시 무게와 잔류물 무게의 합＝62.036g − GF/C 여과지의 무게＝1.540g − 105℃에서 건조 후 GF/C 여과지의 잔류물 무게의 합＝1.552g − 550℃에서 태운 후 GF/C 여과지와 잔류물 무게의 합＝1.549g	'18.02.
26	Actiflo system	'17.08.
27	미생물연료전지를 이용한 하·폐수처리 방법을 설명하고, 극복해야 할 제한 인자들을 설명하시오.	'17.01.
28	수돗물 안심확인제	'17.01.
29	하수도시설에서 복개된 처리시설로부터 나오는 VOCs(휘발성 유기물질)를 포함한 배출가스 처리방법에 대하여 설명하시오.	'12.08.
30	잔류성 유기성 오염물질(POPs ; Persistent Organic Pollutants)	'12.08.

구분	기출문제	시행연월
31	수리종단도(Hydraulic Profile)를 작성하는 이유와 작성 시 고려사항에 대하여 설명하시오.	'12.08.
32	폐하수시설로부터 발생되는 휘발성 유기화합물(VOCs)의 방출에 대하여 주요 방출비점과 제어대책을 설명하시오.	'11.08.
33	최근 하수처리장에서의 오존 이용기술에 대하여 설명하시오.	'11.08.

⑥ 용어 설명 등

구분	기출문제	시행연월
1	공유하천 관리방안	'23.08.
2	녹색 · 청색 · 회색 물발자국(Water Footprint)	'23.08.
3	퇴적물산소요구량(SOD ; Sediment Qxygen Demand)	'23.08.
4	VOC(Volatile Organic Compound)	'23.02.
5	잔류성 유기오염물질(POPs)	'23.02.
6	물발자국(녹색 물발자국, 청색 물발자국, 회색 물발자국)	'23.02.
7	가수분해	'23.02.
8	미생물연료전지(MFC ; Microbial Fuel Cell)	'22.07.
9	기타수질오염원의 정의 및 종류	'22.07.
10	Priority Pollutants	'22.01.
11	레이놀즈 수(Re), 프루드 수(Fr)	'21.07.
12	절대투수계수와 지하수 평균선형유속	'21.07.
13	불투수면	'21.07.
14	속도경사(velocity gradient, G)	'21.01.
15	합리식	'21.01.
16	먹는 물, 샘물, 먹는 샘물, 염지하수 정의	'21.01.
17	물발자국(Water Footprint)의 개념과 산정방식	'20.07.
18	오존처리	'20.07.
19	상수원보호구역 지정 기준	'20.07.
20	물의 수소결합(Hydrogen Bond)과 특징	'20.07.
21	물이용 부담금	'20.07.
22	스마트 워터 그리드(Smart Water Grid)	'20.07.
23	인천 적수 원인과 대책	'20.02.

구분	기출문제	시행연월
24	물환경보전법 제2조 정의에 따른 용어 중 1) 물환경　　　　　2) 폐수　　　　　3) 특정수질유해물질 4) 호소　　　　　　5) 수생태계 건강성	'20.02.
25	슬러지 지표(Sludge Index)	'20.02.
26	청색증(Methemglobinemia)	'20.02.
27	Piper Diagram	'19.08.
28	Blue Network의 개념과 구성요소에 대하여 설명하시오.	'19.08.
29	MLSS, MLVSS, SRT, HRT에 대한 각각의 정의	'19.08.
30	전기전도도	'19.01.
31	BMP(Biochemical Methane Potential)	'19.01.
32	수리전도도(Hydraulic Conductivity)	'19.01.
33	싱크홀(Sinkhole)의 종류, 발생원인, 방지대책에 대하여 설명하시오.	'19.01.
34	환경책임보험에 대하여 설명하시오.	'19.01.
35	양분(질소, 인)수지와 지역 양분관리제	'19.01.
36	SVI(Sludge Volume Index)	'19.01.
37	생태계(Ecosystem)의 주요 흐름 및 생태계서비스 (EcosystemService)를 설명하시오.	'18.02.
38	속도경사	'17.08.
39	Endocrine disruptors	'17.01.
40	Water Footprint	'16.08.
41	호소 퇴적물 인의 용출 원인	'16.08.
42	생태계서비스(Ecosystem Services)에 대하여 설명하시오.	'16.08.
43	최적가용기법(BAT ; Best Available Technology) 적용 시 고려사항	'16.01.
44	공공수역의 방사성 물질에 대한 측정망 조사항목, 검출하한치 미만의 입력 및 처리	'16.01.
45	자율 환경제도	'16.01.
46	하-폐수의 유기물 성분을 예측하는 COD Fraction의 각 구성성분에 대하여 설명하고 각 구성성분이 처리되는 과정에 대하여 설명하시오.	'16.01.
47	다음과 같은 하수처리시설 공정에 필요한 계측제어설비를 설명하고 계측기를 선정할 때 고려사항을 설명하시오. 〈공정〉 침사지 및 펌프시설, 일차침전지, 혐기조, 무산소조, 호기조, 이차침전조, 소독조 및 방류맨홀, 슬러지 농축조, 슬러지 소화조, 소화가스 저장조	'16.01.

구분	기출문제	시행연월
48	환경오염시설의 통합관리에 관한 법률에서 규정하는 통합허가 대상규모와 통합허가 절차를 순서대로 설명하시오.	'16.01.
49	Biosorption	'15.08.
50	배관의 전식(電蝕)에 대해서 설명하시오.	'15.08.
51	Ghyben-Herzberg법칙과 해안지대의 취수장 설치 시 해수 침입방지대책에 대하여 설명하시오.	'15.08.
52	기타 수질 오염원	'15.02.
53	WASCO	'15.02.
54	Resilience of freshwater sysytem	'15.02.
55	나트륨교환율(ESP ; Exchangeable Sodium Percentage)	'14.08.
56	상하수도 전문 업역화	'14.08.
57	초임계산화(super critical water oxidation)	'14.08.
58	하수고도처리공정 중 Cloth media Disk Filter에 대하여 설명하시오.	'14.02.
59	호소 내 퇴적물에서의 인의 용출에 영향을 끼치는 인자와 용출방지기법	'13.08.
60	배출 허용기준이 적용되는 기술수준 BAT, BOT, BCT, PSES, NSPS, PSNS에 대하여 설명하시오.	'13.08.
61	Universal Soil Loss Equation(USLE)을 제시하고 영향인자를 설명하시오.	'13.08.
62	산화 환원전위(Oxidation Reduction Potential)	'13.08.
63	기온과 수온 사이의 이력현상(Hysterisis)	'13.08.
64	생태계를 유지하는 2가지 주요 동적 흐름	'13.08.
65	하상계수(유량변동계수)	'13.08.
66	Ecological Integrity에 대하여 설명하시오.	'13.08.
67	QA/AC의 검정곡선 작성방법 중 표준물첨가법	'13.01.
68	크립토스포리디움 대책	'13.01.
69	Priority 오염물질의 종류	'13.01.
70	플루오린화수소산(Hydrofluoric acid)	'13.01.
71	MTBE(Methyl Tertiary Butyl Ether)	'13.01.
72	기타 수질오염원의 정의 및 대상시설	'13.01.
73	수계관리기금사업 중 상수원관리지역별 주민지원사업비 지원금 배분액의 산정방법을 설명하고, 배분방법의 문제점에 대하여 설명하시오.	'13.01.
74	Actual Oxygen Requirement를 구하기 위한 구성요소 및 각각의 이론식을 제시하고 설명하시오.	'13.01.

구분	기출문제	시행연월
75	용해물질의 분자확산(Molecular Diffusion of Dissolved Substances)	'12.08.
76	미생물에 의해 유기물이 분해되는 과정은 일련의 전자수용체(Electron Acceptor)를 필요로 한다. 유기물 분해과정에서 이용 가능한 전자수용체의 반응기작을 순서대로 설명하시오.	'12.08.
77	전기중성도(Electroneutrality)	'12.08.
78	수온약층(Thermocline)	'12.08.
79	물빈곤지수(Water Poverty Index)	'12.08.
80	불활성화비	'12.08.
81	무광층(Aphotic Zone)	'12.08.
82	유효토층(Effective Soil Layer)	'12.08.
83	지오스민(Geosmin)	'12.08.
84	자연방사성 물질	'12.08.
85	선행함수조건(AMC ; Antecedent Moisture Condition)에 대하여 설명하시오.	'12.08.
86	관개용수의 나트륨 흡착비(SAR)	'12.02.
87	강우기록으로부터 결정되는 강우강도 공식의 유도과정	'12.02.
88	Electron donor의 종류 10가지	'12.02.
89	유도결합플라스마 원자발광분광법으로 하천환경수질 기준 항목인 안티몬을 분석하고자 할 때, 측정기기의 구성, 간섭현상, 시료의 전처리 및 측정법에 대하여 각각 설명하시오.	'12.02.
90	우리나라 하천과 호수에서의 난분해성 유기물질 증가원인과 대응방안을 설명하시오.	'11.08.
91	Maximum Contaminant Level(MCL)과 Maximum Contaminant level Goal (MCLG)	'11.08.
92	SI(Saturation Index)에 대하여 설명하시오.	'11.02.
93	호소 퇴적물로부터의 인의 용출에 영향을 미치는 원인에 대하여 설명하시오.	'11.02.
94	최근 공공수역에서의 난분해성 유기물질 관리의 중요성이 크게 대두되고 있는데, 그 이유를 설명하고 폐수처리시설에서의 난분해성 유기물질 처리방법에 대하여 설명하시오.	'11.02.

- 강변여과수를 이용한 상수원수 확보 및 정수처리효과, 한국도시환경학회지 제13권 1호, 옥치상, 2013.
- 개발사업 비점오염원최적관리기법, 국립환경원, 환경부, 2010.
- 개인하수처리설비 업무편람, 환경부, 2023.
- 개정범용토양손실공식의 토양침식인자 추정에 관한 연구, 석사학위 논문, 김익종, 2005.
- 건설현상 산성배수의 발생현황과 피해저감대책, 자원환경지질 제40권 제5호, 김재곤, 2007.
- 공공폐수처리시설설계지침, 환경부, 2017.
- 공공하수도 기술진단 업무처리규정, 환경부 훈령, 2015.
- 공공하수처리설의 에너지자립화 정책방향, 환경부, 2018.08.
- 국가 물환경관리정책 지원을 위한 수질모델링 기술의 발전방향, 대한상수도학회, 정세웅 외, 2020.
- 국내외 호환 가능한 물발자국 산정방법 개발 연구, 산업통산자원부, 2015.
- 기기 및 배관의 부식관리 기술지침, 한국산업안전공단, 2012.
- 기후변화 적응형 도시 구현을 위한 그린인프라 전략 수립, 한국정책평가연구원, 강정은 외, 2012.
- 남조류대발생과 조류독소 Microcystin – LR, 대한환경위생공학회지 제20권 제2호, 서미연 · 김백호 · 한명수, 2005.
- 녹조현상에 의하여 배출되는 이취미물질 및 독성물질의 배출 및 제어에 대한 고찰, 김문경 · 문보람 · 김태경 · 조경덕 kim et al., The Korean Journal of Public Health, 52(1) 33 – 42, 2015.
- 논산시 슬러지 처리시설 적정 공법 선정 연구, 충남연구원 환경생태연구팀 정종관 · 이상진 · 오혜정. 2007.04.
- 도로 비점오염저감시설 설계지침 제정 연구, 한국건설기술연구원, 국토교통부, 2013.
- 도로 비점오염저감시설 설치 및 관리지침, 국토교통부 · 환경부, 2015.
- 독일의 바이오가스화 지침서, 국립환경과학원, 2014.
- 막여과 정수시설 설치기준 고시 마련 연구, 환경부, 2008.10.
- 물 재이용 관리계획 수립 세부지침, 환경부, 2019.
- 물 재이용시설 설계 및 유지관리 가이드라인, 한국상하수도협회, 환경부, 2013.
- 물관리 일원화 의미와 올바른 방향은, 정책플러스, 최지용(서울대학교 그린바이오과학기술원 교수), 2017.06.
- 물순환 선도도시 기본계획 수립, 울산광역시, 2018.
- 물환경관리기본계획, 환경부, 2006.

- 미세플라스틱 현황과 인체에 미치는 영향, 공업화학전망 제22권 제2호, 류지현 · 조충연, 2019.
- 반월공단 난분해성 염색폐수의 화학적/생물학적 처리공정 기술개발, 안산환경기술개발센터, 2005.05.
- 부영양화조사 및 평가체계 연구, 환경부 · 국립환경과학원, 2006.
- 비점오염원저감시설의 설치 및 관리 · 운영매뉴얼, 환경부, 2020.10.
- 빗물관리 및 활용계획 수립과 저변 확대방안 조사연구, 국토해양부, 2008.08.
- 상수도시설기준, 한국상하수도협회 · 환경부, 2010.
- 생물학적 하 · 폐수처리, 환경관리연구소, 이문호, 1999.
- 생물학적 혐기성 폐수처리, DICER Technica Part I, Vol 6 11. pp211~227, 박종문 · 김영모, 2007.
- 생태하천 복원 기술 지침서, 한국환경공단 · 환경부, 2011.
- 소규모공공하수처리시설의 개요 및 운영관리 방법, 환경보전협회, 환경부, 2008.
- 속성수를 이용한 Phytoremediation, 국립산림과학원, 여진기 · 구영본 외, 2010.
- 수생태 안전성 향상을 위한 조류저감기술, 한국환경공단, 2012.12.
- 수자원 관리를 위한 스마트워터그리드 기술동향과 전망, 코메틱 레포트, 2016-058호, 한국환경산업기술원.
- 수저퇴적물 환경기준 개발에 관한 연구, 한국환경정책평가연구원, 이창희 · 유혜진, 2000.
- 수중 유기물처리를 위한 광펜톤반응의 최적조건 도출, J, Soil Groundw. Environ. Vol 21, pp.86~93, 오태협 · 이한옥 · 박성직 · 박재우, 2016.
- 수직형 정수처리시설이 도입된 용수공급시스템 구축, 한국수자원공사 · 국토교통부, 2014.
- 수질 TMS 설치 · 운영 업무편람, 한국환경공단, 환경부, 2012.
- 수질 TMS 업무편람, 환경부 · 환경공단, 2022.
- 수질 TMS 업무편람. 환경부 · 한국환경공단, 2019.
- 수질관리기술사, 이승원 외, 성안당, 2009.
- 수질오염총량관리 업무편람, 환경부, 2004.
- 수질오염총량관리기술지침, 국립환경과학원, 2012.
- 수질오염총량관리제도, 환경부, 2011.
- 수질오염총량관리제도의 개선방안, 환경부, 2018.
- 역삼투 방식의 해수담수화 플랜트 에너지 회수 기술, 상하수도학회지, 김영민 · 이원태 · 최준석 외, 2011.08.
- 염색폐수 처리를 위한 기술개발 현황 및 장단점 분석, DICER Technica Part I, Vol 5. pp212~229, 윤여상 외, 2005.
- 음식물류폐기물 바이오가스화시설 기술지침서, 환경부, 국립환경과학원, 2015.12.

- 음식물류폐기물 자원화시설운영매뉴얼, 수도권매립지관리공사, 2005.
- 의사결정지원을 위한 생태서비스의 정의와 분류, 환경정책연구 제12권 제2호, 안소은, 2013.
- 인 처리시설 처리효율 개선방안 연구, 환경부, 2012.
- 인공습지에서의 오염물질 제거기작 및 국내외 연구동향, 대한환경공학회지 제32권 제4호, 고대윤 · 정윤철 · 서성철, 2010.
- 저영향개발(LID)기법 조경, 경관가이드라인, 환경부 · 한국환경공단, 2018.
- 전국 불투수면적률 조사 및 개선방안 연구, 한국환경공단, 환경부, 2013.
- 정수의 기술, 유명진 · 조용모 공역, 丹保憲仁 · 小笠原紘一 井著, 동화기술, 1999.
- 정수장 조류 대응 가이드라인, 환경부, 2012.
- 정수장 조류 대응 가이드라인, 환경부, 2017.
- 정수처리기준 해설서, 국립환경과학원, 환경부, 2013.
- 제1차물관리기본계획(2021~2030), 환경부, 2021.06.
- 제2차 물환경관리 기본계획, 환경부, 2016.
- 제3차 강우유출 비점오염원관리 종합대책, 관계부처합동, 2020.12.
- 제5차 국가환경종합계획, 환경부, 2021.06.
- 조류 대응 가이드라인, 환경부, 국립환경과학원, 2017.
- 지류지천 어류폐사 원인 연구(Ⅲ) -어류폐사 현장 대응체계 마련을 중심으로-, 국립환경과학원, 2018.
- 지하수오염 관리 및 정화기술, 한국환경공단, 2014.
- 초순수 산업 및 기술동향 이슈리포트, 국토과학기술진흥원, 최병습, 2013.
- 축산 슬러지와 혼합된 도시하수슬러지의 탈수성, 산업기술연구(강원대학교 산업기술연구소 논문집), 제36권, 조지민 · 최민석 외, 2016.
- 토양 및 지하수의 비소오염과 제거기술 동향, 광해방지기술 Vol 2. NO 1, 전병훈 · 김선준 외, 2008.
- 폐수종말처리시설 설치 및 운영관리지침, 환경부, 2013.
- 폐수처리공학 I, II 4th, 고광백 외 공역, Metcalf & Edd, 동화기술, 2007.
- 폐수처리공학, 조영일 · 오영민 외 공역, George Tchobanoglous, 동화기술, 1988.
- 하수관거 침입수 및 유입수 산정 표준 매뉴얼, 환경부, 2009.12.
- 하수도시설기준, 한국상하수도협회, 환경부, 2011.
- 하수슬러지 감량화 연구방안, 한국상하수도협회, 환경부, 2011.
- 하수처리시설 총인처리강화 시범운영연구, 환경부, 2019.
- 합류식 하수관거 악취개선 매뉴얼, 환경부, 2011.
- 해수담수화 시설에서 생성된 농축수의 환경적 영향, 환경영향평가 제27권 제1호, 박선영 · 서진

성 외(한국환경정책평가연구원), 2018.

- 해양의 유류오염현황과 처리, 코네틱 레포트, 송규민.
- 화학응집제를 이용한 미세조류의 응집특성, Korea Society Biotechnology and Bioengineering Journal 26, pp143~1520, 권도연 · 정창규 · 박광법 · 이철균 · 이진원, 2011.
- 환경생태유량 산정 및 확보방안 연구, 한국수자원공사, 2018.
- 환경생태유량 시범사업 및 제도운영방안, 환경부, 2017.
- 환경영향예측모델 사용안내서, 환경부, 2009.
- 활성슬러지 공정유출수와 그 응집침전공정처리수의 용존 유기물의 특성에 대한 연구, 인하대학교, 박사학위 논문, 조경철, 2006.
- 효율적 녹조 대응을 위한 적정 기술개발 및 녹조 관리기술 평가, 한국수자원공사, 2019.
- A study of the distribution of a Baterial Community in Biological – Activated Carbon(BAC), Journal of Life Science Vol. 22.No 9., pp1237~1242, 박홍기 · 정은영 · 차동진 · 김중아 · 배재훈, 2011.
- MBR 공정에서 MLSS 농도가 Exocelluar polymer 성분 및 막오염 속도에 미치는 영향, 한국도시환경학회지 제11권 제1호 pp97~103, 이상민 · 허나래 · 임경호, 2011.
- $SUVA_{254}$ 분포에 따른 도내 정수장의 소독부산물 특성, 강원도 보전환경연구원보, 윤경애 외, 2013.
- 가축분뇨 전자인계관리시스템, www.lsns.or.kr
- 국립수산과학원/적조정보시스템, www.nifs.go.kr
- 서울하수도과학관, www.sssmuseum.org

Profile

저자 **최 원 덕**

아주대학교 환경공학과 졸업
한양사이버대학교 경영대학원 그린텍 MBA
수질관리기술사, APEC Engineer
전) 연합환경기술학원 출강
전) 대우엔지니어링 근무
전) 그린엔텍(주) 근무
전) 코웨이엔텍(주) 근무
전) ○○시 환경분야 기술사문위원
현) 주경야독 출강

수질관리기술사

발행일 | 2017. 1. 15 초판 발행
2019. 1. 10 개정1판1쇄
2021. 4. 20 개정2판1쇄
2024. 1. 20 개정3판1쇄

저 자 | 최 원 덕
발행인 | 정 용 수
발행처 |  예문사

주 소 | 경기도 파주시 직지길 460(출판도시) 도서출판 예문사
T E L | 031) 955 – 0550
F A X | 031) 955 – 0660
등록번호 | 11 – 76호

정가 : 90,000원

ISBN 978-89-274-5253-9 13530